ÉTUDE EXPÉRIMENTALE

DU

CIMENT ARMÉ

ENCYCLOPÉDIE DES TRAVAUX PUBLICS

Directeur : G. LECHALAS, Ingénieur en chef des Ponts et Chaussées, quai de la Bourse 13, Rouen.

Volumes grand in-8°, avec de nombreuses figures.

Médaille d'or à l'Exposition universelle de 1889
Exposition de 1900 (Voir pages 3 et 4 de la couverture)

OUVRAGES DE PROFESSEURS A L'ÉCOLE DES PONTS ET CHAUSSÉES

M. BECHMANN. *Distributions d'eau et Assainissement.* 2e édit., 2 vol. à 20 fr., 40 fr. — *Cours d'hydraulique agricole et urbaine,* 1 vol. . . . . 20 fr.

M. BRICKA. *Cours de chemins de fer de l'École des ponts et chaussées.* 2 vol., 1343 pages et 464 figures . . . . 40 fr.

M. COLSON. *Cours d'économie politique* : Tome I, 10 fr. — Tome II, 10 fr. — Tome III, 1re partie . . . . 6 fr.

M. L. DURAND-CLAYE. *Chimie appliquée à l'art de l'ingénieur,* en collaboration avec *MM. Derôme* et *Feret,* 2e édit. considérablement augmentée, 15 fr. — *Cours de routes de l'Ecole des ponts et chaussées,* 606 pages et 234 figures, 2e édit.. 20 fr. — *Lever des plans et nivellement,* en collaboration avec *MM. Pelletan* et *Lallemand.* 1 vol., 703 pages et 280 figures (cours des Ecoles des ponts et chaussées et des mines, etc.) . . . . 25 fr.

M. FLAMANT. *Mécanique générale (Cours de l'Ecole centrale),* 1 vol. de 544 pages, avec 203 figures, 20 fr. — *Stabilité des constructions et résistance des matériaux.* 2e édit., 670 pages, avec 270 figures. 25 fr. — *Hydraulique (Cours de l'Ecole des ponts et chaussées),* 1 vol., 2e éd. considérablement augmentée (Prix Montyon de mécanique) ; XXX, 685 pages avec 130 figures . . . . 25 fr.

M. GARIEL. *Traité de physique.* 2 vol., 448 figures. . . . . 20 fr.

M. HIRSCH. *Cours de machines à vapeur et locomotives.* 1 vol. 510 pages, 314 fig . 18 fr.

M. F. LAROCHE. *Travaux maritimes.* 1 vol. de 490 pages, avec 116 figures et un atlas de 46 grandes planches, 40 fr. — *Ports maritimes.* 2 vol. de 1006 pages, avec 524 figures et 2 atlas de 37 planches, double in-4° (*Cours de l'Ecole des ponts et chaussées*) . . 50 fr.

M. F. B. DE MAS, Inspecteur général des ponts et chaussées. *Rivières à courant libre,* 1 vol. avec 97 figures ou planches, 17 fr. 50. — *Rivières canalisées.* 1 vol. avec 176 figures ou planches, 17 fr. 50. — *Canaux.* 1 vol. avec 190 figures ou planches. . . . 17 fr. 50

M. NIVOIT, Inspecteur général des mines : *Cours de géologie,* 2e édition, 1 vol. avec carte géologique de la France : 615 pages, 429 fig. et un tableau des formations géologiques de 7 pages . . . . 20 fr.

M. M. D'OCAGNE. *Géométrie descriptive et Géométrie infinitésimale* (cours de l'Ecole des ponts et chaussées), 1 vol., 340 fig. . . . . 12 fr.

M. DE PRÉAUDEAU, Inspect. général des P.-et-Ch., prof. à l'École nat. *Procédés généraux de construction. Travaux d'art.* Tome I. avec 508 fig. 20 fr. Tome II, avec 389 fig. 20 fr.

M. J. RÉSAL. *Traité des Ponts en maçonnerie,* en collaboration avec *M. Degrand.* 2 vol., avec 600 figures, 40 fr. — *Traité des Ponts métalliques* 2 vol., avec 500 figures, 40 fr. — *Constructions métalliques, élasticité et résistance des matériaux : fonte, fer et acier.* 1 vol. de 652 pages, avec 203 figures, 20 fr. — Le 1er volume des *Ponts métalliques* est à sa seconde édition (revue, corrigée et très augmentée) — *Cours de ponts,* professé à l'Ecole des ponts et chaussées, 1 vol. de 410 pages, avec 284 figures (*Etudes générales et ponts en maçonnerie*), 14 fr. — *Cours de Résistance des matériaux* (Ecole des ponts et chaussées), 120 figures, 16 fr. — *Cours de stabilité des constructions,* 240 figures, 20 fr. — *Poussée des terres et stabilité des murs de soutènement* . . . . 10 fr.

OUVRAGES DE PROFESSEURS A L'ÉCOLE CENTRALE DES ARTS ET MANUFACTURES

M. DEHARME. *Chemins de fer. Superstructure* ; première partie du cours de chemins de fer de l'École centrale. 1 vol. de 696 pages, avec 310 figures et 1 atlas de 73 grandes planches in-4° doubles (voir *Encyclopédie industrielle* pour la suite de ce cours). 50 fr. On vend séparément : *Texte,* 15 fr.; *Atlas,* 35 fr.

M. DENFER. *Architecture et constructions civiles.* Cours d'architecture de l'Ecole centrale : *Maçonnerie.* 2 vol., avec 794 figures, 40 fr. — *Charpente en bois et menuiserie.* 1 vol., avec 680 figures, 25 fr. — *Couverture des édifices* 1 vol., avec 423 figures, 20 fr. — *Charpenterie métallique, menuiserie en fer et serrurerie* 2 vol., avec 1.050 figures, 40 fr. — *Fumisterie (Chauffage et ventilation).* 1 vol. de 726 pages, avec 731 figures (numérotées de 1 à 375, l'auteur affectant chaque groupe de figures d'un numéro seulement). 25 fr.
Plomberie : Eau ; Assainissement ; Gaz, 1 vol. de 568 p. avec 391 fig. . . . 20 fr.

M. DORION. *Cours d'Exploitation des mines.* 1 vol. de 692 pages, avec 1.100 figures. 25 fr.

M. MONNIER. *Electricité industrielle,* cours professé à l'École centrale, 2e édition considérablement augmentée, 1 vol. de 826 pages ; 404 très belles figures de l'auteur. . 25 fr.

M. Mel PELLETIER. *Droit industriel,* cours professé à l'Ecole centrale 1 vol. . . . 15 fr.

MM. E. ROUCHÉ et BRISSE, anciens professeurs de géométrie descriptive à l'Ecole centrale. *Coupe des pierres.* 1 vol. et un grand atlas (avec de nombreux exemples). . . 25 fr.

OUVRAGES D'UN PROFESSEUR AU CONSERVATOIRE DES ARTS ET MÉTIERS

M. E. ROUCHÉ, membre de l'Institut. *Éléments de statique graphique.* 1 vol . . 12 fr. 50

MM. ROUCHÉ et Lucien LÉVY. *Calcul infinitésimal,* 2 vol. de 557 et 829 p. (*Enc. indust.*) 15 fr.

(*Voir la suite ci-après*)

ENCYCLOPÉDIE INDUSTRIELLE
Fondée par M.-C. LECHALAS, Inspecteur général des Ponts et Chaussées en retraite

ÉTUDE EXPÉRIMENTALE

DU

CIMENT ARMÉ

PAR

R. FERET
ANCIEN ÉLÈVE DE L'ÉCOLE POLYTECHNIQUE
CHEF DU LABORATOIRE DES PONTS ET CHAUSSÉES
A BOULOGNE-SUR-MER

EXPÉRIENCES
THÉORIES ET CALCULS.
BIBLIOGRAPHIE DU CIMENT ARMÉ.
RECHERCHES ANNEXES SUR LES DIVERSES RÉSISTANCES
DES MORTIERS ET BÉTONS

PARIS
GAUTHIER-VILLARS, IMPRIMEUR-LIBRAIRE
DU BUREAU DES LONGITUDES, DE L'ÉCOLE POLYTECHNIQUE, ETC.
55, quai des Grands-Augustins

1906

AVANT-PROPOS

Ainsi que son titre l'indique, le présent ouvrage a pour point de départ une série de recherches expérimentales.

Commencées depuis près de treize ans, alors que le ciment armé sortait à peine de l'enfance et qu'on ne possédait à son sujet que fort peu de données précises, certaines des expériences décrites dans la première partie du volume ont été exécutées par des moyens assez rudimentaires à côté des méthodes imaginées depuis lors : nous n'avons pourtant pas cru devoir les passer sous silence, car il s'en dégage néanmoins divers enseignements pratiques, et d'ailleurs il est possible que, plus tard, quand les idées se seront précisées sur bien des points encore obscurs, on y trouve des arguments pour ou contre les nouvelles théories qui pourront être émises d'ici là. En particulier, nos recherches auraient été plus instructives si nous avions songé tout d'abord à exécuter les essais de flexion sous moment constant et si nous avions disposé d'appareils aussi perfectionnés que ceux que l'on a maintenant, pour mesurer exactement les déformations des pièces d'essai.

Nous n'avons d'ailleurs pas voulu entreprendre de nouvelles expériences, pour ne pas retarder encore l'achèvement de cet ouvrage, depuis si longtemps sur le chantier et déjà tant de fois remanié.

Bien qu'assez longuement développée, la deuxième partie, plus spécialement théorique, a surtout pour but de montrer la difficulté du problème et la multiplicité des facteurs qu'il faudrait faire intervenir pour pouvoir calculer exactement un ouvrage quelconque en ciment armé. Dans la pratique, une pareille précision n'est pas nécessaire et serait même mauvaise à cause des calculs compliqués qu'elle entraînerait ; mais encore faut-il que les formules simplifiées employées par les constructeurs reposent sur des notions exactes et qu'on puisse se rendre compte de leur degré d'approximation.

Nous avons essayé de serrer la réalité le plus près possible, mais sans prétendre déduire immédiatement de nos théories un nouveau moyen pratique de déterminer avec quelque précision les éléments d'une construction plus ou moins complexe : d'ailleurs il ne manque pas pour le moment de méthodes de calcul, officielles ou non, et cette question fait encore l'objet de nombreuses études, parmi lesquelles il faut mentionner en première ligne celles de la Commission ministérielle française du ciment armé, qui, par la compétence toute spéciale de ses membres et les moyens d'action dont elle dispose, est mieux qualifiée que qui que ce soit pour donner la meilleure solution du problème.

De même, nous nous sommes contenté de faire ressortir, après chaque étude partielle, la conclusion particulière qui semblait en résulter, nous abstenant de donner à la fin une conclusion générale, car la seule à peu près qu'on pourrait tirer de notre travail serait que la théorie du ciment armé est encore loin d'être fixée, et le lecteur s'en apercevra assez par lui-même.

Il ne manque pas aujourd'hui d'excellents ouvrages, d'un caractère essentiellement didactique et utilitaire, résumant l'ensemble des connaissances que l'on possède sur le ciment armé et décrivant notamment les principes de calcul les plus généralement admis, les dispositifs de chantier, les principaux systèmes de construction et les nombreuses applications auxquelles se prête l'assemblage intime du fer avec les mortiers ou bétons de ciment.

Pour atteindre le même but d'utilité pratique, nous aurions pu faire d'après ce modèle un livre analogue qui, sans avoir la valeur de ses prédécesseurs, n'aurait certainement rien apporté de bien nouveau, vu le peu de changements notables survenus dans le domaine du ciment armé depuis les derniers traités parus. La seule modification possible aurait été de choisir, parmi le nombre croissant des applications réalisées, quelques nouveaux exemples typiques, que nous aurions décrits avec plus ou moins de détails. Or, en raison même du développement considérable pris par le mode de construction qui nous occupe, les genres d'applications sont si variés qu'un traité d'ensemble, si complet soit-il, ne peut décrire en détail que tout au plus trois ou quatre ouvrages de chaque espèce, ce qui, en l'absence de formules générales suffisamment sûres, ne saurait guider un constructeur dans la plupart des cas particuliers qu'il peut avoir à étudier.

Nous avons pensé qu'après les descriptions isolées données par divers auteurs, le travail le plus pratique, en attendant qu'on eût écrit des traités spéciaux pour chaque genre d'applications du ciment armé, consisterait à réunir en une nomenclature aussi complète que possible les livres et articles publiés jusqu'ici sur la question, classés d'une manière méthodique, de telle sorte que le lecteur pût immédiatement trouver, groupés ensemble, tous les documents relatifs au point spécial qui l'intéresse. C'est ce que nous avons cherché à réaliser par le répertoire bibliographique qui constitue la troisième partie du volume.

Enfin nous avons exposé dans la quatrième partie divers aperçus nouveaux sur les résistances des mortiers et bétons aux divers genres d'efforts, agissant avec ou sans chocs, exercés d'une manière continuellement croissante ou répétés un grand nombre de fois; en particulier, nous avons donné beaucoup de détails sur l'adhérence de ces matériaux entre eux, aux pierres et au fer, question très peu étudiée jusqu'à ce jour. Ce travail forme le développement et la continuation de recherches indiquées dans diverses publications antérieures; il fournit une documentation abondante, notamment de nombreuses données numériques qui, combinées avec les notions résultant des deux premières parties du volume, contribueront peut-être à rendre plus exact le calcul du ciment armé et à augmenter l'économie et la sécurité de ce mode de construction.

R. FERET

Avril 1906

PREMIÈRE PARTIE

EXPÉRIENCES

CHAPITRE PREMIER

INDICATIONS PRÉLIMINAIRES

1. Expériences antérieures. — A part quelques exceptions, parmi lesquelles il convient de citer tout particulièrement les recherches méthodiques poursuivies depuis plusieurs années par M. Considère, la plupart des expériences auxquelles on a soumis jusqu'à présent des pièces de mortier ou de béton munies d'armatures métalliques ont eu pour but soit de vérifier si des ouvrages ou parties d'ouvrage satisfaisaient aux conditions de résistance et d'élasticité imposées aux entrepreneurs (épreuves de réception), soit de mettre en évidence les qualités de tel ou tel système particulier de construction en ciment armé (expériences de démonstration). Aussi ont-elles presque toujours porté sur des assemblages établis autant que possible conformément à leurs dispositions pratiques d'emploi et, dès lors, assez complexes, dans lesquels il est à peu près impossible de connaître la répartition des efforts produits par une charge donnée, souvent incertaine elle-même, et, *a fortiori*, de mesurer les réactions mutuelles s'exerçant entre les multiples éléments qui constituent ces ensembles hétérogènes. De là des difficultés de calcul inextricables qui font que beaucoup de ces expériences, intéressantes pour l'étude *a posteriori* des assemblages particuliers sur lesquels elles ont porté, n'ont guère fait progresser la théorie générale du ciment armé ni donné le moyen de calculer avec quelque certitude des assemblages s'écartant un peu des premiers par leurs dimensions ou leur disposition.

2. Méthode expérimentale adoptée. — Frappé de cette lacune, nous avons, depuis 1893, soumis à divers essais des séries d'assemblages *aussi simples que possible* de fer et de mortier, en vue d'étudier l'influence des qualités, proportions et dispositions relatives de ces deux matériaux, et de tâcher de mettre en lumière la nature et la grandeur des efforts qui s'exercent entre eux sous l'action de charges variées.

A cet effet, nous nous sommes constamment conformé aux règles suivantes :

Opérer sur des pièces prismatiques à section rectangulaire ;

N'employer que des barres métalliques droites à section circulaire ;

N'introduire dans une même poutre que des barres longitudinales identiques entre elles et symétriquement réparties dans un même plan horizontal ;

N'ajouter aucune pièce métallique auxiliaire (sauf dans quelques cas spéciaux où nous avons voulu étudier l'influence de pareilles pièces).

Dès lors, dans chacune de nos poutres, toutes les sections par des plans perpendiculaires à sa longueur ont toujours présenté la même forme et la même disposition.

Dans chaque série d'essais, nous avons fait en sorte qu'à une poutre quelconque en correspondît toujours une autre ne différant de la première que par une seule des conditions de l'expérience, de manière que l'essai montrât bien nettement l'influence des variations de cette condition. En particulier, toutes les fois qu'il ne s'est pas agi d'étudier l'influence de la nature du mortier, nous avons eu soin que toutes les poutres d'une même série fussent composées exactement du même mortier, fabriquées sans interruption, conservées dans des conditions identiques et essayées après une même durée de conservation.

Enfin, pour éviter les incertitudes pouvant provenir d'encastrements plus ou moins imparfaits, nous avons essayé par flexion toutes les poutres, après les avoir posées, près de leurs extrémités, sur deux appuis fixes d'écartement connu, et en les soumettant à des charges facilement vérifiables et disposées de manière à éviter tout arc-boutement pouvant fausser la répartition des efforts extérieurs. Quand on a été obligé de donner aux appuis une certaine largeur, on a mesuré la portée entre leurs arêtes intérieures, lignes auxquelles les plans d'appui tendent à se réduire dès que la poutre s'incurve sous l'action de la charge.

En résumé, nos essais n'ont pas eu pour but de montrer immédiatement comment tel ou tel assemblage devait se comporter dans la pratique, où les poutres, planchers, etc., sont toujours plus ou moins encastrés à leurs extrémités et aussi, dans la plupart des cas, solidarisés latéralement avec les autres parties de la construction.

Encore moins prétendent-ils comparer les uns aux autres et classer par ordre de mérite les nombreux systèmes de ciment armé préconisés par divers inventeurs.

Nous avons uniquement cherché à déterminer, dans des cas simples, les changements de propriétés que subissent des poutres de mortier par l'adjonction d'une armature métallique, de manière à tâcher d'en déduire quelques indications positives et générales pour le calcul des poutres armées.

3. Notations. — Pour simplifier le langage et représenter sous une même forme succincte les données et les résultats de toutes les expériences, nous supposerons nos poutres toujours posées horizontalement et soumises à des efforts extérieurs agissant parallèlement à l'action de la pesanteur, et nous emploierons constamment les notations suivantes, en prenant pour unités le mètre et le kilogramme :

L : longueur totale de la poutre dans le sens de sa portée ;

l : portée entre les arêtes intérieures des appuis ;

e : épaisseur verticale de la poutre ;

b : largeur horizontale perpendiculaire à la portée ;

$\mathcal{C}$: résistance du mortier à la rupture par compression (exprimée en kilogrammes par centimètre carré et déterminée directement sur des blocs cubiques fabriqués et essayés en même temps que les poutres, parfois aussi sur des morceaux détachés des poutres elles-mêmes) ;

n : nombre de barres rondes longitudinales constituant l'armature ;

d : diamètre des barres ;

$\varphi = \frac{\pi n d^2}{4 be}$: rapport de la section totale de l'armature à celle de la poutre (pourcentage) ;

ζ : distance verticale du centre de gravité de l'armature à la face la plus comprimée de la poutre ;

$\varepsilon = e - \zeta - \frac{d}{2}$: épaisseur minimum du mortier entre l'armature et la face la plus tendue de la poutre ;

ϖ : poids de la poutre par mètre courant ;

p : surcharge (non compris le poids propre de la poutre) uniformément répartie par mètre courant ;

P : surcharge concentrée au milieu de la portée ;

f : déplacement vertical d'un point donné de la poutre sous une charge donnée ;

$M = \dfrac{(\varpi + p)\left(l - \dfrac{L}{2}\right)L + Pl}{4}$: moment fléchissant total dans la section médiane, sous une charge donnée, le plus souvent sous la charge de rupture ;

$m = \dfrac{1}{10^4}\,\dfrac{M}{be^2}$: même moment fléchissant ramené à une section moyenne d'un centimètre carré ;

$A = \dfrac{(\varpi + p)\,l + P}{2}$: effort tranchant total au droit de chacun des appuis, sous une charge donnée ;

$a = \dfrac{1}{10^4}\,\dfrac{A}{be}$: même effort tranchant ramené à une section moyenne d'un centimètre carré.

Nous indiquerons de préférence, dans le compte rendu de chaque série d'expériences, celles de ces grandeurs dont la connaissance immédiate nous paraîtra le plus utile.

En particulier, quand les poutres se rompent dans leur section médiane, les valeurs de m à l'instant de la rupture donnent, jusqu'à un certain point, une commune mesure des résistances intrinsèques des diverses poutres étudiées, rendue indépendante de leurs dimensions, de leurs portées et de la répartition des charges, et peuvent indiquer, par leur comparaison avec les valeurs de $\mathcal{C}$ et de φ, l'influence de la répartition des deux matériaux. Nous reviendrons d'ailleurs longuement sur ce point dans la partie théorique de cette étude (notamment art. 122), et nous y justifierons cette manière de voir. Remarquons seulement pour le moment que, dans une poutre homogène parfaitement élastique, la tension et la compression maximum développées sur les faces extrêmes, dans la section médiane, sont mesurées par $6m$, de sorte que comparer les valeurs de m relatives à diverses poutres armées revient en somme à assimiler ces poutres à des poutres homogènes parfaitement élastiques de mêmes dimensions, faites avec des matières dont les résistances à la rupture par traction seraient proportionnelles aux valeurs de m correspondantes.

Quand les poutres se rompent au droit des appuis, il convient, de même, de comparer les valeurs de a pour les charges de rupture.

4. Remarque. — Dans la liste des notations qui précède, il n'est pas question de la résistance du mortier à la rupture par traction, résistance qui joue pourtant un grand rôle dans la flexion des poutres. On ne connaît, en effet, aucun moyen de la déterminer exactement, car les chiffres fournis par les essais directs de traction, chiffres d'ailleurs extrêmement variables suivant la forme et les dimensions des briquettes et la vitesse d'accroissement de la charge, ne sont, comme on le verra plus loin (art. 58), qu'une moyenne fort complexe des efforts très différents développés, à l'instant de la rupture, aux divers points de la section de la briquette. Dès lors, l'indication d'une pareille résistance ne pourrait que donner des idées fausses et conduire à des calculs erronés.

Quant à la résistance que l'on calcule par la formule $R = 6m$ en partant de la charge de rupture par flexion de prismes de mortier non armés, elle ne mesurerait la résistance du mortier à la rupture par traction que si, jusqu'à la rupture du prisme, les allongements et les contractions du mortier en chaque point demeuraient proportionnels aux tensions positives ou négatives correspondantes.

CHAPITRE II

ESSAIS DE RUPTURE
SOUS CHARGES CONTINUELLEMENT CROISSANTES

---

§ 1. — ESSAIS SUR PETITS PRISMES

5. Dispositions générales. — Nous avons d'abord pensé simplifier beaucoup les expériences en opérant sur des pièces de petites dimensions, faciles par conséquent à exécuter en grand nombre et avec soin, peu encombrantes et pouvant être essayées au moyen des appareils en usage dans les laboratoires outillés pour la réception des ciments.

A cet effet, nous nous sommes servi de prismes carrés ayant le plus souvent 0,04 m. de côté, quelquefois 0,02 m., sur une longueur de 0,16 m. dans le premier cas et de 0,13 m. dans le second.

Les mortiers, toujours dosés en poids, ont été gâchés à consistance plastique et mastiqués dans les moules, avec le doigt ou la truelle, sans aucun battage : de la sorte, on a évité les différences de tassement qui détruisent souvent l'homogénéité des éprouvettes.

Les épreuves ont consisté exclusivement en essais de rupture, exécutés au moyen de l'appareil normal à leviers (type Frühling-Michaëlis) employé presque partout actuellement pour déterminer les résistances à la rupture par traction des ciments, et dont les griffes avaient été remplacées, l'une par un ensemble de deux couteaux mousses parallèles, situés dans un même plan horizontal à 0,10 m. l'un de l'autre ($l = 0,10$), sur lesquels s'appuyait, pendant l'essai, l'une des faces du prisme, l'autre par un étrier muni d'un couteau mousse guidé de manière à s'appliquer sur la face opposée du prisme d'essai, à égale distance des deux premiers.

La charge, uniformément croissante jusqu'à la rupture, a été produite par un écoulement constant de grains de plomb dans un seau suspendu à l'extrémité d'un levier, qui en transmettait le poids amplifié au couteau central.

Suivant les cas, le rapport d'amplification a été de 10 ou de 50.

Sauf pour l'essai n° 2, les armatures ont consisté en tiges cylindriques et lisses d'acier dur (acier à outils) non trempé, vendues dans le commerce sous le nom de « pieds d'acier ».

Des essais de traction faits sur quelques-unes de ces tiges (diamètre = 0,002 m.) ont donné comme charges de rupture par millimètre carré :

Acier non trempé	de 73 à 80 kg.
Acier trempé au violet . . .	de 89 à 140 kg.

Les allongements pour 100 constatés sur une longueur de 0,05 m. ont varié de 0,4 à 3,0.

Les moyens employés pour fixer ces tiges à la distance voulue des faces du prisme ont varié suivant les expériences et seront décrits à propos du premier groupe d'essais.

Dans tous les essais, on a fait plusieurs prismes identiques, qui ont été rompus à la même époque, et dont les charges de rupture P n'ont généralement présenté que des écarts assez faibles. Leurs moyennes ont servi à calculer les valeurs de m définies ci-dessus, qui seront données dans les tableaux. En négligeant le poids propre des prismes, tout à fait insignifiant relativement aux efforts qu'il a fallu faire agir, les formules se sont réduites à $m = \frac{P}{25,6}$ ou $m = \frac{P}{3,2}$ suivant que le côté des prismes était de 4 centimètres ou de 2 centimètres. Les valeurs de a correspondantes seraient, suivant le cas, $a = 0,8\,m$ ou $a = 0,4\,m$.

Pour la facilité du langage, nous appellerons toujours *face inférieure* du prisme celle qui, pendant l'essai, portait contre les couteaux extrêmes et était la plus tendue, et *face supérieure* la face opposée, la plus comprimée, sur laquelle agissait le couteau central, par analogie avec la position correspondant au cas le plus simple, où l'effort résulte d'un poids agissant directement au milieu d'une barre reposant sur deux appuis équidistants.

Disons de suite que, dans presque tous les essais de laboratoire faits avec les petits prismes armés de 0,04 m. ou 0,02 m. de côté et 0,10 m. de portée, la rupture s'est produite par cassure du mortier dans la section centrale et décollement entre le mortier et l'acier sur toute une moitié de l'armature. Quand l'armature était faible, le prisme a cédé brusquement et la tige d'acier a été légèrement tordue ; au contraire, avec les armatures les plus fortes, on a commencé par constater, pour une certaine charge, un très léger mais subit affaissement du levier, correspondant à une fissure presque imperceptible du mortier à la partie inférieure de la section médiane, et il a été possible d'augmenter notablement la charge avant d'obtenir l'effondrement définitif. En pareil cas, c'est toujours la charge correspondant à la première apparition de la fissure que nous avons comptée comme charge de rupture. Si l'on décrochait le seau au plomb peu après la formation de cette fissure, celle-ci se refermait aussitôt et se dessinait momentanément d'une manière très nette par l'expulsion d'un peu d'eau tout le long de son contour (ce qui permettait de voir jusqu'à quelle hauteur elle s'étendait) ; puis elle cessait d'être visible. Si, au contraire, on ne supprimait la charge que lorsque la fissure s'était suffisamment ouverte, elle restait béante, mais sans que l'on constatât aucun écrasement du mortier à la partie supérieure (fig. 1) ; en exerçant avec les mains un léger effort de flexion en sens inverse, on achevait la rupture et, la tige d'acier faisant ressort, les deux moitiés du prisme revenaient brusquement dans le prolongement l'une de l'autre avec intervalle constant sur toute la hauteur (fig. 2).

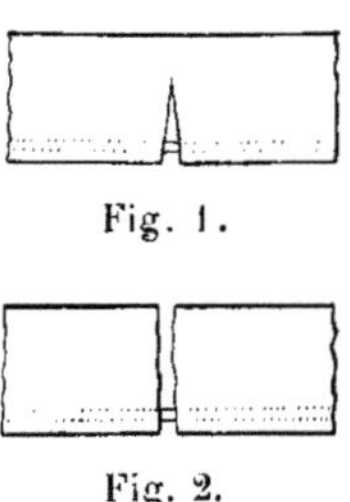

Fig. 1.

Fig. 2.

Dans les essais qui vont être décrits, il n'est arrivé que deux fois, avec des tiges trempées sec, que l'acier se soit rompu.

Presque toujours nous avons constaté, après rupture, que l'armature avait glissé dans le mortier, mais sans qu'il fût possible de savoir, sauf pour quelques prismes particuliers, si le décollement avait ou non précédé la rupture du mortier dans la section médiane.

Divers dispositifs employés dans le but d'empêcher tout déplacement longitudinal du fer dans le mortier ont d'ailleurs, comme le montre l'expérience ci-après, été à peu près sans influence.

6. Comparaison de dispositifs destinés à modifier le glissement.

Essai n° 1 :

$$b = e = 0,04.$$

Mortier composé, en poids, d'une partie de ciment portland pour deux parties de sable de dune.

$$n = 1 \; ; \; d = 0,002 \; ; \; \varphi = 0,0020 \; ; \; \varepsilon = 0,004.$$

Prismes rompus après 12 semaines de conservation dans l'eau douce.

$$\mathcal{C} = 101.$$

6 prismes de chaque espèce.

Types d'armatures :

O Mortier non armé.
A Tige d'acier droite lisse.
B — trempée.
C — graissée (pour diminuer l'adhérence avec le mortier).
D — passée à l'acide (pour faciliter l'adhérence).
E — rouillée.
F Tige recourbée en crochet à ses deux extrémités. } (fig. 3).
G — trempée. }
H Tige droite soudée à ses extrémités à des fils de fer en croix et recourbés pour la maintenir à la distance voulue du fond du moule (fig. 4).
J Tige droite renforcée de bourrelets de soudure au quart et aux trois quarts de sa longueur et terminée à ses deux extrémités par de petites plaques de zinc soudées perpendiculairement (fig. 5).

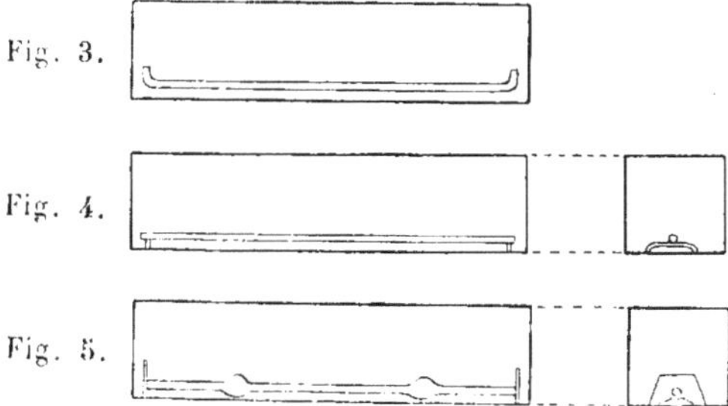

Fig. 3.
Fig. 4.
Fig. 5.

Pour les types A à G, on a commencé par mastiquer aux extrémités de chaque tige une petite boulette de ciment pur qui, une fois durcie, a été grattée d'un côté, de manière à former une surface d'appui, jusqu'à ce que, les boulettes posant par cette surface sur un plan, l'intervalle vide entre le reste de la tige et le plan fût exactement de 0,004 m. Puis on a mis une couche de mortier de 0,005 m. à 0,006 m. d'épaisseur au fond du moule, en réservant deux places vides pour les boulettes ; on a introduit la tige jusqu'à ce que les boulettes posassent exactement contre le fond du moule et on a achevé de remplir avec du mortier.

Lors de la rupture de ces divers types de prismes, on a remarqué que l'ouverture de la fissure, égale à environ 3 millimètres sur la face inférieure pour les prismes à tiges droites lisses, a été d'autant plus faible que les tiges présentaient plus d'obstacles au glissement. Avec les types H et J, l'un des arrêts terminaux a été dessoudé. Toutefois, on voit par le tableau ci-dessous que, sauf avec les tiges rouillées, les charges de rupture ont été sensiblement les mêmes pour tous les prismes armés.

	m	Nombres proportionnels
O. Mortier non armé	5,12	83,2
H. Fil de fer soudé aux deux bouts de la tige . . .	6,01	97,4
C. Tige graissée	6,04	97,9
B. Tige droite trempée	6,07	98,4
F. Tige à crochets	6,16	99,8
A. Tige droite.	**6,17**	**100,0**
D. Tige passée à l'acide.	6,30	102,1
J. Plaquettes soudées et bourrelets de soudure. . .	6,35	102,9
G. Tige à crochet trempée.	6,37 (1)	103,2
E. Tige rouillée.	6,61	107,1

Il semble donc ressortir de cet essai que les prismes se sont tous rompus dès que la tension maximum du mortier dans la section médiane a atteint la résistance de rupture, et non par suite d'un décollement préalable de l'acier et du mortier, qui se serait évidemment produit sous des charges différentes suivant la nature de l'armature.

1. Pour deux des six prismes essayés, la tige s'est cassée net en même temps que le mortier. Les valeurs de *m* correspondantes ont été 6,06 et 6,26, tandis que, pour les quatre autres, elles ont été 6,36, 6,45, 6,55 et 6,55.

7. Influence du nombre des tiges.

Essai n° 2 :

$$b = e = 0,04.$$

Mortier composé, en poids, d'une partie de ciment portland pour trois parties de sable de dune.

Fils de fer doux de 0,001 m. de diamètre, placés symétriquement, dans un même plan, à 0,010 m. de la face inférieure du prisme.

Immersion à l'eau douce après une semaine et rupture après douze semaines.

6 prismes de chaque espèce.

$n =$	0	1	2	3	4
$\varphi =$	0	0,0005	0,0010	0,0015	0,0020
$m =$	2,65	3,06	3,33	3,39	3,51

Au delà de deux fils de fer, l'augmentation de leur nombre a à peine augmenté la résistance ; par contre, la déformation subie après rupture a été de plus en plus faible.

Essais n°s 3 à 10 :

$$b = e = 0,04.$$

Tiges d'acier :

$$d = 0,002 \; ; \; \varepsilon = 0,005 \; ; \; \varphi = 0,00196 \times n.$$

Mortiers plastiques immergés à l'eau douce et rompus après sept jours, pour les essais n°s 3 à 9, et après deux ans pour l'essai n° 10.

Pour éviter que les mortiers, encore assez tendres lors de la rupture, fussent pénétrés par les couteaux avant de rompre, le couteau central a été remplacé par un élément plan de 0,006 de largeur, que l'on a d'ailleurs négligé dans le calcul de m (erreur commise = 3 p. 100 de m). De même, pour les mortiers les moins résistants, on a interposé de petites bandes de zinc mince entre les prismes et les couteaux extrêmes.

Il a été fait six prismes de chaque espèce, dont les résistances, presque toujours bien concordantes, ont servi à calculer les moyennes relatées dans le tableau ci-après.

Souvent, surtout pour les plus grands nombres de tiges d'acier, la rupture s'est produite plus ou moins obliquement, comme l'indiquent les figures 6 et 7.

Quand, dans une même série de six prismes pareils, plusieurs se sont rompus au milieu et les autres plus ou moins obliquement, les charges de rupture ont néanmoins été les mêmes.

Les lettres accolées à certains des nombres du tableau correspondent aux divers cas suivants :

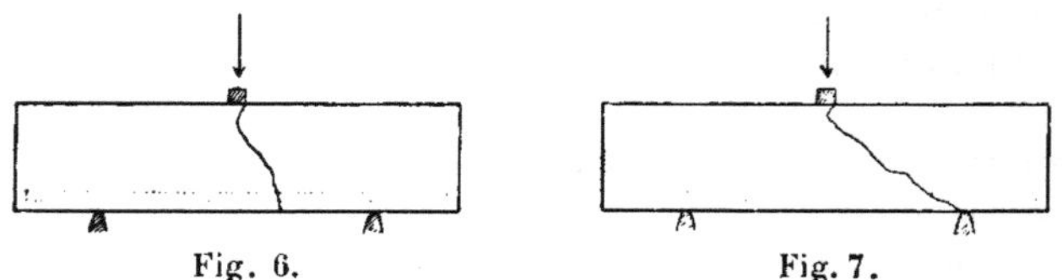

Fig. 6. Fig. 7.

Aucune lettre : Toutes ou presque toutes ruptures centrales ;

(*a*) : Quelques ruptures obliques (fig. 6) ; les autres centrales ;

(*b*) : Toutes ou presque toutes ruptures obliques (fig. 6);

(*c*) : Quelques ruptures complètement obliques (fig. 7) ; les autres centrales ;

(*d*) : Ruptures les unes partiellement, les autres complètement obliques ;

(*e*) : Toutes ou presque toutes ruptures complètement obliques.

Désignation de l'essai	Désignation du ciment (portland) [1]	Nature du sable	Poids de sable pour 1 de ciment	Age du mortier lors de la rupture	$\mathcal{C}$	Valeurs moyennes de m obtenues pour				
						$n=0$	$n=1$	$n=2$	$n=3$	$n=4$
n° 3	A	fin	3	7 jours	16	1,08	1,56 (*a*)	2,36 (*a*)	2,71 (*a*)	3,04 (*e*)
4	B	fin	3	—	18	1,21	1,67	2,73 (*b*)	3,04 (*d*)	3,14 (*e*)
5	A	fin	2	—	35	1,67	2,40	3,55 (*a*)	4,35 (*d*)	4,82 (*e*)
6	C	gros	4	—	56	2,23	2,62 (*a*)	3,46 (*a*)	4,47 (*a*)	5,06 (*b*)
7	A	gros	2	—	73,5	3,70	4,04 (*a*)	5,18 (*a*)	6,98 (*a*)	8,12
8	B	fin	1	—	69	3,81	4,68	6,68	10,00 (*a*)	11,66 (*b*)
9	D	ciment pur	0	—	146	7,52	8,62 (*a*)	9,57 (*a*)	11,17 (*a*)	13,67
10	E	fin	3	2 ans	63	4,38	5,30	7,62	10,10 (*a*)	11,06 (*d*)

1. Autant d'échantillons différents que de lettres distinctes.

En traçant des diagrammes qui aient pour abscisses les valeurs de n et pour ordonnées celles de m dans une même série d'essais (fig. 8), on n'aperçoit aucune relation simple entre ces deux grandeurs : le plus souvent les points forment une courbe en forme d'S allongé.

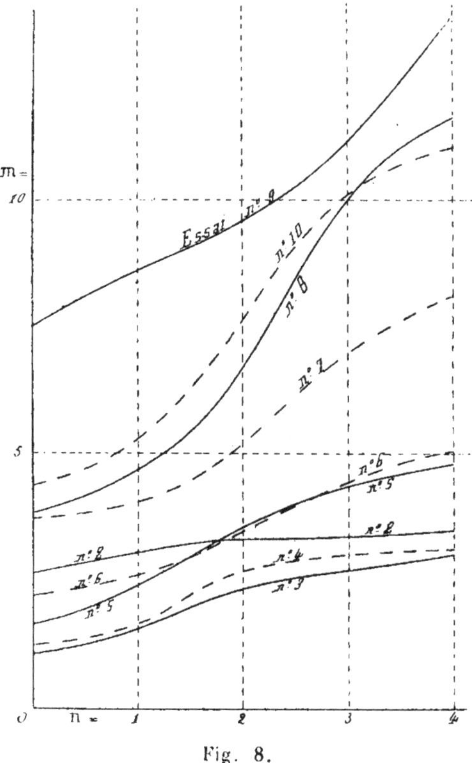

Fig. 8.

8. Influence de la grosseur des tiges.

Essai n° 11 :

$$b = e = 0,02.$$

Mortier : 1 ciment portland + 2 sable de dune.

$$n = 1 \; ; \quad \varepsilon = 0,002.$$

Tiges soudées à leurs extrémités à de petites tiges de 0,002 reposant, pendant le moulage, sur le fond du moule (fig. 9).

Immersion à l'eau douce après deux jours et rupture après douze semaines.

6 prismes de chaque espèce.

$d =$	0	0,001	0,002	0,003	0,004
$\varphi =$	0	0,0020	0,0079	0,0177	0,0314
$m =$	5,78	7,47	11,75	16,37	20,47
$3{,}14 + 4360\,d =$	3,14	7,50	11,86	16,22	20,58

Fig. 9.

Les tiges de 0,001 et 0,002 se sont toujours dessoudées d'une de leurs traverses lors de la rupture. Celles de 0,003 et 0,004 se sont aussi quelquefois dessoudées, mais, le plus souvent, ont entraîné l'une de leurs traverses au milieu du mortier en écrasant celui-ci, pendant que l'autre moitié de la tige fendait longitudinalement le mortier et se faisait jour à travers la face inférieure du prisme.

Essais n°s 12 à 14 :

$$b = c = 0{,}04\,;\; n = 1\,;\; \varepsilon = 0{,}004.$$

Prismes immergés à l'eau douce.

6 prismes de chaque espèce.

Désignation de l'essai	Nature du sable[1]	Poids de sable pour 1 de ciment	Nature de la tige d'acier	Age lors de la rupture	$\mathcal{C}$	$d =$	0	0,00125	0,00204	0,00275	0,00378
						$\varphi =$	0	0,0008	0,0020	0,0037	0,0070
n°				sem.							
12	fin (dunes)	2	lisse	14	80	$m =$	4,14	5,21	6,19	7,05	8,24
						$3{,}73 + 1200\,d =$	3,73	5,23	6,17	7,03	8,26
13	fin (dunes)	2	avec bourrelets de soudure	12	97	$m =$	5,07	5,97	6,36	6,61	7,29
						$5{,}16 + 565\,d =$	5,16	5,87	6,41	6,71	7,29
14	moyen (Saint-Malo)	3	avec bourrelets de soudure	12	121	$m =$	5,26	5,72	6,49	7,22	8,06
						$4{,}56 + 948\,d =$	4,56	5,74	6,4[illegible]	7,16	8,14

1. Pour la description complète des sables, voir l'annexe à la fin du volume.

Pour l'essai n° 12, les armatures étaient des tiges lisses, comme d'ordinaire (type A de l'essai n° **1**). Les ruptures ont toujours été très nettes.

Pour les deux autres, on a essayé d'empêcher le glissement des tiges dans le mortier, en munissant celles-ci, à leurs extrémités, de plaques de zinc soudées normalement à leur direction, et, au quart et aux trois quarts de leur longueur, de bourrelets de soudure (type J de l'essai n° 1). Lors de la rupture des prismes armés des plus grosses tiges, la fissure a été à peine perceptible et s'est refermée, avec suintement d'eau, après suppression de la charge. Autant qu'on a pu en juger, cette fissure s'étendait sur environ les deux tiers de l'épaisseur des prismes.

Les quatre essais qui précèdent tendent à montrer que, bien qu'*a priori* on puisse croire que les augmentations de résistance résultant de la présence des tiges d'acier doivent être propor-

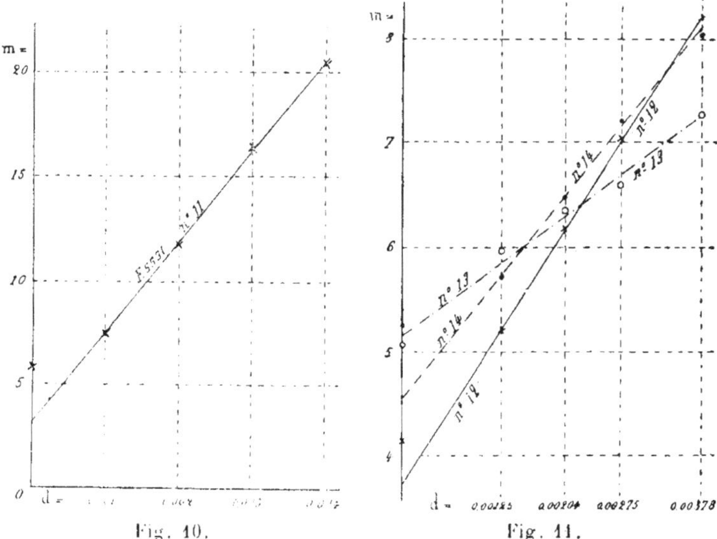

Fig. 10.   Fig. 11.

tionnelles à la section de ces tiges, c'est-à-dire au carré de leur diamètre, en réalité les moments de rupture croissent proportionnellement aux diamètres eux-mêmes. C'est ce que montrent notamment les figures **10** et **11**, dans lesquelles on a pris pour abscisses les diamètres des tiges et pour ordonnées les valeurs de m déduites des charges de rupture : les points correspondant à un même essai sont très sensiblement en ligne droite. Toutefois, on remarque que, dans les essais **11**, **12** et **14**, le moment fléchissant de rupture des prismes non armés ($d = 0$) dépasse plus ou moins celui qui correspondrait à la droite passant le plus près des autres points.

L'aire de la surface de contact du métal et du mortier étant proportionnelle au diamètre de la tige, la loi qui vient d'être entrevue tendrait à faire supposer que la rupture se produit dès que la charge dépasse celle qui correspondrait à la rupture du prisme non armé, d'une quantité proportionnelle à l'effort nécessaire pour décoller les deux matières. Toutefois, s'il en était ainsi, l'augmentation de résistance devrait en même temps croître proportionnellement au nombre des tiges, ce qui ne ressort aucunement des essais relatés à l'article **7** ; en outre, il est difficile de concevoir que, dans les essais **13** et **14**, où les barres présentaient des renforcements qui n'ont pas été arrachés, la rupture ait commencé par le glissement de la tige dans le mortier.

9. Influence de la position des tiges.

Essai n° 15 :

$$b = e = 0{,}02.$$

Mortier : **1** ciment portland + **2** sable de dune.

$n = 1$; $d = 0{,}002$; $\varphi = 0{,}0020$ (type **II** du premier essai). ε variable.

Immersion à l'eau douce après deux jours ; rupture après douze semaines.

6 prismes de chaque espèce.

Epaisseur du mortier entre l'armature et la face tendue du prisme $\varepsilon =$	Mortier non armé	0,002	0,004		0,009		0,014
Manière dont la rupture s'est produite	brusque	brusque	souvent progressive		toujours progressive		brusque
Désignation de l'essai. . . .	A	B	C	C'	D	D'	E
			légère fissure	rupture compl.	légère fissure	rupture compl.	
$m =$	6,16	13,07	11,25	13,13	6,28	9,06	6,34
Augmentation de m due à l'armature : $m - 6{,}16 =$	—	6,91	5,09	6,97	0,12	2,90	0,18

Dans les quatre séries B à E, et particulièrement dans les deux dernières, on a constaté une petite zone de mortier écrasée à la partie supérieure de la section médiane des prismes. En démolissant ces derniers après rupture, on a observé que les tiges s'étaient dessoudées des traverses pour tous les prismes des séries B et C, peut-être pour quelques-uns de la série D, mais pour aucun de la série E, résultat qui n'a rien de surprenant, car le fer n'a dû subir, dans les essais D et E, qu'une tension assez faible.

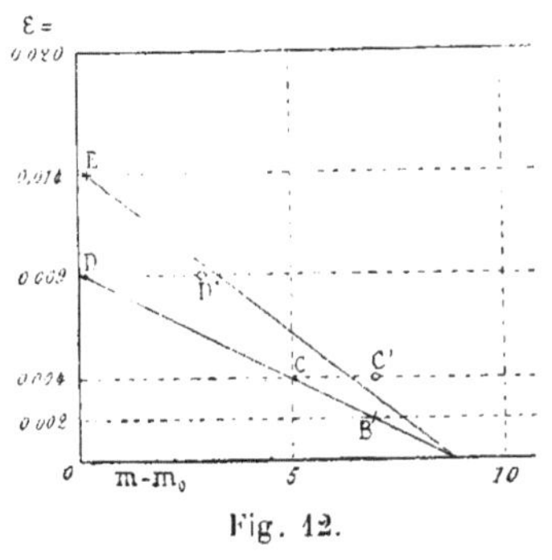

Fig. 12.

Quoi qu'il en soit, l'augmentation de résistance apportée par l'armature, à peu près nulle quand la tige se trouve au-dessus ou aux environs du milieu du prisme, augmente à mesure qu'elle est plus basse.

La figure 12, dans laquelle on a pris pour ordonnées les valeurs de ε et pour abscisses les excès $m - m_0$ des moments de rupture des prismes armés sur celui des prismes de mortier seul, montre que les valeurs de $m - m_0$ correspondant au commencement de la rupture ont été à peu près proportionnelles à la distance de la génératrice inférieure de la tige au milieu de l'épaisseur du prisme. Les résistances correspondant à la rupture définitive ont présenté quelque incertitude : les valeurs de $m - m_0$ qui s'en déduisent semblent être à peu près proportionnelles aux distances de la génératrice inférieure de la tige aux trois quarts de l'épaisseur du prisme, comptés à partir de sa face inférieure.

10. Influence de l'âge du mortier.

Essai n° 16 :

$$b = c = 0{,}02.$$

Mortier : 1 ciment portland + 2 sable de dune.

$n = 1$; $d = 0{,}002$; $\varphi = 0{,}0079$; $\varepsilon = 0{,}002$ (type de l'essai n° 11).

Immersion à l'eau douce après 48 heures de durcissement à l'air.

Rupture après diverses durées de conservation.

5 prismes non armés et 5 prismes armés rompus après chaque durée.

Durée écoulée depuis le gâchage		1 sem.	4 sem.	12 sem.	26 sem.	1 an	2 ans
Moments fléchissants réduits pour la charge de rupture.	prismes non arm : $m_0 =$	2,16	3,72	5,10	6,69	7,72	8,25
	prismes armés : $m =$	6,91	10,72	14,42	18,00	20,56	22,65
Différence en faveur des prismes armés : $m - m_0 =$		4,75	7,00	9,32	11,31	12,84	14,40
Même différence exprimée en ramenant toujours à 100 le moment de rupture des prismes non armés : $100 \frac{m - m_0}{m_0}$		221	188	182	169	167	175

Ainsi qu'on devait s'y attendre, les moments de rupture des prismes armés aussi bien que des prismes non armés augmentent avec le temps, mais, le fer restant le même alors que le mortier devient de plus en plus dur en vieillissant, l'augmentation relative de résistance due à l'armature va en diminuant.

Dans la figure 13, on a pris comme abscisses les racines cubiques des temps écoulés (pour augmenter l'espacement des abscisses correspondant aux courtes durées et resserrer celles des plus longues) et comme ordonnées les moments fléchissants de rupture et leurs différences : son examen montre que les progressions ont été bien régulières.

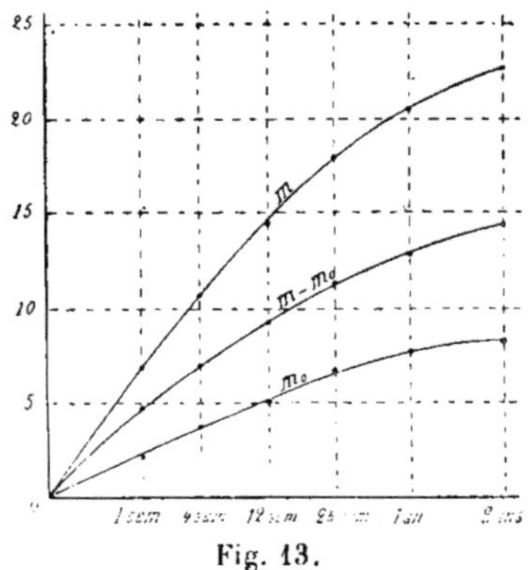

Fig. 13.

11. Influence de la composition du mortier.

Essai n° 17 :

$$b = c = 0,04.$$

$n = 2$, $d = 0,002$, $\varphi = 0,0039$, $\varepsilon = 0,004$ (type II du 1er essai).

Rupture après 12 semaines d'immersion à l'eau douce.

3 prismes non armés et 3 prismes armés avec chaque mortier.

Sables employés[1] : Sable de dune : très fin.
Sable de Gattemarre (près Cherbourg) : granitique à gros grains ronds.

Provenance du sable	Dune			Gattemarre		Ciment pur
		légère fissure	rupture compl.			
Poids de sable pour un poids 1 d'un même ciment portland	5	2		5	2	0
Désignation du mortier	A	B		C	D	E
Résistance à la compression : $\mathcal{C} =$	36	128		130	327	490
Moments fléchissants réduits pour la charge de rupture. — prismes non armés : $m_0 =$	2,37	6,12		5,15	9,40	16,48
Moments fléchissants réduits pour la charge de rupture. — prismes armés : $m =$	3,94	8,20	9,44	7,78	13,96	20,80
Différence en faveur des prismes armés : $m - m_0 =$	1,57	2,08	3,32	2,63	4,56	4,32
Même différence exprimée en ramenant à 100 le moment de rupture des prismes non armés : $100 \frac{m - m_0}{m_0} =$	66	34	54	51	48	26

Les prismes armés au mortier B se sont rompus en deux temps bien distincts comme il a été expliqué plus haut.

Au contraire, les prismes armés aux mortiers très riches D et E se sont rompus brusquement, et on a constaté, après rupture, que les tiges étaient dessoudées de leurs traverses.

Quant à ceux aux mortiers maigres C et surtout A, on y a observé, juste à l'instant de la rupture, une désagrégation du mortier à l'un des bouts, par suite de l'entraînement par les tiges, glissant dans le mortier, de la traverse en fil de fer sur laquelle elles étaient soudées.

Il ressort du tableau que les résistances à la rupture par flexion, tant pour les prismes armés que pour les prismes non armés, de même que les augmentations absolues de résistance dues à l'armature, augmentent en même temps que la résistance propre du mortier (résistance à la compression par centimètre carré).

1. Pour la description complète des sables, voir l'annexe à la fin du volume.

Mais, de même que dans l'expérience précédente, l'armature étant de même force pour les différents mortiers, l'augmentation relative de résistance qu'elle procure aux prismes est d'autant plus faible que le mortier est par lui-même plus résistant.

12. Conclusion des essais sur petits prismes. — Au premier examen des nombres fournis par les diverses expériences qui viennent d'être décrites, on remarque combien importantes ont été le plus souvent les augmentations relatives de résistance résultant de l'addition d'une armature à un prisme de mortier, alors même que le pourcentage du métal était de beaucoup inférieur à ceux que l'on adopte ordinairement dans la pratique.

Une caractéristique de ces essais est que presque toujours on a pu constater, après rupture, que l'armature s'était décollée du mortier et avait glissé dans sa gaine sur toute une moitié de prisme Mais on ne saurait affirmer que ce phénomène ait toujours été la cause déterminante de la rupture : il se peut que le mortier ait cédé tout d'abord dans les régions où les tensions atteignaient sa limite de résistance, et que le décollement et le glissement longitudinal des tiges n'aient été que les conséquences de l'allongement du prisme, déjà cassé, continuant à s'infléchir sous l'action persistante de la charge. Cette dernière hypothèse est du reste confirmée par ce fait que, dans nos essais sur poutres de grandes dimensions, qui seront relatés au paragraphe suivant, jamais nous n'avons pu constater, après rupture, que le fer ait glissé dans le mortier.

Toutefois il serait peut-être imprudent de trop se fier au principe de la similitude mécanique et de chercher à comparer la rupture et, plus généralement, la résistance de grandes poutres à celles de petits prismes géométriquement semblables construits avec les mêmes matériaux [1] : outre que le durcissement du mortier peut progresser différemment suivant les dimensions du bloc, il faudrait, pour que le frottement des deux matériaux l'un contre l'autre fût régi par les lois de la similitude mécanique, que les aspérités inévitables de l'armature eussent, dans les divers prismes à comparer, des saillies rigoureusement pro-

1. Les charges de rupture de poutres rigoureusement semblables et composées de matériaux identiques sont proportionnelles au carré du rapport de similitude et, dès lors, les moments réduits de rupture m ont la même valeur.

Voir à ce sujet : Collignon, *Résistance des matériaux*, art. 108.

portionnelles aux dimensions homologues de ces prismes. En réalité, dans les essais qui viennent d'être décrits, les tiges d'acier étaient lisses comme des aiguilles à tricoter.

En somme, il ne faudrait pas chercher, pour le moment, dans les expériences qui précèdent, autre chose que des indications approximatives sur les augmentations de résistance qui peuvent résulter de l'adjonction d'armatures au mortier dans différentes conditions.

Ainsi qu'on le verra dans la seconde partie de ce travail, on ne saurait déduire des chiffres trouvés certaines données numériques sur les efforts entrant en jeu, que si l'on connaissait la loi de déformation de chacun des mortiers employés, c'est-à-dire la relation entre ses allongements positifs ou négatifs ramenés à l'unité de longueur initiale et les tensions correspondantes. Mais, quand on sera mieux fixé sur l'allure générale de ces lois suivant la composition et les conditions de conservation des mortiers, on n'aura qu'à se reporter à ces nombres pour vérifier s'ils concordent ou non avec les théories générales qui ont été ou pourront être émises sur le calcul des poutres armées.

§ 2. — ESSAIS SUR GRANDES POUTRES

13. Dispositions générales. — Les conditions dans lesquelles ont été composés et essayés les petits prismes armés dont il vient d'être question diffèrent assez de celles de la pratique pour qu'on puisse n'accepter qu'avec une certaine méfiance les conclusions tirées de ces essais. Aussi avons-nous jugé bon de répéter quelques-uns d'entre eux sur des poutres construites à une plus grande échelle. D'ailleurs, à l'époque déjà assez reculée où les expériences ont été entreprises, la plupart des constructeurs étaient encore dans la période des tâtonnements, et, en tout cas, il n'avait encore transpiré que peu de chose sur les dimensions les plus généralement adoptées. Aussi, pour les poutres d'essai, les proportions relatives de fer et de mortier, de même que les diamètres et les écartements des barres, ont-ils été choisis un peu au hasard et doivent-ils parfois différer de ceux dont une plus longue pratique a pu depuis recommander l'usage.

Tous les essais de poutres qui font l'objet de ce paragraphe ont été exécutés à l'usine de la Société des Ciments Français de Boulogne-sur-Mer avec le concours bienveillant du personnel de cette usine, qui a en outre fourni tous les matériaux et le matériel nécessaires. Nous tenons à exprimer ici nos vifs remerciements à son administration et tout particulièrement à M. Bauchère, alors ingénieur-directeur des usines et maintenant directeur général, dont la collaboration nous a été précieuse dans la discussion des programmes d'expériences et l'organisation des installations.

Nous avons été secondé également par M. Havé, ingénieur des Ponts et Chaussées à Boulogne ; partisan résolu du ciment armé dès les débuts de l'extension que ce mode de construction a prise depuis ces dernières années, notre regretté camarade nous a surtout guidé dans le choix des dimensions à adopter pour les poutres, de manière à pouvoir tirer parti directement du résultat des essais en vue de l'exécution, dans des conditions identiques, de petits ouvrages de son service

Les mortiers ont été gâchés un peu sec et pilonnés dans les coffrages servant de moules.

On a employé comme armatures cinq types de barres d'acier du commerce, à surface légèrement rugueuse, dont les essais, exécutés au laboratoire de l'Ecole des Ponts et Chaussées, ont donné les résultats suivants :

Diamètre des barres en mm.	6,9		14,1		19,7		28,0	35,0
	1re éprouvette	2e éprouvette	1re éprouvette	2e éprouvette	1re éprouvette	2e éprouvette		
Coefficient d'élasticité $= 10^9 \times$	20,853	20,853	21,693	22,399	21,334	21,258		22,069
Limite d'élasticité (kg. par mm²).	29,8	29,5	29,0	28,9	27,2	27,3		27,8
Résistance à la rupture (kg. par mm²)	39,1	39,1	37,7	38,6	40,4	40,1	non essayé	51,5
Striction $\frac{S - S'}{S}$	0,326	0,326	0,651	0,599	0,657	0,659		0,528
Allongement p. 100 sur 200 mm.	12,5	16,0	26,5	22,0	24,75	31,0		28,0

Pour contrarier le glissement, on a recourbé à angle droit les bouts de chaque barre, comme pour les prismes F de l'essai n° 1 (fig. 3).

Dans les poutres contenant plusieurs barres, celles-ci ont toujours été pareilles et placées à intervalles égaux dans un même plan horizontal.

Sauf dans quelques essais spéciaux, on n'a adjoint à ces barres longitudinales ni barres transversales, ni étriers, ni aucune autre pièce accessoire.

Depuis leur confection jusqu'aux essais, les poutres ont été conservées à l'air, sous un hangar non clos mais couvert.

Pour l'essai, elles ont été posées sur deux plaques de fer parallèles, à arêtes vives, larges d'environ 0,10 m. et plus longues que la largeur des poutres, plaques reposant elles-mêmes sur deux massifs de maçonnerie solidement fondés.

La charge a toujours été disposée sur toute la largeur des poutres et symétriquement par rapport au milieu de leur portée, de telle sorte que l'effort tranchant maximum correspondît toujours aux sections d'appui et le moment fléchissant maximum à la section médiane.

Les procédés de chargement et d'observation, d'abord assez rudimentaires, ont été perfectionnés progressivement et seront décrits avec chaque essai.

14. Quelques essais isolés. — Les trois essais qui suivent ont été faits avec des mortiers de même composition, dosés à raison de 450 kg. de ciment portland par mètre cube d'un sable obtenu en tamisant le sable de Saint-Malo aux toiles métalliques n°s 10 et 30 (12 et 144 mailles par centimètre carré) et ne gardant que les grains traversant le premier de ces tamis et non le second (Poids du litre = 1,440 kg.).

Toutefois les gâchages n'ont pas eu lieu aux mêmes époques et il est possible que l'énergie du ciment ou les quantités d'eau employées n'aient pas été chaque fois tout à fait les mêmes.

En outre, les conditions de conservation, notamment la température, n'ont pas été non plus nécessairement invariables. Il ne faut donc pas compter que le mortier ait eu exactement même élasticité et même résistance dans les trois essais.

Le chargement a eu lieu au moyen de poids de 20 kg. répartis en assises uniformes sur toute la longueur de la portée. Chaque assise a été commencée par le milieu et continuée simultanément à droite et à gauche, de manière que la charge restât toujours symétrique. Parfois, le nombre des poids dont on disposait ayant été insuffisant pour produire la rupture, on les a ramenés tous vers le milieu de la poutre, puis, si celle-ci résistait encore, on a ajouté divers objets pesants partout où l'on a pu, mais le plus symétriquement possible.

Dans tous les cas, les valeurs de A et de M ont été calculées en tenant compte du poids propre de la poutre et du mode de répartition de la charge et en négligeant l'arc-boutement possible des poids les uns contre les autres.

Les flèches ont été relevées approximativement au milieu de la portée, au moyen d'un appareil multiplicateur, en partant de la position prise par la poutre sous l'action de son propre poids.

Essai n° 18. — Deux poutres identiques fabriquées le 1er septembre 1894 :

$$L = 3{,}50 \ ; \quad l = 3{,}25 \ ; \quad b = 0{,}10 \ ; \quad e = 0{,}36.$$

$$n = 1 \ ; \ d = 0{,}035 \ ; \ \varphi = 0{,}0267 = \frac{1}{37{,}4} \ ; \ \varepsilon = 0{,}044 \ ; \ \varpi = 85.$$

Poutres disposées parallèlement, à une distance de 0,25 d'axe en axe, et recouvertes d'un tablier en bois, sectionné en son milieu pour permettre la flexion, sur lequel on a placé les poids.

Essais faits le 3 octobre 1894, soit après un mois :

$$\mathcal{C} = 125.$$

Dans une première charge, on a eu, pour chaque poutre, autant que, avec le dispositif employé, on peut considérer la charge comme uniformément répartie :

$$p = 755 \ ; \ A = 1363 \ ; \ a = 3{,}8 \ ; \ M = 1107 \ ; \ m = 8{,}5 \ ; \ f = 0{,}0025.$$

La valeur de m est la même que si l'on avait eu $p = 0$ et $P = 1225$.

Le nombre des poids disponibles n'ayant pas été suffisant pour rompre les poutres, on les a reportés vers le milieu de la portée et on a eu approximativement, pour chaque poutre :

$$A = 1393 \ ; \ a = 4{,}15 \ ; \ M = 1712 \ ; \ m = 13{,}2 \ ; \ f = 0{,}003.$$

La même valeur de m aurait correspondu à $P = 0$, $p = 1210$ ou à $p = 0$, $P = 1968$.

Cette charge, encore insuffisante pour produire la rupture, a été maintenue plusieurs jours ; après le second, la flèche a atteint 0,004, puis elle est restée à peu près constante.

Les poutres ont été déchargées et abandonnées dans un coin du hangar : elles ont servi de nouveau, trois et quatre ans plus tard, pour des essais qui seront décrits plus loin sous les nos 25 et 26.

D'après diverses expériences de laboratoire antérieures, on peut estimer qu'à la résistance $C = 125$ aurait correspondu, pour la rupture par flexion de petits prismes ($l = 0,10$, $b = c = 0,04$), une valeur de m voisine de 5,8. Mais, pour des poutres non armées de $0,10 \times 0,36$, la valeur de m aurait sans doute été plus faible, car le mortier durcit moins vite dans de pareilles poutres que dans les petites éprouvettes, qui présentent à l'air extérieur une surface relativement considérable.

Essai n° 19 — Deux poutres identiques aux précédentes, mais non armées ($\varpi = 78$), fabriquées le 3 octobre 1894 et essayées de la même manière le 8 novembre, soit après cinq semaines :

$$C = 98.$$

Après rupture, les morceaux ont été essayés isolément, tantôt dans un sens, tantôt dans l'autre, avec des portées de plus en plus réduites.

La rupture s'est toujours produite brusquement dans le voisinage de la section médiane et sans inflexion appréciable avec les moyens rudimentaires dont on disposait.

Le tableau ci-dessous indique les conditions des essais et les efforts développés à l'instant de la rupture.

Données initiales . . .	$l =$	3,25	1,625	1,45		0,75	
	$b =$	0,10 + 0,10	0,10 + 0,10	0,36		0,36	
	$c =$	0.36	0,36	0,10		0,10	
Désignation de l'essai . . .		A	B	C	D	E	F
Maximum de l'effort tranchant et du moment fléchissant lors de la rupture	$A =$	871	1697	297	237	499	469
	$M =$	759	708	107,5	97,0	93,6	89,2
Moment fléchissant réduit : m_0 =		2.93	2,73	2,99	2,69	2,60	2,48

On voit que les valeurs déduites pour m_0 de chaque essai présentent entre elles des écarts assez sensibles, alors qu'elles devraient être toutes égales au sixième de la résistance vraie du mortier à la rupture par traction, si celui-ci était resté parfaitement élastique jusqu'à la rupture (art. 4).

En même temps que ces poutres, il a été fait, avec le même mortier, des petits prismes de $0{,}02 \times 0{,}02 \times 0{,}13$, qui ont été conservés à l'air et rompus par flexion ($l = 0{,}10$) le même jour qu'elles. La charge qu'il a fallu appliquer en leur milieu pour les rompre a été en moyenne **28,7**. On en déduit $m_0 = 9{,}00$, nombre beaucoup plus fort que ceux fournis par les grosses poutres, sans doute par suite d'un durcissement plus rapide des petits prismes. Peut-être aussi le mortier avait-il été mieux tassé dans les petits prismes que dans les grands.

Essai n° 20 :

$$L = 6{,}50\ ; \quad l = 6{,}00\ ; \quad b = 0{,}40\ ; \quad e = 0{,}36.$$

$$n = 2\ ; \quad d = 0{,}035\ ; \quad \varphi = 0{,}0134 = \frac{1}{75}\ ; \quad \varepsilon = 0{,}05\ ; \quad \varpi = 300.$$

Une poutre, fabriquée le **13** mars **1895**, avait été essayée après diverses durées sans qu'on fût parvenu à la rompre. Dans un dernier essai fait le **12** juin, soit après trois mois, et poussé plus loin, on a obtenu une fissure au bas de la section médiane, pour une charge correspondant à :

$$A = 6.485\ ; \quad M = 12.520\ ; \quad m = 24{,}2.$$

Cette valeur de m correspond à $p = 2.482$ ou $P = 7.447$.

Quelques poids en plus ont achevé d'ouvrir la fissure et la poutre s'est affaissée lentement jusqu'à ce que son milieu vint poser sur un appui disposé pour le soutenir. En la démolissant ensuite, on a constaté que les fers étaient tordus, mais non décollés du mortier.

Dans ces expériences, les flèches n'ont pas été mesurées exactement.

15. Amélioration des conditions d'essai. — Dans les expériences qui vont être décrites, la charge, au lieu d'être directement répartie sur une portion plus ou moins étendue de la portée, a été concentrée tout entière au milieu de la poutre au moyen d'un levier **L** (fig. 14) butant à un de ses bouts contre un appui fixe A, tandis qu'à l'autre était suspendu un plateau **P** qu'on chargeait progressivement de poids marqués.

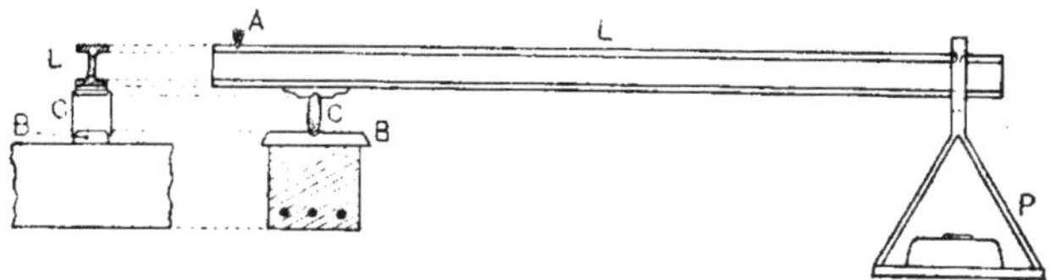

Fig. 14.

Ce levier, dont l'amplification était de 5,84, posait sur la poutre par l'intermédiaire d'une épaisse semelle de fer **B** de 0,10 m. de largeur, un peu plus longue que la largeur de la poutre, et d'une olive en fer C, formant charnière et s'appliquant dans deux gorges creusées, l'une dans un renforcement du levier L, l'autre dans la semelle d'appui B.

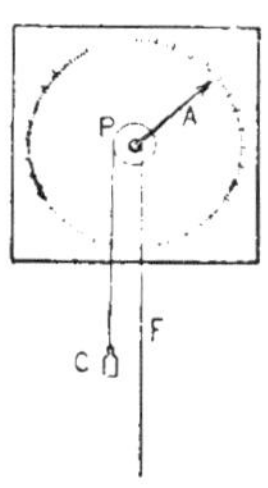

Fig. 15.

Les flèches étaient mesurées au moyen d'un appareil amplificateur (fig. 15), consistant essentiellement en une petite poulie **P**, mobile autour d'un axe horizontal fixe et commandée par un fil **F** descendant verticalement jusqu'à la poutre, au milieu de laquelle était fixé l'un de ses bouts. Un contrepoids C assurait au fil une tension constante. A la poulie était fixée une longue aiguille **A**, mobile devant un cadran divisé, en sorte que les déplacements verticaux du point d'attache du fil sur la poutre se trouvaient amplifiés, sur le cadran, dans le rapport de la longueur de l'aiguille au rayon de la poulie.

Dans les essais, il a été impossible de mesurer directement la flèche prise par chaque poutre sous l'action de son propre poids. De même, l'augmentation de flèche résultant de l'application du levier seul a été assez difficile à mesurer exactement, à cause sans doute des chocs qui se produisaient d'une manière presque inévitable quand on appliquait le levier et aussi de l'inertie de départ de l'appareil amplificateur. On est donc parti d'une division arbitraire du cadran et on a relevé les divisions correspondant aux diverses charges successives ; puis on a tracé la courbe donnant les flèches en fonction des valeurs de m, qui croissent proportionnellement aux charges, et on a ajouté ou retranché à toutes les flèches lues une quantité constante, de manière que le prolongement de la courbe passât par l'origine des coordonnées. Ce sont les flèches ainsi corrigées qui sont données par les tableaux.

Pour faire un essai, on commençait par noter la flèche correspondant à la charge produite par le levier seul, charge qu'il était facile de déduire du poids total du levier et de la position de son centre de gravité ; on suspendait le plateau, dont le poids était connu, et on mesurait encore la flèche ; puis on y plaçait successivement des poids marqués, et on lisait chaque fois la flèche correspondante, en continuant ainsi jusqu'à la rupture. Avant chaque lecture, on donnait quelques secousses contre le cadran de l'appareil indicateur, de manière à vaincre l'inertie de la poulie, et on ne notait l'indication du cadran que quand, après les chocs, l'aiguille, ses oscillations terminées, s'arrêtait à la même division qu'auparavant. En général, dans le courant d'un essai, ce résultat était atteint après moins d'une à deux minutes d'application de chaque nouvelle charge. Au contraire, quand on arrivait très près de la charge de rupture, on constatait presque toujours une augmentation progressive de la flèche sous une même charge.

16. Influence du nombre et du diamètre des barres.

Essai n° 21. — Cinq poutres de mêmes dimensions :

$$L = 4{,}50 \,; \quad h = e = 0{,}20 \,;$$

fabriquées le 3 décembre 1895 avec un mortier un peu plus plastique que le précédent et composé, en poids, de :

2 parties de ciment portland ;

3 parties de sable de Saint-Malo tamisé comme précédemment;

et 3 parties de déchets de quartzite de Cherbourg concassé, de 1 à 2 centimètres environ (Poids du litre = 1,300).

Armatures différentes suivant les poutres.

Pour toutes les poutres, on avait $\varepsilon = 0{,}03$ et, sensiblement, $\varpi = 96{,}5$.

Essais faits le 25 mars 1896, soit après un peu moins de quatre mois :

$$c = 165 \,; \quad l = 4{,}00.$$

Désignation de la poutre. . . .		A	B	C	D	E
Nombre de barres	$n =$	2	1	2	4	2
Diamètre des barres	$d =$	0,0141	0,0280	0,0197	0,0141	0,0280
Pourcentage du fer	$\varphi =$	0,0077	0,0154	0,0149	0,0154	0,0308
	$\varphi =$	$\frac{1}{130}$	$\frac{1}{65}$	$\frac{1}{67}$	$\frac{1}{65}$	$\frac{1}{32,5}$
Nombres proportionnels aux pourcentages		1	2	1,94	2	4

Le tableau ci-contre (p. **33**) indique, pour chaque charge du plateau, la valeur de la surcharge correspondante P exercée au milieu de la poutre, celle du moment fléchissant réduit m dans la section médiane et enfin les flèches observées. Les surcharges p uniformément réparties correspondant aux mêmes moments fléchissants auraient été de $\frac{P}{2}$ kg. par mètre courant.

L'effort tranchant total sur l'un des appuis se déduit des indications du tableau par la formule :

$$A = 193 + \frac{P}{2}$$

et l'effort tranchant réduit à l'unité de surface, par :

$$a = 0,48 + \frac{P}{800} \cdot$$

Pour les cinq poutres, la rupture s'est produite, à quelques centimètres près, au milieu de la portée : pour une certaine charge, on a aperçu une fissure à la partie inférieure de la poutre, puis, sans qu'on ajoutât de nouveaux poids, la flèche a augmenté progressivement jusqu'à l'effondrement complet, sans toutefois que le fer fût rompu ni même présentât de striction visible à l'œil nu.

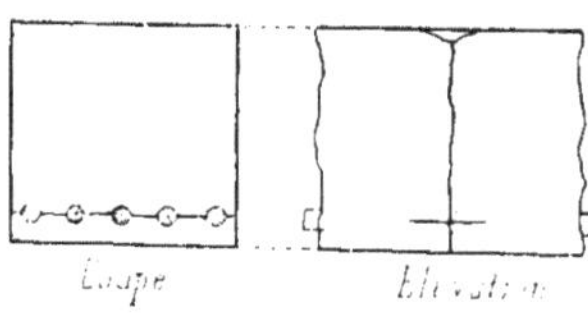

Fig. 16.

Les essais terminés, on a désagrégé un peu de mortier autour de la section de rupture et scié les barres de fer. Il a été impossible de distinguer aucune trace de décollement entre le fer et le mortier. On a seulement constaté

Nature de la charge	P	*m*	Flèches au milieu de la portée (en dixièmes de millimètre) A (1)	B	C	D	E
Poids propre de la poutre.	0	2,37	»	»	»	»	»
Levier seul	168	4,47	»	»	»	»	»
Levier + Plateau vide.	518	8,85	(62)	(42)	(44)	(43)	(35)
Charge placée sur le plateau : 40 kg.	752	11,77	89	67	58	»	46
80	985	14,69	124	84	74	69	57
120	1219	17,61	165	103	93	87	72 (2)
140	1336	19,07	Rupture	»	»	»	»
160	1452	20,52	»	122	112	104	82
200	1686	23,45	»	142	133	121	95
240	1920	26,37	»	163	156	138	109
280	2153	29,29	»	187	178	155	121
320	2387	32,21	»	Rupture	205	176	136
340	2504	33,67	»	»	Rupture	»	»
360	2620	35,12	»	»	»	198 (2)	150
400	2854	38,05	»	»	»	219	»
440	3088	40,97	»	»	»	Rupture	189
450	3146	41,70	»	»	»	»	194
460	3204	42,42	»	»	»	»	198
470	3263	43,16	»	»	»	»	201
480	3321	43,89	»	»	»	»	207
490	3380	44,62	»	»	»	»	211
500	3438	45,35	»	»	»	»	217
510	3496	46,07	»	»	»	»	221
520	3555	46,81	»	»	»	»	228
530	3613	47,54	»	»	»	»	234
540	3672	48,27	»	»	»	»	240
550	3730	49,00	»	»	»	»	247
560	3788	49,72	»	»	»	»	257
570	3847	50,46	»	»	»	»	Rupture

1. En transportant la poutre A avant l'essai, on l'a prise vers le milieu, sans en supporter suffisamment les bouts, de sorte qu'il s'est produit une fissure à sa partie supérieure, vers le quart de sa longueur. Pendant l'essai, cette fissure s'est refermée sans qu'on ait pu constater qu'elle ait exercé aucune influence sur les résultats observés. L'identité des résultats trouvés dans l'essai n° 21 *bis* pour les deux demi-poutres A_1 et A_2 confirme d'ailleurs que cette influence a été nulle.

2. Léger soubresaut sans apparence de fissure.

que, pour la poutre D, qui contenait quatre barres dans le même plan, le mortier s'était fissuré suivant ce plan (fig. 16) sur une longueur de trois ou quatre centimètres comptée dans la direction de la portée.

La poutre E présentait, dans le plan des barres, une fissure analogue, mais moins nette. Les largeurs minimum de mortier entre les deux barres de fer voisines étaient de 0,026 m. pour la poutre D et 0,057 m. pour la poutre E.

Essai n° 21 *bis*. — Quatorze jours plus tard, le 8 avril 1896, les moitiés des poutres essayées dans l'essai précédent, réduites à une longueur d'environ 2,20, furent essayées de la même manière avec une portée de 2 mètres.

Le tableau ci-contre (p. 35) a été établi comme le précédent; les efforts tranchants aux appuis s'en déduiraient par les formules :

$$A = 96,5 + \frac{P}{2} \quad \text{ou} \quad a = 0,24 + \frac{P}{800};$$

quant aux charges uniformément réparties par mètre courant p, donnant même moment fléchissant que P, elles auraient été précisément égales à P.

Pour les huit demi-poutres A_1 à D_2, la rupture s'est produite progressivement et très près du milieu de la portée (au maximum à 0,13 m. de ce milieu), quoique toujours un peu plus près du

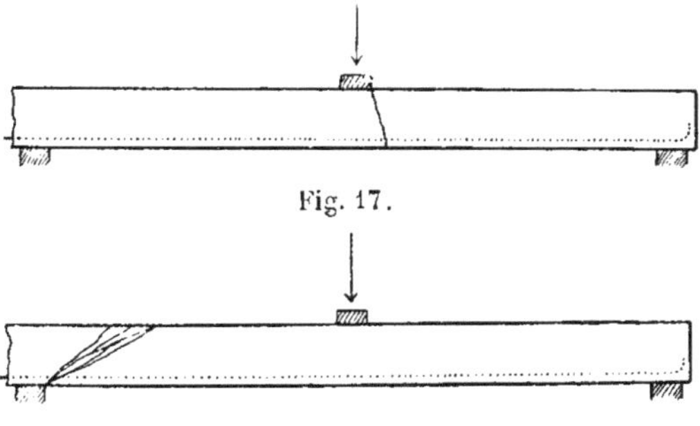

Fig. 17.

Fig. 18.

bout libre de la poutre entière initiale que de son milieu (fig. 17). Au contraire, les deux demi-poutres E_1 et E_2 se sont rompues

Nature de la charge	P	m	Flèches au milieu de la portée (en dixièmes de millimètre)									
			A_1	A_2	B_1	B_2	C_1	C_2	D_1	D_2	E_1	E_2
Poids propre de la poutre	0	0,60	»	»	»	»	»	»	»	»	»	»
Levier seul	168	1,66	(1)	(1)	(2)	»	(3)	(2,5)	(2)	(2)	(2)	(1)
Levier + plateau vide	518	3,84	4	4	5	(2)	6	5	4	5	5	3
Charge placée sur le plateau : 40 kg.	752	5,30	6	6	7	3	9	7	6	7	7	4
80	985	6,76	8	9	9	4	12	9	8	9	10	6
120	1219	8,21	11	12	12	5	14	11	11	11	12	8
160	1452	9,67	14	15	14	6	17	13	13	13	14	10
200	1686	11,14	18	19	16	8	20	15	15	16	16	11
240	1920	12,60	23	23	19	10	22	18	17	18	18	13
280	2153	14,06	27	28	22	12	25	20	19	20	20	15
320	2387	15,51	31	33	24	14	29	23	21	22	22	17
360	2620	16,97	37	38	27	17	32	26	23	24	24	19
400	2854	18,44	41	43	30	19	35	28	26	27	27	21
440	3088	19,90	46	48	34	22	38	31	28	29	29	23
480	3321	21,35	53	56	37	25	42	34	31	32	30	25
500	3438	22,09	»	Rupture	»	»	»	»	»	»	»	»
520	3555	22,82	Rupture	»	40	28	45	38	33	35	32	27
560	3788	24,27	»	»	44	31	49	41	36	38	35	29
600	4022	25,74	»	»	48	34	52	43	39	41	37	31
640	4256	27,20	»	»	52	37	55	46	41	44	40	33
680	4489	28,66	»	»	57	41	57	49	45	47	42	35
720	4723	30,11	»	»	62	45	61	52	48	50	44	37
760	4956	31,57	»	»	97 R	50	64	56	51	53	47	39
800	5190	33,04	»	»	»	(1) Rupture	68	59	54	56	50	48 (2)
840	5424	34,50	»	»	»	»	Rup. (1)	62	57	59	52	49
880	5657	35,96	»	»	»	»	»	66	60	62	54	51
920	5891	37,41	»	»	»	»	»	Rupture	64	66	57	53
960	6124	38,87	»	»	»	»	»	»	68	70	60	55
1000	6358	40,34	»	»	»	»	»	»	72	75	63	58
1040	6592	41,80	»	»	»	»	»	»	Rupture	Rupture	66	60
1080	6825	43,26	»	»	»	»	»	»	»	»	69	63
1120	7059	44,71	»	»	»	»	»	»	»	»	Rupture	66
1160	7292	46,17	»	»	»	»	»	»	»	»	»	69
1200	7526	47,64	»	»	»	»	»	»	»	»	»	72 R

1. Rupture très lente.
2. Production d'une fissure oblique partant de l'un des points d'appui.

brusquement, au droit d'un des appuis, du côté qui se trouvait vers le milieu de la poutre initiale (fig. 18) : évidemment, dans ce cas, la rupture a été due à l'effort tranchant.

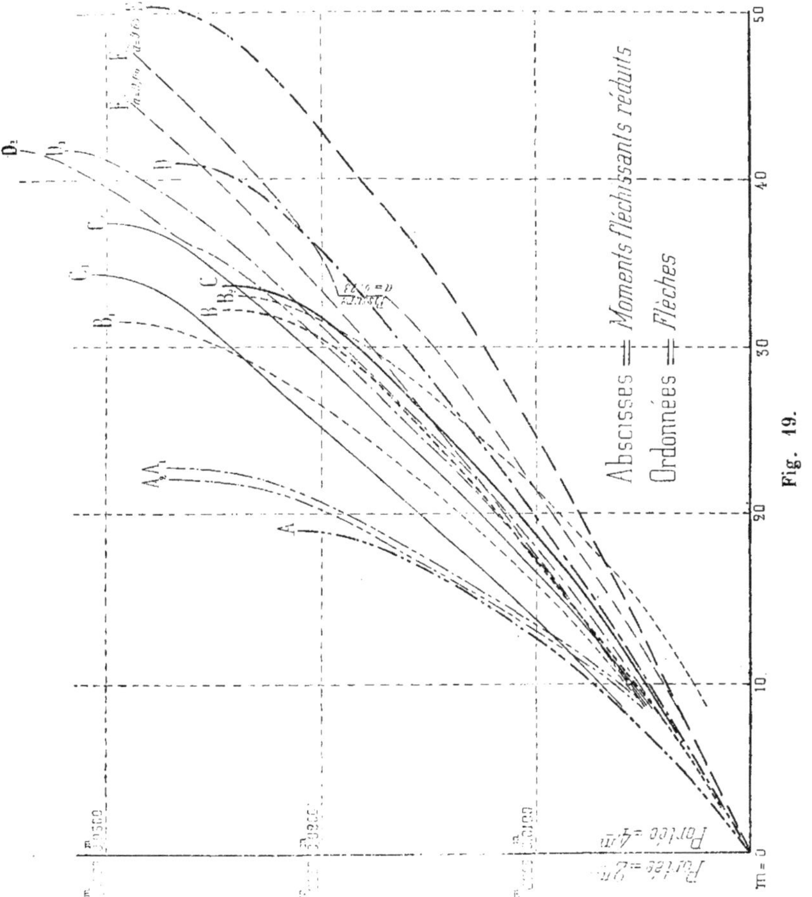

Fig. 19.

Pour la poutre E_1, l'effort tranchant à l'appui, lors de la rupture, a été $A = 3626$ (d'où $a = 9,06$) ; pour la poutre E_2, il s'est produit une première fissure, partant de l'appui, pour

A = 2691 (a = 6,73), avec augmentation brusque de flèche ; toutefois, la charge augmentant progressivement, l'essai a suivi son cours normal et la rupture définitive ne s'est produite, encore brusquement, que pour A = 3859 (a = 9,65), c'est-à-dire sous une charge plus forte de moitié que celle pour laquelle la fissure était apparue tout d'abord.

Dans aucune des demi-poutres, on n'a observé, après rupture, que le fer se fût décollé du mortier.

La figure 19 s'applique à la fois à l'essai n° 21 et à l'essai n° 21 *bis* et représente graphiquement la variation des flèches en fonction du moment fléchissant.

On a pris pour abscisses les valeurs de m et pour ordonnées les flèches au milieu de la portée, l'échelle adoptée pour les flèches des poutres entières étant seulement le quart de celle correspondant aux demi-poutres. On voit immédiatement, à l'aspect de ce diagramme, que, même pour les faibles charges, les flèches croissent plus vite que les moments fléchissants. *Les poutres étudiées ne peuvent donc pas être considérées comme des corps élastiques, ou, du moins, leur limite d'élasticité devait être extrêmement faible.*

Le tableau ci-après (p. 38) résume les observations relatives aux deux séries d'essais :

On voit que les moitiés des poutres A à D se sont rompues à peu près sous les mêmes moments fléchissants que les poutres entières correspondantes ; la légère supériorité des moments de rupture des demi-poutres tient probablement au durcissement supplémentaire subi par le mortier pendant les quatorze jours écoulés entre les deux séries d'essais. En tout cas, il semble résulter de cette égalité que le premier essai n'a pas sensiblement modifié l'état moléculaire des parties des poutres initiales qui ne se trouvaient pas dans le voisinage immédiat de leur section de rupture. Pour les moitiés de la poutre E, il semble que, avant que le moment fléchissant maximum fût arrivé à la même valeur que lors de la rupture de la poutre entière, la résistance limite à l'effort tranchant ait été atteinte dans la section située au droit d'un des appuis.

Les flèches de rupture des poutres entières varient dans le même ordre que les moments fléchissants correspondants,

POUTRES :		A		B		C		D		E	
Nombre et diamètre des barres : $n.d.$		2	0,0141	1	0,0280	2	0,0197	4	0,0141	2	0,0280
Pourcentage du fer : ρ		$0,0077 = \frac{1}{130}$		$0,0154 = \frac{1}{65}$		$0,0149 = \frac{1}{67}$		$0,0154 = \frac{1}{65}$		$0,0308 = \frac{1}{32,5}$	
Moment fléchissant réduit maximum correspondant à la rupture	Poutre entière : m	19,07		32,21		33,67		40,97		50,46	
	Demi-poutres : m_1, m_2	22,82	22,09	31,57	33,04	34,50	37,41	41,80	41,80	(44,71)	(47,64)
Effort tranchant par cm² aux appuis à l'instant de la rupture	Poutre entière : a	2,15		3,46		3,61		4,34		5,29	
	Demi-poutres : a_1, a_2	4,68	4,54	6,43	6,73	7,02	7,60	8,48	8,48	9,06	9,65
Flèches à l'instant de la rupture (déduites des diagrammes)	Poutre entière : f	0,0205		0,0240		0,0240		0,0265		0,0277	
	Demi-poutres : f_1, f_2	0,0067	0,0066	0,0072	(0,0059)	0,0076	0,0073	0,0079	0,0084	0,0072	0,0071
$\frac{m}{4000} + 0,0157$		0,0205		0,0238		0,0241		0,0259		0,0283	

auxquels il semble même qu'elles soient liées par la relation linéaire :

$$f = \frac{m}{4000} + 0{,}0157,$$

ainsi qu'il ressort de la dernière ligne du tableau.

Les flèches prises par les deux moitiés d'une même poutre ont été, pour une même valeur du moment fléchissant, généralement assez voisines entre elles et égales à environ le quart ou le tiers de celle de la poutre entière correspondante (la demi-poutre B_2, qui s'est montrée particulièrement raide au début du chargement, fait exception). Quant aux flèches de rupture, au lieu d'augmenter proportionnellement aux moments fléchissants correspondants, elles ont été sensiblement les mêmes (environ 7 millimètres) pour toutes les demi-poutres.

En raison de la régularité moindre des flèches prises par les demi-poutres pendant tout le cours de la mise en charge, et du mode de rupture particulier des deux demi-poutres E_1 et E_2, on ne s'occupera plus, dans ce qui suit, que des résultats fournis par les poutres entières de 4 mètres de portée.

On remarque immédiatement que, de la poutre A à la poutre E, les moments fléchissants à l'instant de la rupture vont en augmentant, de même que les flèches prises par les poutres au même instant ; au contraire, en cours de chargement, les flèches correspondant à un même moment fléchissant sont de plus en plus faibles. Il faut en conclure que, de A à E, les poutres croissent à la fois en résistance et en raideur.

Il était à prévoir que les poutres A et E, qui, toutes choses égales d'ailleurs, contenaient des poids de fer respectivement proportionnels aux nombres 1 et 4, devaient nécessairement former les termes extrêmes de la série, tandis que les poutres B, C et D, qui en contenaient un poids proportionnel à 2, devaient se tenir intermédiaires. Mais on constate que, pour ces dernières, la résistance croît, légèrement il est vrai, avec le nombre des fers. Ce résultat tendrait donc à établir qu'il doit être avantageux, quand on s'est fixé le poids total de fer à employer, de le diviser le plus possible ; toutefois, il ne faudrait pas pousser trop loin ce principe, car l'aspect déjà signalé des sections des poutres D et E (fig. 16) montre qu'à chaque grosseur de barres correspond un intervalle minimum au-dessous duquel il est imprudent de les rapprocher les unes des autres, sous peine de faciliter la formation d'un plan horizontal de séparation dans le mortier.

La comparaison des poutres A, C et E, dont les armatures se composent d'un même nombre de barres, et qui ne diffèrent que par les diamètres de ces dernières, peut donner quelque indication sur l'influence du diamètre des fers. La figure **20**, dans laquelle on a pris pour abscisses les diamètres et pour ordonnées les moments fléchissants et les flèches de rupture, montre que les points sont sensiblement sur des lignes droites ayant pour équations :

$$m = 2200\,d - 10{,}8$$

et :

$$f = 0{,}55\,d + 0{,}0130.$$

Il est évident toutefois que la première de ces formules ne saurait être vérifiée pour les faibles valeurs de d, puisque les valeurs calculées pour m seraient négatives, et que, notamment, le moment de rupture d'une poutre non armée ($d = 0$) aurait été, comme dans les essais n[os] **11**, **12** et **14**, notablement supérieur à celui résultant de la formule. Quant à la deuxième formule, elle est une conséquence de la première, en raison de la relation linéaire aperçue plus haut entre les valeurs de m et de f correspondant aux charges de rupture des cinq poutres.

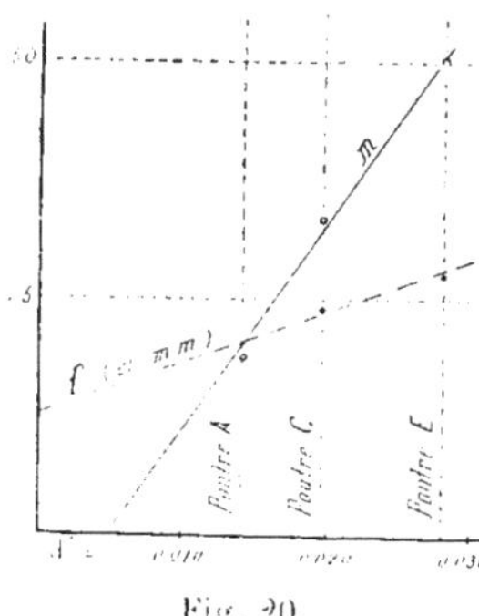

Fig. 20.

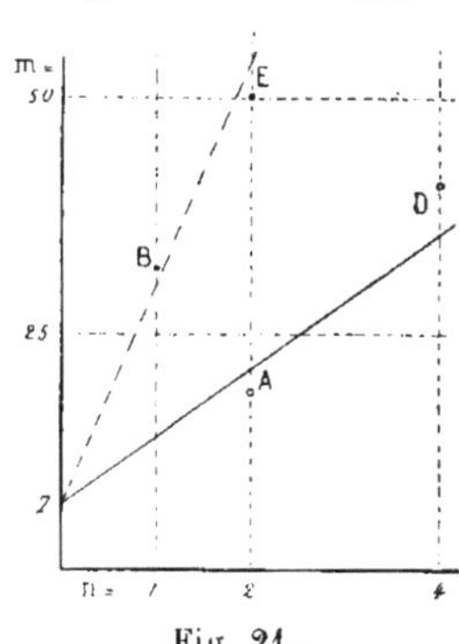

Fig. 21.

La comparaison de la poutre A avec la poutre D et de la poutre B avec la poutre E, poutres qui ne diffèrent deux à deux que par le nombre de leurs barres, ne peut donner, en raison du peu de poutres à comparer dans chaque cas, que des indications très incertaines sur l'influence de ce nombre. On remarquera toutefois que, si l'on prend pour coordonnées une fonction quelconque de n et la valeur de m relative à la rupture, les lignes AD d'une part et BE de l'autre devront se couper sur l'axe des m, en un point dont l'ordonnée correspondrait au moment de rupture d'une poutre non armée identique aux autres pour tout le reste. Il est regrettable qu'une pareille poutre n'ait pas été essayée en même temps que les cinq poutres A à E. [1]

17. Influence de n, de d, de ε et de l'addition de barres transversales.

Essai n° 22. — Onze poutres de mêmes dimensions fabriquées avec un même mortier le 27 mai 1896 :

$$L = 2{,}20\ ;\quad b = 0{,}50\ ;\quad e = 0{,}15.$$

Mortier composé, en poids, de 1 partie de ciment portland, 3 parties du même sable et 3 parties des mêmes déchets de quartzite que celui de l'essai n° 21.

Armatures différentes définies comme il suit :

Première série : variation simultanée de n et de d, de manière à avoir toujours sensiblement même quantité totale de fer ; $\varepsilon = 0{,}03$;

Deuxième série : nombres de barres doubles de ceux de la première série ; même valeur de ε ;

Troisième série : mêmes armatures que pour la première série, sauf qu'on a fait reposer les barres contre le fond du coffrage, de manière qu'il n'y eût pas de mortier au-dessous de leur génératrice inférieure : essai destiné à montrer si, à l'extrême limite, la résistance des poutres croît encore à mesure

1. De la comparaison des résistances à la rupture par compression et par flexion ($l = 0{,}10$; $b = e = 0{,}04$) d'un grand nombre de mortiers non armés, il résulte qu'à une résistance à la compression C de 165 kg par centimètre carré, correspond, en moyenne, pour la flexion, une valeur de m égale à environ 7,00.

La figure 21, établie en admettant ce même chiffre pour un bloc ayant les dimensions des poutres d'essai, tend à montrer que l'augmentation de résistance due aux armatures a été, toutes choses égales d'ailleurs, à peu près proportionnelle au nombre des barres de fer employées.

qu'on rapproche plus l'armature de la face où s'exercent les plus grands efforts de traction ;

Quatrième série : poutres pareilles aux dernières de la première et de la deuxième séries, sauf que les barres longitudinales étaient maintenues par des barres transversales droites de même diamètre qu'elles, en nombres tels que les vides fussent à peu près des carrés ; les barres transversales étaient disposées alternativement au-dessus et au-dessous des barres longitudinales et attachées de place en place à ces dernières par de simples ligatures en fil de fer.

	Première série			Deuxième série			Troisième série			Quatrième série	
Désignation de la poutre. .	x	y	z	X	Y	Z	x_0	y_0	z_0	z'	Z'
Nombre de barres longitudinales : $n =$	1	2	8	2	4	16	1	2	8	8	16
Diamètre des barres : $d =$	0,0197	0,0141	0,0069	0,0197	0,0141	0,0069	0,0197	0,0141	0,0069	0,0069	0,0069
Pourcentage du fer : $\varphi =$	0,0041	0,0042	0,0040	0,0081	0,0083	0,0080	0,0041	0,0042	0,0040	0,0040 (+ 0,0040)	0,0080 (+ 0,0080)
Nombres proportionnels aux valeurs de φ	1	1,02	1	2	2,04	2	1	1,02	1	1 (+1)	2 (+2)
Épaisseur de mortier sous les barr. : $\varepsilon =$	0,03	0,03	0,03	0,03	0,03	0,03	0	0	0	0,03	0,03
Barres transversales :	non	non	non	non	non	non	non	non	non	oui	oui

Essais faits le 14 septembre 1896, soit après trois mois et demi :

$$\varpi = 169 \text{ en moyenne ; } \quad \mathcal{C} = \text{environ } 156 \text{ ; } \quad l = 2{,}00.$$

Mêmes dispositifs et même méthode que pour les essais 21 et 21 *bis*, sauf qu'on s'est servi d'un autre levier (amplification $= 6$) et d'une nouvelle semelle appropriée à la largeur des poutres.

Le tableau ci-contre (p. 43) indique les principales données des essais et les flèches observées au cours du chargement. L'effort

Nature de la charge	P	m	Flèches au milieu de la portée (en dixièmes de millimètre)										
			Première série			Deuxième série			Troisième série			Quatrième série	
			x	y	z	X	Y	Z	x_0	y_0	z_0	z'	Z'
Poids propre de la poutre . .	0	0,75	»	»	»	»	»	»	»	»	»	»	»
Levier seul . .	278	1,98	2	3	2	2	2	4	2	2	»	3	3
Lev. + plat. seul	644	3,61	5	7	5	5	4	8	5	4	11	7	6
Charge placée sur le plateau: 40 kg.	884	4,68	9	13	9	9	7	11	8	6	15	11	8
80	1124	5,75	18	20	15	14	10	14	13	10	20	15	11
120	1364	6,81	31	30	22	20	14	18	21	15	27	22	14
160	1604	7,88	46	40	31	27	19	23	31	22	33	29	18
200	1844	8,95	65	52	39	34	23	28	51	29	38	38	22
220	1964	9,48	Rupture	»	»	»	»	»	64	»	»	»	»
240	2084	10,01		67	48	43	28	34	82	39	43	47	27
260	2204	10,54		»	»	»	»	»	Rupture	»	»	»	»
280	2324	11,08		Rupture	58	53	33	40		51	49	61	31
300	2444	11,61			»	»	»	»		»	»	Rupture	»
320	2564	12,15			Rupture	64	39	45		63	55		41
360	2804	13,21				82	45	52		78	60		36
380	2924	13,74				98	»	»		»	»		»
400	3044	14,28				127	49	57		Rupture	Rupture		46
420	3164	14,81				163	»	»					»
440	3284	15,35				Rupture	55	65					51
480	3524	16,41					62	71					57
520	3764	17,48					70	77					62
560	4004	18,55					77	82					69
600	4244	19,61					84	97					76
640	4484	20,68					95	Rupture					Rupture
680	4724	21,75					Rupture						
Résumé des valeurs atteintes par divers éléments à l'instant de la rupture		$m =$	9,48	11,08	12,15	15,35	21,75	20,68	10,54	14,28	14,28	11,61	20,68
		$a =$	1,58	1,80	1,96	2,45	3,40	3,24	1,72	2,28	2,28	1,88	3,24
		$f =$	0,0095	0,0105	0,0095	0,0202	0,0123	0,0121	0,0115	0,0116	0,0080	0,0080	0,0098

tranchant, total ou réduit, à l'un des appuis, se calculerait par la formule :

$$A = 186 - \frac{P}{2} \quad \text{ou} \quad a = 0{,}25 + \frac{P}{1500} ;$$

quant à la surcharge p uniformément répartie par mètre courant donnant même moment fléchissant que la surcharge centrale P, elle serait précisément égale à P.

La rupture s'est toujours produite comme pour les cinq poutres de l'essai n° **21**, c'est-à-dire très près du milieu de la portée, progressivement et sans à-coups. On n'a jamais aperçu de fissure avant la charge ayant déterminé la rupture définitive.

On n'a pu non plus constater aucun décollement entre les fers et le mortier, sauf pourtant pour la poutre x_0, pendant qu'elle s'affaissait progressivement sous sa charge finale : la barre s'est décollée du mortier sur toute une moitié de sa longueur et le crochet qu'elle formait à son extrémité s'est en partie redressé ; toutefois il est possible que ces effets ne se soient produits qu'après que la poutre avait déjà pris une flèche assez forte, par suite de son inflexion croissante, c'est-à-dire postérieurement à la rupture proprement dite.

Pour les poutres Z et Z', on a constaté très nettement, après rupture, que le mortier s'était écrasé, à la partie supérieure de la section médiane, sur une épaisseur d'environ **0,04** m. à **0,05** m.

La figure **22**, p. **45**, construite de la même manière que la figure **19**, représente graphiquement la variation des flèches en fonction des moments fléchissants. Comme cette dernière, elle montre qu'il n'y a pas proportionnalité entre ces deux séries de nombres. On ne retrouve d'ailleurs pas la loi entrevue à propos de l'essai n° **21**, en vertu de laquelle les flèches prises par les diverses poutres à l'instant de la rupture croîtraient proportionnellement aux moments fléchissants correspondants.

Si l'on compare entre elles les trois poutres d'une quelconque des trois premières séries, poutres qui contiennent un même poids de fer situé à une même distance de la face la plus tendue, et ne diffèrent que par la répartition du métal en barres plus ou moins minces et dès lors plus ou moins nombreuses, on constate que les deux dernières, qui contiennent plusieurs barres moyennes ou petites, se sont comportées sensiblement

Abscisses = Moments fléchissants réduits
Ordonnées = Flèches
Y
Z
Z'
X
x
y
z
z'
x_0
y_0
z_0
0,0100
0,0050
0,0200
0,0150
m = 0
m = 15
5
10
15
20

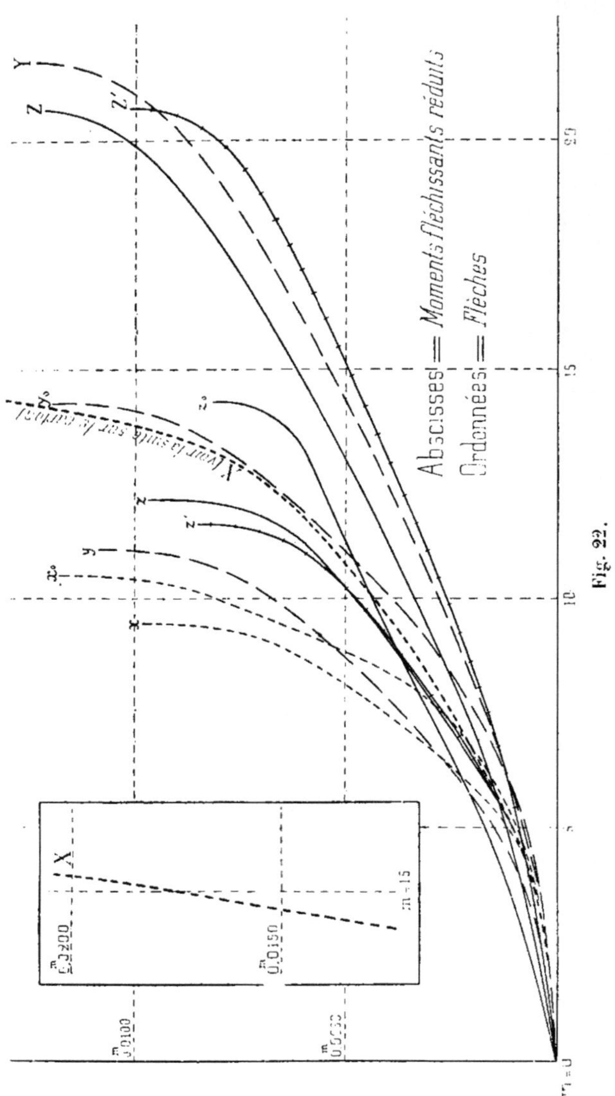

Fig. 22.

de la même manière, tant au point de vue de la résistance que de la rigidité, tandis que les premières, qui n'avaient qu'une ou deux barres relativement grosses, ont été un peu plus flexibles et moins résistantes. Cela indique que les armatures peu divisées n'ont pas pu, comme les autres, exercer leur influence sur toute la largeur des poutres.

La comparaison des résultats de la deuxième série de poutres à ceux de la première série montre que le doublement du nombre des barres n'a pas tout à fait doublé les moments fléchissants de rupture : les rapports de ces moments atteignent respectivement 1,62, 1,96 et 1,70 [1].

Les résistances des poutres de la troisième série ont toujours été plus élevées que celles des poutres correspondantes de la première série et, à charge égale, les flèches ont généralement été moindres ; l'abaissement des barres de fer a donc été avantageux, même poussé à sa dernière limite, et la réduction à une épaisseur nulle de la couche de mortier au-dessous des barres

1. Un rapprochement analogue à celui du renvoi de la page 41 conduirait à admettre, pour le moment réduit de rupture de petits prismes du mortier non armé, une valeur voisine de 6,75 ; partant de là, la figure 23, établie comme la

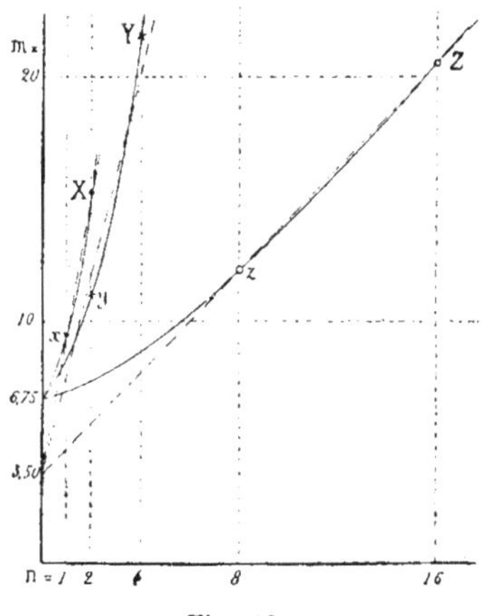

Fig. 23.

figure 21, semble montrer que la résistance croît, toutes choses égales d'ailleurs, un peu plus vite que le nombre des barres. Pour que les deux accroissements fussent sensiblement proportionnels, il faudrait que le moment réduit de rupture des poutres non armées fût voisin de 3,50.

n'a eu, dans le cas actuel, aucun effet nuisible. Néanmoins, dans la pratique, il convient de laisser sous le fer une certaine épaisseur de ciment, pour le protéger des intempéries et de la rouille.

Enfin, les poutres de la quatrième série, dans lesquelles les barres longitudinales étaient reliées par des barres transversales de même diamètre qu'elles et de même écartement, se sont comportées exactement comme les deux poutres correspondantes faites sans barres transversales : les barres transversales ne modifient donc en rien la résistance ou l'élasticité de la poutre armée, quand l'effort est réparti sur toute la largeur de cette dernière, comme c'était le cas dans les essais grâce à la semelle épaisse interposée entre la poutre et le levier. Mais il est évident qu'il n'en est plus de même si l'effort est localisé sur une portion plus ou moins restreinte de la largeur de la poutre, et qu'alors les fers disposés transversalement ont pour effet de répartir la pression plus uniformément sur les barres longitudinales, en empêchant que telle ou telle de ces dernières ait à supporter un effort exagéré [1].

1. On peut se demander si, dans certains cas, la dépense supplémentaire occasionnée par les barres de répartition, comme on les appelle souvent, ne serait pas mieux employée à augmenter le nombre des barres longitudinales. Par exemple, les deux poutres z' et Z ci-dessus étudiées, et dont la seconde s'est montrée notablement plus résistante que la première, contenaient un même poids total de fer.

La meilleure solution n'apparaît pas immédiatement et doit dépendre de l'aptitude qu'a le mortier, soumis à un effort extérieur, à pouvoir, sans se rompre, transmettre cet effort plus ou moins loin dans une direction perpendiculaire ou oblique.

Il semble d'ailleurs *a priori* que, si la poutre forme une travée isolée et étroite, il doive être avantageux de multiplier les barres longitudinales au détriment des barres transversales, tandis que, si elle a une certaine largeur, et surtout si, comme c'est le cas le plus général, elle est solidaire d'autres éléments de construction disposés latéralement, il convienne d'employer des barres de répartition.

CHAPITRE III

ESSAIS AVEC ALTERNATIVES DE CHARGEMENT ET DE DÉCHARGEMENT

§ 1. — ESSAIS SUR PETITS PRISMES

18. Principe des essais. — Une des principales objections qu'on oppose au principe des constructions en ciment armé est la crainte qu'à la longue, sous l'effet d'alternatives plus ou moins multipliées de fatigue et de repos relatif provoquées soit par la répétition de charges passagères, soit par des trépidations vibratoires, soit par les variations de la température, il n'arrive à se produire une séparation des deux éléments entrant dans ces assemblages hétérogènes, avec peut-être désagrégation du mortier et, en tout cas, finalement, affaiblissement notable ou même destruction de l'ouvrage.

En vue de rechercher jusqu'à quel point cette influence pourrait être redoutée, nous avons fait quelques expériences analogues aux précédentes, mais dans lesquelles on n'est jamais passé d'une charge à une autre plus forte avant d'avoir alternativement appliqué et supprimé la première un grand nombre de fois.

A cet effet, la poutre armée, posée encore sur deux appuis parallèles, a été chargée en son milieu, par l'intermédiaire d'une semelle épaisse s'appliquant sur toute sa largeur, au moyen d'un levier, à l'extrémité duquel un seau contenant des poids était alternativement posé doucement puis soulevé par un dispositif mécanique.

Pour les essais n°s 23 et 24, la durée de chaque application de l'effort a été d'environ six secondes et celle pendant laquelle, le seau se trouvant soulevé, la poutre ne supportait plus que son poids propre et celui du levier seul, a été à peu près double.

19. Expérience préliminaire.

Essai n° 23 :

$$L = 0,60 \; ; \quad l = 0,50 \; ; \quad b = c = 0,05.$$

$$n = 2 \; ; \quad d = 0,0015 \; ; \quad \varphi = 0,0014 \; ; \quad \varepsilon = 0,0015.$$

Mêmes tiges d'acier que pour les essais du chapitre II, § 1.

Ciment portland gâché pur. Essai après un an de conservation à l'air dans la cave du laboratoire :

$$\varpi = 5,8 \; ; \quad \mathcal{C} = 450.$$

Largeur de la semelle = 0,048 [1].

Charge appliquée au bout du levier. . .	kg.	0	5	10
Moment fléchissant dans la sect. médiane	M =	4,0	8,2	12,4
	m =	3,20	6,56	9,92

Après 500 passages de $m = 3,20$ à $m = 6,56$, pendant lesquels le prisme n'a manifesté aucune trace extérieure d'altération, on a fait varier le moment fléchissant réduit de 3,20 à 9,92. Au bout de 57 nouvelles alternatives de chargement et déchargement, le ciment s'est fendu au milieu de la portée, la partie de la fissure visible à l'œil nu s'étendant sur une hauteur d'environ 0,03 à partir de la face inférieure. Le prisme a néanmoins continué à résister sans que sa flèche augmentât notablement, et on a constaté que la fissure se refermait chaque fois que la charge appliquée au bout du levier cessait d'agir. A la 87e application du moment 9,92, la fissure s'est ouverte un peu plus, et sa trace visible sur les faces latérales du prisme a atteint une hauteur d'environ 0,04.

Enfin on a arrêté l'expérience après 440 applications du moment 9,92, sans que le prisme eût cédé davantage ni qu'il s'y fût produit rien de nouveau.

1. Cette largeur l' n'étant pas négligeable relativement à la portée, il en a été tenu compte dans le calcul du moment fléchissant, par l'emploi de la formule :

$$M = \frac{\varpi L}{4}\left(l - \frac{L}{2}\right) + \frac{P}{4}\left(l - \frac{l'}{2}\right).$$

20. Comparaison de prismes diversement armés.

Essai n° 24.

$$L = 0{,}60 \;;\quad l = 0{,}50 \;;\quad b = e = 0{,}05.$$

Mortier : 1 ciment + 2 sable de dune.

Mêmes tiges droites d'acier que pour les essais du chapitre II, § 1. Armatures diverses.

Essais après 3 ans de conservation dans l'eau douce.

$$\varpi = 5{,}4 \;;\quad \mathcal{C} = 163.$$

Charge appliquée au bout du levier . . .	kg.	0	2	4	6	8	10	12
Moment fléchiss^t dans la section médiane .	M	4,01	5,68	7,35	9,02	10,69	12,36	14,03
	m	3,21	4,54	5,88	7,22	8,55	9,89	11,22
Charge appliquée au bout du levier . . .	kg.	14	16	18	20	22	24	26
Moment fléchiss^t dans la section médiane .	M	15,70	17,37	19,04	20,71	22,38	24,05	25,72
	m	12,56	13,90	15,23	16,57	17,90	19,24	20,58

Pour chaque prisme, on a appliqué d'abord 500 fois 2 kg. au bout du levier, puis 500 fois 4 kg., 500 fois 6 kg., et ainsi de suite, en revenant toujours à $m = 3{,}21$ après chaque chargement.

Grâce au choix qui avait été fait d'un mortier assez poreux et à grain fin, que l'on avait conservé dans l'eau jusqu'au jour des essais, les altérations purent être aperçues beaucoup plus tôt que si les conditions d'expérience avaient été différentes : pendant l'essai, la surface des prismes ne tarda pas à se sécher, tandis que l'intérieur était humide ; puis, dès que de légères solutions de continuité se furent produites dans les parties les plus fortement tendues du mortier, l'eau, jusque-là retenue dans les pores, vint, par ces passages, dessiner, sur les faces latérales, soit de fines veines, soit parfois des plaques humides plus ou moins larges. Peu à peu, quelques-unes des fissures capillaires devinrent plus nettes ; les plaques humides, quand il s'en était produit, se rétrécirent et se transformèrent en de fines veines coupant les arêtes inférieures du prisme dans la région médiane et remontant le long des faces latérales, en même temps qu'elles tendaient à se rejoindre sur la face inférieure. A chaque nouvelle application de la charge, l'eau, chassée de la région supérieure du prisme soumise à des efforts de compression, était aspirée dans la partie inférieure tendue ; puis, la charge cessant et le prisme tendant à reprendre sa position initiale, cette eau était de nouveau chassée des régions inférieures et se faisait jour à la surface par les veines, qu'elle dessinait très nettement, tandis que celles-ci devenaient à peu près imperceptibles dès que la charge recommençait à agir. La fatigue du prisme augmentant, les veines se multiplièrent et s'allongèrent progressivement, surtout vers le milieu de la portée. Toutefois, dans la plupart des expériences, il arriva un moment où les veines les plus fortes restèrent seules visibles, soit que, par suite de la dessiccation progressive du mortier, celles de moindre importance ne pussent plus être accusées par une exsudation de l'eau, suivant le processus qui vient d'être exposé, soit que les déformations du mortier se fussent réellement localisées aux points les plus faibles, en déterminant des solutions de continuité à travers lesquelles les tensions ne pouvaient plus se propager avec une intensité suffisante pour faire ouvrir les fines veines intermédiaires.

En général, cet état se prolongea assez longtemps sans nouvelles modifications appréciables ; puis, brusquement, l'une des veines les plus voisines du milieu de la portée s'ouvrit sur une certaine hauteur, à partir de la face inférieure, en formant une fissure bien nette dont les bords s'écartaient chaque fois que la charge venait s'appliquer à l'extrémité du levier et se rapprochaient dès qu'elle était soulevée ; en même temps, toutes ou presque toutes les autres veines disparurent.

Les prismes continuèrent à résister encore longtemps après la production de cette fissure, et l'on constata seulement que petit à petit elle s'allongeait vers la face supérieure, sans toutefois jamais l'atteindre, et que les flèches augmentaient légèrement.

Enfin, il arriva un moment où, l'ouverture de la fissure ayant atteint 2 à 3 millimètres, les flèches se mirent à augmenter beaucoup plus vite ; la partie supérieure du mortier s'écrasa dans le prolongement de la fissure et l'expérience fut arrêtée. En désagrégeant le mortier, on constata que les tiges d'acier ne semblaient pas avoir subi d'autre altération qu'une légère flexion en leur milieu et adhéraient encore bien au mortier partout ailleurs.

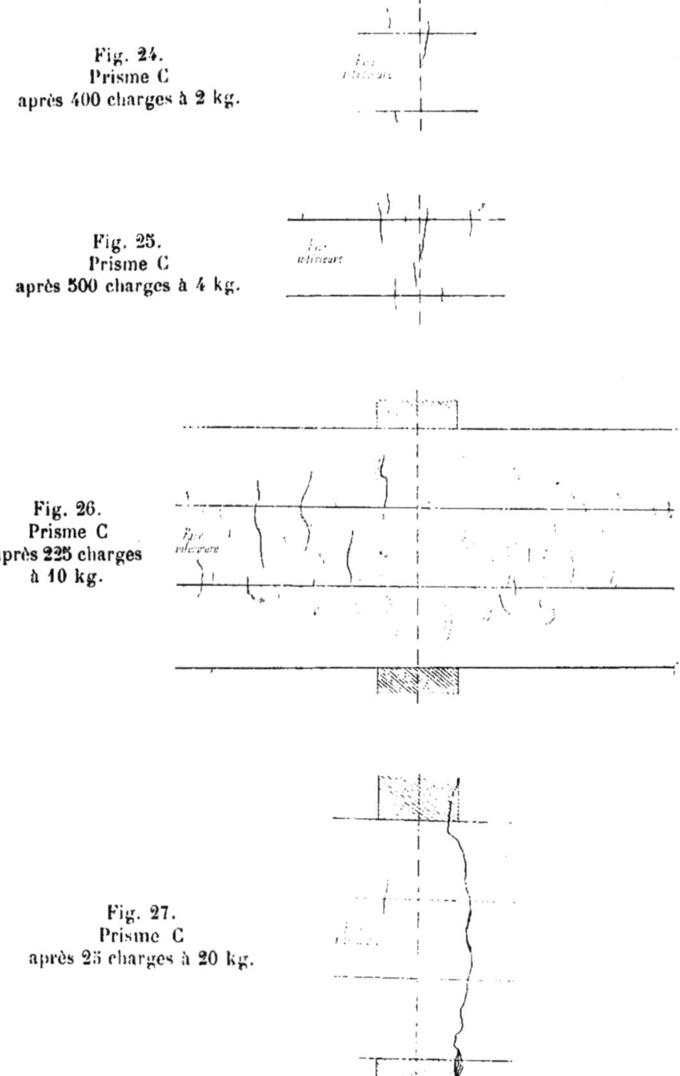

Fig. 24.
Prisme C
après 400 charges à 2 kg.

Fig. 25.
Prisme C
après 500 charges à 4 kg.

Fig. 26.
Prisme C
après 225 charges
à 10 kg.

Fig. 27.
Prisme C
après 25 charges à 20 kg.

Les figures **24** à **27** représentent, pour le prisme C défini ci-après, quelques-uns des états successifs qui viennent d'être décrits ; dans ces figures, on a rabattu sur un même plan les parties altérées des quatre faces du prisme, en indiquant par des hachures la portion de la face supérieure où portait la semelle par l'intermédiaire de laquelle la charge était appliquée sur le prisme, et par un trait pointillé le milieu de la portée.

La nature et l'ordre de succession des phénomènes ont été les mêmes pour les divers prismes, mais les charges pour lesquelles ils se sont produits ont notablement différé : le tableau ci-dessous indique la composition des prismes et résume les résultats obtenus :

Désignation des prismes		A	B	C	D
Définition de l'armature	n =	2	1	4	2
	d =	0,002	0,004	0,002	0,003
	φ =	0,0025	0,0050	0,0050	0,0056
	ε =	0,005	0,005	0,0045	0,006
Premières veines. .		150e ch. à 4 kg	50e ch. à 8 kg	400e ch. à 2 kg	150e ch. à 4 kg
Fissure.		2e ch. à 10 kg	200e ch. à 8 kg	250e ch. à 18 kg	5e ch. à 26 kg
Forte augmentation de flèche.		100e ch. à 14 kg	300e ch. à 10 kg	50e ch. à 20 kg	220e ch. à 26 kg

Sur le prisme B, on n'a vu se dessiner que très peu de veines ; au contraire, elles ont été le plus nombreuses pour le prisme C. Il semble donc que, plus le prisme contient de tiges d'acier, quel qu'en soit d'ailleurs le diamètre, plus les veines sont nombreuses et plus tôt elles se manifestent.

Mais ce qui frappe le plus dans l'examen du tableau, c'est le grand nombre des charges que, dans la plupart des cas, on a pu faire subir aux prismes, après l'apparition des premières veines, sans modifier leur état, et l'énorme augmentation de charge qu'ils ont encore pu supporter avant que le mortier fût nettement rompu. A ce point de vue, les prismes qui se sont le mieux comportés sont ceux qui contenaient le plus grand nombre de barres, ainsi qu'il ressort notamment de la comparaison des prismes B et C, dans lesquels entrait pourtant un même poids de fer.

En même temps et avec le même mortier que les quatre prismes dont il vient d'être question, il en a été fait deux autres tout pareils, mais non armés. Malheureusement, ils ont été brisés accidentellement, le premier vers un bout quand on l'a démoulé, le second au milieu, pendant qu'on se disposait à l'essayer comme les précédents.

Le premier de ces prismes a été essayé, avec une portée de 0,40 m., sous charge constamment croissante jusqu'à rupture ; puis ses deux moitiés ont été rompues de même avec une portée de 0,18 m. Les valeurs obtenues pour le moment fléchissant réduit de rupture *m* ont été de 6,21, 5,18 et 5,34, correspondant à des charges au bout du levier, pour une portée de 0,50, d'environ 5 kg. et 3 kg., c'est-à-dire sensiblement égales à celles sous lesquelles les prismes armés ont présenté leurs premières veines. Il semble donc que, contrairement à la théorie émise par M. Considère (1), le mortier des prismes armés ait commencé à se rompre, malgré la présence de l'armature, à peu près sous la même charge que s'il n'y avait pas eu de tiges d'acier. Le rôle de ces dernières aurait alors été d'empêcher la séparation complète du mortier et de permettre à la poutre de supporter sans s'effondrer un très grand nombre de charges beaucoup plus considérables.

Chacune des deux moitiés du second prisme non armé a été essayée, avec une portée de 0.25 m., de la même manière que les prismes A à D. Le tableau ci-dessous indique, pour cette portée, la concordance des charges et des moments fléchissants :

Charge appliquée au bout du levier. . .	Kg	0	3	4,5	6	7,5
Moment fléchiss^t dans la section médiane.	M	1,86	3,05	3,64	4,22	4,81
	m	1,49	2,44	2,91	3,38	3,85

Le premier demi-prisme a supporté 500 applications de 3 kg. au bout du levier, puis 210 applications de 6 kg., et s'est rompu

(1) *Comptes rendus de l'Académie des Sciences*, CXXVII, p. 992 (1898). M. Considère objecte que, dans les expériences actuelles, les armatures étaient trop faibles pour pouvoir retarder la rupture du mortier.

à la suivante, sans avoir présenté antérieurement aucune trace extérieure d'altération.

Le second demi-prisme a supporté de même 4000 applications de 3 kg., puis 1000 de 4,5 et 1000 de 6 kg. Ensuite on est passé à 7,5 kg. et la rupture s'est produite à la vingtième application de cette charge.

Les variations du moment fléchissant, quand on passe de la charge 0 aux charges 6 kg. et 7,5 kg., correspondent à celles qui se seraient produites, avec 0,50 m. de portée, pour passer de la charge 0 à des charges de 2,8 et 3,5 kg. Ces deux nouvelles expériences confirment donc, dans une certaine mesure, la conclusion formulée un peu plus haut.

Les moitiés des quatre prismes armés, essayées de nouveau, l'une avec 0,20 m. de portée et sous charge continuellement croissante, l'autre avec 0,25 m. de portée et avec alternatives de chargement et de déchargement, se sont toutes fissurées sous un moment fléchissant moindre que celui qui avait déterminé la production de la fissure dans le prisme initial correspondant. Ce résultat, facile à prévoir, s'explique sans peine par la fatigue que le mortier des demi-prismes avait déjà subie pendant le premier essai.

§ 2. — ESSAIS SUR GRANDES POUTRES

21. Nécessité d'étudier les déformations des poutres sous des charges inférieures à leur charge de rupture. — Dans toutes les expériences décrites ci-dessus, on a pris, faute de mieux, pour critérium de la résistance des poutres, les charges sous lesquelles elles se sont rompues partiellement ou complètement. Parfois on a ajouté à ces renseignements l'indication des déplacements verticaux subis, sous chaque charge, par un point de la section médiane

Quelque intérêt que puisse présenter la connaissance de ces éléments, ils sont loin de suffire à caractériser l'état de la poutre et à définir les actions moléculaires entrant en jeu dans ses différentes parties sous une charge déterminée.

En pratique, chaque élément de construction doit d'ailleurs rester toujours largement en dessous de sa limite de rupture, de sorte que c'est surtout pour des charges relativement faibles qu'il importe de savoir calculer les efforts développés en chaque point.

Une pareille étude ne peut être complète qu'à la condition qu'on sache mesurer avec exactitude les petites variations de distance de deux points voisins pris en n'importe quelle région de la poutre, aussi bien à l'intérieur qu'à la surface, et qu'on connaisse en outre la relation entre les efforts et les allongements positifs ou négatifs, pour chacun des matériaux dont la poutre est composée.

Or si, avec l'acier et dans les limites où les armatures sont appelées à travailler, ces efforts et ces allongements sont entre eux dans un rapport sensiblement constant, et qui définit l'élasticité de cette matière, il est loin d'en être de même avec les mortiers.

22. Variations de l'élasticité du mortier. — Comme la plupart des métaux non écrouis, les mortiers qui n'ont encore été soumis à aucune action mécanique sont imparfaitement élastiques : si faibles que soient les efforts appliqués, les variations de longueur ne sont pas rigoureusement proportionnelles à ceux-ci et, après cessation de l'effort, il reste une déformation permanente accompagnée d'un changement d'état moléculaire, de telle sorte qu'une nouvelle application de l'effort produit une déformation différente de la première.

De même, surtout pendant la première application de chaque charge, la grandeur de la déformation dépend de la durée d'action des efforts et, par suite, varie suivant l'allure plus ou moins rapide du chargement.

Si la charge n'a pas été trop forte, une deuxième application produit une déformation permanente moins importante et une moindre altération de la matière ; ces effets s'atténuent de plus en plus aux applications suivantes, et il semble que, à partir d'un nombre suffisant de répétitions de la charge considérée, le mortier acquière un état stable pour toute charge moindre et ne subisse plus, en-dessous de cette limite, que des déformations purement élastiques. Nous dirons que le mortier est alors *parfaitement écroui* pour la charge considérée.

Si l'on passe ensuite à une charge un peu plus importante, il se produit de nouvelles déformations permanentes, les propriétés élastiques du mortier sont modifiées et, après un certain nombre de répétitions de cette charge, le mortier acquiert un nouvel état d'écrouissage parfait.

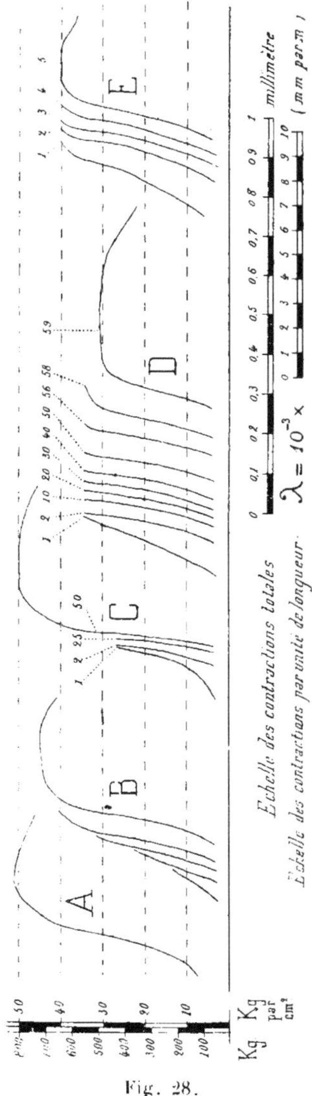

Fig. 28.

Mais quand la charge ainsi réitérée dépasse une certaine limite, les déformations permanentes augmentent à chacune de ses répétitions et la rupture finit par se produire sous cette charge.

Ces phénomènes, déjà signalés par divers expérimentateurs [1], sont mis en évidence par la figure 28, relative à des essais de compression exécutés au moyen de l'appareil hydraulique enregistreur de MM. H. et L. Le Chatelier, et dans laquelle les ordonnées sont proportionnelles aux pressions et les abscisses aux contractions du bloc de mortier, après correction des déformations subies simultanément par les divers organes de l'appareil [2]. Pour ne pas trop compliquer les diagrammes, on n'a pas tracé les courbes correspondant aux pé-

1. Voir notamment : Hartig, *Civil-Ingenieur*, 1893, p. 435 ; Souleyre et Anglade, *Expériences sur les matériaux des maçonneries*, Constantine, autogr. L. Poulet, 1895, p. 4 ; Bach, *Zeitschrift des Vereins Deutscher Ingenieure*, 1895, p. 489.

2. Voir, pour la description de l'appareil : *Annales des Mines*, septembre-octobre 1893, appendice IV, et, pour la méthode de correction des abscisses : *Résistance à la rupture des matériaux isotropes non ductiles* (Communications au Congrès international des Méthodes d'Essai des Matériaux de Construction, tenu à Paris du 9 au 16 juillet 1900, tome I, p. 321).

riodes de déchargement, et, dans les essais où une même charge a été appliquée plusieurs fois, on s'est borné à ne reproduire que quelques-unes des courbes de chargement, en indiquant leurs numéros d'ordre.

On a opéré sur des blocs cubiques de 4 cm. de côté formés d'un mortier contenant en poids une partie de ciment portland pour deux parties de sable fin et conservé pendant 13 jours dans l'eau.

La courbe A correspond à un essai fait, par la méthode ordinaire, en augmentant continuellement la charge jusqu'à la rupture, qui s'est produite sous une pression moyenne de 51,2 kg. par cm². Sept autres cubes pareils, essayés de même, ont donné des résistances variant de 46,5 à 56,6 ; la moyenne des huit a été de 50,5 kg. par cm² et les écarts extrêmes ont atteint — 8 et + 12 pour cent de cette moyenne.

Les courbes B correspondent à un autre cube pareil soumis à des charges croissant par échelons avec déchargements intermédiaires. On voit que chaque nouvelle augmentation de la charge a produit une nouvelle déformation permanente. Les résistances trouvées dans cet essai et dans deux autres exécutés dans les mêmes conditions ont été de 44,6, 42,2 et 44,5 kg. par cm² ; leur moyenne (43,8) n'est inférieure que de 13 p. 100 à celle des résistances des essais du groupe A.

Les courbes C correspondent à un autre cube soumis 50 fois à une pression moyenne de 26,5 kg. par cm², c'est-à-dire d'environ la moitié de la résistance des cubes essayés sous charge continuellement croissante. On voit que la courbe du 50e chargement est très voisine de celle du 25e, de sorte qu'à partir d'un certain moment, on peut considérer comme négligeables les déformations permanentes. Après le 50e chargement, on a fait croître la charge jusqu'à la rupture, qui s'est produite sous une pression moyenne de 50,2 kg. par cm². Dans un autre essai, exécuté dans les mêmes conditions, mais avec seulement 20 chargements, on a trouvé une résistance de 48,1 kg. Dans ces deux essais, la charge de rupture n'a donc subi, par le fait des répétitions d'efforts égaux à la moitié de sa valeur, aucune modification d'ordre supérieur aux écarts d'expérience possibles.

Les courbes D ont été obtenues par la répétition d'une pression moyenne de 34,5 kg. par cm², c'est-à-dire d'environ les deux tiers de la résistance à la rupture sous charge continuellement croissante : les contractions permanentes subies à chaque nouveau chargement, d'abord décroissantes, sont ensuite restées à peu près constantes jusque vers le 45e chargement, époque où l'on a aperçu de légères fissures ; puis, ces fissures s'accentuant, les déformations ont augmenté de plus en plus, et la rupture définitive s'est produite au 59e chargement.

Enfin les courbes E correspondent à une pression moyenne de 40,6 kg. par cm², soit quatre cinquièmes de la charge ordinaire de rupture. Les déformations permanentes ont été relativement grandes et la rupture s'est produite dès la cinquième application de la charge [1].

D'autres exemples d'essais analogues seront donnés ci-après au § 4 du chapitre XI.

23. Direction à donner aux essais. — Il résulte de ce qui précède que l'on ne peut tirer, pour la pratique, que des conclusions illusoires de déformations mesurées sur des poutres dont on ferait croître sans discontinuité la charge jusqu'à leur rupture, comme on fait le plus souvent dans les essais de réception d'ouvrages ou d'éléments d'ouvrages en ciment armé, et comme nous l'avons fait nous-même dans toutes les expériences relatées au chapitre II ci-dessus. Puisque l'élasticité du mortier varie suivant la fatigue qu'il a subie et semble rester à peu près constante à partir d'un nombre suffisant de répétitions d'un même effort, la méthode à suivre pour l'étude des poutres armées doit consister à leur appliquer d'abord un grand nombre de fois une charge relativement faible, jusqu'à ce que les déformations ne varient plus, à définir l'état élastique de la poutre à cet instant, puis à passer à une charge un peu plus forte, que l'on répétera encore jusqu'à ce qu'on arrive à un nouvel état élastique stable, et ainsi de suite.

Au cours de ces essais, on devra en outre rechercher si, à partir d'une certaine charge, les nouvelles déformations permanentes, au lieu de s'atténuer quand le nombre des répétitions augmente, ne vont pas, au contraire, en progressant, ce qui indiquerait nettement que la limite de sécurité est dépassée.

1. A partir des premières fissures, les contractions relevées sur les diagrammes ne peuvent plus servir à déterminer le coefficient d'élasticité du mortier. De même, au début du chargement, ces contractions sont très grandes et de peu d'intérêt, et proviennent de l'écrasement des parties un peu saillantes des faces des cubes, ainsi que de l'inégale répartition des pressions, qui en résulte.

Répéter un grand nombre de fois les efforts et mesurer les déformations locales chaque fois qu'on est arrivé à un nouvel état élastique stable, tel est le programme que nous nous sommes tracé pour les expériences qui vont être décrites.

24. Mode de chargement. — Pour en faciliter la réalisation, nous avons modifié un peu le dispositif employé pour les essais n°s 21, 21 *bis* et 22 (fig. 14, p. 30), et qui consistait, on s'en souvient, en un long levier s'appuyant vers l'un de ses bouts au milieu de la poutre et muni, à l'autre, d'un plateau pour recevoir des poids.

A l'aplomb de ce dernier, on a suspendu au plafond un palan, dont le crochet inférieur s'engageait dans un anneau fixé à la partie supérieure de l'étrier de suspension du plateau. De la sorte on a pu, en agissant sur le palan, soulever sans effort en quelques secondes le plateau chargé de poids, jusqu'à ce qu'il cessât de poser sur le levier ; en agissant en sens inverse, on rétablissait la charge aussi doucement que l'on voulait.

Ce dispositif, représenté sur la figure 32 ci-après (p. 64), a évité, pour les nombreuses alternatives de chargement et de déchargement de la poutre, la manœuvre longue et pénible d'un grand nombre de poids, tout en permettant d'appliquer immédiatement et sans chocs n'importe quelle charge, si forte fût-elle, sans que la poutre eût à supporter préalablement toute une progression de charges moindres.

25. Mesure des allongements et des contractions. — Cette opération est rendue particulièrement délicate par la difficulté d'adapter les appareils de mesure de telle sorte que les variations de longueur qu'ils indiquent s'appliquent à l'intervalle entre deux points bien définis et non entre deux régions plus ou moins étendues, dans lesquelles les déformations peuvent varier d'un point à l'autre ; tel est notamment l'inconvénient des scellements.

Il faut en outre que le contact des appareils n'apporte aucun trouble dans les phénomènes dont la poutre est le siège et ne modifie en rien la section de cette dernière, condition qui complique considérablement l'exploration des régions intérieures.

Dans les expériences qui vont suivre, nous avons admis que l'hypothèse de Navier, vérifiée par plusieurs savants en ce qui concerne les poutres homogènes, s'appliquait encore aux poutres armées, c'est-à-dire qu'une section plane normale à l'axe longitudinal de la poutre restait encore plane après l'application de l'effort. Vu l'importante différence d'élasticité du fer et du mortier [1], il est probable qu'en réalité il n'en est pas tout à fait ainsi et qu'une section originairement plane de la poutre armée doit subir une déformation analogue à celle de la surface libre, primitivement plane, d'un bloc de caoutchouc dont on essaierait d'arracher une tige rigide scellée dedans normalement à cette surface (fig. 29).

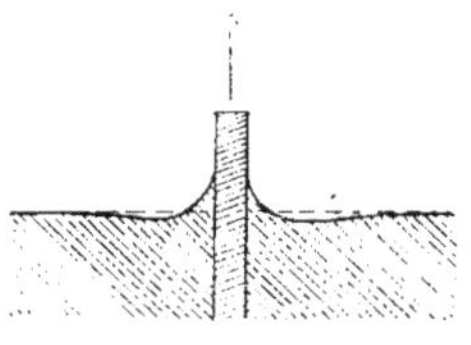

Fig. 29.

Deux étriers en bronze (fig. 30), limitant de part et d'autre la tranche qu'on voulait étudier, étaient fixés, à une distance de 0,20 m. d'axe en axe, au moyen de quatre vis de pression s'appuyant sur les deux faces horizontales de la poutre. Ils portaient, au niveau de ces faces, deux ailettes que l'on reliait, d'un étrier à l'autre, par deux appareils Manet-Rabut servant à la mesure des petits allongements [2]. De la sorte, l'appareil supérieur indiquait la contraction $(-\lambda'_0)$ subie, sous l'effort de chaque augmentation de charge, par une longueur de 0,20 m. des fibres de la face supérieure de la poutre dans la tranche considérée ; l'appareil inférieur indiquait de même l'allongement $(+\lambda'_1)$ d'une même longeur des fibres de la face inférieure. Si l'hypothèse de la déformation plane est

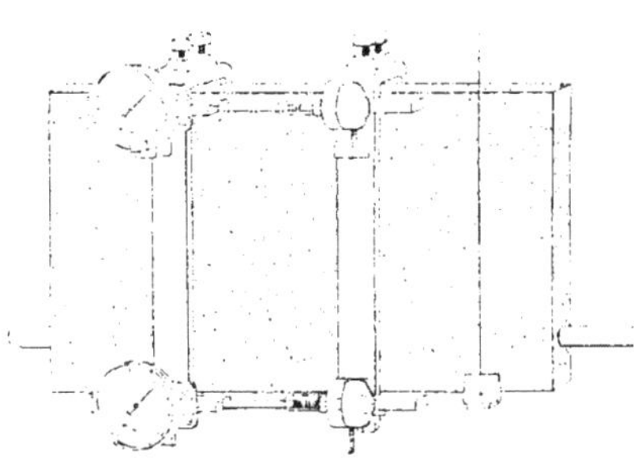

Fig. 30.

1. La plupart des mesures faites jusqu'à présent par divers expérimentateurs ont donné pour les mortiers des coefficients d'élasticité compris entre $\frac{1}{40}$ et $\frac{1}{10}$ de celui du fer.

2. Pour la description détaillée de cet appareil, voir : *Annales des Ponts et Chaussees*, 1896, II, p. 410.

exacte, l'allongement positif ou négatif λ' d'une bande quelconque de mortier de 0,20 m. de longueur, située à la distance z de la face supérieure (fig. 31), est donné par la relation :

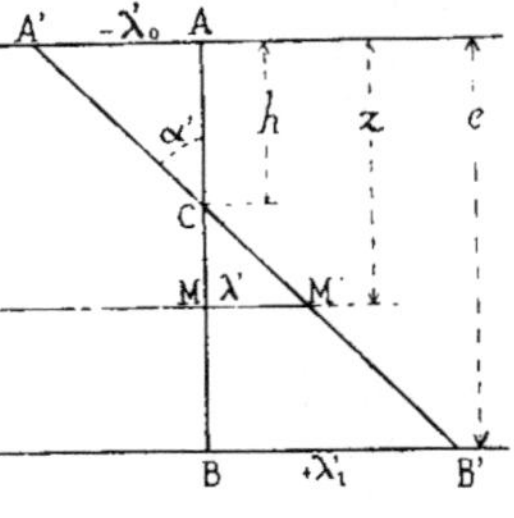

Fig. 31.

$$\frac{\lambda'_0 + \lambda'}{z} = \frac{\lambda'_0 + \lambda'_1}{e},$$

et, par suite, est mesuré, avec son signe, par :

$$\lambda' = \frac{z}{e}(\lambda'_0 + \lambda'_1) - \lambda'_0.$$

En particulier, la ligne des déformations nulles (ligne neutre) est définie par $\lambda' = 0$ et a son ordonnée h donnée par la relation :

$$\frac{h}{e} = \frac{\lambda'_0}{\lambda'_0 + \lambda'_1}.$$

Quant à l'angle de rotation α' de la section AB par rapport à la section distante de 0,20 m., qui limite de l'autre côté la tranche considérée, il a pour tangente $\frac{AA'}{CA}$, c'est-à-dire $\frac{\lambda'_0}{h}$, ou encore $\frac{\lambda'_0 + \lambda'_1}{e}$. Comme il est très petit, on peut le considérer comme étant égal à sa tangente et, par suite, proportionnel à la somme des valeurs absolues des déformations linéaires sur les deux faces extrêmes de la poutre.

Si l'on admet que, sur toute file de molécules parallèle à la portée, les allongements élémentaires positifs ou négatifs soient les mêmes dans toute la longueur de la tranche considérée, les allongements élémentaires λ_0, λ_1, λ par unité de longueur et l'angle de rotation correspondant α sont mesurés par les quotients de λ'_0, λ'_1, λ' et α' par la longueur 0.2 de la tranche.

Les appareils Manet-Rabut indiquant avec une approximation de $\frac{1}{2000}$ de millimètre les variations d'une longueur initiale de 200 millimètres, l'approximation des mesures était de $\frac{1}{200 \times 2000}$, soit de $\frac{1}{400.000}$ de la longueur étudiée.

26. Mesure des flèches. — Pour mesurer avec plus de précision que dans les essais antérieurs les déplacements verticaux d'un point quelconque de la poutre, nous nous sommes servi d'un appareil enregistreur de flèches système Rabut, mis obligeamment à notre disposition par son inventeur, de même que les deux appareils Manet-Rabut (par abréviation *manets*) dont il vient d'être question. L'appareil, posé sur une tablette fixe indépendante de la poutre, était commandé par un fil de fer tendu verticalement entre un ressort accroché au plafond et une sorte de serre-joint, représenté en bas et à droite de la figure **30**, dans lequel on pouvait, au moyen d'une vis de pression, saisir la poutre en un point quelconque de la portée [1].

Fig. 32.

Les déplacements verticaux du serre-joint étaient amplifiés par l'appareil dans le rapport de **1** à **20**, de sorte que, la hauteur des traits tracés sur le papier pouvant être facilement appréciée

1. Pour la description de l'appareil et des diverses manières de l'installer, voir : *Annales des Ponts et Chaussées*, 1896, II, p. 379.

à $\frac{1}{5}$ de millimètre près, l'approximation dans la mesure des flèches était d'environ un centième de millimètre.

L'ensemble de la disposition de la poutre, du levier, des manets et de l'appareil enregistreur de flèches est représenté par la figure 32. Le double montant vertical qu'on voit au milieu de la figure est un guide destiné à maintenir le levier en direction et à l'empêcher de se déverser latéralement. Une cheville était passée successivement dans des trous de ce montant pour arrêter le levier en cas de rupture brusque de la poutre.

27. Exécution des essais. — Comme ceux du chapitre II, § 2, les essais ont été exécutés à l'usine à ciment de Boulogne, sous un hangar ouvert où les poutres avaient été conservées depuis leur fabrication et se trouvaient constamment garanties du soleil et de la pluie.

On a opéré successivement sur les deux poutres pareilles qui avaient déjà servi, à l'âge d'un mois, pour l'essai n° 18, sans qu'on fût parvenu à les casser avec les moyens rudimentaires dont on disposait à cette époque, et qui avaient alors subi une charge maximum correspondant à un moment fléchissant dans la section médiane mesuré, pour chacune des poutres, par le nombre 1712 ($m = 13,2$). Rappelons que leurs principales données étaient les suivantes :

$$L = 3,50 \; ; \; l = 3,25 \; ; \; b = 0,10 \; ; \; e = 0,36.$$

$$n = 1 \; ; \; d = 0,035 \; ; \; \varphi = 0,0267 \; ; \; \varepsilon = 0,044 \; ; \; \varpi = 85.$$

$$\text{Coefficient d'élasticité de l'acier} = 22,069 \times 10^9 \; ;$$

$$\text{Limite d'élasticité de l'acier} = 27,8 \text{ kg. par mm}^2.$$

Les nouveaux essais ont duré du 6 décembre 1897 au 15 mars 1898 pour la première poutre et du 29 mars au 16 septembre 1898 pour la seconde. Celles-ci étaient donc âgées, lors des essais, respectivement de trois ans et quart à trois ans et demi et de trois ans et demi à quatre ans.

Après la rupture de la première poutre, des morceaux de mortier, taillés en divers points de ses débris, ont été essayés à la compression. La résistance moyenne ainsi trouvée pour le mortier âgé de trois ans et demi a été d'environ 216 kg. par cm².

Le tableau ci-après indique les principales charges appliquées dans les essais, ainsi que les valeurs correspondantes du moment fléchissant total ou réduit dans la section médiane et de l'effort tranchant total ou réduit au droit de chaque appui. Les valeurs de P désignent les surcharges exercées réellement par le levier au milieu de la poutre et celles de p sont les surcharges uniformément réparties par mètre courant auxquelles auraient correspondu les mêmes valeurs de M et de m.

Désignation abrégée de la charge	Nature de la charge	P	p	M	m	A	a
(0)	Poids propre de la poutre (plus semelle, étriers, manels et serre-joint)	22	14	129	1,0	149	0,4
(L)	Poutre chargée du levier seul	280	172	338	2,6	278	0,8
(P)	Plateau vide appliqué au bout du levier	646	398	636	4,9	461	1,3
(12)	12 poids de 20 kg. sur le plateau . . .	2086	1284	1806	13,9	1181	3,3
(24)	24 poids de 20 kg. sur le plateau . . .	3526	2170	2976	23,0	1901	5,3
(36)	36 poids de 20 kg. sur le plateau . . .	4966	3056	4146	32,0	2621	7,3
(48)	48 poids de 20 kg. sur le plateau . . .	6406	3942	5316	41,0	3341	9,3

L'état élastique des poutres a été étudié plus spécialement pour les charges (**12**), (**24**) et (**36**) ; la charge (**L**) est celle à laquelle on revenait quand, au moyen du palan, on soulageait complètement le levier du poids du plateau.

Les autres charges qui ont été appliquées accessoirement et ne figurent pas dans le tableau sont toutes les charges intermédiaires entre (**P**) et (**48**) dont le symbole est un multiple de 3.

L'ordre dans lequel ces charges ont été appliquées et le nombre de leurs applications peuvent être résumés comme il suit ; les nombres indiqués ne comprennent pas les charges (**L**) auxquelles on revenait presque toujours après toute autre charge plus forte, et que l'on maintenait même souvent toute une nuit, quand une série d'essais durait plusieurs jours consécutifs.

Essai n° 25. — Première poutre :

1re période, du 6 décembre 1897 au 24 février 1898 : 95 chargements, au cours desquels on a atteint 53 fois la charge (**12**) sans jamais la dépasser.

La 11e application de cette charge a été maintenue pendant 16 heures, la 22e pendant 24 heures et la 52e pendant 4 heures.

2e période, 24 et 25 février 1898 : 55 chargements, au cours desquels on a atteint 23 fois la charge (**24**) sans jamais la dépasser.

La 10e application de cette charge a été maintenue pendant 16 heures.

3e période, du 25 février au 15 mars : 213 chargements, au cours desquels on a atteint 97 fois la charge (**36**) sans jamais la dépasser.

Rupture brusque à la 97e application de la charge (**36**).

Essai n° 26. — **Seconde poutre** :

1re période, du 29 mars au 1er avril 1898 : 150 chargements, au cours desquels on a atteint 107 fois la charge (**12**) sans jamais la dépasser.

La 20e application de cette charge a été maintenue 2 heures ; la 68e et la 93e, chacune 16 heures.

2e période, du 1er avril au 1er septembre : 739 chargements, au cours desquels on a atteint 540 fois la charge (**24**) sans jamais la dépasser, avec repos complet du 14 juin au 30 août, après 494 applications de cette charge.

3e période, du 1er au 16 septembre : 236 chargements, au cours desquels on a atteint 100 fois la charge (**36**) sans jamais la dépasser.

A la 29e application de la charge (**36**), la poutre a culbuté et est tombée sur une de ses faces latérales en faussant l'appareil enregistreur de flèches, qui n'a plus été employé dans la suite des essais, et se fissurant elle-même en deux endroits ; les parties apparentes des fissures formaient deux lignes coupant la face supérieure à 0,40 m. et 0,48 m. de part et d'autre du milieu de la portée et se prolongeant obliquement sur les deux faces latérales, en s'éloignant du milieu sous un angle d'environ 45° et restant visibles sur une longueur d'environ 0,20 m. en moyenne. Après cet accident, la poutre a été relevée et les essais ont continué ; limitées à la partie comprimée, les fissures ont disparu dès qu'on a chargé de nouveau, et il ne semble pas qu'elles aient influé sur la suite des expériences.

La 85e application de la charge (**36**) a été maintenue pendant 3 heures.

4e période. 16 septembre 1898 : appliqué successivement 5 fois la charge (**39**), 5 fois la charge (**42**), 5 fois la charge (**45**), puis la charge (**48**). Rupture brusque à la cinquième application de cette dernière.

Le tableau ci-dessous résume et totalise les charges supportées par chaque poutre.

Valeurs des charges	Nombres d'applications								
	Essai n° 25 Première poutre				Essai n° 26 Seconde poutre				
	Première période	Deuxième période	Troisième période	Total	Première période	Deuxième période	Troisième période	Quatrième période	Total
Entre (L) et (12)	42	11	30	**83**	43	94	40	**0**	**177**
(12)	53	4	23	**80**	107	25	22	**0**	**154**
Entre (12) et (24)	»	17	20	**37**	»	80	25	**0**	**105**
(24)	»	23	20	**43**	»	540	22	**0**	**562**
Entre (24) et (36)	»	»	23	**23**	»	»	27	**0**	**27**
(36)	»	»	97	**97**	»	»	100	**0**	**100**
Supérieures à (36)	»	»	»	»	»	»	»	**20**	**20**
Nombre total de charges supérieures à (L)	95	55	213	**363**	150	739	236	**20**	**1145**

Sans entrer dans le détail, beaucoup trop long, des résultats obtenus dans ces nombreuses opérations, nous allons résumer les principales observations faites au cours des expériences.

28. Inertie des appareils et de la matière. — Lorsqu'on passe d'une charge à une autre, les aiguilles des manets et la plume de l'enregistreur de flèches n'arrivent pas immédiatement à leur position définitive, mais s'arrêtent un peu en deçà de la division qu'elles devraient indiquer. Un léger choc donné au levier ou au plateau les fait progresser un peu ; de nouveaux chocs déterminent des déplacements dans le même sens mais de plus en plus faibles, et on arrive bientôt à une sorte d'état d'équilibre pour lequel un faible ébranlement quelconque ne produit plus qu'un mouvement vibratoire des appareils indicateurs, après l'extinction duquel les aiguilles et la plume reviennent aux mêmes divisions, de sorte que les indications qu'elles fournissent alors peuvent être considérées comme définitives.

A partir de cet instant, si l'on maintient l'action de la charge pendant plusieurs heures et même plusieurs jours, on ne constate généralement, après ce temps, que des changements tout à fait insignifiants, du moins tant que la charge appliquée n'est pas trop voisine de la charge de rupture.

Si, au contraire, la même charge est maintenue sans chocs préalables, le temps et les trépidations accidentelles suppléent à ces derniers, et l'on constate qu'à la fin les aiguilles et la plume ont progressé.

Nous avons constaté ces phénomènes dès le début de nos expériences et, dès lors, nous nous sommes affranchi des erreurs qui auraient pu en résulter, en faisant précéder toute lecture, quel que fût le sens de la variation de la charge, de quelques coups de bâton appliqués sous le levier.

Nos premiers essais ont également mis en évidence un genre d'inertie un peu différent :

Soit une poutre armée ayant subi déjà un nombre d'applications d'une même charge maximum (**N**) suffisant pour que les déformations puissent être considérées comme constantes pendant plusieurs nouvelles applications consécutives de cette charge ; si l'on fait agir deux fois une même charge plus faible (**N'**), mais en partant une fois d'une charge supérieure (**N'** $+ n$) telle que l'on ait : **N'** $+ n \leqq$ **N**, et l'autre d'une charge inférieure (**N'** $- n'$), les nombres lus définitivement après chocs répétés ne sont pas les mêmes : pour chacun des trois appareils de mesure, ils sont plus forts ou plus faibles suivant que le changement de

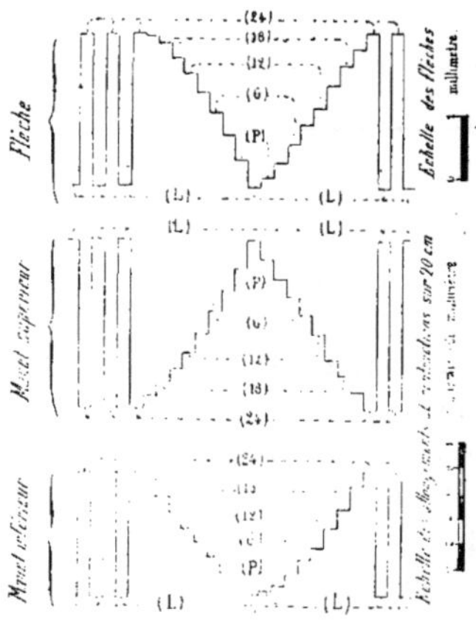

Fig. 33. — Première poutre, 2e période. Chargements et déchargements de la 18e à la 22e application de la charge (24).

charge se traduit par un déplacement de l'aiguille dans le sens descendant ou ascendant de la graduation numérique ; dans l'un au moins des deux essais, le chemin parcouru par l'aiguille est trop faible.

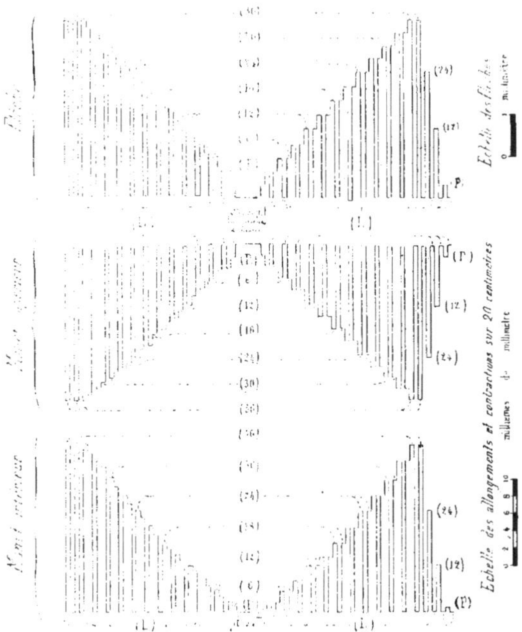

Fig. 34. — Première poutre, 3e période. Chargements et déchargements de la 58e à la 62e application de la charge (36).

Les figures 33 et 34, qui traduisent graphiquement deux de nos expériences, réunissent un certain nombre d'exemples de ce phénomène et montrent en outre que, dans la période de déchargement, les variations des lectures sont, pour chaque groupe de 3 poids enlevés du plateau, d'autant plus fortes que la charge de départ est plus faible ; autrement dit, la dénivellation paraît dépendre plus de la diminution relative que de la diminution absolue de la charge ; au contraire, dans la période de chargement, les échelons correspondant à une même augmentation absolue de la charge sont, en général, sensiblement égaux entre eux, quelle que soit la grandeur de celle-ci. D'autres expériences nous ont d'ailleurs montré que les indications fournies par les appareils pour une même charge, quand on partait de charges plus faibles, étaient, rigoureusement constantes, quelle que fût l'importance de l'écart entre la charge de départ et la charge d'arrivée.

Ces considérations, en même temps que la progression plus régulière des indications obtenues par charges croissantes que par charges décroissantes, nous ont porté à considérer comme seules bonnes les mesures résultant d'essais par charges croissantes, et à adopter comme principe pour nos essais de toujours revenir à la charge (**L**) avant l'application de chaque nouvelle charge.

La simultanéité des écarts accusés, aussi bien par l'appareil enregistreur des flèches que par les deux manets, quand une même charge est atteinte dans une période de chargement ou dans une période de déchargement, prouve que le retard doit être attribué, non à la paresse de tel ou tel de ces appareils, mais à l'inertie de la poutre elle-même.

Au contraire, les retards décrits en premier lieu, et que des chocs donnés au levier permettent de corriger rapidement, doivent être surtout imputables à de très légers frottements dans les appareils de mesure ou au jeu possible de leurs liaisons avec la poutre.

29. Etat élastique à un instant déterminé. — Supposons qu'après un nombre suffisant d'applications d'une charge quelconque (**N**) non encore dépassée, l'aiguille de chacun des trois appareils s'arrête toujours à une même division à chaque nouvelle application d'une même charge quelconque au plus égale à (**N**), de telle sorte que, pour toute l'échelle des charges inférieures à (**N**), la poutre ne subisse plus aucune déformation permanente. L'*état élastique* de la poutre arrivée à ce degré de fatigue bien défini, qu'on pourrait appeler par exemple l'*écrouissage* [1] *parfait relatif à la charge* (**N**), est une conception complexe que l'on ne pourrait définir complètement qu'à la condition de connaître, à l'instant considéré, la loi de déformation élastique de la matière en tout point de la poutre, loi qui varie

1. Le mot écrouissage s'applique ordinairement aux métaux : faute d'un autre plus général et en raison de la similitude des effets observés, nous l'emploierons aussi pour les mortiers.

évidemment d'un point à l'autre, attendu que les diverses régions de la poutre n'ont pas fatigué également.

Pour nous faire une idée sommaire des états élastiques acquis à diverses époques des essais, nous avons étudié quatre tranches de 0,20 m. situés respectivement au milieu, aux trois huitièmes, au quart et au huitième de la portée, pour chacune desquelles nous avons noté les indications des manets et de l'appareil enregistreur de flèches sous des charges échelonnées de (**O**) à (**N**). Il aurait été avantageux de faire ces déterminations simultanément dans les diverses tranches considérées ; mais, en raison du petit nombre d'appareils dont nous disposions, nous avons dû opérer successivement dans chaque tranche. A condition de ne commencer qu'après un nombre de chargements suffisant pour que l'écrouissage parfait soit atteint, ce procédé n'a guère d'autre inconvénient que la perte de temps qu'il occasionne.

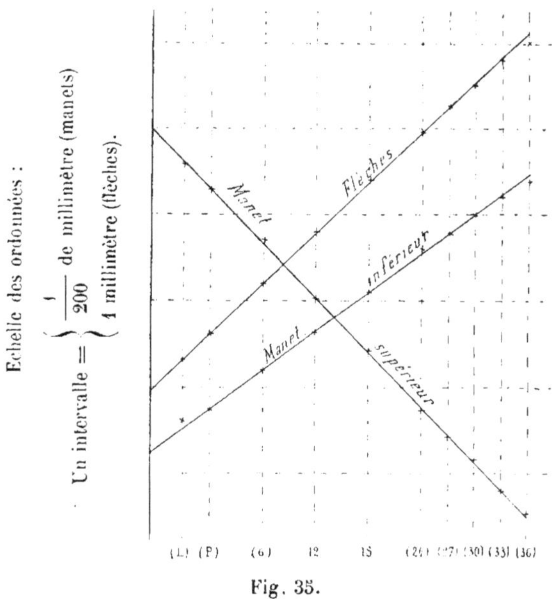

Fig. 35.

Les résultats obtenus pour chaque tranche ont été coordonnés graphiquement comme l'indique la figure 35, qui correspond à la tranche médiane de la 2e poutre, considérée après de nombreuses alternatives de chargement et de déchargement au cours desquelles on avait atteint 28 fois la charge (**36**) sans jamais la dépasser. Les abscisses étant prises proportionnelles aux moments fléchissants dans la section considérée, on a porté en ordonnées les indications des deux manets et de l'appareil indicateur de flèches (origines quelconques) et joint par des traits continus les points correspondant à chacun des trois appareils.

On voit que, dans l'exemple choisi, les points sont très sensiblement répartis sur des lignes droites [1], ce qui indique que les variations de longueur des fibres extrêmes et les déplacements verticaux d'un point quelconque de la section médiane ont été proportionnels aux moments fléchissants dans cette section.

Les intersections des prolongements de ces droites avec l'axe des ordonnées définissent les divisions qu'aurait indiquées chaque appareil pour un moment nul, et permettent de calculer les grandeurs absolues des déformations élastiques correspondant à un moment fléchissant donné quelconque.

Si, dans l'exemple choisi, on admet que, pour toute charge inférieure ou égale à la charge (**36**), les deux sections qui limitent la tranche considérée sont restées planes, la forme rectiligne des lieux géométriques des points correspondant aux indications des deux manets signifie que la rotation de l'une de ces sections par rapport à l'autre s'est opérée autour d'un axe fixe. On peut d'ailleurs déterminer facilement la hauteur de cet axe comme on l'a vu plus haut, en prenant pour AA′ et BB′, dans la figure 31 (p. 63), des longueurs proportionnelles aux coefficients angulaires des droites qui correspondent aux indications des deux manets dans la figure 35 : la position de l'axe est donnée par le point C.

Des mesures analogues à celles qui ont servi à établir la figure 35 ont été faites pour diverses tranches et pour un grand nombre d'états élastiques des deux poutres : toujours les points DEF (fig. 36), correspondant aux indications de l'enregistreur de flèches, et les points GHJ, correspondant à celles du manet supérieur, ont donné des lignes droites ou des lignes à double cour-

1. Nous rappelons que chaque charge est appliquée en partant d'une charge plus faible. Quand on opère par déchargement, les points forment des courbes plus ou moins sinueuses. Seule la plus faible des charges étudiées est nécessairement appliquée en partant d'une charge supérieure ; aussi arrive-t-il souvent que les points correspondants s'écartent de l'alignement.

bure se rapprochant beaucoup de pareilles lignes [1]. Quant aux indications du manet inférieur, elles ont rarement fourni des lieux géométriques aussi rigoureusement rectilignes que dans l'exemple donné plus haut. Pour la première poutre, les courbes ont, le plus souvent, présenté la forme KLM. Pour les états élastiques stables de la seconde poutre obtenus par la répétition de charges relativement faibles, la forme la plus fréquente a été celle de la ligne K'L'M'. Par contre, pour les plus fortes charges d'écrouissage de la seconde poutre, les points obtenus ont été, en général, très sensiblement en ligne droite. Si donc les nombres fournis par les manets mesurent bien les allongements des faces extrêmes, la rotation de la section arrivée à un état d'écrouissage bien défini ne s'est opérée autour d'un axe fixe que tant que le moment fléchissant est resté compris entre les limites correspondant à la portion droite du lieu géométrique des points fournis par le manet inférieur.

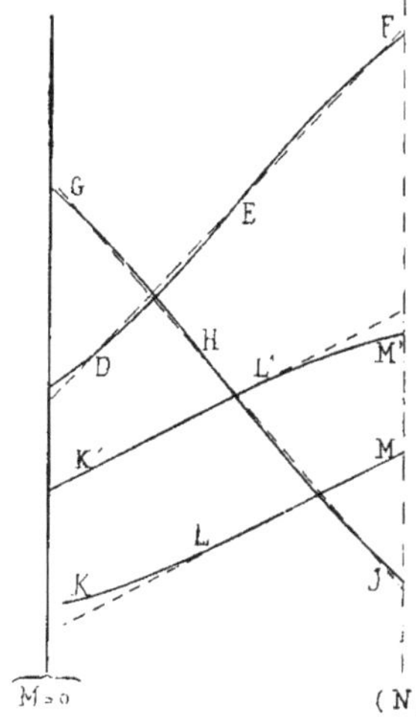

Fig. 36.

30. Causes d'erreurs. — Considérons la poutre arrivée, après un nombre suffisant de répétitions d'une même charge maximum (**N**), à un état élastique tel que, à chaque nouveau passage de la charge (**L**) à la charge (**N**) et inversement, les trois appareils donnent respectivement les mêmes indications.

1° Lorsque, après avoir atteint un pareil état, on desserrait un des étriers et qu'on le resserrait de nouveau à la même place, on constatait souvent qu'ensuite les deux manets, ou l'un d'eux seulement, ne donnaient plus d'indications constantes après chaque retour à une même charge : il se produisait une sorte de déplacement continu du zéro, qui s'atténuait progressivement et ne cessait qu'après un nombre plus ou moins grand de char-

1. Mêmes observations que dans le renvoi précédent.

gements et de déchargements successifs. Le sens de ce déplacement, pour l'un quelconque des manets, différait d'ailleurs d'une expérience à une autre.

Le même phénomène a été aussi observé quelquefois après un simple déplacement d'un manet, sans qu'on eût touché aux étriers. Il est probable qu'il provenait du tassement progressif de la matière aux points de contact des vis de pression des manets sur les étriers et de celles des étriers sur la poutre. Nous avons cherché sans succès à l'éviter en modifiant de diverses manières la forme et la nature des contacts ; finalement, nous avons dû nous résoudre à ne faire, dans chaque tranche, les mesures des déformations correspondant à une série de charges échelonnées, qu'après un nombre préalable d'applications alternatives des charges (**L**) et (**N**) suffisant pour que les variations des indications des manets fussent devenues négligeables.

2° Lorsque, la poutre ayant atteint l'écrouissage parfait relatif à la charge (**N**), on soulevait le levier et qu'ensuite, sans avoir dérangé la poutre ni les appareils, on le faisait poser de nouveau, il arrivait souvent que les indications des manets n'étaient plus tout à fait les mêmes qu'auparavant, elles variaient encore un peu aux premières charges, mais redevenaient constantes plus rapidement que dans le cas précédent.

Cela tient à ce qu'il était difficile de toujours faire poser le levier exactement de la même manière ; dans certaines positions, il se pouvait que la direction de l'effort résultant ne coïncidât plus rigoureusement avec l'axe de symétrie vertical de la poutre, de sorte qu'il se produisait une légère flexion d'avant en arrière ou inversement, accompagnée, aux premières charges, de faibles déformations permanentes.

Nous avons évité cet inconvénient en ne soulevant jamais le levier dans le cours d'une même série d'essais ; ainsi, la plus faible charge appliquée a généralement été la charge (**L**).

3° Quand, après une série d'indications constantes, on modifiait le serrage des étriers sans les déplacer ni toucher aux manets, l'écart entre les indications données par chaque manet pour les charges extrêmes (**L**) et (**N**) variait. Pour un serrage croissant, une même augmentation de charge produisait, sur la face supérieure de la poutre, des contractions de plus en plus fortes, et, sur la face inférieure, des allongements de plus en plus faibles ; l'inclinaison de la ligne GJ (fig. 36) augmentait et celle de la ligne KM diminuait : l'axe de rotation de la section considérée semblait donc s'abaisser.

Le tableau ci-dessous montre combien ces variations ont parfois été considérables :

2e poutre après 392 à 400 applications de la charge (24) non encore dépassée. Passage de la charge (L) à la charge (24).	Variation moyenne (en $\frac{1}{200}$ de mm.)		$\frac{h}{e}$	tang α'
	Manet supérieur	Manet inférieur		
Étriers très peu serrés	8,7	38,6	0,184	0,000657
Étriers fortement serrés.	23,8	21,2	0,529	0,000625

Cette perturbation peut être attribuée, dans le cas d'un serrage trop faible, à un glissement tendant à écarter les deux étriers l'un de l'autre, et, dans le cas d'un serrage un peu énergique, à la production dans le mortier d'efforts parasites dus à la pression des vis, quelle que fût d'ailleurs la forme de leurs contacts avec la poutre [1].

Toutefois, la somme des valeurs absolues des changements de longueur sur les deux faces extrêmes, qui, comme on l'a vu plus haut, est proportionnelle à l'angle dont tournent l'une par rapport à l'autre les deux sections limitant la tranche considérée, restait sensiblement constante, et correspondait à des valeurs de cet angle assez vraisemblables.

Quoi qu'il en soit, comme rien ne permettait de définir un degré de serrage sûrement exempt de causes d'erreurs, il faut renoncer à baser des données numériques exactes sur l'observation des manets dans nos expériences. Tout au plus pourra-t-on peut-être tirer quelques indications de la comparaison d'expé-

1. Si, à 0,15 m. de part et d'autre des deux étriers limitant la tranche considérée, on serrait deux autres étriers sans toucher aux deux premiers, il n'en résultait, pour les manets, que des variations tout à fait insignifiantes, de même sens que pour un léger desserrage des étriers initiaux. Il en était de même si les deux étriers supplémentaires étaient serrés d'un même côté de la tranche de 0,20 m., à 0,15 m. et 0,30 m. de l'un des premiers.

riences faites avec un serrage identique des étriers, ce dont on ne pourra être sûr qu'autant que ceux-ci n'auront pas été touchés au cours ou dans l'intervalle de ces expériences.

Il semble pourtant peu probable que, pour la poutre soumise uniquement aux actions de son poids propre et des charges transmises par le levier, les lois de variation des déformations dans une tranche quelconque en fonction des moments fléchissants doivent être représentées par des lignes moins simples que celles de la figure 35, qui n'ont guère pu qu'être compliquées par les actions perturbatrices dues au serrage des étriers.

Les trois causes d'erreurs qui viennent d'être examinées, et qui proviennent d'influences localisées dans la tranche étudiée ou dans son voisinage immédiat, agissent sur les manets mais ne se traduisent par aucune variation appréciable des flèches enregistrées, qui sont les résultantes des déformations simultanées de toutes les parties de la poutre.

En particulier, dans le troisième cas, nous avons vérifié par des expériences spéciales que le déplacement vertical d'un point quelconque de la poutre pour une variation de charge donnée, était indépendant du degré de serrage et même de la présence des étriers.

Les flèches mesurées semblent donc pouvoir être toujours considérées comme exactes.

81. Déformations permanentes. — Tout au début du chargement d'une poutre, quand on lui applique une même charge à plusieurs reprises, l'appareil enregistreur de flèches, aussi bien que les manets, donne chaque fois des indications différentes. Par suite des causes d'erreurs signalées plus haut, la variation des manets ne permettrait de rien affirmer, quoique souvent elle soit particulièrement caractéristique. Mais celle de la flèche indique nettement que la poutre subit des déformations permanentes : la flèche augmente progressivement et ne devient constante

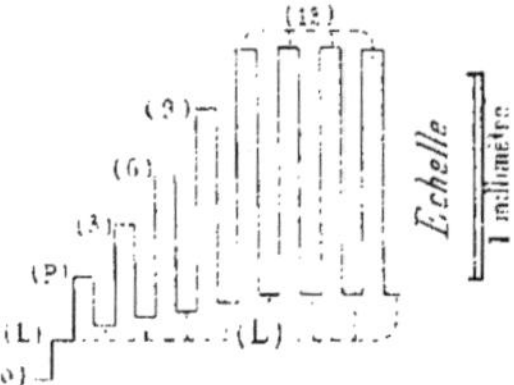

Fig. 37. — Seconde poutre. Flèches au début du chargement.

qu'après quelques alternatives de chargement et de déchargement (fig. 37).

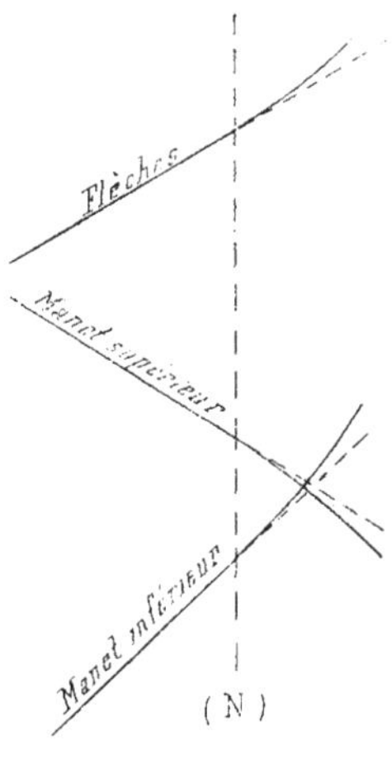

Fig. 38.

Pour la même raison, quand, après avoir atteint l'écrouissage parfait relatif à une charge (**N**), on passe à des charges plus fortes, les déformations augmentent plus vite que les moments fléchissants, et les lignes à peu près droites des figures 35 et 36 se prolongent suivant des courbes, comme l'indique la figure 38.

C'est seulement après quelques applications de la nouvelle charge maximum qu'il s'établit un nouvel état élastique, caractérisé par de nouvelles lignes à peu près droites pour toute l'échelle des moments fléchissants et faisant avec l'horizontale des angles un peu plus grands que les précédentes.

32. Comparaison de tranches en différents points de la portée. — Pour divers états élastiques des deux poutres, on a déterminé, dans les quatre tranches définies ci-dessus, les déformations correspondant à une série de charges échelonnées, et tracé les lignes analogues à celles des figures 35 et 36.

Comme il a fallu nécessairement déplacer chaque fois les étriers et les manets, les indications de ces derniers ne sont pas comparables ; néanmoins, on a toujours constaté que, à mesure qu'on s'éloignait du milieu de la portée en se rapprochant des appuis, les déformations de la face inférieure diminuaient plus vite que celles de la face supérieure, de sorte que l'axe neutre semblait s'abaisser. En particulier, dans la tranche située au huitième de la portée, les allongements de la face inférieure étaient à peu près nuls et l'axe neutre semblait être très voisin de cette face. Autant qu'on peut avoir confiance en ces essais, il en résulterait donc que le lieu géomé-

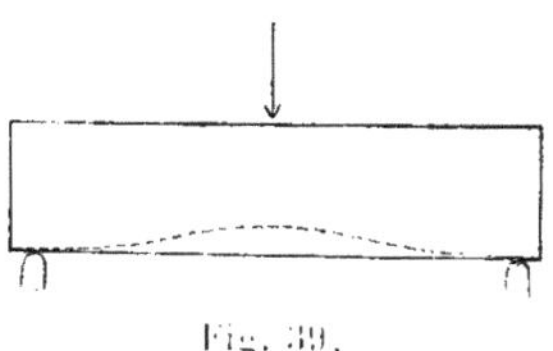

Fig. 39.

trique des axes instantanés de rotation de toutes les sections transversales de la poutre pour un état élastique déterminé devrait se projeter suivant une ligne courbe analogue à celle qui est tracée en pointillé sur la figure 39.

En ce qui concerne les flèches, on a calculé, d'après les coefficients angulaires des droites telles que DF (fig. 36), les déplacements verticaux correspondant, pour un point quelconque de chaque tranche : 1° à une même augmentation (égale à 1000 m. kg.) du moment fléchissant M développé dans cette tranche ; 2° à la charge maximum caractérisant l'état élastique considéré (en admettant que les points se prolongent en ligne droite quand le moment fléchissant décroît jusqu'à zéro) ; 3° à une même augmentation (égale à 1000 kg.) de la surcharge P appliquée au milieu de la poutre.

Le tableau ci-dessous relate les chiffres (exprimés en mm.) ainsi obtenus pour quelques états élastiques des deux poutres :

Poutre	Plus forte charge subie avant l'essai	Nombre moyen d'applications antérieures de la plus forte charge	Augmentat. de flèche pour $dM = 1000$				Flèche totale pour la plus forte charge subie				Augmentat. de flèche pour $dP = 1000$			
			$1/8\,l$	$1/4\,l$	$3/8\,l$	$1/2\,l$	$1/8\,l$	$1/4\,l$	$3/8\,l$	$1/2\,l$	$1/8\,l$	$1/4\,l$	$3/8\,l$	$1/2\,l$
2e	(12)	39	1,17	1,12	1,02	0,83	0,55	1,05	1,40	1,50	0,24	0,46	0,62	0,68
2e	(24)	25	1,20	1,19	1,08	0,92	0,92	1,81	2,43	2,73	0,24	0,48	0,66	0,74
2e	(24)	433	1,23	1,22	1,07	0,92	0,94	1,84	2,42	2,73	0,25	0,49	0,66	0,74
2e	(24)	529	1,34	1,27	1,10	0,93	1,02	1,92	2,49	2,76	0,27	0,51	0,67	0,75
1re	(36)	70	»	1,55	»	1,14	»	3,25	»	4,72	»	0,63	»	0,92

Imaginons une poutre de mêmes dimensions que les poutres essayées, mais formée d'une matière homogène et parfaitement élastique. Soient E son coefficient d'élasticité, supposé le même à la traction et à la compression, et I le moment d'inertie d'une section transversale quelconque.

Dans une tranche située à la distance x de l'un des appuis, l'augmentation de moment fléchissant pour une augmentation 1000 de la charge appliquée au milieu de la portée, est égale à 500 x, et le déplacement vertical correspondant f de l'axe neutre se déduit de l'équation :

$$EI \frac{d^2f}{dx^2} = 500\,x.$$

En intégrant deux fois et déterminant les constantes de telle sorte qu'on ait $f = 0$ pour $x = 0$ et $\frac{df}{dx} = 0$ pour $x = \frac{l}{2}$, on déduit f de la formule :

$$\mathrm{EI}f = 250\, x \left(\frac{l^2}{4} - \frac{x^2}{3}\right).$$

Si donc les poutres d'essai se comportaient comme des poutres homogènes parfaitement élastiques, les valeurs trouvées pour f dans les quatre tranches considérées (quatre dernières colonnes du tableau ci-dessus) seraient proportionnelles aux valeurs du 2e membre de cette égalité, c'est-à-dire, tous calculs faits, aux nombres **263**, **492**, **658** et **715**, et les quotients de chacun de ces nombres par la valeur de f correspondante donneraient précisément le produit EI.

Le tableau ci-dessous montre qu'en général les valeurs ainsi calculées diffèrent un peu suivant la tranche considérée, et que, par suite, l'assimilation n'est pas permise. On a vu d'ailleurs plus haut que la hauteur de l'axe neutre semblait varier d'une tranche à l'autre. Si, néanmoins, on calcule la moyenne des diverses valeurs de EI trouvées pour chaque état élastique, et qu'on la divise par $\frac{be^3}{12}$, moment d'inertie de la section, supposée homogène, autour de l'horizontale passant par son centre, on trouve une valeur de E qui représente le coefficient d'élasticité de la poutre homogène, rectangulaire, parfaitement élastique, qui se rapprocherait le plus de la poutre d'essai (colonne E du tableau).

Poutre	Plus forte charge subie avant l'essai	Nombre moyen d'applications antérieures de la plus forte charge	$\mathrm{EI} = \dfrac{250\,x\left(\frac{l^2}{4} - \frac{x^2}{3}\right)}{f}$ (unités : mètre et kilogramme)				Valeur moyenne de EI	E	Mortier supposé parfaitement élastique	
			$x = 1/8l$	$x = 1/4l$	$x = 3/8l$	$x = 1/2l$			E_0	h
			$10^3 \times$	$10^3 \times$	$10^3 \times$	$10^3 \times$	$10^3 \times$	$10^9 \times$	$10^9 \times$	m.
2^e	(12)	39	1112	1074	1054	1060	1075	2,76	2,20	0,203 = 0,36 × 0,564
2^e	(24)	25	1076	1014	995	960	1011	2,60	2,04	0,205 = 0,36 × 0,569
2^e	(24)	433	1054	998	999	960	1003	2,57	2,02	0,205 = 0,36 × 0,570
2^e	(24)	529	971	956	971	950	962	2,47	1,92	0,206 = 0,36 × 0,572
1re	(36)	70	»	783	»	773	778	2,00	1,47	0,212 = 0,36 × 0,590

On peut encore, par une nouvelle approximation, négliger la variation du quotient $\frac{250\,x\left(\frac{l^2}{4}-\frac{x^2}{3}\right)}{f}$ d'un bout à l'autre de la poutre et, supposant le mortier parfaitement élastique, calculer, par les formules qui seront exposées plus loin (art. 89), le coefficient d'élasticité E_0 du mortier et la distance h de l'axe neutre à la face la plus comprimée, en partant de la valeur moyenne du quotient (EI) pour chacun des états élastiques considérés et des divers paramètres connus qui caractérisent l'armature.

On obtient ainsi les nombres relatés dans les deux dernières colonnes du tableau ci-dessus.

On remarque immédiatement que, aussi bien le coefficient d'élasticité moyen E que le coefficient E_0 calculé pour le mortier seul, diminuent à mesure que la fatigue de la poutre augmente. Cette observation confirme ce qui a été exposé plus haut (art. **22**) sur la variation progressive de l'élasticité des mortiers.

Il en résulte qu'à l'usage une poutre de mortier ou de toute autre matière imparfaitement élastique doit cesser d'être homogène, le coefficient d'élasticité devenant plus faible dans les parties les plus fatiguées.

A fortiori, quand la poutre est constituée par la réunion de plusieurs matières inégalement élastiques, son hétérogénéité est encore bien plus complexe, et il n'est pas étonnant que la hauteur de l'axe neutre varie d'une section à l'autre.

Dans le cas particulier de nos expériences, le coefficient d'élasticité du mortier, pour un état élastique donné, devait être moindre au milieu de la portée que près des appuis. En outre, dans une même section transversale, il devait être moindre près des faces inférieure et supérieure qu'au voisinage de la ligne neutre [1].

33. Succession des états élastiques. — Les causes d'erreurs résultant du mode de fixation des étriers sont trop importantes pour que les indications des manets puissent déceler les

1. Il semble résulter de là que, contrairement à la constatation rapportée ci-dessus (fig. 39), la ligne neutre devrait passer plus bas au milieu de la portée que près des appuis. Le calcul indiquera plus loin ce qu'il faut penser de cette contradiction.

variations d'état élastique et les déplacements que subit la ligne neutre à mesure que la fatigue de la poutre augmente. Néanmoins on constate une légère augmentation progressive de l'angle de rotation correspondant à une même différence de charge, ainsi qu'on peut en juger par la dernière colonne du tableau ci-après (p. 84 et 85), qui donne les valeurs de cet angle déduites des indications des manets.

Au contraire, la mesure des flèches permet de suivre de très près les déformations de la poutre.

On constate d'abord que, même au début du chargement ou quand on vient de dépasser la plus forte des charges déjà appliquées, l'augmentation élastique de flèche correspondant à une même augmentation de charge, ne subit, dans les applications successives de la nouvelle charge, que des variations insignifiantes et, en tout cas, du même ordre de petitesse que les erreurs possibles.

Voici par exemple, exprimées en millimètres, les augmentations élastiques de la flèche au milieu de la portée entre les charges (**L**) et (**12**) pendant les 25 premières applications de la charge (**12**) à la 2e poutre. Les seules charges subies antérieurement avaient été (**0**) — (**L**) — (**P**) — (**L**) — (**3**) — (**L**) — (**6**) — (**L**) — (**9**) et (**L**) (Voir fig. 37).

A la 20e application, la charge (**12**) a été maintenue pendant deux heures ; une accolade réunit les flèches correspondant au début et à la fin de cette période :

1,21 — 1,21 — 1,20 — 1,18, — 1,20 — 1,19 — 1,19 — 1,19 — 1,20 — 1,19 — 1,19 — 1,19 — 1,19 — 1,19 — 1,18 — 1,18 — 1,22 — 1,19 — 1,18 — 1,19 — 1,20 — 1,18 — 1,19 — 1,19 — 1,20 — 1,19.

On peut donc admettre que, pendant toute cette série d'essais, sauf peut-être les deux premiers, l'augmentation de flèche en passant de (**L**) à (**12**) a été constante et égale, en moyenne, à 1,19 mm.

Le tableau des pages 84 et 85 résume les moyennes ainsi calculées pour les flèches au milieu de la portée à différentes époques des essais auxquels les deux poutres ont été soumises.

Il montre notamment que, tant que la charge maximum est restée la même, la flèche n'a subi que des variations faibles et irrégulières ; au contraire, chaque fois qu'on est passé à une charge maximum plus forte, la flèche correspondant à une même différence de charge a augmenté.

On voit aussi que, pour la seconde poutre, dont le mortier avait, lors des essais, durci depuis plus longtemps, les augmentations de flèche ont été, malgré les chargements bien plus nombreux qu'elle a eu à subir, plus faibles que pour la première.

34. Rupture. — Il a été dit plus haut (art. 27) que les poutres s'étaient cassées, la première à l'âge de trois ans et demi, à la 97e application de la charge (**36**), après 363 applications de charges supérieures à (**L**), et la seconde, à l'âge de quatre ans, à la cinquième application de la charge (**48**), après 1145 applications de charges supérieures à (**L**), dont 120 égales ou supérieures à (**36**). Comme toutes deux avaient été fabriquées le même jour, avec les mêmes matériaux et dans des conditions identiques, et avaient été soumises, avant les essais 25 et 26, exactement au même traitement, la résistance plus forte de la seconde, malgré le plus grand nombre des charges subies et l'ac-

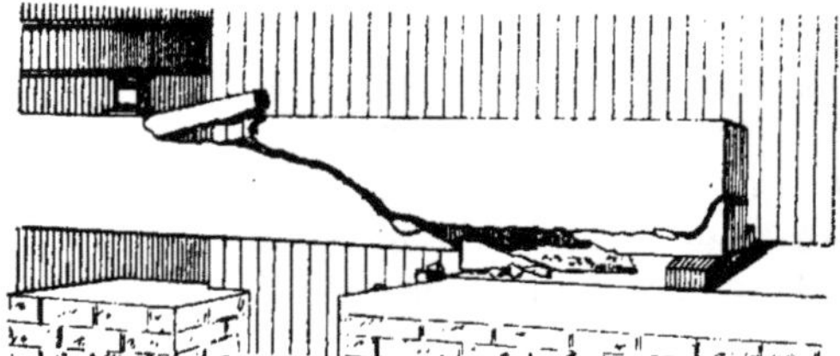

Fig. 40. — Première poutre.

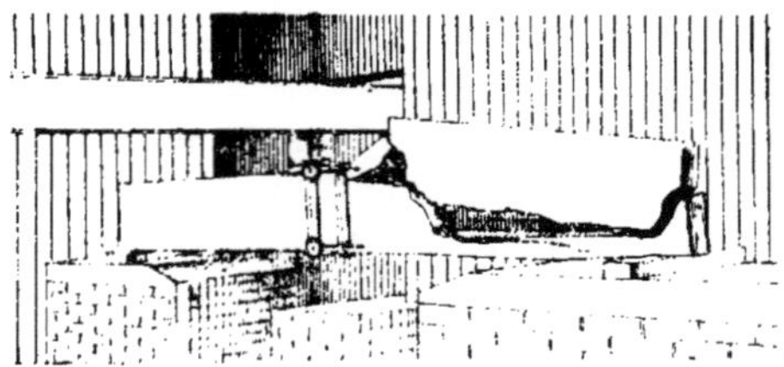

Fig. 41. — Seconde poutre.

cident survenu vers la fin des essais, doit être tout naturellement attribuée à son âge un peu plus avancé lors de la rupture.

Contrairement à la plupart des poutres essayées antérieure-

Poutre	Période et charge maximum	Date des essais	Nombre d'applications antérieures de la charge maximum	Variation de la flèche entre les charges (L) et (12)	(L) et (24)	(L) et (36)	Résultats déduits de séries de charges échelonnées et ramenées à dP = 1000 — Valeurs mesurées sur les diagrammes — Flèche	tang α' (1)	Valeurs calculées en supposant le mortier parfaitement élastique (2) — E_a	h	tang α' (1)
				mm.	mm.	mm.	mm.	10^{-6} ×	10^9 ×	m.	10^{-6} ×
Première poutre	Prem. pér. Charge (12)	7 déc. 1897	20					215			
		24 févr. 1898	46, puis repos depuis le 14 févr.				0,78	216	1,81	0,207 = 0,36 × 0,576	177
		id.	48 à 51 Moyenne :	1,20							
	Deuxième période. Charge (24)	24 février	1 à 6 Moyenne :		2,41						
		id.	7	1,37	2,40						
		24 et 25 fév.	8 à 12 (10e maintenue la nuit) Moyenne :		2,51						
		25 février	13 à 16 Moyenne :		2,47						
		id.	17 à 23 Moyenne :	1,25	2,45		0,83	234	1,67	0,209 = 0,36 × 0,581	189
	Troisième période. Charge (36)	25 février	1 à 4 Moyenne :			3,79					
		10 mars	54, puis repos depuis le 8 mars	1,62	2,98						
		id.	55 à 59 Moyenne :			4,20					
		id.	60	1,65	2,99	4,20	0,92	265	1,47	0,212 = 0,36 × 0,590	209
		id.	62	1,66	3,01	4,24					
Seconde poutre	Première période. Charge (12)	29 mars	4 à 24 Moyenne :	1,49							
		id.	25	1,49			0,69	147	2,10	0,204 = 0,36 × 0,567	157
		30 mars	48 à 57 Moyenne :	1,49							
		id.	58	1,49			0,67	135	2,18	0,203 = 0,36 × 0,565	152
		id.	[illegible] Moyenne :	[illegible]							
	Deuxième période. Charge (24)	1er avril	3 à 9 Moyenne :		2,28						
		id.	10	1,29	2,29		0,72	139	2,00	0,205 = 0,36 × 0,570	164
		2 avril	37 à 46 Moyenne :		2,42						
		id.	47	1,35	2,43		0,76	162	1,85	0,207 = 0,36 × 0,575	173
		id.	53 à 56 Moyenne :		2,38						
		id.	57	1,34	2,37		0,75	162	1,90	0,206 = 0,36 × 0,573	170
		6 avril	113 à 133 Moyenne :		2,32						
		id.	134	1,30	2,32		0,75	141	1,90	0,206 = 0,36 × 0,573	170
		id.	135 à 145 Moyenne :		2,32						
		id.	184	1,20	2,20		0,71	135	2,03	0,205 = 0,36 × 0,569	161
		13 avril	347	1,23	2,25		0,72	170	2,00	0,205 = 0,36 × 0,570	164
		id.	352	1,27	2,27		0,72	176	2,00	0,205 = 0,36 × 0,570	164
		8 juin	427	1,32	2,38		0,74		1,93	0,206 = 0,36 × 0,572	168
		31 août	494, puis repos depuis le 13 juin	1,31			0,75		1,90	0,206 = 0,36 × 0,573	170
		id.	495 à 497		2,40						
		id.	514 à 533		2,39						
		id.	534	1,38	2,39		0,76	191	1,85	0,207 = 0,36 × 0,575	173
		1er sept.	534, puis repos d'une nuit	1,31	2,37		0,73	192	1,96	0,206 = 0,36 × 0,571	166
		id.	535 à 540		2,38						
	Troisième période. Charge (36)	1er sept.	3 et 4			3,61					
		id.	28	1,17	2,64	3,68	0,82	210	1,70	0,209 = 0,36 × 0,580	186
		12 sept.	29. Chute de la poutre.								
		15 sept.	10 fois (12) depuis l'accident					274			
		id.	10 fois (24) depuis l'accident					248			
		id.	39 fois (36) [10 fois dep. l'accid.]					256			
		16 sept.	90 fois (36) [61 fois dep. l'accid.					248			

(1) α' = angle dont tournent l'une par rapport à l'autre, pour $dP = 1000$ kg., deux sections distantes de 0,20 m. Les accolades réunissent des essais au cours ou dans l'intervalle desquels les étriers n'ont pas été touchés.

(2) Calculs faits comme il sera indiqué à l'art. 89, en supposant le mortier parfaitement élastique et partant de l'augmentation de flèche constatée pour $dP = 1000$.

ment, qui s'étaient affaissées plus ou moins lentement en s'ouvrant dans la partie tendue de la section médiane, les deux dernières se sont rompues d'une manière identique, comme l'indiquent les figures 40 et 41 : Partant du milieu de la face supérieure comprimée, la fissure est descendue obliquement de manière à rencontrer la barre de fer vers le quart de la portée, puis a suivi l'armature jusqu'à l'une des extrémités de la poutre [1].

La rupture s'est d'ailleurs produite brusquement et sans que rien la fît prévoir, au moins dans l'essai n° 25. Le tableau ci-dessous relate les indications fournies, pendant les sept dernières charges de la première poutre, par les appareils, installés aux 3/8 de la portée, du côté opposé à celui qui s'est brisé ; les zéros avaient été choisis arbitrairement pour les trois séries de lectures :

Nombre d'applications de la charge (36)		90	91	92	93	94	95	96	97	
Flèches lues (en centimètres du diagramme, c'est-à-dire en demi-millimètres de flèches réelles). . .	charge (L)	0,93	0,88	0,87	0,90	0,87	0,96	0,90	0,93	Rupture brusque sous la 97e charge (36), aussitôt
	charge (36)	8,40	8,45	8,42	8,52	8,46	8,45	8,47	8,50	
Indications des manets (en 1/200e de millim.) — manet supérieur	charge (L)	86,0	86,0	85,8	85,9	85,8	85,7	86,0	85,6	
	charge (36)	58,0	57,9	57,9	57,8	57,9	57,9	57,9	57,8	
— manet inférieur	charge (L)	15,6	15,7	15,7	15,8	15,7	16,0	16,0	16,0	
	charge (36)	29,5	29,5	29,5	29,6	29,5	29,7	29,7	29,7	

Pour la 2e poutre, les étriers étaient, pendant les derniers essais, fixés à la tranche médiane, et l'appareil enregistreur de

1. Nous avons obtenu des cassures de même forme en rompant par flexion des prismes composés de deux couches, l'une de mortier maigre, du côté des fibres comprimées, l'autre, mince, de ciment pur, du côté des fibres tendues (fig. 42).

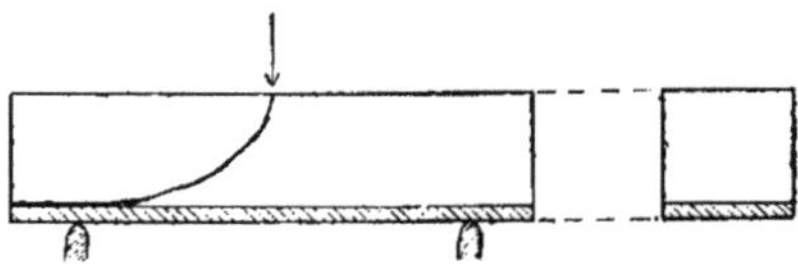

Fig. 42.

Nous avons d'ailleurs signalé déjà des ruptures analogues à propos des essais nos 3 à 10 (fig. 6 et 7).

flèches, faussé par l'accident survenu quelques jours auparavant, était supprimé : les indications du manet inférieur ont aussi été à peu près constantes pour la charge (**L**) et pour les charges (**39**), (**42**), (**45**) et (**48**), appliquées chacune cinq fois après la 100e application de la charge (**36**) ; par contre, les chiffres fournis par le manet supérieur, tant sous la charge (**L**) que sous les fortes charges, se sont mis à diminuer progressivement à partir d'à peu près la 4e application de la charge (**39**), ce qui, si l'on pouvait avoir plus de confiance dans la stabilité des étriers et des manets, semblerait indiquer que chaque chargement ultérieur a provoqué une légère contraction permanente du mortier dans la partie comprimée de la tranche médiane.

Pour les poutres E_1 et E_2 de l'essai n° 21 *bis*, qui se sont aussi rompues brusquement, les fissures, partant de l'un des appuis, ne s'en sont guère écartées et, en tout cas, n'ont pas atteint la section médiane, ce qui semble bien établir que la rupture a été provoquée par l'effort tranchant au droit de l'appui ; au contraire, dans le cas actuel, il est plus vraisemblable d'admettre que le mortier a commencé par céder par compression à la partie supérieure de la section médiane, et que le décollement d'une partie de la barre, provenant de l'effort tranchant, ne s'est produit qu'après que la rupture a été amorcée par le milieu.

35. Calcul des allongements et des tensions. — Si, malgré les conclusions qui semblent ressortir de l'article 32, on admet que, lorsqu'elles avaient atteint l'état d'écrouissage parfait relatif à une charge donnée, les poutres pouvaient être assimilées à des corps parfaitement élastiques, il est facile de calculer, en partant des augmentations moyennes de flèche constatées pour des accroissements donnés de la charge, les coefficients d'élasticité correspondants du mortier ainsi que les allongements positifs ou négatifs et les tensions positives ou négatives du mortier et du fer en un point quelconque et sous une charge quelconque.

Sans aborder maintenant les méthodes de calcul, qui seront développées dans un chapitre ultérieur, nous donnons dans le tableau ci-dessous les résultats auxquels conduit cette hypothèse.

(Les flèches n'ayant pu être mesurées pour la seconde poutre sous la charge (**48**), on a admis, d'après la décroissance progressive constatée pour le coefficient d'élasticité du mortier, que ce coefficient atteignait alors la valeur **1,47** $\times$ **10⁹**, comme dans la première poutre lorsqu'elle s'est rompue sous la charge (**36**).)

Poutre	Période et charge maximum	Nombre d'applications antérieures de la charge maximum	Variation de la flèche pour $dP = 1000$ kg.	Coefficient d'élasticité du mortier : E_0	Fatigue du mortier sous la charge maximum correspondant à chaque période — Face supérieure: Contraction	Face supérieure: Compression	Face inférieure: Allongement	Face inférieure: Tension	Fatigue du fer sous la charge max.: Tension moyenne
			mm.	$10^9 \times$	mm. par m.	kg. par cm²	mm. par m.	kg. par cm²	kg. par mm²
Première	1re (12)	46 puis repos	0.78	1,81	0,408	74	0,301	54	3,97
	2e (24)	17 à 23	0,83	1,67	0,722	120	0.521	87	6,82
	3e (36)	60 (un peu avant la rupture)	0.92	1.47	1.132	166	0,788	116	10,17
Deuxième	1re (12)	25 à 105 (moyenne)	0,67	2,18	0,344	75	0,265	57	3,56
	2e (24)	10 à 534 (moyenne)	0,735	1,95	0,630	122	0,472	92	6,27
	3e (36)	28	0,82	1,70	0,993	168	0,718	122	9,42
	4e (48)	5 (rupture)	?	(1.47)?	1.453	214	1,009	148	13,04

Après la rupture de la première poutre, des cubes de mortier, taillés dans les parties les moins fatiguées, ont donné en moyenne une résistance à la rupture par compression de **216 kg.** par cm². On verra plus loin (art. **63**) que, quand une poutre fléchissante est disposée de telle sorte que sa rupture ait lieu par compression, l'effort maximum développé par unité de surface dans la région où s'amorce la rupture est égal à la résistance à la rupture par compression ordinaire d'un prisme haut, c'est-à-dire un peu inférieur à celle qu'on déduit d'essais directs par compression exécutés sur des blocs de forme cubique. Il ne doit donc pas y avoir, dans l'expérience actuelle, une très grande différence entre la résistance réelle du mortier à la rupture par compression et la résistance **166** calculée dans l'hypothèse de l'élasticité parfaite.

Par contre, si incertains que soient les chiffres trouvés dans les essais ordinaires par traction pour les résistances de rupture des mortiers (art. 4 et 58), il est difficile d'admettre que le mortier ait atteint, sans se rompre, dans les deux poutres fléchissantes, des tensions aussi élevées que celles qui sont inscrites dans le tableau, et on doit en conclure que, au moins dans la partie tendue du mortier, l'augmentation des tensions a été moins rapide que celle des allongements. Du reste, les tensions calculées pour le fer sont relativement faibles, et il est hors de doute que l'armature a dû supporter une part plus grande du moment fléchissant total.

Comme on l'avait déjà reconnu plus haut (art. **32**), l'hypothèse de l'élasticité parfaite ne semble donc pas applicable aux poutres étudiées, même après qu'elles avaient supporté un grand nombre de chargements, et c'est là la principale conclusion à tirer, pour le moment, de cette série d'expériences.

DEUXIÈME PARTIE

THÉORIES ET CALCULS

CHAPITRE IV

FORMULES GÉNÉRALES

§ 1. — ACTIONS DÉVELOPPÉES SUR UN PLAN QUELCONQUE EN TOUT POINT D'UNE POUTRE ARMÉE SOUMISE A UN EFFORT DE FLEXION

36. Complexité du problème. — On sait que peu de matériaux sont parfaitement élastiques ; en particulier, il a été montré plus haut (art. 22) que, pendant les premières répétitions d'une même charge ou par l'application successive d'efforts de plus en plus grands, les mortiers et bétons subissent des déformations permanentes croissantes ; s'il semble que, après un nombre suffisant de chargements égaux, il s'établisse un état d'écrouissage à peu près stable, encore les allongements de la matière ainsi transformée ne sont-ils pas nécessairement proportionnels aux efforts, et cet état se modifie-t-il quand on passe à une charge plus forte.

La loi de déformation élastique varie, en outre, non seulement suivant la composition du mortier, mais aussi suivant son âge et le milieu dans lequel il est conservé.

Le mortier durci ne peut d'ailleurs pas être considéré comme une matière homogène : outre que, par sa nature même, il est composé de divers matériaux qui restent distincts, il peut présenter aux divers points de la poutre des différences de composition, de serrage, de durcissement et d'écrouissage.

La répartition des efforts extérieurs est le plus souvent incertaine par suite de diverses causes telles que : encastrements imparfaits, tassements des appuis, interruption plus ou moins brusque de la charge en certains points, arc-boutement des poids dont elle se compose, inégale distribution de ces poids suivant la largeur de la poutre, frottement qu'ils exercent contre la face chargée, courbure prise par la poutre, etc.

La manière dont ces efforts se propagent à l'intérieur de la poutre est inconnue et si, dans le cas classique de poutres formées d'une matière homogène et parfaitement élastique, on est obligé de faire diverses hypothèses sur la répartition des actions moléculaires développées en chaque point, *a fortiori* le problème se complique-t-il pour les assemblages où deux matériaux jouissant de propriétés élastiques différentes sont solidaires l'un de l'autre, et où, dès lors, d'autres actions moléculaires doivent se développer de part et d'autre au voisinage de la surface de contact.

En particulier, dans les poutres armées arrivées à un degré quelconque de durcissement et de fatigue, les barres de fer se sont opposées en partie aux changements de volume que le mortier aurait subis en durcissant, ainsi qu'aux déformations permanentes qui seraient résultées des efforts déjà supportés : de là, aussi bien dans le fer que dans le mortier, des tensions rémanentes internes, qui peuvent d'ailleurs différer d'un point à l'autre et dont, en tout cas, on devrait tenir compte.

Il semble donc qu'il soit actuellement à peu près impossible d'établir une théorie rigoureuse des poutres armées ; il doit même être souvent bien difficile de dire dans quelle mesure intervient chacune des influences qui viennent d'être signalées, et dont certaines échappent d'ailleurs à toute évaluation numérique. Enfin, en admettant même qu'on sût tenir compte de tous les éléments entrant en jeu, on arriverait à des formules tellement compliquées qu'il faudrait immédiatement les remplacer par d'autres plus simples, mais moins exactes, auxquelles on se contenterait de demander une approximation suffisante pour les besoins de la pratique.

Néanmoins, une méthode de calcul simplifiée ne peut inspirer confiance que si l'on sait à peu près dans quelle mesure elle tient compte des divers facteurs qui interviennent en réalité. Aussi doit-on lui donner pour base une étude rigoureuse des phénomènes, quitte à éliminer ensuite ceux dont l'importance serait reconnue secondaire.

Pour entreprendre une pareille étude, nous procéderons du simple au composé, en commençant par négliger un certain nombre des influences énumérées ci-dessus ; puis nous reviendrons plus tard (chap. VIII) sur les principales d'entre elles.

37. Données et hypothèses. — Pour le moment, nous considérerons une poutre prismatique armée, symétrique par rapport à un plan vertical parallèle à sa portée (plan moyen) et telle que, quand elle n'est pas chargée, tout plan transversal (perpendiculaire à la portée) y détermine une section identique, de forme d'ailleurs quelconque. Cette condition implique que l'armature se compose uniquement de barres droites, disposées, suivant la direction de la portée, symétriquement par rapport au plan moyen.

Négligeant les diverses causes d'hétérogénéité des deux matériaux, nous supposerons que la poutre est supportée d'une manière bien définie et soumise, sans tensions moléculaires initiales, à une charge donnée, symétriquement répartie par rapport au plan moyen et parfaitement définie, elle aussi, de telle sorte que l'on connaisse exactement les résultantes des efforts extérieurs dans une section transversale quelconque, la composante normale au plan moyen étant nulle. Nous éviterons autant que possible d'examiner ce qui se passe aux environs des points et des lignes où des efforts extérieurs sont concentrés (appuis, encastrements, efforts locaux), comme c'est pourtant généralement le cas dans la pratique, et nous admettrons que, dans la région étudiée, la surface extérieure de la poutre est parfaitement libre ; en particulier, nous négligerons le frottement de la charge sur la portion de surface contre laquelle elle est appliquée. Enfin nous supposerons que la déformation de la poutre sous charge est assez faible pour qu'on puisse considérer les résultantes des efforts extérieurs comme invariables.

Quant aux hypothèses à faire sur les actions moléculaires développées à l'intérieur de la poutre par la flexion, elles résulteront successivement des considérations exposées dans les articles qui suivent.

38. Actions moléculaires parallèles aux trois directions principales de la poutre. — Considérons, dans la poutre chargée, une section transversale quelconque définie par sa distance x à une section initiale donnée, distance comptée parallèlement à la portée ; prenons pour direction des y celle d'une perpendiculaire au plan moyen, et comptons les z parallèlement à l'intersection du plan de la section par le plan moyen, c'est-à-dire, en supposant la poutre disposée horizontalement, suivant la direction de la pesanteur.

Soient, en un point donné pris à l'intérieur du mortier, R_1, R_2, R_3 les actions moléculaires développées, par unité de surface, normalement aux faces d'un cube infiniment petit ayant ce point pour centre de gravité et ses arêtes parallèles aux trois directions qui viennent d'être définies ; soient de même S_1, S_2, S_3 les actions tangentielles, situées respectivement dans les trois plans diamétraux du cube, et dirigées, comme l'indique la figure 43, suivant les intersections de ces plans avec les faces du cube qui leur sont perpendiculaires.

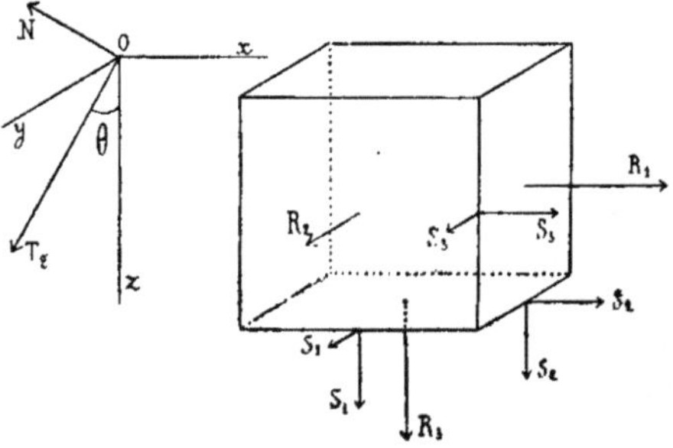

Fig. 43.

La théorie générale de l'élasticité démontre que l'état élastique de la matière au point considéré est, en dehors de toute hypothèse, complètement défini par ces six grandeurs, et que l'action moléculaire développée en ce point sur un plan quelconque, dont la normale fait avec les directions positives des axes de coordonnées les angles α, β et γ, a pour composantes, parallèlement aux axes :

$$(1) \qquad \begin{cases} X = R_1 \cos\alpha + S_3 \cos\beta + S_2 \cos\gamma \,; \\ Y = S_3 \cos\alpha + R_2 \cos\beta + S_1 \cos\gamma \,; \\ Z = S_2 \cos\alpha + S_1 \cos\beta + R_3 \cos\gamma . \end{cases}$$

Considérons un plan sécant parallèle à la longueur de la poutre et dont la trace OT_2 sur le plan de la section transversale fasse un angle θ avec la verticale. Pour ce plan, on a $\alpha = \frac{\pi}{2}$, $\beta = \theta$, $\gamma = \frac{\pi}{2} + \theta$, et les équations (1) donnent :

$$\begin{cases} X = S_3 \cos\theta - S_2 \sin\theta ; \\ Y = R_2 \cos\theta - S_1 \sin\theta ; \\ Z = S_1 \cos\theta - R_3 \sin\theta. \end{cases}$$

En projetant les composantes Y et Z sur la normale ON au plan sécant et sur la trace OT_2 de ce plan, on a, pour la composante normale N, et pour les composantes tangentielles longitudinale T_1 et transversale T_2 :

$$(2) \begin{cases} N = Y\cos\theta - Z\sin\theta = R_2\cos^2\theta + R_3\sin^2\theta - 2S_1\sin\theta\cos\theta ; \\ T_1 = X \qquad = S_3\cos\theta - S_2\sin\theta ; \\ T_2 = Y\sin\theta + Z\cos\theta = (R_2 - R_3)\sin\theta\cos\theta + S_1(\cos^2\theta - \sin^2\theta). \end{cases}$$

Dans le cas d'une poutre homogène soutenue et chargée dans les conditions définies à l'article précédent, l'hypothèse de la parfaite liberté des dimensions transversales conduit à cette conclusion que les actions moléculaires R_2, R_3 et S_1, qui s'exerceraient perpendiculairement à la longueur de la poutre, sont nulles ; il en résulte immédiatement que la composante normale N sur le plan sécant considéré, de même que la composante tangentielle T_2 agissant dans le plan de la section transversale, sont nulles, et que l'action développée dans le plan sécant se réduit à la composante tangentielle longitudinale $S_3 \cos\theta - S_2 \sin\theta$.

Dans une poutre armée, alors même que sa surface extérieure est supposée parfaitement libre dans toute direction transversale, ni le mortier ni le fer n'a son contour libre, puisque ces deux matériaux adhèrent ensemble suivant leur surface de contact. Soient, dans la section transversale considérée, que nous prendrons pour plan de la figure 44, HPV une partie de la ligne de séparation des deux matériaux, section droite de cette surface cylindrique, P un point de cette ligne et PT_2 sa tangente, faisant l'angle θ avec la verticale. Supposons que les égalités (2) s'appliquent au point P_1 situé dans la région occupée par le mortier, sur la normale à la courbe de séparation, à une distance infiniment petite du point P.

Pour un point P_2 situé dans le fer, infiniment près de P, appe-

7

lons F_1, F_2, F_3 les actions normales et G_1, G_2, G_3 les actions tangentielles développées par la flexion sur les faces du cube élémentaire. Les actions normale et tangentielles sur le plan parallèle au plan tangent seront :

$$(2') \quad \begin{cases} N' = F_2 \cos^2 \theta + F_3 \sin^2 \theta - 2\, G_1 \sin \theta \cos \theta\,; \\ T'_1 = G_3 \cos \theta - G_2 \sin \theta\,; \\ T'_2 = (F_2 - F_3) \sin \theta \cos \theta + G_1 (\cos^2 \theta - \sin^2 \theta), \end{cases}$$

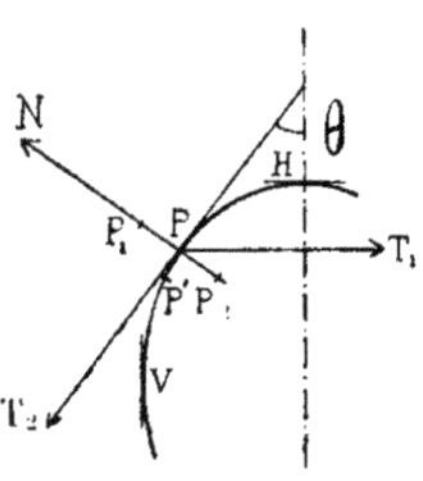

Fig. 44.

et les composantes de l'effort qui, par unité de surface, tendra à séparer le mortier du fer dans le plan tangent à leur surface de contact, seront mesurées respectivement par $N - N'$, $T_1 - T'_1$ et $T_2 - T''_2$.

Or, si l'on conçoit aisément que l'allongement longitudinal de la poutre puisse provoquer des efforts tangentiels de décollement dirigés suivant les génératrices des barres, il semble au contraire que les efforts normaux et les efforts tangentiels transversaux doivent avoir, en général, une importance relativement faible. De pareils efforts supposent, en effet, une déformation transversale de la section ou un déplacement relatif des portions de cette dernière occupées respectivement par le mortier et par le fer.

De même que, dans l'étude des poutres homogènes, la *Résistance des Matériaux* admet que ces déformations ne modifient que d'une manière négligeable les formules établies dans l'hypothèse du profil immuable, nous admettrons provisoirement [1] que, pour toute valeur de θ, les efforts $N - N'$ et $T_2 - T'_2$ sont nuls, ce qui conduit à supposer qu'on a, en tout point de la surface de séparation : $F_2 = R_2$, $F_3 = R_3$, $G_1 = S_1$, chacune de ces six grandeurs ne pouvant d'ailleurs qu'être nulle.

Dès lors, il ne restera plus à considérer que les actions normales R_1, F_1 et les deux groupes d'actions tangentielles S_2, G_2 et S_3, G_3, qui sollicitent directement les éléments de chaque section transversale. Pour simplifier les écritures, nous supprimerons désormais les indices des deux actions moléculaires normales longitudinales R_1 et F_1.

1. Cette hypothèse sera discutée plus longuement à l'art. **147**.

39. Rôle des actions tangentielles. — On sait que, en un point quelconque O pris à l'intérieur du mortier, les actions tangentielles S_2 agissent comme un couple tendant à faire tourner le cube élémentaire autour de son diamètre parallèle à l'axe des y, c'est-à-dire perpendiculaire au plan moyen de la poutre, et s'exercent l'une dans le plan horizontal, qu'elle tend à faire glisser dans la direction de la portée, l'autre dans le plan transversal, qu'elle tend à faire glisser dans la direction de la pesanteur.

De même, les actions tangentielles S_3 agissent comme un couple tendant à faire tourner le cube autour de son diamètre parallèle à l'axe des z, c'est-à-dire vertical, et s'exercent l'une dans le plan vertical-longitudinal, qu'elle tend à faire glisser dans la direction de la portée, l'autre dans le plan transversal, qu'elle tend à faire glisser parallèlement à une perpendiculaire au plan moyen.

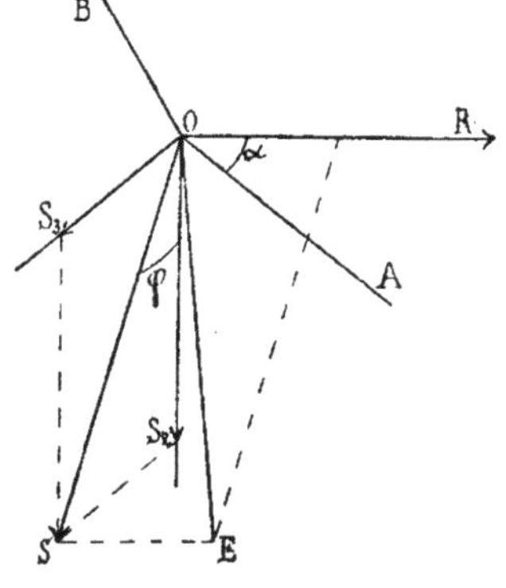

Fig. 45.

Les deux actions tangentielles qui s'exercent dans le plan de la section transversale peuvent être composées en une résultante S (fig. 45), de telle sorte que, si l'on appelle φ l'angle de cette résultante avec la direction positive de l'axe des z, on a :

$$(3)\quad \begin{cases} S_2 = S\cos\varphi \quad \text{et} \quad S_3 = S\sin\varphi, \\ \text{ou encore :} \\ S = \sqrt{S_2^2 + S_3^2} \quad \text{et} \quad \operatorname{tang}\varphi = \dfrac{S_3}{S_2}. \end{cases}$$

L'action développée dans un plan parallèle à la portée et faisant l'angle θ avec le plan moyen, action qui, par suite de l'hypothèse de l'article 38, se réduit à sa composante tangentielle longitudinale T_1 ($N = 0$, $T_2 = 0$), a alors pour expression :

$$(2\ bis)\quad T_1 = S_3\cos\theta - S_2\sin\theta = S(\sin\varphi.\cos\theta - \cos\varphi.\sin\theta) = S\sin(\varphi - \theta).$$

Le glissement correspondant, dirigé dans le même sens, a pour mesure le quotient de S sin $(\varphi - \theta)$ par le coefficient d'élasticité transversale, c'est-à-dire, en supposant le mortier isotrope, par les deux cinquièmes de son coefficient d'élasticité longitudinale.

L'action T_1 est nulle pour $\theta = \varphi$, c'est-à dire dans le plan SOR, et atteint sa valeur maximum, égale à S, dans le plan perpendiculaire BOR.

Il résulte immédiatement de là que l'ensemble des deux groupes d'actions tangentielles S_2 et S_3 équivaut à un groupe de deux actions égales à S s'exerçant, la première dans le plan BOR, qu'elle tend à faire glisser dans la direction OR, la seconde dans le plan transversal, qu'elle tend à faire glisser dans la direction OS ; ces deux forces agissent d'ailleurs comme un couple tendant à faire tourner le cube élémentaire autour de la droite OB.

De même, en un point quelconque considéré à l'intérieur de l'armature, on peut substituer aux deux groupes d'actions tangentielles G_2 et G_3, deux actions G s'exerçant, l'une dans le plan de la section transversale, qu'elle tend à faire glisser dans une direction faisant un angle ψ avec celle de la pesanteur, l'autre dans un plan perpendiculaire à cette direction, plan qu'elle tend à faire glisser dans la direction de la portée, les deux grandeurs G et ψ étant définies par les relations :

$$(3') \quad \left\{ \begin{array}{l} G_2 = G \cos \psi \quad \text{et} \quad G_3 = G \sin \psi, \\ \text{ou encore :} \\ G = \sqrt{G_2^2 + G_3^2} \quad \text{et} \quad \operatorname{tang} \psi = \dfrac{G_3}{G_2}. \end{array} \right.$$

40. Actions moléculaires principales. — Le fait que l'action tangentielle est nulle dans le plan SOR indique que ce plan est un plan principal et que OB est la direction de l'un des axes de la surface directrice et de l'ellipsoïde des actions moléculaires au point O. L'action moléculaire principale B correspondante est d'ailleurs nulle, puisque l'action normale est nulle pour tout plan parallèle aux fibres.

Pour déterminer les deux autres actions moléculaires principales, menons par la droite OB un plan sécant quelconque, dont la normale OA, nécessairement située dans le plan SOR, fasse avec la direction OR de l'axe des x un angle α, et avec OS l'angle complémentaire $\frac{\pi}{2} - \alpha$. Les angles β et γ que fait cette droite avec les directions des axes des y et des z sont liés aux angles α et φ par les relations :

$$\cos \beta = \sin \alpha . \sin \varphi \quad \text{et} \quad \cos \gamma = \sin \alpha . \cos \varphi,$$

et les formules (1) peuvent s'écrire :

$$\left\{ \begin{aligned} X &= R \cos \alpha + S \sin \alpha . \sin^2 \varphi + S \sin \alpha . \cos^2 \varphi \\ &= R \cos \alpha + S \sin \alpha ; \\ Y &= S \cos \alpha . \sin \varphi ; \\ Z &= S \cos \alpha . \cos \varphi . \end{aligned} \right.$$

La composante normale au plan sécant, dirigée dès lors suivant la droite OA, a pour valeur :

$$X \cos \alpha + Y \cos \beta + Z \cos \gamma,$$

c'est-à-dire, toutes réductions faites :

$$R \cos^2 \alpha + 2 S \sin \alpha . \cos \alpha,$$

ou encore :

$$\frac{R}{2} (1 + \cos 2\alpha) + S \sin 2\alpha ;$$

elle passe par son maximum et par son minimum pour les valeurs de α qui annulent la dérivée de cette expression, c'est-à-dire pour lesquelles on a :

$$-\frac{R}{2} \sin 2\alpha + S \cos 2\alpha = 0, \qquad \operatorname{tang} 2\alpha = \frac{2S}{R},$$

$$\operatorname{tang} \alpha = -\frac{R}{2S} \pm \sqrt{1 + \frac{R^2}{4S^2}}.$$

Les directions correspondantes sont celles des bissectrices des angles formés par la droite OR avec la droite OE, qui passe par le point ayant pour coordonnées, dans le plan SOR, $\frac{R}{2}$ et S.

En partant de ces valeurs de α, on obtient, comme grandeurs des trois actions moléculaires principales :

$$(4) \quad \left\{ \begin{aligned} A &= \frac{R}{2} + \sqrt{\frac{R^2}{4} + S^2}, \\ B &= 0, \\ C &= \frac{R}{2} - \sqrt{\frac{R^2}{4} + S^2}. \end{aligned} \right.$$

Quel que soit le signe de R, la première est toujours positive et la dernière négative ; suivant que R est positif ou négatif, la première est plus grande ou plus petite que la valeur absolue de la dernière.

Il résulte de ce qui précède que la surface directrice des actions moléculaires développées en tout point d'une poutre armée soumise à un effort de flexion se réduit à deux hyperboles complémentaires, situées dans un plan parallèle à la direction des fibres, de sorte que toutes les résultantes d'actions moléculaires au même point sont parallèles à ce plan.

Les actions moléculaires normales maximum et minimum, égales respectivement à A et à C, correspondent à deux plans rectangulaires entre eux, perpendiculaires à ce plan.

Pour tout plan passant par l'une des droites OR et OE, asymptotes des hyperboles directrices, l'action normale est nulle et l'action tangentielle est égale au produit de S par le sinus de l'angle que fait le plan sécant avec le plan SOR.

Quant au maximum de l'action tangentielle, il a lieu dans les deux plans bissecteurs des axes des hyperboles et a pour valeur $\sqrt{\frac{R^2}{4} + S^2}$, l'action normale correspondante étant égale à $\frac{R}{2}$.

41. Action normale et action tangentielle sur un plan quelconque. — Considérons d'abord un plan perpendiculaire au plan SOR et dont la trace sur ce plan fasse, avec la direction OR, un angle ω, compté positivement quand on s'éloigne de OS. En remplaçant α par $\frac{\pi}{2} - \omega$ dans les formules qui précèdent, on trouve, pour l'action normale exercée sur ce plan :

$$(5a) \qquad N_0 = \frac{R}{2}(1 - \cos 2\omega) + S \sin 2\omega,$$

et on en déduit pour l'action tangentielle :

$$(5b) \qquad T_0 = \sqrt{X_0^2 + Y_0^2 + Z_0^2 - N_0^2} = \frac{R}{2}\sin 2\omega + S\cos 2\omega.$$

Faisons maintenant tourner le plan sécant d'un angle θ autour de sa trace sur le plan SOR : les composantes de l'action moléculaire développée au point O sur la nouvelle position de ce plan se réduiront à $X = X_0 \sin \theta$, $Y = Y_0 \sin \theta$, $Z = Z_0 \sin \theta$, et l'on aura, comme action normale :

$$N = N_0 \sin^2 \theta \,, \tag{6a}$$

et comme action tangentielle :

$$\begin{aligned} T &= \sqrt{X^2 + Y^2 + Z^2 - N^2} \\ &= \sqrt{(X_0^2 + Y_0^2 + Z_0^2) \sin^2 \theta - N_0^2 \sin^4 \theta} \\ &= \sin \theta \sqrt{(N_0^2 + T_0^2) - N_0^2 \sin^2 \theta} = \sin \theta \sqrt{N_0^2 \cos^2 \theta + T_0^2}. \end{aligned} \tag{6b}$$

On aura donc ainsi les valeurs de l'action normale et de l'action tangentielle développées au point O sur un plan quelconque défini par les angles ω et θ.

On pourra d'ailleurs les obtenir graphiquement comme il suit :

Sur deux axes rectangulaires ON et OT (fig. 46), prenons $OC = \frac{R}{2}$ et $OA = S$ et traçons le cercle qui a pour centre C et passe en A. Il résulte de la construction indiquée par M. d'Ocagne pour le cas simple traité ordinairement dans la *Résistance des Matériaux* [1] que ce cercle est le lieu géométrique des points ayant pour coordonnées les valeurs conjuguées de

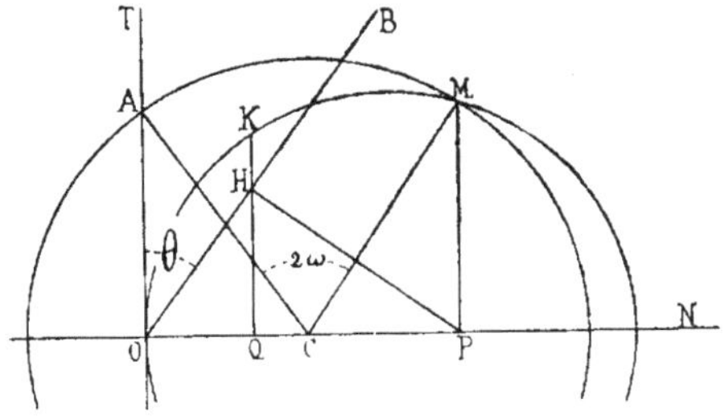

Fig. 46.

N_0 et T_0 correspondant à toutes les valeurs possibles de ω, et que, si l'on trace le rayon CM faisant avec CA un angle 2ω, les valeurs de N_0 et de T_0 correspondant à cette valeur de ω sont mesurées par les longueurs OP et PM.

1. Collignon, *Résistance des Matériaux*, art. 125.

L'élimination de θ entre les deux équations qui donnent N et T en fonction de N_0 et de T_0 conduit à la relation $\frac{N^2+T^2}{N_0^2+T_0^2} - \frac{N}{N_0} = 0$: Traçons le cercle ayant son centre sur ON et passant par les points O et M ; ce sera le lieu des points ayant pour coordonnées les valeurs conjuguées de N et de T correspondant à la valeur choisie pour ω et à toutes les valeurs possibles de θ.

Enfin on aura le point K correspondant à une valeur donnée de θ, et les valeurs correspondantes $N = OQ$ et $T = QK$, en menant par le point O une droite OB qui fasse l'angle θ avec l'axe OT, projetant orthogonalement le point P en H sur cette droite et menant par H une perpendiculaire à l'axe ON.

42. Effort de décollement. — Il résulte de l'hypothèse faite à la fin de l'article 38 que, en un point quelconque du mortier, l'action développée sur un plan parallèle à la portée et faisant un angle θ avec le plan moyen est dirigée dans ce plan, parallèlement à la portée, et mesurée par

$$T_1 = S_3 \cos\theta - S_2 \sin\theta.$$

De même, en l'un quelconque des points de contact des deux matériaux, l'effort de décollement dans un pareil plan se réduit à une action tangentielle longitudinale ayant pour valeur, par unité de surface :

$$(7)\quad \begin{aligned} D = T_1 - T'_1 &= (S_3 - G_3)\cos\theta - (S_2 - G_2)\sin\theta \\ &= S\sin(\varphi - \theta) - G\sin(\psi - \theta), \end{aligned}$$

φ et ψ désignant les angles que font avec la verticale les résultantes S et G des actions moléculaires transversales dans le mortier et dans le fer au point de contact.

Considérons d'abord le cas où la poutre armée, sans être soumise à aucun effort de flexion, est sollicitée uniquement par une force agissant dans la direction de sa longueur et uniformément répartie sur toute l'étendue de sa section transversale. Tant que l'adhérence n'est pas vaincue, le mortier et le fer prennent, en deux points infiniment voisins situés de part et d'autre de leur surface de contact, des allongements positifs ou négatifs nécessairement identiques ; comme leurs lois de déformation élastique ne sont pas les mêmes, leurs tensions diffèrent et sautent brusquement de la valeur R à la valeur F. Dès lors, les deux matériaux exercent l'un sur l'autre une action d'entraînement, qui doit être une fonction de la différence R — F et, en chaque point de la surface de contact, atteindre sa valeur maximum dans le plan tangent à cette surface. De même, les actions S et G doivent vraisemblablement prendre une orientation telle que le dernier membre de la relation (7) atteigne, pour ce plan, la plus grande valeur possible. Si donc, dans la formule, on donne à θ sa valeur relative au plan tangent, et si l'on prend pour φ et ψ les directions correspondant aux valeurs positives de S et de G, ce résultat sera atteint pour :

$$\sin(\varphi - \theta) = 1 \qquad \text{et} \qquad \sin(\psi - \theta) = -1 :$$

les actions transversales S et G seront dirigées en sens contraires, normalement au contour de l'armature.

En admettant que l'effort de décollement soit sensiblement proportionnel à la différence R — F, et appelant k un certain coefficient constant, on aura alors :

$$\pm D = k\,(R - F) = S + G.$$

Il est d'ailleurs difficile de dire *a priori* si les valeurs de S et de G doivent être égales entre elles, comme s'il s'agissait d'une action et de la réaction correspondante, ou si leurs grandeurs respectives ne dépendent pas de la nature des deux matériaux correspondants et ne seraient pas, par exemple, proportionnelles aux coefficients d'élasticité de ces derniers.

Quand on suppose la poutre soumise à une flexion sans effort tranchant, avec ou sans tension longitudinale simultanée, les raisonnements qui viennent d'être faits semblent encore applicables, avec cette seule différence que, l'allongement n'étant pas le même en tous points d'une même section transversale, les tensions R et F varient d'un point à l'autre du contour de l'armature, et par suite aussi l'effort de décollement D.

Enfin, quand l'effort tranchant n'est pas nul, on peut considérer les actions S et G développées en un point quelconque du contour de l'armature comme étant chacune la résultante de deux glissements distincts, l'un, dû au passage brusque de la tension R à la tension F, que l'on calculerait comme ci-dessus, et auquel correspond, dans la section transversale, une composante normale au contour de l'armature, l'autre, produit par l'effort tranchant, et auquel correspond, dans la section transversale, une composante verticale. Les résultantes sont alors quelconques et la formule (7) conserve sa forme primitive.

Quel que soit le cas où l'on se place, on peut calculer comme il suit l'effort total de décollement développé dans une tranche déterminée :

Considérons, dans la poutre, une tranche infiniment mince d'épaisseur dx, limitée d'un côté par le plan de la section représentée par la figure 44, et, sur le contour HPV, un point P' infiniment voisin du point P. L'effort total de décollement exercé sur l'élément infiniment petit ayant pour dimensions dx et PP', c'est-à-dire $\frac{dz}{\cos\theta}$, a pour mesure le produit $\frac{D}{\cos\theta}\,dx\,dz$, ou : $[S_3 - G_3 + (G_2 - S_2)\operatorname{tang}\theta]\,dx\,dz$; en remplaçant tang θ par $\frac{dy}{dz}$ et intégrant tout le long du contour de la section droite de l'armature, on a, pour l'effort total de décollement dans la tranche considérée :

$$dx \int [(S_3 - G_3)\,dz + (G_2 - S_2)\,dy],$$

et, dans une tranche d'épaisseur finie, limitée aux deux abscisses quelconques x_0 et x_1 :

$$\int_{x_0}^{x_1} dx \int [(S_3 - G_3)\,dz + (G_2 - S_2)\,dy].$$

43. Entraînement des couches successives. — Considérons une barre de fer, ronde pour plus de simplicité, scellée dans une masse de mortier de dimensions transversales beaucoup plus grandes, et supposons que cet assemblage ne soit soumis qu'à des efforts extérieurs longitudinaux dont la répartition dans tout plan passant par l'axe de la barre soit symétrique par rapport à cet axe et la même dans tous les azimuts.

On vient de voir que, par suite de l'inégale élasticité des deux matériaux, il se produisait, en chacun de leurs points de contact, un effort tendant à les décoller l'un de l'autre, dirigé, dans le plan tangent à leur surface de séparation, suivant les génératrices de cette surface, et auquel correspond, dans le plan transversal, une action tangentielle égale, dirigée normalement au contour du barreau.

L'action d'entraînement exercée ainsi par le fer sur la couche infiniment mince de mortier immédiatement adjacente n'est évidemment pas limitée à cette couche : en raison de la cohésion du mortier, elle se propage de proche en proche aux couches voisines, en s'atténuant à mesure que la distance au fer augmente ; chaque anneau de mortier concentrique à la barre de fer exerce d'ailleurs sur l'anneau suivant une action analogue à celle qui se produit à la surface de séparation des deux matériaux, c'est-à-dire dirigée, dans le plan tangent à ces anneaux, parallèlement aux génératrices du barreau, et complétée, dans le plan transversal, par une action tangentielle égale, normale à la surface de séparation, c'est-à-dire passant par l'axe du barreau.

Réciproquement, l'action d'entraînement exercée par le mortier sur la surface du fer se propage de proche en proche à l'intérieur de ce dernier, normalement à son contour, en s'affaiblissant progressivement, et atteint son minimum sur l'axe du barreau.

On ignore les lois suivant lesquelles l'action d'entraînement diminue quand on s'éloigne de la ligne de séparation, soit dans le mortier, soit dans le fer ; elles doivent dépendre à la fois du diamètre du barreau et de la nature des deux matériaux, peut-être aussi de l'intensité de l'action développée au point de contact.

Supposons maintenant que la section droite du barreau ne soit plus circulaire, la distribution des efforts extérieurs étant d'ailleurs telle que, dans un même plan transversal, l'allongement soit le même en tous les points de la ligne de séparation des deux milieux : les efforts de décollement seront encore égaux, de même que les composantes dirigées dans le plan transversal, et ces dernières seront encore normales au contour de la section. Mais les couches successives n'auront plus la même épaisseur dans toutes les directions, et leurs contours transversaux, lieux des points où l'action d'entraînement est la même, ne seront pas nécessairement semblables à celui de la barre.

Dans le cas d'une flexion proprement dite, l'allongement n'est pas le même en tous les points d'une même section transversale, et, quelle que soit la forme de la barre, les premières courbes d'égal entraînement rencontrent le contour de celle-ci (fig. 47) ; les efforts tangentiels contenus dans le plan de la section sont encore normaux à ces courbes, c'est-à-dire tangents aux enveloppes de leurs normales, véritables *lignes de forces* de ce plan (l'une de ces lignes est tracée en pointillé sur la figure). Quand la flexion se produit sans effort tranchant, les actions transversales résultent uniquement de l'entraînement successif des couches à partir de la ligne de contact des deux matériaux ; celles des courbes d'égal entraînement qui rencontrent le contour de l'armature se raccordent tangentiellement avec lui, et les lignes de force se détachent toutes normalement de ce contour. Quand, au contraire, l'effort tranchant n'est pas nul, il donne naissance, lui aussi, à des actions moléculaires transversales et à des efforts de glissement longitudinaux, qui se composent avec les précédents et modifient les formes des deux séries de courbes dont il vient d'être question : ces courbes se coupent encore orthogonalement entre elles, mais rencontrent sous des angles quelconques le contour de l'armature.

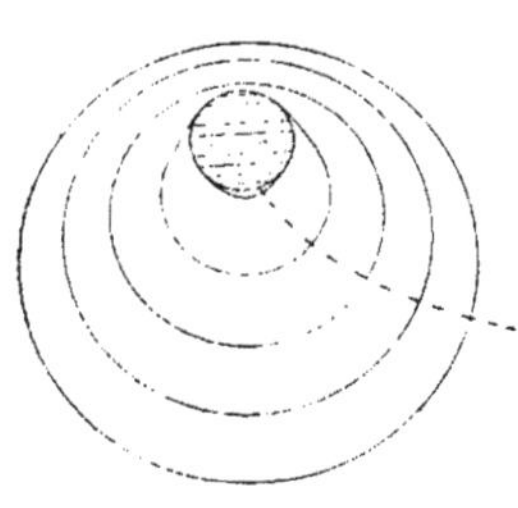

Fig. 47.

§ 2. — CALCUL DES ACTIONS MOLÉCULAIRES

44. Équilibre d'une section transversale. — Quelque hypothèse que l'on fasse sur les valeurs des actions moléculaires R_2, R_3, F_2, F_3, S_1 et G_1, les conditions d'équilibre statique d'une section transversale quelconque ne dépendent que des six autres actions moléculaires.

Dans la section considérée (fig. 48), prenons pour axe des y la perpendiculaire au plan moyen tangente à la partie supérieure du contour de cette section, et pour axe des z, dirigé dans le sens de la pesanteur, la trace du plan moyen. Cette droite, axe de symétrie de la section et des efforts extérieurs, jouera le même rôle pour les actions moléculaires, de sorte que, pour deux points quelconques du plan ayant même valeur de z et des valeurs de y égales et de signes contraires, les valeurs de R, F, S_2 et G_2 seront respectivement les mêmes, et celles de S_3 et G_3 ne différeront que par leurs signes.

La condition nécessaire et suffisante pour que la section soit en équilibre est que les sommes des projections sur trois axes et des moments par rapport à trois axes des actions intérieures développées en tous ses points soient égales aux résultantes des projections et des moments, relativement aux mêmes droites, des efforts extérieurs appliqués à l'un des deux tronçons de la poutre séparés par la section considérée.

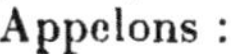

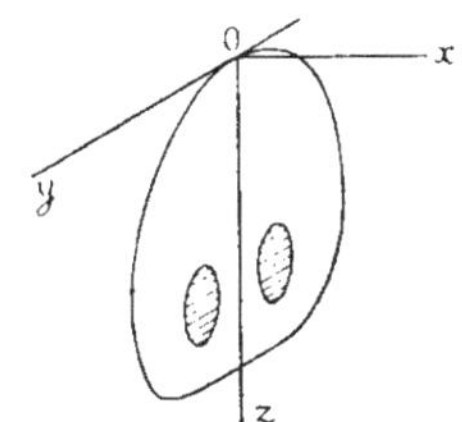

Fig. 48.

Appelons :

A la résultante des forces tangentielles dirigées dans le plan transversal, parallèlement à l'axe des z, c'est-à-dire l'effort tranchant dans la section, grandeur comptée positivement ou négativement suivant que le moment fléchissant croît ou décroît quand on donne à x un accroissement élémentaire positif ;

B la résultante des composantes longitudinales des efforts extérieurs, force qui agit normalement au plan de la section et est affectée du signe + ou du signe — suivant qu'elle tend à allonger ou à raccourcir la poutre ;

M la résultante des moments de ces efforts par rapport à l'axe des y, positive ou négative suivant qu'elle tend à donner à la poutre une courbure convexe vers la direction positive ou négative de l'axe des z.

En raison de la symétrie déjà invoquée, les trois équations qui expriment la nullité de la résultante des actions tangentielles parallèles Oy (actions S_3 et G_3), ainsi que des moments par rapport aux axes des x et des z, sont vérifiées identiquement ; les équations d'équilibre se réduisent alors aux trois suivantes, dans lesquelles les doubles intégrales s'appliquent à l'ensemble des aires occupées respectivement par le mortier et par le fer dans la section droite de la poutre :

$$\iint R\,dy\,dz + \iint F\,dy\,dz = B \;; \tag{8}$$

$$\iint Rz\,dy\,dz + \iint Fz\,dy\,dz = M \;; \tag{9}$$

$$\iint S_3\,dy\,dz + \iint G_3\,dy\,dz = A. \tag{10}$$

45. Hypothèse de la conservation des sections planes. — L'hypothèse fondamentale de la *Résistance des Matériaux* consiste à admettre que, dans la flexion d'une poutre droite homogène parfaitement élastique, toute section transversale reste plane et normale aux fibres. Bien que, d'après la théorie mathématique de l'élasticité, cette hypothèse ne soit rigoureusement exacte que quand l'effort tranchant est nul, on reconnaît que, dans le cas contraire, elle est encore suffisamment approchée pour que l'erreur résultant de son adoption soit pratiquement négligeable.

Faute de données positives sur ce qui se passe dans les poutres armées, nous admettrons que cette hypothèse leur est applicable avec une approximation à peu près équivalente. Toutefois, comme, dans de pareils assemblages, le mortier est généralement appelé à dépasser notablement sa limite d'élasticité, nous ne pouvons pas appliquer la loi de Hooke, d'après laquelle les allongements élastiques demeurent proportionnels aux tensions correspondantes. Désignant par λ les allongements totaux (élastiques + permanents), rapportés à l'unité de longueur et comptés positivement ou négativement suivant qu'ils correspondent à une augmentation ou à une diminution de longueur, nous supposerons que la loi de déformation longitudinale du mortier soumis à une charge continuellement croissante, sans alternatives de chargement et de déchargement, est donnée par une relation algébrique de la forme :

$$R = f(\lambda), \tag{11}$$

dans laquelle R désigne une tension positive (traction) ou négative (compression) rapportée à l'unité de surface.

De même, pour conserver aux formules leur symétrie et leur généralité, nous représenterons la loi de déformation du métal de l'armature par une relation analogue :

$$F = \varphi(\lambda). \tag{12}$$

Considérons, dans la poutre non chargée, une tranche transversale d'épaisseur infiniment petite dx, limitée d'une part par une section projetée sur le plan moyen suivant la droite A_0B_0 (fig. 49), d'autre part par la section parallèle projetée en AB. Après l'application de la charge, ces sections resteront planes, en vertu de l'hypothèse qui vient d'être faite, et normales au plan moyen, par raison de symétrie ; elles tourneront simplement l'une par rapport à l'autre et, si l'on suppose la section A_0B_0 maintenue dans sa position initiale, la nouvelle position de AB viendra en A'B', coupant suivant deux droites projetées en O et en C les plans A_0B_0 et AB, et faisant, avec ces plans, un angle infiniment petit $d\alpha$.

Il en résulte immédiatement que l'allongement des deux matériaux sera le même en tous les points de la section ayant même valeur de z, et que la tension de chaque matière y sera également constante.

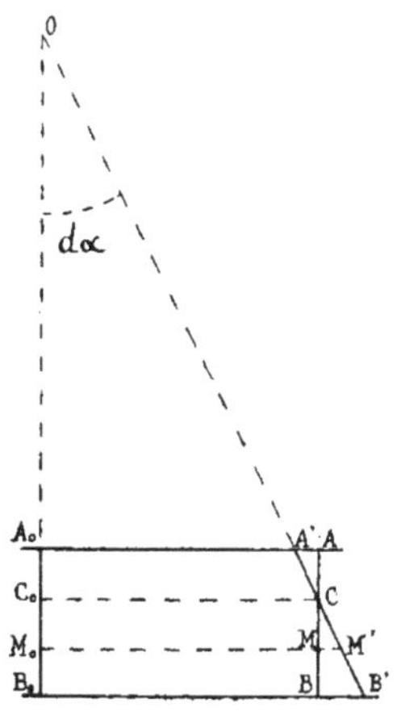

Fig. 49.

Sur la perpendiculaire au plan moyen projetée en C, cet allongement et ces tensions seront nuls ; nous conserverons à cette droite, axe instantané de rotation de la section, le nom d'*axe neutre*, et nous appellerons *ligne neutre* le lieu du point C, projection de l'axe neutre, pour toutes les sections transversales. Comme cette ligne ne sera généralement pas une droite parallèle à la portée, il serait impropre de lui conserver le nom de *fibre neutre* employé ordinairement dans la *Résistance des Matériaux* ; toutefois, bien que le mortier n'ait aucunement la consistance fibreuse, nous appellerons encore *fibre*, pour la commodité du langage, toute succession de molécules disposées parallèlement à la portée ; de même, nous appellerons *bande* tout ensemble de fibres limité par deux plans parallèles au plan des xy (horizontaux).

Si, en vertu de l'hypothèse posée ci-dessus, la nouvelle position A'B' de la section est normale en C à la fibre correspondante, OC mesurera le rayon de courbure ρ, dans cette section, de cette fibre déformée, et l'on aura, dans le triangle OC_0C :

$$(13) \qquad \sin d\alpha = d\alpha = \frac{dx}{\rho}, \text{ c'est-à-dire } \frac{1}{\rho} = \frac{d\alpha}{dx},$$

$\frac{d\alpha}{dx}$ n'étant autre chose que l'angle α dont la section AB aurait tourné proportionnellement, par rapport à une section distante de l'unité.

On voit en outre que, dans le cas de la figure 49, la matière est comprimée dans toute la région $A_0C_0A'C$ de la poutre, tandis qu'elle est tendue dans la région C_0B_0CB'.

Soient e l'épaisseur AB de la poutre, h l'ordonnée AC de la ligne neutre dans la section considérée et z l'ordonnée AM d'une fibre quelconque M_0M. L'allongement de la portion M_0M de cette fibre sera mesuré par la longueur MM', et son allongement λ, ramené à l'unité de longueur, par le quotient $\frac{MM'}{M_0M}$ ou $\frac{MM'}{C_0C}$, ou enfin, en vertu de la similitude des triangles CMM' et OC_0C, par $\frac{CM}{OC_0}$; il sera donc :

$$\lambda = \frac{z - h}{\rho}. \tag{14a}$$

Les valeurs de ρ et de h, constantes pour la section considérée tant que la charge reste la même, définissent donc l'allongement des deux matériaux en un point quelconque de la section, en fonction de l'ordonnée z correspondante, et par suite, eu égard aux relations (11) et (12), leurs tensions longitudinales R et F.

On peut encore définir λ, R et F en fonction de z et des allongements λ_0 (négatif) et λ_1 (positif) des fibres extrêmes dans la section considérée. On a, en effet, en vertu de la similitude des trois triangles ayant pour sommet commun et homologue le point C :

$$\frac{MM'}{CM} = \frac{BB'}{CB} = \frac{A'A}{AC} = \frac{BB' + A'A}{AB} = \frac{MM' + A'A}{AM}$$

et par suite :

$$(14b) \quad \begin{cases} \dfrac{z}{e} = \dfrac{\lambda - \lambda_0}{\lambda_1 - \lambda_0}, \\ \text{ou encore :} \\ \lambda = \lambda_0 + \dfrac{z}{e}(\lambda_1 - \lambda_0). \end{cases}$$

On a d'ailleurs entre λ_0, λ_1, h et ρ les relations :

$$(15)\quad \begin{cases} \lambda_0 = -\dfrac{h}{\rho} \quad \text{et} \quad \lambda_1 = \dfrac{e-h}{\rho}, \\ \text{ou :} \\ \dfrac{h}{e} = \dfrac{-\lambda_0}{\lambda_1 - \lambda_0} \quad \text{et} \quad \dfrac{e}{\rho} = \lambda_1 - \lambda_0 = e\alpha. \end{cases}$$

46. Allongement et tensions longitudinales en un point quelconque. — Soient t la largeur totale du mortier au niveau z, comptée perpendiculairement au plan moyen, et u celle du fer au même niveau. Considérons la bande infiniment mince dont les plans limites ont pour ordonnées z et $z + dz$; les aires occupées respectivement par le mortier et par le fer dans la section droite de cette bande sont mesurées par tdz et udz et, comme la tension longitudinale de chaque matière y est la même en tout point, les sommes de ces tensions ont pour valeurs $\mathrm{R}tdz$ et $\mathrm{F}udz$.

Les équations d'équilibre (8) et (9) peuvent donc s'écrire :

$$\int_0^e (t\mathrm{R} + u\mathrm{F})\, dz = \mathrm{B}\ ;$$

$$\int_0^e (t\mathrm{R} + u\mathrm{F})\, zdz = \mathrm{M}.$$

t et u sont deux fonctions de z définies quand on s'est donné les contours des sections droites de la poutre et de l'armature ; R et F sont des fonctions supposées connues de λ (formules 11 et 12), et par suite de z, de h et de ρ (formule 14a). Les expressions sous le signe $\int$ sont donc des fonctions de ces trois mêmes variables, de sorte que, après intégration entre les limites 0 et e, elles ne contiennent plus que les deux inconnues h et ρ, que dès lors elles définissent.

Il suffit donc de les résoudre et de porter les valeurs trouvées de h et de ρ dans la formule (14a), pour connaître l'allongement par unité de longueur en un point quelconque de la section ; en portant ensuite cette valeur de λ dans les équations (11) et (12) on aura les tensions longitudinales correspondantes.

Comme les valeurs trouvées pour h varient en même temps que B et M, on voit qu'elles diffèrent en général d'une section à l'autre et que, dès lors, la ligne neutre présente une forme courbe.

47. Cas où tous les efforts extérieurs sont verticaux. — Pour plus de simplicité, nous supposerons désormais que tous les efforts extérieurs sont verticaux. Dès lors la résultante B sera nulle, et la première équation d'équilibre se réduira à :

$$\int_0^e (t\mathrm{R} + u\mathrm{F})\, dz = 0. \tag{16}$$

Quant à la seconde, elle conservera sa même forme :

$$\int_0^e (t\mathrm{R} + u\mathrm{F})\, z dz = \mathrm{M}, \tag{17}$$

mais le moment M des efforts extérieurs sera le même par rapport à toute horizontale du plan de la section considérée : ce sera le *moment fléchissant* de la poutre dans cette section.

Si, au lieu d'exprimer l'égalité des moments par rapport à l'horizontale du point A de la figure 49, on les prend par rapport à celle du point C, on obtient l'équation suivante, qui n'est en somme qu'une combinaison linéaire des deux autres, et dont nous aurons à nous servir ultérieurement de préférence à l'équation (17), de forme pourtant plus simple :

$$\int_0^e (t\mathrm{R} + u\mathrm{F})(z - h)\, dz = \mathrm{M}. \tag{18}$$

Deux quelconques des trois équations (16), (17) et (18) définissent les deux inconnues h et ρ.

48. Calcul des flèches. — Considérons un plan horizontal fixe dans l'espace et appelons f_0 la distance à laquelle le point A de la section d'abscisse x vient de ce plan quand on charge la poutre. Le rayon de courbure de la fibre extrême prise pour origine des z est $\rho - h$, et l'on a, en vertu d'une formule connue :

$$\rho - h = \frac{\left[1 + \left(\frac{df_0}{dx}\right)^2\right]^{\frac{3}{2}}}{\left(\frac{d^2f_0}{dx^2}\right)}.$$

Quand on suppose que la courbure reste toujours faible, on

peut négliger le terme $\frac{df_0}{dx}$, qui mesure l'inclinaison de la fibre, et dont le carré est toujours très petit par rapport à l'unité, et l'équation différentielle de la fibre extrême déformée peut être mise sous la forme simplifiée :

$$(19) \qquad \frac{d^2 f_0}{dx^2} = \frac{1}{\rho - h}.$$

Comme ρ et h sont, en vertu des équations (16) et (17), des fonctions connues de M seul, et par suite de x, il suffit d'intégrer deux fois l'équation (19), en déterminant les constantes d'intégration d'après les données du problème, de manière que $\frac{df_0}{dx}$ soit nul en un point où l'on sait que la fibre est nécessairement horizontale (par exemple au milieu de la portée quand la poutre est soutenue et chargée symétriquement par rapport à sa section médiane), ou encore ait une valeur connue au droit d'un encastrement parfait, et que f_0 ait une valeur constante connue en l'un des points d'appui.

L'équation de la courbe résultant de la déformation d'une fibre d'ordonnée z se déduirait de même de l'équation différentielle :

$$\frac{d^2 f}{dx^2} = \frac{1}{\rho - h + z};$$

on pourrait encore, aux infiniments petits près, obtenir cette courbe en augmentant de z toutes les ordonnées de la précédente.

Nous ne nous attarderons pas à calculer l'équation de la courbe formée, dans la poutre sous charge, par la ligne neutre qui, comme on l'a vu plus haut, est déjà courbe dans la poutre ramenée à sa position de repos. On l'aurait d'ailleurs approximativement en augmentant de la grandeur variable h la valeur de f_0 correspondant à chaque valeur de x. En tout cas, le rayon de courbure de la ligne neutre déformée n'est égal à ρ que dans les sections coupées orthogonalement par cette ligne.

49. Valeurs moyennes de S et de G à chaque niveau. — Considérons deux sections transversales infiniment voisines AB et A_1B_1 (fig. 50), définies par leurs abscisses x et $x + dx$, et, dans la tranche qu'elles limitent, deux plans horizontaux infiniment voisins MM_1 et $M'M'_1$, définis par leurs ordonnées $AM = z$ et $AM' = z + dz$. Le solide prismatique compris entre les quatre plans et le contour extérieur de la poutre étant en équilibre, la somme des projections sur une direction quelconque, par exemple sur celle des fibres, des efforts qui s'exercent sur ses six faces, doit être nulle.

Le contour de la poutre étant supposé parfaitement libre, les efforts agissant sur les faces latérales CC′ et KK′ sont nuls.

Sur les deux bases MM′ et M_1M_1' s'exercent : 1° des actions tangentielles, dont la projection sur la direction des fibres est

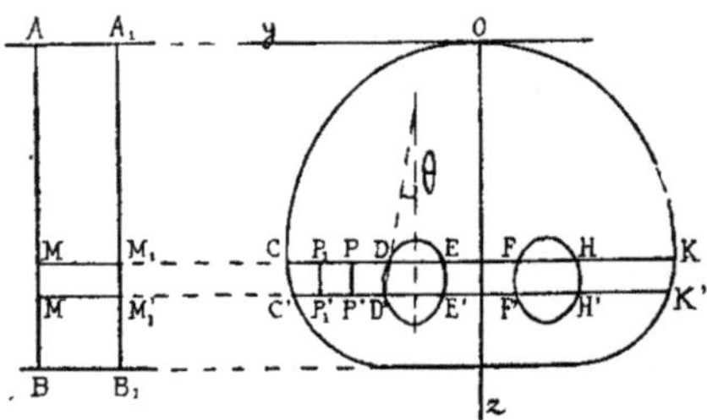

Fig. 50.

nulle ; 2° des actions normales, qui, dans l'hypothèse de la conservation des sections planes, ont la même valeur dans toute la largeur de la bande occupée par chaque matière.

Soient encore $t = CD + EF + HK$ la largeur totale du mortier, comptée perpendiculairement au plan moyen, dans le plan d'ordonnée z, et $u = DE + FH$ celle du fer.

Sur la base MM′, les aires occupées par le mortier et par le fer sont respectivement tdz et udz ; les tensions des deux matériaux sont R et F et l'effort normal total a pour mesure $(tR + uF)\,dz$. Sur la base M_1M_1', t et u ont les mêmes valeurs que sur la première, et R et F se sont augmentés de $\frac{dR}{dx}\,dx$ et $\frac{dF}{dx}\,dx$. L'effort exercé contre le solide considéré étant dirigé en sens inverse de celui qui agit sur la base MM′, la somme algébrique de ces deux efforts a pour expression :

$$\left(t\,\frac{dR}{dx} + u\,\frac{dF}{dx}\right) dx\,dz.$$

On a d'ailleurs $\frac{dR}{dx} = \frac{dR}{dM} \frac{dM}{dx}$, $\frac{dF}{dx} = \frac{dF}{dM} \frac{dM}{dx}$, $\frac{dM}{dx}$ n'étant autre que l'effort tranchant A dans la section AB, de sorte que la somme des efforts normaux développés sur les deux bases MM' et M_1M_1' du solide considéré peut s'écrire finalement :

$$A\left(t\frac{dR}{dM} + u\frac{dF}{dM}\right) dx\, dz.$$

Evaluons enfin les efforts exercés sur les deux faces projetées d'une part en MM_1 et $M'M'_1$, d'autre part en CK et C'K'.

Considérons, sur la première, à l'intérieur du mortier, un point P, dont la distance au plan moyen soit y, et, en ce point, un parallélipipède infiniment petit, de largeur $PP_1 = dy$, qui se projette suivant le rectangle $PP_1\,P'P'_1$ sur le plan de la section droite.

Tangentiellement à la face projetée en PP_1 s'exerce, dans le sens des fibres, un effort $S_2\, dx\, dy$, et, pour toute la portion du plan CK contenue dans le mortier, la somme des efforts analogues est $dx \int S_2\, dy$, l'intégrale s'étendant à l'ensemble des divers tronçons dont la longueur totale est t.

Appelons Σ la valeur moyenne de S_2 au niveau z dans la section considérée, valeur définie par la relation :

$$t\Sigma = \int S_2\, dy.$$

Comme, par suite de la symétrie, les valeurs de S_3 sur la même perpendiculaire au plan moyen s'annulent deux à deux, Σ n'est autre que la valeur moyenne de S.

Si l'on pose de même :

$$u\Gamma = \int G_2\, dy = \int G\, dy.$$

l'intégrale s'étendant à la portion de la droite CK contenue à l'intérieur du fer, l'effort total qui sollicite le plan MM_1CK et tend à le faire glisser dans la direction des fibres sera mesuré par :

$$(t\Sigma + u\Gamma)\, dx.$$

Dans le plan $M'M'_1C'K'$, distant du premier de dz, l'effort analogue, dirigé en sens contraire, aura pour valeur absolue :

$$\left[t\Sigma + u\Gamma + \frac{d\,(t\Sigma + u\Gamma)}{dz}\,dz\right] dx\,,$$

et la somme algébrique de ces deux efforts sera :

$$\frac{d\,(t\Sigma + u\Gamma)}{dz}\,dx\,dz.$$

L'équation d'équilibre des actions longitudinales exercées sur les six faces du solide sera donc :

$$A\left(t\,\frac{dR}{dM} + u\,\frac{dF}{dM}\right) dx\,dz + \frac{d\,(t\Sigma + u\Gamma)}{dz}\,dx\,dz = 0,$$

c'est-à-dire, après suppression du facteur commun $dx\,dz$:

$$(20) \qquad \frac{d\,(t\Sigma + u\Gamma)}{dz} = -\,A\left(t\,\frac{dR}{dM} + u\,\frac{dF}{dM}\right).$$

Les valeurs de h et de ρ, que l'on déduit des équations (16) et (17), sont des fonctions de M et des divers paramètres constants qui définissent la poutre. En portant ces valeurs dans l'équation (14a), puis la valeur de λ trouvée dans les équations (11) et (12), on voit que R et F sont des fonctions de M et de z, dont les dérivées par rapport à M sont de nouvelles fonctions de M et de z. Or, pour une charge donnée, M a une valeur constante tant qu'on ne sort pas de la section considérée, de sorte que, dans cette section, $\frac{dR}{dM}$ et $\frac{dF}{dM}$ varient en fonction de z seul.

De même t et u sont des fonctions de z seul, définies dès qu'on s'est donné les contours de la section droite du mortier et de l'armature. L'expression $t\,\frac{dR}{dM} + u\,\frac{dF}{dM}$ est donc, dans la section considérée, une fonction connue de la seule variable z, et dont l'intégrale, augmentée d'une certaine constante et multipliée par la valeur A de l'effort tranchant dans la même section, donne la valeur absolue de la somme $t\Sigma + u\Gamma$.

On définira la constante d'intégration par la condition que, pour $z = 0$, c'est-à-dire sur la fibre extrême AA_1 supposée libre, le glissement longitudinal s'annule, ce que l'on fera en écrivant :

$$(21)\quad t\Sigma + u\Gamma = -\mathrm{A}\int_0^z \left(t\,\frac{d\mathrm{R}}{d\mathrm{M}} + u\,\frac{d\mathrm{F}}{d\mathrm{M}} \right) dz = \mathrm{AZ},$$

— Z désignant la valeur de l'intégrale définie, qui est une nouvelle fonction de z.

Cette formule montre que, dans toute tranche où le moment fléchissant conserve une valeur constante et où, par suite, A est constamment nul, la somme $t\Sigma + u\Gamma$ est nulle sur toute perpendiculaire au plan moyen. Mais il ne faudrait pas induire de là que S et G doivent être nuls en tous points d'une pareille droite, car on serait alors conduit à cette conclusion invraisemblable que, dans un prisme armé fléchissant sous moment constant, il ne se produit aucun effort de décollement entre le fer et le mortier.

Dans toute bande ne rencontrant pas l'armature, on a $u = 0$, et l'égalité (21) se réduit à :

$$(21\ bis)\qquad t\Sigma = -\mathrm{A}\int_0^z t\,\frac{d\mathrm{R}}{d\mathrm{M}}\,dz.$$

On retrouve la formule qui, dans la *Résistance des Matériaux*, représente la répartition de l'effort tranchant dans une poutre homogène, et la valeur de Σ correspondant à une valeur quelconque de z est parfaitement définie.

Enfin, dans un plan horizontal coupant l'armature, on n'a, entre les deux grandeurs Σ et Γ, qu'une seule relation, qui fixe la moyenne $\frac{t\Sigma + u\Gamma}{t+u}$ de leurs valeurs suivant toute perpendiculaire au plan moyen. Cette moyenne est, d'ailleurs, proportionnelle à la valeur A de l'effort tranchant.

50. Vérifications. — En prenant la dérivée par rapport à M des deux membres de l'équation (16), on vérifie que le second membre de l'équation (21) est nul pour $z = e$, ce qui exprime que, comme sur la fibre extrême AA_1, le glissement longitudinal est encore nul sur l'autre fibre extrême BB_1, également libre.

Calculons maintenant la somme des efforts tangentiels S et G développés dans l'ensemble de la section : Dans la bande infiniment mince d'ordonnée z et d'épaisseur dz, la somme de ces efforts est $(t\Sigma + u\Gamma)\,dz$; pour l'ensemble de la section, la somme est donc $\int_0^e (t\Sigma + u\Gamma)\,dz$, c'est-à-dire $A\int_0^e Zdz$.

Intégrons par parties, en remarquant que, par définition (formule 21), dZ a pour expression $-\left(t\,\frac{dR}{dM} + u\,\frac{dF}{dM}\right)dz$; il vient :

$$\int Zdz = Zz - \int z\,dZ = Zz + \int \left(t\,\frac{dR}{dM} + u\,\frac{dF}{dM}\right) zdz\ ;$$

le produit Zz étant nul pour les deux limites $z = 0$ et $z = e$, on a donc :

$$\int_0^e Zdz = \int_0^e \left(t\,\frac{dR}{dM} + u\,\frac{dF}{dM}\right) zdz.$$

Or, en prenant la dérivée par rapport à M des deux membres de l'équation (17), on constate que le second membre de cette égalité n'est autre que l'unité, de sorte que l'on a :

$$A\int_0^e Zdz = A.$$

La somme des efforts tangentiels développés dans l'ensemble de la section est donc bien égale à A, comme l'exprimait l'équation (10) [1].

Un corollaire immédiat de ces calculs est que les sommes des efforts transversaux supportés par la section droite du mortier et par celle du fer ont respectivement pour valeurs :

$$\int_0^e t\Sigma dz \quad \text{et} \quad \int_0^e u\Gamma dz,$$

de sorte que les fractions de l'effort tranchant supportées par

1. Cette vérification montre que les deux termes du premier membre de l'équation d'où a été déduite l'équation (20) doivent bien être pris avec le même signe, ce qui n'était pas évident *a priori*, et que, dès lors, le second membre de l'équation (20) doit être affecté du signe —. Autrement, on serait arrivé, dans la vérification, à la relation évidemment fausse :

$$A\int_0^e \left(t\,\frac{dR}{dM} + u\,\frac{dF}{dM}\right) zdz = -A.$$

chaque matière, dans la section considérée, sont mesurées par :

$$\frac{1}{A}\int_0^e t\Sigma dz \quad \text{et} \quad \frac{1}{A}\int_0^e u\Gamma dz.$$

Malgré les deux vérifications qui précèdent, on doit se demander si la fonction Z ne subit pas une variation brusque lors de chaque passage d'une bande non armée à une bande armée, et inversement, ou encore pour les valeurs de z où soit le contour de la poutre, soit celui des barres de fer, changerait brusquement de largeur. En effet, dans ces cas, le raisonnement basé sur la continuité des diverses grandeurs quand on passe du plan MM_1 au plan $M'M'_1$ est en défaut. Il semble résulter de considérations qui seront développées plus loin (art. **129** à **132**) que de pareilles discontinuités ne sont pas à craindre : la courbe représentant la variation de Z en fonction de z peut avoir des points anguleux, mais ses ordonnées ne présentent jamais de différences finies pour deux valeurs de l'abscisse infiniment voisines.

51. Relation nécessaire entre les deux composantes de l'action tangentielle. — Supposons connue la loi de variation de S_2 et de G_2 dans toute l'étendue de la section considérée, de telle sorte que l'expression de chacune de ces deux grandeurs soit une fonction bien définie de y et de z.

Considérons de nouveau le parallélipipède élémentaire de dimensions dx, dy et dz projeté, sur la figure 50, d'une part en $MM_1M'M'_1$, d'autre part en $PP_1P'P'_1$, et écrivons qu'il y a équilibre entre les composantes parallèles à la direction des fibres des efforts exercés sur ses six faces.

Sur les faces MM' et $M_1M'_1$ s'exercent des efforts normaux de sens contraires, ayant respectivement pour valeurs absolues $R\,dy\,dz$ et $\left(R + \frac{dR}{dx}dx\right)dy\,dz$, et dont la somme algébrique est $\frac{dR}{dx}dx\,dy\,dz$, c'est-à-dire $A\frac{dR}{dM}dx\,dy\,dz$.

Sur les faces PP_1 et $P'P'_1$ s'exercent des efforts tangentiels de sens contraires, ayant respectivement pour valeurs absolues $S_2\,dx\,dy$ et $\left(S_2 + \frac{dS_2}{dz}dz\right)dx\,dy$, et dont la somme algébrique est $\frac{dS_2}{dz}dx\,dy\,dz$.

Enfin, sur les faces PP′ et $P_1P'_1$ s'exercent des efforts tangentiels de sens contraires, ayant respectivement pour valeurs absolues $S_3\,dx\,dz$ et $\left(S_3 + \frac{dS_3}{dy}\,dy\right) dx\,dz$, et dont la somme algébrique est $\frac{dS_3}{dy}\,dx\,dy\,dz$.

L'équation d'équilibre est donc, après suppression du facteur commun $dx\,dy\,dz$:

$$\frac{dS_3}{dy} + \frac{dS_2}{dz} + A\frac{dR}{dM} = 0. \tag{22}$$

Pour un parallélipipède élémentaire pris à l'intérieur de l'armature, on trouverait de même :

$$\frac{dG_3}{dy} + \frac{dG_2}{dz} + A\frac{dF}{dM} = 0. \tag{22'}$$

On a vu plus haut que $\frac{dR}{dM}$ et $\frac{dF}{dM}$ étaient des fonctions de z bien définies ; S_2 et G_2 sont, par hypothèse, des fonctions connues de y et de z, de sorte que $\frac{dS_2}{dz}$ et $\frac{dG_2}{dz}$ sont des fonctions connues de ces deux variables ; $\frac{dS_3}{dy}$ et $\frac{dG_3}{dy}$ sont donc aussi, en vertu de ces deux égalités, des fonctions connues de y et de z, et, le long de l'horizontale CK, où z conserve une valeur constante, des fonctions connues de la seule variable y. On peut donc les obtenir par une simple intégration, en déterminant les constantes par la condition que S s'annule aux points C et K et qu'on ait, aux points tels que D, la relation (7) entre les valeurs de S et de G et l'effort de décollement.

On voit donc que, à une répartition quelconque de S_2 et G_2 dans toute l'étendue de la section, correspond toujours une répartition bien définie de S_3 et G_3, et par suite de S et G.

Il en résulte que, réciproquement, il suffit que l'on connaisse, en tout point de la section, soit l'intensité de l'action moléculaire tangentielle S ou G correspondante, soit l'angle φ ou ψ qui définit son orientation (art. 39), pour que la seconde de ces deux grandeurs soit définie par cela même.

52. Répartition transversale de l'effort tranchant. — La formule (21) donne bien l'effort tangentiel total développé, dans la section considérée, dans une bande infiniment mince d'ordonnée quelconque ; mais rien n'indique comment les composantes locales sont réparties suivant la largeur de cette bande, et cela est tout naturel, puisqu'on n'a pas encore tenu compte de la manière dont la charge extérieure est elle-même distribuée suivant la largeur de la poutre.

Dans le cas d'une poutre homogène, rectangulaire, soumise à une charge distribuée également sur toute sa largeur, on admet ordinairement que l'action S est toujours dirigée suivant la verticale et conserve une valeur constante le long de toute perpendiculaire au plan moyen ; en effet, si l'on partage la poutre ABA'B' (fig. 51), ainsi que les charges, par une série de plans verticaux équidistants parallèles au plan moyen, on la décompose ainsi en une série de poutres ABA_1B_1, $A_1B_1A_2B_2$, ….. , toutes égales et également chargées, qui fléchissent de même et dans lesquelles les efforts élastiques locaux sont distribués de la même manière.

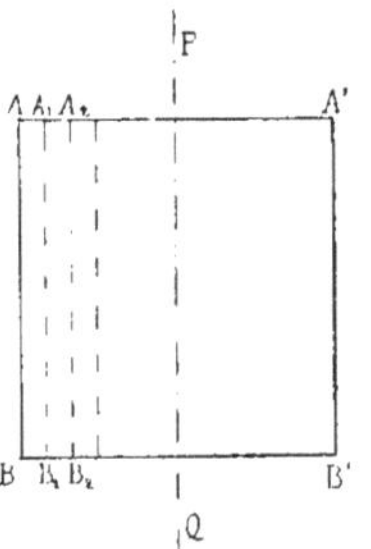

Fig. 51.

Mais, si la même poutre est soumise à des charges concentrées dans le plan moyen PQ ou dans le voisinage de ce plan, tout en restant symétriques, les tranches partielles situées près du plan moyen sont les premières à fléchir et, grâce à la cohésion, entraînent les tranches voisines. La flexion se propage donc du plan moyen aux faces latérales en mettant en jeu les résistances intérieures, et les conditions ne sont plus les mêmes que dans le cas précédent. On peut alors affirmer que, dans une même bande mince horizontale de matière, la composante S de l'effort tranchant varie d'un point à l'autre de la largeur de la section, de manière à avoir sa valeur maximum au milieu, où la flexion est la plus grande, et à décroître ensuite progressivement de chaque côté jusqu'aux deux faces latérales.

Si, au lieu d'être rectangulaire, la poutre, supposée toujours homogène, présente un contour curviligne (fig. 52), il devient difficile d'obtenir pratiquement une égale distribution des charges extérieures dans le sens de sa largeur, et la loi de répartition de l'effort tranchant dans les bandes verticales successives parallèles au plan moyen devient de plus en plus incertaine. Si l'on appelle θ l'angle du plan tangent en A avec la verticale, il résulte de la formule **2** *bis* (art. 39) que l'effort développé dans ce plan est mesuré par S sin $(\varphi - \theta)$; la surface étant supposée libre, cet effort doit être nul et, comme la condition $\varphi = \theta$, avec $S \gtrless 0$, exprimerait qu'il se produit une torsion, on doit avoir $S = 0$: l'action tangentielle part nécessairement de zéro aux deux extrémités A et A' de chaque bande [1].

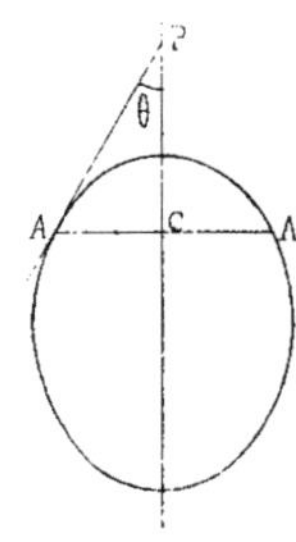

Fig. 52.

Enfin, quand le contour extérieur de la section change brusquement de largeur, les valeurs de S à une même distance du plan moyen doivent présenter une différence finie dans deux plans horizontaux infiniment voisins et, comme la matière ne se prête pas à des transitions aussi brusques, le raccordement doit s'établir à travers une bande plus ou moins épaisse, où il semble impossible de fixer la loi de variation de l'action moléculaire étudiée.

Dans une poutre armée, le problème est rendu encore plus complexe par la présence du fer, dont la surface extérieure est solidaire du mortier. Il est probable que l'entraînement mutuel des tranches élémentaires parallèles au plan moyen n'obéit pas aux mêmes lois dans les deux matériaux, et à peu près évident qu'il n'y a pas continuité entre les valeurs de S et celles de G au passage de la surface de séparation. Aussi, même dans le cas d'une poutre rectangulaire et uniformément chargée dans le sens

1. Soit AMA' (fig. 53) la courbe exprimant la variation de S depuis A jusqu'en A' dans la bande AA' de la figure 52. La valeur de Σ donnée par l'équation (21 *bis*) est la hauteur CP du rectangle AA'BB' de même aire que la courbe. Si l'on suppose que celle-ci soit une demi-ellipse, on calcule que le maximum de S, représenté par CM sur la figure, dépasse d'environ 27 p. 100 la valeur moyenne $CP = \Sigma$. Pour une autre forme de courbe, dont les tangentes en A et A' ne soient pas verticales, le rapport $\frac{CM}{CP}$ est évidemment plus grand ; par exemple, pour une parabole ayant son sommet en M, il est égal à $\frac{3}{2}$.

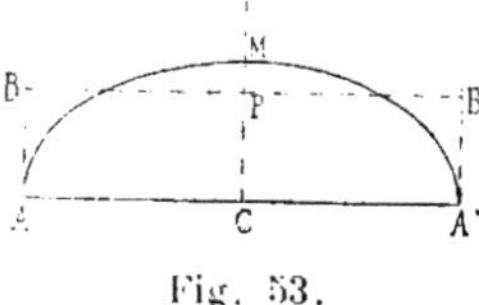

Fig. 53.

de sa largeur, est-on encore obligé de recourir à des hypothèses sur la répartition transversale de l'effort tranchant.

53. Barres de répartition. — Dans la plupart des systèmes de construction en ciment armé, on adjoint aux barres longitudinales, qui constituent l'élément essentiel de l'armature, d'autres barres horizontales perpendiculaires à celles-ci, dites barres de répartition, et qui, comme leur nom l'indique, ont pour but de répartir plus uniformément entre les diverses barres longitudinales d'une même assise les efforts extérieurs appliqués seulement sur une portion limitée de la largeur de la poutre ou inégalement distribués suivant cette dimension.

Il est impossible de dire dans quelle mesure de pareilles barres satisfont à leur destination : cela dépend en effet de leur distance à la face chargée, du profil transversal de la poutre, de la plus ou moins grande concentration des charges et surtout de la loi suivant laquelle une pression appliquée normalement à un élément de la surface extérieure du mortier se propage, à l'intérieur de cette matière, dans des directions plus ou moins obliques.

En tout cas, dans une poutre rectangulaire, quand la charge extérieure est à peu près uniformément distribuée et quand la distance des barres à la face chargée n'est pas très faible, il semble que l'on puisse admettre, sans grande erreur, que, dans la plus grande partie de l'épaisseur de la bande non armée comprise entre la face chargée et l'assise de barres la plus voisine, le travail du mortier est sensiblement le même en tout point de chaque perpendiculaire au plan moyen, de sorte que la valeur de S_2 y est partout égale à la moyenne Σ donnée par l'équation (21 *bis*), et que S_3 est nul. En même temps, quand toutes les barres longitudinales contenues dans une même assise sont identiques entre elles, équidistantes et ont leurs profils identiquement orientés, la répartition de G_2 doit être sensiblement la même dans chacune.

Mais, si l'on isole par la pensée la bande comprise, du côté des barres transversales, entre la surface externe de la poutre et le plan où se trouvent tous les points de contact des deux systèmes de barres, bande qui ne contient pas de barres longitudinales, mais contient les barres transversales, on peut la considérer comme constituant elle-même une poutre armée ayant ses fibres dirigées suivant la largeur de la poutre totale. Quelle que soit la répartition des charges suivant cette largeur, il s'y développe donc des tensions parallèles à l'axe des y et des actions tangentielles parallèles au plan des xz, actions qui se superposent à celles qui résultent de la flexion principale de la poutre entière.

Si donc la présence de barres transversales simplifie dans une certaine mesure le calcul pratique approximatif des poutres armées, elle doit au contraire compliquer singulièrement la solution rigoureuse du problème.

51. Calcul des actions transversales dans une hypothèse particulière. — Supposons, pour simplifier les calculs, que toutes les barres dont se compose une même assise aient des sections identiques, symétriques par rapport à des plans parallèles au plan moyen. Si n_1 désigne le nombre de ces barres, la demi-largeur de chacune au niveau z est $\frac{u}{2n_1}$, et l'on a, en appelant θ l'angle de la tangente au contour de la barre avec la verticale (fig. 50) :

$$\operatorname{tang}\theta = \frac{d\left(\frac{u}{2n_1}\right)}{dz} = \frac{1}{2n_1}\,\frac{du}{dz}.$$

Supposons en outre que, soit en raison du mode de chargement et de la forme du contour de la poutre, soit par suite de la présence de barres transversales, on puisse considérer les actions tangentielles comme également réparties sur toute la largeur de la poutre aux environs de l'assise de barres considérée, et calculons les valeurs de S et de G dans un plan horizontal d'ordonnée z situé dans cette région, en admettant, comme on le fait ordinairement dans l'étude des poutres non armées, que, dans chaque section, ces actions sont dirigées verticalement et conservent chacune une grandeur constante le long de toute perpendiculaire au plan moyen. S et G, confondus désormais avec S_2 et G_2, sont alors égaux respectivement à Σ et à Γ, et l'on a entre eux une première relation :

$$(21\ ter) \qquad tS + uG = AZ.$$

Pour en avoir une autre, écrivons que le solide prismatique

DED'E' (fig. 50) contenu, à l'intérieur d'une barre, entre les deux sections x et $x + dx$ et les deux plans horizontaux z et $z + dz$, est en équilibre :

La somme algébrique des tensions normales à ses deux bases est :

$$A \frac{dF}{dM} \frac{u}{n_1} dx\, dz\, ;$$

celle des actions tangentielles développées dans les plans DE et D'E' est :

$$\frac{1}{n_1} \frac{d\,(uG)}{dz} dx\, dz.$$

En faisant $S_3 = 0$ et $G_3 = 0$ dans les formules de la fin de l'article **42**, on calcule que les efforts totaux de décollement exercés par le mortier sur le fer, dans les faces symétriques DD' et EE', ont chacun pour valeur $(S - G) \operatorname{tang} \theta\, dx\, dz$; ils sont évidemment dirigés dans le même sens, et leur somme peut s'écrire, après remplacement de tang θ par sa valeur en fonction de $\frac{du}{dz}$:

$$2\,(S - G) \frac{1}{2n_1} \frac{du}{dz} dx\, dz.$$

L'équation d'équilibre est donc, après suppression du facteur commun $\frac{1}{n_1} dx\, dz$:

$$Au \frac{dF}{dM} + \frac{d\,(uG)}{dz} + (S - G) \frac{du}{dz} = 0,$$

c'est-à-dire, après réductions :

$$S \frac{du}{dz} + u \frac{dG}{dz} = - Au \frac{dF}{dM}. \qquad (23)$$

Si, dans cette équation, on remplace S par sa valeur tirée de l'équation (**21** *ter*), G se trouve défini par l'équation différentielle suivante, dans laquelle le coefficient de G et le terme indépendant sont des fonctions connues de z :

$$\frac{dG}{dz} - \frac{1}{t} \frac{du}{dz} G + A \left(\frac{Z}{tu} \frac{du}{dz} + \frac{dF}{dM} \right) = 0.$$

C'est une équation linéaire du premier ordre, que l'on sait résoudre ; si l'on pose :

$$\int \left(-\frac{1}{t}\,\frac{du}{dz}\right) dz = \mathcal{L}P \qquad \text{et} \qquad \frac{Z}{tu}\,\frac{du}{dz} + \frac{dF}{dM} = Q,$$

G est donné par la relation :

$$(24) \qquad G = -\frac{A}{P}\int PQ\,dz + \text{const.}$$

On en déduit ensuite S par la relation (**21** *ter*).

Quand la largeur totale $t + u$ de la poutre est égale à une constante b dans la bande considérée, on reconnaît que la fonction P n'est autre que t ou $b - u$.

Quand, quelle que soit la forme du contour extérieur de la poutre dans la bande considérée, l'armature y a une largeur constante, c'est-à-dire est formée d'éléments rectangulaires, on a $\frac{du}{dz} = 0$, et l'équation (**23**) donne immédiatement :

$$\frac{dG}{dz} = -A\,\frac{dF}{dM}.$$

En même temps, l'équation (**20**) devient :

$$\frac{d\,(tS)}{dz} = -At\,\frac{dR}{dM}.$$

En général, la largeur de chaque barre est faible, et il semble qu'on puisse admettre sans grande erreur que les actions tangentielles transversales s'y répartissent uniformément. Mais il ne doit pas en être de même dans le mortier, du moins quand les barres sont assez écartées, car l'action d'entraînement du fer sur les couches immédiatement voisines s'atténue à mesure qu'elle se propage de proche en proche dans le mortier à une plus grande distance des barres. L'hypothèse qui vient d'être étudiée ne doit donc guère être applicable qu'au cas où les barres sont très rapprochées. Elle ne fournit d'ailleurs pas la solution complète du problème, puisqu'il reste encore à fixer la valeur de la constante dans l'intégration qui donne l'expression de G (équation **24**) [1].

1. Le choix de la constante dans l'intégration qui donne $\mathcal{L}P$ est sans influence sur le résultat final, car, introduire cette constante, c'est multiplier P par un facteur constant, qui disparaît ensuite dans l'expression de G.

55. Cas de barres rondes égales. — Supposons que l'armature soit composée exclusivement de barres rondes égales, suffisamment minces pour qu'on puisse négliger les variations de la différence R — F suivant l'épaisseur de chacune.

Soient r leur rayon commun, y_1, z_1, y_2, z_2 ....., les coordonnées des centres de leurs sections droites et R_1, F_1, R_2, F_2 ....., les valeurs de R et de F correspondant à ces valeurs de z_1, z_2....., dans la section transversale considérée. Supposons la flexion produite sans effort tranchant et admettons, comme aux articles **42** et **43**, que l'action transversale résultant, en un point quelconque de l'un des deux matériaux, de l'entraînement des couches successives à partir du contour de l'une des barres, passe par le centre de ce contour et soit égale au produit de la différence R — F correspondante par une certaine fonction, supposée connue, de la distance δ du point considéré à ce contour.

La distance δ_1 d'un point de coordonnées y et z, pris dans le mortier, au contour de la barre y_1 z_1 est égale à :

$$\sqrt{(y-y_1)^2+(z-z_1)^2}-r,$$

et, si l'on appelle $f[\delta]$ la fonction qui exprime la variation de l'action d'entraînement dans cette matière, l'action tangentielle correspondante a pour valeur :

$$(R_1-F_1)\,f\left[\sqrt{(y-y_1)^2+(z-z_1)^2}-r\right].$$

Cette action a d'ailleurs pour composantes, parallèlement aux axes des y et des z :

$$\frac{y-y_1}{\sqrt{(y-y_1)^2+(z-z_1)^2}}\,(R_1-F_1)\,f\left[\sqrt{(y-y_1)^2+(z-z_1)^2}-r\right] = (y-y_1)\,K_1$$

et

$$\frac{z-z_1}{\sqrt{(y-y_1)^2+(z-z_1)^2}}\,(R_1-F_1)\,f\left[\sqrt{(y-y_1)^2+(z-z_1)^2}-r\right] = (z-z_1)\,K_1,$$

K_1 désignant, pour abréger les écritures, une fonction connue de y, z, y_1, et z_1, définie par ces égalités elles-mêmes.

Dès lors, l'action moléculaire S au point considéré, résultante des actions analogues développées par toutes les barres, a pour composantes parallèles aux axes de coordonnées :

$$(25) \qquad S_2 = \Sigma\,(z - z_1)\,K_1 \quad \text{et} \quad S_3 = \Sigma\,(y - y_1)\,K_1,$$

les signes Σ embrassant l'ensemble de toutes les barres longitudinales dont l'armature est composée. En réalité, la fonction $f\,[\delta]$ doit décroître assez vite quand δ augmente, et, à moins que les barres ne soient très rapprochées les unes des autres, on peut le plus souvent négliger l'action résultant de celles qui ne sont pas immédiatement voisines du point considéré et ne faire intervenir, pour chaque point, qu'une ou deux barres.

A fortiori, pour un point pris à l'intérieur de l'armature, doit-il suffire de considérer l'action d'entraînement propagée à partir du contour de la barre correspondante, de sorte que, si l'on représente par $\varphi\,[\delta]$ la loi qui exprime la variation de cette action dans le fer en fonction de la distance, les composantes G_2 et G_3 de l'action transversale G développée au point de coordonnées y et z ont pour valeurs :

$$(25') \quad \begin{cases} G_2 = \dfrac{z - z_1}{\sqrt{(y-y_1)^2 + (z-z_1)^2}}\,(R_1 - F_1)\,\varphi\left[r - \sqrt{(y-y_1)^2 + (z-z_1)^2}\right], \\[2ex] G_3 = \dfrac{y - y_1}{\sqrt{(y-y_1)^2 + (z-z_1)^2}}\,(R_1 - F_1)\,\varphi\left[r - \sqrt{(y-y_1)^2 + (z-z_1)^2}\right]. \end{cases}$$

Pour le calcul des poutres armées, il y a surtout intérêt à connaître la variation de S dans le plan horizontal contenant les axes de toutes les barres qui composent une même assise. Soient $2d$ la distance des axes O et O′ de deux barres consécutives

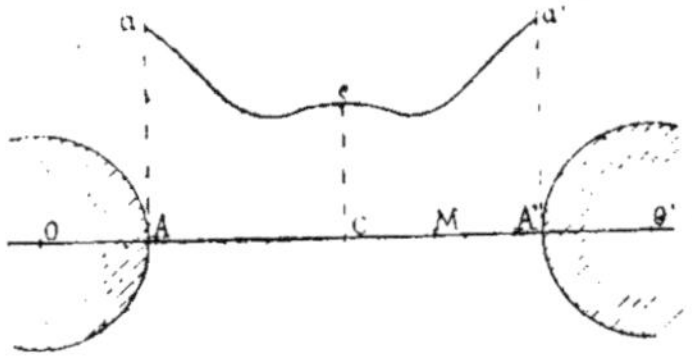

Fig. 54.

(fig. 54) et a la distance d'un point M quelconque du segment de droite AA′ à son milieu C.

Les composantes verticales des efforts tangentiels résultant de l'entraînement par les barres O et O' sont nulles, et leurs composantes horizontales, qui tendent évidemment à entraîner le point M dans le même sens, sont additives. On a donc, en négligeant l'influence de toutes les autres barres :

$$S = S_2 = (R - F) \left\{ f[d - r + a] + f[d - r - a] \right\}.$$

Si la distance $2d$ est assez grande pour que la longueur $AC = d - r$ dépasse la limite au delà de laquelle on peut pratiquement considérer l'action d'entraînement de la barre comme éteinte, l'action S décroît quand on s'éloigne des points A et A', jusqu'à devenir à peu près nulle au point C. Pour une distance $2d$ un peu moindre, les influences des barres O et O' se superposent, et la variation de S peut être représentée par une courbe telle que aca' (avec ou sans inflexions aux environs du point c, suivant la valeur de d et la forme de la fonction f). Enfin, pour certaines formes de la fonction f, il se peut que, quand $2d$ devient inférieur à une certaine limite, la valeur de S soit plus grande au point C qu'aux points A et A'. Les valeurs de d pour lesquelles il en est ainsi sont définies par l'inégalité :

$$2f[d - r] > 1 + f[2d - 2r].$$

Il ne faut pas oublier que les calculs qui précèdent reposent sur cette hypothèse que, dans la section considérée, l'effort de décollement est le même tout le long du contour de l'armature, ce qui n'a généralement pas lieu dans le cas de la flexion. Du reste, ces calculs conduisent, pour S_2 et S_3 ou G_2 et G_3, à des valeurs parfaitement déterminées en tout point de la section, alors qu'elles doivent, en dehors de la considération de l'entraînement des couches successives, satisfaire nécessairement à certaines relations. Par exemple, on doit avoir $S = 0$ en tout point du contour extérieur ; de même, sur l'ensemble de la longueur de toute perpendiculaire au plan moyen, on doit avoir :

$$\int S_2 \, dy + \int G_2 \, dy = t\Sigma + u\Gamma = 0.$$

Quand l'effort tranchant n'est pas nul, cette somme doit être égale au produit AZ défini à l'article 49. On obtient alors approximativement les actions S et G en composant les efforts d'entraînement, calculés comme ci-dessus, avec les composantes de l'effort tranchant, actions verticales ayant pour somme AZ sur la droite considérée. Si, en raison de la forme de la section, de la disposition de l'armature, de la présence de barres transversales et de la distribution de la charge suivant la largeur de la poutre, on peut admettre que l'effort tranchant se répartit uniformément, dans chaque matière, sur toute perpendiculaire au plan moyen, cette seconde composante a pour valeur Σ dans le mortier et Γ dans le fer, grandeurs d'ailleurs inconnues puisque l'on n'a entre elles que la seule relation (**21**).

56. Résumé. — En résumé, il ressort de l'ensemble de ce paragraphe que :

1° Quand on suppose connues les lois qui lient les tensions de chacun des deux matériaux aux allongements correspondants, l'hypothèse de la conservation des sections planes permet de calculer exactement, en tout point d'une section droite quelconque, les tensions normales longitudinales R et F, quelles que soient d'ailleurs les autres actions moléculaires au même point. On en déduit les allongements correspondants, la position de l'axe neutre et la courbure de la poutre dans chaque section.

2° Les actions transversales ne peuvent être calculées que grâce à une série d'hypothèses, souvent tout à fait arbitraires, et dont, en tout cas, on ne peut actuellement apprécier le degré d'approximation ; on connaît seulement quelques relations nécessaires (formules **21**, **22**, **22'**), liant entre elles certaines de ces actions, mais ne les définissant pas complètement.

3° En général, les calculs doivent être extrêmement compliqués, souvent même inextricables.

On verra plus loin (chap. VII) comment, dans certains cas, on peut les remplacer par des constructions graphiques.

CHAPITRE V [1]

RUPTURE

§ 1. — DIVERS MODES DE RUPTURE DES MATIÈRES ISOTROPES NON DUCTILES

57. Définitions. — Avant de passer à l'étude de la rupture des poutres armées, nous allons examiner ce qui se passe lors de la rupture, sous différents genres d'efforts, des matériaux dits cassants, c'est-à-dire pour lesquels une séparation complète et définitive de leurs molécules suit de près la limite pratique des allongements purement élastiques.

Soumises à des efforts croissants, les matières ductiles, telles que la plupart des métaux, subissent, avant de se rompre, des déformations locales parfois considérables, qui modifient inégalement leur structure intime et leurs propriétés dans la région où la rupture va se produire, et rendent particulièrement délicate l'étude de ce phénomène.

Au contraire, avec les matières cassantes, on peut, dans une certaine mesure, négliger ces altérations, et admettre que, si elles étaient homogènes et isotropes à l'état de repos, elles le sont encore à l'instant de la rupture. Les conclusions relatives aux charges de rupture de pareilles matières s'appliqueront d'ailleurs aux charges sous lesquelles se produiraient les premières déformations permanentes de matériaux plus ductiles.

Considérons donc un bloc parfaitement homogène et isotrope et isolons par la pensée, au sein de sa masse, alors qu'il n'est

1. Les deux premiers paragraphes de ce chapitre et le § 1 du chapitre VII sont extraits en partie, et avec quelques variantes (notamment dans les notations), d'une étude plus détaillée présentée par l'auteur au *Congrès international des Méthodes d'Essai des Matériaux de Construction*, tenu à Paris du 9 au 16 juillet 1900 (Vol. I, p. 301).

soumis à aucune action extérieure, un élément plan infiniment petit d'orientation quelconque.

Appelons $\mathfrak{T}$ l'effort, ramené à l'unité de surface de cet élément, qu'il faudrait exercer suivant une direction quelconque de son plan pour produire la rupture suivant ce plan : $\mathfrak{T}$ mesurera ce que nous pourrons appeler la *cohésion tangentielle* de la matière, ou encore sa résistance vraie à la rupture par cisaillement.

Soit de même $\mathfrak{N}$ l'effort de disjonction, ramené à l'unité de surface de l'élément, qu'il faudrait exercer normalement à son plan pour opérer la séparation suivant ce plan, effort qui mesurera la *cohésion normale* de la matière considérée.

Même dans le cas d'une matière parfaitement isotrope, on ne peut dire *a priori* que les résistances $\mathfrak{T}$ et $\mathfrak{N}$ doivent êtres égales entre elles, ou même liées l'une à l'autre par aucune relation nécessaire. *A fortiori*, une pareille affirmation serait-elle téméraire pour les matériaux plus ou moins grenus.

Quand l'effort exercé normalement à l'élément tend à rapprocher les molécules situées de part et d'autre de son plan, au lieu de tendre à les éloigner, l'expérience montre que, à partir d'une certaine valeur $\mathfrak{C}$ de cet effort ramené à l'unité de surface du plan, l'équilibre est détruit et la matière en partie désagrégée. $\mathfrak{C}$ désigne alors ce que l'on appelle la résistance à la rupture par compression.

Soit enfin f le coefficient de frottement de la matière sur elle-même.

Les grandeurs $\mathfrak{T}$, $\mathfrak{N}$, $\mathfrak{C}$ et f sont des conceptions purement théoriques et ne peuvent que difficilement être fournies par des expériences directes, car, en général, les nombres que l'on obtient dans les essais ordinaires de rupture par cisaillement, par traction, par compression, par flexion, etc., sont, en raison des difficultés que présente le mode d'application des efforts et de la diversité des actions développées simultanément dans la matière, des fonctions plus ou moins complexes de ces divers paramètres.

C'est ce dont nous allons chercher à nous rendre compte dans quelques cas particuliers.

58. Rupture par traction directe. — Dans une étude qui marquera une époque dans l'évolution de la science des essais de matériaux [1], M. L. Durand-Claye, alors ingénieur en chef des Ponts et Chaussées, a montré, par la théorie et par l'expérience, que, par suite du mode de suspension des éprouvettes dans les griffes des appareils servant à l'essai par traction des mortiers, l'effort développé, loin d'être uniformément réparti dans la section de rupture, était plus fort sur les bords que vers le centre.

Il résulte de là que la rupture doit se produire dès que la tension marginale atteint la limite de résistance de la matière, alors que le centre a une tension moindre, de sorte que la tension moyenne, obtenue en divisant l'effort total par l'aire de la section de rupture, est plus faible que la résistance limite réelle.

Nous verrons d'ailleurs plus loin (art. 63) que cette résistance limite n'a probablement pas la valeur $\mathcal{R}$ définie ci-dessus.

Comme seconde conséquence, la résistance moyenne, qui est la seule accessible à nos mesures, doit varier suivant les formes de la briquette et des griffes par lesquelles la traction est transmise, et diminuer à mesure qu'on opère sur des briquettes de plus grande section, et c'est là une observation que l'expérience a confirmée depuis longtemps [2].

La question se complique, d'ailleurs, de ce que la rupture se produit assez souvent en dehors de la section minimum, ainsi que, dans le cas spécial des mortiers, de l'hétérogénéité des briquettes, résultant, alors même que les matériaux auraient été parfaitement mélangés lors du gâchage et uniformément tassés dans le moule, des différences de durcissement entre l'intérieur du mortier et les régions superficielles, plus directement exposées à l'influence du milieu ambiant [3].

59. Résistance à la traction déduite d'essais par flexion. — La formule ordinaire $R = \frac{6M}{be^2}$ par laquelle, dans la *Résis-*

1. *Annales des Ponts et Chaussées*, 1888, II, p. 173.
2. Durand-Claye, *Ibid.*, note B, p. 193, et *Annales des Ponts et Chaussées*, 1895, I, 604.
Candlot, *Etude pratique sur le ciment de Portland*, 1886, tableau 9.
Alexandre, *Annales des Ponts et Chaussées*, 1890, II, p. 291 et suiv.
Feret, *Bulletin de la Société d'Encouragement pour l'Industrie nationale*, 1897, p. 1601, fig. 3.
Etc., etc.
3. Voir notamment : *Bulletin de la Société d'Encouragement pour l'Industrie nationale*, 1897, p. 1602, tableau C.

tance des Matériaux, on calcule les efforts longitudinaux de traction et de compression développés sur les fibres extrêmes d'un prisme rectangulaire de largeur b et d'épaisseur e, fatiguant par flexion sous un moment fléchissant M, ne s'applique qu'au cas où les tensions positives (traction) et négatives (compression) restent proportionnelles aux allongements correspondants. Dans le mémoire qui vient d'être cité, M. Durand-Claye a montré d'une manière simple et claire que, si l'on suppose que les tensions positives croissent moins vite que les allongements, ce qui est le cas pour les matériaux qui nous occupent, la résistance fournie par le calcul est supérieure à la limite réelle de la résistance de la matière.

D'autre part, nous avons montré [1] que la région superficielle des prismes exerce une influence prédominante sur la charge nécessaire pour les rompre par flexion, d'où il résulte qu'avec les mortiers, dont le durcissement peut suivre une progression différente aux divers points de leur masse, les essais de flexion peuvent être encore faussés par l'hétérogénéité des prismes.

Il y a donc une double raison pour que la résistance d'un mortier à la rupture par traction, déterminée par des essais directs, et celle qu'on déduit d'essais par flexion, ne soient pas égales entre elles, puisque ni l'une ni l'autre n'est exacte.

Il y a quelques années, cette divergence entre les résistances fournies par les deux genres d'essais a fait fréquemment l'objet, surtout en Allemagne, de discussions et d'expériences. Pourtant la question est complètement résolue depuis 1888, et tous les essais qu'on a faits depuis ne peuvent y apporter rien de nouveau, qu'une confirmation des conclusions formulées si nettement par M. Durand-Claye.

Malgré les diverses causes d'erreurs qui viennent d'être signalées, et dont l'importance doit varier d'un mortier à l'autre, on constate que, tant que les types d'éprouvettes employés sont les mêmes, les résistances déduites des essais de flexion sont toujours sensiblement proportionnelles à celles que donnent les essais directs de traction. La plupart des expérimentateurs qui se sont occupés de ces comparaisons ont trouvé que les premières étaient à peu près exactement doubles des secondes, quand on déterminait celles-ci au moyen des briquettes nor-

1. *Chimie appliquée à l'art de l'Ingénieur*, 2e édition, 2e partie, p. 420.

males de 5 centimètres carrés [1]. On doit donc conclure de ce qui précède que la résistance vraie est égale, selon toute vraisemblance, à un peu moins que le double de la résistance moyenne de rupture déduite d'essais de traction sur briquettes normales.

60. Rupture par compression. — Dans les essais par traction, il semble *a priori* que la rupture doive être considérée comme correspondant à un instant où l'allongement se met à augmenter très rapidement pour de très faibles augmentations de l'effort (ce qui permet de supposer que les allongements de rupture de mortiers identiques peuvent présenter d'assez grands écarts suivant les conditions de l'expérience) [2].

Au contraire, quand on soumet un bloc de mortier à une compression de plus en plus énergique, la rupture ne peut, vu l'impénétrabilité de la matière, résulter d'un accroissement brusque de la contraction élastique ; on constate d'ailleurs, après rupture par compression, que le bloc s'est séparé en morceaux ayant, pour la plupart, conservé leur cohésion. Dans le mémoire qui vient d'être cité, M. Durand-Claye a expliqué qu'il se produit en réalité un cisaillement, et, après Coulomb [3] et Navier [4], calculé comme il suit les forces entrant en jeu :

1. Pour tout ce qui concerne la question, voir :

Annales des Ponts et Chaussées, 1877, I, p. 232 ; 1888, II, p. 173 : 1895, I, p. 604.

Thonindustrie Zeitung, 1896, p. 145 ; 1897, p. 192 ; 1898, p. 296 ; 1899, p. 1755 ; 1900, p. 58.

Mittheilungen des mech. tech. Labor. d. K. Hochschule, München, 1896, Heft XXIV.

Deutsche Töpfer und Ziegler-Zeitung, 1896, n° 10, p. 81.

Centralblatt der Bauverwaltung, 1897, pp. 6, 28, 43 ; 1898, pp. 187, 268, 274, 307 ; 1899, p. 160.

Zeitschrift des österreischichen Ingenieur- und Architecten- Vereins, 1897, pp. 163, 191 ; 1898, p. 56.

Bulletin de la Société d'Encouragement pour l'Industrie nationale, 1897, p. 1602 et fig. 4.

Zeitschrift des Vereins Deutscher Ingenieure, 1898, pp. 238, 336, 463, 818 ; 1899, pp. 1294, 1402, 1416.

2. Rapprocher de cette observation la théorie de M. Considère sur l'allongement presque indéfini, sous tension à peu près constante, du mortier dans les poutres armées.

3. *Académie des Sciences, Mémoires des Savants étrangers*, VII, 1776, p. 352.

4. *Résistance des matériaux*, édition de 1833, p. 125.

Soit P l'effort total de compression exercé normalement aux bases d'un prisme à base carrée de côté a et dont la hauteur soit supérieure à $2a$; soient γ l'angle du plan de glissement avec la direction de la compression, $\mathcal{C}$, $\mathfrak{T}$ et f les paramètres définis p. **134**. L'effort total qui tend à séparer les deux fragments du bloc suivant le plan BM (fig. 55) est égal à la composante $P \cos \gamma$. La résistance à cet effort se compose : 1° de la cohésion tangentielle totale dans le plan MB, qui, à l'instant de la rupture, vaut $\mathfrak{T} \dfrac{a^2}{\sin \gamma}$; 2° du frottement de glissement $fP \sin \gamma$. On a donc, pour la charge de rupture :

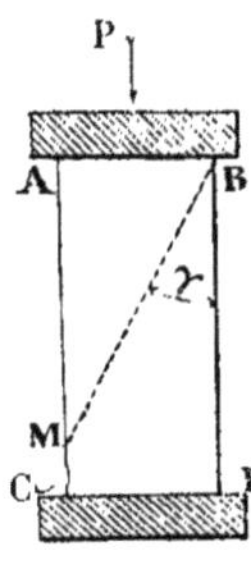

Fig. 55.

$$P \cos \gamma = \mathfrak{T} \frac{a^2}{\sin \gamma} + fP \sin \gamma,$$

d'où l'on tire :

$$\frac{P}{a^2} = \mathcal{C} = \frac{\mathfrak{T}}{\sin \gamma (\cos \gamma - f \sin \gamma)} .$$

Quant à l'angle de glissement, il correspond au minimum de P, qui a lieu pour :

$$\text{(26)} \qquad \operatorname{tang} \gamma = \sqrt{1 + f^2} - f,$$

égalité qu'on peut encore écrire : $f = \operatorname{cotg} 2\gamma$.

Les expressions de la résistance $\mathcal{C}$ en fonction de $\mathfrak{T}$ et de f ou de γ sont alors :

$$\text{(27)} \qquad \mathcal{C} = 2\mathfrak{T} \left(\sqrt{1 + f^2} + f\right) = \frac{2\mathfrak{T}}{\operatorname{tang} \gamma} .$$

Dans le raisonnement qui précède, on admet implicitement que les efforts extérieurs, uniformément répartis sur les bases du prisme, se transmettent uniformément dans tout plan parallèle intermédiaire.

En second lieu, on néglige les efforts développés par le frottement des plateaux de la machine [1].

1. Dans les essais par compression de certaines matières cassantes, il arrive souvent que le bloc se sépare, non suivant le classique double tronc de pyra-

Enfin les calculs supposent que le rapport de la hauteur du prisme au côté de sa base est suffisamment grand pour que le plan BM rencontre l'arête AC avant la seconde base CD, c'est-à-dire plus grand que $\frac{1}{\text{tang } \gamma}$ ou $\sqrt{1+f^2}+f$[1]. Pour des hauteurs moindres, le glissement ne peut pas se produire de la même manière : des plans pareils s'amorcent à partir de chacun des côtés des deux bases jusqu'à leur rencontre commune à mi-hauteur ; la matière comprise entre ces plans et les faces latérales se détache, et il reste la forme bien connue de deux troncs de pyramides accolés par leurs petites bases. Pour produire l'effondrement total, un effort complémentaire est nécessaire, effort d'autant plus important que le rapport de la hauteur du prisme au côté de sa base est moindre, en raison de la difficulté croissante qu'éprouve la matière écrasée à s'échapper latéralement.

Diverses expériences nous ont montré que, même lorsqu'on essaie d'écraser, entre un plan indéfini et un poinçon fini également plan, une matière pulvérulente sans cohésion, il reste toujours entre ces deux plans, *si forte que soit la pression exercée*, une couche plus ou moins épaisse de matière agglomérée, s'étendant, à l'intérieur du contour du poinçon, jusqu'à une distance variable de ce contour.

Dès lors, on s'explique les différences importantes que présen-

mide, mais suivant des plans plus ou moins nombreux, parallèles à la direction de la compression. En même temps, la charge de rupture est plus faible.

Quelques auteurs ont tiré argument de cette observation pour avancer que tel devait être le vrai mode de rupture par compression, tandis que les glissements obliques suivant les faces des pyramides seraient dus en réalité au frottement des plateaux.

Nous croyons plutôt, avec Bauschinger et divers autres expérimentateurs, que la séparation du bloc suivant des plans parallèles à la direction de la compression résulte d'un poinçonnage produit, selon les cas, soit par les petites aspérités des faces, soit par la matière lubrifiante employée pour supprimer les frottements. D'ailleurs, dans les matériaux relativement tendres, les effets du poinçonnage sont amortis par les déformations locales, et la rupture se produit bien par glissement oblique.

On trouvera plus loin, au § 3 du chapitre XI, la description de plusieurs expériences confirmant cette manière de voir.

Il n'en reste pas moins vrai que le frottement des plateaux doit nécessairement influer sur la charge de rupture.

1. Pour $f = 0{,}75$, valeur admise par M. Durand-Claye pour les divers matériaux pierreux, cette expression a pour valeur 2, et la relation (27) donne $C = 4\mathfrak{C}$.

tent les résistances à la compression déterminées, pour une même matière, sur des blocs de formes différentes, et, en particulier, les efforts colossaux trouvés nécessaires pour écraser normalement des joints minces en mortier, ainsi que le mode de rupture de ces joints[1].

En résumé, la résistance vraie $\mathcal{C}$ à la rupture par compression, définie par la relation (27), correspondrait à des prismes chargés uniformément et sans frottement, et dont le rapport de la hauteur au côté de la base serait supérieur à $\frac{1}{\text{tang } \gamma}$ ou $\sqrt{1+f^2}+f$.

61. Généralisation de la théorie de la rupture par glissement : frottement négatif. — La théorie du glissement compliqué de frottement, qui vient d'être appliquée dans le calcul de la résistance à la compression, peut être généralisée comme il suit :

Considérons, au sein d'un bloc isotrope en équilibre sous l'action de divers efforts extérieurs, un élément plan infiniment petit d'orientation quelconque.

La théorie générale de l'élasticité démontre que les actions moléculaires développées sur ce plan se réduisent à une résultante, le plus souvent oblique, qui peut être décomposée en une action normale et une action tangentielle; il a d'ailleurs été déjà plus haut question de ces deux actions, notamment à l'article 41. Soient, pour l'élément plan considéré, N et T leurs valeurs, ramenées à l'unité de surface du plan sécant; convenons de compter la première positivement ou négativement suivant qu'elle tend à écarter ou à rapprocher les molécules infiniment voisines situées de part et d'autre du plan considéré, et de choisir pour la seconde celle des deux directions opposées pour laquelle T est positif.

Par définition (art. 57), quand on a $N = 0$ ou $T = 0$, la rupture se produit pour $T = \mathcal{T}$ ou pour $N = \mathcal{R}$.

Quand, aucune des deux actions N et T n'étant nulle, N désigne un effort de compression et a une valeur négative, le glissement de la matière suivant le plan considéré, dans la direction de l'ac-

1. Tourtay, *Annales des Ponts et Chaussées*, 1885, II, p. 582.
Souleyre et Anglade, *Expériences sur les matériaux des maçonneries*, Constantine, autogr. L. Poulet, 1895, p. 32.

tion T, est contrarié par le frottement (positif) — fN et ne peut se produire que lorsque la valeur de l'effort T atteint la somme des valeurs de la cohésion tangentielle $\mathcal{C}$ et de l'effort de frottement — fN, autrement dit, lorsque la somme algébrique $T + fN$ devient égale à $\mathcal{C}$.

Quand l'action moléculaire N est une tension positive, il semble qu'on peut admettre, par raison de continuité, qu'il se produit un frottement négatif — fN favorisant le glissement au lieu de le contrarier. On conçoit d'ailleurs qu'un bloc qui, n'étant soumis à aucun effort normal, supporterait sans se cisailler un effort tangentiel un peu inférieur à $\mathcal{C}$, doive se rompre quand, sans modifier cet effort tangentiel, on fait agir en outre un effort normal de traction, même inférieur à $\mathcal{R}$. S'il en est bien ainsi, on doit encore avoir, à l'instant de la rupture : $T + fN = \mathcal{C}$.

La formule est donc générale et, quels que soient N et T, la rupture doit s'amorcer suivant le plan pour lequel la somme algébrique $T + fN$ atteint sa valeur maximum, dès qu'on a :

$$\text{(28)} \qquad \text{Maximum de } (T + fN) = \mathcal{C}.$$

62. Relation entre les paramètres $\mathcal{R}$, $\mathcal{C}$ et f. — Une première conséquence de la généralité de cette formule est que, si l'on suppose $T = 0$, la rupture doit commencer quand on a $fN = \mathcal{C}$; or, par définition, N est alors égal à $\mathcal{R}$; on en déduit la relation :

$$\text{(29)} \qquad f\mathcal{R} = \mathcal{C}.$$

63. Rupture oblique par traction. — En partant de la théorie du frottement négatif, on peut chercher la condition pour que le prisme de la figure 55, sollicité par un effort de traction au lieu d'un effort de compression, se sépare suivant un plan oblique tel que BM. Un calcul identique à celui de l'article 60 indique que, dans ce cas, la résistance à l'arrachement, c'est-à-dire l'effort de rupture ramené à l'unité de surface de la section droite du prisme, est mesurée par :

$$\text{(27 \textit{bis})} \qquad \mathcal{A} = 2\mathcal{C}\left(\sqrt{1 + f^2} - f\right),$$ [1]

1. Pour $f = 0{,}75$, cette relation donne $\mathcal{A} = \mathcal{C}$.

expression qui ne diffère de celle de $\mathfrak{C}$ que par le signe de f, et que l'angle α du plan de glissement avec la direction de l'effort est donné par :

$$\text{(26 } bis\text{)} \qquad \operatorname{tang} \alpha = \sqrt{1 + f^2} + f,$$

c'est-à-dire est complémentaire de l'angle de glissement γ relatif à la compression. On a d'ailleurs : $\alpha > 45^\circ > \gamma$.

Si l'on remarque que les considérations relatives aux charges de rupture des matières cassantes doivent s'appliquer également aux charges sous lesquelles les matières ductiles éprouvent leurs premières déformations permanentes, cette théorie se trouve confirmée par les expériences de M. Hartmann, alors commandant d'artillerie, en ce qui concerne l'obliquité des stries observées dans les essais par traction et leur direction perpendiculaire aux stries de compression. On peut même déduire des inclinaisons de ces stries sur la direction de l'effort extérieur les valeurs de f pour les métaux correspondants.

L'expression $2\mathfrak{C}\,(\sqrt{1 + f^2} - f)$ de la tension normale produisant la rupture oblique peut s'écrire $\dfrac{2\mathfrak{C}}{\sqrt{1 + f^2} + f}$; elle est donc plus petite que $\dfrac{2\mathfrak{C}}{2f}$, c'est-à-dire que la valeur de $\mathfrak{N}$ déduite de l'égalité (29). En d'autres termes, si la théorie est exacte, la rupture par traction doit toujours s'amorcer suivant une direction oblique à celle de l'effort.

Avec certains métaux ductiles, ce phénomène se manifeste d'une manière bien nette par les ruptures dites *en coupelle*. Il n'est pas impossible qu'il en soit de même avec tous les autres matériaux, sauf que la partie oblique de la section de rupture, limitée aux premières rangées de molécules, soit trop restreinte pour être visible. *A fortiori*, si la matière est grenue, doit-on avoir presque immédiatement une déviation de la surface de rupture, qui doit alors présenter dans son ensemble l'aspect d'une râpe à aspérités d'autant moins prononcées que le grain de la matière est plus fin.

Si l'on refuse d'admettre l'égalité (29), la rupture par traction doit, pour une matière donnée, s'amorcer suivant une direction normale ou oblique à l'effort, selon que la valeur correspondante de $\mathcal{R}$ est inférieure ou supérieure à $\mathcal{A}$.

64. Rupture dans le cas d'efforts quelconques. — Etant donné un corps solide bien défini, formé d'une matière satisfaisant aux conditions posées à l'article 57, lorsqu'on connaît la répartition exacte des efforts extérieurs et la loi suivant laquelle ils se transmettent en tout point du bloc, ou, plus simplement, quand on connaît le point du bloc où la rupture doit commencer et la répartition des actions moléculaires autour de ce point sous la charge de rupture, on peut en déduire une relation entre cette charge et les paramètres caractéristiques de la matière essayée et prévoir la direction suivant laquelle la rupture s'amorcera.

Soient, au point et à l'instant considérés, A, B, C les trois actions moléculaires principales, que nous supposerons connues en grandeurs, directions et sens, et rangées, en tenant compte de leurs signes, dans l'ordre de leurs valeurs décroissantes ($A > B > C$).

Prenons comme origine le point en question et, comme plans de coordonnées, les trois plans rectangulaires correspondant aux actions moléculaires principales, puis menons par l'origine un plan dont la normale fasse avec les trois axes des angles quelconques a, b, et c.

On calcule facilement, en utilisant les propriétés de la surface directrice

$$\frac{x^2}{A} + \frac{y^2}{B} + \frac{z^2}{C} = \pm K$$

et de l'ellipsoïde des actions moléculaires

$$\frac{x^2}{A^2} + \frac{y^2}{B^2} + \frac{z^2}{C^2} = 1,$$

que l'action moléculaire P développée sur le plan considéré vaut, par unité de surface de ce plan :

$$P = \pm\sqrt{A^2\cos^2 a + B^2\cos^2 b + C^2\cos^2 c},$$

et fait avec la normale à ce plan un angle v défini par :

$$\cos v = \frac{A\cos^2 a + B\cos^2 b + C\cos^2 c}{\pm\sqrt{A^2\cos^2 a + B^2\cos^2 b + C^2\cos^2 c}}.$$

On en déduit pour les composantes normale et tangentielle :

$$N = P\cos v = A\cos^2 a + B\cos^2 b + C\cos^2 c,$$
$$T = P\sin v =$$
$$\sqrt{A^2\cos^2 a + B^2\cos^2 b + C^2\cos^2 c - (A\cos^2 a + B\cos^2 b + C\cos^2 c)^2}.$$

D'après la théorie qui précède, la rupture se produira, au point considéré, suivant le plan correspondant aux valeurs de a, b et c rendant maximum la somme algébrique $T + fN$, quand les valeurs de A, B et C seront telles que ce maximum soit égal à $\mathfrak{T}$.

Posons

$$\cos^2 a = x, \quad \cos^2 b = y, \quad \cos^2 c = 1 - x - y, \quad T + fN = z;$$

la relation devient :

$$z = \sqrt{(A^2 - C^2)x + (B^2 - C^2)y + C^2 - [(A - C)x + (B - C)y + C]^2}$$
$$+ f[(A - C)x + (B - C)y + C].$$

C'est l'équation d'un paraboloïde elliptique ayant son axe parallèle au plan des xy et dont les z croissent dès lors indéfiniment. Toutefois, x et y étant, dans l'espèce, liés par les conditions $x \geqq 0$, $y \geqq 0$, $x + y \leqq 1$, la rupture correspondra à la plus grande valeur de z pour les points du paraboloïde projetés sur le contour du triangle $x = 0$, $y = 0$, $x + y = 1$.

On calcule sans peine que l'on a, pour le point correspondant :

$$x = \frac{1}{2}\left(1 + \frac{f}{\sqrt{1 + f^2}}\right), \qquad y = 0$$

et

$$T + fN = \frac{1}{2}\left[A\left(\sqrt{1 + f^2} + f\right) - C\left(\sqrt{1 + f^2} - f\right)\right].$$

Des deux premières relations on déduit :

$$a = \gamma, \qquad b = \frac{\pi}{2}, \qquad c = \alpha.$$

La rupture doit donc s'amorcer suivant un plan passant par l'action moléculaire principale moyenne, dans une direction perpendiculaire à cette action et faisant, avec les actions moléculaires principales maximum et minimum, les angles *constants* α et γ définis plus haut [1].

1. Dans la partie non directement pressée de la surface extérieure d'un corps,

Les grandeurs de ces deux dernières actions satisfont alors, quel que soit B, à la relation :

$$(30)\qquad A\left(\sqrt{1+f^2}+f\right)-C\left(\sqrt{1+f^2}-f\right)=2\,\mathcal{C},$$

qui peut encore s'écrire, en faisant intervenir les résistances $\mathcal{A}$ et $\mathcal{C}$ à l'arrachement et à la compression :

$$(30')\qquad \frac{A}{\mathcal{A}}-\frac{C}{\mathcal{C}}=1.$$

Si, refusant d'admettre la relation (29), on tient à conserver à $\mathcal{N}$ une valeur indépendante, on doit considérer la rupture comme se produisant par traction normale (suivant le plan BC) ou par glissement oblique, selon que, pour des charges croissantes, on a d'abord $A=\mathcal{N}$ ou $\frac{A}{\mathcal{A}}-\frac{C}{\mathcal{C}}=1$.

65. Conséquences. — 1° Dans un système plan de coordonnées rectangulaires, prenons pour abscisses et pour ordonnées les valeurs de A et de C correspondant à un point quelconque du bloc : en vertu de ce qui précède, le point obtenu se trouvera toujours à l'intérieur de l'angle PNQ (fig. 56) formé par les

lorsque l'une des actions moléculaires principales est perpendiculaire à cette surface, et par suite nulle, et que les deux autres ne sont pas de même signe, la ligne de glissement se trouve alors sur la face apparente et fait un angle constant avec l'une de ces actions principales, C par exemple. Or, au voisinage de la surface d'application d'une pression extérieure, quand cette surface est assez exigüe pour qu'on puisse l'assimiler à un point, les actions principales C sont dirigées vers ce point. Les enveloppes des lignes de glissement maximum font donc constamment l'angle γ avec leurs rayons vecteurs et sont dès lors des spirales logarithmiques. C'est bien là l'effet observé par le commandant Hartmann, notamment au voisinage des couteaux sur les faces latérales des prismes fléchis.

Avant notre communication de juillet 1900, le capitaine Duguet, admettant implicitement le frottement négatif, était déjà arrivé d'une autre manière aux formules (26 *bis*) et (27 *bis*), ainsi qu'à cette conclusion ; puis M. Mesnager, reprenant les mêmes calculs, en avait trouvé la confirmation dans les expériences du commandant Hartmann. Toutefois ces auteurs n'ont pas remarqué que, si ces formules sont exactes, la rupture par traction doit *toujours* s'amorcer obliquement.

Enfin, quelques mois plus tard, parut, dans les *Annales des Ponts et Chaussées*, un mémoire de M. l'ingénieur en chef Harel de la Noë, daté du 26 mars 1900, et où était développée une théorie analogue.

droites PN et QN ayant respectivement pour équations $A - C = 0$ et $\frac{A}{\mathcal{A}} - \frac{C}{\mathcal{C}} = 1$.

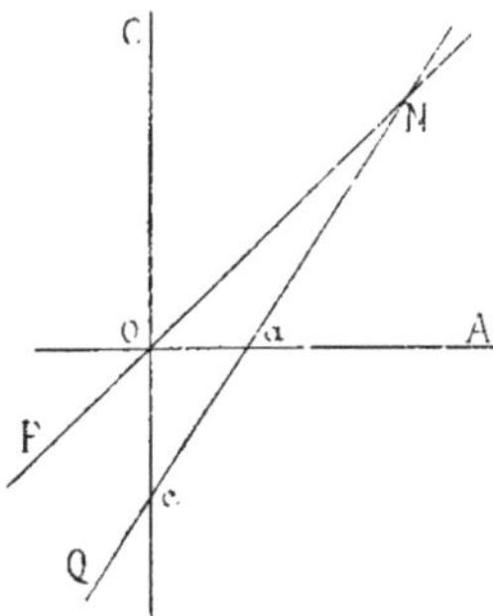

Fig. 56.

On remarque que les points a et c où cette dernière droite coupe les axes sont aux distances $\mathcal{A}$ et $-\mathcal{C}$ de l'origine, et que le point N a pour coordonnées :

$$A = C = \frac{\mathfrak{G}}{f} = \mathfrak{N}.$$

2° Quand, la charge croissant suivant une loi déterminée, on connaît d'avance le point du bloc où la rupture doit commencer, on peut tracer, sur la figure 56, le lieu géométrique des points ayant pour coordonnées les valeurs de A et C au point en question sous chaque charge, et on en conclut que la charge de rupture est celle qui correspond au point où ce lieu coupe la droite QN.

3° Si, au point et à l'instant où la rupture commence, deux des actions principales sont égales, de telle sorte qu'on ait $B = A$ ou $B = C$, la rupture s'amorce simultanément dans une infinité de directions, suivant la surface extérieure d'un cône de révolution ayant pour axe la direction de l'action moléculaire C ou A et pour demi-angle au sommet γ ou α. On retrouve à peu près la théorie de M. le professeur Rejtö.

Ce cas comprend les deux cas particuliers suivants :

a) Lorsqu'on suppose nulles les deux actions moléculaires principales A et B ou B et C au point de rupture, on retrouve bien, pour la troisième, les valeurs $C = -\mathcal{C}$ ou $A = \mathcal{A}$ calculées directement aux articles 60 et 63, de même que les angles de glissement correspondants.

b) Si, l'une seulement des actions moléculaires principales étant nulle, les deux autres sont égales entre elles, on réalise les modes de chargement que M. Föppl a dénommés *Zerrung* dans le cas de tensions positives et *Umschlingung* dans celui de compressions [1], et qu'on pourrait appeler en français *étendage* ou *distension* et *enlacement* ou *frettage*.

1. *Mittheilungen aus dem mech. tech. Laboratorium d. k. tech. Hoch-*

Les formules générales de l'article 64 donnent immédiatement pour les tensions de rupture correspondantes,

dans le premier cas ($C = 0$) : $A = B = \mathcal{A}$;

dans le second cas ($A = 0$) : $B = C = -\mathcal{C}$.

La résistance à la distension doit donc être égale à la résistance à l'arrachement, et la résistance au frettage, à la résistance à la compression.

Cette dernière proposition est conforme à la conclusion entrevue expérimentalement par M. Föppl.

4° Si les trois actions moléculaires principales sont constamment égales entre elles (corps imperméable plongé dans un fluide impondérable raréfié ou comprimé), le lieu du point représentatif n'est autre que la droite $A - C = 0$; pour des valeurs positives croissantes de la tension, la rupture se produit, dans toutes les directions à la fois, c'est-à-dire avec explosion, dès qu'on a $A = B = C = \frac{\mathfrak{G}}{f} = \mathfrak{M}$. Au contraire, le bloc, s'il est parfaitement homogène et isotrope, résiste indéfiniment à une compression croissante agissant uniformément sur toute sa surface extérieure.

5° Il en est de même toutes les fois que le mode de chargement est tel que, pour des charges indéfiniment croissantes, le point représentatif des actions moléculaires au point critique reste constamment à l'intérieur de l'angle PNQ.

66. Résumé. — Il résulte de ce qui précède que, si l'hypothèse du frottement négatif est vraie, ainsi que la formule (29) qui exprime $\mathfrak{M}$ en fonction de $\mathfrak{G}$ et de f, il suffit de deux paramètres distincts, quels que soient la forme du bloc et le mode de répartition des efforts extérieurs, pour définir la charge sous laquelle la rupture se produira et la direction initiale de la fissure. Ces deux paramètres, pour lesquels on peut prendre par exemple $\mathfrak{G}$ et f ou encore $\mathcal{A}$ et $\mathcal{C}$, caractérisent donc d'une manière absolue et immédiate l'aptitude d'une matière donnée à résister à tous les genres d'efforts possibles, contrairement aux résistances que l'on a l'habitude de mesurer dans les essais courants, et qui, comme on l'a rappelé, sont toujours fortement contingentes.

schule, *München*, XXVII, 1900. Résumé traduit en français dans *Le Ciment*, 1900, pp. 34 et 57.

On a d'ailleurs, entre les diverses grandeurs dont il vient d'être question, les relations suivantes :

$$\left.\begin{array}{l}\text{Tang}\,\alpha = \sqrt{1+f^2}+f \\ \text{Tang}\,\gamma = \sqrt{1+f^2}-f\end{array}\right\}\quad \alpha+\gamma=\frac{\pi}{2},$$

$$\mathcal{A} = 2\mathcal{T}\left(\sqrt{1+f^2}-f\right) = 2\mathcal{T}\ \text{tang}\,\gamma = \frac{2\mathcal{T}}{\text{tang}\,\alpha},$$

$$\mathcal{C} = 2\mathcal{T}\left(\sqrt{1+f^2}+f\right) = 2\mathcal{T}\ \text{tang}\,\alpha = \frac{2\mathcal{T}}{\text{tang}\,\gamma},$$

$$\mathcal{A}\mathcal{C} = 4\mathcal{T}^2,$$

$$\frac{\mathcal{C}}{\mathcal{A}} = 1+2f^2+2f\sqrt{1+f^2},$$

$$f = -\,\text{cotg}\,2\alpha = \text{cotg}\,2\gamma = \text{tang}\,(\alpha-\gamma) = \frac{\mathcal{C}-\mathcal{A}}{2\sqrt{\mathcal{A}\mathcal{C}}} = \frac{\mathcal{C}-\mathcal{A}}{4\mathcal{T}}.$$

On en déduit, pour diverses valeurs numériques de f :

$f =$	0	0,1	0,2	0,3	0,4	0,5
$\gamma = 90^\circ - \alpha =$	45°	42°9′	39°21′	36°39′	34°6′	31°43′
$\frac{\mathcal{C}}{\mathcal{A}} =$	1	1,22	1,49	1,81	2,18	2,62
$\frac{\mathcal{A}}{\mathcal{T}} =$	2	1,81	1,64	1,49	1,36	1,24
$\frac{\mathcal{C}}{\mathcal{T}} =$	2	2,21	2,44	2,69	2,96	3,24
$f =$	0,6	0,7	0,75	0,8	0,9	1
$\gamma = 90^\circ - \alpha =$	29°31′	27°30′	26°34′	25°40′	24°0′	22°30′
$\frac{\mathcal{C}}{\mathcal{A}} =$	3,12	3,69	4	4.33	5,04	5,83
$\frac{\mathcal{A}}{\mathcal{T}} =$	1,14	1.04	1	0,96	0,89	0,83
$\frac{\mathcal{C}}{\mathcal{T}} =$	3,54	3.84	4	4,16	4,49	4,83

Dans le cas d'une matière ductile, on doit remplacer, dans les formules, $\mathcal{A}$, $\mathcal{C}$ et $\mathcal{T}$ par ses limites d'élasticité à la traction, à la compression et au cisaillement.

Si l'on n'admet pas la relation $f\mathcal{N} = \mathcal{T}$, la connaissance d'un troisième paramètre indépendant, $\mathcal{N}$, est nécessaire.

§ 2. — RUPTURE PAR FLEXION D'UN PRISME HOMOGÈNE

67. Efforts développés sous une charge quelconque. — Si l'on adopte les mêmes notations que dans le chapitre IV, en représentant par la relation (11) la loi de déformation de la matière sous charge constamment croissante, les formules qui donnent les différents éléments de la flexion du prisme sous une charge quelconque bien définie sont les mêmes que plus haut, sauf suppression des termes relatifs à l'armature.

Ainsi, les deux équations d'équilibre (16) et (17), qui définissent les valeurs de h et de ρ relatives à une section transversale où le moment est M, deviennent :

$$\int_0^e Rt\,dz = 0,$$

$$\int_0^e Rtz\,dz = M.$$

Les valeurs de l'allongement λ et de la tension R au niveau z s'en déduisent par les formules (14 *a*) et (11). Quant à la composante de l'effort tranchant, sa valeur moyenne Σ au même niveau est donnée par l'équation (21 *bis*) :

$$t\Sigma = -A\int_0^z t\,\frac{dR}{dM}\,dz.$$

Lorsque la poutre est rectangulaire et uniformément chargée suivant sa largeur, l'action tangentielle S est verticale et a, en tout point d'une perpendiculaire quelconque au plan moyen, une valeur constante égale à la valeur correspondante de Σ.

Le plan SOR de la figure 45, qui contient les deux hyperboles remplaçant la surface directrice des actions moléculaires, est alors parallèle au plan moyen : les plans pour lesquels les actions normale et tangentielle N et T atteignent leurs valeurs particulières déjà examinées à l'article 40 sont perpendiculaires à ce plan, et les valeurs correspondantes de N et de T, les seules que nous considérerons désormais, sont les grandeurs N_0 et T_0 données par les équations (5).

Cela posé, faisons croître progressivement la charge de telle sorte qu'elle soit toujours distribuée suivant une loi connue, et étudions les différentes manières dont la rupture peut s'amorcer, en admettant, par précaution, la possibilité d'une rupture normale quand l'action moléculaire principale A atteint une valeur $\mathfrak{N}$ indépendante de τ et de f.

Il va sans dire que, dans chaque article, il sera toujours supposé que la rupture ne s'est pas déjà amorcée d'une autre manière, sous une charge moindre.

68. Rupture par traction normale. — Il a été rappelé à l'article 40 que la valeur maximum positive de l'action normale N en un point quelconque de la poutre, a lieu pour $\operatorname{tang} 2\omega = -\frac{2S}{R}$ et est égale à $\frac{R}{2} + \sqrt{\frac{R^2}{4} + S^2}$, en même temps que l'action tangentielle T est nulle. La rupture doit donc commencer à se produire, par arrachement simple, au point de la poutre où la somme $\frac{R}{2} + \sqrt{\frac{R^2}{4} + S^2}$ a sa valeur maximum, dès que cette valeur atteint la limite $\mathfrak{N}$ qui représente la cohésion normale de la matière, et s'amorcer suivant l'une des directions définies par $\operatorname{tang} 2\omega = -\frac{2S}{R}$.

Quand les efforts tranchants sont faibles, la somme en question croît avec R et atteint sa valeur maximum sur la fibre extrême ($z = e$), dans la section la plus fatiguée. Le maximum est alors égal à R, et l'on a $\operatorname{tang} 2\omega = 0$. La rupture doit donc commencer en ce point, normalement aux fibres, dès que la tension R y atteint la valeur $\mathfrak{N}$.

C'est ce qui semble se passer généralement dans la section médiane d'une poutre posée à ses deux extrémités et soumise à une charge symétriquement répartie par rapport à cette section.

69. Rupture par cisaillement simple. — Considérons maintenant un plan sécant pour lequel la tension normale soit nulle ; l'action tangentielle T a alors sa valeur maximum, égale à S, pour $\omega = 0$ et pour $\operatorname{tang} \omega = -\frac{2S}{R}$ (art. 40). La rupture se produira donc, par cisaillement simple, suivant l'une de ces deux directions, dès que, en un certain point de la poutre, le maximum de S atteindra la limite $\bar{c}$ qui représente la cohésion tangentielle de la matière.

Avec les formes de sections les plus usuelles, S a sa valeur maximum au voisinage de la ligne neutre ; c'est donc là que ce mode de rupture devrait avoir lieu le plus souvent, dans une direction soit horizontale ($\operatorname{tang} \omega = 0$), soit sensiblement verticale ($\operatorname{tang} \omega = -\frac{2S}{R}$, R ayant une valeur très faible).

En outre, si la largeur l diminue brusquement par suite d'un étranglement du contour extérieur de la poutre, S subit, en vertu de l'équation (21 *bis*), une augmentation brusque corrélative, d'où peut résulter un cisaillement dans le plan horizontal correspondant.

70. Rupture par glissement compliqué de frottement. — La valeur maximum S de l'effort tangentiel développé dans les plans sécants pour lesquels la composante normale est nulle, n'est pas le maximum de tous les efforts tangentiels possibles.

Lorsque l'effort normal n'est pas nul et correspond, par exemple, à une compression ayant une valeur (négative) quelconque N, il donne lieu à un frottement (positif) $-fN$, qui s'ajoute à la cohésion tangentielle de la matière pour résister à l'effort de cisaillement T développé par la flexion dans le plan considéré. Pour que la rupture se produise, il faut, comme on l'a vu plus haut (art. 61), que l'effort tangentiel atteigne une valeur égale à la somme de l'effort de frottement et de la résistance à la rupture par cisaillement, c'est-à-dire qu'on ait : $T = \bar{c} - fN$. La rupture commencera donc suivant la direction correspondant à la plus grande valeur positive de la somme algébrique $T + fN$, au point de la poutre où cette valeur passe par un maximum, dès que ce maximum atteindra la limite $\bar{c}$.

On calcule sans peine que, en un point quelconque de la poutre, la plus grande valeur de la somme algébrique considérée correspond à un plan sécant normal au plan moyen et faisant, avec la direction des fibres, un angle ω défini par l'égalité :

$$\operatorname{tang}\omega = \frac{\frac{R}{2}f - S + \sqrt{\left(\frac{R^2}{4} + S^2\right)(1+f^2)}}{\frac{R}{2} + Sf}.$$

Les valeurs des tensions tangentielle et normale sont alors :

$$(31) \quad T = +\sqrt{\frac{\frac{R^2}{4} + S^2}{1+f^2}}, \quad N = \frac{R}{2} + f\sqrt{\frac{\frac{R^2}{4} + S^2}{1+f^2}},$$

cette dernière devant être négative, ce qui implique qu'on ait simultanément :

$$R < 0 \quad \text{et} \quad fS < -\frac{R}{2}.$$

Quant à la valeur maximum de $T + fN$ en ce point, que nous désignerons par Θ, elle est donnée par :

$$(32) \qquad \Theta = +\sqrt{\left(\frac{R^2}{4} + S^2\right)(1+f^2)} + \frac{R}{2}f,$$

grandeur toujours positive et plus grande que S. La rupture par glissement compliqué de frottement doit donc précéder la rupture par cisaillement simple, en tout point de la région comprimée où l'on a $fS < -\frac{R}{2}$, c'est-à-dire au voisinage de la fibre la plus comprimée de la poutre, jusqu'à une limite d'autant plus rapprochée de la ligne neutre que les efforts tranchants sont plus faibles.

La rupture par cisaillement composé se produit alors au point de cette région où la somme algébrique Θ a sa plus grande valeur, dès que la charge devient telle que cette plus grande valeur soit égale à $\mathfrak{C}$:

$$(33) \quad \text{Maxim. de}\left[+\sqrt{\left(\frac{R^2}{4} + S^2\right)(1+f^2)} + \frac{R}{2}f\right] = \mathfrak{C}.$$

Quand les efforts tranchants sont faibles, l'expression de Θ peut s'écrire, en négligeant S :

$$-\frac{R}{2}(\sqrt{1+f^2}-f);$$

elle atteint sa valeur maximum pour la plus grande valeur absolue de R, c'est-à-dire sur la fibre la plus comprimée, dans la section la plus fatiguée (S est alors rigoureusement nul), et la rupture se produit dès qu'on a :

$$-\frac{R}{2}(\sqrt{1+f^2}-f)=\mathfrak{E},$$

c'est-à-dire :

$$-R=\frac{2\mathfrak{E}}{\sqrt{1+f^2}-f}=2\mathfrak{E}(\sqrt{1+f^2}+f)=\mathcal{C};$$

elle s'amorce d'ailleurs suivant un angle défini par la relation :

$$\text{tang}\,\omega=f-\sqrt{1+f^2}=\text{tang}\,(-\gamma).$$

On retrouve donc précisément l'angle de glissement et la résistance à la rupture dite par compression d'un prisme droit dont la hauteur dépasse le produit du côté de la base par $\sqrt{1+f^2}+f$. Dès lors, si l'on tient à conserver le langage actuel, on doit dire que la rupture de la poutre par compression commence, sur la fibre la plus comprimée, dès que la compression longitudinale par unité de surface y atteint la valeur $\mathcal{C}$ définie plus haut, et non les valeurs plus fortes qui correspondraient à l'écrasement complet de prismes plus aplatis.

Dans une poutre soumise à des efforts tranchants assez considérables, le maximum de Θ ne correspond pas nécessairement au maximum de la valeur absolue de R, et la rupture peut commencer ailleurs que sur la fibre la plus comprimée, sous une charge plus faible que celle pour laquelle la compression longitudinale de la matière serait égale à $\mathcal{C}$ sur cette fibre

71. Rupture par glissement avec frottement négatif. — Nous venons d'étudier, dans les article 69 et 70, les effets du cisaillement dans des plans pour lesquels l'effort normal est nul ou négatif. Quand cet effort est une tension positive N, l'hypothèse du frottement négatif (art. 61) conduit, comme dans le cas précédent, à considérer la rupture comme devant s'amorcer quand la valeur maximum de la somme $T+fN$ atteint la limite $\mathfrak{E}$, et on retombe, pour l'expression de l'angle de glissement et des divers efforts, sur les mêmes formules qu'à l'article 70, avec cette différence que,

$$\frac{R}{2} + f \sqrt{\frac{\frac{R^2}{4} + S^2}{1 + f^2}}$$

devant être positif, on doit avoir, soit $R > 0$, soit à la fois $R < 0$ et $fS > -\frac{R}{2}$.

Pour les points répondant à l'une ou l'autre de ces conditions, et qui sont tous ceux de la poutre qui ne rentrent pas dans les cas des articles 69 et 70, la somme

$$\Theta = +\sqrt{\left(\frac{R^2}{4} + S^2\right) \cdot (1 + f^2)} + \frac{R}{2} f$$

est supérieure à S, de sorte que la rupture par cisaillement compliqué de frottement négatif doit toujours y précéder celle par cisaillement simple.

De même, cette somme, plus grande que

$$\left(\sqrt{\frac{R^2}{4} + S^2} + \frac{R}{2}\right) f,$$

atteint la limite $\mathfrak{T}$ avant que la valeur maximum

$$\sqrt{\frac{R^2}{4} + S^2} + \frac{R}{2}$$

de la tension normale atteigne la valeur $\frac{\mathfrak{T}}{f}$, et, si la formule (29) est vraie, *la rupture par cisaillement avec frottement négatif doit toujours précéder celle par traction normale.*

Dans le cas particulier où les efforts tranchants sont faibles, la somme considérée peut s'écrire, en négligeant S :

$$\frac{R}{2} (\sqrt{1 + f^2} + f);$$

elle atteint sa valeur maximum en même temps que R, c'est-à-dire sur la fibre la plus tendue. C'est donc là que la rupture commence, dans la section la plus fatiguée, dans une direction définie par : $\operatorname{tang} \omega = \sqrt{1 + f^2} + f = \operatorname{tang} \alpha$, dès qu'on a :

$$\frac{R}{2}(\sqrt{1+f^2}+f)=\mathfrak{T}$$

ou

$$R=2\mathfrak{T}(\sqrt{1+f^2}-f)=\mathcal{R}.$$

Les phénomènes sont analogues à ceux qui se passent sur la fibre la plus comprimée dans la rupture dite par compression, et on retrouve l'angle α et la tension normale $\mathcal{R}$ correspondant à la rupture oblique par traction directe (art. 63).

Cette théorie est confirmée par les stries obliques observées par le commandant Hartmann, sur les faces latérales de prismes fléchis, dans les parties les plus tendues.

Si les efforts tranchants ne sont pas négligeables, le maximum de Θ ne correspond pas nécessairement à celui de R, et la rupture peut commencer ailleurs que sur la fibre la plus tendue, sous une charge plus faible que celle pour laquelle la valeur maximum de R est égale à $\mathcal{R}$.

72. Généralité des formules. — Si l'on admet la théorie du frottement négatif et la formule (29) qui en dérive, la poutre se trouve séparée, par la surface lieu des points pour lesquels on a $fS=-\frac{R}{2}>0$, en deux régions telles que, dans la première, située du côté de la fibre la plus comprimée, la rupture ne peut se produire que par cisaillement compliqué de frottement positif (compression oblique), tandis que, dans la seconde, elle ne peut avoir lieu que par cisaillement compliqué de frottement négatif (traction oblique).

Sur la surface de séparation, on a $N=0$, et la rupture s'amorce par cisaillement simple.

Dans tous les cas, la rupture commence dès que la charge atteint une valeur telle que l'on ait :

$$\text{Maximum de } \Theta=\mathfrak{T}\,;$$

elle s'amorce au point de la poutre où ce maximum est atteint, et l'angle de glissement initial est donné par la relation :

$$\text{(34)}\qquad \operatorname{tang}\omega=\frac{\frac{R}{2}f-S+\sqrt{\left(\frac{R^2}{4}+S^2\right)(1+f^2)}}{\frac{R}{2}+Sf}=\frac{\mathfrak{T}-S}{\frac{R}{2}+Sf}.$$

Ces formules sont donc générales, et la rupture semble se produire par compression, par cisaillement ou par traction suivant la position du point correspondant.

Si l'on refuse d'admettre la relation $f\mathcal{N} = \mathcal{T}$, il en est de même pour toutes les matières pour lesquelles $\mathcal{N}$ est supérieur à $\mathcal{A}$. Mais si l'on a $\mathcal{N} = k\mathcal{A}$, k étant un coefficient positif inférieur à l'unité, il existe, à partir de la fibre la plus tendue, une zone où la rupture commence par traction normale dès que la somme $\sqrt{\frac{R^2}{4} + S^2} + \frac{R}{2}$ atteint la limite $\mathcal{N}$. On calcule sans difficulté que cette zone est limitée par la surface lieu des points pour lesquels on a :

$$\frac{\sqrt{\frac{R^2}{4} + S^2} + \frac{R}{2}}{\sqrt{\frac{R^2}{4} + S^2} - \frac{R}{2}} = \frac{k}{1-k} \frac{\mathcal{A}}{\mathcal{C}},$$

c'est-à-dire pour lesquels les tensions normales maximum et minimum sont entre elles dans un rapport constant.

73. Solution géométrique. — En général, le calcul de la valeur de z correspondant au maximum de Θ doit être très compliqué.

Au contraire, une construction graphique des plus simples permet de déterminer, pour une section transversale quelconque de la poutre, le niveau où cette fonction atteint sa valeur maximum, et indique immédiatement le mode apparent de rupture correspondant.

Dans un système de coordonnées rectangulaires (fig. 57) ayant pour origine le point O, prenons pour abscisses et pour ordonnées les valeurs de $\frac{R}{2}$ et de S correspondant, dans une section donnée, à toutes les valeurs possibles de z ; soit MM' la courbe lieu des points ainsi obtenus.

La ligne définie par l'équation :

$$\sqrt{\left(\frac{R^2}{4} + S^2\right)(1 + f^2)} + \frac{R}{2} f = \mathcal{T}$$

est une ellipse ayant pour centre le point C, tel que $OC = -f\mathcal{T}$, pour demi grand axe $CA = CA' = \varpi\sqrt{1+f^2}$, et pour demi petit axe $CB = \varpi$, de telle sorte que le point O est l'un de ses foyers et que l'on a :

$$OA = \frac{\mathcal{A}}{2} \quad \text{et} \quad OA' = \frac{\mathcal{C}}{2}.$$

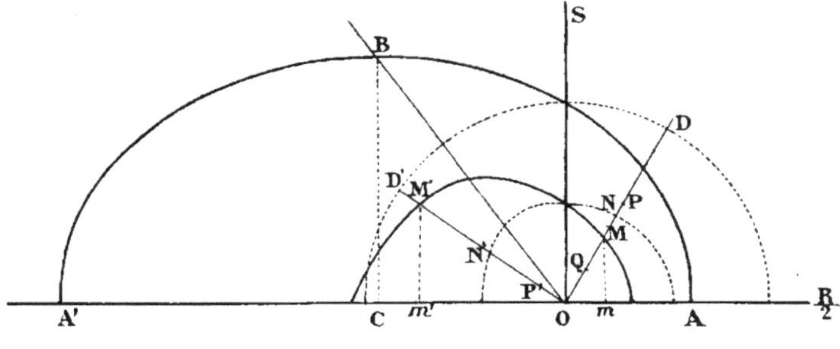

Fig. 57.

Si l'on joint OB, l'angle A'OB est égal au double de l'angle de glissement par compression γ ; l'angle BOA est double de l'angle de glissement par traction α, et en outre on a, pour tout point de la droite OB :

$$fS = -\frac{R}{2} > 0.$$

Tant que la courbe MM' est contenue tout entière à l'intérieur de l'ellipse, la rupture ne peut pas se produire. Au contraire, le glissement commence dès que la courbe devient tangente à l'ellipse, et la rupture est dite avoir lieu par compression ou par traction suivant que le point de contact est à gauche ou à droite du point B. On reconnaît d'ailleurs sans peine que l'angle ω sous lequel la rupture s'amorce est égal à la moitié de l'angle que fait la droite OB avec le rayon vecteur du point de contact.

On peut, sans le concours de l'ellipse, déterminer, dans la section considérée, la fibre où la matière fatigue le plus, c'est-à-dire où la fonction Θ a sa plus grande valeur. Il suffit de prolonger la ligne OM d'une longueur MN égale au produit de l'abscisse positive ou négative Om par le rapport $\frac{f}{\sqrt{1+f^2}}$, et de tracer le lieu du point N ; les rayons vecteurs tels que ON sont alors proportionnels aux valeurs de Θ, et celui des points M auquel correspond le plus grand de ces rayons vecteurs définit la fibre cherchée. Sur une fibre quelconque, la rupture est d'autant plus imminente que le point N correspondant se rapproche plus d'un cercle DD′ décrit du point O comme centre avec $\frac{\mathfrak{T}}{\sqrt{1+f^2}}$ pour rayon. Enfin la direction OB définie plus haut limite encore les deux modes apparents de rupture.

Les tensions normales maximum positive et négative autour d'un point donné de la section sont mesurées en grandeur absolue par les rayons vecteurs OP et OQ, tels que MP = MQ = O*m*. Si donc on refuse d'admettre la théorie du frottement négatif, la matière doit commencer à se rompre par traction normale dès que, par suite de l'augmentation de la charge, la courbe lieu du point P devient tangente à un cercle de rayon $\mathfrak{N}$ décrit du point O pour centre, et on doit admettre que cette rupture précède ou non celle dite par compression, suivant que ce contact se produit ou non avant que la courbe NN′ atteigne le cercle DD′ en un point compris dans l'angle BOA′. Il en est de même si, tout en admettant cette théorie, on suppose que $\mathfrak{N}$ puisse être plus petit que $\mathfrak{A}$; la seule différence est que la ligne de séparation des deux modes de rupture n'est plus la droite OB.

Quoi qu'il en soit, ces constructions montrent immédiatement que, dans les sections où l'effort tranchant est faible et où, par suite, les diverses valeurs de S sont toujours petites relativement aux valeurs maximum et minimum de $\frac{R}{2}$, les courbes MM′, NN′ et PP′ ont des formes aplaties, et la rupture ne peut se produire qu'en leurs points de rencontre avec l'axe des abscisses, c'est-à-dire sur les fibres extrêmes de la poutre. Lorsqu'on suppose $\mathfrak{N} \geqq \mathfrak{A}$, elle commence sur la fibre la plus tendue ou sur la fibre la plus comprimée, suivant que le rapport des tensions longitudinales sur ces deux fibres est, en valeur absolue, supérieur ou inférieur à $\frac{OA}{OA'}$, c'est-à-dire à $\frac{\mathfrak{A}}{\mathfrak{C}}$ ou $(\sqrt{1+f^2}-f)^2$, soit, pour $f = 0{,}75$, à $\frac{1}{4}$[1]. En particulier, dans une poutre homogène, par-

1. Si l'on pose $\mathfrak{N} = k\mathfrak{A}$, la condition pour que la rupture commence par la fibre la plus tendue est que le rapport de la tension sur cette fibre à la compression maximum soit supérieur à $k\frac{\mathfrak{A}}{\mathfrak{C}}$ quand k est inférieur à l'unité, alors

faitement élastique et symétrique par rapport à un plan horizontal, les tensions extrêmes sont égales en valeur absolue, et la rupture ne peut alors commencer que sur la fibre la plus tendue. Pour qu'il en fût autrement, il faudrait que, la matière restant la même, la section eût une forme telle que la distance de son centre de gravité à la fibre la plus comprimée fût d'au moins les quatre cinquièmes de l'épaisseur de la poutre.

Les mêmes constructions expliquent d'une manière sensible aux yeux la fragilité spéciale que les poutres peuvent présenter en certains points où, par suite d'un étranglement de leur section, la valeur de S, déduite du produit tS, subit une augmentation importante.

Enfin elles montrent comment on pourrait choisir le profil transversal d'une poutre de telle sorte que, dans la section la plus chargée, la matière fatiguât également en tous ses points, ce qui constituerait la solution la plus économique. Il faudrait faire en sorte que, dans cette section, la courbe MM' se confondit, autant que possible, avec l'ellipse ABA', ou plutôt avec une ellipse homothétique, obtenue en réduisant proportionnellement au coefficient de sécurité adopté les rayons vecteurs menés par le point O dans la première.

§ 3. — RUPTURE DES POUTRES ARMÉES

14. Différents modes de rupture. — Revenons à la poutre armée étudiée aux articles 45 et suivants ; augmentons progressivement la charge, et cherchons en quel point la rupture pourra commencer.

Les expériences relatées dans la première partie ont montré que la rupture pouvait être lente et progressive ou, au contraire, survenir brusquement « sans prévenir ».

Dans tous les cas, elle doit nécessairement s'amorcer soit dans le mortier, soit dans le fer, soit en l'un des points de contact de ces deux matériaux.

Nous allons examiner successivement chacun de ces cas.

que, pour $k \geq 1$, il faut que le même rapport soit plus grand que $\frac{\mathcal{A}b}{\mathcal{C}}$ quel que soit k. Cette discontinuité dans la formule fournit une présomption de plus en faveur de la formule (29) et de l'hypothèse du frottement négatif.

75. Rupture par le mortier. — Autant qu'on peut admettre que les mortiers sont des matériaux isotropes non ductiles, il résulte de ce qui a été vu au paragraphe précédent que, dans une poutre armée, quand la rupture commencera en un point du mortier non en contact avec l'armature, elle s'amorcera toujours dès que la charge atteindra une valeur telle que l'on ait :

$$(33) \quad \text{Maximum de} \left[+ \sqrt{\left(\frac{R^2}{4} + S^2\right)(1 + f^2)} + \frac{R}{2} f \right] = \mathcal{T},$$

au point de la poutre où ce maximum sera atteint, dans la direction définie par l'équation (34) (art. 72).

La somme algébrique mise entre crochets au premier membre, et que nous avons représentée par Θ, est une fonction de M et des coordonnées des points de la poutre, et on peut toujours déterminer algébriquement les valeurs de ces variables pour lesquelles elle atteint son maximum. En général, on sait d'avance dans quelles sections de la poutre la rupture aura le plus de chances de s'amorcer, et le plus simple est d'appliquer, pour chacune de ces sections, la méthode graphique exposée à l'article 73.

La même méthode conviendra encore si, refusant d'admettre la théorie du frottement négatif et supposant $\mathcal{N} < \mathcal{A}$, on se trouve en présence de deux modes possibles de rupture, l'un par cisaillement compliqué de frottement positif, l'autre par traction normale.

Que l'on admette ou non cette théorie, on voit que, lorsque la rupture se produit par le mortier, le rôle de l'armature est loin d'être nul : elle supporte en effet une part plus ou moins grande, selon son importance et sa position, des tensions internes développées par la flexion, ce qui diminue les valeurs des tensions R et S subies par le mortier et permet à la charge de dépasser plus ou moins la limite pour laquelle la fonction Θ atteindrait, si l'armature n'existait pas, la valeur correspondant à la rupture. Algébriquement, il ressort d'ailleurs des égalités (11) à (17) que R et S sont des fonctions des paramètres qui définissent la forme, la position et les propriétés élastiques de l'armature [1].

1. En particulier, on voit immédiatement que, quand l'armature comprend des barres très voisines les unes des autres dans une même assise horizontale

Par analogie avec ce qui a été dit à la fin de l'article 73, la meilleure disposition à donner à la section de la poutre, quant à sa forme et à la répartition de l'armature, pour que le mortier fatiguât également en toutes ses parties, devrait être telle que, dans la section la plus fatiguée sous la plus forte charge que la poutre aura à supporter, la courbe MM′ de la figure 57 fût une ellipse homothétique de l'ellipse ABA′.

D'autre part on remarque que, quand R et S ont tous deux des valeurs notables, on ne peut dire *a priori* si la rupture résulte plutôt du moment fléchissant ou de l'effort tranchant : l'effort maximum développé en chaque point du mortier est une fonction complexe de ces deux grandeurs, qui interviennent toutes deux dans la rupture. Toutefois, quand l'une d'elles prend une importance prépondérante, il peut arriver que la rupture du mortier *paraisse*, comme il a été expliqué au § 3, se produire soit par traction, soit par compression, soit par cisaillement.

Par exemple, au voisinage des fibres extrêmes d'une poutre où l'armature est complètement enveloppée de mortier, S tend vers zéro et la fonction Θ se réduit à

$$\frac{R}{2}\left(\sqrt{1+f^2}+f\right) \quad \text{ou à} \quad -\frac{R}{2}\left(\sqrt{1+f^2}-f\right),$$

selon que R est positif ou négatif. La rupture semble alors se produire par traction sur la fibre inférieure ou par compression sur la fibre supérieure, suivant que l'on a d'abord, pour la tension longitudinale du mortier, $R_1 = \mathcal{A}$ (ou $\mathcal{M}$) sur la première de ces fibres, ou $R_0 = -\mathcal{C}$ sur la seconde, avant que le maximum de Θ atteigne la valeur $\mathcal{E}$ sur une fibre intermédiaire.

Il y a donc avantage à renforcer l'armature du côté où la tension du mortier tend à atteindre d'abord la limite correspondante [1].

ou présentant de larges ailettes horizontales, comme dans certains profils en ┼, en ⊥ ou en I, la largeur t du mortier diminue brusquement, et S subit, en vertu de l'équation (21), une augmentation brusque corrélative, d'où peut résulter une rupture prématurée du mortier dans le plan horizontal correspondant. C'est ce qui a dû se produire pour les poutres D et E de l'essai n° 21 (art. 16).

1. Dans le cas où la rupture du mortier tend à se produire par compression, on voit par ce qui précède que, contrairement à une théorie émise par M. Harel de la Noë (*Revue Technique*, 10 février 1899, p. 52) :

1° La rupture du mortier se produit dès que sa compression longitudinale

76. Rupture par l'armature. — Quand le métal dont se compose l'armature est tel que sa tension de rupture dépasse de très peu sa limite d'élasticité, ce qui est le cas de certains aciers cassants, les théories qui viennent d'être exposées relativement à la rupture par le mortier s'appliquent aussi à la rupture par l'armature, sauf remplacement des tensions R et S par F et G et substitution aux constantes $\mathfrak{M}$, $\mathfrak{T}$ et f relatives au mortier, de paramètres analogues dépendant de la nature du métal.

Toutefois, en raison de la grande différence des résistances des deux matériaux en présence, il ne doit jamais arriver, dans les conditions ordinaires de la pratique, que le métal atteigne avant le mortier sa limite de rupture.

Avec les fers et aciers les plus usuels, qui, sous des tensions dépassant leur limite d'élasticité, éprouvent sans se rompre des allongements considérables, les choses se passent autrement.

Soit $\mathfrak{L}$ la limite d'élasticité du métal de l'armature ; dès que, dans la poutre fléchie, la tension de cette dernière devient supérieure à $\mathfrak{L}$, son allongement, et par suite la rotation relative de deux sections voisines, tendent à augmenter plus rapidement ; il en résulte une accélération plus ou moins brusque de l'accroissement des λ et, dès lors, de celui des tensions R supportées par le mortier, et ce dernier ne tarde pas à se rompre. C'est ce que M. Considère exprime en disant que le secours donné au mortier par le fer contre la production des fissures, décroît brusquement dès que le métal atteint sa limite d'élasticité.

Des expériences faites par le service des Phares sur des barres de fer scellées au ciment pur sur une longueur de 0,60 m., ont d'ailleurs montré que la séparation se produisait dès que la trac-

atteint la valeur $\mathfrak{C}$ et non les résistances beaucoup plus fortes que l'on obtient en écrasant des solides de faible hauteur ;

2° Le rôle des armatures placées dans la partie comprimée de la poutre est de supporter une partie des efforts de compression et de reculer ainsi la charge sous laquelle le mortier atteint sa tension de rupture — $\mathfrak{C}$, sans que la résistance du fer au cisaillement ait d'ailleurs à intervenir, comme ce serait le cas si les deux matériaux devaient se cisailler ensemble.

Au contraire, l'expérience tend à démontrer que, quand la fissure du mortier atteint la barre de fer, il se produit un décollement à partir du point de rencontre, de sorte que la fissure s'infléchit ou se bifurque tangentiellement à l'armature, en détachant ou non de la poutre la bande de mortier comprise entre la face supérieure et l'assise de barres la plus voisine.

tion exercée sur le fer était suffisante pour amener une diminution de sa section [1].

Enfin il n'est pas impossible que le fer, grâce à l'adhérence normale de la gaine de mortier qui l'enveloppe et aux tensions positives ou négatives développées normalement à sa surface en raison de la variation progressive du volume du mortier [2], commence à subir sa striction sous une tension autre que s'il était libre, et que la tension $\mathfrak{L}$ à faire intervenir dans le calcul des poutres armées diffère un peu de la limite d'élasticité du métal nu.

Bien que, dans le cas qui nous occupe, la première fissure s'amorce encore dans le mortier, la cause immédiate de la rupture est l'allongement du fer, et l'on doit dire que la poutre se rompt par l'armature, alors même que celle-ci n'offrirait aucune solution de continuité après l'effondrement de la poutre. En tout cas, elle doit alors toujours présenter une striction plus ou moins visible.

Soit E le coefficient d'élasticité du métal ; toutes les tensions inférieures à sa limite d'élasticité sont proportionnelles aux allongements correspondants, de sorte que, jusqu'à cette limite, la loi de déformation se réduit à :

$$\text{(12 }bis\text{)} \qquad F = E\lambda = E\,\frac{z-h}{\rho}.$$

Si l'on désigne par η l'ordonnée maximum de l'armature, la tension de la fibre correspondante sous une charge donnée est mesurée par $E\,\frac{\eta - h}{\rho}$, et la rupture par l'armature se produit dès que la charge devient telle que l'on ait :

$$\text{(35)} \qquad F_\eta = E\,\frac{\eta - h}{\rho} = \mathfrak{L}.$$

Elle précède ou non la rupture par le mortier, suivant que cette équation est vérifiée pour une charge plus faible ou plus forte que l'équation (**33**).

On peut encore concevoir le cas d'une armature composée de plusieurs assises de barres, les unes très fortes, dans la région tendue, les autres, dans la région comprimée, assez faibles pour

1. *Annales des Ponts et Chaussées*, 1898, III, p. 225.
2. Voir plus loin, art. 151.

céder par compression avant le mortier environnant. La formule (35) est encore applicable, à condition qu'on y prenne pour η_0 l'ordonnée minimum de l'armature et pour $\mathcal{L}$ la limite d'élasticité du métal à la compression. La possibilité d'un pareil mode de rupture est rendue assez vraisemblable par les récentes expériences de M. Considère sur le béton fretté, qui ont montré qu'au voisinage du fer, le béton comprimé peut subir des raccourcissements considérables sans que sa cohésion en paraisse altérée.

Quand la poutre ne contient qu'une seule assise de barres dont l'épaisseur est très faible relativement à la sienne, on peut sans inconvénient remplacer η_0, dans l'équation (35), par l'ordonnée ζ du centre de gravité de l'armature.

77. Rupture par décollement. — Par analogie avec les définitions données plus haut (art. 57) de la cohésion normale $\mathcal{N}$ et de la cohésion tangentielle $\mathcal{T}$, nous supposerons que, pour décoller le mortier du fer suivant un petit élément du plan tangent à leur surface de contact, l'effort à exercer par unité de surface soit $\mathcal{N}'$ ou $\mathcal{T}'$ selon qu'il est dirigé normalement au plan tangent ou dans ce plan lui-même, et nous dirons que ces paramètres mesurent l'*adhérence normale* et l'*adhérence tangentielle* des deux matières.

Dans la poutre, le décollement ne pourra se produire que suivant un plan tangent à l'armature, c'est-à-dire perpendiculaire aux sections transversales. Or on a cru pouvoir admettre, à la fin de l'article 38, que, dans un pareil plan, l'effort de décollement se réduisait à l'action tangentielle $T_1 - T'_1$, dirigée suivant la génératrice de contact. Le paramètre $\mathcal{N}'$ et le coefficient de frottement des deux matières l'une sur l'autre n'auront donc pas à intervenir, et le décollement devra commencer, au point de la poutre où l'effort D, défini par l'équation (7), aura sa valeur absolue maximum, sous une charge telle que ce maximum soit égal à $\mathcal{T}'$, ce qui pourra s'exprimer par l'une quelconque des trois relations équivalentes suivantes :

$$(36)\quad \left\{ \begin{aligned} &\text{Maximum de } \pm[S \sin(\varphi - \theta) - G \sin(\psi - \theta)] = \mathcal{T}' ; \\ &\text{Maximum de } \pm[(S_3 - G_3)\cos\theta - (S_2 - G_2)\sin\theta] = \mathcal{T}' ; \\ &\text{Maximum de } \frac{(S_3 - G_3)\,dz - (S_2 - G_2)\,dy}{\pm\sqrt{dy^2 + dz}} = \mathcal{T}'. \end{aligned} \right.$$

On a vu à l'article 52 combien il était difficile, en général, de savoir comment l'effort tranchant était réparti suivant une perpendiculaire quelconque au plan moyen, soit dans une poutre homogène, soit, *a fortiori*, dans une poutre armée.

On a bien diverses relations nécessaires (formules **21**, **22** et **22'**) entre les composantes des actions transversales développées dans les deux matériaux, mais ces relations ne suffisent pas à les définir complètement tant qu'on ne connaît pas exactement la répartition transversale de la charge et la loi de transmission des efforts dans les deux matériaux.

On n'est donc pas en état, pour le moment, de calculer l'effort de décollement en un point donné, ni par suite la charge sous laquelle il atteindrait sa valeur limite.

78. Résumé. — En résumé, la rupture d'une poutre armée s'amorce par le mortier, par l'armature ou par la surface de contact des deux matériaux, sous la charge la plus faible pour laquelle une des trois relations (**33**), (**35**) ou (**36**) est satisfaite.

Quand elle commence sur l'une des fibres extrêmes de la poutre, il se produit d'abord soit une rupture du mortier par traction, soit une rupture du mortier par compression, suivant que la charge la plus faible correspond à $R_1 = \mathcal{A}$ (ou $\mathcal{N}$) ou à $R_0 = -\mathcal{C}$.

79. Observation sur les valeurs à adopter pour les diverses résistances des deux matériaux. — On a supposé, dans ce qui précède, que, pour les matériaux considérés, les résistances $\mathcal{L}$, $\mathcal{N}$, $\mathcal{T}$, $\mathcal{C}$ et $\mathcal{T}'$ avaient des valeurs bien définies.

En général, il n'en est pas ainsi, même lorsqu'on fait abstraction des causes d'erreurs inhérentes aux méthodes d'essai employées pour déterminer ces grandeurs.

En particulier, il convient de tenir compte de la durée d'application des charges et de distinguer, conformément aux indications de Vicat[1], les « forces instantanées », nécessaires pour produire la rupture en quelques minutes ou même en quelques heures, des « forces permanentes », toujours plus faibles, correspondant aux efforts maximum que la matière peut supporter indéfiniment sans se rompre.

1. *Annales des Ponts et Chaussées*, 1833, II, p. 201.

De même, bien que nous n'ayons pas encore abordé, dans ce qui précède, l'étude théorique des poutres soumises à des alternatives de chargement et de déchargement, il convient de remarquer dès à présent qu'un pareil traitement fait subir aux matériaux un écrouissage qui en modifie les propriétés et, en particulier, les résistances.

La démonstration en a été faite, pour les métaux, par les célèbres expériences de Wöhler, dans lesquelles intervenaient, il est vrai, des forces vives assez importantes.

Avec les mortiers, les seuls essais qui, à notre connaissance, aient été faits sous des charges un grand nombre de fois répétées, sont les suivants :

M. Considère a essayé par flexion des prismes, les uns armés, les autres non armés [1] ; mais on ne peut tirer des résultats publiés aucune conclusion sur la modification apportée par les répétitions d'efforts aux résistances limites des mortiers.

Il en est de même pour les essais par flexions répétées relatés ci-dessus au chapitre III.

Dans les essais exécutés pour le Service des Phares et rapportés par M. de Joly [2], on a opéré par traction directe sur des briquettes de ciment pur et de mortier sableux normal (battu), et constaté que la résistance limite à la rupture par traction était abaissée par la répétition de l'effort, tandis que la résistance à la rupture par compression des briquettes préalablement soumises à des tractions répétées ne paraissait pas diminuée. Toutefois, il intervenait des actions dynamiques qui augmentaient la fatigue de la matière.

M. Considère a soumis des prismes de béton fretté à des efforts de compression, qui ne semblent pas avoir été répétés un très grand nombre de fois, et observé que, ainsi renforcé, le béton acquérait un supplément d'élasticité sous l'action d'une première pression prolongée ou répétée [3].

Enfin il est rendu compte ci-après (chap. XI, § 4) d'expériences par compression continuant celles déjà décrites à l'article **22**, et d'où il semble ressortir que, tant que la charge alternative-

1. *Comptes rendus de l'Académie des Sciences,* CXXVII, p. 299 (1898), et *Génie Civil*, XXXIV, n° 14 (4 fév. 1899).
2. *Annales des Ponts et Chaussées*, 1898, III, p. 213.
3. *Génie Civil*, novembre et décembre 1902.

ment appliquée et supprimée ne dépasse pas une certaine limite, la résistance du mortier après écrouissage est un peu plus forte que la pression sous laquelle il se serait rompu sous une première charge augmentant sans interruption.

Il est bien entendu, d'ailleurs, qu'il ne s'agit, dans toute cette étude, que d'efforts statiques agissant sans forces vives.

80. Continuation de la rupture. — De quelque manière que la rupture s'amorce, à partir de l'instant où elle commence, la solution de continuité qui en résulte modifie la répartition des tensions intérieures dans la poutre, et les formules fondamentales de l'équilibre posées plus haut cessent d'être applicables. En particulier, il devient généralement à peu près impossible de calculer les nouvelles directions successives et par suite la forme complète de la cassure.

Par contre, on peut, dans une certaine mesure, prévoir les cas où la rupture doit se produire brusquement, sous la charge même pour laquelle elle s'amorce, ou au contraire, d'une manière progressive, souvent même en nécessitant une augmentation de charge.

Si la rupture s'amorce par le mortier dans une région munie de barres de fer, celles-ci, en raison de leur résistance bien supérieure à celle du mortier, peuvent, en général, supporter sans céder le supplément de tension (positive ou négative) nécessaire pour compenser la défection du mortier, et l'équilibre n'est pas détruit. Ainsi, on constate couramment que des poutres continuent à résister sous des charges croissantes, alors même que le mortier est déjà fortement fissuré dans la partie tendue ; nous reviendrons sur ce cas à l'article suivant. Il est probable que, de même, le mortier peut se fissurer dans la région comprimée, sans que l'effondrement de la poutre en résulte immédiatement, quand cette région est, elle aussi, pourvue d'armatures. Dans le cas contraire, la poutre se rompt brusquement dès que, sur la fibre la plus comprimée, le mortier atteint sa limite $\mathcal{C}$ de résistance à la rupture.

Lorsque la poutre commence à céder par le fer, rien en elle ne peut compenser l'affaiblissement rapide qui en résulte, et la rupture a lieu brusquement, à moins toutefois qu'il n'existe dans la région tendue plusieurs assises de barres dont les moins tendues soient encore, au moment où les plus éloignées de la ligne neutre faiblissent, assez en dessous de leur limite d'élasticité pour fournir à elles seules, pendant quelque temps encore, le supplément de tension nécessaire au maintien de l'équilibre après que les premières barres et le mortier voisin ont cédé.

Enfin, s'il se produit tout d'abord un commencement de décollement, rien ne prouve *a priori* qu'il doive se propager immédiatement sur toute la longueur de la barre : S et G doivent s'annuler au point correspondant, puisque les surfaces des deux matériaux y deviennent libres, et le fer cesse d'y prêter son secours au mortier ; mais, outre que ce dernier est encore influencé par l'adhérence des régions voisines, il se peut que le fer ait conservé assez de force disponible pour équilibrer l'affaiblissement local du mortier, et que la poutre continue à supporter encore sans s'effondrer une certaine augmentation de charge.

81. Equilibre de la poutre après fissuration du mortier. — Considérons, pour fixer les idées, une poutre constituée, supportée et chargée de telle sorte que la rupture commence nécessairement par le mortier, sur la fibre la plus tendue.

D'après ce qui vient d'être dit, s'il y a des barres dans la région tendue, la charge peut augmenter sans que l'équilibre soit détruit : le mortier se fissure et, sa tension s'annulant sur toute la longueur de la solution de continuité, le fer supporte une part croissante des tensions positives nécessaires pour équilibrer les tensions négatives de la région comprimée, non altérée. Si l'on connait l'allongement de rupture λ_n du mortier, correspondant à sa tension limite $\mathcal{R}$ (ou $\mathcal{A}$, suivant la théorie du frottement négatif), alors les nouvelles valeurs de h et de ρ et l'ordonnée z_n des fibres où s'arrête la fissure sont définies par les trois égalités suivantes, déduites des formules (**14** *a*), (**16**) et (**17**) :

$$(37) \qquad \left\{ \begin{array}{l} \dfrac{z_n - h}{\rho} = \lambda_n, \qquad \displaystyle\int_0^{z_n} t\mathrm{R}\,dz + \int_0^{e} u\mathrm{F}\,dz = 0, \\ \displaystyle\int_0^{z_n} tz\mathrm{R}\,dz + \int_0^{e} uz\mathrm{F}\,dz = \mathrm{M}. \end{array} \right.$$

Il est d'ailleurs évident que la longueur de la fissure, nulle pour toute valeur du moment fléchissant inférieure à celle pour laquelle la tension R_1 sur la fibre extrême est égale à $\mathfrak{N}$, croît à mesure que M dépasse cette valeur, de sorte que, par exemple, dans une poutre posée sur deux appuis de niveau et chargée en son milieu, la région fissurée doit correspondre à la partie marquée par des hachures sur la figure 58 ; quant à la ligne neutre, elle doit, dans les sections les plus fatiguées, se rapprocher de la face comprimée et, pour l'exemple choisi, présenter, dans son ensemble, la forme indiquée en pointillé sur la figure, forme qui rappelle celle entrevue expérimentalement à l'article 32 (fig. 39).

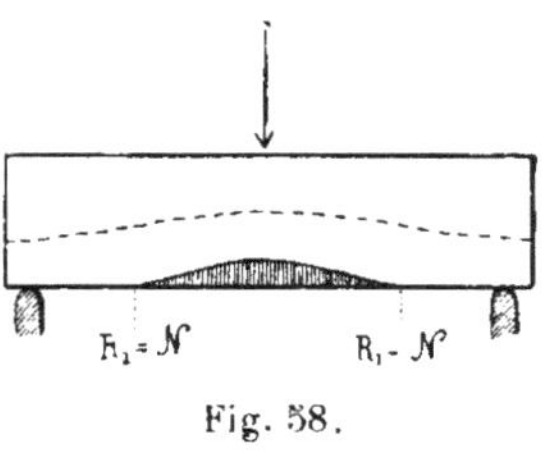

Fig. 58.

En réalité, le mortier ne se fissure pas en tous les points de la région en question : à mesure que des fissures se produisent, leur ouverture compense une partie de l'allongement total, et les parties intermédiaires, soumises dès lors à une tension moindre, restent intactes ; c'est ce qu'ont bien montré les essais n°s 23 et 24 relatés plus haut (art. 19 et 20), d'où il résulte en outre que, pour une fatigue croissante de la poutre, une ou deux fissures seulement se développent, toutes les autres s'effaçant progressivement. Il est probable qu'en même temps la ligne neutre prend une forme brisée avec points plus ou moins anguleux au droit de chaque fissure.

La charge augmentant, les fissures s'allongent, et la rupture définitive se produit, soit par écrasement du mortier, soit par allongement du fer, dès qu'on a, en vertu des formules (37) : $R_0 = -\mathcal{C}$ ou $F_a = \mathcal{L}$, soit enfin par décollement, si l'équation (36), modifiée en tenant compte de la diminution de l'épaisseur utile du mortier, est vérifiée auparavant.

La valeur λ_n de l'allongement de rupture du mortier par traction est encore plus incertaine que celle de sa résistance. M. Considère a expliqué, par analogie avec la striction des métaux[1], comment cet allongement de rupture paraissait plus faible dans les essais directs par traction que dans les essais par

1. *Comptes rendus de l'Académie des Sciences*, 12 décembre 1898 et 2 janvier 1899.

flexion de barreaux homogènes, et plus faible dans la flexion de barreaux homogènes que dans celle de barreaux armés. Dans le premier cas, la rupture se produit dès que l'allongement atteint sa valeur limite en un seul point de l'éprouvette, où les déformations se trouvent localisées à l'exclusion des autres régions, de sorte que l'allongement mesuré n'est qu'une moyenne bien inférieure au nombre qu'il faudrait enregistrer, tandis que, dans le dernier cas par exemple, le fer joue le rôle d'un régulateur et permet à toutes les parties du mortier de s'allonger également jusqu'au maximum de déformation possible. C'est ce maximum qu'il faut considérer comme étant le véritable allongement de rupture.

Si l'allongement de rupture du mortier, ainsi défini, était plus grand que l'allongement du fer sous la tension $\mathfrak{L}$, la rupture par l'armature précéderait toujours celle du mortier par traction, et il n'y aurait jamais lieu d'appliquer les formules (**37**). Telle est la théorie développée par M. Considère, d'après laquelle le mortier atteindrait assez rapidement sa tension limite, et la conserverait ensuite sous des allongements croissants, au voisinage du fer, jusqu'à ce que celui-ci dépassât sa limite d'élasticité.

La première partie de cet énoncé précise la forme générale de la courbe de déformation du mortier et indique que la branche positive de cette courbe est asymptote à une parallèle à l'axe des λ, dont la distance à cet axe est $\mathfrak{N}$: même *a priori* elle n'a rien que de très vraisemblable, en raison des explications qui viennent d'être rapportées touchant l'incertitude de λ_n, et n'infirme aucunement les calculs qui précèdent.

Quant à l'opinion d'après laquelle cette branche s'étendrait nécessairement au delà de l'abscisse représentant l'allongement du fer à sa limite d'élasticité, elle est vérifiée dans l'exemple étudié par M. Considère, mais aurait peut-être besoin d'être contrôlée par des essais variés portant sur des poutres faites avec diverses qualités d'acier et de mortier[1] : le fait seul que des

1. La démonstration basée sur la figure 3 (*Génie Civil*, XXXIV, n° 15, p. 230) ne nous paraît pas concluante, car une fissure, une fois amorcée, ne se propage pas dans les régions où la tension positive du mortier est inférieure à sa tension de rupture, de sorte que le moment produit par le mortier seul, qu'il faut ajouter à celui du fer pour obtenir le moment fléchissant total, doit, non s'annuler

poutres continuent à résister alors que le mortier est fissuré, non seulement sur les bords, mais même jusque dans les parties immédiatement voisines de l'armature, tend en effet à prouver que, malgré l'influence régulatrice du fer, le mortier peut parfois se rompre avant que ce dernier ait atteint sa limite d'élasticité.

brusquement lors de la production de la fissure, mais simplement cesser de croître, ou tout au plus décroître légèrement, ce qui s'accorde parfaitement avec la forme OAD signalée par M. Considère pour la courbe d'accroissement des moments totaux.

CHAPITRE VI

FORMULES SIMPLIFIÉES

§ 1. — ARMATURE SUPPOSÉE PARFAITEMENT ÉLASTIQUE

82. Équations d'équilibre. — On a vu plus haut (art. 76) qu'en général la rupture d'une poutre armée devait se produire dès que le fer y atteignait sa limite d'élasticité. On peut donc admettre que, dans ses conditions de fatigue usuelles, l'armature est parfaitement élastique, c'est-à-dire subit des allongements positifs ou négatifs proportionnels aux tensions correspondantes.

Si l'on admet en outre que le coefficient d'élasticité E est le même pour les tensions et pour les compressions, la loi de déformation exprimée par la formule (12) se réduit à :

$$(12\ bis) \qquad F = E\lambda = E\,\frac{z-h}{\rho}\,.$$

Les équations d'équilibre peuvent alors être mises sous une forme plus simple, même quand on suppose, pour plus de généralité, que les diverses barres dont se compose l'armature ne sont pas nécessairement d'un même métal.

Soient E_1 le coefficient d'élasticité de l'une des barres, σ_1 l'aire de sa section, ζ_1 l'ordonnée du centre de gravité de cette dernière, γ_1 son rayon de giration par rapport à l'horizontale de ce point et v la distance $z - \zeta_1$ d'une fibre quelconque au centre de gravité. Dans la section transversale et pour la barre considérées, on a : $F = \frac{E_1}{\rho}(v + \zeta_1 - h)$, $dz = dv$, et l'intégrale $\int uFdz$ étendue à toute la section de la barre a pour valeur

$\frac{E_1}{\rho}\int uvdv + \frac{E_1}{\rho}(\zeta_1 - h)\int udv$. Or la première de ces intégrales est nulle en vertu du choix des nouvelles coordonnées, et la seconde est égale à σ_1 ; l'équation (16) devient donc :

$$(16\ bis) \qquad \int_0^e t\mathrm{R}dz + \frac{1}{\rho}\Sigma \mathrm{E}_1\sigma_1(\zeta_1 - h) = 0,$$

le signe Σ embrassant l'ensemble des barres dont se compose l'armature, quels que soient d'ailleurs le coefficient d'élasticité, la section, la forme et la position de chacune.

Remarquant que, pour la section de la barre déjà considérée, l'intégrale $\int uv^2dv$ est égale à $\sigma_1\gamma_1^2$, si l'on développe les expressions sous le second signe $\int$ dans les équations (17) et (18) après y avoir remplacé F et z par leurs valeurs en fonction de v, on trouve de même :

$$(17\ bis) \qquad \int_0^e tz\mathrm{R}dz + \frac{1}{\rho}\Sigma \mathrm{E}_1\sigma_1[\zeta_1(\zeta_1 - h) + \gamma_1^2] = \mathrm{M}$$

et

$$(18\ bis) \qquad \int_0^e t(z - h)\mathrm{R}dz + \frac{1}{\rho}\Sigma \mathrm{E}_1\sigma_1[(\zeta_1 - h)^2 + \gamma_1^2] = \mathrm{M}.$$

83. Armature homogène. — Supposons maintenant que toutes les barres dont se compose l'armature aient le même coefficient d'élasticité E, et appelons :

Ω la section totale de la poutre ;

φ le rapport de la section totale de l'armature à celle de la poutre (pourcentage du fer) ;

ζ l'ordonnée du centre de gravité de l'ensemble de la section de l'armature ;

γ le rayon de giration de la section totale de l'armature par rapport à l'horizontale de son centre de gravité.

L'équation (16 *bis*) devient immédiatement :

$$(16\ ter) \qquad \int_0^e t\mathrm{R}dz + \frac{\mathrm{E}\varphi\Omega}{\rho}(\zeta - h) = 0.$$

Quant aux deux autres, si l'on y développe les polynomes sous le signe Σ et si l'on effectue les simplifications en remarquant qu'on a :

$$\Sigma\sigma_1(\zeta_1^2+\gamma_1^2)=\varphi\Omega\,(\zeta^2+\gamma^2),$$

elles se réduisent à :

$$(17\ ter)\qquad \int_0^e tzRdz+\frac{E\varphi\Omega}{\rho}\left[\zeta(\zeta-h)+\gamma^2\right]=M$$

et

$$(18\ ter)\qquad \int_0^e t\,(z-h)\,Rdz+\frac{E\varphi\Omega}{\rho}\left[(\zeta-h)^2+\gamma^2\right]=M^1.$$

84. Barres identiques. — Dans le cas particulier où l'armature est composée de barres identiques entre elles et semblablement orientées, ou même seulement dont les sections ont toutes même aire et même moment d'inertie par rapport aux horizontales de leurs centres de gravité, la valeur de γ^2 peut être calculée comme il suit :

Soient :

- n le nombre total des barres ;
- γ_1 le rayon de giration de la section de chacune par rapport à l'horizontale de son centre de gravité ;
- n_1, n_2... les nombres des barres contenues dans chaque assise horizontale ;
- v_1, v_2... les distances verticales positives et négatives des centres de gravité des diverses assises à celui de l'ensemble de l'armature,

avec les conditions nécessaires :

$$\Sigma n_1=n \qquad \text{et} \qquad \Sigma n_1 v_1=0.$$

La section constante σ_1 de chaque barre est mesurée par $\frac{\varphi\Omega}{n}$, et l'on a :

1. En éliminant le facteur $\frac{E\varphi\Omega}{\rho}$ entre deux quelconques des trois équations (16 *ter*), (17 *ter*) et (18 *ter*), on arrive à la nouvelle relation :

$$\int_0^e tzRdz-\left(\zeta+\frac{\gamma^2}{\zeta-h}\right)\int_0^e tRdz=M\,;$$

mais il ne faudrait pas croire que cette équation suffise pour déterminer h, car les deux inconnues h et ρ y figurent encore implicitement dans la fonction R.

$$\varphi\Omega(\zeta^2+\gamma^2) = \Sigma\sigma_1(\zeta_1^2+\gamma_1^2) = \frac{\varphi\Omega}{n}(\Sigma\zeta_1^2+\Sigma\gamma_1^2)$$

$$= \frac{\varphi\Omega}{n}\left[\Sigma(\zeta+v_1)^2+n\gamma_1^2\right] = \frac{\varphi\Omega}{n}(n\zeta^2+\Sigma n_1 v_1^2)+\varphi\Omega\gamma_1^2;$$

on en déduit :

(38) $$\gamma^2 = \gamma_1^2 + \frac{1}{n}\Sigma n_1 v_1^2,$$

de sorte que γ^2 se trouve exprimé par la somme de deux termes dont le premier dépend uniquement de la forme des barres et le second de la manière dont elles sont réparties dans la poutre.

Si les barres sont rondes, le rayon r de chacune est donné par la relation $n\pi r^2 = \varphi\Omega$ et, le rayon de giration étant égal à $\frac{r}{2}$, on a $\gamma_1^2 = \frac{r^2}{4} = \frac{\varphi\Omega}{4\pi n}$.

Si, quelle que soit leur forme, les barres sont réparties en deux assises définies par leurs distances v_1 et v_2 au centre de gravité de leur ensemble, distances comptées toutes deux positivement, l'égalité (38) donne, en raison des relations existant entre les quatre grandeurs n_1, n_2, v_1 et v_2 :

(38 *bis*) $$\gamma^2 = \gamma_1^2 + v_1 v_2,$$

expression qui devient :

(38 *ter*) $$\gamma^2 = \gamma_1^2 + v^2$$

quand les deux assises sont égales et distantes entre elles de $2v$; c'est le cas des poutres à armatures symétriques, pour lesquelles on a, en outre : $\zeta = \frac{e}{2}$.

Enfin, si toutes les barres sont situées dans un même plan horizontal, on a : $v = 0$ et :

(38 *quater*) $$\gamma^2 = \gamma_1^2.$$

§ 2. — MORTIER SUPPOSÉ PARFAITEMENT ÉLASTIQUE

85. Calcul des inconnues h et ρ. — Continuant à considérer l'armature comme parfaitement élastique, on peut se demander si, tant qu'on ne dépasse pas les limites où les poutres sont appelées à travailler dans la pratique, on ne resterait pas suffisamment près de la vérité en admettant que le mortier a, lui aussi, ses allongements positifs et négatifs proportionnels aux tensions correspondantes.

Cherchons ce que deviennent les formules dans cette hypothèse.

Appelons E_0 le coefficient d'élasticité du mortier et, par raison de continuité, supposons qu'il est le même pour la compression et pour la traction.

L'équation (11) se réduit à :

(11 *bis*) $$R = \frac{E_0 (z - h)}{\rho},$$

et, dans le cas d'une armature homogène, les équations (16 *ter*) et (18 *ter*) deviennent :

(16 *quater*) $$\frac{E_0}{\rho} \int_0^e t (z - h)\, dz + \frac{E\varphi\Omega}{\rho} (\zeta - h) = 0$$

et

(18 *quater*) $$\frac{E_0}{\rho} \int_0^e t (z - h)^2 dz + \frac{E\varphi\Omega}{\rho} [(\zeta - h)^2 + \gamma^2] = M,$$

c'est-à-dire, tous calculs faits, en appelant ζ_0 l'ordonnée du centre de gravité de la portion de section $(1 - \varphi)\, \Omega$ occupée par le mortier, γ_0 son rayon de giration par rapport à l'horizontale de ce point et ε le rapport, plus petit que 1, du coefficient d'élasticité du mortier à celui du fer :

(39) $$\varepsilon (1 - \varphi) (\zeta_0 - h) + \varphi (\zeta - h) = 0,$$

(40) $$\frac{E\Omega}{\rho} \left\{ \varepsilon (1 - \varphi) [(\zeta_0 - h)^2 + \gamma_0^2] + \varphi [(\zeta - h)^2 + \gamma^2] \right\} = M.$$

L'équation (39) est indépendante de ρ et donne immédiatement pour h la valeur constante :

(41) $$h = \frac{\varepsilon (1 - \varphi)\, \zeta_0 + \varphi\zeta}{1 - (1 - \varepsilon)(1 - \varphi)}.$$

Cette relation exprime que l'axe neutre est, quelle que soit la valeur M du moment fléchissant, l'horizontale passant par le *centre d'élasticité* de la section, c'est-à-dire par le centre de gravité de l'ensemble des aires élémentaires occupées par les deux matériaux, supposées chacune d'une densité proportionnelle au coefficient d'élasticité correspondant.

Le résultat est le même que si l'on substituait à la section de la poutre une section fictive homogène de même épaisseur e, mais dont la largeur à chaque niveau serait proportionnelle à la somme des produits des largeurs t et u des deux matières par les coefficients d'élasticité E_0 et E ; par exemple, nous considérerons une section fictive obtenue en maintenant telle quelle la section de l'armature et multipliant par ε les largeurs du mortier.

D'autre part, on remarque que, dans l'équation (**40**), le produit de Ω par le polynome entre accolades n'est autre que le moment d'inertie de la section fictive qui vient d'être définie, pris par rapport à l'horizontale de son centre de gravité, moment qui est, de même que h, constant pour toutes les sections de la poutre. En le désignant par I, on a, en tenant compte de l'équation (**39**) :

$$(42)\quad I = \Omega\left[\frac{\varepsilon\varphi(1-\varphi)}{1-(1-\varepsilon)(1-\varphi)}(\zeta-\zeta_0)^2 + \varepsilon(1-\varphi)\gamma_0^2 + \varphi\gamma^2\right],$$

et l'équation (**40**) devient :

$$(40\ bis)\qquad M = \frac{EI}{\rho}\,.$$

Les valeurs de h et de ρ sont donc les mêmes que pour une poutre homogène parfaitement élastique, ayant pour coefficient d'élasticité E et pour section la section fictive définie plus haut.

86. Autres expressions de h et de I. — Les expressions de h et de I peuvent être mises sous des formes plus simples par la substitution des paramètres relatifs à la section totale, dont la détermination immédiate est généralement facile, à ceux, toujours plus complexes, se rapportant à la portion de section occupée par le mortier.

Appelons Z l'ordonnée du centre de gravité de la section totale de la poutre, sans tenir compte des élasticités ni des densités des deux matériaux, et G le rayon de giration de cette section par rapport à l'horizontale de son centre de gravité[1] ;

1. Ne pas confondre ces grandeurs avec celles qui ont été représentées par les mêmes lettres dans le calcul des composantes de l'effort tranchant (art. 49).

ces deux grandeurs sont liées aux précédentes par les relations :

$$(43)\quad \begin{cases} Z = (1-\varphi)\zeta_0 + \varphi\zeta, \\ G^2 + Z^2 = (1-\varphi)(\gamma_0^2 + \zeta_0^2) + \varphi(\gamma^2 + \zeta^2). \end{cases}$$

D'autre part, posons, pour simplifier les écritures :

$$\frac{1}{\varphi} = \varphi', \qquad \frac{\varepsilon}{1-\varepsilon} = \frac{1}{\frac{1}{\varepsilon} - 1} = \varepsilon'$$

et

$$\psi = \frac{(1-\varepsilon)\varphi}{1-(1-\varepsilon)(1-\varphi)} = \frac{\frac{1}{\varepsilon} - 1}{\frac{1}{\varphi} + \frac{1}{\varepsilon} - 1} = \frac{1}{1+\varepsilon'\varphi'} < 1\,;$$

en portant dans les égalités (41) et (42) les valeurs de ζ_0 et γ_0 tirées des égalités (43), on obtient les deux égalités suivantes :

$$(44)\qquad h = (1-\psi)Z + \psi\zeta,$$

$$(45)\qquad I = \varepsilon\Omega\left[\psi(\zeta - Z)^2 + G^2 + \frac{\psi}{1-\psi}\gamma^2\right].$$

87. Allongements et tensions longitudinales. — En remplaçant dans l'équation :

$$(14\ a)\qquad \lambda = \frac{z-h}{\rho}$$

$\frac{1}{\rho}$ par sa valeur tirée de (40 *bis*), on trouve que l'allongement positif ou négatif d'une fibre quelconque d'ordonnée z, au point où elle coupe la section où le moment fléchissant est M, est mesuré par :

$$(46)\qquad \lambda = \frac{M(z-h)}{EI}.$$

Quant aux tensions longitudinales développées dans le mortier et le fer, au même niveau et dans la même section, elles sont données par les égalités :

$$(47)\qquad R = \frac{\varepsilon M(z-h)}{I}$$

et

$$(48)\qquad F = \frac{M(z-h)}{I} = \frac{R}{\varepsilon}.$$

On voit que leur rapport est constamment égal à ε.

88. Action tangentielle moyenne à chaque niveau. — $\frac{dR}{dM}$ et $\frac{dF}{dM}$ étant respectivement égaux à $\varepsilon \frac{z-h}{I}$ et à $\frac{z-h}{I}$, l'équation (20) de l'article 49 devient :

$$\frac{d\,(t\Sigma + u\Gamma)}{dz} = -\frac{A}{I}\,(\varepsilon t + u)\,(z-h).$$

Or $\varepsilon t + u$ n'est autre que la largeur t_0 de la section fictive au niveau z, et l'on a, en appelant σ_0 l'aire de la portion de cette section comprise entre les plans ayant pour ordonnées 0 et z, et y_0 l'ordonnée du centre de gravité de cette même portion de section, grandeurs qui sont des fonctions de z :

$$(49)\quad \begin{cases} t\Sigma + u\Gamma = -\dfrac{A}{I}\displaystyle\int_0^z t_0\, z dz + \dfrac{A}{I}\, h \displaystyle\int_0^z t_0\, dz \\ \qquad = \dfrac{A\sigma_0}{I}\,(h - y_0). \end{cases}$$

89. Calcul des flèches. — Dans l'hypothèse qui nous occupe, h est indépendant de M : la ligne neutre est une fibre de la poutre et prend, sous charge, la même courbure que toute autre fibre. Son équation s'obtient alors en intégrant deux fois l'équation (19) transformée :

$$\frac{d^2 f_0}{dx^2} = \frac{M}{EI},$$

dans laquelle $\frac{1}{EI}$ est un coefficient constant ne dépendant que de la nature et de la disposition des matériaux.

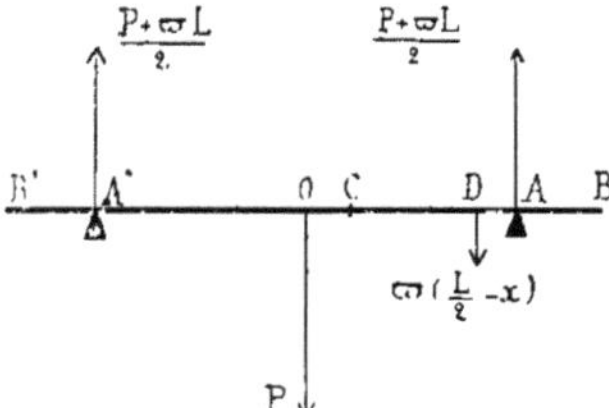

Fig. 59.

Supposons, pour fixer les idées, une poutre BB' (fig. 59) de longueur L, posée symétriquement sur deux appuis A' et A distants de l, chargée sur toute sa longueur d'une charge uniforme ϖ par unité de longueur et, au milieu O de sa portée, d'un poids P.

En comptant les abscisses $x = OC$ à partir du point O, l'équation d'équilibre du tronçon CB donne, pour le moment fléchissant dans la section C :

$$M = \varpi\left(\frac{L}{2} - x\right)\frac{\frac{L}{2} - x}{2} - \frac{P + \varpi L}{2}\left(\frac{l}{2} - x\right).$$

On en déduit :

$$\frac{d^2 f_0}{dx^2} = \frac{\varpi}{2EI}\left[\left(\frac{L}{2} - x\right)^2 - \left(\frac{P}{\varpi} + L\right)\left(\frac{l}{2} - x\right)\right].$$

Intégrons une première fois, en déterminant la constante de telle sorte que $\frac{df_0}{dx}$ s'annule pour $x = 0$:

$$\frac{df_0}{dx} = \frac{\varpi}{2EI}\left[\frac{L^2 x}{4} - \frac{Lx^2}{2} + \frac{x^3}{3} - \left(\frac{P}{\varpi} + L\right)\left(\frac{lx}{2} - \frac{x^2}{2}\right)\right].$$

Intégrons de nouveau :

$$f_0 = \frac{\varpi}{2EI}\left[\frac{L^2 x^2}{8} - \frac{Lx^3}{6} + \frac{x^4}{12} - \left(\frac{P}{\varpi} + L\right)\left(\frac{lx^2}{4} - \frac{x^3}{6}\right) + C\right];$$

f_0 devant s'annuler pour $x = \frac{l}{2}$, on a :

$$C = \frac{l^2}{8}\left(-\frac{L^2}{4} + \frac{Ll}{2} - \frac{l^2}{24} + \frac{P}{\varpi}\frac{l}{3}\right).$$

On voit qu'en tout point de la poutre le déplacement vertical est inversement proportionnel au produit EI.

Au milieu de la portée, la flèche maximum est donnée par :

$$f = \frac{\varpi C}{2EI} = \frac{\varpi l^2}{16EI}\left(\frac{P}{\varpi}\frac{l}{3} - \frac{L^2}{4} + \frac{Ll}{2} - \frac{l^2}{24}\right).$$

Quand on suppose ϖ constant (poids mort) et P variable, cette flèche croît proportionnellement à P et l'on a :

$$\frac{df}{dP} = \frac{l^3}{48EI}.$$

Si, connaissant le coefficient d'élasticité E du fer, on sait mesurer le rapport $\frac{df}{dP}$, on tire de cette relation la valeur de I. Dès lors, quand on connaît les dimensions des divers éléments de la section, la relation (45) donne, après remplacement de $\frac{h}{\varphi}$ par sa valeur en fonction de φ et de ε, le rapport ε du coefficient d'élasticité du mortier à celui du fer ; puis la relation (44) donne l'ordonnée h de la fibre neutre. C'est ainsi qu'on a procédé plus haut (art. 32 et 33) à propos des expériences 25 et 26.

90. Similitude des poutres armées. — Soient z', h', Z', ζ', G' et γ' les rapports des longueurs z, h, Z, ζ, G et γ à l'épaisseur e de la poutre. Les égalités (44) et (45) peuvent s'écrire :

$$(44\ bis) \qquad h' = (1 - \psi) Z' + \psi\zeta',$$

$$(45\ bis) \qquad I = \varepsilon\Omega e^2 \left[\psi (\zeta' - Z')^2 + G'^2 + \frac{\psi}{1 - \psi} \gamma'^2\right] = \varepsilon\Omega e^2 J,$$

J désignant le polynome entre crochets.

Si l'on considère une nouvelle poutre composée des deux mêmes matériaux et dont la section ait tous ses éléments linéaires égaux au produit par un coefficient quelconque α des éléments correspondants de la première, il résulte de ces deux égalités que h' et J conservent les mêmes valeurs et que I est multiplié par α^4.

Les égalités (46) et (47) peuvent de même s'écrire :

$$(46\ bis) \qquad \lambda = \frac{M}{\varepsilon\Omega e E} \frac{z' - h'}{J},$$

$$(47\ bis) \qquad R = \frac{M}{\Omega e} \frac{z' - h'}{J};$$

sous cette forme, elles montrent que, pour une même valeur M du moment fléchissant et sur des fibres situées à une même fraction quelconque z' des épaisseurs des deux poutres, l'allongement et les tensions par unité de longueur des deux matériaux sont, dans la seconde poutre, égaux aux quotients par α^3 des valeurs qu'ils ont dans la première.

En même temps, le rayon de courbure, qui a pour expression, en vertu des relations (40 *bis*) et (45 *bis*) :

$$\rho = \frac{\varepsilon\Omega e^2 EJ}{M},$$

est multiplié par α^4.

Inversement, si le moment fléchissant dans une section quelconque de la seconde poutre est égal au produit par α^3 du moment fléchissant dans une section quelconque de la première, l'allongement et les tensions sont les mêmes, dans ces sections, à une même fraction quelconque de l'épaisseur des deux poutres.

91. Meilleure disposition à donner à la section dans l'hypothèse étudiée. — Une conséquence immédiate de ce qui précède, évidente du reste *a priori*, est qu'il est avantageux d'augmenter le plus possible les dimensions de la section. Comme, d'autre part, le prix de revient croît, en général, moins vite que l'aire Ω, c'est-à-dire que z^2, on voit que la résistance maximum dont une poutre est susceptible augmente plus vite que la dépense, de sorte que les plus grosses poutres sont relativement les plus économiques.

Mais, le plus souvent, on est limité à la fois par la place et par les crédits, et les dimensions extérieures, voire même le contour de la section, sont plus ou moins imposés par des circonstances locales ; e, Ω et les deux rapports Z' et G' ne peuvent donc varier qu'entre des limites assez étroites, et le véritable problème de la meilleure poutre consiste, ces grandeurs étant supposées données *a priori*, à choisir les matériaux et à déterminer la forme et la distribution de l'armature, de telle sorte que les tensions limites positives et négatives tolérées pour les matériaux ne soient atteintes que pour la plus grande valeur possible du moment fléchissant M.

Une première condition de bon établissement d'une poutre armée est que les différentes parties de sa section aient des résistances appropriées aux efforts qu'elles auront à supporter, de telle sorte qu'aucune ne possède, à l'instant où une autre est sur le point de céder, un trop grand reliquat d'énergie inutilisée [1].

Supposons donc que, pour les plus fortes charges que la poutre aura à subir dans la pratique, on considère comme imprudent de faire dépasser au mortier une certaine tension $\mathfrak{R}_m$ et une

1. M. Considère a fait observer qu'il convenait de faire en sorte que la rupture du mortier par traction précédât toujours sa rupture par compression, attendu que la première provoque un affaissement lent et progressif de la poutre, avertisseur de sa rupture plus ou moins prochaine, tandis que la seconde se traduit par un effondrement brusque et inattendu. Cette remarque, fort judicieuse quand l'armature se trouve tout entière dans la partie tendue du mortier, ne semble plus avoir sa raison d'être quand la poutre contient aussi des barres dans sa partie comprimée (art. 80).

certaine compression $\mathcal{C}_m$, et admettons, pour rester dans l'hypothèse posée au début du paragraphe, qu'entre ces deux limites les allongements positifs ou négatifs restent sensiblement proportionnels aux tensions correspondantes. Pour que, pour la valeur maximum possible M_m du moment fléchissant, le mortier atteigne simultanément ses tensions limites sur les fibres extrêmes, on devra avoir à la fois, en vertu de la relation (**47** *bis*) :

$$R_o = -\frac{M_m h'}{\Omega e J} = -\mathcal{C}_m \quad \text{et} \quad R_1 = \frac{M_m (1 - h')}{\Omega e J} = \mathcal{T}_m.$$

On en déduit :

$$h' = \frac{\mathcal{C}_m}{\mathcal{C}_m + \mathcal{T}_m} \quad \text{et} \quad M_m = \Omega e J (\mathcal{C}_m + \mathcal{T}_m).$$

La première de ces deux égalités est la condition cherchée : elle fixe l'ordonnée relative du centre d'élasticité de la section. La seconde montre que, toutes choses égales d'ailleurs, il y a avantage à choisir un mortier tel que la somme $\mathcal{C}_m + \mathcal{T}_m$ soit aussi grande que possible, ce qui est à peu près évident *a priori*.

$\mathcal{C}_m$ étant généralement très grand relativement à $\mathcal{T}_m$, h' doit être voisin de l'unité, ce qui implique que l'armature arrive très près de la fibre la plus tendue de la poutre.

Dès lors, la tension maximum du métal est, en vertu de l'égalité (**48**), très voisine de $\frac{R_1}{\varepsilon}$, et la condition pour que le fer atteigne sa limite d'élasticité en même temps que le mortier atteint ses résistances limites est :

$$\mathcal{L} = \frac{\mathcal{T}_m}{\varepsilon}.$$

Soit, pour fixer les idées, $\mathcal{T}_m = 20$ kg. par cm² = 0,2 kg. par mm², et $\mathcal{L} = 28$ kg. par mm². Pour que cette relation fût vérifiée, il faudrait que l'on eût $\varepsilon = \frac{0,2}{28} = \frac{1}{140}$, valeur beaucoup plus faible que le rapport des coefficients d'élasticité que l'on mesure ordinairement pour les mortiers et pour les fers. Le premier membre de l'égalité ci-dessus est donc plus grand que le second, et, si notre point de départ était juste, la poutre ne pourrait jamais périr par l'armature. Dès lors, pour se rapprocher de la condition exprimée par la formule, il conviendrait de choisir les deux matériaux de telle sorte que $\mathfrak{N}_m$ fût le plus grand possible, condition compatible avec celle déjà trouvée d'avoir une forte valeur de $\mathcal{C}_m + \mathfrak{N}_m$, et que ε et $\mathfrak{L}$ fussent le plus petits possible. Toutefois, si un fer à limite d'élasticité élevée ne coûte pas plus cher qu'un autre à limite moindre, il n'y a évidemment aucun inconvénient à l'employer, et on doit même lui donner la préférence si son coefficient d'élasticité est plus grand.

Dans l'impossibilité où l'on est encore de calculer les actions transversales en chaque point des deux matériaux, on ne sait pas exprimer les conditions pour que le cisaillement et le décollement soient sur le point de se produire au moment où le mortier atteint ses résistances limites sur les fibres extrêmes.

Les matériaux étant choisis et l'épaisseur ainsi que la section totale de la poutre étant supposées données *a priori*, il ne reste plus d'indéterminé, dans le second membre de la relation qui donne M_m, que le seul facteur J, et la poutre sera d'autant plus résistante que ce facteur aura une valeur plus grande.

De l'égalité (**44** *bis*) on tire :

$$\zeta' - Z' = \frac{1}{\psi}(h' - Z').$$

En portant cette valeur dans l'expression de J, on a :

$$\mathrm{J} = \frac{1}{\psi}(h' - Z')^2 + G'^2 + \frac{\psi}{1-\psi}\gamma'^2,$$

$$\frac{d\mathrm{J}}{d\psi} = -\frac{1}{\psi^2}(h' - Z')^2 + \frac{1}{(1-\psi)^2}\gamma'^2,$$

et :

$$\frac{d^2\mathrm{J}}{d\psi^2} = \frac{2}{\psi^3}(h' - Z')^2 + \frac{2}{(1-\psi)^3}\gamma'^2 > 0.$$

La valeur positive de ψ qui annule la dérivée $\frac{d\mathrm{J}}{d\psi}$ correspond donc à un minimum, de sorte que la plus grande valeur de J doit avoir lieu soit pour la plus petite, soit pour la plus grande valeur dont ψ est susceptible. Or, en mettant ψ sous la forme $\frac{1}{1+\varepsilon'\varphi'}$, on voit immédiatement que sa plus petite valeur mènerait à une solution absurde, tandis que sa plus grande, qui correspond aux plus petites valeurs possibles de ε' et de φ', conduit à prendre ε aussi petit que possible, condition déjà trouvée, et φ aussi grand que possible, ce qui est à peu près évident *a priori*. Toutefois l'augmentation du pourcentage du fer est limitée par celle du poids mort et surtout par celle de la dépense, et le choix de la meilleure valeur de φ est subordonné à ces deux facteurs.

Ce choix étant fait, ψ a une valeur bien définie et J n'est plus fonction que de Z', de G' et de γ'. Les deux premiers de ces paramètres dépendent uniquement du profil extérieur de la poutre ; autant qu'on pourra les choisir, on devra tâcher que G' et $h' - Z'$ soient aussi grands que possible. Comme h', choisi égal à $\frac{\mathcal{C}_m}{\mathcal{C}_m + \mathcal{T}_m}$, est voisin de l'unité, la seconde condition correspond à faire en sorte que Z' soit très faible [1].

Quant à γ', il dépend uniquement de la disposition de l'armature ; encore la hauteur relative ζ' du centre de gravité de celle-ci est-elle déjà définie par l'égalité (**44** *bis*), dans laquelle tous les autres paramètres sont maintenant fixés [2].

1. Le tableau ci-contre (p. 187) indique les valeurs de $\Omega' = \frac{\Omega}{e^2}$, de Z' et de G'^2 pour quelques profils usuels, dont plusieurs sont représentés sur la fig. 60.

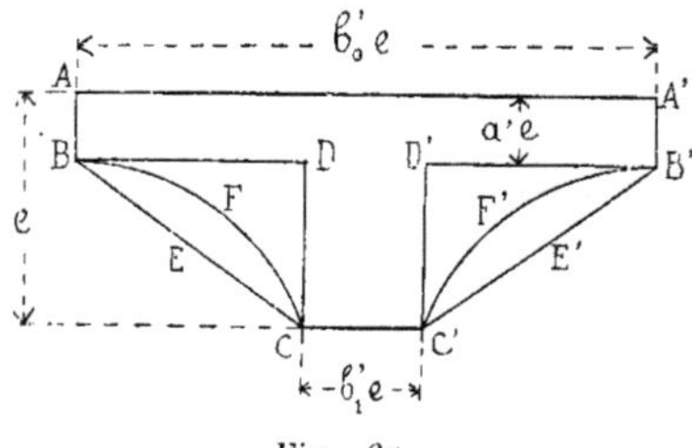

Fig. 60.

On démontre que, quelle que soit la forme de la section, on a toujours $G'^2 \leqq Z'(1 - Z') \leqq \frac{1}{4}$. Le maximum de G'^2 correspond au cas limite où la section est constituée par l'ensemble de deux surfaces infiniment petites dont la distance verticale est e.

2. La condition que la valeur de ζ' tirée de la relation (**44** *bis*) soit inférieure à l'unité conduirait à une discussion, que nous n'aborderons pas ici, sur le choix des autres paramètres entrant dans cette formule.

PROFIL	Ω'	Z'	G'^2
Rectangle de largeur $b'e$. .	b'	$\frac{1}{2}$	$\frac{1}{12}$
Bourdis et solive (contour ABDC de la fig. 60) . . .	$a'b'_o + (1 - a')b'_1$	$\frac{a'^2 b'_o + (1 - a'^2) b'_1}{2\,\Omega'}$	$\frac{[a'^2 b'_o - (1-a')^2 b'_1]^2 + 4a'(1-a')b'_o b'_1}{12\,\Omega'^2}$
Hexagone formé d'un rectangle et d'un trapèze isocèle ayant une base commune (contour ABEC de la fig. 60).	$\frac{b'_o - b'_1}{2}(1 + a') + b'_1$	$\frac{\frac{b'_o - b'_1}{3}(1 + a' + a'^2) + b'_1}{2\,\Omega'}$	$\frac{\frac{(b'_o - b'_1)^2}{6}(1 + 2a' + 2a'^3 + a'^4) + (b'_o - b'_1)b'_1(1 + a' - a'^2 + a'^3) + b'^2_1}{12\,\Omega'^2}$
Pentagone isocèle birectangle	Faire $b'_1 = 0$ dans les formules de l'hexagone.		
Trapèze isocèle	Faire $a' = 0$ dans les formules de l'hexagone.		
Triangle isocèle.	Faire $a' = 0$ et $b'_1 = 0$ dans les formules de l'hexagone.		
Voutins (contour ABFC de la fig. 60).	Formules très compliquées. En pratique, prendre des nombres intermédiaires à ceux calculés pour les deux contours ABDC et ABEC.		
Anneau circulaire à paroi d'épaisseur $\varepsilon' e$ (tuyau soumis à un effort de flexion)	$\pi\varepsilon'(1 - \varepsilon')$	$\frac{1}{2}$	$\frac{1 - 2\varepsilon' + 2\varepsilon'^2}{8}$

Supposons, pour fixer les idées, l'armature composée de n barres identiques dont chacune ait pour rayon de giration par rapport à son centre de gravité $\gamma'_1 e$, réparties par assises horizontales à raison de n_1 barres à une distance $v'_1 e$ du centre de gravité de leur ensemble, n_2 à une distance $v'_2 e$, etc. L'égalité (38) donne :

$$\gamma'^2 = \gamma'^2_1 + \frac{1}{n} \Sigma n_1 v'^2_1.$$

Il y aurait lieu tout d'abord de faire en sorte que γ'_1 fût le plus grand possible ; cela conduirait, d'une part à augmenter la section des barres au détriment de leur nombre, d'autre part à choisir un profil de barres ayant, pour une section donnée, un très grand moment d'inertie, par exemple un profil en **I** ou, pour amortir les angles, en forme de double champignon. Toutefois, il est facile de vérifier que, tant que la proportion du fer n'atteint pas une valeur très supérieure à l'importance donnée habituellement aux armatures dans la pratique, l'influence de la grandeur de γ'_1 est tout à fait négligeable [1]. Peu importent donc le profil des barres, pourvu qu'elles ne présentent pas d'angles vifs tendant à cisailler le mortier, et leur nombre, pourvu qu'elles soient assez serrées pour exercer leur influence sur toute la largeur de la poutre et assez espacées pour ne pas réduire la section du mortier jusqu'à y provoquer la production d'un plan de rupture.

Ces conclusions sont confirmées par les essais n^{os} **21**, **21** ***bis*** et **22** décrits plus haut (art. 16 et 17).

Cherchons maintenant le mode de répartition par assises qui correspond au maximum de la fonction $\frac{1}{n} \Sigma n_1 v'^2_1$. Dans le cas

1. Soient par exemple trois poutres carrées égales, pour lesquelles on ait $\varepsilon = \frac{1}{10}$, $\zeta' = 0{,}8$ et $\varphi = 0{,}04$, pourcentage déjà considérable. Supposons la première poutre armée d'une seule barre ronde, la seconde de quatre barres rondes situées dans une même assise et la troisième de quatre barres en **I** situées aussi dans une même assise et dont le profil soit défini par les conditions :

hauteur de l'âme = largeur des tables = 5 fois l'épaisseur de l'âme
= 5 fois l'épaisseur des tables.

On calcule que les valeurs de γ'^2_1 pour ces trois types de barres sont respectivement, 0,0032, 0,0008 et 0,0045, et celles de J pour les trois poutres : 0,10834, 0,10747 et 0,10880, ne différant entre elles que d'environ 1 p. 100 de leur valeur.

de deux assises, cette somme, égale au produit $v'_1 v'_2$ (art. 84), est plus grande que la valeur 0 correspondant à une assise unique, et atteint son maximum quand les deux éléments v'_1 et v'_2 ont simultanément les plus fortes valeurs dont ils sont susceptibles ; dans une poutre limitée horizontalement par des éléments plans, cette condition est réalisée quand les barres sont tangentes aux deux faces extrêmes, leurs nombres dans chaque assise étant tels que le centre de gravité de leur ensemble se trouve à la fraction voulue ζ' de l'épaisseur de la poutre. En négligeant l'épaisseur des barres, et par suite aussi γ'^2_1, on a alors :

$$\gamma'^2 = \zeta'(1 - \zeta').$$

Cette valeur est d'ailleurs la plus forte dont γ'^2 soit susceptible car, si l'on substitue à l'une des deux assises ainsi définies deux assises ou plus, nécessairement plus rapprochées du centre de gravité de l'armature, on est conduit en même temps à réduire l'écartement de l'autre, et la valeur de $\frac{1}{n}\Sigma n_1 v'^2_1$ diminue.

Telles sont, dans l'hypothèse de l'élasticité parfaite du mortier et quand on néglige les actions transversales ainsi que les diverses causes perturbatrices signalées à l'article 36, les meilleures conditions d'établissement d'une poutre armée. Certaines sont assez vagues et ne peuvent être précisées que lorsqu'on connaît les données spéciales à l'ouvrage étudié, telles que prix des matériaux, dimensions et forme plus ou moins imposées, etc.

Si, au lieu de chercher à reculer le plus possible la charge maximum permise, on s'était donné *a priori* la valeur maximum de M à laquelle la poutre aurait à résister en service courant, on se serait trouvé en présence d'une infinité de solutions, suivant les valeurs limites admises pour chaque élément de la poutre, et le choix aurait donné lieu à un problème beaucoup plus complexe.

Comme exemple d'un cas particulier assez simple, nous allons maintenant comparer deux poutres identiques en tous points, sauf en ce qui concerne la distribution des barres de fer.

92. Poutres à armature symétrique. — Une question assez discutée il y a quelques années parmi les constructeurs a été de savoir si, dans les poutres rectangulaires, il valait mieux concentrer toute l'armature dans une assise unique située dans la région tendue, ou la séparer en deux assises égales disposées symétriquement par rapport au plan médian horizontal.

Si, comme c'est le cas le plus général, les efforts extérieurs auxquels la poutre est exposée peuvent changer de sens, il importe évidemment d'armer aussi la région ordinairement comprimée, susceptible de devenir tendue à son tour, et on conçoit que, si les moments fléchissants négatifs peuvent atteindre les mêmes valeurs absolues que les moments positifs, l'armature doive être la même des deux côtés. Mais il y a loin de là à pouvoir avancer, comme on l'a fait parfois, que la poutre à armature symétrique soit capable de résister à des moments fléchissants positifs plus grands que l'autre. Sans prétendre trancher le différend par des calculs basés sur des hypothèses aussi peu certaines que celle qui est étudiée dans ce paragraphe (laquelle a d'ailleurs également été adoptée presque toujours aussi bien par les partisans que par les adversaires des armatures symétriques), tâchons néanmoins de calculer approximativement le rapport des tensions supportées dans les deux cas.

Soient deux poutres rectangulaires égales $\left(Z'=\frac{1}{2},\ G'^2=\frac{1}{12}\right)$, formées des mêmes matériaux et contenant un même nombre de barres égales, de forme quelconque, assez petites pour qu'on puisse négliger leur épaisseur et le moment d'inertie de chacune par rapport à son centre de gravité.

Supposons que, dans la première poutre, toutes les barres soient réparties dans un plan d'ordonnée $e\left(\frac{1}{2}+v'\right)$, alors que, dans la seconde, une moitié seulement des barres est dans ce plan, et l'autre dans le plan symétrique, d'ordonnée $e\left(\frac{1}{2}-v'\right)$.

Les divers paramètres entrant dans les formules ci-dessus ont alors les valeurs indiquées par le tableau de la page 191.

Pour une même valeur du moment fléchissant M, les tensions maximum du mortier dans les deux poutres sont, en vertu de la relation (47 *bis*), proportionnelles aux valeurs du quotient $\frac{1-h'}{J}$: les moments fléchissants correspondant à une même tension maximum du mortier dans la poutre symétrique et dans

	ASSISE UNIQUE DE BARRES	ARMATURE SYMÉTRIQUE
$\zeta' =$	$\frac{1}{2} + v'$	$\frac{1}{2}$
$\gamma'^2 =$	0	v'^2
$J =$	$\frac{1}{12} + \psi v'^2$	$\frac{1}{12} + \frac{\psi}{1-\psi} v'^2$
$h' =$	$\frac{1}{2} + \psi v'$	$\frac{1}{2}$
$\frac{1-h'}{J} =$	$\frac{\frac{1}{2} - \psi v'}{\frac{1}{12} + \psi v'^2}$	$\frac{\frac{1}{2}}{\frac{1}{12} + \frac{\psi}{1-\psi} v'^2}$

celle à une seule assise de barres sont donc entre eux comme les inverses de ce quotient, c'est-à-dire dans le rapport :

$$\frac{\frac{1}{2} - \psi v'}{\frac{1}{12} + \psi v'^2} \times \frac{\frac{1}{12} + \frac{\psi}{1-\psi} v'^2}{\frac{1}{2}}.$$

ou :

$$\frac{(1 - 2\psi v')\,(1 - \psi + 12\psi v'^2)}{(1 - \psi)\,(1 + 12\psi v'^2)}.$$

On remarque que les deux valeurs de $\frac{1-h'}{J}$ diminuent quand v' augmente ; il y a donc, dans les deux cas, avantage à éloigner le plus possible les barres du plan de symétrie horizontal du rectangle, c'est-à-dire à les rendre tangentes aux faces horizontales de la poutre, conclusion qui, pour les poutres à une seule assise de barres, a été confirmée expérimentalement par l'essai n° 22 (art. 17) [1]. Dans le cas limite où l'on fait $v' = \frac{1}{2}$, le rapport de la résistance de la poutre symétrique à la résistance de

1. En pratique, il convient néanmoins de laisser entre l'armature et la surface libre de la poutre une épaisseur de quelques centimètres de mortier, destinée à protéger le fer de toute corrosion de la part des agents extérieurs.

celle à une seule assise de barres se réduit à $\frac{1+2\psi}{1+3\psi}$. On voit immédiatement qu'il est toujours un peu inférieur à l'unité et décroît quand ψ augmente.

Le tableau ci-dessous donne ses valeurs pour divers systèmes de valeurs de φ et de ε :

$\varphi =$	0,005	0,01	0,02	0,03	0,04
$\varepsilon = \frac{1}{10}$	0,96	0,93	0,89	0,87	0,85
$\varepsilon = \frac{1}{20}$	0,93	0,89	0,85	0,83	0,81
$\varepsilon = \frac{1}{30}$	0,91	0,86	0,83	0,81	0,79

On peut se proposer d'augmenter l'armature de la poutre symétrique de manière que, sous un même moment fléchissant, la tension maximum du mortier y soit la même que dans la poutre à une seule assise de barres. En appelant φ_1 le pourcentage de cette dernière et φ_2 celui de l'armature symétrique, on calcule sans peine qu'il faut prendre :

$$\varphi_2 = \left(1 + \frac{1}{6v'}\right) \frac{\varepsilon'\varphi_1}{\varepsilon' + (1 - 2v')\varphi_1} .$$

Dans le cas limite où l'on prend $v' = \frac{1}{2}$, cette relation se réduit, quel que soit ε, à $\varphi_2 = \frac{4}{3}\varphi_1$: si donc l'hypothèse de l'élasticité proportionnelle était vérifiée, chacune des deux moitiés de l'armature symétrique devrait être prise égale aux deux tiers de l'armature unique, pour que, sous un moment fléchissant positif quelconque, la tension maximum du mortier fût la même dans les deux poutres.

Au voisinage de la rupture, les allongements du mortier croissent, d'après les expériences de M. Considère, beaucoup plus vite que les tensions correspondantes : il en résulte que l'écart entre les résistances limites des deux types de poutres également armées est plus grand que ne l'indiquent les calculs ci-dessus.

93. Discussion de l'hypothèse de l'élasticité proportionnelle. — L'hypothèse de l'élasticité parfaite du mortier est la première qui se présente à l'esprit et a été prise comme point de départ par un grand nombre de calculateurs. En somme, elle conduit à traiter la poutre comme étant homogène et parfaitement élastique, avec une section qu'on obtiendrait en amplifiant, dans chaque plan horizontal, les largeurs des deux matériaux proportionnellement à leurs coefficients d'élasticité.

L'expérience a montré depuis longtemps que cette hypothèse devenait tout à fait inadmissible, même dans le cas de mortiers non armés, dès que les tensions dépassaient une certaine limite. Mais on pourrait, à la rigueur, attribuer les écarts à une fissuration visible ou non du mortier (art. 81) et se demander si, pour une poutre en service courant, déjà soumise à un grand nombre de chargements et déchargements partiels, les formules qui viennent d'être établies ne donneraient pas avec une approximation suffisante les petits allongements élastiques et les tensions positives et négatives de la matière sous des charges assez éloignées de celle qui amènerait la rupture.

Les résultats d'expériences relatés à l'article 35 semblent montrer qu'il n'en est rien, au moins quand on ne tient pas compte de l'inégal écrouissage des différentes parties de la poutre ni des tensions qui subsisteraient, après complet déchargement, par suite des déformations permanentes des matériaux.

§ 3. — OMISSION PARTIELLE OU TOTALE DES TENSIONS POSITIVES DU MORTIER

94. Omission partielle. — On a vu que des poutres armées dont le mortier s'est fissuré dans la partie tendue peuvent néanmoins continuer à résister longtemps encore à des charges bien supérieures à celle pour laquelle la première fissure a été observée.

Dès lors, si $\mathcal{N}$ (ou $\mathcal{A}$, dans l'hypothèse du frottement négatif) est la résistance vraie à la rupture par traction du mortier supposé encore parfaitement élastique, et si λ_n est l'allongement correspondant, il semble que, dès que la tension sur la fibre la plus tendue dépasse $\mathcal{N}$, on doive, dans les calculs, négliger les tensions du mortier dans toute la région où son allongement est supérieur à λn, région que l'on peut considérer comme coupée de place en place, perpendiculairement aux fibres, par des fissures visibles ou non.

Les trois relations (37) de la page 168 peuvent alors s'écrire :

$$(37\ bis)\ \begin{cases} \dfrac{z_n - h}{\rho} = \lambda n = \dfrac{\mathfrak{N}}{\varepsilon E}, \\ \varepsilon \displaystyle\int_0^{z_n} t\,(z-h)\,dz + \varphi\Omega\,(\zeta - h) = 0, \\ \dfrac{E}{\rho}\left\{ \varepsilon \displaystyle\int_0^{z_n} t\,(z-h)^2\,dz + \varphi\Omega\,[(\zeta - h)^2 + \gamma^2] \right\} = M\,; \end{cases}$$

elles définissent les valeurs des inconnues h, ρ et z_n correspondant à toute valeur de M pour laquelle on aurait $R_1 > \mathfrak{N}$.

On en déduit, pour la compression maximum du mortier et la tension maximum du fer, en appelant η la valeur de z pour la fibre la plus tendue de l'armature :

$$R_o = \frac{-E\varepsilon h}{\rho}, \quad F_\eta = \frac{E\,(\eta - h)}{\rho},$$

et la rupture définitive doit se produire quand la première de ces tensions atteint la valeur $-\mathcal{C}$ ou la seconde la valeur $\mathcal{L}$.

En exprimant que R_o et F_η atteignent simultanément ces valeurs limites pour la plus grande valeur possible de M, on déterminerait, par une discussion analogue à celle de l'article **91**, les conditions d'établissement de la poutre qui pourraient être les plus avantageuses si l'on n'avait pas à s'inquiéter des fissures du mortier tendu.

95. Méthode de vérification. — On peut vérifier expérimentalement cette hypothèse quand, connaissant les moments de rupture d'une série de poutres rectangulaires faites avec un même mortier et armées, de diverses manières, d'une seule assise de barres dont on connait les coefficients d'élasticité, on sait en outre que toutes ont rompu, soit par compression du mortier pour une valeur connue $-\mathcal{C}$ de R_o, soit par l'armature quand la tension de celle-ci a atteint une valeur connue $\mathcal{L}$.

On peut alors négliger γ^2 et considérer la largeur t du mortier comme constamment égale à b [1], et les trois relations deviennent :

$$\frac{z_n - h}{\rho} = \frac{\mathfrak{N}}{\varepsilon E},$$

$$\frac{b\varepsilon}{2}\left[(z_n - h)^2 - h^2\right] + \varphi\Omega\,(\zeta - h) = 0,$$

$$\frac{b\varepsilon}{3}\left[(z_n - h)^3 + h^3\right] + \varphi\Omega\,(\zeta - h)^2 = \frac{M_0}{E}.$$

Considérons d'abord une poutre rompue sous un moment fléchissant M quand la compression maximum du mortier a atteint une valeur connue $\mathcal{C}$.

Posons :

$$z' = \frac{z_n}{\zeta} \quad \text{et} \quad p = \frac{(z' - 1)^3 + 1 - \frac{3M}{b\mathcal{C}\zeta^2}}{\frac{3M}{b\mathcal{C}\zeta^2} - \frac{z'^2}{2}}.$$

Si l'on connaissait la valeur de z_n, on calculerait, en vertu des équations ci-dessus :

$$\mathfrak{N} = \mathcal{C}\left(1 - \frac{2 - z'}{1 + p}\right) \quad \text{et} \quad \varepsilon = \frac{2\varphi\Omega p}{b\zeta z'^2}.$$

Donnons à z_n une série de valeurs arbitraires échelonnées (toujours inférieures à l'épaisseur e de la poutre), calculons les valeurs de $\mathfrak{N}$ et de ε correspondant à chacune et traçons la courbe continue dont les points ont pour coordonnées εE et $\mathfrak{N}$. A chaque poutre essayée correspondra une pareille courbe et, si l'hypothèse est admissible, les courbes de toutes les poutres rompues par compression du mortier devront se couper en un même point, dont les coordonnées mesureront le coefficient d'élasticité et la résistance vraie à la traction du mortier employé.

La même méthode s'applique à tout groupe de poutres rompues par l'armature ; les formules sont alors, en appelant $\mathcal{L}$ la tension critique du fer :

1. t est rigoureusement égal à b quand l'armature est tout entière dans la partie fissurée du mortier ; dans le cas contraire, on peut encore, en vertu de l'hypothèse de l'élasticité parfaite, considérer t comme constant, à condition de remplacer le coefficient d'élasticité du fer par $(1 - \varepsilon)$ E. En toute rigueur, les formules devraient alors subir une légère correction pour les valeurs de z_n supérieures à ζ.

$$\mathfrak{N} = \frac{6}{bz_n^2}\left[\mathrm{M} - \varphi\Omega\mathfrak{L}\left(\zeta - \frac{z_n}{3}\right)\right],$$

$$\varepsilon = \frac{12}{bz_n^3}\left[\frac{\mathrm{M}}{\mathfrak{L}}\left(\zeta + \frac{z_n}{2}\right) - \varphi\Omega\zeta^2\right] - 2\frac{\mathfrak{N}}{\mathfrak{L}}.$$

96. Vérification numérique. — On a appliqué ces formules aux résultats fournis par les cinq poutres de l'essai n° **21** (art. **16**), en considérant celles-ci comme s'étant toutes rompues soit pour une compression du mortier de 165 kg par cm² (fig. **61**), soit

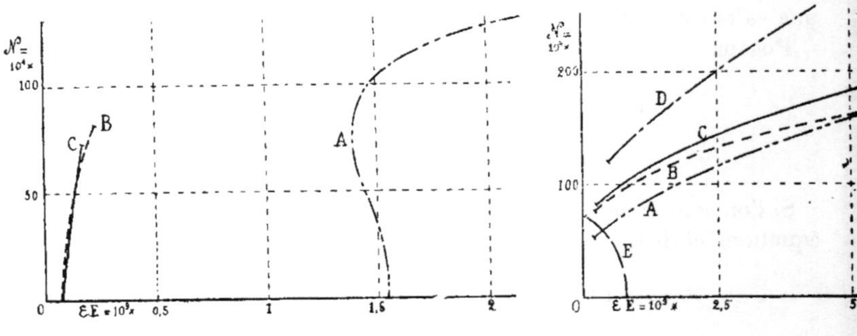

Fig. 61. Fig. 62.

pour une tension du fer de 28 kg par mm² (fig. **62**), moyenne des charges, d'ailleurs très voisines, trouvées comme limites d'élasticité des barres dans les essais directs par traction (art. 13). On a laissé forcément de côté le cas, d'ailleurs fort peu probable, où, dans certaines des cinq poutres, la rupture se serait amorcée par décollement.

Chaque courbe a été limitée par un petit trait transversal au point correspondant à $z_n = e$.

Pour $\mathcal{C} = 165 \times 10^4$, on calcule que les valeurs de ε et de $\mathfrak{N}$ correspondant, pour les poutres D et E, aux valeurs admissibles de z_n, sont négatives. Aussi les courbes relatives à ces poutres sont-elles absentes de la figure 61.

Les deux figures montrent immédiatement que l'hypothèse qui vient d'être étudiée n'est pas applicable à l'expérience n° **21**, car les courbes sont trop loin de concourir en un même point pour qu'on puisse attribuer leur défaut de concurrence à des écarts d'expérience ou à un serrage inégal du mortier dans les cinq poutres.

97. Omission totale. — Une hypothèse extrêmement simple et fort en faveur auprès d'un grand nombre d'entrepreneurs de constructions en ciment armé consiste à admettre qu'à partir d'une charge suffisamment élevée, les tensions positives développées dans le mortier peuvent être négligées vis-à-vis des tensions du fer et des compressions du mortier ; dans ce cas, pour calculer une poutre, du moins en ce qui concerne sa résistance aux moments fléchissants, il suffit d'exprimer que ces deux derniers groupes de forces se font équilibre, en supposant constants les deux coefficients d'élasticité.

L'équation (16 *quater*), qui exprime l'équilibre des tensions, devient alors, après remplacement de E_o par εE et suppression du facteur commun $\frac{E}{\rho}$:

$$\varepsilon \int_0^h t(z-h)\,dz + \varphi\Omega(\zeta - h) = 0\,;$$

elle définit l'ordonnée h de la fibre neutre.

Quant à l'équation (18 *quater*), qui exprime l'équilibre des moments et donne ρ en fonction de M et de cette valeur de h, elle peut s'écrire :

$$\rho = \frac{E}{M}\left\{ \varepsilon \int_0^h t(z-h)^2\,dz + \varphi\Omega\left[(\zeta - h)^2 + \gamma^2\right]\right\}.$$

Dans le cas d'une poutre rectangulaire où l'on puisse considérer la largeur du mortier comprimé comme constamment égale à b [1], on a, en posant $\frac{\varphi\Omega}{\varepsilon b} = \frac{\varphi e}{\varepsilon} = a$:

$$h = \sqrt{(\zeta + a)^2 - \zeta^2} - a$$

et

$$\rho = \frac{\varphi\Omega E}{M}\left[\gamma^2 + (\zeta - h)\left(\zeta - \frac{h}{3}\right)\right].$$

Enfin, si l'on suppose l'armature formée d'une seule assise de barres suffisamment minces pour que γ^2 soit négligeable, on calcule pour la compression maximum $-R_o$ du mortier et la tension moyenne F du fer :

1. Voir le renvoi de la page 195.

$$-R_o = \frac{\varepsilon E h}{\rho} = \frac{\varepsilon M h}{\varphi\Omega(\zeta - h)\left(\zeta - \frac{h}{3}\right)} = \frac{2M}{bh\left(\zeta - \frac{h}{3}\right)}$$

et

$$F = \frac{E(\zeta - h)}{\rho} = \frac{M}{\varphi\Omega\left(\zeta - \frac{h}{3}\right)} = \frac{-hR_o}{2\varphi e}.$$

Ces formules permettent de calculer les éléments d'une poutre répondant aux conditions qui viennent d'être posées, quand on se donne *a priori* la valeur limite de M et les fatigues permises du mortier à la compression et du fer à la traction.

Contrairement à celle qui a été étudiée au § 2, cette hypothèse doit être d'autant plus plausible que la charge est plus forte. Elle doit d'ailleurs être surtout applicable aux poutres dans lesquelles la plus grande partie du mortier se trouve ramassée dans la région comprimée. Tel serait le cas, par exemple, pour les poutres à armature incomplètement noyée dans le mortier, telles que les voutins représentés par la figure 63.

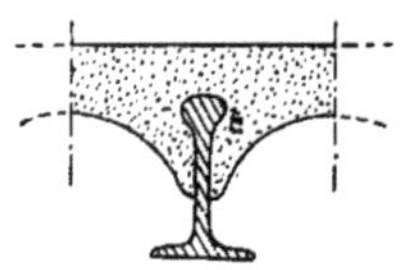

Fig. 63.

98. Méthodes de vérification. — Négligeant encore le cas peu probable de ruptures amorcées par décollement, supposons, comme à l'article 95, que l'on ait déterminé les moments de rupture d'une série de poutres rectangulaires faites avec un même mortier et dont les armatures, diversement disposées, aient toutes leurs barres dans un même plan horizontal.

Si l'hypothèse est admissible, on devra pouvoir trouver une certaine valeur de εE (ou simplement de ε si toutes les armatures sont formées du même métal) telle que, pour les moments de rupture trouvés expérimentalement, R_o ait une valeur sensiblement constante pour certaines des poutres (poutres rompues par compression du mortier) et F une valeur sensiblement constante pour les autres (poutres rompues par le fer).

Un premier mode de vérification consistera donc à donner arbitrairement au coefficient d'élasticité du mortier diverses valeurs échelonnées et à calculer successivement pour chaque poutre, par les formules de l'article précédent, les valeurs correspondantes de ε, de a, de h, de ρ et enfin de R_o et de F. En prenant pour abscisses les valeurs de εE et pour ordonnées celles de R_o et de F, on aura deux courbes par poutre, et un certain nombre des courbes en R_o devront se couper en un même point, en même temps que les courbes en F correspondant aux autres poutres devront aussi avoir un point commun, de même abscisse que le premier.

Cette recherche peut être simplifiée quand on connaît d'avance les tensions $\mathcal{C}$ et $\mathcal{L}$ pour lesquelles doit commencer la rupture par le mortier ou par le fer.

En remplaçant, dans la formule qui donne R_o, — R_o par $\mathcal{C}$ et h par sa valeur en fonction de ζ et de a, on calcule que l'on doit avoir, pour toutes les poutres rompues par compression du mortier :

$$(3\zeta + 2a)\sqrt{a^2 + 2a\zeta} - a(5\zeta + 2a) - \frac{6M}{b\mathcal{C}} = 0,$$

c'est-à-dire, en résolvant par rapport à a, remplaçant a par sa valeur $\frac{\varphi\Omega}{b\varepsilon}$ et posant $\frac{b\mathcal{C}\zeta^2}{6M} = A$ et $\frac{b\zeta}{9\varphi\Omega} = B$:

$$\varepsilon = \frac{A\left(A - \frac{5}{9}\right) + \left(A - \frac{3}{9}\right)\sqrt{A\left(A - \frac{4}{9}\right)}}{B} = \frac{A'}{B}.$$

Les valeurs de A' et de B, que l'on sait calculer, doivent donc, pour toutes les poutres en question, être dans un rapport constant.

En raisonnant de même pour les poutres rompues par l'armature, on obtient la relation :

$$3\zeta + a - \sqrt{a^2 + 2a\zeta} - \frac{3M}{\varphi\Omega\mathcal{L}} = 0,$$

d'où, en posant :

$$\frac{\varphi\Omega\zeta\mathcal{L}}{3M} = D,$$

on tire :

$$\varepsilon = \frac{\left[\frac{2D(1 - 2D)}{9(3D - 1)^2}\right]}{B} = \frac{D'}{B}.$$

Les valeurs de D' et de B doivent donc, pour toutes ces poutres, être dans le même rapport constant que les valeurs de A' et de B pour les premières.

Dès lors, si, pour toutes les poutres essayées, on prend pour abscisses les valeurs de B et pour ordonnées celles de A′ et de D′, l'un des deux points obtenus doit être au voisinage d'une droite fixe, passant par l'origine et dont le coefficient angulaire est proportionnel au coefficient d'élasticité du mortier [1].

Il est à remarquer qu'on doit toujours avoir $A > \frac{1}{2}$ et $\frac{1}{3} < D < \frac{1}{2}$; si donc on ne connaît ni $\mathcal{C}$ ni $\mathcal{L}$, on peut déduire de ces inégalités les valeurs limites de ces deux grandeurs qui, pour chaque poutre, sont compatibles avec l'hypothèse étudiée.

99. Vérifications numériques. — La première partie de ce travail relate de nombreuses expériences au moyen desquelles on peut faire la vérification de l'hypothèse qui vient d'être examinée.

Prenons par exemple l'essai n° 12 (art. 8), fait sur de petits prismes où un même mortier avait été armé avec des tiges de grosseurs différentes d'un même acier. Il est évident d'abord que l'hypothèse n'est pas applicable aux prismes non armés, puisque, dans de pareils prismes, il faut bien tenir compte des tensions positives du mortier, pour équilibrer ses compressions. Considérons donc seulement les quatre dernières séries de prismes et calculons les valeurs de ε en admettant que tous se soient rompus dès que la compression du mortier a atteint 80 kg. par cm², résistance de rupture trouvée dans des essais directs sur blocs cubiques : on trouve ainsi, pour le quotient $\frac{A'}{B}$, des valeurs variant de 0,046 à 0,113, c'est-à-dire presque du simple au triple. On n'obtient d'ailleurs pas une meilleure concordance en adoptant pour $\mathcal{C}$ d'autres valeurs plus faibles (70 ou 60) ou

1. Quand on connait d'avance la valeur de $\mathcal{C}$ mais non celle de $\mathcal{L}$, on peut déduire comme il vient d'être dit la valeur de ε correspondant aux poutres rompues par compression du mortier et calculer pour les autres :

$$H = \frac{\varphi\Omega}{b\zeta\varepsilon} \quad \text{et} \quad K = \frac{3M}{\varphi\Omega\zeta}.$$

Dès lors, on reconnait que, pour toutes les poutres rompues par l'armature, on doit avoir :

$$\frac{K}{H + 3 - \sqrt{H(H+2)}} = \frac{K}{H'} = \text{const.} = \mathcal{L}.$$

plus fortes (90). On ne peut donc pas admettre que les quatre séries de prismes se soient rompues par compression du mortier.

Cherchons maintenant si elles ne se sont pas rompues par le fer. La condition $D < \frac{1}{2}$, appliquée aux prismes à tige de 3,78 mm. de diamètre, montre que la valeur commune de $\mathfrak{L}$ ne peut être supérieure à 20,65 kg. par mm². En admettant 20 kg., on trouve pour ε des valeurs variant de 0,0002 à 0,144, c'est-à-dire encore plus différentes que dans l'hypothèse de l'écrasement du mortier.

Examinons enfin le cas où les prismes les plus fortement armés se seraient rompus par le mortier et les autres par le fer. Suivant qu'on admet la valeur $\varepsilon = 0,113$ correspondant à $\mathcal{C} = 80 \times 10^4$ pour la dernière série de prismes, ou la valeur moyenne $\varepsilon = 0,045$ correspondant à $\mathcal{C} = 60 \times 10^4$ pour les deux dernières, on trouve, pour les tensions de l'acier dans les trois ou les deux autres séries, des valeurs encore très différentes.

Le tableau ci-dessous résume ces divers résultats :

Diamètre des tiges d'acier (mm.).		1,25	2,04	2,75	3,78
Moment de rupture (kg.m.)		3,33	3,96	4,50	5,27
Valeurs calculées pour ε en admettant que tous les prismes se soient rompus pour $\mathcal{C} = 10^4 \times$.	60	0,023	0,037	0.044	0,046
	70	0,033	0,055	0,068	0,077
	80	0,046	0,077	0,097	0,113
	90	0,060	0,103	0,131	0,154
Valeurs de ε en admettant que tous les prismes se soient rompus pour $\mathfrak{L} = 20 \times 10^6$		0,0002	0,0032	0,1440	0,0012
Valeurs de $\mathfrak{L}$ (kg. par mm²) en admettant	$\varepsilon = 0,113$	80	37	23,6	(15,4)
	$\varepsilon = 0,045$	82	38	(24,7)	(16,2)

L'hypothèse de l'omission totale des tensions du mortier n'aurait donc pas permis de prévoir avec une approximation suffisante les moments de rupture obtenus dans cet essai.

Des calculs identiques appliqués aux résultats des expériences 2 à 9 et 13 et 14 (art. 7 et 8), faites avec des petits prismes armés soit de nombres différents de tiges identiques, soit de mêmes nombres de tiges de grosseurs différentes, conduisent à des chiffres tout aussi discordants que les précédents et qu'il est inutile de rapporter ici.

Appliquons maintenant les formules aux essais **21** et **22** (art. **16** et **17**) faits avec de grandes poutres. Suivant la première méthode indiquée à l'article précédent, donnons à ε diverses valeurs échelonnées de 0,04 à 0,20 ; calculons pour chaque poutre les valeurs correspondantes de R_0 et de F à l'instant de la rupture et traçons des courbes ayant pour abscisses εE et pour ordonnées ces deux valeurs. Nous obtenons ainsi les figures **64**

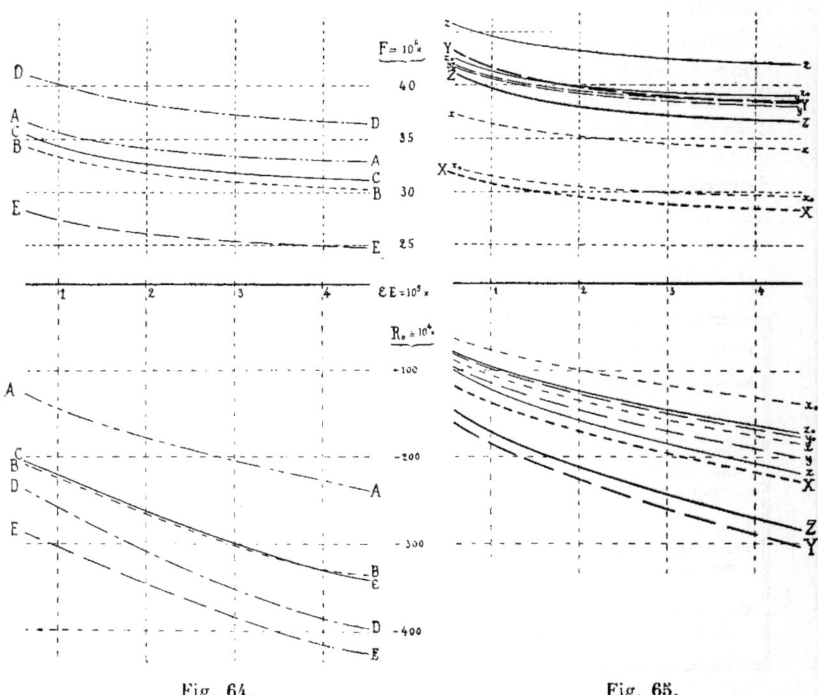

Fig. 64. Fig. 65.

(essai n° **21**) et **65** (essai n° **22**), dans aucune desquelles il n'existe une abscisse pour laquelle un certain nombre des courbes en R_0 se coupent en un même point et les courbes en F des autres poutres en un autre. L'hypothèse n'est donc pas applicable non plus à ces deux expériences.

Il convient toutefois de remarquer que les exemples étudiés ne comprennent que des poutres faiblement armées, auxquelles on peut appliquer dans une certaine mesure la restriction faite un peu plus haut à propos des prismes de mortier sans fer. Peut-être les formules établies à l'article 97 auraient-elles été mieux vérifiées avec des poutres munies d'armatures plus importantes.

§ 4 — THÉORIES DIVERSES SUR LA FORME APPROXIMATIVE DE LA COURBE DE DÉFORMATION DES MORTIERS

100. Formules générales. — En vue d'obtenir des formules plus approchées que celles qu'on déduit de la simple application de la loi de Hooke, soit qu'on compte ou soit qu'on néglige partiellement ou totalement les tensions du mortier, on peut chercher à substituer à la courbe exacte de déformation de ce dernier diverses lignes simples qui s'en rapprochent. Le nombre des hypothèses qu'on peut faire ainsi est à peu près illimité, mais, dans tous les cas, la marche à suivre dans les calculs est sensiblement la même, et l'on peut toujours imaginer des méthodes de vérification analogues à celles qui viennent d'être employées. Nous nous bornerons donc à faire les calculs une fois pour toutes dans le cas général et à énumérer sans les étudier à fond les principales hypothèses ou théories qui ont été émises sur l'allure de la courbe de déformation.

Pour l'établissement des formules simplifiées, nous supposerons encore le fer parfaitement élastique et nous considérerons, comme dans les exemples précédents, une poutre rectangulaire munie d'une armature telle que l'on puisse négliger la variation de la largeur l du mortier, largeur qu'on supposera constamment égale à b. Enfin, au voisinage de la rupture définitive, nous admettrons, jusqu'à plus ample vérification de la généralité de la théorie de M. Considère, la possibilité de fissures suivant lesquelles la tension du mortier s'annule dès que l'allongement dépasse la limite λ_n correspondant à la tension $\mathfrak{N}$.

Dans ces hypothèses, les formules (37) de l'article 81 peuvent s'écrire :

$$(37\ ter)\left\{\begin{array}{l}\dfrac{z_n - h}{\rho} = \lambda_n, \qquad \displaystyle\int_0^{z_n} R\,dz + \frac{E\varphi e}{\rho}(\zeta - h) = 0, \\ \text{et :} \\ \displaystyle\int_0^{z_n} (z - h)\,R\,dz + \frac{E\varphi e}{\rho}\left[(\zeta - h)^2 + \gamma^2\right] = \frac{M}{b}.\end{array}\right.$$

Dès qu'on s'est donné l'équation $R = f(\lambda)$ de la courbe de déformation du mortier, elles définissent les valeurs de h, ρ et z_n correspondant à une valeur quelconque de M. Toutefois, si la valeur de z_n ainsi calculée est supérieure à e, on est averti par là que le mortier n'est pas encore fissuré sous le moment M, et on doit substituer la limite e à la limite z_n dans les intégrations.

Dans les deux cas, h et ρ étant donnés par ces formules, on calcule l'allongement et la tension du mortier sur une fibre quelconque d'ordonnée z par les formules :

$$\lambda = \frac{z - h}{\rho} \quad \text{et} \quad R = f(\lambda),$$

et, en particulier, la compression maximum du mortier et la tension maximum du fer par :

$$R_0 = f\left(\frac{-h}{\rho}\right) \quad \text{et} \quad F_\eta = E\,\frac{\eta - h}{\rho}.$$

Une première difficulté de ces calculs est généralement l'intégration des deux fonctions $R\,dz$ et $(z - h)\,R\,dz$. On peut la simplifier en substituant la variable λ à la variable z. On a en effet $z = h + \rho\lambda$ et, en remarquant que, pour une valeur donnée de M, h et ρ sont constants dans la section considérée : $dz = \rho d\lambda$. Les deux intégrales deviennent ainsi :

$$\rho \int_{-\frac{h}{\rho}}^{\lambda_n} f(\lambda)\,d\lambda \quad \text{et} \quad \rho^2 \int_{-\frac{h}{\rho}}^{\lambda_n} \lambda f(\lambda)\,d\lambda.$$

Toutefois cette transformation n'est possible que si l'équation de la loi de déformation du mortier est donnée sous la forme $R = f(\lambda)$ ou peut être facilement résolue par rapport à la variable R.

Si, au contraire, elle se présente plus simplement sous la

forme $\lambda = \Phi(R)$, on en déduit : $d\lambda = \Phi'(R)\, dR$, Φ' désignant la dérivée de la fonction Φ par rapport à R, et les intégrales peuvent s'écrire :

$$\rho \int_{R_o}^{\mathfrak{M}} R\Phi'(R)\, dR \qquad \text{et} \qquad \rho^2 \int_{R_o}^{\mathfrak{M}} R\Phi(R)\, \Phi'(R)\, dR.$$

La limite $\mathfrak{M}$ peut être soit donnée *a priori*, soit déduite de la limite donnée λ_n en fonction de h et de ρ ; quant à la limite R_o, elle est une fonction plus ou moins complexe de ces deux inconnues.

En intégrant par parties, on a d'ailleurs :

$$\int R\Phi'(R)\, dR = R\Phi(R) - \int \Phi(R)\, dR$$

et :

$$\int R\Phi(R)\, \Phi'(R)\, dR = \frac{1}{2} R\, [\Phi(R)]^2 - \frac{1}{2} \int [\Phi(R)]^2\, dR,$$

formules qui, dans certains cas, peuvent faciliter les calculs.

Une fois les intégrations effectuées, il reste à tirer h et ρ des deux équations obtenues, et cette opération présente souvent de nouvelles difficultés. Mais on peut calculer directement comme il suit les valeurs des tensions maximum R_o et F_η :

Soient P et Q les intégrales indéfinies de $R\Phi'(R)\, dR$ et de $R\Phi(R)\, \Phi'(R)\, dR$, c'est-à-dire deux fonctions de R bien définies dès qu'on s'est donné arbitrairement deux constantes d'intégration. Soient P_n et Q_n les valeurs que prennent ces fonctions pour $R = \mathfrak{M}$, valeurs que l'on sait calculer quand on s'est donné $\mathfrak{M}$, et P_o, Q_o celles que prennent les mêmes fonctions pour $R = R_o$ et qui sont deux fonctions connues de l'inconnue R_o.

Les deux dernières équations (37 *ter*) peuvent s'écrire :

$$\begin{cases} \rho\, (P_n - P_o) + \dfrac{E\varphi e}{\rho}\, (\zeta - h) = 0, \\ \rho^2\, (Q_n - Q_o) + \dfrac{E\varphi e}{\rho}\, [(\zeta - h)^2 + \gamma^2] = \dfrac{M}{b}. \end{cases}$$

Or on a :

$$\Phi\, (R_o) = \frac{-h}{\rho}, \qquad F_\eta = \frac{E}{\rho}\, (\eta - h)\ ;$$

en résolvant ces deux égalités par rapport à ρ et à h, on en tire :

$$\rho = \frac{E\eta}{F_\eta - E\Phi(R_o)}, \qquad \zeta - h = \frac{\zeta F_\eta + E(\eta - \zeta)\,\Phi(R_o)}{F_\eta - E\Phi(R_o)};$$

enfin, en portant ces valeurs dans les égalités précédentes, on obtient deux équations où n'entrent plus que les deux inconnues R_o et F_η.

101. Méthodes de vérification. — Pour vérifier une hypothèse quelconque sur la forme de la courbe de déformation du mortier, on peut, comme dans les exemples précédemment traités, partir d'expériences de rupture faites, sans efforts tranchants capables d'amener la rupture, sur des poutres diversement composées d'un même métal et d'un même mortier, et chercher, au moyen des formules qui viennent d'être établies, si, pour les moments de rupture trouvés, la valeur de R_o est constante pour une partie des poutres et celle de F_η constante pour les autres.

On peut encore, quand on sait mesurer la contraction et l'allongement des faces extrêmes sous un moment fléchissant quelconque, faire un grand nombre de vérifications au moyen d'une seule poutre armée et sans avoir à la rompre.

Soient en effet, pour une valeur connue de M, λ_o l'allongement négatif de la face la plus comprimée et λ_1 l'allongement positif de la face la plus tendue. Des relations :

$$\lambda_o = \frac{-h}{\rho} \quad \text{et} \quad \lambda_1 = \frac{e-h}{\rho},$$

on tire :

$$\rho = \frac{e}{\lambda_1 - \lambda_o} \quad \text{et} \quad \zeta - h = \frac{\lambda_1\zeta + \lambda_o(e-\zeta)}{\lambda_1 - \lambda_o}.$$

$R = f(\lambda)$ étant la formule à vérifier, posons :

$$\mu = \int f(\lambda)\,d\lambda \quad \text{et} \quad \nu = \int \lambda f(\lambda)\,d\lambda,$$

et admettons qu'on sache faire ces intégrations ; μ et ν sont alors des fonctions connues de λ, et on peut représenter par μ_o, ν_o, μ_n, ν_n, μ_1 ν_1 les fonctions connues de λ_o, de λ_n et de λ_1

que l'on obtient quand on y remplace λ par ces valeurs particulières.

Dans le cas complexe où le mortier est supposé déjà fissuré, sous le moment M, à partir d'un allongement inconnu λ_n, les deux dernières des égalités (37 *ter*) peuvent être écrites, après remplacement de ρ et de $\zeta - h$ par les valeurs qui viennent d'être calculées :

$$\frac{\mu_n - \mu_o}{\lambda_1 - \lambda_o} + \frac{E\varphi}{e}[\lambda_1\zeta + \lambda_o(e - \zeta)] = 0,$$

$$\frac{\nu_n - \nu_o}{(\lambda_1 - \lambda_o)^2} + \frac{E\varphi}{e^2}\left\{\frac{[\lambda_1\zeta + \lambda_o(e - \zeta)]^2}{\lambda_1 - \lambda_o} + (\lambda_1 - \lambda_o)\gamma^2\right\} = \frac{M}{be^2}.$$

Ces équations ne contiennent plus que les variables λ_o, λ_1, λ_n et M. On peut donc éliminer entre elles λ_n, et il reste une relation nécessaire entre λ_o, λ_1 et M qui, si la formule essayée est juste, doit être vérifiée pour toute valeur de M. Quand la vérification réussit, il est d'ailleurs facile de calculer ensuite λ_n.

Si le mortier n'a pas encore commencé à se fissurer sous le moment M, il faut remplacer μ_n et ν_n par μ_1 et ν_1 dans les deux égalités qui viennent d'être obtenues. La relation résultant de l'élimination de λ_n doit être encore vérifiée, mais on en a une autre en plus ; les valeurs de λ_o et de λ_1 correspondant à une valeur quelconque de M sont alors complètement définies, et leur détermination expérimentale fournit chaque fois une double vérification de la formule.

Nous montrerons au chapitre suivant qu'inversement, la mesure de ces deux allongements pour des valeurs échelonnées de M permet, dans certains cas, de déterminer la forme exacte de la courbe de déformation du mortier.

102. Hypothèses diverses. — Plusieurs savants ont déjà émis un certain nombre d'hypothèses sur la forme approximative des courbes de déformation des mortiers ; toutefois aucune ne s'est encore imposée définitivement, et d'ailleurs le nombre des expériences sur l'élasticité des mortiers est encore assez faible, surtout si l'on élimine *a priori* celles où l'on n'a pas séparé les déformations permanentes des déformations élastiques.

Un premier groupe d'hypothèses assimile l'ensemble de la courbe de déformation à une ligne brisée, formée de deux droites limitées chacune à leur point d'intersection. Le plus souvent, le point anguleux n'est autre que l'origine des coordonnées (fig. 66), ce qui revient à supposer encore le mortier parfaitement élastique, mais avec des coefficients d'élasticité différents suivant qu'il est sollicité par des efforts de traction ou de compression. M. von Thullie place le point anguleux dans la branche de compression (fig. 67) et M. Ostenfeld dans la branche de traction (fig. 68, ligne AOBC). Cette dernière forme, avec la particularité que la seconde partie de la branche positive est horizontale (ligne AOBD), résulte aussi de la théorie de M. Considère, que nous étudierons spécialement tout à l'heure.

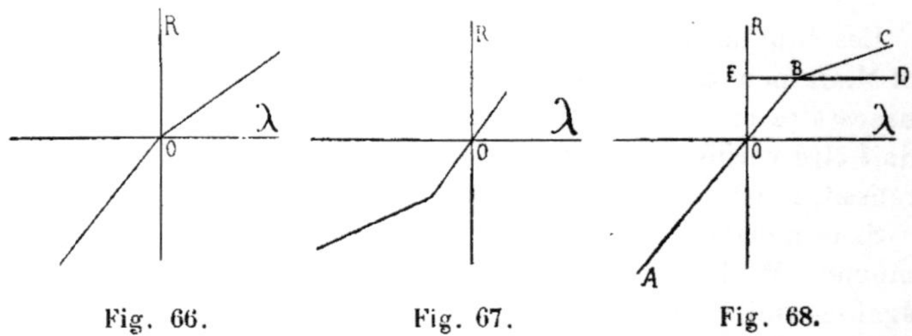

Fig. 66. Fig. 67. Fig. 68.

D'autres hypothèses ont surtout pour objectif de représenter la loi de déformation par une formule algébrique simple. C'est ainsi qu'on a proposé diverses formules paraboliques, telles que :

$$R = a\lambda + b\lambda^2 + c\lambda^3 + \dots\dots$$

et :

$$\lambda = a'R + b'R^2 + c'R^3 + \dots\dots,$$

ou hyperboliques, comme :

$$R = \frac{a\lambda}{1 + b\lambda}, \text{ etc.}$$

Parfois, c'est le coefficient d'élasticité qu'on a exprimé par une fonction parabolique soit de l'allongement, soit de la tension. Pour transformer de pareilles formules en relations entre R et λ, il suffit d'y remplacer le coefficient d'élasticité par $\frac{dR}{d\lambda}$ et d'intégrer en choisissant la constante de telle sorte que R et λ s'annulent en même temps.

Enfin le professeur Bach suppose l'allongement proportionnel à une certaine puissance de la tension : $\lambda = \alpha R^m$, les valeurs des constantes α et m caractérisant dès lors les divers mortiers. Cette formule est très en faveur en Allemagne : son auteur l'a vérifiée pour un grand nombre de matières les plus diverses, mais, en ce qui concerne les mortiers et bétons, seulement pour la branche de compression ; enfin elle a l'avantage d'être réversible $\left(R = \alpha^{-\frac{1}{m}} \lambda^{\frac{1}{m}}\right)$ et de se prêter facilement aux intégrations [1]. Mais la courbe correspondante est symétrique par rapport à l'origine des coordonnées, forme qui paraît peu vraisemblable, et l'on ne peut faire disparaître cette symétrie qu'en adoptant pour α et m des valeurs différentes dans les branches positive et négative, ce qui a l'inconvénient d'enlever à la formule sa généralité, en en rendant l'application plus difficile.

M. Schüle a complété la formule par un terme correctif en l'écrivant : $R = a\lambda^k - b\lambda^2$, k étant un exposant un peu plus petit que l'unité pour le granit, la fonte, etc., égal à l'unité pour l'acier et le fer fondu, plus grand que l'unité pour le cuir. Pour deux des bétons étudiés par M. Bach, les valeurs des paramètres seraient les suivantes, la tension R étant exprimée en kg. par cm^2 :

$$k = 0{,}92178, \qquad a = 73487, \qquad b = 44\,215\,000\ ;$$
$$k = 0{,}83963, \qquad a = 48739, \qquad b = 20\,262\,000.$$

La figure 69 a été construite en prenant $\frac{1}{m} = k = 0{,}9$, $\alpha^{-\frac{1}{m}} = a = 5 \times 10^4$ et $b = 3 \times 10^7$. La courbe BB correspond à la formule de Bach et la courbe SS à celle de Schüle. On remarque que cette dernière présente, dans sa branche positive, un maximum de R, que l'on peut supposer correspondre à la ten-

1. En particulier, les deux intégrales $\int R d\lambda$ et $\int \lambda R d\lambda$ rencontrées plus haut deviennent, sous leur forme indéfinie et à des constantes près :

$$\frac{m}{m+1} \alpha R^{m+1} \quad \text{ou} \quad \frac{m}{m+1} \alpha^{-\frac{1}{m}} \lambda^{1+\frac{1}{m}},$$

$$\text{et} \quad \frac{m}{2m+1} \alpha^2 R^{2m+1} \quad \text{ou} \quad \frac{m}{2m+1} \alpha^{-\frac{1}{m}} \lambda^{2+\frac{1}{m}}.$$

sion $\mathcal{R}$ de rupture du mortier par traction. Les valeurs correspondantes de λ et de R sont :

$$\lambda_u = \left(\frac{ak}{2b}\right)^{\frac{1}{2-k}} \quad \text{et} \quad \mathcal{R} = \left(1 - \frac{k}{2}\right)a^{\frac{2}{2-k}}\left(\frac{k}{2b}\right)^{\frac{k}{2-k}},$$

soit, dans l'exemple choisi, $\lambda_u = 1,44$ mm. par m. et $\mathcal{R} = 76,3$ kg. par cm².

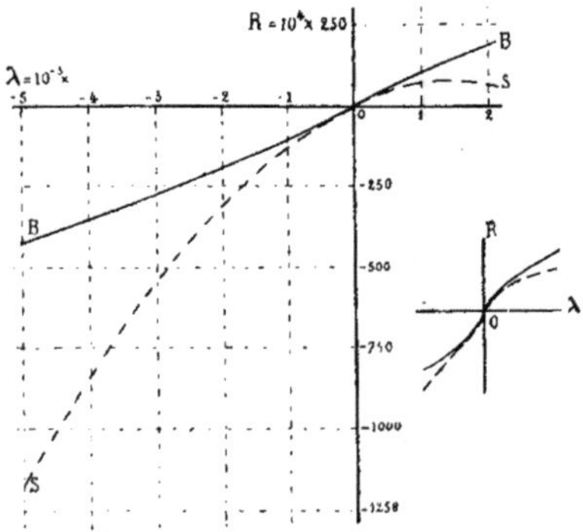

Fig. 69.

Remarquons enfin que, suivant que les exposants $\frac{1}{m}$ et k sont inférieurs ou supérieurs à l'unité, les deux formules donnent, pour un effort nul, un coefficient d'élasticité infini ou nul, ce qui est évidemment contraire à la réalité. Toutefois, avec des valeurs de ces exposants aussi voisines de l'unité que le sont celles qui viennent d'être citées, le coefficient d'élasticité n'a de valeurs vraiment anormales que pour des tensions beaucoup plus faibles que celles que l'on mesure ordinairement, et l'inflexion de la courbe à l'origine, qui en réalité présente la forme indiquée à une échelle très agrandie dans un coin de la figure, est presque imperceptible dans les courbes BB et SS.

103. Théorie de M. Considère. — Il a été déjà question plus haut (notamment art. 81) de la théorie de M. Considère, d'après laquelle, sur les fibres tendues d'un prisme armé soumis à un effort croissant de flexion, le mortier atteint rapidement une tension limite à peu près constante, qu'il conserve ensuite jusqu'à la rupture complète du prisme ; il en résulte que, quand les actions transversales n'interviennent pas, cette rupture ne peut se produire que lorsque le mortier atteint sa limite de résistance à la compression ou le fer sa limite d'élasticité.

Partant de là, M. Considère assimile la courbe de déformation du mortier à l'ensemble de deux droites, l'une OA (fig. 68), correspondant aux efforts de compression et passant par l'origine des coordonnées, l'autre ED, correspondant aux efforts de traction et parallèle à l'axe des abscisses.

Soient εE le coefficient angulaire de la droite OA, $\mathfrak{N}$ l'ordonnée constante de la droite ED et b la largeur du mortier supposée constante. Le fer étant encore supposé parfaitement élastique, les équations d'équilibre (**16** *ter*) et (**18** *ter*) (art. **83**), qui définissent les valeurs de h et de ρ correspondant à une valeur donnée de M, deviennent :

$$\int_0^h \varepsilon E \, \frac{z-h}{\rho} \, dz + \int_h^e \mathfrak{N} dz + \frac{E\varphi e}{\rho} (\zeta - h) = 0$$

et :

$$\int_0^h \varepsilon E \, \frac{(z-h)^2}{\rho} \, dz + \int_h^e \mathfrak{N} (z-h) dz + \frac{E\varphi e}{\rho} [(\zeta - h)^2 + \gamma^2] = \frac{M}{b},$$

c'est-à-dire, après calculs faits :

$$\frac{E}{\rho} \left[\varphi e (\zeta - h) - \frac{\varepsilon}{2} h^2\right] + \mathfrak{N} (e-h) = 0$$

et :

$$\frac{E}{\rho} \left\{ \varphi e [(\zeta - h)^2 + \gamma^2] + \frac{\varepsilon}{3} h^3 \right\} + \frac{\mathfrak{N}}{2} (e-h)^2 - \frac{M}{b} = 0.$$

Après élimination de $\frac{E}{\rho}$, h est donné par une équation du 4e degré.

On peut calculer la compression maximum du mortier et la tension maximum du fer sous le moment M, sans avoir à résoudre cette équation. On a en effet :

$$R_o = -\frac{\varepsilon E h}{\rho}, \qquad F_\eta = \frac{E}{\rho} (\eta - h) ;$$

on en tire :

$$h = \frac{-\eta R_o}{\varepsilon F_\eta - R_o}, \qquad \frac{E}{\rho} = \frac{\varepsilon F_\eta - R_o}{\varepsilon \eta},$$

et, en remplaçant h et $\frac{E}{\rho}$ par ces expressions dans les deux équations d'équilibre, on obtient deux équations en R_o et F_η, qui définissent ces deux inconnues.

La première de ces équations peut s'écrire :

$$\varphi e\,(\varepsilon F_\eta - R_o)\,[\varepsilon \zeta F_\eta + (\eta - \zeta)\,R_o]$$
$$+ \varepsilon \eta \left[\varepsilon e \mathfrak{M} F_\eta - (e - \eta)\,\mathfrak{M} R_o - \frac{\eta}{2} R_o^2\right] = 0\ ;$$

elle exprime que, quel que soit M, R_o et F_η sont liés par une relation du second degré et peuvent, par conséquent, être considérés comme étant les coordonnées d'un point d'une conique ne dépendant que des données initiales de la poutre (nature et disposition des matériaux). Si l'on y remplace F_η par la limite d'élasticité $\mathfrak{L}$ du fer, suivant que la valeur admissible qu'on en déduira pour $-R_o$ sera inférieure ou supérieure à $\mathfrak{C}$, la rupture devra commencer par l'allongement de l'armature ou par l'écrasement du mortier. Enfin, en remplaçant dans la même formule F_η par $\mathfrak{L}$ et R_o par $-\mathfrak{C}$, et posant $\frac{\zeta}{e} = \zeta'$ et $\frac{\eta}{e} = \eta'$, on obtient une relation de la forme :

$$\Phi\,(\mathfrak{M}, \mathfrak{C}, \mathfrak{L}, \varepsilon, \varphi, \zeta', \eta') = 0,$$

qui exprime la condition à laquelle doivent satisfaire les diverses données initiales pour que la rupture se produise simultanément des deux manières, ce qui, comme nous l'avons expliqué plus haut et comme M. Considère l'a vérifié numériquement, correspond à la meilleure utilisation des matériaux.

On reconnait sans peine que la seconde équation d'équilibre transformée est du troisième degré en R_o et F_η ; la compression maximum du mortier et la tension maximum du fer sous le moment M sont donc les coordonnées de l'un des points d'intersection d'une conique fixe et d'une courbe du troisième ordre dépendant de la valeur de M. Quand on remplace dans cette équation R_o et F_η par $-\mathfrak{C}$ et $\mathfrak{L}$, elle peut être mise sous la forme :

$$M = be^2\Psi\,(\mathfrak{M}, \mathfrak{C}, \mathfrak{L}, \varepsilon, \varphi, \zeta', \eta', \gamma'),$$

et fournit la valeur du moment de rupture dans le cas où la relation $\Phi = 0$ est satisfaite.

104. Conséquences. — Une discussion analogue à celle de l'article 91, mais plus compliquée, indiquerait les conditions d'établissement à rechercher pour une poutre, pour que, la relation $\Phi = 0$ étant satisfaite, la valeur de Ψ soit maximum. On pourrait d'ailleurs y faire intervenir comme il suit le poids mort et le prix de revient.

Soient d et δ les densités du mortier et du fer (auxquelles on peut attribuer sans inconvénient les valeurs constantes 2,3 et 7,8), D le prix du mètre cube de mortier et Δ celui de la tonne de fer. Le prix P de la poutre par mètre courant est sensiblement égal à :

$$P = be\,[(1 - \varphi)\,D + \varphi\delta\Delta] + p,$$

p désignant une constante correspondant à divers frais de mise en œuvre, que l'on peut considérer comme à peu près indépendants des dimensions et de la composition de la poutre (frais généraux, coffrages, etc.).

D'autre part, le poids ϖ de la poutre par mètre courant est donné par :

$$\varpi = be\,[(1 - \varphi)\,d + \varphi\delta],$$

et le moment fléchissant M′ produit par le poids mort dans la section dangereuse est égal au produit de ϖ par un certain coefficient α dépendant de la portée et du mode de suspension de la poutre, éléments ordinairement imposés d'avance :

$$M' = \alpha be\,[(1 - \varphi)\,d + \varphi\delta].$$

Le moment fléchissant utile est donc M — M′ et doit être rendu maximum pour la valeur minimum de P.

On peut, par exemple, chercher à rendre minimum le rapport $\frac{P}{M - M'}$, c'est-à-dire le prix de l'unité de moment utile, ou encore, ce qui est le cas le plus fréquent, se donner d'avance la valeur de M — M′ et déterminer la poutre la plus économique.

Dans tous les cas, le problème général est très compliqué et comporte ordinairement beaucoup de solutions, dont le choix doit être fixé par diverses considérations dépendant, le plus souvent, de la nature même de la construction projetée. Sans doute en simplifierait-on la discussion au moyen d'abaques ou, comme dans l'article suivant, par l'introduction de variables auxiliaires.

En raison de la complexité des fonctions Φ et Ψ, le plus commode est encore de procéder par tâtonnements, en attribuant successivement diverses valeurs numériques aux paramètres qui définissent les matériaux employés.

C'est ce que M. Considère a fait en partant de formules plus simples, correspondant au cas où l'armature est composée d'une seule assise de barres assez minces pour qu'on puisse poser : $\gamma' = \zeta'$ et $\gamma'^2 = 0$. Il est arrivé ainsi à formuler une série de conclusions aussi utiles qu'intéressantes sur les principales règles à observer dans la construction des poutres armées, et nous ne pouvons mieux faire que de renvoyer le lecteur à l'étude que ce savant ingénieur a publiée dans les n^os du *Génie Civil* du 4 au 25 février 1899.

105. Vérification. — Dans le cas, dont il vient d'être question, d'une seule assise de barres minces, on peut, en appelant F la tension moyenne du fer et h' le rapport $\frac{h}{e}$, égal à $\frac{-\zeta' R_0}{\varepsilon F - R_0}$, écrire les deux équations d'équilibre trouvées ci-dessus :

$$\mathfrak{N} + \varphi F - h'\left(\mathfrak{N} - \frac{R_0}{2}\right) = 0,$$

$$\frac{\mathfrak{N}}{2} + \zeta' \varphi F - \frac{h'^2}{2}\left(\mathfrak{N} - \frac{R_0}{3}\right) = \frac{M}{be^2} = m\,{}^{1}.$$

Soit une série de poutres d'expérience faites toutes avec un même mortier ou béton et rompues, sous des moments fléchissants connus, après une même durée de durcissement.

Considérons d'abord toutes celles qui se sont rompues par le fer : remplaçons, dans les équations relatives à ces poutres, F par

1. En changeant les notations, on déduit facilement de ces formules les équations (1) à (6) de l'étude publiée par M. Considère dans le *Génie Civil*. Dans une communication ultérieure, présentée au Congrès international des Méthodes d'Essai des Matériaux de Construction (juillet 1900), cet auteur a adopté de nouvelles formules, au fond peu différentes des premières, et basées sur la substitution à la ligne AOED (fig. 68) de la ligne AOBD, évidemment plus voisine de la courbe de déformation réelle.

les valeurs correspondantes de $\mathfrak{L}$; éliminons R_o entre les deux équations d'équilibre et celle qui définit h', et résolvons par rapport à ε et à $\mathfrak{M}$ les deux équations résultantes. Nous obtenons ainsi :

$$\mathfrak{M} = \frac{6m - 2(3\zeta' - h')\varphi\mathfrak{L}}{(1 - h')(3 + h')}$$

et :

$$\varepsilon = \frac{6(\zeta' - h')[2m + (1 + h' - 2\zeta')\varphi\mathfrak{L}]}{h'^2(3 + h')\mathfrak{L}}.$$

Donnons à h' une série de valeurs échelonnées, toutes comprises entre 0 et 1, calculons les valeurs de $\mathfrak{M}$ et de ε correspondantes et traçons, pour chaque poutre, la courbe continue qui a pour coordonnées εE et $\mathfrak{M}$. Toutes ces courbes devront se couper en un même point ayant pour coordonnées le coefficient d'élasticité du mortier commun et sa résistance vraie à la traction.

Considérons maintenant toutes les poutres rompues par compression du mortier ; remplaçons — R_o par la valeur de $\mathcal{C}$ supposée connue, éliminons F et résolvons encore par rapport à $\mathfrak{M}$ et à ε les deux équations résultantes. Nous aurons, pour le second groupe de poutres, les deux relations :

$$\mathfrak{M} = \frac{6m - h'(3\zeta' - h')\mathcal{C}}{3(1 - h')(1 + h' - 2\zeta')}$$

et :

$$\varepsilon = \frac{6\varphi(\zeta' - h')(1 + h' - 2\zeta')\mathcal{C}}{h'[h'(3 + h')\mathcal{C} - 12m]},$$

qui, traitées comme les précédentes, devront encore donner des courbes se coupant entre elles au même point que les premières.

Si l'on applique ces règles aux deux séries d'expériences n^os^ **21** et **22** relatées plus haut (art. 16 et 17), en supposant que toutes les poutres se soient rompues par l'armature, ainsi que cela semble résulter de la manière progressive dont on a vu toujours la fissure s'ouvrir du côté des fibres tendues, au milieu de la portée, on arrive, en admettant pour toutes les barres la valeur commune $\mathfrak{L} = 28 \times 10^6$, aux deux figures 70 (essai n° **21**) et 71 (essai n° **22**). On voit que, loin de se couper en un même point, les lignes relatives à une même série de poutres courent toutes à peu près parallèlement les unes aux autres, et que même, pour l'une d'elles (poutre E), aux valeurs admissibles de h' ne correspondent que des valeurs négatives de $\mathfrak{N}$.

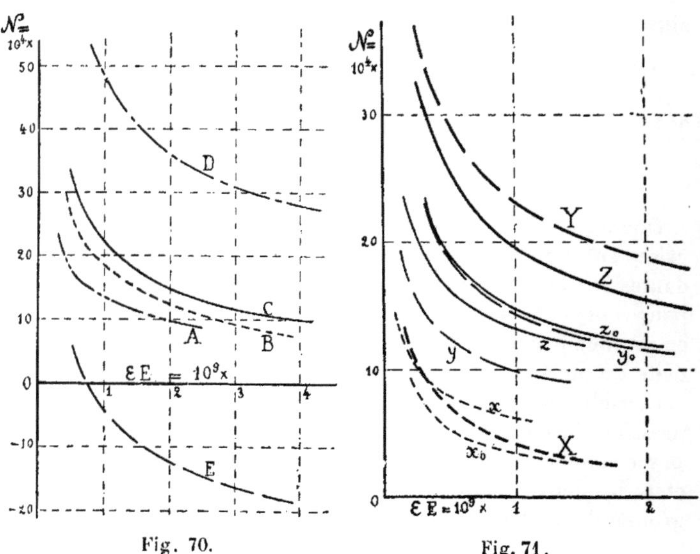

Fig. 70. Fig. 71.

Il ne semble d'ailleurs pas possible que les poutres de l'essai n° **22**, toutes très faiblement armées, se soient rompues par compression du mortier. Quant à celles de l'essai n° **21**, la première qui aurait pu se rompre ainsi serait la poutre E, et le calcul montre que, lorsqu'on fait $\mathcal{C} = 165 \times 10^4$, aucune valeur admissible de h' ne donne, pour l'effort de traction constant $\mathfrak{N}$ développé dans le mortier de cette poutre, de valeurs inférieures à 350 kg. par cm², nombre évidemment beaucoup trop fort.

En somme, nos expériences tendraient à infirmer la théorie en question. Nous avons signalé ces discordances à M. Considère, qui nous a opposé les objections suivantes :

Les formules, quelles qu'elles soient, ne sont applicables qu'aux poutres construites suivant les règles qu'on applique dans les constructions et dont l'expérience a démontré la nécessité. Il faut un pourcentage suffisant, des barres assez nombreuses et de diamètre proportionné à la longueur. Dès lors, il faut éliminer comme impropres à fournir une vérification des formules :

1° les poutres A, z et z_0, comme ayant un pourcentage insuffisant ;

2° les poutres x, y, X, x_0 et y_0, comme contenant peu de barres eu égard à leur largeur ;

3° les poutres B, E, x, X et x_0, comme ayant des barres trop grosses pour leur longueur ;

et il ne reste de valables que les poutres C, D, Y et Z.

La première, quoique paraissant avoir eu une résistance un peu faible, comporte néanmoins, en vertu des formules étudiées, les valeurs acceptables : $\mathfrak{R} = 14 \times 10^4$ et $\varepsilon E = 2{,}2 \times 10^9$.

Les deux dernières conduisent de même aux valeurs très admissibles : $\mathfrak{R} = 16$ à 17×10^4 et $\varepsilon E = 2{,}5 \times 10^9$.

Quant à la poutre D, elle aurait donné un moment de rupture beaucoup trop fort, que M. Considère juge tout à fait anormal, attendu que les formules conduiraient, pour son mortier, à $\mathfrak{R} = 30 \times 10^4$ et $\varepsilon E > 3 \times 10^9$.

Quoi qu'il en soit, une conclusion immédiate à tirer de cette controverse est qu'il semble, pour le moment, bien difficile de trouver une méthode générale pour calculer la résistance d'une poutre armée *quelconque*.

106. Autres formules. — En vue de simplifier les formules de M. Considère, on pourrait chercher à substituer à la ligne brisée qui correspond approximativement à la loi de déformation du mortier, une courbe continue présentant la forme générale trouvée pour la courbe de déformation réelle et qui fût représentée par une équation simple.

La courbe devant être asymptote à la droite $R = \mathfrak{R}$, on pourrait poser par exemple :

$$\lambda = \frac{a_1 R + a_2 R^2 + a_3 R^3 + \dots\dots}{\mathfrak{R} - R},$$

a_1, a_2, a_3 ..... étant des coefficients numériques qui, ainsi que $\mathfrak{R}$, devraient être déterminés expérimentalement et avoir des valeurs telles que $R = \mathfrak{R}$ ne fût pas une racine du numérateur. Celui-ci devrait être au moins du troisième degré en R, car, s'il était réduit à son premier ou à ses deux premiers termes, l'équation représenterait une hyperbole, et la branche de compression tournerait nécessairement sa convexité vers l'axe des λ, ce qui parait être en désaccord avec les résultats obtenus jusqu'à présent. Enfin le premier des coefficients a_1, a_2, qui ne fût pas nul devrait être celui d'une puissance impaire de R, pour que λ et R changeassent de signe simultanément.

Au lieu de cette formule, qui exige la connaissance d'un assez grand nombre de paramètres, on pourrait encore songer à l'une des deux suivantes, dans laquelle m ou k serait un exposant fractionnaire :

$$\lambda = \frac{a\mathrm{R}^m}{\mathfrak{N} - \mathrm{R}}, \qquad a\lambda^k = \frac{\mathrm{R}}{\mathfrak{N} - \mathrm{R}};$$

on concilierait ainsi dans une certaine mesure la théorie de M. Bach avec celle de M. Considère ; mais, outre que l'on réintroduirait l'anomalie déjà signalée d'un coefficient d'élasticité nul ou infini à l'origine, la présence d'exposants non entiers compliquerait beaucoup les intégrations.

Enfin, après ce qui a été exposé plus haut (art. 72) sur l'analogie probable des phénomènes qui produisent la rupture par traction ou par compression dans un prisme fléchissant, on peut supposer que la courbe de déformation présente une sorte de symétrie du même genre et a sa branche négative asymptote, elle aussi, à une parallèle à l'axe des λ [1]. C'est du reste ce que M. Considère a entrevu dans ses récentes expériences sur le béton fretté. Dans ce cas, en appelant $\mathcal{C}$ la valeur absolue de l'ordonnée de cette droite, c'est-à-dire la compression maximum dont le mortier serait susceptible si l'on pouvait retarder indéfiniment sa rupture tout en augmentant sa contraction, l'équation de la courbe de déformation prendrait la forme générale :

$$\lambda = \frac{f(\mathrm{R})}{(\mathcal{C} + \mathrm{R})(\mathfrak{N} - \mathrm{R})},$$

$f(\mathrm{R})$ étant une fonction ne s'annulant ni pour $\mathrm{R} = -\mathcal{C}$, ni pour $\mathrm{R} = \mathfrak{N}$, mais changeant de signe en même temps que R.

La forme la plus simple serait :

1. Quand on écrase des blocs de mortier non armés avec un appareil enregistreur, de manière à obtenir des diagrammes analogues à ceux de la figure 28, on constate que, avec les mortiers durs et cassants, la courbe redescend aussitôt après avoir atteint son ordonnée maximum, tandis qu'avec les mortiers relativement tendres, elle se prolonge par une partie horizontale plus ou moins longue, correspondant à une période de glissement sous charge constante.

$$\lambda = \frac{a\text{R}}{(\mathcal{C} + \text{R})(\mathfrak{N} - \text{R})}.$$

ou encore :

$$\lambda = \frac{\left(\frac{\text{R}}{\text{E}_0}\right)}{\left(1 + \frac{\text{R}}{\mathcal{C}}\right)\left(1 - \frac{\text{R}}{\mathfrak{N}}\right)}.$$

E_0 désignant alors le coefficient d'élasticité à l'origine.

C'est seulement après des mesures faites sur des mortiers et bétons de compositions, d'âges et de fatigues variés qu'on pourra dire s'il existe un type général de fonction par lequel on puisse toujours représenter leur courbe de déformation Puis, s'il en est bien ainsi, une fois la forme générale de cette fonction bien définie, on devra déterminer, pour un mortier donné quelconque, les valeurs les plus probables des paramètres servant à caractériser sa courbe, en partant des coordonnées mesurées directement pour le plus grand nombre possible de points de cette dernière.

Mais l'étude des mortiers et bétons est pleine d'imprévu et abonde en résultats contradictoires encore inexplicables : en admettant qu'un type de formule s'applique avec une approximation suffisante à la plupart des mortiers, rien ne dit que tous s'y plieront également ; et d'ailleurs, si peu de précision qu'on puisse espérer atteindre avec des matériaux aussi hétérogènes, toutes les particularités que pourra présenter la courbe de déformation réelle seront-elles exprimables dans une équation algébrique assez simple pour que les calculs qui s'en déduisent puissent être effectués couramment dans la pratique ?

Mieux vaudrait pouvoir s'affranchir de la tyrannie des formules et opérer graphiquement en partant des courbes mêmes, quelle qu'en soit la forme, données directement par l'expérience.

C'est ce que nous allons chercher à faire dans le chapitre suivant. Mais, avant d'aborder le problème des poutres armées, nous commencerons par traiter celui des poutres homogènes, qui nous fournira déjà quelques notions intéressantes.

CHAPITRE VII

SOLUTION GRAPHIQUE

§ 1. — POUTRES HOMOGÈNES

107. Courbe de déformation et courbe des moments réduits. — Soit une poutre rectangulaire non armée, composée d'un mortier dont la loi de déformation est donnée, non plus par une formule algébrique $R = f(\lambda)$, mais par une courbe P_1OT_1 (fig. 72) ayant pour abscisses les allongements λ par unité de longueur et pour ordonnées les tensions R correspondantes.

Dans une même section, on a, comme dans le cas général étudié plus haut (art. 45) :

$$(14\,a) \qquad \lambda = \frac{z-h}{\rho}, \quad \text{ou} \quad z = h + \rho\lambda,$$

et les deux équations d'équilibre se réduisent à :

$$\int_0^e R\,dz = 0 \qquad \text{et} \qquad \int_0^e (z-h)\,R\,dz = \frac{M}{b},$$

c'est-à-dire, en appelant $\lambda_0 = -\frac{h}{\rho}$ et $\lambda_1 = \frac{e-h}{\rho}$ les allongements des fibres extrêmes pour une valeur donnée de M :

$$\int_{\lambda_0}^{\lambda_1} R\,d\lambda = 0 \qquad \text{et} \qquad \int_{\lambda_0}^{\lambda_1} R\lambda\,d\lambda = \frac{M}{b\rho^2}.$$

Si P et T sont les points ayant pour abscisses les valeurs λ_0 et λ_1, on a immédiatement :

$$PT = \lambda_1 - \lambda_0 = \frac{e}{\rho}.$$

Considérons sur la courbe deux points infiniment voisins M_1 et M'_1, dont les abscisses OM et OM′ soient égales à λ et $\lambda + d\lambda$; l'aire infiniment petite $MM_1M'_1M'$ est mesurée par $Rd\lambda$, et l'équation d'équilibre des forces, qui peut s'écrire :

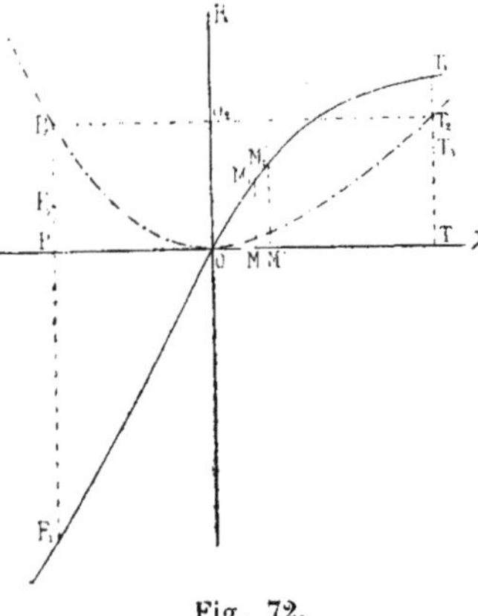

Fig. 72.

$$\int_{\lambda_0}^{0} Rd\lambda + \int_{0}^{\lambda_1} Rd\lambda = 0,$$

exprime que l'aire du triangle curviligne OTT_1 est égale, en valeur absolue, à celle du triangle curviligne OPP_1. Ces aires mesurent en grandeur absolue ce que l'on appelle le *travail d'allongement* du mortier en passant de l'état de repos aux allongements λ_0 ou λ_1.

D'un même côté de l'axe des abscisses, traçons la courbe P_2OT_2, lieu géométrique des points P_2 et T_2 tels que :

$$PP_2 = \text{aire } OPP_1, \quad TT_2 = \text{aire } OTT_1 ;$$

en vertu de ce qui précède, toute parallèle à l'axe des abscisses coupera cette courbe en deux points P_2 et T_2 dont les abscisses mesureront les allongements par unité de longueur des fibres extrêmes de la section considérée, pour une certaine valeur encore inconnue du moment fléchissant.

Les valeurs de ρ et de h seront d'ailleurs données par :

$$\rho = \frac{e}{PT} \quad \text{et} \quad h = e\,\frac{PO}{PT},$$

et les tensions extrêmes seront mesurées par les ordonnées PP_1 et TT_1 des points ayant mêmes abscisses sur la première courbe.

L'équation d'équilibre des moments peut de même s'écrire :

$$\int_{\lambda_0}^{0} R\lambda d\lambda + \int_{0}^{\lambda_1} R\lambda d\lambda = \frac{M}{b\rho^2} = \frac{M}{be^2}\,\overline{PT}^2 = m\,\overline{PT}^2.$$

Traçons la courbe P_3OT_3, lieu géométrique des points P_3 et T_3 tels que l'on ait :

$$PP_3 = -\int_0^{\lambda_0} R\lambda d\lambda \quad \text{et} \quad TT_3 = \int_0^{\lambda_1} R\lambda d\lambda \; [1] \; ;$$

PP_3 et TT_3 seront deux grandeurs positives, et nous aurons :

$$m = \frac{PP_3 + TT_3}{\overline{PT}^2}.$$

Mesurons le quotient $\frac{PP_3 + TT_3}{\overline{PT}^2}$ pour tous les groupes de points conjugués P et T qu'on peut déduire de la courbe P_2OT_2 et portons-en les valeurs en ordonnées, d'un même côté de l'axe des abscisses, aux points P et T. Nous aurons ainsi, comme lieu géométrique, une courbe P_4OT_4 ayant pour abscisses les allongements des faces extrêmes et pour ordonnées les valeurs correspondantes du moment réduit $\frac{M}{be^2}$ ou m, et que, dès lors, nous appellerons la *courbe des moments réduits* [2].

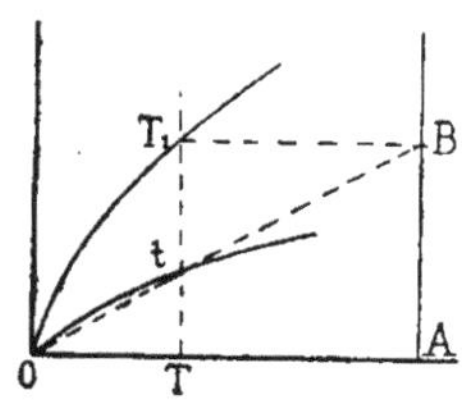

Fig. 73.

1. Chacune de ces courbes pourra être obtenue facilement comme il suit : à une distance arbitraire $OA = a$ de l'origine (fig. 73), traçons une parallèle AB à l'axe des ordonnées; par le point T_1 menons une parallèle à OA, qui coupe AB en B, et joignons OB, qui coupe TT_1 en t. On aura :

$$\frac{Tt}{AB} = \frac{OT}{OA}, \quad \text{d'où} \quad Tt = \frac{R\lambda}{a}.$$

Il suffira donc de tracer le lieu du point t et de porter sur la verticale Tt une longueur TT_3 égale au quotient par a de l'aire du triangle curviligne OTt.

2. On peut construire graphiquement la courbe P_4OT_4 en prolongeant l'ordonnée TT_3 d'une longueur $T_3T'_3$ égale à PP_3 (fig. 74), joignant PT'_3 et, au point P, élevant à cette droite une perpendiculaire, qui coupe en T' l'ordonnée du point T ; TT' est égal à l'inverse de l'ordonnée cherchée. Si donc on prend, sur l'axe des abscisses, une longueur arbitraire constante $TA = a$, et si du point A on élève une perpendiculaire à la droite AT', cette ligne coupera l'ordonnée du point T en un point T_4, tel que TT_4 sera égal au produit de l'ordonnée cherchée par la constante a^2, dont le choix fixera l'échelle des ordonnées de la courbe des moments réduits. Enfin on construira l'autre branche en prenant $PP_4 = TT_4$.

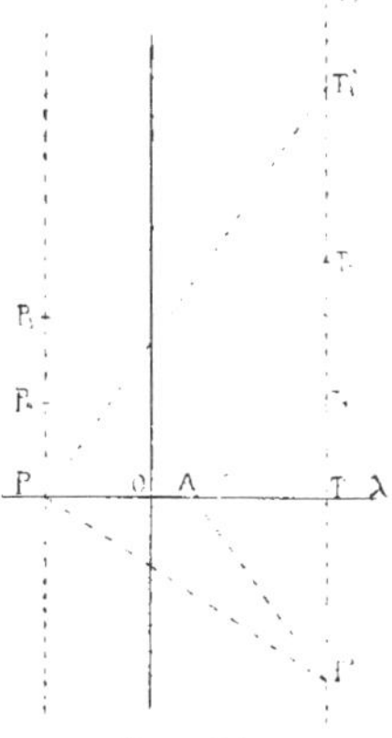

Fig. 74.

Jointe à la courbe initiale P_1OT_1, cette courbe va nous permettre de résoudre rapidement tous les problèmes possibles sur la flexion des prismes rectangulaires non armés faits avec le mortier considéré.

108. Détermination des principaux éléments de la flexion. — Soit, dans une section transversale quelconque d'un pareil prisme soutenu et chargé d'une manière quelconque, M le moment fléchissant à un instant quelconque du chargement.

A partir de l'origine (fig. 75), prenons, sur l'axe des ordonnées et à l'échelle des ordonnées de la courbe des moments réduits, une longueur OO_4 égale au quotient $\frac{M}{be^2}$ ou m ; par le point O_4, menons à l'axe des abscisses une parallèle, qui coupe la courbe en question aux points P_4 et T_4 de part et d'autre de O_4 ; enfin, par ces points, menons des parallèles à l'axe des ordonnées, coupant en P_1 et T_1 la courbe de déformation du mortier.

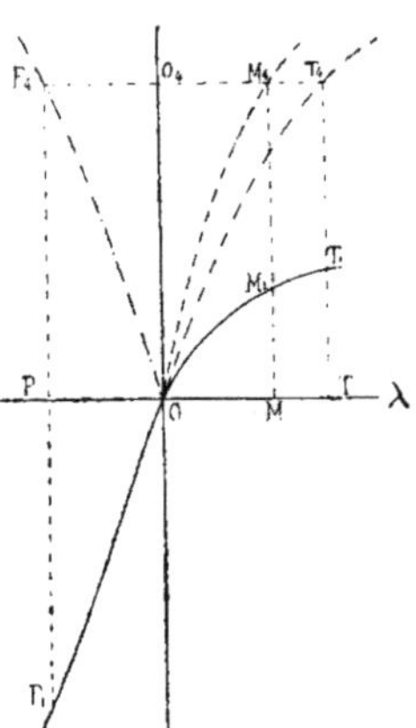

Fig. 75.

D'après les constructions précédentes, on a :

$$h = e\,\frac{P_4O_4}{P_4T_4}.$$

Cette valeur variant généralement avec M, la ligne neutre n'est donc pas une fibre, et se déforme quand les efforts extérieurs varient.

De même on a :

$$\rho = \frac{e}{P_4T_4},$$

et, en appelant encore λ_0 et λ_1 les allongements par unité de longueur des fibres extrêmes et R_0 et R_1 les tensions correspondantes :

$$\lambda_0 = O_4P_4, \quad \lambda_1 = O_4T_4, \quad R_0 = PP_1, \quad R_1 = TT_1.$$

Enfin, pour une fibre quelconque définie par sa distance z à la fibre la plus comprimée, il suffit de tracer l'ordonnée M_1M_1M, telle que $\frac{P_1M_1}{P_1T_1} = \frac{z}{e}$, et l'on a :

$$\lambda = O_1M_1, \quad R = MM_1,$$

chacune de ces deux grandeurs étant fournie avec son signe.

La répartition des tensions suivant la longueur d'une même fibre peut ainsi être déduite immédiatement de la figure 75, après qu'on y a tracé la courbe OM_1, lieu géométrique des points tels que le produit $\frac{P_1M_1}{P_1T_1} \times e$ soit constant et égal à l'ordonnée de la fibre considérée.

109. Conséquences diverses. — 1° Il résulte immédiatement des constructions qui précèdent que, dans des prismes rectangulaires de dimensions différentes faits avec une même matière, l'allongement et la tension sur une fibre quelconque située à une fraction constante de l'épaisseur des prismes ne dépendent que du rapport $\frac{M}{be^2}$ et sont les mêmes tant que ce rapport conserve une même valeur. Dans toute section transversale où $\frac{M}{be^2}$ a une même valeur donnée, la répartition des allongements et des tensions est la même, et la ligne neutre passe à une même fraction de l'épaisseur du prisme.

2° Dans une section quelconque de tous les prismes rectangulaires qu'on peut faire avec une même matière, il suffit de connaître l'allongement ou la tension sur une fibre d'ordonnée relative $\left(\frac{z}{e}\right)$ connue, pour que l'allongement et la tension sur toute autre fibre se trouvent définis par cela même [1]. En particulier, à une même valeur de l'allongement λ_1 ou de la tension R_1 sur la fibre la plus tendue, correspondent toujours une même position relative $\left(\frac{h}{e}\right)$ de l'axe neutre, ainsi qu'un même groupe

1. En effet, il suffit de construire la courbe OM_1 relative à la valeur donnée de $\frac{z}{e}$ et de déterminer le point de cette courbe qui a pour abscisse l'allongement donné ou l'allongement qui correspond, d'après la courbe de déformation, à la tension donnée : l'ordonnée de ce point n'est autre que la valeur de m dans la section considérée, et on en déduit les allongements et les tensions en tout point de cette section.

de valeurs de l'allongement et de la tension, positifs ou négatifs, sur une fibre située à une fraction donnée de l'épaisseur du prisme, par exemple sur la fibre la plus comprimée.

3° Si les efforts tranchants sont nuls ou négligeables, de telle sorte que la rupture commence nécessairement sur la fibre la plus tendue quand la tension R_1 atteint la limite $\mathcal{R}$ (art. **71**) ou la limite $\mathfrak{N}$ (art. **68**), [selon que l'hypothèse du frottement négatif (art. **61**) et la relation (**29**) (art. **62**) sont vraies ou non], la rupture se produit, quelles que soient les dimensions du prisme, pour une valeur constante du quotient $\frac{M}{be^2}$.

Dès lors, il n'est pas étonnant que, dans les essais par flexion faits sur des matières imparfaitement élastiques telles que les pierres et les mortiers, pourvu toutefois que les éprouvettes soient bien homogènes, les résistances que l'on calcule par la formule $R = 6\frac{M}{be^2}$ basée sur l'hypothèse de l'élasticité parfaite, soient indépendantes des dimensions des prismes [1]. Pourtant ces résistances sont fausses, et les vraies valeurs de λ_1 et de R_1 sont celles que l'on déduit des courbes qui viennent d'être définies, pour la valeur de m correspondant à la section où la rupture se produit sous une charge dont on connaît la grandeur et le mode de répartition.

110. Construction de la courbe de déformation en partant de la courbe des moments réduits. — On a, à l'article 107, déduit la courbe des moments réduits de la courbe de déformation du mortier. La construction inverse est non moins utile.

On a vu que les deux équations d'équilibre s'écrivaient :

$$\int_{\lambda_0}^{\lambda_1} R\,d\lambda = 0 \qquad \text{et} \qquad \int_{\lambda_0}^{\lambda_1} R\lambda\,d\lambda = \frac{M}{be^2} = m\,(\lambda_1 - \lambda_0)^2.$$

Posons :

$$(50) \qquad \int_0^{\lambda} R\,d\lambda = \mu \qquad \text{et} \qquad \int_0^{\lambda} R\lambda\,d\lambda = \nu.$$

R étant une fonction de λ, μ et ν sont des fonctions bien défi-

1. Voir aux articles 237 et 238 la vérification expérimentale de cette loi et les anomalies apparentes que l'on constate parfois.

nies de cette variable, et, si l'on appelle μ_0, ν_0, μ_1, ν_1 les valeurs que prennent ces fonctions pour $\lambda = \lambda_0$ et pour $\lambda = \lambda_1$, valeurs mesurées par les longueurs PP_2, $-PP_3$, TT_2 et TT_3 de la figure 72, les deux équations d'équilibre peuvent s'écrire :

$$\mu_1 - \mu_0 = 0, \qquad \nu_1 - \nu_0 = m\,(\lambda_1 - \lambda_0)^2.$$

Quand on donne à m un accroissement quelconque dm, les accroissements correspondants de λ_0, λ_1, μ_0, μ_1, ν_0 et ν_1 doivent être tels que les deux membres de chacune de ces équations continuent à être égaux entre eux ; leurs différentielles doivent donc être égales, de sorte que l'on doit avoir :

$$d\mu_1 - d\mu_0 = 0$$

et :

$$d\nu_1 - d\nu_0 = (\lambda_1 - \lambda_0)^2\,dm + 2m\,(\lambda_1 - \lambda_0)\,(d\lambda_1 - d\lambda_0).$$

Or, en raison de la définition même des fonctions μ et ν, on a :

$$d\mu = R\,d\lambda, \qquad d\nu = R\lambda\,d\lambda\,;$$

on en déduit :

$$R_1 d\lambda_1 = R_0 d\lambda_0,$$

par suite :

$$d\nu_1 - d\nu_0 = (\lambda_1 - \lambda_0)\,R_1 d\lambda_1 = (\lambda_1 - \lambda_0)\,R_0 d\lambda_0,$$

et enfin, en remplaçant $d\nu_1 - d\nu_0$ successivement par chacune de ces deux valeurs dans le premier membre de l'équation des moments :

$$(51)\quad \left\{\begin{aligned} R_1 &= \frac{dm}{d\lambda_1}\left[(\lambda_1 - \lambda_0) + 2m\left(\frac{d\lambda_1}{dm} - \frac{d\lambda_0}{dm}\right)\right],\\ R_0 &= \frac{dm}{d\lambda_0}\left[(\lambda_1 - \lambda_0) + 2m\left(\frac{d\lambda_1}{dm} - \frac{d\lambda_0}{dm}\right)\right].\end{aligned}\right.$$

Les valeurs de R_1 et de R_0 sont ainsi exprimées en fonction des seuls éléments de la courbe des moments réduits et peuvent être déterminées graphiquement comme il suit :

Soit (fig. 76) A_0OA_1 cette courbe, supposée donnée. Par le point H correspondant à une valeur quelconque de m ($OH = m$), menons une parallèle à l'axe des abscisses, et appelons A_0 et A_1 les points où elle coupe les branches négative et positive de la courbe : on a immédiatement, en comptant toutes les longueurs positivement ou négativement suivant qu'on les parcourt dans le sens des coordonnées croissantes ou décroissantes :

$$HA_0 = \lambda_0, \qquad HA_1 = \lambda_1, \qquad A_0A_1 = \lambda_1 - \lambda_0.$$

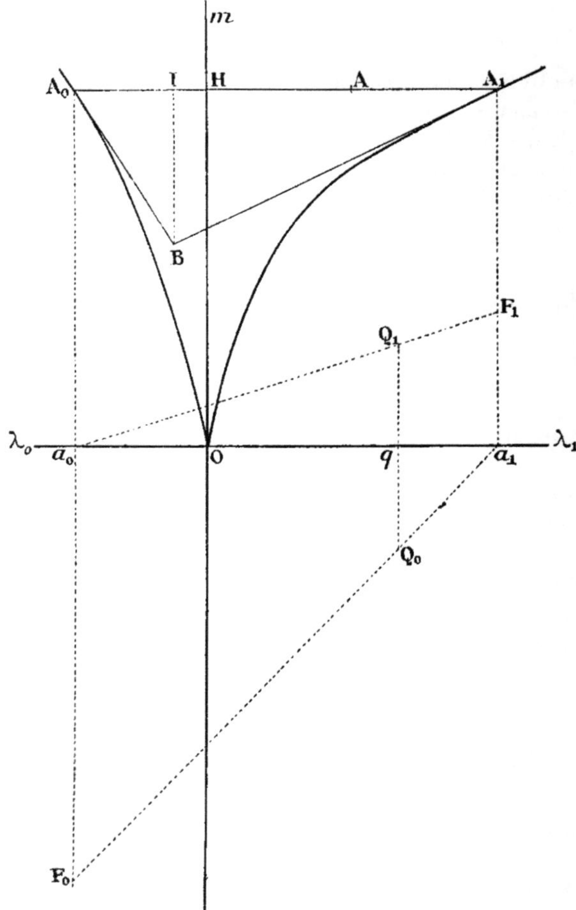

Fig. 76.

Menons en A_0 et A_1 les tangentes aux courbes et projetons orthogonalement en I, sur la droite A_0A_1, le point de rencontre B de ces tangentes ; on a :

$$\frac{dD_0}{dm} = \frac{IA_0}{BI}, \quad \frac{dD_1}{dm} = \frac{IA_1}{BI}, \quad \frac{dD_1}{dm} - \frac{dD_0}{dm} = \frac{A_0A_1}{BI},$$

et l'expression de R_1 devient :

$$R_1 = \frac{BI}{IA_1}\left(A_0A_1 + 2.OH\,\frac{A_0A_1}{BI}\right) = \frac{A_0A_1}{IA_1}(BI + 2.OH);$$

de même on a :

$$-R_0 = \frac{A_0A_1}{A_0I}(BI + 2.OH).$$

Il suffit alors de marquer sur l'axe des abscisses le point q, tel que $a_0q = IA_1$, de porter de part et d'autre les ordonnées qQ_1 et qQ_0 proportionnelles à la somme $BI + 2.OH$, et de tracer les droites a_0Q_1 et a_1Q_0, dont les prolongements rencontrent respectivement en F_1 et F_0 les ordonnées des points A_1 et A_0 : a_1F_1 et a_0F_0 sont proportionnels aux tensions R_1 et R_0, et le lieu des points F_1 et F_0 quand on fait varier m n'est autre que la courbe de déformation cherchée.

En outre, il résulte immédiatement des calculs et de la construction ci-dessus que, quel que soit m, on a entre R_0 et R_1 les deux relations :

$$\frac{R_1}{-R_0} = \frac{A_0I}{IA_1} \quad \text{et} \quad \frac{1}{R_1} - \frac{1}{R_0} = \frac{1}{BI + 2.OH}.$$

111. Détermination expérimentale de la courbe de déformation. — Cette construction fournit un moyen de déterminer expérimentalement la courbe de déformation. Il suffit de mesurer, sur un prisme soumis à des moments fléchissants échelonnés, les allongements des faces extrêmes au droit d'une même section transversale, de tracer la courbe continue qui a pour abscisses ces allongements et pour ordonnées les valeurs de m correspondantes, et d'en déduire comme il vient d'être expliqué la courbe de déformation.

Pour rendre les mesures plus faciles et plus exactes, il convient d'opérer de telle sorte que le moment fléchissant soit le même sur une certaine longueur du prisme : les allongements et les contractions extrêmes sont alors les mêmes dans toutes les sections de cette région, et l'on a l'avantage de pouvoir faire porter les mesures sur les allongements totaux d'une tranche assez longue ; en même temps, l'effort tranchant est nul.

Ces conditions se trouvent réalisées dans l'appareil employé par M. Considère pour l'étude des petits prismes en ciment armé et qui, sans doute, conviendrait parfaitement dans le cas qui nous occupe.

Le mode de détermination de la courbe de déformation, basé sur cette construction, présente sur les méthodes habituellement suivies jusqu'à présent, et qui consistent à mesurer les allongements et les contractions dans des essais directs par traction et par compression, les avantages suivants :

1° On a vu plus haut qu'en général, dans ces essais directs, les efforts développés aux différents points de la section transversale ne sont pas les mêmes ; on mesure donc, en réalité, comme coordonnées des courbes à déterminer, une moyenne d'efforts et une moyenne d'allongements.

2° Dans la méthode par flexion qui vient d'être décrite, la branche positive et la branche négative de la courbe de déformation se déduisent simultanément d'un essai unique fait sur un même bloc de matière.

Toutefois, en vertu de l'observation 2° de l'article 109, on n'obtient pas ainsi la partie de la branche négative correspondant aux valeurs absolues de R_0 supérieures à celle qui est conjuguée de la tension positive pour laquelle la rupture se produit.

112. Étude des petites déformations. — On sait[1] que, pour des valeurs de m assez faibles pour que les tensions restent proportionnelles aux allongements ($R = E\lambda$), les allongements de signes contraires des deux faces extrêmes d'un prisme rectangulaire sont égaux en valeur absolue. Aux environs du point O de la figure 76 on a donc $HA_1 = HA_0$, et les courbes OA_1 et OA_0 font, à l'origine, des angles égaux avec l'axe des m. Elles se confondent d'ailleurs avec leurs tangentes jusqu'à la limite où la proportionnalité cesse de pouvoir être considérée comme parfaite.

1. C'est du moins ce qu'indiquent les traités de *Résistance des Matériaux*. Il importerait de savoir si le fait a été vérifié expérimentalement ou s'il est donné seulement comme une conséquence nécessaire de l'hypothèse de l'élasticité parfaite. Dans le second cas, il y aurait lieu de mesurer très exactement, avec divers matériaux, la contraction et l'allongement élémentaires des faces extrêmes de prismes soumis à des moments fléchissants extrêmement faibles.

Les points B et I coïncident alors avec les points O et H, et l'on a :

$$BI + 2.OH = 3.OH = 3m, \quad \frac{A_0A_1}{IA_1} = 2, \quad R_1 = 6.OH = \frac{6M}{be^2};$$

on retrouve la formule classique des traités de *Résistance des Matériaux*.

Si l'on remplace R_1 par $E\lambda_1$, la même formule donne $\frac{m}{\lambda_1} = \frac{E}{6}$: la tangente à l'origine à la courbe OA_1 a pour coefficient angulaire le sixième du coefficient d'élasticité.

Enfin, au voisinage du point O, les longueurs a_1F_1 et a_0F_0 sont égales et de signes contraires, de même que les longueurs Oa_1 et Oa_0 : la branche positive et la branche négative de la courbe de déformation ont même tangente à l'origine : les coefficients d'élasticité initiaux par traction et par compression sont identiques.

C'est là un nouvel argument contre les essais de déformation par traction et par compression directes, car il est rare que, dans ces deux essais, on trouve, pour une même matière, des courbes se raccordant tangentiellement.

113. Répartition de l'effort tranchant. — La largeur de la poutre étant supposée constante, la formule qui donne la dérivée de la composante de l'effort tranchant en un point quelconque est :

$$\frac{dS}{dz} = -A\frac{dR}{dM},$$

$\frac{dS}{dz}$ correspondant à la variation de S pour des points situés dans une même section transversale et $\frac{dR}{dM}$ à celle de R le long d'une même fibre.

Or, dans une même section, λ_0 et λ_1 sont des constantes, et l'on a :

$$dz = \rho d\lambda = \frac{ed\lambda}{\lambda_1 - \lambda_0}.$$

En substituant la variable m à la variable $M = be^2m$ et appelant a le quotient $\frac{A}{be}$, c'est-à-dire l'effort tranchant moyen par unité de surface de la section considérée, on en déduit :

$$\frac{dS}{d\lambda} = - \frac{a}{\lambda_1 - \lambda_0} \frac{dR}{dm}.$$

D'autre part, on a :

$$\frac{dR}{dm} = \frac{dR}{d\lambda} \frac{d\lambda}{dm},$$

étant entendu que la variation de λ doit être telle que z reste constant.

Soit, sur la figure 76 qui nous a déjà servi, A le point correspondant à la fibre d'ordonnée z dans la section considérée, point défini par la relation $\frac{A_0A}{A_0A_1} = \frac{z}{e}$ et tel que HA mesure l'allongement correspondant λ.

La condition que, pour une variation infiniment petite de m, le rapport $\frac{A_0A}{A_0A_1}$ reste constant, implique que la tangente en A au lieu de ce point passe en B, de sorte qu'on a, le long d'une même fibre :

$$\frac{d\lambda}{dm} = \frac{IA}{BI}.$$

On déduit de là :

$$\frac{dS}{d\lambda} = - \frac{a}{A_0A_1} \frac{IA}{BI} \frac{dR}{d\lambda} = - \frac{a}{\sigma} IA \frac{dR}{d\lambda},$$

en appelant $\frac{\sigma}{2}$ l'aire du triangle A_0A_1B.

Soit, sur la courbe F_0OF_1 (fig. 77), qui donne les valeurs de R en fonction de λ, J le point ayant même abscisse que I.

La valeur de S devant être nulle sur la fibre la plus comprimée (effort de glissement longitudinal nul sur les faces libres du prisme), on a, dans la section transversale considérée :

$$S = - \frac{a}{\sigma} \int_{\lambda_0}^{\lambda} IA\, dR = a \frac{\text{aire } F_0 j_0 J - \text{aire } J j F}{\sigma},$$

égalité qui définit la valeur de S au point considéré.

On peut préparer d'avance le diagramme relatif à un mortier donné, de manière qu'il fournisse immédiatement, sans mesures de surfaces, la valeur de S correspondant, dans un prisme rectangulaire quelconque, à un système quelconque de valeurs de

a, m et z. En appelant λ_i la longueur positive ou négative HI, fonction, comme τ, de la seule variable m [1], on a :

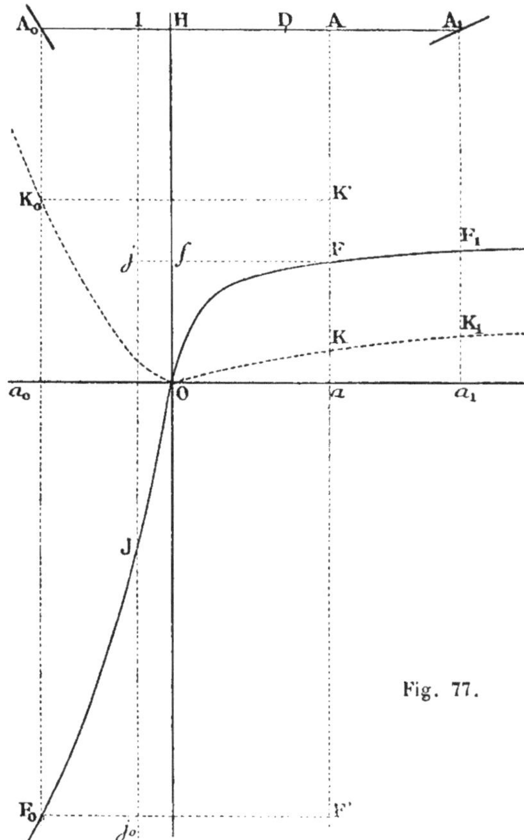

Fig. 77.

1. On vérifie facilement que l'on a :

$$\lambda_i = \frac{R_1\lambda_1 - R_0\lambda_0}{R_1 - R_0}.$$

De même, on a :

$$HI = -\frac{R_0R_1}{R_1 - R_0} - 2m.$$

et par suite :

$$\tau = (\lambda_1 - \lambda_0)\left(-\frac{R_0R_1}{R_1 - R_0} - 2m\right).$$

$$(52)\quad \begin{cases} S = -\dfrac{a}{\sigma}\displaystyle\int_{\lambda_0}^{\lambda} (\lambda - \lambda_i)\, dR \\[2ex] = \dfrac{a}{\sigma}\left[\displaystyle\int_0^{\lambda_0} \lambda dR - \int_0^{\lambda} \lambda dR + \lambda_i\,(R - R_0)\right]. \end{cases}$$

Si donc on trace d'avance : 1° la courbe OI, lieu du point I pour toutes les valeurs de m ; 2° la courbe OD, lieu d'un point D tel que HD soit proportionnel à σ ; 3° la courbe K_0OK_1, lieu du point K dont l'ordonnée aK est proportionnelle à l'aire du triangle curviligne OfF, la construction est la suivante :

Par le point H, tel que OH $= m$, mener à l'axe des abscisses une parallèle, qui rencontre en A_0 et A_1 les courbes fournies directement par l'expérience et en I et D les courbes qui viennent d'être définies ; sur cette droite, marquer le point A tel que $\dfrac{A_0A}{A_0A_1} = \dfrac{z}{e}$; projeter les points A_0 et A en F_0, K_0, F, K sur les courbes OF et OK, puis les points F_0 et K_0 en F′ et K′ sur l'ordonnée du point A.

On a immédiatement : $S = \dfrac{a}{HD}(KK' + HI.F'F)$, les longueurs KK′ et HI devant être comptées positivement ou négativement suivant que le point K′ est au-dessus ou au-dessous du point K et le point I à droite ou à gauche du point H.

114. Conséquences. — 1° En tenant compte des deux équations en $\mu_1 - \mu_0$ et $\nu_1 - \nu_0$ (art. 110), on vérifie que l'on a bien $S_1 = 0$ et $\displaystyle\int_0^e bSdz = A$.

2° Dans une section donnée, la valeur du rapport $\dfrac{S}{a}$ à une fraction donnée $\dfrac{z}{e}$ de l'épaisseur du prisme est une fonction de la seule variable m. Dans toute section rectangulaire où m a une même valeur, la répartition des valeurs de $\dfrac{S}{a}$ suivant l'épaisseur du prisme est donc la même.

Dans diverses sections où m a une même valeur et où a diffère, les valeurs de S à une même fraction de l'épaisseur du prisme sont proportionnelles à celles de a.

3° Dans une même section, la composante de l'effort tranchant, nulle sur les deux faces extrêmes, passe par son maximum quand on a $\frac{dS}{d\lambda} = 0$, c'est-à-dire, quelle que soit la valeur de a, sur la fibre correspondant au point I. La valeur de ce maximum est égale à

$$a \frac{\text{Aire } F_0 j_0 J}{\sigma}.$$

4° En appelant i l'ordonnée de la fibre où S atteint sa valeur maximum, on a :

$$\frac{i}{e - i} = \frac{-d\lambda_0}{d\lambda_1} = \frac{R_1}{-R_0}.$$

Alors que le point d'intersection de la ligne neutre, qui correspond au point H, est la projection de l'axe autour duquel il faudrait faire tourner la section pour la ramener d'un seul coup à sa position initiale, le point pour lequel la composante de l'effort tranchant passe par son maximum est la projection de l'axe instantané de rotation de la section pour une variation infiniment petite de m. On remarque que les moments des deux tensions extrêmes R_0 et R_1 par rapport à ce point sont égaux.

5° Pour que, pour une valeur donnée de m, les points I et H coïncident, il faut que les deux tangentes en A_0 et A_1 se coupent sur l'axe des ordonnées, c'est-à-dire que l'on ait :

$$\frac{d\lambda_1}{d\lambda_0} = \frac{\lambda_1}{\lambda_0} = \frac{R_0}{R_1}, \qquad \text{d'où (fig. 77) :} \qquad a_1 K_1 = a_0 K_0.$$

Pour qu'une matière soit telle que cette coïncidence ait lieu pour toute valeur de m, il faut et il suffit que sa courbe de déformation ait ses deux branches symétriques par rapport à l'origine ; les allongements et les tensions sont alors toujours symétriques, au signe près, par rapport au centre de figure de chaque section. Tel est le cas avec les matières pour lesquelles les allongements sont constamment proportionnels aux tensions.

115. Répartition de l'effort tranchant dans les sections où le moment fléchissant est faible : cisaillement. — Supposons la valeur de m assez faible pour que les courbes OA_0 et OA_1 puissent être assimilées à leurs tangentes à l'origine, droites dont les coefficients angulaires sont $\pm \frac{E}{6}$ (art. 112). Les points H et I tombent au milieu de A_0A_1, et l'on a :

$$-\lambda_0 = \lambda_1 = \frac{6m}{E}\,; \qquad -R_0 = R_1 = 6m\,;$$

$$\frac{\sigma}{2} = m \times \frac{6m}{E}\,, \qquad \sigma = \frac{12m^2}{E}\,;$$

$$\text{Aire } F_0 j_0 J = \frac{1}{2}\lambda_0 R_0 = \frac{18m^2}{E}.$$

On en conclut que la plus grande valeur de la composante de l'effort tranchant a lieu au milieu de l'épaisseur du prisme et est égale à $\frac{3}{2}a$, quelle que soit d'ailleurs la valeur de a. C'est bien la formule connue du cas de l'élasticité parfaite.

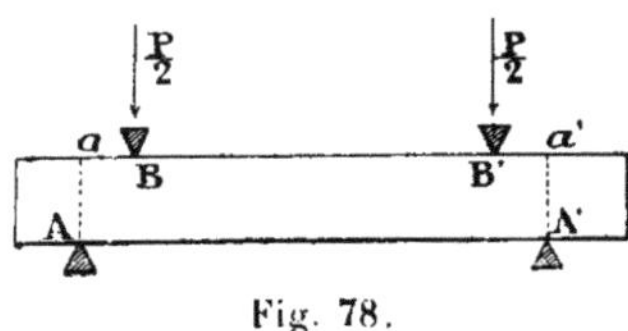

Fig. 78.

Soit dès lors (fig. 78) un prisme rectangulaire posant sur deux couteaux parallèles A et A′ situés dans un même plan horizontal, et chargé de deux poids égaux $\frac{P}{2}$, par l'intermédiaire de deux autres couteaux B et B′, agissant à l'intérieur et à égales distances $aB = a'B' = d$ des deux premiers.

Nul dans la section Aa, le moment fléchissant dans les sections voisines croît, proportionnellement à la distance de ces sections à la première, jusqu'en B, où il atteint la valeur $\frac{Pd}{2}$. Il reste ensuite constant dans tout l'intervalle BB′, puis repasse, en sens inverse, par les mêmes valeurs, de B′ en A′. Quant à l'effort tranchant, il est constamment égal à $\frac{P}{2}$ de A en B et de B′ en A′, et nul de B en B′.

Si l'on fait en sorte que la distance d soit très petite, on réalise un essai de cisaillement portant symétriquement sur deux sections du prisme ; le moment fléchissant dans la section de rupture est très faible, et, P désignant l'effort total de rupture, on a, *quelle que soit la loi de déformation de la matière* :

$$(53) \qquad \tau = \frac{3}{2}\,a = \frac{3}{4}\,\frac{P}{be}\,.$$

Cet essai devrait donc, s'il n'intervenait aucune cause perturbatrice, donner immédiatement la valeur de la cohésion tangentielle τ (art. 57) [1].

1. On arriverait à la même formule alors même que les coefficients d'élasticité initiaux ne seraient pas les mêmes pour la compression et pour la traction. Soient en effet E_0 et E_1 ces deux coefficients d'élasticité, de telle sorte que, pour toute valeur de m inférieure à une certaine limite, on ait $\frac{R}{\lambda} = E_0$ pour tout point de la région comprimée et $\frac{R}{\lambda} = E_1$ pour tout point de la région tendue de la section.

Dès lors :

$$\mu_0 = \frac{E_0}{2}\,\lambda_0^2, \qquad \mu_1 = \frac{E_1}{2}\,\lambda_1^2, \qquad \nu_0 = \frac{E_0}{3}\,\lambda_0^3, \qquad \nu_1 = \frac{E_1}{3}\,\lambda_1^3,$$

et les deux équations d'équilibre de l'article 110 deviennent :

$$E_0\lambda_0^2 = E_1\lambda_1^2 \quad \text{et} \quad E_1\lambda_1^3 - E_0\lambda_0^3 = 3m\,(\lambda_1 - \lambda_0)^2.$$

De la première, on tire $\frac{\lambda_0}{\lambda_1} = -\sqrt{\frac{E_1}{E_0}}$ et, en portant successivement dans la seconde les valeurs de λ_1 et de λ_0 tirées de cette relation :

$$\lambda_0 = -\frac{3m}{\sqrt{E_0}}\left(\frac{1}{\sqrt{E_0}} + \frac{1}{\sqrt{E_1}}\right), \qquad \lambda_1 = \frac{3m}{\sqrt{E_1}}\left(\frac{1}{\sqrt{E_0}} + \frac{1}{\sqrt{E_1}}\right).$$

On a d'ailleurs :

$$R_0 = E_0\lambda_0 = -3m\sqrt{E_0}\left(\frac{1}{\sqrt{E_0}} + \frac{1}{\sqrt{E_1}}\right),$$

$$R_1 = E_1\lambda_1 = 3m\sqrt{E_1}\left(\frac{1}{\sqrt{E_0}} + \frac{1}{\sqrt{E_1}}\right).$$

La courbe des moments réduits se compose des deux droites ayant pour coefficients angulaires $\frac{m}{\lambda_0}$ et $\frac{m}{\lambda_1}$; le point I se confond avec le point H, le point B avec le point O, et l'on a :

$$BI = m, \qquad \sigma = m\,(\lambda_1 - \lambda_0) = 3m^2\left(\frac{1}{\sqrt{E_0}} + \frac{1}{\sqrt{E_1}}\right)^2,$$

$$\text{Aire } F_0 j_0 J = \frac{1}{2}\,\lambda_0 R_0 = \frac{9}{2}\,m^2\left(\frac{1}{\sqrt{E_0}} + \frac{1}{\sqrt{E_1}}\right)^2;$$

le maximum de la composante de l'effort tranchant a lieu sur la fibre neutre

On verra plus loin (chapitre XII) qu'en général il est loin d'en être ainsi.

116. Efforts autour d'un point quelconque. — Sachant maintenant déterminer les valeurs de R et de S en un point quelconque, on peut tracer, sur l'épure du prisme en élévation, deux séries de lignes de niveau, correspondant aux points où, sous une charge donnée, ces deux tensions ont respectivement des grandeurs constantes.

On peut en outre calculer, comme on l'a vu à l'article **41**, les composantes normale et tangentielle de l'action exercée, en chaque point, sur un élément plan infiniment petit d'orientation quelconque.

Enfin, quand on connaît le coefficient de frottement f, on peut déterminer en chaque point la valeur de la fonction :

$$\Theta = \sqrt{\left(\frac{R^2}{4} + S^2\right)(1 + f^2)} + \frac{R}{2} f$$

et tracer sur l'épure les courbes de niveau correspondantes, qui indiquent les points où la fatigue de la matière est la même[1].

Si l'on suppose que la charge varie soit en grandeur (augmentation ou diminution progressive), soit en position (charge roulante), il est facile de faire de pareils diagrammes pour divers états successifs de celle-ci, et même de choisir ces états suffisamment voisins pour qu'on puisse projeter au cinématographe les épures correspondantes et obtenir l'illusion du cheminement et de la déformation progressive des lignes d'égale fatigue.

117. Forme prise par la poutre sous charge. — Dans une section où la valeur de m est mesurée par la longueur OH

(point H) et a pour valeur $\frac{a}{\sigma}$ aire $F_0 j_0 J$, c'est-à-dire encore $\frac{3}{2}a$, quels que soient E_0 et E_1.

La relation $\frac{\lambda_0}{\lambda_1} = -\sqrt{\frac{E_1}{E_0}}$ donne le moyen de vérifier expérimentalement, par exemple avec le dispositif de M. Considère indiqué à l'article **111**, si les deux coefficients d'élasticité sont les mêmes, et, au cas où ils ne le seraient pas, de mesurer la valeur de leur rapport.

1. En pratique, il serait avantageux de recourir à un abaque pour déterminer rapidement les valeurs de Θ correspondant à tout groupe de valeurs de f, de R et de S.

(fig. 76), le rayon de courbure pris par une fibre quelconque d'ordonnée z est $\rho - h + z$, c'est-à-dire, en vertu des égalités (14 *b*) et (15) : $\frac{e(1+\lambda)}{\lambda_1 - \lambda_0}$. Si l'on néglige λ à côté de l'unité, ce qui revient à supposer ρ très grand et à admettre que le rayon de courbure est le même pour toutes les fibres, ce dernier est donc inversement proportionnel à la longueur A_0A_1, et ses valeurs dans toutes les sections de la poutre peuvent être calculées d'après des mesures faites sur la figure. On peut alors construire de proche en proche la courbe d'une fibre déformée [1].

118. Formes approximatives des deux courbes caractéristiques des mortiers. — Nous avons tracé aussi exactement que possible les figures 76 et 77 en partant, pour la courbe F_0OF_1, de la courbe de déformation établie par M. Considère [2] pour un certain mortier d'après les résultats d'essais de flexion sur des prismes armés ou non. Dans le cas choisi, on a :

$$\left.\begin{array}{l} m = 7 \\ R_0 = -68 \\ R_1 = 20.9 \end{array}\right\} \text{kg. par cm}^2,$$

$$\begin{array}{l} \lambda_0 = -0{,}256 \text{ mm. par m.} = -256 \times 10^{-6}, \\ \lambda_1 = 0{,}550 \text{ mm. par m.} = 550 \times 10^{-6}. \end{array}$$

De même, la courbe MM′ de la figure 57 (p. 157) représente, pour un prisme rectangulaire fait avec le même mortier, la variation simultanée de $\frac{R}{2}$ et de S dans une section où l'on aurait à la fois $m = 7 \times 10^4$ et $a = 12 \times 10^4$. Les abscisses des points de rencontre de cette courbe avec l'axe des abscisses sont donc mesurées, à l'échelle de la figure, par $\frac{20{,}9}{2} \times 10^4$ et $-\frac{68}{2} \times 10^4$. Dans la même figure, on a supposé $f = 0{,}75$ et $\varepsilon = 40 \times 10^4$.

D'après M. Considère, la branche positive de la courbe de déformation s'étendrait au delà du point F_1 (fig. 77), parallèlement à l'axe des abscisses, jusqu'à une abscisse égale à environ

1. Pour cette construction, voir notamment : MAHAMET, *Résistance des Matériaux*, p. 141.
2. *Génie Civil*, XXXIV, p. 230, (fév. 1899).

trois fois et demi la longueur Oa_1, et ce prolongement correspondrait à une période pendant laquelle le mortier, sous l'influence régularisatrice du fer, subirait un allongement considérable sans augmentation sensible de tension.

Même en ne tenant pas compte de la portion de courbe située au delà du point F_1, on voit que la branche OA_1 de la courbe des moments réduits, qui, à l'origine, fait avec l'axe des ordonnées le même angle que la branche OA_0 (art. 112), s'écarte plus vite de cet axe que cette dernière. Dès lors, pour des moments fléchissants croissants, le rapport $\frac{A_0H}{A_0A_1}$ décroît : la ligne neutre se rapproche de la fibre la plus comprimée, les allongements augmentent plus vite que les contractions, et les compressions plus vite que les tensions.

On voit aussi que, à mesure que l'on s'éloigne du point O sur la courbe OA_1, la tangente à cette courbe s'incline de plus en plus vers la direction de l'axe des abscisses : l'allongement des fibres les plus tendues augmente donc beaucoup plus vite que le moment fléchissant, de sorte que, à partir d'une valeur de m suffisamment élevée, de très faibles écarts dans la valeur de m peuvent correspondre à d'importants écarts dans celle de λ_1. Dès lors on s'explique pourquoi, quand on rompt par flexion une série de prismes faits avec un même mortier, on obtient généralement des moments de rupture peu différents, malgré les grandes différences des allongements de rupture qui, d'après la théorie de M. Considère, doivent résulter de l'hétérogénéité inévitable du mortier.

119. Applications numériques. — Partant de la même courbe $F_{11}OF_1$ (fig. 77), on a déterminé graphiquement comme il a été expliqué ci-dessus les valeurs de R et de S en tous points d'une poutre rectangulaire ayant une portée égale à 10 fois son épaisseur ($l = 10e$), soutenue et chargée de telle sorte que, dans la section où le moment fléchissant atteint sa valeur maximum, on eût $m = 7 \times 10^4$. On a négligé le poids propre de la poutre.

Les figures 79 et 80 donnent, pour une des moitiés de la poutre, les lignes d'égales valeurs de R et de S quand celle-ci, posée à ses deux extrémités sur deux appuis de niveau, est chargée en son centre d'un poids unique. On calcule que, pour qu'on ait alors $m = 7 \times 10^4$ dans la section médiane, il faut que la charge par mètre de largeur ($b = 1$) soit, en kilos, égale à 2800 fois la portée exprimée en mètres. L'effort tranchant réduit a a alors, dans toutes les sections, la valeur constante $1,4 \times 10^4$, changeant de signe au milieu de la portée. On voit par la figure 80 que néanmoins sa répartition n'est pas la même dans les diverses sections, mais varie suivant la valeur de m.

Les figures 81 et 82 correspondent de même au cas où la poutre, posée encore sur deux appuis de niveau, supporte une charge uniformément répartie. Pour que l'on ait $m = 7 \times 10^4$ dans la section médiane, il faut que la charge soit de 5600 kg. par m². L'effort tranchant réduit a alors pour valeur $2,8 \times 10^4$ au droit des appuis, et décroît uniformément jusqu'à s'annuler au milieu de la portée. Il en résulte que, dans la section médiane, toutes les lignes d'égale tension sont tangentes à la direction des fibres.

Dans ces deux exemples, les valeurs de S sont faibles relativement à celles de R, et les valeurs de Θ diffèrent peu de ces dernières.

Enfin on a étudié le cas où la poutre, parfaitement encastrée à ses deux bouts, est uniformément chargée sur toute sa surface. On sait que, dans ce cas, le moment d'encastrement est double du moment dans la section médiane, et de signe contraire. Pour qu'il ait la valeur voulue, il faut que la charge soit de 8400 kg. par m², et alors l'effort tranchant réduit a, dans la section d'encastrement, sa valeur maximum $a = 4,2 \times 10^4$.

Les figures 83 et 84 indiquent, comme les précédentes, les variations de R et de S ; les figures 85 et 86 donnent les valeurs minimum et maximum :

$$N_0 = \frac{R}{2} - \sqrt{\frac{R^2}{4} + S^2} \quad \text{et} \quad N_1 = \frac{R}{2} + \sqrt{\frac{R^2}{4} + S^2}$$

de l'effort normal développé sur des plans sécants perpendiculaires au plan moyen de la poutre ; la figure 87 donne le maximum :

$$T = \sqrt{\frac{R^2}{4} + S^2}$$

de l'effort tangentiel, et la figure 88 le maximum de :

$$\Theta = + \sqrt{\left(\frac{R^2}{4} + S^2\right)(1 + f^2)} + \frac{R}{2} f$$

en chaque point, quand on suppose $f = 0,75$.

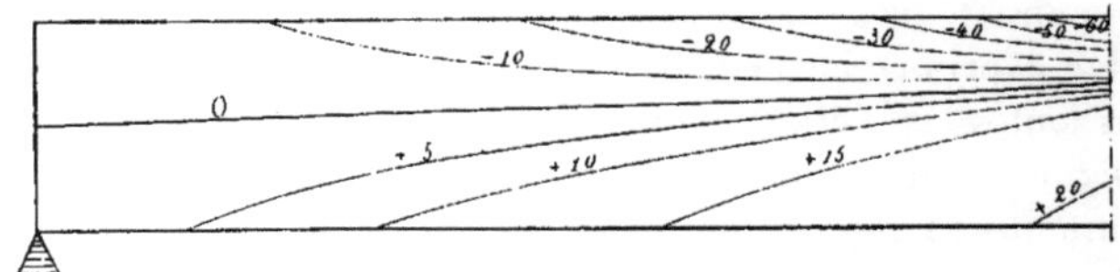

Fig. 79. — Valeurs de R.

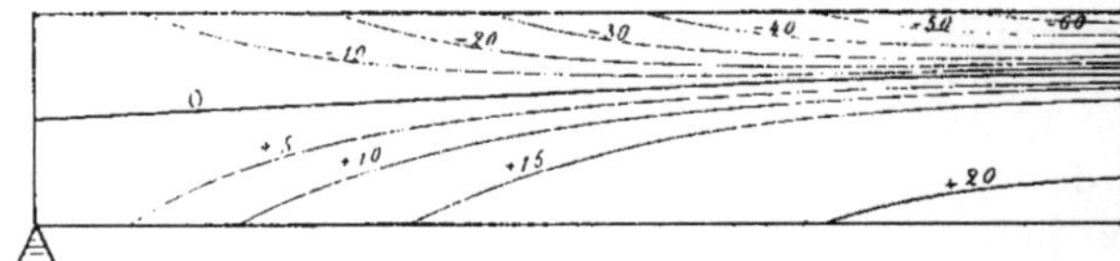

Fig. 81. — Valeurs de R.

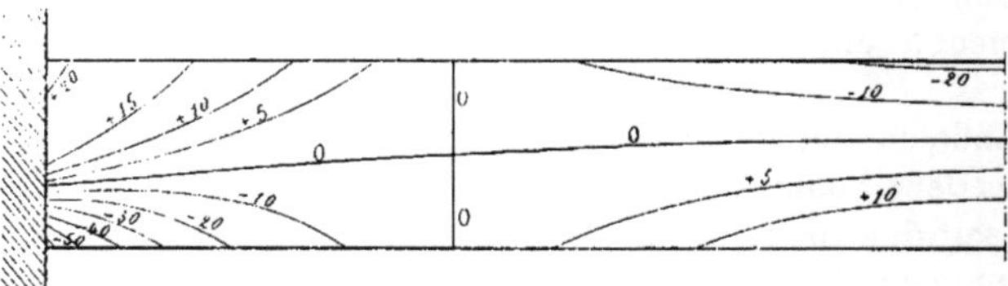

Fig. 83. — Valeurs de R.

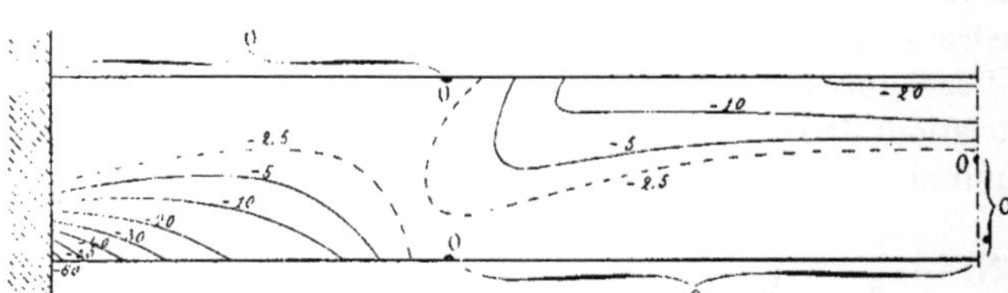

Fig. 85. — Valeurs de N^0.

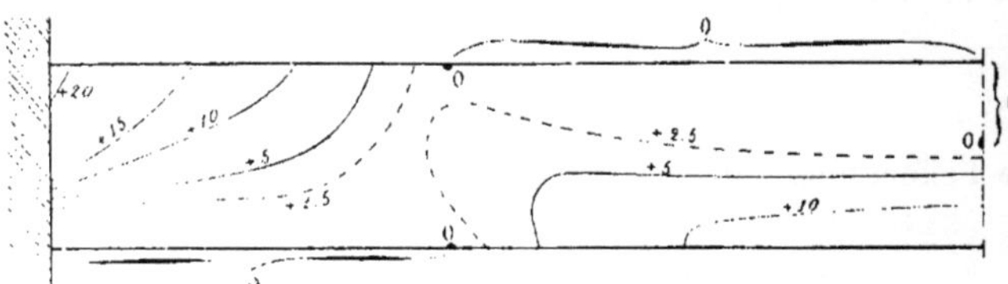

Fig. 86. — Valeurs de N_1.

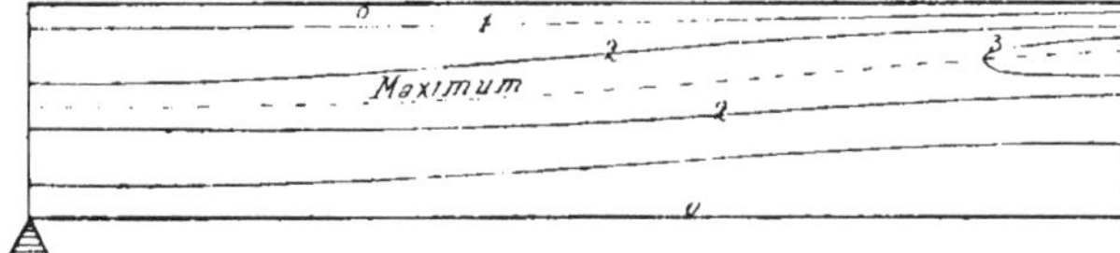

Fig. 80. — Valeurs de S.

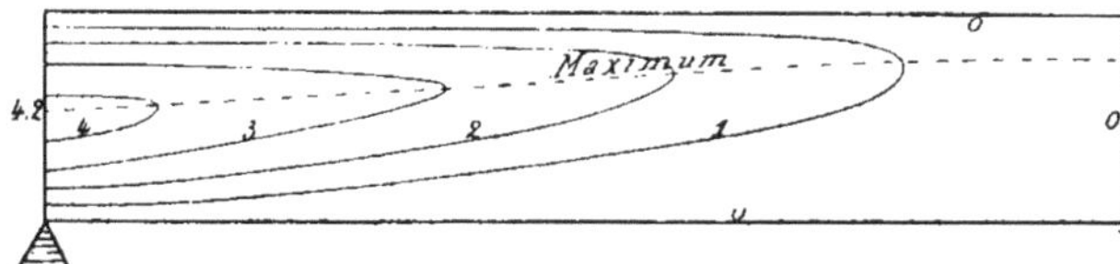

Fig. 82. — Valeurs de S.

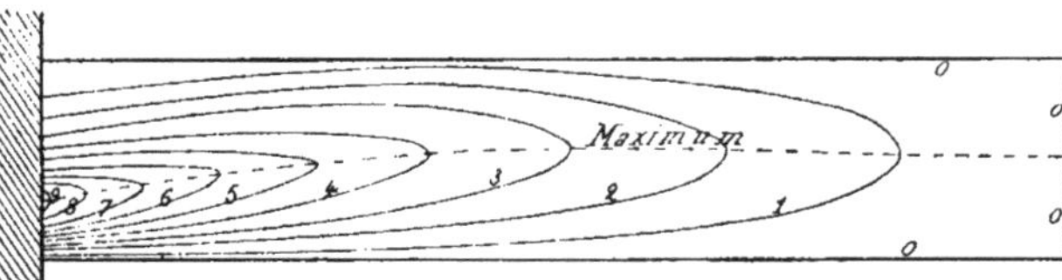

Fig. 84. — Valeurs de S.

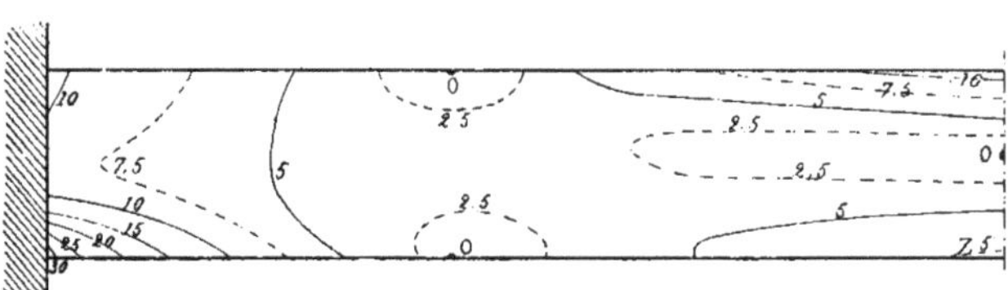

Fig. 87. — Valeurs de T.

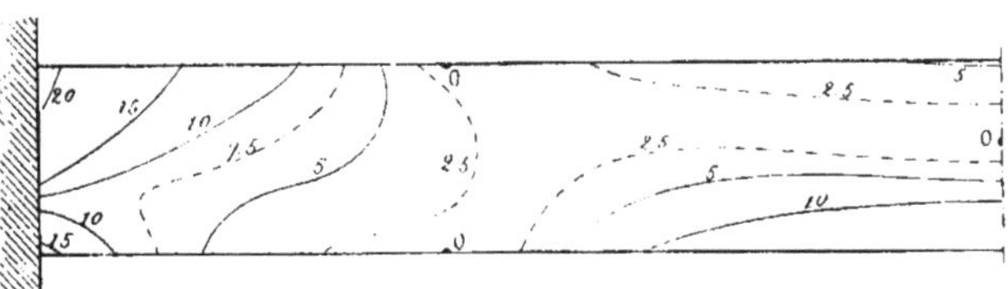

Fig. 88. — Valeurs de Θ.

Enfin la figure 89 représente, dans la section d'encastrement de la même poutre, les variations de λ, de **R**, de **S**, de **N_0**, de N_1, de T et de Θ en fonction de z.

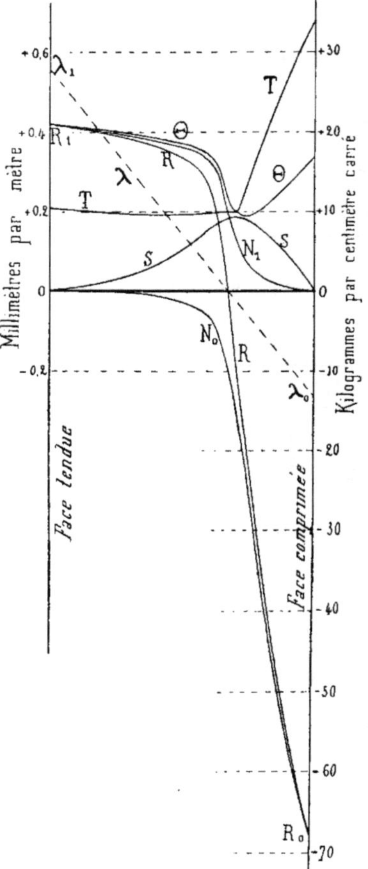

Fig. 89.

Si l'on suppose que, dans la flexion, le mortier considéré, privé du secours du fer, se rompe dès qu'il atteint un allongement de 0,55 mm. par m., de telle sorte que sa résistance *vraie* à la traction soit alors de 20,9 kg. par cm², les diverses figures qui précèdent représentent l'état des tensions dans les poutres à l'instant de la rupture.

§ 2. — POUTRES ARMÉES

120. Construction de la courbe des moments réduits. — Considérons maintenant une poutre rectangulaire armée ; donnons-nous encore la courbe de déformation de son mortier, et supposons qu'on puisse admettre :

1° que, dans les limites où l'armature est appelée à fatiguer, le coefficient d'élasticité du fer conserve une valeur constante E ;

2° que la largeur b du mortier ne subit, au niveau de l'armature, que des variations négligeables.

L'équation (16 *ter*) (art. 83), qui exprime l'équilibre des efforts agissant normalement à une même section quelconque, peut s'écrire, après suppression du facteur b et remplacement de dz par $\rho d\lambda$:

$$\int_{\lambda_0}^{0} \mathrm{R}d\lambda + \int_{0}^{\lambda_1} \mathrm{R}d\lambda + \frac{\mathrm{E}\varphi e}{\rho^2}(\zeta - h) = 0.$$

Soient (fig. 90) OP et OT deux valeurs conjuguées de λ_0 et de λ_1 et P_2OT_2 la courbe définie, à l'article 107, par les conditions :

$$PP_2 = \text{aire curviligne } OPP_1, \quad TT_2 = \text{aire curviligne } OTT_1.$$

Menons par P_2 une parallèle à l'axe des abscisses, qui coupe en O_2 l'axe des ordonnées et en T'_2 l'ordonnée du point T, et marquons sur cette droite le point B_2 tel que $\dfrac{P_2B_2}{P_2O_2} = \dfrac{e}{\zeta}$.

On a encore :

$$\frac{h}{e} = \frac{-\lambda_0}{\lambda_1 - \lambda_0} = \frac{PO}{PT} = \frac{P_2O_2}{P_2T'_2}\ ; \quad \frac{e}{\rho} = \lambda_1 - \lambda_0 = PT = P_2T'_2\ ;$$

dès lors :

$$P_2B_2 = P_2O_2\,\frac{e}{\zeta} = P_2T'_2\,\frac{h}{\zeta} = \frac{e}{\rho}\,\frac{h}{\zeta},$$

et l'équation peut s'écrire :

$$PP_2 - TT_2 = T_2T'_2 = \frac{E\varphi e(\zeta - h)}{\rho^2} = E\varphi\,\frac{\zeta}{e}\,\frac{e}{\rho}\left(\frac{e}{\rho} - \frac{eh}{\rho\zeta}\right)$$

$$= \frac{E\varphi\zeta}{e}\,P_2T'_2(P_2T'_2 - P_2B_2).$$

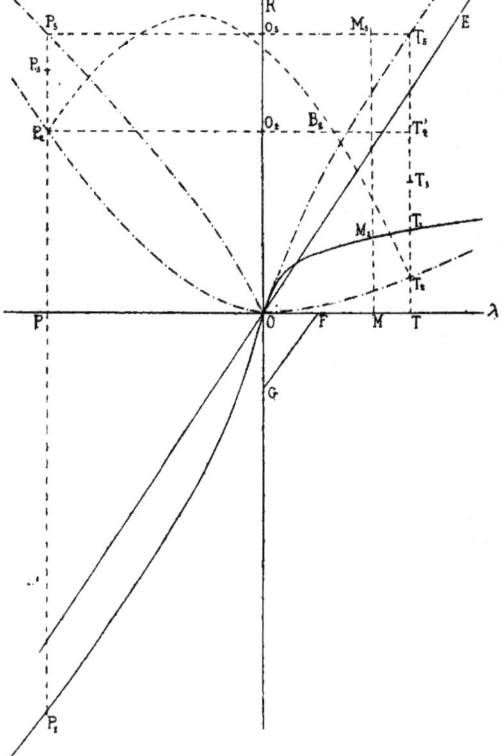

Fig. 90.

Cette égalité exprime que le point T_2 est à l'intersection de la courbe OT_2 avec une parabole de paramètre $\frac{e}{2E\varphi\zeta}$ ou $\frac{1}{2E\varphi\zeta'}$ (indépendant de λ_0 et de λ_1), passant par les points P_2 et B_2 et ayant son axe parallèle à l'axe des ordonnées.

On trouvera graphiquement, sur la branche OT_2, le point T_2 conjugué d'un point quelconque P_2 de l'autre branche, en marquant d'abord le point B_2 correspondant, puis faisant passer par les points P_2 et B_2 un gabarit parabolique glissant le long d'un T à dessin, mobile lui-même de manière à rester parallèle à l'axe des abscisses de l'épure (fig. 91).

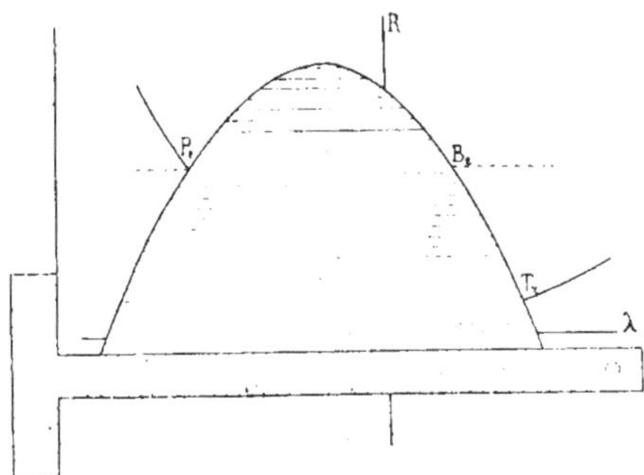

Fig. 91.

Dès lors, si l'on trace le lieu géométrique des points T'_2, toute parallèle à l'axe des abscisses coupera la courbe $P_2OT'_2$ en deux points, dont les abscisses mesureront les allongements par unité de longueur des fibres extrêmes, dans une même section, pour une certaine valeur, encore inconnue, du moment fléchissant.

En outre on aura :

Somme des compressions dans le mortier :

$$- b\rho PP_2 = - be \frac{PP_2}{P_2T'_2};$$

Somme des tensions positives dans le mortier :

$$b\rho TT_2 = be \frac{TT_2}{P_2T'_2};$$

Somme algébrique des tensions positives et négatives dans le fer :

$$b\rho T_2T'_2 = be \frac{T_2T'_2}{P_2T'_2}.$$

L'allongement positif ou négatif du mortier et du fer sur une fibre d'ordonnée z sera mesuré sur la figure par l'abscisse OM du point M tel que $\frac{PM}{PT} = \frac{\varepsilon}{e}$; les tensions correspondantes seront, pour le mortier, l'ordonnée du point de même abscisse sur la courbe P_1OT_1 et, pour le fer, le produit de E par le nombre qui mesure la longueur OM.

Passons maintenant à l'équation d'équilibre des moments : l'équation (**18** *ter*) (art. **83**) peut être écrite :

$$h\rho^2\left[\int_{\lambda_0}^{0} R\lambda d\lambda + \int_{0}^{\lambda_1} R\lambda d\lambda\right] + \frac{E\varphi be}{\rho}[(\zeta - h)^2 + \gamma^2] = M,$$

ou, en nous reportant à la courbe P_3OT_3 définie à l'article **107** :

$$\frac{PP_3 + TT_3}{\overline{PT}^2} + E\varphi PT\,\frac{(\zeta - h)^2 + \gamma^2}{e^2} = \frac{M}{be^2} = m.$$

Marquons, sur l'axe des abscisses (figure 90), le point F tel que $\frac{PF}{PT} = \frac{\zeta}{e}$ et, sur l'axe des ordonnées, le point G tel que $\frac{OG}{PT} = \frac{\gamma}{e}$; puis joignons FG. Nous aurons :

$$\frac{\zeta}{e} - \frac{h}{e} = \frac{PF}{PT} - \frac{PO}{PT} = \frac{OF}{PT}\ ;$$

$$\frac{(\zeta - h)^2 + \gamma^2}{e^2} = \left(\frac{OF}{PT}\right)^2 + \left(\frac{OG}{PT}\right)^2 = \left(\frac{FG}{PT}\right)^2,$$

et l'équation des moments deviendra :

$$\frac{PP_3 + TT_3}{\overline{PT}^2} + E\varphi\,\frac{\overline{FG}^2}{PT} = m.$$

Enfin, calculons la valeur du premier membre de cette égalité [1], portons-la en ordonnées, d'un même côté de l'axe des abscisses, aux points P et T, et traçons le lieu géométrique des points P_5 et T_5 ainsi obtenus, pour une série de couples de points conjugués fournis par diverses positions de la parabole $P_2B_2T_2$.

1. Ce premier membre, égal à $\frac{PP_3 + TT_3 + E\varphi \times PT \times \overline{FG}^2}{\overline{PT}^2}$, peut être mesuré graphiquement par la construction indiquée au renvoi 2 de la p. 223, en remplaçant dans la figure 74 le point T'_3 par un point T'''_3 tel que :

$$T'_3T'''_3 = E\varphi . PT . \overline{FG}^2.$$

Ce lieu ne sera autre que la courbe des moments réduits relative à la poutre armée considérée.

121. Détermination des principaux éléments de la flexion. — Cette courbe, jointe à la courbe de déformation du mortier, se prête exactement aux mêmes déterminations que la courbe correspondante, dans le cas d'un prisme non armé (art. 108). Pour obtenir aussi les tensions du fer à un niveau quelconque, on peut ajouter au diagramme une droite OE, dont le coefficient angulaire soit proportionnel au coefficient d'élasticité du fer, de telle sorte que ses ordonnées représentent les tensions positives ou négatives du métal pour les allongements représentés par les abscisses correspondantes.

Dès lors, la construction à effectuer pour mesurer l'allongement et les tensions du mortier et du fer sur une fibre quelconque d'ordonnée z, sous le moment M, consiste à tracer, dans la courbe des moments réduits, une sécante horizontale d'ordonnée $m = \frac{M}{be^2}$, à déterminer, sur le segment P_5T_5 intercepté, le point M_5 tel que $\frac{P_5M_5}{P_5T_5} = \frac{z}{e}$, et à mener par ce point une parallèle à l'axe des ordonnées. L'abscisse du point M_5 et les ordonnées des points de rencontre de cette dernière droite avec la courbe P_1OT_1 et la droite OE mesurent l'allongement et les tensions cherchées.

On peut d'ailleurs éviter la construction de la droite OE en lisant directement les tensions du fer en regard du point M sur une graduation spéciale de l'axe des abscisses.

122. Conséquences diverses. — On reconnaît sans peine que la condition nécessaire et suffisante pour que les éléments de la flexion de deux poutres armées rectangulaires soient donnés par les mêmes courbes est que, les matériaux étant les mêmes, on ait, pour les armatures, respectivement les mêmes valeurs de φ, de $\frac{\zeta}{e}$ et de $\frac{\gamma}{e}$, ce qui a lieu quand les sections sont géométriquement semblables.

Dès lors, on peut tirer des constructions qui précèdent, en ce qui concerne toutes les poutres satisfaisant à cette condition, des conclusions analogues à celles auxquelles on est arrivé plus haut (art. 109) pour les poutres homogènes, savoir :

1° Toutes les sections où $\frac{M}{be^2}$ a une même valeur sont semblables au point de vue des allongements et des tensions.

2° Quand on connaît l'allongement ou la tension de l'un des matériaux en un point quelconque défini par son ordonnée relative $\left(\frac{z}{e}\right)$, on connaît par cela même les allongements et les tensions des deux matériaux à un niveau quelconque de la même section. En particulier, pour toutes les poutres à sections géométriquement semblables, à une même tension de la fibre la plus tendue correspond toujours une même compression de la fibre la plus comprimée, compression qui est, en valeur absolue, plus grande ou plus petite que celle qui correspondrait à la même tension maximum dans une poutre non armée, suivant que le centre de gravité de l'armature se trouve dans la partie tendue ou dans la partie comprimée de la section.

3° Quand les actions transversales n'interviennent pas dans la rupture, ce qui suppose que celle-ci ne s'amorce ni par cisaillement du mortier, ni par décollement des deux matériaux, le moment réduit de rupture, c'est-à-dire la plus faible valeur de m pour laquelle on a $R_1 = \mathcal{T}$ (ou $\mathcal{B}$), $R_0 = -\mathcal{C}$ ou $F_n = \mathcal{L}$ (art. 78), est le même pour toutes ces poutres. La grandeur du moment réduit de rupture est donc alors le criterium de la résistance d'une poutre armée, aussi bien que d'une poutre homogène.

123. Rupture sans actions transversales. — Dans l'impossibilité où nous sommes actuellement de calculer les actions transversales en un point quelconque d'une poutre armée, supposons la poutre soutenue et chargée de manière que, dès que la charge devient suffisante, la rupture doive nécessairement s'amorcer quand le mortier atteint une de ses résistances limites sur l'une des faces extrêmes ou quand le fer atteint sa limite d'élasticité. Soient (fig. 92) C_1 et N_1 les extrémités de la courbe de déformation du mortier, de telle sorte que — CC_1 et NN_1 mesurent ses résistances $\mathcal{C}$ et $\mathcal{T}$ (ou $\mathcal{B}$) à la rupture par compression et par traction, en même temps que OC et ON mesurent les allongements correspondants et CC_2 et NN_2 les aires curvilignes OCC_1 et ONN_1. Soit $OL = \frac{\mathcal{L}}{E}$ l'abscisse représentant l'allongement pour lequel le métal atteint sa limité d'élasticité.

On a vu (art. 107) que, quand l'armature est nulle, la parabole qui, avec la courbe C_2ON_2, sert à définir les couples de valeurs conjuguées des allongements des fibres extrêmes, se

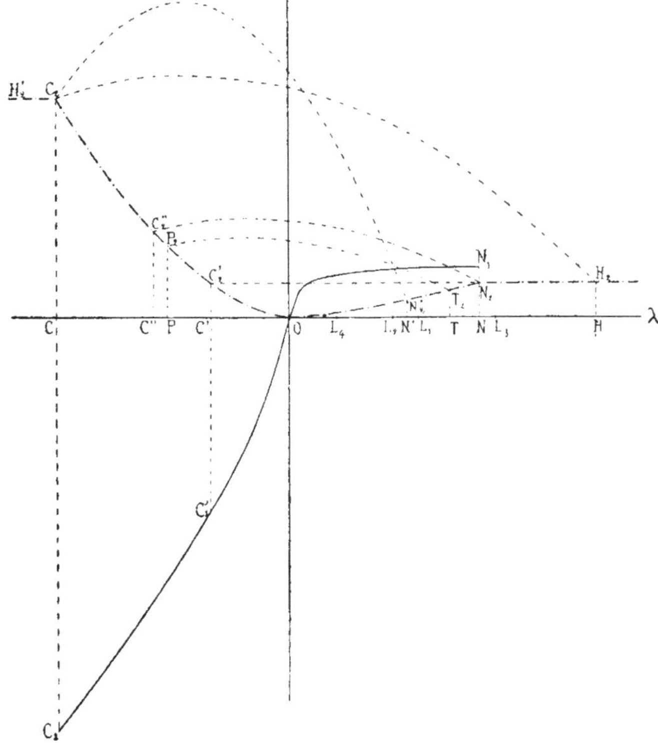

Fig. 92.

réduit à une droite parallèle à l'axe des abscisses. A mesure que le moment fléchissant augmente, cette horizontale s'éloigne du point O, et la rupture se produit, sur la face la plus tendue, quand elle atteint la position C'_2N_2. La contraction de la fibre la plus comprimée est alors mesurée par OC' et sa compression par $C'C'_1$.

Pour une armature faible, la partie utile de la parabole a une forme relativement aplatie, plus ou moins voisine de l'horizontale ; quand le moment fléchissant croît, elle atteint encore le point N_2 avant le point C_2, et la rupture ne peut pas s'amorcer par la compression du mortier.

Soit, pour cette position limite C''_2N_2, L_1 le point de l'axe des abscisses défini par $\frac{C''L_1}{C''N} = \frac{\eta}{e}$, η étant l'ordonnée de la fibre la plus tendue de l'armature. L'allongement maximum du fer, sous le moment fléchissant pour lequel le mortier atteint sa tension de rupture, est mesuré par OL_1.

1er cas : Supposons que le point L soit en L_2, à gauche du point L_1 ainsi défini, ce qui suppose nécessairement, comme c'est le cas dans la théorie de M. Considère, que l'allongement de rupture du mortier est plus grand que l'allongement pris par le fer à l'instant où ce dernier atteint sa limite d'élasticité. La rupture commencera par le fer avant que le mortier se fissure, et la position correspondante P_2T_2 de la parabole, plus rapprochée de l'axe des abscisses que sa position C''_2N_2, sera définie par la condition $\frac{PL_2}{PT} = \frac{\eta}{e}$.

2e cas : Si le point L est à droite de L_1, le mortier commence par se fissurer sous le moment correspondant à la position C''_2N_2 de la parabole. Mais, comme on l'a vu plus haut (art. 80 et 81), la poutre ne s'effondre pas pour cela, et peut encore supporter une surcharge plus ou moins importante. Pour tout allongement supérieur à ON, la tension du mortier doit être considérée comme nulle ; l'aire ONN_1 n'augmente plus, et la courbe OT_2N_2 se prolonge indéfiniment par une horizontale N_2H_2. Soient H_2 le point d'intersection de cette droite avec la parabole du point C_2, et L_3 le point de l'axe des abscisses défini par la relation $\frac{CL_3}{CH} = \frac{\eta}{e}$. Suivant que le point L sera à gauche ou à droite de L_3, la rupture se continuera par la striction de l'armature ou par l'écrasement du mortier.

3e cas : Supposons enfin que l'armature soit assez importante et ait son centre de gravité assez près de la face tendue pour que la parabole atteigne le point C_2 avant le point N_2, et appelons, pour la position limite $C_2N'_2$ de cette dernière, OL_4 l'allongement maximum correspondant du fer, nécessairement plus petit que l'allongement de rupture du mortier, le point L_4 étant défini par $\frac{CL_4}{CN'} = \frac{\eta}{e}$. La rupture ne pourra commencer sur les fibres tendues du mortier, mais s'amorcera, soit sur ses fibres comprimées, soit par l'armature, suivant que le point L sera à droite ou à gauche de L_4.

Toutefois, dans ce cas comme dans le précédent, si le point L est à droite de L_4 ou de L_3, la rupture des fibres les plus comprimées pourra, s'il se trouve des barres de fer dans leur voisinage, ne pas entraîner immédiatement l'effondrement de la poutre. Il semble qu'on puisse alors supposer que la courbe OC_2 se prolonge au delà de C_2 par une horizontale $C_2H'_2$, et que la rupture définitive n'ait lieu que quand la parabole atteint un point H'_2 tel que l'allongement correspondant de la fibre la plus tendue de l'armature soit précisément égal à OL.

124. Autres formes des équations d'équilibre. — Soient encore, pour une valeur donnée de m, λ_0 et λ_1 les allongements extrêmes du mortier, μ_0 et μ_1 les valeurs correspondantes PP_2 et TT_2 de $\mu = \int_0^\lambda R d\lambda$, ν_0 et ν_1 les valeurs $-$ PP_3 et TT_3 de $\nu = \int_0^\lambda R\lambda d\lambda$.

Si l'on remarque que l'on a $\frac{h}{e} = \frac{-\lambda_0}{\lambda_1 - \lambda_0}$ et si l'on pose de nouveau $\frac{\zeta}{e} = \zeta'$, l'équation d'équilibre des tensions longitudinales peut s'écrire :

$$(54) \qquad \mu_0 - \mu_1 = E\varphi_1 (\lambda_1 - \lambda_0) [\zeta'\lambda_1 + (1 - \zeta') \lambda_0].$$

et le polynôme entre crochets n'est autre que la mesure de la longueur OF de la figure 90.

De même, l'équation des moments prend la forme :

$$(55) \quad \frac{\nu_1 - \nu_0}{(\lambda_1 - \lambda_0)^2} + E\varphi_1 \frac{[\zeta'\lambda_1 + (1 - \zeta') \lambda_0]^2}{\lambda_1 - \lambda_0} + E\varphi_1\gamma_1'^2 (\lambda_1 - \lambda_0) = m.$$

Enfin, en appelant λ_η l'allongement de la fibre la plus tendue de l'armature, on a :

$$(56) \quad \frac{\lambda_\eta - \lambda_0}{\lambda_1 - \lambda_0} = \frac{\eta}{e} = \eta'_1, \quad \text{ou : } \lambda_\eta = \eta'_1\lambda_1 + (1 - \eta'_1) \lambda_0.$$

Ces formules permettent notamment de prévoir de quelle manière doit s'amorcer la rupture de toute poutre armée qu'on peut faire avec un mortier dont on se donne la courbe de déformation.

On sait en effet mesurer sur cette courbe les valeurs limites $\mathcal{C}$, $\mathcal{R}$, λ_c, λ_n, μ_c, μ_n, ν_c et ν_n correspondant aux ruptures du mortier par compression et par traction. Dès lors si, dans l'égalité (54), on donne à E, φ et ζ' les valeurs propres à l'armature considérée, et si l'on y remplace λ_1 et μ_1 par λ_n et μ_n, la rupture du mortier par traction devra précéder ou suivre sa rupture par compression selon que l'égalité obtenue pourra être satisfaite pour un système de valeurs de λ_0 et μ_0 supérieures ou inférieures en valeur absolue à λ_c et μ_c. De même, si, dans l'égalité (56), on donne à η' la valeur qu'il a pour l'armature considérée et, suivant le cas indiqué par l'opération précédente, à λ_1 ou à λ_0 la valeur λ_n ou λ_c et à l'autre de ces allongements la valeur conjuguée, la rupture commencera par le mortier, de la manière indiquée par l'égalité (54), ou par l'armature, selon que la valeur de λ_η ainsi calculée sera inférieure ou supérieure à λ_l ou $\frac{\mathcal{L}}{E}$ (allongement du fer quand il atteint sa limite d'élasticité).

Inversement, les deux mêmes égalités permettront de choisir l'armature de telle sorte que la rupture se produise d'une manière déterminée, et l'égalité (55) fixera la condition pour que la poutre soit capable de résister à un moment fléchissant donné.

Par exemple, si l'on veut que la rupture s'amorce simultanément des trois manières en question, les deux égalités (54) et (56) devront être vérifiées pour :

$$\lambda_0 = \lambda_c, \quad \lambda_1 = \lambda_n, \quad \lambda_\eta = \lambda_l, \quad \mu_0 = \mu_c \text{ et } \mu_1 = \mu_n.$$

125. Étude des petites déformations. — Soit $\varepsilon_0 E$ le coefficient d'élasticité du mortier sollicité par des tensions infiniment faibles, c'est-à-dire le coefficient angulaire de la tangente à l'origine à sa courbe de déformation. Tant que cette courbe peut être confondue avec sa tangente, on a :

$$\mu = \int_0^\lambda \varepsilon_0 E\lambda d\lambda = \frac{\varepsilon_0}{2} E\lambda^2, \qquad \nu = \int_0^\lambda \varepsilon_0 E\lambda^2 d\lambda = \frac{\varepsilon_0}{3} E\lambda^3,$$

et l'égalité (54) devient, après suppression du facteur commun

$E(\lambda_1 - \lambda_0)$, évidemment différent de 0 puisque λ_1 et λ_0 sont de signes contraires :

$$\frac{\varepsilon_0}{2}(\lambda_1 + \lambda_0) + \varphi\,[\zeta'\lambda_1 + (1 - \zeta')\,\lambda_0] = 0,$$

ou :

$$\left(\frac{\varepsilon_0}{2} + \varphi\zeta'\right)\lambda_1 + \left[\frac{\varepsilon_0}{2} - \varphi\,(1 - \zeta')\right]\lambda_0 = 0.$$

Le rapport $\frac{-\lambda_0}{\lambda_1}$ conserve donc une valeur constante, et la hauteur relative de la ligne neutre est donnée par :

$$h' = \frac{-\lambda_0}{\lambda_1 - \lambda_0} = \frac{\frac{\varepsilon_0}{2} + \varphi\zeta'}{\varepsilon_0 + \varphi}.$$

Cette formule montre que la ligne neutre correspond au centre d'élasticité de la section, c'est-à-dire à son centre de gravité calculé en attribuant aux deux matériaux des densités proportionnelles à leurs coefficients d'élasticité.

D'autre part, l'égalité (55) prend la forme :

$$\frac{\varepsilon_0}{3}\,\frac{\lambda_1^2 + \lambda_1\lambda_0 + \lambda_0^2}{\lambda_1 - \lambda_0} + \varphi\,\frac{[\zeta'\lambda_1 + (1 - \zeta')\,\lambda_0]^2}{\lambda_1 - \lambda_0} + \varphi\gamma'^2\,(\lambda_1 - \lambda_0) = \frac{m}{E};$$

si l'on élimine alternativement λ_0 et λ_1 entre cette égalité et la précédente, on en déduit les valeurs de $\frac{m}{\lambda_1}$ et $\frac{m}{\lambda_0}$, c'est-à-dire les coefficients angulaires des tangentes à l'origine aux deux branches de la courbe des moments réduits relative à la poutre armée considérée.

Dans le cas particulier d'une armature symétrique ou, plus généralement, toutes les fois qu'on a $\zeta' = \frac{1}{2}$, la première égalité se réduit à $\lambda_1 + \lambda_0 = 0$: les allongements initiaux sont égaux et de signes contraires sur les deux faces extrêmes, et la courbe des moments réduits est bissectée par l'axe des m ; alors le coefficient angulaire des tangentes à l'origine se réduit à :

$$\frac{m}{-\lambda_0} = \frac{m}{\lambda_1} = E\left(\frac{\varepsilon_0}{6} + 2\varphi\gamma'^2\right).$$

126. Allure générale des courbes. — Supposons, pour fixer les idées, que le centre de gravité de l'armature se trouve dans la partie tendue du mortier. Les constructions de l'article 120 montrent que la courbe OT'_2 (fig. 90) est plus rapprochée de l'axe des ordonnées que la courbe OT_2, de sorte que les valeurs du rapport $\frac{h}{e}$ sont plus grandes que pour un prisme non armé. Plus généralement, on reconnaîtrait que, quelle que soit la position de l'armature, plus celle-ci est importante, plus la ligne neutre se rapproche de son centre de gravité.

On ne voit pas très nettement *a priori* si, en raison de l'allure admise pour la courbe de déformation des mortiers, la courbe OT'_2 s'écarte nécessairement, quelle que soit la disposition de l'armature, plus vite que la courbe OP_2 de l'axe des ordonnées. Il semble toutefois qu'il doive en être ainsi dans la plupart des cas, car la branche OP_2 est beaucoup plus rapidement ascendante que la branche OT_2, et que dès lors la ligne neutre doive, quand le moment fléchissant augmente, se rapprocher de la face comprimée.

Si le mortier se fissure avant la rupture complète de la poutre, autrement dit, si la parabole arrive à dépasser l'extrémité N_2 de la branche OT_2, en s'appuyant, comme on l'a vu à l'article précédent, sur l'horizontale N_2H_2 (fig. 92), la branche OT'_2 présente, pour l'abscisse λn, un point anguleux à partir duquel elle s'éloigne plus rapidement de l'axe des ordonnées. Le déplacement de la ligne neutre vers la face la plus comprimée devient donc plus rapide à partir de la valeur de m pour laquelle on a $\lambda_1 = \lambda n$. On reconnaît d'ailleurs facilement que, pour cette ordonnée, les deux branches de la courbe des moments réduits présentent aussi des points anguleux ; il en résulte qu'à une augmentation infiniment petite de m à partir de cette valeur, correspond une augmentation plus rapide de la somme algébrique $\lambda_1 - \lambda_0$, ainsi que du déplacement angulaire de la section et du rayon de courbure. De même, dans les sections où m atteint cette valeur spéciale, la ligne neutre et les lignes d'égale tension sur l'épure de la poutre en élévation présentent de légères brisures.

127. Applications numériques. — Considérons de nouveau le mortier ayant la courbe de déformation définie à l'article **118**, et admettons qu'il se rompe par compression pour $\lambda_c = -1{,}28 \times 10^{-3}$ (1,28 mm. par m.), avec $\mathcal{C} = -207 \times 10^4$ (207 kg. par cm²).

On mesure, sur les courbes, les valeurs correspondantes :

$$\mu_c = 1560, \qquad -\nu_c = 1{,}2968.$$

1° Supposons que la rupture par traction se produise pour un allongement de 1 mm. par m. On a :

$$\lambda_n = 1{,}0 \times 10^{-3}, \quad \mathfrak{N} = 20{,}9 \times 10^4, \quad \mu_n = 191, \quad \nu_n = 0{,}1005,$$

et la condition que doit remplir l'armature pour que la rupture d'une poutre rectangulaire ait lieu à la fois par traction et par compression du mortier, devient, tous calculs faits :

$$E\varphi\,(\zeta' - 0{,}56) = 263 \times 10^6.$$

Par exemple, pour $E = 20 \times 10^9$ et $\zeta' = 1$ (poutre à une seule assise de barres aussi rapprochées que possible de la face tendue), il faut prendre $\varphi = 0{,}03$. Pour $\zeta' = \frac{1}{2}$ (poutres à armatures symétriques), cette condition ne peut jamais être satisfaite.

2° Supposons que, suivant la théorie de M. Considère, le mortier conserve, pour tout allongement supérieur à 1 mm. par m., une tension constante, et que cette tension soit de 21 kg. par cm² ; on en déduit, pour toute valeur de λ_1 supérieure à $1{,}0 \times 10^{-3}$:

$$\mu_1 = 191 + 21 \times 10^4\,(\lambda_1 - 1{,}0 \times 10^{-3}) = 21 \times 10^4 \lambda_1 - 19,$$

$$\nu_1 = 0{,}1005 + \frac{21 \times 10^4}{2}\,(\lambda_1^2 - 1{,}00 \times 10^{-6}) = 10{,}5 \times 10^4 \lambda_1^2 - 45 \times 10^{-4},$$

et la condition pour que l'allongement maximum du fer soit égal à λl quand le mortier rompt par compression, s'obtient par l'élimination de λ_1 entre les deux équations :

$$1560 - 21 \times 10^4 \lambda_1 + 19$$
$$= E\varphi\,(\lambda_1 + 1{,}28 \times 10^{-3})\,[\zeta' \lambda_1 - (1 - \zeta')\,1{,}28 \times 10^{-3}]$$

et

$$\lambda l = \eta' \lambda_1 - (1 - \eta')\,1{,}28 \times 10^{-3}.$$

Pour une armature composée d'une seule assise de barres aussi rapprochées que possible de la face tendue, on peut faire

$\zeta' = \eta' = 1$, et la condition devient, en appelant φ_1 la valeur de φ correspondante :

$$1579 - 21 \times 10^4 \lambda l = \mathrm{E}\varphi_1 \lambda l \, (\lambda l + 1{,}28 \times 10^{-3}).$$

On a d'ailleurs sensiblement $\gamma'^2 = 0$, et le moment réduit de rupture m_1 est donné par :

$$m_1 = \frac{10{,}5 \times 10^4 \lambda^2 l - 45 \times 10^{-4} + 1{,}2968}{(\lambda l + 1{,}28 \times 10^{-3})^2} + \mathrm{E}\varphi_1 \frac{\lambda^2 l}{\lambda l + 1{,}28 \times 10^{-3}},$$

ou, en remplaçant $\mathrm{E}\varphi_1$ par sa valeur déduite de l'égalité précédente :

$$m_1 = \frac{-10{,}5 \times 10^4 \lambda^2 l + 1579 \lambda l + 1{,}2923}{(\lambda l + 1{,}28 \times 10^{-3})^2}.$$

Ce moment ne dépend donc que de la valeur de λl, c'est-à-dire de l'allongement correspondant à la limite d'élasticité du métal. Par exemple, pour $\lambda l = 1{,}4$ mm. par m. $(1{,}4 \times 10^{-3})$, on a : $\mathrm{E}\varphi_1 = 3425 \times 10^5$, $m_1 = 45{,}91 \times 10^4$, $h' = 0{,}478$.

Pour une armature symétrique dont les barres sont aussi rapprochées que possible des faces extrêmes, on a $\zeta' = \frac{1}{2}$ et sensiblement $\eta' = 1$, $\gamma'^2 = \frac{1}{4}$ (art. 84), et la condition de ruptures simultanées devient, en appelant φ_2 la valeur de φ correspondante :

$$1579 - 21 \times 10^4 \lambda l = \frac{1}{2} \mathrm{E}\varphi_2 (\lambda l^2 - \overline{1{,}28}^2 \times 10^{-6}).$$

Si les métaux employés dans les deux cas ont mêmes valeurs de E et de λl, on a donc, quel que soit E :

$$\frac{\varphi_2}{\varphi_1} = \frac{2\lambda l}{\lambda l - 1{,}28 \times 10^{-3}};$$

par exemple, pour $\lambda l = 1{,}4 \times 10^{-3}$, on trouve $\frac{\varphi_2}{\varphi_1} = \frac{70}{3}$.

Dès lors, on serait amené, pour réaliser la meilleure utilisation des matériaux, à consommer beaucoup plus de fer avec l'armature symétrique que lorsqu'on emploie une seule assise de barres. Mais il est facile de vérifier que la valeur de φ_2 déduite de la formule dépasse de beaucoup les pourcentages ordinaires de la pratique, de sorte qu'une poutre symétrique dont l'armature est très voisine des faces extrêmes, doit toujours commencer à se rompre par le fer. Par exemple, pour $E = 20 \times 10^9$ et $\lambda l = 1,4 \times 10^{-3}$ ($\mathcal{L} = 28 \times 10^6$), on calcule $\varphi_2 = 0,40$, alors que φ_1 a la valeur très admissible $0,017$.

Pour un pourcentage quelconque φ, la poutre symétrique pour laquelle on a $\eta' = 1$ se rompt par le fer dès que l'on a $\lambda_1 = \lambda l$, et les conditions d'équilibre sont :

$$\mu_0 - 21 \times 10^4 \lambda l + 19 = \frac{1}{2} E\varphi (\lambda l^2 - \lambda_0^2)$$

et

$$m = \frac{10,5 \times 10^4 \lambda l^2 - 45 \times 10^{-3} - \nu_0}{(\lambda l - \lambda_0)^2} + \frac{1}{2} E\varphi \frac{\lambda l^2 + \lambda_0^2}{\lambda l - \lambda_0} .$$

Si l'on suppose que l'on ait $\lambda l = 1,4 \times 10^{-3}$, on calcule que, pour que le moment de rupture ait la valeur maximum $45,91 \times 10^4$ correspondant à la meilleure utilisation des matériaux dans une poutre à une seule assise de barres, on doit avoir $E\varphi = 584 \times 10^6$, c'est-à-dire, quel que soit E, $\frac{\varphi}{\varphi_1} = 1,41$, valeur très voisine du rapport $\frac{4}{3}$ trouvé dans le cas, pourtant bien différent, où le mortier était supposé parfaitement élastique (art. 93). En même temps on a :

$$\lambda_0 = -0,78 \times 10^{-3}, \qquad h' = 0,358,$$
$$R_0 = -150 \times 10^4 \quad \text{et} \quad F_0 = -15,6 \times 10^6.$$

Pour $E = 20 \times 10^9$ la valeur correspondante de φ est $0,0292$.

Enfin, dans le cas où les deux tiers de l'armature seraient sur la face tendue et l'autre tiers sur la face comprimée, on aurait $\zeta' = \frac{2}{3}$, $\eta' = 1$ et sensiblement $\gamma'^2 = \frac{2}{9}$, et on calculerait d'une manière analogue que, pour avoir encore $m = 45,91 \times 10^4$, il faudrait prendre $E\varphi = 462 \times 10^6$, soit, pour $E = 20 \times 10^9$: $\varphi = 0,0231 = 1,35\, \varphi_1$. La rupture se produirait encore par l'armature, et l'on aurait :

$$\lambda_0 = -0,95 \times 10^{-3} \quad h' = 0,405,$$
$$R_0 = -172 \times 10^4, \quad F_0 = -19,0 \times 10^6.$$

3° Considérons toujours le même mortier et supposons que l'armature soit définie par :

$$E = 20 \times 10^9,\quad \mathcal{E} = 28 \times 10^6,\quad \varphi = 0{,}02,\quad \zeta' = 0{,}8,\quad \gamma'^2 = 0{,}0004,$$

ce qui serait le cas d'une armature composée d'une seule assise de barres rondes égales, ayant pour diamètre 0,08 de l'épaisseur de la poutre et distantes, d'axe en axe, du quart de cette épaisseur.

Admettons, comme en 1°, que le mortier se rompe dès que son allongement atteint 1 mm. par m. On calcule que le mortier commence à se fissurer pour $m = 23{,}31 \times 10^4$ (position C''_2N_2 de la parabole dans la fig. 92), mais que la poutre continue à résister et ne se rompt définitivement que pour $m = 32{,}62 \times 10^4$, par écrasement du mortier (position $C_2N'_2$). La tension moyenne du fer est alors de 22,7 kg. par mm².

Si la poutre est posée sur deux appuis de niveau, distants de 10 fois son épaisseur, les charges uniformes qu'il faut lui appliquer pour avoir ces valeurs de m dans la section médiane sont respectivement de 18616 ou de 26104 kg. par mètre carré, et les charges centrales donnant le même moment fléchissant maximum sont mesurées, en kg. par mètre de largeur, par les produits de ces nombres par la moitié de la portée exprimée en mètres.

Les valeurs des différents éléments dans la section médiane, sous ces deux moments, sont données par les deux premières colonnes du tableau ci-après (p. 264).

4° Si le mortier peut s'allonger en conservant sa tension jusqu'à ce que le fer atteigne sa limite d'élasticité, la rupture se produit encore par compression du mortier, pour $m = 33{,}77 \times 10^4$, et la tension moyenne du fer est alors de 21,1 kg. par mm².

Les diverses données numériques correspondantes sont indiquées par la troisième colonne du tableau.

5° Considérons maintenant une poutre pareille à la précédente, mais dont l'armature, faite avec le même métal, est composée de deux assises symétriques situées à 0,2 et 0,8 de l'épaisseur de la poutre, où entrent les mêmes barres, en même nombre total, que dans les cas 3° et 4°.

On a :

$$\varphi = 0{,}02,\quad \zeta' = 0{,}5,\quad \eta' = 0{,}8 \text{ et } \gamma^2 = 0{,}0004 + \overline{0{,}3}^2 = 0{,}0904.$$

Si le mortier se rompt pour $\lambda = 1{,}0 \times 10^{-3}$, il en est ainsi quand on a $m = 16,38 \times 10^4$; la tension moyenne des barres tendues est alors de 13,9 kg. par mm² et la compression moyenne des barres comprimées est de 4,3 kg. (4ᵉ colonne du tableau).

La poutre résiste encore et peut supporter de nouvelles charges.

On calcule que, à l'instant où le mortier atteindrait sa limite de résistance à la compression, l'allongement des barres tendues serait de $2,07 \times 10^{-3}$ et leur tension de 41,4 kg. par mm². On ne peut donc atteindre cette limite, et la rupture doit s'amorcer par l'armature sous un moment moindre.

Le moment réduit sous lequel la tension de l'armature atteint la valeur 28×10^6 est de $21,54 \times 10^4$; la contraction maximum du mortier est alors $\lambda_0 = -0,87 \times 10^{-3}$ et la compression correspondante a pour valeur 163×10^4 (5ᵉ colonne du tableau).

6° Si, au lieu de se rompre pour $\lambda = 1,0 \times 10^{-3}$, le mortier s'allonge sous tension constante, la rupture se produit encore par l'armature; la valeur de m correspondante est $26,18 \times 10^4$, celle de λ_0 est $-0,99 \times 10^{-3}$ et la compression maximum du mortier, à l'instant de la rupture, est de 177 kg. par cm² (6ᵉ colonne du tableau).

7° La comparaison des exemples 3 et 5, ainsi que des exemples 4 et 6, montre que, quelle que soit l'hypothèse sur la rupture du mortier tendu, le moment de rupture est, à pourcentage égal, notablement plus faible avec l'armature symétrique qu'avec l'armature composée d'une seule assise de barres. Mais il ne faudrait pas conclure de là trop hâtivement à la supériorité du second système sur le premier dans tous les cas : par exemple, quand le moment fléchissant est susceptible de changer de signe, il convient d'armer aussi la région ordinairement comprimée ; toutefois il semble que les importances relatives des deux parties de l'armature doivent dépendre du rapport des moments fléchissants extrêmes, positif et négatif. Enfin, il ne faut pas oublier qu'il ne s'agit, dans tout ce qui précède, que de ruptures produites par les tensions longitudinales seules, sans l'intervention des actions transversales, qui pourtant peuvent avoir une influence prépondérante, principalement dans les sections où l'effort tranchant atteint une certaine importance.

Quoi qu'il en soit, cherchons quelle devrait être, dans le cas étudié en 6°, l'importance de l'armature symétrique, pour que le moment de rupture fût le même que dans le cas de 4°. Nous supposerons qu'on emploie les mêmes barres, placées aux mêmes distances 0,2 e des faces extrêmes, mais en nombre plus grand, de telle sorte qu'on ait encore, quelle que soit la nouvelle valeur de φ : $\zeta' = 0,5$, $\eta' = 0,8$ et $\gamma'^2 = 0,0904$.

Soient, pour la valeur de φ qu'il s'agit de déterminer, λ_0 la contraction inconnue de la face la plus comprimée et μ_0, ν_0 les valeurs de μ et ν correspondantes. La condition de rupture par l'armature est :

$$1,4 \times 10^{-3} = 0,8\,\lambda_1 + 0,2\,\lambda_0\,;$$

on en tire :

$$\lambda_1 = \frac{7,0 \times 10^{-3} - \lambda_0}{4}, \quad \mu_1 = 348,5 - 5,25 \times 10^4 \lambda_0,$$

$$\nu_1 = \frac{10,5}{16} 10^4 \left(7,0 \times 10^{-3} - \lambda_0\right)^2 - 45 \times 10^{-4},$$

et, en remplaçant, dans les deux équations d'équilibre, λ_1, μ_1 et ν_1 par ces valeurs, E, $\mathfrak{L}$, ζ', η', γ' par leurs valeurs numériques données et m par $33,77 \times 10^4$, on obtient deux équations où ne figurent plus comme inconnues que λ_0, μ_0 et φ dans la première et λ_0, ν_0 et φ dans la seconde.

Donnons à λ_0, dans la première, une série de valeurs convenablement échelonnées, mesurons sur la courbe OP_2 les valeurs de μ_0 correspondantes, calculons les valeurs de φ qui s'en déduisent en vertu de cette équation et traçons la courbe des points ayant pour coordonnées les valeurs conjuguées de λ_0 et φ ; faisons-en de même pour la seconde équation, sauf remplacement de μ_0 par ν_0 : les coordonnées du point de rencontre des deux courbes seront les valeurs cherchées de λ_0 et de φ.

On trouve ainsi $\varphi = 0,029$, $\lambda_0 = -1,12 \times 10^{-3}$ et, pour les autres éléments de la flexion, les valeurs données par la 9e colonne du tableau. Le rapport des pourcentages est de 1,45, peu différent de ceux trouvés déjà dans d'autres cas.

8° Si l'on suppose que le mortier se rompt quand son allongement atteint 1 mm. par mètre, on calcule que la même poutre symétrique, pour laquelle on a : $\varphi = 0,029$, commence à se fissurer pour $m = 20,02 \times 10^4$ (7e colonne du tableau) et se rompt définitivement par l'armature pour $m = 29,25 \times 10^4$ (8e colonne), c'est-à-dire sous des charges un peu plus faibles que celles qui correspondent à la poutre à armature simple étudiée en 3°. Pour que la poutre à armature symétrique ait même résistance aux moments fléchissants positifs que cette dernière, il faut donc augmenter d'autant plus le pourcentage que l'allongement de rupture du mortier, lorsqu'il est atteint avant la limite d'élasticité du fer, est plus faible.

9° Le tableau de la page 264 résume les résultats correspondant aux cas 3 à 8 : on a calculé les charges de rupture en supposant, comme il a été dit en 3°, la portée égale à 10 fois l'épaisseur de la poutre et celle-ci posée sur deux appuis et uniformément chargée sur toute sa surface.

10° La figure 93 représente, toujours pour le même mortier, les courbes des moments réduits correspondant à diverses armatures ; les abscisses donnent les valeurs de λ_0 et λ_1 exprimées en millimètres par mètre, et les ordonnées celles de m en kg. par cm². La courbe A_0OA_1 correspond aux prismes non armés, la courbe B_0OB_1 à la poutre à armature simple étudiée en 4°, et la courbe D_0OD_1 à la poutre à armature symétrique étudiée en 7°. Pour les construire, on a supposé que le mortier pouvait s'allonger indéfiniment sous tension constante. Pour ces deux dernières, on a aussi considéré le cas où le mortier se romprait pour un allongement de 1 mm. par m. (3° et 8°), et tracé en pointillé les branches de courbes correspondantes $E_0B'_0$, $E_1B'_1$, $F_0D'_0$, $F_1D'_1$. Les courbes OEB, OEB', OFD, OFD' donnent, dans ces divers cas, les allongements moyens des barres de fer tendues. Pour avoir les tensions correspondantes, il suffit de multiplier ces allongements par le coefficient d'élasticité du fer ; une échelle spéciale, parallèle à l'axe des λ, exprime ces tensions en kg. par mm². Enfin on a tracé sur la même figure la courbe de déformation R_0OR_1 du mortier ; toutefois, pour éviter de donner à celle-ci un trop grand développement dans la direction des ordonnées, on a porté dans le sens positif les ordonnées de la branche de compression OR_0, en les réduisant de 10 à 1.

Comme on l'a vu plus haut, l'ensemble de ce diagramme permet de résoudre immédiatement la plupart des problèmes sur la flexion des trois groupes de poutres considérés.

Nature de l'armature Pourcentage total $\varphi =$	Simple 0,020			Symétrique 0,020			Symétrique 0,029		
Allongement de rupture supposé du mortier (mm. par m.) $\lambda_n = 10^{-3} \times$	1,00		$>$ 1,40	1,00		$>$ 1,40	1,00		$>$ 1[illegible]
N° du cas dans l'énumération ci-dessus	3e		4e	5e		6e	8e		7e
Instant considéré	prem. fissure	rupture définit.	rupture définit.	prem. fissure	rupture définit.	rupture définit.	prem. fissure	rupture définit.	rupt[illegible] défi[illegible]
Limite atteinte lors de la rupture	$\mathfrak{M}$	$\mathfrak{C}$	$\mathfrak{C}$	$\mathfrak{M}$	$\mathfrak{L}$	$\mathfrak{L}$	$\mathfrak{M}$	$\mathfrak{L}$	$\mathfrak{L}$
N° de la colonne :	1	2	3	4	5	6	7	8	[illegible]
Moment réduit de rupture : (kg. par cm²) $m = 10^4 \times$	23,31	32,62	33,77	16,38	21,54	26,18	20,02	29,25	33,[illegible]
Charge par mèt. carré (arrondie) : kg.	18600	26100	27000	13100	17200	21000	16000	23400	270[illegible]
Allongements des faces extrêmes (mm. par m.)									
Face tendue : $\lambda_1 = 10^{-3} \times$	1,00	1,74	1,64	1,00	1,97	2,00	1,00	2,00	2,[illegible]
Face comprimée : $\lambda_0 = -10^{-3} \times$	0,76	1,28	1,28	0,52	0,87	0,99	0,56	1,02	1,[illegible]
Tensions extrêmes du mortier (kg. par cm²)									
Traction : $R_1 = 10^4 \times$	20,9	0	21.0	20,9	0	21,0	20,9	0	21[illegible]
Compression : $R_0 = -10^4 \times$	147	207	207	111	163	177	118	180	1[illegible]
Tensions moyennes des barres de fer (kg. par mm²)									
Barres tendues : $F_{0,8} = 10^6 \times$	13,0	22,7	21,1	13,9	28,0	28,0	13,8	28,0	28,[illegible]
Barres comprimées : $F_{0,2} = -10^6 \times$	—	—	—	4,3	6,0	7,8	5,0	8,3	9,[illegible]
Hauteur relative de la ligne neutre à partir de la face la plus comprimée : $\frac{h}{e} =$	0,431	0,425	0,439	0,343	0,308	0,331	0,359	0,338	0,3[illegible]
Profondeur relative de la fissure : $\frac{e - \varepsilon_n}{e} =$	0	0,245	—	0	0,343	—	0	0,331	—
Rapport du rayon de courbure de la ligne neutre à l'épaisseur de la poutre : $\frac{\rho}{e} =$	568	331	343	658	352	334	640	331	3[illegible]

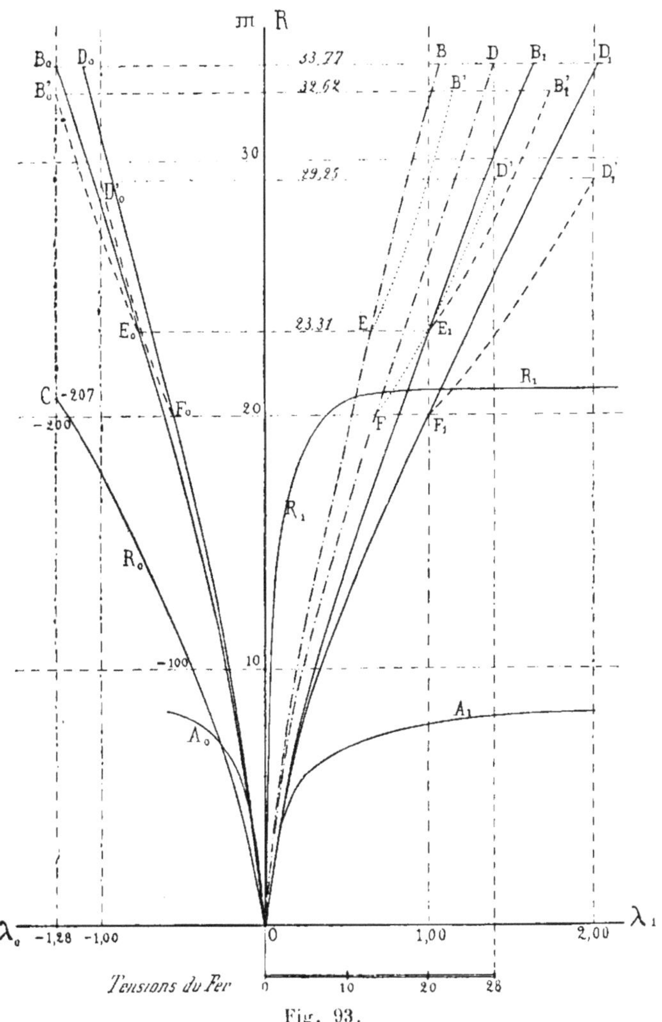

Fig. 93.

Par exemple, suivant qu'on suppose que le mortier se rompt pour des allongements de 0,5, 1, 1,5 ou 2 mm. par m., on calcule, pour le commencement de fissuration des trois séries de poutres, les valeurs numériques suivantes (p. 266) des divers éléments de la flexion :

Définition de l'armature :		$\rho = 0$				$\rho = 0,020$; $E = 20 \times 10^9$; $\zeta' = 0,8$; $\gamma'^2 = 0,0004$.				$\rho = 0,029$; $E = 20 \times 10^9$; $\zeta' = 0,5$; $\gamma'^2 = 0,0904$.			
Allongement de rupture supposé du mortier (en mm. par m.).	$\lambda_n = 10^{-3} \times$	0,50	1,00	1,50	2,00	0,50	1,00	1,50	2,00	0,50	1,00	1,50	2,00
Moment réduit correspondant au début de fissuration (kg.par cm²)	$m = 10^4 \times$	6,87	7,76	8,26	8,53	14,10	23,31	31,40	>33,77	12,68	20,02	26,74	33,35
Charge par mètre carré (arrondie)	kg.	5500	6200	6600	6825	11300	18650	25100	—	10150	16000	21400	26700
Contraction maximum du mortier.	$-\lambda_0 = 10^{-3} \times$	0,24	0,38	0,49	0,58	0,38	0,76	1,16	—	0,30	0,56	0,83	1,10
Compression maximum du mortier.	$-R_0 = 10^4 \times$	65	88	107	121	88	147	196	> 207	75	118	156	189
Tension moyenne des barres tendues. . . .	$F_{8,0} = 10^6 \times$	—	—	—	—	6,5	13,0	19,4	—	6,8	13,8	20,7	27,6
Hauteur relative de la ligne neutre	$\frac{h}{e} =$	0,324	0,275	0,246	0,225	0,431	0,431	0,435	—	0,375	0,359	0,356	0,355

Une plus grande extensibilité du mortier ne modifie donc que très peu la charge de rupture des prismes non armés, tandis qu'elle augmente considérablement la charge pour laquelle les poutres armées commencent à se fissurer.

11° Les figures 94 à 98 représentent, de la même manière que les figures 79 et 81, les lignes d'égale tension longitudinale du mortier sur l'épure en élévation de moitiés de poutres ayant une portée décuple de leur épaisseur. On y a joint des courbes représentant la variation des tensions du mortier sur les faces extrêmes et du fer dans la partie tendue de l'armature, courbes tracées en traits pleins ou pointillés suivant qu'on suppose le mortier indéfiniment extensible sous tension constante ou susceptible seulement d'un allongement maximum d'un millimètre par mètre. Pour les lignes d'égale tension, on a, dans les figures 94 à 97, considéré seulement ce dernier cas, et on s'est borné à représenter, sur un trait vertical, un peu à droite de la figure, la répartition des tensions dans la section médiane quand on suppose que le mortier ne se fissure pas avant que le fer atteigne sa limite d'élasticité.

Les figures 94 et 95 correspondent à deux poutres identiques, armées d'une seule assise de barres définie comme en 3°, posées sur deux appuis de niveau et chargées, la première au milieu de sa portée, la seconde uniformément, de telle sorte que, dans la section médiane, le moment fléchissant réduit soit de 28 kg. par cm², c'est-à-dire quadruple de celui qui a été adopté à l'article 119 dans le cas de poutres non armées. On calcule facilement que la charge centrale correspondant au cas de la figure 94 est, par mètre de largeur, égale au produit de 11200 kg. par la portée exprimée en mètres, et que la charge uniforme, pour la figure 95, est de 22400 kg. par mètre carré.

Les figures 96 et 97 se rapportent à deux poutres pareilles, posées et chargées de même, mais dont l'armature, définie en 7°, est symétrique et a un pourcentage de 0,029 au lieu de 0,020.

Enfin la figure 98, dans laquelle le mortier est supposé extensible, sous tension constante, jusqu'à un allongement d'au moins 2 mm. par m., correspond à la même poutre à armature symétrique, parfaitement encastrée à ses deux extrémités et chargée uniformément de 39600 kg. par mètre carré, de telle sorte que le moment réduit d'encastrement soit mesuré par -33×10^4. On

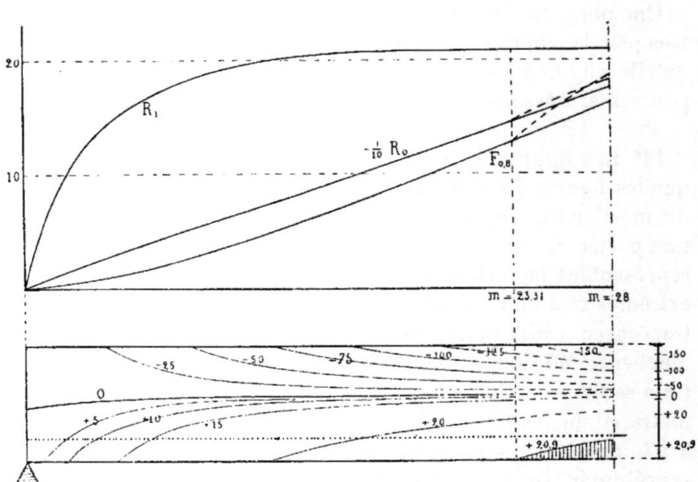

Fig. 94.
Armature simple. Charge centrale.

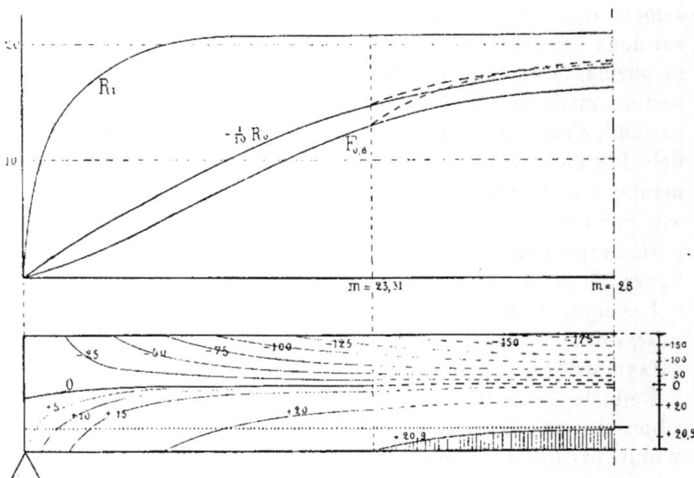

Fig. 95.
Armature simple. Charge uniformément répartie.

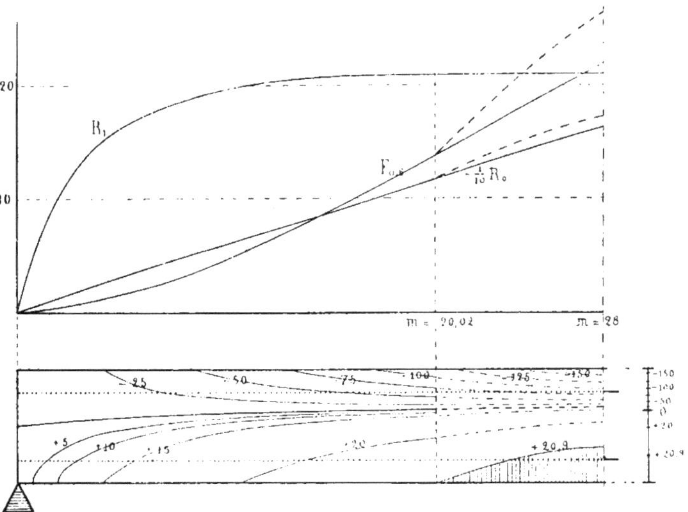

Fig. 96.
Armature symétrique. Charge centrale.

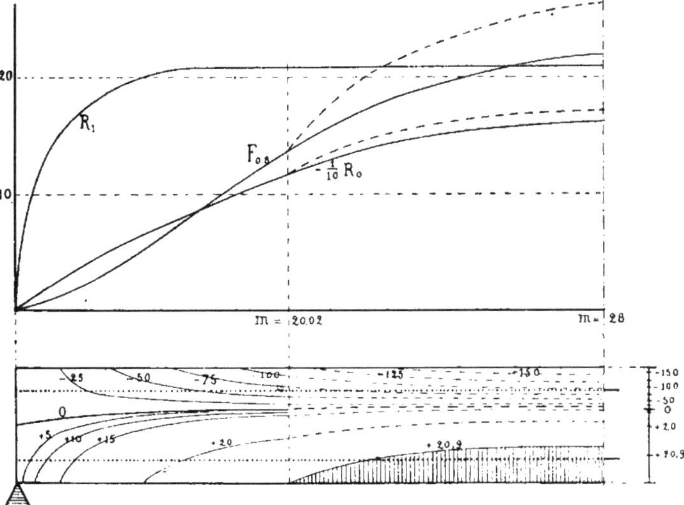

Fig. 97.
Armature symétrique. Charge uniformément répartie.

n'oubliera pas, toutefois, qu'il ne s'agit, dans cette figure, que de tensions longitudinales, alors qu'il intervient aussi des actions

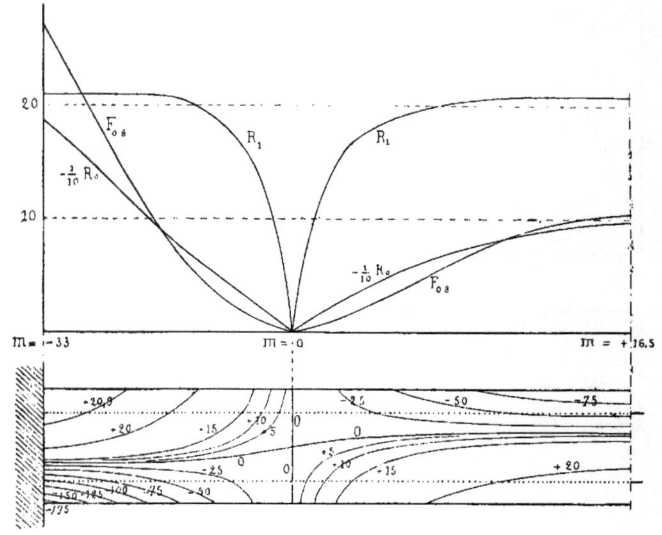

Fig. 98.

transversales, probablement supérieures à celles qui provoqueraient la rupture de la poutre soit par glissement composé, soit par décollement de l'armature, attendu que, sous la charge considérée, l'effort tranchant moyen $a = \frac{A}{be}$ atteint, dans la section d'encastrement, 19,8 kg. par cm².

128. Construction de la courbe de déformation du mortier en partant de la courbe des moments réduits d'une poutre armée. — Les deux équations (54) et (55) de l'article 124 (p. 253) peuvent être mises sous la forme :

$$\mu_0 - \mu_1 = E\varphi P, \qquad \nu_1 - \nu_0 = m(\lambda_1 - \lambda_0)^2 - E\varphi Q,$$

P et Q désignant deux fonctions de λ_0 et de λ_1 définies par les relations :

$$P = (\lambda_1 - \lambda_0)[\zeta'\lambda_1 + (1 - \zeta')\lambda_0],$$
$$Q = (\lambda_1 - \lambda_0)\left\{[\zeta'\lambda_1 + (1 - \zeta')\lambda_0]^2 + \gamma'^2(\lambda_1 - \lambda_0)^2\right\}.$$

Pour une variation infiniment petite de m, les variations correspondantes de λ_0 et de λ_1 sont liées par les relations suivantes, que l'on obtient en égalant les différentielles des deux membres de ces équations :

$$d\mu_0 - d\mu_1 = R_0 d\lambda_0 - R_1 d\lambda_1 = E\varphi dP,$$

$$d\nu_1 - d\nu_0 = R_1\lambda_1 d\lambda_1 - R_0\lambda_0 d\lambda_0$$
$$= (\lambda_1 - \lambda_0)^2\, dm + 2m\,(\lambda_1 - \lambda_0)\,(d\lambda_1 - d\lambda_0) - E\varphi dQ,$$

et on en déduit, en résolvant ces nouvelles équations par rapport à R_1 et R_0 :

$$(57)\quad \begin{cases} R_1 = \dfrac{dm}{d\lambda_1}\left[(\lambda_1 - \lambda_0) + 2m\left(\dfrac{d\lambda_1}{dm} - \dfrac{d\lambda_0}{dm}\right)\right] \\ \qquad - \dfrac{E\varphi}{\lambda_1 - \lambda_0}\,\dfrac{dm}{d\lambda_1}\left(\dfrac{dQ}{dm} - \lambda_0\,\dfrac{dP}{dm}\right), \\ R_0 = \dfrac{dm}{d\lambda_0}\left[(\lambda_1 - \lambda_0) + 2m\left(\dfrac{d\lambda_1}{dm} - \dfrac{d\lambda_0}{dm}\right)\right] \\ \qquad - \dfrac{E\varphi}{\lambda_1 - \lambda_0}\,\dfrac{dm}{d\lambda_0}\left(\dfrac{dQ}{dm} - \lambda_1\,\dfrac{dP}{dm}\right). \end{cases}$$

Les premiers termes des seconds membres ne sont autres que les tensions représentées par les longueurs a_1F_1 et a_0F_0 dans la figure 76 (p. 228). Quant aux grandeurs mesurées par les seconds termes, et qu'il faut retrancher des premières, elles sont définies géométriquement comme il suit :

Sur la sécante A_0A_1 d'ordonnée m (fig. 99), marquons le point F tel que $\dfrac{A_0F}{A_0A_1} = \zeta'$; à partir du point F, portons sur une perpendiculaire à cette droite une longueur FG telle que $\dfrac{FG}{A_0A_1} = \gamma'$; joignons HG et rabattons la longueur HG en HG′ sur A_0A_1. On vérifie facilement que l'on a :

$$P = A_0A_1 \times HF,$$
$$Q = A_0A_1 \times \overline{HG}^2$$
$$= A_0A_1 \times \overline{HG'}^2.$$

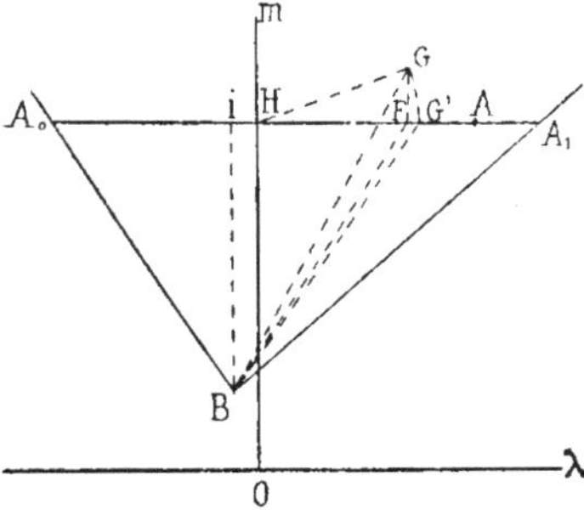

Fig. 99.

Quand m varie, le triangle A_0GA_1 reste semblable à lui-même et semblablement orienté, de sorte que les tangentes en F et en G aux lieux géométriques de ces deux points passent par le point B, intersection des tangentes aux lieux de A_0 et A_1. On peut, sans grande erreur, surtout quand γ' est petit, admettre qu'il en est de même pour la tangente en G' au lieu de ce point, et l'on a, en tenant compte des relations déjà établies à l'article 110 :

$$\frac{d\mathrm{HF}}{dm} = \frac{\mathrm{IF}}{\mathrm{BI}}, \quad \frac{d\mathrm{HG'}}{dm} = \frac{\mathrm{IG'}}{\mathrm{BI}}, \quad \frac{dP}{dm} = \frac{A_0A_1}{\mathrm{BI}}(\mathrm{HF} + \mathrm{IF}),$$

$$\frac{dQ}{dm} = \frac{A_0A_1}{\mathrm{BI}}\,\mathrm{HG'}\,(\mathrm{HG'} + 2.\mathrm{IG'}),$$

et finalement :

$$R_1 = a_1F_1 - E\varphi\,\frac{\mathrm{HG'}\,(\mathrm{HG'} + 2.\mathrm{IG'}) + A_0\mathrm{H}\,(\mathrm{HF} + \mathrm{IF})}{\mathrm{IA}_1},$$

$$R_0 = a_0F_0 + E\varphi\,\frac{\mathrm{HG'}\,(\mathrm{HG'} + 2.\mathrm{IG'}) - \mathrm{HA}_1\,(\mathrm{HF} + \mathrm{IF})}{A_0\mathrm{I}}.$$

On peut donc construire graphiquement les valeurs des tensions R_0 et R_1 qui correspondent, pour le mortier, aux allongements conjugués λ_0 et λ_1 donnés par la courbe des moments réduits.

Cette construction permettrait de déterminer la courbe de déformation d'un mortier par l'application à un prisme armé essayé par flexion de la méthode expérimentale indiquée à l'article 111. Elle aurait sur l'emploi d'un prisme non armé l'avantage de fournir une longueur beaucoup plus importante de la branche négative de la courbe de déformation, voire même, si l'armature était suffisante, la totalité de cette branche et la résistance vraie du mortier à la rupture par compression. Par contre, elle serait plus compliquée et moins rigoureuse, par suite de l'inexactitude des deux hypothèses admises au début de l'article 120.

129. Actions transversales moyennes. — La connaissance des actions transversales aux environs de l'armature présente un intérêt tout particulier ; mais, dans cette région, les variations de largeur du mortier et du fer influent sur la répartition de ces efforts, et il n'est plus permis d'admettre que la largeur du mortier peut être considérée comme constante dans toute l'épaisseur d'une poutre armée rectangulaire.

La largeur de l'armature au niveau z étant u, la largeur du mortier est $b - u$ et, si l'on pose $\frac{u}{b} = u'$, l'équation (20) de l'article 49 (p. 118), qui donne une relation entre les valeurs moyennes Σ et Γ des actions transversales dans les deux matériaux au niveau z, dans une section donnée, devient :

$$\frac{d\,[(1 - u')\,\Sigma + u'\Gamma]}{dz} = -\,A\left[(1 - u')\,\frac{dR}{dM} + u'\,\frac{dF}{dM}\right].$$

Remplaçons dz par $\frac{e d\lambda}{\lambda_1 - \lambda_0}$, M par be^2m et A par bea ; l'équation prend la forme :

$$\frac{d\,[(1 - u')\,\Sigma + u'\Gamma]}{d\lambda} = -\,\frac{a}{\lambda_1 - \lambda_0}\left[(1 - u')\,\frac{dR}{dm} + u'\,\frac{dF}{dm}\right].$$

Revenons à la figure 76 (p. 228) et supposons maintenant que la courbe A_0OA_1 y représente la courbe des moments réduits de la poutre armée considérée ; menons la corde A_0A_1 parallèle à l'axe des abscisses à une distance m de cet axe égale au moment fléchissant réduit dans la section considérée ; menons les tangentes à la courbe en A_0 et A_1, projetons en I, sur A_0A_1, leur point d'intersection B et appelons, comme à l'article 113, σ le double de l'aire du triangle A_0BA_1 et λ_i l'abscisse du point I. On a :

$$\frac{dR}{dm} = \frac{dR}{d\lambda}\,\frac{d\lambda}{dm} = \frac{IA}{BI}\,\frac{dR}{d\lambda}, \qquad \frac{dF}{dm} = \frac{dF}{d\lambda}\,\frac{d\lambda}{dm} = E\,\frac{IA}{BI},$$

et l'équation peut s'écrire :

$$(58)\quad \begin{cases} \dfrac{d[(1 - u')\,\Sigma + u'\Gamma]}{d\lambda} = -\,\dfrac{a}{\sigma}\left[(1 - u')\dfrac{dR}{d\lambda} + Eu'\right](\lambda - \lambda_i) \\ \qquad = \dfrac{dP}{d\lambda} + \dfrac{dQ}{d\lambda}, \end{cases}$$

P et Q désignant deux fonctions de λ et de u' définies, à une constante près, par les égalités :

$$\begin{cases} \dfrac{dP}{d\lambda} = -\,\dfrac{a}{\sigma}\,(1 - u')\,\dfrac{dR}{d\lambda}\,(\lambda - \lambda_i), \\ \dfrac{dQ}{d\lambda} = -\,\dfrac{a}{\sigma}\,Eu'\,(\lambda - \lambda_i). \end{cases}$$

Les valeurs de ces deux fonctions sur une fibre quelconque dans la section considérée peuvent être construites graphiquement comme il suit.

130. Construction de Q. — Décomposons l'épaisseur de la poutre en bandes alternativement non armées et armées, limitées par des plans parallèles aux faces extrêmes et tangents aux barres de fer. On remarque immédiatement que $\frac{dQ}{d\lambda}$ est con-

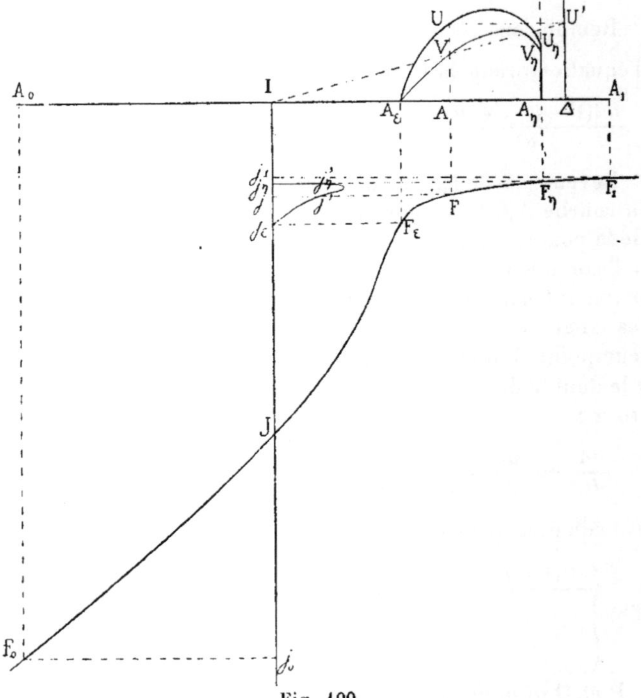

Fig. 100.

stamment nul dans les bandes non armées, de sorte que Q conserve dans chacune une valeur constante. Considérons une assise de barres que nous supposerons égales, semblablement orientées, équidistantes et symétriques par rapport à des plans parallèles au plan moyen de la poutre. Soient n_1 leur nombre,

$2\delta_1 = \frac{b}{n_1}$ leur écartement d'axe en axe, ε et η les ordonnées de leurs fibres extrêmes.

Marquons sur la droite A_0A_1 (fig. 100) les points A_ε et A_η tels que $\frac{A_0A_\varepsilon}{A_0A_1} = \frac{\varepsilon}{e}$ et $\frac{A_0A_\eta}{A_0A_1} = \frac{\eta}{e}$.

Si nous convenons de représenter par la longueur A_0A_1, égale à $\lambda_1 - \lambda_0$, l'épaisseur e de la poutre, le segment $A_\varepsilon A_\eta$ correspondra à l'épaisseur de l'assise. Traçons la courbe $A_\varepsilon UU_\eta A_\eta$ qui représente, à la même échelle, la moitié du contour d'une barre.

Le point A étant défini par la relation $\frac{A_0A}{A_0A_1} = \frac{z}{e}$, on a :

$$\lambda - \lambda i = IA$$

et, d'autre part :

$$\frac{AU}{A_0A_1} = \frac{\left(\frac{u}{2n_1}\right)}{e} = \frac{\delta_1}{e} u'.$$

Au point Δ, tel que $\frac{I\Delta}{A_0A_1} = \frac{\delta_1}{e}$, élevons une perpendiculaire à A_0A_1 ; projetons U en U' sur cette droite et menons la droite IU', qui coupe AU en V ; nous aurons :

$$AV = AU\frac{IA}{I\Delta} = u'(\lambda - \lambda i),$$

et la valeur de l'intégrale $\int u'(\lambda - \lambda i)d\lambda$ sera mesurée par l'aire comprise entre la droite A_0A_1, la courbe lieu géométrique du point V, l'ordonnée AV et une autre ordonnée dont le choix fixera la constante d'intégration.

Remarquant que, dans l'expression de $\frac{dQ}{d\lambda}$, le second membre est affecté du signe —, comptons cette aire à partir de l'ordonnée du point A_η. Si Q_η désigne la valeur constante de la fonction Q dans la bande non armée correspondant aux valeurs de z immédiatement supérieures à η, on aura, dans le plan d'ordonnée x :

$$Q = Q_\eta + \frac{a}{\tau} E \text{ aire } AVV_\eta A_\eta \;;$$

plus généralement, si l'on désigne par Q_1 la valeur de Q sur les fibres les plus tendues et par aire AVA_1 la somme de l'aire $AVV_{\eta}A_{\eta}$ et des aires totales de toutes les courbes V relatives aux assises de barres plus tendues que l'assise considérée, on a :

$$Q = Q_1 + \frac{a}{\tau} \text{ E aire } AVA_1.$$

Quelle que soit la forme des barres, l'aire $AVV_{\eta}A_{\eta}$ part de zéro et croît d'une manière continue quand z décroît de η à ε. La fonction Q ne subit donc jamais de discontinuité dans le plan limite η ; on verrait de même qu'elle n'en subit pas davantage dans le plan ε. Si, dans le plan d'ordonnée η, les barres se terminent par une surface courbe ou anguleuse, de telle sorte que a' croisse progressivement à partir de zéro, le point V_{η} se confond avec A_{η}, la courbe représentative de l'aire a sa tangente horizontale au point correspondant et la dérivée de Q est également continue. Si, au contraire, les barres se terminent par un élément plan ou présentent, à un certain niveau, un ressaut brusque, $\frac{dQ}{d\lambda}$ change brusquement de valeur, mais non Q.

La différence $Q_{\varepsilon} - Q_{\eta}$ entre les valeurs de Q correspondant aux bandes non armées qui comprennent la bande armée considérée est proportionnelle à l'aire de la courbe lieu du point V.

Quand une partie de l'armature se trouve, par rapport au point I, du côté des fibres les plus comprimées, les valeurs correspondantes de $\lambda - \lambda_i$ sont négatives, et la variation de Q se produit en sens inverse. Dans les deux portions de la poutre, Q va donc en augmentant quand, dans les bandes armées, on se dirige des faces extrêmes vers le point I.

131. Construction de P. — Dans les bandes non armées, la valeur de dP n'est autre que celle de dS calculée à l'article **113**, et P décroît proportionnellement à l'aire curviligne J*j*F de la figure **77**.

Reproduisons, sur la figure **100**, la courbe de déformation JF du mortier et appelons encore J le point de cette courbe qui a pour abscisse λ_i. Au niveau z, $\frac{dP}{\partial\lambda}$ est proportionnel à :

$$(1 - a')\,\text{IA}\,\frac{dR}{d\lambda}\,.$$

Si donc on marque, sur la droite jF, le joint j'' défini par $\frac{jj''}{jF} = u' = \frac{AU}{IA}$, on aura $(1 - u')\,IA = j''F$ et P sera proportionnel à l'aire comprise entre la courbe de déformation F, la courbe lieu du point j'', la droite $j''F$ et une autre droite parallèle à cette dernière et dont le choix fixera la constante d'intégration. Remarquant que, dans l'expression de $\frac{dP}{d\lambda}$, le second membre est affecté du signe —, si l'on désigne par P_1 la valeur de P sur la face la plus tendue, on aura :

$$P = P_1 + \frac{u}{\sigma} \text{ aire } j_1 j_a j''_a j'' F F_1.$$

Quelle que soit la forme des barres, cette aire varie d'une manière continue ; par contre, sa dérivée est discontinue quand les barres se terminent par des éléments plans parallèles aux faces extrêmes de la poutre ou présentent des changements brusques de largeur.

Dans la région située, par rapport au point I, du même côté que les fibres les plus comprimées, $\lambda - \lambda_I$ est négatif et les aires deviennent soustractives. La fonction P passe donc par son maximum au point I et décroît continuellement quand on s'éloigne de ce point vers l'une ou l'autre des faces extrêmes.

132. Etude de la fonction $[(1 - u')\Sigma + u'\Gamma]$. — En vertu de l'équation (58), cette fonction n'est autre que $P + Q$; comme elle s'annule nécessairement sur la face la plus tendue, on doit avoir $P_1 + Q_1 = 0$, et par suite :

$$(1 - u')\Sigma + u'\Gamma = P + Q = \frac{u}{\sigma} \text{ aire } j_1 F_1 j'' F + E \text{ aire } AVA_1'.$$

Les observations présentées aux deux articles qui précèdent montrent que la somme $(1 - u')\Sigma + u'\Gamma$ varie d'une manière continue et passe par son maximum au point I. Il doit d'ailleurs résulter nécessairement de la construction de la courbe des moments réduits une position du point I telle que cette somme redevienne nulle sur la face la plus comprimée.

On voit en outre que la dérivée, continue quand la variation de u' en fonction de z est elle-même continue, cesse de l'être quand u' subit des variations brusques. Si $\Delta u'$ mesure une de ces variations, la variation correspondante de $\frac{d[(1-u')\Sigma + u'\Gamma]}{d\lambda}$ est égale à $-\frac{a}{\sigma}\Delta u'\left(E - \frac{dR}{d\lambda}\right)(\lambda - \lambda i)$.

En résumé, la valeur de la fonction $(1 - u')\Sigma + u'\Gamma$ est toujours positive et parfaitement définie et peut être déterminée, pour toute valeur de ε, par une construction graphique.

Dans les bandes non armées, cette valeur n'est autre que celle de Σ.

133. Cas particuliers. — Dans divers cas, les constructions qui précèdent sont susceptibles d'importantes simplifications.

1° *Assises minces.* — Quand une assise est assez mince pour que l'on puisse admettre que, dans toute son épaisseur, les tensions du mortier croissent proportionnellement aux allongements, on peut appeler $\varepsilon_1 E$ le rapport constant de ces accroissements, et ce rapport est mesuré par le coefficient angulaire de la tangente à la courbe de déformation du mortier pour l'abscisse du point qui, sur la droite A_0A_1 de la figure 100, représente le centre de gravité de l'assise considérée.

On a alors dans cette assise :

$$\frac{dP}{d\lambda} + \frac{dQ}{d\lambda} = -\frac{a}{\sigma}E[(1-u')\varepsilon_1 + u'](\lambda - \lambda i)$$
$$= -\frac{a}{\sigma}E\varepsilon_1(\lambda - \lambda i) - \frac{a}{\sigma}E(1-\varepsilon_1)u'(\lambda - \lambda i),$$

et par suite :

$$(1-u')\Sigma + u'\Gamma = -\frac{a}{\sigma}E\frac{\varepsilon_1}{2}(\lambda - \lambda i)^2 + (1-\varepsilon_1)Q + \text{Const.}$$
$$= \frac{a}{\sigma}E\left\{\frac{\varepsilon_1}{2}[(\lambda_1 - \lambda i)^2 - (\lambda - \lambda i)^2] + (1-\varepsilon_1)\text{ aire } AVA_1\right\},$$

et la construction de la fonction P est évitée.

On peut d'ailleurs se dispenser de tout calcul et déterminer du premier coup comme il suit l'accroissement de $(1-u')\Sigma + u'\Gamma$ à partir de A_0 :

Sur la droite IAA_1 (fig. 101), marquer le point Δ' tel que :

$$I\Delta' = \frac{I\Delta}{1-\varepsilon_1} = \frac{A_0A_1}{e}\frac{\delta_1}{1-\varepsilon_1};$$

déterminer le point V' au moyen du point Δ' comme on avait déterminé le point V au moyen du point Δ ; mener par I la droite IA''A''$_\eta$ ayant pour coefficient angulaire — ε_1. L'augmentation de $(1 - u')\,\Sigma + u'\Gamma$ de A_η à A a pour mesure le produit par $\frac{u}{\tau}$E de l'aire comprise entre la courbe lieu du point V', la

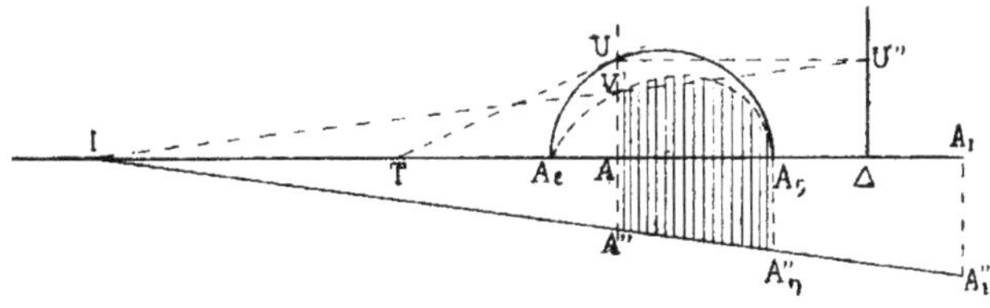

Fig. 101 [1].

droite A''A''$_\eta$ et les ordonnées des points A et A_η.

Il est probable que cette simplification est applicable dans la plupart des cas de la pratique.

2° *Allongement du mortier sous tension constante.* — Si, suivant la théorie de M. Considère, le mortier, arrivé à un certain allongement positif, continue à s'allonger tout en conservant sensiblement la même tension, $\frac{dR}{d\lambda}$ est nul dans toute la région correspondante, et le deuxième membre de l'équation (58) se réduit à $\frac{dQ}{d\lambda}$.

Dans les bandes non armées, Σ conserve une valeur constante ; en particulier, cette valeur est nulle entre la face la plus tendue et les barres les plus voisines. Dans les bandes armées, $(1 - u')\,\Sigma + u'\Gamma$ se réduit à Q.

3° *Moment fléchissant faible.* — Quand le moment m est assez faible pour qu'on puisse admettre que le mortier est parfaitement élastique dans toute l'épaisseur de la section considérée, $\frac{dR}{d\lambda}$ doit être remplacé par la constante ε_0E, λ_i est nul, et les coefficients angulaires α_0 et α_1 des deux droites qui remplacent la courbe des moments réduits sont donnés par les formules de l'article 125. On a alors :

1. Erratum : *Au lieu de* Δ, *lire* Δ' sur la figure.

$$\frac{d[(1-u')\Sigma + u'\Gamma]}{d\lambda} = -\frac{a}{\sigma}\mathrm{E}[\varepsilon_0 + (1-\varepsilon_0)u']\lambda,$$

$$\sigma = m\left(\frac{m}{\alpha_1} - \frac{m}{\alpha_0}\right) = m^2\left(\frac{1}{\alpha_1} - \frac{1}{\alpha_0}\right),$$

et finalement :

$$(1-u')\Sigma + u'\Gamma = a\,\frac{\alpha_0\alpha_1\mathrm{E}}{(\alpha_0-\alpha_1)m^2}\left[\frac{\varepsilon_0}{2}\left(\frac{m^2}{\alpha_1^2}-\lambda^2\right)+(1-\varepsilon_0)\text{ aire AVA}_1\right].$$

Cette somme est proportionnelle à l'aire comprise (fig. **101**) entre la droite IA$''_1$, de coefficient angulaire $-\varepsilon_0$, les ordonnées des points A$_1$ et A et la droite IA$_1$, à laquelle on doit substituer, au droit de chaque assise de barres, les contours lieux du point V'.

4° *Barres rectangulaires.* — Quand u' conserve une valeur constante u'_1 dans toute l'épaisseur d'une bande armée, on a :

$$\mathrm{Q} - \mathrm{Q}_\eta = \frac{a}{\sigma}\,\frac{\mathrm{E}}{2}u'_1\,[(\lambda_\eta - \lambda_i)^2 - (\lambda - \lambda_i)^2],$$

et P — P$_\eta$ est égal au produit par $(1 - u'_1)$ de l'aire obtenue par la construction de l'article **113**.

Si, en outre, on peut considérer $\frac{d\mathrm{R}}{d\lambda}$ comme constamment égal à $\varepsilon_1\mathrm{E}$ dans toute l'épaisseur de l'assise, on a :

$$(1-u'_1)\Sigma + u'_1\Gamma = \Sigma_\eta + \frac{a}{\sigma}\,\frac{\mathrm{E}}{2}(\varepsilon_1 + u'_1 - u'_1\varepsilon_1)\,[(\lambda_\eta - \lambda_i)^2 - (\lambda - \lambda_i)^2],$$

Σ_η désignant la valeur de Σ sur une fibre dont l'ordonnée soit infiniment peu supérieure à η, valeur que l'on sait toujours mesurer.

Quand les barres sont des fers profilés dont la section résulte de la juxtaposition d'éléments rectangulaires de différentes largeurs, on peut décomposer la bande armée en bandes secondaires, limitées à chaque ressaut du profil et dans chacune desquelles les formules précédentes sont applicables, sauf changement de u'_1 en u'_2, u'_3... Quant aux valeurs initiales à adopter sur la limite la plus tendue de chaque bande secondaire, elles sont définies par le fait, démontré plus haut, que la variation des fonctions P, Q et $(1 - u')\,\Sigma + u'\Gamma$ est toujours continue.

5° *Barres rondes.* — Soient, pour une assise, n_1 le nombre des barres, r_1 leur rayon, ζ_1 l'ordonnée de leurs axes ; soient i

l'ordonnée du point I et θ l'angle UTA (fig. 101), variable de $-\frac{\pi}{2}$ à $+\frac{\pi}{2}$ quand on va de A_e à A_s. On a :

$$u = 2n_1 r_1 \cos\theta, \quad u' = \frac{2n_1 r_1}{b}\cos\theta = \frac{r_1}{\delta_1}\cos\theta, \; z = \zeta_1 - r_1 \sin\theta\,;$$

on a d'ailleurs :

$$\frac{z}{e} = \frac{\lambda - \lambda_0}{\lambda_1 - \lambda_0} \qquad \text{et} \qquad \frac{i}{e} = \frac{\lambda_i - \lambda_0}{\lambda_1 - \lambda_0},$$

et l'égalité qui donne z peut s'écrire :

$$\begin{aligned}\lambda - \lambda_i &= -(\lambda_i - \lambda_0) + (\lambda_1 - \lambda_0)\left(\frac{\zeta_1}{e} - \frac{r_1}{e}\sin\theta\right)\\ &= (\lambda_1 - \lambda_0)\left(\frac{\zeta_1 - i}{e} - \frac{r_1}{e}\sin\theta\right).\end{aligned}$$

On en déduit :

$$d\lambda = -(\lambda_1 - \lambda_0)\frac{r_1}{e}\cos\theta d\theta,$$

et par suite :

$$dQ = \frac{a}{\sigma}E\,\frac{2n_1 r_1^2}{be}(\lambda_1 - \lambda_0)^2\left[\frac{\zeta_1 - i}{e} - \frac{r_1}{e}\sin\theta\right]\cos^2\theta d\theta,$$

et, en posant :

$$\alpha = \frac{aE}{\sigma}\,\frac{\varepsilon n_1 r_1^2}{be}(\lambda_1 - \lambda_0)^2, \qquad \frac{\zeta_1 - i}{e} = j'_1 \quad \text{et} \quad \frac{r_1}{e} = r'_1\,:$$

$$Q - Q_e = \alpha\left[\frac{j'_1}{2}\left(\frac{\pi}{2} + \theta + \sin\theta\cos\theta\right) + \frac{r'_1}{3}\cos^3\theta\right].$$

Si l'on suppose les barres assez minces pour qu'on puisse considérer $\frac{dR}{d\lambda}$ comme constamment égal à $\varepsilon_1 E$ dans toute leur épaisseur, on a, en posant $\beta = \frac{b}{2n_1 r_1} = \frac{\delta_1}{r_1}$:

$$\begin{aligned}d\left[(1 - u')\Sigma + u'T\right] &= -\frac{a}{\sigma}E(\lambda - \lambda_i)\left[\varepsilon_1 + (1 - \varepsilon_1)u'\right]d\lambda\\ &= \alpha\,(j'_1 - r'_1\sin\theta)\left[\beta\varepsilon_1 + (1 - \varepsilon_1)\cos\theta\right]\cos\theta d\theta,\end{aligned}$$

et par suite :

$$(1 - u')\,\Sigma + u'\Gamma = \Sigma_\eta + \alpha\left[\beta\varepsilon_1 j'_1\,(1 + \sin\theta) + \frac{1-\varepsilon_1}{3}\,j'_1\right.$$
$$\left.\left(\frac{\pi}{2} + \theta + \sin\theta\cos\theta\right) + \frac{\beta\varepsilon_1}{2}\,r'_1\cos^2\theta + \frac{1-\varepsilon_1}{3}\,r'_1\cos^3\theta\right].$$

L'augmentation de $(1 - u')\,\Sigma + u'\Gamma$ dans toute l'épaisseur de l'assise, c'est-à-dire la différence $\Sigma_\varepsilon - \Sigma_\eta$ entre les valeurs extrêmes de Σ dans les deux bandes non armées qui limitent la bande armée considérée, a pour valeur :

$$\alpha j'_1\left(2\beta\varepsilon_1 + \frac{1-\varepsilon_1}{2}\,\pi\right);$$

elle change de signe avec j'_1, c'est-à-dire avec $\zeta_1 - i$, et est positive ou négative selon que l'axe des barres se trouve, par rapport au point I, du côté des fibres les plus tendues ou les plus comprimées.

134. Applications numériques. — Reprenons le mortier dont la courbe de déformation est représentée dans la figure 93 (p. 265) et supposons qu'au delà d'un allongement d'environ 0,5 mm. par m., il continue à s'allonger sous tension constante (21 kg. par cm²) jusqu'à au moins 1,6 mm. par m. Considérons les deux types d'armatures, l'une simple ($\varphi_1 = 0{,}020$), l'autre symétrique ($\varphi_2 = 0{,}029$), dont les courbes des moments réduits sont données par cette même figure, et supposons que ces armatures soient formées de barres rondes, identiques dans les deux cas. En raison des données qui caractérisent les deux poutres (voir art. 127, nos 3 et 7) et notamment des valeurs de γ', on calcule que l'on doit avoir $r'_1 = \frac{1}{25}$ et que l'écartement des barres d'axe en axe doit être, suivant le cas, de $\frac{1}{8}$ ou $\frac{1}{5{,}8}$ de l'épaisseur de la poutre.

Considérons, dans chaque poutre, une section où le moment fléchissant réduit ait pour valeur $m = 28 \times 10^4$; on déduit de la figure 93 les valeurs suivantes des principaux éléments de la flexion.

Principaux éléments de la flexion pour $m = 28 \times 10^4$		Armature simple	Armature symétrique	
λ_0	$10^{-3} \times$	— 0,983	— 0,880	
λ_1	$10^{-3} \times$	+ 1,262	+ 1,595	
λ_i	$10^{-3} \times$	+ 0,030	— 0,030	
i'		0,451	0,344	
BI	$10^4 \times$	20,8	21,4	
σ		371	530	
α	$a \times$	2,195	2,147	
β		3,125	4,310	
			barres tendues	barres comprimées
ζ'_1		0,8	0,8	0,2
ε_1		0	0	0,083
j'_1		+ 0,349	+ 0,456	— 0,144
λ_η	$10^{-3} \times$	+ 0,903	+ 1,199	— 0,286
λ_ε	$10^{-3} \times$	+ 0,723	+ 1,001	— 0,484
$\Sigma_\varepsilon - \Sigma_\eta$	$a \times$	+ 1,91	+ 1,54	— 0,67

Dans la figure 102, on a porté en ordonnées les valeurs de Σ

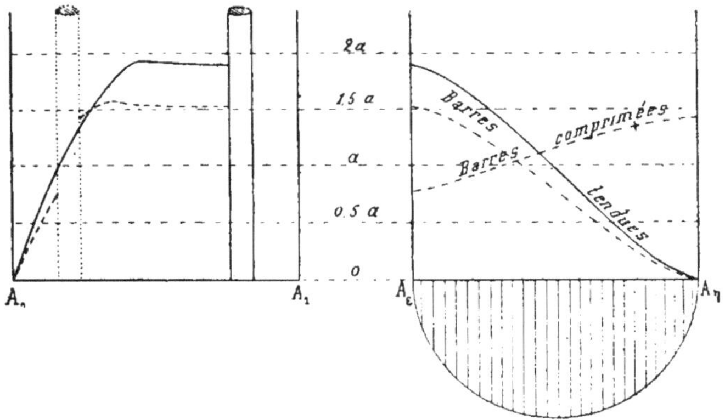

Fig. 102. Fig. 103.

dans les bandes non armées des deux sections; le trait plein correspond à la poutre à armature simple et les traits pointillés à celle à armature symétrique. La valeur de a a été laissée arbitraire. Σ est constamment nul dans la bande comprise entre les barres tendues et la face voisine.

La figure 103 représente de même, avec une échelle des abscisses plus grande, les valeurs de la somme $(1-u')\Sigma + u'T$ en fonction de a dans les bandes armées des deux mêmes poutres.

135. Poutres soumises à des moments fléchissants de sens contraires. — Quand le moment fléchissant change de sens, il suffit, dans les formules, de changer z en $e-z$, h en $e-h$, etc., ce qui revient à changer simplement les signes de M et de ρ.

Pour la construction graphique, la transformation est moins simple : la courbe de déformation du mortier reste la même, ainsi que les valeurs de E, φ et γ'^2, mais ζ' doit être changé en $1-\zeta'$ et η' a une valeur toute nouvelle. Si donc l'armature n'est pas symétrique, il faut construire une nouvelle courbe des moments réduits. On reconnaît sans peine que, lorsque l'armature est concentrée tout entière au voisinage de l'une des faces, elle n'apporte plus au mortier, quand cette face devient comprimée, qu'un secours insignifiant.

Lorsque les moments fléchissants doivent toujours être de même sens sur toute la longueur de la poutre, ce qui, il faut le reconnaître, est tout à fait exceptionnel dans la pratique, une assise unique de barres aussi rapprochées que possible de la face tendue constitue, pour un même pourcentage de métal, la solution la plus avantageuse.

Dans le cas général où la poutre peut être considérée comme encastrée à ses deux extrémités, en reposant ou non sur des appuis intermédiaires, elle a à supporter, dans ses différentes sections, des moments fléchissants de sens opposés, et il est nécessaire qu'alternativement l'une et l'autre de ses deux faces extrêmes soient armées en certains points de la portée.

Dans la plupart des systèmes de construction actuellement en usage, l'armature principale s'étend sur toute la longueur de la poutre, du côté de la face inférieure (les efforts extérieurs étant supposés dirigés dans le sens de la pesanteur). Le renforcement de la face supérieure est alors obtenu soit par d'autres barres disposées au voisinage de cette face sur toute la longueur de la poutre, soit par des armatures additionnelles placées seulement au droit des encastrements et des supports, soit encore par un recourbement de quelques-unes des barres de l'armature principale, qui les rapproche de la face supérieure dans les régions où le moment fléchissant est renversé.

Dans cet ordre d'idées, on peut se proposer d'employer une seule série de barres, de section constante, mais courbées (fig. 104) de telle sorte que, pour une certaine charge donnée,

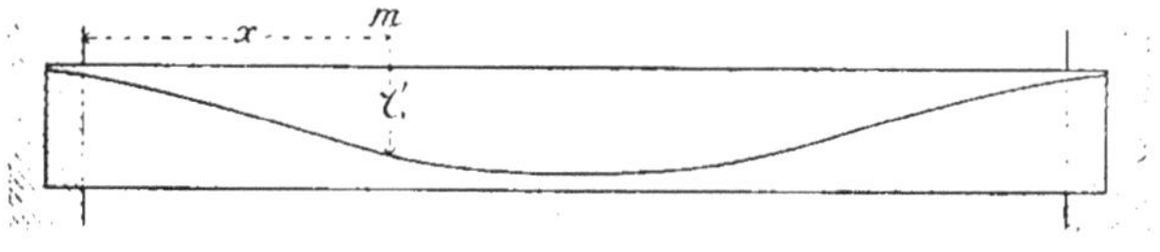

Fig. 104.

les matériaux atteignent dans toutes les sections une même fatigue limite. Dans ce cas, on peut négliger γ', et le problème consiste à déterminer, dans chaque section, la valeur de ζ' pour laquelle la condition posée est satisfaite. Pour cela, il suffit de donner arbitrairement à ζ' une série de valeurs échelonnées, de déterminer graphiquement, pour chacune, la valeur du moment fléchissant réduit qui correspond à la fatigue limite adoptée, et de calculer l'abscisse x de la section où le moment atteint cette valeur sous la charge considérée. La courbe ayant pour coordonnées les valeurs conjuguées de x et de ζ' définira la forme des barres. Cette construction suppose évidemment que la portée est suffisamment grande relativement à l'épaisseur de la poutre pour qu'on puisse négliger l'obliquité de l'armature dans chaque section.

CHAPITRE VIII

ÉLÉMENTS DE COMPLICATION

§ 1. — EFFORTS RÉPÉTÉS

136. Durée d'application des efforts. — Sans prétendre rechercher, dans le calcul algébrique ou graphique des poutres armées, une précision incompatible avec la nature des matériaux employés et d'ailleurs inutile pour les besoins courants de la pratique, on doit néanmoins tâcher de se rendre compte de l'importance des erreurs résultant des simplifications et des hypothèses successives que l'on a été amené à faire, car une formule approximative n'a de valeur qu'autant qu'on est fixé sur l'ordre de grandeur des écarts existant entre les résultats qu'elle fournit et ceux qu'on obtiendrait en tenant un compte rigoureux de tous les éléments du problème. Malheureusement, on est loin de pouvoir toujours évaluer chacune de ces erreurs, soit qu'elles résultent d'hypothèses admises en vue de suppléer à l'insuffisance de nos connaissances sur les lois naturelles et sur la constitution de la matière, soit qu'elles soient dues à l'omission, consciente ou non, d'influences perturbatrices plus ou moins difficiles à évaluer numériquement.

Le premier des éléments d'incertitude énumérés à l'article 36 est la variation de la loi de déformation du mortier à mesure que celui-ci subit une fatigue croissante. Pour l'éliminer, nous avons évité, dans la suite, de considérer le cas où la charge pourrait alternativement diminuer puis augmenter de nouveau, et, supposant les efforts continuellement croissants en tout point de la poutre, nous avons admis qu'il existait une relation bien définie $R = f(\lambda)$ entre les tensions et les allongements totaux correspondants, sommes des allongements permanents et des allongements purement élastiques.

Or l'expérience montre que, quand on maintient un certain temps une matière imparfaitement élastique sous l'action d'un effort de traction ou de compression, l'allongement ou la contraction commence par augmenter progressivement ; la valeur de λ correspondant à une valeur donnée de R n'est donc pas bien définie, et varie suivant que la charge croît plus ou moins vite. Par suite, un essai de traction ou de compression simple ne peut être représenté par une formule telle que $R = f(\lambda)$ que si la vitesse du chargement est bien définie. Dans un essai par flexion, une pareille formule ne serait rigoureusement applicable que si l'accroissement de tension avait la même vitesse sur toutes les fibres, ce qui n'est évidemment pas, et en outre l'allongement de chaque fibre est influencé par ceux des fibres voisines.

Il est difficile de dire actuellement dans quelle mesure ces observations s'appliquent aux mortiers et bétons, car les essais d'élasticité faits sur ces matériaux sont peu nombreux et souvent contradictoires. Dans les expériences citées par M. de Joly, les courbes de déformation s'écartent très peu de lignes droites et les allongements permanents sont très faibles, ce qui permettrait de supposer que les causes d'erreurs qui viennent d'être signalées doivent être négligeables. D'autres expérimentateurs, tels que MM. Bauschinger, Durand-Claye, Hartig, Bach, Souleyre et Anglade, ont obtenu des courbures plus accentuées et des déformations permanentes plus importantes. Enfin, grâce à la présence d'armatures dans ses prismes d'essai, M. Considère a pu augmenter d'une manière tout à fait inattendue l'allongement permanent pris par le mortier avant rupture.

Il est probable que l'influence de la vitesse de mise en charge doit être très faible tant que la tension ne dépasse pas une certaine limite au delà de laquelle les déformations permanentes acquièrent une certaine importance, limite d'autant plus élevée que le mortier ou béton est plus dur et plus cassant.

137. Déchargement puis rechargement. — Les matières ductiles n'ont pas à proprement parler de limite d'élasticité et subissent des déformations permanentes dès l'origine de leur mise en charge. Après les avoir soumises à une traction ou à une compression croissante en enregistrant la courbe qui a pour ordonnées les tensions et pour abscisses les allongements totaux, si l'on fait décroître progressivement l'effort, la courbe de déformation n'est plus la même et vient couper l'axe des allongements en un certain point, dont la distance à l'origine mesure l'allongement permanent correspondant à la tension maximum subie.

Si ensuite on charge de nouveau, la courbe décrite suit, en sens inverse, la courbe de déchargement, dont elle reste très voisine jusqu'aux environs du point correspondant à la tension maximum supportée la première fois. Puis, la charge continuant à augmenter au delà de cette limite, la courbe change de direction, plus ou moins brusquement selon la matière essayée, et continue suivant le prolongement de la courbe obtenue dans le premier chargement.

Une nouvelle diminution de la charge après qu'on a atteint une deuxième tension maximum plus forte que la première donne lieu à une nouvelle courbe de déchargement, accusant un allongement permanent supérieur au premier ; puis un troisième chargement donne lieu aux mêmes phénomènes que le second : la courbe suit à peu près la deuxième courbe de déchargement puis prolonge la deuxième courbe de chargement, et ainsi de suite.

La figure 105 a été obtenue de la sorte en soumettant à des

Fig. 105.

compressions croissantes, séparées par des décompressions, un petit cylindre de cuivre rouge. A côté du diagramme représentant ces alternatives de chargement et de déchargement, on a enregistré la déformation sous charge continuellement croissante d'un autre cylindre de cuivre identique au premier. La courbe obtenue reste à une distance horizontale constante de la succession des secondes branches des courbes de compression du premier cylindre.

Avec les mortiers et bétons, les choses se passent à peu près de la même manière, ainsi qu'il résulte en particulier des expériences de MM. Bauschinger, Hartig, Souleyre et Anglade et Considère. La seule différence avec le cas du cuivre est que, avec ces matériaux beaucoup moins plastiques, la brisure des courbes de rechargement, au point où chacune rejoint la précédente, est moins nettement accusée.

On en a eu un exemple dans les courbes B de la figure **28** (p. 58).

138. Répétitions d'un même effort longitudinal. — Il a été dit à l'article **22** que, lorsqu'un prisme de mortier est soumis à un effort de traction ou de compression agissant également sur tous les éléments de sa section droite, la répétition indéfinie d'une même tension suffisamment inférieure à sa résistance limite produit des allongements permanents de plus en plus faibles, jusqu'à ce que le mortier atteigne un état stable, que nous avons appelé l'*écrouissage parfait* relatif à la tension considérée, et dans lequel il ne subit plus, pour toute tension inférieure à cette dernière, que des déformations purement élastiques.

Grâce à un artifice employé par M. Considère, et qui consiste à essayer ainsi un prisme de mortier symétriquement armé de barres d'acier de coefficient d'élasticité connu, on peut pousser l'expérience plus loin sans crainte de rupture et même dépasser de beaucoup l'allongement sous lequel se romprait un prisme non armé fait avec le même mortier.

Dans une communication présentée au congrès de l'Association Internationale pour l'Essai des Matériaux, tenu à Budapest

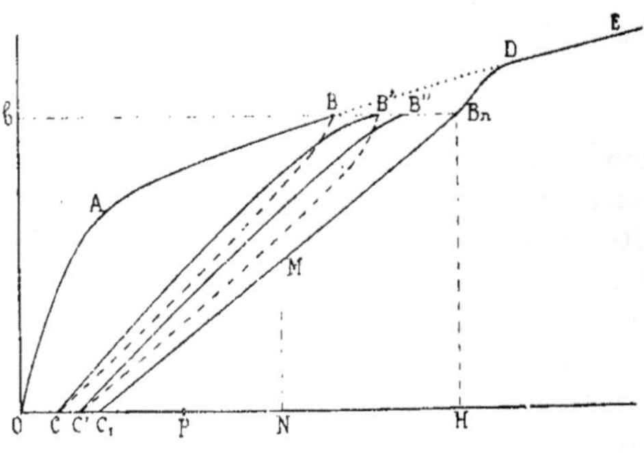

Fig. 106.

en 1901, M. Considère a formulé les conclusions de ses recherches, d'où il résulte, en particulier, ce qui suit :

Considérant le cas d'essais de traction, prenons pour ordonnées (fig. 106) les charges totales imposées au prisme et pour abscisses les allongements correspondants, rapportés à l'unité de longueur, que des mesures spéciales ont vérifié être les mêmes pour le mortier et pour l'armature.

La courbe du premier chargement, jusqu'à une charge totale mesurée par l'ordonnée Ob, présente la forme OAB et se compose à peu de chose près de deux droites raccordées entre elles par un petit élément courbe. Des déchargements et rechargements successifs jusqu'à la même charge donnent ensuite les courbes BC, CB′, B′C′, C′B″, etc., tracées en pointillé pour les périodes de déchargement et en traits pleins pour celles de chargement, et qui sont sensiblement rectilignes, sauf près de leurs extrémités. On remarque qu'elles sont de plus en plus éloignées de l'axe vertical (allongement permanent croissant) et de plus en plus inclinées vers l'horizontale. A mesure que l'on augmente les alternatives de chargement et de déchargement, il tend à s'établir un régime définitif, et les points B et C se rapprochent, de plus en plus lentement, des limites B_n et C_n, en même temps que les courbes de chargement et de déchargement tendent à se confondre avec la droite $C_n B_n$.

Sans examiner pour le moment les autres conclusions de M. Considère [1], on voit que, après un nombre suffisant de répétitions d'une même charge, le prisme armé ne subit plus de nouvelles déformations permanentes et prend, aussi bien pendant le déchargement que pendant le chargement, des allongements proportionnels aux charges correspondantes : il est devenu parfaitement élastique. D'autre part, l'armature n'a pas dépassé sa limite d'élasticité : il y a donc de fortes chances pour que le mortier soit devenu, lui aussi, parfaitement élastique, ce dont on n'aurait pas lieu de s'étonner outre mesure, puisqu'on sait déjà que les métaux, une fois écrouis pour une tension quelconque

1. En particulier, ce savant ajoute que, si l'on augmente la charge au delà de celle de l'épreuve répétée, la loi du phénomène est représentée par la courbe B_nDE, dont la branche DE prolonge la courbe du premier chargement. Il en conclut que cette reprise de la résistance initiale est une propriété précieuse en cas d'accident.

Il était très intéressant de vérifier ce phénomène sur des prismes de béton armé, mais le résultat obtenu n'a rien qui doive surprendre, après ce que l'on sait des matériaux moins hétérogènes, et ne constitue pas une qualité spéciale à ce mode de construction.

supérieure à leur limite d'élasticité initiale, deviennent parfaitement élastiques pour toute tension moindre et ont pour nouvelle limite élastique leur tension d'écrouissage.

Cette conclusion est d'ailleurs confirmée par le calcul suivant, qui fournit en même temps le coefficient d'élasticité et l'allongement permanent du mortier écroui.

Revenons au cas de la figure **106** et appelons Ω la section du prisme d'essai, φ le pourcentage de l'armature, E le coefficient d'élasticité du métal dont elle est faite, l' l'allongement permanent du prisme écroui, mesuré par la longueur OC_n, et E' son coefficient d'élasticité, égal au quotient de sa tension moyenne $\frac{HB_n}{\Omega}$ sous la charge HB_n, par l'allongement élastique correspondant C_nH.

A un allongement total quelconque $ON = \lambda$ du prisme écroui correspond une charge NM égale à $\Omega E'(\lambda - l')$. La portion de cette charge équilibrée par l'armature est d'ailleurs mesurée par $\varphi\Omega E\lambda$, de sorte que la tension R du mortier, supposée uniformément répartie, est égale au quotient de la différence de ces deux charges par l'aire $(1 - \varphi)\,\Omega$ occupée par le mortier dans la section droite du prisme :

$$R = \frac{\Omega E'(\lambda - l') - \varphi\Omega E\lambda}{(1 - \varphi)\,\Omega} = \frac{E' - \varphi E}{1 - \varphi}\left(\lambda - \frac{E'l'}{E' - \varphi E}\right).$$

Cette formule montre bien que la tension du mortier croît proportionnellement à son allongement λ, lequel se réduit à $l = \frac{E'l'}{E' - \varphi E}$ pour une tension nulle.

La grandeur l mesure donc l'allongement permanent pris par le mortier ; $\lambda - l$ est son allongement élastique, et $\frac{E' - \varphi E}{1 - \varphi}$ est son coefficient d'élasticité, que nous désignerons par εE. En posant de même $E' = \varepsilon' E$, on a :

$$\varepsilon = \frac{\varepsilon' - \varphi}{1 - \varphi} \; ; \quad l = \frac{\varepsilon' l'}{\varepsilon' - \varphi} \; ; \quad R = \varepsilon E(\lambda - l).$$

L'allongement permanent l, produit de l' par le rapport $\frac{\varepsilon'}{\varepsilon' - \varphi}$ supérieur à l'unité, est plus grand que l' et correspond à un certain point P situé à droite de C_n.

Tant que l'allongement total du prisme écroui tendu est supérieur à l, les deux matériaux sont soumis à des efforts de traction.

Quand l'allongement total est précisément égal à l, la tension du mortier est nulle, et l'armature supporte à elle seule tout l'effort exercé sur la section du prisme.

Enfin, pour un allongement total compris entre l' et l, le fer est encore tendu, mais le béton se trouve comprimé. En particulier, quand le prisme, abandonné à lui-même, ne subit plus aucun effort extérieur, le fer y conserve une tension rémanente positive El', en même temps que le mortier subit une compression mesurée par $\varepsilon E\ (l' - l)$, c'est-à-dire, tous calculs faits, par $- El' \dfrac{\varphi}{1 - \varphi}$. Toutefois il est probable que ce n'est là qu'une valeur moyenne, car la compression du mortier ne doit pas être la même à une certaine distance des barres qu'à leur voisinage immédiat, où il se trouve directement sollicité par elles tant que l'adhérence n'est pas rompue.

On remarque qu'après déchargement complet du prisme, le mortier conserve un allongement *rémanent* l', qu'il ne faut pas confondre avec son allongement *permanent* l, allongement qu'il prendrait s'il n'était plus soumis à aucune tension.

Ce qui vient d'être dit pour le cas de tractions répétées s'applique également au cas de compressions répétées, de même qu'à celui où la charge varie entre deux valeurs dont aucune n'est nulle, qu'elles soient d'ailleurs de même signe ou de signes contraires. Seulement il est évident que l'état d'écrouissage doit différer à la fois suivant les grandeurs absolues et suivant les grandeurs relatives des charges limites, comme les expériences de Wöhler l'ont montré pour les métaux.

139. Courbes des allongements permanents, élastiques et totaux. — Prenons un prisme non armé, soumettons-le à une série de répétitions d'une tension faible R_1 uniformément répartie, et, quand il sera parfaitement écroui, mesurons, sous cette tension, son allongement total λ_1, puis, après déchargement, son allongement permanent l_1, rapportés tous deux à l'unité de longueur. Portons ensuite la tension à une nouvelle valeur R_2 un peu supérieure à la première, amenons le prisme à l'état d'écrouissage correspondant et mesurons de même les allongements λ_2 et l_2 total et permanent rapportés à l'unité de longueur du barreau avant tout essai. Continuons de même pour des tensions de plus en plus fortes et répétons la même opération, avec des compressions croissantes, sur un autre prisme du même mortier. Enfin marquons sur un diagramme les points ayant pour ordonnées les diverses valeurs de R employées et pour abscisses les valeurs conjuguées de λ et de l, et joignons par des traits continus les points correspondant à chaque espèce d'allongements. Nous obtiendrons ainsi deux courbes T_0OT_1, P_0OP_1 (fig. 107), représentant, la première les déformations

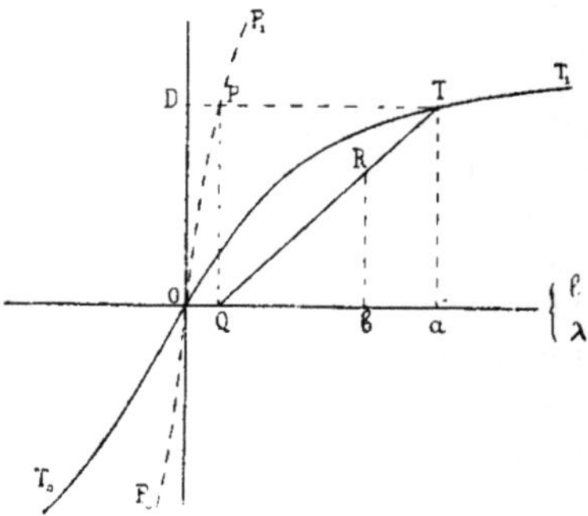

Fig. 107.

totales, la seconde les déformations permanentes du mortier à ses états successifs d'écrouissage parfait. Nous pourrions même en construire une troisième dont les abscisses fussent égales aux différences de celles des deux premières, et qui donnerait les allongements élastiques maximum correspondant à chaque état d'écrouissage.

Il résulte de cette construction et de ce qui a été vu à l'article précédent que, si l'on considère le mortier écroui pour la tension OD, à laquelle correspondent l'allongement total DT et l'allongement permanent DP, la droite QT représente sa loi de déformation élastique et le rapport $\frac{aT}{Qa}$ son coefficient d'élasticité, de sorte qu'à un allongement total quelconque $\lambda = Ob$ de ce mortier correspond la tension bR.

Les expériences de M. Considère citées ci-dessus ont montré

que le coefficient d'élasticité du mortier écroui diminue à mesure que la tension positive d'écrouissage augmente : autrement dit, la droite QT s'incline de plus en plus vers l'horizontale à mesure que les points Q et T s'éloignent de l'origine.

Les courbes de compression ont été déterminées par M. le professeur Bach pour un certain nombre de mortiers et bétons non armés [1]. Elles ont toutes la même allure générale, représentée

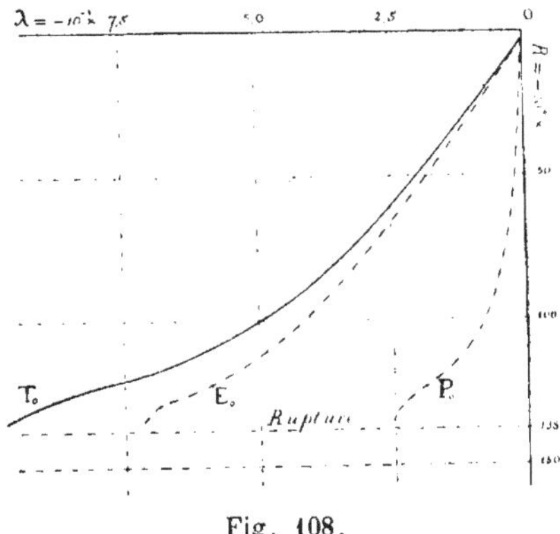

Fig. 108.

par la figure 108, qui correspond à son béton B IV *c*, composé d'une partie de ciment pour neuf parties de sable-gravier et essayé à l'âge de trois mois. La courbe OE_0 est celle des allongements purement élastiques, et ses abscisses sont les différences de celles des deux autres.

On a supposé les courbes de la figure 107 obtenues au moyen de prismes non armés. Avec des prismes armés, il serait difficile de s'affranchir de diverses influences perturbatrices, dont la principale sera étudiée plus loin à l'article 151, et, en admettant même qu'on y réussisse, on ne peut répondre *a priori* que les résultats numériques obtenus, principalement pour les allongements permanents, seraient les mêmes.

140. Flexions répétées. — Dans un prisme fléchissant,

1. *Zeitschrift des Vereins Deutscher Ingenieure*, 1895, p. 489.

armé ou non, soumis à une première charge, la tension varie d'une fibre à l'autre dans chaque section. Des alternatives de chargement et de déchargement doivent donc tendre à y donner au mortier un état d'écrouissage différent dans chaque plan horizontal. Une fois le prisme arrivé à un état élastique stable, chaque tranche limitée par deux sections infiniment voisines peut être considérée comme formée par l'assemblage de bandes horizontales infiniment minces devenues toutes parfaitement élastiques, mais dont le coefficient d'élasticité et l'allongement permanent diffèrent d'une bande à l'autre.

Néanmoins, si l'on arrive à connaître les lois de variation des grandeurs ε et l, dans la section considérée, après un grand nombre de répétitions d'une même charge donnée, il sera facile de calculer les divers éléments de la flexion dans cette section sous toute charge moindre.

Revenons en effet au système de coordonnées défini par la figure 48 (p. 109), et supposons que les valeurs de ε et l dans une bande infiniment mince quelconque soient des fonctions connues de la distance z de cette bande au plan horizontal xoy tangent à la poutre du côté des fibres comprimées. A une valeur quelconque λ de l'allongement total de cette bande, pour une charge inférieure à celle d'écrouissage, correspond une tension du mortier donnée par $R = \varepsilon E (\lambda - l)$, c'est-à-dire, en continuant à admettre l'hypothèse de la conservation des sections planes, par $R = \varepsilon E \left(\frac{z - h}{\rho} - l\right)$.

Pour conserver au problème toute sa généralité, supposons que la section droite de la poutre ait une forme quelconque (fig. 48) symétrique par rapport au plan moyen, et que, sous la charge considérée, inférieure à celle d'écrouissage, la somme des composantes longitudinales des efforts extérieurs appliqués à la section ait une valeur B, alors que la somme de leurs moments par rapport à l'horizontale oy, perpendiculaire à la fibre la plus comprimée, est M.

Les équations d'équilibre établies à l'article **46** pourront s'écrire :

$$\left\{\begin{aligned} &\int_0^e \left[t\varepsilon E\left(\frac{z-h}{\rho} - l\right) + uE\,\frac{z-h}{\rho}\right] dz = B, \\ &\int_0^e \left[t\varepsilon E\left(\frac{z-h}{\rho} - l\right) + uE\,\frac{z-h}{\rho}\right] z\,dz = M, \end{aligned}\right.$$

ou encore :

$$\begin{cases} \dfrac{E}{\rho} \displaystyle\int_0^e (\varepsilon t + u)(z - h)\, dz - E \int_0^e \varepsilon t l dz = B, \\ \dfrac{E}{\rho} \displaystyle\int_0^e (\varepsilon t + u)(z - h)\, z dz - E \int_0^e \varepsilon t l z dz = M. \end{cases}$$

Considérons une section fictive, symétrique elle aussi par rapport au plan moyen, et dont la largeur t' au niveau z soit obtenue en multipliant par la valeur correspondante de ε, toujours inférieure à l'unité, la largeur t du mortier au même niveau ; augmentons cette largeur de u (largeur du fer) dans les plans horizontaux qui rencontrent l'armature, et appelons Ω' l'aire de la section totale ainsi formée, ζ' le z de son centre de gravité, qui n'est autre que le centre d'élasticité de la section initiale, et γ' le rayon de giration de la section fictive par rapport à l'horizontale de son centre de gravité.

Des calculs identiques à ceux de l'article 82 donnent, pour les deux intégrales :

$$\int_0^e (t' + u)(z - h)\, dz \quad \text{et} \quad \int_0^e (t' + u)(z - h)\, z dz,$$

les valeurs $\Omega' (\zeta' - h)$ et $\Omega' [\zeta' (\zeta' - h) + \gamma'^2]$.

Portons maintenant, dans le plan moyen, parallèlement à l'axe des x, les valeurs positives et négatives de l correspondant

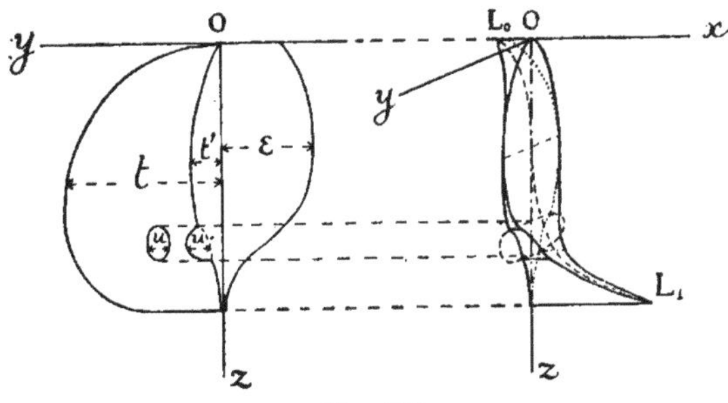

Fig. 109.

aux diverses valeurs de z, ce qui donne la courbe L_0L_1 de la figure 109, et considérons le solide détaché, dans le cylindre parallèle à Ox, ayant pour directrice la section réduite du mortier, d'une part par le plan de la section et d'autre part par la surface cylindrique projetant la courbe L_0L_1 parallèlement à l'axe des y. Si l'on appelle V le volume de ce solide (compté négativement à gauche du plan de la section) et Z le z de son centre de gravité, on a :

$$\int_0^e t'l dz = \mathrm{V}, \qquad \int_0^e t'lz dz = \mathrm{VZ},$$

et les deux équations d'équilibre deviennent :

$$(59) \quad \begin{cases} \dfrac{\mathrm{E}\Omega'}{\rho}(\zeta' - h) - \mathrm{EV} = \mathrm{B}, \\ \dfrac{\mathrm{E}\Omega'}{\rho}[\zeta'(\zeta' - h) + \gamma'^2] - \mathrm{EVZ} = \mathrm{M}. \end{cases}$$

On en tire :

$$(60) \quad \begin{cases} h = \dfrac{\zeta'(\mathrm{M} + \mathrm{EVZ}) - (\zeta'^2 + \gamma'^2)(\mathrm{B} + \mathrm{EV})}{\mathrm{M} + \mathrm{EVZ} - \zeta'(\mathrm{B} + \mathrm{EV})}, \\ \rho = \dfrac{\Omega'\mathrm{E}\gamma'^2}{\mathrm{M} + \mathrm{EVZ} - \zeta'(\mathrm{B} + \mathrm{EV})}. \end{cases}$$

Ces deux grandeurs sont donc bien définies, et on peut en déduire l'allongement et la tension sur une fibre quelconque dans la section considérée.

En particulier, on a, au niveau z :

$$(61) \quad \begin{cases} \lambda = \dfrac{z - h}{\rho} = \dfrac{(z - \zeta')(\mathrm{M} + \mathrm{EVZ}) + (\zeta'^2 + \gamma^2 - \zeta' z)(\mathrm{B} + \mathrm{EV})}{\Omega'\mathrm{E}\gamma'^2} \\ \quad = p\mathrm{M} + q\mathrm{B} + r, \end{cases}$$

et par suite :

$$(62) \quad \begin{cases} \mathrm{R} = \varepsilon\mathrm{E}(\lambda - l) = p'\mathrm{M} + q'\mathrm{B} + r', \\ \mathrm{F} = \mathrm{E}\lambda. \end{cases}$$

p, q, r, p', q', r' représentant des paramètres constants sur une même fibre.

Si l'on supprime tout effort extérieur, ce qui revient à faire $\mathrm{B} = 0$ et $\mathrm{M} = 0$, on a :

$$\left\{\begin{aligned} h_0 &= \frac{\zeta' Z - (\zeta'^2 + \gamma'^2)}{Z - \zeta'}, \\ \rho_0 &= \frac{\Omega'\gamma'^2}{V(Z - \zeta')} ; \end{aligned}\right.$$

l'allongement rémanent d'une fibre quelconque, définie par son ordonnée z, est mesuré par :

$$\text{(63)} \qquad \left\{\begin{aligned} l' &= \frac{V}{\Omega'\gamma'^2}\left[(z - \zeta')Z + \zeta'^2 + \gamma'^2 - \zeta' z\right] \\ &= \frac{V}{\Omega'\gamma'^2}\left[(Z - \zeta')z + \zeta'^2 + \gamma'^2 - \zeta' Z\right], \end{aligned}\right.$$

et les deux matériaux conservent, sur cette fibre, des tensions rémanentes mesurées respectivement par $\varepsilon E(l' - l)$ pour le mortier et par El' pour le fer.

Ce résultat n'a rien de surprenant et tient à ce que les fibres sont solidaires les unes des autres ; il faudrait que chacune fût indépendante de ses voisines pour qu'après déchargement elle conservât précisément l'allongement l et ne restât soumise à aucune tension rémanente.

Les calculs qui précèdent ont eu pour but de faire connaître les allongements et les tensions en tout point d'une section où les efforts extérieurs sont définis par les deux grandeurs B et M. Inversement, on peut chercher quels efforts il faudrait appliquer à cette section pour amener son plan à une position donnée, intermédiaire entre sa position de retour après déchargement total et sa position sous la charge d'écrouissage.

Si la position considérée est définie par les valeurs correspondantes de h et de ρ, les formules (59) donnent immédiatement les valeurs cherchées de B et de M. Si elle est définie par les allongements λ_0 et λ_1 des fibres extrêmes, comptés à partir de la position initiale de la section avant tout chargement, il suffit, en vertu des égalités (15) (p. 113), de remplacer dans ces formules h par $\dfrac{-\lambda_0 e}{\lambda_1 - \lambda_0}$ et $\dfrac{1}{\rho}$ par $\dfrac{\lambda_1 - \lambda_0}{e}$.

Il est facile de déterminer graphiquement les régions de la section considérée où, sous une charge quelconque (B, M), les tensions du mortier et du fer sont positives, nulles ou négatives.

Soient en effet, dans le plan moyen (fig. 110), X_0X_1 la posi-

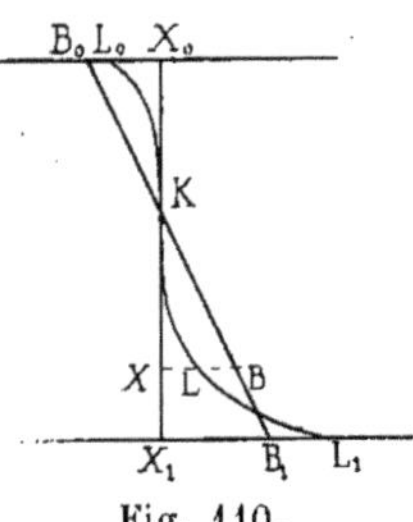

Fig. 110.

de cette section par rapport à une section distante de l'unité avant tout chargement de la poutre, et L_0L_1 la courbe, toujours supposée connue, des allongements permanents du mortier dans la section considérée, une fois que la poutre a atteint l'état élastique stable correspondant à une charge donnée, définie par les valeurs B_m et M_m des deux grandeurs B et M.

Les formules ci-dessus donnent les valeurs de h et de ρ correspondant à toute charge (B, M) moindre que la charge (B_m, M_m), et on en déduit, par les formules (15), pour les allongements totaux des fibres extrêmes :

$$\lambda_0 = -\frac{h}{\rho}, \qquad \lambda_1 = \frac{e-h}{\rho}.$$

Prenons $X_0B_0 = \lambda_0$ et $X_1B_1 = \lambda_1$; la droite B_0B_1 représentera la position prise par la section, et les distances de chacun de ses points à la droite X_0X_1 mesureront les allongements totaux de chaque fibre sous la charge (B, M). Le point d'intersection K des deux droites correspondra à la fibre où l'allongement total sera nul sous cette charge, et séparera les régions dans lesquelles les tensions conservées par le fer seront positives ou négatives.

Pour toute valeur de z où la droite B_0B_1 sera située à droite de la courbe L_0L_1, l'allongement restant, compté avec son signe, sera plus grand que l'allongement permanent du mortier, et celui-ci subira une tension positive ; au contraire le mortier sera comprimé dans toutes les régions de la section où la droite sera à gauche de la courbe. Enfin le mortier ne sera ni tendu ni comprimé aux points d'intersection de ces deux lignes, où son allongement rémanent sera égal à son allongement permanent.

Sur une fibre quelconque XB, l'allongement élastique du mortier sera mesuré par la longueur LB, et sa tension sera égale au produit de ce nombre par la valeur de εE correspondante.

141. Limite d'écrouissage du mortier en un point quelconque d'un prisme fléchissant. — Dans ce qui précède, on a supposé connues les valeurs limites de ε et de l correspondant à toute valeur de z dans la section après un grand nombre de chargements et de déchargements entre la charge (B_m, M_m) et la charge (0, 0).

Pour tâcher de nous rendre compte de la variation des états d'écrouissage du mortier à travers l'épaisseur de la section, construisons la figure 111 d'après les mêmes principes que la précédente et représentons y par les droites A_0A_1 et C_0C_1 les positions que prend la section sous les charges (B_m, M_m) et (0, 0) quand l'état élastique stable est atteint.

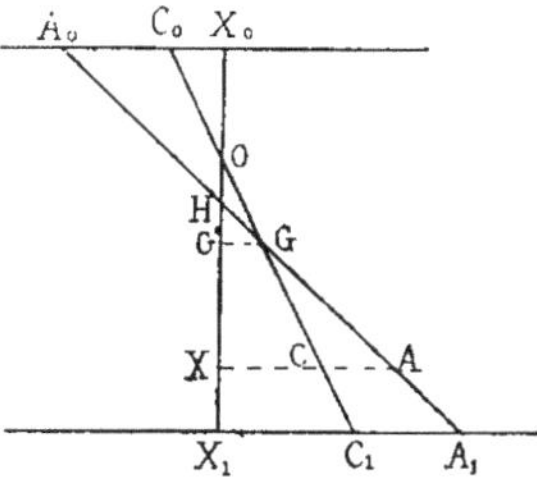

Fig. 111.

L'allongement total de la fibre X sous la charge (B_m, M_m) sera mesuré par la longueur XA, et variera, pendant les répétitions de la flexion, entre les limites XA et XC.

On voit immédiatement sur la figure que, de X_0 à O et de G' à X_1, ces deux limites sont de même signe et l'allongement correspondant à la charge maximum est plus grand, en valeur absolue, que celui qui reste après déchargement [1].

Sur la fibre GG', l'allongement total est le même dans les deux positions de la section.

De H en G', les deux allongements sont encore de même signe, mais l'allongement est plus grand après déchargement que sous charge.

Enfin, de H en O, les deux allongements sont de signes différents.

D'un autre côté, selon la manière dont la poutre est soutenue et dont la charge est répartie suivant sa longueur, les valeurs de B et de M peuvent, dans certaines sections, être plus grandes en certains instants du déchargement que sous la charge maximum.

Il résulte de ces considérations qu'aux divers points de la poutre l'écrouissage du mortier se produit entre des limites très variables, parfois même de signes contraires, et qu'il

1. Au cas où le point G serait à gauche de X_0X_1 au lieu d'être à droite, comme on l'a supposé dans la figure, les points se suivraient dans l'ordre X_0G'HOX_1 et les bandes dont il s'agit ici s'étendraient de X_0 à G' et de O à X_1. Mais il n'y aurait rien à changer à ce qui suit.

doit être extrêmement difficile de calculer exactement les valeurs de z et de l correspondantes.

Toutefois, on remarquera que, dans les sections où B et M ont leurs valeurs maximum sous la charge totale, les seules fibres où, pendant le déchargement, l'allongement augmente en valeur absolue ou change de signe, sont comprises entre les points O et G′, vraisemblablement très voisins et où, en tous cas, la tension est toujours très faible et l'allongement permanent tout à fait négligeable.

De même, les seules sections où le moment fléchissant puisse augmenter pendant le déchargement sont celles où ce moment a une valeur nulle ou presque nulle et où, dès lors, les tensions sont aussi très faibles.

On pourra donc admettre, sans grande erreur, qu'après répétition d'une même charge maximum jusqu'à réalisation d'un état élastique stable, le mortier est parfaitement écroui, en un point quelconque de la poutre, entre la tension zéro et la tension développée finalement en ce point sous cette charge.

On n'est pas actuellement en mesure de dire si, dans un prisme soumis à des flexions indéfiniment répétées sous une même charge (B_m, M_m), la loi d'écrouissage du mortier, sur une fibre quelconque où la tension finale est R, est rigoureusement la même que dans un prisme homogène soumis à des répétitions de la tension R uniformément répartie ; néanmoins on ne commettra sans doute encore qu'une erreur peu importante en admettant qu'il en est ainsi, c'est-à-dire que, dans le prisme fléchi, l'état d'écrouissage correspondant à un allongement total λ sous la charge (B_m, M_m) est caractérisé par les valeurs $l = OQ$ et $\varepsilon E = \frac{aT}{Qa}$ (fig. 107), qui correspondent au même allongement total $\lambda = Oa$ dans le prisme uniformément tendu ou comprimé étudié à l'article 139.

Dès lors, on n'aura plus qu'à connaître, sous la charge (B_m, M_m), la loi de variation de λ en fonction de z dans une section quelconque du prisme fléchi arrivé à son état élastique stable, pour pouvoir en déduire, au moyen de la figure 107, l'allongement permanent et le coefficient d'élasticité qui définissent l'état d'écrouissage du mortier en chaque point.

Or, d'après ce qui vient d'être admis, la loi suivant laquelle, sous cette charge, les tensions du mortier dans la section considérée varient en fonction de ses allongements totaux, est définie par la courbe T_0T_1 de la figure 107, courbe que l'on sait déterminer expérimentalement. R est donc une fonction bien définie de λ, et les deux équations qui expriment l'équilibre des tensions longitudinales et des moments dans la section considérée sous la charge (B_m, M_m) peuvent s'écrire, comme on l'a vu à l'article 46 :

$$\int_0^e (tR + uF)\, dz = B_m,$$

$$\int_0^e (tR + uF)\, z dz = M_m\ ;$$

elles définissent les valeurs des inconnues h et ρ et par suite la valeur de λ sur une fibre quelconque dans la section considérée.

142. Solution graphique du problème des flexions répétées [1]. — Revenons au cas plus simple où la poutre, armée ou non, a sa section rectangulaire et n'est jamais soumise qu'à des efforts extérieurs verticaux, de telle sorte que les valeurs de B sont toujours nulles.

Partant de la courbe T_0T_1 des allongements totaux du mortier à ses divers états d'écrouissage (fig. 107), construisons, comme il a été expliqué aux articles 107 et 120, la courbe des moments réduits A_0OA_1 (fig. 112) correspondant à notre poutre. Enfin joignons à ces deux courbes la courbe P_0P_1 des allongements permanents du mortier.

Si l'hypothèse admise à l'article précédent est suffisamment approchée, on aura les allongements totaux des différentes fibres d'une même section sous un moment fléchissant réduit quelconque m_m indéfiniment répété, en menant, dans la courbe des moments réduits, la corde A_0A_1 d'ordonnée m_m ; l'allongement total λ de la fibre d'ordonnée z sera mesuré par l'abscisse HA du point A défini par la relation $\frac{A_0A}{A_0A_1} = \frac{z}{e}$.

La tension sur la même fibre sera mesurée par l'ordonnée aT du point de même abscisse sur la courbe T_0T_1 ; l'allongement

1. Une théorie sur ce sujet, présentée à la session de 1900 de l'*Association Française pour l'Avancement des Sciences* (1900, II, p. 214), a été depuis reconnue erronée et signalée comme telle à la session suivante (1901, I, p. 95).

permanent du mortier sur cette fibre aura pour valeur DP = OQ, et son coefficient d'élasticité ne sera autre que le coefficient angulaire de la droite QT, qui, elle-même, représentera la loi de déformation du mortier sur la fibre considérée, après écrouissage de la section sous le moment réduit m_m.

Cherchons maintenant ce qui se passera dans cette section écrouie, quand on y fera varier m entre 0 et m_m.

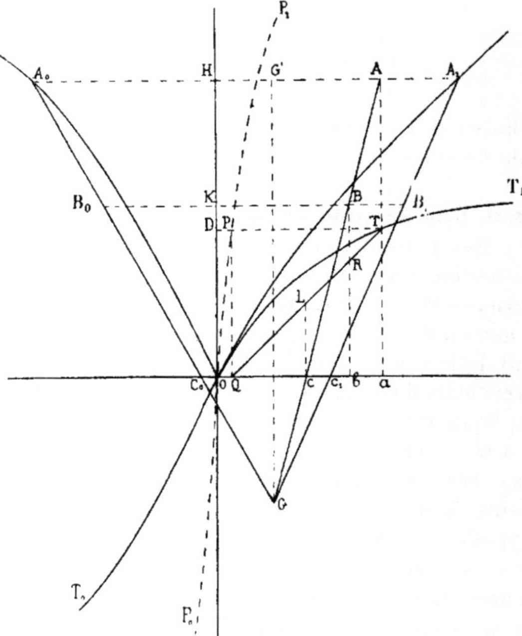

Fig. 112.

La formule (61) (p. 298), qui donne l'allongement total de la fibre d'ordonnée z sous le moment M, peut s'écrire, après qu'on y a fait $B = 0$ et $M = be^2m$:

$$\lambda = \frac{be^2(z - \zeta')m - EV[(\zeta' - Z)z + Z\zeta' - (\zeta'^2 + \gamma'^2)]}{\Omega' E \gamma'^2}.$$

Elle montre que, pour une même valeur de z, le lieu géométrique des points ayant pour coordonnées λ et m est une ligne droite, et on reconnaît sans peine que, quel que soit z, cette droite passe par le point fixe G ayant pour coordonnées :

$$\lambda_g = \frac{V}{\Omega'} \quad \text{et} \quad m_g = \frac{EV}{be^2}(\zeta' - Z) \cdot$$

Ainsi, l'allongement total d'une fibre quelconque varie proportionnellement au moment fléchissant. La droite correspondant à la fibre d'ordonnée z définie par la relation $\frac{z}{e} = \frac{A_0A}{A_0A_1}$ est AG, de sorte que, après écrouissage, l'allongement de cette fibre sous le moment réduit $m = OK$ est mesuré par la longueur KB. Dès lors, la tension correspondante du mortier est égale à l'ordonnée bR du point de même abscisse sur la droite QT.

Les droites GA_0 et GA_1 donnent de même la loi de variation des allongements des fibres extrêmes en fonction de m et constituent la courbe des moments réduits de la section écrouie : la longueur B_0B_1 interceptée entre ces droites par l'horizontale d'ordonnée m est égale à $\lambda_1 - \lambda_0$ et donne la valeur du quotient $\frac{e}{\rho}$; d'autre part, on a, pour l'ordonnée h de l'axe neutre sous le moment m : $\frac{h}{e} = \frac{B_0K}{B_0B_1}$.

Après déchargement complet de la poutre, la sécante n'est autre que l'axe des abscisses, et les allongements rémanents sur les fibres extrêmes et sur la fibre d'ordonnée z sont donnés par les longueurs OC_0, OC_1 et OC. La tension rémanente du mortier sur la fibre z est mesurée par l'ordonnée CL.

On remarque que, quand le point G n'est pas situé sur l'axe des ordonnées, c'est-à-dire quand le volume V n'est pas nul, le rapport $\frac{B_0K}{B_0B_1}$ varie en même temps que m ; l'axe de rotation de la section par rapport à sa position avant tout chargement se déplace donc quand la charge varie. Par contre, la fibre correspondant à la droite GG', parallèle à l'axe des ordonnées, conserve un allongement constant, égal à $\frac{V}{\Omega'}$, et par suite une tension constante : la section pivote autour d'une perpendiculaire au plan moyen coupant cette fibre. On calcule d'ailleurs que l'on a $\frac{A_0G'}{A_0A_1} = \zeta'$: l'axe de rotation de la section écrouie, situé en dehors du plan initial de la section avant tout chargement (point G de la fig. 111), se projette donc sur ce plan suivant une droite passant par le centre d'élasticité de la section écrouie (point G' de la même figure), c'est-à-dire par le centre de gravité de la section fictive considérée à l'article **140**.

Enfin, pour une valeur quelconque m du moment réduit, la tension du fer au niveau z est égale au produit de E par l'allongement correspondant KB, c'est-à-dire à l'ordonnée du point d'abscisse Ob sur une droite de coefficient angulaire E issue du point O, droite qu'on peut d'ailleurs éviter de tracer en lisant directement la tension en regard du point b, sur une graduation spéciale de l'axe des abscisses.

La construction qui précède suppose que l'on sait calculer les coordonnées du point G. Les valeurs de ces coordonnées correspondant à toutes les valeurs possibles de m_m peuvent être déterminées graphiquement par une même série de constructions effectuées sur le diagramme de la figure **107**, qui donne les courbes des allongements totaux et des allongements permanents du mortier à ses divers états d'écrouissage parfait :

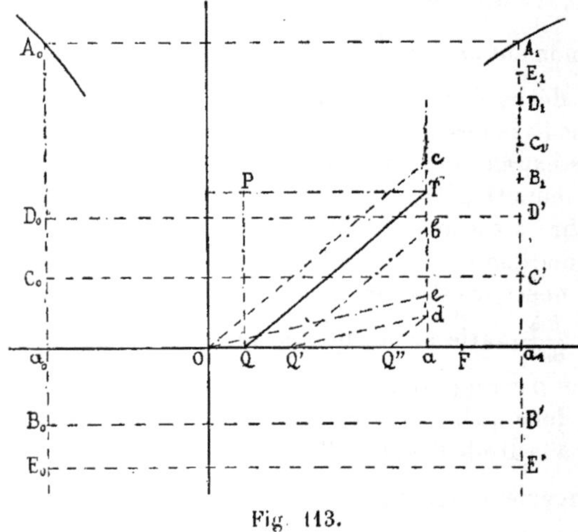

Fig. 113.

1° En allant de a vers O, portons, sur l'axe des abscisses, une longueur aQ' (fig. 113) égale à une constante arbitraire α, et une longueur aQ'' égale à QO ; par les points Q', O et Q'', menons des parallèles à la droite QT, qui coupent en b, c et d l'ordonnée du point a ; joignons $Q'd$ et menons par O une parallèle à cette droite, qui coupe en e l'ordonnée du point a. Nous aurons ainsi :

$$ab = \alpha E\varepsilon \; ; \quad ac = E\varepsilon\lambda \; ; \quad ad = E\varepsilon l \; ; \quad ae = \frac{E}{\alpha}\, \varepsilon l\lambda.$$

2° Traçons les lieux géométriques des points b, c, d et e pour toutes les positions possibles de la sécante horizontale PT dans le système des deux courbes initiales P_0OP_1 et T_0OT_1.

3° A partir du point a, portons en ordonnées des longueurs aB, aC, aD et aE, proportionnelles aux aires comprises entre les axes de coordonnées, l'ordonnée du point a et chacune des quatre courbes lieux des points b, c, d et e. Si le point a est dans la partie positive de l'axe des abscisses, les quatre points B, C, D, E devront être pris du côté des ordonnées positives ; si, au contraire, l'abscisse du point a est négative, il faudra porter encore les points C et D du même côté, mais donner des ordonnées négatives aux points B et E.

4° Construisons les lieux géométriques des points B, C, D, E.

Les courbes ainsi obtenues ne dépendent que des courbes P_0OP_1 et T_0OT_1 et, dès lors, peuvent servir pour tous les prismes rectangulaires, armés ou non, qu'on peut faire avec le mortier considéré.

5° Traçons maintenant, sur le même diagramme, la courbe A_0OA_1 des moments réduits d'un prisme donné ; menons l'horizontale d'ordonnée m_m, qui coupe cette courbe en A_0 et A_1, et traçons les ordonnées de ces deux points, qui coupent l'axe des abscisses et les quatre courbes respectivement aux points $a_0B_0C_0D_0E_0$ et $a_1B_1C_1D_1E_1$. Projetons les points $B_0C_0D_0E_0$ parallèlement à l'axe des abscisses en B'C'D'E', sur l'ordonnée du point A_1, et marquons sur l'axe des abscisses le point F, tel que $\frac{a_0F}{a_0a_1} = \frac{\zeta}{e}$, point qui, sous le moment considéré, correspond au centre de gravité de l'armature. En remarquant qu'on a :

$$\lambda = \frac{z - h}{\rho} = \frac{a_0a_1}{e}\,(z - h),$$

nous aurons :

$$B'B_1 = \alpha E \int_{\lambda_0}^{\lambda_1} \varepsilon d\lambda = \frac{\alpha E}{e}\, a_0a_1 \int_0^{e} \varepsilon dz \; ;$$

$$C'C_1 = E \int_{\lambda_0}^{\lambda_1} \varepsilon \lambda d\lambda = \frac{E}{e^2} \overline{a_0 a_1}^2 \int_0^e \varepsilon (z - h) dz ;$$

$$D'D_1 = E \int_{\lambda_0}^{\lambda_1} \varepsilon l d\lambda = \frac{E}{e} a_0 a_1 \int_0^e \varepsilon l dz ;$$

$$E'E_1 = \frac{E}{\alpha} \int_{\lambda_0}^{\lambda_1} \varepsilon l \lambda d\lambda = \frac{E}{\alpha e^2} \overline{a_0 a_1}^2 \int_0^e \varepsilon l (z - h) dz ;$$

$$\frac{OF}{a_0 a_1} = \frac{\zeta - h}{e} .$$

Par suite :

$$\Omega' = \int_0^e b\varepsilon dz + be\varphi = \frac{be}{\alpha E} \cdot \frac{B'B_1}{a_0 a_1} + be\varphi ;$$

$$\Omega'(\zeta - h) = \int^e b\varepsilon (z - h) dz + be\varphi (\zeta - h) = \frac{be^2}{E} \frac{C'C_1}{\overline{a_0 a_1}^2} + be^2 \frac{OF}{a_0 a_1} ;$$

$$V = \int_0^e b\varepsilon l dz = \frac{be}{E} \cdot \frac{D'D_1}{a_0 a_1} ;$$

$$V (Z - h) = \int_0^e b\varepsilon l (z - h) dz = \frac{\alpha b e^2}{E} \frac{E'E_1}{\overline{a_0 a_1}^2} .$$

On déduit de là, pour les coordonnées du point G :

$$\lambda_g = \frac{V}{\Omega'} = \frac{D'D_1}{\frac{B'B_1}{\alpha} + E\varphi a_0 a_1} ;$$

$$m_g = \frac{EV}{be^2} [(\zeta - h) - (Z - h)] = \frac{D'D_1}{\overline{a_0 a_1}^2} \frac{\frac{B'B_1}{\alpha} + E\varphi a_0 a_1}{C'C_1 + E\,OF\, a_0 a_1} - \alpha \frac{E'E_1}{\overline{a_0 a_1}^2} .$$

143. Vérifications. — Les essais de grandes poutres armées décrits au chapitre III, § 2, ont montré (art. 29) que, lorsqu'on avait atteint l'état élastique stable correspondant à la répétition indéfinie d'une charge quelconque, les allongements des fibres extrêmes d'une même section variaient à peu près proportionnellement au moment fléchissant. Sans qu'il soit nécessaire d'attribuer les légers écarts indiqués par la figure 36 à quelque cause accidentelle, par exemple à une fixation défectueuse des étriers ou des manets, ce résultat se rapproche assez des conclusions théoriques qui précèdent pour qu'on puisse le considérer comme les contrôlant dans leurs grandes lignes.

Pour en avoir une confirmation numérique plus précise et vérifier notamment si la loi d'écrouissage du mortier entre la tension zéro et une tension donnée est la même quand cette tension est uniformément répartie et quand la fibre mesurée est solidaire d'autres fibres soumises à des allongements et à des tensions différents, on pourrait faire avec un même mortier plusieurs prismes non armés, dont on soumettrait certains à des tensions uniformément réparties, de manière à déterminer par la méthode de l'article **139** les courbes des allongements totaux et des allongements permanents de la figure **107**, tandis que d'autres prismes, fléchis sous moment constant, seraient écrouis par flexion sous des charges progressivement croissantes et fourniraient la courbe A_0OA_1 de la figure **112**. De cette courbe on déduirait, comme il a été expliqué à l'article **110**, la courbe des allongements totaux, qui, si les hypothèses faites ci-dessus sont exactes, devrait coïncider avec la courbe T_0OT_1 déduite des premiers prismes. De même, on pourrait déterminer la position du point G (fig. **112**) correspondant à chaque degré d'écrouissage des prismes fléchis, et voir si elle concorde toujours avec celle qu'on déduit des courbes T_0OT_1 et P_0OP_1. Il est d'ailleurs probable que, par une construction plus ou moins compliquée, on pourrait remonter du lieu du point G à la courbe des allongements permanents, et les hypothèses se trouveraient alors vérifiées si la courbe ainsi trouvée coïncidait avec la courbe P_0OP_1 déduite d'essais répétés de traction et de compression.

Les mêmes vérifications seraient encore plus concluantes si les expériences étaient faites avec des prismes diversement armés, qui devraient tous, si la théorie est juste, conduire aux mêmes courbes T_0OT_1 et P_0OP_1. Mais il faudrait pour cela qu'on pût s'affranchir des tensions qui prennent naissance dans de pareils prismes pendant le durcissement du mortier (art. 151).

144. Ecrouissage entre des limites quelconques. — On a supposé dans ce qui précède que, pendant chaque série de répétitions d'une même charge, on revenait toujours à la charge zéro entre deux chargements consécutifs. En général, les charges qu'ont à subir les constructions peuvent être décomposées en deux parties, l'une constante (poids mort), l'autre variable (charge roulante), de sorte que les variations se produisent entre deux limites dont la plus faible est souvent loin d'être nulle. Il peut arriver aussi que, dans certaines parties d'une poutre, le moment fléchissant change continuellement de signe sous l'action des charges roulantes.

Dans les deux cas, les limites d'écrouissage du mortier en un point quelconque sont deux tensions finies, de même signe ou de signes contraires, et son élasticité finale n'est pas la même que si l'une des limites était constamment nulle. Le problème devient beaucoup plus complexe et exige que l'on connaisse la loi d'écrouissage du mortier entre deux tensions quelconques.

En attendant que des expériences analogues à celles que Wöhler a faites sur les métaux aient montré quelle peut être cette loi, il est permis de supposer, par analogie avec ce qui précède, qu'une poutre, armée ou non, soumise alternativement un grand nombre de fois à deux charges données, finit par prendre un état élastique stable, tel que chaque section pivote, par rapport à une section infiniment voisine, autour d'un axe, qui n'est généralement pas situé dans son plan, mais qui reste fixe pour toute valeur de la charge comprise entre les deux limites considérées.

§ 2. — DIVERSES CAUSES D'ERREURS

145. Données relatives à la configuration de la poutre et de l'armature. — Parmi les hypothèses admises au chapitre IV, on a supposé que la poutre, tant à son état initial qu'après les déformations permanentes résultant des premiers chargements, n'avait jamais, dans le sens de sa longueur, qu'une faible courbure, et que, sous l'action de la charge, cette courbure était encore assez peu importante pour que le mode d'action des efforts extérieurs ne fût pas sensiblement modifié. De même, on a raisonné comme si la section transversale restait constante et négligé l'influence des angles rentrants et, plus généralement, des variations brusques d'une ou plusieurs des dimensions extérieures. Il est probable qu'une dérogation à l'une ou l'autre de ces hypothèses donnerait lieu à des corrections de l'ordre de celles que l'on calcule dans le cas de poutres homogènes [1].

Bien que les formules générales du chapitre IV s'appliquent à une section de forme quelconque, on a réduit les constructions graphiques du chapitre VII au cas simple d'une section rectangulaire avec armature assez faible pour qu'on pût négliger les variations de largeur du mortier. Des constructions analogues mais plus compliquées donneraient encore la solution du problème si la largeur du mortier était variable, à condition toutefois que la poutre restât symétrique par rapport au plan moyen.

Un manque de symétrie de la poutre ou des charges serait en effet la cause d'actions moléculaires complexes et se traduirait finalement par un gauchissement difficile à calculer. Une pareille étude ne présenterait d'ailleurs en général qu'un intérêt secondaire, au point de vue des applications pratiques.

La constance de la section transversale implique que l'armature soit composée exclusivement de barres droites, de profil quelconque, mais de forme cylindrique et disposées parallèlement à la portée. Or tel n'est pas le cas dans la grande majorité des constructions : outre les barres transversales de répartition, dont le rôle a été examiné à l'article 53, on emploie, dans la plupart des systèmes, des pièces supplémentaires disposées soit longitudinalement dans les régions où l'on juge que l'armature doit être renforcée, soit obliquement, soit verticalement sous forme d'étriers ou de tirants, et destinées en général à « résister à l'effort tranchant ». Ces pièces peuvent d'ailleurs être rendues plus ou moins solidaires des barres principales, soit au moyen de ligatures, soit par de véritables assemblages, qui font alors de la poutre une sorte de construction métallique noyée dans le mortier ou le béton. Enfin les barres longitudinales peuvent présenter une forme courbe (fig. 104), se terminer par des crochets, être tordues (pour contrarier la tendance au glissement) ou sinueuses (trame d'une sorte de toile métallique), voire même partiellement interrompues de place en place (Métal déployé).

Il serait sans doute à peu près impossible d'évaluer par le calcul l'influence de ces divers dispositifs ; par contre, on conçoit qu'il doive être relativement facile d'organiser des expé-

1. Voir notamment : J. Résal, *Résistance des Matériaux*, articles 69, 70 et 71.

riences propres à donner une idée suffisamment approchée des avantages pratiques de chacun d'eux.

146. Efforts extérieurs. — Il a été dit déjà que la grandeur et la distribution des efforts extérieurs étaient souvent incertaines : même quand ces efforts résultent uniquement de l'application de charges agissant par leur poids, on peut commettre de graves erreurs sur la manière dont ils sont répartis. Ainsi, dans les essais de réception de poutres armées, la charge est généralement constituée par des assises de gueuses ou de rails disposés alternativement en long et en large ou par des sacs de sable empilés régulièrement : on conçoit sans peine, et le fait a été vérifié expérimentalement, que, dès que la poutre commence à fléchir, ces objets doivent s'arc-bouter les uns contre les autres, à la manière des voussoirs d'une voûte, et reporter la plus grande partie de la charge vers les extrémités de la poutre, en soulageant sa région médiane, de sorte que, pour obtenir un même résultat, on doit recourir à une charge totale beaucoup plus forte que si elle était répartie d'une manière réellement uniforme. En outre, les fardeaux empilés sur la poutre exercent sur sa face chargée un frottement difficile à évaluer, dont on ne tient d'ailleurs jamais compte, et en tout cas incompatible avec l'hypothèse de la parfaite liberté de la surface extérieure. On atténuerait en grande partie ce double inconvénient en employant comme lest du sable en vrac ou, tout au moins, en interposant une épaisse couche de sable entre la poutre et les fardeaux plus denses auxquels on est généralement obligé d'avoir recours.

Quand la charge est concentrée sur une surface de peu d'étendue ou à contour nettement limité, ou encore, ce qui revient au même, quand elle est discontinue, les formules usuelles deviennent inapplicables, au moins dans les sections voisines de celles où se produisent les discontinuités. Les efforts locaux peuvent être assez grands, par unité de surface, pour rompre la matière immédiatement voisine, et les conditions d'équilibre sont détruites. Par exemple, dans le cas où la rupture est la conséquence d'un cisaillement, elle commence à la surface extérieure, directement pressée, et non, comme la théorie l'indique, en quelque point central tel que le point I de la figure 77 (p. 233).

Ces diverses observations ne s'appliquent pas seulement aux

charges directes : elles concernent aussi les réactions des appuis, forces dont la répartition est peut-être encore plus incertaine que celle des premières. De faibles différences de niveau des supports (préexistantes ou résultant de tassements), des encastrements plus ou moins imparfaits dans des parois plus ou moins stables, des liaisons, toujours difficiles à évaluer, avec les autres parties des constructions [1] (planchers encastrés dans quatre murs formant une cage rectangulaire ; armatures et coulées de béton se prolongeant dans plusieurs parois contiguës, etc...), toutes ces causes et sans doute encore d'autres du même genre contribuent à compliquer le calcul des poutres armées. Si, avec de pareils assemblages, certaines de ces influences se font moins sentir que dans les constructions ordinaires et peuvent être négligées sans grand inconvénient, d'autres au contraire, notamment la solidarité de tous les éléments d'une même construction, ne sauraient être laissées de côté dans l'établissement d'un projet, sans qu'on renonce par là à l'un des principaux avantages du mode de construction qui nous occupe. Mais il est bien difficile d'en évaluer numériquement l'importance, et l'on devra se contenter sans doute longtemps encore de coefficients à peu près arbitraires.

On n'oubliera pas d'ailleurs que, contrairement au principe appliqué dans la mécanique rationnelle, on n'a pas le droit, quand on s'occupe de solides matériels de dimensions finies, de placer arbitrairement le point d'application d'une force en un point quelconque situé, à l'intérieur de la matière, sur la droite suivant laquelle elle agit, ni par suite de composer à travers la matière des forces appliquées en diverses régions de sa surface.

Enfin il est bien entendu que tous les efforts en question sont purement statiques et que les formules dans lesquelles ils figurent ne s'appliqueraient plus à des pièces soumises à des chocs ou à des efforts vibratoires.

147. Actions moléculaires internes. — Les seules formules qu'on ait pu poser nettement dans ce qui précède sont celles qui permettent de calculer les tensions longitudinales du mortier et

1. Des expériences de M. Rabut ont mis en évidence, d'une manière particulièrement nette, la solidarité des divers éléments des constructions en béton armé.

du fer en un point quelconque de la poutre, et d'où l'on a déduit ensuite la forme et la position de la ligne neutre, la grandeur du rayon de courbure, etc. Elles n'exigent aucune hypothèse spéciale sur les lois de déformation des deux matériaux, pourvu que ces lois soient connues, mais supposent que toute section transversale reste plane quand la poutre fléchit. Cette hypothèse, qui, pour une poutre homogène, n'est absolument rigoureuse que lorsque la flexion a lieu sous moment constant, ne l'est jamais pour une poutre armée, où l'adhérence des deux matériaux inégalement élastiques donne toujours naissance à des efforts tangentiels, au moins au voisinage de leur surface de contact. Néanmoins elle doit généralement ne s'écarter que bien peu de la réalité, et il semble que l'approximation qu'elle fournit soit largement suffisante pour les besoins de la pratique.

Au contraire, pour le calcul complet des actions transversales et de l'effort de décollement, il aurait fallu recourir à des hypothèses tellement arbitraires que nous n'avons pas osé nous y arrêter. D'abord, la loi suivant laquelle les efforts se transmettent à travers la matière est à peu près inconnue, non que la théorie de l'élasticité se trouve en défaut, mais parce qu'on se heurte presque toujours à des difficultés de calcul inextricables, principalement à des intégrations que l'on ne sait pas effectuer. Encore, dans les quelques cas particuliers que l'on est arrivé à résoudre, les formules sont-elles généralement trop compliquées pour être d'un usage pratique. D'autre part, le calcul des actions transversales ne pourrait être rigoureux qu'à la condition qu'on connût exactement les déformations élémentaires de chaque section dans son plan ; si, dans le cas d'une poutre homogène, on peut, tant que la limite d'élasticité n'est pas dépassée, les négliger sans grande erreur, il n'en est plus de même avec une poutre armée : bien que le mortier soit peu ductile et que le contour extérieur de la section ne doive subir qu'une déformation insignifiante, il suffit de très faibles différences entre les déplacements élémentaires transversaux (qu'ils soient normaux ou tangentiels) des deux matériaux au voisinage de leur surface de contact, pour qu'il en résulte : 1° des actions tangentielles capables de modifier notablement la répartition de l'effort tranchant ; 2° des efforts normaux agissant perpendiculairement à la direction des fibres. On peut d'ailleurs se rendre compte que ces dernières actions, désignées à l'article 38 par R_2, R_3, F_2, F_3 et supposées négligeables, ne sont pas nulles, et même, dans certains cas, essayer de les évaluer.

Quand on exerce un effort quelconque sur un élément très petit de la surface d'un bloc de matière, que nous supposerons indéfini pour ne pas avoir à nous préoccuper des réactions des appuis, cet effort ne se transmet pas uniquement dans le prolongement de sa direction : il provoque, en tous les points du solide, des actions moléculaires obliques, ayant dès lors des composantes perpendiculaires à la direction de l'effort extérieur initial, et dont l'intensité diminue à mesure qu'on considère des points plus écartés du prolongement de ce dernier et plus éloignés de son point d'application [1].

Quand l'effort extérieur, au lieu de s'exercer sur un élément de surface très petit, est réparti sur une ou plusieurs portions finies de la périphérie du corps, les actions moléculaires en un point quelconque pris à l'intérieur de la matière sont les résultantes de celles que produiraient toutes les charges infiniment petites appliquées aux divers points des surfaces pressées, et comportent généralement des composantes obliques aux efforts extérieurs, alors même que ceux-ci seraient tous parallèles entre eux.

Si donc on considère une barre de fer cylindrique noyée dans une masse de mortier et soumise à une traction ou à une pression normale à sa section droite, il doit se produire, en chaque point de la surface de contact des deux matériaux, non seulement des actions longitudinales, mais aussi des efforts transversaux. Il y a tout lieu de croire qu'il en est encore ainsi quand l'effort qui sollicite le fer à glisser dans le mortier est, non plus une tension normale à sa section, mais une action tangentielle s'exerçant longitudinalement suivant la surface de contact, comme celle qui, dans le cas d'une poutre fléchie, résulte de la variation brusque de la tension au passage de cette surface.

On peut d'ailleurs s'en convaincre immédiatement en remarquant que la *contraction latérale* tend à écarter les deux matériaux l'un de l'autre dans les régions de la poutre où les tensions longitudinales R et F sont positives et à les resserrer l'un contre l'autre dans les régions où ces tensions sont négatives. Si, conti-

1. Voir notamment les calculs de M. Boussinesq, à la suite du § 46 de la traduction française de la *Théorie de l'Elasticité* de Clebsch.

nuant à supposer les matériaux isotropes, on admet pour leur coefficient de contraction latérale sa valeur théorique $\frac{1}{4}$, on calcule, en négligeant les distorsions, que les tensions développées de ce fait normalement à la surface de séparation sont respectivement $-\frac{R}{4}$ et $-\frac{F}{4}$, donnant lieu, dès lors, à un effort normal de décollement égal à $\frac{R+F}{4}$. Toutefois cette formule ne serait applicable qu'en dessous des deux limites d'élasticité, et celle du mortier semble être dépassée très rapidement.

Des tensions transversales analogues peuvent encore résulter de causes accidentelles : par exemple, on verra plus loin (articles 149 à 151) qu'il en est ainsi quand les deux matériaux subissent un gonflement inégal par suite d'une variation de température ou d'état hygrométrique, ou encore pendant le durcissement du mortier.

148. Hétérogénéité des matériaux. — Bien que le fer et l'acier aient le grain infiniment plus fin que les mortiers et, pris en grande masse, soient suffisamment homogènes pour qu'on puisse leur appliquer sans erreur appréciable les formules de la *Résistance des Matériaux*, les pièces entrant dans les poutres armées ont généralement subi, pour être amenées à la forme allongée qu'elles doivent avoir, un travail mécanique par suite duquel le métal n'a plus, à la périphérie, les mêmes propriétés que dans les régions intérieures.

Pour corriger, dans les formules, les conséquences de cette hétérogénéité, il suffit de prendre pour E le coefficient d'élasticité *moyen* de l'armature et pour ζ l'ordonnée de son centre d'élasticité.

En ce qui concerne les mortiers et surtout les bétons, corps hétérogènes en raison de leur nature même, l'application qu'on leur fait des formules générales de l'élasticité est toute conventionnelle, et les actions moléculaires développées à l'intérieur de leur masse doivent subir une succession de discontinuités en chaque point de passage d'un caillou ou d'un grain de sable au ciment qui l'enveloppe. Néanmoins les résultats d'essais faits sur des blocs de formes simples, par exemple la constance approximative des valeurs de m correspondant à la rupture par flexion de prismes rectangulaires de diverses dimensions faits avec un même mortier (voir article 237), tendent à prouver qu'on peut, dans la pratique, attribuer à ces conglomérats des propriétés élastiques moyennes sensiblement analogues à celles des matières parfaitement homogènes et isotropes visées par la théorie.

Encore faut-il pour cela que la composition moyenne de ces mélanges soit la même dans toutes les parties de chaque bloc, ce qui n'est généralement pas le cas, pour telles ou telles des raisons suivantes :

1° Plus les matériaux dont le mortier ou béton est formé sont de dimensions différentes, plus il est difficile, même en y mettant beaucoup de soin, d'obtenir un mélange homogène : les plus gros morceaux ont toujours tendance à se séparer des autres, et on risque d'avoir, dans les différentes régions de la poutre, des proportions variables de chaque matière. *A fortiori*, sur les chantiers, où l'on opère sur de grandes masses et où la surveillance ne peut être aussi étroite que dans un laboratoire, doit-on toujours compter sur des malfaçons, qu'il s'agisse des proportions prises, du mélange des matières, de la quantité d'eau introduite pour le malaxage, du mode d'emploi du béton, de son pilonnage dans les coffres, du temps mis à cette opération, enfin du degré de durcissement atteint par les premières couches au moment où l'on applique les suivantes.

2° Parmi les causes de malfaçons, c'est le plus souvent à un pilonnage inégal que l'on attribue surtout les irrégularités du béton. Nous nous sommes rendu compte que, même exécutée avec le plus grand soin, cette opération pouvait être la cause d'inégalités dans le tassement des différentes parties de la poutre :

Quand le béton est introduit en plusieurs fois par couches que l'on pilonne successivement, les assises inférieures reçoivent, outre le tassement qu'on leur a donné tout d'abord, le contre-coup de celui des assises suivantes, et sont par suite plus serrées que ces dernières. C'est ainsi que, en ramenant à 100 la résistance moyenne à la rupture par compression de cubes de 0,10 m. de côté débités, suivant trois étages superposés, dans des blocs de béton de 0,40 m. de hauteur soigneusement pilonnés en quatre assises, nous avons trouvé, pour chaque étage, les résistances suivantes, dont chacune est la moyenne de 22 bétons différents (4 cubes par étage et par béton) :

Etage supérieur	87
Etage moyen	102
Etage inférieur.	111
Moyenne	100

Pourtant les coupes, pratiquées à la scie dans toute l'épaisseur des blocs, n'indiquaient à l'œil aucune différence appréciable de contexture [1].

Au contraire, si le massif, quoique présentant une certaine épaisseur, est formé d'une seule assise, pilonnée ensuite aussi longtemps qu'on le voudra, il est à craindre que la compression ne se transmette qu'affaiblie dans les régions inférieures, tandis que les plus voisines de la surface libre seraient beaucoup plus serrées.

Enfin, quand la proportion d'eau employée pour le gâchage est telle que le mortier ou le béton ait une consistance liée et plastique, celui-ci reflue sous la dame sans subir un tassement bien appréciable et présente, après durcissement, sensiblement la même résistance en toutes ses parties.

3° L'effet du pilonnage sur les mortiers ou bétons relativement secs et peu liés est d'en resserrer les grains les uns contre les autres, de manière à réduire les vides au minimum, en forçant l'eau qui mouille chaque grain à aller s'unir à celle des grains voisins, ce qui les lie et facilite leurs glissements mutuels, et même à venir, à la fin, suinter à la surface. Dès lors on conçoit que la cohésion et les autres qualités de pareils bétons, après durcissement, puissent différer considérablement pour de très petites variations dans l'intensité du pilonnage.

Si l'on remarque que, d'après les essais relatés plus loin (chapitre XIV), l'adhérence des mortiers un peu secs peut se réduire à presque rien dans le cas d'un damage insuffisant (sans doute quand l'eau ne peut pas suinter jusqu'au corps, pierre ou fer, contre lequel le mortier doit adhérer), on conclura que, dans la pratique du ciment armé, on doit se méfier des mor-

1. Ces résultats expliquent notamment la différence de propriétés constatée par M. Considère au voisinage des faces opposées de barres d'essai, qu'il avait pilonnées lui-même « avec des soins exceptionnels ».

tiers et surtout des bétons trop secs, et qu'il vaut mieux pécher par excès d'eau que par défaut, alors même que la résistance du mortier à la rupture par traction ou par compression devrait par là se trouver un peu réduite.

Toutefois, avec des mortiers trop mous, moulés contre des armatures horizontales, l'eau qui s'en sépare peut venir se rassembler sous les barres de fer, et laisser, après sa disparition, une solution de continuité entre les deux matériaux.

Diverses expériences de laboratoire nous ont montré que la proportion d'eau de gâchage pour laquelle un béton quelconque atteint sa résistance maximum correspond à peu près à une consistance telle que l'eau commence à suinter au dehors quand le béton a subi le plus fort pilonnage compatible avec les conditions d'exécution de l'ouvrage. Comme le maximum d'adhérence correspond à une consistance plus molle, il conviendrait donc d'employer, pour le béton des poutres armées, une proportion d'eau un peu plus forte que celle qui vient d'être définie.

Néanmoins, en raison de l'observation qui précède, il doit être préférable, quand les dimensions de la poutre le permettent, de donner au béton la consistance pour laquelle il est le plus résistant et d'envelopper l'armature d'une petite couche d'un mortier riche et plastique, qui adhère énergiquement au fer et au béton et assure une liaison parfaite entre ces deux matériaux. Les seuls inconvénients de cette disposition sont qu'elle complique un peu la main-d'œuvre et beaucoup les calculs.

4° En admettant même que le mortier ou béton ait, une fois mis en place, rigoureusement la même composition et le même serrage dans toutes les parties de la poutre, cette homogénéité relative n'est que passagère et se trouve altérée pendant le durcissement : outre que l'allure de ce phénomène, dépendant des conditions d'exposition, n'est pas tout à fait la même dans les régions centrales et périphériques, elle est encore troublée, à des degrés différents suivant les régions, par les entraves apportées par l'armature aux variations de volume qui accompagnent le durcissement des ciments (art. 151).

De même, il est probable que les tensions qui prennent naissance aussitôt après le démoulage, et *a fortiori* après la mise en charge, doivent influer sur le durcissement ultérieur.

149. Influence des variations de température. — Un des arguments mis en avant par les apologistes du ciment armé est l'égalité des coefficients de dilatation thermique des matériaux qui entrent dans ce système de construction. En réalité, si l'on est à peu près fixé sur le coefficient du fer, on n'a que peu d'expériences sur les mortiers et bétons.

D'après l'*Annuaire du Bureau des Longitudes*, les dilatations linéaires des principaux métaux ferreux, par unité de longueur et par degré centigrade, sont, à la température moyenne de 15° :

Fer doux des arts.	0,0000116	Moyenne : 0,0000113
Acier fondu français, trempé .	0,0000122	
Acier fondu français, recuit .	0,0000107	
Acier fondu anglais, recuit . .	0,0000106	
Fonte grise.	0,0000103	

Pour les liants hydrauliques et les mortiers, les seules déterminations de coefficients de dilatation dont nous ayons connaissance sont les suivantes (les résultats sont rapportés aux mêmes unités que pour les fers) :

1° *Expériences de M. Bouniceau* [1]. — Dilatations mesurées entre deux températures voisines de 10° et de 95° ; le compte rendu ne mentionne pas l'âge des mortiers essayés.

Ciment portland gâché pur et ayant fait sa prise sous l'eau	0,0000107
Mortier contenant 1 volume de ciment portland pour 2 volumes de sable siliceux . . .	0,0000118
Maçonnerie du même mortier et de briques . . . . de champ.	0,0000089
Maçonnerie du même mortier et de briques . . . . en long .	0,0000046
Maçonnerie de béton composé du même mortier et de galets de mer siliceux	0,0000143
Quatre échantillons de diverses pierres à bâtir . . . . de 0,0000054 à	0,0000089
Coulée de plâtre blanc.	0,0000166

2° *Expériences de l'Ecole des Ponts et Chaussées* [2]. — Dilatations mesurées entre 6° et 100° ; on a toujours opéré sur des baguettes de chaux ou de ciment gâchés purs ; le compte rendu

1. *Annales des Ponts et Chaussées*, 1863, I, p. 178.
2. Documents lus, à la séance du 17 juillet 1890, à la *Commission des Chaux, Ciments et Mortiers*, 3e fascicule, p. 9.

n'indique ni la durée ni les conditions de conservation de ces baguettes avant les essais.

Nature des liants (pâtes pures)	Nombre d'échantillons essayés	Coefficients de dilatation		
		minimum	maximum	moyen
Chaux hydrauliques	3	0,0000103	0,0000111	0,0000108
Ciments de grappiers. . . .	5	0,0000094	0,0000103	0,0000100
Ciments portland.	11	0,0000093	0,0000111	0,0000099
Ciments de laitier.	5	0,0000077	0,0000118	0,0000096

3° *Expériences du Dr Keller*[1]. — Dilatations mesurées entre — 16° et + 72° sur des barreaux de béton maintenus à un même degré de sécheresse. Bétons faits avec un même ciment portland et un mélange par parties égales de sable et de gravier à grains de 2 cm. au maximum. Leur âge lors des essais n'est pas indiqué.

Poids de mélange sableux pour un poids 1 de ciment	0 (ciment pur)	1	2
Coefficient de dilatation moyen .	0,0000126	0,0000110	0,0000101
Poids de mélange sableux pour un poids 1 de ciment	4	6	8
Coefficient de dilatation moyen .	0,0000104	0,0000092	0,0000095

4° *Expériences de l'Université Purdue*[2]. — Bétons contenant une partie de ciment portland pour deux parties de sable et quatre parties de gravier ou de pierre cassée. Les deux premiers nombres indiqués sont les moyennes de plusieurs essais.

Béton de gravier.	0,0000097
Béton de pierres cassées . . .	0,0000099
Barre de calcaire.	0,0000097

Il semble résulter de ces quelques chiffres que les coefficients de dilatation des deux matériaux en présence doivent toujours être très voisins, et on peut en déduire approximativement les

1. *Thonindustrie Zeitung*, 1894, pp. 469 et 487 (nos 24 et 25, des 16 et 23 juin).

2. *Engineering News*, 21 novembre 1901 et *Journal of the Western Society of Engineers*, 1902. Résumé dans *Le Ciment*, 1901, p. 183 (no 12) et 1902, p. 51 (no 4).

valeurs moyennes des tensions qui doivent se développer, pour une variation connue de température, dans une poutre armée disposée de manière à pouvoir se dilater sans entraves, quand on suppose la température uniformément répartie dans sa masse.

Appelons en effet α et α' les coefficients de dilatation du mortier ou béton et du fer et supposons qu'à une certaine température les deux matériaux n'exercent, dans la poutre, aucune tension l'un sur l'autre.

Pour une augmentation de température de θ degrés, ils prendraient, s'ils étaient indépendants, des allongements $\alpha\theta$ et $\alpha'\theta$; α étant supposé plus petit que α', si λ est l'allongement intermédiaire pris réellement par l'unité de longueur de la poutre, le mortier, plus allongé de $\lambda - \alpha\theta$ que s'il était libre, subit une tension moyenne $R = \varepsilon E(\lambda - \alpha\theta)$, tandis que le fer prend un allongement inférieur de $\alpha'\theta - \lambda$ à sa dilatation naturelle et subit de ce fait une compression moyenne mesurée, avec son signe, par $F = E(\lambda - \alpha'\theta)$.

La somme algébrique des tensions développées dans les deux matériaux devant être nulle, on a :

$$(1 - \varphi)\,\Omega\varepsilon E\,(\lambda - \alpha\theta) + \varphi\Omega E\,(\lambda - \alpha'\theta) = 0,$$

d'où l'on tire :

$$(64) \qquad \lambda = \frac{(1 - \varphi)\,\varepsilon\alpha + \varphi\alpha'}{(1 - \varphi)\,\varepsilon + \varphi}\,\theta,$$

et par suite :

$$(65) \quad \left\{ \begin{aligned} R &= \frac{\varepsilon E\varphi\,(\alpha' - \alpha)\,\theta}{1 - (1 - \varepsilon)(1 - \varphi)} = \frac{E\,(\alpha' - \alpha)\,\theta}{\dfrac{1}{\varepsilon} + \dfrac{1}{\varphi} - 1}, \\ F &= \frac{\varepsilon E\,(1 - \varphi)\,(\alpha - \alpha')\,\theta}{1 - (1 - \varepsilon)(1 - \varphi)}. \end{aligned} \right.$$

On voit que la valeur absolue de R est d'autant plus forte que celles de E, de $\alpha' - \alpha$, de θ, de ε et de φ sont elles-mêmes plus grandes.

Admettons, pour pousser les choses au pis, que le coefficient de dilatation du mortier ait la valeur un peu faible 0,0000090 et celui du fer la valeur un peu forte 0,0000120 ; supposons qu'on ait $E = 2 \times 10^{10}$, $\varphi = 0{,}03$, et considérons une augmentation de température de 30 degrés. Suivant les valeurs attribuées au rapport ε des coefficients d'élasticité du mortier et du fer, celles de λ, de R et de F seront :

$\varepsilon =$	0	0,02	0,04	0,06	0,08	0,10	0,12	
$\lambda = +10^{-3} \times$	0,360	0,325	0,309	0,300	0,295	0,291	0,288	mm. par m.
$R = +10^{4} \times$	0	2,20	3,12	3,60	4,00	4,20	4,32[1]	kg. par cm².
$F = -10^{6} \times$	0	0,70	1,02	1,20	1,30	1,38	1,44	kg. par mm².

Inversement, pour un abaissement de température, le fer serait tendu et le mortier comprimé.

Il ressort de ces chiffres que, même dans le cas extrême où l'on s'est placé en exagérant à dessein la différence de dilatation des deux matériaux, les tensions produites dans le mortier par une élévation de température de 30 degrés ne sont pas très considérables. Mais ce ne sont là que des valeurs moyennes, qui peuvent être notablement inférieures aux tensions développées en certains points, par exemple au voisinage de l'armature, et d'ailleurs l'hypothèse d'un allongement uniforme des deux matériaux dans toute la largeur du prisme, encore admissible dans le cas d'une armature symétrique, peut être, dans d'autres cas moins simples, fort éloignée de la réalité.

Les calculs suivants, applicables au cas le plus général, donneraient des renseignements plus exacts.

Considérons une poutre, armée ou non, disposée de manière à pouvoir se dilater librement et soumise à une charge (B, M) après être arrivée à l'état élastique stable correspondant à une certaine charge plus forte (B_m, M_m). On a vu à l'article 140 comment, quand on connaît la loi d'écrouissage du mortier, on peut déterminer la position B_0B_1 (fig. 110) prise par une section quelconque, sous la charge (B, M), par rapport à sa position initiale X_0X_1 avant tout chargement, et par suite l'allongement et les tensions des deux matériaux sur une fibre quelconque. Si, les efforts extérieurs restant constants, la température vient à varier, l'augmentation de température ne sera pas la même dans toute

1. Pour $\alpha = 0,0000100$ et $\alpha' = 0,0000113$, valeurs moyennes correspondant à peu près aux résultats rapportés ci-dessus, cette tension se réduit, toutes choses égales d'ailleurs, à 1,92 kg. par cm².

l'épaisseur de la poutre, à cause de la mauvaise conductibilité du mortier ou béton. D'ailleurs il peut arriver que la température ambiante ne soit pas la même de part et d'autre. Admettons qu'à une distance quelconque des fibres extrêmes l'augmentation de température soit constante dans toute la largeur du mortier et du fer ; appelons θ sa valeur au niveau z et supposons connue, à un instant donné, la loi suivant laquelle θ varie en fonction de z. Par suite de la dilatation thermique, la section considérée prendra une nouvelle position $B'_0B'_1$, que nous supposerons encore plane, et, si l'on appelle γ'_0 et γ'_1 les allongements complémentaires B_0B_0' et B_1B_1' des fibres extrêmes, l'augmentation d'allongement des fibres d'ordonnée z sera mesurée, en vertu de l'égalité (**14** *b*), par $\lambda' = \lambda'_0 + \frac{z}{e}(\lambda'_1 - \lambda'_0)$.

Or ces fibres prendraient, si elles étaient indépendantes de leurs voisines, les allongements $\alpha\theta$ dans le mortier et $\alpha'\theta$ dans le fer, allongements généralement différents de λ', de sorte qu'il s'y développera, sous la seule influence de la chaleur, des tensions positives ou négatives égales au produit du coefficient d'élasticité de chaque matière par l'excès de λ' sur sa dilatation naturelle, savoir :

$$(66) \qquad \left\{ \begin{array}{l} R' = \varepsilon E\,(\lambda' - \alpha\theta), \\ F' = E\,(\lambda' - \alpha'\theta). \end{array} \right.$$

Dès lors, si R et F désignent les tensions résultant de la flexion seule avant toute variation de température, les tensions finales du mortier et du fer au niveau considéré seront $R + R'$ et $F + F'$.

Comme on suppose que la poutre peut se dilater librement, les sommes algébriques des tensions adventives et de leurs moments doivent être nulles dans la section considérée, et on a les deux égalités :

$$\int_0^e (tR' + uF')\,dz = 0 \qquad \text{et} \qquad \int_0^e (tR' + uF')\,zdz = 0\,;$$

on en déduit les valeurs de λ'_0 et de λ'_1 et par suite celles de λ', R' et F'.

Considérons la section fictive Ω', ζ', γ' définie à l'article **140** et une autre section fictive obtenue en multipliant par $\varepsilon\alpha\theta$ et par $\alpha'\theta$

les largeurs t et u du mortier et du fer à chaque niveau. En appelant Ω'' l'aire de cette nouvelle section et ζ'' le z de son centre de gravité, on calcule sans peine, au moyen de ces formules, que le changement de température considéré a pour effet de faire tourner la section d'un angle :

$$\alpha' = \frac{\Omega''}{\Omega'\gamma'^2}(\zeta'' - \zeta')$$

autour d'un axe dont la distance à la fibre la plus comprimée est :

$$h' = \zeta' + \frac{\gamma'^2}{\zeta' - \zeta''},$$

et que la dilatation réelle d'une fibre d'ordonnée z est mesurée par :

$$(67) \quad \lambda' = \frac{\Omega''}{\Omega'\gamma'^2}[\gamma'^2 + (\zeta'' - \zeta')(z - \zeta')] = \frac{\Omega''}{\Omega'}\,\frac{z - h'}{\zeta' - h'}.$$

En portant cette valeur dans les formules (66), on aura les variations de tension résultant des dilatations thermiques.

Dans les calculs qui viennent d'être faits, on n'a tenu compte que des dilatations thermiques parallèles à la longueur de la poutre. En réalité, il s'en produit aussi suivant les deux directions transversales, et ces dilatations modifient la forme de la section et la répartition relative des deux matériaux. En même temps, selon que le produit $(\alpha' - \alpha)\,\theta$ est négatif ou positif au niveau des barres, le mortier tend à se décoller du fer ou, au contraire, resserre son étreinte, avec production, dans les deux cas, d'efforts transversaux plus ou moins intenses.

D'autre part, en général, la température doit présenter des différences, non seulement à travers l'épaisseur de la poutre, mais aussi à travers sa largeur, ce qui donne lieu à de nouvelles actions transversales et complique encore le problème.

Enfin, quand la poutre est solidaire d'autres parties de construction, comme c'est le cas le plus général, par exemple quand elle est encastrée à ses deux bouts dans des murs, sa dilatation ne peut se faire librement, et il en résulte des tensions positives ou négatives bien supérieures à celles qui ont été calculées ci-dessus et d'ailleurs variables suivant la résistance opposée par les obstacles.

150. Influence de l'état hygrométrique. — Comme la plupart des corps poreux, les pierres et les mortiers ont la propriété de diminuer de volume sous l'influence de la sécheresse et de se dilater à l'humidité ; ils gonflent dans l'eau, puis tendent à reprendre leur volume initial en séchant. Les variations de volume subies dans ces conditions par les mortiers normaux battus 1 : 3 sont généralement plus faibles que celles des pierres.

Le Dr Keller a mesuré, pour les bétons mêmes dont il a déterminé les coefficients de dilatation thermique, les allongements moyens subis, à température constante, pour une absorption d'humidité égale à 1 pour 100 du poids de béton. Il a ainsi trouvé les nombres suivants [1] :

Poids de mélange sableux pour un poids 1 de ciment	0 (ciment pur)	1	2
Dilatation par unité de longueur pour 1 0/0 d'humidité	0,000090	0,000073	0,000072
Poids de mélange sableux pour un poids 1 de ciment	4	6	8
Dilatation par unité de longueur pour 1 0/0 d'humidité	0,000042	0,000033	0,000027

Il en résulte que, si, par exemple, une barre homogène de 20 m. de longueur en béton 1 : 2 subit un échauffement de 40° et absorbe 2 0/0 de son poids d'humidité, son allongement thermique par mètre a pour mesure $40 \times 0{,}0000101 = 0{,}000404$ et son allongement hygrométrique par mètre $2 \times 0{,}000072 = 0{,}000144$, de sorte que son allongement total est de $20 \times (0{,}000404 + 0{,}000144) = 0{,}01096$ = environ 11 millimètres.

Dans une poutre armée, le béton seul subit l'influence de l'humidité, et les formules se déduisent de celles qui ont été établies à l'article précédent : il suffit d'y donner à θ la valeur du gain d'humidité, à α celle du coefficient d'allongement hygrométrique du béton et de faire $\alpha' = 0$.

151. Influence des variations de volume du mortier pendant son durcissement. — Les travaux de J. Thomsens

1. *Loc. cit.*

ont montré que, d'une manière générale, les composés hydratés ont un volume réel moindre que la somme des volumes réels des corps dont ils proviennent [1]. En particulier, la prise du plâtre et des liants hydrauliques est accompagnée d'une diminution de leur volume réel [2], laquelle atteint finalement, d'après les expériences de M. Le Chatelier, 4 à 5 centimètres cubes pour 100 grammes de liant Mais le volume apparent de la masse formée par le liant durci, c'est-à-dire la somme des volumes du liant proprement dit, du sable s'il y a lieu, de l'eau et de l'air interposés entre leurs grains, n'obéit pas nécessairement à la même loi. De nombreux expérimentateurs ont mesuré au moyen d'appareils de précision les longueurs de barrettes de mortier après des durées croissantes de durcissement dans divers milieux [3] ; en rapprochant les uns des autres les résultats de leurs essais, on en tire les lois suivantes qu'aucun auteur n'a encore bien aperçues dans leur ensemble, faute de connaître suffisamment ce qui avait été déjà publié d'autre part sur le même sujet :

Sauf dans quelques cas exceptionnels, tels que ceux de ciments expansifs par suite d'une fabrication défectueuse, les variations de volume relevées entre deux observations consécu-

1. *Thermochemische Untersuchungen*, vol. III.

2. Kosmann, *Thonindustrie Zeitung*, 1895, nº 3, et 1901, p. 144 (nº 12).

Le Chatelier, *Comptes Rendus de l'Académie des Sciences*, 26 décembre 1899 ; *Bulletin de la Société d'Encouragement pour l'Industrie nationale*, 1900, I, p. 54 ; *Le Ciment*, 1900, pp. 28 et 29.

3. Voir notamment :

Bauschinger : *Mittheilungen aus dem mech. techn. Laboratorium der k. Hochschule München*, VIII, p. 13 (1879) ; *Wagner's Jahresb. d. chem Techn.*, 1880, p. 507 ; *Thonindustrie Zeitung*, 1894, p. 201.

Schumann : *Protokoll der Verhandlungen des Vereins Deutscher Portland-Cement-Fabrikanten*, 1881, p. 43 ; *Wagner's Jahresb. d. chem. Techn* , 1881, p. 523 ; *Thonindustrie Zeitung*, 1881. p. 184 ; *Protokoll....* 1889, p. 18.

Durand-Claye et Debray : *Annales des Ponts et Chaussées*, 1888, I, p. 810 ; *Documents lus à la Commission des Ciments*, séance du 24 novembre 1888, rapp. nº 1, p 2 ; séance du 5 juin 1889, p. 2 ; séance du 17 juillet 1890, p. 7.

Tomeï : *Protokoll...*, 1893, p. 83 ; 1894, p. 134.

Prüssing : *Protokoll...*, 1894 tableau final.

Gary : *Mittheilungen aus den k. techn. Versuchsanstalten zu Berlin*, 1899, *Ergänzungsheft* I, pp. 44 à 47.

Blount : Communication au congrès de Budapest (1901).

Grauer : *Protokoll...*, 1902, p. 120 ; *Thonindustrie Zeitung*, 1902, p 1031.

tives sont d'abord relativement considérables, puis diminuent pendant des années à mesure que le durcissement progresse, et finissent par devenir extrêmement faibles. Elles sont d'ailleurs un phénomène normal et ne signifient pas que le liant soit de mauvaise qualité. Pourtant elles varient d'un liant à l'autre entre des limites assez écartées.

Les mortiers conservés à l'air subissent une contraction à peu près continue, d'autant plus faible qu'ils contiennent plus de sable. Le tableau ci-dessous indique, d'après Tomeï, les contractions linéaires totales de mortiers faits avec un même ciment et diverses proportions de sable :

Durées de conservation :		Contractions linéaires totales en millimètres par mètre				
		7 jours	28 jours	3 mois	6 mois	1 an
Poids de sable pour un poids 1 de ciment.	0	0,26	0,93	1,18	1,94	2,60
	1	0,37	0,50	0,87	0,93	1,60
	3	0,25	0,35	0,60	0,65	1,25
	6	0,25	0,25	0,45	0,57	1,00

Le tableau suivant donne les valeurs limites des contractions trouvées par deux expérimentateurs pour des mortiers normaux battus, contenant en poids une partie de ciment pour trois parties de sable.

Expérimentateur	Nombre d'essais relevés		Contractions linéaires totales en mm. par m. après							
			7 jours	28 jours	3 mois	6 mois	1 an	2 ans	3 a. 1/2	5 ans
Tomeï. . . .	12	minimum	0,10	0,20	0,60	0,67	1,00	»	»	»
		maximum	0,47	0,75	1,23	1,65	1,95	»	»	»
Grauer . . .	31	minimum	»	»	0	0,15	0,40	0,50	0,65	1,20
		maximum	»	»	1,50	1,90	2,25	2,50	2,85	3,00

Ces nombres sont toujours plus petits que ceux qui correspondraient intégralement à la diminution de volume réel provoquée par l'hydratation. Ainsi, en adoptant la moyenne de 4,5 cm^3 par 100 g. de liant, on calcule qu'un mortier de ciment pur contenant 1600 g. de ciment par litre devrait se contracter de 25 millimètres par mètre et qu'un mortier ou béton contenant par litre **200** g. de ciment devrait, si l'arc-boutement des grains ne s'y opposait, subir un raccourcissement linéaire de **3** millimètres par mètre. En réalité, le ciment se contracte entre les grains de sable ou de ciment déjà durci et, s'il en résulte bien un léger rapprochement de ces grains, néanmoins le volume relatif des intervalles remplis d'air augmente, de sorte que le volume apparent du mortier diminue moins que le volume réel du ciment.

Les mortiers conservés dans l'eau commencent au contraire par se dilater ; mais, au bout d'une même durée, leur allongement est plus faible que la contraction des mêmes mortiers laissés à l'air.

Pour les ciments gâchés purs, la dilatation est plus forte que pour les mortiers et, en général, continue de moins en moins vite pendant au moins un an, après quoi il peut arriver que le volume diminue. Pour les mortiers, elle est beaucoup plus faible et peut aussi progresser longtemps ; mais, le plus souvent, elle cesse au bout de quelques mois, parfois même de quelques jours, pour faire place à une contraction, de sorte qu'au bout de six mois à un an la longueur des baguettes est devenue moindre qu'au début et continue ensuite à décroître. Le tableau ci-dessous indique les allongements linéaires totaux positifs ou négatifs, constatés après diverses durées d'immersion, de mortiers normaux battus contenant trois parties en poids de sable pour une de ciment.

Expérimentateur	Nombre d'essais relevés		Allongements linéaires totaux en mm. par m. après							
			7 jours	28 jours	3 mois	6 mois	1 an	2 ans	3 a. 1/2	5 ans
Schumann. .	7	moyenne	+ 0,12	+ 0,17	+ 0,20	+ 0,23	+ 0,28	+ 0,30	»	+ 0,32
Tomeï. . . .	12	minimum	— 0,05	— 1,10	— 1,25	— 1,00	— 1,00	»	»	»
		maximum	+ 0,30	+ 0,35	+ 0,43	— 0,05	— 0,12	»	»	»
Gary et divers	24	minimum	»	— 0,05	— 0,14	»	— 0,15	— 0,56	»	»
		maximum	»	+ 0,37	+ 0,42	»	+ 0,57	+ 0,46	»	»
Grauer . . .	31	minimum	»	»	— 0,75	— 0,95	— 1,15	— 1,40	— 1,40	— 1,50
		maximum	»	»	+ 0,45	+ 0,40	+ 0,40	+ 0,35	+ 0,10	+ 0,10

Le fait que le volume apparent des mortiers immergés commence par augmenter, alors que le volume réel du ciment contenu diminue, peut être expliqué par le phénomène, d'ordre purement physique, étudié à l'article 150 : il est probable que le gonflement est produit par des forces capillaires développées par l'eau qui pénètre les pores, tant que les efforts provoqués par la contraction résultant des actions chimiques sont moins énergiques que ces forces capillaires.

Exposés alternativement dans l'eau et à l'air pendant des périodes égales, les mortiers subissent des dilatations et des contractions successives, celles-ci d'abord plus grandes que celles-là, jusqu'à ce que, finalement, les changements de volume dans les deux sens acquièrent une valeur constante.

Dans des dissolutions de chlorure de magnésium et de sulfate de magnésie, et par suite peut-être aussi dans l'eau de mer, ils s'allongent un peu plus que dans l'eau douce.

Bien que presque toutes les mesures faites jusqu'à présent n'aient porté que sur des liants gâchés purs et sur des mortiers 1 : 3 à sable uniforme, gâchés avec très peu d'eau et fortement battus, c'est-à-dire, dans les deux cas, sur des mortiers différant beaucoup de ceux de la pratique, la constance des phénomènes observés permet de conclure qu'en général les mortiers se contractent à l'air et se dilatent dans l'eau, au moins, pour le second cas, pendant les premiers temps de leur immersion.

Dans une barre de mortier homogène et libre, cette déformation n'est entravée par rien et se produit intégralement sans développement de tensions intérieures. Au contraire, dans une poutre armée, le métal s'oppose en partie à la dilatation positive ou négative du mortier et subit de ce fait une tension positive ou négative, tandis que le mortier, contrarié dans son mouvement, acquiert, principalement au voisinage de l'armature, une tension de signe contraire.

M. Considère a signalé le premier cette conséquence des variations de volume des ciments et montré que, quand la prise se faisait à l'air, les tensions produites pouvaient, dans certains cas, être assez importantes pour provoquer à elles seules la fissuration du mortier [1].

1. *Comptes Rendus de l'Académie des Sciences*, CXXIX, p. 467 (18 septembre 1899). Reproduit : *Bulletin de la Société d'Encouragement pour l'Industrie nationale*, 1899, p 1365.

Lorsqu'on connaît la dilatation positive ou négative β que le mortier aurait subie, par unité de longueur, après un temps donné, s'il n'avait pas été gêné par le fer, le calcul de l'allongement réel d'un prisme armé et des tensions correspondantes peut être fait exactement de la même manière que dans le cas de variations de température. Il suffit de remplacer $\alpha\theta$ par β dans les formules de l'article 149, et d'y faire $\alpha' = 0$.

Les formules (64) et (65) deviennent ainsi :

$$\lambda = \frac{\beta}{1 + \frac{\varphi}{(1-\varphi)\varepsilon}}. \tag{68}$$

$$\left\{ \begin{aligned} R &= \frac{-\varepsilon E \varphi \beta}{1-(1-\varepsilon)(1-\varphi)} = \frac{-E\beta}{\frac{1}{\varepsilon} + \frac{1}{\varphi} - 1}, \\ F &= \frac{\varepsilon E (1-\varphi)\beta}{1-(1-\varepsilon)(1-\varphi)}. \end{aligned} \right. \tag{69}$$

Les expériences qui viennent d'être citées ont montré que, pour les mortiers sableux, une contraction d'un millimètre par mètre n'avait rien d'exagéré ; en faisant $\beta = -0{,}001$ dans le même exemple que ci-dessus (p. 322), on a, suivant la valeur de ε :

$\varepsilon =$	0	0,02	0,04	0,06	0,08	0,10	0,12	
$\lambda = -10^{-3} \times$	0	0,392	0,563	0,659	0,720	0,763	0,795	mm. par m.
$R = +10^4 \times$	0	24,3	36,1	40,8	44,5	47,2	49,1	kg. par cm².
$F = -10^6 \times$	0	7,8	11,3	13,2	14,4	15,3	15,9	kg. par mm².

Il semble donc que la variation de volume du mortier puisse produire, dans les deux matériaux, des allongements et des tensions considérables.

Toutefois les phénomènes sont loin d'avoir la simplicité exprimée par les formules, car les tensions positives ou négatives développées dans le mortier en voie de durcissement sont généralement bien supérieures à sa limite d'élasticité et produisent, dans sa masse relativement plastique, des déformations permanentes, différentes suivant les distances à l'armature, et qui sont ensuite modifiées par les variations de volume ultérieures.

Ainsi, dans une barre armée conservée dans l'eau, M. Considère a relevé des compressions du mortier de 25 à **32** kg. par cm², au lieu de 100 kg., nombre qui aurait dû correspondre à la différence des allongements mesurés pour cette barre et pour une autre pareille mais non armée.

Il n'en reste pas moins acquis que, pour se rendre compte des tensions développées en tout point d'une poutre de ciment armé soumise à une charge quelconque, il faut combiner avec les tensions développées dans les deux matériaux par les efforts extérieurs, celles qui y préexistaient du fait des variations de volume du mortier, et qui, comme on vient de le voir, sont bien loin d'être négligeables. Suivant les points considérés et la nature du milieu ambiant, les résultantes sont plus faibles ou plus fortes que les tensions qui naîtraient uniquement du jeu des efforts extérieurs, de sorte que l'influence étudiée peut être favorable ou nuisible à la bonne tenue de la poutre.

Pourtant on n'oubliera pas que la tendance dominante est vers une diminution de volume du mortier, et par suite vers une augmentation des efforts de traction dans le mortier et de compression dans l'armature.

TROISIÈME PARTIE

BIBLIOGRAPHIE DU CIMENT ARMÉ

CHAPITRE IX

PRÉLIMINAIRES

152. Méthode adoptée. — A mesure que les recherches sur le ciment armé se multiplient et qu'on fait des applications plus variées de ce mode de construction, il devient plus difficile de condenser en un traité didactique bien complet l'ensemble des connaissances acquises, et bientôt le besoin se fera sentir, surtout au point de vue des applications, d'ouvrages traitant spécialement chaque partie de la question.

Dans la bibliographie qui suit, nous avons groupé ensemble toutes les publications se rapportant à des sujets du même ordre.

Grâce à cette classification méthodique, qui aidera grandement à la préparation de pareilles monographies, notre répertoire rendra plus faciles les recherches des constructeurs et, plus généralement, de toutes les personnes qui voudront s'éclairer d'une manière spéciale sur tel ou tel point particulier, car chacun pourra immédiatement se reporter aux mémoires originaux relatifs aux questions qui l'intéressent plus spécialement. Pour les cas où le lecteur ne pourrait se procurer ces mémoires eux-mêmes, l'indication des périodiques où ils ont été reproduits, traduits, résumés ou commentés, lui permettra d'en avoir facilement au moins un aperçu.

Le nombre des livres et articles ayant trait au ciment armé est maintenant considérable, et personne ne pourrait se flatter d'en dresser une bibliographie complète. Nous ne nous dissimulons pas que celle que nous offrons ci-après doit présenter de nombreuses lacunes; néanmoins, nous espérons que peu d'articles importants nous auront échappé, car nous avons compulsé soigneusement les principaux périodiques qui auraient pu les signaler.

N'ayant pu avoir sous les yeux toutes les publications originales, nous avons dû indiquer certaines d'entre elles d'après de simples citations ou des analyses plus ou moins sommaires trouvées ailleurs, et sans avoir pu toujours nous rendre compte de leur importance. Aussi avons-nous renoncé à distinguer les articles les plus importants par un signe spécial, comme cela aurait peut-être paru désirable ; d'ailleurs une classification aussi arbitraire n'aurait pas manqué de soulever de justes protestations ; nous avons seulement fait précéder de la lettre *r*, initiale du mot *résumé*, les articles que nous savions pertinemment n'être qu'une condensation de mémoires plus développés.

Pour la même raison, et aussi pour ne pas allonger ce travail outre mesure, nous n'avons fait suivre d'un rapide commentaire que les titres de certains articles qui nous paraissaient en avoir le plus besoin, mais sans que l'absence de pareils résumés doive être interprétée comme dénotant un article de peu d'importance.

Parfois d'ailleurs les titres, mal choisis par les auteurs des mémoires, sont trop vagues ou même trompeurs, et il est possible qu'il en soit résulté quelques erreurs de classement pour les articles dont nous n'avons pu avoir connaissance. D'autres articles ne rentrent pas toujours exactement dans une des divisions adoptées ou traitent à la fois de sujets se rattachant à plusieurs d'entre elles : nous les avons cités dans chacune des divisions correspondantes, sauf pourtant quand il y en aurait eu trop, auquel cas nous les avons rangés dans la plus générale. En particulier, un groupement spécial (art. 155) a été affecté aux traités généraux, dont chaque chapitre ou même parfois chaque subdivision de chapitre aurait pu être cité séparément dans un groupement différent ; nous y renvoyons une fois pour toutes.

Autant que possible, nous avons reproduit littéralement les titres des articles, qu'ils fussent ou non en langue française. Pourtant, dans certains cas où un même sujet avait été traité dans divers articles, même quand ceux-ci émanaient de sources distinctes, nous les avons réunis sous une même rubrique. De même, nous avons parfois modifié des titres désignant mal le sujet visé. Les titres fictifs ainsi obtenus ont été distingués des titres exacts par l'emploi de caractères typographiques différents.

Nous avons limité notre bibliographie aux travaux dans lesquels il s'agit explicitement du ciment armé, laissant de côté beaucoup de recherches qui, bien que présentant une étroite connexité avec cette question, ne traitent pourtant pas directement d'assemblages de fer et de béton. Ainsi, nous n'avons mentionné ni les publications relatives aux ciments, mortiers et bétons, dont la bibliographie serait plus que quadruple de celle du ciment armé, ni les études sur l'élasticité du fer et du béton, considérés isolément, ou sur la résistance des matériaux en général.

La présente bibliographie s'arrête vers le milieu de l'année 1905, date de l'impression de cette partie de l'ouvrage.

153. Publications spéciales. — En dehors des périodiques qui traitent indistinctement des diverses branches de l'art des constructions, revues ordinaires ou bulletins de groupements d'ingénieurs, d'architectes ou d'autres spécialistes, il existe depuis quelques années, dans la plupart des états, des publications consacrées exclusivement au ciment et à ses applications.

Tels sont, en France, *Le Ciment*, organe officiel de la Chambre syndicale des Fabricants de ciment portland de France, qui paraît mensuellement depuis 1896, et les procès-verbaux des séances trimestrielles du groupe B de la *Réunion des Membres français et belges de l'Association internationale pour l'essai des Matériaux de Construction*, qui, depuis 1902, sont distribués aux membres de cette Réunion. Depuis mai 1905 paraît en outre tous les mois la *Revue des Matériaux de Construction et de Travaux publics*, qui traite de tous les matériaux à l'exception des métaux.

En Allemagne, *l'Association des fabricants allemands de ciment portland* et *l'Association allemande du béton* publient annuellement, la première depuis 1877 et la seconde depuis 1898, les procès-verbaux de leurs travaux, qui paraissent dans le journal *Tonindustrie Zeitung*, revue des industries de l'argile et en particulier de celle des chaux et ciments ; en outre, la même revue publie tous les mois depuis 1902 et deux fois par mois depuis le 1er janvier 1905, sous le titre *Zement und Beton*, un numéro consacré exclusivement à cette dernière industrie.

De même on peut citer aux Etats-Unis *Cement and Engineering News* (depuis 1896, mensuel), *Cement* (paraissant tous les deux mois depuis 1899), *Concrete* (depuis 1904, mensuel), *The*

Cement Age (depuis 1904, mensuel) ; en Italie *Il Cemento*, en Russie Le Ciment (en russe), etc.

Enfin, à mesure que les applications du ciment armé ont pris un développement croissant, il s'est créé des publications périodiques s'occupant plus spécialement de ce mode de construction : les premières ont surtout présenté le caractère de réclames en faveur de tel ou tel système breveté ; puis les idées se sont élargies, et certaines revues offrent maintenant à leurs lecteurs des articles de haute valeur, tant scientifiques que descriptifs, traitant les diverses branches du sujet avec toute l'impartialité désirable.

En France, *Le Béton Armé*, organe des agents et concessionnaires du système Hennebique, paraît tous les mois depuis juin 1898 et publie, en outre, chaque année, un album des principaux travaux exécutés dans ce système. Une autre revue du même genre, *Le Fer Béton*, consacrée au système Matray, n'a duré que quelques années, au moment de l'Exposition universelle de 1900. En Espagne, il n'y a pas moins de deux périodiques pour le ciment armé : *El Cemento Armado* et *El Hormigon Armado*. Mais le plus important de ces journaux est sans contredit le *Beton und Eisen* (Béton et Fer) publié à Vienne par M. l'Ingénieur Fritz Edler von Emperger, et qui donne, en allemand, en français et en anglais, des articles émanant des principaux spécialistes du monde entier, en même temps qu'une bibliographie des publications sur la question parues dans les diverses revues techniques, et une liste des brevets concédés dans chaque pays. Créée en 1902, cette publication a d'abord eu cinq livraisons par an, puis est devenue mensuelle à partir de 1905 ; on peut la considérer comme constituant actuellement un véritable journal officiel international du ciment armé.

154. Tableau des abréviations adoptées. — Pour abréger les écritures, nous avons représenté par les initiales relatées par ordre alphabétique dans le tableau ci-dessous les noms des sociétés et les titres des périodiques le plus souvent cités, ainsi que diverses locutions fréquemment répétées :

ACPM *Annales des Conducteurs et Commis des Ponts et Chaussées et des Mines* (Paris).

AFAS *Association française pour l'Avancement des Sciences* (Paris).

AIEM *Association internationale pour l'essai des Matériaux.*

APC *Annales des Ponts et Chaussées* (Paris).
ASTM *Proceedings of the American Society of Testing Materials* (E.-U.).
ATPB *Annales des Travaux publics de Belgique* (Bruxelles).
B *The Builder* (Londres).
BAH *Le Béton armé*, organe des agents et concessionnaires du système Hennebique (Paris).
BE *Beton und Eisen* (Vienne)[1].
BMK *Baumaterialienkunde* (Stuttgart).
BN *Building News* (Angleterre).
brev. Brevet (avec l'abréviation du nom de pays).
BTAM *Bulletin technologique des anciens élèves des Ecoles d'Arts et Métiers* (Paris).
BTSR *Bulletin technique de la Suisse Romande* (Lausanne).
BV *Centralblatt der Bauverwaltung* (Berlin) [orthographié *Zentralblatt* à partir de 1903].
C *Le Ciment* (Paris) [Les pages de la partie dite « non officielle » ont été distinguées par le signe '].
C. A. Abréviation des mots pratiquement synonymes « ciment armé » ou « béton armé ».
CA *The Cement Age* (New-York).
CAo *El Cemento armado* (Madrid).
Ce *Cement* (New-York).
CEN *Cement and Engineering News* (Chicago).
CM *La Construction Moderne* (Paris).
C^on^ Communication...
Co *Il Cemento* (Gênes).
com: commenté dans...
corr. correspondance...
CR *Comptes Rendus de l'Académie des Sciences* (Paris).
Cs *Cosmos* (Paris).
DB *Deutsche Bauzeitung* (Berlin) [Les pages et les n^os^ des suppléments consacrés spécialement aux questions de ciment ont été distingués par le signe '].
DBV *Deutscher Beton Verein.*
disc^n^ discussion.
DPF *Protokoll der Verhandlungen des Vereins deutscher Portland Cement Fabrikanten* (Berlin).
DPJ *Dingler's Polytechnischer Journal* (Berlin).
E *The Engineer* (Londres).

1. Les quatre premiers fascicules, parus en 1902 avant que cette publication eût pris un caractère périodique, avaient pour titre : *Neuere Baueisen und Bauwerke aus Beton und Eisen* (Vienne, Lehmann et Wentzel édit.) ; on les a désignés par la même abréviation.

Eg *Engineering* (Londres).
E N *Engineering News* (New-York).
E R *Engineering Record* (New-York).
Ew *Engineering Review* (Londres).
G C *Le Génie Civil* (Paris).
G G C *Giornale del Genio Civile* (Italie).
G M *Revue du Génie Militaire* (Paris).
G S *Le Génie Sanitaire* (Paris).
H A *El Hormigon Armado* (Sestao-Bilbao).
I C *Bulletin de la Société des Ingénieurs Civils* (Paris).
In *Ingeniören* (Copenhague).
Ir *De Ingenieur* (La Haye).
JAES *Journal of the Association of Engineering Societies* (Philadelphie).
JWSE *Journal of the Western Society of Engineers* (Chicago).
MA *Le Moniteur des Architectes* (Paris).
M B *Mitteilungen aus den königlichen technischen Versuchsanstalten zu Berlin* (Berlin).
M E *Municipal Engineering* (Indianapolis, E.-U.).
M I C *Le Moniteur de l'Industrie et de la Construction* (Genève).
M Q *Moniteur scientifique de Quesneville* (Paris).
M S I *Le Mois scientifique et industriel* (Paris).
M T *Il Monitore tecnico* (Milan).
N *La Nature* (Paris).
NA C *Nouvelles Annales de la Construction* (Paris).
O W O B *Oesterreichische Wochenschrift für den öffentlichen Baudienst* (Vienne).
PA C E *Proceedings of the American Society of Civil Engineers* (New-York).
P C E *Minutes of the Proceedings of the Society of Civil Engineers* (Londres).
r : résumé dans...
rep : reproduit dans...
R C F *Revue générale des Chemins de Fer et Tramways* (Paris).
R G *Railroad Gazette* (New-York)
R I *La Revue industrielle* (Paris).
R M C *Revue des Matériaux de Construction et de Travaux publics* (Paris).
R O P *Revista de Obras publicas* (Madrid).
R S *La Revue scientifique* (Paris).
R T *La Revue technique* (Paris).
S *The Surveyor* (Londres).
S B *Schweizerische Bauzeitung* (Zurich).
S D B *Süddeutsche Bauzeitung* (Munich).
S E *Stahl und Eisen* (Düsseldorf).

SEIN	*Bulletin de la Société d'Encouragement pour l'Industrie nationale* (Paris).
TACE	*Transactions of the American Society of Civil Engineers* (New-York).
tap	Tirage à part.
TFFF	*Teknisk Föreningens i Finland Förhandlinger* (Helsingfors).
TFT	*Teknisk Forenings Tidsskrift* (Copenhague).
TII	*Tydschrift van het koniglijk Institut van Ingeniören* (La Haye).
TIZ	*Tonindustrie Zeitung* (Berlin).
trad.	traduit en... (avec l'indication abrégée de la langue).
TU	*Teknisk Ugeblad* (Christiania).
WOIA	*Wochenschrift des österreichischen Ingenieur- und Architekten-Vereins* (Vienne).
ZAIW	*Zeitschrift für Architekten- und Ingenieur Wesen* (Hanovre).
ZB	*Zement und Beton* (Berlin).
ZOIA	*Zeitschrift des österreichischen Ingenieur- und Architekten-Vereins* (Vienne).
ZVDI	*Zeitschrift des Vereins deutscher Ingenieure* (Berlin).

CHAPITRE X

RÉPERTOIRE BIBLIOGRAPHIQUE

§ 1. — GÉNÉRALITÉS

155. Traités d'ensemble.

La plupart des ouvrages relatés ici traitent successivement toutes les parties de la question du ciment armé : historique, avantages et inconvénients, propriétés, expériences, théories, calculs, procédés d'exécution, description des divers systèmes et de quelques-unes de leurs applications ; bien qu'ils dussent être cités dans presque tous les articles suivants comme touchant par tel ou tel de leurs chapitres aux questions correspondantes, il n'en sera plus question désormais.

Leurs résumés indiqués par la lettre r ne sont généralement que des notices bibliographiques plus ou moins succinctes.

Ed. Coignet et N. de Tedesco. — **Application du calcul aux constructions en ciment avec ossature métallique** : *IC*, 1894, 284 (mars) (av. discn.) ; — tap : Paris, impr. Chaix, cité Bergère, 20, 1894 ; in-8, 86 p. ; — r : *Monit. Céram. et Verrerie*, XXV, 112 (n° 10, du 15 mai 1894) ; — r : *PCE*, CXVII, 407.

Ch. Boitel. — **Les constructions en fer et ciment** : *GM*, IX, 489 (juin 1895) et X, 5 (juillet 1895) ; — tap : Paris, Berger-Levrault, 1896 ; in-8, 79 p.

J. Dubois. — **Notice sur les constructions en ciment armé** : Mâcon, Impr. Protat frères, 1898 ; 2e édit., in-8, 102 p.

Gérard Lavergne. — **Constructions en ciment armé** : *GC*, XXXIV, 22, 40, 57, 71, 86, 103 (nos 2 à 7, du 12 nov. au 17 déc. 1898) ; — tap : in-8, 1899. — 2e édit. augm., Paris, Baudry édit., 1901.

Paul Christophe. — **Le béton armé et ses applications** : *ATPB*, 1899, 429, 647 et 961 (nos 3, 4 et 5) ; — tap augm. Paris-Liège, Baudry édit., 1899 ; 1 vol. in-8 avec 17 pl. ; — rep : *BAH*, II, nos 14-23 (juillet 1899-avril 1900) ; — r : *C*, 1899, 104 et 154 (nos 7 et 10) ; — r : *ACPM*, 1899, 791, 810, 840 et 1900, 45 ; — r : *MSI*,

II, 257 (nº 11, d'avril 1900); — com : N. DE TÉDESCO, *C*, 1900, 1 (nº 1). — 2e édit., Paris-Liège, Béranger édit., 1902 ; 1 vol. in-8, XIX, 755 p. ; — r : *BTAM*, 1902, 55 R (nº 3) ; — r : *ATPB*, 1902, 415 (nº 2) ; — r : *MSI*, III, 759 (nº 34, du 25 juin 1902) ; — r : *GM*, XXIV, 177-179 (août 1902) ; — r : *BE*, 1902, nº 5, p. 43 ; — r : *Eg*, LXXIV, 569 (31 oct. 1902) ; — trad. russe : Moscou, typ.-lith. W. Tschitscherin, 1902 ; — trad. allem. augm. : *ZB* (par fascicules) ; *TIZ* édit., 675 p.

CH. BOITEL. — **Les constructions en béton armé. Calculs de résistance, détails d'exécution** : *GM*, XVIII, 127 et 193 (août et sept. 1899) ; — tap : Paris, Berger-Levrault, in-8, 1899, 80 p. ; — r : *BTAM*, 1899, 342 R (nº 12) ; — r : *MSI*, I, 98 (nº 9, de fév. 1900).

J. QUOST. — **Constructions en ciment armé** : *MSI*, I, 19-25 (nº 2, de juillet 1899) ; — rep : *Chronique Industrielle*, nº 38, p. 441 (23 sept. 1899).

J. RENOUS. — **Les constructions en béton de ciment armé** : Limoges, impr. Vve Ducourtieux, 1899, in-8, 10 p.

G. LEUGNY. — **Une évolution dans la construction : le ciment armé** : *Cs*, 1900, I, 195, 232, 265 (17 et 24 fév. et 3 mars).

JOSEF ROSSHÄNDLER — **Anwendung und Theorie der Beton-Eisen-Konstruktionen** : *SB*, XXXVI, 93, 101, 109, 129 (nos 10 et suiv., du 8 sept. au 6 oct. 1900) ; — r : *MSI*, II, 621 (nº 6-7, de nov.-déc. 1900) ; — r : *PCE*, CXLIV, 383.

GIUSEPPE VACCHELI. — **Le costruzzioni in calcestruzzo ed in cemento armato** : Milano, Ulrico Hœpli, 1900, 1 vol., XVI-311 p., 210 fig. ; — r : *ATPB*, 1900, 314 ; — r : *TIZ*, 1900, 909 ; — 2e édit., 1903, 343 p., 230 fig ; — r : *TIZ*, 1903, 1360 (nº 85) ; — r : *BE*, 1904, 55 (nº 1).

BARKHAUSEN. — **Die Verbundkörper aus Mörtel und Eisen im Bauwesen** : *ZAIW*, 1901, 133 ; 1902, 245 ; — r : *GC*, XXXIX, 168 (nº 10, du 6 juillet 1901).

DUMAS. — **Les bétons de ciments armés** : Con du 10 déc. 1901 à la *Société Belge des Ingénieurs et Industriels* : *ATPB*, 1902, 547-588 (nº 3) ; — discn : *ibid*, 915 (nº 4), 1305 (nº 6), et 1903, 219 (nº 1) ; — r : *MSI*, IV, 1098 (nº 38, du 25 oct. 1902) ; — com : N. DE TÉDESCO, *C*, 1902, 158 (nº 10).

C. BERGER ET V. GUILLERME. — **La construction en ciment armé. Théories et systèmes divers ; applications générales** : Paris, Dunod, édit., 1902 ; 1 vol. in-8 de 887 p. et 1 atlas in-4 de 49 pl. ; — r : *C*, 1902, 94 (nº 6) ; — r : *TIZ*, 1902, 1306 ; — r : *CM*, XVII, 430 (31 mai 1902) ; — r : *ATPB*, 1902, 728 (nº 3) ; — r :

GC, XXIV, 274 (sept. 1902); — r : *ZOLA*, 1902, n° 48 ; — r : *BE*, 1903, 63 (n° 1) — 2e édit., 1904.

Campa. — Conférences sur le **C. A.** faites aux officiers du 4e génie : Autographie ; — r : *C*, 1902, 140 (n° 9).

Silvio Canevazzi. — **Siderocemento** : Bologna, tipog. Gamberlini e Parmeggiani, 1902 ; — r : *BE*, 1902, n° 5, 44.

A. Morel. — **Le ciment armé et ses applications** : Encycl. Léauté, Paris, Gauthier-Villars, 1902 ; 1 vol. in-8, 150 p., 100 fig. ; — r : *BE*, 1903, 64 (n° 1).

Wayss & Freytag A. G. — **Der Betoneisenbau, seine Anwendung und Theorie** (Partie théorique par E. Mörsch) : Stuttgart, Konrad Wittwer, 1902 ; 1 vol., 118 p., 78 fig.; — r : *C*, 1903, 28 (n° 2).

W. Linse. — **Der eisenverstärkte Beton** : *SE*, 1903, I, 42, 123, 190, 265, 312, 391 (nos 1-6) ; tap ; — r : *GC*, XLII, 411 (n° 25, du 18 avril 1903).

Camillo Guidi. — **Sulle costruzzioni in Beton armato** : *Annali della Societa degli Ingegneri italiani*, n° 2, 1903 ; — tap : Roma, tipolitografia del Genio Civile, 1903 ; — r : *APC*, 1903, IV, 237.

E. Lee Heidenreich. — **Treatise on armored concrete constructions** : *CEN*, XIV, XV, XVI (1903-1904) et tap, 1904.

J. Winn.— **Concrete steel constructions** : Chatham, Royal Engineers Institute, 1904 ; — r : *BE*, 1904, 126 (n° 2).

N. de Tedesco et A. Maurel. — **Traité théorique et pratique de la résistance des matériaux, appliquée au béton et au ciment armé** : Paris, Béranger, 1 vol., 1904 ; — r : *C*, 1904, 105 (n° 7) ; — r : *ATPB*, 1904, 770 (n° 4) ; — r : *BE*, 1904, 254 (n° 4) ; — r : *GM*, XXVIII, 244-246 (sept. 1904); — r : *TIZ*, 1904, 1455 (n° 119, du 8 oct.); — r : *IC*, 1904, II, 670 (nov.).

L. J. Mensch. — **Architects' and Engineers' Handbook of Re-inforced Concrete Constructions** : *CEN*, XVI, 4 et suiv. (1904), et tap, 1904, 217 p., 172 fig.; — r : *TIZ*, 1904, 720 (n° 59, du 19 mai).

Forestier. — **Constructions en béton armé** : *BTAM*, 1904, 599-617 (n° 7) ; — r : *Les Travaux publics*, oct.-nov. 1904, 116-120 ; — r : *BE*, 1905, 74 (n° 3).

A. Considère. — **Concrete and Concrete-Steel in France** : Con n° 72 au Congrès d'Ingénieurs tenu à St-Louis (Missouri) du 3 au 8 octobre 1904 ; 12 p.

A. W. Buel & C. S. Hill. — **Reinforced Concrete** : New-York,

Engineering News Publishing C°, 1904; in-8, 446 p.; — r : *ER*, L, 671 (n° 23, du 3 déc. 1904) : — r : *TIZ*, 1905, 782 (n° 59, du 20 mai).

CHARLES F. MARSH. — **Reinforced concrete** : New-York, D. van Nostrand C° : London, Archibald Constable & C° Ld, 1904 ; in-4, 545 p., 112 fig.; — r : *ER*, L, 671 (n° 23, du 3 déc. 1904) ; — r : *Eg*, LXXIX, 42 (n° 2037, du 13 janv. 1905) ; — r : *BE*, 1905, 76 (n° 3) ; — r : *TIZ*, 1905, 725 (n° 56, du 13 mai).

FREDERICK W. TAYLOR & SANDFORD E. THOMPSON.— **A treatise on concrete, plain and reinforced** : New-York, John Wiley and Sons, 1904 ; 1 vol. in-8, 585 p., 176 fig.: — r: *BE*, 1905, 156 (n° 6).

W. NOBLE TWELVETREES. — **Concrete-steel, a treatise on the theory and practice of reinforced concrete construction** : London, Whittaker & C°.

G. GANDRILE. — **Etat actuel de la question du ciment armé** : *RMC*, 1905, 6, 49, 81, 108... (n°s 1, 3, 4, 5...).

156. Historique

N. DE TÉDESCO. — **Evolutions des constructions en ciment armé** : *C*, 1899, 50 (n° 4) ; — Corr. à ce sujet : *C*, 1899, 79, 95, 112 (n°s 5, 6 et 7) ; — rep : *RT*, 1899, 254-256 (n° 11, du 10 juin) ; — r : *MSI*, I, 25 (n° 2, de juillet 1899).

BÖHM. — **Die Elastizitätsverhältnisse in Beton-Eisenkörpern.** C^{on} à la réunion du 20 mai 1900 du *Sächsischer Ingenieur und Architekten Verein* : *ZAIW*, 1900 ; — r : *TIZ*, 1900, 1395 (n° 93, du 9 août).

N. BELELUBSKY. — Historique du développement du **C.A.** : C^{on} au 7e Congrès des *Techniciens et Fabricants de ciment russes* ; séance du 31 mars 1901.

JOSEF SPITZER. — **Entwicklung des Beton Eisenbaues vom Beginne bis zur Gegenwart** : *ZOIA*, 1901, 191 ; 1902, 73 (31 janv.) ; — r : *ATPB*, 1902, 697 (n° 3).

ED. AST.— **Ueber die heutige Entwicklungsstufe des Betoneisenbaues, mit einem kurzen geschichtlichen Rückblick.** C^{on} à la séance du 22 févr. 1902 de l'*Assoc^{on} des Ingénieurs et Architetes autrichiens* : *ZOIA*, 1902, 160.

N. DE TÉDESCO. — **Etat actuel de la théorie du ciment armé** : *C*, 1902, 83 (n° 6).

R. M. UNCITI. — **Para la historia del cemento armado** : *CAo*, 1902, n° 3.

G. A. WAYSS. — **Die Entwicklung des Beton- und Eisenbaues, und seine heutige Anwendung** : *SDB*, 2 août 1902.

Le premier brevet connu de ciment armé (Brevet Lambot, de 1855, pour un réseau de fils de fer noyés dans un ciment quelconque, en vue de remplacer le bois dans les endroits humides) : *BAH*, V, 96 (nº 54, de nov. 1902).

Origine du ciment armé : *Echo des Mines et de la Métallurgie*, 26 mars 1903.

W. NOBLE TWELVETREES. — **Concrete-steel construction in England** : *BE*, 1905, 25 (nº 2) ; — r : *C*, 1905, 29 (nº 2).

BIOGRAPHIES :

Joseph Monier : *BAH*, V, 73 (nº 53, d'oct. 1902) ; — *ZB*, II, nº 1 (janv. 1903) ; — *BE*, 1903, 12-15 (nº 1).

François Hennebique : *BE*, 1903, 83 (nº 2).

Gustav Adolf Wayss : *BE*, 1903, 142 (nº 3).

François et Edmond Coignet ; A. Bonna : *BE*, 1903, 220 (nº 4).

T. Hyatt ; M. Kœnen ; P. Neumann : *BE*, 1903, 289, 290, 291 (nº 5).

J. Aspdin ; Melan : *BE*, 1904, 5 (nº 1).

N. de Tedesco : *BE*, 1904, 57 (nº 2).

Dr Maximilian Ritter von Thullie : *BE*, 1904, 131 (nº 3).

Sanders : *BE*, 1904, 191 (nº 4).

Edwin Thacher : *BE*, 1904, 259 (nº 5).

Hennebique ; Christophe : *BE*, 1905, 1 (nº 1).

S. de Mollins : *BE*, 1905, 101, 129 (nºs 5 et 6).

157. Avantages et inconvénients du C. A.

THADDEUS HYATT. — Sur quelques expériences d'ouvrages en béton et fer. (Economie de ce mode de construction : sécurité qu'il apporte dans les incendies quand on l'applique aux planchers, combles et dallages) (Recherches de 1876 à 1887) : Londres...

W. E. WARD. — **Concrete as a building-material in combination with iron** : *The American Engineer*, VI, 12 (1883) ; — r : *PCE*, LXXIV, 308-309 (1882-83).

SOCIÉTÉ POUR LES CONSTRUCTIONS EN CIMENT ARMÉ. — **Applications et avantages du ciment armé** : *C*, 1896, supplément du 25 octobre ; 15 p., 23 pl.

Armoured concrete. (Présomptions défavorables au principe du **C. A.**) : *E*, 1900, 322 (30 mars).

ERNEST PANTZ. — **Les constructions métalliques comparées aux autres modes de construction en 1900.** (Causes de leur supériorité sur le **C. A.**) : *Revue industrielle de l'Est*, 13 mai 1900, 2-3 ; — r : *MSI*, II, 385 (n° 4, de sept. 1900).

LÉON GRIVEAUD. — Diverses objections au principe du **C. A.** : *IC*, 1900, II, 24 (juill.).

Sté KARTENSTEIN & JOSSEAUX. — **Tragfähigkeit und Feuersicherheit von Beton-Eisenkonstruktionen** : 1 broch.; — r : *TIZ*, 1901, 187 (n° 15, du 2 févr.).

A. HALLIER. — **Inconvénients du béton de ciment armé dans la construction des ouvrages de fortification** : *GC*, XXXVIII, 240 (n° 15, du 9 févr. 1901) ; — r : *GM*, XXI, 445 (mai 1901).

PASCAL FORTHUNY. — **Le ciment armé rue Danton.** (Esthétique architecturale du **C. A.**) : *BAH*, III, n° 36, p. 1 (mai 1901).

FLAMENT. — Con au 6e congrès des concessionnaires des brevets Hennebique, **sur les objections que l'on oppose ordinairement au béton armé** : *BAH*, IV, 138 (n° 46, de mars 1902).

DIVERS. — **Relative permanence of steel and masonry construction.** (An informal discussion at the annual convention, May 21 st 1902) : *TACE*, XLIX, 74-93 (1902) ; — com : *ER*, XLVI, 337 (n° 14, du 11 oct. 1902).

Emplois et avantages du ciment armé (extrait de l'ouvrage de LEDUC : **Chaux et ciments**) : *RS*, 1902, I, 763 (14 juin).

P. A. M. HACKSTROH et A. C. VAN HEMERT. — Discussion sur la sécurité du **C. A.** : *Ir*, 1902, nos des 5 et 19 juillet, 9 août et 6 sept.; — r : *BE*, 1902, n° 5, p. 42.

Dr ZIPFEL. — **Fonte et ciment armé** (Discours au conseil municipal de Dijon, contre les tuyaux de distribution d'eau en **C. A.**) : *RT*, 1902, 317-318 (n° 20, du 25 oct.) ; — rep : *ATPB*, 1903, 181-186 (n° 1).

Dr R. FRANCO. — **Concepto hygiénico de las construcciones de cemento armado** *CAo*, II, n° 5 (1902).

Economia del cemento armado : *CAo*, II, n° 6 (1902).

AUG. HUIKARINEN. — **Om beton-järnkonstruktioner.** (Avantages du **C. A.**) : *TFFF*, 15 mars 1903 ; — r : *BE*, 1903, 214 (n° 3).

Concrete stel construction (Avantages du **C. A.** et écueils à éviter) : *ER*, XLIX, 117 (n° 5, du 30 janv. 1904) ; — com : *EN*, LI, 227 (n° 10, du 10 mars 1904).

JULIUS KAHN. — **Some of the causes of recent failures of reinforced concrete.** (Les trois plus fréquentes causes de faiblesse du **C. A.**, sont l'insuffisance des cintres, la mauvaise qualité du béton et l'insuffisance ou la mauvaise répartition de l'armature) : *EN*, LI, 66-68 (nº 3, du 21 janv. 1904) ; — discⁿ : *ibid*, 156-160 (nº 7, du 18 févr.) ; — *ER*, XLIX, 105-107 (nº 4, du 23 janv. 1904) ; — r : *GC*, XLIV, 355 (nº 22, du 2 avril 1904).

Beton-und Eisenbeton Decken. (Les planchers en **C.A.** sont insensibles au froid et se comportent bien dans les caves à bière) : *BV*, 1904, 31.

El cemento armado en el VI congresso internacional de arquitectos. (Esthétique du **C.A.**) : *CAo*, 1904, 21-30, 37-46, 53-60 (nºˢ 2, 3, 4) ; — r : *MSI*, VI, 454 (nº 60, du 25 août 1904).

Emile G. Perrot. — **Reinforced concrete in building construction**. (A paper read for the *School of Architecture, Univ. of Pennsylvania)* : r : *ER*, XLIX, 670-672 (nº 22, du 28 mai 1904) ; — corr : *ibid*, 783 (nº 25, du 18 juin).

John B. Warren. — **Economy in the use of steel-concrete** : *ER*, L, 454-455 (nº 16, du 15 oct. 1904).

N. T. Gagnon. — **Le ciment armé et la Terra-Cotta** : *Bull. de la Ch. de Commerce de Montréal*, 1904 ; — r : *C*, 1904, 165 (nº 11) ; — r : *BE*, 1905, 49 (nº 2).

Reinforced concrete factory buildings. (Avantages du **C.A.** dans les bâtiments industriels) : *ER*, LI, 117 (nº 5, du 4 févr. 1905) ; — r : *GC*, XLVI, 381 (nº 23, du 8 avril 1905). — Voir aussi : *CA*, janv. 1905.

Reinforced concrete buildings. (Avantages de ces constructions) : *ER*, LI, 281 (nº 10, du 11 mars 1905).

Zöllner. — **Neuere Ausführungen von Eisenbetonbauten und der Eisenbetonbau in Beziehung zur Architektur**. (Facilité avec laquelle le **C. A.** se prête à tous les systèmes d'architecture). Cᵒⁿ au congrès du *DBV* en fév. 1905 : *TIZ*, 1905, 1384-1389 (nº 100, du 26 août) ; — r : *ibid*, 327 (nº 31, du 14 mars).

Chas. S. Hill. — **Comment on the advantages and limitations of reinforced concrete**. Cᵒⁿ à l'*Assocᵒⁿ of Amer. Portl. Cem. Manufacturers* : *CA*, I, 488-492 (nº 11, d'avril 1905).

Otto Rappold. — **Die Blitzschlagsgefahr bei Betoneisenbauten**. (Sécurité des constructions en **C.A.** contre la foudre) : *BE*, 1905, 139-140 (nº 6).

158. Divers et non classés

Tomey. — **Ueber Monierbauten**. (Généralités et discussion) : *DPF*, 1891, 91-104.

Arlorio. — **Cementi armati** : 1893.

Note sur la résistance des planchers en acier doux et béton de ciment. système Hennebique. (Principes généraux du **C. A.**) : *NAC*, 1894, 42 (n° 3).

Fr. von Emperger. — **The distinction between concrete-iron and iron-concrete** : *EN*, XXXIII, 306 (n° 19, du 9 mai 1895).

Ciment armé : *GS*, janv. 1896, juin 1898.

P. Cottancin. — **Etude générale et pratique sur les travaux en ciment armé** : *C*, 1896, 81, 119, 145 (n°s 3, 4, 5) : 1897, 11, 43 (n°s 1, 2).

C. Canovetti. - **Sul cimento armato.** (Etat de la question en Italie) : *MT*; — trad. franç. : *C*, 1899, 12, 27 (n°s 1, 2).

N. de Tédesco. — **Des derniers progrès accomplis dans les constructions en ciment armé** : *IC*, 1899, I, 63-78 (janv.) (av. disc^{on}) ; — r : *RI*, 1899, 108, 119, 129 (18 et 25 mars et 1er avril) ; — r : *RT*, 1899, 138 (n° 6, du 25 mars).

J. Adac. — **Le ciment armé.** (Article de vulgarisation) : *N*, 1899, I, 328-330 (22 avril).

Cordeau. — **Les ciments armés** : *MA*, 1899, avril et suiv.

Cool. — Le béton armé : *TH*, 1899-1900, 141.

Armoured concrete. (Généralités) : *E*, 1900, 322 (30 mars).

Camillo Guidi. — **Le costruzzioni in beton armato.** (Conferenze tenutte nel Maggio 1900) : Torino, Bertolero, 1900.

I. Luengo & A. Gonzales. — **Cementos armados** (Descripcion y calculo de las obras) : Madrid, Bailly-Baillière, 1900 : in-8, 272 p., 114 fig.

P. P. — **Les bétons armés.** (Discussion avec de Mollins sur les principes généraux du **C. A.**) : *CM*, XV, 392 (19 mai 1900).

Vautier, Orpizewski & Bezencenet. — **Le béton mal armé.** (Principes à observer pour qu'un ouvrage puisse être dit réellement en **C. A.**) : *MIC*, 15 mai 1900, 45-46 : — r : *SB*, XXXVI, 19 (n° 2, du 14 juill. 1900) ; — r : *MSI*, II, 386 (n° 4, de sept. 1900).

Jaeger. — Réponse à l'article précédent : *MIC*, 15 août 1900, 135-137 : — r : *MSI*, II, 622 (n° 6-7, de nov.-déc. 1900).

Böhm et divers. — **Ueber den Einfluss von Eisenanlagen in Cementbeton und das elastische Verhalten der Cementeisenkonstruktionen.** (Disc^{n} sur divers sujets à la 4e assemblée générale du *DBV*, des 1er et 2 mars 1901) : *TIZ*, 1901, 1378 (n° 84, du 18 juillet).

Divers. — **Steel-concrete construction.** (Sujets divers). An informal discussion at the annual convention, June 26th 1901 : *PACE*, XXVII, 699-728 (n° 6, d'août 1901) : — *TACE*, XLVI, 93-128 (déc 1901) : — r : *ER*, XLIII, 617-620 (n° 26, du 29 juin 1901) : — r : *MSI*, III, 252 (n° 4, de sept.-oct. 1901) : — com : *ER*, XLIV, 265 (n° 11, du 21 sept. 1901).

Concrete-steel structures : *ER*, XLIV, 169 (n° 7, du 24 août 1901).

Martinez y Ruiz de Azua. — **Hormigon de cemento armado** : *ROP*, oct. et nov. 1901.

Charles Fleming Marsh. — **Construction in concrete and reinforced concrete** : *PCE*, CXLIX, 297-312 (1901-1902).

Dr Meissmer. — **Armierter Beton und dessen Anwendung in Hoch- und Tiefbau.** (Discussion sur divers sujets à la 5e assemblée générale du *DBV*, en fév. 1902) : *TIZ*, 1902, 1226 (n° 87, du 26 juill.) : — Discn : *ibid*, 1259 (n° 89, du 31 juill.).

F. Laur. — **Le ciment armé.** (Agonie de ce mode de construction) : *Echo des Mines* ; — r : *Cs*, 8 mars 1902, 289.

Les constructions en béton armé : *Inventions illustrées*, 9 mars 1902.

Eger. — **Constructionen aus Mauerwerk und Eisen.** (Sujets divers) : *BV*, 1902, 183, 193, 234, 617, 641.

Edwin Thacher. — **Concrete and concrete-steel construction.** (Essais, théories et formules) : *Ce*, 1902, 179 (n° 3, de juillet).

Brik. — **Concrete-steel.** (Sujets divers) : *OWOB*, 1902 ; — r : *ER*, XLVI, 177-179 (n° 7, du 23 août 1902) : — r : *MSI*, IV, 1169 (n° 39, du 25 nov. 1902).

P. d'Arlatan. — **Notes pratiques sur l'emploi du fer dans les mortiers** : *Praticien industriel*, 1er août 1902.

W. W. Christie. — **Some suggestions on concrete-steel construction** : *EN*, XLIX, 151 (n° 7, du 12 févr. 1903).

Alf. Picard. — Rapport sur l'emploi du **C. A.** à l'Exposition universelle de 1900 : Extrait du rapport général : — r : *ATPB*, 1903, 853-857 (n° 4).

Concrete steel : *B*, LXXXV, nos 3152 à 3175, juill. à déc. 1903 (série de 25 articles) : — r : *BE*, 1904, 54 (n° 1).

Triunfo del cemento armado : *CAo*, III, n° 11 (1903).

La verdad en los precios del cemento armado : *CAo*, III, n° 11 (1903).

Karl Herzan. — Combinaison du béton et du fer dans la construction moderne (en tchèque). (Conférence faite à Brünn, le 11 déc. 1903, sur les avantages du **C. A.** et diverses applications exécutées par l'auteur en Bohême et en Moravie : av. discon) : r : *BE*, 1904, 123-125 (n° 2).

Béton armé : *La Meunerie française*, janv. 1904.

R. F. Tucker. — **A plea for a committee on steel-concrete** : *ER*, XLIX, 167-168 (n° 6, du 6 fév. 1904).

J. Jaubert. — **Le béton armé**. (Article de vulgarisation) : *RS*, 1904, I, 241-244 (20 fév.).

Ed. Ast. — **Neuere Bestrebungen im Betoneisenbau.** Con à la séance du 8 mars 1904 de l'*Assoc. des Ingén. et Archit. autrichiens* ; r : *ZOIA*, 1904, 417 (n° 28, du 8 juill.).

Die Leitsätze für die Ausführung und Berechnung der Eisenbetonbauten : *ZB*, 1904, 90 (n° 6).

John Monash. — **Reinforced concrete**. (Propriétés et diverses applications du **C. A.**). Con au *Royal Victorian Institute of Architects* : com : *The Architect* (London), 16 sept. 1904 : — r : *BE*, 1905, 95 (n° 4).

Der Unterricht in Beton- und Eisenbetonbau auf den Baugewerkschulen. (Cours spéciaux professés à l'école professionnelle de Bischofswerda, en Saxe) : *ZB*, 1904, 136 (n° 9) : — r : *C*, 1904, 176 (n° 11).

Edwin Thacher. — **Concrete and concrete-steel in the United States.** Con n° 70, de 33 p., au congrès intern. d'ingénieurs, tenu à St-Louis (Missouri), du 3 au 8 oct. 1904 : r : *BE*, 1905, 29, 53, 77 (nos 2, 3, 4) : — r : *C*, 1905, 29 (n° 2).

John S. Sewell. — **Concrete and concrete-steel.** Con n° 71, de 35 p., au même congrès : r : *EN*, LII, 331 (n° 15, du 13 oct. 1904).

D. Jose Eugenio Ribera. — **Conferencia en el ateneo sobre construcciones modernas de hormigon armado.**

K. Herzan. — **Beton a zeleto v modernich stavbach.** (Le béton et le fer dans les constructions modernes) : 1 broch., Brünn, 1905.

C. A. Turner. — **Reinforced concrete.** Read at the *Northwest Concrete Products Convention*, Minneapolis : *CEN*, XVII, 13-15 (n° 1, de janv. 1905).

Renforced concrete. (Généralités) : *Eg*, LXXIX, 545 (28 avril 1905).

Eisenbeton bei Schmuckbauten. (Esthétique du **C. A.**) : *ZB*, 1905, 166-167 (n° 11, du 1er juin).

JOHN G. BROWN. — **Reinforced concrete from a commercial standpoint.** C^on à l'*Assoc. of Amer. Portl. Cem. Manufacturers*, en juin 1905.

R. WEDER. — **Beton-und Eisenbetonbau an der Tiefbauschule.** (Enseignement sur ces matériaux dans les écoles spéciales) : *ZB*, 1905, 181-183 (n° 12, du 15 juin).

La stabilité des constructions en **C. A.** : *Co*, II, n°s 2 et 3 (juin, juillet 1905).

§ 2. — OBSERVATIONS ET EXPÉRIENCES

159. Expériences spontanées ; accidents.

CHOCS, VIBRATIONS OU CHANGEMENTS DE TEMPÉRATURE SUBIS PAR DES CONSTRUCTIONS EN C. A. :

Une épreuve du béton armé. (Chute d'une grue sur un plancher âgé d'un mois) : *Gazette de Lausanne* ; — r : *C*, 1897, 396 (n° 12).

De l'effet des changements de température sur le béton armé. (Bonne tenue d'un plancher dans une fabrique de glace, à Turin, malgré la différence des températures de part et d'autre) : *BAH*, I, n° 7, 1 (déc. 1898).

Koenen'sche Voutenplatte. (Deux exemples de corps lourds tombés sur des planchers de construction récente) : *TIZ*, 1901, p. 1884 (n° 124, du 19 oct.).

PICOT. — **Une épreuve imprévue.** (Chute d'un lourd contrepoids sur un plancher en **C. A.**) : *BAH*, IV, 75 (n° 42, de nov. 1901).

P. G. — **Epreuve significative.** (Piliers démolis par des véhicules emballés, sans que le reste des constructions en ait souffert) : *BAH*, IV, 128 (n° 45, de fév. 1902).

Expérience accidentelle. (Masse de terre tombée sur un plancher en **C. A.**, au Caire) : *BAH*, IV, 152 (n° 47, d'avril 1902).

CH. W. SPOFFORD. — **Effect of vibration upon the strength of concrete** : *BE*, 1904, 46 (n° 1) ; — r : *C*, 1904, 32 (n° 2).

SCHOLL. — **Die Steinbeckerthorbrücke in Greifswald bei der Sturmflut am 31 Dezember 1904.** (Petit pont ayant bien résisté à une tempête). C^on à l'assemblée générale du 24/25 fév. 1905 du *DBV* : *TIZ*, 1905, 1331-1333 (n° 97, du 19 août) ; — r : *ibid*, 284 (n° 28, du 7 mars).

R. G. LAWRY. — **Reinforced concrete for structures subject to vibration.** (L'expérience de nombreuses usines en **C. A.** contenant des machines en fonctionnement, montre que les trépidations ne sont pas à craindre) : *EN*, LIII, 554 (n° 21, du 25 mai 1905).

A severe test of reinforced concrete construction. (Même conclusion) : *ER*, LII, 37 (n° 2, du 8 juill. 1905).

OBSERVATION DE FISSURES ET ACCIDENTS PROPREMENT DITS :

Pour les incendies, voir plus loin à l'art. 161.

R. et E. Dyckerhoff. — Fissuration d'objets en **C. A.** et divers accidents arrivés dans l'Allemagne du Sud : *DPF*, 1891, 100.

Chute d'un pont syst. Monier à Zachau : *SB*, XXV, 28 (1895) ; — *SE*, 1895, 347.

Brückeneinstürz. (Chute d'un pont syst. Monier à Stettin) : *BV*, 1898, 368.

N. de Tédesco. — **Causes des accidents survenus récemment à divers ouvrages en béton armé** : *RT*, 1899, 430 (n° 18, du 25 sept.) : — *C*, 1899, 139 (n° 9).

Achèvement du canal du Simplon. (Accident ayant montré la résistance du canal en **C. A.** pour l'amenée des forces motrices) : *BAH*, II, 12 (n° 18, de nov. 1899).

Catastrophe survenue à des planchers en béton armé Hennebique (à l'Impérial Palace de Nice) : *RT*, 1899, 563 (n° 24, du 25 déc.) et 1900, 35 (n° 2, du 25 janv.) ; — r : *MSI*, 1900, 24 (n° 8).

Effondrement de la passerelle du Globe Céleste à l'Exposition universelle de Paris, en 1900 : *RT*, 1900, 205-206 (n° 9, du 10 mai) ; — Matrai, *ibid*, 234 (n° 10, du 25 mai) : — P. P., *CM*, XV, 374 (12 mai 1900) : — *C*, 1900, 77-79 (n° 5) ; r : *MSI*, II, 385-386 (n° 4, de sept. 1900) : — L. Rachou, *GC*, XXXIX, 126 (n° 8, du 22 juin 1901) ; — *ATPB*, 1900, 641, 876 ; 1901, 911 (n° 5) ; 1902, 374 (n° 2) ; — C. Bernard, *ZVDI*, 1901 ; r : *TIZ*, 1901, 1621 (n° 97, du 17 août) ; — F. von Emperger, *ZOIA*, 1901, 485 ; — N. de Tédesco, *RT*, 1901, 563-566 (n° 24, du 25 déc.).

An accident to a concrete-steel grain bin. (Au Peavy Elevator, Superior) : *ER*, XLIII, 520 (n° 22, du 1er juin 1901).

Effondrement d'une maison en **C. A.** à Bâle, le 28 août 1901 : *SB*, XXXVIII, 96 (n° 9, du 31 août 1901) et XXXIX, 211 (n° 19, du 10 mai 1902). — A. Geiser, W. Ritter et F. Schüle (Rapport des experts) : Zürich, Zürcher & Furrer, 1901, in-4, 32 p. et 2 phototypies ; r : *BV*, 1902, 439. — F. von Emperger (Commentaires sur le rapport des experts) : *ZOIA*, 1902, 518 ; *BE*, 1902, n° 3, p. 15-19 ; *SB*, XXXIX, 213-220, 226-230 (nos 20 et 21, des 17 et 24 mai 1902) ; — *BAH*, V, 5 (n° 49, de juin 1902). — F. Schüle (Conférence faite à Lucerne, le 25 sept. 1902, devant l'*Association Suisse des Fabricants de ciment, chaux et plâtre*) : *TIZ*, 1902, 1617 (n° 120). — Questionnaire adressé, à la suite de cet accident, dans diverses villes, sur la manière dont les constructions Hennebique s'y sont comportées, et réponses à ce questionnaire : *SB*, XXXVIII, 228-229, 261 (n°s 21 et 24, des 23 nov. et 14 déc. 1901) ; r : *BV*, 1902, 46, 72 ; r : *TIZ*, 1902, 518 (n° 43, du 12 avril) ; r : *MSI*, III, 475 (n° 32, du 25 avril 1902).

Failure of concrete floor at Chicago. (Au Paddington Building ; Métal déployé) : *EN*, XLVIII, 478 (n° 23, du 4 déc. 1902).

Failure of a concrete floor in a Millwaukee building. (Plancher syst. Ransome) : *EN*, XLIX. 324, 328, 357, 381 (n°s 15, 17 et 18, des 9, 23 et 30 avril 1903) ; — r : *TIZ*, 1903, 1412 (n° 89, du 30 juill.).

Failure of a concrete-steel elevator at Duluth (Minn.). (Rupture d'un silo à grains) : *EN*, XLIX, 396 (n° 18, du 30 avril 1903).

Risse in geraden Betondecken an den Zwischenstützen infolge mangelnder Kontinuität der Deckenunterzüge. (Planchers fissurés dans une filature près de Prague) : *BE*, 1903, 77-78 (n° 2) ; — r : *C*, 1903, 63 (n° 4).

Inondation survenue au barrage d'Ithaca (N. Y.) avant son achèvement : Voir art. 190.

A collapsed concrete-steel building. (Maison à 3 étages à Corning, N. Y.) : *EN*, LI, 21, 82 (n°s 1 et 4, des 7 et 28 janv. 1904).

N. A. Shitkewitsch. — **Einstürz der Zwischendecken in der Mochowaja-Strasse in St-Petersburg.** (Extrait du procès-verbal de l'*Association Polytechnique de St-Pétersbourg*) : *BE*, 1904, 244-296 (n° 5).

A large concrete-steel bridge. (Annonce de déformations dans un pont en **C. A.** en voie de construction à Munich) : *EN*, LII, 454 (n° 20, du 17 nov. 1904).

Le pont de Châtellerault (Corr. au sujet de fissures observées) : *BAH*, VII, 283 (n° 79, de déc. 1904).

F. Leonardi et E. Adami. — Considérations sur la chute du pont en ciment armé à Luino : *Co*, I, n° 12 et II, n°s 1 et 2 (avril-juin 1905) ; — r : *C*, 1905, 79 (n° 5) ; — r : *BE*, 1905, 206, 235 (n°s 8 et 9).

Effondrement d'un réservoir à Madrid, le 6 avril 1905 : *Le Bâtiment*, 13 avril 1905 ; — *EN*, LIII, 393 (n° 15, du 13 avril 1905) ; — *ER*, LI, 561 (n° 20, du 20 mai 1905) ; — *BAH*, VIII, 50, 61-72, 93-100 (n°s 83, 84, 86, d'avril, mai et juil. 1905) ; — *ROP*, 8 juin 1905 ; — de Tédesco, *C*, 1905, 81-84 (n° 6) (avec phénomènes de dilatation thermique observés ultérieurement) ; — r : *BE*, 1905, 145-148, 204 (n°s 6 et 8) ; — T. A. Greenhill, *ER*, LII, 84-87 (n° 4, du 22 juil. 1905) ; — *Co*, II, n° 3 (juil. 1905) ; — r : *ZB*, 1905, 231-235 (n° 15, du 1er août).

160. Conservation du fer dans les mortiers et bétons.

R. Dyckerhoff. — Fers rouillés à la suite de fissuration du mortier ; Koenen. — Disparition de la rouille des armatures : *DPF*, 1894, 100 et suiv.

M. Gary. — Enquête sur les résultats pratiques de l'emploi des tuyaux en béton et en ciment armé : *C*, 1896, 46, 79, 115 (n°s 2, 3, 4).

Action of cinder concrete on steel : *EN*, 1897, 186.

Action de la chaux, du plâtre et du ciment sur le fer : *SB*, XXIX, 161 (n° 22, du 29 mai 1897) ; — *RT*, 1897, 284 (n° 12, du 25 juin) ; — *C*, 1897, 176 (n° 6).

G. Bouscaren. — **The corrosion of iron in concrete** : *TACE*, XXVIII ; — r : *ER*, XXXVII, 253, 272 (n°s 12 et 13, des 19 et 26 févr. 1898) ; — r : *TIZ*, 1898, 322 (n° 27, du 19 mars).

The protection of metal work in concrete : *ER*, XXXVIII, 278, 409 (n°s 13 et 19, des 27 août et 8 octobre 1898).

Lidy. — **Expériences sur l'altération des ciments armés par l'eau de mer.** (Action électrolytique) : *APC*, 1899, IV, 229-237 ; — rep : *NAC*, 1900, 159, 175 et 1901, 15 (oct., nov. 1900 et janv. 1901) ; — r : *ACPM*, mai 1900, 315-317 ; — r : *MSI*, II, 385 (n° 4, de sept. 1900).

La durée du béton armé. (Bon état d'une canalisation d'eau en service depuis 15 ans à Grenoble) : *BAH*, III, n° 33, 1 (fév. 1901) ; — rep : *C*, 1901, 44 (n° 3) ; — r : *CEN*, X, 60 (avril 1901) ; — r : *GM*, XXI, 446 (mai 1901) ; — r : *TIZ*, 1901, 630 (n° 43, du 11 avril) ; — com : E. Dyckerhoff, *TIZ*, 1901, 777 (n° 50, du 27 avril).

C. M. Kurtz. — **Tests of bolts imbedded in concrete** : *JAES*, fév. 1901, 109.

Discussion à la 4e assemblée générale du *DBV*, les 1er et 2 mars 1901 : *TIZ*, 1901, 1381-1385 (n° 84, du 18 juillet).

Eger. — **Das Eisen in Mauerwerk** : C^on^ au congrès de l'*AIEM*, tenu à Budapest en septembre 1901 ; 4e partie ; — *BV*, 1902, 183, 641.

Discussions sur la conservation du fer dans les mortiers et bétons au *Groupe des membres français et belges de l'AIEN* : Procès-verbaux des séances des 27 fév. 1902, p. 14-15 ; 31 mai 1902, 1 ; 29 oct. 1904, 2-9 ; 28 janv. 1905, 1-8 ; 29 avril 1905.

S. B. Newberry. — **The chemistry of the protection of steel against rust and fire by concrete** : *EN*, XLVII, 335 (24 avril 1902).

W. K. Hatt. — **Tests of rods imbedded in concrete** : *ASTM*, 1902.

Breuillé. — **Expériences sur le ciment armé.** (Légers décollements dans des plaques de **C. A.** traversées par de l'eau sous forte pression ; variations de poids de plaquettes de fer noyées dans du mortier) : *APC*, 1902, I, 181 ; — r ; *ER*, XLVI, 280 (nº 12, du 20 sept. 1902) ; — r : *GC*, XLI, 356 (nº 22, du 27 sept. 1902) ; — r : *ATPB*, 1902, 1130 (nº 5) ; — r : *BE*, 1902, nº 5, 42 ; — r : *BV*, 1902, 619 ; — r : *GM*, XXIV, 544 (déc. 1902) ; — r : *MSI*, IV, 1248 (nº 40, du 25 déc. 1902) ; — *TACE*, LI, 124 ; — *TIZ*, 1903, 253 (nº 20, du 14 fév.) ; — *EN*, LI, 561 (nº 24, du 16 juin 1904) ; — *TIZ*, 1904, 1293 (nº 104, du 3 sept.).

Rouverol & Teissier. — **De l'emploi du fer dans les mortiers.** (Il y a avantage à employer des fers rouillés) : *BAH*, V, 62 (nº 52, de sept. 1902).

Charles L. Norton. — **Tests to determine the protection afforded to steel by portland cement concrete.** (Pièces de fer bien décapées, noyées dans divers mortiers et bétons et exposées dans divers milieux) : *Rapp. III, IV et IX, of the Insurance Engineering Experiment Station, Boston (Mass.)* : *Technology Quaterly* (Boston), 1902 ; — r : *EN*, XLVIII, 333 (nº 17, du 23 oct. 1902) ; — r : *ER*, XLVI, 442 (nº 19, du 8 nov. 1902) ; — r : *IC*, 1902, II, 743 (nov.) ; — r : *MSI*, V, 219 (nº 43, du 25 mars 1903) ; — r : *BMK*, VIII, 115 (1903, nº 9) ; — r : *BV*, 1903, 266 ; — r : *GC*, XLIV, 288 (nº 18, du 5 mars 1904).

The preservation of structural steel in tall buildings. (Bon état du fer dans une maison de 12 étages à New-York) : *ER*, XLVII, 129 (nº 5, du 31 janv. 1903) ; — *EN*, XLIX, 113 (nº 5, du 29 janv. 1903).

Haesler. — **Das Verhalten von Eisen im Beton.** (Examen fait, d'après des instructions ministérielles, de plaques de **C. A.** en service depuis 11 ans à Berlin) : *BV*, 1903, 158 (nº 25) ; — r : *TIZ*, 1903, 616 (nº 43, du 9 avril) ; — r : *SE*, 1903, I, 650 (nº 10, du 15 mai).

Eisenteile in Mauerwerk (Etat de scellements faits depuis longtemps dans des maçonneries de ciment, de chaux ou de plâtre) : *BV*, 1903 ; — r : *TIZ*, 1903, 616 (nº 43, du 9 avril).

Preservation of iron in concrete. (Etat du fer dans un mur en **C. A.** construit à Berlin en 1890) : *BV*, 1903 ; — r : *ER*, XLVII, 554 (nº 21, du 23 mai 1903).

The preservation of materials of construction. (En partʳ, action protectrice du mortier sur le fer) : *TACE*, L, 320 (1903).

Maximilian Toch. — **The permanent protection of iron and steel.** (Peinture au ciment) : *Journ. Amer. Chem. Soc.* (Easton, Pa.), 1903 ; — r : *CEN*, XV, 244 (avril 1904).

CHARLES L. NORTON. — **The protection of steel from corrosion.** (Répétition d'expériences analogues aux premières, mais avec fers plus ou moins rouillés) : *EN*, LI, 29, 30, 36 (nº 2, du 14 janv. 1904) ; — r : *BMK*, IX, 99 (1904, nº 7) : — r : *BV*, 1904, 183 ; — r : *GC*, XLIV, 288 (nº 18, du 5 mars 1904) ; — r : *C*, 1904, 48 (nº 3 ; erreurs de traduction) ; — r : *TIZ*, 1904, 658 (nº 56, du 12 mai) ; — r : *RS*, 1904, 251 (20 août).

JOS. KLAUDY. — **Chemische Veränderungen in den ältesten Betoneisenbauten österreichischer Eisenbahnen, mit Einschluss der Rauchgas-Einflüsse.** Con à la séance du 17 mars 1904 de l'*Assocon des Ingénieurs et Architectes autrichiens* ; av. discn ; — r : *ZOIA*, 1904, 334 (nº 21, du 20 mai).

Avaries survenues dans un revêtement de béton armé. (Rouille constatée après 11 ans sur les parois en **C. A.** d'un canal à Berlin) : *BV* ; — r : *RT*, XXV, 547 (25 mai 1904).

EGER. — Observations faites sur l'état du fer lors de la démolition de diverses constructions : *BV*, 1904, 507.

H. C. TURNER. — **Experiments of concrete as a preservative of steel exposed to sea water.** (Influence de divers enduits mis sur le fer) : *ER*, L, 146 (nº 5, du 30 juillet 1904) ; — *EN*, LII, 153 (nº 7, du 18 août 1904) ; — r : *TIZ*, 1904, 1526 (nº 127, du 27 oct) ; — r : *RMC*, nº 3, 68 (juil. 1905).

ZÖLLNER. — **Ein Dokument über die Rostsicherheit des Eisens in Beton.** (Bonne conservation des armatures dans un tuyau âgé de 11 ans) : *BE*, 1904, 193 (nº 4) ; — r : *C*, 1904, 158 (nº 10).

Contribution à la recherche de l'influence de l'humidité sur les armatures des mortiers et bétons. (Plaques de fer brillantes ou rouillées noyées dans du béton et restées intactes après séjour à l'humidité) : 10e rapport de la *Boston Transit Commission* ; — r : *C*, 1905, 42 (nº 3).

Action protectrice du béton sur le fer : *EN*, LIII, 316, 389, 447 (nos 12, 15, 17, des 23 mars, 13 et 27 avril 1905).

CH. A. MATCHAM. — Expériences sur de petits blocs de **C. A.** soumis aux intempéries : *ER*, LI, 434-436 (nº 15, du 15 avril 1905).

La conservation du fer dans le béton. (Barres d'acier retrouvées intactes après 23 ans dans un trottoir en **C. A.** à New-York) : *BAH*, VIII, 57 (nº 83, d'avril 1905).

R. FERET. — **Recherches sur la conservation du fer dans les ouvrages en ciment armé.** (Voir ci-après, art. 307) : *RMC*, 1905, 2-3 (nº 1, de mai).

161. Action du feu sur le C. A.

GÉNÉRALITÉS :

J. J. Webster. — **Fireproof construction.** (Etude générale de la question) : *PCE*, CV, 249-288 (1891).

Concrete as a fire resisting material : *ER*, XXV, 89, 139 (nos 5 et 7, des 2 et 16 janv. 1897).

S. B. Newberry. — Théorie de la protection du fer contre l'incendie par le ciment : *Ce*, mai 1902, 95.

M. Gary. — Constructions incombustibles à ossature métallique aux Etats-Unis : *ZVDI*, 9 janv. 1904 ; — r : *APC*, 1904, II, 269.

T. Grut. – **Nogle Undersögelser over armeret Betons Brandsikkered.** (Expériences montrant la lenteur de propagation de la chaleur dans le béton et les variations de résistance de ce dernier selon la température à laquelle il a été porté) : *TFT*, janv. 1904 ; — r : *BE*, 1904, 187 (no 3).

N. A. Schitkewitsch. — Sécurité du béton contre l'incendie (av. discn) : *Comptes rendus de l'Assocon polytechnique de Saint-Pétersbourg*, 1904, no 1 ; — r : *BE*, 1904, 324 (no 5).

RÉSULTATS D'INCENDIES :

Incendie dans une usine munie de planchers syst. Monier : *BV*, 1890, 164.

Tomeï. — **Ueber Monierbauten.** (Incendies à Nippes, près Cologne, et à Wandsbeck) : *DPF*, 1891, 93.

L'incendie des magasins de la fabrique des cycles Adler de Francfort-sur-le-Mein : *BAH*, III, no 31, 1 (déc. 1900) ; — *TIZ*, 1901, 187 (no 15, du 2 fév.).

Divers exemples d'incendies où le **C. A** s'est bien comporté, alors que les autres constructions ont été détruites : *BAH*, IV, 11 (no 37, de juin 1901) ; — *Ce*, janv. 1903 ; — *BE*, 1903, 78-82 (no 2) ; r : *C*, 1903, 63 (no 4) ; — *SDB*, 1903, no 38 ; r : *TIZ*, 1903, 2014 (no 131, du 5 nov.) ; r : *BE*, 1904, 51 (no 1).

A successful fire test of concrete-steel factory construction. (Incendie de la Pacific Coast Borax Co, à Bayonne, New-Jersey) : *ER*, XLV, 341-342 (no 15, du 12 avril 1902) ; — r : *MSI*, IV, 857 (no 35, du 25 juillet 1902) ; — r : *BAH*, V, 68 (no 52, de sept. 1902).

Résistance au feu des planchers en ciment armé. (Procès-verbal des épreuves d'un plancher atteint par l'incendie du Métropolitain de Paris) : *C*, 1903, 164 (no 11) ; — r : *GM*, 1904, I, 60.

Observations et rapports à la suite de l'incendie de Baltimore : GRIESHABER, *EN*, LI, 169-173 (n° 8, du 25 fév. 1904) ; — MARSLAND, *B*, LXXXVII, n° 3215 ; — CHARLES L. NORTON, r : *EN*, LI, 528 (n° 22, du 2 juin 1904) ; *CA*, I, n° 2, 5-17 (juil. 1904) ; — J. S. SEWEL, *EN*, LI, 276-279 (n° 12, du 24 mars 1904); *CEN*, XV, 237 (avril 1904) ; — W. NOBLE TWELVETREES, *Ew*, XI, nos 2, 3, 4 ; — DIVERS, *BE*, 1904, 76-81 (n° 2) ; r : *C*, 1904, 78 (n° 5) ; — *Ce*, IV, n° 3 (1904) ; — *BAH*, VI, 157 (n° 71, d'avril 1904) ; — *CEN*, XV, 267, 269, 269 (mai 1904) ; — *ER*, XLIX, 214, 216, 218, 263, 267, 367, 697 ; L, 134, 221 (1904).

ESSAIS D'INCOMBUSTIBILITÉ :

Brandproben feuersicherer Bauconstructionen in Berlin : *BV*, 1893, 239, 252.

GEORGE HILL. — **Tests of fireproof flooring material.** Con à la séance du 4 déc. 1895 de l'*American Society of Civil Engineers* ; — r : *EN*, XXXIV, 384 (n° 23, du 12 déc. 1895).

A test of the adhesion of concrete to iron. (Pas de décollement après chauffage au rouge, puis refroidissement brusque dans l'eau) : *EN*, XXXVI, 81 (n° 5, du 6 août 1896).

Vergleichende Versuche über die Feuersicherheit von Speicherstützen. (Piliers métalliques protégés ou non par du béton) : *BV*, 1896, 246.

Breaking load test of a concrete and expanded metal floor after a five hour fire test: *EN*, XXXVII, 358 (n° 23, du 10 juin 1897).

Breaking tests of expanded metal and concrete fireproof floors. (Essais par G. Hill en décembre 1897) : *EN*, XXXVIII, 411, 428 (23 et 30 déc. 1897) ; — r : *BMK*, II, 275 (1898, n° 17).

Essais de divers planchers armés, par le *New York Building Department*. (Notamment systèmes Lock-wowen metal, White, American, Roebling, etc.) : *ER*, XXXVI, 332, 337, 359, 382, 402 (1897, II) ; — *EN*, XLVII, 441-442 (n° 22, du 29 mai 1902) ; — *ER*, XLVI, 350-351 (n° 15, du 11 oct. 1902) ; r : *MSI*, V, 120 (n° 42, du 25 fév. 1903) ; r : *BE*, 1903, 63 (n° 1) ; — *ER*, XLVI, 421-422 (n° 18, du 1er nov. 1902) ; r : *GC*, XLII, 112 (n° 7, du 13 déc. 1902) ; r : *MSI*, V, 222 (n° 43, du 25 mars 1903) ; — r : *BE*, 1902, n° 5, 44 ; — *EN*, LI, 624 (n° 26, du 30 juin 1904) ; r : *BE*, 1904, 329 (n° 5).

Eine Brandprobe mit Decken. (Plancher syst. J. Müller essayé à Hambourg) : *B V*, 1898, 284.

Fire tests of fireproof construction by the British Fire Prevention Committee : *EN*, XLI, 360 (n° 23, du 8 juin 1899) ; — *ER*, XXXIX, 434 (n° 19, du 8 avril 1899).

Essais au feu faits les 9 et 28 sept 1899 à l'exposition de Gand : *BAH*, II, n° 18, 9, 10 (nov. 1899) ; n° 19, 5 (déc. 1899).

Essais au feu de constructions Hennebique, à Magdebourg et à Leipzig : *BAH*, II, n° 20, 4 (janv. 1900) : n° 24, 5 (mai 1900) : n° 25, 2 (juin 1900) : — *BV*, 1900, 237 : — r : *TIZ*, 1900, 1092 (n° 75, du 28 juin).

Essais au feu faits les 14 et 20 août 1900 à la caserne de la rue Lamarck, à Paris : *BAH*, III, n° 28, 12 (sept. 1900).

A fire test of a large span concrete and expanded metal flat-arch floor : *EN*, XLV, 464 (n° 26, du 27 juin 1901).

Frank P. McKibben. — **Fire and weight tests of Columbian fireproof floor; Boston, Mass., July 1901 :** *EN*, XLVI, 378 (n° 21, du 21 nov. 1901)

Meissner. — Essai d'incendie exécuté par l'auteur sur une construction en **C. A.** : Con à la 5e assemblée générale du *DBV* : *TIZ*, 1902, 1227 (n° 87, du 26 juillet).

Die Feuersicherheit von Deckenkonstruktionen. (La conclusion de diverses séries d'expériences faites en Amérique est qu'une couche de béton de 5 cm. constitue une protection suffisante du fer contre le feu, et que le **C. A.** se comporte mieux dans les incendies que tout autre mode de construction) : *TIZ*, 1903, 1439 (n° 91, du 4 août) (d'après *Ce*).

Fire test of concrete building block. (Blocs Palmer-Hollow essayés à Oklahoma City comparativement avec des briques et des pierres naturelles) : *CEN*, XV, 71 (oct. 1903).

Essais de planchers en ciment armé. (Planchers syst. Siegwart essayés par flexion, avec ou sans l'action du feu, au Conservatoire des Arts et Métiers) : *C*, 1903, 172 (n° 11).

Charles L. Norton. — **Report of fire, load and water tests made upon a concrete-steel floor constructed by the Columbian fireproofing Company :** *CA*, I, n° 2, 19-29 (juil. 1904).

Selinger. — **Eine Brandprobe mit Visintini-Trägern** : *BE*, 1904, 213 (n° 4) ; — r : *C*, 1904, 159 (n° 10) : — r : *RMC*, 1905, 24 (n° 1, de mai).

Fire resisting construction in the Butterick Building, New York. (Planchers en arches de « cinder-concrete » renforcés de Métal déployé) : *ER*, L, 433 (n° 15, du 8 oct. 1904) : — r : *BE*, 1905, 97 (n° 4).

Ira H. Woolson. — Essais faits à New-York sur des planchers syst. Hennebique et syst. Kahn : r : *BAH*, VII, 255 (n° 77, d'oct. 1904) : — r : *ER*, L, 634-635 (n° 22, du 26 nov. 1904) : — r : *GC*,

XLVI, 183 (nº 11, du 14 janv. 1905) : — r : *Ce*, V, nº 6 : — r : *APC*, 1905, I, 290 : — r : *GM*, XXIX, 497 (juin 1905).

JOHN E. OLSEN. — **Report on load, fire and water test upon a Siegwart floor** : *BE*, 1904, 310-312 (nº 5).

Ein feuersicheres Theater aus Eisenbeton. (Petit théâtre construit à Vienne pour essais d'incendie) : *BE*, 1905, 92 (nº 4).

Feuersicherheit von Betontreppen. (Essais au feu et sous charge d'un escalier en **C. A.** à Rotthausen) : *ZB*, 1905, 121-123 (nº 8, du 15 avril) : — r : *C*, 1905, 61 (nº 4).

A successful fire test. (Essais des 16-17 juin 1905 sur une maisonnette en **C. A.** syst. *Unit*, à Philadelphie) : *CA*, II, 84-87 (nº 2, de juil. 1905).

162. Mesure de l'adhérence des mortiers ou bétons au fer.

A. GOTTSCHALDT. — Adhérence de mortiers à la tôle galvanisée : *Der Civilingenieur*, XXX, 495 (1884).

E. S. WHEELER. — Adhérence du mortier au fer : *Report Cheef of Engineers U. S. A.*, 1895, 2941.

A test of the adhesion of concrete to iron. (Pas de décollement après chauffage au rouge, puis refroidissement brusque dans l'eau) : *EN*, XXXVI, 81 (nº 5, du 6 août 1896).

H. A. CARSON. — **Adhesive resistance of steel bars in concrete** : *Tests of Metals*, *U. S. A.*, 1901, 620.

R. FERET. — **Expériences sur l'adhérence des mortiers.** (En partʳ, adhérence au fer : pour plus de développements, voir ci-après, chap. XIV, § 6) : Congrès de l'*AIEM*, tenu à Budapest en 1901, 15 p. ; — rep : *C*, 1901, 136 (nº 9) ; — r : *TIZ*, 1901, 2213 (nº 153, du 28 déc.).

BREUILLÉ. — **Expériences sur le ciment armé.** (En partʳ, essais montrant que l'adhérence du mortier au fer augmente avec le temps) : *APC*, 1902, I, 181 ; — r : *ER*, XLVI, 280 (nº 12, du 20 sept. 1902) ; — r : *GC*, XLI, 356 (nº 22, du 27 sept. 1902) : — r : *ATPB*, 1902, 1130 (nº 5) : — r : *MSI*, IV, 1428 (nº 40, du 25 déc. 1902) : — r : *TIZ*, 1903, 253 (nº 20, du 14 fév.) : — r : *EN*, LI, 561 (nº 24, du 16 juin 1904) : — r : *TIZ*, 1904, 1293 (nº 104, du 3 sept.) ; — r : *RMC*, nº 3, 67 (juil. 1905) : — com : A. KLEINLOGEL, *TIZ*, 1904, 1637, (nº 140, du 26 nov.).

LEDUC. — **Adhérence des mortiers au fer.** (Expériences copiées sur celles de Feret) : Cᵒⁿ à la *Section française de l'AIEM*, séance du 27 fév. 1902, p. 10-15 (av. discⁿ) : — r : *BAH*, V, 46 (nº 51, d'août 1902).

W. Kendrick Hatt. — **Tests of reinforced concrete beams.** (Aussi essais d'adhérence) : *ASTM*, II, 1902 : — tap : in-8, 20 p. : — r : *ER*, XLV, 601 (n° 25) : — r : *EN*, XLVIII, 53 (n° 3) ; etc. (Voir à l'art. suivant).

Leopold Mensch. — **Adherence of concrete and steel** : *JAES*, sept. 1902, 101.

James Costigan. — **Some frost and adhesion tests of cement mixtures.** (En partr, influence de l'état de la surface du fer) : A paper read before the *Canadian Society of Civil Engineers* : — r : *EN*, XLVIII, 261 (n° 14, du 2 oct. 1902).

E. Mörsch. — **Die Adhäsion des Eisens im Beton.** (Influence des proportions de ciment et d'eau entrant dans le mortier) : *TIZ*, 1903, 1388 (n° 87, du 25 juil.) : — r : *BE*, 1903, 180 (n° 3).

Ch. W. Spofford. — **Tests upon the bond of union between concrete and steel.** (Influence de la forme et du profil des barres) : *BE*, 1903, 200-201 (n° 3).

Sanders. — Influence du diamètre des barres. (Résultats irréguliers) : r : *BE*, 1903, 268 (n° 4).

Discussion sur l'adhérence des mortiers au fer, à la 7e assemblée générale du *DBV*, les 26 et 27 fév. 1904) : *TIZ*, 1904, 1053-1054 (n° 89, du 30 juillet).

Sam. W. Emerson. — **Tests of the adhesion and initial stress of steel in concrete.** (En partr, influences de la forme et des dimensions des tiges et de la composition du béton) : *EN*, LI, 222 (n° 10, du 10 mars 1904) : — com : E. Godfrey, *ibid*, 226 : — r : *MB*, 1904, I-II, 76 : — r : *GC*, XLV, 61 (n° 4, du 28 mai 1904) : — r : *BE*, 1904, 188, 324 (nos 3 et 5).

E. Roussel. — **L'adhérence des pilots de fondation au plateau de béton qui les coiffe** : *ATPB*, 1904, 175-190 (n° 2) : — r : *MSI*, VI, 277 (n° 57, du 25 mai 1904) : — r : *GC*, XLV, 160 (n° 9, du 2 juillet 1904) : — r : *E*, 1904, 167 (12 août) : — r : *ER*, L, 358 (n° 13, du 24 sept. 1904) : — r : *ZB*, 1905, 124-126 (n° 8, du 15 avril).

A. Kleinlogel. — **Zur Frage der Haftfestigkeit des Eisens im Beton.** (Adhérence calculée d'après les essais de flexion sous moment constant de poutres armées ou non) : *BE*, 1904, 227-231 (n° 4) : — r : *C*, 1904, 159 (n° 10) : — r : *TIZ*, 1905, 311 (n° 30, du 11 mars) : — r : *C*, 1905, 44 (n° 3) : — r : *DB*, 1905, n° 13' : — r : *RMC*, n° 3, 68 (juil. 1905).

E. Mörsch. — **Schub- und Scherfestigkeit des Betons.** (En partr, essais d'adhérence) : *SB*, 1904, 295-297, 307-310 (nos 26 et 27, des 24 et 31 déc.) : — r : *GC*, XLVI, 183 (n° 11, du 14 janv. 1905) : —

r : *DB*, 1905, 8′ (n° 2′) : — r : *BE*, 1905, 74 (n° 3) : — com : MARTENS, *BV*, 1905, 238 : *TIZ*, 1905, 833-835 (n° 62, du 27 mai) : *BE*, 1905, 149-150 (n° 6).

R. FERET. — **Adhérence des mortiers au fer.** (Extrait du chap. XIV ci-après) (av. disc^on) : Procès-verbaux des séances du *Groupe des membres français et belges de l'AIEM*, séances du 28 janv. 1905, p. 1 à 8, et du 29 avril 1905. Le premier article : rep : *C*, 1905, 60, 72-77 (n°s 4 et 5) : — r : *TIZ*, 1905, 988 (n° 73, du 24 juin) ; — *Co*, mai 1905 ; — r : *BE*, 1905, 150-152 (n° 6).

DIVERS. — Discussion sur l'adhérence des mortiers au fer, à l'assemblée gén. du *BBV*, en fév. 1905 : *TIZ*, 1905, 1407-1409 (n° 101, du 29 août) ; — r : *ibid.*, 327 (n° 31, du 14 mars).

W. MICHAËLIS. — **Die Adhäsions- oder Haftfestigkeit des Eisens im Eisenbeton.** (L'adhérence n'est que peu de chose à côté de la pression exercée par le béton contre le fer) : *ZB*, IV, 91 (n° 6, du 15 mars 1905) ; — r : *TIZ*, 1905, 327 (n° 31, du 14 mars).

C. VON BACH. — **Versuche über den Gleitwiderstand einbetonierten Eisens.** (Influences de divers facteurs) : *Mitteilungen über Forschungsarbeiten auf dem Gebiete des Ingenieurwesens*, 1905, n° 22 ; — r : *DB*, 1905, 24′ (n° 6′) ; — r : MÖRSCH, *ibid.*, 31′-32′ (n° 8′) ; — r : *ZVDI*, 1905, 924-926 (n° 22, du 3 juin) ; — rep : *BMK*, 1905, 246, 262... (n°s 17 et suiv.)

GUSTAV LIEBAU. — **Die Klemmfestigkeit des Eisens im Zementmörtel.** (Influences de l'état de la surface du fer et de l'âge du mortier) : *TIZ*, 1905, 715-716 (n° 56, du 13 mai) ; — r : *C*, 1905, 80 (n° 5).

Die Versuche Bauschingers über die Haftfestigkeit des Betons am Eisen. (Essais faits en 1887 et dont seuls les résultats bruts étaient connus jusqu'à présent) : *TIZ*, 1905, 835 (n° 62, du 27 mai) ; — r : *C*, 1905, 110 (n° 7).

163. Diverses recherches expérimentales.

Les essais de réception d'ouvrages en **C. A.** seront relatés au § 5, en même temps que ces ouvrages.

La plupart des articles cités ici contiennent en outre des considérations théoriques.

T. P. HYATT. — **An account of some experiments with portland cement and iron** : 1873.

ZIMMERMANN. — Nécessité d'une répartition bien définie des charges d'essai : *BV*, 1890, 463.

F. VON EMPERGER. — **Tests on brick, concrete and steel-concrete arches** : *EN*, XXX, 157 (août 1893).

Probebelastungen von Decken und Gewölben. (Précautions à prendre pour que les essais de pièces armées soient probants) : *BV*, 1895, 339.

Essais comparatifs de voûtes (en matériaux divers, dont une en **C. A.**, par une commission spéciale de l'*Association des Ingénieurs et Architectes autrichiens*) : *ZOIA*, 1895 ; — *WOIA*, 1895 ; — trad. franç. : *RT*, 1896, n°s 1 à 10 (av. tap) ; — r : *BV*, 1895, 428, 477, 496 ; — r : *GC*, XXVIII, 106, 123, 139, 154 (n°s 7 à 10, de déc. 1895 à janv. 1896) ; — r : *C*, 1896, 189 (n° 7). — Com : E. Coignet, *IC*, 1896, I, 177 ; r : *RT*, 1896, 267-270 (n° 12, du 25 juin).

R. P. Tutein Nolthenius. — Essais comparatifs de dalles Monier diversement armées : *TII*, 1895-96, 4 (n° 1) ; — *ZOIA*, 1896, 6-9 (n° 1, du 3 janv.) ; — *TII*, 1896-97, n° 4 ; — *ZOIA*, 1897, 561 ; — r : *PCE*, CXXXII, 404.

Essai d'une voûte en ciment à treillis métallique. (Essais jusqu'à rupture, en Algérie) : *C*, 1896, 50, 90 (n°s 2 et 3).

F. von Emperger. — **Eine Reihe von Bruchversuchen mit Hochbau-Constructionen.** (Arches syst. Melan, hourdis en briques creuses, poutres en **C. A** ; longue discussion) : C^{on} faite le 20 fév. 1896 au groupe technique des *Bau- und Eisenbahningenieure* : *ZOIA*, 1896, 224, 245 (n°s 15 et 16).

O. J. Marstrand. — **Strength of Monier plates** : *EN*, XXXVI, 32 (juillet 1896).

Aberthaw Construction C°. — Essais de colonnes armées ou non : *Tests of Metals U. S. A.*, 1897, 355.

N. de Tédesco. — **Du calcul des ouvrages en ciment armé.** (Essais de poutres à armatures symétriques, faits à Asnières) : *C*, 1897, 289 (n° 10).

George Hill. — **Concrete floor tests.** (Poutres de diverses compositions et diversement armées) : *ER*, XXXVII, 78, 105 (n°s 4 et 5, des 25 déc. 1897 et 1er janv. 1898) : — *PACE*, mars 1898, 213 ; — *TACE*, XXXIX, 617 (av. disc^{n}).

De Joly. — **Expériences faites par le Service des Phares et Balises sur la résistance et l'élasticité des ciments portland.** (En part^{r}, essais de traction sur barreaux armés) : *APC*, 1898, III, 229 ; — r : *GM*, 1899, I, 230 (mars).

Test of a reinforced concrete beam. (Par Ransome, à Cincinnati) : *ER*, XXXIX, 79 (n° 4, du 24 déc. 1898) ; — com : *TIZ*, 1899, 1603 (n° 124, du 4 nov.).

A. Considère. — **Influence des armatures métalliques sur les propriétés des mortiers et bétons.** (Allongements considérables dont le mortier est susceptible, sans rupture, au contact du fer) : *CR*, CXXVII, 992 (12 déc. 1898) et CXXVIII, 30 (2 janv. 1899); — rep : *C*, 1898, 190 (n° 12) et 1899, 1 (n° 1); — rep : *SEIN*, 1898, 1648 (n° 12) et 1899, 137 (n° 1); — rep : *RT*, 1899, 28, 43 (n° 2, du 25 janv.); — *GM*, XVII, 160, 164 (févr. 1899); — *RI*, 24 déc. 1898 et 21 janv. 1899; — 1er art. rep : *BTAM*, 1899, 108 R (n° 5).

A. Considère. — **Influence des armatures métalliques sur les propriétés des mortiers et bétons.** (Développements au sujet des mêmes expériences ; formules, conséquences pratiques) : *GC*, XXXIV, 213, 229, 244, 260 (nos 14-17, des 4 au 25 févr. 1899); tap. 1899. in 8, 53 p. ; — r : *C*, 1899, 40, 57, 74, 93, 143, 157, 171, 183 (nos 3-6, 9-12); — r : *BAH*, I, no 9, p. 12 ; n° 10, p. 5 ; n° 11, p. 5 (févr., mars, avril 1899); — r : *SB*, XXXV, 235, 245 (nos 22 et 23, des 2 et 9 juin 1900).

A. Hoch. — **Beton-Probebogen der Stuttgarter Cementfabrik Ehingen.** (Essais d'une arche articulée de 20 m. de portée en **C. A.**) : *DPF*, 1899, 162 ; — rep : *TIZ*, 1899, 545, 951 (nos 39 et 67) ; — r : *PCE*, CXXXIX, 436. — (Fin des essais) : *BMK*, IX, 118 (1904, n° 8) ; — *TIZ*, 1904, 1137 (n° 95, du 13 août).

M. Gary. — Influence d'une répartition défectueuse des charges d'essai : *TIZ*, 1899, 1382, 1603 (nos 104 et 124, des 19 sept. et 4 nov.) (av. com. de Haegen).

A. Considère. — **Variations de volume des mortiers de ciment de Portland, résultant de la prise et de l'état hygrométrique.** (Tensions et compressions qui en résultent dans le **C. A.**) : *CR*, CXXIX, 467 (18 sept. 1899); — rep : *SEIN*, 1899, 1635 (n° 9) ; — r : *RI*, 1899, 450 ; — r : *BV*, 1900, 81 (21 févr.); — r et com : *TIZ*, 1899, 1821 (n° 145, du 23 déc.).

Daniel B. Luten. — Essais de petites arches en ciment pur armé : *EN*, XLIII, 106-107 (15 févr. 1900) ; — r : *MSI*, II, 20 (n° 1, de juin 1900).

Vibrations produites par la chute d'un poids sur des planchers. (Comparaison entre deux planchers, à la gare du quai d'Orsay, l'un en fer et briques, l'autre en **C. A.**) : *BAH*, II, 6 (n° 22, de mars 1900).

A. Considère. — **Méthode d'épreuve des constructions en béton armé.** (Nécessité d'éprouver directement les constructions en **C. A.** et de comparer les déformations observées à celles qui résulteraient du calcul) : Con au *Congrès International des Méthodes d'Essai des Matériaux de Construction*, tenu à Paris du 9 au 16 juil. 1900 ; Dunod, 1901, tome II, 1re partie, p. 331-348.

Spitzer. — **Ueber Versuchsergebnisse bei Erprobung von Beton- und Betoneisen Constructionen.** (Comparaison des résultats trouvés par divers expérimentateurs). C[on] à la séance du 13 déc. 1900 du groupe des *Bau- und Eisenbahningenieure* : *ZOIA*, 1901, 665 (11 oct.); — r : *ZOIA*, 1900, 781 (n° 52); — r : *C*, 1901, 166, 178 (n°s 11, 12) et 1902, 12 (n° 1).

Tests of concrete floors of various systems : *JAES*, févr. 1901, 73-148.

E. Brik. — Essais de rupture de planchers Hennebique à Vienne : *Allgemeine Bauzeitung*, 1901, n° 2 ; — *OWOB*, 1901, 924.

Fr. von Emperger. — **Eine Belastungsprobe mit Decken nach System Hennebique und die Kritik der von Hofrat Prof. J. E. Brik dazu gegebenen Berechnung** : *BE*, 1902, n° 2 ; — r : *TIZ*, 1902, 832 (n° 62, du 29 mai).

Sur la résistance du béton armé aux chocs répétés. (Expériences de la gare du quai d'Orsay, déjà citées, et cas d'un plancher en **C. A.** qui supporte des trépidations depuis plusieurs années) : *GM*, XXI, 440 (mai 1901); — r : *BTAM*, 1901, 130 R (n° 6); — r : *BAH*, IV, 32 (n° 39, d'août 1901); — r : *RI*, 10 août 1901 ; — r : *TIZ*, 1901, 1818 (n° 117, du 3 oct.).

Essais de hourdis et de colonnes en **C. A.** (Sous charges statiques et par chocs, lors de la démolition du Palais du Costume de l'Exposition de 1900) : *BAH*, IV, 1 (n° 37, de juin 1901); — r : *MSI*, III, 143 (n° 2-3, de juillet-août 1901) ; — Rabut, *BAH*, V, 24 (n° 50, de juil. 1902) ; *BE*, 1903, 17 (n° 1) (av. disc[n]).

Bericht des zweiten Gewölbe-Ausschusses. (Essais de compression sur blocs armés ou non) : *ZOIA*, 1901, 113 (n° 25, du 21 juin); — r : *RT*, 1901, 316-318 (n° 14, du 25 juillet) ; — r : *C*, 1901, 97 (n° 7).

Wason. — **Concrete steel construction.** (Essais de poutres diversement armées) : *PACE*, XXVII, 708-716 (n° 6, d'août 1901) ; — r : *ER*, XLIV, 272-274 (21 sept. 1901) ; — r : *MSI*, III, 251 (n° 4, de sept.-oct. 1901).

N. de Tédesco. — **Résistance des voûtains en béton non armé, comparée à celle des dalles armées** : *C*, 1901, 145-152 (n° 10) (d'après W. W. Ewing).

L. A. Sanders. — **Epreuve jusqu'à rupture d'une poutre en ciment armé.** (Poutre en T dans une caserne en Hollande) : *C*, 1902, 6 (n° 1).

L. A. Sanders. — **Epreuves sur des poutres en ciment armé.** (Divers bétons et diverses armatures) : *GC*, XL, 313 (n° 19, du 8 mars 1902) ; — r : *APC*, 1902, I, 237.

L. A. Sanders. — **Belastungsproben mit doppelt armierten Monierplatten** : *BE*, 1902, n° 5, 16-19 ; — com : A. Ostenfeld, *ibid*, 19-22 ; — r : *C*, 1902, 174 (n° 11) ; — r : *MSI*, V, 307 (n° 44, du 25 avril 1903).

Expériences de Sanders : *Technisch Weekblad* ; — com : von Thullie, *ZOIA*, 1902, 697 (n° 42, du 17 oct.).

Essai d'un plancher Hennebique à la gare de Lemberg (Galicie) : *BAH*, IV, 170 (n° 48, de mai 1902) ; — von Thullie, *ZOIA*, 1902, 857-865 (n° 50, du 12 déc.) ; *BE*, 1903, 40-49 (n° 1).

H. M. de Crousaz. — **Mesure des flexions lors des épreuves de constructions en béton armé.** (Erreurs à éviter et précautions à prendre) : *BAH*, V, 9 (n° 49, de juin 1902).

H. A. Carson. — **Tests of reinforced concrete beams** : *Eight Report*, *Boston Transit Com.*, 1902, Appendix V.

W. Kendrick Hatt. — **Tests of reinforced concrete beams.** (Divers bétons et diverses armatures ; longue discussion des résultats) : *ASTM*, II, 1902 ; — tap, in-8, 20 p. ; — r : *ER*, XLV, 601-605 (n° 25, du 28 juin 1902) et XLVI, 1 (n° 1, du 5 juillet 1902) ; — r : *EN*, XLVIII, 53 (n° 3, du 17 juillet 1902) ; — r : *GC*, XLI, 260 (n° 16, du 16 août 1902) ; — r : *BAH*, V, 66 (n° 52, de sept. 1902) ; — r : *MSI*, IV, 1098 (n° 38, du 25 oct. 1902) ; — r : *BE*, 1902, n° 5, p. 42.

Fr. von Emperger. — **Die Durchbiegung und Einspannung von armierten Betonbalken und Platten** : *BE*, 1902, n° 4, 23-55 ; — r : *C*, 1902, 97-106 (n° 7).

A. Considère. — **Résistance à la traction du béton armé.** (Confirmation de ses premières expériences sur l'allongement du béton au contact du fer ; étude des alternatives de chargement et de déchargement) : *CR*, CXXXV, 337 (18 août 1902) ; — rep : *GC*, XLI, 288 (n° 18, du 30 août 1902) ; — *RI*, 13 sept. 1902 ; — r : *Eg*, LXXIV, 385 (19 sept. 1902) ; — *BAH*, V, 59 (n° 52, de sept. 1902) ; — *ER*, XLVI, 320 (n° 14, du 4 oct. 1902) ; — *ATPB*, 1902, 1293 (n° 6) ; — r : *MSI*, V, 18 (n° 41, du 25 janv. 1903).

A. Considère. — **Etude expérimentale de la résistance à la compression du béton fretté.** (Augmentation de résistance apportée par les frettes) : *CR*, CXXXV, séance du 8 sept. 1902 ; — *RI*, 27 sept. 1902 ; — *C*, 1902, 150 (n° 10) ; — r : *Eg*, LXXIV, 681 (21 nov. 1902) ; — com : *ER*, XLVII, 1 (n° 1, du 3 janv. 1903) : r : *MSI*, V, 412 (n° 45, du 25 mai 1903).

Zugversuche mit armiertem Beton. (Expériences faites à l'École des Ponts et Chaussées et montrant le grand allongement du béton au contact du fer) : *BE*, 1902, n° 5, 26-27 : — com : A. Considère, *BE*, 1903, 291-295 (n° 5) (franç. et allem.).

F. Schüle. — **Résistance et déformations du béton armé sollicité à la flexion.** (Essais sur trois poutres non armées et trois poutres à armatures symétriques; discussion des résultats) : *SB*, XL, 237, 248, 264 (nos 22-24, des 29 nov., 6 et 13 déc. 1902) ; — tap : Zurich, E. Rascher's Erben, 1902 : in-4, 10 p. et 1 pl.: — trad. partiellement en allem.: *BE*, 1903, 32-40, 99-101 (nos 1 et 2) ; — r : *GC*, XLII, 176 (n° 11, du 10 janv. 1903) : — r : *PCE*, CLII, 391 : — r : *MSI*, V, 219 (n° 43, du 25 mars 1903).

Expériences de rupture au coin. (Essais de choc faits à Grenoble sur blocs armés ou non) : *BAH*, V, 120-121 (n° 55, de déc. 1902) ; — r : *MSI*, V, 307 (n° 44, d'avril 1903).

J. Melan. — **Belastungsversuch an einer armierten Betonplatte** : *ZOIA*, 1902, 879 (n° 51) ; — r : *TIZ*, 1903, 468 (n° 34, du 19 mars) ; — r : *BE*, 1903, 133 (n° 2).

Essais de dalles syst. Ransome : *BE*, 1902, n° 5, 12-14 ; — *ER*, XLVI, 580-581 (n° 25, du 20 déc. 1902) : — r : *MSI*, V, 308 et 309 (n° 44, du 25 avril 1903) : — r : *BE*, 1903, 135 (n° 2) : — r : *TIZ*, 1903, 1104 (n° 69, du 13 juin).

Camillo Guidi. — **Esperienze sulla elasticità e resistenza di conglomerati di cimento semplici ed armati** : Torino, Carlo Clausen, édit.

Rabut. — **Bruchversuche mit zwei Deckenplatten (syst. Hennebique) im « Palais du Costume »** (avec discon) : *BE*, 1903, 17, 20, 22 (n° 1). — Voir aussi art. 164.

L. A. Sanders. — **Vergleichende Proben mit T- und ⊥-förmigen Verbund-Balken.** (Equivalentes sous les charges normales, les poutres à ailes supérieures résistent mieux aux fortes charges) : *BE*, 1903, 27-32 (n° 1) ; — r : *C*, 1903, 32.

L. A. Sanders. — **Beton mit Querarmatur, verglichen mit « Béton fretté » (umschnürter Beton).** (Résistances à la compression de cubes diversement armés) : *BE*, 1903, 108-110 (n° 2).

Programme de recherches à entreprendre sur le **C. A.** par une commission d'études constituée en Suisse à cet effet : *SB*, XLI, 118-120 (n° 11, du 14 mars 1903) : — *BE*, 1903, 144-146 (n° 3) ; — *ATPB*, 1903, 1045 (n° 5) : — *HA*, II, n° 14 ; — r : *C*, 1903, 110 (n° 7).

Moormann. — **Ueber Versuche mit gemauerten Trägern** : *BV*, 1903, 366 ; — r : *ATPB*, 1903, 631 (n° 3).

Sanford E. Thompson. — **Test of a reinforced concrete slab** : *ER*, XLVIII, 313 (n° 11, du 12 sept. 1903).

A. Considère. — **Essai à outrance du pont d'Ivry.** (En béton fretté) : *APC*, 1903, III, 5 ; — r : *C*, 1903, 168 (n° 11) ; — r : *ZOIA*,

1903, 608, 640 et 1904, 418 ; — r : *BE*, 1903, 316 (nº 5) ; 1904, 37-39 (nº 1) ; — r : *SB*, XLIII, 132 (nº 11, du 19 mars 1904) ; — r : *Eg*, LXXVII, 557 (22 avril 1904) ; — r : *ATPB*, 1904, 529-532 (nº 3) ; — r : *EN*, LI, 430-431 (nº 18, du 5 mai 1904) ; — r : Léon Moisseiff, *ER*, XLIX, 709-711 (nº 23, du 4 juin 1904) ; — com : de Tedesco, *C*, 1904, 1, 18 (nºˢ 1 et 2) ; com : *ER*, XLIX, 757 (nº 25, du 18 juin 1904).

Essais à la compression de prismes en ciment armé. (Comparaison, par A. Coignet, de diverses sortes de frettage) : *C*, 1903, 118 (nº 8) ; — *Cement and Slate* (Allentown), janv. 1904, 573-575 ; — r : *MSI*, VI, 385 (nº 59, du 25 juill. 1904).

F. von Emperger. – **Einige Versuche über die Würfelfestigkeit von armiertem Beton.** (Compression de blocs diversement armés) : *BE*, 1903, 268-269 (nº 4).

A. L. Johnson. — Essais de poutres armées de divers types de barres : *BE*, 1903, 277-278 (nº 4).

Weiske. — Résistance du béton armé : *DPJ*, 1903, 795 (11 déc.).

Gaetano Lanza. — **Some recent tests in the Mass.-Institute of technology.** (Poutres armées de fers ronds et de fers tordus) : *BE*, 1903, 325-327 (nº 5) et 1904, 39-40 (nº 1) ; — r : *C*. 1904, 32 (nº 2).

M. Rudeloff. — **Ein Beitrag zum Studium der Festigkeitseigenschaften von Beton mit Eisenanlagen.** (Essais par traction sur barreaux armés) : *MB*, 1904, I, 2.

Rudolf Johannsen. — **Einiges über Belastungsproben.** (Essais de rupture de dalles et de voûtes) : *BE*, 1904, 44-46, 98-100 (nºˢ 1 et 2).

Sam. W. Emerson. — Variations de longueur de barres de fer enrobées de mortier et exposées dans divers milieux : *EN*, LI, 222 (nº 10, du 10 mars 1904) ; — r : *GC*, XLV, 61 (nº 4, du 28 mai 1904) ; — r : *MB*, 1904, 76 (nº 1-2) ; — r : *BE*, 1904, 188, 324 (nºˢ 3 et 5) ; — com : E. Godfrey, *EN*, LI, 226 (nº 10, du 10 mars 1904).

Essais de rupture d'ouvrages en **C. A.** à l'exposition de Dresde. (Notamment plancher avec colonnes syst. Hennebique, pont syst. Möller, escalier syst. Hennebique et poteaux en **C. A.**) : *BE*, 1904, 104-105 (nº 2) ; — *ZB*, 1904, 51 (nº 4) ; — C. Hanf, Con au *DBV* : *BE*, 1905, 113-118 (nº 5) ; — *TIZ*, 1905, 1389-1395 (nº 100, du 26 août) ; — r : *TIZ*, 1905, 327 (nº 31, du 14 mars) ; — r : *C*, 1904, 62, 80 (nºˢ 4 et 5) ; 1905, 79 (nº 5) ; — r : *DB*, 1905, 21′, 25′, 33′ (nºˢ 6′, 7′, 9′).

Adolf Kleinlogel. — **Untersuchungen über die Dehnungsfähigkeit nichtarmierten und armierten Betons bei Biegungsbeanspruchung.** (Expériences d'où il résulterait que la présence de l'armature augmente à peine l'allongement de rupture du béton) : *Forscherarbeiten aus dem Gebiete des Eisenbetons*, Wien, 1904, I, Verlag von « *Beton und Eisen* », 18 p., 1 pl. : — r : *BE*, 1904, 89-98 (nº 2) ; — r : *GC*, XLV, 159 (nº 9, du 2 juillet 1904) ; — r : *TIZ*, 1904, 964 (nº 79, du 7 juill.) : — r : *EN*, LIII, 75 (nº 3, du 19 janv. 1905).

SVERRE DAHM. — **Steel-concrete tests, done by New-York Transit RR.** (Comparaison de divers genres de poutres armées) : *BE*, 1904, 100 (nº 2) ; — r : *C*, 1904, 79 (nº 5).

M. A. HOWE. — **Cross-bending tests on reinforced concrete beams.** Con du 6 avril 1904 à la *Western Society of Engineers* : *RG*, 8 avril 1904 ; — *JWSE*, juin 1904 ; — r : *EN*, LI, 359 (nº 15, du 14 avril 1904) ; — *ER*, XLIX, 501 (nº 17, du 23 avril 1904) ; — *BE*, 1904, 188, 329 (nos 3 et 5) ; — *Ce*, IV, nº 4 (1904).

W. K. HATT. — **Flexure of reinforced concrete beams.** Con à la même réunion : *JWSE*, juin 1904 ; — r : *ER*, LXIX, 501 (nº 17, du 23 avr. 1904) ; — *BE*, 1904, 328 (nº 5) ; — r : *E*, XCIX, nº 2574 (1905).

L. J. JOHNSON. — **Tests of reinforced beams** : *JAES*, juin 1904, 308.

EDGAR MARBURG. — **Tests of steel-concrete beams.** (Essais faits à l'Université de Pennsylvanie). Con au 7e congrès de l'*American Society for Testing Materials*, tenu à Atlantic City du 16 au 18 juin 1904 : *ER*, L, 50-53 (nº 2, du 9 juill. 1904) ; — *EN*, LII, 216-218 (nº 10, du 8 sept. 1904) ; — r : *EN*, LI, 585 (nº 25, du 23 juin 1904) ; — r : *CEN*, XV, 287 (juin 1904) ; — r : *BE*, 1904, 329 (nº 5).

A. N. TALBOT. — **Flexure of reinforced concrete beams.** (Essais faits à l'Université de l'Illinois). Con au même congrès : *JWSE*, août 1904 ; — *EN*, LII, 122 (nº 6, du 11 août 1904) ; — *ER*, L, 196-201 (nº 7, du 13 août 1904) ; — r : *EN*, LI, 585 (nº 25, du 23 juin 1904) ; — r : *CEN*, XV, 287 (juin 1904) ; — r : *ER*, L, 182 (nº 7, du 13 août 1904) ; — r : *GC*, XLV, 384 (nº 23, du 8 oct. 1904) ; — com : *B*, LXXXVII, nº 3217 ; — r : *E*, XCIX, nº 2574 (1905). — Discn : SINKS, KAHN, TALBOT, *ER*, L, 324, 438, 556 (nos 11, 15, 19).

F. E. TURNEAURE. — **Tests on reinforced concrete beams.** (Essais faits à l'Université du Wisconsin). Con au même congrès : *ER*, L, 274-275 (nº 10, du 3 sept. 1904) ; — *EN*, LII, 213-215 (nº 10, du 8 sept. 1904) ; — r : *EN*, LI, 585 (nº 25, du 23 juin 1904) ; — r : *CEN*, XV, 287 (juin 1904) ; — r : *ER*, L, 267 (nº 10, du 3 sept. 1904) ; — r : *BE*, 1904, 329 (nº 5) ; — r ; *MSI*, VII, 28 (nº 65 de janv. 1905 ; — r : *E*, XCIX, nº 2574 (1905) ; — r : *RMC*, nº 3, 63 (juill. 1905).

Ein Bruchversuch an einer Gitterbrücke aus Eisenbeton : *ZB*, 1904, 107 (nº 7).

CHAS. E. RASINSKY. — **Testing steel-concrete beams** (A propos des essais de G. W. Drach) : *ER*, L, 90 (nº 3, du 16 juill. 1904).

Essais par flexion de dalles armées ou non, gâchées avec diverses solutions salines et soumises à la gelée : r : Eger, *BV*, 1904, 498.

Essais de diverses constructions en **C. A.** faits à Königsberg : r : Eger, *BV*, 1904, 507.

A. Bonde. — **Nogle Belastingsforsög med Brodaks plador af armeret beton.** (Essais de dalles armées pour platelages de ponts) : *TU*, 1904, n°s 38 et 40 ; — 1re partie, trad. all. : *BE*, 1904, 235-238 (n° 4) ; r : *C*, 1904, 159 (n 10) ; — 2e partie, r : *BE*, 1904, 328 (n° 5).

Expériences sur la flexion des poutres : *Ee*, nov. 1904, 356.

Mörsch. — **Schub- und Scherfestigkeit des Betons.** (En part[r], essais de cisaillement sur prismes armés et essais de torsion sur cylindres frettés) : *SB*, XLIII, 295-297, 307-310 (n°s 26 et 27, des 24 et 31 déc. 1904) : — r : *GC*, XLVI, 183 (n° 11, du 14 janv. 1905) ; — r : *DB*, 1905, 8 (n° 2) : — r : *BE*, 1905, 74 (n° 3).

A. Considère. — **Faculté que le béton armé possède de supporter de grands allongements.** (Nouvelles expériences confirmant les premières) : *CR*, CXL, 30 janv. 1905 ; — rep : *GC*, XLVI, 243 (n° 15, du 11 févr. 1905) : — com : P. Planat, *CM*, XX, 241 (n° 21, du 18 fév. 1905) ; — rep : *C*, 1905, 26 (n° 2) ; — com : H. Lossier, *SB*, XLV, 138-140 (n° 11, du 18 mars 1905) ; — r : *GM*, XXIX, 236 (mars 1905) : — trad. all : *BE*, 1905, 58 (n° 3) ; — rep : *APC*, 1905, I, 233 ; — r : *ATPB*, 1905, 373 (n° 2) ; — r : *ER*, LI, 451 (n° 16, du 22 avril 1905).

R. C. Heath. — **Tests of reinforced concrete beams.** (Essais faits le 8 déc. 1904 à Kensington Ave. par *Philadelphia Rapid Transit)* : r : *ER*, LI, 170 (n° 6, du 11 fév. 1905).

Programme d'expériences sur le **C. A.** élaboré par une commission spéciale de l'*Amer. Soc. of Civ. Engineers* : *PACE*, XXXI, n° 2, 86-100 (1905) ; — r : *BE*, 1905, 154, 176 (n°s 6 et 7) ; — *The Times, Engineering Supplement*, 1st year, n° 5 ; — r : *EN*, LIII, 322 (n° 12, du 23 mars 1905) ; — r : *B*, LXXXVIII, n° 3244.

Schlüter. — **Probebelastungen bei Bauten.** (Inconvénients des surcharges réglementaires pour la sécurité des fondations) : C[on] au *DBV* en fév. 1905 (av. disc[on]) : *TIZ*, 1905, 1438-1441 (n° 103, du 2 sept.).

F. H. Constant. — **Aims and scope of laboratory tests of reinforced concrete** : *ME*, XXVIII, n° 3 (1905).

T. L. Condron. — **The strength of reinforced concrete.** (Étude de 202 essais de **C. A.** exécutés par 8 expérimentateurs). C[on] du 15 mars 1905 à la *Western Sy of Engineers* : *JWSE*, mars 1905 ; — r : *ER*, LI, 374-376 (n° 13, du 1er avril 1905) : — disc[n] : L. C. Sa-

BIN, *ibid*, 476 (n° 16, du 22 avril 1905) : — r : *CA*, I, 560 (n° 12, de mai 1905) : — disc^n : D. B. LUTEN, *EN*, LIII, 495-497 (n° 19, du 11 mai 1905).

HOUDAILLE. — **Sur la résistance comparée des dalles en ciment armé à prix de revient constant.** (Essais de poutres syst. Lang, dont l'armature variait en sens inverse de la richesse du mortier) : *GM*, XXIX, 307-316 (avril 1905).

W. KENDRICK HATT. — **Tests of reinforced concrete beams** : *Ee*, 1905 ; — r : *ER*, LI, 545-547 (n° 19, du 13 mai 1905) : — r : *C*, 1905, 127 (n° 8).

E. J. MC CAUSTLAND. — **Results of comparative tests of plain and reinforced concrete columns.** C^{on} à la *Soc. for Advanc^t of Science*. (Essais faits à l'Université Cornell sous la direction de H. S. Jacoby) : r : *CA*, I, 554 (n° 12, de mai 1905) ; — *EN*, LIII, 614 (n° 24, du 15 juin 1905).

J. E. HOWARD. — **Tests of metals.** (En part^r, essais comparatifs de colonnes en briques et béton, avec ou sans armatures) : Edité par l'*Ord. Dep^t. of the U. S. Army*, 1905 : — r : *ER*, LI, 507 (n° 18, du 6 mai 1905) : — r : *CA*, II, 41-43 (n° 1, de juin 1905) ; — r : *GC*, XLVII, 205 (n° 12, du 22 juill. 1905) : — r : *C*, 1905, 126 (n° 8).

Essais comparatifs sur armatures cylindriques ou non : D. B. LUTEN, *EN*, LIII, 495-497 (n° 19, du 11 mai 1905) ; — *EN*, LIV, 5-6 (n° 1, du 6 juill. 1905) ; — L. WHITE, *EN*, LIV, 99 (n° 4, du 27 juill. 1905).

Test of concrete bridge floors. (Essai d'une plaque en **C. A.** à Pittsburg, en vue d'un pont à Ulster, Pa) : *ER*, LII, 104 (n° 4, du 22 juill. 1905).

C. v. BACH. — Essais de compression sur blocs en **C. A.** (Influences relatives des proportions de fer dans les barres longitudinales et dans les étriers transversaux) : r : *DB*, 1905, 68' (n° 17').

§ 3. — THÉORIES ET CALCULS

164. Théories

Il n'est guère de publication sur le ciment armé qui ne contienne au moins quelques aperçus théoriques : on n'a classé dans le présent article que celles où la partie théorique occupe une place prépondérante, bien que beaucoup de celles qui figurent aux § 1 et 3 et surtout au § 2 et à l'art. 165 eussent pu y trouver place également.

P. PLANAT. — **Recherches sur la théorie des ciments armés.** (Examen successif de quatre hypothèses, dont aucune n'est complètement confirmée par l'expérience. Résumé d'articles parus dans *CM*, à partir de déc. 1893 : Paris, Aulanier & Cie, sans date ; in-8, 231 p.

P. PLANAT. — **Théorie des poutres droites en fer et ciment** : Paris, Aulanier & Cie, sans date (entre 1895 et 1898) ; in-8, 126 p.

J. B. JOHNSON. — **Strength of concrete and steel in combination** : *EN*, XXXIII, 10, 58 (3 et 24 janv. 1895).

T. GRUT. — Théories sur le **C. A.** : *In*, 29 févr. et 7 mars 1896 : — r : LORENZ, *C*, 1896, 10-14, 43-44 (nos 1 et 2) ; — com : DE TÉDESCO, *C*, 44-46, 71-75 (nos 2 et 3).

N. DE TÉDESCO. — **Du calcul des ouvrages en ciment armé.** (Discussion de diverses théories) : *C*, 1896, 44, 71, 112, 176 (nos 2, 3, 4, 6) ; 1897, 33, 100, 131, 193, 227, 353 (nos 2, 4, 5, 7, 8, 11) ; 1898, 10, 19, 52, 101 (nos 1, 2, 4, 7) ; 1900, 1 (no 1).

JULIUS MANDL. — **Zur Theorie der Cementeisen-Konstruktionen** : *ZOIA*, 1896, 593, 605 (nos 45 et 46) ; — com : MELAN, *ibid*, 609 ; — rep : *BMK*, I, 155, 172, 189, 273, 384, 408 (1896-1897).

FR. ENGESSER. — **Ueber die Elasticitäts- und Festigkeits-Verhältnisse von Stäben mit veränderlichem Elasticitätsmodul.** (La section de la poutre armée peut être remplacée par une section fictive à module d'élasticité constant) : *ZOIA*, 1896, 678 (no 52, du 25 déc.).

J. A. SPITZER. — **Zur Theorie der Cement-Eisenconstructionen (Monier-Constructionen).** (Il faut tenir compte de la décroissance du coefficient d'élasticité du béton à mesure que la charge augmente ; discn. de diverses théories) : *ZOIA*, 1897, 26 (no 2, du 8 janv.).

FR. VON EMPERGER. — **Zur Theorie der verstärkten Betonplatte.** (Distinguer deux phases dans l'essai d'une poutre ; discussion des théories de von Thullie et d'Ostenfeld) : *ZOIA*, 1897, 351, 364, 402 (nos 22, 23 et 25, des 28 mai, 4 et 18 juin).

N. DE TÉDESCO. — **Du calcul des ouvrages en ciment armé** : *RT*, 1897, 490-491 (no 21, du 10 nov.) ; — *BTAM*, 1898, 36 R-40 R (no 2).

JOH. HERMANEK. — **Einfluss von Temperaturschwankungen auf Beton-Eisen-Konstruktionen.** (L'influence des variations de température n'est pas nuisible si le fer est bien réparti dans le béton) : *ZOIA*, 1897, 694 (no 51, du 17 déc.).

L. A. SANDERS. — Déplacement de la ligne neutre selon le moment fléchissant : *In*, 9, 16, 23 (30 avril et 7 mai 1898) ; — com : *APC*, 1898, II, 414.

M. D. Federman. — **Théorie de l'équilibre des systèmes en fer et ciment, tirée du principe du moindre travail, d'après B.B. Ferria.** (Conditions d'équilibre du moment fléchissant, de la force normale et de la force tranchante, selon qu'on suppose que les deux matériaux adhèrent ou non) : *IC*, 1898, I, 996-1007 (juin).

Harel de la Noë. — **Théorie et applications nouvelles du ciment armé.** (En partr, influence des répétitions d'efforts) : *APC*, 1899, I, 1-21 : — r : *MSI*, I, 96 (n° 3, d'août 1899) ; — r : *GC*, XXXV, 352 (n° 21, du 23 sept. 1899) ; — r : *C*, 1899, 145, 165 (nos 10 et 11) ; — r : *ATPB*, 1900, 119.

A. Considère. — **Influence des armatures métalliques sur les propriétés des mortiers et bétons.** (Conséquences pratiques des phénomènes révélés par ses expériences) : *GC*, XXXIV, 213, *etc.* Voir p. 366. — Com : Planat, *CM*, XIV, 309, 368, 416, 429 (25 mars, 29 avril, 27 mai, 3 juin, 22 juill. 1899). — Discon avec L. Viennot : *GC*, XXXIV, 389 (n° 24, du 15 avril 1899).

A. Considère. — **Etude du béton armé.** (Con à la 28e session de l'*AFAS*, en sept. 1899) : *AFAS*, 1899, II, 216 ; — r : *C*, 1899, 192 (n° 12).

David Molitor. — **Theories of masonry and concrete-steel arches** : *JAES*, janv. 1900, 46.

Rôle des armatures : *BV*, 1900, 83, 91.

A. Considère. — **Méthode d'épreuve des constructions en béton armé** : Con au *Congrès intern. des Méth. d'Essai des Matérx de Conston*, tenu à Paris du 9 au 16 juill. 1900 ; Dunod, 1901, tome II, 1re partie, p. 331-348.

Chaudy. — **Note sur les dalles et parois fléchies en fer et ciment** : *IC*, 1900, II, 219 (août) ; — r. et discn : *ibid*, 14 (juill.).

Harel de la Noë. — **Déformations et conditions de la rupture dans les corps solides.** (En partr, application de sa théorie au **C. A.**) : *APC*, 1900, II, 180-233.

A. Considère. — **Situation de la question du béton armé.** (Contributions respectives de l'auteur et de M. Harel de la Noë aux progrès de la théorie du **C. A.** et discussion de diverses théories de ce dernier) : *APC*, 1900, IV, 121-140.

F. Schüle. — **De l'encastrement des poutres et dalles en béton armé.** (Diverses hypothèses sur le moment d'encastrement des dalles armées et comparaison des formules Hennebique et Kœnen à cet égard) : *BTSR* ; — rep : *BAH*, III, n° 31, p. 5 (déc. 1900).

Barkhausen. — **Die Verbundkörper von Mörtel und Eisen im Bauwesen** : *ZAIW*, 1901, 133 (n° 2) ; 1902, n° 3 ; — r : *GC*, XLI, 227 (n° 14, du 2 août 1902) ; — r : *BE*, 1903, 60 (n° 1).

C. BONCORPS. — (On peut admettre que les fers de l'armature sont uniformément répartis sur toute la partie tendue) : *Annales des chemins vicinaux* ; — r : *CM*, XVI, 335 (13 avril 1901).

W. V. J. — **Computing the strength of concrete-steel beams** : *EN*, XLV, 307 (n° 17, du 25 avr. 1901).

CRESCENTINO CAVEGLIA. — **Sulla teoria delle travi e dei lastroni di cemento armate.** (Calculs basés sur les expériences de M. Considère) : Roma, Enrico Vighera, 1901 ; — r : *C*, 1901, 79 (n° 5).

J. RÉSAL. — **Ouvrages en ciment armé.** (Calculs dans l'hypothèse de l'élasticité parfaite du mortier) : *Stabilité des Constructions*, Paris, 1901, chap. V, § 5 : — rep : *RT*, 1901, 241-247 (n° 11, du 10 juin) ; — r : *C*, 1901, 86, 108, 119, 143 (n°s 6-9) ; — r : *ATPB*, 1901, 714-720 (n° 4) ; — r : *MSI*, III, 252 (n° 4, de sept.-oct. 1901).

A. CONSIDÈRE. — **Contribution à l'étude des propriétés du béton armé** : C^on au congrès de l'*AIEM*, tenu à Budapest en sept. 1901, in-8, 17 p. ; — rep : *C*, 1903, 12, 17, 33 (n°s 1 à 3) ; — r : *TIZ*, 1902, 279, 347 (n°s 26 et 32, des 1er et 15 mars).

RAPPAPORT. — (Dans son état actuel, l'emploi du **C. A.** n'est pas rationnel) : *SB*, XXXVIII, 198 (n°18, du 2 nov. 1901) ; — com : ELSKES, *ibid.*, 222 (n° 20, du 16 nov.) ; — r : *GC*, XL, 68 (n° 4, du 23 nov. 1901).

W. KENDRICK HATT. — **Theory of the strength of beams of reinforced concrete** : C^on à l'assemblée du 29 janv. 1902 de l'*Indiana Engineering Society*, à Indianapolis : — r : *EN*, XLVII, 170-171 (n° 9, du 27 févr. 1902) ; — r : *ER*, XLV, 433-435 (n° 17, du 10 mai 1902).

FERNANDO ROJO Y SOJO. — **Adherencia del metal en el hormigon armado.** (Calcul des conditions nécessaires pour que l'effort tangentiel ne dépasse pas l'adhérence) : *ROP*, févr. 1902, 76.

Comparaison entre la théorie du ciment armé de M. Paul Christophe, ingénieur des ponts et chaussées de Belgique, et celle communiquée par MM. Edmond Coignet et de Tédesco, en 1894, à la Société des Ingénieurs Civils : *C*, 1902, 33 (n° 3).

RABUT. — **Lois de déformation, principes de calcul et règles d'emploi scientifiques du béton armé** : *CR*, CXXXIV, séance du 21 avril 1902 ; — rep : *GC*, XLI, 12 (n° 1, du 3 mai 1902) ; — rep : *BTAM*, 1902, 109 (n° 5) ; — *BAH*, V, 35 (n° 50, de juill. 1902) ; — rep. et com : *C*, 1902, 66, 106 (n°s 5 et 7) ; — r : *ATPB*, 1902, 869 (n° 4) ; — *MIC*, 1er oct. 1902, 255 ; — r : *MSI*, V, 18 (n° 41, du 25 janv. 1903).

FR. VON EMPERGER. — **Eine Belastungsprobe mit Decken nach System Hennebique, und die Kritik der von Hofrat Prof. J. E.**

Brik dazu gegebenen Berechnung : *BE*, 1902, n° 2 ; — r : *TIZ*, 1902, 832 (n° 62, du 29 mai).

P. P. — **Répartition du travail dans les hourdis en ciment armé** : *CM*, XVII, 369 (3 mai 1902).

Lois de déformation, principes de calcul et règles d'emploi scientifiques du béton armé : *RI*, 10 mai 1902.

L. A. Sanders et P. Christophe. — (Polémique au sujet de passages du livre de M. Christophe) : *C*, 1902, 68, 87, 107, 127 (n°s 5-8).

W. Kendrick Hatt. — **Tests of reinforced concrete beams.** (Nouvelle théorie à la suite de ses expériences) : *ASTM*, II, 1902, etc. Voir p. 368.

J. E. Brik. — **Ueber die zulässige Beanspruchung der Baustoffe in Cement-Eisenconstructionen** : *OIVOB*, 584 (26 juillet 1902) ; — r : *BE*, 1902, n° 5, p. 41.

A. Considère. — **Etude théorique de la résistance à la compression du béton fretté.** (Calcul du supplément de résistance produit par le frettage d'un sable sans cohésion ; induction au béton fretté) : *CR*, CXXXV, 365 (25 août 1902); — *RI*, 20 sept. 1902 ; — *C*, 1902, 133 (n° 9) ; — *BAH*, V, 82 (n° 53, d'oct. 1902) ; — r : *GM*, XXV, 451 (mai 1903).

Fr. von Emperger. — **Die Durchbiegung und Einspannung von armierten Betonbalken und Platten** : *BE*, 1902, n° 4, p. 23-55 ; — r : *C*, 1902, 97-106 (n° 7).

Concrete-steel theory and computations : *ER*, XLVI, 241 (n° 9, du 13 septembre 1902).

L. A. Sanders. — **Theorie van Cement-Ijzer-Constructiën** : *Ir*, 1902, n°s 43, 44, 45 : — tap. ; — r : *BE*, 1903, 64 (n° 1).

C. Canovetti. — **Contribution à l'étude du ciment armé** : *C*, 1902, 153 (n° 10) ; 1903, 25, 44, 56 (n°s 2-4).

R. M. Unciti. — **Mecanica aplicad à al cemento armado.** (Théorie, tables, projets) : *CAo*, par livraisons, à partir de 1902.

William Cain. — **Theory of steel-concrete arches and of vaulted structures** : New-York, D. van Nostrand C°, 2e édit. revue, 1902, 181 p. ; — r : *TIZ*, 1903, 307 (n° 24) : — r : *BE*, 1904, 55, (n° 1).

A. Considère. — **Résistance à la compression du béton armé et du béton fretté.** (Conséquences pratiques de ses expériences, principalement en ce qui concerne le béton fretté) : *GC*, XLII, 5, 20, 38, 58, 72, 82, 140 (n^{os}, 1-6 et 9, du 1er nov. au 27 déc. 1902) ; — tap : 1903, in-8°, 72 p. ; — r : *C*, 1902, 161, 175 (n°s 11, 12) ; — r : *CEN*, XIII, 89 (n° 6, de déc. 1902) ; — r : *ER*, XLVI, 581, 605 ; XLVII, 53, 81, 105, 128 (déc. 1902 et janv. 1903) ; — r : *BE*, 1902, n° 5, p. 44 ; — r :

MSI, V, 121, 412 (nos 42 et 45, de fév. et mai 1903) ; — r : ***ATPB***, 1903, 415-418 (n° 2) : — trad. angl. : Léon S. Moisseiff, New-York, Mc Graw Publishing C°, 1903 : — trad. all. : Ig. M. Blodnig, Wien, Lehmann & Wentzel, 1903 (Polémiques, principalement dans *BE*, au sujet d'erreurs de traduction).

M. Koenen. — **Ueber Rissebildung bei Betonplatten.** (Circonstances qui facilitent la fissuration et moyens de l'éviter) : *BE*, 1902, n° 5, 28-30 ; — r : *C*, 1902, 175 (n° 11) ; — r : *MSI*, V, 413 (n° 45, de mai 1903).

Haberkalt. — **Zur Theorie der Verbundkörper am Beton und Eisen** : *OWOB*, 835 (29 nov. 1902)) ; — r : *BE*, 1903, 60-61 (n° 1).

F. Schüle. — **Résistance et déformations du béton armé sollicité à la flexion.** (Expériences avec conclusions notamment sur la sécurité des formules de Ritter et sur la vérification expérimentale des constructions) : *SB*, XL, 237, 248, 264 (nos 22-24, du 29 nov. au 13 déc. 1902) : — tap : Zurich. E. Rascher's Erben, 1902 ; in-4°, 10 p. et 1 pl. ; — trad partiellement en all. : *BE*, 1903, 32-40, 99-101 (nos 1 et 2) ; — r : *GC*, XLII, 176 (n° 11, du 10 janv. 1903) ; — r : *PCE*, CLII, 391 ; — r : *MSI*, V, 219 (n° 43, du 25 mars 1903).

Marco Baroni. — **Di norme che determinio la stabilità delle costruzzioni en calcestruzzo armato** : *Il Politecnico* (Genova), 1903, n° 1.

P. A. M. Hackstroh. — **Theorie Cement-Ijzerconstructiën** ; A. C. C. G. van Hemert. — **Betrouwbaarheid van Betonijzerconstructiën** : *Ir*, 1903, nos 1 et 3 ; — r : *BE*, 1903, 135-136 (n° 2).

Veen. — La théorie du béton armé : *Ir*, 1903, n° 3.

Karl Haberkalt. — **Die Anfangsspannungen in Betoneisenträgern** : *ZOIA*, 1903, 66 ; — rep : *BE*, 1903, 111-117 (n° 2).

F. von Emperger. — **Die Zulässigkeit hoher Druckspannungen im Beton** : *BE*, 1903, 23-27 (n° 1).

John Stephen Sewell. — **A neglected point in the theory of concrete-steel.** (Répartition des efforts) : *EN*, XLIX, 112 (n° 5, du 29 janv. 1903) ; — r : *BE*, 1903, 135 (n° 2).

Von Thullie et Osterfeld. — Discussion sur les conclusions des expériences de L. A. Sanders : *BE*, 1903, 22-23, 98-99 (nos 1 et 2).

Discussions sur les efforts de cisaillement développés dans les poutres armées : *EN*, XLIX, 256 (n° 12, du 19 mars 1903) : — ***BE***, 1903, 117-122, 202-204, 204-207, 269-274, 331-333 (nos 2, 3, 4, 5) ; — *EN*, LI, 158, 227, 259, 330, 354, 355, 426, 470 (1er sem. 1904.)

Ed. Thacher. — **Are end stirrups an advantage in concrete-steel beams ?** Discon à la réunion annuelle de l'*Amer. Ry. Engng and*

Maintenance of Way Assoc. : *EN*, XLIX, 279 (n° 13, du 26 mars 1903) ; — rep : *BE*, 1903, 274 (n° 4).

G. Ramisch. — **Die Einflusslinien eines an den beiden Enden eingeklemmten Balkens und ihre Anwendung auf Verbundbalken** : *BE*, 1903, 122-130 (n° 2) ; — com : *ibid*, 208 (n° 3).

A. L. Johnson. — **Steel-concrete construction.** (Revue de l'état actuel des théories sur le C. A.) : *BG*, 13 mars 1903.

J. W. Schaub. — **Stresses in concrete-steel beams.** (Répartition des tensions) : *EN*, XLIX, 348 (n° 16, du 16 avril 1903).

S. J. Rutgers. — **Ueber den Elastizitätscoeffizient für Druck bei Beton-Eisen.** (Faible erreur commise en admettant que les contractions sont proportionnelles aux efforts de compression) : *Ir*, 1903, nos 21 et 28 ; — r : *BE*, 1903, 213 (n° 3).

E. Mörsch. — **Theorie der Betoneisenkonstruktionen.** Con à la 6e assemblée générale du *DBV*, du 21 février 1903 ; av. discon : *TIZ*, 1903, 1387, 1421, 1462 (nos 87, 90, 93, des 25 juillet, 1er et 8 août).

Du calcul des ouvrages en ciment avec ossature métallique ; analyse au point de vue des théories nouvelles du ciment armé. (Les découvertes récentes ne font que confirmer les théories avancées, dès 1894, par Coignet et Tédesco) : *C*, 1903, 136, 154, 169, 179 (nos 9-12).

Panetti. — La mesure des flèches comme criterium des constructions en béton armé : *L'Ingegneria civile e le Arti industriali*, XXIX, n° 12 (1903).

Adolf Franke. — **Einiges über Verbundkörper.** (Loi générale des allongements élastiques et position de la ligne neutre) : *BE*, 1903, 169-172, 251-254 (nos 3 et 4).

Lerosey. — **Sur la résistance des planchers en béton armé, les lois de leurs déformations et leurs épreuves de réception** : *GM*, XXVI, 97-126, 189-210, 285-302, 425-436 (août à nov. 1903).

M. Koenen. — **Regeln für die Anordnung der Eisenanlagen in Betoneisenbauten.** (Le diamètre des barres doit être inférieur à la cinquantième partie du quotient du moment fléchissant par l'effort tranchant) : *BE*, 1903, 327-328 (n° 5) ; — r : *C*, 1904, 16 (n° 1) ; — *DB*, 1904, n° 2 ; — com : R. von Thullie, *BE*, 1904, 46-47 (n° 1).

A. Pourcel. — **Sur les propriétés du béton fretté.** (Théorie sur la superposition des effets de la cohésion et du glissement) : *CR*, CXXXVIII, 72-75 (11 janv. 1904).

Paul Weiske. — **Graphostatische Untersuchung der Beton- und Betoneisenträger** : *BE*, 1904, 32-36, 105-107 (nos 1 et 2) ; —

tap : 1904, in-4°, 18 p., 1 pl.; — r : *C*, 1904, 32, 80 (nos 2 et 5) ; — r : *GC*, XLV, 159 (n° 9, du 2 juill. 1904) ; — r : *TIZ*, 1904, 973 (n° 80, du 9 juill.).

R. MAX VON THULLIE. — **Ueber die Spannungsgrenze bei Eisenbeton Anlagen.** Conférence faite à Lemberg le 2 mars 1904 : r : *BE*, 1904, 125 (n° 2).

ARTHUR HUBER. — **Ueber die Verwendung von Gelenkträgern zu Deckenkonstruktionen.** Con à la réunion du groupe autrichien des membres du *Verein Deutscher Ingenieure*, le 18 mars 1904 : *BE*, 1904, 149-151 (n° 3).

P. P. — **Emploi du béton armé.** (Effets de l'armature : 1o dans les hourdis, 2o dans les poutres et poutrelles à nervures saillantes) : *CM*, XIX, 308, 320, 345, 356, 380 (26 mars, 2, 9, 16, 23 avril et 7 mai 1904).

W. W. COLPITTS. — **The calculation of the stresses and the practical design of structures of steel concrete.** (Répartition des tensions dans les principaux types d'ouvrages en **C. A.** employés dans les chemins de fer, et établissement des projets) : Edition de *The Railway Age*, avril 1904, 48 p., 16 pl., 18 fig. ; — r : *TIZ*, 1905, 1265 (n° 91, du 5 août).

W. K. HATT. — Calcul de la résistance des poutres en béton armé. (Théorie et expériences à l'appui ; formule) : *Amer. Ry. Engng and Maintenance of Way Assocon*, avril 1904 ; — r : *GC*, XLV, 159 (n° 9, du 2 juillet 1904).

R. MAX VON THULLIE. — **Die zulässigen Spannungen in Balkenträgern aus Eisenbeton.** (Quatre phases à considérer dans la flexion d'une poutre armée) : *BE*, 1904, 107-112 (n° 2) ; — r : *C*, 1904, 80 (n° 5).

R. SALIGER. — **Die Druckfestigkeit des umschnürten Betons.** (Béton fretté) : *OWOB*, 18 juin 1904.

B. E. — **Deckenkonstruktionen aus Eisenbeton, verglichen mit I-Trägern.** (Comparaison des planchers Rabitz et Visintini aux poutrelles en fer, à travail égal de ce dernier) : *BE*, 1904, 147-149 (n° 3) ; — r : *C*, 1904, 109 (n° 7).

E. CARLIPP. — **Einige Betrachtungen über Beanspruchungen in Eisenbetonkörpern.** (Conséquences du gauchissement si les sections ne restent pas planes) : *BE*, 1904, 163-166 (n° 3) : — r : *C*, 1904, 110 (n° 7).

H. KRUSE. — **Reinforced concrete in buildings.** (Valeur à adopter pour le rapport des coefficients d'élasticité) : *ER*, L, 36 (n° 1, du 2 juillet 1904).

RAMISCH. — **Ermittelung der Spannungen im Eisen und im Beton bei Eisenbetonplatten** : *ZB*, 1904, 104 (no 7).

L. A. Sanders. — **Die letzten Fortschritte auf dem Gebiete des Eisenbetons.** (Défense des théories de Considère contre les conclusions opposées déduites des expériences de van Hemert) : *BE*, 1904, 239-244 (n° 4) ; — r : *C*, 1904, 159 (n° 10).

Henry Lossier. — **Note sur la participation du hourdis à la résistance des nervures dans les constructions en béton armé** : *SB*, XLIV, 146-150 (n° 13, du 24 sept. 1904).

W. J. Watson, F. F. Sinks, L. J. Mensch. — **Considere's theory of reinforced concrete at the light of beam tests by Talbot and Turneaure. High or low elastic limit steel** : *EN*, LII, 200, 240, 241, 289 (2e sem. 1904).

Ramisch. — **Bestimmung der Haftungsspannungen bei Eisenbeton** : *ZB*, 1904, 148 (n° 10).

Rudolf Saliger. — **Ueber die Festigkeit veränderlich elastischen Konstruktionen, insbesondere von Eisenbeton-Bauten.....** (Contribution à l'étude des tensions intérieures et des déformations) : Stuttgart, Alfr. Kröner, 1904 ; 137 p. et 5 pl. — r : *TIZ*, 1904, 1598 (n° 135, du 15 nov.) ; — r : von Thullie, *BE*, 1905, 24 (n° 1).

Fr. von Emperger. — **Ein graphischer Nachweis der Tragfähigkeit und aller in einem Tragwerke aus Eisenbeton auftretenden Spannungen** : *BE*, 1904, 316-320 (n° 5).

Mörsch. — **Ueber Schub- und Scherfestigkeit des Betons, sowie über die Haftfestigkeit des Eisens im Beton.** (Théorie d'après laquelle la résistance au cisaillement serait la moyenne géométrique entre celle à la traction et celle à la compression ; expériences) : *SB*, XLIII, 295-297, 307-310 (nos 26 et 27, des 24 et 31 déc. 1904) : — r : *GC*, XLVI, 183 (n° 11, du 14 janv. 1905) ; r : *DB*, 1905, 8' (n° 2') ; — r : *BE*, 1905, 74 (n° 3).

R. Saliger. — **Einfluss der Schubfestigkeit und der Armatur auf die Bruchgefahr bei Betonpfeilern** : *ZAIV*, 1905, n° 5 ; — r : *BE*, 1905, 48 (n° 2).

E. Mc Cullough. — **The value of mechanical bond in reinforcing rods for concrete.** (Convient-il que les armatures présentent des renforcements ?) : *EN*, LIII, 152 (n° 6, du 9 fév. 1905). Voir aussi ci-dessus, p. 373.

N. de Tédesco. — **De l'utilité des barres de compression dans les dalles, poutres et combinaisons de dalles et de poutres, soumises à la flexion** : *BE*, 1905, 36-38, 64-65 (nos 2 et 3) ; — rep : *C*, 1905, 30-32, 45-47 (nos 2 et 3).

Ramisch. — **Uber Gewölbewirkung bei der doppelt eingespannten Platte** : *ZB*, IV, 95-96 (n° 6, du 15 mars 1905).

R. Saliger. — **Ueber die Entwickelung der Eisenbetontheorie.** Conférence faite le 14 mars 1905 à Cassel : r : *BE*, 1905, 126 (n° 5).

F. von Emperger. — **Die Rolle der Haftfestigkeit im Verbundbalken.** (Étude d'ensemble sur divers essais de poutres armées) : *Forscherarbeiten aus dem Gebiete des Eisenbetons*, 1905, n° 3 (19 pages) et C^on^ faite le 20 mars 1905 au *Sächsischer Ingenieur- und Architekten-Verein*, à Dresde.

F. v. Emperger. — **Die Tragfähigkeit der Balken aus Eisenbeton.** Conférence du 17 avril 1905 à Vienne : *BE*, 1905, 201-203 (n° 8).

E. Turley. — **Wichtige Beziehungen zwischen den Spannungen und den Abmessungen von Eisenbetonquerschnitten und deren Anwendung** : *ZB*, 1905, 115-121 (n° 8, du 15 avril).

A. Kleinlogel. — **Die Dehnungsfähigkeit des armierten Betons.** (Avec réplique de Considère). (Disc^on^ sur l'allongement plus ou moins grand que peut subir le béton au contact du fer) : *BE*, 1905, 124-125, (n° 5) ; — r : *C*, 1905, 80 (n° 5).

M. Koenen. — **Ueber die gefährlichen Abscherflächen in Beton eingebetteter Eisenstäbe** : *BE*, 1905, 148-149 (n° 6).

Mörsch. — **Haftfestigkeit einbetonierten Eisens.** (Considérations sur l'adhérence, avec commentaire) : *BE*, 1905, 152-153 (n° 6).

R. v. Thullie. — **Die Bruchursachen der Betoneisernen geraden Träger** : *BE*, 1905, 195, 226, 253... (n°s 8 et suiv.).

165. Méthodes de calcul.

Voir aussi à l'article précédent.

De Mazas. — Méthode de calcul (basée sur l'omission des tensions du mortier et la concentration de ses compressions au centre de gravité de la section comprimée) : 1876.

Voisin-Bey. — **Rapport... sur les nouvelles formes de radoub construites dans la darse de Missiessy au port de Toulon par M. Hersent.** (Calcul de poutres en tôle et maçonnerie, en admettant que cette dernière a un coefficient d'élasticité égal à 1/20 de celui du fer) : *SEIN*, 1881, 37.

M. Koenen. — Calculs (ne tenant pas compte de la différence des coefficients d'élasticité du ciment et du fer et négligeant les tensions du ciment) : *BV*, 1886, 462.

P. Neumann. — **Ueber die Berechnung der Monier-Konstruktionen.** (Réfutation de la méthode qui précède) : *WOIA*, 1890, 209 (n° 22).

J. Melan. — **Zur rechnungsmässigen Ermittelung der Biegungspannungen in Beton- und Monier-Konstruktionen** : *WOIA*, 1890, 223, n° 24 (30 mai et 13 juin).

F. Chaudy. — **Sur le calcul des plaques élastiques minces et le rôle des tirants dans les poutres en ciment armées** : *IC*, 1894, II, 545-550 (octobre).

J. A. Spitzer. — **Berechnung der Monier-Gewölbe.....** (Essai d'application des méthodes de calcul relatives aux matériaux homogènes aux résultats obtenus sur une arche en C. A. dans les expériences de la Commission autrichienne des voûtes) : *ZOIA*, XLVIII, 305-320 (n° 20, du 15 mai 1896).

M. R. von Thullie. — **Ueber die Berechnung der Biegungspannungen in den Beton- und Monier-Constructionen.** (Analyse des modes de calcul proposés par divers auteurs) : *ZOIA*, XLVIII, 365-369 (n° 24, du 12 juin 1896).

J. Melan. — **Ueber die Berechnung der Beton-Eisenconstructionen.** (Calculs faits sur une section fictive, dans laquelle les largeurs sont amplifiées proportionnellement aux coefficients d'élasticité des matériaux correspondants) : *OWOB*, 1896, 465 (n° 12, de déc.).

A. Ostenfeld. — **Zur Berechnung von Monierconstructionen.** (Calculs en admettant que le coefficient d'élasticité par compression est constant et que celui par traction varie) : *In*, 2 janv. 1897 ; — *ZOIA*, 1898, 22 (n° 2, du 14 janv.).

S. Rappaport. — **Berechunng der Monier-Träger** (**System Hennebique**) : *SB*, XXIX, 61-63 (n° 9, du 27 fév. 1897).

D. Toribio Caceres de la Torre. — **Calculo de los pisos de cemento armado** : *ROP*, févr. 1897.

M. R. von Thullie. — **Ueber die Berechnung der Monierplatten.** (Calculs en assimilant la courbe de déformation du mortier à un ensemble de deux droites se coupant dans la région des compressions) : *ZOIA*, 1897, 193 (n° 13, du 26 mars).

N. de Tédesco. — **Du calcul des voûtes en ciment armé** : *C*, 1897, 100, 131, 193, 227 (n°s 4, 5, 7, 8).

J. B. Johnson. — **Calculation of ultimate strength of concrete-steel beams** : *EN*, XXXVIII, 261 (oct. 1897).

L. Stellet. — **Du calcul des planchers et poutres en ciment armé** : *RT*, 1897, 535-540 (n° 23, du 10 déc.) ; — *C*, 1897, 322-334, 385-391 (n°s 10 *bis* et 12) ; 1898, 1-9, 40-41 (n°s 1 et 3) ; — com : de Tédesco, *C*, 1897, 353 (n° 11) ; 1898, 10 (n° 1) ; corr : Cottancin, *C*, 1898, 17 (n° 2).

Wayss. — **Tabellen der Dimensionen für freitragende Fussboden, Gewölbe und Bassins, nach System Monier** : Berlin, Alt Moabit, 1897.

L. Lefort. — **Calcul des poutres droites et planchers en béton de ciment armé**. (Calculs en supposant le béton et le fer parfaitement élastiques et admettant que le fer supporte une fraction donnée de la fatigue ; supériorité des poutres à armatures symétriques) : *NAC*, janv. 1898 à févr. 1899 ; — tap : Paris, Baudry, 1899 ; in-8, 162 p. et 7 abaques ; — com : de Tédesco et Pavin de Lafarge, *C*, 1898, 19, 52, 79, 101 (nos 2, 4, 5, 7).

Haerens. — **Calculs de résistance d'une voûte en ciment armé (syst. Monier)** : *ATPB*, 1898, 487 ; – tap : Bruxelles, J. Goemaere, 1899 ; 12 p.

M. R. von Thullie. — **Ueber die Berechnung der Spannungen in den Moniergewölben**. (Extension du calcul des poutres à celui des voûtes ; deux méthodes de calcul différentes selon l'importance de la charge relativement aux coefficients d'élasticité du mortier) : *ZOIA*, 1898, 549 (no 38, du 23 sept.).

R. von Thullie. — **Berechnung der gerippten Betoneisenträger, System Hennebique**. (Application des méthodes de calcul qui précèdent aux hourdis nervurés : béton insuffisamment comprimé dans la première phase et sécurité excessive dans la seconde) : *ZOIA*, 1899, 539 (15 sept.) ; 1900, 133 (2 mars).

Sanders. — De la valeur des données empiriques dans le calcul des constructions en béton armé : *Ir*, 1899, 355.

Chaudy. — **Calcul des poutres en fer et ciment** : *IC*, 1899, II, 487 (oct.).

N. de Tedesco. — **Méthodes pratiques pour le calcul des ouvrages en béton armé**. (Analyse et critique de l'ouvrage de P. Christophe) : *C*, 1900, 1 (no 1) ; — r : *MSI*, 1900, 97 (no 9, de fév.).

Calcul des flèches dans les constructions en Fer-Béton : *Le Fer-Béton*, 1900 ; — rep : *C*, 1900, 105, 128 (nos 7 et 8).

Caveglia. — **Sulla teoria delle travi e dei lastroni di cemento armato caricate di pesi**. (Calculs basés sur les courbes de Considère) : Roma, Voghera, 1900 ; in-8, 98 p., 2 pl. ; — r : *GM*, XXI, 169 (févr. 1901).

N. de Tédesco. — **Calcul des silos à blé** : *C*, 1901, 2, 22, 40, 96 (nos 1, 2, 3, 6).

Erich Turley. — **Anleitung zur statischen Berechnung armierter Betonkonstruktionen, unter Zugrundlegung des Syst. Hennebique**. (Règles pratiques de calcul pour le syst. Hennebique) : Leipzig, Arthur Félix, 1902 ; — r : *TIZ*, 1902, 598 (n° 48, du 24 avril) ; — r : *BE*, 1903, 214 (n° 3).

LOUIS F. BRAYTON. — **Computing the strength of concrete-steel beams.** (Calculs basés sur la théorie B de W. K. Hatt, exposée en *EN*, XLVII, 170) : *EN*, XLVII, 391 (n° 20, du 15 mai 1902).

S. DE MOLLINS. — **Quel coefficient de travail du fer faut-il adopter ?** (Augmenter la section du fer quand la portée augmente) : *BAH*, V, 9 (n° 49, de juin 1902).

H. WALTER & P. WEISKE. — **Statische Berechnung der Träger und Stützen aus Beton mit Eisenanlagen im stabilen Spannungszustande.** (Nouvelle méthode de calcul statique du **C. A.** ; production de forces antagonistes variables et favorables à la résistance) : Cassel, Kessler, 1902 ; — r : *TIZ*, 1902, 1352 (n° 96, du 16 août) : — r : *BE*, 1902, n° 5, 43-44 ; — com : *BE*, 1903, 136-137 (n° 2).

Conseils pratiques sur le calcul de la résistance des fers. (Eviter les formules compliquées qui prétendent tenir compte d'éléments secondaires) : *BAH*, V, 44 (n° 51, d'août 1902).

Science et empirisme. (Justification de la formule empirique employée par Hennebique pour le calcul des panneaux armés) : *BAH*, V, 45 (n° 51, d'août 1902).

M. R. VON THULLIE. — **Beitrag zur Berechnung der Monierplatten** : *ZOIA*, 1902, 242.

M. KOENEN. — **Grundzüge für die statische Berechnung der Beton- und Betoneisenbauten** : *BV*, 1902, 229, 367 ; — tap : Berlin, Ernst & Sohn, 1902, 21 p. ; — rep. et com : M. T. HUBER, *Architekt* (polonais), 1902, 173 ; — r : *BE*, 1903, 214 (n° 3). — 2e édit., *ibid*, 1905, 22 p. ; — r : *BE*, 1905, 156 (n° 6).

EDWIN THACHER. — Formules pour le calcul des poutres armées : *Trans. Assoc. Civ. Engrs of Cornell University*, X, 1902.

PAUL WEISKE. — **Beitrag zur Berechnung der Beton- und Betoneisenträger** : *DPJ*, 15 nov. 1902 ; — r : *BE*, 1903, 60-61 (n° 1).

L. A. SANDERS. — **Die Durchbiegungen von armierten Betonplatten.** (Comparaison des résultats des calculs à ceux des expériences) : *BE*, 1902, n° 5, 22-24 ; — r : *C*, 1902, 174 (n° 11) ; — r : *MSI*, V, 413 (n° 45, du 25 mai 1903).

L. GEUSEN. — **Beitrag zur Berechnung von Beton- und Betoneisen-Balken** : *ZAIW*, 1903, 13 (n° 1) ; — r : *BE*, 1903, 133 (n° 2).

EDWIN THACHER. — **Computing the strength of concrete-steel beams.** (Vérification des formules de l'auteur par les résultats de diverses expériences) : (av. discon) : *EN*, XLIX, 156-158, 218, 239 (nos 7, 10 et 11, des 12 févr., 5 et 12 mars 1903) : — r : *BE*, 1903, 130-131 (n° 2).

Sam. D. Bleich. — **Design of steel concrete beams.** (Lettre relative au calcul des poutres) : *ER*, XLVII, 383 (n° 15, du 11 avril 1903).

J. W. Schaub. — **Diagramm for obtaining percentage of steel and moment of resistance of reinforced concrete beams** : (av. disc^{on}) : *EN*, XLIX, 392, 454, 568 (n°s 18, 21, 26, des 30 avr., 21 mai, 25 juin 1903).

Alfred Bonde. — **Om beregning of Monierbjelker (Monierplader)** : (av. disc^{on}) : *TU*, 1903, n°s 23-28, 30, 35 : — r : *BE*, 1903, 284 (n° 4).

M. Tricaud. — **Sur la vérification des projets de planchers en béton armé.** (Extension aux poutres nervurées de la méthode de calcul de Christophe) : *GM*, XXV, 525-546 (juin 1903) ; — r : *GC*, XLIII, 255 (n° 16, du 15 août 1903) : — r : *BE*, 1903, 281-282 (n° 4).

Robert Bortsch. — Etude graphostatique des corps composés de béton et de fer : *OWOB*, 1903, 428 (4 juill.).

S. E. Slocum et C. C. Hurlbut. — **Rational formulas for the strength of a concrete-steel beam** : *EN*, L, 107, 144 (n°s 5 et 7, des 30 juill. et 13 août 1903).

M. R. von Thullie. — **Zur Berechnung der Betoneisenplatten** : *ZOIA*, 1903, 219.

M. R. von Thullie. — **Die Berechnung von Gewölben aus Eisenbeton** : r : *BE*, 1903, 172-177 (n° 3).

Fr. von Emperger. — **Ueber die Berechnung von beiderseits armierten Betonbalken.** (Diagrammes permettant de comparer les résultats d'essais faits sur poutres à armature simple et à armature symétrique ; la charge de rupture des dernières peut être calculée comme celle des premières) : *BE*, 1903, 181-194, 259-267 (n°s 3 et 4) ; — tap : Wien, Lehmann & Wentzel, 1903 ; — r : *TIZ*, 1903, 1453 (n° 92, du 6 août) ; — r : *GC*, XLIII, 255 (n° 16, du 15 août 1903) ; — com : de Tédesco, *C*, 1903, 113 (n° 8) ; — r : *TFT*, n° 8 (nov. 1903).

Fr. von Emperger. — **Eine Güteprobe für Eisenbeton.** (Méthode graphique pour l'interprétation des résultats d'expériences) : C^{on} à la 6e assemblée générale du *DBV* en 1903 : *BE*, 1903, 94-98 (n° 2) : — *TIZ*, 1903, 1425, 1461 (n°s 90 et 93, des 1er et 8 août).

G. Ramisch. — **Angenäherte Bestimmung der Querschnitte von armierten Betonplatten mit Rücksicht auf die Zugspannung.** (Comparaison des formules selon qu'on tient compte des tensions du béton ou qu'on les néglige) : *SDB*, 1903, n° 35.

G. Ramisch. — **Bestimmung des rechteckigen Querschnittes eines armierten Betonträgers mit Rücksicht auf das allgemeine Gesetz** : *ZOIA*, 1903, 579.

B. R. Leffler. — **Formulas for concrete-steel beams** : *EN*, L, 320 (n° 15, du 8 oct. 1903).

Calculo de las obras de cemento con esqueleto metalico : *HA*, II, n°s 14 à 16 (1903).

Adolf Franke. — **Genauere Formeln für die Knickkraft, insbesondere auch der Beton- und Verbundkörper** : *BE*, 1903, 317-321 (n° 5).

Fr. von Emperger. — **Die graphische Berechnung von Balken aus Eisenbeton.** (Abaque en quatre quadrants donnant le moment des forces extérieures, la hauteur théorique de la poutre, le pourcentage le plus avantageux et la section de l'armature) : *BE*, 1903, 321-325 (n° 5) et 1904, n°s 3 et 5 : — t à p : Wien, Lehmann & Wentzel, 1904 ; — r : *C*, 1904, 16 (n° 1).

E. Carlippe. — **Ueber die Berechnung von Beton- und Betoneisen Konstruktionen** : *SDB*, n°s 42 et suiv^ts^ ; — r : *BE*, 1904, 51 (n° 1).

Pomianowski. — Tables pour le calcul des dalles et des poutres en béton armé ; (calculées d'après les formules de Christophe) : *Czasopismo Techniczne* (polonais), 1903, 265 ; — r : *BE*, 1904, 55 (n° 1).

P. Weiske. — **Les polygones de forces et les funiculaires appliqués au calcul du béton et du béton armé** : *DPJ*, 1903, n°s 49 et 50 : — r : franç. et all. : *BE*, 1904, 51-53 (n° 1).

P. Weiske. — **Graphostatische Untersuchung der Beton- und Betoneisenträger.** (Suite de l'étude ci-dessus) : *BE*, 1904, 32-36, 105-107 (n°s 1 et 2) ; — t à p : Wien, Lehmann & Wentzel, 1904 ; 18 p. et 1 pl. ; — r : *C*, 1904, 32, 80 (n°s 2 et 5) ; — r : *GC*, XLV, 159 (n° 9, du 2 juill. 1904) ; — r : *TIZ*, 1904, 973 (n° 80, du 9 juill.).

Houdaille. — **Une nouvelle méthode de calcul du béton armé, avec application à des essais récents** : *GM*, 1904, I, 5 (janv.) ; — r : *APC*, 1904, I, 271.

L. Batchelder. — **A simple formula for reinforced concrete beams** ; (av. disc^on^) : *EN*, LI, 130, 202, 226, 227 (n°s 6, 9, 10, des 11 févr., 3 et 10 mars 1904) ; — r : *MSI*, VI, 386 (n° 59, du 25 juill. 1904).

Omer Lecocq. — **Sur un moyen graphique de calcul des pièces en béton armé.** (Abaque simple pouvant se traduire en règle à calcul) : *BE*, 1904, 115-118 (n° 2) ; — r : *C*, 1904, 80 (n° 5) ; — r : *MSI*, VI, 723 (n° 64, du 25 déc. 1904).

G. Ramisch. — **Beitrag zur Theorie des armierten Betons.** (Discussion des formules d'Emperger) : *BE*, 1904, 113-114 (n° 2) ; — r : *C*, 1904, 80 (n° 5).

Calculation of the stresses and the design of steel-con-

crete railway structures : *Railway Age*, 1er avril 1904 ; — r : *BE*, 1904, 188 (n° 3).

EMILE G. PERROT. — **Reinforced concrete in building construction.** (Principaux avantages du **C. A.** et quelques formules simples). C[on] à la *School of Architecture. University of Pennsylvania* ; (av. disc[on]) : *ER*, XLIX, 670-672, 783 (n°s 22 et 25, des 28 mai et 18 juin 1904) ; — com : H. KRUSE. *ER*, L, 36 n° 1, du 2 juill. 1904).

RUD. SALIGER. — **Allgemeine Berechnung von Trägern und Stützen aus Eisenbeton** : *BE*, 1904, 174-177 (n° 3).

RICHARD THUMB. — **Eine graphische Untersuchung über die Richtigkeit der verschiedenen Rechnungsmethoden.** (Diagramme permettant de comparer les moments résistants calculés et ceux fournis par les expériences) : *BE*, 1904, 171-174 (n° 3) ; — r : *C*, 1904, 110 (n° 7).

G. RAMISCH. — **Querschnittsberechnung doppelt armierer Betonbögen** : *BE*, 1904, 166-168 (n° 3) ; — r : *C*, 1904, 110 (n° 7).

G. RAMISCH.— **Entwickelung der Grundformeln zur Berechnung von Eisenbetonplatten** : *ZB*, 1904, 87 (n° 6) ; — r : *C*, 1904, 96 (n° 6).

S. E. SLOCUM. — **The strength of flat plates with an application to concrete-steel floor panels** : *EN*, LII, 22 (n° 1, du 7 juill. 1904) ; — r : *BE*, 1904, 329 (n° 5).

S. CANEVAZZI. — **Ferrocemento (Cemento armato, smalto cementizio armato); formule di elasticita e resistenza** : Torino, Negro, 1904 ; in-8.

H. BECHER. — **Graphische Berechnung gleichmässig belasteter Eisenbetondecken** : *Bauingenieur Zeitung* (Berlin), 1904.

O. GOTTSCHALK. — **Beitrag zur graphischen Berechnung der Eisenbetonbalken** : *Zentralblatt für das deutsche Baugewerbe* (Berlin), 1904.

Berechnung von Stützen aus Eisenbeton mit Berücksichtigung des Schwindens : *SDB*, 13 août 1904.

P. WEISKE. — **Graphische Untersuchung von Plattenbalken mit Trägereinlagen.** (Applications des études antérieures de l'auteur) : *ZB*, 1904, 122-124 (n° 8) ; — r : *C*, 1904, 124 (n° 8).

P. WEISKE. — **Beitrag zu den Leitsätzen für die Berechnung armierter Betonplatten** : *BE*, 1904, 238-239 (n° 4) ; — r : *C*, 1904, 159 (n° 10).

G. HUNZIKER. — **Berechnung von Eisenbetonplatten.** (Calculs d'après la méthode de Ramisch) : *ZB*, 1904, 141 (n° 9) ; — r : *C*, 1904, 176 (n° 11).

Natorp. — **Beitrag zur Berechnung von Stützen aus Eisenbeton bei einseitiger Belastung.** (Calculs d'après la méthode de Weiske) : *BV*, 1904, 537 (26 oct.).

Rudolf Saliger. — **Ueber die Festigkeit veränderlich elastischer Konstruktionen, insbesondere von Eisenbeton-Bauten.** (Simplification des calculs) : Stüttgart, Alfr. Kröner, 1904 ; 137 p. et 5 pl. ; — r : *TIZ*, 1904, 1598 (n° 135, du 15 nov.) ; — r : von Thullie, *BE*, 1905, 24 (n° 1).

Berechnung von Eisenbetonplatten : *ZB*, 1904, 173 (n° 11).

N. de Tédesco. — Calcul des tuyaux circulaires en ciment armé soumis à une pression extérieure : *C*, 1904, 163, 178 (n°s 11 et 12) ; — r : *BE*, 1905, 49 (n° 2).

R. von Thullie. — **Dimensionierung der T-förmigen Träger.** (Av. disc^on^) : *BE*, 1904, 306-310 (n° 5) ; 1905, 66 (n° 3).

S. Sor. — **Ueber die Berechnung armierter Betonplatten :** *BE*, 1904, 316 (n° 5).

R. Saliger. — **Allgemeine Berechnung der Normal- und Schubspannungen in Trägern aus Eisenbeton :** *BE*, 1904, 301-305 (n° 5).

Melan. — **Beitrag zur Berechnung armierter Betonbalken :** *OWOB*, 1904, n° 51, du 17 déc. ; — r : *GC*, XLVI, 160 (n° 10, du 7 janv. 1905).

E. Turley. — **Beitrag zur statischen Berechnung von Stützen aus Eisenbeton :** *ZB*, 1904, 184 (n° 12).

E. Turley. — **Die wirtschaftlich günstigsten Abmessungen bei Bauteilen aus Eisenbeton :** *ZB*, 1905, 22-31 (n° 2, du 15 janv.).

Max Huber. — **Beitrag zur rationellen Dimensionierung der betoneisernen Balken :** *Czasopismo Technierne* (polonais), 1905, 1 ; — r : *BE*, 1905, 75 (n° 3).

E. Elwitz. — **Die Querschnittsbestimmung von Platten und Plattenbalken aus Eisenbeton nach wirtschaftlichen Gesichtspunkten :** *BE*, 1905, 18-20, 38-41, 122-123 (n°s 1, 2 et 5) ; — le dernier, r : *C*, 1905, 79 (n° 5).

J. Hawkesworth. — **Ritter's formula for reinforced concrete beams.** (Av. disc^on^) : *EN*, LIII, 21, 41, 151, 286 (n°s 1, 2, 6, 11, des 5 et 12 janv., 9 fév. et 16 mars 1905).

Reinforced concrete construction theoretically considered. (Lois et diagrammes en vue de faciliter les calculs) : *Ce*, V, n° 6.

Ramisch. — **Neue Berechnungsweise zur Bestimmung der Durchbiegung von Eisenbetonbalken :** *ZB*, 1905, 7-11 (n° 1, du 1er janv.) ; — r : *C*, 1905, 15 (n° 1).

RAMISCH. — **Beitrag zur Berechnung von Eisenbetonplatten :** *ZB*, 1905, 47-48 (n° 3, du 1er févr.).

RAMISCH. — **Preisberechnung von Eisenbetonplatten :** *ZB*, 1905, 75-76 (n° 5, du 1er mars).

S. D. BLEICH. — **A special problem in reinforced concrete.** (Calcul des tensions dans un cas particulier) : *ER*, LI, 143 (n° 5, du 4 fév. 1905).

G. KAUFMANN. — **Tabellen für Eisenbetonkonstruktionen.** (Tables basées sur la réglementation allemande du 16 avril 1904) : Berlin, W. Ernst & Sohn, 1905, in-8° ; — r : *BE*, 1905, 156 (n° 6) ; — r : *ZB*, 1905, 224 (n° 14, du 15 juillet).

Steel concrete beams. (Formule simple déduite d'essais sur grandes poutres) : *The Royal Engineer's Journal* (Chatham), I, n° 3 (1905).

C. R. STEINER. — **Economical construction of reinforced concrete beams and floor slabs.** (Calcul de la poutre la plus avantageuse) : *EN*, LIII, 256 (n° 10, du 9 mars 1905).

HORRWITZ. — **Die Berechnung eines Moniergewölbes für Windangriff und abstürzende Lasten :** *OWOB*, 1905, n° 12.

BOSCH. — **Die Berechnung der Eisenbetonplatte.** Con du 9 mars 1905 au *Oberbayerischer Arch. u. Ingen. Verein : BE*, 1905, 177-180 (n° 7) ; — discon : S. SOR, *BE*, 1905, 256 (n° 10).

R. H. BROWN — **Reinforced concrete and steel beams.** (Relation entre les formules relatives à ces deux sortes de poutres) : *ER*, LI, 392 (n° 13, du 1er avril 1905).

O. GOTTSCHALK. — **Stützenmoment des kontinuirlichen Eisenbetonbalkens :** *BE*, 1905, 90-92 (n° 4).

P. WEISKE. — Calculs graphiques basés sur la réglementation prussienne de 1904 : *TIZ*, 1905, 573-576 (n° 48, du 22 avril); r : *C*, 1905, 80 (n° 5). — *DB*, 1905, 42' (n° 11', du 7 juin). — *BE*, 1905, 222-224 (n° 9). — Barêmes : *BE*, 1905, 123-124 (n° 5). — Voir aussi p. 379.

E. TURLEY. — **Statische Berechnung von Eisenbetondecken.** (Calculs tout faits donnant la position de l'armature en fonction du moment fléchissant) : *ZB*, 1905, 135-142 (n° 9, du 1er mai) ; — r : *C*, 1905, 78 (n° 5).

Formulas for concrete-steel beams and other members. (Considérations générales sur la valeur que peuvent avoir les formules pour le **C. A.**) : *ER*, LI, 506 (n° 18, du 6 mai 1905).

J. G. LITTLE. — **Distribution of shear over section, for reinforced concrete beams.** (Omission totale des efforts de traction du mortier, supposé parfaitement élastique à la compression) : *EN*, LIII, 547 (n° 21, du 25 mai 1905).

G. H. Blakeley. — **The design of reinforced concrete beams** : *ER*, LI, 591-595, 635-637, 643 (n°s 21, 22, 23, des 27 mai, 3 et 10 juin 1905).

A. Rösler. — **Berechnung des Eisenbetonbalkens mit dreieck- und trapezförmigem Querschnitt** : *ZB*, 1905, 188-191 (n° 12, du 15 juin).

Von Thullie. — **Zur Dimensionierung der rechteckigen und T-förmigen betoneisernen Träger** : *BE*, 1905, 175, 226 (n°s 7 et 9).

P. P. — **Poutres mixtes et soffites en ciment armé.** (Consultation sur la manière de les calculer) : *CM*, XX, 539 (n° 45, du 5 août 1905).

Calcul des dalles en **C. A.** soumises à la flexion et à des efforts normaux. (Voûtes de pont, etc.) : *ZB*, 15 sept. 1905.

G. Schellenberger. — **Eisenbetontabellen für Platten und Unterzüge.** (Barèmes) : *TIZ* édit., Berlin, 1905 ; — r : *TIZ*, 1905, 1747 (n° 127, du 28 oct.).

Mörsch. — **Die Berechnung der Eisenbetonsäulen und die neuesten Versuche.** (Les récentes expériences de Bach montrent l'inexactitude de la formule du projet de règlement des ingénieurs allemands ; voir p. 392) : *DB*, 1905, 73'-75' (n° 19', du 4 oct.).

Berechnung doppelt bewehrter oder mit Profileisen versehener Betoneisenträger : *BE*, 1905, 252... (n°s 10 et suiv.).

166. Réglementations

GÉNÉRALITÉS :

Albagnac. — **Note sur les formules de la résistance des matériaux et les épreuves de réception des ouvrages en béton armé.** (Règles à suivre dans les épreuves de réception). C^on faite le 4 mars 1903 à la S^té *d'Histoire naturelle de Toulouse* : *BAH*, VI, 17 et 34 (n°s 62 et 63, de juillet et août 1903).

Normen für Betoneisenbauten : *ZB*, 1903, n° 9.

N. de Tédesco. — **Du calcul du ciment armé ; les règlements.** (Critique de diverses clauses qui se trouvent dans la plupart des réglementations) : *C*, 1904, 97, 113 (n°s 7 et 8).

Déformations permanentes dans les constructions en béton armé. (Flèches permanentes, en fonction de la portée, tolérées par diverses administrations) : *ATPB*, 1905, 318 (n° 2).

N. de Tédesco. — **Considérations économiques sur le calcul des ouvrages en ciment armé, en conformité avec les règlements administratifs** : *NAC*, 1905, 123... (n°s 8 et suiv.) ; — rep : *C*, 1905, 113... (n°s 8 et suiv.).

ALLEMAGNE :

Brick. — Règlements des villes de Berlin, Dresde, Dusseldorf, Francfort, Hambourg, Vienne : *OWOB*, 26 juillet 1902 ; — r : *ATPB*, 1902, 1044-1047 (n° 5).

Unna. — Nécessité de nommer une commission pour faire modifier les règlements de police en Allemagne. (Dans la discussion du point XV de la 4e assemblée générale du *DBV*, en mars 1901) : *TIZ*, 1901, 1380 (n° 84, du 18 juillet).

Béla Bresztowszky. — Règlements des villes de Dusseldorf, Hambourg et Karslsruhe : *Magyar Mérnök es Épitészegylet Közlönye* (Budapest), 5 oct. 1902 (en hongrois) ; — r : *BE*, 1903, 63 (n° 1).

N. de Tédesco. — **Les réglementations concernant les constructions en ciment armé en Allemagne.** (Réglementations draconiennes) : *C*, 1903, 1, (n° 1).

Epreuves d'un entrepôt dans le nouveau port de Dusseldorf. (Exemple de la manière dont la police exécute les épreuves de **C. A.** en Allemagne) : *BAH*, V, 139, (n° 56, de janv. 1903).

De Mollins. — **Réglementation des constructions en béton armé en Allemagne et en Suisse.** Con au VIIe congrès du *Béton Armé* : *BAH*, V, 149, (n° 57, de févr. 1903).

Réglementations allemandes : *CEN*, XIV, 20 (févr. 1903) ; — *Ce*, IV, n° 1, (1903).

Polizeiliche Vorschriften für die Ausführung von Betonbauten. (Règlement de police adopté à Dusseldorf, le 9 fév. 1901, pour les constructions en béton et béton armé) ; (avec discon) : *TIZ*, 1903, 1140, 1581 (nos 72 et 102, des 20 juin et 29 août).

Vorlaüfige Leitsätze für die Vorbereitung, Ausführung und Prüfung von Eisenbetonbauten in Deutschland. (Nomination d'une commission d'études par le *Deutscher Architekten und Ingenieurverein* et par le *DBV)* : *BV*, 1903, 447, 472. — (Règlement provisoire proposé par ces sociétés) : *DB*, XXXVIII, n° 14 ; av. tap. ; — trad. franc. : *C*, 1904, 41, 52 (nos 3 et 4) ; — *BE*, 1904, 83-88 (n° 2) ; — r : *APC*, 1904, I, 270 ; — r : Schüle, *SB*, XLIII, 211-212 (n° 18, du 30 avr. 1904) ; — *TIZ*, 1904, 913 (n° 74, du 25 juin).

Normen für die statische Berechnung der Zement-Eisenbauten. (Pétition adressée au Ministre prussien des Travaux Publics relativement au règlement en préparation) : *TIZ*, 1904, 354 (n° 37, du 26 mars) ; — r : *C*, 1904, 63 (n° 4).

Bestimmungen des preussischen Ministeriums der öffentlichen Arbeiten für die Ausführung von Konstruktionen aus Eisenbeton bei Hochbauten. (Règlement provisoire officiel du 16 avril 1904) : Berlin, W. Ernst & Sohn, 1904 ; — *BV*, 1904, 253 (18 mai) ; — *Bautechn. Zeitschr.*, 1904, (av. tap. ; — *TIZ*, 1904, 753-759 (nº 62, du 28 mai) ; — trad. et com. : *The Builders Journal & architectural Record*, 17 août 1904 ; — r : *GC*, XLV, 175 (nº 10, du 9 juill. 1904) ; — r : *C*, 1904, 109 (nº 7) ; — r : *BE*, 1904, 155 (nº 3) ; — r : *ZB*, 1904, 102 (nº 7) ; — r : *APC*, 1904, III, 246 ; — r : *ER*, L, 25-26 (nº 1, du 2 juill. 1904).

Vorschriften für Eisenbeton in Deutschland. (Parallèle entre les propositions des associations allemandes d'ingénieurs, etc, et le règlement ministériel) : *BE*, 1904, 301 (nº 5) ; — r : *C*, 1904, 188 (nº 12). — Traduction de ces deux documents : *TFFF*, 1905, nº 2.

Circulaire ministérielle du 21 nov. 1904 (rappelant et confirmant le règlement du 16 avril) : *BV*, 1904, 601.

Commentaires et discussions sur le règlement officiel du 16 avril : *BV*, 1904, 258, 572 ; — E. R. T. Berggreen, *ER*, L, 91 (nº 3, du 16 juillet 1904) ; — L. A. Sanders, *BE*, 1904, 169-177 (nº 3) ; r : *C*, 1904, 110 (nº 7) ; — P. Weiske, *BE*, 1904, 238-239 (nº 4) ; — Sor, v. Emperger, *BE*, 1904, 316-320 (nº 5) ; — *BE*, 1905, 41-42 (nº 2) ; — Divers, disc^on au *DBV*, en fév. 1905 : *TIZ*, 1905, 1314 (nº 95, du 15 août) ; — Mathias Reich, *BE*, 1905, 66 (nº 3) ; — P. Weiske, *TIZ*, 1905, 573-576 (nº 48, du 22 avril) ; r : *C*, 1905, 80 (nº 5) ; — G. Ramisch, *ZOIA*, 1905, nº 11 : r : *BE*, 1905, 127-128, 180-181 (nºs 5 et 7).

Reichsgesetzliche einheitliche Vorschriften für den Eisenbetonbau. (Vœux de diverses associations allemandes pour la création d'une Commission centrale du **C. A.** en Allemagne) : *TIZ*, 1905, 1441 (nº 103, du 2 sept.) ; — r : *DB*, 1905, 68' (nº 17', du 6 sept.) ; — r : *BE*, 1905, 248 (nº 10).

AUTRICHE-HONGRIE :

Conditions imposées par la ville de Vienne pour les marches d'escalier en **C. A.** de divers systèmes : *ZOIA*, 1897, 516 (syst. Neumüller) ; — *ZOIA*, 1898, 523 (syst. Pittel et Brausewetter) : — *ZOIA*, 1900, 731 (syst. Pittel).

Conditions imposées par la ville de Vienne pour les constructions syst. Hennebique : *ZOIA*, 1900, 771 (nº 51).

Brik. — Réglementations de la ville de Vienne et de diverses villes d'Allemagne : *OWOB*, 26 juillet 1902 ; — r : *ATPB*, 1902, 1044-1047 (nº 5).

Josef Schustler. — **Die ungarische Decken-Commission.** (Règles admises par une commission instituée en Hongrie pour la vérification des planchers armés, sur la demande des intéressés) : *BE*, 1902, nº 5, 27-28.

Bestimmungen der österreichischen Eisenbahnbau-Direk-

tion für die Berechnung und Ausführung von Eisenbeton-Tragwerken bei offenen Durchlässen. (Réglementation des chemins de fer autrichiens pour les ouvrages d'art en **C. A**) : *BE*, 1904, 27-30 (n° 1) ; — r : *C*, 1904, 31 (n° 2).

KARL TEISCHINGER. — **Provisorische technische Bedingnisse des steiermärkischen Landesbauamtes für die Projektierung, Ausführung und Uebernahme von Eisenbetonbauten.** (Prescriptions provisoires en Styrie) : *BE*, 1904, 155 157 (n° 3) ; — r : *C*, 1904, 109 (n° 7).

F. v. E. (EMPERGER). — Réponse à la question : **Welche Abmessungen sind nach den bereits zugelassenen freitragenden Steigenstufen der Kommune Wien für beiderseits aufgelagerte Stiegenstufen geboten ?** (Épreuves des marches d'escaliers à Vienne) : *BE*, 1905, 42-44 (n° 2).

Conditions imposées par la ville de Vienne pour les poutres syst. Thrul : *BE*, 1905, 121-122 (n° 5).

CHILI :

Conditions imposées pour les tuyaux en ciment (et en ciment armé) **au Chili :** *C*, 1902, 99' (n° 4).

ÉTATS-UNIS :

Projet de réglementation du **C. A.** présenté par le Comité de l'*American Ry. Engineering and Maintenance of Way Assocation* : *EN*, XLIX, 274 (n° 13, du 26 mars 1903).

Regulations of the Bureau of Buildings of the Borough of Manhattan, in regard to the use of concrete-steel construction. (Règlement de la ville de New-York) : *ER*, XLVIII, 417, 429 (n° 14, du 10 oct. 1903) ; — *BE*, 1903, 295-296 (n° 5) ; — r : *C*, 1904, 15 (n° 1) ; — r : *ZB*, 1904, 24 (n° 2).

Normes américaines pour le contrôle des ouvrages en béton et en **C. A.** : *ZB*, 15 sept. 1905.

FRANCE :

Commission instituée au Ministère des Travaux publics, par arrêté du 19 déc. 1900, pour la réglementation des constructions en **C. A.** — (But, composition et discours d'ouverture) : *C*, 1901, 32, 35 (n°s 2 et 3) ; — *BAH*, III, 7 (n° 35, d'avril 1901) ; — *ACPM*, 1901, 477-481 (10 juill.) ; — *CM*, XVI, 500 (20 juill. 1901) ; — r : *TIZ*, 1901, 1380 (n° 84, du 18 juill.) ; — r : *MSI*, III, 251 (n° 4, de sept.-oct. 1901). — (Aperçu du projet de règlement) : *BE*, 1903, 227-228 (n° 4) ; r : *C*, 1903, 159 (n° 10). — (Conclusions préliminaires) : *Ce*, janv. 1904, 414.

Extraits du cahier des charges spéciales imposées à l'en-

trepreneur des travaux en béton de ciment armé à exécuter par le Service du Génie dans la place d'Angers pour la construction d'une caserne d'infanterie jusqu'à son complet achèvement : *GM*, XXI, 265-272 (mars 1901).

Instruction et cahier des charges, rédigés par M. Considère, pour l'exécution d'un pont en **C. A.** à Quimper : *BAH*, IV, 85 (n° 43, de déc. 1901).

SECTION TECHNIQUE DU GÉNIE. — **Note provisoire** (du 5 déc. 1903) **sur le calcul des ouvrages en béton armé :** *GM*, XXVI, 543-559 (déc. 1903) ; — r : *BE*, 1904, 185 (n° 3).

Une innovation dans les cahiers des charges des ouvrages en ciment armé. (Pour le Métropolitain de Paris) : *C*, 1903, 184 (n° 12).

ITALIE :

CAMILLO GUIDI. — **Sulla opportunità di una vigilanza del municipio sulle construzioni in beton armato e modo de esercitarla :** Torino, Bertolero, 1903.

Projet de règlement par la *Commissione del beton armato*, de la *Société des Ingénieurs et Architectes de Turin* : *BE*, 1903, 148 (n° 3).

MARZOCCHI. — Prescriptions pour l'emploi du **C. A.** dans les constructions du Génie Militaire en Italie : *GGC*, 1904 ; — r : *BE*, 1904, 327 (n° 5).

S. CANEVAZZI & G. B. MARRO. — **Prescrizioni per le opere in cemento armato.** (Cahier des charges pour les villes de Ferrare et de Ravenne) : *Co*, 1904, n°s 2 à 4 (juin à août) : — r : *C*, 1904, 58 (n° 4) : — r : OLIVIERO NEGRI, *BE*, 1904, 88-89 (n° 2).

SUISSE :

GEISER, RITTER & SCHÜLE. — **Provisorische Normen für Beton-Eisen-Bauten.** (Projet de réglementation proposé par les experts de l'accident de Bâle et soumis par le Comité Central de l'*Assocon des Ingénieurs et Architectes suisses*, en sept. 1902, aux diverses sections de cette Association) : *SB*, XXXIX, 251-253 (n° 23, du 7 juin 1902) : — r : *ZB*, I, n° 3 (oct. 1902) : — r : *ATPB*, 1902, 1105-1107 (n° 5) : — *TIZ*, 1903, 1026 (n° 64, du 30 mai) : r : *ATPB*, 1903, 1045 (n° 5).

Normen für Betoneisenkonstruktionen. (Règlement adopté le 10 mars 1903 par la section bâloise de la même Association) : *SB*, XLI, 252-254 (n° 22, du 30 mai 1903) ; — rep : *TIZ*, 1903, 1429 (n° 90, du 1er août).

Provisorische Normen für Betoneisenbauten. (Règlement adopté le 25 mars 1903 par la section zurichoise de la même Association) : *SB*, XLI, 159-160, 181-182 (n°s 14 et 16, des 4 et 18 avr. 1903) : — rep : *TIZ*, 1903, 1027 (n° 64, du 30 mai) : — *TI*, 1903, n° 33.

Opinions de la section vaudoise : *BTSR*, 5 déc. 1902 ; — com : De Tédesco, *C*, 1903, 1 (n° 1).

Rapports des sections de Vaud et de Fribourg : *BTSR*, 1903 ; — trad. all. : *BE*, 1903, 85 (n° 2) ; — r : *C*, 1903, 64 (n° 4).

de Mollins. — **Réglementation des constructions en béton armé en Allemagne et en Suisse** : *BAH*, V, 149 (n° 57, de févr. 1903).

Schweizerischer Ingenieur- und Architekten Verein. — **Provisorische Normen für die Projektierung, Ausführung und Kontrolle von Bauten in armiertem Beton** : *SB*, XLIII, 15-16 (n° 1, du 2 janv. 1904) ; — *TIZ*, 1904, 160 (n° 19, du 13 févr.) ; — *TFFF*, 1905, n° 2 ; — com : Schüle, *SB*, XLIII, 150-152 (n° 12, du 19 mars 1904).

§ 4. — SYSTÈMES DE CONSTRUCTION

167. Généralités et comparaisons

Haesecke. — Divers types de planchers : *BV*, 1886, 144 (20 nov.).

N. de Tédesco. — Comparaison de divers systèmes de construction en **C. A.** : *C*, 1897, 33-39 (n° 2).

Neuere Schwamm- und feuersichere Deckenconstructionen. (Divers systèmes de planchers en **C. A.**) : *BV*, 1897, 38, 49, 578.

W. Linse. — Description de divers systèmes de planchers en **C. A**. Conférence faite à Aix-la-Chapelle : r : *TIZ*, 1897, 939 (n° 84, du 10 sept.).

Feuersichere Decken. (Description de divers systèmes) : *SB*, XXX, 143-145 (n° 19, du 6 nov. 1897).

Froelich. — **Ueber moderne Deckenkonstruktionen.** (Description de divers systèmes) : *TIZ*, 1898, 436 (n° 33, du 7 avr.) ; — *BMK*, III, 26 (n° 2).

de Tédesco. — **Des derniers progrès accomplis dans les constructions en ciment armé.** (Principes des divers systèmes : préférence pour les armatures symétriques) : *IC*, 1899, I, 63-78 (janv.) ; — Discon : *ibid.* 51, 148 (janv. et févr.) ; — r : *RI*, 1899, 108, 119, 129 (18 et 25 mars et 1er avril).

P. P. — **Systèmes divers de béton armé** : *CM*, XIV, 609 (23 sept. 1899).

Fr. von Emperger. — **Neuere Bauweisen und Bauwerke aus Beton und Eisen nach dem Stande bei der Pariser Weltausstellung 1900.** (Description de nombreux systèmes et de quel ques-unes de leurs applications) : *ZOIA*, 1901, nos 7 et suiv. ; — tap : Wien, Lehmann & Wentzel, 1901 ; 29 p. et pl. ; — com : *C*, 1902, 15 (n° 1) ; — r : *ATPB*, 1902, 155 (n° 1) ; — com : *TIZ*, 1902, 438 (n° 38, du 29 mars).

GÉRARD LAVERGNE — **Etude des divers systèmes de construction en ciment armé** : Paris, Bérenger, 2e édit., 1901 ; in-8°, 146 p. ; — r : *C*, 1901, 160 (n° 10).

H. HECHT & M. GARY. — **Die internationale Bauausstellung in London**. (Divers systèmes de constructions à l'épreuve du feu et, en particulier, divers systèmes de **C. A.**) : *TIZ*, 1901, 1236 (n° 76).

M. GARY. — **Internationale Ausstellung für Feuerschutz und Feuerrettungswesen in Berlin, 1901**. (Même sujet) : *TIZ*, 1901, 1617, 1647, 1675 (nos 97, 100, 103, des 17, 24 et 31 août).

GUSTAV RAUTER. — **Feuersichere Deckenkonstruktionen**. (Divers systèmes de poteries armées et de béton armé) : *PDJ*, 1902 : — r : *TIZ*, 1902, 844, 926 (nos 63 et 70, des 31 mai et 17 juin).

A. LASCOMBE. — **Les matériaux de construction et leur emploi**. (En partr, description de divers systèmes de **C. A.**) : Paris, Bernard et Cie, 1902.

AUG. HUIKARINEN. — **Om beton-jarnkonstruktioner**. (Description des principaux systèmes de **C. A.** et de leurs applications) : *TFFF*, 15 mars et 15 juillet 1903 ; — r : *BE*, 1903, 284 (n° 4).

V. F. — **Note sur les planchers à plafond plat des maisons d'habitation.** (Comparaison des principaux systèmes de **C. A.**) : *BE*, 1903, 153-154 (n° 3) ; — r : *C*, 1903, 112 (n° 7) ; — r : *MSI*, VI, 18 (n° 53, du 25 janv. 1904).

Data concerning concrete-steel construction : *ER*, XLIX, 146 (n° 6, du 6 fév. 1904).

Neue Formen für Eisenanlagen in Beton. (Comparaison des fers spéciaux pour armatures, systèmes Mans, Thacher et Doucas) : *ZB*, 1904, 44 (n° 3) ; — r : *C*, 1904, 47 (n° 3) — Voir aussi art. 163.

LESCHINSKY. — **Plattenbalken mit Trägereinlage.** (Critique des systèmes de construction en **C. A.** provoqués par le règlement prussien de 1904) : *DB*, 1905, 76′ (n° 19′, du 4 oct.).

168. Monographies des divers systèmes.

Les systèmes sont classés par ordre alphabétique. Ceux qui visent plus spécialement telle ou telle catégorie d'ouvrages autres que les poutres, dalles et planchers, seront cités au § 5, en même temps que ces ouvrages. On n'a pas mis ici les innombrables descriptions des brevets, pour lesquelles on renvoie aux publications spéciales émanant des bureaux officiels de chaque pays et reproduites régulièrement dans divers périodiques.

Armatura betunium : Mme Adelina Wagon. — **Armature métallique par tirants, croisillons, incorporable dans toute matière plastique résistant à la compression, dénommée** *Armatura betunium* : *C*, 1900, 248' (n° 8).

Armocrete : **The « Armocrete » tubular floor system** : *B*, LXXXVIII, n° 3244 (1905).

Bauzan : **Nouveau système de béton armé à câble de traction ou de suspension, par M. Lazare Bauzan** : *C*, 1902, 162' (n° 6).

Béton fretté : A. Considère. — **Etude théorique de la résistance à la compression du béton fretté** : voir p. 377 ; — A. Considère. — **Etude expérimentale de la résistance à la compression du béton fretté** : voir p. 368 ; — N. de Tédesco. — **Le béton fretté** : *C*, 1903, 65, 81, 97 (nos 5-7) : — **Betonbauteile**. (Brev. angl. n° 14.871, du 3/7/01, à A. G. Considère) : *TIZ*, 1903, 2216 (n° 147, du 12 déc.) ; — *B*, LXXXVIII, n° 3244 (1905) ; — A. Considère. — **Essais à outrance du pont d'Ivry** (en béton fretté) : voir p. 369 ; — R. Saliger. — **Die Druckfestigkeit des umschnürten Betons** : *OIVOB*, 18 juin 1904.

Blanc : Garcia Arenal. — **La Poutre-Dalle, sistema Blanc** : *ROP*, mai 1902. — **Neue Eisenbetonbauweise**. (Brev. angl. n° 21.903/02, à J. Blanc) : *TIZ*, 1904, 359 (n° 37, du 26 mars). — **Eisenbetonbauten** (Brev. angl. n° 4819, du 2/3/04, à J. Blanc de Chateaurenaud, Saône & Loire) : *TIZ*, 1904, 1027 (n° 86, du 23 juillet).

Bramigk : **Drainröhren-Decken** : *BV*, 1900, 144.

Boileau : **Le ciment armé ; nouvelle méthode d'application, par L. C. Boileau fils, architecte** : *L'Architecture*, 1896 ; — tap : Paris, *G.* Delarue, 1896 ; in-8°, 46 p.

Bollinger : **Eisenbetonträger** (Syst. H. Bollinger, de Milan) : *TIZ*, 1905, 78 (n° 9, du 21 janv.).

Bonna : **Progrès accomplis dans l'art des constructions en ciment armé : le système Bonna** : *C*, 1898, 67 (n° 5). — **Nouveau mode de construction de planchers ou autres ouvrages analogues en ciment armé, par M. Aimé Bonna** : *C*, 1899, 201' (n° 7).

Bordenave : **L'emploi dans les constructions des ciments, chaux ou autres matières appliquées sur des grillages en fer, par M. Bordenave** : *C*, 1898, 41' (n° 3). Voir aussi art. 195.

Boucley : **Application des câbles métalliques aux con-**

structions en ciment, par M. Claude-Marie-Auguste-Gaston Boucley : *C*, 1902, 65' (n° 3).

BOUSSIRON : S. BOUSSIRON. — **Note sur les constructions en ciment armé (syst. Boussiron) ; description, avantages, théorie du système** : Paris, Béranger, 1899, 1 broch., 31 p. — BOUSSIRON. — **Note sur les constructions en ciment armé, système Boussiron :** *RT*, 1902, 131-138, 177-178, 241-246 (nos 9, 12, 16, des 10 mai, 25 juin et 25 août). — **Dispositif perfectionné d'ossature métallique pour les constructions en ciment armé, par M. Simon-Joseph Boussiron, ingénieur civil :** *C*, 1904, 206' (n° 6).

BUSSO : **Mehrtheiliger, durch Eisenanlagen verstärkter Balken :** *BV*, 1901, 71. — **Massive Decken.** (Brev. all. n° 124.615, à Busso v. Busse) : *TIZ*, 1901, 2086 (n° 142, du 30 nov.).

CAVEGLIA : CLAUDIO MARZOCCHI. — **Le applicazioni del cemento armato fatte dal Genio Militare ; sistema di solai del generale Caveglia :** Roma, Tipo. Litog. del *Genio Civile*, 1904 ; 109 p. et 5 pl. ; — r : *TIZ*, 1905, 613 (n° 50, du 29 avril).

CHASSIN : **Perfectionnements dans la construction en ciment armé, par MM. Henri-Alfred-Edmond Chassin et Auguste-Henri-Marie Chassin :** *C*, 1899, 229' (n° 8).

COIGNET : **Perfectionnements aux constructions en ciments avec ossature métallique, par M. Coignet :** *C*, 1899, 2', 33' (nos 1 et 2). — **Exposition de 1900, Edmond Coignet et Cie.** (Note sur le système et ses applications en 1899) : *C*, 1900, 321' (n° 10). — Applications diverses : *B*, LXXXVIII, nos 3244 et 3251 (1905).

CONSIDÈRE : Voir BÉTON FRETTÉ.

CORRADINI : Nouveau système de poutres en **C. A.** : *MT*, 30 nov. 1904 ; — r : *BE*, 1905, 49 (n° 2).

COTTANCIN : P. COTTANCIN. — **Constructions en ciment avec ossature métallique :** *IC*, 1889, 194 ; r : *PCE*, XCVII, 430. — GÉRARD LAVERGNE. — **Les travaux en ciment avec ossature métallique du système P. Cottancin :** *GC*, XXVI, 23 (n° 2, du 10 nov. 1894). — P. COTTANCIN. — Conférence sur **Les travaux en ciment avec ossature métallique :** *Bull. de l'Union syndicale des Archit. franç.*, III, 169-225 (nos 8 et 9, d'août et sept. 1895) ; tap : 1895. — B. BRAUSEWETTER. — Essai d'un élément de couverture syst. Cottancin, à Hermannstadt : *ZOIA*, 1898, 356 (n° 23, du 10 juin). — P. COTTANCIN. — **Construction armée, P. Cottancin :** *AFAS*, 1900, II, 366-388. — **Brevet Cottancin n° 210.293, du 18/12/90, pour travaux en matières plastiques avec ossature composée :** *BAH*, III, 4 (n° 32, de janv. 1901). — CHARLES FLEMING MARCH. — **Construction in concrete and reinforced con-**

crete. (en part^r^, syst. Cottancin : *PCE*, CXLIX, 297-312 (1901-1902). — **The Cottancin System of reinforced construction.... :** *Architect* (London), déc. 1902 ; — *Ce*, janv. 1903.

DAGES : **Système complet d'armature pour bétons et ciments, avec dispositif d'attache et de montage, par M. Noël Dages :** *C*, 1905, 221' (n° 6).

DÉGON : **Construction en ciment armé, par MM. J.-B. Dégon :** *C*, 1899, 104', 100 (n°s 4 et 7) ; 1900, 63 (n° 4) ; — r : *MSI*, n° 3, 96 (août 1899).

DE MAN : **De Man tension member for reinforced concrete :** *Ce*, janv. 1903. — **Decke, System De Man :** *TIZ*, 1903, 1988 (n° 129, du 31 oct.).

DEMAY FRÈRES : **Le ciment armé système Demay frères :** Paris, Jules Commercy, sans date (1904 ou 1905) ; 1 broch. in-8°, 72 p. ; — *ATPB*, 1904, 727-729 (n° 4).

DEMEESTÈRE : **Nouveau mode d'établissement de plaques, poutres, poutrelles, colonnes, tuyaux, etc., en ciment armé, par MM. Edmond Demeestère-Leclercq, Paul Demeestère et Joseph Demeestère :** *C*, 1902, 193' (n° 7).

DIHL : Emploi des toiles métalliques Gaillard pour la conservation du ciment Dihl appliqué sur les terrasses et toitures. (Application à la couverture de l'église de Courbevoie) : *SEIN*, XIX, 245 (1820).

DONATH : **Donath armored concrete floor :** *CEN*, XIV, 9 (janv. 1903).

DOUCAS : **Eisenanlage für Betonkörper :** Brev. all. n° 157.837, du 11/1 03, à Konstantin Doucas, de Kainsdorf (Saxe) : *TIZ*, 1905, 527 (n° 45, du 15 avril).

EBERT : **Betondecke.** Brev. all. n° 139.339 à Emil Ebert : *TIZ*, 1903, 1544 (n° 99, du 22 août).

EGGERT : **Die Eggertsche Decke :** *BE*, 1903, 236-239 (n° 4) ; — *BV*, 1903, 579 ; — *DB*, 27 janv. 1904 ; — *TU*, n° 18.

FAWCETT : **Fawcett's improved floor system :** *B*, LXXXVII, n° 3217 ; — r : *BE*, 1905, 95 (n° 4).

FEKETEHAZY : Brev. all. n° 104.290, à Joh. Feketehazy, de Budapest : *TIZ*, 1899, 1366 (n° 103, du 16 sept.).

FER-BÉTON : Voir MATRAI.

FERRO INCLAVE : H. F. COBB. — *JAES*, XXXII, 1-11 (n° 1, 1904) ; — O. GRUNER, *BV*, 1904, 259 ; — r : *GC*, XLV, 135 (n° 8, du 25 juin 1904) ; — r : *MSI*, VI, 384 (n° 59, du 25 juil. 1904) ; — r : *APC*, 1904, III, 245 ; — r : *Praktische Maschinen Konstrukteur*, 1904, 91 (n° 50) ; — r : *N*, 1905, I, 346 (29 avril).

FOORT : **Betondecke.** Brev. angl. n° 12.794, du 4/1/02, à H. Foort : *TIZ*, 1903, 2068 (n° 135, du 12 nov.).

FROELICH : **Decke, Bauweisen Froelich und Wagenknecht :** *BV*, 1902, 576.

GABELLINI : Construction en **C. A.** : *Cs*, 5 juin 1897 ; — *RI*, 12 juin 1897 ; — r : *BTAM*, 1897, 1008 (n° 8).

GENAISON & GOYON : **Nouveau procédé de construction de planchers en ciment avec ossature métallique, dit « Ciment Armé », par MM. A Genaison et E. Goyon** : *C*, 1899, 229′ (n° 8).

GÉRON : **L'application nouvelle d'un moyen d'attirer la force d'inertie du ciment à la tension de l'acier ou du fer tréfilé, pour obtenir un résultat meilleur et plus économique en construisant des travaux analogues à ceux exécutés en ciment armé, fer ou bois, par M. Alfred Géron** : *C*, 1902, 162′ (n° 6).

GILETTI : Description du système : *JAES*, sept. 1904 ; — r : *Co*, I, n° 11 (mars 1905) ; — r : *C*, 1905, 61 (n° 4) ; — r : *BE*, 1905, 206 (n° 8).

GIROS : **Perfectionnements apportés aux constructions en ciment armé, par M. Alexandre Giros :** *C*, 1900, 329′ (n° 10) ; — *TIZ*, 1900, 1970 (n° 144, du 6 déc.).

GRIMM : **Betoneisenträger, Syst. Rud. Grimm, in Wien.** Brev. all. n° 161.502, du 13/3/03 : *BE*, 1905, 235 (n° 9).

GUASTAVINO : W. W. EWING, **Tests of the strength of Guastavino floor arches** : *ER*, XLIV, 111-112 (n° 5, du 3 août 1901) ; — r : *MSI*, III, 253 (n° 4, de sept.-oct. 1901).

GUINOND : **Nouveau mode d'établissement des planchers en béton de ciment armé, par M. Gabriel-Paul Guinond :** *C*, 1902, 129′ (n° 5).

HABRICH-POTTHOFF : MAURICE THIBAUT, **Constructions en béton armé avec armature en fer spiralisé, système Habrich-Potthoff; poutre en béton armé, système H. Henkel :** *ATPB*, 1904, 363-390 (n° 3) ; — r : *GC*, XLV, 304 (n° 18, du 3 sept. 1904) ; — r : *MSI*, VI, 574 (n° 62, d'oct. 1904) ; — r : *C*, 1904, 159 (n° 10) ; — r : *APC*, 1904, III, 243 ; — r : *BE*, 1904, 231-233, 312-313 (n°s 4 et 5).

HELM : **Herstellung von Beton- oder Steindecken mit Eisenanlagen.** Brev. all. 156.871, du 7/5/03, à Emil Helm, de Berlin : *TIZ*, 1905, 374 (n° 36, du 25 mars).

HENKEL : Voir HABRICH-POTTHOFF.

HENNEBIQUE : Principes généraux du système ; méthode de calcul ; applications : *Revue des Mines et de la Métallurgie*, 1893, II,

241 ; — *GC*, XXIX, 157 (oct. 1896) ; — *NAC*, 1896, 142, 156 (nos 9 et 10) ; — J. MARTINEZ, Communication au congrès des architectes français ; tap, Paris, juin 1896 ; — BEURET, *BTAM*, 1896, 1513-1532 (no 12) ; — RUD. LINDER, 1 broch., Basel, 1897 ; — *CM*, 2 juil. 1898 ; — TRICON, *Bull. de la Soc. Scient. de Marseille*, 1898, 4e trim., 34 p. ; r : *RI*, 1899, 456 ; — HENNEBIQUE, *BAH*, mars, avr., mai 1899 ; — W. RITTER, *SB*, XXXIII, 41, 49, 59 (nos 5-7, des 4, 11, 18 fév. 1899) ; discon, *ibid*, 109, 148, 189, 190 ; tap : Zurich, E. Rascher, folo, 9 p., 1900 ; 3e édit., 1902 ; — ED. AST, Conférence du 5 déc. 1899 : *ZOIA*, 1900, 209-214 (no 13, du 30 mars) ; r : *MSI*, II, 387 (no 4, de sept. 1900) ; — *BAH*, III, 4 (no 28, de sept. 1900) ; — FLAMENT, Conférence du 21 août 1900 : *BAH*, III, no 29, 1-11 (oct. 1900) ; r : *MSI*, II, 831 (no 8, de janv.-févr. 1901) ; — S. DE MOLLINS, Con à la *Socté des ingrs et arch. de Zurich*, le 30 janv. 1901 ; r : *SB*, XXXVII, 225-226 (no 21, du 25 mai 1901) ; — N. K. PJÄTNIZKI, Con au congrès des techniciens russes, le 31 mars 1901 : St-Pétersbourg, Arnhold, 1902, 80 p. (en russe) ; — M. FINKELSTEIN, Czernowitz-Bukowine, Engel et Suchanka, 1901, 48 p. ; r : *TIZ*, 1901, 1961 (no 931) ; — CHARLES FLEMING MARSH, *PCE*, CXLIX, 297-312 (1901-1902) ; — *CEN*, 1902, I, 24 (no 2) ; — PICOT, Conférence à Toulouse : *BAH*, V, 187 (no 59, d'avril 1903) ; — L. G. MOUCHEL, Con au *Royal Institute of British Architects : The Surveyer and Municipal and County Engineer*, XXVI, no 671, du 25 nov. 1904 ; r : *ER*, LI, 36 (no 2, du 14 janv. 1905) ; r : *BE*, 1905, 49 (no 2).

Divers brevets Hennebique : *C*, 1899, 134′ (no 5) ; — *BAH*, III, no 32, 6 (janv. 1901) ; — *TIZ*, 1902, 176 (no 17, du 8 févr.).

Contestations sur la validité des brevets Hennebique : *ATPB*, 1903, 617 (no 3) ; — MOUCHEL, *E*, XCVI, 346, 383 (9 et 16 oct. et 6 nov. 1903) ; r : *BE*, 1904, 54 (no 1) ; — *BE*, 1903, 222-224 (no 4) ; — *EN*, LI, 403 (no 17, du 28 avr. 1904).

Discussions sur la valeur du système : *Semaine du Bâtiment*, 9 nov. 1895 ; — RAPPAPORT et FAVRE : *SB*, XXIX, nos 9-11, des 27 fév., 6 et 13 mars 1897 ; — L. LECLERC et N. DE TÉDESCO : *RT*, 1897, 277-280, 333 (nos 12 et 14, des 25 juin et 25 juill.).

Calculs : L. LECLERC, *ibid.* : — E. TURLEY, **Anleitung zur statischen Berechnung armierter Betonkonstruktionen, unter Zugrundlegung des Syst. Hennebique :** Leipzig, Arthur Félix, 1902 ; r : *TIZ*, 1902, 598 (no 48, du 24 avril) ; r : *BE*, 1903, 214 (no 3). — **Science et empirisme** : *BAH*, V, 45 (no 51, d'août 1902).

Essais des poutres Hennebique : C. BARBERIS, *Rivista di Artiglieria e Genio*, 1900, III, 122 ; — F. v. EMPERGER et E. BRIK, *Allgemeine Bauzeitung*, 1901, no 2 ; *OWOB*, 1901, 924 ; *BE*, 1902, no 2. — etc.

Voir en outre art. 195 et la collection de *BAH*, revue mensuelle du

Système, qui publie notamment tous les ans un album des ouvrages exécutés pendant l'année, et les comptes rendus des congrès annuels des concessionnaires des brevets Hennebique.

HERBST : **Zylinderstegdecke von W. Herbst in Steglitz** : *BE*, 1903, 239-241 (nº 4) ; — *TIZ*, 1904, 1153 (nº 96, du 16 août).

HERCULES : **Die Eisenbetondecke System Hercules** : *BE*, 1904, 215-217 (nº 4) ; — r : *C*, 1904, 159 nº 10).

HUGUET : **Application des tissus métalliques et grillages... à la construction de panneaux en ciment armé..., par M. Emile-Paul-Abel Huguet** : *C*, 1900, 249' (nº 8).

ISOARD : **Douvelles brevetées en ciment armé, pour plancher avec poutres en fer ou en bois, dit « infendable », par M. Denis Isoard** : *C*, 1902, 291' (nº 10).

JACKSON : **Jackson's concrete and steel floor, sidewalk and roof construction** : *CEN*, X, 8 (janv. 1901).

JALVO : **Caracteristicas del sistema Jalvo** : *CAo*, 1904, 1-14 (nº 1) ; — r : *MSI*, VI, 502 (nº 61, du 25 sept. 1904) ; — r et com : *TIZ*, 1904, 1755 (nº 153, du 29 déc.).

JANESCH : Brev. autrich. nº 2194 ; description des planchers : *BE*, 1903, 157 (nº 3) ; — Essais : *BE*, 1905, 44 (nº 2).

JARVIS : **The Jarvis system of reinforced concrete construction** : *CEN*, XVII, 54 (nº 3, de mars 1905). — Brev. franc. nº 350.680, du 11/1/05 : *RMC*, nº 3, 72 (juill. 1905).

JOHNSON : **Das Johnson-Einlageeisen und seine Anwendung in Nord-Amerika** : *ZB*, 1904, 156 (nº 10).

KAHN : JULIUS KAHN, **A new system of concrete re-enforcement, designed to resist vertical shear** : *American Technical Press* ; — rep : *EN*, L, 349 (nº 16, du 15 oct. 1903) ; — *ER*, XLVIII, 465 (nº 16, du 17 oct. 1903) ; — rep : *BE*, 1903, 329-331 (nº 5) ; — r : *BE*, 1904, 55 (nº 1) ; — r : *PCE*, CLV, 490 ; — r : *TIZ*, 1904, 531 (nº 48, du 23 avr.). — Essais : *Ce*, 1904, nº 5.

KANDELER : **The « Chicago » fireproof floor** : *EN*, XXXVI, 23 (nº 2, du 9 juillet 1896).

KEMNITZ : **Deckenkonstruktion**. Brev. angl. nº 22.884 de 1899, et brev. all., nºs 123.924 à 123.926, à F. Kemnitz : *TIZ*, 1901, 1035, 2152 (nºs 63 et 148, des 20 mai et 14 déc.).

KICK : **Betondecke mit Rohreinlagen**. Brev. all. nº 126.106, du 13/2/00, à P. Kick, de Berlin : *BMK*, VII, 32 (1902, nº 1-2).

KLEINE : **The Kleine floor system** : *B*, LXXXVII, nº 3213 ; — r : *BE*, 1905, 95 (nº 4).

KOENEN : JAEGER, Comparaison des syst. Hennebique et

Koenen : *MIC*, 15 août 1900, 135-137 ; r : *MSI*, II, 622 (nº 6/7, de nov.-déc. 1900). — HAESECKE, **Kœnensche Plandecke :** *BV*, 1901, 108. — Épreuve accidentelle : *TIZ*, 1901, 1884 (nº 124, du 19 oct.). — Brev. all. nº 124 879 : *TIZ*, 1902, 613 (nº 49, du 26 avr.). — Parquet d'égale résistance : *The Railway Engineer* (London), XXIII, 229 (nº 27, d'août 1902) ; r : *MSI*, V, 19 (nº 41, du 25 janv. 1903). — Brev. all. nº 141.745 : *TIZ*, 1903, 1865 (nº 120, du 10 oct.). — Discussion sur la valeur du Système : S. HART, *BE*, 1903, 154-155 (nº 3) ; r : *C*, 1903, 112 (nº 7) ; M. KOENEN, *BE*, 1903, 333-334 (nº 5) ; RAMISCH, *BE*, 1904, 47, 278-279 (nºs 1 et 4).

KULHANEK : K. JARAY, **Die Zelldecke System Kulhanek :** *Technische Blätter* (Prague), 1903, nº 2 ; — r : *BE*, 1903, 211 (nº 3).

LANDRY : **Nouveau plancher en voussoirs creux de ciment ou plâtre, syst. Landry** (avec fers en I et étriers) : *BTAM*, nov. 1895 ; — r : *NAC*, 1896, 63 (nº 4).

LOSSIER : ALPH. VAUTIER, **Poutres et dalles en béton armé du syst. Lossier :** *MIC*, 15 août 1903, 211-215 ; — r : *MSI*, V, 1054 (nº 52, du 25 décembre 1903) ; — r : *BE*, 1903, 275-277, 328-329 (nºs 4 et 5) (av. discon).

LUIPOLD : **Carcasse métallique pour poutres en béton armé :** *C*, 1901, 145' (nº 5) ; — *TIZ*, 1903, 436 (nº 32, du 14 mars).

LUND : Dalles armées syst. Lund : *TU*, 1904, nº 34.

MACIACHINI : Voir WALSER-GÉRARD.

DE MAN : Voir à la lettre D.

MANKE : Brev. all. nº 153.430, du 19/5/01, à Max Manke, de Spandau : *TIZ*, 1905, 21 (nº 3, du 7 janv.).

MANTEL : J. DE LA PALLIÈRE, **Le voûtin-hourdis syst. Paul Mantel :** *NAC*, 1903, 188 (nº 12).

MATRAI : Principes du système : *C*, 1899, 33, 63, 117, 129 (nºs 3, 4, 8, 9) ; r : *TIZ*, 1900, 690 (nº 49, du 26 avril). — Calculs : *C*, 1900, 105, 128 (nºs 7 et 8). — Essais et applications : r : *MSI*, II, 471 (2 articles) (nº 5, d'oct. 1900).

Voir en outre la collection du « *Fer-Béton* », organe du Système, qui a paru en 1899 et 1900.

MAY : **Betonbalken.** Brev. all. nº 126.296, du 20/4/00, à Adam May : *TIZ*, 1902, 918 (nº 69, du 14 juin).

MELAN : Essais de voûtelettes syst. Melan : *ZOIA*, 1892, 442 (nº 32) ; 1893, 166 (nº 11) (avec théorie). — Description : *NAC*, 1894, 168 (nº 11) ; — *TACE*, déc. 1895 ; — *OMOB*, 1896, 465.

MELBER : Principe du système : *CEN*, IX, 42 (sept. 1900) ; X, 70 (mai 1901).

MÉTAL DÉPLOYÉ : Fabrication du treillis et application au **C. A.** : *RT*, 1896, 564-567 (n° 24, du 25 déc.) ; — *CEN*, II, 46 (mars 1897) ; — *RT*, 1898, 265-266, 319 (n°s 12 et 14, des 25 juin et 25 juillet) ; — *C*, 1898, 173, 185 (n°s 11 et 12) ; — *CEN*, VI, 59 (n° 4, d'avril 1899) ; — P. CHALON, Communication à la séance du 7 juillet de la *Soc^{té} des Ing. Civ.* : *IC*, 1899, II, 21 (juillet) ; r : *RI*, 1899, 294 (29 juillet) ; r : *C*, 1899, 197 (n° 7) ; r : *MSI*, n° 4, 194 (sept. 1899) ; r : *APC*, 1899, III, 311 ; r : *BTAM*, 1899, 344 R (n° 12) ; — *SE*, 1er septembre 1899, 826 ; — BERCEDONIZ, *ROP*, mars 1900 ; — *RT*, 1900, 289-293, 326-329, 349-350 (n°s 13-15, des 10 et 25 juillet et 10 août) ; r : *MSI*, II, 305 (n° 3, d'août 1900) ; — MERRATT, *Journ. of the Franklin Institut*, déc. 1900, 431 ; — *RT*, 1901, 505-506 (n° 22, du 25 nov.) ; r : *GM*, 1902, I, 545 ; — *Moniteur Industriel*, 21 et 28 déc. 1901 ; — *ZB*, I, n° 1 (sept. 1902) ; — *ZB*, II, n° 5 (1903). — THOMAS, C^{on} au *DBV* : *TIZ*, 1905, 1542 (n° 110, du 19 sept.).

Essais : W. BEER, *Eg*, LXIII, 79 (1897) ; — A. T. WALMINSLEY, *ER*, XLII (n° 14, du 6 oct. 1900) ; — O. W. CONNET, *ER*, XLVI, 106 (n° 5, du 2 août 1902) ; r : *MSI*, IV, 1250 (n° 40, du 25 déc. 1902) ; — V. ORSENIGO, *Co*, I, n°s 3-11 (1904-1905).

Catalogues d'applications : en Angleterre : London, 1904, plus de 100 p. ; r : *BE*, 1904, 126 (n° 2) ; — aux Etats-Unis : in-4°, 64 p. ; r : *CEN*, XVI, 79 (n° 4, d'oct. 1904).

Voir aussi art. 195.

MOLLARET & CUYNAT : **Planchers creux en béton de ciment armé.** Brev. fran. n° 351.721, du 20/2/05 : *RMC*, 1905, 94 (n° 4, d'août).

MÖLLER : Constructions système Möller : *ZAIW*, 1896, 159 ; — *Zeitschrift für Bauwesen*, 1897, 143 ; — *Zeitsch. f. Archit. u. Ingenieurwesen*, 1899, 161.

MONIER (1) : Description du système : G. A. WAYSS, 1 broch., Wien, 1887 ; — SCHLÜTER, *SE*, 1892, 867 ; — WALTER BEER, *PCE*, CXXXIII, 376-393 (1897-1898) ; — PETRIN, 1 broch., Paris, Le Sourdin, 1898 ; — E. LEE HEIDENRICH, *CEN*, VII, 85-88 (déc. 1899) ; r : *MSI*, 1900, 99 (n° 9, de févr.).

Essais : BAUSCHINGER, München 1887 ; réimpression, Berlin, 1892 ; r : *C*, 1901, 182 ; — *PCE*, CXXXIII, 391-393 (1897-1898).

Album d'applications et de procès-verbaux d'essais : F. REHBEIN, Berlin, J. Becker, 1894 (2e édit.).

Barèmes : WAYSS, Berlin, Alt-Moabit, 1897.

Voir aussi art. 195.

J. MONIER FILS : Voir SOCIÉTÉ DES TRAVAUX EN CIMENT.

(1) Dans les premières années des constructions en ciment armé, on leur donnait souvent à toutes, en Allemagne, le nom générique de *Monierbauten*.

MÜNSCH : SAVARY. **Note sur les brevets d'invention déposés par M. Münsch, architecte à Berne** : *MIC*, 15 août 1900, 130-131 ; — r : *MSI*, II, 622 (n° 6/7, de nov.-déc. 1900).

NOBLE : Dispositif pour assurer le contact entre les étriers et les armatures : *ER*, *current news supplt*, LII, 43 (n° 12) ; — r : *TIZ*, 1905, 1703 (n° 123, du 19 oct.).

OTTO : Brev. all. n°s 83.133, du 5/12/94, et 144.775, du 9/6/01, à Richard Otto : *TIZ*, 1904, 192 (n° 22, du 20 févr.).

PARMLEY : Brev. amér. n° 740.039, du 29/9/03, à Walter C. Parmley, de Cleveland (Ohio) : *Ce*, IV, n° 2 (1903) : — *TIZ*, 1904, 1380 (n° 113, du 24 sept.) : — *EN*, LIII, 8 (n° 1, du 5 janv. 1905) ; — *ZB*, IV, 94-95 (n° 6, du 15 mars 1905).

PARSY : PAUL PARSY. **Béton armé. Nouveau procédé pratique... de construction des planchers...** : 1 broch., 11 p. 1900 ; — *C*, 1900, 38 (n° 3) ; 1901, 161 (n° 11) ; 1902, 65' (n° 3) : — r : *CEN*, XIII, 91 (déc. 1902) ; — r : *MSI*, V, 413 (n° 45, du 25 mai 1903).

PERRAUD ET DUMAS : Description du système : DUMAS, *ATPB*, 1902, 589-592 (n° 3) ; — DE TÉDESCO, *C*, 1902, 171 (n° 11).

PICK : H. PICK, **Supports horizontaux armaturés en fer et ciment, syst. H. P. breveté S. G. D. G.** : *NAC*, 1899, 125-128, 135-144 (n°s 8 et 9) ; — r : *MSI*, n° 7, 445 (déc. 1899).

PINKEMEYER : Brev. all. n° 113.744, à Wilhelm Pinkemeyer, de Recklinghausen i. W. : *TIZ*, 1900, 1562 (n° 108, du 13 sept.).

PITSCH : Brev. all. n° 126.947, du 7/2/99, à L. Pitsch : *TIZ*, 1902, 1420 (n° 102, du 30 août).

POHLMANN : **Die Bulbeeisendecke System Pohlmann** : *BE*, 1904, 159-163, 234-235 (n°s 3 et 4) ; — *ZB*, 1904, 62 (n° 4) ; — *Ce*, 1904, n° 5 ; — r : *C*, 1904, 63, 109, 159 (n°s 4, 7, 10).

POULLET : **Système de planchers en béton armé, dit béton « économique », par M. Pierre-Jules Poullet** : *C*, 1902, 33' (n° 2).

RABITZ : Discussion de brevet : *BV*, 1902, 247, 487.

RANSOME : **Test of a Vault-Light Slab** : *PACE*, XXVII, n° 6, 716-727 (août 1901) ; — r : *ER*, XLIV, 230 (n° 10, du 7 sept 1901) ; — r : *MSI*, III, 251 (n° 4, de sept.-oct. 1901).

RAPP : **Weight tests of Rapp floor arches** : *ER*, XLIV, 455 (n° 19, du 9 nov. 1901) ; — r : *MSI*, III, 474 (n° 32, du 25 avril 1902).

RELLA : **Plate System Rella** : *BE*, 1903, 156-157 (n° 3).

RIBERA : JOSE EUGENIO RIBERA. **Hormigon y cemento armado; mi sistema y mi obras** ; — DE TÉDESCO, *C*, 1902, 117 (n° 8) ; — J. E. RIBERA, *C*, 1902, 181 (n° 12) ; *C*, 1903, 16 (n° 1). Voir aussi *CAo*.

RISER : Type d'armature pour ponts : *ER*, XLV, 279 (n° 12, du 22 mars 1902) ; — *CEN*, XV, 212 (mars 1904).

RÜHL : Brev. all. n°s 137.717, du 3/1/01 et 155.060, du 23/11/02, et brev. amér n° 700.443, du 20/5/02, à Otto Rühl, de Brême, en vue de donner une tension initiale aux armatures : *TIZ*, 1904, 1348 (n° 110) ; — *BE*, 1905, 51 (n° 2) ; — *TIZ*, 1905, 342 (n° 33, du 18 mars).

SCHNEIDER : **Procédé pour la construction de plafonds, massifs en briques creuses et en béton de ciment armé.** Brev. franç. n° 352.405, du 15/3/05 : *RMC*, 1905, 119 (n° 5, de sept.).

SEMPSON & SCHOEMAKER : Brev. ang. n° 16.703, du 28/7/02 : *TIZ*, 1904, 192 (n° 22, du 20 févr.).

SIEGWART : Descriptions : R. RECORDON, *SB*. XXXVII, 261, 269 (n°s 24 et 25, des 15 et 22 juin 1901) ; r : *APC*, 1901, III, 413 ; — *TIZ*, 1901, 1368 (n° 84, du 18 juillet) ; — RECORDON, *BTSR*, avec tap ; r : *C* 1903, 40 (n° 3) ; — *TIZ*, 1903, 644, 1307 (n°s 44 et 81, des 11 avril et 11 juillet) ; — STROBAWA, *DB*, n° 64 (1903) ; — Brev. autr. n° 15.584, du 1/10/03 ; — Prospectus de la *Soc^té internat^le des Poutres Siegwart*, à Lucerne. — *ER*, XLVIII, 615 (n° 21, du 21 nov. 1903) ; — *Eg*, LXXVII, 150 (29 janv. 1904) ; — *BE*, 1904, 74-75 (n° 2) ; — *TIZ*, 1904, 627 (n° 54, du 7 mai) ; — r : *C*, 1904, 78' (n° 5) ; — *Co*. 1904, n° 5 ; — *ATPB*, 1904, 513-515 (n° 3) ; — r : *Science, Arts, Nature*, 18 juin 1904 ; — brev. fran. n° 351.508, du 14/2/05 : *RMC*, 1905, 93 (n° 4, d'août) ; — *ibid*, 1905, 125 (n° 6, d'oct.).

SOC^TÉ DES CHAUX ET CIMENTS DE CRÈCHES : J. DUBOIS, **Notice sur les constructions en ciment armé** (exécutées par cette S^té) : Mâcon, Protat fr^res, 1898 ; in-8°, 102 p., 2e édit.

SOC^TÉ IMMOBILIÈRE DES TOITURES COUPOLES : Planchers en béton armé de cette Société : *C*. 1901, 53 (n° 3).

SOC^TÉ DES TRAVAUX EN CIMENT, ANCIENNEMENT J. MONIER FILS : Installations à l'exposition de 1900 et applications : *C*. 1900, 281' (n° 9) ; — *CEN*, IX, 54 (oct. 1900) ; — *MSI*, II, 831 (n° 8, de janv.-fév. 1901).

TESSERAUX : Brev. all. n° 149.555, du 24/5/05, à Joseph Tessereaux, de Mannheim, en vue de donner une tension initiale régulière aux armatures : *TIZ*, 1905, 20 (n° 3, du 7 janv.).

THACHER : K. MUESER, Communication à l'assemblée gén^le de 1904 du *DBV* : *BE*, 1904, 75, 184 (n°s 2 et 3) ; — *DB*, 1904, n° 5 ; — *TIZ*, 1904, 1072 (n° 90, du 2 août) ; — r : *C*, 1904, 78, 125 (n°s 5 et 8).

F. THOMAS : **Système d'armatures métalliques pour constructions en béton de ciment armé, par M. Ferdinand Thomas** : *C*, 1902, 65' (n° 3).

THOMAS & STEINHOFF : **Spiral-Eisen-Beton-Bauten** : *Baugewerks Zeitung*, 1898, 1559 ; — r : *TIZ*, 1898, 1228 (nº 114, du 10 déc.) ; — *SB*, XXXII, 204 (nº 26, du 24 déc. 1898) ; — *TIZ*, 1899, 991 (nº 70, du 1er juillet).

THRUL : **Bogenbalken System Thrul** : *BE*, 1904, 313-316 (nº 5). — Application : *BE*, 1905, 36 (nº 2). — Conditions imposées par la ville de Vienne : *BE*, 1905, 121-122 (nº 5).

TRIMBLE : Brev. autr. pour armatures, à Robert James Trimble, de Belfast : *TIZ*, 1902, 759 (nº 57, du 15 mai).

TUCKER & VINTON : **Vault light construction, by Tucker & Vinton, N. Y.** : Prospectus, 1903 ; — *BE*, 1904, 262-264, (nº 5) ; — *ZB*, 1905, 252-255 (nº 16, du 15 août).

UNCITI : **Cemento armado sisteme Unciti** : *CAo*, III, nº 4 (1903) ; IV, nº 5 (1904).

VEREINIGTE MASCHINENFABRIK AUGSBURG UND MASCHINENBAUGESELLSCHAFT NURNBERG A. G. : **Bimsbetondecken mit Eisenanlagen** : *BE*, 1904, 40-42 (nº 1).

VIENNOT : **Perfectionnements aux travaux en ciment armé, par M. Ernest-Lucien Viennot** : *C*, 1902, 97′ (nº 4).

VISINTINI : Descriptions du système : *BE*, 1903, 159-160, 313-315 (nºs 3 et 5) ; — *TIZ*, 1903, 1689 (nº 108, du 12 sept.) ; — *MIC*, 1903, 265-269 (15 oct.) ; — A. OSTENFELD, *In*, 1903, nº 46 ; — *CAo*, III, nº 12 (1903) ; — *DB*, 27 janv. 1904 ; — *Co*, 1904, 25 (nº 1) ; — r : *MSI*, VI, 149 (nº 55, du 25 mars 1904) ; — Prospectus, 1904 ; — SELINGER, *BE*, 1905, nº 2 ; r : *ZB*, 1905, 72-75 (nº 5, du 1er mars) ; r ; *GC*, XLVI, 328 (nº 20, du 18 mars 1905).

Essais : *BE*, 1903, 195-200, 258-259 (nºs 3 et 4) ; 1904, 42-44 (nº 1) ; — *C*, 1903, 185 (nº 12) ; 1904, 32 (nº 2) ; — r : *MSI*, VI, 502 (nº 61, du 25 sept. 1904).

Applications : VISINTINI, Con au *DBV* : *TIZ*, 1905, 1541 (nº 110, du 19 sept.) ; — r : *ibid*, 327 (nº 31, du 14 mars).

WAGENKNECHT : Voir FROEHLICH.

WALSER-GERARD : MACIACHINI, *MT*, 1899, nºs 10, 11, 12, 14 (avril et mai) ; r : *C*, 1899, 100 (nº 7) ; — r : *MSI*, nº 3, 96 (août 1899) ; — DE TÉDESCO : *C*, 1903, 97 (nº 7) ; — *CAo*, 1903, 100-114 (nº 6) ; — *BE*, 1903, 177-180 (nº 3) ; r : *MSI*, VI, 277 (nº 57, du 25 mai 1904) ; — *C*, 1904, 41′ (nº 2).

WARNEBOLD & NASSE : Brev. all. nº 137.256 : *TIZ*, 1903, 645 (nº 44, du 11 avril).

WAYSS & FREYTAG : Divers brevets : *C*, 1899, 261′, 293′, 325′ (nºs 9-11) : — *TIZ*, 1900, 1029 (nº 70, du 16 juin) ; — *CEN*, XI, 6 (nº 1, de juillet 1901) ; — *TIZ*, 1903, 944 (nº 58, du 16 mai) ; — *BE*, 1903, 155-156 (nº 3) ; — Prospectus, 1904.

WEISS : Brev. all. nº 127.104, du 25/11/00, à Julius Weiss : *BV*, 1902, 52 ; — *TIZ*, 1902, 350 (nº 32, du 15 mars).

WILMOTH, SMITH & GOLLIEK : Brev. angl. nº 2.587, du 3/2/04 : *TIZ*, 1904, 1028 (nº 86, du 23 juillet).

WÜNSCH : **Betoneisen-Konstruktionen, System Robert Wünsch**, Budapest, 1892 ; nlle édit., 1904, 46 p. ; — r : *NAC*, 1894, 168 (nº 11) ; — r : *TIZ*, 1904, 1573 (nº 132, du 8 nov.).

WYGASCH : **Betoneisen-Deckenplatte System P. Wygasch :** *TIZ*, 1903, 2145 (nº 141, du 28 nov.) ; — Discon : *TIZ*, 1904, 36 (nº 4, du 9 janv.).

169. Autres matériaux armés.

ASPHALTE ARMÉ :

Malgré son nom, ce composé ne présente aucune analogie avec le ciment armé, car l'armature est constituée par de petites pyramides de granit incrustées dans la fondation : *GC*, 29 oct. 1904 ; — r : *APC*, 1904, IV, 238 ; — *La vie automobile*, 6 août 1904 ; — r : *GM*, XXIX, 69 (janv. 1905) ; — *ATPB*, 1905, 160 (nº 1) ; — etc.

Brev. fran. nº 351.116, du 30/1/05, à M. Bayles, pour syst. de pavage ou dallage au moyen de grilles métalliques noyées dans l'asphalte, le bitume, etc. : *RMC*, 1905, 93 (nº 4, d'août).

BOIS ARMÉ :

Portes de bois à revêtement métallique (déposé par voie électrolytique) : *RS*, 21 déc. 1901 ; — r : *GM*, 1902, I, 545.

CARTON ARMÉ :

Brev. fran. nº 348.776, du 13/12/04, à M. Volant : *RMC*, nº 2, 44 (juin 1905).

PIERRES ARTIFICIELLES ARMÉES :

Kalksandsteine mit Eisenanlagen. (Agglomérés de sable et chaux cuits dans la vapeur sous pression et contenant des armatures métalliques) : 1º Brev. all. nº 122.898, du 3/11/99, à Dr Karl Baron von Vietinghoff gen. Scheel : *TIZ*, 1901, 1744 (nº 109, du 14 sept.). — 2º Brev. all. nº 145.034, du 12/8/02, à Ad. Seigle : *TIZ*, 1903, 2092 (nº 137, du 19 nov.).

PLATRE ARMÉ :

Emploi, à l'exposition de 1900, de plâtre armé de Métal déployé : *RT*, 1899, 97-98, 217-219 (nos 5 et 10, des 10 mars et 25 mai).

Discussion sur le plâtre armé à l'assemblée générale de 1903 du *Deutscher Gips Verein* : *TIZ*, 1903, 421-422 (n° 31, du 12 mars) ; — r : *BV*, 1903, 128.

Brev. fran. n° 348.995, du 15/12/04, à M. Lapeyrière : *RMC*, n° 2, 44 (juin 1905).

PLOMB ARMÉ :

Stahldraht-armierte Bleirohre. (Tuyaux de plomb armés de fils d'acier) : *SB*, XXXI, 60 (n° 8, du 19 févr. 1898).

POTERIES ARMÉES :

Briques Münsch à armatures métalliques : *MIC*, 15 août 1900, 130-131 ; — r : *MSI*, II, 622 (n° 6/7, de nov.-déc. 1900).

Divers systèmes de constructions en poterie armée à l'épreuve du feu aux expositions de Londres, de Berlin et de Buffalo : *TIZ*, 1901, 1236, 1617, 1647, 1675, 2181 (n°s 76, 97, 100, 103, 151).

Divers systèmes de constructions en poteries armées : *DPJ* ; r : *TIZ*, 1902, 844, 926 (n°s 63 et 70, des 31 mai et 17 juin) ; — *Ce*, 1902, n° 4 (sept.) ; — *BV*, 1902, 504, 642.

Essais de planchers incombustibles en poterie armée, à Pittsburg : *ER*, LI, 220-221 (n° 8, du 25 fév. 1905) ; — r : *GC*, XLVI, 367 (n° 22, du 1er avril 1905).

VERRE ARMÉ :

Fabrication du Verre Armé à Philadelphie et revendication de priorité pour la France par L. Appert : *Scientific American* ; — *GC*, XXII, 354, 422 (n°s 22 et 26, des 1er et 29 avril 1893).

Le verre armé : *Echo des Mines*, 1899 ; r : *TIZ*, 1899, 1391 (n° 105, du 21 sept.) ; — *RT*, 1900, 109-110 (n° 5, du 10 mars) ; r : *BTAM*, 1900, 118 R-121 R (n° 5) ; — *Mitteilungen des Artillerie und Genie Wesens*, 1900 ; r : *GM*, XIX, 424 (mai 1900).

Léon Appert. — **Le verre armé.** (Etude complète) : *SEIN*, CI, 745-791 (n° 6, de juin 1902) ; — *IC*, 1902, II, 470-506 (oct^{bre}) ; — r : *MSI*, IV, 1032 (n° 37, du 25 sept. 1902) ; — r : *GM*, XXIV, 274 (sept. 1902) ; — r : *MSI*, V, 123 (n° 42, du 25 fév. 1903) ; — r : *ATPB*, 1903, 422 (n° 2).

A. Granger. — **Les matériaux de construction artificiels ; pierres et verre armé** : *Moniteur scientifique*, XVI, 785 (n° 731, de nov. 1902) ; — r : *MSI*, IV, 1251 (n° 40, du 25 déc. 1902) et V, 19 (n° 41, du 25 janv. 1903).

Armored glass : *CEN*, XIV, 4 (janv. 1903).

Le verre armé : *NAC*, 1905, 15 (n° 1) ; — *ACPM*, févr. 1905 (n° 4) ; — *Inventions illustrées*, 26 mars 1905.

§ 5 — APPLICATIONS.

170. Dispositions pratiques et organisations de chantier.

Dumas. — **Protection des travaux en béton armé contre l'eau de mer.** (Objets moulés d'avance et injectés d'hydrocarbures) : *BAH*, I, n° 11. p. 4 (avr. 1899).

A. Considère. — **Instruction relative à l'exécution du béton armé :** *ATPB*, 1902, 86-89 (n° 1) ; — r : *MIC*, 15 oct. 1902, 270-271 ; — r : *MSI*, V, 121 (n° 42, du 25 févr. 1903).

Fabrication du ciment armé; précautions et mode d'emploi : *CM*, XVII, 341 (19 avril 1902).

Einige Grundregeln für die Praxis des Eisenbetonbaues : *ZB*, 1903, n° 7.

Henry Parsons Jones. — **The « Slot System » of attaching shaft hangers and fixtures to concrete-steel structures :** *EN*, LI, 210-213 (n° 9, du 3 mars 1904).

Concrete-Steel design. (Soins à prendre pour l'exécution d'ouvrages en **C. A.**) : *B*, 5 mars 1904 ; — r : *BE*, 1904, 185 (n° 3).

Einschalungsgerüst für Betonbauten. (Banchages syst. A. Uhrmacher) : *ZB*, 1904, 54 (n° 4) ; — r : *C*, 1904, 62 (n° 4).

The quality and consistency of concrete for concrete-steel work : *EN*, LI, 541 (n° 23, du 9 juin 1904).

W. Dunn : **Construction and strength of reinforced concrete.** (En particulier, précautions à prendre pour avoir un bon béton); communication au *Royal Institute of British Architects* : r et com : *The Surveyor and Municipal and County Engineer*, XXVI. n° 671. du 25 nov. 1904 ; — r : *BE*, 1905, 49 (n° 2).

Ständer zum Einschalen der Träger von Betondecken. (Supports extensibles pour les coffrages) : Brev. all. n° 149.696, du 8/11/02, à H. Spengler : *TIZ*, 1905, 104 (n° 12, du 28 janv.).

Einrichtung zur Sicherung des Abstandes zweier Reihen von Eisenanlagen. Brev. all. n° 151.093, du 1/6/02, à G. Lolat : *TIZ*, 1905, 129 (n° 15, du 4 févr.).

Saveguards for laying concrete in frosty weather. (Précautions prises contre la gelée dans l'exécution de constructions en **C. A.** en Amérique) : *ER*, LI, 249 (n° 9, du 4 mars 1905).

Vorrichtung für umfangreiche Betonarbeiten. Dispositifs de chantier : coffrages) : *ZB*, IV, 92-94 (n° 6, du 15 mars 1905).

Wie arbeitet der Betonbauunternehmer in Amerika ? *ZB*, 1905, 150-154 (nº 10, du 15 mai).

Coffrage syst. Huber. (Brev. all. nº 160.979, du 21/6/04) : *BE*, 1905, 184 (nº 7).

171. Applications en général.

Delesse. — **Matériaux de construction à l'exposition universelle de 1855** : Paris, 1856, p. 502. (M. Lambot Miraval propose de combiner le fer et le ciment dans tous les objets qui peuvent se détériorer par l'eau ; nombreuses applications possibles ; exemple d'un canot construit d'après ce principe) ; — r : *C*, 1898, 47 (nº 3).

L. Boileau fils. — **Le ciment armé ; nouvelle méthode d'application.** (Description de diverses applications) : *L'Architecture*, 1896 ; tap : Paris, Delarue, 1897 ; 1 broch. in-8º, 46 p.

Concrete und twisted iron construction : *CEN*, I, 51-60 oct. 1896).

Des applications du béton et du ciment armé. Rapport d'une commission spéciale des *Ingénieurs et Architectes Italiens* : *Annali della Soc^ta^ degli Ingegneri e degli Architetti Italiani*, 1897, IV et V, p. 229 et suiv. ; — *C*, 1897, 226, 262, 298, 355, 394 (nºs 8-12).

J. Bied. — **Note sur les travaux en fer et ciment exécutés par la Société Pavin de Lafarge de 1895 à 1897 et les formules employées pour en calculer les dimensions** : *C*, 1898, 161, 177 (nºs 11 et 12).

Constructions en ciment armé : *Chronique industrielle*, 23 sept. 1899.

N. de Tédesco. — **Renforcement par le ciment armé des ouvrages métalliques affaiblis par l'action destructive de l'atmosphère** : *C*, 1900, 65 (nº 5).

G. Flament. — **Constructions en béton armé syst. Hennebique ; principales applications et avantages caractéristiques** : *IC*, 1900, II, 228 (août) ; — r : *ibid.*, 11 ; — r : *BAH*, III, nº 25, p. 5 (juin 1900) ; — com : *C*, 1900, 89 (nº 6).

Le Fer-Béton à l'Exposition : *Fer-Béton*, août 1900, 153-163 ; — r : *MSI*, II, 471 (nº 5, d'oct. 1900).

Monierbauten : (Nombreux emplois du **C. A.**) : *BV*, 1901 ; — r : *TIZ*, 1901, 762 (nº 49, du 25 avril).

Sanders. — Constructions en **C. A.** : *Ir*, 1901, 558.

Fr. von Emperger. — **Neuere Bauweisen und Bauwerke aus Beton und Eisen nach dem Stande bei der Pariser Weltausstellung 1900.** Voir p. 396.

Some exemples of concrete and Expanded Metal in Municipal structures : *ER*, XLIV, 398 (n° 17, du 26 oct. 1901) : — r : *ATPB*, 1902, 64 (n° 1) : — r : *MSI*, III, 475 (n° 32, du 25 avril 1902).

G. Liébaux. — **Des applications du ciment armé** : *RCF*, déc. 1901, 519-550 : — tap. : — r : *APC*, 1901, IV, 247 ; — r : *GC*, XL, 183 (n° 11, du 11 janv. 1902) ; — r : *GM*, XXIII, 458 (mai 1902) ; — r : *BAH*, V, 33 (n° 50, de juillet 1902) ; — r : *BE*, 1902, n° 5, p. 44.

G. Flament. — Conférence du 8 déc. 1901 à la *Société Centrale d'Architecture de Belgique* : *BAH*, IV, 97 (n° 44, de janv. 1902).

Beijerman, van Oordt & van Panhuys. — Rapport sur les applications du béton armé syst. Hennebique : *TH*, 1901-1902, Mémoires, n° 2 ; — r : *ATPB*, 1902, 902 (n° 4).

Jacques Boyer. — Applications pratiques du ciment armé : *The Engineering Magazine* (London), XXII, 559-572, 659-678 (n°s 4 et 5, de janv. et fév. 1902) ; — r : *MSI*, IV, 856 (n° 35, du 25 juillet 1902).

Diz Bercedoniz. — **Applicaciones del homigon armado** : *ROP*, mai 1902.

Quelques ouvrages en béton armé construits en 1901 : *C*, 1902, 109 (n° 7).

Johann Kossalka. — Nouvelles constructions en **C. A.** (en hongrois) : *Comptes rendus du 2e congrès régional des techniciens hongrois*, Budapest, 1902.

Paul Christophe. — **Le béton de ciment à l'exposition régionale de Düsseldorf.** (En particulier, divers ouvrages en **C. A.**) : *NAC*, 1903, 6, 25 (n°s 1 et 2).

Un metodo moderno di costruzione : Lê applicazioni del cemento armato : *Emporium* (Bergamo), 1903 : — r : *BE*, 1903, 214 (n° 3).

Die deutsche Städte-Ausstellung in Dresden, 1903. (Divers ouvrages en **C. A.** exposés par la mon Wolle) : *BE*, 1903, 241-244 (n° 4).

Modernas obras de cemento armado : *CAo*, III, n° 12 (1903).

Bauwerke in Eisenbeton : *TIZ*, 1903, 2214 (n° 147, du 12 déc.).

W. Noble. — **Some municipal works in Egypt** : *Public Works* (London), 3 janv. 1904.

Ed. Ast. — **Der Eisenbeton im Hochbau.** Conférence sur les applications du **C. A.** en Allemagne et en Autriche, faite le 8 mars 1904 à la *Socté des Ingrs et Archtes autrichiens* : *BE*, 1904, 132-137 (n° 3) ; — r : *C*, 1904, 108 (n° 7) ; — r : *MSI*, VII, 138 (n° 67, du 25 mars 1905).

Zöllner. — **Ueber neue Ausführungen im Eisenbetonbau** : (Applications diverses) : Cons aux assemblées génles du *DBV* de 1904 et

1905 : *TIZ*, 1904, 1069 (n° 90, du 2 août) ; 1905, 1384-1389 (n° 100, du 26 août); — *DB*, 1905, 53',57' (nos 14',15', des 19 juill. et 9 août).

J. J. L. Bourdrer. — **Concrete and concrete-steel in Holland.** Con n° 73 au Congrès internl des ingénieurs, à St-Louis, en 1904 : *CA*, II, 103-116 (n° 2, de juill. 1905).

A. C. C. G. van Hemert. — **Werken in Gewapend Beton te Leidschendam** : 1 broch. 1904 (en holl.).

Concrete-Steel. (Constructions en **C. A.** en Amérique) : *JAES*, sept. 1904 ; — r : *DB*, 1905, 32' (n° 8').

E. Probst. — Le béton armé à l'exposition de Saint-Louis : *BE*, 1904, 219-222, 297-298 (nos 4 et 5); — r : *C*, 1904, 188 (n° 12).

D. Jose Eugenio Ribera. — **Obras de hormigon y cemento armado, projectados y dirigidas per el Ingeniero de Caminos D. J. E. Ribera :** Madrid (1905).

Bauausführungen der Betonbau-Unternehmung Pittel und Brausewetter, Wien : Prospectus, 1905.

Schnapp. — **Die Fortschritte im Eisenbetonbau.** (Développement pris depuis 20 ans par le **C. A.** et diverses applications auxquelles il se prête). Communication à la séance du 20 mars 1905 de l'*Archit. u. Ingr Verein*, à Berlin : r : *BE*, 1905, 127 (n° 5).

P. Galloti. — **Le béton armé dans les travaux publics.** (Diverses applications) : *L'Ingénieur constructeur de travaux publics*, IV, n° 13, 182-196 (2e trim. 1905).

Ed. Noaillon. — **Le ciment armé et quelques-unes de ses applications les plus caractéristiques en Belgique.** Con au congrès de Liège (av. discon) : r : *E*, XCIX, 621 (n° 2582, du 23 juin 1905); — r : *Eg*, LXXIX, 812, 817 (n° 2060, du 23 juin 1905).

172. Poutres, dalles, hourdis, planchers.

Voir aussi la plupart des articles précédents, notamment les art. 163, 164, 165, 166 et 168.

GÉNÉRALITÉS :

E. Rivoalen. — **Planchers en acier et béton de ciment, à l'épreuve du feu :** *NAC*, 1893, 138 (n° 9).

P. P. — **Planchers en ciment armé ; nouvelle disposition.** (Consultation sur une disposition particulière de planchers) : *CM*, XIV, 356 (22 avril 1899).

Van de Wijnpersse. — Données empiriques sur l'application du béton armé aux planchers et poutres : *Ir*, 1899, 302.

P. P. — Consultations sur des planchers et des plafonds en

C. A. : *CM*, XV, 477 (7 juill. 1900) ; XVII, 117 (7 déc. 1901) ; XVII, 407 (24 mai 1902).

GRIFFON. — **Note sur les planchers en ciment armé.** (Cah. des charges de la caserne d'Angers ; descript. de divers systèmes de planchers ; formules Piketty ; application de ces formules aux calculs de divers constructeurs) : *GM*, XX, 433-486 (déc. 1900) ; — r : *GC*, XXXVIII, 275 (n° 17, du 23 fév. 1901) ; — r : *MSI*, II, 1035 (n° 10, de mars-avril 1901) ; — r : *APC*, 1901, II, 357.

Planchers en fer et planchers en béton armé. (Controverse sur leur supériorité respective) : *Revue industrielle de l'Est*, 16 juin 1901 ; — *L'Ancre de Saint-Dizier* ; — *BAH*, IV, 41 (n° 40, de sept. 1901).

E. RÜMLER. — Consultation sur la flèche d'épreuve que pourra supporter un hourdis syst. Matrai : *CM*, XVII, 166 (4 janv. 1902).

The design of reinforced concrete beams. (Mode de rupture des poutres faiblement armées et moyens d'y remédier). Extrait du rapport du comité de maçonnerie de l'*American Railway and Maintenance of Way Association* : *EN*, LI, 254 (n° 11, du 17 mars 1904) ; — r : *BE*, 1904, 188 (n° 3).

OTTE. — **Die Vorzüge scheitrechter Gewölbe als ebene Raumdecken.** (Comparaison de divers types de planchers, armés ou non) : C^on à l'assemb. gén. de fév. 1905 du *Deuts. Ver. für Ton-Zement- und Kalkindustrie* : *TIZ*, 1905, 962-969 (n° 71, du 20 juin).

DESCRIPTIONS :

Concrete and steel floors for the Petit Palais des Beaux-Arts, Paris, Exposition of 1900 : *ER*, XXXVIII, 432 (n° 20, du 15 octobre 1898) ; — *EN*, XL, 302, 315 (n°s 19 et 20, des 10 et 17 nov. 1898).

G. W. PERCY. — **Fireproof floor construction in California.** (Planchers syst. Ransome à San-Francisco et aux environs) : *ER*, XL, 56 (n° 3, du 17 juin 1899).

DIEGO. — Plancher en **C. A.** à Naples : *GGC*, 1899, 99.

KNUTTEL. — Planchers de la Caisse d'Epargne Postale d'Amsterdam, *Ir*, 1900, 50.

Planchers en voûtes très surbaissées... à Marseille. (Description et essais) : *BAH*, III, n° 26, p. 1 (juillet 1900).

Planchers à la caserne d'Elbeuf. (Avec le procès-verbal des épreuves) : *BAH*, III, n° 32, p. 9 (janv. 1901).

Concrete-steel foundry and power station floors. (Planchers syst. Ransome à Paterson, N. J.) : *ER*, XLIV, 154 (n° 7, du 17 août 1901).

Planchers en **C. A.** (syst. Hennebique) à l'usine de la Coudourière de la Soc[té] des tuileries Romain Boyer. (Description et essais) : *BAH*, IV, 151 (n° 47, d'avril 1902).

Concrete floor construction at the University of Chicago. (Planchers syst. Stamsen & Blome) : *CEN*, XIII, 54 (oct. 1902).

Plafond de la salle des machines de la fabrique Labzine et Griasnioff, à Pawlovo (Gouv[t] de Moscou) : *BAH*, V, 81 (n° 53, d'oct. 1902).

Decke nach System Luipold der Brauerei Fischer in Villach : *BE*, 1903, 236 (n° 4)

The new Worthington hydraulic works at Harrisson, N. J. (En part[r]. description d'un plancher en **C. A.** : *EN*, L, 584 (n° 27, du 31 déc. 1903).

Reinforced concrete slab floors for the Metropolitan Building, N. Y. City : *EN*, LII, 597 (n° 26, du 29 déc. 1904).

Hennebiquedecke mit Stützenanordnung für 5000 Kg./qm. reine Nutzlast. (Dans un établissement militaire à Dresden-Alberstadt) : *DB*, 1905, 29′-31′ (n° 8′).

Reinforced concrete floors. (Dans un magasin à 16 étages, à Chicago) : *EN*, LIII, 468 (n° 18, du 4 mai 1905).

Ausführung einer massiven Decke von 13,01 m. lichter Spannweite über der Turnhalle des Gymnasiums in Gross-Lichterfelde nach dem System Eggert : *DB*, 1905, 37′ (n° 10, du 24 mai).

ESSAIS DIVERS :

Hesse. — **Belastungsproben mit Stolte's Cementdielen.** (Dalles en **C. A.** employées à l'annexe de la Banque impériale de Berlin) : *DB* ; — r : *TIZ*, 1894, 210 (n° 8, du 24 fév.).

Tests of floors, Melan System, in New-York : *EN*, XXXIII, 65, 112 (1er sem. 1895).

George Hill. — **Tests of fire-proof flooring material** : *TACE*, XXXIV, 542-568 (déc. 1895) ; — Disc[on] : *ibid.*, XXXV, 125. — Autre article : *Ibid.*, XXXIX, 617-664 (juin 1898). Voir aussi p. 360.

Tutein Nolthenius. — Essais de dalles Monier : *TH*, 1895-96 (Mémoires), p. 4 ; 1896-1897 (Comptes rendus), p. 102.

Tests of floors ; New-York Building Department : *EN*, XXXVI, 182, 184, 219, 286, 298, 319, 425 ; XXXVII, 269 (1896-97).

La fin d'une légende. (Essai d'un plancher à l'Hôtel de la Société des Ingénieurs civils) : *C*, 1897, 300 (n° 10).

Eger. — Essais de planchers syst. Kleine et Kœnen : *BV*, 1898, 591.

A severe test of monolithic concrete floors. (Planchers au

Métal déployé à la *New-York Sugar Refining C°* : *E N*, XLI, 30 (n° 2, du 12 janv. 1899).

Essais des planchers du Grand Palais des Beaux-Arts à l'Exposition de 1900 : *B A H*, I, n° 8, p. 1 (janv. 1899).

Elektrizitätswerk Basel. Belastungsprobe der Hennebique-Decke über den Maschinensaal : *B A H*, II, n° 16, p. 9 (sept. 1899).

Tests of a reinforced concrete floor (à Montréal) : *E R*, XLI, 108-109 (n° 5, du 3 fév. 1900); — r : *M S I*, n° 10, 187 (mars 1900).

Essai d'un ouvrage en béton armé de Métal déployé en Angleterre. (Grande dalle) : *R T*, 1900, 217-218 (n° 10, du 25 mai) ; — *C*, 1900, 70 (n° 5) ; — r : *M S I*, II, 306 (n° 3, d'août 1900).

Caserne casematée en Suisse. (Description sommaire et essais des planchers) : *B A H*, III, n° 26, p. 5 (juillet 1900).

C. Barberis. — Essais de deux poutres armées : *Rivista di Artiglieria e Genio*, 1900, III, 122 ; — r : *P E C*, CXLV, 424.

Essais de planchers syst. Matrai dans plusieurs stations du Métropolitain de Paris : *Fer-Béton*, fév. et juill. 1900 ; sept. 1901 ; — r : *M S I*, II, 471 (n° 5, d'oct. 1900) ; III, 440 (n° 30, de fév. 1902).

Belastungsprobe. (Plancher Hennebique dans une fabrique de wagons à Gotha) : *T I Z*, 1901, 303 (n° 23, du 21 fév.).

Test of a steel-concrete sidewalk vault-light slab. (Dalle syst. Ransome) : *E N*, XLVI, 175 (12 sept. 1901).

Moormann. — **Ueber gemauerte Träger.** (Essai d'un linteau en C. A.) : *B V*, 1901, 474.

Savary. — **Essais de résistance d'une plate-forme Münch.** (A l'exposition de Vevey) : *M I C*, 1er nov. 1901, 284 ; — r : *M S I*, III, 474 (n° 32, du 25 avril 1902).

N. de Tédesco. — **Epreuve jusqu'à rupture d'une poutre en ciment armé.** (Dans une caserne en Hollande) : *R T*, 1901, 541-543 (n° 23, du 10 déc.) ; — r : *A P C*, 1901, IV, 245.

O. W. Connet. — **Test of a concrete slab reinforced with expanded metal** : *E N*, XLVIII, 100, 237 (nos 6 et 13, des 7 août et 25 sept. 1902).

Essais faits à Fürstenwalde sur des plaques de mortier armées d'un tissu métallique mince : *B V*, 1902 ; — r : *A T P B*, 1902, 1281 (n° 6).

E. S. Powers. — **Static and dynamic load tests of de Vallière fireproof floor construction** : *E N*, XLVIII, 443 (n° 22, du 27 nov. 1902).

Josef Schustler. — **Die Erprobung der Betoneisendecken**

im k. und k. Montur-Depot in Budapest : *BE*, 1902, **n° 5, 36-40** ; — r : *MSI*, V, 413 (n° 45, du 25 mai 1903).

VON THULLIE. — **Neue Versuche mit Hennebique-Trägern im Lemberg :** *ZOIA*, 1902, 857 (n° 50, du 12 déc.) ; — **r** : *GC*, **XLII, 160** (n° 10, du 3 janv. 1903) ; — r : *BAH*, V, 207 (n° 60, de mai 1903).

Tests on Stamsen & Bloom system of armored concrete floors. (A l'Université de Chicago) : *CEN*, XIII, 87 (déc. 1902) ; — **r** : *MSI*, V, 413 (n° 45, du 25 mai 1903).

Comparative loading tests of stone and gravel concrete-steel floors, Ransome system. (Par le *Bureau of Buildings* de New-York City) : *EN*, XLVIII, 544 (n° 26, du 25 déc. 1902).

Essais de deux planchers Hennebique à Cleveland, le 16 déc. 1902 : r : *EN*, XLIX, 81 (n° 4, du 22 janv. 1903).

Belastungsprobe einer Betonplatte mit Streckmetalleinlage : *ZB*, II, n° 1 (janv. 1903).

The Salvation Army building, Cleveland, Ohio (Epreuves de poutres et planchers en **C. A.**) : *CEN*, XIV, 10 (janv. 1903).

Belastungsproben mit Betondecken nach Ransome : *ZB*, II, n° 6 (1903).

Zwei Uebernahmsproben mit Matrai-Decken : *BE*, 1903, 158-159 (n° 3).

Test of a Hennebique Floor : *S*, XXIV, n° 614, du 23 oct. 1903 ; — r : *BE*, 1904, 54 (n° 1).

Epreuves des planchers de la nouvelle Poste de Berne. (Syst. Hennebique) : *BE*, 1903, 312 (n° 5) ; — **r** : *C*, **1904, 16 (n° 1).**

Failure of a reinforced concrete floor under test at Trenton, N. J. : *EN*, L, 553 (n° 25, du 17 déc. 1903).

Divers essais de poutres armées, principalement syst. Kahn : *EN*, LI, 158, 354, 355, 426-428 (nos 7, 15, 18, des 18 fév., 14 avril et 5 mai 1904) : LII, 548 (n° 24, du 15 déc. 1904).

A concrete-steel floor test at Cincinnati. (Sur un plancher ayant souffert de la gelée dans un bâtiment en construction) : *ER*, **XLIX, 351** (n° 12, du 19 mars 1904).

Cintrage économique des planchers en **C. A.** : *Co*, n° 2 (juin 1904) ; — r : *C*, 1904, 95 (n° 6).

Planchers tubulaires en **C. A.** : *Co*, n° 2 (juin 1904) ; — **r** : *C*, 1904, 96 (n° 6).

F. SCHÜLE. — **Erprobung von Siegwart-Balken auf der Biegemaschine für verteilte Lasten** : *SB*, XLIV, 105-106 (n° 9, du 27 août 1904).

Test of a 55-foot concrete-steel beam. (Dans un théâtre à Cleveland) : *ER*, L, 627 (n° 22, du 26 nov. 1904) ; — *EN*, LII, 496 (n° 22, du 1er déc. 1904) ; — r : *ATPB*, 1905, 321 (n° 2).

Selinger. — **Versuche mit Gitterträgern** (syst. Visintini) : *BE*, 1905, 45-46 (n° 2).

PROCÈS-VERBAUX D'ÉPREUVES de planchers syst. Hennebique, donnés dans *BAH* :

Maison d'habitation à Tours : I, n° 3, p. 3 (août 1898).
Hôpital de Tours : I, n° 6, p. 5 (nov. 1898).
Magasin à sucre à Calais : I, n° 7, p. 2 (déc. 1898).
Hospice de Mehun-sur-Yèvre (Cher) : I, n° 9, p. 17 (fév. 1899).
Arsenal du Parc Randon, à Grenoble : I, n° 11, p. 10 (avril 1899).
Usine du Malt-Kneipp, à Juvisy-sur-Orge : I, n° 11, p. 12 (avril 1899).
Docks de Marseille : II, n° 14, p. 7 (juil. 1899).
Stand de tir près Neufchâtel (Suisse) : II, n° 18, p. 14 (nov. 1899).
Ecole de commerce de Genève : II, n° 23, p. 6 (avril 1900).
Gare de l'Est, à Paris : III, n° 30, p. 13 (nov. 1900).
Socté française des Câbles électriques : III, n° 31, p. 10 (déc. 1900).
Hospice mixte de Castres : III, n° 33, p. 3 (fév. 1901).
Fabrique de wagons de Gotha : III, n° 33, p. 5 (fév. 1901).
Chai à vins à Rouen : III, n° 33, p. 6 (fév. 1901).
Marchés et abattoirs d'Anderlecht (Belgique) : III, n° 36, p. 5 (mai 1901).
Manutention de La Rochelle : IV, 52 (n° 40, de sept. 1901).
Manutention de Carcassonne : IV, 90 (n° 43, de déc. 1901).
Planchers à Barentin : IV, 91 (n° 43, de déc. 1901).
Brasserie à Orléans : IV, 92 (n° 43, de déc. 1901).
Préfecture de Belfort : IV, 141 (n° 46, de mars 1902).
Société *Paris-Automobile* : V, 13 (n° 49, de juin 1902).
Entrepôts *Santos* à Rotterdam : V, 14, (n° 49, de juin 1902).
Filature *Saxonia* Meerane : V, 15 (n° 49, de juin 1902).
Caserne de Dijon : V, 117 (n° 55, de déc. 1902).
Entrepôts *Félix Potin* à Pantin : V, 118 (n° 55, de déc. 1902).
Usine *Robert* à Fontainebleau : V, 175 (n° 58, de mars 1903).
Magasins à poudre à Satory : VI, 20 (n° 62, de juil. 1903).
Caisse des Dépôts et Consignations : VI, 38 (n° 63, d'août 1903).
Moulins de Pompaples (Suisse) : VI, 57 (n° 64, de sept. 1903).
Fabrique de champagne *Moët et Chandon* : VI, 150 (n° 70, de mars 1904).
Magasins aux Établissemts économiques de l'Est, à Nancy : VIII, 88 (n° 85, de juin 1905).
Château-La-Vallière : VIII, 88 (n° 85, de juin 1905).

173. Balcons, encorbellements, tribunes.

A monolithic concrete cantilever balcony. (Balcon à l'Académie des Sciences de San-Francisco) : *ER*, XXXVIII, 56 (n° 3, du 18 juin 1898); — r : *C*, 1898, 106 (n° 7).

Tribune d'orgue à l'église St-Waast, à Armentières : *BAH*, I, n° 11, p. 15 (avr. 1899).

Le Casino-Théâtre de Morges (Suisse). (Galeries en porte-à-faux ; procès-verbal des essais) : *BAH*, II, n° 13, p. 4 (juin 1899).

Procès-verbal d'épreuve d'un balcon-terrasse syst. Hennebique au Cercle du Commerce à Montpellier : *BAH*, II, n° 23, p. 10 (avril 1900).

Epreuves de résistance de terrasses système Hennebique, à l'Hôpital Mora : *BAH*, IV, 150 (n° 47, d'avril 1902).

Balkenkonstruktion im Theater-Eldorado, in Montpellier. (Balcon en porte-à-faux) : *SDB*, 1903, n° 17 ; — r : *BE*, 1903, 211 (n° 3).

Gottschalk. — **Galerie-Einbau in Eisenbeton :** *BE*, 1905, 219 (n° 9).

174. Toitures.

Couverture de l'église de Courbevoie. (En toile métallique enduite de ciment) : *SEIN*, 1820, 245 ; — r : *C*, 1898, 47 (n° 3).

Couverture de réservoir à Rockford (Ill.). (En béton armé de Métal déployé) : *ER*, 29 sept. 1894.

Van Heukelom. — Couvertures de stations : *Ir*, 1899, 137.

Couverture de réservoir de 2200 mètres carrés : *BAH*, II, n° 22, p. 7 (mars 1900).

N. de Tédesco. — **Les toitures coupoles** (syst. Poullet) : *C*, 1900, 81 (n° 6).

N. H. Henningsen. — **Cementhautbedachung.** (Syst. Henningsen) : *Uhland's Technische Rundschau*, 1900 ; — r : *TIZ*, 1901, 47 (n° 5, du 10 janv.).

A steel-concrete stable roof. (A Brooklyn) : *ER*, XLII, 595-596 (n° 25, du 22 déc. 1900).

Deckenkonstruktion. (Toit syst. v. Boog, dans une école, en Autriche) : r : *TIZ*, 1901, 864 (n° 55, du 9 mai).

Water tower at Wilmington (Del.), with steel and concrete roof. (Couverture de réservoir) : *EN*, XLVII, 166 (n° 9, du 27 fév. 1902).

Armored concrete dome, Cairo, Egypt : *CEN*, XIII, 53 (oct. 1902).

M. von Thullie. — **Neue Versuche mit Hennebique-Trägern im Lemberg**. (En partr, essais de toits) : *ZOIA*, 1902, 857 (n° 50, du 12 déc.) ; — r : *GC*, XLII, 160 (n° 10, du 3 janv. 1903) ; — r : *BAH*, V, 207 (n° 60, de mai 1903).

P. P. — **Ferme en béton armé**. (Consultation sur une ferme pour toiture) : *CM*, XVIII, 502 (18 juil. 1903).

Eine Ueberdachung nach Bauweise Melan im Arbeiterheim, Wien-Favoriten : *BE*, 1903, 229-232 (n° 4).

A. C. C. G. van Hemert. — **Werken in gewapend Beton te Leitschendam...** (En partr, description de deux toitures) : *Ir*, 1904, n° 2 ; — r : *BE*, 1904, 126 (n° 2).

Reinforced concrete roof for a locomotive roundhouse, Long-Island R. R. : *EN*, LI, 363 (n° 15, du 14 avril 1904).

Ed. Ast. — **Der Eisenbeton im Hochbau**. (En partr, couvertures en sheds du syst. Sequin-Brunner) : *BE*, 1904, 132-137 (n° 3) ; — r : *C*, 1904, 108 (n° 7) ; — r : *MSI*, VII, 138 (n° 67, du 25 mars 1905).

Dächer aus Eisenbeton nach Angaben der Expanded Metal Engineering C°, N. Y. : *BE*, 1904, 293 (n° 5).

Lolat. — **Konzertsaal mit freitragendem Dach aus Eisenbeton** : *DB*, 1904, n° 14.

P. P. — **Plancher de toiture en ciment armé**. (Consultation) : *CM*, XX, 179 (7 janv. 1905).

Dach und Hauptgesins am Zacherlhof in Wien (Syst. Ed. Ast & C°). (Comble et mansardes) : *BE*, 1905, 11-12 (n° 1).

A reinforced concrete roof with a clear span of more than one hundred feet. (Aux magasins *Leonard*, à Los Angeles, Cal., avec la plus longue portée qui existe) : *EN*, LIII, 422 (n° 16, du 20 avril 1905) ; — L. J. Mensch, *ER*, LI, 489 (n° 17, du 29 avril 1905) ; — *Eg*, LXXIX, 613 (12 mai 1905) ; — *BE*, 1905, 140, 192 (nos 6 et 8) ; — *B*, LXXXVIII, n° 3250 (1905).

Toit du *North American Cold Storage Building*, à Chicago : *EN*, LIII, 468 (n° 18, du 4 mai 1905).

Comble du laboratoire de la marine à New-York. (Entièrement en ciment armé) : *ZB*, 1905, 147-150 (n° 10, du 15 mai).

Reinforced concrete slab roofing for a small warehouse. (Pour Chittenden Power C°, West Rutland, V. T.) : *EN*, LIII, 665 (n° 25, du 22 juin 1905).

Chas. R. Guertler. — **Concrete slabs for roofs.** (Plaques armées de Métal déployé, employées à North Rutland, V. T.) : *CA*, II, 30 (n° 1, de juin 1905).

Dôme de la gare centrale d'Anvers : *EN*, LIV, 96 (n° 4, du 27 juil. 1905) ; — *CA*, II, 89 (n° 2, de juil. 1905).

O. Rappold. — Consultation sur le meilleur enduit pour toitures en **C. A.** : *BE*, 1905, 182 (n° 7).

175. Escaliers.

Conditions imposées par la ville de Vienne pour divers types de marches d'escaliers en **C. A.** : *ZOIA*, 1897, 516 ; 1898, 523 ; 1900, 731 ; — *BE*. 1905, 42-44 (n° 2). Voir p. 193 et 194.

Escalier monumental de 11 m. de portée, à l'exposition de Genève en 1896 : *BAH*, I, n° 7, p. 3 (déc. 1898).

Concrete step construction. (Syst. G. A. L. Schultz & C°, de Berlin) : *CEN*, VI, 84 (juin 1899).

Fr. von Emperger. – **Moderne Stiegenbauten bei der Pariser Weltausstellung 1900** : Wien, Lehmann & Wentzel, 1901.

Brausewetter. — Marches d'escalier syst. Pittel : *ZOIA*, 1901, 211.

R. Franquichel. — **Escaleras de cemento armado** : *CAo*, II, n° 5 (1902).

A suspended curved double stairway of reinforced concrete. (Dans la maison de M. George W. Vanderbilt, à New-York) : *ER*, XLVIII, 728-730 (n° 24, du 12 déc. 1903) ; — r : *ZB*, 1904, 81 (n° 6).

Escaliers de la gare souterraine de New-York : *EN*, LI, 616 (n° 26, du 30 juin 1904) ; — A. Craven, *CA*, I, 84-88 (n° 4, de sept. 1904) ; — E. Probst, *BE*, 1904, 208 (n° 4) ; — r : *C*, 1904, 158 (n° 10) ; — r : *ZB*, 1905, 89-91 (n° 6, du 15 mars).

A. Ostenfeld. — **Belastningsforsog med en fritbœrende Betontrappe** : *Ir*, 1905, n° 8 ; — r : *BE*, 1905, 97 (n° 4). Voir aussi art. 161.

A bold stairway of reinforced concrete. (Escalier tournant à la Chapelle de l'U. S. Naval Academy à Annapolis) : *ER*, LI, 349 (n° 12, du 25 mars 1905).

Escaliers en **C. A.** dans le Rubel Building, Chicago : *ER*, LI, 375 (n° 13, du 1er avril 1905).

176. Murs.

Voir aussi art. 191.

Eger. — **Eine Staumauer von Beton mit Stahlplattenbekleidung** : *BV*, 1897, 450.

RAU. — **Procédé pour la construction de parois, piliers ou constructions semblables en charpente en fer et béton pisé** : *C*, 1899, 165′ (n° 6).

CH. GÉRANDAL (à Alger). — **Notice sur les murs de soutènement en ciment armé** (syst. Gérandal) : *C*, 1899, 131 (n° 8).

CH. D. — **Murs de soutènement et pont en béton de ciment armé du quai Debilly à Paris** : *GC*, XXXV, 365 (n° 22, du 30 sept. 1899) ; — rep : *BAH*, II, n° 17, p. 8 (oct. 1899) ; — *Annales du Syndicat des Entrepreneurs de travaux publics*, 1er nov. 1899 : — r : *GM*, XIX, 57 (janv. 1900) ; — r : *EN*, XLIII, 111 (15 fév. 1900) ; — r : *BAH*, II, n° 23, p. 8 (avril 1900) ; — r : PAUL SARREY, *NAC*, 1900, 66-67 (n° 5) ; — r : *C*, 1900, 84-87 (n° 6) ; — r : *MSI*, II, 21, 386 (nos 1 et 4, de juin et sept. 1900) ; — *TI*, 1899-1900, n° 6 ; — *ZOIA*, 1901, 539 (n° 32).

A. LERNER. — **Ueber Futtermauern.** (Projet de mur de soutènement en maçonnerie armée) : *ZOIA*, 1900, 550 (n° 35).

A new design of concrete-steel retaining wall. (Murs en aile syst. Bone, pour ponts ; avec discon) : *EN*, XLVII, 242 ; XLVIII, 97, 170 (27 mars, 7 août et 4 sept. 1902) ; — r : *ATPB*, 1902, 1058 (n° 5).

Concrete and expanded metal walls in Hecla Portland Cement & Coal Co, Michigan : *EN*, XLVII, 449 (n° 23, du 5 juin 1902).

JULES DUBOUCHAGE. — **Nouveau mode de construction en murs armés, syst. Dubouchage** : *C*, 1902, 193′ (n° 7).

Betonmauern mit Eisenanlagen zur Einfriedigung von Grundstücken. (Murs de clôture) : *ZB*, I, n° 4 (nov. 1902) ; — *TIZ*, 1902, 1864 (n° 141, du 29 nov.).

Stützmauern mit L-förmigem Profil, von Julius Lehman und Kristen Möller : *BE*, 1902, n° 5, 34-36 ; — r : *MSI*, V, 414 (n° 45, du 25 mai 1903).

Wetterscheidewände in Beton-Eisenkonstruktion. (Brev. all. n° 117.253, du 18/5/00, à Leonhard Geusen) : *TIZ*, 1903, 1589 (n° 102, du 29 août).

EGER. — Essais par chocs d'éléments de murs en **C. A.** : *BV*, 1904, 451.

Murs démontables d'épaisseur réduite en ciment armé ou en tous autres agglomérés armés, par M. de Montgolfier : *C*, 1905, 1′-2′ (n° 1) ; — r : *GM*, XXIX, 327 (avril 1905).

H. FROELICH. — **Futtermauer in Eisenbeton** (à Berlin) : *DB*, 1905, 11′-12′ (n° 3′).

The subway of the Philadelphia Rapid Transit Co. (En partr, murs de soutènement en C. A.) : *ER*, LI, 227 (n° 8, du 25 fév. 1905).

Murs de soutènement avec éperons en béton armé. (Syst. Chaudy) : *RI*, 4 mars 1905 ; — *Co*, mai 1905.

Murs en ailes en **C. A.** : *ZB*, 1er sept. 1905.

Murs de soutènement en **C. A.** : *ZB*, 15 sept. 1905.

Wetterscheidewand aus Eisenbeton. Brev. all. n° 163.183, du 10/10/04 : *TIZ*, 1905, 1743 (n° 127).

177. Piliers et colonnes.

Supports, poteaux, etc., en béton, avec carcasse en fer scellée à l'intérieur, par M. Bror Olof Viktor Hellstrœm : *C*, 1899, 135' (n° 5).

N. de Tédesco. — **Poteaux en ciment armé.** (Calcul de l'armature selon la charge prévue) : *C*, 1902, 8, 27 (nos 1 et 2).

A new form of concrete-steel column footing. (Syst. de la *St Louis Expanded Metal Co*) : *EN*, XLVII, 273 (n° 14, du 3 avril 1902).

J. S. Sewell. — **Columns for buildings.** (Avantages de charpentes métalliques noyées dans le béton ; application à la nouvelle imprimerie nationale de Washington) : *EN*, XLVIII, 334 (n° 17, du 23 oct. 1902) ; — discon : *ibid.*, 337 ; — *ER*, XLVI, 457 (n° 19, du 15 nov. 1902) ; — r : *APC*, 1902, IV, 291 ; — r et com : *BE*, 1903, 63, 67-71 (nos 1 et 2) ; — r : *ATPB*, 1903, 408 (n° 2) ; — r : *C*, 1903, 62 (n° 4).

Betonkörper. (Brev. all. n° 149.144, à A. Considère) ; (Blocs de béton fretté destinés à supporter d'importants efforts de compression) : *TIZ*, 1904, 627 (n° 54, du 7 mai).

Becher. — **Patentierte Eisenbetonsäulen, System Becher.** Con à l'assemblée générale de 1904 du *DBV* : *TIZ*, 1904, 1095 (n° 92) ; — r : *C*, 1904, 125 (n° 8) ; — r : *CEN*, XVII, 121 (n° 6, de juin 1905).

Säule aus Eisenbeton. — *ZB*, 1904, 160 (n° 10).

Betonsäule mit Eisenanlagen. (Brev. all. n° 154.535, du 11/7/04, à H. Becher et C. Czarnikow) : *TIZ*, 1905, 45 (n° 6, du 14 janv.).

W. Dunn. — Colonnes en **C. A.** Con au *Royal Institute of British Architects* : r : *ER*, LI, 36 (n° 2, du 14 janv. 1905).

Saliger. — **Einfluss der Schubfestigkeit und der Armatur auf die Bruchgefahr bei Betonpfeilern.** (Théories sur la rupture des colonnes armées) : *ZAIW*, 1905, n° 5 ; — r : *BE*, 1905, 48 (n° 2).

J. E. Howard. — Essais de colonnes en briques et en béton, avec ou sans armatures : *Tests of Metals*, édité par *Ordnance Department of U. S. Army* ; — r : *ER*, LI, 507 (n° 18, du 6 mai 1905).

Moule à colonnes permettant de donner une tension ·struite aux armatures. Brev. amér. n° 780.321, du 17/1/05, à S. B. Bui-905); der & C. G. Geyer : *TIZ*, 1905, 1100 (n° 82, du 15 juil.).

Mörsch. — **Die Berechnung der Eisenbetonsäulen und die neuesten Versuche.** Voir p. 391.

Herstellung von Säulen aus Eisenbeton. Brev all. n° 162.777, du 5/12/03, à Otto Thor, d'Osnabrück : *TIZ*, 1905, 1742 (n° 127).

178. Mâts et poteaux.

Armored concrete fence post. (Pieux de clôture) : *CEN*, XII, 90 (juin 1902).

Cement telegraph and telephone pole butts. (Bases de poteaux en **C. A.**, pour éviter la pourriture) : *CEN*, XIII, 17, 26 (août 1902); — r : *MSI*, IV, 1250 (n° 40, du 25 déc. 1902) ; — *SB*, XLI, 83 (n° 7, du 14 fév. 1903) ; — r : *ZB*, II, n° 3 (mars 1903).

Lignes électriques; supports en béton armé. (Avantages, applications; essai d'un poteau) : *BAH*, V, 61 (n° 52, de sept. 1902).

Porcheddu. — **Poteaux télégraphiques et tour en béton armé :** *BAH*, V, 189 (n° 59, d'avril 1903).

C. Linet. — **Pali portafili per condotte aeree.** (Essais de la *Soc^té anon. d'Electr^té de la H^te Italie*) : *Co*, 1904, 16 (n° 1) ; — r : *C*, 1904, 77 (n° 5) ; — *ZB*, 1904, 126 (n° 8).

Mâts tubulaires en béton armé, système Rossignol et Delamarche : *AFAS*, 1904, 1681-1685 ; — *Co*, 1904, n° 9.

Supports de canalisation aérienne. (Systèmes Bourgeat, Hennebique, Rossignol et Delamarche ; résistances fournies par ces différents types) : *B E*, 1904, 205-208 (n° 4) ; — r : *C*, 1904, 158 (n° 10).

J. A. Mitchell. — **The manufacture of concrete fence posts.** (Poteaux de balustrades et de clôture en **C. A.**) : *EN*, LIII, 96 (n° 4, du 26 janv. 1905) ; — r : *GC*, XLVI, 350 (n° 21, du 25 mars 1905) : — r : *CEN*, XVII, 78 (n° 4, d'avril 1905) ; — *BE*, 1905, 200 (n° 8).

Poteaux en ciment, fer et bois, système Bourgeat : *GM*, XXVIII, 335 (oct. 1904) ; — *Co*, mars 1905 ; — r : *Cs*, 27 mai 1905.

Reinforced concrete fence posts molded in the ground. (Brevetés par une Société d'Indianapolis) : *EN*, LIV, 66 (n° 3, du 20 juill. 1905).

Poteaux en ciment armé : *CM*, 8 et 23 sept. 1905.

Herstellung von hohlen Masten aus Beton. Brev. all. n° 162.651, du 22/11/04, à Hans Aebi, de Wichtrach (Suisse) : *TIZ*, 1905, 1712 (n° 124).

murs de ses de rupture de bornes en **C. A.** dans un marché à bes-
Mu : *TIZ*, 1905, 1676, 1821 (nos 120, 123).
Ch

179. Cheminées d'usines, tours, phares.

Diverses cheminées d'usines en **C. A.** : *Ce*, IV, n° 1 (1903); — ***ZB***, 1903, n° 11; 1904, 186 (n° 12) ; — *GM*. 5 janv. 1905; — ***S***, XXVII, n° 689 (1905).

Cheminée de la *Plymouth Cordage C°* : *ER*, XLIII, 466 (n° 20, du 18 mai 1901): — r : *GC*, XXXIX, 229 (n° 14, du 3 août 1901) ; — ***MIC***, 15 oct. 1901, 269; — r : *MSI*, III, 475 (n° 32, du 25 avr. 1902).

Cheminée de la *Pacific Coast Borax C°*, à Bayonne, N. J. : ***GC***, XXXIX, 181 (n° 11, du 13 juil. 1901); — ***TIZ***, 1901, 2106 (n° 144, du 5 déc.).

Cheminée de la *Central Lard C°*, à Jersey City, N, Y. : ***ER***, XLIV, 517-518 (n° 22, du 30 nov. 1901) ; — r : *TIZ*, 1902, 174 (n° 17, du 8 fév.); — r : *MSI*, III, 475 (n° 32, du 25 avr. 1902).

Cheminée de la *Singer C°*, à Elizabethport, N. J. : ***RG***, 1901; — R. C. Davison, *CEN*, X, 67 (mai 1901); — r : *RI*, 1901, 223 (8 juin) ; — r : *BTAM*, 1901, 131 R (n° 6); — r : *ATPB*, 1901, 883 (n° 5) ; — r : *BAH*, IV, 111 (n° 44, de janv. 1902); — r : *MSI*, III, 504 (n° 31, du 25 mars 1902); — r : W. W. Christie, *EN*, XLIX, 326 (n° 15, du 9 avr. 1903).

Cheminée de la *Laclede Firebrick C°*, à St-Louis, Mo. : *Ce*, mars 1903, 37; — *EN*, XLIX, 310 (n° 14, du 2 avril 1903).

Cheminée de la *Pacific Electric Railway C°*, à Los Angeles, Cal.: *CEN*, XIV, 34, 44 (mars 1903) : — *EN*, XLIX, 308-309 (n° 14, du 2 avril 1903) ; — *ER*, XLVII, 374-376 (n° 15, du 11 avril 1903); — *Ce*, 1903, 30 (n° 3); — r : *APC*, 1903, II, 372 ; — r : *ATPB*, 1903, 796-797 (n° 4); — r : *BE*, 1903, 213 (n° 3) ; — r : *GC*, XLIV, 125 (n° 8, du 26 déc. 1903) ; — r : *C*, 1905, 355' (n° 9).

Cheminée avec fers à **T** aux *Leiter Coal Mines*, Zeigler, Ill. : *ER*, XLIX, 661 (n° 21, du 21 mai 1904); — r : *BE*, 1904, 330 (n° 5); — r : *ZB*, 1904, 124 (n° 8); — r : *C*, 1904, 124 (n° 8).

Cheminées d'usines en ciment armé. (Etude des princip. cheminées en **C. A.**, notamment de celles de la *Pacific Borax C°*, de la *Central Lard C°*, de la *Pacific Electric Ry C°*, de la *Plymouth Cordage C°*) : *NAC*, 1904, 161-168 (n° 11) ; — r : *BE*, 1905, 74 (n° 3); — r : *MSI*, VII, 139 (n° 67, du 25 mars 1905); — r : *APC*, 1905, I, 288.

A 182-ft. chimney of reinforced concrete at Bellevue, Mich. : *EN*, LII, 579 (n° 26, du 29 déc. 1904).

Crémieux. — Cheminée en **C. A.** de 25 m. de hauteur construite par l'Artillerie coloniale à Nouméa : *GM*, XXIX, 5-24 (janv. 1905) ; — r : *APC*, 1905, II, 265.

E. Probst. — **Schornsteinbauten aus armiertem Beton in Nordamerika**. (A Millwaukee et à South Bend, Ind.) : *BE*, 1905, 31-32 (n° 2) ; — r : *C*, 1905, 30 (n° 2).

Cheminées en **C. A.** système Weber : *Municipal Journal and Engineer* (New-York), XVIII, n° 2 (1905).

Campa — Cheminée d'usine en **C. A.** construite par le Génie à Bizerte : *GM*, XXIX, 465-478 (juin 1905) ; — r : *C*, 1905, 124-126 (n° 8).

La plus haute cheminée en **C.A.** (91,50 m., aux mines de Tacoma) : *ZB*, 15 sept 1905.

R. Saliger. — **Spannungen in Schornsteinen mit Kreisring-querschnitt.** (en **C. A.**) : *BE*, 1905, 251... (n°s 10 et suiv.).

Porcheddu. — **Poteaux télégraphiqnes et tour en béton armé** : *BAH*, V, 189 (n° 59, d'avr. 1903).

L'ascenseur de Saint-Germain-en-Laye. (Tour en **C. A.**) : *C*, 1899, 177 (n° 12).

Steel-concrete standpipe at Milford, Ohio : *ER*, XLIX, 382 (n° 13, du 26 mars 1904).

A concrete-steel tower for a water-tank : *ER*, L, n° 14, du 1er oct. 1904 ; — r : *BE*, 1905, 96 (n° 4).

Phare en **C. A.** à Nicolaïeff, près Odessa : V. Tjatnizky, 1 broch. (en russe), 1903 ; — *BV*, 556, 577 (7, 18 nov. 1903) ; — r : *GC*, XLIV, 108 (n° 7, du 19 déc. 1903) ; — r : *ER*, XLIX, 100 (n° 4, du 23 janv. 1904) ; — r : *APC*, 1904, I, 277 : — r : *ATPB*, 1904, 318 (n° 2) : — r : *E*, 1904, 542 (27 mai) ; — r : *NAC*, 1904, 109 (n° 7) ; — r : *GM*, XXVIII, 137 (août 1904) ; — r : *CM*, XIX, 588 (3 sept. 1904) ; — r : *ER*, L, 287 (n° 10, du 3 sept. 1904) : — r : *ZB*, 1905, n° 7 (1er avril).

Phare en **C. A.** à Mile-Rock (Californie) : *ER*, XLIX, 614-615 (n° 20, du 14 mai 1904) ; — r : *TIZ*, 1904, 992 (n° 82, du 14 juil.) ; — r : *APC*, 1904, III, 254 ; — r : *ZB*, 1904, 174 (n° 11).

Phare en **C. A.** près de Riga : *CEN*, XVII, 15 (n° 1, de janv. 1905).

180. Pilots et fondations.

Congdon T. Purdy. — **Steel foundations.** (A Chicago : assises croisées de rails, noyées dans du béton) : *EN*, XXVI, 116 (8 août 1891) ; — corr : *ibid.*, 265, 312, 415 (19 sept., 3 et 31 oct.).

W. H. Schuermann. — **Computing the strength of concrete and steel foundations.** (Théories) : *EN*, XXXII, 387 (8 nov. 1894) ; — B. F. La Rue, Disc[on] : *ibid.*, 516 (20 déc. 1894).

R. P. T. Tutein Nolthenius. — Poutres syst. Monier et leur application à des fondations en terrains mous : *TII*, 1896-97, 103 ; — r : *PCE*, CXXXII, 405.

P. Simons. — **Kornhausbrücke in Bern ; Fundierung des Schüttehaldepfeilers :** *SB*, XXIX, 36-37 (n° 6, du 6 fév. 1897).

R. von Thullie. — **Die Fundamente des neuen Theaters in Lemberg :** *Czasopismo Technierne* (polonais), 1898, 32 ; — *BE*, 1903, 12 (n° 1).

Tieffenbach. — **Eisern. Schwellrost in Stampfbeton auf gerammtem Untergrunde :** *BV*, 1899, 41.

P. Simons. — **Neueres über Schachtabteufungen.** (Fonçage de puits avec chemisage en **C. A.** au théâtre de Berne) : *SB*, XXXV, 65 (n° 7, du 17 févr. 1900) ; — r : *TIZ*, 1900, 400 (n° 32, du 15 mars) ; — r : *GC*, XXXVII, 154 (n° 9, du 30 juin 1900) ; — r : *BV*, 1900, 213.

E. Macartney de Burgh. — **On the use of Monier pipes as a pile covering, and in place of cast-iron for cylinder foundations.** (Pilots recouverts de tubes en **C. A.** pour les protéger des tarets et piles en ciment fretté, dans les fondations du pont de Cockle Creek, Nouvelles-Galles du Sud) : *PCE*, CXLII, 288-291 ; — *Indian Engineering*, 23 juin 1900 ; — *CEN*, IX, 40 (sept. 1900) ; — r : *MSI*, II, 625 (n° 6-7, de nov.-déc. 1900) ; — r : *TIZ*, 1901, 189 (n° 15, du 2 fév.).

Pieux en béton armé syst. Hennebique. (Brev. all. n° 106.756 et 57) : *BV*, 1900, 404 ; — *CEN*, XII, 38 (mars 1902) ; — Mensch, *Civil Engineers Club of Cleveland* ; r : *ER*, XLVI, 618 (n° 26, du 27 déc. 1902) ; — *TIZ*, 1903, 296 (n° 23, du 21 févr.) ; — Marsch, *PCE* ; — *ER*, XLVI, 560 (n° 24, du 13 déc. 1902) ; r : *MSI*, V, 309 (n° 44, du 25 avril 1903).

Rechtern. — **Spundbohlen aus Beton mit Eisenanlage.** (Palplanches en **C. A.** ; leur emploi aux quais de Kiao-Tchéou ; essais divers) : *BV*, 1900, 617 (22 déc.) ; — *TIZ*, 1901, 164 (n° 14, du 31 janv.) ; — r : *APC*, 1901, I, 321.

Stahl-Beton Pfeiler für die Clybourn-Place-Brücke in Chicago, Ill. : *TIZ*, 1901, 631 (n° 43, du 11 avril).

Fondations syst. Raymond. (Tube télescopique en fer, qu'on emplit de béton) : *EN*, XLV, (20 juin 1901) ; — *EN*, XLIX, 275 (n° 13, du 26 mars 1903) ; — *TIZ*, 1903, 1106 (n° 69, du 13 juin) ; — *ATPB*, 1903, 864 (n° 4) ; — Applications à Aurora (Ill.) : *EN*, XLVIII, 495 (n° 24, du 11 déc. 1902) ; r : *BE*, 1903, 135 (n° 2) ; — dans une gare à New-

York : *ER*, L, 431-432 (n° 15, du 8 oct. 1904); r : *BE*, 1905, 96 (n° 4); — à Saint-Louis : *ER*, L (n° 16, du 15 oct. 1904); r : *BE*, 1905, 97 (n° 4); — à Dubuque : *ER*, L, 509-510 (n° 18, du 29 oct. 1904).

Pilotis en **C. A.** syst. Hennebique employés à Rotterdam : *Architectura* (en hollandais), 1901; — *BV*, 1901; — *DB*, 17 août 1901; — *TIZ*, 1901, 2006 (n° 135, du 14 nov.); — *BMK*, VII, 325 (n° 19/20).

E. Rümler. — **Fondation en béton armé**. (Consultation) : *CM*, XVII, 34 (19 oct. 1901).

Ducloux. — **Fondations par compression mécanique du sol** (av. disc^on^) : *BAH*, IV, 131 (n° 46, de mars 1902).

Pieu en béton armé fondé dans un forage tubé, par M. Raymond Frappier : *C*, 1902, 194' (n° 7); — *CEN*, XIII, 22 (août 1902); — r : *MSI*, IV, 1250 (n° 40, du 25 déc. 1902).

Finkelstein. — Discussion sur les pieux en **C. A.** à la 5e assemblée générale du *DBV* : *TIZ*, 1902, 1260 (n° 89, du 31 juil.).

L Mensch. — **Reinforced piles and sheet piling** : *JAES*, sept. 1902, 108.

Theod. Cooper. — **The design of concrete piers with metal shells** : *EN*, 6 nov. 1902; — r : *BE*, 1903, 63 (n° 1).

Stohp. — **Ueber Fundamentierung in Monierkonstruktion** : *Journal für Gasbeleuchtung und Wasserversorgung*, 1902, 960.

Fr. von Emperger. — **Ueber Beton-Eisen-Piloten**. (Formule des pilots; sonnette; fondations d'un pont en Alsace) : *ZOIA*, 1902, 746 (n° 45, du 7 nov.); — *BE*, 1903, 9-12 (n° 1); — r : *APC*, 1902, IV, 273; — r : *Ce*, IV, n° 1 (1903); — r : *C*, 1903, 32 (n° 2); — r : *MSI*, V, 794 (n° 49, du 25 sept. 1903).

Pieux triangulaires en **C. A.** employés aux fondations du Palais de justice de Berlin-Wedding : *BV*, 1902, 560 (15 nov.); — r : *APC*, 1902, IV, 271; — r : *BE*, 1903, 60 (n° 1); — *EN*, XLIX, 173 (n° 8, du 19 fév. 1903); — r : *ATPB*, 1903, 338 (n° 2); — r : *MSI*, V, 413 (n° 45, du 25 mai 1903); — Hertel (av. disc.), *TIZ*, 1903, 1462 (n° 93, du 8 août); *BE*, 1903, 246-250 (n° 4); — *GC*, XLIV, 172 (n° 11, du 16 janv. 1904).

Paul Christophe. — **Essais de palplanches en béton armé**. (En syst. Hennebique, au canal de Gand à Terneuzen) : *BE*, 1902, n° 5, 14-15.

Concrete-steel piles : *Ce*, mars 1903, 16.

Concrete pile foundations in the Hallenbeck Building, New-York : *ER*, XLVII, 377-378 (n° 15, du 11 avril 1903); — *TIZ*, 1903, 1674 (n° 107, du 10 sept.); — *GC*, XLIV, 172 (n° 11, du 16 janv. 1904); — *L'Ingegneria civile e le Arti industriali*, VII, n° 2 (1904).

Betonpfähle als Ersatz für hölzerne Rammpfähle. (Divers types de pilots en béton employés depuis quinze ans) : *ZB*, II, n° 4 (avril 1903) ; — r : *C*, 1903, 75, 85 (nos 5 et 6).

Fondations de l'hôtel des postes du Caire et du nouveau musée égyptien : *ER*, XLVII, 494 (n° 19, du 9 mai 1903) ; r : *MSI*, V, 794 (n° 49, du 25 sept. 1903) ; — *BE*, 1904, 25-26 (n° 1) ; r : *C*, 1904, 31 (n° 2).

Pieux syst. Hennebique à la gare principale de Hambourg : *BE*, 1903, 316 (n° 5) ; — r : *C*, 1904, 16 (n° 1) ; — Hermann Deimling, Con au *DBV*, en 1904 : *BE*, 1904, 65-70, 201-205 (nos 2 et 4) ; — *TIZ*, 1904, 1152 (n° 96, du 16 août) ; — r : *C*, 1904, 78, 158 (nos 5 et 10) ; — r : *MSI*, VI, 574 (n° 62, du 25 oct. 1904) ; — r : *EN*, LIII, 7 (n° 1, du 5 janv. 1905) ; — r : *CA*, II, 57 (n° 1, de juin 1905).

Le durcissement du béton dans les pieux. (Plus résistants après battage) : *BAH*, VI, 119 (n° 68, de janv. 1904).

A. W. Buel & C. S. Hill. — **The construction and use of concrete-steel piles in foundation work.** (Divers types de pieux en **C.A.** et modes de battage) : *EN*, LI, 233-236 (n° 10, du 10 mars 1904) ; — r : *BE*, 1904, 188 (n° 3) ; — r : *APC*, 1904, III, 246 ; — *ZB*, 1904, 92 (n° 6) ; — r : *C*, 1904, 96 (n° 6).

P. P. — Consultations sur diverses fondations en **C. A.** : *CM*, XIX, 335, 513, 598 (9 avril, 23 juil. et 10 sept. 1904) ; — r : *BE*, 1904, 325 (n° 5).

Sociedad española de construcciones metalicas. — **Placas de fundacion para dos motores de 50 y 100 caballos respectivamente.** (Projets et calculs) : *CAo*, 1904, 26-31 (n° 5).

Reinforced concrete piles with enlarged footings for underpinning a building : *EN*, LI, 567 (n° 24, du 16 juin 1904) ; — r : *TIZ*, 1904, 1082 (n° 91, du 4 août).

Anton Albertini. — Pieux creux hexagonaux en **C. A.** : *MT*, 20 juin 1904 ; — r : *BE*, 1904, 327 (n° 5).

John Stephen Sewell. — **Concrete pile foundations at Washington Barracks** : *ER*, L, 360-361, 463-464 (nos 13 et 16, des 24 sept. et 15 oct. 1904) ; — r : *BE*, 1904, 330 (n° 5).

Pieux employés à l'hôtel des postes de Lawrence (Mass.). (Tube en acier rempli de béton après fonçage) : *Inventions illustrées*, 9 oct. 1904.

W. P. Anderson. — **A new system of concrete piles** (à Cincinnati) : *ER*, L, 494 (n° 17, du 22 oct. 1904) ; — *Ce*, V, n° 6 ; — r : *APC*, 1905, I, 290.

P. Frick. — **Fouilles et fondations.** (En particulier, en **C. A.**) : Paris, Vve Dunod, 1905 ; 480 p., 372 fig.

Rammpfähle aus Stampfbeton. (Pieux creux en tôle, renforcés par places et où l'on coule du béton après fonçage) : *ZB*, IV, 62-64 (nº 4, du 15 février 1905).

Betonpfahl. (Pieux à deux pointes avec tubes pour injection d'eau). Brev. amér. nº 770.475, du 20/9/04, à George H. Poor, de Chicago : *TIZ*, 1905, 318 (nº 30, du 11 mars).

E. Rivoalen. — **Petite maison de rapport, rue des Prairies, à Paris.** (En part^r, fondations en **C. A.** en forme de voûte renversée) : *NAC*, 1905, 68 (nº 5).

Gründung des Turmes am neuen Rathause in Berlin auf einer mit Eisen verstärkten Betonplatte : *DB*, 1905, 48' (nº 12', du 21 juin).

Concrete Piles. (Pieux en **C. A.** syst. A. C. Chenoweth, de Brooklyn) : *ER*, LII, 37 (nº 2, du 8 juil. 1905).

Spread foundation of reinforced concrete for a six-story building. (Pour le C. C. Shayne Building, en construction à New-York City) : *EN*, LIV, 77 (nº 3, du 20 juil. 1905).

A. R. Galbraith. — Divers types de pieux en **C. A.** employés en Europe. C^on à l'*Assoc. of Municipal and County Engineers* ; — r : *ER*, LII, 99-101 (nº 4, du 22 juil. 1905).

Procédé de construction et de mise en place de pieux en béton armé : *C*, 1905, 353' (nº 9).

181. Pavages, dallages, pistes.

Pavé en ciment avec pièces intérieures en fer ayant une forme d'étoile, par M. Emile Ruttkowsky : *C*, 1900, 249' (nº 8).

Trottoir aus armiertem Beton. (Dalles à toile métallique) : *EN*... ; — *TIZ*, 1900, 2075 (nº 151, du 22 déc.).

Beton- und Stahl-Fussbodem. (Armature formée d'une plaque d'acier à échancrures relevées) : *CEN*.... ; — trad. all. : *TIZ*, 1901, 361 (nº 26, du 28 fév.).

Concrete-steel bottom in Wheele-Pit. (Fond de bassin en **C. A.** au Métal déployé) : *ER*, XLIII, 398 (nº 17, du 27 avril 1901).

Some examples of concrete and Expanded Metal in municipal structures. (En part^r, plate-forme de pavage à Chicago) : *ER*, XLIV, 398-399 (nº 17, du 26 oct. 1901) ; — r : *ATPB*, 1902, 64 (nº 1) ; — r : *MSI*, III, 475 (nº 32, du 25 avril 1902).

Système de pavage perfectionné, par M. Charles Lambert. (Avec fondation en **C. A.**) : *C*, 1901, 370' (nº 12).

Schallehn. — **Pflaster-Unterbettung aus Beton-Dielen mit Drahtgewebe-Einlage und mit Betonschwellen als Widerlager.** (Application près de Magdebourg) : *BV*, 1903, 86 (14 fév.) ; — r : *APC*, 1903, I, 409 ; — r : *BE*, 1903, 133 (n° 2) ; — *GC*, XLIII, 29 (n° 2, du 9 mai 1903) ; — r : *C*, 1903, 78 (n° 5) ; — r : *ZB*, II, n° 5 (1903) ; — r : *ATPB*, 1903, 859 (n° 4) ; — r : *BAH*, VI, 181 (n° 72, de mai 1904).

E. Dietrich.— **Verwendung von Monierplatten bei der Herstellung von Strassenbahngleisen in Asphaltstrassen :** *BV*, 1903, 494 ; — *TIZ*, 1903, 2015 (n° 131, du 5 nov.).

H. Aebersold. — **Eine Radrennbahn in Eisenbetonkonstruktion.** (Piste cycliste en **C.A.** à Hanovre) : *BE*, 1904, 24-25 (n° 1) ; — r : *C*, 1904, 31 (n° 2).

Strassenbefestigung aus Eisenbeton. (Plaques de fer encastrées dans la chaussée et armatures transversales). Brev. amér. n° 660.518, du 22/10/00, à F. Melber, de Pittsburg : *TIZ*, 1904, 1379 (n° 113, du 24 sept.).

Reinhold Kramp.— **Strassenpflasterung.** (Blocs de **C. A.** à armatures débordantes, qui sont ensuite noyées dans l'asphalte). Brev. all. n° 156.307, du 16/8/02, à G. B. Bianchi, de Milan : *BE*, 1905, 25 (n° 1).

Labadens. — **Chaussée armée avec fer apparent.** (Essai satisfaisant fait à Maintenon depuis 1904) : *Les Travaux Publics* ; — r : *ATPB*, 1905, 365 (n° 2).

182. Pierres artificielles et menus objets.

Eger. — Pierres artificielles pour divers usages : *BV*, 1901, 73 (n° 12) ; — r : *TIZ*, 1901, 359 (n° 26, du 28 fév.).

Michelier. — **Accessoires de casernement en Sidéro-Ciment.** (Mangeoires, abreuvoirs, lavoirs, latrines) : *GM*, XXI, 213-218 (mars 1901) ; — r : *GC*, XXXIX, 131 (n° 8, du 22 juin 1901).

Nouveaux matériaux de construction moulés en béton ou ciment armé (syst. Louis Roquerbe) : *C*, 1902, 1', 22 (n°s 1 et 2) ; — r : *APC*, 1902, I, 237.

Perannite concrete. (Pierres artificielles composées de sable et de ciment traités par le soufre, moulées sur place et munies d'armatures en fer) : *CEN*, XII, 54 (avril 1902).

Voûtes en matériaux légers. (Briques creuses en **C. A.**) : *CM*, XVIII, n° 16 (janv. 1903).

Pierres creuses en ciment armé (Le béton est appliqué autour de coffrages creux que l'on abandonne) : *C*, 1903, 144 (n° 9).

Saxa armata loquuntur. (Obélisque à Szegeddin et monument avec statue à Rome) : *Zeitschrift des Ung. Ing. u. Arch. Vereins* ; — *BE*, 1904, 4 (n° 1) ; — r : *CEN*, XV, 289 (juin 1904).

Formsteine aus Eisenbeton : *ZB*, 1904, 64 (n° 4).

Pierres creuses en **C. A.**, système Lund : *TIZ*, 1904, 1417 (n° 116, du 1er oct.) ; — JENS G. F. LUND, *BE*, 1905, 143-145, 169-173 (nos 6 et 7) ; — *RMC*, n° 4, 94 (août 1905).

Müllkästen aus Eisenbeton. (Boites à ordures en **C. A.**) : *TIZ*, 1905, 1200 (n° 85, du 22 juil. 1905).

183. Maisons d'habitation ou de commerce.

WARD. — Maison en **C. A.** : *Trans. Amer. Soc. of mechanical Eng.*, 1883, IV, 488.

Monierbauten in Kamerun ; kaiserliche Verwaltungsgebaude : *BV*, 1892, 149.

F. VON EMPERGER. — **Eiserne Gerippbauten der Vereinigten Staaten.** (A la fin, il est question de fondations et de plafonds en **C. A.**) : *ZOIA*, 1893, 396, 410, 422, 497, 521.

DE BAUDOT. — Emploi du **C. A.** dans la construction d'une maison : *Bulletin de l'Union syndicale des Architectes français*, II, 31.

E. C. SHANKLAND. — **Steel skeleton construction in Chicago** (av. discon) : *PCE*, CXXVIII, 1-57 (1896).

Beton-Eisenkonstruktion, System Hennebique. (Maison de commerce à Bâle) : Broch. dédiée au *Schweizerischer Ing. u. Archit. Verein* ; — r : *SB*, XXX, 105 (n° 14, du 2 oct. 1897).

Cement and steel buildings. (Un magasin et deux écoles en **C. A.** au Métal déployé) : *ER*, XXXVII, 368 (n° 17, du 26 mars 1898).

Les archives du Comptoir d'Escompte de Paris, à Rueil. (Au Métal déployé) : *C*, 1898, 50-52 (n° 4) ; — rep : *RT*, 1898, 193-194 (n° 9, du 10 mai).

A. BONARD. — **Un « Sky-Scraper » à Lausanne** : *BAH*, II, n° 13, p. 5 (juin 1899).

Le maison en ciment armé de l'Avenue de la République : *C*, 1899, 97 (n° 7).

Les chambres fortes de la Banque Cantonale Vaudoise : *BAH*, II, n° 17, p. 10 (oct. 1899).

Immeuble en ciment armé syst. Coignet ; Banque Spéciale des Valeurs industrielles : *C*, 1900, 21 (n° 2) ; — *CEN*, IX, 69 (nov. 1900).

A. Richaud. — **Imperial Nice Palace** : *BAH*, III, nº 26, p. 3 (juil. 1900).

N. de Jitkevitch. — **L'application du béton armé à la construction des bâtiments.** (En russe) : St Pétersbourg, 1900 ; in-8º, 19 p.

Maison de rapport rue Danton nº 1 à Paris : *BAH*, III, nº 36, p. 1 ; IV, nº 41, p. 57 (mai et oct. 1901).

A concrete and steel office building. (A San Juan, Porto-Rico) : *EN*, XLVI, 394 (nº 21, du 21 nov. 1901).

G. Fréville. — **Le béton armé aux colonies** : *Le Génie Colonial* ; — *BAH*, IV, 172 (nº 48, de mai 1902).

Armored concrete villa at Bad Nareheim, Germany : *CEN*, XII, 70 (mai 1902).

Jean Shopfer. — **Arnaud apartment house, Paris** : *Architectural Record* (New-York), août 1902.

Eisenbetonhäuser in Honolulu. (Syst. Ransome) : *TIZ*, 1903, 11 (nº 2, du 3 janv.) ; — *BMK*, VII, 423 (nº 25/26) ; — *ZB*, II, nº 4 (avril 1903).

Hennebique fireproof construction in New-York and Cleveland. (En partr, habitation à 5 étages, à New-York) : *ER*, XLVII, 125-128 (nº 5, du 31 janv. 1903) ; — r : *MSI*, V, 504 (nº 46, du 25 juin 1903).

Concrete-steel building construction. (Méthodes de construction en **C. A.** et exemples de maisons d'habitation) : *ME*, fév. 1903.

Ingall's Building ; maison de 16 étages en **C. A.** à Cincinnati, Ohio : *ER*, XLVII, 540-543 (nº 21, du 23 mai 1903) ; XLVIII, 64-67 (nº 3, du 18 juil. 1903) ; — *EN*, L, 90 (nº 5, du 30 juil. 1903) ; — *BE*, 1903, 161-165 (nº 3) ; — r : *C*, 1903, 112 (nº 7) ; — r : *Ce*, V, nº 1 ; — r : *GC*, XLIII, 350 (nº 22, du 26 sept. 1903) ; — r : *MSI*, V, 794, 966 (nos 49 et 51, de sept. et nov. 1903) ; — r : *BAH*, VI, 74 (nº 65, d'oct. 1903) ; — r : *ZB*, 1904, 17 (nº 2) ; — r : *CEN*, XVI, 1-2 (juil. 1904).

L'emploi du béton armé dans le bâtiment : la maison de la rue Claude-Chahu : *CM*, XVIII, nos 31 et 32 (mai 1903) ; — r : *BE*, 1903, 212 (nº 3) ; — *BAH*, VI, 101 (nº 67, de déc. 1903).

N. de Tédesco. — **Construction en béton armé (Syst. Hennebique) à Fontainemelon (Suisse)** : *BTSR*, 1903 ; — r : *BE*, 1903, 212 (nº 3).

Eisenbeton im Landhausbau : *ZB*, 1903, nº 9.

Hütten aus Eisenbeton in Holland. (Baraques transportables) : *BE*, 1903, 296-297 (nº 5) ; — r : *C*, 1904, 15 (nº 1).

The first reinforced concrete building in Chicago. (Maison

Heyworth, à 7 étages) : *CEN*, XV, 260-263 (mai 1904); — H. LEE HEIDENREICH, *BE*, 1904, 197-201 (n° 4); — r : *C*, 1904, 158 (n° 10); — r : *MSI*, VII, 28 (n° 65, du 25 janv. 1905).

Das transportable Haus, System Kemény : *BE*, 1904, 211-213 (n° 4); — r : *C*, 1904, 158 (n° 10).

GEORGE V. RHINES. — **The reinforced concrete building of the J. M. Bour C°, Toledo** : *ER*, L, 741-742 (n° 26, du 24 déc. 1904).

Geschäftshaus aus Eisenbeton : *ZB*, 1904, 182 (n° 12).

La villa en ciment armé de Bourg-la-Reine : *BAH*, VII, 284-285; VIII, 5-10 (n°s 79 et 80, de déc. 1904 et janv. 1905) ; — *BE*, 1905, 157-159 (n° 7); — *B*, LXXXVIII, n°s 3245, 3246 (1905).

A brick and reinforced concrete warehouse. (A Toronto, Ont., pour Brown Bros.) : *ER*, LI, 283 (n° 10, du 11 mars 1905).

Reinforced concrete residence at Port Antonio, Jamaïca Island : *ER*, LI, 416 (n° 14, du 8 avril 1905). — E. S. LARNED, *CA*, II, 5-12 (n° 1, de juin 1905).

A. MATCHAM. — Habitation en **C. A.** : r : *ER*, LI, 434-436 (n° 15, du 15 avril 1905) ; — r : *ZB*, 1905, 161 (n° 11, du 1er juin).

The Reed building. (Maison artistique en **C. A.** à Philadelphie) : *CA*, II, 23, (n° 1, de juin 1905).

184. Edifices publics.

ÉGLISES :

A concrete church. (Eglise épiscopale St-James, à Brooklyn, avec barres de renforcement) : *ER*, XLI, 425-426 (n° 18, du 5 mai 1900).

The Cottancin System of reinforced concrete. (Eglise syst. Cottancin) : *Ce*, janv. 1903.

Die katholische Pfarrkirche in Machnowka (Russie) : *BE*, 1903, 311 (n° 5) ; — r : *C*, 1904, 16 (n° 1).

The Masonic Temple, Toledo (Ohio) : *Ce*, VI, n° 1 (1905) ; — *EN*, LIII, 287 (n° 11, du 16 mars 1905).

HENRI KAMPMANN. — Chapelle de l'Académie navale des Etats-Unis, à Annapolis (Maryland) : *ER*, LI, 36 (n° 2, du 14 janv. 1905); — *GC*, XLVI, 359-361 (n° 22, du 1er avril 1905) ; — *Scientific American*, XCII, n° 5 (1905) ; — r : *ZB*, 1905, 177-181 (n° 12, du 15 juin) ; — *EN*, LIV, 25-27 (n° 2, du 13 juil. 1905) ; — r : *APC*, 1905, II, 264 ; — r : *DB*, 1905, 72' (n° 18', du 20 sept.).

L'église St-Jean de Montmartre. (En briques creuses, fils de fer et ciment) : *CM*, XX, 340, 351, 363, 375 (n°s 29-32, du 15 avril au 6 mai 1905) ; — *B*, LXXXVIII, n°s 3240 et 3241 (1905).

Plafond voûté de l'église évangélique d'Aussig a E. (Syst. Visintini) : *DB*, 1905, 75' (n° 19') ; — SELINGER, *BE*, 1905, 246 (n° 10).

PALAIS :

SEURAT. — **Les palais des Champs-Elysées** : *GC*, XXXIII, 53 (n° 4, du 28 mai 1898).

E. ROUYER. — **Grand Palais des Beaux-Arts aux Champs-Elysées ; Palais de l'avenue d'Antin** : *GC*, XXXV, 305 (n° 19, du 9 sept. 1899) ; — rep : *BAH*, II, 6 (n° 17, d'oct. 1899).

The Nassau County steel-concrete court house. (Palais de Justice de Mineola, Long-Island, N.-Y.) : *ER*, XLIV, 541-544 (n° 23, du 7 déc. 1901) ; — r : *ATPB*, 1902, 315 (n° 2) ; — r : *TIZ*, 1902, 941 (n° 71, du 19 juin) ; — *MIC*, 1902, 225 (1er sept.) ; — r : *MSI*, IV, 1249 (n° 40, du 25 déc. 1902).

Bicentenial buildings, Yale University. (Métal déployé) : *Ce*, IV, n° 1 (1903).

G. DEIFEL. — **Das neue Polizeigebäude in Wien und seine in armiertem Beton (Syst. Ast & C°) gebauten Konstruktionen** : *BE*, 1904, 144-147, 193-196 (nos 3 et 4) ; — r : *GC*, XLIV, 227 (n° 14, du 6 fév. 1904) ; — r : *C*, 1904, 109, 158 (nos 7 et 10).

VON STRADAL. — **Das Landesregierungsgebäude in Laibach** : *Allgemeine Bauzeitung* (Vienne), 1904, n° 8.

A new armored concrete university building. (A Ottawa, syst. Hennebique) : *CEN*, XV, 257, 268 (mai 1904).

M. CLOQUET. — **Hôtel des Postes et Télégraphes de Gand** : *ATPB*, 1904, 659-664 (n° 4) ; — r : *MSI*, VI, 724 (n° 64, du 25 déc. 1904).

LAMBERT. — **La Banque Vaudoise à Lausanne** : *SB*, 10 déc. 1904 ; — r : *GC*, XLVI, 178 (n° 11, du 14 janv. 1905) ; — *BE*, 1905, 56-58 (n° 3).

LAMBERT. — **L'hôtel des Postes et Télégraphes de Lausanne** : *SB*, 11-18 févr. 1905 ; — r : *GC*, XLVI, 347 (n° 21, du 25 mars 1905) ; — *BE*, 1905, 132-134 (n° 6).

University of Pennsylvania Gymnasium : *CA*, II, 44-47 (n° 1, de juin 1905).

Hôtel des Postes d'Oran (syst. Coignet) : *S*, XXVII, n° 685 (1905).

BATIMENTS DIVERS :

H. BERANEK. — **Die städtischen Volksbäder in Wien.** (Bains populaires) : *ZOIA*, 1898, 191 (n° 12).

Marché en **C. A.** (syst. Hennebique) à Gênes : *BAH*, I, n° 9, p. 15 (fév. 1899).

Concrete and steel prison cell construction, Boston Navy Yard : *EN*, XLVI, 406 (nº 22, du 28 nov. 1901).

Italienische Bauten in armiertem Cement. (Maison de refuge pour ouvriers sans travail, à Milan) : *Uhland's Technische Rundschau* ; — r : *TIZ*, 1902, 444 (nº 39, du 3 avril).

P. G. — **Casernes de l'infanterie et du génie à Bizerte** : *BAH*, V, 41 (nº 51, d'août 1902).

H. Arragon. — **La caserne hygiénique.** (Avantages du **C. A.** ; énumération de casernes ainsi construites) : *BAH*, VII, 191 (nº 73, de juin 1904).

Reinforced concrete medical laboratory, Brooklyn navy yard : *EN*, LIII, 310 (nº 12, du 23 mars 1905).

E. Probst. — **Ein Schulgebäude aus armiertem Beton in Nordamerika.** (A Milwaukee) : *BE*, 1905, 79 (nº 4).

Pavillon des diphtériques à l'Hôpital des Enfants Malades, à Paris : *B*, LXXXVIII, nº 3237 (1905).

Bernardo J. Moreira de Sa. — **Bâtiment d'exercices des pompiers de la ville de Porto** : *BAH*, VIII, 51 (nº 83, d'avril 1905).

M. Stammnitz. — **Gewölbe-Konstruktionen in Eisenbeton im Neubau der städtischen Gewerbeschule zu Freiburg i. Br.** : *DB*, 1905, 50′-52′ (nº 13′, du 5 juil.).

THÉATRES :

The Coliseum Building, Chicago : *CEN*, IX, 35-37 (sept. 1900).

Eldorado de Montpellier : *BAH*, IV, 75 (nº 42, de nov. 1901).

Salle des fêtes, à Lille : *BAH*, IV, 122 (nº 45, de fév. 1902).

Nouveau théâtre de Berne. Epreuves de réception d'une voûte et de trois galeries en encorbellement : *BAH*, IV, 171 (nº 48, de mai 1902) ; — Description générale : Von Wurstenberger, *SB*, 1904, 1, 41, 53 (nºˢ 1, 5, 6, des 2, 23 et 30 janv. 1904) ; — r : *EN*, LI, 69-70 (nº 3, du 21 janv. 1904) ; — r : *BAH*, VI, 147 (nº 70, de mars 1904) ; — *BE*, 1904, 285-292 (nº 5) ; — r : *C*, 1904, 188 (nº 12).

Ed. Zublin. — **Das Sängerhaus in Strassburg.** (Conservatoire de chant) : *BE*, 1903, 149-153 (nº 3) ; — Espitallier, *GC*, XLIV, 169 (nº 11, du 16 janv. 1904) ; — r : *MSI*, VI, 19 (nº 53, du 25 janv. 1904) ; — *BAH*, VI, 143 (nº 70, de mars 1904).

An armored concrete building for the college of music, Cincinnati, O. : *ER*, XLVIII, 666 (nº 22, du 28 nov. 1903) ; — r : *BE*, 1904, 55 (nº 1).

Un nouveau théâtre à Anvers : *BAH*, VI, 117 (nº 58, de janv. 1904).

Das neue Münchener Volkstheater : *SDB*, 1904, n° 20 ; — *BE*, 1904, 140-143 (n° 3) ; — *BAH*, VII, 186 (n° 73, de juin 1904) ; — r : *C*, 1904, 109 (n° 7).

TRIBUNES ET AMPHITHÉATRES :

Notice sur les travaux en ciment armé exécutés pour la construction des tribunes du champ de courses de Grand-Camp, à Lyon : *C*, 1903, 145 (n° 10).

Amphithéâtre de l'Université Harward, à Cambridge, Mass : Charles M. Harrington, *Harward University Journal*, 1903 ; — *ER*, XLVIII, 733-734 (n° 24, du 12 déc. 1903) ; — *BE*, 1903, 304-305 (n° 5) ; 1904, 62-64 (n° 2) ; — r : *C*, 1904, 16, 78 (nos 1 et 5) : — *ZB*, 1904, 83 (n° 6) ; — *JAES*, juin 1904, 293 ; — r : *MSI*, VI, 574 (n° 62, du 25 oct. 1904). — Calculs : *ER*, L, 117 (n° 4, du 23 juil. 1904) ; — *EN*, LIII, 434 (n° 17, du 27 avril 1905).

Amphithéâtre de l'Université Washington, à St-Louis, Mo : J. L. van Ornum, *ER*, XLIX, 676 (n° 22, du 28 mai 1904) ; — r : *TIZ*, 1904, 1082 (n° 91, du 4 août) ; — Ed. Probst, *BE*, 1904, 281-282 (n° 5) ; — r : *C*, 1904, 188 (n° 12).

Amphithéâtre de l'Université de Californie, à Berkeley : C. W. Whitney, *ER*, L, 760-762 (n° 27, du 31 déc. 1904) ; — *ZB*, IV, 85-89 (n° 6, du 15 mars 1905) ; — *GC*, XLVI, 427-428 (n° 26, du 29 avril 1905).

CONSTRUCTIONS DANS DES EXPOSITIONS :

De Tédesco. — **Le grand Globe Céleste de l'Exposition** : *C*, 1900, 17 (n° 2) ; — *RT*, 1900, 145-146 (n° 7, du 10 avril) ; — *IC*, 1900, I, 537B, 633B (mai et juin). — Voir aussi ci dessus, p. 354.

Ed. Coignet. — Le château d'eau de l'exposition de 1900 : *IC*, 1900, II, 13.

Constructions en **C. A.** à l'exposition de Düsseldorf : *Eg*, LXXIV, 336 (12 sep. 1902).

Alfred Picard. — **Généralités sur l'emploi du ciment armé dans les constructions de l'Exposition** : *Rapport général sur l'exposition de 1900*, chap. VII ; — rep : *BAH*, V, 181 (n° 59, d'avril 1903).

Musikpavillon aus armiertem Beton auf der Gewerbeausstellung in Aussig a. E., 1903 : *BE*, 1903, 315 (n° 5).

Cascades en **C. A.** à l'exposition de St Louis : *ER*, XLIX, 574 (n° 19, du 7 mai 1904).

E. Probst. — **Das Gebäude der ver. Portland-Zement-Gesellschaften auf der Weltausstellung, Saint-Louis** : *BE*, 1904, 177-178 (n° 3).

Belvédère de la Socté Lolat à l'exposition de Görlitz : *TIZ*, 1905, 1275 (n° 92, du 8 août 1905) ; — r : *BE*, 1905, 232 (n° 9).

185. Magasins et constructions industrielles.

Glacière syst. Monier : *BV*, 1891, 51.

Buzzi. — Entrepôts de Trieste : *ZOIA*, 1891, 172.

E. Rivoalen. — **Ateliers-lavoirs en ciment et fer, syst. Monier, à Boulogne (Seine)** : *NAC*, 1895, 6 (nº 1) ; — *C*, 1896, 83 (nº 3).

A large monolithic factory building. (Usine de la *Pacific Borax* Cº, à Constable Hook, Bayonne, N. J., en **C. A.** syst. Ransome) : *ER*, XXXVIII, 188-190, 254-255 (nºs 9 et 12, des 30 juil. et 20 août 1898) ; — *E*, 1898, II, 214 ; — r : *C*, 1898, 125, 145-151 (nºs 8 et 10) ; — r : *RT*, 1898, 389 (nº 17, du 10 sept.).

Le moulin idéal. (En **C. A.**, à Nort, Loire-Inférieure) : *Meunerie française* ; — *BAH*, I, nº 3, p. 2, et nº 6 (août et nov. 1898).

E. Rivoalen. — **Ecuries et manutentions du Bon-Marché, rue Duroc, à Paris** : *NAC*, 1899, 1-7 (nº 1).

Epreuve de la fabrique de la Société d'Exploitation des Cables Electriques à Cortaillod. (Chariot roulant reposant sur des consoles en **C. A.** faisant corps avec des colonnes aussi en **C. A.**) : *BAH*, I, nº 9, p. 16 (fév. 1899).

Les moulins de Brest : *BAH*, II, nº 13, p. 5 (juin 1899).

Concrete buildings at a cement work. (Usine de la *Lehigh Portl. Cement Cº* à West-Coplay, avec murs, planchers et cloisons en **C. A.**) : *ER*, XL, 650 (nº 28, du 9 déc. 1899) ; — r : *MSI*, 1900, 187 (nº 10).

Elektrizitätswerk der Stadt Basel; Unterstation : *BAH*, II, nº 21, p. 7 (fév. 1900).

N. de Tédesco. — **Nouveaux ateliers Sautter-Harlé & Cie** : *C*, 1900, 49 (nº 4).

Moulin à provende à Swansea : *BAH*, II, nº 24, p. 4 (mai 1900).

Les entrepôts de Strasbourg : *BAH*, III, nº 25, p. 1 (juin 1900).

A steel-concrete factory building. (Usine Walter à Pittsburgh) : *ER*, XLII, 179 (nº 8, du 25 août 1900).

The new Hoboken terminal of the North German Lloyd Line : *ER*, XLII, 588-590 (nº 25, du 22 déc. 1900).

Les docks de Southampton : *Daily News*, 25 fév. 1902 ; — *BAH*, IV, 157 (nº 47, d'avril 1902).

A Jersey City concrete factory building. (Magasin de la *Varley Duplex Magnet Cº*, en **C. A.** syst. Ransome) : *ER*, XLV, 270-271 (n° 12, du 22 mars 1902); — r : *MSI*, III, 761 (n° 34, du 25 juin 1902).

E. Bouchardon. — **Note sur un lavoir en béton de ciment armé**. (A Châlons) : *GM*, XXIII, 443-449 (mai 1902).

F. M. Bowman. — **A steel and concrete coal storing plant.** (A la Cie du gaz de Lowell, Mass.) : Con à l'*Amer. Soc. of Mechan. Eng.*; — r : *ER*, XLV, 508-510 (n° 22, du 31 mai 1902); — r : *MSI*, IV, 1032 (n° 37, du 25 sept. 1902).

Balbas. — **Minoterie de Pasages.** (Relèvement d'un plancher en **C. A.**) : *BAH*, V, 101 (n° 54, de nov. 1902).

Imprimerie du Gouvernement, à Washington : *ER*, XLVI, 535-537 (n° 23, du 6 déc. 1902) ; — r : *MSI*, V, 223 (n° 43, de mars 1903).

Eine Gerbereianlage aus Eisenbeton. (Tannerie) : *ZB*, II, n° 2 (fév. 1903).

Dautheville. — **Un lavoir en béton armé.** (A Albi) : *GM*, XXV, 269-272 (mars 1903).

Filature de MM. Georges Kœchlin & Cie, à Belfort : *BAH*, V, 171 (n° 58, de mars 1903).

Ferro-concrete warehouse at Newcastle-on-Tyne : *Eg*, LXXV, 516-517 (17 avril 1903) ; — *CEN*, XIV, 93 (mai 1903) ; — r : *BE*, 1903, 213 (n° 3) ; — r : *ATPB*, 1903, 822 (n° 4).

A. Gorgemont. — **Entrepôt de la Société coopérative suisse de consommation** : *La Machine* (Genève), V, 133-135 (n° 98, du 25 juin 1903) ; — r : *MSI*, V, 719 (n° 48, du 25 août 1903).

Papierfabrik in Letmathe. (Restauration en sous-œuvre en **C. A.**) : *BE*, 1903, 305 (n° 5) ; — r : *C*, 1904, 16 (n° 1).

M. P. — **Bâtiments en béton armé (syst. Hennebique) exécutés pour MM. Moët et Chandon à Epernay** : *BAH*, VI, 103 (n° 67, de déc. 1903).

Von Mörsch. — **Fabrikbau für die Daimler Motoren G. in Untertürkheim** : *DB*, 1904, nos 1 et 2 ; — r : *BE*, 1904, 183 (n° 3).

A concrete-steel factory building with 52-foot roof girders. (A Long-Island City, N. Y.) : *ER*, XLIX, 67-71 (n° 3, du 16 janv. 1904).

The Kelly & Jones Company's concrete-steel factory building. (A Greensburgh, Pa.) : *ER*, XLIX 153, 195 (nos 6 et 7, des 6 et 13 fév. 1904).

A reinforced concrete stable. (Ecurie à New-York) : *ER*, XLIX, 369-370 (n° 12, du 19 mars 1904).

La cartonnerie de Gravelines : *BAH*, VI, 148 (n° 70, de mars 1904).

Magasins de transit du Canal Maritime de Manchester : *Co*, 1904, nos 5, 6... ; — *BAH*, VI, 173 (n° 72, de mai 1904) ; — *ZB*, 1904, 145 (n° 10) ; — r : *C*, 1904, 173 (n° 11) ; — *The Manchester University Magazine* (Manchester). New Series, I, n° 2 ; — *B*, LXXXVIII nos 3249, 3250 (1905) ; — r : *BE*, 1905, 96 (n° 4) ; — *BE*, 1905, 167-169, 189-192 (nos 7 et 8).

A reinforced concrete store building in Chicago : *ER*, XLIX, 713-714 (n° 23, du 4 juin 1904) ; — r : *GC*, XLV, 175 (n° 10, du 9 juil. 1904) ; — r : *C*, 1904, 123 (n° 8) ; — r : *ZB*, 1904, 113 (août) ; — r : *APC*, 1904, IV, 298-300.

A small concrete-steel sewage pumping station, at Newton, Mass. : *ER*, XLIX, 748-749 (n° 24, du 11 juin 1904).

A factory building with reinforced concrete wall girders: *ER*, XLIX, 774-775 (n° 25, du 18 juin 1904).

Reinforced concrete construction in a factory extension at Bayonne, N. J. (Agrandissement après incendie de l'usine de la *Pacific Borax C°*) : *ER*, L, 16-19 (n° 1, du 2 juil. 1904) ; — *TIZ*, 1904, 1475 (n° 122, du 15 oct.).

Fabrique de chaussures à Cincinnati : *Ce*, V, 129 (n° 3) ; — r : *TIZ*, 1904, 1190 (n° 100, du 25 août).

F. Schüle. — **Bericht über die vorgenommenen Belastungsproben im Lagerhaus auf der Davidsbleiche in St-Gallen.** (Essais de trois planchers et d'un escalier dans des magasins) : *BE*, 1904, 138-140 (n° 3) ; — r : *C*, 1904, 108 (n° 7).

Fabrikgebäude aus Eisenbeton. (A Sagan) : *TIZ*, 1904, 1370, 1471 (nos 112 et 121, des 22 sept. et 13 oct.).

Six-story reinforced-concrete factory building in Brooklyn : *ER*, L, 685-687 (n° 24, du 10 déc. 1904) : — r : *GC*, XLVI, 214 (n° 13, du 28 janv. 1905) ; — r : *ZB*, 1905, n° 7 (du 1er avril).

Der Eisenbeton im Fabrikbau : *ZB*, 1904, 180 (n° 12).

E. Turley. — **Die Ruhrorter Oelfabrik in Ruhrort.** (Huilerie) : *ZB*, 1905, 2-7 (n° 1, du 1er janv.) ; — r : *C*, 1905, 15 (n° 1).

A reinforced concrete water-power plant. (A Janesville, Wis.) : *ER*, LI, 11 (n° 1, du 7 janv. 1905).

The concrete-steel headworks of the Ontario Power Cy, Niagara Falls : *ER*, LI, 55-57 (n° 2, du 14 janv. 1905).

Luft. — **Wasserdichte Kelleranlage in Stampfbeton mit Deckenkonstruktionen in Eisenbeton.** (A Nuremberg) : *DB*, 1905, 19'-20' (n° 5').

C. C. Stowell. — **An erecting shop and crane girders of**

reinforced concrete : r : *EN*, LIII, 112, 152, 175 (nos 5, 6, 7, des 2, 9, 16 fév. 1905).

A reinforced concrete machine shop in Philadelphia. (Pour la *Hugo Bilgram C°*, tout en **C. A.** syst. de Vallière) : *ER*, LI, 136-138 (n° 5, du 4 févr. 1905).

Schalterhäuschen bei den elektrischen Kraftleitungen im Kanton Waadt : *BE*, 1905, 33-34 (n° 2).

L. S. Moisseiff. — Usine à Reading. (Avec fers Thacher et poutres Visintini) : *EN*, LIII, 218 (n° 9, du 2 mars 1905); — *BE*, 1905, 107-110 (n° 5); — *E*, XCIX, n° 2574 (1905) : — r : *C*, 1905, 79 (n° 5) ; — r : *ER*, LII, 37 (n° 2, du 8 juillet 1905).

The Robert Gair reinforced concrete factory and warehouse. (Fabrique d'articles en papier ; **C. A.** syst. Ransome) : *ER*, LI, 279 (n° 9, du 4 mars 1905).

The shops of the United Shoe Machinery C°, Beverly, Mass. : *ER*, LI, 257-261, 377 (nos 9 et 13, des 4 mars et 1er avril 1905) ; — G. P. Carver, *EN*, LIII, 537-541 (n° 21, du 25 mai 1905).

The Northwestern knitting mills. (A Minneapolis, Minn.) : *CEN*, XVII, 52 (n° 3, de mars 1905) ; — *EN*, LIII, 593, 689 (discon) (nos 23 et 26, des 8 et 29 juin 1905).

An omnibus repair and accumulator depot : *B*, LXXXVIII, nos 3238 et 3239 (1905).

The reinforced concrete Pugh Power building, Cincinnati. (Entièrement en **C. A.**) : *ER*, LI, 438 (n° 15, du 15 avril 1905) ; — *CA*, I, 519-526 (n° 12, de mai 1905) ; — *BE*, 1905, 211 (n° 9).

The new works of the Ingersoll Sergeant Dril C°. (Presque entièrement en **C. A**, à Phillipsburg, N. J.) : *ER*, LI, nos 15 et 16, des 15 et 22 avril 1905.

A reinforced concrete filtration plant at Marietta, Ohio : *ER*, LI, 452-453 (n° 16, du 22 avril 1905).

Elektrizitätswerk aus Eisenbeton. (A Brooklyn, N. Y.) : *ZB*, 1905, 129-133 (n° 9, du 1er mai).

Eisenbeton-Konstruktion der elektrischen Zentrale eines Düsseldorfer Eisen-Walzwerkes : *DB*, 1905, 34' (n° 9', du 3 mai).

E. B. Clark. — **The use of concrete in an electric power station.** (A South Chicago, pour l'*Illinois Steel C°*) : *EN*, LIII, 454 (n° 18, du 4 mai 1905).

Concrete steel for factory walls and floor. (Généralités) : *ER*, LI, 534 (n° 19, du 13 mai 1905).

A reinforced concrete building for a Philadelphia printing company : *ER*, LI, 551 (n° 19, du 13 mai 1905).

Concrete car barns. (En **C. A.**, à Harrisburg, Pa.) : *CA*, I, 547-550 (n° 12, de mai 1905).

A reinforced concrete stable. (Écurie à Scarsdale, N.-Y.) : *ER*, LI, 655 (n° 23, du 10 juin 1905).

W. P. Andersen. — **The Hauck building of reinforced concrete, Cincinnati.** (Bâtiment à 7 étages pour dépôt et raffinerie de whiskey) : *ER*, LII, 17 (n° 1, du 1er juillet 1905).

Some details of the Wanamaker power house, Philadelphia : *ER*, LII, 125 (n° 5, du 29 juil. 1905).

Usines en **C. A.** : *ZB*, 1er oct. 1905.

186. Constructions militaires.

Das System Monier in seiner Anwendung auf das Kriegsbauwesen : *Mitt. über Gegenstände des Artillerie- und Genie-Wesens*, 1889, 360.

Mariano Rubio y Bellvé. — Blindages en **C. A.** : *Memorial de ingenieros*, 1899 (?), 12 p.

Le ciment armé et le revêtement des fortifications en Allemagne : *C*, 1900, 330 (n° 10).

A. Hallier. — **Inconvénients du béton de ciment armé dans la construction des ouvrages de fortification.** (Manque d'homogénéité, compromettant la résistance par compression) : *GC*, XXXVIII, 240 (n° 15, du 9 fév. 1901) ; — r : *GM*, XXI, 445 (mai 1901).

Michelier. — **Accessoires de casernement en sidéro-ciment.** (Mangeoires, abreuvoirs, lavoirs, latrines) : *GM*, XXI, 213-218 (mars 1901) ; — r : *GC*, XXXIX, 131 (n° 8, du 22 juin 1901).

J. Cerf. — **Un pont dormant de fortification en béton armé** : Voir plus loin, art. 194.

D. Angel Rodriguez de Quijano y Arroquia. — Le ciment armé appliqué à la défense des places fortes. (Idées émises dès 1868 par cet officier) : *CAo*, 1902, n° 3 ; — *C*, 1902, 148 (n° 10).

Le béton Brialmont pour les ouvrages de fortification. (Contient des fragments de granit et des câbles en fer) : *MIC*, 1902, 162 (15 juin) : — r : *MSI*, IV, 1032 (n° 37, du 25 sept. 1902).

P. G. — **Casernes de l'infanterie et du génie à Bizerte** : *BAH*, V, 41 (n° 51, d'août 1902).

Concrete fortification for gunbattery Columbia river, Oregon and Washington. (En **C. A.**) : *Ce*, janv. 1903.

Applicationes militares del cemento armado : *CAo*, III, n° 2 (1903).

H. Abragon. — **La caserne hygiénique**. (Avantages du **C. A**. ; énumération de casernes ainsi construites) : *BAH*, VII, 191 (n° 73, de juin 1904).

Hennebique-Decke mit Stützenanordnung für 5000 kg/qm. reine Nutzlast. (Dans un établissement militaire à Dresden-Alberstadt) : *DB*, 1905, 29'-31' (n° 8').

187. Chemins de fer.

Voir aussi art. 194 (Ponts) et 195 (Voûtes et tunnels).

Travaux divers en **C. A.** sur la ligne de Courcelles au Champ de Mars : *RT*, 1899, 102 (n° 5, du 10 mars) ; — *BAH*, II, n° 13, p. 2 (juin 1899) ; — A. Dumas, *GC*, XXXVII, 168 (n° 10, du 7 juillet 1900) ; — r : *BAH*, III, n° 27, 2 (août 1900) ; — *ER*, XLII, 101 (n° 5, du 4 août 1900).

Essais officiels d'ouvrages en Fer-Béton, syst. Matrai. (Couverture d'une partie de la ligne des Moulineaux) : *C*, 1899, 95 (n° 6).

A. Dumas. — **Nouvelle ligne de Paris à Versailles, section d'Issy-les-Moulineaux à Meudon-Val-Fleury** : *GC*, XXXIX, 149-158 (n° 10, du 6 juillet 1901) ; — r : *GM*, XXII, 352 (1901) ; — r : *ER*, XLIV, 613 (n° 26, du 28 déc. 1901).

W. A. Rogers. — **Concrete structures for railways.** (En particulier, rails noyés souvent dans le béton) : *ER*, XLV, 123-124 (n° 6, du 8 fév. 1902) ; — r : *MSI*, III, 763 (n° 34, du 25 juin 1902).

H. L. — **Nouvelle gare aux marchandises de Bel-Air, à Lausanne.** (Tablier supérieur en **C. A.** et ses épreuves) : *BAH*, V, 99-100 (n° 54, de nov. 1902) ; — r : *MSI*, V, 124 (n° 42, du 25 fév. 1903).

Platt. — **Die Erhöhung der Bahnsteige auf der Berliner Stadtbahn** : *BV*, 1903, 61 (31 janv.) ; — r : *BE*, 1903, 133 (n° 2).

de Mollins. — **Remise à machines en béton armé** : *BAH*, V, 165 (n° 58, de mars 1903).

Lavori in cemento armato sulle ferrovie della rete Adriatica. (Ponts, réservoirs, maisons de gardes, etc.) : *GGC*, août 1903 ; — *Il Politecnico* (Milan), déc. 1903 ; — r : *APC*, 1903, IV, 238.

Réglementation des chemins de fer autrichiens pour les ouvrages d'art en **C. A.** : Voir p. 393.

Société des chemins de fer méridionaux d'Italie. — Applications du **C. A.** dans l'établissement des voies ferrées. Mémoire destiné au Congrès des chem. de fer en 1905 à Washington : *Monitore delle* STRADE *ferrate*, 1904 ; — r : *BAH*, VI, 153 (n° 70, de mars 1904).

WALTER W. COLPITTS. — **The calculation of the stresses and the practical design of structures of steel concrete.** (Étude consacrée spécialement aux emplois du **C. A.** dans les chemins de fer) : Edit. de *Railway Age*, avril 1904, 48 p., 16 pl., 18 fig. ; — r : *BE*, 1904, 188 (n° 3) ; — r : *TIZ*, 1905, 1265 (n° 91, du 5 août).

Interborough Rapid Transit (the Subway) in New-York. (Nombreuses applications du **C. A.**) : Edit. de *Interb. Rap. Transit C°*, New-York, 1904 ; 152 p. et 2 pl.; — A. CRAVEN, *CA*, sept. 1904, 84-88 ; — CH. DANTIN, *GC*, XLVI, 113-121 (n° 8, du 24 déc. 1904) ; — r : *TIZ*, 1905, 845 (n° 62, du 27 mai) ; — r : *MSI*, n° 70, 287 (25 juin 1905).

Emplois du **C. A.** dans les chemins de fer. Discussion au congrès international des chemins de fer : J. F. WALLACE : (applications en Amérique) ; S. DE KAREÏSCHA : (applications en Russie) ; AST : (applications en Autriche) : *Bulletin de la C^on internat^le du Congrès des Ch. de fer*, XVIII, 1132-1177 (oct. 1904) ; XIX, 463, 1059 (janv. et fév. 1905) ; — r : *Co*, déc. 1904 ; — r : *MSI*, VII, 28 (n° 65, du 25 janv. 1905) ; — r : *GC*, XLVI, 350 (n° 21, du 25 mars 1905) ; — r : *EN*, LIII, 513 (n° 20, du 18 mai 1905) ; r : *NAC*, 1905, 66 (n° 5) ; r : *BE*, 1905, 185, 221, 237 (n°s 8, 9 et 10). — E. PONTZEN, Conclusions du Congrès : *IC*, 7 juil. 1905 ; r : *C*, 1905, 143 (n° 9).

The Parkville concrete-steel sub-station of the Brooklyn-Rapid Transit C° : *ER*, L, 624-627 (n° 22, du 26 nov. 1904) ; — r : *BE*, 1905, 97 (n° 4).

Remise circulaire pour locomotives. (A Moose Jaw, sur le *Canada-Pacific Ry.*) : *EN*, LIII, 152 (n° 6, du 9 fév. 1905) ; — r : *BE*, 1905, 82 (n° 4).

Eisenbetonbauten bei der Bostoner Untergrundbahn : *BE*, 1905, 162-163, ... (n°s 7, ...).

Remise circulaire pour locomotives. (A Toronto, Ont.) : *ER*, LII, 96 (n° 4, du 22 juillet 1905).

188. Systèmes de traverses pour chemins de fer

Divers : *ZB*, II, n° 4 (avril 1903). — V. FORESTIER. **Note sur les traverses de chemins de fer de différents systèmes** : *BE*, 1904, 19-20 (n° 1) ; r : *C*, 1904, 27, 45 (n°s 2 et 3). — LINET, *Co*, 1904, n° 2 ; — *ZB*, 1904, 73 (n° 5) ; — *GM*, XXVIII, 144-145 (août 1904).

Chemins de fer ADRIATIQUES : *GGC*, 1902 ; — *GC*, 13 sept. 1902 ; — *SB*, XL, 206 (n° 19, du 8 nov. 1902) ; — O. J. V. HUGHES, *EN*

XLI, 321 (nº 20, du 20 nov. 1902) ; — *TIZ*, 1902, 1889 (nº 143, du 4 déc.) ; — *CEN*, XIV, 7 (janv. 1903) ; — r : *MSI*, V, 19 (nº 41, du 25 janv. 1903) ; — r : *Co*, 1904, nº 2 (juin).

BEEZER : Brev. amér. nº 759.853, du 17/5/04 : *TIZ*, 1904, 1613 (nº 137, du 19 nov.).

BROWN & LAUMANN : Brev. amér. nº 794.279, du 6/2/05 : *RMC*, 1905, 120 (nº 5, de sept.).

BUHRER : *Ce*, IV, nº 4 (sept. 1903) ; — r : *C*, 1903, 147 (nº 10) ; — r : G. ESPITALLIER, *BAH*, VII, 195 (nº 73, de juin 1904) ; — *BE*, 1905, 245 (nº 10).

DELANO & CARTLIDGE : Brev. amér. nº 795.387, du 8/2/04 : *RMC*, 1905, 120 (nº 5, de sept.).

GASCARD : Brev. fran. nº 348.865, du 19/11/04 : *RMC*, nº 2, 44 (juin 1905).

HENNEBIQUE : *C*, 1902, 161' (nº 6).

KIMBALL : *EN*, XLVII, 268 (nº 14, du 3 avril 1902) ; r : *GC*, XLI, 145 (nº 9, du 28 juin 1902) ; — r : *ATPB*, 1902, 856 (nº 4) ; — *JWSE*, oct. 1903 ; — *RCF*, déc. 1903 ; — r : *BE*, 1904, 55 (nº 1).

PELLEGRIN : Brev. fran. nº 351.956, du 23/1/05 : *RMC*, 1905, 119 (nº 5, de sept.).

RUTTKOWSKI : *C*, 1902, 98' (nº 4).

SARDA (au Métal déployé) : *Cs*, 8 fév. 1902, 160 ; — *C*, 1902, 34' (nº 2) ; — *Inventions illustrées*, 27 avril 1902 ; — *RI*, 1904, 176 (30 avril) ; — *Co*, 1904, nº 2 (juin) ; — Procès-verbal d'essais : *C*, 1904, 127 (nº 8) ; — MICHEL SARDA, Prospectus, 1905.

SHELLENBACH : Brev. amér. nº 795.548, du 10/12/04 : *RMC*, 1905, 144 (nº 6, d'oct.).

ULSTER & DELAWARE RR : *EN*, LII, 305-306 (nº 14, du 6 oct. 1904) ; — r : *GC*, XLV, 439 (nº 26, du 29 oct. 1904) ; — r : *ZB*, 1905, 12 (nº 1, du 1er janv.) ; — *BE*, 1905, 15-16 (nº 1) ; — r : *C*, 1905, 14 (nº 1) ; — r : *APC*, 1905, I, 321 ; — r : *RMC*, I, 42 (nº 2, de juin 1905).

VOIRIN : Brev. franç. nº 337.491, du 7/12/03, avec certif. d'addition nº 4123, du 17/12/04 : *RMC*, nº 3, 72 (juil. 1905).

Chin de fer de VOIRON A St-BÉRON : GILBAUD, *AFAS*, 1904, 1685-1689 ; — *GC*, XLIV, 401 (nº 25, du 23 avril 1904) ; — *C*, 1904, 73 (nº 5) ; — r : *BE*, 1904, 184 (nº 3) ; — r : *TIZ*, 1904, 1164 (nº 97, du 18 août) ; — r : *SB*, XLIV, 178 (nº 15, du 8 oct. 1904).

E. VOITEL : *BE*, 1905, 232 (nº 9).

189. Divers travaux hydrauliques.

Eisen und Cement bei Schleusenbauten. (Ecluses) : *BV*. 1892, 489.

Les applications du ciment armé au port franc de Copenhague. (Murs de quai et brise-lames) : *C*, 1896, 207 (nº 7).

Jetée à Woolston-Southampton : *BAH*, II, nº 22, p. 7 (mars 1900).

N. de Tédesco : **Blocs artificiels sous-marins coulés sur place dans des caissons en ciment armé** : *C*, 1900, 177 (nº 12).

Caisson en **C. A.** syst. W. V. Judson, pour fondations sous l'eau : *ER*, XLIV, 137 (nº 6, du 10 août 1901).

Nouveau système de construction en béton armé, pour murs de quais, murs de soutènement, barrages et autres ouvrages à établir dans l'eau, par M. F. Hennebique : *C*, 1902, 1' (nº 1).

Eger. — Blocs de béton armés, alourdis par de gros débris de fer, immergés au musoir d'un môle, à Pillau : *BV*, 1902, 195.

Ein mit Eisen verstärktes Betonsiel in Philadelphia. (Ecluse) : *ZB*, I, nº 1 (sept. 1902).

Von Horn. — Emplois du béton armé (syst. Hennebique) dans les travaux hydrauliques : *OWOB*, 27 juin 1903 ; — r : *APC*, 1903, III, 278.

Cebu harbour. (Projet de port aux Philippines, avec ouvrages en **C. A.**) : *E*, XCVII, nº 2506 (8 janv. 1904) ; — r : *BE*, 1904, 54 (nº 1).

A concrete-steel construction filtration plant for the New-Haven water Company : *ER*, XLIX, 270-273, 326-329 (nºs 10 et 11, des 5 et 12 mars 1904).

Concrete-steel cribwork wharf construction at Depot-Harbor, Ontario : *EN*, LI, 489 (nº 21, du 26 mai 1904) ; — r : *TIZ*, 1904, 1018 (nº 85, du 21 juillet) ; — r : *APC*, 1904, III, 246. Voir aussi art. 191.

Sielpumpenanlage aus Eisenbeton in Newton : *ZB*, 1904, 152 (nº 10).

Jetée en **C. A.** à Purfleet (Angleterre) : *Eg*, LXXVIII, 582 (28 oct. 1904) ; — r : *ER*, L, 585, 607 (nº 21, du 19 nov. 1904) ; — r : *ATPB*, 1905, 111 (nº 1) ; — r : *BE*, 1905, 134-135 (nº 6) ; — r : *GC*, 29 juil. 1905.

Sielanlage aus Eisenbeton : *ZB*, 1904, 188 (nº 12).

H. L. Weber. – **The building of the Chicago, Cincinnati &**

Louisville and Cincinnati, Richmond & Murcie railroads. (En part^r, estacade en **C. A.** à Cincinnati) : *ER*, LI, 64 (n° 3, du 21 janv. 1905).

Dalle filtrante en béton armé. (Dalle perméable en béton maigre, par M. Dejust, ing^r de la Ville de Paris) : *GC*, XLVI, 213 (n° 13, du 28 janv. 1905); — r : *BTAM*, 1905, 56R (n° 2) ; — r : *GM*, XXIX, 328 (avril 1905) ; — *Revue de Métallurgie*, août 1905 ; — Viallet (Autres ouvrages du même genre exécutés antérieurement par la S^té *des Ciments de la Porte de France*) : *GC*, XLVI, 429 (n° 26, du 29 avril 1905).

Tricon. — **Batardeaux en béton armé pour écluses de navigation et autres ouvrages.** (Type proposé par l'auteur) : *RT*, XXVI, 226-228 (n° 6, du 25 mars 1905).

F. Minorini. — Emplois du **C. A.** dans les travaux hydrauliques : *Co*, I, n° 12 (avril 1905).

Traverses de **C. A.** pour écluses de navigation intérieure : *Co*, II, n° 1 (mai 1905) : — r : *C*, 1905, 112 (n° 7).

Der internationale Wettbewerb für ein Kanalschiffs-Hebewerk von 35,9 m Hubhöhe. (Divers projets d'ascenseur pour bateaux, présentés à une adjudication faite à Vienne) : *BE*, 1905, 102-105, 135-138, 164-165, 186-187, 212-215, 243-245, ... (n°s 5 et suiv.).

E. H. Connor. — **A fireproof wharf at Tampico (Mexico).** (En acier et béton) : *EN*, LIII, 603-605 (n° 23, du 8 juin 1905).

Lit de fleuve en **C. A.** de la ville de Chemnitz : *ZB*, 1905, n° 13 (1er juillet).

A reinforced concrete flume. (Projet pour le Fort Buford) : *ER*, LII, 37 (n° 2, du 8 juillet 1905).

Das Wehr in Jamnitz (syst. Ed. Ast & C°) : *BE*, 1905, 189 (n° 8).

W. Kiersted. — **Bau einer Enteisenungsanlage in Richmond, Ma.** : *BE*, 1905, 242. . . . (n°s 10. . . .).

190. Grands barrages.

Edm. Coignet. — **Nouveaux types de barrages-réservoirs.** (Contreforts voûtés en **C. A.**) : *GC*, XXVIII, 172 (n° 11, du 11 janv. 1896) ; — tap : in-8°, 8 p., 1896.

Lerosey. — **Sur un nouveau mode de construction en béton armé des murs de réservoirs de grande capacité** : *GM*, XV, 385-416, 513-522 (mai et juin 1898) ; — tap : Nancy, Berger-Levrault, 1898 ; 1 vol. in-8°, 43 p. ; — *C*, 1898, 115-122, 129-137 (n°s 8 et 9).

A. Dumas. — **Barrages-réservoirs en remblai rocheux avec âme métallique.** (Barrages de l'Otay, Cal., et de l'East Canyon, Utah) : *GC*, XXXV, 401 (n° 25, du 21 oct. 1899) ; — r : *ATPB*, 1900, 65.

L. Lefort. — **Etude pour l'emploi du béton de ciment armé dans les murs de garde des grands barrages en maçonnerie :** *NAC*, 1899, 170-175, 189-192 (nos 11 et 12).

David Molitor. — Barrages en **C. A.** (Con faite en 1899 à l'*Assoc. of Civ. Eng. of Cornell University* : *JAES*, XXIV, n° 1.

Concrete-steel retaining wall. (A Columbus) : *ER*, XLII, 448 (n° 19, du 10 nov. 1900).

W. P. Hardesty. — Barrage de East Canyon Creek, Utah : *EN*, XLVII, 14-16 (n° 1, du 2 janv. 1902) : — r : *MSI*, III, 681 (n° 33, du 25 mai 1902).

Installation hydro-électrique à Pont-Saint-Martin (Italie). (En partr, digue en **C. A.** pour retenue d'eau) : *ATPB*, 1902, 690 (n° 3).

A new dam and storage-reservoir at Amsterdam, N. Y. : *ER*, XLVI, 602-603 (n° 26, du 27 déc. 1902).

Barrage et réservoirs à Ithaca, N. Y. : *ER*, XLVIII, 77 (n° 3, du 18 juill. 1903) ; — r : *MSI*, V, 966 (n° 51, du 25 nov. 1903) ; — *ZB*, 1904, 29 (n° 2) ; — *GC*, XLV, 284 (n° 17, du 27 août 1904) ; — *EN*, LII, 109 (n° 5, du 4 août 1904) ; — r : *TIZ*, 1905, 556 (n° 47, du 20 avril).

Ambursen & Sayles. — **A hollow concrete-steel dam at Theresa, N.Y.** : *EN*, L, 403 (n° 19, du 5 nov. 1903) ; — r : *APC*, 1903, IV, 224 ; — r : *C*, 1904, 31, 124 (nos 2 et 8) ; — r : *BE*, 1904, 20-21 (n° 1) ; — r : *BV*, 1904 ; — r : *SB*, XLIII, 264 (n° 22, du 28 mai 1904) ; — r : *ATPB*, 1904, 451 (n° 3) ; — r : *TIZ*, 1904, 1018 (n° 85, du 21 juillet) ; — r : *ZB*, 1904, 126 (août).

A concrete-steel pier and girder footing for retaining walls. (Fondations d'une digue de retenue près de Philadelphie) : *EN*, LI, 269, 284 (nos 11, 12, des 17 et 24 mars 1904).

Alex. B. Moncrieff. — **The Barossa arched concrete dam in South Australia.** (Avec rails noyés dans la partie supérieure) : *EN*, LI, 321-322 (n° 14, du 7 avril 1904) ; — *GC*, XLV, 241 (n° 15, du 13 août 1904) ; — r : *APC*, 1904, III, 265 ; — r : *ATPB*, 1904, 887 (n° 5) ; — r : *BE*, 1904, 325 (n° 5) ; — r : *B*, LXXXVIII, n° 3247 (1905).

Gewölbeförmige Talsperren aus Beton mit Eisenanlagen : *DB*, 1904, n° 15'.

J. A. Leonard. — **A proposed earth dam with a steel core and a reinforced concrete spillway** : (A Ellsworth, M. E.) : *EN*, LII, 22 sept. 1904.

A concrete-steel dam at Danville, Ky. : *ER*, L, 667 (n° 23, du 3 déc. 1904) ; — r : *ZB*, IV, 79-80 (n° 5, du 1er mars 1905) : — r : *BE*, 1905, 59 (n° 3).

F. F. SINKS. — **Analysis and design of a reinforced concrete retaining wall :** *EN*, LIII, 8 (n° 1, du 5 janv. 1905).

Généralités sur les digues déversoirs et description de celle de la rivière Fenelon, Ontario, Canada : *S*, XXVII, n° 686 (1905) ; — *The Canadian Engineer* (Toronto), XII, n° 4 (1905) ; — *EN*, LIII, 135 (n° 6, du 9 fév. 1905) ; — *ZB*, 1905, 209-216 (n° 14, du 15 juillet).

F. A. BONE. — **Comparative cost of plain and reinforced concrete retaining walls :** *EN*, LIII, 174-175 (n° 7, du 16 fév. 1905) ; — r : *MSI*, VII, 288 (n° 70, du 25 juin 1905).

C. F. GRAFF. — **High reinforced concrete retaining wall construction at Seattle (Wash.) :** *EN*, LIII, 262 (n° 10, du 9 mars 1905).

H. L. WEBER. — **Concrete dam at Richmond (Ind.) :** *CEN*, XVII, 55-56 (n° 3, de mars 1905).

A hollow reinforced concrete dam at Schuylerville, N.Y. : *EN*, LIII, 448, 664 (nos 17 et 25, des 27 avril et 22 juin 1905).

Ferro-concrete possibilities. (Avantages que peut présenter le **C. A.** pour la construction des digues) : *S*, XXVII, nos 686 et 687 (1905).

LEROSEY. — **Nouveau système de construction en ciment armé des murs de réservoirs.... :** *C*, 1905, 265′, 309′ (nos 7 et 8).

Ueberfallwehr aus Eisenbeton. (A Wilton, New Hampshire, U. S. A.) : *ZB*, 1905, 248-250 (n° 16, du 15 août).

191. Murs de quai.

Voir aussi art. 189.

Murs de quai en béton armé. (En dalles Monier, à Berlin) : *BV* ; — r : *IC*, nov. 1896, 722.

WATTMANN. — Murs de quai syst. Monier à Dantzig : *Zeitschrift für Bauwesen*, 1899, 609.

Murs de quai et de soutènement en **C. A.** syst. Hennebique. (En partr, murs de quai à Southampton et à Nantes) : *TII*, 1899/1900, n° 6 ; — r : *ZOIA*, 1901, 539 (n° 32).

Elargissement du quai Wilhelmine, à Rotterdam : *Ir*, 22 fév. 1902 (n° 8) ; — r : *ATPB*, 1902, 725 (n° 3).

H. VAN OORDT.— **Steiger in gevapend beton in de Visschershaven de Ymuiden.** (Appontement en **C. A.**) : *Ir*, 1903, n° 24 ; — *BE*, 1903, 214 (n° 3) ; 1904, 22-24, 58-62 (nos 1 et 2) ; — r : *BV*,

1903, 530 (24 oct.) : — r : *SB*, XLIII, 109 (nº 9, du 27 fév. 1904) ; — r : *APC*, 1904, I, 276 ; — r : *C*, 1904, 77 (nº 5) : — r : *MSI*, VI, 457 (nº 60, du 25 août 1904).

EMILE VILLET. **Concrete-steel constructions**. (Quai construit au port de Novorossisk ; projet de quai pour les docks de New-York ; projet de jetée à San-Francisco) : *JAES*, XXXI, 115-127 (nº 4, d'oct. 1903) ; — r : *APC*, 1903, IV, 224 ; — *Ec*, X, nº 4, avril 1904) ; — r : *MSI*, VI, 301 (nº 61, du 25 sept. 1904) ; — r : *BE*, 1904, 330 (nº 5).

G. B. ANTONELLI. — **Notice sur les derniers travaux exécutés aux ports de Gênes et de Venise**. (En partr, tablier en **C. A.** des nouveaux quais de Gênes) : *ATPB*, VIII, 1179-1192 (1903, nº 6) ; — r : *MSI*, VI, 279 (nº 57, du 25 mai 1904).

Murs de quai en **C. A.** à Delerigi : *E*, 1904, 193 (19 févr.).

J. RAVAILLON. — **Les installations maritimes de Bruxelles ; les murs de quai et de soutènement**. (En partr, projet de fondations en **C. A.** pour murs de quai) : *ATPB*, 1904, 202 (nº 2) ; — r : *MSI*, VI, 278 (nº 57, du 25 mai 1904).

Murs de quai en béton armé ; murs de soutènement en maçonnerie avec encorbellement en béton armé dans les terres. (Disposition projetée par M. Chaudy) : *RI*, 1904, 436 (29 oct.).

Quai en **C. A.** à Porto Corsini (Ravenne) : *Rivista tecnica emiliana*, 31 août 1904 ; — r : *BE*, 1904, 328 (nº 5).

Buhnen aus Eisenbeton. (Prismes en **C. A.**, syst. J. W. Fraser, remplaçant les madriers en bois dans des appontements au Canada) : *BE*, 1904, V, 261-262 ; — r : *C*, 1904, 188 (nº 12) ; — *Ce*, 1904 ; — r : *ZB*, IV, 17 (nº 2, du 15 janv. 1905) ; — *TIZ*, 1905, 1065 (nº 79, du 8 juillet) (brev. ang. nº 545, du 8/1/04). Voir aussi p. 447.

Brise-lames à Galveston : *ZB*, IV, 235-238 (nº 15, du 1er août 1905) ; — r : *RMC*, 1905, 138 (nº 6).

192. Consolidations de rives.

Descriptions de divers systèmes, armés ou non, avec ou sans ancrages, et expériences comparatives faites sur des canaux en Allemagne : MÖLLER et LIECKFELDT, *BV*, 1895, 240, 276, 286 ; — SCHNAPP, *BV*, 1895, 481, 492 ; — *BV*, 1897, 572 ; — HIPPEL (syst. Rabitz), *BV*, 1898, 294 ; 1899, 72 ; *APC*, 1898, III, 371 ; — EGER et MÖLLER, *BV*, 1898, 425, 499, 540 ; 1899, 256, 283, 391 ; r : *ATPB*, 1898, 841 ; 1899, 118 ; 1901, 1076 ; r : *TIZ*, 1899, 1528 (nº 117) ; *ZAIW*, 1898, 647 ; 1899, 320 ; KERSJES, *BV*, 1899, 603 ; — Syst. Fitzner & Janke, *BV*, 1900, 56 ; — *BV*, 1900, 95 ; — EGER, *BV*,

1901, 73 ; r : *TIZ*, 1901, 359 (n° 26, du 28 fév.) ; — *BV*, 1901, 274 ; — MÖLLER, *BV*, 1901, 379 ; — EGER, *BV*, 1902, 193, 194, 617 ; r : *ATPB*, 1902, 1279 (n° 6), 1903, 630 (n° 3) ; *BV*, 1904, 497.

GRENIER. — **Moyens de consolidation des talus des canaux maritimes :** Rapport au 7e congrès international de navigation, Bruxelles, 1898.

Le bétonnage des talus mobiles. (Sur la ligne du *Chicago, Milwaukee and St Paul Ry.*) : *RT*, 1899, 180 (n° 8, du 25 avril).

BARBET & HAUSSER. — **Note sur le revêtement en béton de ciment armé de la patte d'oie du chenal d'accès au port d'Epinal.** (Réfection à la suite d'excavations produites dans les berges) : *APC*, 1901, II, 283 ; — r : *ATPB*, 1902, 130 (n° 1) ; — r : *GC*, XL, 430 (n° 26, du 26 avril 1902).

GOSLICH et TŒPFFER. — Deux exemples de reprises de rives éboulées, au moyen de palplanches en **C. A.** : *TIZ*, 1904, 1143 (n° 95, du 13 août) ; — *ZB*, 1904, 143 (n° 9) ; — r : *C*, 1904, 160 (n° 10).

193. Couvertures de rivières.

Couverture de rivière à la fonderie nationale de Ruelle : *BAH*, II, n° 23, p. 10 (avril 1900).

GEO S. PIERSON. — **A concrete-steel culvert for stream diversion at Kalamazoo, Mich.** (Recouvrement en **C. A.** d'un ruisseau). Con à la *Michigan Engineering Soc.*, 20-22 janv. 1903 : — r : *EN*, XLIX, 163 (n° 7, du 12 fév. 1903) ; — r : *BE*, 1903, 135 (n° 2).

W. NOBLE TWELVETREES. — Couverture de rivière, syst. Hennebique, à Rochdale (Angleterre) : *BE*, 1904, 17-18 (n° 1) ; — r : *C*, 1904, 30 (n° 2).

Procès-verbaux d'épreuves :

Canal de la rue des Fabriques, à Voiron (Isère) : *BAH*, I, n° 3, p. 5 (août 1898).

Hors-ligne dit « Caisse de Mort », à Montpellier : *BAH*, III, n° 31, p. 11 (déc. 1900).

Trottoir sur le Riou-Biou, à la gare de Viviez : *BAH*, V, 159 (n° 57, de fév. 1903).

Couverture de l'Oued Merdj (Tunisie) : *BAH*, VII, 225 (n° 75, d'août 1904).

194. Ponts et passerelles.

GÉNÉRALITÉS :

F. v. EMPERGER. — **The development and recent improve-**

ment of concrete-iron highway bridges : — *TACE*, XXXI, 438-457 ; disc[n] : *ibid.*, 457-488 (avril 1894).

Stiehl. — **Zum Bau gewölbter Brücken**. (Comparaison de divers systèmes de voûtes armées) : *BV*, 1895, 228 ; — Th. Böhm, disc[on], *BV*, 1895, 251.

M. Grüning & H. Reissner. — **Eine neue Fahrbahnanordnung für eiserne Strassenbrücken**. (Voûtelettes en **C. A.** pour platelages de ponts) : *BV*, 1897, 190, 280.

N. de Tédesco. — **Essai d'un pont à poutres arquées en béton armé, projet Hennebique.** (Commentaires) : *C*, 1898, 72, 85 (n°s 5 et 6).

Edwin Thacher. — **Concrete-steel bridge construction.** (Etude générale, av. disc[on]) : *EN*, XLII, 179, 188-202 (n° 12, du 21 sept. 1899) ; — r : *PCE*, CXL, 358.

David Molitor. — **Theories of masonry and concrete-steel arches** : *JAES*, janv. 1900, p. 46.

F. Heinzerling. — **Die Brücken der Gegenwart**. (En part[r]. ponts en **C. A.**) : Berlin, W. & S. Lœwenthal, 1900.

P. P.. — **Passerelle en ciment armé ; culée**. (Consultation) : *CM*, XV, 500 (21 juillet 1900).

Ponts en béton de divers systèmes. (Dont **C. A.**) : *RG* ; — r : *C*, 1900, 145, 161 (n°s 10 et 11).

N. de Jitkewitch. — Les ponts en béton. (Dont **C. A.**) ; (en russe) : St-Pétersbourg, 1901, in-8°, 15 p.

William Cain. — **Theory of steel-concrete arches and of vaulted structures.** New-York, D. van Nostrand C[y]., 2e édit., 1902 ; 181 p. ; — r : *TIZ*, 1903, 307 (n° 24) ; — r : *BE*, 1904, 55 (n° 1).

L. K. Sherman. — **Concrete and Melan arches.** (Généralités). C[on] du 22-24 janv. 1902 à l'*Illinois Soc. of Engineers and Surveyors* ; — r : *EN*, XLVII, 98 (n° 5, du 30 janv. 1902).

Ponts en béton armé pour chemins de fer interurbains : *Street Railway Review* (Chicago), XII, 137-139 (n° 3, du 15 mars 1902) ; — r : *MSI*, IV, 940 (n° 36, du 25 août 1902).

Système de tablier de pont suspendu, en béton armé, par M. F. J. Arnodin : *C*, 1902, 161 (n° 6).

Theodore Cooper. — **The design of concrete piers with metal shells** : *EN*, XLVIII, 379 (n° 19, du 6 nov. 1902) ; — r : *ATPB*, 1903, 411 (n° 2).

E. J. Mc. Caustland. — **The design of concrete-steel arches.** C[on] du 30 déc. 1903, à la Section D de l'*Amer. Assoc. for the Advancement of Science* : *EN*, LI, 373-375 (n° 16, du 21 avril 1904).

Betoneisen-Brücken nach Bauweise Melan : 1 broch., 1904.

Concrete-steel railroad bridges : *Ce*, V, n° 1 (1904).

W. J. Douglas. — **Some observations of the design of reinforced concrete bridges** : *EN*, LII, 37 (n° 2, du 14 juillet 1904) ; — r : *ZB*, IV, 40-45 (n° 3, du 1er fév. 1905).

Möller. — Méthode de consolidation des culées de ponts en arc au moyen d'éperons en **C. A** ; Con au *DBV* : *TIZ*, 1904, 1095 (n° 92, du 6 août) ; — r : *C*, 1904, 125 (n° 8).

F. von Emperger. — **Concrete-steel bridges**. Con à l'*International Engineering Congress*, St-Louis, oct. 1904 ; 21 p.

J. T. Jeffries. — **Concrete-steel Truss Bridges** : *ER*, L, 640 (n° 22, du 3 déc. 1904).

Directions for making concrete-steel slab culverts and bridges. Extrait de : *Improvement Repair and Maintenance of Public Highways*, Bull. n° 7, New-York ; — r : *EN*, LII, 581 (n° 26, du 29 déc. 1904).

J. E. Ribera. — **Puentes de hormigon armado** : 1 broch., Madrid, 1904 (?).

G. Leinekugel Le Cocq. — **La suppression du bois dans les tabliers des ponts suspendus modernes.** (Étude de son remplacement par le **C. A.**) : *GC*, XLVI, 253-256 (n° 16, du 18 fév. 1905).

H. Herzan. — Ponts en poutres de béton et leur calcul statique (en tchèque) : 1 broch., Brünn, 1905 (?).

Gehler. — **Eisenbetonbrücken grosser Spannweite.** Con du 27 mars 1905 au *Sächsischer Ingr und Archit. Verein* ; — r : *BE*, 1905, 126 (n° 5).

Armoured-concrete arch. (Type d'arche en **C. A.** syst. Luten et formules correspondantes) : *E*, XCIX, 473 (n° 2576, du 12 mai 1905) ; — r : *BE*, 1905, 183 (n° 7).

Umwandlung eiserner Brücken in Eisenbetonbrücken. (Transformations fréquentes en Amérique) : *ZB*, 1905, 238 (n° 15, du 1er août).

ALLEMAGNE :

Strassen-Ueberführung in Monierbau. (Compte-rendu sommaire des essais d'une passerelle à Berlin) : *BV*, 1893, 444.

W. Paul. — **Strassenbrücke bei Walsburg a. d. Saale nach Monier-Bauweise, und ihre Belastungsprobe** : *BV*, 1895, 32.

P. Michaëlis. — **Eisenbahnbrücke mit Moniergewölbe.** (Pont en voûte à Barmke) : *BV*, 1896, 45.

Ponts syst. Monier et syst. Möller à l'exposition de Leipzig : *BV*, 1897, 430 ; 1898, 175 ; — *ZAIW*, 1899, 436.

Brückeneinstürz. (Chute d'un pont Monier à Stettin) : *BV*, 1898, 368.

R. Philippe. — **Ponts supérieurs en béton armé, système Melan** (En Bavière) : *NAC*, 1901, 97-102 (juill.).

Ponts et passerelles sur la ligne Koblenz-Trier : *DB*, 1903, n° 4 ; — *ZVDI*, 7 mars 1903 ; — *TIZ*, 1903, 642 (n° 44, du 11 avril) ; — r : *APC*, 1903, I, 411.

Betoneisenbrücke, system Liebold, für die Stadt Heidenbrunn in Württemberg : *SB*, XLI, 70 (n° 6, du 7 fév. 1903) ; — r : *BE*, 1903, 133 (n° 2).

C. Schmid. — **Betoneisenbrücke über die Brenz bei Heidenheim :** *BV*, 1903, 124 (7 mars) ; — *TIZ*, 1903, 560 (n° 40, du 2 avril); — *SDB*, 1903, n° 16 ; — r : *APC*, 1903, I, 410 ; — r : *BE*, 1903, 211 (n° 3).

Mörsch. — **Wegüberführungen in armiertem Beton bei beschränkter Konstruktionshöhe.** (Ponts à Wasserliesch et à Friedrichshafen) : *BE*, 1903, 71-74 (n° 2) ; — r : *C*, 1903, 62 (n° 4).

Gehler. — **Bruchprobe einer Hennebique-Brücke.** (Essai à Dresde) : C^on du 7 mars 1904 au *Sächsischer Ing. u. Archit. Verein* ; — r : *BE*, 1904, 125 (n° 2).

Strassenbrücke in Eisenbeton über die Isar bei Grünwald-München. (Très grand pont) : *DB*, 28 sept. 1904 ; — *EN*, LII, 454 (n° 20, du 17 nov. 1904) ; — *EN*, LIII, 199-201 (n° 8, du 23 févr. 1905) ; — *The Times, Engineering Suppl^t*, London, 1re année, n° 5 (1905).

Eisenbetonbrücke bei Bautzen : *ZB*, 1904, 159 (n° 10).

Luft. — **Balkenbrücke in Eisenbeton in Bamberg :** *DB*, 1905, 1'-3' (n° 1') ; — r : *Teknikern* (Helsingfors), 5 avril 1905 (n° 406).

Luft : — **Strassenbrücke in Eisenbeton über das Aischtal bei Neustadt a. Aisch :** *DB*, 1905, 9'-11' (n° 3') ; — r : *Teknikern* (Helsingfors), 5 avril 1905 (n° 406).

H. Schürch. — **Eine Eisenbeton-Brücke als Bogen mit Zugband.** (A Pettoncourt, Lorraine allemande) : *DB*, 1905, 65' (n° 17').

Pont en **C. A.** à Esslingen : *ZB*, 15 sept. 1905.

AUTRICHE-HONGRIE :

J. Schustler. — **Bau der Beton-Eisenbrücke über die Neutra bei Neuhaüsel :** *ZOIA*, 1893, 305 (26 mai) ; — r : *PCE*, CXIV, 402.

Pont sur la Bialka à Bielitz-Biala : *Der Bautechniker*, 1895, 553.

Pont syst. Melan sur le Klokuczkabach à Czernowitz : *OMOB*, 1896, 369.

J. Schustler. — **Die Kaiserbrücke in Sarajevo** : *ZOIA*, 1898, 530.

J. Melan. — **Die neue Schwimmschulbrücke in Steyr** : *ZOIA*, 1898, 745.

J. Melan. — Pont en **C. A.** dans le château d'Eichhorn, en Moravie : *OMOB*, 1899, 62 (fév) ; — r : *APC*, 1899, II, 283.

Die Betoneisenbauweise beim Baue von Eisenbahnbrücken. (Deux ponts de chemin de fer en **C. A** près de Gmünd et de Nagelberg, dans la Basse-Autriche) : *Der Bautechniker* ; — r : *TIZ*, 1901, 214 (n° 17, du 7 fév.).

R. Janesch. — **Betoneisenbrücke, Syst. Wayss, in Krapina** : *ZOIA*, 1902, 126 ; — r : *TIZ*, 1902, 339 (n° 31, du 13 mars) ; — r : *ATPB*, 1902, 358 (n° 2).

J. Melan. — **Beton-Eisen-Brücke nach Bauweise « Melan » über den Schwarzafluss in Payerbach** : *BE*, 1902, n° 5, p.30-34 ; — r : *ZB*, II, n° 2 (fév. 1903) ; — r : *MSI*, V, 415 (n° 45, du 25 mai 1903) ; — braab, *BE*, 1904, 7-9 (n° 1) ; — r : *C*, 1904, 30 (n° 2).

J. Melan. — **Die Kaiser-Franz-Josefs-Jubiläums-Brücke in Laibach** : *ZOIA*, 1903, 305 (n° 21, du 22 mai) ; — rep : *BE*, 1903, 165-168 (n° 3) : — *EN*, L, 61 (n° 3, du 16 juill. 1903) ; — r : *ZB*, 1903, (n° 7).

Brücke über Jeziorka auf der Nowoaleksandrowstrasse : *Przeglad Techniczny*, 1904, 523 ; — r : *BE*, 1905, 50 (n° 2).

G. Hermann. — **Betoneisenbrücke (Syst. Melan) bei Reka.** (Sur le Jesenic) : *OWOB*, 10 sept. 1904 ; — *ATPB*, 1904, 1153-1155 (n° 6).

Stuppacher. — **Bahnübergangssteg aus Eisenbeton in Falkenau an der Eger** : *OWOB*, 15 oct 1904 ; — r : *APC*, 1905, I, 298.

D. Goldenberg. — Pont de 116 m., syst. Hennebique, entre Wolfurt et Kennelbach : *BE*, 1905, 83-88 (n° 4). — Epreuves : Rickabona, *BAH*, VII, 260 (n° 77, d'oct. 1904).

BELGIQUE, PAYS-BAS, LUXEMBOURG :

E. Haerens. — **Exécution d'un pont biais en béton armé.** (A Gand) : *ATPB*, 1899, 639 (n° 4) ; — r : *APC*, 1899, IV, 282 ; — r : *BAH*, II, n° 23. p. 4 (avril 1900).

Une passerelle tournante en béton armé, syst. Hennebique. (A Gand) : *BAH*, IV, 106 (n° 44, de janv. 1902).

Pont de la déviation de l'Ourthe, à Liége : *BAH*, VIII, 77-82 (n° 85, de juin 1905).

Pont supérieur du Val-Benoit, à Liége : *BAH*, VIII, 82-83 (n° 85, de juin 1905).

TUTEIN NOLTHENIUS. — Aqueduc syst. Monier à Heusden : *TII*, 1893-1894, 39.

Passerelle syst. Hennebique à Rotterdam : *In*, 1er, 8 et 15 fév. 1902 (nos 5, 6, 7) ; — r : *ATPB*, 1902, 723 (n° 3) ; — *BAH*, IV, 103, 126 (nos 44 et 45, de janv. et fév. 1902).

A. C. C. G. VAN HEMERT. — **Reproeving van een wegbrug in gewapend beton over den Staatspoorweg nabij Nijmegen** : 1 broch., 1904.

Pont de Luxembourg. (Seul le tablier est en **C. A.**) : *ER*, XLIV, 338-339 (n° 15, du 12 oct. 1901) ; XLV, 199-200 (n° 9, du 1er mars 1902) ; — A. DUTHEUX, *GC*, XL, 185-189 (n° 12, du 18 janv. 1902) ; — BONNIN, *RT*, XXV, 509-516 (25 mai 1904) ; — SÉJOURNÉ, *CR*, 1904 ; rep : *RI*, 1904, 228 ; — *RCF*, oct. 1904 ; — r : *C*, 1905, 1 (n° 1) ; — r : *BE*, 1905, 94 (n° 4).

ESPAGNE ET PORTUGAL :

BALBAS. — **Pont de la Pena sur le Nervion, à Bilbao** : *BAH*, IV, 135 (n° 46, de mars 1902) ; — r : *C*, 1902, 49 (n° 4).

Pont en béton armé, syst. Ribera, sur le Rio Caudal, à Mières (Espagne) : *BE*, 1903, 1-6 (n° 1).

Paso superior del ferrocarril de Bilbao à Las Arenas : *HA*, II, n° 20 (1904).

Pont monumental en béton armé à St-Sébastien : N. DE TÉDESCO, *C*, 1904, 65 (n° 5) ; — E. RIBERA, *ROP*, 15 sept. 1904, 9 janv. 1905 ; — r : *APC*, 1905, I, 305.

FELICIANO NAVARRO. — Pont en **C. A.** à Olloqui. (Sur le Leizaran, ligne de Andoian à Plazaola) : *ROP*, 12 janv. 1905 ; — r : *APC*, 1905, I, 306.

Pont du Val de Meses à Mirandella (Portugal) : *BAH*, VIII, 10 (n° 80, de janv. 1905).

ÉTATS-UNIS ET COLONIES :

Les ouvrages sont classés dans l'ordre alphabétique des noms d'états.

A. F. ROBINSON. — Divers types de tabliers en **C. A.** pour ponts de chemins de fer aux Etats-Unis. Con à la *Western Soc. of Engineers* ; — r : *EN*, LIII, 161 (n° 7, du 16 fév. 1905).

Pont à West-Hartford, Conn. : *ZB*, 1903, n° 7.

Concrete and steel wire floor, Lincoln Park bridge, Chicago (Ill.) : *EN*, XXXIII, 227 (n° 14, du 4 avril 1895).

Concrete-steel bridge and culvert construction on the Illinois Central RR : *EN*, XLVI, 43 (n° 3, du 18 juillet 1901).

The Aurora, Elgin & Chicago third-rail electric interurban railway. (Description de deux ponts en **C. A.** dans l'Illinois) : *EN*, XLVIII, 282 (n° 15, du 9 oct. 1902).

Transformation d'un pont métallique en pont en **C. A.** à Plano, Ill. : *ER*, XLIX, 18-19 (n° 1, du 2 janv. 1904) ; — **r** : *C*, **1904, 47 (n° 3)**; — **r** : *ZB*, 1904, 45 (mars) ; 1905, 59-62 (15 févr.) ; — ***EN*, LII, 559** (n° 25, du 22 déc. 1904) ; — **r** : *ATPB*, 1905, 331 (n° 2).

Pont en béton, en partie armé, à Carbondale, sur l'*Illinois Central RR* : *E*, XCVII, 88 (n° 2508, du 22 janv. 1904) ; — **r** : ***BE***, 1904, 185 (n° 3) ; — **r** : *APC*, 1904, II, 281.

R. D. Gregg. — Pont syst. Thacher à Kankakee, Ill. : ***ER*, LI**, 385 (n° 13, du 1er avril 1905) ; — ***JWSE***, n° 2 (avril 1905) ; — **r** : ***ZB***, 1er oct. 1905 ; — Edwin Thacher, brochure séparée, 1904.

Pont de Villa-Grove. (Sur l'*Eastern Illinois & St-Louis RR.* ; tablier en **C. A.**) : *RG*, 3 fév. 1905 ; — **r** : *APC*, 1905, II, 273.

Melan arch bridges over Fall Creek, Indianapolis, Ind. : *EN*, XLV, 258 (n° 15, du 11 avril 1901) ; — **r** : *C*, 1901, 65 (n° 5) ; — **r** : *MSI*, III, 146 (n° 2-3, de juillet-août 1901).

D. B. Luten. — **A cheap concrete-steel highway bridge.** (Près de Wabash, Ind.) : *EN*, XLVIII, 114 (n° 7, du 14 août 1902).

B. L. Green et D. B. Luten. — Le pont en **C. A.** du Columbian-Park, à Lafayette (Ind.) est-il le plus surbaissé du monde ? Discon : *EN*, XLVIII, 362, 402 (nos 18 et 20, des 30 oct. et 13 nov. 1902) ; — **r** : *BE*, 1903, 63 (n° 1).

Edwin Thacher. — Pont syst. Melan à Mishawaka, Ind : 1903.

Cost of reinforced concrete bridges ; Lake Shore & Michigan Southern Ry. (A Elkhart, Ind.) : *EN*, LII, 36 (n° 2, du 14 juillet 1904).

Reinforced concrete arch bridge at Yorktown, Ind. : *EN*, LIII, 477 (n° 19, du 11 mai 1905).

Zwei neue Brücken aus Eisenbeton. (A Yorktown et à Sugar-Creek, Ind.) : *ZB*, 1905, 222 (n° 14, du 15 juillet).

The Jefferson Street concrete-steel arch bridge, South Bend, Ind. : *BE*, 1905, 239-240 (n° 10).

von Emperger. — Pont syst. Melan à Rock Rapids, Jowa : *ZOIA*, 1895, 552.

Melan concrete-steel arch bridge, Des Moines, Jowa : *Ce*,

1902, 200 (n° 3, de juill.); — r: *EN*, XLIX, 421 (n° 20, du 14 mai 1903).

M. L. Newton. — Pont en **C. A.** de la 4e rue à Waterloo, Jowa. Con à la *Jowa Engineering Soc.*; — r: *ER*, XLIX, 185-187 (n° 7, du 13 fév. 1904).

Melan concrete and steel arch bridge, Topeka, Kansas: *EN*, XXXV, 220 (n° 14, du 2 avril 1896); — v. Emperger, *ZOIA*, 1896, 336 (n° 21); — *BV*, 1896, n° 21; — *EN*, XXXIX, 99 (n° 6, du 10 fév. 1898); — *ER*, XXXVII, 426-428 (n° 20, du 16 avril 1898).

Pont en **C. A.** sur le Tennessee à Gilbertsville, Ky. : *ER*, LI, 265 (n° 9, du 4 mars 1905); — W. M. Torrance, *EN*, LIII, 548-551 (n° 21, du 25 mai 1905).

Concrete-steel bridge across Kenduskeag stream, at Bangor, Maine: *EN*, XLVII, 222 (n° 12, du 20 mars 1902); — r: *TFFF*, 15 sept. 1903; — r: *BE*, 1904, 54 (n° 1).

An enclosed plate-girder park bridge. (En Métal déployé, à Baltimore, Maryland): — *ER*, XLIII, 519-520 (n° 22, du 1er juin 1901).

F. v. Emperger. — **Melan concrete arch of 100 ft. span, Stockbridge, Mass.** : *EN*, XXXIV, 306 (n° 19, du 7 nov. 1895); — *ZOIA*, 1895, 552; — *EN*, XXXV, 106 (n° 7, du 13 fév. 1896); — *BV*, 1896, 227 (n° 21); — *ZOIA*, 1896, n° 21; — r: *C*, 1896, 93 (n° 4).

Aqueduc en **C. A.** à Boston (Mass.): r: *GC*, XXXIX, 342 (n° 21, du 21 sept. 1901); — r: *APC*, 1901, IV, 253.

J. R. Worcester. — Pont en béton armé de barres rondes à ancrages, à Leominster, Mass: 1903.

Pont syst. Melan à Detroit, Mich. : *ZOIA*, 1896, n° 21; — *BV*, 1896, 227 (n° 21); — r: *C*, 1896, 93 (n° 4); — *RG*, 3 mars 1899; — *RT*, 1899, 183 (n° 8, du 25 avril).

D. B. Luten. — **Design of a concrete-steel arch bridge.** (A Pontiac, Mich.; calculs): *EN*, XLVII, 377-380 (n° 19, du 8 mai 1902); — r: *TFFF*, 15 sept. 1903; — r: *BE*, 1904, 54 (n° 1).

Pont syst. Thacher à Grand Rapids, Mich. : *E*, 4 déc. 1903; — W. F. Tubesing, *EN*, LII, 489-491 (n° 22, du 1er déc. 1904); — r: *ATPB*, 1905, 331 (n° 2); — *ER*, LI, 681 (n° 24, du 17 juin 1905).

P. A. Courtright. — **A concrete-steel highway bridge at Plainwell, Mich.** : *EN*, LI, 456-458 (n° 19, du 12 mai 1904).

Ponts syst. Melan au Como-Park, à St Paul, Minn. : *ER*, L, 648 (n° 23, du 3 déc. 1904); — *ZB*, IV, 56-59 (n° 4, du 15 fév. 1905); — *EN*, LIII, 352 (n° 14, du 6 avril 1905).

Franklin bridge, Forest Park, St Louis, Mo. : *ER*, XXXIX, 27 (n° 2, du 10 déc 1898); — r: *C*, 1899, 4 (n° 1); — r: *RT*, 1899, 73 (n° 4, du 25 fév.); — rep: *BE*, 1903, 15 (n° 1).

Reinforced concrete bridge over River des Peres, Forest Park, St Louis, Mo. : *EN*, XLIX, 530-531 (nº 24, du 11 juin 1903).

A. O. Cunningham. — **The new Forest Park bridge of the Wabash R. R. at St Louis, Mo.** : *ER*, L, 549-551 (nº 19, du 5 nov. 1904) ; — *EN*, LII, 431-433 (nº 20, du 17 nov. 1904) ; — r : *C*, 1904, 161 (nº 11) ; — r : *APC*, 1905, I, 302.

A Melan arch with rock facing at Atlantic Highlands, N. J. : *EN*, XXXVI, 122 (nº 8, du 20 août 1896).

Three-span Melan arch bridge across the Passaic River, Paterson, N. J. : *EN*, XLI, 175 (nº 11, du 16 mars 1899) ; — *E*, 1899, I, 360.

Reinforced concrete highway bridges in New Jersey. (Ponts de Paterson, de Clifton et d'Hackensack) : *ER*, L, 303-305 (nº 11, du 10 sept. 1904) ; — r : *ZB*, IV, 45-47 (nº 3, du 1er fév. 1905) ; — r : *APC*, 1905, I, 302.

A skew-span double-track 54-foot reinforced concrete arch. (A Newark, N. J.) : *ER*, L, 167 (nº 6, du 6 août 1904) ; — r : *APC*, 1904, IV, 243 ; — Edw. Thacher, brochure séparée, 1904 ; — r : *ZB*, 1905, 167-170 (nº 11, du 1er juin).

Two recent Melan arch bridges. (A Hyde Park, sur l'Hudson, pour M. Vanderbilt) : *EN*, XL, 290 (nº 19, du 10 nov. 1898).

Ponts syst. Thacher de Green Island et de Goat Island, aux chutes du Niagara, N. Y. : *EN*, XLIV, 382 (nº 23, du 6 déc. 1900) — *ER*, XLIII, 146-148 (nº 7, du 16 fév. 1901) ; — r : *GC*, XXXVIII, 227, 352 (nos 14 et 21, des 2 fév. et 23 mars 1901) ; — r : *C*, 1901, 33 (nº 3) ; — r : *DB*, 2 juillet 1902 ; — r : *BE*, 1902, nº 5, p. 41.

Economical steel and masonry highway bridge work at Rye, N. Y. : *EN*, XLIV, 412 (nº 24, du 13 déc. 1900).

An ornamental bridge at Mamaronek, N. Y. (Métal déployé) : *Ce*, III, nº 5 (nov. 1902).

Description of small bridges of rails and concrete on New York, Ontario and Western Railway : *RG*, 22 mai 1903.

A concrete arch bridge with bar and stirrup reinforcement. (A Brooklyn, N. Y.) : *EN*, L, 588 (nº 27, du 31 déc. 1903).

Pont de chemin de fer en **C. A.** à Herkimer, N. Y. : *Street Railway Review* (Chicago), 1903 ; — W. J. Watson, *ER*, XLIX, 240-242 (nº 9, du 27 fév. 1904) ; r : *APC*, 1904, III, 249 ; — *The Railway and Engineering Review*, 12 mars 1904 ; r : *BE*, 1904, 188 (nº 3).

Saving a sinking concrete arch bridge. (Pont en béton à Mamaronek, N. Y., dont les arches ont été renforcées par des fers en I noyés dans du béton) : *ER*, XLIX, 171-172 (n° 6, du 6 fév. 1904).

F. v. Emperger. — **A Melan concrete arch in Eden Park, Cincinnati, O.** : *EN*, XXXIV, 214 (n° 14, du 3 oct. 1895) ; — *OMOB*, 1895, 195 ; — *ZOIA*, 1895, 552 ; 1896, n° 21 ; — *BV*, 1896, 227 (n° 21) ; — r : *C*, 1896, 93 (n° 4).

Pont en Y, syst. Thacher, à Zanesville, Ohio : *The railway and Engineering Review*, 25 déc. 1901 ; — r : *C*, 1902, 19 (n° 2) ; — *ER*, XLV, 194-195 (n° 9, du 1er mars 1902) ; — *EN*, XLVII, 261-264 (n° 13, du 27 mars 1902) ; — r : *ATPB*, 1902, 675 (n° 3) ; — r : *MSI*, III, 764 (n° 34, de juin 1902) ; — *Ce*, janv. 1903 ; — *TIZ*, 1903, 357 (n° 28, du 5 mars) ; — r : *HA*, juin 1903, n° 9 ; — r : *TFFF*, 15 sept. 1903 ; — r : *BE*, 1904, 54 (n° 1).

Concrete-steel bridge over Mill Run, Morgan County, O. (Syst Thacher) : *Ce* III, n° 5 (nov. 1902).

Pont de chemin de fer à Portage County, Ohio. (En fer, avec tablier en **C. A.**) : *ER*, XLVII, 423 (n° 17, du 25 avril 1903) ; — r : *TIZ*, 1903, 1143 (n° 72, du 20 juin).

Pont syst. Melan sur le Grand Miami à Dayton, Ohio : *BE*, 1903, 244-246 (n° 4) ; — *ER*, XLVIII, 163-164 (n° 6, du 8 août 1903) ; — *EN*, LI, 465-467 (n° 20, du 19 mai 1904) ; — r : *TIZ*, 1904, 1323 (n° 107, du 10 sept.).

Edwin Thacher. — Pont syst. Melan sur la 3e rue à Dayton, Ohio : brochure séparée, 1904.

L. A. Keith. — **A three-hinged concrete-steel arch.** (A Mansfeld, O.) : *ER*, LI, 184 (n° 7, du 18 fév. 1905).

Pont en **C. A.** sur le Chagrin à Willoughby, O. : *ZB*, 1905, 115 (n° 8, du 15 avril).

Pont en **C. A.** à Philadelphie (Pen.) : *EN*, XXXII, 189 (sept. 1893).

Concrete and expanded metal highway bridge construction in Alleghani County, Pa. (Deux ponts au Métal déployé) : *EN*, XLI, 50 (n° 4, du 26 janv. 1899) ; — r : *CEN*, VI, 36 (n° 3, de mars 1899).

Durchlass aus Eisenbeton unter einem Bahnkörper. (Près Clifton, Virginie) : *ZB*, 1905, 145-147 (n° 10, du 15 mai).

Projet de pont en **C. A.** sur le Potomac, à Washington : *ER*, XLI, 490-491 (n° 21, du 26 mai 1900).

Pont syst. Melan sur le Rock Creek, à Washington : W. J. Douglas, *EN*, XLVIII, 109 (n° 7, du 14 août 1902) ; — *ER*, XLVI, 151 (n° 7, du 16 août 1902) ; — r : *MSI*, IV, 1171 (n° 39, du 25 nov. 1902) ; — r : *ZB*, II, n° 1 (janv. 1903) ; — r : *TFFF*, 15 sept. 1903 ; — r : *BE*, 1904, 54 (n° 1).

A concrete and iron bridge at Oconomowok, Wis : *EN*, XLII, 250 (n° 16, du 19 oct. 1899) ; — r : *TIZ*, 1901, 54 (n° 6, du 12 janv.).

The Grand Avenue bascule bridge, Milwaukee, Wis. (Culées seules en **C. A.**) : *ER*, XLVI, 38-40 (n° 2, du 12 juillet 1902).

H. M. Chittenden. — **Reinforced concrete arch bridge over the Yellowstone river, Yellowstone National Park, Wy** : *EN*, LI, 25-27, 284 (nos 2 et 12, des 14 janv. et 24 mars 1904) ; — *Ce*, V, n° 2 (mai 1904).

Concrete-steel viaduct et Jacksonville built on the Melan System : *RG*, 3 juill. 1903 ; — r : *BE*, 1903, 284 (n° 4).

A reinforced concrete bridge in Manila : *ER*, LII, 49 (n° 2, du 8 juill. 1905).

Ponts en **C. A.** à Porto-Rico. (En partr sur le Jacaguas) : *EN*, XLV, 202 (n° 12, du 21 mars 1901) : — *EN*, XLVI, 66 (n° 5, du 1er août 1901) ; — *ER*, XLIV, 98-101 (n° 5, du 3 août 1901) ; — r : *C*, 1901, 113 (n° 8) ; — r : *APC*, 1901, III, 397 ; — r : *MSI*, III, 255 (n° 4, de sept-oct. 1901) ; — r : *GC*, XXXIX, 396 (n° 24, du 12 oct. 1901).

FRANCE :

Ed. Coignet. — **Projet de pont de 112 m. d'ouverture ; construction mixte en ciment et acier** : Notice déposée le 12 déc. 1894 ; extrait, Paris, Chaix, 1894, in-4°, 8 p.

Pont de Châtellerault : *BAH*, I, n° 8, p. 5 (janv. 1899) ; — P. Sabbey, *NAC*, 1900, 81 (n° 6) ; — *BAH*, III, n° 30, p. 1 (nov. 1900) ; — C, 1901, 17 (n° 2) ; — *RCF*, déc. 1901 ; — *EN*, XLVII, 290 (n° 15, du 10 avril 1902) ; — *Ce*, 1902, n° 3, 169 (juill.) ; — r : *ZOIA*, 1902, 667. — Epreuves : *Mémorial du Poitou*, 1900 ; — r : *SB*, XXXVI, 156 (n° 16, du 20 oct. 1900) ; — r : *ATPB*, 1900, 1172 (n° 6) ; — *TIZ*, 1901, 83 (n° 8, du 17 janv.) ; — *NAC*, 1901, 31 (n° 2) ; — r : *GM*, XXI, 442 (mai 1901). — Fissures : *BAH*, VII, 283 (n° 79, de déc. 1904).

Harel de la Noë. — **Le pont en X au Mans** : *RT*, 1899, 49-59 (n° 3, du 10 fév.) ; — r : *C*, 1899, 17 (n° 2) ; — r : *NAC*, 1899, 159 (n° 10) ; — r : *MSI*, n° 6, 359 (nov. 1899) ; — r : *ER*, XLIII, 275 (n° 12, du 13 mars 1901).

Ch. D. — **Murs de soutènement et pont en béton armé du quai Debilly** : *GC*, XXXV, 365 (n° 22, du 30 sept. 1899) : etc. (Voir p. 423).

Le pont en ciment armé sur le Gers : *C*, 1899, 161 (n° 11).

Pont en ciment armé sur le Grand-Morin à Meaux : *C*, 1899, 164 (n° 11).

Pont sur la Ségur (Gironde) : *BAH*. II, n° 19, p. 8 (déc. 1899).

Ch. Dantin. — **Passerelle en béton armé reliant le pavillon de Madagascar au Trocadéro** : *GC*, XXXVII, 27 (n° 2, du 12 mai 1900). — Epreuves : *BAH*, II, n° 24, p. 2 (mai 1900).

Le pont en ciment armé de Vigneux (S.-et-O.) : *C*, 1901, 1-3 (n° 1) ; — r : *MSI*, II, 1037 (n° 10, de mars-avril 1901) ; — *TIZ*, 1901, 672 (n° 46, du 18 avril).

Renforcement d'un pont métallique au moyen du béton armé. (Sur la ligne de Périgueux à Brive ; avec considérations générales sur la méfiance des ingénieurs pour le **C. A.**) : *BAH*. III, n°s 34 et 35 (mars et avril 1901).

J. Cerf. — **Un pont dormant de fortification en béton armé** : *GM*, XXI, 491-503 (juin 1901) ; — r : *BAH*, III, n° 35 (avril 1901) ; — r : *APC*, 1901, III, 358.

P. G. — **Restauration du pont de Beaugency en béton armé du syst. Hennebique** : *BAH*, IV, 17 (n° 38, de juill. 1901).

La passerelle de Lorient : *C*, 1901, 129 (n° 9).

Pont en béton armé sur l'Odet, à Quimper : *BAH*. IV, 85 (n° 43, de déc. 1901). Voir p. 395.

Pont syst. Hennebique à la Gachère, près des Sables-d'Olonne : *BE*, 1902, n° 5, p. 40 ; — r : *ZOIA*, 1902, 667 ; — r : *MSI*, V, 415 (n° 45, du 25 mai 1903).

G. Espitallier. — **Passerelle en béton armé sur le canal du Midi, à Toulouse** : *GC*, *XLIII*, 297 (n° 19, du 5 sept. 1903) ; — r : *Moniteur industriel*, 19 sept. 1903 ; — r : *BAH*, VI, 51 (n° 64, de sept. 1903) ; — r : *E*, 13 nov. 1903 ; — r : *ATPB*, 1903, n° 6 ; — r : *BE*, 1904, 52 (n° 1) ; — r : *ZB*, 1904, 158 (n° 10).

Riboud. — **Notice sur un pont en béton armé syst. Hennebique, construit sur l'Aisne à Soissons** : *APC*, 1903, III, 47 ; 1904, I, 115 ; — r : *GC*, XLIV, 229 (n° 15, du 13 fév. 1904) ; XLV, 110 (n° 7, du 18 juin 1904) ; — r : *ATPB*, 1904, 532, 938 (n°s 3 et 5) ; — r : *C*, 1904, 122 (n° 8) ; — r : *BE*, 1904, 184, 324 (n°s 3 et 5) ; — r : *BAH*, VII, 231 (n° 76, de sept. 1904) ; — r : *E*, XCIX, n° 2569 (1905) ; — r : *Co*, mars 1905.

Remplacement d'un pont métallique par un pont en béton armé : *BAH*, VI, 180 (n° 72, de mai 1904).

Le pont de Jallieu (Isère) : *BAH*. VII, 188 (n° 73, de juin 1904).

Fouillade. — **Pont sur le chenal de la Perrotine** : *BAH*. VII, 189 (n° 73, de juin 1904).

G. Leinekugel Le Cocq. — **Pont suspendu du Bonhomme, sur le Blavet (Morbihan)**. (Tablier en **C. A.**) : *GC*, XLVI, 217-220 (n° 14, du 4 février 1905) ; — r : *GM*, XXIX, 338 (avril 1905).

Pont sur la Loire à Decize (Nièvre) : *BAH*, VIII, 83-88, 100-101 (nos 85, 86, de juin et juill. 1905).

PROCÈS-VERBAUX D'ÉPREUVES de ponts syst. Hennebique, en France, donnés dans *BAH* :

Pont sur l'Echez (Htes-Pyrénées).	I, n° 3, p. 4 (août 1898).
Pont du Chemin de halage du canal de Jouage	I, n° 3, p. 5 (août 1898).
Ponceau sur le torrent de la Burbranche	II, n° 18, p. 13 (nov. 1899).
Pt de Quénécrédin, rte nle n° 164	II, n° 24, p. 10 (mai 1900).
Passerelle à N.-D. de Briançon.	III, n° 26, p. 4 (juill. 1900).
Pont tournant de la Sté françse des câbles élect. à Lyon. . . .	III, n° 29, p. 11 (oct. 1900).
Pont à Châlons-sur-Marne . .	III, n° 31, p. 8 (déc. 1900).
Pont à Montluel	III, n° 32, p. 10 (janv. 1901).
Pont de Ménétréol.	III, n° 34, p. 9 (mars 1901).
Passerelle à la gare de Lorient.	IV, 19 (no 38. de juill. 1901).
Pont de Beaugency	IV, 73 (no 42, de nov. 1901).
Pont sur le Gorbio, près Menton	IV, 104 (no 44, de janv. 1902).
Pont roulant à Epinal. . . .	IV, 124 (n° 45, de fév. 1902).
Plle de halage à Fervaches . .	V, 102 (no 54, de nov. 1902).
Pont de Reignier	V, 158 (n° 57, de fév. 1903).
Pt supr de ch. de f. à Athis-Mons.	V, 172 (n° 58, de mars 1903).
Pont sous-bief à Paresse (canal de la Hte-Seine)	VI, 56 (n° 64, de sept. 1903).
Tablier sur la Lys	VII, 260 (n° 77, d'oct. 1904).
Passerelle à l'Expon d'Arras .	VII, 261 (n° 77, d'oct. 1904).
Pt sur l'Irance, à Vandeins (Ain).	VII, 277 (n° 78, de nov. 1904).
Pt sur la Rivre Neuve à Toulon.	VII, 289 (n° 79, de déc. 1904).
Pont à Moutiers (M.-et-Mos).	VII, 290 (n° 79, de déc. 1904).
Pont sur la Seine à Corbeil . .	VIII, 51 (n° 83, d'avril 1905).
Passage supérieur sur la ligne de Liart à Mézières	VIII, 103 (n° 86, de juill. 1905).

GRANDE-BRETAGNE ET COLONIES :

Ferro-concrete bridge over the Sutton Drain, Hull : *Eg*, LXXV, 14, 41 (2 et 9 janv. 1903). — Essais : *S*, XXIV, n° 622, du 18 déc. 1903 ; r : *BE*, 1904, 54 (n° 1).

Eine engliche Strassenbrücke aus Eisenbeton : *ZB*, 1903, n° 9.

Concrete bridge. (Pont en **C. A.** syst. Hennebique, à Clitheroe) : *E*, XCVIII, n° 2538 (1904) ; – r : *BE*, 1905, 95 (n° 4).

Test of a reinforced Truss bridge for railway loads. (Pont faisant partie de la jetée de Purfleet) : Voir p. 447.

A. Barton-Brady. — **Low-level concrete bridge over the Mary River, Maryborough, Queensland.** (Culées en béton, voûtes en **C. A.**) : *E*, 1895, I, 398 ; — *Eg*, 1895, 395 (10 mai) ; — *PCE*, CXLI, 246-255 : — r : *ER*, XLII, 465-466 (n° 20, du 17 nov. 1900) ; — r : *APC*, 1900, IV, 320.

The Main street crossing of the Canadian Pacific Ry, at Winnipeg, Man. (Canada). (Viaduc en **C. A.**) : *EN*, LIII, 195 (n° 8, du 23 fév. 1905).

ITALIE :

Biglieri. — Passerelle de la Polyclinique Humbert Ier, à Rome : *GGC*, 1899, 581.

Pont en **C. A.** à Onigo di Piave, près de Trévise : *C*, 1899, 192 (n° 12).

Pont sur la Dora, à Turin... : *BAH*, V, 137 (n° 56, de janv. 1903).

Pont sur la Bormida, près de Millesimo... (syst. Maciachini) : *BAH*, V, 136 (n° 56, de janv. 1903) ; — *BE*, 1903, 8-9 (n° 1) ; — r : *MSI*, V, 797 (n° 49, du 25 sept. 1903) ; — *IC*, 1904, I, 255 (fév.).

Pont en **C. A.** sur le Tagliamento, près de Piazano (Udine) : *MT*, 30 déc. 1903 ; — *IC*, 1904, I, 255 (fév.) ; — r : *BE*, 1904, 186 (n° 3) ; — r : *ATPB*, 1904, 731 (n° 4) ; — r : *GC*, XLVI, 157 (n° 10, du 7 janv. 1905).

Pont de Castellaccio. (Procès-verbal des essais) : *BAH*, VII, 195 (n° 73, de juin 1904).

Projet de pont en **C. A.** sur la Polcevera, entre Cornigliano et Sampierdarena : *Co*, 1904, n° 7 ; — r : *BE*, 1905, 96 (n° 4).

F. Leonardi. — Pont de chemin de fer en **C. A.** sur la Quisa. vallée du Brembo : *Co*, 1904, n° 7 ; — r : *ZB*, 1er avril 1905 (n° 7) ; — r : *BE*, 1905, 96 (n° 4).

F. Leonardi. — Pont en **C. A.** sur le Prino, près Villa d'Almé, vallée du Brembo : *Co*, 1904, n° 9 ; — r : *BE*, 1905, 96 (n° 4).

Chute du pont en **C. A.** de Luino. Voir p. 355.

Pont en **C. A.** sur le Reno, entre Alberino et Codifiume : *MT*, 1905, n° 4 ; — r : *BE*, 1905, 75 (n° 3) ; — r : *C*, 1905, 78 (n° 5).

New armored concrete bridge in Italy. (En construction sur le Tagliamento) : *E*, XCIX, n° 2561 (1905).

Pont sur la Nera, à Papigno (Ombrie) : *Bolletino della Societa degli Ingegneri e degli Architetti Italiani* ; — r : *BE*, 1905, 111-113 (n° 5) ; — r : *C*, 1905, 79 (n° 5).

RUSSIE, SUÈDE, DANEMARK :

Pont-route sur la rivière Kachlagtch, au village de Blagodatnoe (Russie). (Procès-verbal des essais) : *BAH*, VI, 138 (n° 69, de fév. 1904).

Le pont en béton armé de Kazarguène (Russie) : *BAH*, VII, 271-275 (n° 78, de nov. 1904) ; — r : *N*, 11 mars 1905 ; — r : *Science, Arts, Nature*, 8 avril 1905 ; — r : *ACPM*, 1905, n° 15 (août).

Viaduc à Visby, île de Gotland, Suède : *Co*, oct. 1904 ; — r : *C*, 1904, 173 (n° 11) ; — *Inventions illustrées*, 1er janv. 1905 ; — *ZB*, IV, 84 (n° 6, du 15 mars 1905).

Melan. — **Betonbrücke mit Eisenrippen-Einlagen in Dänemark.** (A Skodsborg) : *ZOIA*, 1898, 128.

SUISSE :

Pont biais à Wildegg : *SB*, XVII, 66 ; — *C*, 1896, 173 (n° 6).

Brücke über den Oberländischen Canal bei Draulitten (Monierbrücke) : *BV*, 1896, 5.

Les ponts de chemin de fer. (Supériorité des ponts syst. Hennebique sur les ponts métalliques ; procès-verbaux des épreuves de la Cie du Jura-Simplon) : *BAH*, I, n° 1, p. 2 (juin 1898).

Correction du Flon, à Lausanne : *SB*, XXXII, 32 (n° 4, du 23 juill. 1898) ; — r : *TIZ*, 1898, 843 (n° 71, du 1er août) ; — *BAH*, I, n° 3, p. 1 (août 1898).

Pont Chauderon-Montbenon à Lausanne : Etude : *BAH*, I, n° 6, p. 1 (nov. 1898). — Projet Melan primé au concours : *BTSR* ; — *ZOIA* ; — r : *C*, 1902, 21 (n° 2) ; — r : *ATPB*, 1902, 384 (n° 2). — Descriptions : *BE*, 1904, 26-27 (n° 1) ; r : *C*, 1904, 31 (n° 2) ; r : *ATPB*, 1904, 733 (n° 4) ; — J. Melan, Con du 7 avril 1905 au *Deutscher Polytechnischer Verein in Böhmen* ; r : *BE*, 1905, 127 (n° 5).

De Mollins. — Les ponts en **C. A.** en Suisse : *BAH*, IV, 137 (n° 46, de mars 1902).

Elskes. — **Note sur les ponts sous rails en béton de ciment armé construits dès 1894 par la Cie des chemins de fer du Jura-Simplon :** *BE*, 1903, 74-77 (n° 2) (en franç. et en all.); — *BAH*, V, 197 (n° 60, de mai 1903) ; — r : *C*, 1903, 62 (n° 4).

Le pont sur l'Inn à Jucz, syst. Maillard : *BTSR*, 1903.

Pont syst. Maillard sur la Thur près de Billwill-Oberbüren : *SB*, XLIV, 157 (n° 14, du 1er oct. 1904) ; — r : *GC*, XLV, 400 (n° 24, du 15 oct. 1904).

Der Wettbewerb für eine neue Utobrücke über die Sihl in Zürich. (Description détaillée des projets primés, avec calculs à l'appui) : *BE*, 1904, 264-281 (n° 5) ; 1905, 6-11 (n° 1) ; — r : *C*, 1904, 188 (n° 12) ; 1905, 14 (n° 1).

Die Fahrbahn der neuen Mont-Blanc-Brücke in Genf : *BE*, 1905, 16-18 (n° 1).

195. Voûtes, tunnels, conduites, tuyaux.

Pour les arches, voir aussi art. 194.

GÉNÉRALITÉS :

Rapport de la Commission chargée de rechercher et d'étudier, à l'exposition universelle de 1889, les objets..... pouvant intéresser l'armée. (En particulier, tuyaux et conduites en **C. A.** syst. Boussiron) : *GM*, V, 28 (janv.-fév. 1891).

M. Koenen. — **Das Verhältniss der Stärken zwischen gemauerten und Monier-Gewölben.** (Comparaison des voûtes en maçonnerie et en **C. A.**) ; avec discon : *BV*, 1905, 9 ; 1896, 542 ; 1897, 150, 172.

Du calcul des ouvrages en ciment armé ; les voûtes : *C*, 1897, 100, 131, 193, 227 (nos 4, 5, 7, 8).

Du rôle du béton et du ciment armé dans l'établissement des Métropolitains : *C*, 1897, 71 (n° 3).

R. v. Thullie. — **Ueber die Berechnung der Spannungen in den Moniergewölben.** Voir p. 384.

P. P. — **Conduites en béton armé.** (Consultation sur le travail des matériaux dans des tuyaux donnés) : *CM*, XV, 106, 178 (2 déc. 1899, 13 janv. 1900).

N. de Jitkewitch. — **L'application du béton et du béton armé dans la construction** (en russe). (Canalisations et réservoirs) : St-Pétersbourg, 1900, gr. in-4° ; — Con à la séance du 31 mars 1901 du 7° congrès des techniciens et fabrts de ciment russes.

Rasch. — **Betonröhren mit Eisenanlagen in Frankreich.** (Rapport concluant à l'avantage des tuyaux en **C. A.** sur ceux en fonte) : r : *TIZ*, 1901, 1549 (n° 91, du 3 août).

Conditions imposées pour les tuyaux en ciment au Chili : *C*, 1902, 99 (n° 4).

A. Bonna. — **Tuyaux en ciment armé.** (Défense de ces tuyaux contre ceux en fonte) : *C*, 1902, 70 (n° 5).

WILLIAM CAIN. — **Theory of steel-concrete arches and of vaulted structures.** Voir p. 453.

ZIPFEL. — **Fonte et ciment armé.** (Discours ayant déterminé le conseil municipal de Dijon à préférer les tuyaux en fonte à ceux en **C. A.**) : *RT*, 1902, 317-318 (n° 20, du 25 oct.) ; — rep : *ATPB*, 1903, 181-186 (n° 1).

P. P. — **Conduites et réservoirs en ciment armé.** (Calculs et règles pratiques) : *CM*, XIX, 428, 439 (4 et 11 juin 1904).

Muraillement de puits de mine à l'aide du béton armé : *Inventions illustrées*, 14 août 1904.

N. DE TÉDESCO. — Calcul de tuyaux circulaires en **C. A.** soumis à une pression extérieure : *C*, 1904, 163, 178 (nos 11 et 12) ; — r : *BE*, 1905, 49 (n° 2).

CH. DANTIN. — **Projet de tunnel tubulaire en béton armé.** (Etudié par MM. Piketty et Birault en vue du Métropolitain de Paris) : *GC*, XLVI, 210-212 (n° 13, du 28 janv. 1905).

K. HERZAN. — **Constructions modernes pour conduites d'eau** (en tchèque) : 1 broch., Brünn, 1905.

W. C. PARMLEY. — **Concrete in sewer construction.** Con à la *Sanitary section of the Boston Soc. of Civ. Eng.* : *CA*, I, 527-537 (n° 12, de mai 1905) ; — r : *ER*, LI, 399 (n° 14, du 8 avril 1905).

SYSTÈMES : (Voir aussi art. 168).

LUCIEN BARRÉ : **Procédé et appareil pour la fabrication des ossatures de tuyaux en ciment armé, etc.** : *C*, 1905, 89′, 133′ (nos 3 et 4).

BOCQUET : Voir : MÉTAL DÉPLOYÉ.

A. BONNA : Système de tuyaux pour égouts et canalisations : *GS*, 1896 ; r : *N*, 18 avril 1896, p. 307 ; — *C*, 1898, 65′, 93′, 121′ (nos 4, 5, 6) ; — *BE*, 1904, 70-72 (n° 2) ; r : *C*, 1904, 78 (n° 5).

J. BORDENAVE : H. MAMY, **Le « Sidéro-Ciment », système Bordenave.** (Tuyaux et réservoirs) : *GC*, XXI, 189 (n° 12, du 23 juill. 1892) ; r : *PCE*, CXI, 413 ; — *NAC*, 1901, 65, 81 (nos 5 et 6). — E. D'ESMENARD. **Etude technique et pratique sur le « Sidéro-Ciment » appliqué aux conduites d'eau, réservoirs, égouts, etc.** : *Technologie Sanitaire*, VII, 269-273, 282-288, 305-315 (nos 11-13, des 1er et 15 janv. et 1er fév. 1902) ; r : *MSI*, III, 503 (n° 7, du 25 mars 1902) ; — *BE*, 1903, 232-234, 299-304 (nos 4 et 5).

SALVATOR BRUNO : **Nouvelle armature pour tuyaux en ciment et récipients cylindriques en tout genre devant résister à une pression intérieure** : *C*, 1902, 162′ (n° 6).

JOSEPH DAIME : **Nouveau système de construction des bâches en ciment armé pour canalisation :** *C*, 1904, 161' (n° 5).

DRENCKHAHN & SUDHOP : **Cementröhre mit verstärkter Wandung :** *DB* ; — r : SB, XXXIX, 210 (n° 19, du 10 mai 1902) ; — *C*, 1902, 353' (n° 12).

FICHTNER : Tuyaux en **C. A.** (Brev. all. n° 143.791) : *TIZ*, 1903, 1419 (n° 90, du 1er août) ; — *ZB*, 1905, 123 (n° 8, du 15 avril) ; r : *C*, 1905, 61 (n° 4).

ELIAS FLOTRON : **Système de fabrication de tuyaux en ciment pour hautes pressions** : *C*, 1899, 134' (n° 5).

CHARLES GÉRANDAL : **Système de joints pour tuyaux en ciment armé, comprimé ou coulé, annulant les effets des retraits du ciment** : *C*, 1902, 228' (n° 8).

J. HALL : **Betonröhren mit Stahldrahteinlage.** (Brev. ang. n° 385, du 7/1/03) : *TIZ*, 1904, 844 (n° 68, du 11 juin).

F. HENNEBIQUE : **Perfectionnements dans les conduites en béton de ciment armé** : *C*, 1902, 228' (n° 8) ; — Brev. angl. n° 5978, du 14/3/04 : *TIZ*, 1904, 1052 (n° 89, du 30 juill.).

KIESERLING : **Fabrication de tuyaux en ciment, en asphalte, etc., par couches successives et à carcasse métallique se complétant graduellement :** *C*, 1898, 149', 177', 234', 262', (nos 7, 8, 10, 11).

L. LEGRAIN et L. MICHEL : **Voûtes en ciment.** (Avec fers en I et déchets de fil de fer) : *C*, 1901, 370' (n° 12).

P. MALY : **Moule dénommé « Le Parfait » pour la fabrication des tuyaux en ciment armé... destinés à résister à des pressions élevées** : *C*, 1901, 338' (n° 11).

MÉTAL DÉPLOYÉ : **Use of expanded metal in sewer constructions :** *CEN*, VI, 59 (avril 1899) ; — **Les tuyaux en mortier de ciment armé de métal déployé, syst. Bocquet :** *RT*, 1901, 388 (n° 17, du 10 sept.) ; — *C*, 1901, 133 (n° 9) ; — r : GM, XXII, 353 (1901) ; — *Monit. industr.*, 19 oct. 1901 ; — Brev. autr. Bocquet, n° 17.774, du 15/5/04 : *TIZ*, 1904, 1478 (n° 122, du 15 oct.).

MONIER : Fabrication de tuyaux Monier : *BV*, 1891, 523 ; — Sécurité de ces tuyaux : *CM*, XIV, 82 (12 nov. 1898) ; — E. LEE HEIDENREICH, Réservoirs et tuyaux : *CEN*, VII, 36 (sept. 1899) ; VIII, 5 (janv. 1900) ; r : *MSI*, 1900, 258 (n° 11, d'avril).

W. C. PARMLEY : **A new form of reinforced concrete block sewer construction :** *EN*, LIII, 8 (n° 1, du 5 janv. 1905).

SIDÉRO-CIMENT : Voir BORDENAVE.

WAYSS : **Machine pour fabriquer des tuyaux en ciment**

munis dans l'intérieur d'un tissu métallique : *C*, 1898, 205', 233', 261', 290' (nos 9-12) ; 1899, 35', 68' (nos 2 et 3).

DIVERS : BURCHARTZ, **Kabelrohre aus Cementbeton** : *BV*, 1902, 570. — A. J. PRICE, **Subways for municipal conduits** : *S*, XXV, n° 626, du 15 janv. 1904 ; — r : *BE*, 1904, 54 (n° 1).

DESCRIPTIONS D'OUVRAGES :

BECKER. — Essais d'un tuyau Monier : *BV*, 1889, 49.

KURGASS. — Distribution d'eau des bains d'Oeynhausen : *ZVDI*, 1894, 753.

Galerie souterraine, réservoir et tuyaux au parc agricole d'Achères : *C*, 1896, 14, 39, 75 (nos 1-3) ; — BECHMANN & LAUNAY, *APC*, 1897, II, 6 ; r : *C*, 1897, 257, 296 (nos 9 et 10) : — E. FOURREY, *RT*, 1899, 412-420 (25 sept.) ; — *CEN*, VII, 56, 72 (oct. et nov. 1899).

A composite sewer. (Egout au Métal déployé près de Boston) : *ER*, XXXVII, 388 (n° 18, du 2 avril 1898).

E. L. RANSOME. — **Test of concrete-iron pipe**. (Tuyau syst. Ransome essayé à Constable Hook, N. J.) : *ER*, XXXVII, 569 (n° 28, du 28 mai 1898).

Travaux d'adduction de la ville de Nîmes : *C*, 1898, 81 (n° 6).

Le canal d'amenée du Simplon : *BAH*, I, n° 11, p. 13 (avril 1899).

Le siphon de Chennevières : *C*, 1899, 81 (n° 6).

The Jersey City water-works. (En partr conduites souterraines au Métal déployé) : *ER*, XLII, 56-59 (n° 3, du 21 juill. 1900) ; — R. GODFREY (Essai de ces conduites), *EN*, XLIV, 142 (n° 9, du 30 août 1900) ; — *ER*, XLIX, 72-75 (n° 3, du 16 janv. 1904) ; — *GC*, XLV, 13 (n° 1, du 7 mai 1904) ; — r : *ATPB*, 1904, 715.

Une conduite d'alimentation en ciment armé. (De Saint-Maur à Paris, place Daumesnil, syst. Bonna) : *C*, 1900, 115-118 (n° 8) ; — r : *MSI*, II, 470 (n° 5, d'oct. 1900).

Tunnel d'East-Boston : *ER*, XLIII, 104 (n° 5, du 2 fév. 1901) ; — *EN*, XLV (4 avril 1901) ; — r : *ATPB*, 1901, 884-889 (n° 5) ; — r : *MSI*, III, 506 (n° 31, du 25 mars 1902).

Tunnels du Métropolitain de Vienne : WAGNER, *OWOB*, 1901, 637 ; — OELWEIN, *OWOB*, 1901, 691.

Some examples of concrete and expanded metal in municipal structures. (En partr, conduite double à Newark, N. J., et égout près de Brooklyn) : *ER*, XLIV, 398-399 (n° 17, du 26 oct. 1901) ; — r : *ATPB*, 1902, 64 (n° 1) ; — r : *MSI*, III, 475 (n° 32, du 25 avril 1902) ; — *ZB*, 1904, 11 (n° 1) ; r : *C*, 1904, 30 (n° 2).

A reinforced concrete sewer. (A Philadelphie) : *ER*, XLV, 342 (n° 15, du 12 avril 1902).

Concrete and expanded metal sewer. (Près de Syracuse, N. Y.) : r : *EN*, XLVII, 355 (n° 18, du 1er mai 1902).

Tunnel de Meudon, sur la ligne de Paris à Versailles : A. Dumas, *GC*, XLI, 81 (n° 6, du 7 juin 1902) ; — *RCF*, juill. 1902 ; — *BAH*, V, 21 (n° 50, de juill. 1902).

Concrete steel culvert at Utica, N. Y. : *ER*, XLV, 590 (n° 25, du 21 juin 1902).

S. N. Hazlehurst. — **Steel-concrete culverts at Mobile (Ala)** : *EN*, XLVIII, 7 août 1902.

A concrete-steel sewer. (A Harrisbourg, sous les voies du *Philadelphia and Reading Ry*) : *ER*, XLVI, 341-343 (n° 15, du 11 oct. 1902) ; — r : *MSI*, V, 120 (n° 42, du 25 fév. 1903) ; — *ER*, L, 444-446 (n° 16, du 15 oct. 1904) ; — r : *GC*, XLVI, 45 (n° 3, du 19 nov. 1904) ; — r : *ATPB*, 1905, 106 (n° 1).

A. Dumas. — **Usine hydro-électrique à Champ (Isère).** (En partr, conduite en **C. A.**) : *GC*, XLII, 51 (n° 4, du 22 nov. 1902) ; — *BAH*, V, 115 (n° 55, de déc. 1902) ; — r : *MSI*, V, 309 (n° 44, du 25 avr. 1905).

J. W. Reno. — **A method for strengthening the Hudson River tunnels** : *EN*, XLVIII, 543 (n° 26, du 25 déc. 1902) ; — r : *MSI*, V, 225 (n° 43, du 25 mars 1903).

Geo S. Pierson. — **A concrete-steel culvert for stream diversion at Kalamazoo, Mich.** Voir p. 452.

Laying 6-Ft concrete-jacketed riveted steel pipes under the Hackensack and Passaic Rivers : *EN*, XLIX, 232, 327 (nos 11 et 15, des 12 mars et 9 avril 1903).

Subway structures of the Philadelphia Rapid Transit Company : *ER*, XLVII, 396-398 (n° 16, du 18 avril 1903).

Description of sewer built on the Parmley system : *ME*, avril 1903.

Tunnelbau unter Wasser auf durchgehendem Eisenbetonträger : *ZB*, II, n° 6 (1903).

Eisenbetonrohr für eine Druckwasserleitung : *ZB*, II, n° 6 (1903).

The works of the Lackawanna Steel Company. (En partr, conduit souterrain armé de Métal déployé) : *ER*, XLVIII, 4-8 (n° 1, du 4 juill. 1903).

A. Deblon. — **Les eaux alimentaires de l'agglomération**

bruxelloise en 1903. (En part[r], tuyaux et siphons en **C. A.** syst. Bonna) : *ATPB*, 1903, 715-717 (n° 4).

Tunnels en **C. A.** du New-York Rapid Transit Railroad : *ER*, XLVIII, 210-213 (n° 8, du 22 août 1903) ; — *EN*, LI, 52-55 (n° 3, du 21 janv. 1904) ; r : *ATPB*, 1904, 445-449 (n° 3) ; — *ZB*, 1904, 34 (n° 3) ; r : *C*, 1904, 46, (n° 3) ; — Ch. Dantin, *GC*, XLVI, 113-121 (n° 8, du 24 déc. 1904).

A large concrete-steel sewer. (A Cleveland, syst. Parmley) : *ER*, XLVIII, 247 (n° 9, du 29 août 1903) ; — *TIZ*, 1903, 2068 (n° 135, du 12 nov.).

The Cedar Grove reservoir of the Newark, N. J., Waterworks. (Conduits en **C. A.**) : *ER*, XLVIII, 725-727 (n° 24, du 12 déc. 1903).

Grosser Abwassersammelkanal aus Eisenbeton : *ZB*, 1903, n° 12.

L. Zöllner. — **Tunnel in Eisenbetonkonstruktion für die Lokalbahnstrecke Wasserburg-Bahnhoff bis Wasserburg-Sladt**. (Syst. Melan) : *BE*, 1903, 297-299 (n° 5) ; — r : *C*, 1904, 15 (n° 1).

Egout au Métal déployé à Wilmington (Delaware) : *ER*, XLIX, 638-639 (n° 21, du 21 mai 1904) ; — r : *APC*, 1904, III, 266 ; — *ME*, oct. 1904.

Vittorio Orsenigo. — Conduits tubulaires en béton et tôle laminée des villes américaines : *Co*, 1904, n° 7.

Concrete dam and concrete-steel subway for Walter Baker & C°, L[d] : *ER*, L, 158 (n° 6, du 6 août 1904).

Rossignol & Delamarche. — **Quelques applications nouvelles du ciment armé intéressant la houille blanche**. (En part[r], diverses conduites dans l'Isère) : *AFAS*, 1904, 1677-1681.

A concrete-steel sewer in Providence : *ER*, L, 322 (n° 11, du 10 sept. 1904) ; — r : *TIZ*, 1904, 1553 (n° 130, du 3 nov.) ; — r : *APC*, 1905, I, 324.

Zementrohre mit Drahtgewebeeinlagen : *ZB*, 1904, 192 (n° 12).

La traversée souterraine de la Seine par la ligne du chemin de fer Métropolitain de Paris. (Projet de tunnel en **C. A.** syst. P. Piketty) : *C*, 1905, 7-10, 20-23, 34-42 (n°s 1-3) ; — Ch. Dantin, *GC*, XLVI, 210-212 (n° 13, du 28 janv. 1905).

Reinforced concrete culverts for highways : *CEN*, XVII, 46-48 (n° 3, de mars 1905).

Aqueduc à Messine : *Co*, avril 1905.

New sewage works at Chester. (Entièrement en **C. A.**) : *E*, XCIX, n° 2571 ; — r : *BE*, 1905, 183 (n° 5).

The Ravi Syphon. (Projeté en **C. A.**) : *Indian Engineering* (Calcutta), XXXVII, n° 7 (1905).

A private irrigation system in Texas. (Siphon en **C. A.** dans la vallée du Rio Grande) : *ER*, LI, 190 (n° 7, du 18 fév. 1905).

Reinforced concrete sewer : *ER*, LI, 378 (n° 13, du 1er avril 1905).

Projets de canalisations de l'*U. S. Reclamation Service* : *ER*, LII, 37 (n° 2, du 8 juill. 1905).

Tunnels en **C. A.** : *E*, 1905, 259 (13 sept.).

196. Réservoirs, cuves, silos.

GÉNÉRALITÉS :

Paul Guinond. — **Assainissement des villes ; réservoirs en ciment armé** : *C*, 1897, 139-142, 170-173 (nos 5 et 6).

P. P. — Diverses consultations sur des réservoirs ou cuves en **C. A.** : *CM*, XIV, 81 et 500 (12 nov. 1898 et 15 juill. 1899) ; XV, 59, 153, 224, 429 (4 nov. et 30 déc. 1899, 10 fév. et 9 juin 1900) ; XVII, 154 (28 déc. 1901) ; XVIII, 286 (14 mars 1903) : XIX, 442, 611 (11 juin et 17 sept. 1904) ; XX, 394 (13 mai 1905).

Christophe. — **L'application du béton armé aux réservoirs et aux canalisations** : *Technologie sanitaire*, 1er et 15 août 1899.

N. de Jitkewitch. — **L'application du béton et du béton armé dans la construction** (en russe). (Canalisations et réservoirs) : St-Pétersbourg, 1900, gr. in-4° ; — Con à la séance du 31 mars 1901 du 7e congrès des *techniciens et fabricants de ciment russes*.

N. de Tédesco. — **Calcul des silos à blé** : *C*, 1901, 2, 22, 40 (nos 1-3) ; — corr : *C*, 1901, 96 (n° 6).

J. Bussier. — **Enquête sur les cuves en ciment.** (Leurs avantages et inconvénients pour la conservation du vin) : *Annales du Mérite agricole* ; *BAH*, V, 203 ; VI, 12 (nos 60 et 61, de mai et juin 1903).

Le ciment armé et les silos. (Avantages du **C. A.** dans le cas de grandes charges accumulées) : *Meunerie française*, mars 1904 ; — *C*, 1904, 205' (n° 6).

Beton- und Eisenbeton Decken. (Se comportent très bien dans les caves à bière maintenues à une température inférieure à 0°) : *BV*, 1904, 31.

P. P. — **Conduites et réservoirs en ciment armé.** (Calculs et règles pratiques) : *CM*, XIX, 428, 439 (4 et 11 juin 1904).

FRANK. — **Flüssigkeitsbehälter in Eisenbeton.** (Calcul des réservoirs en forme de surfaces de révolution) : *ZB*, 1905, 217-220 (n° 14, du 15 juill.).

SYSTÈMES :

BORDENAVE : Voir art. 195.

BORSARI : **Recipienti in cemento armato e vitro** (pour le vin) : *Co*, août 1904, n° 4.

BRUNO : Voir art. 195.

DAMPFKESSEL- UND GAZOMETER FABRIK A. G. (à Brunswick) : Raccord étanche de parois de réservoirs cylindriques pour liquides, avec le fond en béton. (Brev. all. n° 160.824, du 25/11/03) : *BE*, 1905, 184 (n° 7).

J. A. JAMIESON : **Design for reinforced concrete bins for grain elevators** : *EN*, LI, 588, 597 (n° 25, du 23 juin 1904) ; — r : *TIZ*, 1904, 1272 (n° 101, du 27 août).

H. JAUSSNER : **Behälterwandungen aus Beton mit Eisenanlagen** : *Der Bautechniker* ; — *TIZ*, 1900, 1806 (n° 128, du 30 oct.) ; — Brev. autr. n° 2234, du 1/6/00 : *TIZ*, 1903, 328 (n° 26, du 28 fév.) ; — *BE*, 1903, 66 (n° 1).

E. JUILLARD : **Nouvelle cuve en ciment armé** : *C*, 1899, 229 (n° 8).

MONIER : Voir art. 195.

L. NOBIS & A. WENZEL : **Récipient en béton armé** : *C*, 1904, 206 (n° 6).

J. E. RIBERA : **Cubiertas para depositos de agua de hormigon armado, Sistema Ribera** : *CAo*, III, 25-33, 49-58 (n°s 2 et 3, 1903) (avec tap.) ; — r : *MSI*, V, 889 (n° 50, du 25 oct. 1903).

SIDÉRO-CIMENT : Voir art. 195.

DESCRIPTIONS DE RÉSERVOIRS A EAU :

E. R. — Réservoir de l'hospice Ferrari à Clamart (Seine) : *NAC*, 1893, 40 (n° 3).

Un réservoir intéressant. (Aux Grands Moulins de Saint-Pierre, à Montrouge) : *RT*, 1896, 428 (n° 18, du 25 sept.).

Réservoirs en **C. A.** syst. Monier, à Calbe (Allemagne) : ***ZVDI***, 13 mars 1897.

Réfection d'un réservoir en ciment armé. (A Orléans) : *C*, 1898, 95 (n° 6) ; — *RT*, 1898, 306, 333 (n°s 13 et 14, des 10 et 25 juill.).

Le plus grand réservoir en ciment armé. (A Châtillon, Seine) : *C*, 1898, 113 (n° 8).

Réservoir de Bobital, pour l'approvisionnement d'eau de Dinan. (Procès-verbal de réception provisoire) : *BAH*, I, n° 7, p. 4 (déc. 1898).

Réservoirs en béton armé pour l'alimentation de la ville du Locle : *La Machine* (Genève), II, 18-20 (1900, n° 16) ; — r : *MSI*, 1900, 102, 188 (n°s 9 et 10, de fév. et mars).

Réservoir de 3000 m³ de capacité en ciment armé de Métal déployé. (A l'usine de Waalhem, près Malines) : *RT*, 1900, 385-389 (n° 17, du 10 sept.) ; — *C*, 1900, 129-137 (n° 9) ; — r : *APC*, 1900, III, 363 ; — r : *MSI*, II, 622 (n° 6/7, de nov./déc. 1900).

A small concrete and Expanded Metal reservoir. (A Port Deposit, Md, pour le nouveau *Tome Institute*) : *ER*, XLII, 366 (n° 16, du 20 oct. 1900).

The new Clear-Water reservoir at Louisville, Ky : *ER*, XLIII, 5-7 (n° 1, du 5 janv. 1901) ; — *EN*, XLV, 34 (n° 2, du 10 janv. 1901) ; — r : *MSI*, II, 1039 (n° 10, de mars-avr. 1901).

W. Fuller. — **The water purification works of the East Jersey Water Company at Little Falls, N. J.** : *ER*, XLIII, 442-444 (n° 19, du 11 mai 1901).

Réservoir de St-Marcel (Aude) : *BAH*, IV, 18 (n° 38, de juill. 1901).

J. E. Ribera. — Le réservoir en **C. A.** de Llanes : *ROP*, 26 sept. 1901 ; — r : *APC*, 1901, IV, 292.

Depositas de agua en Espana : *CAo*, II, n° 6 (1902).

Rouverol & Teissier. — **Réservoirs construits pour les forges du Creusot à Cette (Hérault)** : *BAH*, V, 37 (n° 50, de juillet 1902).

The new covered reservoir at Newton, Mass. : *ER*, XLVI, 197-198 (n° 9, du 30 août 1902) ; — r : *MSI*, IV, 1253 (n° 40, du 25 déc. 1902).

Réservoir en béton de ciment armé, système Monier père. (Construit à Halluin en 1900) : *C*, 1902, 129 (n° 9).

Ein Wasserturm in armiertem Beton System Hennebique. (Pour l'*Imprägnieranstalt Kirschseeon*, à Munich) : *SDB*, 1903, n° 19 ; — r : *BAH*, VI, 13 (n° 61, de juin 1903) ; — r : *BE*, 1903, 211 (n° 3) ; — r : *ZB*, 1903, n° 7.

A concrete-steel water tower near Boston. (Réservoir construit par le Ministère de la Guerre des Etats-Unis, pour l'alimentation du Fort Revere, qui commande le port de Boston) : *ER*, XLVIII, 218-219 (nº 8, du 22 août 1903) ; — *BN*, LXXXV, nº 2541 (18 sept. 1903) ; — r : *TIZ*, 1903, 1941 (nº 126, du 24 oct.) ; — r : *BE*, 1903, 283 (nº 5) ; 1904, 54 (nº 1) ; — *EN*, LII, 596 (nº 26, du 29 déc. 1904) ; — r : *ZB*, 1905, 142-144 (nº 9, du 1er mai).

L. Zöllner. — **Erbauung eines 20 m. tiefen Brunnens aus Eisenbeton.** (Citerne pour eau très pure à la papeterie Pasing, à Munich) : Con à l'*Architekten- und Ingenieur-Verein*, à Münich ; — r : *BE*, 1903, 234-235 (nº 4).

Réservoirs en béton armé. (Pour la ville de Mauguio et la commune de Pomerols) : *BAH*, VI, 73 (nº 65, d'oct. 1903) ; — r : *TIZ*, 1904, 250 (nº 28, du 5 mars).

Réservoir à Mareuil-sur-Ay. (Procès-verbal des épreuves) : *BAH*, VI, 95 (nº 66, de nov. 1903).

Le réservoir de Kobanya (Hongrie) : *BAH*, VI, 96 (nº 66, de nov. 1903) ; — de Tédesco, *C*, 1903, 177 (nº 12) ; — r : *TIZ*, 1904, 250 (nº 28, du 5 mars) ; — r : *MSI*, VI, 278 (nº 57, du 25 mai 1904) ; — r : *RI*, 28 mai 1904, 216.

Carlos Wauters. — **El cemento armado en la Republica Argentina. Deposito para agua filtrada en Tucumàn :** Con au *Centro Nacional de Ingenieros* ; *La Ingenieria*, 15 et 30 nov. 1903 ; — tap, Buenos-Aires, 1904, 1 broch. in-8º, 56 p.; — r : *C*, 1904, 49 (nº 4) ; — r : *TIZ*, 1904, 1510 (nº 125, du 22 oct.).

Hochreservoir der Baumwollspinnerei L. Weiss in Leibnitz : *BE*, 1903, 311-312 (nº 5) ; — r : *C*, 1904, 16 (nº 1).

A concrete and steel covered reservoir for Hoylake and West Kirby water works, England : *ER*, XLIX, 258 (nº 9, du 27 fév. 1904).

D. B. Butler. — **Some recent works of water supply at Penzance** : *B*, 12 mars 1904 ; — r : *BE*, 1904, 185 (nº 3).

A concrete-steel reservoir for East Orange, N. J. : *ER*, XLIX, 386-387 (nº 13, du 26 mars 1904) ; L, 484-487 (nº 17, du 22 oct. 1904).

Recent concrete-steel water-works construction at Ithaca, N. Y. : *ER*, XLIX, 444-448 (nº 15, du 9 avril 1904).

E. Turley. — **Der Hochwasserbehälter in Harpen bei Bochum** : *ZB*, 1904, 65 (nº 5).

Omer Lecocq. — **Alimentation d'eau à Ekaterinoslaw (Russie).** (Pylone portant deux réservoirs superposés en **C. A.**) : *BE*, 1904, 152-

153 (n° 3) ; — r : *C*, 1904, 109 (n° 7) ; — r : *BAH*, VII, 221 (n° 75, d'août 1904) ; — r : *Co*, 1904, n° 6 (oct.).

A. J. Jenkins. — **New reservoir for the Hoylake and West Kirby waterworks, Liverpool, England** : C[on] à l'*Assoc[on] of British Waterworks Engineers*, déc. 1903 ; — r : *BE*, 1904, 153-154 (n° 3) ; — r : *C*, 1904, 109 (n° 7).

Réservoir en Métal déployé pour la ville d'Anvers : *Eg*, LXXVII, 810 (10 juin 1904) ; — *ER*, L, 123 (n° 5, du 30 juill. 1904) ; — r : *TIZ*, 1905, 94 (n° 11, du 26 janv.).

Réservoir de Bab-Bou-Saadoun (**Tunis**). Procès-verbal d'épreuves : *BAH*, VII, 208 (n° 74, de juill. 1904).

Réservoir à Ferryville (Tunisie) (Procès-verbal d'épreuve de sa couverture en **C. A.**) : *BAH*, VII, 225 (n° 75, d'août 1904).

Von Rank. — **Neue Wasserturmbauten in Eisenbeton.** (En Bavière) : *SB*, 1904, n° 9 ; — *DB*, 1905, 16' (n° 4').

A concrete steel Hot-Well. (Réservoir pour eau chaude à New-York) : *ER*, L, 611 (n° 21, du 19 nov. 1904) ; — r : *ZB*, 1905, 31 (n° 2, du 15 janv.).

O. Amiras. — **Das Wasserturm in Forest (Belgien)** : *BE*, 1905, 26-29 (n° 2) ; — r : *C*, 1905, 29 (n° 2).

S. de Kareischa. — Châteaux d'eau d'Ekatherinodar et de Sinelnicova (Russie) : *Bull. du Congr. Intern. des Ch. de fer*, fév. 1905 ; (voir p. 445) ; — r : *NAC*, 1905, 66 (n° 5) ; — r : *ATPB*, 1905, n° 5.

F. Minorini. — Réservoirs à Milan pour eaux potables : *Co*, I, n° 12 (avril 1905) ; — r : *C*, 1905, 79 (n° 5) ; — r : *BE*, 1905, 206 (n° 8).

Réservoir de Madrid : Voir p. 355.

Réservoir à Chailly. (Pour l'alimentation d'eau de Lausanne) : *BE*, 1905, 146-148 (n° 6).

Réservoir del Manicomio di S. Salvi, à Florence : *Co*, oct. 1905 ; — r : *C*, 1905, 176 (n° 11).

RÉCIPIENTS POUR DIVERS LIQUIDES :

Ammonia tanks at gas works, Racine, Wis. (Au Métal déployé) : *CEN*, X, 81 (juin 1901).

Gazomètre en béton armé. (Syst. Cottancin) : *The Journal of Gas Lighting* (*London*) ; — r : *ER*, XLVII, 444 (n° 17, du 25 avril 1903).

Concrete-steel tanks for acid liquor under pressure : *EN*, LI, 384-385 (n° 16, du 21 avril 1904).

Rouverol & Teissier. — **Amphore vinaire** : *BAH*, I, n° 10, p. 14 (mars 1899).

CHABERT.— **Le ciment armé dans les caves** : Montpellier, Coulet, édit., 1900 ; 1 broch. in-8°, 20 p., 12 fig.

Cuverie de MM. Latrille fils à Bordeaux : *BAH*, IV, 140 (n° 46, de mars 1902).

Le ciment armé dans les celliers. (Description de trois installations dans l'Aude et les Pyrénées-Orientales) : *BAH*, IV, 167 (n° 48, de mai 1902).

Cuves à vin. (Expériences de badigeon à l'acide tartrique) : *BAH*, V, 145 (n° 56, de janv. 1903).

L. MÉRAS. — **Le ciment armé en viticulture**. (Cuves et badigeon) : *L'Yonne* ; — *BAH*, VI, 63 (n° 64, de sept. 1903) ; — *RT*, XXV, 30 (n° 1, du 10 janv. 1904).

Cubas de hormigon armado para vinos : *HA*, II, n° 19.

Weinbehälter aus Eisenbeton : *ZB*, 1904, 30 (n° 2).

Cave en béton armé à Santa Vittoria : *Ingegneria civile e le Arti industriali*, 1904, n° 7.

SILOS :

Silos à charbon aux mines de Lens (**P.-de-C.**) : *BAH*, I, n° 2, p. 5 (juill. 1898).

N. T. — **Le magasin à phosphates de Sfax** : *C*, 1899, 150 (n° 10).

An accident to a concrete-steel grain bin. (Accident à un silo à grains au *Peavy Elevator* à Superior): *ER*, XLIII, 520 (n° 22, du 1er juin 1901).

Concrete grain storage bins. (A. Dayton, Ohio, en **C. A.** syst. Shillinger) : *CEN*, XI, 8 (n° 1, de juill. 1901).

Important concrete construction in Zero Weather. (Silos à grains en acier, à Buffalo, reposant sur une plate-forme en **C. A.**): *ER*, XLIV, 553 (n° 23, du 7 déc. 1901).

Cylindrical tanks for storing cement at Illinois Steel Co's plant at Chicago. (Syst. Monier) : *CEN*, XII, 81, 88 (juin 1902) ; — *EN*, XLVIII, 498 (n° 24, du 11 déc. 1902) ; — r : *TIZ*, 1903, 130 (n° 11, du 24 janv.) ; — r : *BE*, 1903, 135 (n° 2).

F. M. BOWMAN. — **A steel and concrete coal storage plant.** Con au congrès de Boston de l'*Amer. Soc. of Mechanical Engineers* : *EN*, XLVII, 463-464 (n° 23, du 5 juin 1902) ; — r : *Eg*, LXXIV, 289 (29 août 1902).

MÖRSCH. — **Silo in Betoneisenkonstruction für die Odenwälder Hartsteinindustrie A. G. in Oberramstadt.** (Silo pour pierres cassées) : *BE*, 1903, 6-8 (n° 1) ; — *CEN*, XIV, 24 (fév. 1903) ; — r : *MSI*, V, 794 (n° 49, du 25 sept. 1903).

Ein Silobau in Eisenbeton : *ZB*, II, n° 3 (mars 1903).

Zementsilos in Eisenbeton : *ZB*, II, n° 4 (avril 1903).

Failure of a concrete-steel elevator at Duluth, Minn. (Rupture d'un silo à grains) : *EN*, XLIX, 396 (n° 18, du 30 avril 1903).

Le béton armé dans la construction des silos : *BAH*, VI, 93 (n° 66, de nov. 1903).

Reinforced concrete construction in a commercial sand plant. (Réservoirs à sable à New-Brighton) : *ER*, L, 124, 156 (nos 5 et 6, des 30 juill. et 6 août 1904).

M. J. Welch. — Chambres à poussières en **C. A.** : *Engineering and Mining*, 1er sept. 1904 ; — r : *GC*, XLV, 350 (n° 21, du 24 sept. 1904) : — r : *BAH*, VIII, 57 (n° 83, d'avril 1905).

Small sand filter plant for a hospital at Poughkeepsie, N.Y. (Bacs pour le lavage du sable) : *ER*, LI, 12 (n° 1, du 7 janv. 1905) ; — r : *ZB*, IV, 66 (n° 5, du 1er mars 1905).

John M. Bruce. — **The building of a concrete coal pocket** : *CA*, I, 408-414 (n° 10, de mars 1905).

Ein Kohlensilo in Eisenbeton. (A Zabrze, Allemagne) : *DB*, 1905, 5'-6' (n° 2').

Zöllner. — **Malzsilo in Eisenbeton für die Aktien-Brauerei « Zum Löwenbrau » in München** : *DB*, 1905, 41' (n° 11', du 7 juin).

Silobau aus Eisenbeton für die Zellstoffabrik Waldhof bei Mannheim : *BE*, 1905, 240-242 (n° 10).

197. Diverses autres applications.

Bateau en **C. A.** (Construit en 1849 par M. Lambot-Miraval) : Delesse, *Les matériaux de construction à l'exposition universelle de 1855*, p. 502 ; — rep : *C*, 1898, 47 (n° 3) ; — *BAH*, V, 121 (n° 55, de déc. 1902) ; — *BE*, 1903, 82 (n° 2).

Schromm. — Autre bateau en **C. A.** (Construit par M. Gabellini) : *OMOB*, 1897 ; — r : *Cs*, 5 juin et 10 juill. 1897 ; — *SB*, XXX, 75 (n° 10, du 4 sept. 1897) ; — *TIZ*, 1897, 952 (n° 85, du 12 sept.) ; — com : *C*, 1897, 363 (n° 11).

Construction of a sepulchre for a Chicago millionaire : *CEN*, VIII, 35 (mars 1900).

Picot. — **Four à chaux en béton armé à Luzech** (Lot) : *BAH*, II, n° 23, p. 9 (avril 1900) ; — r : *TIZ*, 1900, 1951 (n° 142, du 1er déc).

A concrete and expanded metal fireproof vault. (Caveau incombustible pour coffre-fort) : *EN* ; — *CEN*, IX, 8 (juill. 1900).

Walze aus Beton mit Metallgerippe. (Rouleau compresseur). Brev. autr. n° 8603, du 25/10/01, à E. Salzer et E. Klein : *TIZ*, 1902, 1458 (n° 105, du 6 sept.).

Chaise porte-échalas... à l'usage des vignobles. (Syst. L. C. Marlette) : *C*, 1902, 290' (n° 10).

A. Lerner. — **Betoneisengalerien als Schutz gegen Stein und Lawinenschlag.** (Galeries en **C. A.** contre les pierres et les avalanches) : *OWOB*, 1903, n° 29.

Der Eisenbetonbau im Dienste der Forst- und Landwirtschaft. (Applications du **C. A.** en sylviculture et en agriculture) : *ZB*, 1903, n° 8 ; — *BE*, 1905, n° 11.

Une nouvelle application du ciment armé. (Cercueils syst. M. Sarda) : *C*, 1904, 184 (n° 12) ; — r : *CEN*, XVII, 3 (n° 1, de janv. 1905) ; — r : *ZB*, IV, 48 (n° 3, du 1er fév. 1905).

Einschalungsverfahren bei Herstellung von Gitterrostplatten aus Eisenbeton. (Dispositif facilitant le démoulage des grilles en **C. A.** pour filtration d'eau potable) : Brev. all. n° 160.979, du 21/6/04, à Huber fr., de Breslau : *TIZ*, 1905, 1064 (n° 79, du 8 juill.).

QUATRIÈME PARTIE

RECHERCHES ANNEXES

SUR LES DIVERSES RÉSISTANCES DES MORTIERS ET BÉTONS

CHAPITRE XI

RÉSISTANCES A LA COMPRESSION

§ 1. — ESSAIS ORDINAIRES DE RÉSISTANCE

198. Résistances réelles et résistances de laboratoire. — Pour le calcul des ouvrages en maçonnerie et plus spécialement des constructions en ciment armé, on a besoin de connaître les résistances des mortiers et bétons à la rupture par traction et par compression, résistances qui, dans ce qui précède, ont été représentées par les lettres 𝔑 et 𝔆. Dans ce but, on se sert des nombres fournis par des essais de laboratoire, après les avoir réduits dans une certaine proportion, qui constitue le coefficient de sécurité adopté.

D'ailleurs, pour un même mortier, conservé pendant un temps donné dans des conditions bien définies, les résultats des essais dépendent d'un certain nombre de facteurs, qui peuvent faire varier entre des limites assez écartées les résistances obtenues.

A fortiori, ces nombres doivent-ils différer notablement des tensions positives ou négatives sous lesquelles les mêmes mortiers se rompraient en réalité dans les ouvrages de la pratique.

Dans l'impossibilité où l'on est de connaître exactement ces dernières et d'évaluer toutes les influences qui peuvent intervenir pour les modifier, on est obligé de prendre pour base les résistances obtenues dans les essais de laboratoire, quitte à les corriger, comme il vient d'être dit, par un certain coefficient de sécurité, destiné précisément à faire la part des diverses causes d'incertitude.

Mais encore importe-t-il que l'on sache comment les résistances dont on se sert ont été obtenues, et qu'on en connaisse à peu près le degré d'approximation.

199. Causes pouvant modifier la rupture par compression. — Les principales influences extérieures dont dépend la résistance à la rupture par compression des mortiers et bétons peuvent être classées en trois groupes :

1° Même quand les faces du bloc contre lesquelles on fait agir la pression sont parfaitement planes et parallèles ainsi que les plateaux de la machine, et quand la charge est uniformément répartie sur ces derniers, les efforts transmis au bloc comprimé diffèrent d'un point à l'autre. Ce fait est mis en évidence par les expériences optiques sur plaques de verre comprimées, notamment par celles de M. Léger [1]. D'ailleurs les surfaces pressées subissent, outre l'effort direct, les frottements résultant de leur tendance à la déformation latérale. Nous étudierons spécialement cette influence au § 3 de ce chapitre, en même temps que celle des matières plastiques que l'on interpose parfois entre le bloc d'essai et les plateaux, dans le but de régulariser les pressions.

En général, on opère, dans les essais de laboratoire, sur des blocs à faces bien planes, que l'on met en contact direct avec les plateaux des machines ; l'un de ces plateaux est articulé de manière à s'appliquer exactement contre la face correspondante, quand même elle ne serait pas absolument parallèle à la face opposée.

2° La pression finale sous laquelle rompt un bloc de mortier dépend encore du mode de progression de la charge : par exemple, il est évident que le résultat doit différer selon qu'on opère soit par chargements successifs, égaux ou croissants, avec ou sans chocs, entre lesquels la charge reprend une valeur faible ou nulle, soit par addition à intervalles fixes, avec ou sans chocs, de poids finis à la charge déjà agissante, soit par accroissement continu plus ou moins rapide de la charge, soit enfin par une charge statique constante indéfiniment prolongée. C'est ainsi que Vicat distinguait les *forces instantanées*, nécessaires pour rompre l'éprouvette en quelques minutes ou même quelques heures, et conséquemment relatives, des *forces permanentes*, correspondant à l'effort maximum que le corps peut supporter indéfiniment sans se rompre, plus faibles que les premières et plus difficiles à déterminer, mais qui donneraient la

(1) *Mémoires de la Société des Ingénieurs civils*, 1877.

véritable mesure de la résistance des corps. En principe, on constate que la durée d'action de la force en augmente les effets, de sorte que l'effort nécessaire pour produire la rupture est d'autant plus faible que la progression de la charge est plus lente.

Dans les essais courants de laboratoire, on détermine les résistances à la compression des mortiers en faisant croître la charge d'une manière continue et sans secousses, de telle sorte que la rupture se produise en une à deux minutes environ, suivant la résistance du bloc.

Nous relaterons, aux §§ 4 et 5 de ce chapitre, quelques expériences exécutées en vue d'étudier l'influence des répétitions d'efforts et celle des chocs.

3° L'influence de la forme des blocs d'essai est considérable et sera étudiée à l'article suivant.

Quant à celle de leurs dimensions, il semble qu'elle soit faible tant qu'on ne s'écarte pas trop des conditions ordinaires des essais, de sorte que des blocs semblables se rompent sous des charges proportionnelles à leurs sections, conduisant par conséquent aux mêmes résistances par unité de surface. La régularité des résultats augmente d'ailleurs avec la dimension des blocs, par suite de la diminution de l'importance relative des défauts locaux d'homogénéité.

En outre, nous avons montré [1] que l'essai de compression donne bien une valeur moyenne des résistances du mortier dans les diverses parties du bloc, sans que telle ou telle région de celui-ci paraisse exercer une influence prépondérante.

200. Influence de la forme des blocs. — Dans les essais par compression, cette influence est bien moindre que dans ceux par traction, du moins quand on n'opère pas sur des solides de forme trop aplatie. Elle a été particulièrement étudiée par Vicat [2], puis par Bauschinger [3], qui a cru pouvoir représenter la résistance P par centimètre carré d'une éprouvette prismatique ou cylindrique de hauteur h, et dont la base a pour périmètre p et pour section s, par la formule :

(1) *Chimie appliquée à l'art de l'Ingénieur*, 2e édit., 2e partie du tableau de la p. 420.
(2) *Annales des Ponts et Chaussées*, 1833, II, p. 201.
(3) *Mittheilungen*, 6e fascicule, 1876.

$$P = \sqrt{\frac{\sqrt{s}}{\left(\frac{p}{4}\right)}} \left(\lambda + \nu \frac{\sqrt{s}}{h}\right),$$

dans laquelle λ et ν sont deux constantes dépendant de la nature de la matière. Cette formule indique notamment que la résistance ramenée au centimètre carré est la même pour des prismes semblables, quel que soit le rapport de leurs dimensions homologues.

Dans la rupture par compression des matériaux grenus tels que les pierres et les mortiers, il n'y a pas désagrégation de toute la masse de la matière, et le bloc se sépare en fragments dont la plupart conservent leur cohésion initiale.

Dans certains cas exceptionnels, principalement avec les matériaux cassants et à grain fin (par exemple ciments gâchés purs depuis longtemps), les plans de séparation sont parallèles à la direction de la compression et divisent l'éprouvette en un nombre plus ou moins considérable de prismes étroits : nous avons expliqué plus haut (renvoi de la page 138) pourquoi nous considérions ce mode de rupture comme accidentel. D'ailleurs il est rare avec les matériaux qui nous occupent, même quand on s'arrange pour annuler le frottement des plateaux de la presse.

Presque toujours les surfaces de rupture partent des contours des faces pressées et font avec la direction de la compression un angle voisin de l'angle γ défini à l'art. 60.

Quand le rapport de la hauteur du bloc aux dimensions linéaires de ses bases dépasse tang γ, les fragments glissent les uns sur les autres suivant les plans de rupture et le bloc s'effondre brusquement. Il reste alors, en général, selon la forme des faces pressées, une sorte de cône ou de pyramide plus ou moins allongée, ayant pour base l'une de ces faces.

Pour une hauteur moindre, il se détache des solides limités par le contour latéral de la pièce d'essai, et il reste deux troncs de cône ou de pyramide ayant pour grandes bases les faces pressées et s'appuyant l'un sur l'autre par leurs petites bases ; un effort supplémentaire, d'autant plus important que le bloc est moins haut, est nécessaire pour achever la rupture, de sorte que la résistance ramenée à l'unité de surface pressée est plus grande que dans le cas précédent. En particulier, quand on écrase à plat les demi-briquettes provenant d'essais normaux de traction, ou des rondelles cylindriques de dimensions analogues, les résistances dépassent celles de pièces cubiques. En outre on constate, en enregistrant la courbe des déformations, que la pression augmente encore après l'apparition des premières fissures, sans que, d'ailleurs, la courbe présente à cet instant le moindre changement d'allure.

Il résulte de ce qui précède que, sensiblement constante pour les prismes hauts, et sans doute voisine de celle qui correspondrait à la vraie valeur de $\mathcal{C}$, la charge de rupture augmente à mesure qu'on considère des prismes dont la hauteur est plus faible relativement aux dimensions de leur base. Le tableau ci-dessous en donne divers exemples et montre en même temps que l'écart entre les résistances de cubes et celles de prismes plus hauts est généralement assez faible. Toutefois, les expériences n'ont pas pu être faites dans des conditions de précision suffisante pour permettre de déterminer avec quelque exactitude les rapports de ces résistances. En particulier, les nombres mis entre parenthèses présentent quelque incertitude.

	Résistances ramenées à l'unité de surface (kg par cm²)							
	Prismes carrés de 2 cm. de côté					Cylindres de 3 cm. de diamètre		
Hauteur des blocs : cm.	2	4	6	8	10	3	6	9
Ciment portland pur (9 jours).	(395)	(384)	(355)	(378)	(378)	457	373	378
Ciment rapide pur (6 jours) .	126	104	107.5	103,5	104	117	115	»
Mortier 1 : 1 au sable de dune fin (13 jours).	121	115,5	112,5	111,5	111	104	107	117

La fig. 114, extraite de la *Chimie appliquée à l'art de l'ingé-*

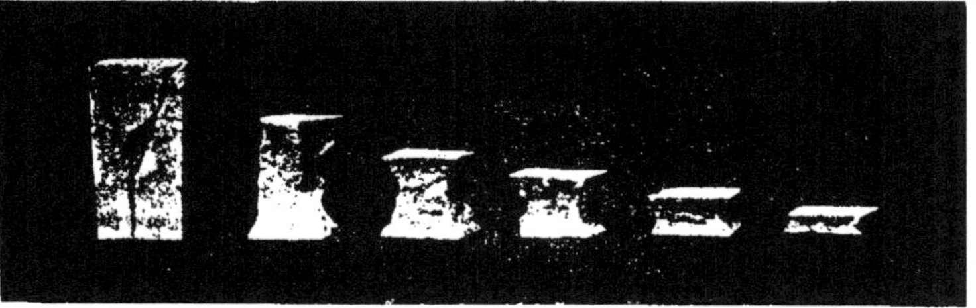

Fig. 114

nieur, représente les solides obtenus par l'écrasement de prismes carrés de diverses hauteurs.

Quand l'épaisseur du bloc est très petite relativement à ses dimensions latérales, il devient extrêmement difficile de saisir l'instant à partir duquel le mortier doit être considéré comme rompu. Quoique désagrégé, ce dernier peut supporter des charges de plus en plus fortes, par suite de l'impénétrabilité de ses grains et du peu d'espace qu'ils ont pour s'échapper latéralement. En enregistrant la courbe des déformations, on constate qu'elle présente une allure indéfiniment ascendante, sans qu'aucun signe indique à partir de quelle pression le mortier a commencé à se fissurer puis à s'écraser. On a d'ailleurs une courbe analogue en comprimant une matière pulvérulente entre deux plans rigides.

Ces phénomènes expliquent les résistances considérables trouvées par divers expérimentateurs pour les joints des maçonneries, qui, lorsqu'ils sont suffisamment minces, peuvent supporter perpendiculairement à leur plan des pressions infiniment supérieures à celles qu'on calculerait en partant des résistances de blocs cubiques faits avec le même mortier. On ne peut dire actuellement s'il y a une relation entre ces résistances et les charges qu'on peut faire supporter sans danger aux joints dans les maçonneries, ni fixer de bases pour le calcul de ces dernières. Il faudrait d'ailleurs pour cela qu'on sût tenir compte des poinçonnages possibles résultant des aspérités des pierres, et des efforts obliques sous lesquels les joints peuvent se cisailler avant de s'écraser normalement. Enfin la résistance des maçonneries dépend en grande partie de la qualité des pierres ou briques qui y entrent [1].

Le plus souvent, dans les laboratoires, les essais de mortiers par compression sont effectués sur des blocs cubiques, que l'on écrase de telle sorte que les plateaux ne portent pas contre la face restée libre lors du moulage, toujours moins régulière que les autres.

La Commission française des Méthodes d'Essai a recommandé d'utiliser pour les essais de compression les demi-briquettes résultant des essais de traction. Il a été dit plus haut que les

(1) Divers expérimentateurs ont comparé les résistances à la compression de blocs en maçonneries de diverses compositions, mais sans arriver à établir de lois générales. Il convient de citer en particulier d'importantes séries d'expériences exécutées par le *Royal Institute of British Architects* et publiées en 1896, 1897 et 1898 dans le journal de cette association.

résistances ainsi obtenues, plus fortes que celles des blocs cubiques, s'écartaient davantage des résistances vraies. Toutefois elles semblent rester à peu près proportionnelles aux premières. Dans les six essais cités par M. Siméon au tableau n° 2 de son rapport à la *Commission des Méthodes d'Essai* (vol. IV, p. 198), les résistances par centimètre carré déduites de l'écrasement de briquettes de traction dépassent d'environ un tiers celles qui ont été déduites de cubes de 7 cm. de côté

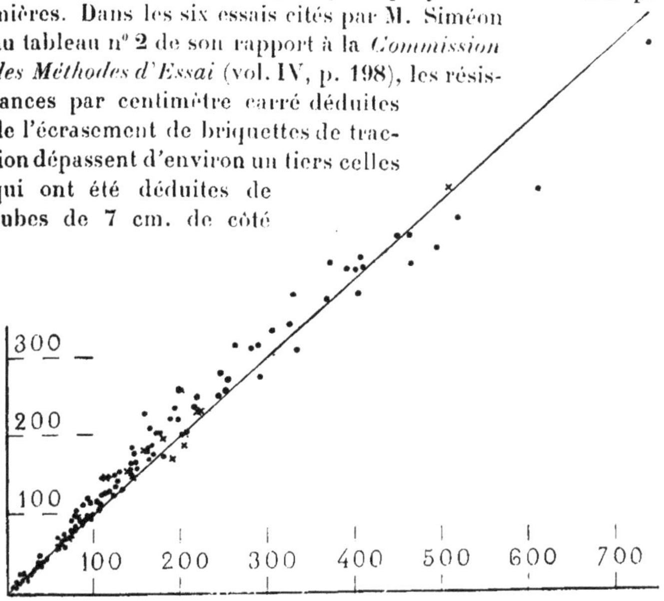

Fig. 115

écrasés de lit en lit ; nous avons fait depuis un certain nombre d'essais, qui confirment cette conclusion.

Depuis plusieurs années, nous employons, pour nos essais de mortiers plastiques, des prismes de 0,04 m. × 0,04 m. × 0,16 m., que nous essayons d'abord par flexion ; puis leurs deux moitiés sont écrasées successivement, placées en croix entre deux bandes d'acier parallèles de 0,04 m. de largeur, de telle sorte que la compression s'exerce, en réalité, sur un cube de 0,04 m. de côté. Les résistances ainsi obtenues, ramenées au centimètre carré de surface pressée, sont sensiblement les mêmes que celles que l'on obtiendrait directement avec des cubes de 0,04 m. de côté, ou encore avec des cubes de 0,07 m. de côté. La figure 115 en donne une vérification : elle résume un certain nombre d'expériences exécutées, avec divers mortiers plastiques, parallèlement sur des cubes et sur les moitiés de prismes préalablement rompus par flexion ; on a pris pour abscisses les résistances par centimètre carré fournies par les cubes (points pour les cubes de 0,07 m. et croix pour ceux de 0,04 m.) et pour ordonnées celles qui ont été déduites des demi-prismes. On constate qu'en général les points s'écartent peu de la bissectrice des axes de coordonnées.

201. Résistances à attendre des mortiers et bétons. — Un point aussi important que peu éclairé de l'art des constructions est de savoir sur quelle résistance on peut, sinon compter, du moins tabler, dans un projet d'ouvrage, pour un mortier ou béton de dosage donné fait avec telle ou telle espèce de liant hydraulique.

Au reste, l'incertitude où l'on se trouve tient à la complexité même du problème, et il serait aujourd'hui puéril d'insister sur les énormes variations de résistance qui peuvent résulter, même quand les conditions d'essai sont parfaitement définies, du choix du liant et du sable, de leurs proportions relatives, de la quantité d'eau employée au gâchage, du mode de confection du mortier et de la durée ainsi que des conditions de son durcissement. Pour les bétons, la présence des pierres apporte un nouvel élément de complication.

On trouvera relatées plus loin, dans le chapitre XIV relatif à l'adhérence des mortiers, un grand nombre de résistances à la compression, qui varient, sans règle apparente, entre des limites très écartées. D'autre part, divers expérimentateurs ont publié des séries de recherches méthodiques destinées à mettre successivement en lumière l'influence de chacun des facteurs dont dépendent les résistances. Mais ces facteurs sont trop nombreux et leurs influences ne sont pas assez indépendantes les unes des autres pour qu'on puisse déduire des résultats obtenus une sorte de barème où le constructeur n'aurait qu'à se reporter pour trouver, même approximativement, les résistances des mortiers qu'il se propose d'employer ou entre lesquels il a à choisir [1]. Une formule générale est nécessaire, et nous allons essayer de la donner dans le § 2 ci-après.

(1) Voir notamment notre étude *Sur la compacité des mortiers* : *Annales des Ponts et Chaussées*, 1892, II, p. 1.

§ 2. — PRÉVISION DES RÉSISTANCES

202. Influence de la composition du mortier. — Des recherches antérieures, appliquées à un nombre considérable de mortiers de toutes sortes, nous ont permis de formuler la loi suivante :

Au bout d'une même durée de conservation dans des conditions identiques, les résistances à la compression de tous les mortiers qu'on peut faire avec un même liant hydraulique quelconque et des sables inertes, sont, quelles que soient la nature et la grosseur du sable et les proportions relatives de liant, de sable et d'eau, à peu près proportionnelles aux valeurs correspondantes de l'expression $\left(\frac{c}{1-s}\right)^2$, *dans laquelle c et s représentent les volumes absolus de liant et de sable entrant dans l'unité de volume du mortier frais.*

On vérifie cette proposition en faisant, avec un même liant et diverses proportions de divers sables inertes, une série de mortiers qu'on laisse durcir dans des conditions identiques et que l'on rompt par compression au bout d'une même durée. Il faut avoir soin d'opérer de manière à éviter toute influence perturbatrice. Si, prenant pour abscisses les valeurs de $\left(\frac{c}{1-s}\right)^2$ qui correspondent aux divers mortiers, on porte en ordonnées leurs résistances respectives, on constate que les points obtenus sont tous groupés au voisinage d'une certaine droite passant par l'origine des coordonnées.

Le degré d'approximation varie suivant les expériences : dans certaines, les points sont presque rigoureusement en ligne droite ; dans d'autres, ils sont répartis uniformément de part et d'autre d'une droite passant par l'origine ou près de ce point. Seuls, quelques échantillons de ciment à prise rapide ont donné des points en alignement courbe, alors que la plupart obéissent à la règle générale. Nous n'avons pu d'ailleurs nous expliquer encore d'une manière bien nette la cause de ces divergences.

La même formule s'applique aux bétons à petits éléments, sauf à y changer s en $s+p$, p désignant alors le volume absolu occupé par les pierrettes dans l'unité de volume de béton frais.

Nature et grosseur du sable (*Pour plus de détails, voir l'annexe à la fin du volume*)	Nature des mortiers	Poids de sable pour 1 de ciment	Eau de gâchage pour 100 de mélange sec	Poids du litre de mortier (ou béton) frais	Volumes élémentaires c	s	e	v	Compacité c+s	$\left(\frac{c}{1-s}\right)^2$	Résistances à la compression par cm² : mesurées expérimentalement	calculées par $3400\left(\frac{c}{1-s}\right)^2$	Écarts entre les résistances calculées et mesurées : absolus	relatifs
1	2	3	4	5	6	7	8	9	10	11	12	13	14	15
				g.									kg.	0/0
Sable de dune fin, siliceux	plastiques	2	17,4	2118	0,199	0,458	0,318	0,025	0,657	0,135	447	459	+ 12	+ 2,7
		3	16,7	2078	0,148	0,509	0,300	0,043	0,657	0,091	288	309	+ 21	+ 7,3
		5	18,4	1994	0,094	0,541	0,317	0,048	0,635	0,042	115	142	+ 27	+ 23,5
	mêmes mortiers (2e série)	2	17,4	2106	0,197	0,484	0,315	0,034	0,631	0,130	435	441	+ 6	+ 1,4
		3	16,7	2071	0,147	0,508	0,290	0,046	0,655	0,089	281	302	+ 21	+ 7,5
		5	18,5	2085	0,094	0,539	0,316	0,051	0,633	0,042	108	142	+ 34	+ 31,6
	un peu plus secs ; légèrement pilonnés	2	12,9	2109	0,204	0,470	0,241	0,085	0,674	0,148	495	503	+ 8	+ 1,6
		3	12,25	2074	0,151	0,523	0,226	0,100	0,674	0,100	320	340	+ 20	+ 6,3
		5	13,9	1981	0,096	0,553	0,244	0,107	0,649	0,046	131	156	+ 25	+ 19,1
Quartzite moulu, grains anguleux, composés par poids égaux des 3 grosseurs 5 à 2 mm., 2 à 0,5 mm. et < 0,5 mm.	plastiques	2	15,9	2173	0,203	0,472	0,299	0,024	0,677	0,151	541	513	— 28	— 5,2
		3	14,45	2196	0,157	0,543	0,277	0,023	0,700	0,118	457	400	— 57	— 12,4
		5	13,4	2191	0,100	0,599	0,260	0,025	0,715	0,073	274	248	— 26	— 9,5
	mêmes mortiers (2e série)	2	15,9	2177	0,204	0,470	0,298	0,028	0,674	0,149	542	507	— 35	— 6,5
		3	14,45	2184	0,147	0,542	0,275	0,025	0,689	0,118	426	400	— 26	— 6,1
		5	13,4	2135	0,105	0,608	0,259	0,028	0,713	0,072	252	245	— 7	— 2,8
Quartzite moulu, à grains anguleux uniformes (ancien sable normal de Cherbourg)	plastiques	2	15,3	2113	0,200	0,460	0,280	0,060	0,660	0,137	514	465	— 49	— 9,5
		3	14,0	2035	0,148	0,512	0,253	0,087	0,660	0,092	324	312	— 12	— 3,7
		5	13,1	1938	0,094	0,539	0,224	0,143	0,633	0,044	147	139	— 8	— 5,4
	secs, battus	3	10,5	2122	0,157	0,544	0,202	0,097	0,701	0,119	478	405	— 73	— 15,3
Très gros sable siliceux, grains ronds, (sable du Cran Poulet)	plastiques	2	13,25	2240	0,215	0,495	0,261	0,029	0,710	0,184	466	613	+149	+31,8
		3	13,43	2267	0,169	0,585	0,217	0,029	0,754	0,167	463	568	+105	+22,7
		5	7,9	2290	0,112	0,644	0,163	0,081	0,756	0,099	335	335	0	0
Sable siliceux (20 0/0 de calcaire), moulu à la finesse du ciment	plastiques	2	25,6	1944	0,172	0,392	0,402	0,034	0,564	0,080	309	271	— 37	— 12,0
		3	25,3	1955	0,129	0,440	0,399	0,032	0,569	0,053	217	180	— 37	— 17,0
		5	24,6	1957	0,087	0,493	0,391	0,029	0,580	0,029	126	99	— 27	— 21,4
Sable calcaire moulu, traversant la passoire de 0,5 mm.	plastiques	2	23,4	1985	0,177	0,403	0,379	0,041	0,580	0,088	331	299	— 32	— 9,7
		3	23,2	1968	0,122	0,460	0,373	0,045	0,582	0,038	206	197	— 9	— 4,3
		5	23,1	1933	0,087	0,494	0,368	0,051	0,581	0,030	103	102	— 1	— 1,0
Sable de marbre concassé, grains anguleux, traversant la passoire de 5 mm. et retenu par celle de 0,5 mm.	plastiques	2	14,8	2225	0,212	0,479	0,289	0,020	0,691	0,166	584	563	— 21	— 3,6
		3	11,6	2293	0,168	0,568	0,237	0,027	0,736	0,151	528	513	— 15	— 2,9
		5	9,6	2113	0,106	0,596	0,185	0,083	0,732	0,068	254	230	— 24	— 9,5
Sable de St-Malo, fortement coquillier, (prédominance de grains moyens)	plastiques	2	15,0	2172	0,207	0,475	0,283	0,035	0,682	0,155	476	526	+ 50	+ 10,5
		3	13,4	2155	0,155	0,536	0,254	0,035	0,691	0,112	360	380	+ 20	+ 5,6
		5	11,35	2116	0,104	0,597	0,216	0,083	0,701	0,067	214	227	+ 13	+ 6,1
Bétons au sable de St-Malo et à pierrettes rondes de 20 à 10 mm. ; consistance légèrement plastique ; pilonnés dans les moules	Proportions en poids : ciment, sable, pierrettes					$s+p$			$c+s+p$	$\left[\frac{c}{1-(s+p)}\right]^2$				
	1, 2, 2		9,5	2362	0,138	0,636	0,200	0,026	0,774	0,145	451	492	+ 41	+ 9,1
	1, 4, 4		7,05	2396	0,078	0,720	0,151	0,051	0,798	0,078	239	265	+ 26	+ 10,9
	1, 2, 4		6,9	2362	0,103	0,713	0,151	0,033	0,816	0,129	420	437	+ 17	+ 4,1
	1, 4, 8		5,6	2396	0,053	0,758	0,121	0,068	0,811	0,050	197	170	— 27	— 13,8

Pour les bétons à gros cailloux, dépassant par exemple 2 centimètres, la formule semble en défaut ; mais nous n'avons que très peu d'expériences.

Un exemple de vérification a été donné dans le *Bulletin de la Société d'Encouragement pour l'Industrie nationale*, décembre 1897, p. 1606.

Un autre est fourni par le tableau des pages 492 et 493 et par la figure 116, relatifs à une série de mortiers et bétons faits avec divers sables et un même ciment portland et rompus après conservation de trois mois dans l'eau douce, puis de six mois à l'air humide. Ici les points se répartissent autour d'une droite ayant pour coefficient angulaire 3400.

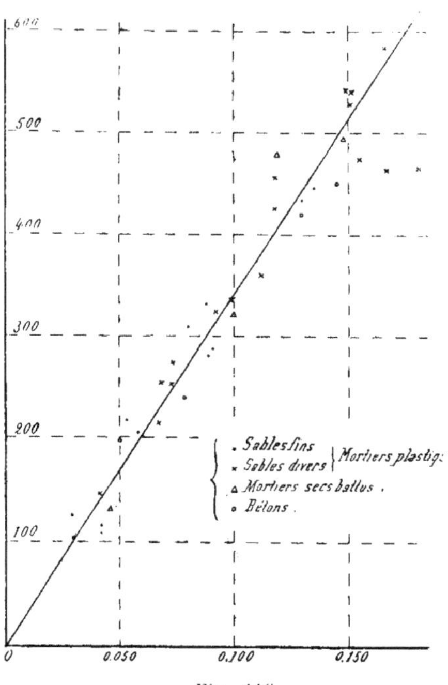

Fig. 116

La figure 117 correspond de même à une série de bétons obtenus en mélangeant en diverses proportions un ciment portland, des pierrettes de 20 à 10 mm., et trois sables tamisés composés, le premier de grains de 5 à 2 mm. (G), le second de grains de 2 à 0,5 mm. (M), le troisième de grains de moins de 0,5 mm. (F) Les ruptures ont eu lieu après conservation des bétons dans l'eau douce pendant douze semaines. Les points se groupent autour d'une droite ayant pour coefficient angulaire 1900.

En résumé, pour les mortiers ordinaires et les bétons employés le plus couramment dans les constructions en ciment armé, la loi se vérifie avec une approximation et une généralité suffisantes pour qu'on puisse la prendre comme base de calcul dans les projets.

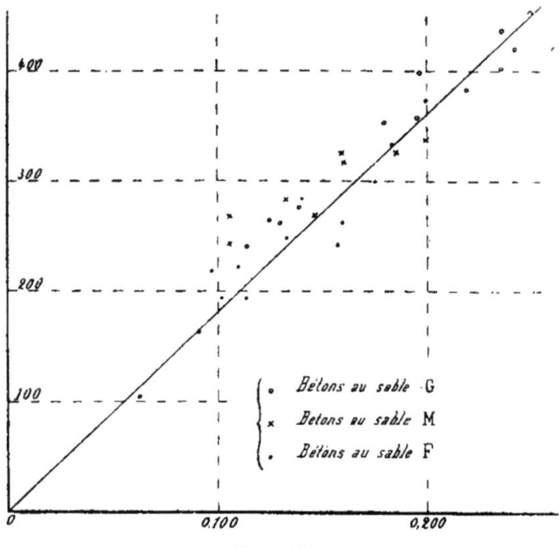

Fig. 117

Dès lors, dans une série de mortiers faits avec un même liant et conservés dans les mêmes conditions de milieu et de durée, la résistance de chacun est mesurée, à peu de chose près, par le produit de la valeur correspondante de $\left(\frac{c}{1-s}\right)^2$ par un facteur constant K, coefficient angulaire de la droite, et qui donne une mesure absolue de l'énergie spécifique du liant dans les conditions de conservation considérées, indépendamment de toute considération sur la nature et la composition des mortiers d'essai. Inversement, connaissant cette valeur du coefficient de résistance K, on peut calculer approximativement la résistance, dans les conditions de conservation correspondantes, d'un mortier donné fait avec le même liant : il suffit de déterminer les valeurs de c et de s relatives à ce mortier, opération qui peut se faire en quelques minutes, puis de multiplier par K le carré du rapport $\frac{c}{1-s}$.

Dans l'exemple de la fig. 116, les résistances que l'on calculerait pour $K = 3400$, en partant des valeurs de $\left(\frac{c}{1-s}\right)^2$, sont données par la colonne 13 du tableau ; elles présentent, avec les résistances obtenues directement par l'expérience (colonne 12), des écarts exprimés, en valeurs absolues, par les nombres de la colonne 14, et, en fonction de ces résistances ramenées à 100, par ceux de la colonne 15. On en déduit que la moyenne des écarts relatifs représente environ 10 0/0 des résistances obtenues et se réduit à 7 0/0 si on laisse de côté les cinq résultats les plus irréguliers. Dans l'exemple de la fig. 117, on calcule de même que l'écart relatif est, en moyenne, de 9 pour 100 de la résistance des bétons [1].

Quand le sable n'est pas inerte mais contient des éléments susceptibles de se combiner plus ou moins avec le liant, en un mot, quand il jouit de propriétés pouzzolaniques, la résistance du mortier est généralement augmentée et la formule cesse d'être appliquable.

203 Détermination des volumes élémentaires. — Quand on connait les poids spéciques δ et d du liant et du sable et les poids C, S et E de liant, de sable et d'eau mélangés ensemble pour faire le mortier, il suffit, pour déterminer les volumes absolus c, s et e de liant, de sable et d'eau entrant dans l'unité de volume de ce mortier frais, ainsi que le volume v des vides restants, de remplir exactement de mortier un vase taré, dont on connaisse exactement la capacité V, et de le peser ensuite. Si P est le poids net du mortier contenu, les poids de liant, de sable et d'eau entrant dans un volume 1 sont respectivement

$$\frac{P}{V}\,\frac{C}{C+S+E}, \qquad \frac{P}{V}\,\frac{S}{C+S+E} \quad \text{et} \quad \frac{P}{V}\,\frac{E}{C+S+E},$$

et l'on a :

(1) Dans une note ayant pour titre : *Essais de divers sables pour mortiers* (*Annales des Ponts et Chaussées*, 1896, II, p. 174), nous avons cité 80 mortiers différents faits avec un même ciment portland. En adoptant $K = 1350$ pour les résistances de ces mortiers après 12 semaines de conservation dans l'eau de mer, on calcule que la moyenne des écarts entre les résistances calculées et les résistances mesurées est de 16 kg. par cm², soit de 14 pour 100 de la moyenne de ces dernières.

$$c = \frac{1}{\delta}\,\frac{P}{V}\,\frac{C}{C+S+E}\,;$$

$$s = \frac{1}{d}\,\frac{P}{V}\,\frac{S}{C+S+E}\,;$$

$$e = \frac{P}{V}\,\frac{E}{C+S+E}\,;$$

et $$v = 1 - (c+s+e).$$

Quand il s'agit d'un mortier de chantier où le sable, plus ou moins humide, est mesuré en volume, le calcul est un peu plus compliqué et des expériences préliminaires sont nécessaires pour déterminer le degré d'humidité du sable et son tassement dans les mesures. Supposons qu'à un sac de liant, pesant net 50 kg., on ajoute n mesures de sable, et qu'il faille ensuite l litres d'eau pour le gâchage. Soient Q le poids net d'une mesure de sable et p la perte de poids, exprimée en kg., d'un kilogramme de ce sable après séchage. Les valeurs de C, S et E à introduire dans les formules ci-dessus seront :

$$C = 50, \qquad S = n\,Q\,(1-p), \qquad E = l + n\,Q\,p.$$

Comme on le voit, une expérience très simple et un calcul élémentaire permettent de déterminer immédiatement la valeur de $\left(\frac{c}{1-s}\right)^2$ pour un mortier quelconque dont on possède les éléments. La seule difficulté est la mesure des poids spécifiques, qui ne peut être effectuée convenablement qu'avec des appareils et des soins exigeant un rudiment de laboratoire. A son défaut, on peut, sans grande erreur, adopter les poids spécifiques moyens 2,65 pour les sables siliceux et 2,69 pour les sables calcaires. De même on pourrait, à la rigueur, adopter les poids spécifiques moyens 3,15 pour les portlands de bonne qualité, 3,00 à 3,05 pour ceux de qualité inférieure et les grappiers, 2,80 pour les ciments de laitier et 2,70 à 2,90 pour les chaux, suivant leur degré d'hydraulicité [1].

1. On pourrait même se dispenser complètement de faire intervenir le poids spécifique du liant, attendu que, pour tous les mortiers d'un même liant, les valeurs de $\left(\frac{c}{1-s}\right)^2$ sont proportionnelles à celles de $\left(\frac{c\,\delta}{1-s}\right)^2$, où $c\delta$ n'est autre que le poids de liant entrant dans l'unité de volume de mortier. Pourtant, toutes les fois qu'on le peut, il vaut mieux déterminer le volume absolu c, de

204. Valeurs de $\left(\frac{c}{1-s}\right)^2$ pour diverses séries de mortiers et bétons. — On a trouvé dans le tableau des p. 492 et 493 les valeurs de $\left(\frac{c}{1-s}\right)^2$ pour des mortiers à trois dosages différents (exprimés en poids) d'un même ciment portland et de divers sables. Le tableau suivant, limité à trois sables de grosseurs et de natures très différentes, donne les valeurs de $\left(\frac{c}{1-s}\right)^2$ pour les mortiers obtenus en mélangeant à un mètre cube de chacun de ces sables des poids échelonnés d'un même ciment portland. Pour gâcher chaque mortier, on a employé une proportion d'eau correspondant à une bonne consistance plastique. On voit par les valeurs trouvées pour $\left(\frac{c}{1-s}\right)^2$ que, suivant la composition du sable, il faut, pour obtenir des mortiers de même résistance, employer des quantités de ciment très différentes.

Provenance et grosseur du sable (1)		Valeurs de $\left(\frac{c}{1-s}\right)^2$ pour des dosages de n kg. de ciment par m³ de sable								
	$n =$	250	300	350	400	450	500	600	800	1000
Gattemarre (gros).....		0,055	0,077	0,097	0,116	0,133	0,147	0,170	0,194	0,207
Saint-Malo (moyen) ...		0,037	0,052	0,069	0,087	0,103	0,114	0,134	0,165	0,189
Sable de dune (fin)..		0,027	0,034	0,041	0,049	0,057	0,065	0,079	0,105	0,127

(1) Pour plus de détails, voir l'annexe à la fin du volume.

Le même tableau montre aussi qu'à dosage égal les valeurs de $\left(\frac{c}{1-s}\right)^2$, et par suite les résistances, peuvent présenter des différences considérables suivant la composition du sable.

On aura une idée de la grandeur des écarts possibles par les figures 118 et 119, qui correspondent à des séries d'expériences beaucoup plus complètes. Chacune comprend l'ensemble des mortiers plastiques d'un dosage donné (250 kg. par m³ pour la

manière à pouvoir calculer la *compacité* $c+s$, c'est-à-dire le volume absolu de matières solides entrant dans l'unité de volume de mortier frais.

fig. 118 et 500 kg. par m³ pour la fig. 119), qu'on peut obtenir avec un même ciment portland et tous les mélanges possibles de trois sables élémentaires composés exclusivement, le premier de gros grains (G), le second de grains moyens (M), le troisième de grains fins (F).

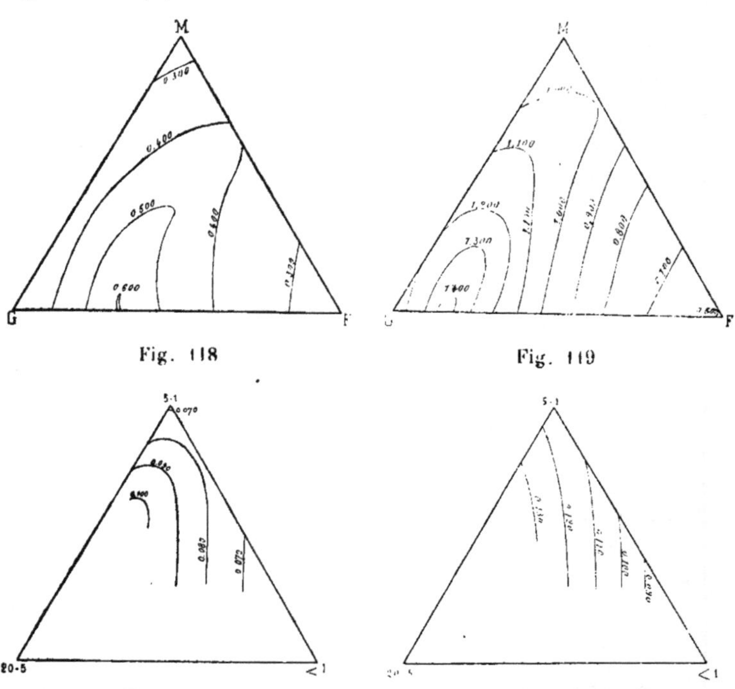

Fig. 118

Fig. 119

Fig. 120

Fig. 121

Chaque mortier est représenté par le centre de gravité du système pesant obtenu en chargeant les sommets G, M et F du triangle de poids proportionnels aux poids de grains de chaque grosseur entrant dans le mélange sableux correspondant. On a déterminé les valeurs de $\left(\frac{c}{1-s}\right)^2$ pour tous les mortiers essayés et joint par des courbes de niveau les points représentatifs de ceux pour lesquels cette fonction a une même valeur [1].

1. Les cotes des courbes de niveau des figures 118 et 119 sont toutes enta-

Proportions, en poids, sur 100 de mélange. — pierrettes	70	65	65	60	60	60	55	55	55	50	50	50	50	45	45	45	45	40	40	40
— sable	10	20	15	25	20	15	30	25	20	30	25	20	15	35	30	25	20	35	30	25
— ciment	20	15	20	15	20	25	15	20	25	20	25	30	35	20	25	30	35	25	30	35
Valeurs de $1000\left(\frac{c}{1-(s+p)}\right)^2$ pour les bétons au sable. — gros	—	—	—	62	114	—	73	125	180	130	200	236	261	139	197	236	249	196	219	242
— moyen	—	—	138	106	160	—	106	161	200	147	186	—	—	—	—	—	—	—	—	—
— fin	110	98	141	102	160	184	94	138	176	114	158	—	—	—	—	—	—	—	—	—

Les figures **120** et **121** correspondent de même à des mortiers contenant, en poids, une partie d'un même ciment portland pour 4 parties (fig. **120**) et trois parties (fig. **121**) de mélanges sableux composés principalement de grains de 5 à **1** mm., avec des proportions variables de pierrettes de **20** à 5 mm. et de sable fin de moins de 1 mm. Elles donnent une idée de l'influence de la teneur du sable en pierrettes et en grains fins.

Pour les mortiers des fig. **118** et 119, les sables employés étaient à grains anguleux et résultaient du concassage de quartzites ; pour ceux des figures **120** et **121**, les grains dominants étaient des débris de coquillages ; les valeurs trouvées pour $\left(\frac{c}{1-s}\right)^2$ n'auraient pas été les mêmes avec des sables de mêmes compositions granulométriques mais à grains de formes différentes, arrondis par exemple.

L'influence de la proportion du ciment et de la grosseur du sable n'est pas moindre pour les bétons que pour les mortiers, ainsi qu'il résulte du tableau ci-contre, qui donne les compositions des bétons correspondant à la fig. **117**. Ces bétons étaient formés de pierrettes de **20** à **10** mm. et de trois sables tamisés, composés exclusivement,

chées d'une même erreur de virgule : il faut les diviser par 10 pour avoir les valeurs de $\left(\frac{c}{1-s}\right)^2$ correspondant à ces courbes. Celles des figures 120 et 121 sont exactes.

CARACTÉRISTIQUES DU LIANT			SABLE	MORTIERS PLASTIQUES							MORTIERS SECS PILONNÉS						
Résidu sur le tamis de 4900 mailles	Poids spécifique	Eau de gâchage du liant pur (1)		fin (dune)		moyen (Noirda)		gros (Cran Poulet)		liant pur	fin (dune)		moyen (Noirda)		gros (Cran Poulet)		liant pur
			Poids de sable pour 1 de liant :	4	2	4	2	4	2	0	4	2	4	2	4	2	0
0/0	$\delta =$	N =															
28	3,11	260	Ciment portland	0,043	0,102	0,071	0,166	0,136	0,215	0,293	0,063	0,158	0,091	0,228	0,130	0,278	0,369
9	3,01	310	Ciment de grappiers	0,055	0,131	0,097	0,186	0,144	0,196	0,256	0,071	0,172	0,100	0,189	0,151	0,211	0,284
9	2,78	330	Ciment de laitier	0,065	0,156	0,106	0,203	0,172	0,218	0,271	0,088	0,189	0,128	0,232	0,183	0,246	0,312
30	3,12	370	Ciment rapide	0,043	0,092	0,073	0,140	0,123	0,145	0,196	0,061	0,116	0,082	0,169	0,128	0,189	0,231
—	2,47	372	Chaux grasse et pouzzolane (2)	0,077	0,164	0,130	0,198	0,169	0,198	0,263	0,113	0,212	0,140	0,247	0,210	0,234	0,308
17	2,89	480	Chaux hydraulique.	0,051	0,103	0,076	0,131	0,108	0,133	0,175	0,072	0,137	0,112	0,150	0,134	0,154	0,190

(1) Poids d'eau nécessaire pour amener 1 kg. du liant pur à l'état de pâte bien plastique.

(2) Mélange contenant, en poids, 20 0/0 de chaux grasse éteinte en poudre et 80 0/0 de pouzzolane de Rome finement pulvérisée. (Résidu de la pouzzolane sur le tamis de 4900 mailles = 24,5 0/0).

l'un de gros grains, un autre de grains moyens et le troisième de grains fins.

Avec un même sable et à dosage égal, les valeurs de $\left(\frac{c}{1-s}\right)^2$ correspondant à divers liants hydrauliques peuvent présenter des différences assez fortes suivant le degré de finesse de ces liants, leurs poids spécifiques, les quantités d'eau qu'ils exigent, etc. Le tableau de la p. 501 comprend des mortiers faits avec divers liants et trois sables de natures et de grosseurs très différentes, définis à l'annexe à la fin du volume.

Avec chaque mélange, on a fait quatre mortiers de consistances différentes : molle, plastique, demi-sèche et sèche, les deux derniers pilonnés dans les moules ; nous nous bornons à donner, dans le tableau, les valeurs de $\left(\frac{c}{1-s}\right)^2$ pour les mortiers plastiques et pour les mortiers secs.

A première vue, les valeurs de $\left(\frac{c}{1-s}\right)^2$ trouvées pour les divers liants ne semblent obéir à aucune loi ; mais, en multipliant les nombres d'une même colonne par les valeurs correspondantes de δ^2, on constate, ainsi qu'on devait s'y attendre, que, pour ces mortiers contenant mêmes proportions pondérales d'un même sable et des divers liants, les valeurs de $\left(\frac{c\delta}{1-s}\right)^2$ varient en sens inverse des quantités d'eau N nécessaires pour le gâchage de chaque liant. Toutefois les mortiers maigres font exception et donnent les plus fortes valeurs de $\left(\frac{c\delta}{1-s}\right)^2$ avec les liants les plus finement moulus.

En résumé, les divers exemples qui précèdent montrent que la valeur de $\left(\frac{c}{1-s}\right)^2$ dépend d'un grand nombre de facteurs et ne saurait, pour un mortier ou béton quelconque de composition donnée, être déduite par analogie ou par interpolation d'un tableau préparé d'avance au moyen de quelques séries de mortiers essayés une fois pour toutes. Il importe, au contraire, de faire un essai direct avec les matériaux mêmes dont on dispose, et l'opération n'est, comme on l'a vu, ni longue ni difficile.

205. Valeurs de K correspondant à divers liants dans diverses conditions d'exposition. — Il n'en serait pas de même si l'on tenait à connaître exactement la valeur après un temps donné du coefficient de résistance K du liant que l'on veut employer. Il faudrait en effet faire avec ce liant quelques mortiers, en déterminer avec soin les valeurs de $\left(\frac{c}{1-s}\right)^2$, les mouler en éprouvettes pour essais de compression, conserver celles-ci dans les conditions prévues, les rompre dans les délais indiqués et faire concourir les résultats fournis par ces divers mortiers à la détermination de la valeur de K la plus probable. De pareilles expériences peuvent être justifiées dans la préparation de grands travaux ; par contre, elles seraient souvent superflues pour des ouvrages d'importance secondaire et retarderaient l'établissement des projets, car il faudrait attendre l'expiration du délai de rupture pour savoir sur quelles résistances on pourrait tabler. Dans ce cas, le plus simple est de procéder par analogie : connaissant le liant dont on aura à se servir, il suffit de se reporter à une table préparée d'avance et où figurent des liants de même nature, et d'adopter pour K une valeur voisine de celles données pour ces liants.

La durée à considérer dépend des conditions dans lesquelles l'ouvrage doit être mis en service : rarement c'est celle après laquelle le liant aura pu développer toute l'énergie dont il est capable ; le plus souvent on doit prendre comme terme soit l'époque de l'enlèvement des coffrages, soit plutôt celle où l'ouvrage terminé sera soumis à son travail définitif.

Nous avons déterminé pour un très grand nombre de liants les valeurs de K après diverses durées de conservation dans divers milieux. Les tableaux ci-après résument les résultats obtenus. Malgré tout l'intérêt qu'il pourrait y avoir pour bien des lecteurs à connaître les provenances des échantillons essayés, nous n'avons pas cru pouvoir les publier sans indiscrétion. En raison de l'influence considérable de la finesse de mouture sur les valeurs de K, même aux longues durées, nous indiquons les résultats des essais de tamisage.

Première série. — Mortiers immergés à l'eau douce après 24 heures de durcissement à l'air humide et rompus après une semaine, quatre semaines et douze semaines. Tableau de la p. 504. Chaque valeur de K est la moyenne de celles fournies par six mortiers, et l'on a calculé la moyenne des écarts relatifs entre ces nombres et leur moyenne.

Nature du liant	N° d'ordre du liant	Proportion totale de résidu sur le tamis de 4900 mailles	900 mailles	324 mailles	Poids spécifique	Mortiers immergés dans l'eau douce. Valeur moyenne de K après 1 sem.	4 sem.	12 sem.	Moyenne des écarts relatifs sur la valeur de K après 1 sem.	4 sem.	12 sem.
		0/0	0/0	0/0					0/0	0/0	0/0
Portlands de la région de Boulogne, satisfaisant, en général, au cahier des charges appliqué de 1885 à 1902 pour les Ports Maritimes	1106	32	7,5	0	3,14	554	1032	1496	*8,6*	*9,3*	*9,2*
	1117	41	10	0	3,14	486	805	1225	*16,8*	*15,5*	*13,5*
	1139	36	4	0	3,15	778	1102	1585	*11,3*	*9,5*	*8,7*
Portlands d'essai à indice d'hydraulicité plus élevé	1120	21	4	1	3,21	445	587	773	*11,2*	*11,1*	*8,4*
	1121	24	5	1	3,18	346	436	636	*15,9*	*11,0*	*9,5*
	1122	23,5	4	1	3,16	458	568	865	*11,8*	*12,5*	*9,5*
	1123	23	5	1,5	3,15	359	477	667	*12,5*	*9,9*	*10,8*
	1163	25	6	1	3,16	555	750	1121	*7,2*	*8,9*	*10,4*
Ciments de qualité inférieure (d'après leur mode de fabrication)	1108	35,5	12,5	1	2,96	333	488	680	*16,5*	*12,9*	*10,4*
	1114	32	14	5	3,06	554	754	1085	*4,0*	*6,1*	*4,5*
Ciments du bassin du Rhône	1145	25,5	3	0	3,10	348	515	828	*3,4*	*4,6*	*5,1*
	1147	36	7	0,5	3,09	617	923	1375	*5,4*	*9,1*	*7,7*
	1148	34	7	0,5	2,95	293	423	626	*7,8*	*7,1*	*7,5*
Ciments étrangers	1153	17	1	0	3,15	1300	2000	2602	*9,9*	*5,5*	*7,5*
	1154	15	0	0	3,15	1178	1717	2307	*9,4*	*8,9*	*6,0*
	1161	26	1	0	3,16	760	1469	2132	*4,9*	*5,0*	*5,7*
Ciments à prise rapide	1140	31,5	13,5	1	3,06	278	323	353	*10,4*	*7,1*	*9,1*
	1174	29	14	5	3,19	465	634	928	*8,6*	*4,9*	*7,8*
Ciments de grappiers	1144	11	0	0	2,99	665	980	1594	*3,8*	*5,9*	*6,3*
	1149	3,5	0	0	2,84	992	1349	1725	*2,0*	*1,2*	*4,9*
Chaux hydrauliques	1135	22	9	6	2,79	201	355	580	*6,6*	*7,6*	*4,8*
	1159	32,5	18,5	13	2,84	119	159	341	*9,3*	*7,9*	*5,0*
Ciment de laitier	1042	11,5	1,5	0	2,78	669	1003	1237	*7,1*	*6,0*	*6,0*
Mélanges par poids égaux de portland et de pouzzolane de Rome	1109	12,5	2,5	1	2,85	463	975	1335	*11,9*	*10,6*	*13,5*
Mélanges par poids égaux de portland et de gaize cuite	1110	17	2,0	0	2,77	426	755	1209	*7,3*	*3,2*	*5,1*
Mélanges par poids égaux de portland et de trass	1136	17	4,5	1	2,70	438	833	1256	*4,3*	*6,0*	*3,3*

Deuxième série. — Mortiers conservés neufs mois à l'air humide, puis trois mois dans l'eau de mer. Chaque valeur de K a été déduite des résistances fournies par 31 mortiers de compositions variées. Nous renvoyons pour les résultats de ces essais à la *Chimie appliquée à l'art de l'ingénieur*[1], 2e édition, tableau de la page 581, colonnes 19 et 20.

Troisième série. — Mortiers conservés, les uns dans l'eau douce, les autres dans l'eau de mer, et essayés après quatre semaines et un an ; d'autres éprouvettes sont destinées à n'être essayées qu'après dix ans. Chaque valeur de K est déduite de dix mortiers de compositions très différentes. Comme beaucoup des 114 valeurs de K obtenues jusqu'à présent feraient double emploi avec celles de la quatrième série d'essais, nous nous bornerons à relater les six groupes de mortiers ci-après, qui montrent l'influence du triage et celle de la finesse de mouture :

Nature du ciment	Poids spécifique	Numéro d'ordre du ciment	Proportion totale de résidu sur le tamis de			Immersion dans l'eau de mer. Valeur moyenne de K après	
			4900 mailles	900 mailles	324 mailles	4 semaines	1 an
Ciments résultant de la mouture d'un même lot de roches bien cuites de portland, sans addition de poussières des fours.	3,13	988	42,5	19	5,5	740	1100
		989	31	7	0	1040	1295
		990	20.5	2	0	1200	1510
Ciments résultant de la mouture d'un mélange par parties égales des mêmes roches que ci-dessus et de bonnes poussières.	3,11	991	42	19,5	7,5	600	910
		992	31	7.5	0,5	800	1105
		993	19	1,5	0	1040	1400

Quatrième série. — Mortiers plastiques contenant, en poids, 1 partie de liant pour 3 d'un même sable naturel (sable de la Crèche) ; avec chaque liant on a fait des essais de résistance pareils à ceux qui sont relatés dans les tableaux des pages 582 à 585 de la *Chimie appliquée*, et en particulier des essais de compression sur cubes de mortier plastique conservés d'abord

1. Paris, librairie polytechnique Béranger et Cie, 15, rue des Saints-Pères.

Nature des liants	Nombre d'échantillons différents essayés après 12 semaines et 1 an	Nombre d'échantillons différents essayés après 6 ans		Valeurs de K pour les mortiers conservés dans l'eau de mer, 12 sem.	eau de mer, 1 an	eau de mer, 6 ans	eau douce, 12 sem.	eau douce, 1 an	eau douce, 6 ans	air humide, 12 sem.	air humide, 1 an	air humide, 6 ans	Rapports des valeurs de K pour l'eau de mer et l'air humide à celles pour l'eau douce après les mêmes durées: eau de mer, 12 sem.	eau de mer, 1 an	eau de mer, 6 ans	air humide, 12 sem.	air humide, 1 an	air humide, 6 ans
Portlands de la région de Boulogne, satisfaisant, en général, au cahier des charges appliqué de 1885 à 1902 pour les Ports Maritimes	21	17	minimum	410	710	1500	570	910	1760	570	830	1280	0,67	0.61	0,68	0.85	0.74	0,73
			maximum	1220	1570	2000	1300	1950	2580	1020	1780	2180	1,06	0,83	0,95	1,28	1,02	1,11
			moyenne	757	1051	1721	926	1418	2062	914	1283	1898	0.82	0.74	0.84	1.02	0,89	0,92
Portlands de la même région, fabriqués en vue du cahier des charges, type n° 1, de 1902	1	0	échantillon n° 158	570	840	—	760	1100	—	760	930	—	0,75	0.76	—	1.00	0,85	—
	1	0	échantillon n° 168	490	904	—	640	1270	—	760	1280	—	0,76	0,71	—	1,19	1,01	—
Divers ciments d'essai de compositions spéciales	27	20	minimum	340	580	1210	510	930	1500	500	820	910	0,67	0,62	0,71	0.81	0,57	0.57
			maximum	3010	2880	2650	2390	3100	3590	1940	2480	3390	1,64	1 00	0,90	1,24	1,33	1,10
			moyenne	996	1351	1832	1087	1678	2306	998	1510	2081	0,88	0 81	0,80	1,01	0.92	0,89
Mélanges de portlands et de diverses pouzzolanes	11	5	minimum	390	500	900	510	800	1180	510	820	1150	0.71	0.63	0,76	0,82	0,71	0.67
			maximum	1720	2180	2510	1390	2080	2560	1380	1790	1830	1.28	1,28	1,41	1 10	1,02	1.06
			moyenne	1163	1583	1658	1075	1514	1644	993	1279	1328	1,07	1,01	1,04	0.92	0,83	0,81
Ciments de la région de Grenoble	11	10	minimum	350	880	1300	190	470	1300	330	470	560	0,60	0,76	0,74	1.06	0.78	0,42
			maximum	980	1780	2840	910	1880	3040	995	1970	3010	1,88	1,94	1,00	1.98	1.14	1.00
			moyenne	674	1003	1809	631	1255	2361	793	1257	1699	1,10	1,01	0,89	1,33	0.99	0.77
Ciments à prise lente de diverses autres régions de la France	18	14	minimum	250	500	890	310	460	880	170	310	580	0,70	0,71	0,81	0.78	0.68	0.54
			maximum	1780	2180	2600	2180	2700	2780	1630	1913	2390	1,61	1,78	1,19	1,48	1.73	1.15
			moyenne	708	1166	1656	884	1290	1823	898	1165	1594	1,02	0,96	0,92	1.01	0.96	0,90
Ciments étrangers (la plupart moulus très finement)	6	6	minimum	380	700	1190	500	850	1510	690	950	1160	0,76	0,74	0,76	0,96	0.81	0.75
			maximum	1340	2410	3430	1730	2690	3830	1660	2380	3150	0,99	0,98	0,90	1,26	1.10	1.08
			moyenne	1065	1558	2290	1173	1855	2750	1198	1712	2405	0.89	0.85	0,82	1.08	0.93	0.88
Ciments à prise rapide	10	9	minimum	320	490	1160	330	590	1180	170	810	1180	0,85	0,74	0.77	1,02	0.53	0,61
			maximum	970	1620	2180	930	1720	2190	1220	1590	2176	2,41	1.18	0.98	2,16	1.42	1.04
			moyenne	680	1111	1610	573	1176	1871	735	1029	1581	1.13	0,93	0,87	1,34	0.99	0.74
Ciments de laitier	18	17	minimum	450	630	990	480	850	920	450	550	710	0,54	0,60	0,65	0.78	0.74	0.72
			maximum	1070	1200	1900	1440	1610	2280	1530	1710	2010	1,20	1,27	1,36	1,18	1,06	1.01
			moyenne	729	954	1385	909	1164	1599	873	1075	1329	0,84	0.85	0,90	0,96	0.90	0,82
Ciments de grappiers	3	3	minimum	1050	1550	2090	790	1480	2130	750	1190	1760	0.80	0.86	0,84	0,76	0,64	0.83
			maximum	8760	4320	2930	3160	4330	3010	2405	3310	2710	1,33	1,06	0,98	0,97	0,90	0,90
			moyenne	1770	2478	2437	1606	2472	2623	1389	1966	2283	1.12	1,01	0,93	0.89	0,80	0,87
Chaux hydrauliques de la région du Teil (Ardèche)	6	5	minimum	630	1100	1860	420	1160	1630	370	620	1070	1.21	0,95	1.03	0.79	0.45	0.66
			maximum	900	1650	2010	690	1390	1950	620	1600	1410	1.56	1.22	1.18	1.07	0.79	0.81
			moyenne	770	1428	1923	542	1273	1728	513	825	1270	1.44	1.11	1.12	0.94	0.65	0,74
Chaux hydrauliques d'autres provenances françaises	23	19	minimum	110	290	450	90	270	420	130	220	510	0,68	0,85	0.85	0.72	0.55	0.64
			maximum	610	1260	1650	590	1480	1620	520	1160	1180	1.74	1,97	1.47	1.37	1.11	1,26
			moyenne	287	649	945	253	581	831	255	487	738	1.16	1,21	1.01	1.04	0.86	0,82
Chaux hydrauliques de la région de Tournai (Belgique)	9	7	minimum	220	500	820	170	480	710	130	370	560	1.05	1.00	0,92	0.36	0.31	0.41
			maximum	320	1880	1820	360	1770	1550	290	850	1380	1.46	1.26	1,25	1,72	1.11	1.08
			moyenne	302	891	1137	243	810	1055	229	520	884	1,24	1.10	1,11	0,99	0.75	0,87

Nature du liant	Numéro d'ordre du liant	Proportion totale de résidu sur le tamis de			Valeurs de K pour les mortiers conservés dans l'									Rapports des valeurs de K pour l'eau de mer et l'air humide à celles pour l'eau douce après les mêmes durées					
					eau de mer			eau douce			air humide			eau de mer			air humide		
		4900 mailles	900 mailles	324 mailles	12 sem.	1 an	6 ans	12 sem.	1 an	6 ans	12 sem.	1 an	6 ans	12 sem.	1 an	6 ans	12 sem.	1 an	6 ans
Ciment amaigri (Sand cement). (1 de portland : 2 de sable siliceux moulus ensemble)	971	10	0	0	370	530	640	370	550	710	440	550	680	1,00	0,97	0,90	1,18	1,00	0,96
Eisenportlandzement. (Portland contenant environ 30 0/0 de laitier ajouté après cuisson)	1541	6,5	0	0	1480	2060	—	1610	2360	—	1536	1980	—	0,92	0,87	—	0,95	0,84	—
	1550	21,5	1	0,5	1160	1550	—	1240	1920	—	1180	1550	—	0,94	0,81	—	0,95	0,81	—
Ciments de laitier. (Genre Passow)	1551	13	0,3	0,1	1000	1240	—	780	1060	—	750	1040	—	1,28	1,16	—	0,96	0,98	—
	1573	7	0,1	0	2000	2400	—	1950	2420	—	1820	2330	—	1,03	0,99	—	0,94	0,96	—
Ciments résultant de la mouture d'un même lot de roches bien cuites de portland, sans addition de poussières des fours	718	40	19	2	960	1270	1990	1300	2000	2740	1260	1900	2550	0,74	0,63	0,73	0,97	0,95	0,92
	719	26	1	0	980	1380	2180	1060	1920	2700	1260	1910	2500	0,93	0,72	0,79	1,18	1,02	0,90
	720	15	1	0	1280	1740	2650	1640	2040	3560	1700	2180	3110	0,78	0,68	0,74	1,04	0,93	0,87
Ciments résultant de la mouture d'un mélange par parties égales des mêmes roches que ci-dessus et de bonnes poussières	721	40	19	2	460	790	1410	520	1000	1640	650	1030	1620	0,88	0,79	0,86	1,09	1,03	0,99
	722	31	7	1	840	1240	1760	910	1500	2210	960	1120	1950	0,92	0,83	0,80	1,05	0,95	0,88
	723	11	3	0	930	1340	2150	1030	1670	2600	1170	1700	2510	0,88	0,80	0,83	1,12	1,01	0,97
Ciments résultant de la mouture d'un mélange de moitié des mêmes roches noires bien cuites, un quart de roches grises et un quart d'incuits jaunes	725	32	12	1	800	1230	1810	930	1690	2200	1010	1380	2330	0,86	0,73	0,81	1,12	0,82	1,01
	724	25	11	1	970	1440	2160	1150	1760	2500	1180	1810	2740	0,85	0,82	0,86	1,02	1,03	1,06
	726	11	2	0	1230	1820	2400	1580	2220	2910	1530	2110	3030	0,78	0,82	0,83	0,97	0,97	1,04
Ciment portland	333	50	19	3,5	340	560	1200	480	760	1320	450	860	1180	0,70	0,74	0,91	0,91	1,14	0,89
Même ciment dans lequel on a remplacé par autant de sable inerte de même grosseur les grains restant sur le tamis de 900 mailles	333′	ciment	sable	sable	320	510	1110	480	700	1200	440	830	1020	0,66	0,73	0,92	0,92	1,19	0,85
Même ciment dans lequel on a remplacé par autant de sable inerte de même grosseur les grains restant sur le tamis de 4900 mailles	333″	sable	sable	sable	230	360	680	260	380	630	300	410	620	0,88	0,93	1,08	1,12	1,06	1,00
				Perte au feu 0/0															
Un même ciment portland à divers degrés d'éventation	venant de l'usine			1,38	700	900	1620	750	1110	1960	700	1130	1830	0,93	0,80	0,83	0,94	1,01	0,93
	exposé en poudre à l'air humide pendant 10 jours			3,70	510	660	1540	640	1150	1800	700	1150	1820	0,79	0,57	0,86	1,09	1,00	1,01
	exposé en poudre à l'air humide pendant 18 jours			0,90	460	650	1270	670	1050	1680	520	700	1160	0,68	0,62	0,76	0,77	0,67	0,70
Mélanges en diverses proportions d'un même ciment portland et de chaux vive cuite à la température de cuisson du portland	Ciment : 100		Chaux :	0	700	900	1620	750	1110	1960	700	1130	1830	0,93	0,80	0,83	0,94	1,01	0,93
	» 99,5		»	0,5	620	830	1480	850	1190	1700	890	1310	1990	0,73	0,69	0,87	1,04	1,13	1,17
	» 99		»	1	570	790	1520	730	1040	1840	820	1020	1850	0,78	0,77	0,82	1,11	1,00	1,00
	» 98		»	2	440	650	1160	530	840	1470 (1)	580	980	1260 (1)	0,82	0,77	0,78	1,08	1,17	0,86
	» 95		»	4	260	250	460 (1)	330	380	670 (1)	410	380	690 (1)	0,80	0,65	0,69	1,24	1,52	1,04
Mélanges en diverses proportions d'un même ciment portland et de gypse en poudre fine	Ciment : 100		Gypse :	0	560	850	1580	840	1310	1840	710	1160	1790	0,67	0,65	0,85	0,85	0,87	0,98
	» 99		»	1	660	910	1720	840	1120	1900	840	1220	1710	0,79	0,82	0,91	1,00	1,09	0,90
	» 98		»	2	740	950	1500	890	1340	1890	990	1300	1730	0,84	0,71	0,84	1,12	0,96	0,92
	» 97		»	3	720	950	1750	970	1360	2150	1020	1460	1780	0,74	0,70	0,82	1,04	1,08	0,83
	» 95		»	5	530 (1)	680 (1)	(2)	910	1370	2150	640	850	1750	0,58	0,43	(2)	0,85	0,72	0,71
	» 90		»	10	Tombés en bouillie			Tombés en bouillie			380	790	1360	—	—	—	—	—	—

(1) Mortiers fissurés.
(2) Mortiers tombés en bouillie.

sept jours à l'air humide, puis exposés, les uns dans l'eau douce, d'autres dans l'eau de mer et d'autres dans l'air humide à température constante ; ruptures après douze semaines, un an et six ans. Chaque valeur de K est déduite d'un seul mortier (moyenne de deux cubes pareils), et est dès lors moins exactement connue que dans les séries précédentes. En raison du grand nombre des liants étudiés, on a, dans le tableau des pages 506 et 507, groupé ceux-ci par catégories et indiqué seulement les valeurs extrêmes et moyennes de K pour chacune.

D'après les moyennes calculées pour les rapports des valeurs de K correspondant aux divers milieux de conservation, on voit que les différences de durcissement sont généralement faibles : au bout de douze semaines, les résistances sont souvent un peu plus fortes dans l'eau de mer que dans les autres milieux ; après de plus longues durées, l'eau douce prend le dessus.

On a relaté de même, dans le tableau des p. 508 et 509, quelques essais spéciaux montrant notamment l'influence du triage des roches, de la finesse de mouture du ciment, de son degré d'éventation et de diverses additions.

Cinquième série. — Dans quelle mesure les valeurs de K déterminées au moyen de mortiers conservés dans un laboratoire, dans l'eau douce à température à peu près constante, permettent-elles de prévoir les résistances atteintes, dans la pratique, par des mortiers au même liant fabriqués avec un soin égal mais exposés à l'air libre ? Pour s'en rendre compte, on a fait une série d'essais avec des mortiers de même composition que ceux de la quatrième série et conservés, moitié dans l'eau douce à température constante, et moitié sur un toit, de manière à subir toutes les intempéries. Le tableau de la p. 511 indique les résultats obtenus pour douze liants différents après quatre semaines, douze semaines et un an : d'autres éprouvettes sont conservées pour n'être rompues qu'au bout de six ans.

On voit que, sauf le ciment de laitier ordinaire, dont les résistances ont été affaiblies par les intempéries, les autres liants n'ont guère souffert de ce mode d'exposition ou même ont eu leurs résistances augmentées. Il en a été de même dans des essais par flexion faits sur les mêmes mortiers. Dans les deux groupes d'essais, la concordance entre les résistances fournies par les diverses éprouvettes d'un même mortier a été

Numéro d'ordre du liant	Nature du liant	Proportion totale de résidu sur le tamis de			Poids spécifique	Valeurs de K						Rapports des valeurs de K aux intempéries à celles à l'eau douce après les mêmes durées		
						Eau douce			Intempéries					
		4900 mailles	900 mailles	324 mailles		4 semaines	12 semaines	1 an	4 semaines	12 semaines	1 an	4 semaines	12 semaines	1 an
1298	Ciment portland de Boulogne	28	6,5	2	3,13	1260	1690	2471	1080	1195	2528	0,86	0,71	1,02
1306	Mélange de divers portlands plus ou moins éventés	—	—	—	3,04	463	674	1064	560	801	1691	1,21	1,19	1,59
1305	1/3 roches tout venant + 1/3 incuits + 1/3 laitier non granulé	—	—	—	3,05	364	506	863	389	557	1371	1,07	1,10	1,57
1541	Eisenportlandzement (Portland contenant env. 30 % de laitier ajouté apr. cuisson)	6,5	0	0	3,07	937	1475	2120	835	1215	2210	0,89	0,83	1,04
1320	Ciment à prise rapide	30	6	1	3,12	212	446	1069	377	608	1347	1,78	1,36	1,26
1309	Ciment résultant de la surcuisson de briquettes de chaux du Teil	0,5	0	0	3,50	2026	2828	3737	1474	1931	3159	0,73	0,68	0,85
1313	Ciment de grappiers du Teil	9	0,5	0	3,01	607	1000	2009	555	779	1777	0,91	0,78	0,88
1314	Chaux du Teil	17	0	0	2,89	243	558	1354	277	396	1100	1,14	0,71	0,81
1678	Ciment maritime Pavin de Lafarge	1,5	0,1	0	3,07	1845	2665	—	1765	2065	—	0,85	0,78	—
1679	Chaux maritime Pavin de Lafarge	1,5	0,2	0,1	2,85	1065	1575	—	969	1355	—	0,91	0,86	—
1325	Ciment de laitier (chaux et laitier granulé)	9	2	1	2,78	848	1103	1500	465	665	869	0,55	0,60	0,58
1573	Ciment de laitier (genre Passow)	7	0,1	0	2,94	1720	2135	2760	1480	1895	2310	0,86	0,89	0,84

sensiblement la même pour les éprouvettes exposées aux intempéries et pour celles conservées dans l'eau.

Il est probable que, malgré la constatation qui vient d'être faite, les mortiers de chantier doivent atteindre des résistances moindres que ceux que l'on fait en petit dans les laboratoires avec toutes les précautions possibles. Il faudrait donc multiplier K par un certain coefficient de sécurité, plus petit que l'unité, pour tenir compter des malfaçons ; mais celles-ci, et par suite le coefficient de sécurité, doivent varier suivant le degré d'habileté des ouvriers.

Sixième série. — Pour relier entre elles les valeurs de K correspondant à des durées plus ou moins espacées de conservation dans un même milieu, il est bon d'avoir une idée de l'allure générale de variation de K en fonction du temps, de manière à pouvoir interpoler entre les nombres fournis par les diverses colonnes des tableaux qui précèdent. Dans ce but, la fig. 122 a été établie

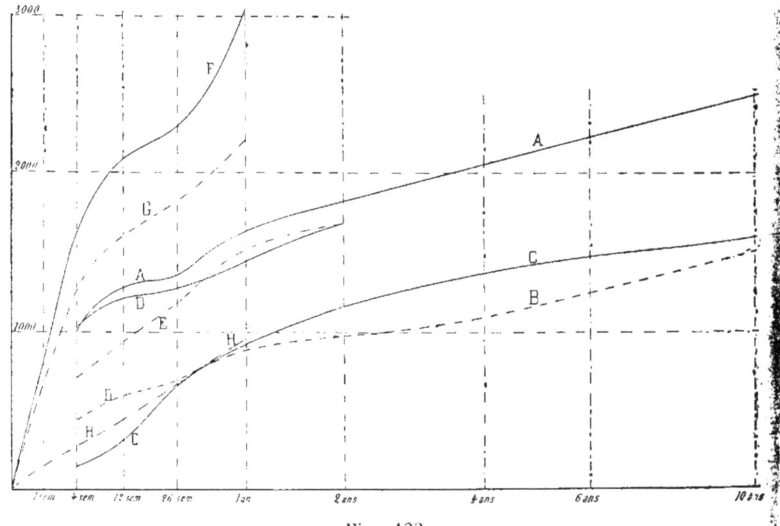

Fig. 122

au moyen de quelques essais dans lesquels on a déterminé les valeurs de K après des durées plus rapprochées. Pour éviter de donner au dessin une trop grande longueur, tout en espaçant suffisamment les ordonnées correspondant aux plus courtes durées, on a pris pour abscisses des longueurs proportionnelles, non aux durées elles-mêmes, mais à leurs racines carrées. Le tableau suivant donne les principales indications nécessaires à l'intelligence de la figure.

Désignation de la courbe sur la figure	Nature des liants	Époque d'immersion des mortiers	Milieu d'immersion définitif	Nombre de mortiers distincts essayés avec chaque liant après chaque durée
A	Ciment portland de la région de Boulogne.	7 jours	eau de mer	21
B	Ciment de laitier.	7 jours	eau de mer	11
C	Chaux hydraulique de la région de Tournai	7 jours	eau de mer	1
D	Moyenne de 4 ciments portland.	28 jours	eau de mer	2
E	Moyenne de 4 ciments à la gaize [1].	28 jours	eau de mer	2
F	Autre ciment portland de la région de Boulogne	2 jours	eau douce	tantôt 1, tantôt 6
G	Autre ciment de laitier. . . .	2 jours	eau douce	tantôt 1, tantôt 6
H	Moyenne de 6 chaux hydraul. de diverses provenances . .	2 jours	eau douce	tantôt 1, tantôt 6

206. Essais de réception basés sur la détermination de K. — Il ressort des divers exemples qui viennent d'être cités que les valeurs de K correspondant à divers liants de même nature conservés dans des conditions identiques peuvent présenter des différences considérables, de sorte qu'en adoptant dans un projet par exemple une des valeurs moyennes calculées dans la 4e série d'essais, on risquerait de commettre des erreurs assez importantes.

Pour que l'ingénieur pût faire ses calculs en meilleure connaissance de cause, il conviendrait tout au moins qu'il possédât déjà les résultats d'essais faits antérieurement sur un assez grand nombre d'échantillons de même nature et de même provenance que le liant dont il prévoit l'emploi.

Or ce résultat serait obtenu si, dans les essais courants de réception, la détermination de la résistance à la traction était remplacée

1. Mélanges d'une partie, en poids, de gaize légèrement torréfiée et de deux parties des quatre portlands D.

par celle de K. Chaque essai fournirait ainsi une donnée numérique directement utilisable, au lieu de la résistance d'un mortier tout spécial, généralement très différent de ceux qu'on se propose d'employer, et il suffirait de se reporter aux résultats obtenus pour les fournitures antérieures pour connaître approximativement la valeur de K sur laquelle on pourrait tabler. Dans ce but, il serait bon de prolonger quelques essais au delà des durées ordinaires, nécessairement assez courtes (le plus souvent 28 jours), après lesquelles on prononce la réception ou le refus de la fourniture, afin d'avoir des indications sur la progression ultérieure de K. Quelques essais rapides (finesse de mouture, durée de prise et valeurs de K aux courtes périodes), exécutés sur le liant à employer, suffiraient généralement pour qu'on pût l'assimiler d'avance à l'un des échantillons soumis antérieurement à des essais plus prolongés, et par suite prévoir approximativement les résistances des mortiers après une durée quelconque.

Outre ces avantages éminemment pratiques, l'introduction de la mesure de K dans les essais normaux ferait faire un grand pas à l'uniformisation des essais de résistance, en ce sens qu'il est actuellement presque impossible de définir un mortier normal et de l'obtenir identique à lui-même dans tous les laboratoires, tandis que, pour la détermination de K, les mortiers d'essai pourraient sans inconvénient présenter entre eux quelques différences. Néanmoins, comme la formule qui lie la résistance aux volumes élémentaires n'est pas absolument rigoureuse, il serait prudent, pour réduire les erreurs au minimum, de ne pas trop s'écarter d'un mortier type, qu'on pourrait définir en disant par exemple qu'il devrait être composé d'une partie de liant pour trois parties, en poids, d'un sable inerte de grosseur déterminée. Nous avons développé cette idée dans une publication antérieure [1], où ont été exposés en détail les inconvénients des essais normaux de résistance tels qu'ils sont prescrits actuellement dans les cahiers des charges, et d'autre part, avec expériences à l'appui, les avantages de la méthode que nous proposons à la place de ces essais.

Au cas où cette méthode viendrait à être mise en pratique, sans doute conviendrait-il, pour qu'on ne fût pas forcé de détermi-

1. *Bulletin de la Société d'Encouragement pour l'Industrie nationale*, décembre 1897, pp. 1607 à 1611.

ner le poids spécifique du liant dans tous les essais de réception, de prescrire, non la détermination de $K = \frac{C}{\left(\frac{c}{1-s}\right)^2}$, mais celle d'un autre paramètre $k = \frac{C}{\left(\frac{c\delta}{1-s}\right)^2} = \frac{K}{\delta^2}$, C désignant la résistance à la compression fournie par les essais, et le produit $c\delta$ n'étant autre que le poids de liant contenu dans l'unité de volume de mortier frais.

Les principales règles à observer pourraient alors être formulées à peu près comme il suit :

On pourra employer pour les essais n'importe quel sable composé exclusivement de grains traversant une passoire à trous circulaires de 2 millimètres de diamètre et retenus par une autre à trous d'un demi-millimètre, à condition toutefois que ce sable ait été antérieurement reconnu comme inerte par l'un des laboratoires officiels suivants.....................
qui en fera connaître en même temps le poids spécifique d.

On pèsera A grammes [1] de liant et 3 A grammes de ce sable à l'état sec; on les mélangera intimement à sec dans une capsule ; on versera le mélange sur une table non absorbante, on l'imbibera d'eau potable et on le gâchera à la truelle.

Le poids d'eau E (exprimé en grammes) à prendre pour chaque gâchée devra être tel que le mortier ait une consistance bien plastique sans que pourtant l'eau tende à s'en séparer dans les moules ou, tout au moins, que le mortier y éprouve de ce fait un retrait appréciable.

Avec une partie du mortier obtenu, on remplira exactement un vase étanche de capacité connue (soit V centimètres cubes), taré vide sur une balance, et on pèsera le vase plein de mortier ; on en réunira de nouveau le contenu sur la table avec le restant de la gâchée ; on remélangera le tout quelques instants et on emplira les moules à éprouvettes de la même manière qu'on avait empli le vase tout d'abord. On répétera les mêmes opérations à chaque gâchée [2] et on calculera la moyenne Q des poids nets (en grammes) de mortier ayant rempli chaque fois le vase.

1. Ne voulant pas entrer ici dans la question de la forme et des dimensions à donner aux blocs d'essai, nous représentons par l'indéterminée A un nombre qu'il faudrait choisir de telle sorte que chaque gâchée fournît un nombre donné d'éprouvettes sans une trop grande perte de matière. Dans un cahier des charges, on devrait définir les éprouvettes et remplacer partout A par le nombre correspondant.

2. Cette répétition des mesures a pour principal but d'habituer les opérateurs à toujours tasser le mortier de la même manière ; si les poids trouvés ne présentent que de faibles différences, on peut être à peu près certain que le tassement dans les moules est le même que dans le vase. Il y aurait divers inconvénients à peser le mortier directement dans les moules ; pourtant il faut recourir à ce moyen quand le mortier fait prise très rapidement.

(Définir ensuite comme par le passé le mode de conservation des mortiers pendant le durcissement, le démoulage, l'époque et les conditions de l'immersion, les durées de conservation, le nombre d'éprouvettes à essayer après chaque durée et la manière de procéder aux essais de rupture par compression).

Représentant par C la moyenne des résistances à la compression, exprimées en kilogrammes par centimètre carré, obtenues après une durée donnée pour les diverses éprouvettes d'un même mortier, on calculera la valeur de k fournie par la formule :

$$k = C\left[\frac{V}{Q}\left(4+\frac{E}{A}\right)-\frac{3}{d}\right]^2 \quad [1]$$

Cette valeur, qui caractérisera l'énergie du liant après chaque durée, devra être au moins égale à..... après 7 jours, au moins égale à..... après 28 jours, etc.

§ 3. — INFLUENCE DU FROTTEMENT DES PLATEAUX ET DE L'INTERPOSITION DE DIVERSES MATIÈRES

207. Diminution de la charge de rupture par l'interposition de certains lubrifiants. — Bien des expérimentateurs ont déjà signalé que, dans les essais ordinaires par compression, le frottement des plateaux de la machine contre les faces comprimées du bloc d'essai exerce une influence perturbatrice sur les résultats obtenus. En particulier, MM. les capitaines Galy-Aché et Charbonnier ont montré [2] que, lorsqu'on écrase un petit cylindre de cuivre entre deux plaques d'acier polies, sans interposer aucune matière, il prend la forme d'un tonneau (fig. 123), tandis qu'il reste cylindrique (fig. 124) si l'on a eu soin de supprimer le frottement en enduisant ses bases de graisse plombagi-

Fig. 123. Fig. 124. Fig. 125.

1. En effet, on a :

$$c\delta = \frac{Q}{V}\,\frac{A}{4A+E}\,; \qquad s = \frac{1}{d}\,\frac{Q}{V}\,\frac{3A}{4A+E}$$

et :

$$\frac{c\delta}{1-s} = \frac{\dfrac{Q}{V}\,\dfrac{A}{4A+E}}{1-\dfrac{3}{d}\,\dfrac{Q}{V}\,\dfrac{A}{4A+E}} = \frac{1}{\dfrac{V}{Q}\left(4+\dfrac{E}{A}\right)-\dfrac{3}{d}}.$$

2. Communications présentées devant le *Congrès international des Méthodes d'essai des matériaux de construction*, tenu à Paris du 9 au 16 juillet 1900, tome I, p. 264 : Paris, Dunod, 1901.

née, et peut même prendre une forme analogue à celle d'un hyperboloïde (fig. 125) si l'on exagère le glissement des bases en interposant des pellicules de plomb entre elles et les plateaux.

Avec des matériaux moins ductiles, comme les pierres et les mortiers, qui ne subissent, avant de se rompre, que des déformations très petites, ces effets ne sont pas appréciables à l'œil ; toutefois, il importe de savoir dans quelle mesure la charge de rupture est influencée par le frottement des plateaux.

M. le professeur A. Föppl [1] a écrasé des blocs cubiques soit en contact direct avec les plateaux de la machine, soit après avoir enduit leurs faces pressées d'un lubrifiant destiné à diminuer les frottements. Il a ainsi trouvé que les charges de rupture obtenues de la seconde manière n'atteignaient guère, avec les mortiers de ciment, que la moitié des charges ordinaires, et pouvaient même, avec certaines pierres, s'abaisser jusqu'à 28 pour 100 des charges de rupture de cubes pareils non lubrifiés.

M. l'ingénieur Giovanni Salemi Pace [2] a écrasé de même, dans diverses conditions, des cubes de pierres de duretés différentes. En interposant du carton ou une couche de ciment qu'il laissait durcir avant l'essai, il a obtenu sensiblement les mêmes résultats que dans les essais ordinaires sans matière interposée ; avec du liège, les charges de rupture n'ont atteint que de 71 à 89 p. 100 des charges ordinaires ; enfin, avec du plomb ou un mélange de cire et de stéarine, les charges de rupture ont été généralement réduites de plus de moitié.

Doit-on conclure de ces expériences que la véritable résistance des mortiers, affranchie de l'influence du frottement des plateaux, est la résistance relativement faible obtenue à l'aide de certains lubrifiants ? L'examen des blocs après rupture permet de répondre négativement.

Dans l'essai suivant, nous avons opéré sur des prismes à base carrée de 2 cm. de côté et 6 cm. de hauteur, faits en ciment rapide gâché pur et écrasés après durcissement de six jours à l'air humide. On a admis comme charge de rupture la charge maximum subie par chaque prisme pendant l'essai, c'est-à-dire l'ordonnée du point le plus haut du diagramme tracé par le dynamomètre enregistreur.

1. *Mittheilungen d. mech. techn. Labor. d. K. Hochschule, München*, 1900.
2. *Atti del Collegio degl' Ingegneri e Architetti in Palermo*, 1901. — *Baumaterialienkunde*, 1902

Cinq prismes ont été appliqués directement contre les plateaux de la machine ; ils ont donné pour charges totales de rupture :

412, 430, 468, 420, 420 ; moyenne = 430 kg.

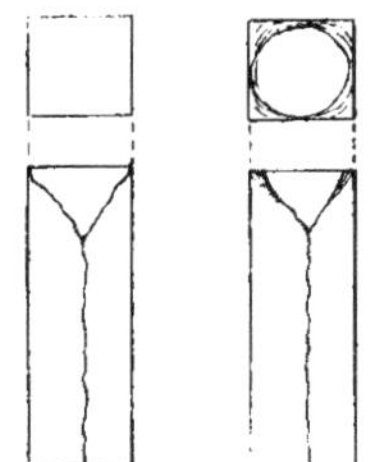

Fig. 126. Fig. 127.

La rupture s'est produite, comme l'indique la fig. 126, par la formation d'un coin pyramidal ayant pour base l'une des faces pressées, et qui a fendu le prisme suivant sa hauteur.

Quatre autres prismes pareils ont été essayés de même après qu'on eut enduit leurs bases d'une couche de paraffine d'environ un demi-millimètre d'épaisseur : les charges de rupture obtenues ont été :

344, 334, 330, 339 ; moyenne = 337 = 78 p. 100 de 430.

Cette fois, l'éclatement vertical des prismes a été provoqué par la formation d'un coin à peu près conique ayant pour base, sur l'une des faces pressées, un cercle de diamètre un peu moindre que le côté de ce carré (fig. 127).

Dans les expériences de ce genre, où la matière interposée présente une certaine consistance tout en étant relativement fluide, on constate que, à mesure que la pression augmente, cette matière s'échappe latéralement, mais conserve, au centre de la face pressée, une épaisseur plus grande qu'aux bords, de sorte qu'elle forme un véritable poinçon lenticulaire concentrant la pression dans la partie centrale et provoquant la rupture sous une charge totale moindre que si les efforts étaient uniformément répartis.

Cette manière de voir est d'ailleurs confirmée par les deux expériences suivantes :

M. Föppl, ayant comprimé des cylindres de cuivre à bases lubrifiées, a constaté que leurs bases avaient pris, après l'essai, une forme concave.

D'autre part, ayant écrasé entre un plan indéfini et un poinçon plan fini diverses matières pulvérulentes sans cohésion, nous avons observé qu'il restait toujours entre ces deux plans, si forte qu'eût été la pression exercée, une couche plus ou moins épaisse de matière agglomérée, s'étendant jusqu'à une certaine distance à l'intérieur du contour du poinçon.

Il résulte de là que les résistances relativement faibles obtenues quand on interpose des matières plastiques destinées à diminuer les frottements, sont loin de représenter la valeur réelle des résistances théoriques qu'on se propose de mesurer, résistances qui, seules, ont à intervenir dans le calcul des poutres armées. Pour s'affranchir à la fois du frottement et du poinçonnage, on devrait sans doute employer un lubrifiant suffisamment fluide pour ne pas former épaisseur au centre des faces pressées.

208. Nouvelles expériences. — Deux autres séries d'expériences, faites sur des cylindres de 3 cm. de diamètre et 3 cm. de hauteur avec interposition de diverses matières, ont donné des résultats différents, en ce que, cette fois, l'influence des matières interposées a été à peu près nulle.

La première a été faite avec un ciment rapide gâché pur puis conservé neuf jours sous l'eau :

Six cylindres, rompus en contact direct avec les plateaux, ont donné comme charges totales :

443, 460, 550, 487, 431, 400 ; moyenne = 462 kg.

Les cylindres se sont rompus en biseau (fig. 128).

Six autres cylindres pareils ont été enduits, sur leurs deux bases, d'une pâte fine de savon de Marseille pilé avec très peu d'eau ; leurs charges totales de rupture ont été :

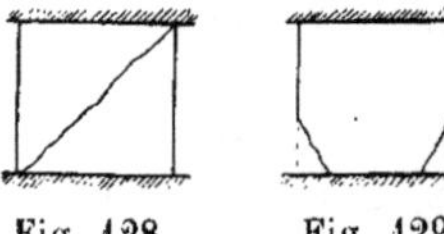

Fig. 128. Fig. 129.

500, 441, 477, 495, 441, 437 ; moyenne = 465 kg.,

c'est à-dire identiques aux précédentes. Toutefois la forme du solide restant n'a pas été la même, et la rupture s'est produite par affaissement des bords d'une des bases, suivant une sorte de tronc de cône (fig. 129).

D'autres essais, beaucoup plus complets, ont porté sur 58 cylindres identiques entre eux, faits avec un autre ciment rapide gâché pur, et ayant durci un peu plus de six mois à l'air humide.

On a opéré par séries de 6 (une fois 10) cylindres essayés dans les mêmes conditions, pour chacune desquelles on a calculé la moyenne des charges totales de rupture trouvées, puis les écarts de chacune des charges avec cette moyenne, la moyenne des valeurs absolues de ces écarts et enfin le rapport de cette moyenne à la charge moyenne de rupture ramenée à 100. Ce rapport, désigné dans le tableau par les initiales *M. E.* % (moyenne des écarts pour cent), donne une idée du degré de concordance des divers essais ayant contribué à chaque charge de rupture moyenne.

	1	2	3	4	5	6	7	8	9
	Contact direct	Savon	Graisse plombaginée	Vaseline	Pétrole	Glycérine	Etain	Carton	Toile émeri
Charges totales de rupture.		1610	2060	2180	2100	1710	2070	2080	1790
	2100 2100	1910	2250	2100	1710	1900	2020	2270	1970
	2000 2050	2070	1800	1900	1830	1640	2210	1880	2100
	1900 2060	2020	2270	2320	2020	2080	1950	2100	1990
	2150 2060	1990	1800	2170	2250	1990	1840	2300	1980
	1980 1990	1980	2050	2160	2100	2000	2080	2230	2150
Moyenne .	2039	1930	2038	2138	2002	1887	2028	2143	1997
Moyenne par cm²	289	273	289	302	283	265	287	304	282
Nombres proportionnels .	100	95	100	105	98	93	99,5	105	98
M. E. % . . .	*2.8*	*5.9*	*7.8*	*4.3*	*7.7*	*7.5*	*4.5*	*5.8*	*4.3*

La colonne 1 donne les résultats obtenus avec des cylindres pressés entre les plateaux d'acier, sans aucun intermédiaire ; les colonnes 2, 3 et 4 correspondent à l'emploi de divers lubrifiants : savon en pâte fine, graisse plombaginée et vaseline ; pour les colonnes 5 et 6, on a mouillé les bases des cylindres et les plateaux de pétrole ou de glycérine et maintenu les uns et les autres immergés dans ces liquides pendant les essais ; il en est résulté une plus grande difficulté de centrage, à laquelle doivent sans doute être attribués les écarts un peu plus forts trouvés dans ces deux séries d'essais. Enfin les colonnes 7, 8 et 9 correspondent à l'interposition de feuilles minces d'étain (quatre épaisseurs de « papier à chocolat » sur chaque base), de carton (deux feuilles de 0,4 mm. d'épaisseur sur chaque base) et de toile émeri (l'émeri du côté de l'éprouvette et la toile contre les plateaux).

Le tableau montre que, dans tous les cas, les charges de rupture ont été sensiblement les mêmes, les écarts des moyennes entre elles étant du même ordre de grandeur que ceux obtenus entre les divers résultats individuels ayant contribué à chaque moyenne.

En outre, les essais par contact direct des plateaux sont ceux qui ont donné les résultats les plus concordants.

On n'a d'ailleurs observé rien de bien net relativement aux formes des cassures.

En somme, il semble que, quand les bases des blocs d'essai sont bien planes, il n'y a intérêt ni pour l'exactitude ni pour la régularité des résultats à interposer une matière plus ou moins plastique entre les faces pressées et les plateaux de la machine.

D'autre part, en raison de ce qui a été dit ci-dessus (article 200) sur le peu de différence entre les charges de rupture de cubes et de prismes plus hauts, les dernières expériences tendent à établir que la résistance C déduite de cubes à faces bien planes non lubrifiées doit probablement s'écarter assez peu de la résistance théorique $\mathcal{C}$.

§ 4. — BLOCS DE MORTIER SOUMIS A DES EFFORTS DE COMPRESSION RÉITÉRÉS

209. Principe des essais. — Il a été dit à l'article 22 que tout mortier, soumis pour la première fois à un effort quelconque, subit une transformation moléculaire plus ou moins importante, entraînant une modification correspondante de ses principales propriétés.

Dans une poutre armée bien établie, les parties du mortier soumises à des efforts de traction se trouvent toujours au voisinage de l'armature, qui influe trop sur leurs déformations pour qu'on puisse songer à étudier avec fruit les modifications subies par un pareil mortier à la suite de tractions répétées, autrement que sur des éprouvettes d'essai pourvues, elles aussi, d'armatures métalliques. C'est ainsi notamment que M. Considère est arrivé à formuler ses célèbres lois sur l'énorme allongement du mortier au voisinage du fer.

Dans les régions comprimées, le mortier est généralement plus abandonné à lui-même, de sorte que la répétition d'efforts de compression sur des blocs non armés doit sans doute donner une idée assez approchée des modifications dont ces régions sont le siège quand la poutre est soumise à des alternatives de fatigue et de repos.

Pour l'étude expérimentale des efforts de compression réitérés, nous avons fait quelques essais avec le dynamomètre enregistreur de MM. H. et L. Le Chatelier, mis très gracieusement à notre disposition par M. Leduc, alors chef du laboratoire du Génie Militaire à Boulogne-sur-Mer, puis par M. le capitaine Comte. son successeur, avec l'autorisation bienveillante de M. le commandant Grison, chef du Génie à Boulogne. Cet appareil présente l'avantage de laisser un témoignage écrit des altérations progressives du mortier ; mais il ne peut être manœuvré qu'à la main, ce qui s'oppose à ce qu'on multiplie les répétitions d'efforts autant qu'il serait désirable.

Ce desideratum a été réalisé grâce à l'appareil à levier simple dont il a été déjà question à l'article 18 : le levier était chargé à son extrémité d'un seau lesté à volonté, qu'un mouvement mécanique soulevait et posait régulièrement et sans secousses, de sorte qu'on pouvait répéter chaque pression un grand nombre de fois, indiqué par un compteur de tours. Le bloc de mortier à essayer reposait sur une plaque d'acier, supportée elle-même par le bâti de la machine, et était surmonté d'une autre plaque épaisse, portant sur sa face supérieure une rainure, dans laquelle s'appliquait le couteau du levier. Un inconvénient de ce dispositif était la difficulté d'obtenir une pression également répartie sur chacune des deux faces opposées du bloc ; peut-être faut-il lui imputer en partie les écarts obtenus avec des blocs fabriqués, conservés et essayés dans des conditions pourtant aussi semblables que possible.

Dans toutes les expériences, on a commencé par déterminer, soit avec le dynamomètre, soit avec le levier, soit successivement avec ces deux appareils, la résistance à la compression de chaque mortier, au moyen d'un certain nombre de blocs pareils, essayés, comme dans les essais ordinaires, sous charge continuellement croissante ; c'est la résistance ainsi obtenue que Vicat appelait la *force portante instantanée du mortier*. Puis on a rapporté à cette résistance moyenne C, les pressions appliquées ensuite aux blocs essayés sous charges réitérées ainsi que les charges de rupture de ces blocs.

210. Essai n° 1. — Cet essai est celui dont il a été déjà rendu compte à l'article 22. On se rappelle qu'il s'agissait de cubes de 4 cm. de côté, en mortier plastique contenant en poids 1 de ciment portland pour 2 de sable de dune, essayés après durcissement de 13 jours sous l'eau et ayant donné C = 50,5 comme résistance moyenne instantanée.

Trois cubes, chargés par échelons de telle sorte que les pressions successives fussent $\frac{1}{5}$ C, 0, $\frac{2}{5}$ C, 0, $\frac{3}{5}$ C, etc., se sont rompus respectivement sous les pressions 0,84 C, 0,88 C et 0,88 C, moyenne 0,87 C.

Deux cubes, soumis, le premier 50 fois et le second 20 fois à la pression 0,52 C, puis chargés d'une manière continue jusqu'à rupture, se sont rompus, le premier sous 0,99 C, le second sous 0,95 C.

Enfin deux cubes, soumis respectivement à des répétitions de 0,68 C et de 0,80 C, se sont rompus, le premier au 59e chargement et le second dès le cinquième.

On pourrait songer à lire sur les courbes de la fig. 28, déduites des diagrammes de l'enregistreur, les coefficients d'élasticité moyens des mortiers soit pendant leur premier chargement, soit après un nombre quelconque d'applications d'une charge donnée. Mais les contractions enregistrées correspondent à la totalité de la hauteur des blocs, y compris les régions voisines des bases pressées, dont les variations d'épaisseur ne suivent pas la même loi que les tranches plus éloignées, de sorte que, même après correction des déformations de l'appareil, la courbe ne permet pas de déterminer exactement le coefficient d'élasticité du mortier à chaque instant. On s'en rend compte en opérant parallèlement sur des blocs d'un même mortier, les uns cylindriques, de 3 cm. de diamètre et 3 cm. de hauteur, les autres cubiques, de 4 cm. de côté : les coefficients moyens d'élasticité déduits des deux groupes de courbes peuvent différer du simple au double. De même, on obtient des résultats discordants en opérant sur des prismes ou des cylindres de même base mais de hauteurs différentes.

211. Essai n° 2. — Cylindres de 3 cm. de diamètre (section = 7,07 cm²) et 3 cm. de hauteur, en ciment portland pur, essayés après conservation de 28 jours dans l'eau douce.

Résist. instantanée par cm² : 283 ; 291 ; moy. : 287 = C.

Un autre cylindre, chargé d'abord 4 fois de 0,62 C, puis 10 fois de 0,86 C, s'est rompu au chargement suivant, sous 0,83 C.

212. Essai n° 3. — Mortier contenant, en poids, 1 partie de ciment portland pour 2 parties de sable de dune, essayé après 7 semaines de conservation dans l'eau douce. Cubes de 7 cm. de côté.

Résist. inst. par cm² : 71,4 ; 73,0 ; 74,6; moy. : 73,0 = C.

Deux cubes, chargés par échelons, de telle sorte que les pressions successives fussent $\frac{1}{7}$ C, 0, $\frac{2}{7}$ C, 0, $\frac{3}{7}$ C, etc., se sont rompus respectivement sous les pressions 0,98 C et 1,08 C.

Deux autres cubes soumis, le premier 5 fois, le second 22 fois à la pression 0,68 C, puis essayés sous charge continuellement croissante, se sont rompus sous 1,01 C et 1,00 C.

213. Essai n° 4. — Mortier contenant 700 kg. de ciment portland par mètre cube d'un sable calcaire sans grains fins (sable de marbre concassé ; voir annexe) et essayé, en cylindres de 3 cm. de diamètre et 3 cm. de hauteur, après conservation de 9 semaines à l'air humide.

1° Résist. instant. par cm². (moy. de 6 essais) : C = 214,6.

2° Cinq cylindres soumis d'abord à 10 applications de la pression $\frac{3}{4}$ C, puis essayés jusqu'à rupture sous charge continuellement croissante.

Deux de ces cylindres se sont rompus avant la dixième application de $\frac{3}{4}$ C, l'un au quatrième chargement, sous la pression 0,63 C, l'autre au huitième, sous la pression 0,75 C. Les trois autres ont supporté les 10 chargements préalables, puis se sont rompus sous les pressions 0,93 C, 0,98 C, et 1,01 C ; moyenne : 0,97 C.

3° Cinq cylindres soumis d'abord à 10 applications de la pression 0,85 C, puis essayés jusqu'à rupture sous charge continuellement croissante.

Quatre de ces cylindres se sont rompus avant la fin de la dixième application, savoir :

Un dès la première, sous la pression 0,75 C ;
Un à la troisième, sous la pression 0,77 C ;
Un à la quatrième, sous la pression 0,84 C ;
Un à la dixième, sous la pression 0,83 C.

Le cinquième a bien supporté les dix chargements de 0,85 C, puis s'est rompu sous 0,94 C.

214. Essai n° 5. — Quatre mortiers composés d'un même ciment portland et de deux sables, l'un fin (sable de dune), l'autre assez gros et exempt de grains fins (sable de marbre concassé ; voir annexe). Ces mortiers, gâchés à consistance plastique, ont été moulés en cubes de 4 cm. de côté et essayés après conservation de 9 semaines à l'air humide.

1° Résistances instantanées par cm^2 :

Mortier F (300 kg. de ciment par m^3 de sable fin) :
31,0 ; 31,8 ; 33,6 ; 34,7 ; moy. : 32,8 = C ;
Mortier G (300 kg. de ciment par m^3 de gros sable) :
63,8 ; 68,4 ; 72,2 ; 84,6 ; moy. : 72,2 = C ;
Mortier H (700 kg. de ciment par m^3 de sable fin) :
105,3 ; 111,6 ; moy. : 108,4 = C ;
Mortier K (700 kg. de ciment par m^3 de gros sable) :
192,2 ; 196,3 ; 210,3 ; 228,7 ; moy. : 206,9 = C.

2° Cubes soumis 10 fois à la pression $\frac{3}{4}$ C calculée pour chaque mortier, puis essayés sous charge continuellement croissante jusqu'à rupture.

Un seul cube, au mortier H, n'a pu supporter les dix premiers chargements : il s'est rompu au sixième, sous la pression 0,73 C.

Les autres ont donné, comme pressions de rupture :

Mortier F : 1,00 C ; 1,03 C ; 1,03 C ; 1,05 C ; moy. : **1,03** C ;
Mortier G : 0,86 C ; 0,95 C ; 1,14 C ; 1,20 C ; moy. : **1,04** C ;
Mortier H : 0,85 C ;
Mortier K : 1,00 C ; 1,03 C ; 1,03 C ; 1,04 C ; moy. : **1,03** C.

On constate d'ailleurs, sur les diagrammes, que la pression de rupture finale a toujours été d'autant plus forte que la contraction permanente, après les 10 applications de $\frac{3}{4}$ C, était plus faible.

215. Essai n° 6. — Cubes de 4 cm. de côté en plâtre gâché pur avec moitié de son poids d'eau, essayés après durcissement de 14 jours à l'air.

1° Essais au dynamomètre enregistreur sous charge continuellement croissante.

Résist. inst. par cm²: 65,6 ; 66,6 ; 72.2 ; 72,2 ; 73,4 ; moy. : 70,0 = C.

2° Des cubes, soumis, au moyen du levier, à des répétitions de la pression $\frac{2}{3}$ C ou de la pression $\frac{1}{2}$ C, se sont, pour la plupart, rompus avant d'avoir subi 200 chargements ; quelques-uns, essayés au dynamomètre, sous charge croissante, après 10, 50 ou 100 répétitions de l'une de ces deux pressions, ont toujours donné des résistances notablement inférieures à C.

Au contraire, d'autres cubes, retirés intacts après 100 ou 750 applications de la pression $\frac{1}{3}$ C, puis essayés au dynamomètre, ont toujours donné des résistances très voisines de C.

3° Cubes soumis, au moyen du dynamomètre enregistreur, à 10 applications successives de la pression $\frac{2}{3}$ C, puis essayés jusqu'à rupture, sous charge continuellement croissante, les uns dans la même direction et sans avoir été déplacés, les autres dans une direction perpendiculaire à celle des 10 premiers chargements.

Résistances obtenues par cm² dans la même direction :

70,0 ; 72,5 ; moy. : 71,2 = 1,02 C.

Résist. obtenues par cm² dans la direction perpendiculaire :

63,1 ; 68,7 ; moy. : 65,9 = 0,94 C.

En résumé, le plâtre s'est moins bien comporté, sous la répétition des charges, que les mortiers de ciment, et sa charge de rupture semble avoir été plus faible quand on l'a écrasé perpendiculairement à la direction des premiers efforts.

216. Essai n° 7. — Cubes de 4 cm. de côté faits avec un même mortier plastique contenant, en poids, 1 partie de ciment portland pour 3 de sable de dune, essayés après durcissement d'environ 8 semaines à l'air humide.

1° Essais sous charge continuellement croissante.

Résistances instantanées par cm^2 au levier :

35,8 ; 37,1 ; 41,7 ; moy. : 38,2 = C = 1,19 C′ ;

Résistances instantanées par cm^2 au dynam. enregistreur :

29,7 ; 29,7 ; 30,3 ; 35,0 ; 35,5 ; moy. : 32,1 = C′ = 0,84 C.

Ces deux moyennes présentant un écart assez important, on a rapporté à chacune d'elles les pressions appliquées ensuite aux autres cubes ainsi que leurs charges de rupture.

2° Trois cubes soumis chacun, au moyen du levier, à 1000 applications de la pression 15,7 = 0,41 C = 0,49 C′, retirés intacts, puis essayés, au dynamomètre enregistreur, sous charge croissante jusqu'à rupture :

Résist. obtenues : 31,9 ; 35,4 ; 39,1 ; moy. : 35,5 = 0,92 C = 1,10 C′.

3° Quatre cubes soumis de même à 1000 applications de la pression 21,1 = 0,55 C = 0,66 C′. L'un d'eux s'est rompu dès le quinzième chargement ; les trois autres ont bien résisté et ont été ensuite essayés jusqu'à rupture au moyen du dynamomètre enregistreur.

Résist. obtenues : 29,2 ; 36,0 ; 40.9 ; moy. : 35,4 = 0,92 C = 1,10 C′.

4° Deux cubes soumis de même, sans altération apparente, à 1000 applications de la pression 23,7 = 0,62 C = 0,74 C′, puis rompus au dynamomètre.

Résist. obtenues : 38,1 ; 38,5 ; moy. : 38,3 = C = 1,19 C′.

5° Un cube soumis à des répétitions de la pression 28,6 = 0,75 C = 0,89 C′ : Rompu dès la dixième application.

En résumé, dans les séries 2, 3 et 4, 1000 applications d'une charge relativement faible ne semblent pas avoir modifié d'une manière bien sensible la résistance du mortier.

217. Essai n° 8. — Cinq mortiers composés d'une même chaux hydraulique et de sable de dune fin et gâchés à consistance plastique :

Désignation du mortier :	A	B	C	D	E
Proportion de chaux, en poids :	1	1	1	1	chaux pure
Proportion de sable, en poids :	4	3	2	1	0

Avec chaque mortier, il a été fait 20 cubes pareils, de 4 cm. de côté, qui ont été immergés dans l'eau douce au bout d'une semaine et essayés au bout d'environ 13 mois, douze après avoir été sortis de l'eau depuis environ 2 mois, les huit autres étant restés constamment immergés, même encore pendant l'application des efforts.

Trois ou quatre cubes de chaque sorte ont été rompus, au moyen du levier, sous charge progressivement croissante, et la résistance moyenne C calculée pour chaque série a servi de base pour les essais suivants. Pour comparer l'appareil à levier au dynamomètre Le Chatelier, on a aussi rompu, avec ce dernier, trois cubes des mortiers conservés finalement à l'air.

Les divers résistances instantanées, obtenues sous charges uniformément croissantes, sont relatées dans le tableau de la page 529. On voit qu'elles ont été un peu plus fortes avec le dynamomètre enregistreur qu'avec le levier ; du reste, la vitesse de mise en charge n'était pas nécessairement la même dans les deux cas. D'autre part, avec un même appareil d'essai, les résistances ont été plus fortes pour les cubes conservés finalement à l'air et essayés dans ce même milieu que pour ceux imbibés d'eau, et la différence a été d'autant plus accentuée que les mortiers étaient plus poreux, résultat déjà obtenu dans des expériences antérieures et qui s'explique facilement par l'action dynamique plus énergique de l'eau comprimée que de l'air comprimé pour faire éclater les pores. Enfin, il n'y a que de faibles écarts entre les résistances des trois ou quatre cubes d'un même mortier essayés de la même manière.

Les autres cubes ont été soumis, avec l'appareil à levier, à 1000 pressions de $\frac{2}{3}$C ; quelques-uns n'ont pu les supporter

Mode de conservation des cubes pendant les 2 derniers mois et pendant les essais	Appareil employé pour les essais	Désignation du mortier Dosage	A 1 : 4	B 1 : 3	C 1 : 2	D 1 : 1	E chaux pure	Moy. des nombres proportionnels
à l'air......	appareil à levier	Résistances individuelles	19,8=0,94 C 20,4=0,97 C 23,1=1,10 C	30,0=0,91 C 32,2=0,98 C 33,1=1,00 C 36,6=1,11 C	43,6=0,97 C 43,9=0,98 C 45,2=1,00 C 47,1=1,05 C	54,2=0,95 C 57,7=1,01 C 58,0=1,01 C 58,5=1,03 C	69,2=1,00 C 69,2=1,00 C 69,2=1,00 C	
		Moyenne	21,1=C	33,0=C	45,0=C	57,1=C	69,2=C	
		Nombres proportionnels	100	100	100	100	100	100
	dynamomètre enregistreur (C désigne encore la résistance instantanée trouvée avec l'appareil à levier)	Résistances individuelles	23,1=1,10 C 24,4=1,16 C 24,7=1,18 C	35,2=1,07 C 35,5=1,08 C 37,5=1,14 C	45,3=1,01 C 48,8=1,08 C 50,5=1,12 C	60,6=1,06 C 62,5=1,10 C 65,0=1,14 C	70,1=1,02 C 77,6=1,13 C 78,1=1,13 C	
		Moyenne	24,1=1,14 C	36,1=1,10 C	48,2=1,07 C	62,7=1,10 C	75,3=1,09 C	
		Nombres proportionnels	114	110	107	110	109	110
immergés...	appareil à levier	Résistances individuelles	15,8=0,95 C 16,1=0,96 C 16,7=1,00 C 18,0=1,08 C	26,4=0,96 C 27,2=1,00 C 28,3=1,04 C	37,9=0,94 C 40,1=0,99 C 40,8=1,01 C 42,3=1,05 C	51,5=0,97 C 52,8=1,00 C 55,0=1,04 C	55,0=0,99 C 55,4=1,00 C 55,9=1,01 C	
		Moyenne	16,7=C	27,3=C	40,3=C	53,1=C	55,4=C	
		Nombres proportionnels	79	83	90	93	80	85

34

<table>
<tr><th rowspan="3">Désignation du mortier</th><th rowspan="3">Mode de conservation des cubes pendant les deux derniers mois et pendant les essais</th><th>Cubes rompus sous $\frac{2}{3}$ C avant 1000 applications de cette pression</th><th colspan="7">Cubes ayant supporté 1000 répétitions de la pression $\frac{2}{3}$ C</th></tr>
<tr><th rowspan="2">Nombre de press. $\frac{2}{3}$ C supportées avant rupture</th><th colspan="2">Cubes essayés jusqu'à rupture sous charge continuellement croissante</th><th colspan="5">Cubes soumis ensuite à la pression $\frac{3}{4}$ C</th></tr>
<tr><th>Etat après les 1000 press. $\frac{2}{3}$ C</th><th>Pression de rupture par cm² sous charge continuellement croissante</th><th>Cubes rompus sous $\frac{3}{4}$ C, avant 1000 applications de cette pression — Etat après les 1000 pressions $\frac{2}{3}$ C</th><th>Nombre de press. $\frac{3}{4}$ C supportées avant rupture</th><th>Cubes ayant supporté 1000 répétitions de la press. $\frac{3}{4}$ C, puis essayés jusqu'à rupture sous charge continuellement croissante — Etat après les 1000 pressions $\frac{2}{3}$ C</th><th>Etat après les 1000 pressions $\frac{3}{4}$ C</th><th>Pression de rupture par cm² sous charge continuellement croissante</th></tr>
<tr><td rowspan="2">A
(1 : 4)</td><td>à l'air.....</td><td></td><td>fortemt fissuré
intact</td><td>21,1 = 1,00 C
25,9 = 1,23 C</td><td>intact
intact</td><td>391
822</td><td>intact</td><td>intact</td><td>26,2=1,24 C</td></tr>
<tr><td>immergés.</td><td></td><td>intact</td><td>18,7 = 1,12 C</td><td>légèrt fendillé
légèrt fissuré
intact</td><td>130
605
999</td><td></td><td></td><td></td></tr>
<tr><td rowspan="2">B
(1 : 3)</td><td>à l'air.....</td><td></td><td>légèrt fissuré
intact</td><td>33,8 = 1,02 C
35,1 = 1,06 C</td><td>fissuré</td><td>149</td><td>intact
intact</td><td>tr. lég. veines
intact</td><td>36,0=1,09 C
38,9=1,18 C</td></tr>
<tr><td>immergés.</td><td>339
401
573</td><td></td><td></td><td>légèrt fissuré</td><td>390</td><td></td><td></td><td></td></tr>
<tr><td rowspan="2">C
(1 : 2)</td><td>à l'air.....</td><td></td><td>intact
intact
intact</td><td>48,2 = 1,07 C
48,2 = 1,07 C
50,4 = 1,12 C</td><td></td><td></td><td>fissuré
tr. légt fissuré</td><td>fortt fissuré
fortt fissuré</td><td>42,8=0,95 C
46,0=1,02 C</td></tr>
<tr><td>immergés.</td><td>716</td><td>intact</td><td>41,2 = 1,02 C</td><td>intact
intact</td><td>13
533</td><td></td><td></td><td></td></tr>
<tr><td rowspan="2">D
(1 : 1)</td><td>à l'air ....</td><td></td><td>tr. légt fendillé
tr. légt fendillé
intact</td><td>58,5 = 1,03 C
64,5 = 1,13 C
67,5 = 1,18 C</td><td></td><td></td><td>intact
intact</td><td>intact
intact</td><td>65,6=1,15 C
67,7=1,18 C</td></tr>
<tr><td>immergés.</td><td>323
876</td><td>tr. légt fendillé</td><td>47,6 = 0,90 C</td><td>intact</td><td>263</td><td></td><td></td><td></td></tr>
<tr><td rowspan="2">E
(Chaux pure)</td><td>à l'air.....</td><td>88 (fendillé dès la première)</td><td>fortt fendillé (légt dès la pr.)
fend. (d. la pr.)
légt fendillé</td><td>64,9 = 0.94 C
70,8 = 1,02 C
72,1 = 1,04 C</td><td>légèrt fendillé (dès la prem.)</td><td>639 (fortt fllé dès la pr.)</td><td>légèrt fendillé (dès les pr.)</td><td>fortt fendillé (dès les pr.)</td><td>64,9=0,94 C</td></tr>
<tr><td>immergés.</td><td>427
756 (légt fen-[illegible]</td><td>fendillé
légt fendillé</td><td>54,1 = 0,98 C
[illegible]</td><td>[illegible]</td><td>[illegible]</td><td></td><td></td><td></td></tr>
</table>

toutes, et on a noté au bout de combien d'applications ils ont cédé. Quant à ceux qui ont résisté, on a observé leur état après ces 1000 chargements, puis les uns ont été chargés d'une manière progressive jusqu'à rupture, et les autres ont été soumis à 1000 applications de la pression $\frac{3}{4}$ C. Ceux d'entre ces derniers qui ont résisté jusqu'au bout ont été ensuite rompus sous charge progressivement croissante.

Le tableau de la page 530 rend compte des résultats obtenus dans ces essais sous charges répétées, résultats qui frappent immédiatement par leur grande diversité.

En ramenant à 100 le nombre des cubes essayés soit dans l'air, soit dans l'eau, on calcule que, parmi les premiers, 4 se sont rompus avant 1000 répétitions de la pression $\frac{2}{3}$ C, tandis que, sur les 96 restants, 48 étaient plus ou moins fendillés après ces 1000 chargements et 48 paraissaient intacts. Pour les cubes immergés, les proportions correspondantes ont été de 38, 33 et 29.

En supposant que les 96 cubes à l'air ayant résisté aux 1000 répétitions de la pression $\frac{2}{3}$ C eussent tous été soumis ensuite à la pression $\frac{3}{4}$ C, on calcule que 32, en moyenne, se seraient rompus avant 1000 répétitions de cette nouvelle pression, tandis que 64 auraient résisté, sur lesquels 32 environ n'auraient présenté aucune fissure après l'épreuve. Aucun des cubes immergés ayant déjà résisté à 1000 applications de $\frac{2}{3}$ C n'a pu subir 1000 fois la pression $\frac{3}{4}$ C.

Il résulte de ces statistiques que, si l'on peut admettre qu'il existe, pour un mortier donné conservé dans un milieu donné, une pression maximum C', plus petite que C, qu'on puisse répéter indéfiniment sans danger, le rapport $\frac{C'}{C}$ est notablement plus faible pour les mortiers immergés que pour les mortiers à l'air.

L'influence de la richesse des mortiers apparaît d'une manière bien moins nette que celle de leur état d'humidité pendant l'essai. Il semble toutefois qu'à mesure que leur richesse en liant augmente, ils résistent de moins en moins bien à des répétitions multipliées de pressions égales aux deux tiers de leurs résistances instantanées.

Les cubes à l'air rompus sous charge continuellement croissante après avoir supporté 1000 applications de $\frac{2}{3}$ C n'ont donné qu'une fois, même quand ils étaient plus ou moins fendillés, une résistance inférieure à C, et la moyenne de leurs résistances a été de **1,07** C. Pour les cubes immergés, la proportion de résistances inférieures à C a été plus forte, mais la moyenne, **1,03** C, est encore supérieure à C. Quant aux cubes (tous à l'air) ayant subi **1000** pressions $\frac{2}{3}$ C puis 1000 pressions $\frac{3}{4}$ C, leur résistance moyenne a été **1,09** C, c'est-à-dire à peine supérieure à celle (**1,07** C) des cubes ayant subi seulement **1000** pressions $\frac{2}{3}$ C.

Que les mortiers soient devenus réellement plus résistants, dans la direction des pressions subies, par suite d'un tassement de leurs particules analogue à l'écrouissage des métaux, ou que l'augmentation de leur résistance moyenne résulte simplement de la sélection produite entre les cubes par suite de la rupture des moins résistants au cours des premiers chargements, il semble certain qu'en tout cas la répétition des charges n'a pas affaibli les mortiers dans la direction suivant laquelle elles ont agi.

218. Essai n° 9. — Mêmes mortiers F, G, H, K que dans l'essai n° 5, mais moulés en cylindres de **3** cm. de diamètre (section = 7,07 cm^2) et **3** cm. de hauteur, et essayés après conservation de **6** semaines seulement à l'air humide.

Le mortier K a été trop résistant pour qu'on pût l'essayer au levier : deux cylindres de ce mortier, rompus au dynamomètre enregistreur, ont donné l'un et l'autre une résistance instantanée de **161,2** kg. par cm^2. Les autres ont été conservés encore quelque temps, puis essayés tous au dynamomètre, où ils ont donné les résultats relatés plus haut à l'essai n° **4**.

Le tableau de la page **533** rappelle les compositions des mortiers F, G et H et indique les résistances instantanées qu'ils ont fournies tant au levier qu'au dynamomètre enregistreur.

Cette fois, les résistances instantanées obtenues avec l'appareil à levier ont été moins régulières que dans l'expérience précédente. On peut être tenté d'attribuer cette irrégularité à la difficulté de bien centrer les petits cylindres de mortier entre les

Désignation du mortier	F		G		H	
Nature du sable	fin		gros		fin	
Poids du ciment par m³ de sable	300 kg.		300 kg.		700 kg.	
Appareil employé	levier	dynamomètre enregistreur	levier	dynamomètre enregistreur	levier	dynamomètre enregistreur
Résistances instantanées par cm².			49,7=0,85 C		79,5=0,87 C	
	19,7=0,79 C		51,7=0,89 C		80,5=0,88 C	
	23,6=0,96 C		52,2=0,90 C		89,4=0,98 C	
	24,2=0,98 C		53,7=0,92 C		89,4=0,98 C	
	24,6=1,00 C		55,2=0,95 C		92,9=1,01 C	
	24,6=1,00 C		56,7=0,98 C		93,9=1,02 C	
	26,1=1,06 C		57,7=0,99 C	52,5=0,90 C	95,3=1,04 C	78,6=0,86 C
	26,1=1,06 C	24,9=1,01 C	64,1=1,10 C	53,3=0,92 C	97,4=1,06 C	82,9=0,90 C
	26,6=1,08 C	27,3=1,10 C	69,1=1,19 C	62,2=1,07 C	97,8=1,07 C	87,4=0,95 C
	26,6=1,08 C	28,0=1,13 C	70,0=1,20 C	62,4=1,07 C	102,8=1,12 C	98,9=1,08 C
Moyennes	24,7=C	26,7=1,08 C	58,0=C	57,6=0,99 C	91,9=C	87,0=0,95 C

Série d'essais	N° d'ordre du cylindre	Nombre d'applications de chaque pression jusqu'à rupture complète $\frac{2}{3}$ C	$\frac{3}{4}$ C	$\frac{4}{5}$ C	$\frac{5}{6}$ C	0,9 C	C	1,1 C	1,2 C	Totalisation des pressions subies jusqu'à rupture complète
					Mortier F (C = 24,7).					
1re série	1	50	13							43 C
	2	50	50	15						83 C
	3	50	50	50 F	5					115 C
	4	50	50	50	25					132 C
	5	50	50	50	50	9				161 C
	6	50	50	50	50	50	1			199 C
	7	50	50	50	50	50	50	10		259 C
	8	50	50	50	50	50	50	50	2	305 C
2e série	9	—	31							23 C
	10	—	1000 FF	32						776 C
	11	—	1300	256						1180 C
	12	—	1000	595						1226 C
	13	—	1000	743						1320 C
	14	—	1000	1000	—	685				2167 C
	15	—	1000	1246	—	873	481			3013 C
	16	—	1000	1762	—	935	1049	665		4782 C
					Mortier G (C = 58,0).					
1re série	17	50 f	2							35 C
	18	50 F	12							42 C
	19	50	50 F	6						76 C
	20	50	50	11						80 C
	21	50	50	26						92 C
	22	50	50	50	5					115 C
	23	50	50 F	50	10					119 C
	24	50	50	50 f	50	49				197 C
	25	50	50	50	50	50	14			212 C
	26	50	50	50	50	50	50 F	2		250 C
	27	50	50	50	50	50	50 F	32		283 C
2e série	28	—	3							2 C
	29	—	80							60 C
	30	—	188							141 C
	31	—	192							144 C
	32	—	431							323 C
	33	—	1000	351						1031 C
	34	—	1000	1000 F	—	79				1621 C
	35	—	1000	1000	—	1000	314			2764 C
3e série.	36	941								627 C
					Mortier H (C = 91,9).					
1re série	37	50 F	9							38 C
	38	1 f + 49	27							54 C
	39	50	42							65 C
	40	50	50	35						99 C
	41	50	50	50 F	50	17				168 C
	42	50 F	50	50	50	21				171 C
	43	50	50	50	50	50	37			235 C
	44	50	50	50	50	50	50	1		249 C
2e série	45	—	1							1 C
	46	—	2							1,5 C
	47	—	3							2 C
	48	—	4							3 C
	49	—	18							13 C
	50	—	43							32 C
	51	—	69							52 C
	52	—	1 f – 999	1000	—	67				1610 C
3e série	53	1 f + 9	74							62 C
	54	10	377							289 C
	55	10	415							318 C
	56	10	814							617 C
4e série	57	1000 F	160							787 C
	58	1000 f	1000	617						1910 C

plateaux de l'appareil ; pourtant, en appliquant la théorie des erreurs aux 29 essais de résistance rapportés dans le tableau, on calcule que la répartition des écarts est parfaitement conforme à cette théorie, de sorte qu'il ne doit pas intervenir de causes d'erreurs systématiques, comme ce serait le cas si, par suite d'incertitudes de centrage, on avait tendance à obtenir une majorité de résistances trop faibles [1].

Avec chaque mortier, on a fait une première série d'essais sous charges répétées, en appliquant d'abord 50 fois la pression $\frac{2}{3}$ C, puis 50 fois la pression $\frac{3}{4}$ C, 50 fois la pression $\frac{4}{5}$ C, et ainsi de suite avec des charges de plus en plus fortes, jusqu'à effondrement complet du cylindre. A la fin de chaque série de 50 charges pareilles, on a examiné le cylindre et noté s'il présentait des fissures.

Dans une seconde série d'essais, on a opéré de même en partant de la pression $\frac{3}{4}$ C et procédant à 1000 applications de chaque charge avant de passer à la suivante.

Comme, avec le mortier II, on obtenait ainsi des ruptures presque immédiates sous la pression $\frac{3}{4}$ C, on a fait, avec ce mortier, deux autres séries d'essais en commençant soit par 10 soit par 1000 pressions $\frac{2}{3}$ C.

Le tableau de la page 534 relate les résultats obtenus pour chaque cylindre. Dans la dernière colonne, on a totalisé les pressions subies jusqu'à rupture complète, en arrondissant les sommes en multiples entiers de C : les nombres ainsi calculés n'ont qu'un intérêt très relatif et dépendent évidemment de l'ordre de progression adopté pour les charges appliquées successivement ; néanmoins ils facilitent la comparaison des essais d'une même série. Les lettres *f*, F et FF correspondent à l'in-

1. L'erreur moyenne des 29 expériences est 0,1006 C et leur erreur probable 0,0679 C, de sorte que, s'il n'intervient pas d'erreurs systématiques, la liste des résistances obtenues, rangées par ordre de grandeurs, doit être partagée en quatre parties numériquement égales par les nombres 0,932 C, 1,000 C et 1,068 C. Or on a eu 7 résistances inférieures à 0,932 C, 8 comprises entre 0,932 C et 1,000 C, 7 entre 1,000 C et 1,068 C et 7 supérieures à 1,068 C. Étant donné que le nombre 29 n'est pas divisible par 4, la concordance ne peut pas être plus parfaite.

stant où l'on s'est aperçu que le cylindre était légèrement fissuré, fissuré ou fortement fissuré.

On constate immédiatement que les résultats obtenus avec des cylindres de même mortier essayés de la même manière ont été extrêmement variables.

Dans les essais de la première série, les trois mortiers se sont comportés à peu près de la même manière, le mortier F peut-être un peu mieux que les deux autres. Les moyennes des sommes des pressions supportées jusqu'à rupture ont été de **162** C pour F, **136** C pour G et **135** C pour H, soit de **144** C pour la moyenne générale des **27** cylindres.

Tous ces cylindres ont supporté sans s'effondrer les **50** pressions $\frac{2}{3}$ C ;

21, soit 78 0/0 d'entre eux, ont supporté en outre **50** pressions $\frac{3}{4}$ C ;

16, soit 59 **0/0** du nombre initial, ont supporté en outre 50 pressions $\frac{4}{5}$ C ;

12. soit 44 0/0, ont supporté en outre 50 pressions $\frac{5}{6}$ C ;

8, soit 30 0/0, ont supporté en outre 50 pressions 0,9 C ;

5, soit 18 0/0, ont supporté en outre 50 pressions C ;

enfin **1**, soit 4 0/0, a supporté en outre 50 pressions **1,1** C et ne s'est rompu que quand on est passé à la pression **1,2** C.

Dans les essais de la deuxième série, le mortier F a généralement supporté un nombre de pressions beaucoup plus considérable que dans ceux de la première, donnant par leur totalisation des sommes bien plus élevées ; mais les charges maximum atteintes ont été, en général, un peu plus faibles.

Le mortier G, dont la résistance instantanée était plus forte, s'est moins bien comporté que le précédent dans la deuxième série d'essais : plus de la moitié des cylindres se sont rompus avant 1000 applications de la pression $\frac{3}{4}$ C.

Enfin le mortier H, encore plus résistant, s'est presque toujours rompu dès les premières applications de cette pression. Mais quand on commençait, comme dans la 3e série, par lui appliquer quelques pressions plus faibles, il subissait de ce fait une sorte d'écrouissage, qui lui permettait de mieux supporter ensuite la pression $\frac{3}{4}$ C à laquelle il résistait d'abord si mal. Il semble même résulter de la quatrième série d'essais que l'écrouissage produit par **1000** applications préalables de la pression $\frac{2}{3}$ C aurait été plus efficace que dans le cas de **10** applications seulement de cette pression.

Il est possible qu'une charge statique prolongée suffisamment longtemps, sans intervalles de déchargement, opère un écrouissage analogue : deux cylindres du mortier G ont été soumis d'une manière continue à la pression $\frac{4}{5}$ C, le premier pendant **23** heures, le second pendant **39** ; puis on a augmenté progressivement la charge jusqu'à rupture : le premier a cédé sous une pression de **58,2** kg. par cm², soit 1,00 C, le second sous **64,1**, soit **1,11** C.

219. Conclusions. — De l'ensemble des expériences qui précèdent paraissent se dégager les conclusions suivantes :

1° La fragilité d'un mortier donné sous la répétition d'une même pression est fortement influencée par des variations en apparence très faibles de la composition de ce mortier ou des conditions de l'expérience, et l'on peut obtenir des résultats très différents avec des blocs pareils essayés dans des conditions qui pourtant paraissent aussi identiques que possible ;

2° Au-dessous d'une certaine limite, variable suivant les mortiers, la répétition d'une même pression semble augmenter un peu la résistance du mortier, dans la direction où elle a été appliquée, et en tout cas rend celui-ci capable de supporter des charges plus fortes, sous lesquelles il aurait cédé tout d'abord ;

3° Plus la résistance instantanée d'un mortier est forte, plus faible est la fraction de cette pression qu'on peut sans danger appliquer un grand nombre de fois au mortier ;

4° Plus la contraction permanente subie par un bloc de mortier sous des charges réitérées augmente vite, moins est grand le nombre des charges qu'il peut supporter sans se rompre.

On voit donc que, quand une poutre armée, dont la région comprimée est exempte d'armature, est appelée à subir en service des alternatives de chargement et de déchargement, il est imprudent d'y faire travailler le mortier à la compression sous une pression supérieure à la moitié ou même au tiers de sa résistance instantanée. Autrement, on risque d'obtenir une rupture brusque au bout d'un nombre plus ou moins élevé de chargements, comme cela a été le cas avec la poutre armée qui a fait l'objet de l'expérience n° 25 citée plus haut (p. 66).

Il n'est d'ailleurs pas étonnant que, dans cette expérience, on n'ait constaté, avant la rupture, aucune augmentation sensible de la flèche, malgré la conclusion qui vient d'être formulée en 4°, car la contraction croissante du mortier devait être localisée dans une portion de la longueur de la poutre trop faible pour qu'il en résultât une variation de flèche appréciable.

Quand la région comprimée de la poutre contient des armatures, les conditions de fatigue du mortier ou du béton ne sont plus les mêmes, et on ne peut pas affirmer *a priori* que les conclusions ci-dessus énoncées soient encore valables. On trouvera un peu plus loin (art. 226 à 228) le compte-rendu de quelques essais identiques aux précédents, entrepris en vue d'étudier cette question et ayant porté parallèlement sur des blocs d'un même mortier armés et non armés.

§ 5. — COMPRESSION PAR CHOCS

220. Expériences. — On a opéré sur des mortiers plastiques composés, en poids, d'une partie d'un même ciment pour cinq, trois et deux parties d'un sable de quartzite broyé, contenant égales proportions de gros grains, de grains moyens et de grains fins. Ces mortiers avaient été conservés pendant quatre semaines dans l'eau de mer, l'eau douce et l'air humide.

On a d'abord rompu quelques blocs par compression à la manière ordinaire.

Les essais de choc ont porté sur deux séries de prismes, les uns de 4 × 4 cm., placés en croix entre deux bandes d'acier parallèles de 4 cm. de largeur, les autres de 2 × 2 cm, placés de même entre des bandes de 2 cm. Maintenus dans cette position par un support spécial destiné à les empêcher de se déplacer après chaque choc, les prismes ont été surmontés d'un bloc de fer à faces parallèles, sur lequel on a fait tomber de diverses hauteurs un mouton guidé de manière à descendre d'aplomb sans frottement.

Les premiers essais ayant montré que, quand la longueur du prisme dépassait notablement ses dimensions latérales, les premiers chocs avaient pour effet de fendre le mortier au ras des plaques, on a, dans tous les essais suivants, commencé par couper les prismes de manière à leur laisser une longueur peu supérieure à leur largeur.

Malgré cette précaution, il a été difficile d'apprécier exactement à quel moment on devait considérer le prisme comme écrasé. Parfois un morceau se détachait, le reste demeurant intact ; tant que la fraction ainsi détachée n'était pas trop considérable, on continuait l'essai. A partir d'un certain moment, on apercevait à la surface des mortiers de légères lignes, marques extérieures de fissures. Parfois aussi le mortier s'écrasait complètement sans qu'on eût rien remarqué auparavant.

Dans tous les cas, on a admis que le prisme était rompu au moment où on pouvait le disloquer avec les doigts, même moyennant un certain effort. Comme tous les essais ont été faits par un même opérateur, la force mise en jeu a été toujours la même, et les résultats doivent être assez comparables.

Le poids du mouton a toujours été de 3 kg. et, pour chaque bloc, on a toujours opéré avec une même hauteur de chute, en déterminant le nombre de coups égaux nécessaire pour le désagréger. Le poids de la chabotte était de 200 kg.

En général, on a recommencé chaque essai sur 20 prismes pareils. Quel que fût le nombre des prismes essayés, on a admis comme nombre de coups nécessaire pour la rupture du mortier correspondant la moyenne des nombres, souvent fort différents, trouvés pour ces divers prismes.

Pour se rendre compte du degré de concordance des résultats d'une même série, on a calculé les écarts de ces nombres avec leur moyenne, et exprimé la moyenne des valeurs absolues de ces écarts en fonction du nombre de coups moyen ramené à 100. Toutefois il ne faudrait pas attacher trop d'importance aux chiffres ainsi obtenus, du moins quand les nombres de coups sont faibles, étant donné que celui trouvé pour chaque prisme est nécessairement un nombre entier. Ainsi, pour le premier essai mentionné dans le tableau, dont la moyenne des écarts relatifs est de 24,8 0/0, on a eu en réalité, sur 20 prismes, 6 ruptures au premier coup et 14 au second, ce qui ne constitue pourtant pas une bien grande discordance.

Composition du mortier (rapport du poids de ciment au poids de sable)	Milieu de conservation (pendant 4 semaines)	Résistance à la compression par cm² C	Mouton de 3 kg. Prismes de 2 × 2 cm. H = 5 n	ME %	H = 10 n	ME %	H = 20 n	ME %	Prismes de 4 × 4 cm. H = 20 n	ME %	H = 40 n	ME %	H = 60 n	ME %
1 : 5	Eau de mer	70	1,70	*24,8*	1,05	*9,0*	»		3,83	*26,1*	2,08	*7,2*	1,92	*7,8*
	Eau douce	72	1,30	*32,3*	1,00	*0*	»		4,35	*13,2*	2,41	*9,3*	1,88	*11,2*
	Air humide	86	1,55	*32,2*	1,00	*0*	»		6,23	*13,9*	2,64	*17,5*	1,88	*11,2*
1 : 3	Eau de mer	124	3,85	*14,9*	2,15	*19,8*	1,15	*22,2*	10,72	*15,4*	3,88	*19,1*	2,50	*26,7*
	Eau douce	137	3,30	*13,6*	1,05	*9,0*	»		11,65	*12,5*	4,64	*14,4*	3,05	*6,5*
	Air humide	141	2,15	*11,9*	1,70	*24,7*	1,00	*0*	11,12	*9,4*	4,12	*13,2*	2,75	*13,6*
1 : 2	Eau de mer	175	7,10	*9,0*	2,85	*9,0*	1,15	*22,2*	23.00	*12,0*	7,20	*17,8*	4,37	*17,2*
	Eau douce	187	10,10	*20,0*	3.50	*18,6*	1,05	*9,0*	23.95	*25,3*	6,41	*12,0*	4,33	*17,2*
	Air humide	168	3,90	*16,2*	1,80	*17,8*	1,00	*0*	14,53	*16,5*	5,45	*13,2*	4,05	*33,8*

Le tableau de la page 540 rend compte des résultats obtenus dans les essais ; on y a représenté par C les résistances ordinaires à la compression sans chocs, par H les hauteurs de chute du mouton exprimées en centimètres, par n les nombres moyens de coups ayant amené la rupture de chaque série de prismes et par *M. E. 0/0* les moyennes des écarts relatifs calculées comme il vient d'être dit.

Autant qu'on peut songer à tirer de ces résultats, souvent assez irréguliers, une relation entre la résistance du mortier, la hauteur de chute du mouton et le nombre de coups nécessaire pour la rupture, on calcule que les nombres de coups trouvés pour les prismes de 4×4 cm. sont à peu près proportionnels à la puissance $\frac{5}{4}$ du rapport $\frac{C}{H}$:

$$n = 1{,}07 \left(\frac{C}{H} \right)^{5/4}.$$

S'il en est bien ainsi, il en résulte que la fragilité des mortiers et leur résistance ordinaire à la compression sont corrélatives l'une de l'autre, de telle sorte que l'une diminué quand l'autre augmente, et inversement.

Pour les prismes de 2×2 cm., les résultats se groupent moins bien, et en tout cas le coefficient de proportionnalité ne serait pas le même, alors même qu'on le corrigerait proportionnellement au rapport des sections. D'ailleurs la plupart de ces prismes se sont rompus sous des nombres de coups très faibles, et beaucoup de ceux qui ont cédé dès le premier coup se seraient sans doute rompus de même pour une moindre hauteur de chute.

221. Effet des chocs sur les poutres armées. — Dans un bloc de mortier soumis à un choc, comme dans les essais qui précèdent, la répartition des efforts doit être toute différente de ce qu'elle est dans un bloc identique supportant une pression statique équivalente. Les effets du choc, très intenses au voisinage immédiat de la surface directement frappée, ne se propagent que de plus en plus atténués dans les régions internes, de sorte que la rupture doit presque toujours commencer par la surface.

A fortiori, dans une poutre armée, la chute brusque d'un fardeau ou le choc d'un projectile doivent produire avant tout un effet superficiel, ainsi du reste que cela a été constaté dans maints accidents survenus pendant l'exécution de constructions en ciment armé et qui n'ont eu que rarement de graves conséquences. Une fraction plus ou moins importante de la force vive se trouve dépensée à désagréger les couches supérieures du mortier au voisinage immédiat des points frappés et le reste se traduit en un effort de flexion qui développe dans la poutre des tensions et des compressions, mais sans que ces dernières aient sans doute le caractère de véritables chocs, comme dans les expériences qui viennent d'être décrites. Les phénomènes doivent être assez complexes, et c'est probablement surtout par des essais de flexion sous chocs qu'on pourra les étudier. On trouvera plus loin (chap. XIII, § 4) quelques essais de ce genre exécutés sur des barreaux de mortier non armés.

§ 6. — ESSAIS DE COMPRESSION SUR BLOCS ARMÉS

222. But des essais. — Etant donné que la rupture par compression des matières cassantes telles que les mortiers se produit suivant des plans le long desquels les morceaux tendent à glisser, on conçoit que, si ces plans sont traversés par des armatures métalliques, celles-ci ne pourront se cisailler en même temps que le mortier et, mettant obstacle au glissement, devront augmenter la résistance du bloc.

Les expériences qui vont être décrites ont été entreprises en vue de vérifier dans quelle mesure il en était ainsi selon la disposition des armatures. Aussi a-t-on cherché à éviter, autant que possible, que ces dernières intervinssent par leur résistance propre dans celle du bloc armé. Par exemple, dans le cas de tiges parallèles à la direction de l'effort de compression, on a fait en sorte qu'elles n'atteignissent pas jusqu'aux bases du bloc, de manière à diminuer leur compression longitudinale. De même, pour mieux faire apparaître l'influence des diverses formes d'armatures, on les a choisies aussi simples que possible.

Il ne faudrait donc pas considérer ces essais comme destinés à réaliser des blocs armés présentant dans leur ensemble une forte résistance, autrement dit à rechercher le meilleur système d'armature pour les solides appelés à travailler par compression. Aussi ne devra-t-on pas s'étonner si les augmentations de résistance produites par le métal ont été généralement assez faibles et, en tout cas, notablement moindres que celles qui ont été trouvées par M. Considère dans ses expériences sur le béton fretté, publiées postérieurement à nos essais [1]. D'ailleurs les pourcentages de fer étaient aussi plus faibles que ceux que ce savant a reconnus nécessaires pour que l'armature puisse produire son plein effet.

223. Dispositifs adoptés. — Sauf dans un seul essai, exécuté sur des blocs cubiques, et qui sera décrit plus loin, on a opéré sur des cylindres de mortier de 3 cm. de diamètre et 3 cm. de hauteur, les uns armés, les autres sans armatures.

Les types d'armatures étudiés ont été les suivants :

A_1 : Six fils d'acier droits de 1,5 mm. de diamètre et 27 mm. de longueur, également espacés, parallèlement à l'axe du cylindre, à 2 à 3 mm. de sa surface extérieure (fig. 130) et n'arrivant pas tout à fait jusqu'aux bases. Pourcentage : $\varphi = 0,012$.

A_2 : Même dispositif avec un fil de plus, suivant l'axe du cylindre : $\varphi = 0,014$.

A_3 : Dispositif analogue, mais avec 10 fils d'acier (fig. 131) : $\varphi = 0,020$.

B_1 : Hélice faite avec le même fil d'acier et formée de 5 à 6 spires d'environ 22 mm. de diamètre et d'un développement total de 40 cm. (fig. 132) : $\varphi = 0,029$.

B_2 : Hélice analogue mais n'ayant que quatre spires et demie, d'environ 25 mm. de diamètre, soit 35 cm. de développement total : $\varphi = 0,026$.

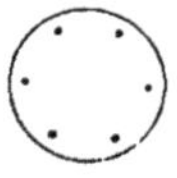

Fig. 130. 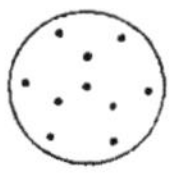 Fig. 131. 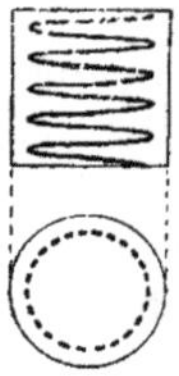 Fig. 132. 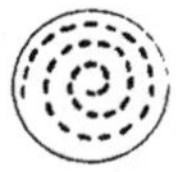 Fig. 133.

C : Spirale formée par l'enroulement d'une toile de laiton (toile n° 11 du commerce ayant 19 mailles par cm^2), d'environ 25 mm. de hauteur (parallèlement à l'axe du cylindre) et 14 cm. de longueur totale développée, formant trois spires dont la plus large se trouvait à une distance moyenne de 2 mm. du contour latéral du cylindre (fig. 133) : $\varphi =$ environ 0,055.

1. Articles publiés en 1902 par le *Génie Civil* et réunis ensuite en une brochure spéciale.

224. Essai n° 1. — Cet essai a été fait, en même temps que le premier essai mentionné à l'article **208**, sur des cylindres de ciment rapide pur conservés 9 jours dans l'eau. On a essayé parallèlement des cylindres non armés et d'autres munis d'armatures des types A_1 et B_1, la moitié de chaque série posant directement contre les plateaux, les autres enduits sur leurs bases d'une pâte fine de savon.

Avec les cylindres armés, les différences entre les charges de rupture avec et sans lubrifiant ont été irrégulières, et l'on a tablé finalement sur les moyennes générales, sans pouvoir formuler aucune conclusion sur l'influence du lubrifiant, sauf en ce qui concerne la forme de la rupture :

Pour les cylindres du type A_1, les cassures se sont produites des mêmes manières que pour les cylindres non armés, c'est-à-dire conformément à la figure **128** dans le cas ordinaire et à la figure **129** pour les cylindres savonnés (p. 519).

Pour ceux du type B_1, le ciment s'est détaché dans toute la partie comprise entre les spires et le pourtour du cylindre, en laissant à l'intérieur de l'hélice une sorte de cylindre à peu près intact, ayant une base plus large ou plus étroite suivant qu'on opérait par contact direct (**fig. 134**) ou après avoir savonné les bases (figure **135**).

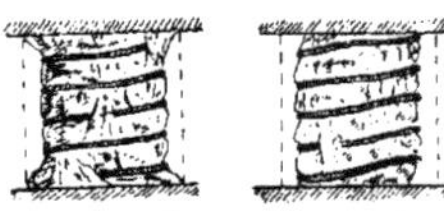

Fig. 134. Fig. 135.

Les charges totales trouvées nécessaires pour produire la rupture dans les différents cas ont été les suivantes :

	Cylindres non armés		Armature A_1		Armature B_1	
	Contact direct	Bases savonnées	Contact direct	Bases savonnées	Contact direct	Bases savonnées
Charges totales de rupture. . .	443	500				
	460	441				
	550	477				
	487	495	424	381	344	
	431	441	498	443	412	494
	400	437	391	443	392	490
Moyennes . . . . . kg.	462	465	438	422	383	492
Moyennes générales . .	463,5		430,0		426,4	
Nombres proportionnels	**100**		**93**		**92**	
M. E. %	*6,9*		*7,3*		*12,3*	

On voit que les cylindres armés se sont rompus sous des charges moindres que les autres, et qu'en outre ceux du type B_1 ont eu des résistances moins régulières.

Ces résultats, contraires à toute prévision, seront discutés en même temps que ceux des essais suivants.

235. Essai n° 2. — Cet essai a été fait, en même temps que le second essai mentionné à l'article 208, sur des cylindres de ciment rapide pur ayant durci un peu plus de six mois à l'air humide. En même temps que des cylindres non armés, on en a fait avec armatures des types A_3, B_2 et C décrits ci dessus. Tous ont été écrasés, au moyen du dynamomètre enregistreur, sans interposition de lubrifiants.

Avec les cylindres non armés, les diagrammes ont toujours présenté un sommet bien net suivi d'une descente rapide et continue de la courbe (fig. 136, courbe n° 1) ; au contraire, avec les cylindres armés, quel qu'en fût le type, la pression a conservé assez longtemps une valeur relativement élevée après être passée par son maximum, correspondant à la rupture proprement dite (fig. 136, courbe n° 2).

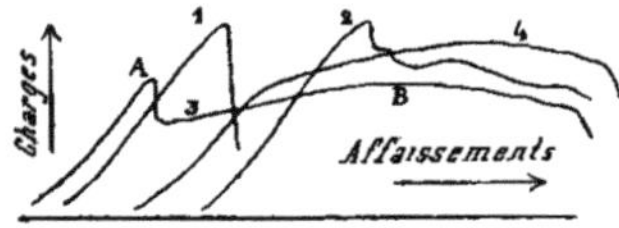

Fig. 136.

Fig. 137.

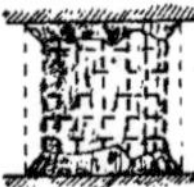

Fig. 138.

Avec les armatures A_3 (10 fils longitudinaux), la cassure s'est produite à peu près verticalement, d'un seul côté (fig. 137). Avec les armatures B_2 (hélice), la forme de la cassure a encore été celle de la fig. 134, comme dans l'expérience précédente. Enfin, avec les armatures C (spirale), tout le ciment extérieur à la dernière spire de toile métallique est tombé, sauf au voisinage des plateaux (fig. 138).

Le tableau ci-après montre qu'avec les armatures A_3 et B_2, les charges de rupture ont été sensiblement les mêmes que sans armatures, tandis qu'avec les spirales de toile métallique (type C), elles ont été plus faibles d'un sixième. En outre, les résultats fournis par les divers cylindres non armés ont encore été les plus réguliers.

	Cylindres non armés		Armature A_3	Armature B_2	Armature C
Charges totales de rupture. . .	2100 2000 1900 2150 1980	2100 2050 2060 2060 1990	1620 2060 2250 2160 1870 2430	1800 1900 2020 2100 2000 2090	1650 1390 1900 1810 1620 1850
Moyenne. . . . kg.	2039		2065	1985	1703
Nombres proportion.	100		101	97	84
M. E. °/₀.	*2,8*		*10,4*	*4,5*	*8,8*

226. Essai n° 3. avec charges répétées. — Cubes de 7 cm. de côté, les uns non armés, les autres armés de cinq tiges droites d'acier de 6 cm. de longueur et 3 mm. de diamètre, disposées, parallèlement à la direction de la compression, l'une dans l'axe du cube, les quatre autres vers les angles, à 1 cm. des faces voisines (type A'). Pourcentage : $\varphi = 0{,}006$.

Mortier composé d'une partie de ciment portland pour deux parties de sable de dune.

Cubes exposés d'abord sur le toit, aux intempéries, pendant dix mois et demi, puis maintenus dans l'eau pendant trois semaines avant la rupture.

Essais au moyen d'un appareil à leviers, d'abord sous charge continuellement croissante pour 7 cubes de chaque espèce, puis, pour les autres, en suspendant au bout du levier une charge fixe calculée d'avance, que l'on faisait agir 50 fois en abaissant doucement et relevant le levier au moyen d'un palan ; après le cinquantième chargement, on achevait la rupture sous charge continuellement croissante.

Le tableau ci-après relate les charges de rupture ainsi obtenues. Quand un cube n'a pu supporter l'épreuve jusqu'au bout, on a indiqué, entre crochets, le nombre de chargements après lequel il s'est écrasé complètement.

Après rupture, on a constaté que l'extrême bout des fers était rouillé.

On voit que, dans l'essai ordinaire sous charge continuellement croissante, les cubes armés ont eu sensiblement la même résistance que les autres. Mais ils ont mieux résisté aux charges répétées.

	Charge continuellement croissante		50 applications de $\frac{2}{3}$ C		50 applications de $\frac{3}{4}$ C		50 applic de $\frac{5}{6}$ C
	non armés	armature A′	non armés	armature A′	non armés	armature A′	armature A′
Charges de rupture ramenées au cm²			152.1 (1)		[1]		[8]
	166.5	170,0	154,6		[18]		[10]
	171.5	174.5	157.1		[32]		[11]
	173,5	178.5	164.6 (2)	189.6	154,9	182.9	[13]
	177.5	181.0	166.1	190.6	170.9 (3)	189,4	[41]
	180.5	183,5	169.6	191,6	172,4	193,4	
	184,5	186.5	172,6	193.1	177,9	196.4	177,7 (4)
	191.5	194.0	185.1	197,1	177,9	202,4	
Moyennes..	177.9	181.1	165.2	192,4	170,8	192.9	177,7
	= C	= 1.02 C	= 0.93 C	= 1,08 C	= 0.96 C	= 1,08 C	= 1.00 C
M. E. %.	*3,6*	*3,2*	*5,2*	*1,1*	*3,7*	*2,8*	

(1) Fissuré au 48e chargement.
(2) Fissuré au 41e chargement.
(3) Fissuré au 40e chargement.
(4) Fissuré au 47e chargement.

En outre, avec les uns comme avec les autres, la répétition de charge, quand elle n'a pas amené la rupture du cube, n'a pas modifié sensiblement sa résistance ultérieure.

227. Essai n° 4, avec charges répétées. — Cylindres comme ceux des essais 1 et 3, les uns non armés, les autres du type A_2 (7 fils parallèles à l'axe).

Mortier composé, comme le précédent, d'une partie de ciment portland (autre échantillon) pour deux de sable de dune.

Essais au dynamomètre enregistreur, après conservation de 28 jours dans l'air saturé d'humidité, exécutés et rapportés d'après les mêmes principes que ceux de la série précédente. Comme les pressions se répartissent inégalement dans la section des blocs armés, les charges n'ont pas été ramenées à l'unité de surface, et on les a représentées par la lettre P, au lieu de C.

Cette fois, les cylindres armés se sont rompus sous des charges supérieures d'un quart à celles des cylindres non armés. Les uns et les autres ont d'ailleurs conservé sensiblement leur résistance initiale après 50 applications des deux tiers de la charge correspondante.

	Charge continuellement croissante		50 applications de $\frac{2}{3}$ P = 0,54 P′		50 applications de $\frac{2}{3}$ P′ = 0,82 P	
	non armés	Armature A_2	non armés	Armature A_2	non armés	Armature A_2
Charges totales de rupture	538	688	[50]	680	[4]	651
	559	690	480	696	[8]	700
	577	712	537	722	[9]	737
	578	720	550	738	[11]	761
	620	763	633	776	[15]	784
	659	789	665	800	[24]	803
Moyenne kg.	599	727	573	735		739
	= P	= 1,24 P	= 0,98 P			
		= P′		= 1,01 P′		= 1,02 P′
M. E. %	*6,4*	*4,5*	*10,6*	*4,9*		*5,8*

228. Essai n° 5, avec charges répétées. — Cylindres, les uns non armés, les autres avec armature du type B_2 (hélice).

Mortier de même composition que les deux précédents, sauf pour la provenance du ciment, conservé environ 11 mois sur le toit, aux intempéries, puis une semaine dans l'eau.

Après la rupture, on a constaté que les fils d'acier étaient un peu rouillés à leurs bouts.

Les prismes non armés se sont toujours rompus franchement, en donnant des courbes analogues à la courbe 1 de la figure 136 (p. 545).

Les prismes armés ont donné, dans les essais sous charge continuellement croissante, des diagrammes représentés par la courbe 3 de la même figure : au sommet A correspond l'éclatement du pourtour du cylindre, avec ou sans chute du mortier extérieur à l'hélice ; puis, après avoir fléchi, la pression remonte, par suite de la compression croissante du noyau central limité par l'hélice, jusqu'à un sommet B, tantôt supérieur et tantôt inférieur au sommet A ; la pression se maintient assez longtemps sans variations importantes, tandis que la partie restante du cylindre subit une réduction de hauteur considérable relativement à celle des cylindres non armés ; enfin le cylindre se tord en prenant la forme indiquée par la figure 139, et la pression se met à décroître assez vite.

Fig. 139.

Après les répétitions d'efforts, les prismes armés non endommagés ont encore donné une courbe à deux sommets : mais ceux qui s'étaient déjà un peu fissurés avaient perdu le premier sommet A et ont fourni une courbe allongée (fig. 136, n° 4), représentant uniquement l'écrasement du noyau central.

Le tableau de la page 550 rend compte des résultats obtenus. Comme dans l'essai précédent, les efforts répétés sont exprimés en fonction des charges totales de rupture. On a inscrit en-dessous les résistances moyennes, ramenées à l'unité de surface ; celles qui correspondent au sommet B des courbes fournies par les blocs armés ont été calculées en divisant la charge totale, non par la section initiale du cylindre, mais par celle du noyau restant, limité par l'armature.

En somme, les charges totales instantanées supportées par les blocs armés soit avant toute fissure, soit après l'éclatement du mortier extérieur à l'hélice, n'ont dépassé que de peu celles des cylindres non armés ; mais les cylindres armés semblent s'être un peu mieux comportés que les autres sous les répétitions d'efforts. On remarque que ces séries de cylindres ont mal enduré la répétition de charges correspondant aux deux tiers de leur résistance instantanée, alors que ceux des essais n°s 3 et 4, ainsi que les blocs non armés du § 4, avaient généralement bien supporté la même épreuve. L'un des cylindres non armés s'est même rompu avant la fin des 50 répétitions de $\frac{1}{2}$ P, et l'un des cylindres armés, après avoir subi 50 fois $\frac{1}{2}$ P', n'a pu supporter qu'une charge relativement faible (0,58 P').

229. Examen d'ensemble des résultats. — Parmi les trois types d'armatures étudiés dans les divers essais qui précèdent : tiges longitudinales (A), hélice en fil d'acier (B) et spirale en toile de laiton (C), le troisième n'a été essayé qu'une fois et a donné des résistances un peu moindres que les blocs pareils non armés. Ce résulat n'a rien de bien surprenant, car la toile séparait le mortier en feuillets verticaux n'ayant entre eux que de faibles liaisons à travers ses mailles, et d'autre part le laiton est un métal peu élastique, dont l'efficacité comme armature doit être précaire.

Les armatures longitudinales des types A ont été essayées quatre fois ; elles ont donné des résistances une fois un peu infé-

	Charge continuellement croissante			50 applications de			50 applications de		
				$\frac{1}{2}$ P	$\frac{1}{2}$ P′		$\frac{2}{3}$ P	$\frac{2}{3}$ P′	
	non armés	armature B_2		non armés	armature B_2		non armés	armature B_2	
		sommet A	sommet B		sommet A	sommet B		sommet A	sommet B
Charges totales de rupture	1705	1800	1900	[32]	1130	1330	[6]	[24]	[30]
	1710	1810	1835	1495	1630	1980	[11]	[20]	2350
	1750	1895	1885	1760	1650	2300	[24]	[40]	1955
	1770	1920	1930	1810	1665	2235	[28]	1980	1840
	1835	2005	1675	1890	1880	2315	1675	1955	2040
	1950	2145	1630	1950	2000	1870	1860	2020	1990
kg.	1787	1929	1809	1781	1659	2005	1768	1955	2035
Moyenne	= P	= P′ = **1,08 P**	= P″ = **0,94** P′	= **1,00** P	= **0,86** P′	= **1,11** P″	= **0,99** P	= **1,01** P′	= **1,12** P″
			= **1,01** P			= **1,12** P			= **1,14** P
Résist. par cm² : kg.	253	273	368	252	235	408	250	276	414
M. E. %.	*4,0*	*5,0*	*5,8*	*6,9*	*11,4*	*13,8*	*5,2*	*2,2*	*6,3*

rieures, deux fois sensiblement égales et une fois supérieures à celles des blocs pareils non armés. Dans les trois premiers cas, ces tiges n'ont donc pas contribué à retarder le cisaillement du mortier, ou, si elles ont modifié la direction des glissements, cela a été sans avantage pour la résistance. Néanmoins les mortiers armés se sont toujours, sous les répétions de charges, mieux comportés que ceux qui ne l'étaient pas. Dans le quatrième essai, où pourtant l'armature était plus faible que dans le deuxième, les prévisions se sont bien réalisées.

Le frettages au moyen d'une hélice d'acier (armature B) ont été employés trois fois et n'ont jamais eu qu'une influence très faible, tantôt dans un sens et tantôt dans l'autre, sur la résistance instantanée des blocs. Mais ils ont empêché ces derniers de rompre brusquement et ont permis au noyau central de subir un raccourcissement important sans guère perdre de sa résistance.

La principale conclusion à tirer de ces expériences semble donc être qu'avec un seul système d'armatures le cisaillement est simplement dévié sans être sensiblement retardé, et qu'il faut deux séries d'armatures croisées, suffisamment importantes, pour que la résistance soit franchement augmentée. C'est ainsi que M. Considère a obtenu des résultats surprenants en appuyant les spires de son frettage sur des barres droites longitudinales, au cours d'expériences répétées dans diverses conditions avec la rigueur scientifique qui est le propre de tous ses travaux.

CHAPITRE XII

RÉSISTANCES AU CISAILLEMENT ET AU POINÇONNAGE

230. Incertitude des essais de cisaillement. — Dans les poutres, armées ou non, soumises à des efforts tranchants, le mortier travaille au cisaillement, et il est utile de connaître la résistance qu'il peut opposer à ce genre d'efforts. Or, jusqu'à présent, on ne possède que fort peu de données sur ce point, et les rares essais faits en vue de déterminer la résistance de mortiers au cisaillement ont donné des résultats discordants.

Cette incertitude tient à ce que, dans les essais, il est à peu près impossible d'éviter, aux points de contact du mortier et des pièces par lesquelles les efforts lui sont transmis, des actions intenses localisées au voisinage immédiat de ces points, et qui faussent la répartition théorique des tensions dans la section cisaillée.

On a vu plus haut (art. 115, p. 235) que, dans une poutre chargée comme l'indique la figure 78, quand la distance $aB = B'a'$ est très petite, l'effort maximum de cisaillement devrait, si l'on pouvait faire abstraction des actions superficielles, avoir lieu au milieu de l'épaisseur de la poutre, quelle que fût la loi de déformation de la matière, et être égal aux $\frac{3}{2}$ de l'effort tranchant moyen par centimètre carré de la section cisaillée ; il en résulte que, si l'on appelle b et e les deux dimensions de cette section et P l'effort total nécessaire pour cisailler la poutre dans deux plans symétriques, la résistance théorique au cisaillement, ou *cohésion tangentielle* de la matière, serait mesurée par :

(53) $$\bar{c} = \frac{3}{4}\frac{P}{be}.$$

D'après ces calculs, la rupture devrait s'amorcer au milieu de l'épaisseur du prisme, et la charge P correspondante devrait, pour des prismes de même matière ne différant que par leur épaisseur, être proportionnelle à la grandeur e de cette dimension.

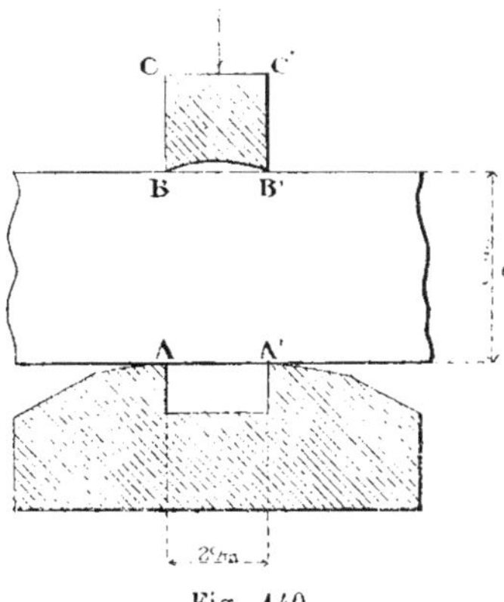

Fig 140.

Or l'expérience montre qu'il est loin d'en être ainsi : le tableau ci-dessous rend compte d'essais exécutés sur des prismes de mortier de 4 cm. de largeur et d'épaisseurs différentes, rompus, après conservation de sept semaines dans l'eau douce, au moyen d'un appareil représenté par la fig. 140. Les valeurs de $\mathfrak{T}$ ont été calculées par la formule (53), et chacune d'elles est la moyenne de huit essais généralement bien concordants [1].

Composition des mortiers		Résistance à la traction (kg par cm²) déterminée par le procédé ordinaire	Valeurs calculées de $\mathfrak{T}$ (kg. par cm²) pour $e =$			
Nature du sable [2]	Poids de sable pour 1 d'un même ciment portland		1 cm.	2 cm.	3 cm.	4 cm.
Sable fin. . . .	4	7,1	—	12,7	11,8	7,9
	2	14,0	37,8	24,4	25,3	17,7
Gros sable. . .	4	21,7	73,0	48,0	47,0	37,6
	2	29,2	97,4	73.5	64,1	55,4
Ciment gâché pur.		35,0	66,4	79,0	72,3	57,2

1. Il semble résulter de ces essais et de quelques autres que la charge totale de rupture par cisaillement serait proportionnelle à la largeur du prisme et seulement à la racine carrée de son épaisseur ; mais cette conclusion demanderait à être vérifiée par de nouveaux essais plus probants.

2. Sables de dune et de Seine (D) définis à l'annexe, à la fin du volume.

Si l'on cherche à diminuer les actions superficielles en substituant aux couteaux à arêtes vives les génératrices de cylindres de diamètres plus ou moins larges (fig. 141), les valeurs de τ déduites de prismes d'épaisseurs différentes ou fournies par des

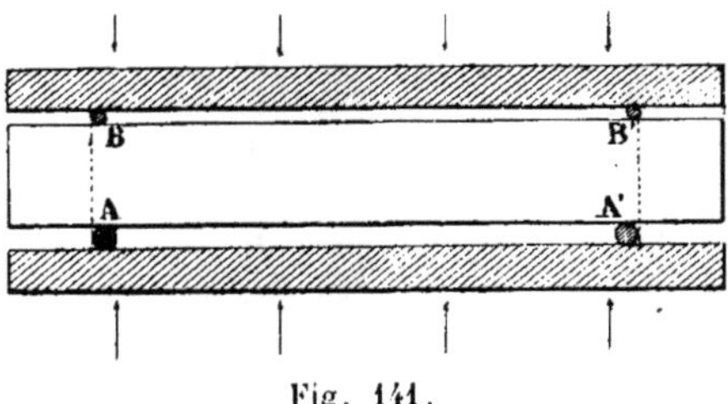

Fig. 141.

prismes identiques essayés par l'intermédiaire de cylindres plus ou moins gros et plus ou moins espacés peuvent présenter des écarts considérables. *A fortiori* obtient-on, pour un même mortier essayé par cisaillement au moyen de dispositifs variés, des résistances souvent très différentes.

On trouvera plus de détails sur les expériences ayant conduit à ces conclusions aux articles 41 et 23 de notre communication sur les *Résistances à la rupture des matériaux isotropes non ductiles*, présentée en 1900 au *Congrès international des Méthodes d'essai des matériaux de construction* [1].

En résumé, les résistances auxquelles on arrive pour les mortiers dans les essais de cisaillement varient tellement suivant les conditions de l'essai que l'on n'a actuellement aucune idée de leurs grandeurs possibles.

931. Relation entre les résistances au cisaillement et à la compression. — On a vu plus haut (art. 60) que la rupture dite par compression des matériaux cassants tels que les mortiers n'est, en somme, autre chose qu'un cisaillement plus ou moins complexe selon la forme initiale du bloc comprimé. Il en résulte que les deux résistances doivent être liées l'une à l'autre par une relation simple, et, en effet, quand on a soin de faire les essais toujours de la même manière, on constate qu'elles restent très sensiblement proportionnelles entre elles pour tous les mortiers.

1. *Communications*, tome I, p. 301. Paris, Vve Ch. Dunod, 1901.

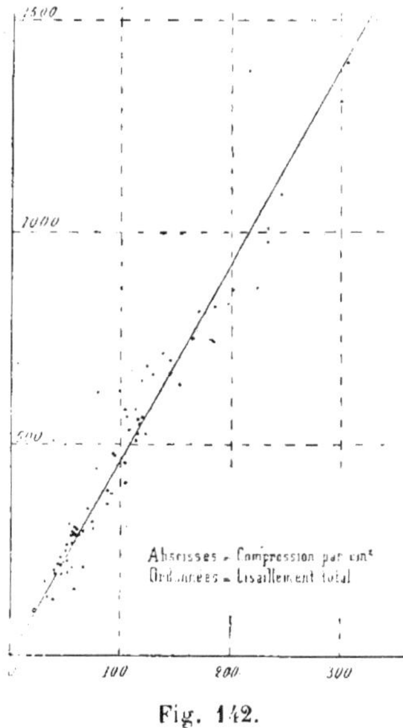

Fig. 142.

Nous en avons déjà donné un exemple dans une publication antérieure [1]. La figure **142** en fournit un autre et correspond à diverses séries d'essais, dont certains seront décrits au chapitre XIV : on a pris pour abscisses les résistances à la compression, déterminées sur des blocs cubiques ou sur des prismes placés en croix entre des bandes d'acier de même largeur, et pour ordonnées les charges totales trouvées nécessaires pour cisailler des prismes de **4** $\times$ **4** cm. des mêmes mortiers, au moyen de l'appareils représenté par la figure **140**.

On constate que, sauf quelques exceptions sans doute accidentelles, les points ne s'écartent guère d'une droite issue de l'origine.

Avec d'autres modes de cisaillement, on a des résultats analogues, sauf que les coefficients angulaires des droites ne sont plus les mêmes.

232 Essais de cisaillement sur prismes armés. — Quel que soit le disposif adopté pour produire le cisaillement, il est intéressant de savoir comment la charge de rupture peut être influencée par la présence d'armatures dans le mortier. Pour nous en rendre compte, nous avons fait quelques essais en cisaillant transversalement de petits prismes, les uns non armés, les autres contenant une ou deux tiges d'acier disposées dans le sens de leur longueur. La plupart des essais ont été faits au dynamomètre enregistreur ; la figure **143** représente les principaux types de diagrammes obtenus. Chacune des charges totales

1. *Bulletin de la Société d'Encouragement pour l'Industrie nationale*, décembre 1897, p. 1600 et fig. 6.

de rupture indiquées ci-après est la moyenne de 3 à 6 essais faits dans des conditions aussi identiques que possible.

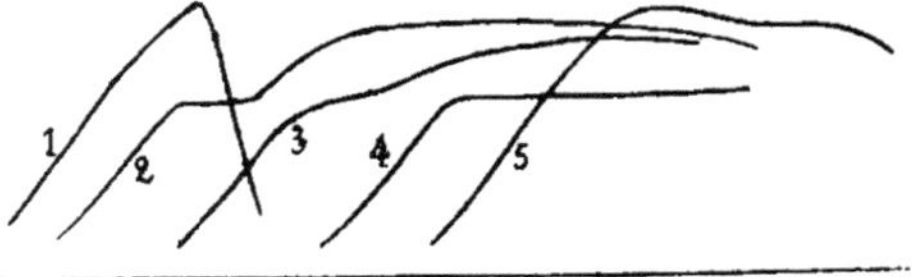

Fig. 143.

Essai n° 1. — Mortier contenant une partie de ciment portland pour une de sable de dune, essayé après conservation d'un mois dans l'eau douce. Résistance à la compression = 213 kg. par cm². Prismes de 2 × 2 × 13 cm., les uns non armés, les autres munis suivant toute leur longueur de fils d'acier de 2 mm. de diamètre, disposés de diverses manières. Pourcentage : $\varphi = 0{,}008$ par fil.

Pour une première série de ruptures (appareil à leviers), on s'est servi du dispositif représenté par la figure 141, les diamètres des cylindres A, A', B et B' étant respectivement de 2 et de 1 mm. et la distance BB' étant de 100 mm.

	1re série		2e série	
	Charge totale de cisaillement	Nombres proportionnels	Charge totale de cisaillement	Nombres proportionnels
Prismes non armés	230	100	294	100
Prismes armés d'un fil à 2 mm. de leur face inférieure	262	114	322	110
Prismes armés de deux fils à 2 mm. de leur face inférieure.	263	114	354	120
Prismes armés d'un fil suivant leur axe.	275	120	391	133

Dans une seconde série, exécutée avec enregistrement, on s'est servi du dispositif représenté par la figure 140. Les prismes non armés ont toujours donné des diagrammes du type n° 1 de la figure 143 ; ceux armés près d'une de leurs faces ont généralement donné des courbes du type n° 2, et ceux armés suivant leur axe, des courbes du type n° 3. Dans les deux derniers cas, il est probable que la première brisure indique le cisaillement proprement dit, tandis que la branche de courbe qui la suit doit correspondre au glissement de l'armature dans le plus petit fragment du mortier ; aussi les charges de cisaillement ont-elles été calculées d'après les ordonnées des premières brisures.

La supériorité, dans les deux cas, des charges de rupture des prismes armés suivant leur axe, tend à confirmer le principe théorique énoncé plus haut, que l'effort de cisaillement atteint sa valeur maximum au milieu de l'épaisseur du prisme.

Essai n° 2. — Ciment à prise rapide gâché pur. Ruptures après 4 jours de durcissement.

Prismes de $4 \times 4 \times 9$ cm., les uns non armés, les autres munis, suivant leur axe, d'une tige d'acier de 20 mm. de diamètre, débordant à chaque bout. Pourcentage : $\varphi = 0,196$.

Une première série de ruptures a été faite au moyen de l'appareil de la figure 141, avec plans de cisaillement distants de 5 cm. ; puis ceux des morceaux restants où la tige n'était pas décollée du mortier ont été rompus avec l'appareil de la figure 140.

Tandis que les prismes non armés ont encore cédé brusquement, ceux avec tiges de fer ont donné indifféremment des diagrammes des types 3, 4 et 5 (fig. 143). On remarque que la courbe n° 4, dont la seconde branche reste assez longtemps horizontale, rappelle le diagramme de glissement déjà trouvé par M. Considère [1] ; toutefois, les grandeurs portées en abscisses ne sont pas tout à fait les mêmes dans les deux cas.

	1re série		2e série	
	Charge totale de cisaillement	Nombres proportionnels	Charge totale de cisaillement	Nombres proportionnels
Prismes non arm.	183	100	235	100
Prismes armés . .	237	129	257	109

Il résulte de ces nombres que, malgré l'importance considérable de l'armature, les charges de rupture n'ont été que faiblement augmentées. Il est vrai que, dans les prismes armés, la

1. Page 14 de sa communication au congrès de l'*Association internationale pour l'Essai des Matériaux*, tenu à Budapest en 1901.

section du mortier était considérablement réduite. En rapportant les charges de rupture aux sections réelles du mortier, on calcule que l'augmentation de résistance due aux armatures a été de 61 p. 100 dans la première série de ruptures et de 36 p. 100 dans la seconde.

Essai n° 3. — Mortier contenant une partie de ciment portland pour une de sable de dune, essayé après conservation de 14 jours dans l'eau douce.

Prismes de $4 \times 4 \times 10$ cm., les uns non armés, les autres munis, suivant leur axe, d'une tige d'acier de 20 mm. de diamètre. Pourcentage : $\varphi = 0,196$.

Ruptures au moyen de l'appareil représenté par la fig. 141, dans lequel les quatre cylindres A, A', B, B' avaient 2 mm. de diamètre, les distances horizontales d'axe en axe entre les cylindres A et B, de même qu'entre les cylindres A' et B', étant de 2 mm.

Essais faits avec différentes distances des deux plans de cisaillement.

Cette fois, les prismes armés, aussi bien que ceux qui ne l'étaient pas, se sont toujours rompus franchement, en donnant des courbes du type n° 1 (fig. 143).

Longueur totale du prisme. . . . . . m.		0,100	0,100	0,100	0,100
Distance des deux plans de cisaillement. .		0,080	0,060	0,040	0,020
Longueur des bouts débordant de chaque côté au delà des appuis extrêmes . . .		0,009	0,019	0,029	0,039
Charges totales de rupture (kg).	Prismes non armés	301	335	373	390
	Prismes armés.	304 [1]	493	582	689
Charge totale de rupture des prismes armés, en fonction de celle des prismes non armés ramenée à 100.		101	147	156	176

A mesure que les plans de cisaillement se rapprochent et que les bouts de prismes débordant en dehors deviennent plus longs, les charges de rupture augmentent, aussi bien pour les

Fig. 144.

1. Sur cinq prismes essayés de la même manière, un seul s'est rompu suivant le plan A B. sous une charge de 304 kg. ; les quatre autres se sont rompus obliquement vers le bout, comme l'indique la ligne pointillée de la figure 144, sous des charges moindres, dont il n'a pas été tenu compte.

prismes non armés que pour ceux munis de tiges de fer, un peu plus vite pourtant pour les seconds que pour les premiers.

Essai n° 4. — Bouts de prismes provenant de l'essai précédent et dans lesquels le fer ne s'était pas décollé du mortier. Ces bouts, de longueurs différentes, ont été essayés de la même manière que la première fois, mais avec un écartement constant de 0,040 m. entre les deux plans de cisaillement. Les diagrammes ont encore tous été du type n° 1 de la figure 143.

Longueur totale du prisme . m.		0.060	0,070	0,080	0,090	0,100 (3)
Distance des deux plans de cisaillement		0,040	0,040	0,040	0,040	0,040
Longueur des bouts débordant de chaque côté au delà des appuis extrêmes.		0,009	0,014	0,019	0,024	0,029
Charges totales de rupture (kg).	Prismes non armés.	345 (1)	361	—	370	373
	Prismes armés. . .	— (2)	490	537	583	582
Charge totale de rupture des prismes armés, en fonction de celle des prismes non armés ramenée à 100.		—	138	—	158	156

Les charges de rupture augmentent encore en même temps que la longueur des bouts de prisme débordant au delà des appuis extrêmes. En comparant, dans les deux essais, les résultats obtenus pour une même longueur de bouts débordants, on constate que les charges de rupture augmentent quand la distance des deux plans de cisaillement diminue.

233. Poinçonnage des mortiers. — Nous dirons qu'un bloc est soumis à un effort de poinçonnage quand, limité par deux faces planes parallèles, il repose par une de ces faces sur un élément plan (*plaque d'appui*), et est pressé, sur l'autre, par un élément, plan ou non, de dimensions moindres (*poinçon*).

1. Moyenne de deux prismes, sur quatre essayés de la même manière ; les deux autres se sont rompus obliquement, vers le bout (fig. 144), sous des charges un peu moindres.

2. Les deux prismes essayés ont donné des ruptures conformes à la figure 144.

3. Rappel d'un des essais du groupe précédent, sur prismes intacts. La comparaison des résultats de cette colonne avec ceux de la précédente montre que les premiers essais n'ont pas altéré la résistance des fragments de prisme où il n'y a pas eu décollement.

On conçoit qu'un pareil dispositif peut être réalisé d'une infinité de manières, et l'effort total nécessaire pour produire la rupture doit évidemment dépendre des conditions de l'essai. Néanmoins les résultats obtenus peuvent être rattachés à certaines lois générales, dont nous avons énoncé un certain nombre dans une publication antérieure ; nous y renvoyons pour plus de détails et pour la description des expériences [1].

Pour les mortiers, ces lois peuvent être résumées comme il suit :

1° Quand l'épaisseur du bloc est plus grande qu'une certaine limite, dépendant des dimensions du poinçon, la rupture se produit par la formation d'un cône ou d'une pyramide ayant pour base le contour du poinçon, et par éclatement du reste du bloc suivant un ou plusieurs plans verticaux passant par le sommet de la pyramide, quelles que soient d'ailleurs la forme et les dimensions de la plaque d'appui.

2° Quand l'épaisseur du bloc est inférieure à la même limite, la pyramide ne peut pas se former complètement et est tronquée par la face du bloc opposée à sa base. Il arrive alors le plus souvent qu'une autre pyramide s'amorce en sens inverse, ayant pour base le contour de la plaque d'appui, et qu'il reste finalement, après rupture, un bloc constitué par la réunion des deux troncs de pyramides raccordés par leurs petites bases.

3° Dans le premier cas (blocs hauts), quand, toutes les autres conditions restant les mêmes, on modifie seulement l'une des données de l'essai, on constate que la charge totale de rupture est à peu près indépendante de la forme et des dimensions de la plaque d'appui, ainsi que de la forme du poinçon, du moins quand les dimensions de ce dernier sont faibles relativement à celles de la face du bloc d'essai contre laquelle il s'appuie.

Dans ces conditions, la charge de rupture est proportionnelle à la section du poinçon. D'autre part, elle augmente à peu près proportionnellement à l'épaisseur du bloc ; pourtant, quand le mortier est très cassant, elle reste sensiblement constante, quelle que soit l'épaisseur à poinçonner.

4° Dans le second cas (blocs bas), les phénomènes sont plus complexes : en général la charge de rupture augmente propor-

1. Communication au congrès de 1900, déjà citée et relative aux *Résistances à la rupture des matériaux isotropes non ductiles* ; art. 24.

tionnellement à la section du poinçon : en outre, au-dessous d'une certaine épaisseur, elle est de plus en plus forte, comme, dans les essais de compression, pour des blocs de plus en plus aplatis.

234. Relation entre les résistances au poinçonnage et à la compression. — Il résulte de l'ensemble des expériences ayant conduit aux conclusions qui précèdent que, dans les deux cas, l'effort total de rupture par poinçonnage peut être décomposé en deux autres : le premier représente l'effort nécessaire pour détacher le cône ou la pyramide et est évidemment proportionnel à la résistance du mortier au cisaillement ; le second correspond à l'éclatement du reste du bloc (blocs hauts) ou à l'écrasement du cylindre limité latéralement par la ligne de raccordement des deux cônes (blocs bas), et doit être proportionnel à la résistance au cisaillement dans le premier cas et à la compression dans le second. En fin de compte, comme ces deux résistances sont proportionnelles entre elles, celle au poinçonnage doit leur être aussi proportionnelle, et c'est bien là ce que l'expérience vérifie, quand on a soin d'opérer, pour chaque sorte d'essais, dans des conditions toujours les mêmes.

La figure 145 en donne un exemple. On a pris pour ordonnées les charges totales trouvées nécessaires pour poinçonner au moyen d'un poinçon circulaire de 5 centimètres carrés de section des demi-briquettes de traction posant complètement par une de leurs faces sur un plan rigide indéfini. Les abscisses représentent les résistances à la compression par centimètre carré des mêmes mortiers déterminées soit sur des blocs cubiques (points), soit sur des demi-briquettes de traction (croix), ces dernières résistances ayant été multipliées préalablement par le rapport $\frac{3}{4}$ pour être rendues comparables aux premières [1].

On voit que les points se groupent autour d'une droite issue de l'origine et ayant pour coefficient angulaire 9. On en déduit qu'on peut calculer la résistance à la compression d'un mortier, telle qu'on la mesurerait sur blocs cubiques, en divisant par 9 l'effort total nécessaire pour poinçonner des demi-briquettes de ce mortier dans les conditions qui viennent d'être indiquées, et

1. Voir art. 200.

aussi que la résistance au poinçonnage, dans ces conditions, ramenée au centimètre carré de la surface du poinçon, dépasse de 80 p. 100 la résistance des cubes à la compression. De même il est facile de calculer que cette résistance au poinçonnage par cm^2 dépasse de 35 p. 100 la résistance à la compression par cm^2 obtenue par l'écrasement des demi-briquettes de traction.

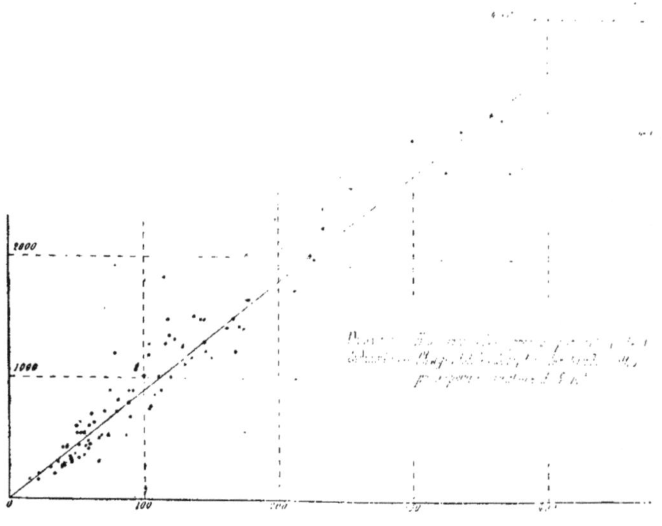

Fig. 145.

235. Détermination de $\mathfrak{C}$ et de $\mathfrak{T}$. — Par suite de la proportionnalité des charges de rupture obtenues dans les divers essais de compression, de cisaillement et de poinçonnage, on peut choisir, pour la détermination pratique des grandeurs $\mathfrak{C}$ ou $\mathfrak{T}$ définies à l'article 57, celui des essais dont l'exécution est la plus facile et comporte le moins de causes d'erreurs, à condition toutefois que, par des expériences précises, on ait déterminé à l'avance une fois pour toutes le coefficient de proportionnalité correspondant. En réalité, les actions qui interviennent dans chaque mode de rupture ne sont pas encore connues assez exactement pour qu'on puisse être sûr d'aucune valeur de $\mathfrak{C}$ ou de $\mathfrak{T}$. Tout au plus peut-on supposer, d'après ce qui a été vu plus haut (p. 521), que l'essai de compression ordinaire sur blocs cubiques donne une valeur de C assez approchée.

Les essais par poinçonnage présentent, sur ceux par compression, l'avantage de ne pas exiger des éprouvettes dont les dimensions latérales soient rigoureusement exactes, pourvu seulement que les faces supérieure et inférieure soient bien planes et parallèles. Toutefois il est à craindre qu'ils ne soient influencés par les variations possibles de la composition du mortier dans le voisinage de la face poinçonnée. Exécutés sur les demi-briquettes de traction, ils réaliseraient en outre une économie de main-d'œuvre en ce qu'ils permettraient d'utiliser trois fois une même éprouvette pour deux genres d'essais distincts : traction et poinçoinnage ; mais l'exiguïté des briquettes exige l'emploi constant de sables relativement fins.

Dans la plupart de nos recherches, nous obtenons une économie équivalente, tout en ayant la possibilité d'opérer avec n'importe quel sable usuel, en moulant les mortiers en prismes à base carrée de 4 cm. de côté, faciles à définir et à fabriquer, et rompant ensuite ceux-ci, d'abord par flexion, comme il sera expliqué plus loin, puis deux fois par compression, comme il a été dit à la page 489. On trouvera au chapitre XIV les résultats d'un certain nombre d'essais de compression exécutés de cette manière, avec l'indication des moyennes des écarts relatifs fournis par les diverses moitiés de prismes ayant servi à la détermination de chaque résistance moyenne.

CHAPITRE XIII

RÉSISTANCES A LA TRACTION ET A LA FLEXION

---

§ 1. — EXAMEN COMPARÉ DES DEUX MODES D'ESSAI

236. Incertitude des essais de traction. — Il a été dit plus haut (art. 58) que, dans les essais ordinaires par traction, la tension développée diffère d'un point à l'autre de la section médiane de la briquette, de sorte que la résistance moyenne déduite de la charge de rupture n'est pas la résistance vraie et varie, pour un même mortier, suivant la forme et les dimensions de la briquette. Ainsi, les résistances par centimètre carré déduites de briquettes à section de 16 cm² n'atteignent que les deux tiers environ de celles que l'on obtient avec les briquettes normales de 5 cm². [1] En même temps, on a vu (art. 59) que, selon toute vraisemblance, la résistance vraie doit être égale à un peu moins du double de la résistance moyenne déduite des essais de traction sur briquettes normales de 5 cm².

Avec les mortiers très riches et les pâtes de ciment pur, il arrive souvent, surtout quand ils sont conservés dans l'eau de mer, qu'au bout d'un temps plus ou moins long, en général environ six mois et souvent même moins quand les ciments sont de fine mouture, la résistance à la traction, après avoir atteint une valeur assez élevée, tombe brusquement à presque rien pour certaines briquettes, tandis que d'autres, faites en même temps et dans les mêmes conditions, continuent à augmenter de résistance.

1. *Bulletin de la Société d'Encouragement pour l'Industrie nationale*, décembre 1897, p. 1597.

Ce phénomène peut se produire avec les meilleurs ciments et paraît dû à un état de fragilité spécial des mortiers, sans doute par suite d'un développement excessif des cristallisations qui prennent naissance dans leur masse. En tout cas il ne se manifeste qu'à un degré beaucoup moindre dans les essais de compression, où l'on ne constate, vers l'âge de six mois, qu'une légère inflexion des courbes de résistance (voir fig. **122**, p. **512**). Aussi peut-on se demander s'il ne résulte pas, au moins en partie, du mode d'exécution des essais par traction.

Une autre constatation que l'on peut faire dans les essais de traction suffisamment prolongés, c'est qu'au bout d'un temps plus ou moins long, les résultats peuvent être faussés par la formation d'une croûte de carbonate de chaux à la surface des briquettes, région qui, comme on l'a vu, joue un rôle prédominant dans la rupture par traction. L'expérience suivante, déjà citée dans une publication antérieure, en donne un exemple et montre qu'au contraire les essais de compression, pourvu qu'ils soient faits sur des blocs suffisamment volumineux, conservent toute leur valeur.

On a opéré sur quatre liants obtenus artificiellement, l'un A, en prenant simplement de la fine poussière de ciment passant au tamis de 4900 mailles par centimètre carré, les autres, B, C et D, en mélangeant intimement $\frac{3}{4}$, $\frac{1}{2}$ et $\frac{1}{4}$ du premier avec $\frac{1}{4}$, $\frac{1}{2}$ et $\frac{3}{4}$ d'une poudre inerte de même finesse, de telle sorte que leurs énergies réelles étaient entre elles comme les nombres 4, 3, 2 et 1. Avec chacun de ces liants employé soit pur (pâtes plastiques), soit mélangé à trois fois son poids de l'ancien sable normal de Cherbourg[1] (mortiers secs battus), on a fait des briquettes normales et des cubes de 50 centimètres carrés de section, qui ont été immergés à l'eau de mer et rompus après diverses durées. Le tableau ci-après relate quelques-unes des résistances apparentes obtenues, ramenées au centimètre carré. Chaque résistance à la traction est la moyenne de 6 briquettes et chaque résistance à la compression est celle de 2 cubes.

1. Voir l'annexe à la fin du volume.

Liant			A	B	C	D
Energie réelle			4	3	2	1
Traction. . .	après 3 mois	pâte pure . . .	47,0	37,3	24,8	14,3
		mortier sableux	25,4	24,5	19,3	11,6
	après 6 ans	pâte pure . . .	33,7	37,8	33,4	16,8
		mortier sableux	35,2	33,4	29,4	28.3
Compression	après 6 ans	pâte pure . . .	510	390	268	105
		mortier sableux	313	210	137	79

A la longue, toutes les résistances à la traction, qu'il s'agisse de briquettes de ciment pur ou de mortier, tendent à devenir les mêmes pour les quatre liants. On remarque qu'avec le mortier sableux, où le ciment est plus divisé, le nivellement avait déjà commencé à se produire au bout de 3 mois.

En résumé, il semble que les essais de traction ne doivent guère inspirer confiance, tant pour les valeurs relatives que pour les valeurs absolues des chiffres auxquels ils conduisent.

Néanmoins, comme ils continuent à être de beaucoup les plus usités, nous avons relaté incidemment au cours du chapitre XIV quelques résistances à la traction, qui pourront servir de points de repère par comparaison avec celles que l'on rencontre habituellement dans les essais courants.

237. Approximation à attendre des essais de flexion. — Ainsi qu'on l'a vu dans l'étude qui forme la partie théorique de cet ouvrage, et plus particulièrement au § 2 du chapitre V et au § 1 du chapitre VII, les essais ordinaires de rupture par flexion de prismes de mortier, aussi homogènes qu'on suppose ceux-ci, ne peuvent indiquer la résistance du mortier que si l'on connaît la loi qui lie à chaque instant ses allongements élémentaires positifs et négatifs aux tensions correspondantes.

Pour que les formules ordinaires de la *Résistance des matériaux* soient applicables, il est nécessaire que la matière reste parfaitement élastique quand la charge augmente indéfiniment sans alternatives de déchargement, comme c'est le cas dans les essais ordinaires de flexion ; autrement dit, il faut que, jusqu'à la rupture, les allongements en chaque point soient constamment proportionnels aux tensions développées. Cette condition satisfaite, si l'on opère sur un prisme rectangulaire, la résistance est mesurée par $6m$, m désignant ce que nous avons appelé le *moment fléchissant réduit*, c'est-à-dire le quotient $\frac{M}{be^2}$ du moment fléchissant total dans la section de rupture par le produit de la largeur du prisme et du carré de son épaisseur.

On a vu en outre que, pour les mortiers imparfaitement élastiques, la résistance vraie est toujours inférieure à celle qu'on déduit de cette formule, et s'en écarte d'autant plus que l'augmentation des tensions finit par devenir plus faible relativement à celle des allongements.

En réalité, il semble résulter des mesures d'élasticité faites sur divers mortiers [1], qu'en général la courbe de déformation de ces matériaux s'écarte très peu d'une ligne droite, du moins tant qu'on ne dépasse pas la limite de rupture d'éprouvettes non armées. Il est donc probable que, lorsqu'on calcule la résistance des mortiers par la formule ordinaire en partant de la charge de rupture de prismes non armés essayés par flexion, l'erreur résultant de l'élasticité imparfaite doit le plus souvent être très faible, bien moindre en tout cas que celles dont sont affectés les essais ordinaires par traction.

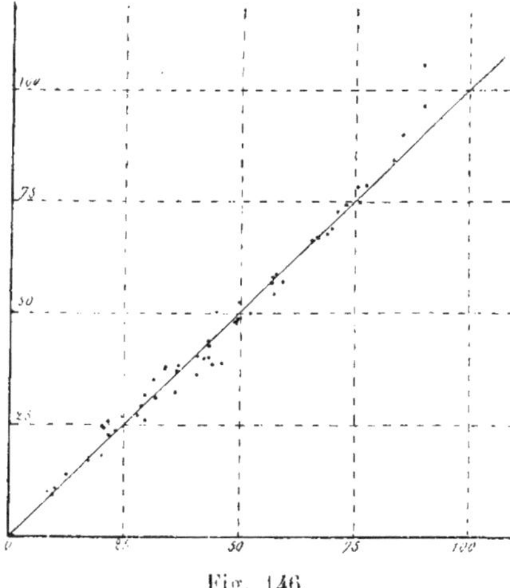

Fig. 146.

D'autre part, quelle que soit la loi de déformation, la valeur de $\frac{M}{be^2}$ correspondant à la charge de rupture est constante pour tous les prismes rectangulaires qu'on peut faire avec un même mortier (art. 109, 3°), de sorte que la résistance par cm^2 déduite des essais par flexion doit être indépendante des dimensions des prismes.

1. Voir notamment les expériences de M. de Joly : *Annales des Ponts et Chaussées*, 1898, III, p. 205.

L'expérience montre que cette loi est assez bien vérifiée ; on en a un exemple par la figure **146**, dans laquelle chaque point a pour coordonnées les résistances par cm^2 déduites de prismes faits avec un même mortier et ayant durci dans les mêmes conditions, les uns à section de 4×4 cm. (abscisses), les autres à section de 2×2 cm. (ordonnées). Tous ces prismes ont été rompus sous charge centrale, avec une portée de 10 cm. On constate que les points s'écartent peu de la bissectrice des axes de coordonnées, c'est-à-dire que les résistances fournies par les deux types de prismes avec un même mortier sont sensiblement égales.

238. Défauts d'homogénéité des prismes. — Cette concordance suppose que les prismes sont bien homogènes. Mais si, au voisinage immédiat de la face tendue, par où doit s'amorcer la rupture, la composition du mortier diffère un peu de celle du reste, il peut en résulter une variation de résistance assez notable, tandis que la même différence de composition sur les trois autres faces n'aurait aucune influence appréciable.

En particulier, la face restée libre pendant le moulage durcit, au début, dans des conditions un peu différentes de celles qui sont en conctact avec les parois du moule ; après démoulage, elle est moins lisse que ces dernières, et le mortier voisin peut subir d'une manière un peu différente l'influence du milieu extérieur. Il faut donc éviter, dans les essais, de mettre cette face en tension.

D'autre part, nous avons cru constater que, même en posant les prismes, pendant leur conservation dans l'eau, sur des tringles à arêtes vives, de telle sorte qu'ils baignassent aussi complétement que possible, leurs deux faces placées horizontalement ne durcissaient pas dans des conditions tout à fait identiques, celle du dessus acquérant à la longue une résistance un peu supérieure à celle du dessous. Il en résulte qu'aucune de ces deux faces ne doit non plus être mise en tension pendant l'essai.

Dès lors, le meilleur dispositif à adopter pour satisfaire à ces deux conditions est d'immerger le prisme de telle sorte que ses deux faces latérales, qui étaient verticales pendant le moulage, le soient encore dans le bain d'immersion, et de l'orienter, lors de la rupture, de manière que l'une de ces faces soit tendue et l'autre comprimée ; on évite d'ailleurs ainsi le contact des couteaux ou appuis avec la face restée libre pendant le moulage, qui est généralement moins régulière.

Alors même que les quatre faces du prisme seraient absolument identiques et durciraient dans les mêmes conditions, l'action de l'élément ambiant sur le mortier est plus énergique au voisinage de la surface libre qu'au cœur du bloc et peut altérer l'homogénéité du prisme au point de fausser un peu la résistance ; nous l'avons montré ailleurs [1] par une expérience où une hétérogénéité de ce genre avait été réalisée artificiellement.

Un moyen d'apprécier le degré de grandeur des erreurs qui peuvent résulter de cette cause consiste à rompre par flexion, dans des conditions identiques, des prismes faits avec un même mortier, mais de sections différentes.

Si l'on opère d'abord sur des prismes de même épaisseur et de différentes largeurs, on constate que la charge totale de rupture est bien proportionnelle à la largeur, et on en conclut que l'influence des différences de durcissement sur les faces placées latéralement pendant l'essai est négligeable.

Quand, au contraire, on essaie des prismes de largeur constante et d'épaisseurs variables, il arrive souvent que les charges de rupture semblent croître un peu moins vite que le carré de l'épaisseur, comme nous l'avons dit dans une publication antérieure [2]. Mais si, dans un système de coordonnées rectangulaires (fig. 147), on représente chaque essai par un point ayant pour abscisse l'épaisseur e du prisme et pour ordonnée la racine carrée $\sqrt{P}$ de la charge totale de rupture, on constate que les points forment une ligne droite AB qui, au lieu de passer par l'origine, comme cela aurait lieu si la charge de rupture était bien proportionnelle au carré de l'épaisseur, coupe l'axe des abscisses en un point C situé du côté des abscisses négatives. Si donc

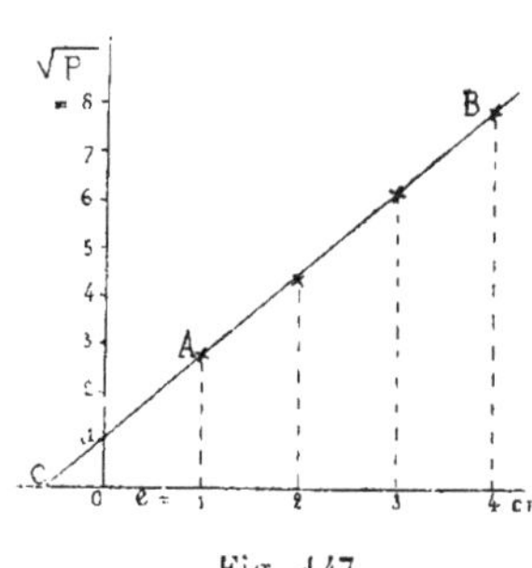

Fig. 147.

1. *Chimie appliquée à l'art de l'ingénieur*, 2e édition, p. 420.
2. *Ibid.*, p. 418.

on appelle ε la valeur absolue de l'abscisse OC de ce point, P est proportionnel au carré de $e + \varepsilon$; autrement dit, le durcissement plus rapide du mortier à la surface du prisme équivaut à une augmentation constante de son épaisseur.

La figure 147 correspond à l'expérience dans laquelle nous avons constaté la plus grande valeur de cette influence. Il s'agissait de prismes de 4 cm. de largeur en ciment rapide gâché pur, conservés d'abord trois jours à l'air, puis deux jours dans l'eau, et rompus sous charge centrale avec une portée de 10 cm. La surépaisseur ε déduite du diagramme a été de 0,58 cm.

Epaisseurs des prismes. . . . . . . $e =$	1	2	3	4	cm.
Charges totales de rupture obtenues (moyennes de 6 prismes). . . . . $P =$	7.4	18.6	38.1	62.0	kg.
$\sqrt{P} =$	2.72	4.31	6.17	7.87	
$\dfrac{\sqrt{P}}{e+0{,}58} =$	1.72	1.67	1.72	1.72	

En admettant 1,71 comme valeur moyenne de $\dfrac{\sqrt{P}}{e+0{,}58}$, on calcule que, pour un prisme homogène d'épaisseur quelconque e, de même composition que toute la partie non superficielle des prismes d'essai, on aurait $\dfrac{P}{e^2} = (1{,}71)^2 = 2{,}92$. Or le moment fléchissant dans la section médiane, où se produit la rupture, est $\dfrac{10\ P}{4}$, et la résistance par cm² est donnée par $\dfrac{6}{b e^2}\ \dfrac{10\ P}{4}$; en faisant dans cette fomule $b = 4$ et $\dfrac{P}{e^2} = 2{,}92$, on trouve que le mortier avait, au cœur des prismes, une résistance de 11,0 kg. par cm².

En partant du résultat brut ($P = 62{,}0$) obtenu avec les prismes de 4 cm. d'épaisseur, on aurait trouvé comme résistance $\dfrac{6}{64}\ \dfrac{10 \times 62{,}0}{4} = 14{,}5$, nombre supérieur de 32 p. 100 à la résistance vraie qu'il s'agissait de mesurer.

Empressons-nous d'ajouter qu'il s'agit là d'un cas tout à fait exceptionnel, et que, dans toutes nos autres expériences, les écarts ont été beaucoup plus faibles. Le tableau de la page 572 en donne d'ailleurs les résultats.

Nature du mortier	Milieu de conservation	Age lors des essais	Mode d'essai	Augmentation d'épaisseur calculée (en cm.)	Résistance par cm² calculée pour le mortier central
1 partie de ciment rapide + 3 parties de sable fin.	eau douce	22 jours	charge centrale	0,25	13,0
Ciment portland gâché pur	eau douce	4 mois	charge centrale	0.15	103.5
Ciment rapide gâché pur	eau douce	4 ans et demi	moment constant	0.13	28.9
Dix mortiers différents faits avec un même ciment portland.	eau douce	6 semaines	charge centrale	0.12 en moyenne	de 12 à 109
Ciment rapide gâché pur	eau douce	4 mois	charge centrale	0	43.0
Mélange de 80 % de ciment portland et de 20 % de ciment rapide	eau douce	4 semaines	charge centrale	0	89.8
1 partie du même mélange + 3 parties de sable fin.	eau douce	4 semaines	charge centrale	0	17,5
34 mortiers différents faits avec un même ciment portland.	eau douce	5 mois	charge centrale	0	de 8 à 90
Ciment rapide gâché pur	eau douce	4 ans et demi	moment constant	0	20,3
Plâtre gâché pur.	air parfois humide	4 ans et demi	moment constant	0	11,6

Quand la surépaisseur fictive correspondant au durcissement plus actif des faces du prisme est de 0,12 cm., la résistance déduite par la formule ordinaire de la charge de rupture de prismes de 4 × 4 cm. n'est plus trop forte que de 6 pour cent[1].

En somme, l'influence d'un durcissement inégal du mortier à la surface des prismes et en leur milieu ne se fait que rarement sentir, et il semble que les essais par flexion doivent conduire, en général, à des résistances très voisines de la résistance vraie du mortier.

239. Relation entre les résistances à la flexion et à la traction. — Si, dans aucun de ces deux modes d'essai, il n'intervenait d'influences perturbatrices, les résistances par unité de surface qu'on en déduirait pour un même mortier devraient être les mêmes. En réalité, il est loin d'en être ainsi. Mais, si l'on représente chaque mortier par un point ayant pour coordonnées les deux résistances obtenues, on constate que les points correspondant ainsi à des mortiers de compositions et d'âges aussi variés que possible se répartissent aux environs d'une certaine droite passant par l'origine des coordonnées. Les résistances des deux groupes sont donc sensiblement proportionnelles entre elles.

Les figures 148 et 149 traduisent l'ensemble des essais faits au laboratoire de Boulogne. On y a pris pour abscisses les résistances à la traction par cm^2 déduites directement d'essais sur briquettes normales à section de 5 cm^2, et pour ordonnées les résistances calculées en partant des charges de rupture par flexion de prismes carrés posés sur deux couteaux mousses distants de 10 cm. et chargés en leur milieu au moyen d'un troi-

1. Vicat avait déjà cité (*Annales des Ponts et Chaussées*, 1833, II, p. 240) des expériences où les charges de rupture de prismes de plâtre encastrés horizontalement par un de leurs bouts et chargés par l'autre n'étaient pas proportionnelles aux carrés des épaisseurs verticales. Or, dans la première de ces expériences (tableau n° 3, n°s 1 à 6), il suffit d'admettre une surépaisseur de 0,50 cm. pour que la formule théorique devienne applicable, et on trouve ainsi une résistance de 17,1 kg. par cm^2. Toutefois cette expérience est peu probante, en raison de la faiblesse de la portée relativement aux épaisseurs. Dans la seconde expérience, les trois premiers prismes (n°s 7 à 9) ont donné des charges de rupture proportionnelles aux carrés des épaisseurs réelles, correspondant à une résistance de 26,2 kg. par cm^2. : seul le quatrième prisme (n° 10) a donné un résultat un peu discordant, attribuable peut-être à quelque erreur d'expérience.

sième couteau. Les prismes de la figure **148** avaient une section de 2×2 cm. et ceux de la figure **149**, une section de 4×4 cm.

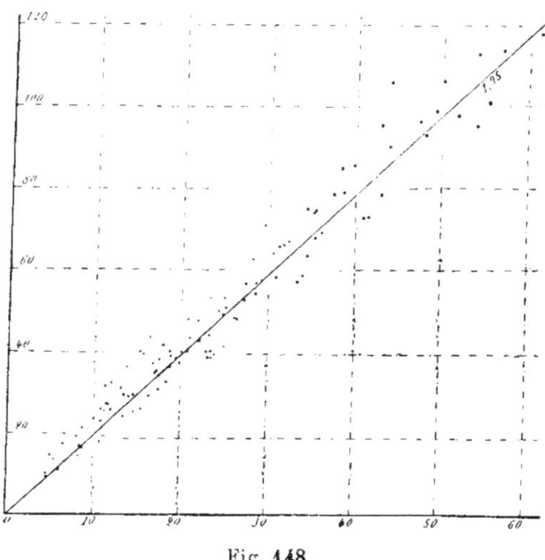

Fig. 148.

On voit que, dans les deux cas, la droite qui passe le plus près de tous les points a un même coefficient angulaire, égal à 1,95,

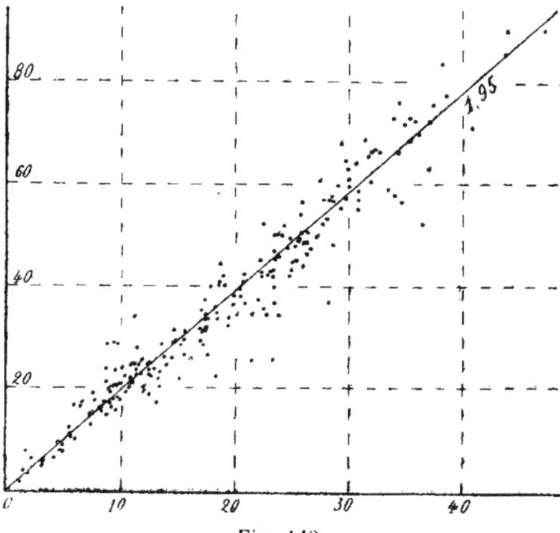

Fig. 149.

c'est-à-dire que la résistance déduite des essais par flexion est à peu près double de celle que fournissent les essais ordinaires de traction.

Il résulte de cette proportionnalité qu'il serait superflu d'essayer les mortiers à la fois par traction et par flexion, et qu'un seul de ces essais suffit pour renseigner sur la qualité qu'ils mettent en évidence.

L'essai par flexion doit être préféré à celui par traction comme donnant des résultats plus réguliers et beaucoup moins influencés par les conditions de l'expérience, telles que la forme ou les dimensions des éprouvettes, le mode de rupture, etc. En outre, la forme prismatique est plus facile à définir et à vérifier que celle des briquettes pour essais de traction, et peut être obtenue au moyen de moules très simples. Elle évite les ruptures par retrait dans les moules constatées souvent dans la section étranglée de briquettes faites avec des liants exigeant beaucoup d'eau pour le gâchage, et se prête facilement au démoulage. Enfin on peut obtenir des prismes pareils, non seulement par moulage, mais aussi en taillant, limant ou usant des matières déjà dures, ce qui permet de soumettre à des essais identiques d'une part des mortiers moulés spécialement et d'autre part des mortiers déjà durcis prélevés dans d'anciennes maçonneries, des pierres naturelles ou artificielles, en un mot, presque tous les matériaux possibles.

240. Relation entre les résistances à la flexion et à la compression. — Parmi les divers genres d'essais qui viennent d'être étudiés, on a vu que ceux par compression, par cisaillement et par poinçonnage donnaient des résistances proportionnelles entre elles et que, d'autre part, il en était de même pour ceux par flexion et par traction directe. Si l'on compare graphiquement, comme on vient de le faire pour ces deux derniers, les résultats fournis par un des essais du premier groupe avec ceux d'un des essais du second, on constate que, non seulement les points ne sont plus en ligne droite, mais que même, quand on considère des mortiers de compositions suffisamment variées [1], il ne semble exister aucune relation fixe entre les deux séries de

1. On étudiera spécialement un peu plus loin (art. 250) quelques cas de mortiers présentant certains caractères communs.

résistances. Par exemple, nous avons montré dans une publication antérieure[1] que des mortiers faits avec un même liant et un même sable pouvaient, au bout d'une même durée de conservation dans des conditions déterminées, donner des points en alignement courbe, mais qu'à des sables plus ou moins gros correspondaient des courbes différentes. Tout ce qu'on peut dire c'est que, à mesure qu'on considère des mortiers de plus en plus durs, les résistances du groupe compression-cisaillement-poinçonnage croissent plus vite que celles du groupe flexion-traction.

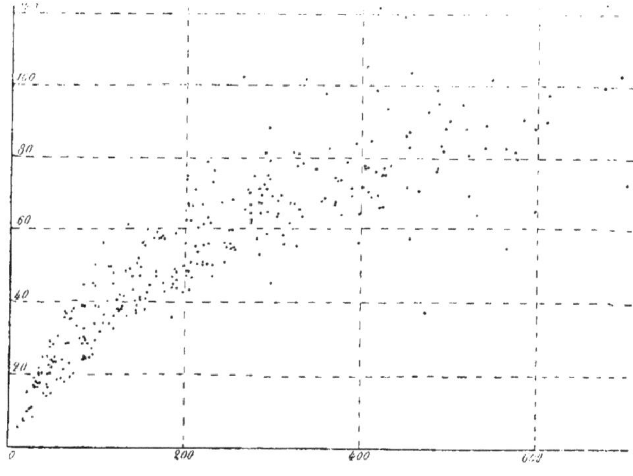

Fig. 150

La figure 150, dans laquelle on a pris pour abscisses les résistances à la compression et pour ordonnées celles à la flexion d'un certain nombre de mortiers variés, reproduit quelques résultats d'essais : on constate que les points sont assez largement dispersés autour d'une courbe moyenne de forme à peu près parabolique.

Dès lors, les cinq sortes de résistances semblent se réduire à deux types distincts, correspondant à ce que nous avons appelé plus haut (art. 57) la *cohésion tangentielle* (cisaillement) et la

1. *Bulletin de la Société d'Encouragement pour l'Industrie nationale*, décembre 1897, p. 1602.

cohésion normale (traction), et il suffit de déterminer deux d'entre elles, de groupes différents, par exemple celles à la compression et à la flexion.

Il a été déjà dit que nous avions adopté, pour la plupart de nos essais, des prismes à section carrée de 4 × 4 cm., assez gros pour être suffisamment homogènes avec des mortiers contenant n'importe quel sable de chantier, en même temps qu'assez petits pour ne pas tenir trop de place dans les bacs où ils sont conservés, quelques uns pendant plusieurs années. Ces prismes, d'une longueur de 16 cm., sont d'abord rompus par flexion ; puis leurs moitiés sont essayées par compression, placées en croix entre deux bandes d'acier parallèles de 4 cm. de largeur. En déterminant ainsi les deux résistances sur un même bloc, on réalise une économie de main-d'œuvre et de place, et surtout on évite d'opérer sur deux éprouvettes de formes et de dimensions plus ou moins différentes, où le mortier n'a peut-être pas reçu le même tassement et n'a généralement pas durci dans des conditions identiques.

§ 2. ESSAIS DE FLEXION SOUS MOMENT CONSTANT

241. Influences perturbatrices dans les essais sous charge centrale. — Dans les essais ordinaires par flexion, où le prisme, posé sur deux couteaux, est chargé, sur la face opposée, par l'intermédiaire d'un troisième couteau équidistant des deux premiers, les actions moléculaires développées dans la section de rupture sont des plus complexes. En effet, outre les tensions normales positives et négatives et les efforts de glissement résultant de l'effort tranchant, actions que la *Résistance des matériaux* apprend à calculer, il se produit, dans les régions voisines des surfaces de contact des couteaux, des actions secondaires échappant à tout calcul, d'autant plus intenses que les couteaux sont plus aigus, et se propageant plus ou moins loin selon la nature de la matière essayée et les conditions de l'expérience.

La présence de ces actions a été particulièrement mise en lumière par les expériences optiques de Wertheim et de Léger [1],

1. Wertheim : *Annales de physique et de chimie*, 1854 ; Léger : *Mémoires de la Société des ingénieurs civils*, 1877.

Voir aussi les communications présentées aux congrès des Matériaux de Conau moyen de prismes de verre soumis à des efforts de flexion et examinés en lumière polarisée : les degrés de biréfringence pris par le verre plus ou moins tendu ou comprimé se traduisent par des différences de coloration, qui permettent de suivre la répartition des efforts à l'intérieur du bloc d'essai. Quel que soit le mode d'effort exercé, on constate ainsi le développement d'actions énergiques aux points qui limitent les zones directement pressées à la surface du bloc.

En particulier, dans les essais par flexion exécutés de la manière qui vient d'être définie, les actions développées dans la section médiane au voisinage immédiat de la ligne de contact du couteau central doivent évidemment influer sur la charge de rupture, et il peut même se présenter des cas où elles soient assez intenses pour que le couteau pénètre d'une manière appréciable dans la matière, en diminuant, par conséquent, la section droite du prisme. De même, les actions développées aux points de contact des deux couteaux d'appui peuvent, si la portée est inférieure à une certaine limite, se propager jusqu'à la section centrale et influer sur le résultat de l'essai.

On atténuerait dans une certaine mesure ces causes d'erreurs en diminuant l'acuité des couteaux ; mais l'effort extérieur s'exercerait alors sur des éléments de largeur finie, suivant une loi inconnue, et la valeur du moment fléchissant dans la section de rupture serait incertaine.

Un meilleur moyen d'éviter ces actions perturbatrices consiste à charger le prisme de telle sorte que le moment fléchissant maximum conserve une valeur constante sur une portion finie de sa longueur et que la rupture se produise en dehors des régions directement pressées. En même temps, l'effort tranchant est nul et l'on n'a pas à craindre l'intervention d'efforts de glissement ou de cisaillement.

242. Dispositifs à moment constant. — Dans sa communication au congrès de Budapest, M. Mesnager, après avoir vérifié optiquement que, dans un prisme chargé en son milieu, les tensions développées dans la section centrale ne correspondaient pas aux formules ordinaires de la *Résistance des matériaux,*

struction de Paris (1900) et de Budapest (1901) par M. Mesnager, qui a appliqué cette méthode à la mesure des efforts intérieurs développés dans les corps solides.

indique qu'au contraire l'expérience montre que ces formules sont applicables au cas d'un prisme posé sur deux appuis et chargé de deux poids égaux $\frac{P}{2}$ appliqués à une même distance d des appuis (fig. 151)[1] : dans toute la région centrale, à partir d'une certaine distance des charges (distance qui, pour le verre, est d'environ deux fois l'épaisseur verticale de la pièce), le moment fléchissant conserve la valeur constante $\frac{Pd}{2}$ et les formules classiques sont vérifiées, de telle sorte que, b désignant la largeur du prisme et e son épaisseur, la tension maximum développée sous la charge totale P est mesurée par $\frac{3Pd}{be^2}$.

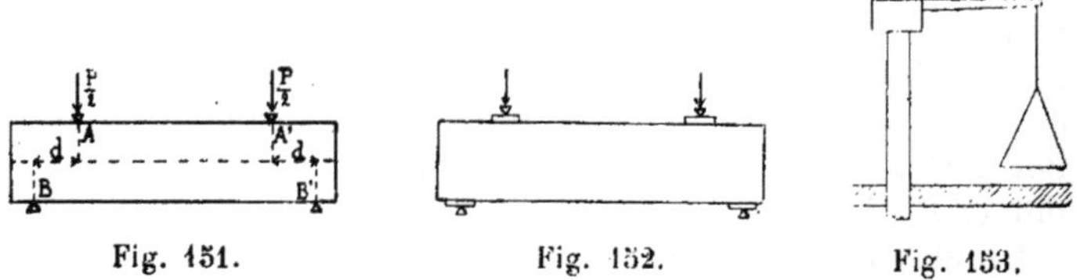

Fig. 151. Fig. 152. Fig. 153.

En interposant de petites plaques entre les couteaux et le prisme (fig. 152), on ne change pas la valeur du moment fléchissant dans la région centrale, et on a l'avantage de réduire les actions superficielles développées au voisinage des quatre appuis, ce qui restreint la distance où elles se propagent vers le milieu du prisme et évite toute détérioration de celui-ci par les couteaux.

Un autre dispositif réalisant un moment fléchissant constant a été employé par M. Considère dans quelques-unes de ses expériences sur prismes armés.

Il consiste à fixer le prisme verticalement en serrant son extrémité inférieure dans un étau (fig. 153), tandis que son extrémité supérieure est encastrée dans un levier, au bout duquel on suspend la charge. Si Q désigne le poids de l'ensemble de cette charge et du levier et l la distance de leur centre de gravité à l'axe vertical du prisme, le moment fléchissant a la valeur con-

1. On peut faire l'essai en employant une charge unique P, appliquée au milieu d'une tige rigide s'appuyant sur les couteaux A et A'.

stante Ql dans toute la région libre du prisme à partir d'une certaine distance des sections d'encastrement.

Fig. 154.

Nous avons modifié ce dispositif, en vue de l'essai de prismes à section de 4 × 4 cm., de manière à simplifier la manœuvre de la mise en position du prisme et à éviter toute tendance au cisaillement dans les plans d'encastrement. Dans ce but, les deux encastrements sont remplacés par des griffes à contacts arrondis. L'appareil qui nous sert est représenté par la figure 154 [1] : il sera étudié plus explicitement ci-après. On remarque immédia-

1. Au milieu est représenté un moule servant pour la fabrication de six prismes. La figure a été exécutée d'après une photographie de M. le capitaine Comte.

tement que le moment fléchissant entre les sections Aa et A'a' est indépendant des longueurs ab et $a'b'$ et mesuré par le produit Ql, Q et l représentant les mêmes grandeurs que ci-dessus. Comme la déformation subie par les mortiers est toujours très faible, le déplacement latéral de l'axe du prisme sous charge est tout à fait négligeable, et la distance horizontale du point de suspension du seau reste constante.

Quels que soient l'appareil que l'on emploie et la nature de la matière essayée, un prisme rectangulaire fléchi sous moment constant se déforme toujours en arc de cercle, et, quand on sait mesurer exactement les allongements de ses faces extrêmes, il est facile d'en déduire soit le coefficient et la limite d'élasticité de la matière, si elle présente une période d'élasticité parfaite, soit sa courbe de déformation, dans le cas contraire (voir art. 111).

243. Calcul des tensions développées dans le dispositif représenté par la figure 154. — Dans les dispositifs des figures 151 et 152, les sections comprises entre les plans verticaux A et A' sont uniquement soumises au moment fléchissant, et, si M désigne la valeur de ce dernier, la tension maximum développée est mesurée par $6\frac{M}{be^2}$. Dans ceux des figures 153 et 154, les efforts transmis au prisme par les encastrements ou les griffes ont, en outre, des composantes verticales dont l'action s'ajoute à celle de l'effort de flexion proprement dit, et la formule devient un peu plus compliquée.

Examinons plus spécialement l'appareil représenté par la figure 154 et continuons, pour conserver aux formules toute leur généralité, à désigner par b la largeur du prisme, perpendiculairement au plan de la figure, et par e son épaisseur, dans le plan de la flexion, bien que nous sachions que, dans l'appareil particulier qui nous occupe, ces deux grandeurs sont chacune de 4 cm.

Appelons :

Q le poids du seau et de son contenu à un instant donné et l la distance horizontale de son point de suspension à l'axe vertical du prisme ;

Q' la somme des poids du levier et des organes de suspension du seau non destinés à être pesés avec lui à chaque essai, et l'

la distance du centre de gravité de leur ensemble au même axe ;

Q'' le poids de la partie du prisme située au-dessus de la section mM, dans laquelle on se propose de mesurer la tension développée.

Dans la double hypothèse de la déformation plane et de l'élasticité parfaite, une section transversale CD (fig. 155) prend, sous charge, une nouvelle position C'D', projetée encore suivant une ligne droite, et les tensions positives ou négatives en chaque point sont proportionnelles aux ordonnées des points de cette droite par rapport aux points de même abscisse sur la première. Appelons G leur point d'intersection, projection de l'axe neutre, O le milieu de la droite CD, F la tension positive maximum, développée en C, que nous mesurerons par la longueur CC', et a la distance inconnue OG, comptée positivement en allant de O vers C.

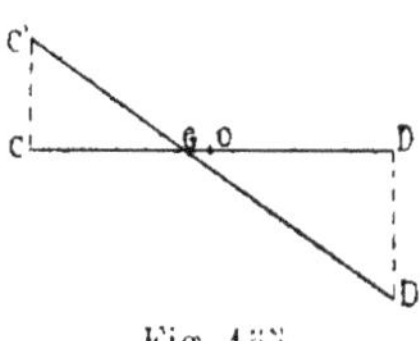

Fig. 155.

La longueur CD n'étant autre que l'épaisseur e du prisme, on a, dans les deux triangles semblables ayant le point G comme sommet commun :

$$\frac{DD'}{CC'} = \frac{\frac{e}{2} + a}{\frac{e}{2} - a},$$

d'où l'on déduit, pour la valeur absolue de la compression maximum DD', développée en D : $F \dfrac{\frac{e}{2} + a}{\frac{e}{2} - a}$.

Pour qu'il y ait équilibre entre les efforts extérieurs et les actions moléculaires auxquelles ceux-ci donnent naissance dans le plan CD, il faut d'abord que la somme algébrique des tensions développées dans ce plan soit égale à la somme des pressions extérieures, c'est-à-dire à $-(Q + Q' + Q'')$; or la première somme n'est autre que le produit de la largeur b de la section par la somme algébrique des aires des triangles GCC' et GDD' ; on a donc, entre les inconnues F et a, une première relation :

$$b\,F\,\frac{\frac{e}{2}-a}{2}-b\,F\,\frac{\left(\frac{e}{2}+a\right)^2}{2\left(\frac{e}{2}-a\right)}=-(Q+Q'+Q'').$$

D'autre part, il faut que la somme des moments des actions moléculaires par rapport à une perpendiculaire quelconque au plan de la figure, par exemple l'axe neutre, soit égale à la somme des moments des efforts extérieurs par rapport à ce même axe. On calcule sans peine que cette condition est exprimée par l'égalité :

$$b\,F\,\frac{\left(\frac{e}{2}-a\right)^2}{3}+b\,F\,\frac{\left(\frac{e}{2}+a\right)^3}{3\left(\frac{e}{2}-a\right)}=(a+l)\,Q+(a+l')\,Q'+a\,Q''.$$

De ces deux équations on déduit, tous calculs faits :

$$a=\frac{e^2\,(Q+Q'+Q'')}{12\,(l\,Q+l'\,Q')}$$

et $$F=\frac{(6\,l-e)\,Q+(6\,l'-e)\,Q'-e\,Q''}{be^2}.$$

Le poids Q'' de la moitié du prisme située au-dessus du plan de rupture est très faible relativement à Q et à Q' ; *a fortiori* ses variations sont-elles tout à fait négligeables dans les calculs et peut-on attribuer à Q'' une valeur constante. Dès lors on peut régler une fois pour toutes la distance l' du centre de gravité de l'ensemble du levier et de ses accessoires de telle sorte que la somme algébrique $(6\,l'-e)\,Q'-e\,Q''$ soit constamment nulle, et la résistance cherchée F devient proportionnelle au poids Q du seau et de son contenu. Pour cela il suffit de faire : $l'=\frac{e}{6}\;\frac{Q'+Q''}{Q'}$, c'est-à-dire, pour $e=4$ cm. et quand on suppose Q'' très petit par rapport à Q', $l'=$ un peu plus de 0,67 cm. Cela obtenu, on peut choisir la longueur l de telle sorte que F soit égal à un multiple simple de Q : dans notre appareil, où l'on a : $b=e=4$ cm., nous avons pris $l=54$ cm., ce qui conduit à : $F=\frac{6\times 54-4}{64}\,Q=5\,Q.$

On n'a donc qu'à multiplier par 5 le poids du seau, exprimé en kg., pour avoir la résistance cherchée, exprimée en kg. par cm².

Pour régler la position du centre de gravité du levier, on y a fixé, à la distance l' qui vient d'être calculée, deux pointes P (fig. 154), formant une ligne perpendiculaire au plan de flexion et faisant saillie dans une cavité ménagée dans le levier. On pose ces pointes sur un petit élément plan horizontal passé à travers cette cavité sans en toucher les bords, et on pousse le contrepoids jusqu'à ce que le levier, chargé seulement des appareils de suspension du seau non destinés à être pesés chaque fois avec ce dernier, se tienne dans la même position, sensiblement horizontale, que lorsque, le prisme étant bien vertical, les deux branches de la griffe du levier prennent appui sur ses faces opposées. Dans cette même position, la distance horizontale du point de suspension du seau à l'axe du prisme doit être de 54 cm. exactement.

Quant à la position verticale du prisme, elle est assurée par la forme de la griffe inférieure, à condition, bien entendu, que l'épaisseur du prisme soit toujours bien de 4 cm.

De même, les griffes inférieure et supérieure ont, perpendiculairement au plan de flexion, une largeur de 4 cm., de telle sorte qu'en mettant au toucher les faces antérieure et postérieure du prisme dans les plans verticaux qui limitent les griffes en avant et en arrière, on soit sûr que le plan déterminé par les axes du prisme et du levier est bien vertical.

244. Influence négligeable de la répartition des pressions verticales. — Dans les calculs qui précèdent, on n'a eu à faire aucune hypothèse sur la manière dont les pressions verticales étaient transmises au prisme et se répartissaient dans sa section. Nous avons recherché expérimentalement l'influence de cette répartition, en essayant de diverses manières un grand nombre de prismes identiques.

Les uns n'ont pas été engagés à fond dans les griffes, de manière à ne recevoir les efforts extérieurs que suivant les lignes A, A', B et B' (fig. 156) ; d'autres, au contraire, ont été appuyés complètement par leurs bouts dans les griffes (fig. 157) ; enfin, dans d'autres séries, on a interposé entre le fond des griffes et les bouts du prisme de petites pièces d'acier ayant seulement 4 mm de largeur, soit un dixième de celle du prisme, de manière à concentrer les efforts verticaux soit aux environs de la face la plus tendue (fig. 158), soit près de la face la plus comprimée, soit à égale distance de ces deux faces, soit suivant l'un ou l'autre des plans diagonaux.

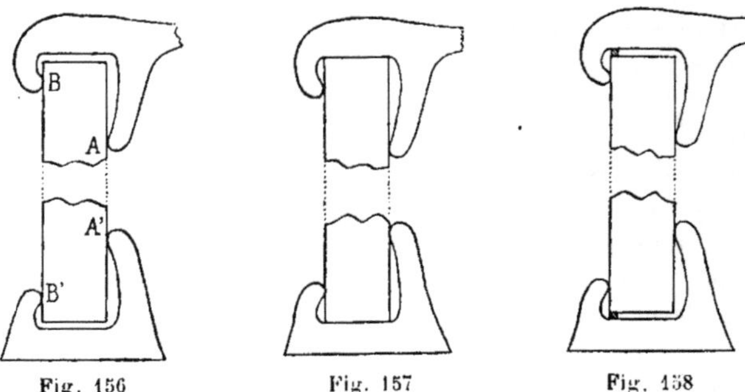

Fig. 156 Fig. 157 Fig. 158

Ces essais, répétés avec divers mortiers et avec des prismes de diverses longueurs, n'ont jamais donné entre eux d'écarts supérieurs à ceux qu'on obtient dans chaque série d'expériences faites avec un même dispositif. On en conclut que l'influence étudiée est négligeable. De même, le degré de concordance des résultats fournis par un même dispositif avec des prismes aussi identiques que possible a été sensiblement le même avec tous les dispositifs, sauf peut-être avec celui de la figure 157, qui a parfois donné des résultats plus réguliers. D'ailleurs c'est aussi celui dont l'emploi est le plus facile, et nous continuons maintenant d'engager le prisme à fond dans les griffes toutes les fois que c'est possible.

En tout cas, ces expériences montrent que, quand même les bouts du prisme sont irréguliers ou obliques, la résistance trouvée n'est pas altérée.

245. Distance et courbure des appuis d'une même griffe. — Il a été dit plus haut que les distances verticales ab, $a'b'$ (fig. 154) des deux appuis d'une même griffe étaient à peu près indifférentes ; pourtant, si elles étaient trop faibles, les efforts de compression exercés sur le prisme en A, A', B et B', efforts proportionnels aux quotients du moment fléchissant par ces distances, pourraient être considérables et produire un cisaillement en l'un de ces points, surtout si, en même temps, le rayon de courbure de l'élément de griffe était faible. Pour la même raison, une augmentation de ces distances et de ce rayon de courbure doit avoir pour conséquence une diminution des efforts parasitaires développés au voisinage des lignes de contact ainsi que de la distance jusqu'à laquelle ils exercent leur influence.

Dans l'appareil qui nous sert, le rayon de courbure des griffes est d'environ 1 cm. aux quatre appuis, et les distances *a b*, *a' b'* ont un peu plus de 4 cm. ; l'expérience a montré que, dans ces conditions, non seulement le prisme ne se cisaillait jamais en A et A', mais que, même avec des mortiers très tendres, on pouvait appliquer les points d'appui extrêmes B et B' des griffes à 2 ou 3 millimètres seulement des bouts C et C' du prisme, sans que la rupture se produisît aux points de contact. Néanmoins il est prudent de réserver une marge un peu plus grande, 1 à 2 cm. par exemple [1].

246. Influence de la longueur du prisme. — L'incertitude où l'on est sur la distance à laquelle les actions parasitaires développées en A et A' se propagent vers le milieu du prisme rend difficile la fixation de la longueur minimum qu'il convient de donner au prisme pour éviter leur influence. Si cette distance avait, pour les mortiers, la valeur indiquée par M. Mesnager pour le cas du verre chargé par l'intermédiaire de couteaux relativement aigus, on serait amené à faire en sorte que la longueur A A' fût d'au moins 16 cm. Comme on vient de le voir, il est probable que, par suite de la faible courbure des appuis, cette longueur peut être notablement réduite. En tout cas, le seul moyen qu'on ait actuellement de s'en assurer est de comparer les résistances fournies par des prismes différant uniquement par leurs longueurs.

Un premier groupe d'expériences nous a donné les nombres rapportés dans le tableau ci-contre. Le résultat est donc contraire à celui qu'on aurait pu attendre : les prismes courts conduisent à une résistance plus forte que les longs.

1. En essayant horizontalement des prismes de 4 × 4 cm. au moyen du dispositif représenté par la figure 151, avec une distance AA' de 5 à 6 centimètres, nous avons vérifié que les charges de rupture étaient sensiblement les mêmes quand les appuis A et A' étaient des cylindres de 2 mm. ou de 5 mm. de diamètre ou encore quand ces appuis, constitués par des cylindres de 3 mm. de diamètre, portaient contre les faces du prisme, soit directement (fig. 151), soit par l'intermédiaire de petites plaques d'acier de 1 mm. d'épaisseur et 10 mm. de largeur (fig. 152).

Composition du mortier[1] (en poids)	Age du mortier lors de la rupture (conservation dans l'eau douce)	Nombre de prismes pareils ayant concouru à chaque moyenne	Résistances moyennes par cm² — Longueur totale = 16 cm. AA' = 4 cm.	Résistances moyennes par cm² — Longueur totale = 30 cm. AA' = 18 cm.	Résist. des prismes de 30 cm. par rapport à celle des prismes de 16 cm. ramenée à 100
1 partie d'un même ciment portland, + 2 d'un très gros sable	1 an	8	59,8	55,5	93
1 partie d'un même ciment portland, + 5 d'un très gros sable	1 an	8	36,2	28,6	79
1 partie d'un même ciment portland, + 3 d'un sable moyen.	1 an	8	47,4	41,0	87
1 partie d'un même ciment portland, + 2 d'un sable fin	1 an	8	44,4	42,9	97
1 partie d'un même ciment portland, + 5 d'un sable fin	1 an	8	20,6	19,5	95
Autre ciment portland gâché pur.	3 mois	4	72,1	59,0	82
Moyenne					89

Cette conclusion est confirmée par d'autres essais dans lesquels nous avons rompu d'abord des prismes de 30 cm. de longueur, puis leurs moitiés. Toujours ces dernières ont donné des résistances moyennes plus fortes que les prismes entiers d'où elles provenaient.

Enfin, nous avons répété l'expérience dans des conditions plus variées, en rompant des prismes, toujours sous moment constant, mais avec le dispositif représenté par la figure 151, avec cette seule différence que les quatre appuis, au lieu d'avoir la forme de couteaux plus ou moins aigus, étaient constitués par des cylindres de 3 millimètres de diamètre. On a encore opéré sur des prismes à section de 4×4 cm., en maintenant constamment égale à 4,27 cm., quelle que fût la distance AA' des appuis internes, la distance horizontale d des appuis appliqués à un même bout; dès lors, la résistance par cm² correspondant à une charge totale de rupture P a toujours été mesurée par $\frac{P}{5}$.
Dans les cas particuliers où l'on a fait AA' = 0, les deux appuis

1. Les sables sont ceux du Cran Poulet, du Noirda et de dune définis à l'annexe à la fin du volume.

internes se trouvaient réduits à un seul, et la rupture a eu lieu en réalité sous charge centrale.

Les compositions des mortiers essayés ont été les suivantes :

Désignation du mortier	Composition du mortier en poids	Age du mortier lors de l'essai	Nombre de prismes pareils ayant concouru à chaque moyenne
A	1 partie de ciment portland + 1 partie de sable fin (Seine C).	4 mois	5
B	1 partie de ciment portland + 1 partie de sable moyen (Noirda).	3 mois	5
C	1 partie du même ciment + 2 parties de sable moyen (Noirda).	3 mois	5
D	1 partie de ciment de laitier + 1 partie de sable fin (dune).	52 jours	5
E	Ciment rapide gâché pur	50 jours	10
F	1 partie de ciment portland + 1 partie de sable assez fin (Crèche)	2 mois	10
G	1 partie de ciment portland + 2 parties de sable fin (dune).	10 ans 1/2	6
H	1 partie du même ciment + 2 parties de sable assez fin (Crèche)	10 ans 1/2	6
J	Même ciment portland gâché pur	10 ans 1/2	6
K	Ciment rapide gâché pur	11 ans	9

Le tableau ci-après indique les résistances obtenues, ainsi que les rapports de ces résistances à l'une d'elles ramenée à 100 :

	Résistances moyennes obtenues par cm²								Nombres proportionnels							
Distance AA' (en cm.)	0	0,5	1	1,5	2	2,5	4	14	0	0,5	1	1,5	2	2,5	4	14
Mortier A	37.5		43.1				34,9	35.6	87		100				81	83
Mortier B	63,9		65,6				57,2	55.3	97		100				87	84
Mortier C	45,2		47,7				46,2	42,0	95		100				97	88
Mortier D	43,2		48,1				37,8	30,1	90		100				79	63
Mortier E			44,3				35,0	35,6			100				79	80
Mortier F	83,5		82,3				76,0	70,9	102		100				92	86
Mortier G		52,0	51,6	48,4	51,8	49,2				101	100	94	100	96		
Mortier H		68,0	65,6	67,2	62,4	63,8				104	100	102	95	97		
Mortier J		83,6	81,6	79,0	78,2	73,6				103	100	97	96	90		
Mortier K	54,2	59,8	53,6	49,4		53,6	44,0		101	112	100	92		100	82	
Moyennes									95	105	100	96	97	96	85	81

Ainsi donc, le cas spécial de la rupture par charge centrale étant laissé de côté, la résistance décroît à mesure qu'on augmente la distance AA′ des appuis internes, tout en restant à peu près constante tant que cette distance ne dépasse pas 2,5 cm.

Il semble tout naturel d'attribuer ce résultat à l'hétérogénéité inévitable des mortiers : plus la région du prisme dans laquelle la rupture peut se produire est longue, plus il y a de chance pour qu'elle comprenne une section plus faible, dont la résistance est mesurée au lieu de celle de l'ensemble du mortier. Pourtant, des prismes d'un même mortier, essayés d'une manière identique sous charge centrale, de telle sorte que la rupture se produise nécessairement dans une section déterminée, donnent entre eux des écarts dont la moyenne dépasse rarement 5 p. 100 de la résistance moyenne obtenue, et dès lors il est difficile d'admettre que l'hétérogénéité du mortier soit la seule cause des écarts, beaucoup plus considérables dans certains cas, observés dans la rupture, sous moment constant, de prismes de diverses longueurs.

Pour nous en rendre compte, nous avons fabriqué des prismes, les uns de 40 cm. de longueur, les autres de 16 cm., composés chacun de trois parties, dont celle du milieu, en mortier relativement maigre, avait, pour tous les prismes, une longueur constante d'environ 4 à 5 cm. et se raccordait avec les bouts, en ciment pur ou en mortier riche, de manière qu'il y eût une pénétration de l'un dans l'autre (fig. 159). La rupture se produisait nécessairement dans le mortier maigre, moins résistant[1], et on avait autant de chances d'avoir des sections plus faibles dans les prismes courts que dans les longs.

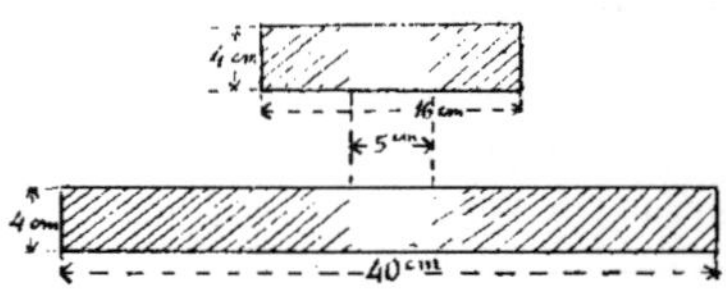

Fig. 159.

L'expérience, répétée sur cinq séries de prismes de compositions différentes, a donné les résultats suivants :

1. En réalité, les ruptures se sont produites, le plus souvent, dans la zone de raccordement des deux mortiers ; mais, dans ce cas, les résistances ont été les mêmes que lorsqu'elles ont eu lieu franchement dans la partie médiane.

Série de prismes		A	B	C	D	E
Résistance moyenne par cm^2	prismes de 40 cm. .	6,2	29,8	18,0	32,9	30,2
	prismes de 16 cm. .	6,6	35,1	20,4	36,8	38,4

On constate que les prismes courts ont encore donné des résistances plus fortes que les longs et que, dès lors, l'hétérogénéité du mortier, qui doit pourtant intervenir, n'est pas la seule cause des différences observées avec les prismes ordinaires.

D'autre part, si l'on rompt de la même manière des prismes composés de deux parties, dont la seconde, en mortier, a été moulée dans le prolongement de la première, le plan de décollement est connu d'avance et l'hétérogénéité des matériaux n'a certainement aucune part aux différences d'adhérence trouvées avec des doubles prismes plus ou moins longs. Or on verra plus loin (art. 263) que, dans ce cas, l'influence de l'écartement des appuis A et A′ est moins accusée que dans les essais ordinaires de flexion, mais semble de sens contraire, de telle sorte que la charge de décollement paraît augmenter en même temps que cet écartement, du moins tant que celui-ci ne dépasse pas une certaine limite voisine de 20 cm.

La question reste donc assez obscure et demanderait à être étudiée de nouveau.

En attendant d'être mieux fixé sur les influences qui interviennent, nous avons adopté, provisoirement, dans nos essais de flexion, une distance de 4 cm. pour AA′, de manière à réduire les chances d'hétérogénéité tout en n'ayant pas trop à craindre la propagation, jusqu'au plan de rupture, des actions locales développées aux appuis A et A′.

Dès lors nous avons fixé la longueur totale du prisme à 16 cm., se décomposant (fig. 154) en :

$$aa' = 4 \text{ cm.}, \quad ab = a'b' = 4 \text{ cm.}, \quad bc = b'c' = 2 \text{ cm.}$$

247. Résumé. — Les conditions de l'essai par flexion sous moment constant qui viennent d'être établies peuvent être résumées comme il suit :

On opérera sur des éprouvettes prismatiques mesurant 4 × 4 × 16 cm., moulées horizontalement et immergées, s'il y a lieu, de telle sorte que les faces latérales qui étaient verticales pendant le moulage le soient encore dans le bain.

L'appareil de rupture, représenté par la figure 154, répondra aux conditions suivantes :

L'écartement des deux branches de la griffe inférieure sera tel que le prisme soit bien vertical quand ses faces opposées seront en contact avec elles.

Les deux griffes auront exactement 4 cm. d'épaisseur et prendront appui sur le prisme suivant quatre droites, perpendiculaires à sa longueur, le long desquelles le rayon de courbure des éléments des griffes sera d'au moins 1 centimètre.

La distance, comptée verticalement, des deux lignes d'appui d'une même griffe (longueurs *ab* et *a'b'* de la figure) sera d'environ 4 centimètres.

Le levier sera construit de telle sorte que, le prisme étant vertical et la griffe supérieure étant en contact avec ses deux faces opposées, la distance horizontale du point de suspension du seau à l'axe vertical du prisme soit de 54 cm.

Le levier sera équilibré de telle sorte que, dans sa position sus-indiquée, le centre de gravité de l'ensemble du demi-prisme supérieur, du levier et des organes de suspension du seau non destinés à être pesés avec ce dernier soit du même côté que le seau, à deux tiers de centimètre de l'axe vertical du prisme.

Le prisme sera disposé verticalement dans les griffes de telle sorte que le contact ait lieu par celles de ses faces opposées qui se trouvaient verticales pendant le moulage.

La distance AA' des contacts des deux griffes sur la face comprimée sera de 4 cm.

Dans le seau suspendu à l'extrémité du levier, on fera couler de la grenaille de plomb avec une vitesse constante de 100 grammes par seconde [1], au moyen d'un dispositif tel que l'écoulement s'arrête aussitôt que le prisme est rompu.

Le nombre exprimant, en kg par cm², la résistance du mortier, s'obtiendra en multipliant par 5 le poids du seau contenant le plomb, exprimé en kilogrammes.

Diverses séries d'essais faits sur un grand nombre de prismes identiques, partie dans ces conditions, partie sous charge centrale au moyen de l'appareil à double levier (amplification = 50 : 1) employé couramment pour les essais de traction, nous ont montré que le degré de concordance des résultats était à peu près le même avec les deux dispositifs : pour des mortiers gâchés à

1. Ce débit est celui qui est prescrit pour les essais normaux de traction exécutés avec la machine Frühling-Michaëlis et correspond, pour la tension maximum développée dans l'essai de flexion, à une augmentation par seconde de 0,5 kg. par cm².

bonne consistance plastique, la moyenne des valeurs absolues des écarts entre les résistances des divers prismes d'une même série et la moyenne de ces résistances est d'environ **4** p. **100** de cette résistance moyenne [1].

Quand on règle les débits du plomb de telle sorte que la vitesse de progression de la tension maximum développée soit la même, les résistances obtenues sous moment constant sont inférieures d'environ **14** p. 100 en moyenne à celles que donnent les essais sous charge centrale.

Mais l'essai sous moment constant présente l'avantage de pouvoir être exécuté au moyen d'un appareil beaucoup plus simple que celui sous charge centrale, et surtout d'inspirer plus de confiance, comme devant être bien moins influencé par les actions perturbatrices développées aux appuis.

A fortiori l'essai de flexion sous moment constant doit-il être préféré à l'essai ordinaire de traction.

§ 3. — PRÉVISION DES RÉSISTANCES

248. Expériences de M. Deval. — On a vu au § **2** du chapitre XI que, pour des mortiers de compositions variées faits avec un même liant et conservés dans les mêmes conditions, il semblait exister une relation simple entre leurs résistances à la compression et une certaine fonction de leurs volumes élémentaires.

Dès lors, on doit se demander s'il n'existe pas une relation du même genre entre les résistances à la flexion ou à la traction de pareils mortiers et une autre fonction de ces volumes.

Nous avons fait de nombreuses recherches sans arriver à établir une formule aussi nette et aussi générale que celle qui se rapporte aux résistances à la compression. En particulier, nous avons essayé sans grand succès la formule $F = H \frac{c}{1 - s}$ indiquée jadis par M. H. Le Chatelier, dans laquelle F désigne la résistance à la traction ou à la flexion et H un coefficient numérique con-

1. Le même écart est d'environ 7 p. 100 dans les essais ordinaires par traction et 5 p. 100 dans ceux de compression.

stant, dépendant de la nature du liant et des conditions de conservation des mortiers.

Abordant à son tour la même question, M. L. Deval, ancien directeur du laboratoire d'essai des matériaux de la Ville de Paris, a communiqué, le 31 janvier 1903, à la réunion des membres français de l'*Association internationale des Matériaux de Construction*, et publié dans le *Bulletin de la Société d'Encouragement pour l'Industrie nationale* (mars 1893, p. 408) les résultats de recherches faites sur quelques prismes de 2×2 cm. de section essayés par flexion sous moment constant. Les conclusions qui s'en dégagent sont : 1° qu'avec des mortiers contenant, pour une partie d'un même ciment, de 2 à 5 parties d'un sable donné, la formule en question donne lieu à des écarts assez importants au début du durcissement, mais tendant à devenir d'autant plus faibles que le mortier est plus vieux et le ciment moulu plus finement ; 2° qu'avec des mortiers de même dosage, mais où entrent des sables de grosseurs un peu différentes, la formule est souvent en défaut, surtout en ce qui concerne le sable fin [1].

Malgré ces résultats peu encourageants, M. Deval a conclu que de nouvelles expériences s'imposaient pour rechercher si, à mesure que le durcissement des mortiers devient plus complet, la proportionnalité entre les résistances à la flexion et les valeurs du rapport $\frac{c}{1-s}$ se vérifie. Or cette prévision semble justifiée par les expériences que nous avons faites de notre côté, et dont nous avons relaté sommairement les résultats dans la discussion qui a suivi la communication de M. Deval. Voici d'ailleurs les principales conclusions de nos recherches.

1. Au début du même travail, M. Deval relate des expériences d'où il déduit les valeurs moyennes des écarts obtenus dans les essais par flexion et par traction, ainsi que le rapport des résistances correspondantes. Or, dans les essais par flexion, il a pris les moyennes des résistances fournies successivement par les prismes entiers et par leurs moitiés, modes d'opérer qui, comme il l'a constaté lui-même, conduisent à des résultats systématiquement différents. D'autre part, pour les essais par traction, il n'a rompu chaque fois que deux briquettes, nombre beaucoup trop faible pour qu'on puisse avoir une idée exacte de leur degré de concordance. Enfin les prismes et les briquettes d'un même ciment « n'ont pas été faits dans les mêmes conditions au point de vue de la nature du sable, du démoulage et de la durée d'immersion ». Il n'y a donc rien d'étonnant à ce que les résultats obtenus aient été très discordants, et leur valeur scientifique doit être considérée comme à peu près nulle.

249. Expériences de l'auteur. — Pour vérifier si une formule donnée traduit plus ou moins exactement la loi de production d'un phénomène quelconque, il ne suffit pas de mesurer la grandeur des écarts existant entre un certain nombre de résultats expérimentaux et les nombres calculés par la formule : on doit aussi s'assurer que ces écarts n'obéissent eux-mêmes à aucune loi systématique autre que celle qui résulte de la théorie mathématique des erreurs.

Dans le cas actuel, il faut que, quel que soit le nombre des mortiers essayés (mortiers faits tous avec un même liant et conservés dans les mêmes conditions), tous les points ayant pour abscisses les valeurs de $\frac{c}{1-s}$ correspondant à ces divers mortiers et pour ordonnées leurs résistances à la flexion ou à la traction soient répartis d'une manière à peu près uniforme aux environs d'une ligne droite passant par l'origine des coordonnées.

Or, tant que les mortiers n'ont pas plus d'un an, on constate, en construisant un pareil diagramme, que les points tendent, en réalité, à former une courbe à peu près parabolique tournant sa concavité vers la direction des ordonnées croissantes (fig. 160).

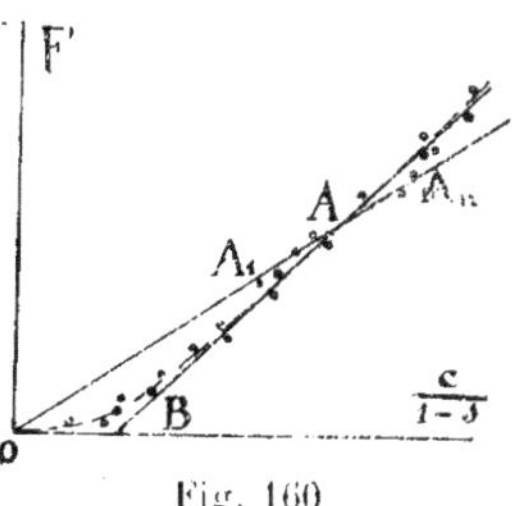

Fig. 160

Si donc on se borne à l'examen de quelques mortiers à valeurs de $\frac{c}{1-s}$ peu différentes (points A_1 à A_n de la figure), on pourra n'avoir que de faibles écarts en substituant à la courbe la droite OA qui coupe cette dernière au milieu du groupe des points en question : mais on ne saurait prétendre représenter par cette droite la loi générale qui lie les résistances aux volumes élémentaires. En tout cas, on aurait une meilleure approximation, pour l'ensemble de ces quelques mortiers, par la formule $F = H\left(\frac{c}{1-s} - a\right)$, a désignant l'abscisse du pied B de la tangente à la courbe au point A. On constate même généralement qu'en laissant seulement de côté les mortiers les plus maigres, par exemple ceux pour lesquels $\frac{c}{1-s}$ est inférieur à 0,100, tous les autres mortiers possibles ont leurs points représentatifs au voisinage d'une droite telle que BA, qui peut dès lors représenter la loi cherchée.

Des séries de mortiers faits avec de nombreux liants de natures et de finesses différentes, conservés plus ou moins longtemps dans divers milieux, nous ont montré qu'il en était ainsi, même avec des liants extrêmement fins, tant que les mortiers n'étaient pas âgés de plus d'un an. Mais, à mesure que le durcissement progresse, le point B se rapproche du point O et, au bout d'un temps d'autant plus long que le liant est moulu plus grossièrement, la loi $F = H \frac{c}{1-s}$ finit par être très sensiblement vérifiée.

Toutefois, après ces longues durées, on observe souvent, pour les mortiers les plus riches, de fortes chutes de leurs résistances à la traction ou à la flexion, surtout quand ils ont été conservés dans l'eau de mer ou dans l'eau douce. Le diagramme présente alors d'abord des points sensiblement en ligne droite à partir de l'origine des coordonnées, puis, au delà d'une certaine distance, d'autres points fortement au-dessous de cette droite et répartis tantôt d'une manière tout à fait irrégulière et tantôt suivant un certain alignement, comme une branche cassée dont le bout pend vers le sol, retenu seulement par quelques fibres. La figure 161 correspond ainsi à une série de mortiers de compositions différentes faits avec un même ciment rapide et rompus par flexion sous charge centrale après durcissement d'un an dans l'eau douce.

Fig. 161

On peut être tenté d'attribuer l'inexactitude initiale de la formule à ce que le ciment n'a pas encore subi complètement la transformation chimique qui produit peu à peu son durcissement. Pourtant, si telle était la cause des écarts observés, il semblerait qu'en appelant α la fraction du ciment hydratée au bout d'un temps donné, de telle sorte qu'un volume absolu $(1-\alpha)c$ dût être considéré comme inerte, les résistances au bout de ce temps seraient données par la formule corrigée :

$$F = H \frac{\alpha c}{1 - \left[s + (1-\alpha)c\right]}.$$

En appelant e et v les volumes de l'eau et des vides et remarquant que $1 - s - c = e + v$, on tire de là la relation :

$$\alpha H \frac{c}{F(e+v)} - \alpha \frac{c}{e+v} = 1,$$

d'où l'on conclut que les points ayant pour coordonnées les valeurs de $\frac{c}{e+v}$ et de $\frac{c}{F(e+v)}$ relatives à chaque mortier devraient se trouver aux environs d'une ligne droite, dont les paramètres feraient connaître α et H. Or on constate qu'il n'en est rien.

D'autre part, la formule $C = K\left(\frac{c}{1-s}\right)^2$, relative aux résistances à la compression, est à peu près aussi bien vérifiée après de courtes durées qu'après plusieurs années de durcissement, et il est difficile d'admettre que l'hydratation incomplète du ciment pendant la première année fausse la formule de flexion sans fausser en même temps celle de compression.

Il est possible que, dans les premiers temps de leur durcissement, les mortiers soumis à des efforts de traction ne puissent être assimilés à des corps parfaitement élastiques jusqu'à leur rupture, de sorte que la charge de rupture des prismes par flexion ne serait pas proportionnelle à la résistance réelle des mortiers ; on s'expliquerait peut-être ainsi pourquoi la relation entre les résistances à la flexion et les volumes élémentaires est vérifiée aux longues durées et non aux courtes. Mais ce n'est là qu'une hypothèse, qui demanderait à être contrôlée par des expériences directes.

250. Relation entre les résistances à la flexion et à la compression de mortiers présentant certains caractères communs.— On a vu à l'article 240 qu'il n'existait aucune relation fixe entre les résistances à la flexion et à la compression de mortiers de compositions quelconques. Mais il peut en être autrement quand on se borne à comparer des mortiers non plus choisis au hasard, mais ayant certains points communs tels que nature du liant, grosseur du sable, milieu et durée de conservation, etc.

Examinons d'abord le cas le plus simple, celui d'un même mortier considéré à divers stades de son durcissement. Si, comme on a cherché à l'établir, les résistances C et F sont proportionnelles à certaines fonctions des volumes élémentaires des mortiers frais, on peut, sans connaître la forme de ces fonctions, les écrire symboliquement :

$$C = K\varphi(c, s, e, v) \qquad \text{et} \qquad F = H\psi(c, s, e, v).$$

K et H étant deux coefficients qui ont des valeurs constantes pour tous les mortiers faits avec un même liant et ayant durci dans des conditions identiques. Quand, dans ces formules, on remplace c, s, e et v par les valeurs des volumes élémentaires d'un mortier donné, les fonctions φ et ψ prennent certaines valeurs numériques φ_1 et ψ_1 indépendantes de l'âge et des conditions de conservation, de sorte qu'à une époque quelconque du durcissement, on a : $\frac{F}{C} = \frac{\psi_1}{\varphi_1}\frac{H}{K} = \alpha_1 \frac{H}{K}$, α_1 étant dès lors un coefficient numérique qui ne dépend que de la composition du mortier. Or, en prenant pour coordonnées les valeurs de C et de F fournies par un même mortier après diverses durées de durcissement dans divers milieux, on constate qu'en général les points obtenus déterminent une droite passant par l'origine des coordonnées [1] ; on en conclut que, pour un même liant, les coefficients K et H conservent, quelles que soient les conditions de conservation, des valeurs proportionnelles entre elles.

Le coefficient angulaire de la droite varie d'ailleurs nécessairement d'un mortier à l'autre, puisqu'il est égal au produit du rapport $\frac{H}{K}$, constant pour tous les mortiers du même liant, par le paramètre α_1, qui dépend de la composition de chaque mortier. Si, après avoir mesuré ce coefficient angulaire pour tous les mortiers d'une même série, on arrive à exprimer sa valeur par une relation algébrique entre celles des volumes élémentaires, on pourra en déduire la formule de flexion connaissant celle de compression, ou inversement. Nos recherches dans ce sens sont restées, jusqu'à présent, sans résultat.

1. Parmi les exceptions à cette règle, il convient de citer certains mélanges de ciments et de pouzzolanes, pour lesquels les points fournis par chaque mortier forment deux droites correspondant, l'une aux blocs conservés dans l'eau douce ou à l'air humide, l'autre à ceux conservés dans l'eau de mer. Pour ces derniers, le rapport $\frac{F}{C}$ est plus fort que pour les autres.

Considérons maintenant des mortiers de compositions aussi variées que possible, mais faits tous avec des liants de même nature et rompus après une même durée de conservation dans un même milieu. Prenant pour abscisses leurs résistances à la compression et pour ordonnées celles à la flexion, nous constaterons que les points obtenus se groupent autour d'une courbe passant par l'origine et convexe vers les ordonnées croissantes.

Traçons cette courbe au juger, mesurons les coordonnées C et F de quelques-uns de ses points et construisons un autre diagramme en prenant pour nouvelles coordonnées les logarithmes de ces nombres. Nous obtiendrons sensiblement des lignes droites qui, une fois tracées, nous fourniront les valeurs de deux constantes, log a et n, telles que l'on ait, pour tout système de valeurs de C et F correspondant aux points de la courbe :

$$\log F = n \log C + \log a.$$

On déduit de là pour la relation cherchée : $F = a\,C^n$.

En général, on trouve ainsi pour n des valeurs comprises entre $\frac{3}{4}$ et $\frac{1}{2}$, $\frac{2}{3}$ en moyenne. Si donc on admet la formule $C = K\left(\frac{c}{1-s}\right)^2$ comme établie, on voit que F serait donné par une expression de la forme $F = H\left(\frac{c}{1-s}\right)^m$, où l'exposant m pourrait avoir, suivant les cas, toutes les valeurs comprises entre 1,5 et 1.

Par exemple, dans une grande série d'essais faits sur des mortiers de ciments portland, conservés 4 semaines et 1 an dans l'eau douce [1], nous avons trouvé :

Ruptures après 4 semaines :	$F = 1{,}17\ C^{0,70}$;
Ruptures après 1 an :	$F = 2{,}30\ C^{0,59}$.

A la longue, l'exposant de C tend vers 0,50, puisqu'on a vu plus

1. Cette série comprend 14 échantillons de divers ciments portland, avec chacun desquels on a fait 10 mortiers de compositions très différentes quant à la grosseur des sables et aux proportions des mélanges. D'autres séries analogues ont été faites avec plusieurs échantillons des différentes autres espèces de liants hydrauliques. D'autres aussi ont été conservées dans l'eau de mer ou l'air humide. Dans chacune de ces diverses séries, des prismes sont conservés pour n'être rompus qu'au bout de 10 ans.

haut qu'à partir d'une durée suffisante la formule $F = H \frac{c}{1-s}$ était à peu près vérifiée. Mais, pour des séries de mortiers différentes, il ne semble y avoir aucune relation fixe entre les valeurs limites des coefficients K et H.

Voici, par exemple, les nombres trouvés dans quelques expériences :

Nombre et nature des mortiers ou bétons	Conservation		Valeurs trouvées pour	
	milieu	durée	H	K
12 bétons à proportions variées d'un même ciment portland, d'un même sable et d'un même gros gravier .	eau douce	1 an 6 ans	148 183	1945 2800
20 mortiers d'un autre ciment portland et de sables de compositions granulométriques très variées. . . .	eau de mer	5 ans	198	2300
17 mortiers d'un autre ciment portland et de divers sables.	air humide	3 ans	212	2117
7 mortiers d'un autre ciment portland et de divers sables.	eau douce	6 ans	263	2060

251. Conclusions. — Malgré le peu de résultats positifs obtenus jusqu'à présent au sujet de l'existence possible d'une relation générale entre, d'une part, les résistances à la flexion de mortiers faits avec un même liant et conservés dans des conditions identiques, et, d'autre part, les volumes élémentaires de ces mortiers à l'état frais, il semble qu'on puisse dès à présent se prononcer sur les points suivants :

1° Il doit exister une pareille formule. Cette conclusion semble en effet résulter de ce que, la généralité de la formule de compression étant admise comme vérifiée, le rapport $\frac{F}{C}$ garde une valeur constante pour un même mortier conservé dans des conditions variées.

2° Pour des groupes de mortiers présentant divers caractères communs, on peut, dans une certaine mesure, considérer la résistance à la flexion comme étant proportionnelle à une certaine puissance n, comprise entre 3/4 et 1/2, de la résistance à la compression, et par suite à la puissance $2n$ du rapport $\frac{c}{1-s}$.

3° Toutefois, la valeur de l'exposant n varie d'un groupe de mortiers à l'autre, de sorte que la formule $F = H\left(\frac{c}{1-s}\right)^{2n}$ n'est pas générale. Dès lors, la résistance à la flexion n'est pas une fonction de la seule résistance à la compression : elle ne peut être qu'une fonction des volumes élémentaires *distincte* de la première, ou encore, si l'on veut, une fonction de la résistance à la compression et d'un ou plusieurs de ces volumes. Tout ce qu'on peut dire pour le moment, c'est que, pour des mortiers de plus en plus durs, la résistance à la flexion croît moins vite que celle à la compression.

4° Dans leur acception la plus générale, ces deux résistances sont des grandeurs distinctes, et la détermination de l'une d'elles, pour un mortier quelconque, ne peut suppléer à celle de l'autre.

§ 4. — ESSAIS DE FLEXION PAR CHOCS

252. Rupture par coups égaux. — On a opéré sur des prismes de mortier à section de 4×4 cm., posés sur deux couteaux mousses solidement fixés à la chabotte ; à égale distance de ces lignes d'appui, un troisième couteau pareil aux deux premiers et guidé de manière à ne pas se déplacer sous le choc, posait sur le prisme ; sa partie supérieure, évasée de manière à lui donner la forme d'un **T**, constituait un plan horizontal sur lequel on faisait tomber le mouton.

Le poids de la chabotte était de **200** kg ; celui du mouton a été, selon les expériences, de **0**,5 kg , **1** kg., **1**,5 kg. et **2** kg.

Dans un premier groupe d'essais, on a procédé par coups toujours pareils, la portée étant soit de **10** cm., soit de **4**,5 cm. seulement.

Avec chaque mortier on avait fait un grand nombre de prismes identiques, dont plusieurs (de 4 à 9 suivant le degré de concordance des résultats obtenus) ont toujours été essayés dans des conditions identiques. Pour chacun on a compté le nombre de coups nécessaires pour amener la rupture, puis on a calculé la moyenne n de ces nombres, qui étaient souvent assez différents. Les moyennes mises entre parenthèses dans les tableaux qui suivent sont celles pour lesquelles les nombres trouvés ont entre eux les plus fortes divergences.

Avec chaque série de prismes pareils, on a fait plusieurs groupes d'expériences en adoptant successivement diverses hauteurs de chute (H cm.) et aussi parfois des moutons de poids différents (P kg.).

En outre, quelques prismes ont été essayés par flexion sans chocs, sous charge centrale uniformément croissante, avec une portée de 10 cm. On a désigné par P′ les charges de rupture ainsi déterminées et par F les résistances correspondantes, exprimées en kg. par cm² et calculées par la formule ordinaire de la *Résistance des matériaux*.

1° Essais par chocs avec 10 cm. de portée.

a) Mortiers nos 1 à 4, faits avec un même ciment portland et un sable quartzeux composé par parties égales de gros grains, de grains moyens et de grains fins. Essais après conservation de 12 semaines dans l'eau de mer :

Mortier n° 1 : Ciment gâché pur. . . . P′=564,4 (?); F=132,3 (?);
Mortier n° 2 : 1 de ciment + 2 de sable. P′=269,4 ; F= 86,6;
Mortier n° 3 : 1 de ciment + 3 de sable. P′=218,1 ; F= 51,1;
Mortier n° 4 : 1 de ciment + 5 de sable. P′=137,5 ; F= 32,3.

Ces mortiers ont tous été essayés uniquement avec le mouton de 2 kg. tombant de diverses hauteurs.

b) Mortiers nos 5 à 7, faits avec un même ciment portland et un même sable naturel coquillier, composé en grande partie de grains moyens (sable de Saint-Malo). Essais après conservationt de 12 semaines dans l'eau de mer :

Mortier n° 5 : 1 de ciment + 2 de sable. P′ = 184,4 ; F = 43,3;
Mortier n° 6 : 1 de ciment + 3 de sable. P′ = 125,0 ; F = 29,3;
Mortier n° 7 : 1 de ciment + 5 de sable. P′ = 86,9 ; F = 20,4.

Ces mortiers ont tous été essayés uniquement avec le mouton de 0,5 kg. tombant de diverses hauteurs.

c) Mortiers nos 8 à 11, faits avec un même ciment rapide et un même sable naturel (sable de la Crèche) contenant environ les deux tiers de son poids de grains fins. Essais après conservation de 26 mois dans l'eau douce :

Mortier n° 8 : Ciment gâché pur. . . . . P′ = 208,5 ; F = 48,9;
Mortier n° 9 : 1 de ciment + 2 de sable. P′ = 172,5 ; F = 40,5;
Mortier n° 10 : 1 de ciment + 3 de sable. P′ = 150,5 ; F = 35,3;
Mortier n° 11 : 1 de ciment + 5 de sable. P′ = 112,5 ; F = 26,4.

Ces mortiers ont été essayés avec les moutons de **0,5** kg. et de **1** kg.

Les données des essais par chocs et les valeurs moyennes obtenues pour *n* dans chaque cas, sont relatées dans les tableaux suivants :

Hauteurs de chute (en cm.) H =	5	10	20	30	40	50	60
				Mouton de 2 kg.			
Mortier n° 1 . . . . . . *n* =				9,6	4,0	3,0	
Mortier n° 2 . . . . . . *n* =		11,2	2,7	1,0			
Mortier n° 3 . . . . . . *n* =	(25,7)	(6,5)	1,3				
Mortier n° 4 . . . . . . *n* =	3,2	1,2					
				Mouton de 0,5 kg.			
Mortier n° 5 . . . . . . *n* =			(27,6)	9,2	5,0	4,0	2,7
Mortier n° 6 . . . . . . *n* =		(20,8)	4,2	2,3	2,0	1,0	
Mortier n° 7 . . . . . . *n* =	(37,3)	5,2	1,8	1,2			

		Mouton de 0,5 kg.				Mouton de 1 kg.		
Mortier n° 8	H =	25	30			10	12,5	15
	n =	(14,7)	(12,6)			5,5	4,4	2,0
Mortier n° 9	H =	22,5	25	30	35	9	12	15
	n =	(14,9)	9,7	5,6	3,2	5,0	2,8	2,4
Mortier n° 10.	H =	15	17,5	20	25	6	10	
	n =	(18,4)	8,5	6,0	3,0	11,0	2,8	
Mortier n° 11.	H =	12	16			8		
	n =	15,8	5,0			3,8		

2° Essais par chocs avec 4,5 cm. de portée.

a) Moitiés des prismes des mortiers n°s 8 à 11 des essais précédents. On peut craindre que les premières ruptures aient altéré les résistances des fragments des prismes ; pourtant, divers essais nous ont montré que la rupture par flexion statique sous charge continuellement croissante ne semblait pas altérer la résistance des moitiés restantes, et il est probable qu'il en est de même dans les essais par chocs, où les actions moléculaires doivent être beaucoup plus localisées au voisinage du plan de rupture.

b) Autres moitiés de prismes rompus antérieurement sous charge continuellement croissante (sauf les nos 18 à 20) et conservés depuis pendant plus ou moins longtemps. Les résistances ordinaires à la flexion atteintes par ces mortiers lorsqu'on les a essayés par chocs ne sont pas connues :

Mortiers nos 12 à 14 : de mêmes compositions que les mortiers nos 2 à 4, mais conservés 29 mois dans l'eau de mer.

Mortiers nos 15 à 17 : de mêmes compositions que les mortiers nos 2 à 4, mais conservés 29 mois à l'air humide.

Mortiers nos 18 à 20 : moitiés des prismes des mortiers, nos 5 à 7 dont les premiers essais viennent d'être mentionnés, conservées pendant 28 mois dans l'eau de mer.

Mortier no 21 : contenant 1 de ciment portland pour 2 de gros sable à grains ronds (Gattemarre), conservé 25 mois dans l'eau douce.

Avec certains de ces mortiers, on s'est contenté de faire quelques séries d'essais en modifiant simultanément le poids du mouton et la hauteur de chute de telle sorte que leur produit, et par suite la force vive du choc, fussent constants. Avec les autres, on a fait en outre des séries d'essais avec un même mouton et diverses valeurs de H. Les conditions des essais et les valeurs moyennes de n obtenues sont relatées dans les deux tableaux des pages 604 et 605.

Il ressort immédiatement du dernier tableau que, quand le produit HP reste constant, les nombres de coups de mouton nécessaires pour produire la rupture de prismes pareils ne sont pas les mêmes, contrairement à ce qu'on aurait pu croire *a priori*, mais vont en diminuant à mesure que P augmente et que H diminue.

		Mouton de 0,5 kg.						Mouton de 1 kg.						
Mortier n° 8	H =	80	90	100	110			30	35	40	50	60		
	n =	(17.3)	(12.6)	(10.1)	2,2			(18,1)	21,4	6,1	4.6	4.6		
Mortier n° 9	H =	50	60	70	80	90	100	20	25	30	35	40		
	n =	(25.7)	(17,1)	9,0	7,0	4,0	2,4	(16,0)	7.2	9,0	5.3	(4,1)		
Mortier n° 10	H =	30	40	50	60	70		12,5	15	17,5	20			
	n =	(10,9)	6,2	4,4	4,1	3,4		13,1	(7.0)	5,0	4.1			
Mortier n° 11	H =	20	25	30				7,5	10	12,5	15			
	n =	9.9	5.8	4,6				7,6	3,6	3,0	3.8			
Mortier n° 18	H =							30	35	40	50	60	70	80
	n =							19,7	18.2	11,0	8,5	5,0	3,4	2,8
Mortier n° 19	H =							20	25	30	36	40	50	
	n =							17,7	12,0	8,3	4,4	3,6	2,2	
Mortier n° 20	H =							10	12,5	15	17.5	20	25	
	n =							19,4	15,8	10,2	5,0	3.7	2.2	
Mortier n° 21	H =							60	70	80	90	100	110	
	n =							25,8	8,6	10,8	4.3	3,8	2.4	

N° du mortier		8		9		10	12	13	14	15	16	17	18	19	20	21	
Valeur du produit HP		30	40	20	30	18	72	66	39	66	57	30	50	36	18	70	90
Valeur moyenne de n pour	P = 0,5	—	(17,3)	—	(17,1)	—	—	—	11,25	—	(52,0)[2]	(96,5)	9,8	7,6	7,3	—	—
	P = 1	(18,1)	6,1	(16,0)	9,0	—	12,8	9,0	7,0	18,6	3,75	30,2	8,5	4,4	—	8,6	4,3
	P = 1,5	4,1	1,8[1]	—	5,0	4,3	9,6	8,2	6,5	(13,2)	4,75	20,8	6,4	3,8	5,1	—	2,2
	P = 2	(5,6)	2,8	(10,2)	2,4	2,7	7,6	4,8	7,7	5,2	3,75	12,0	5,8	3,2	3,0	3,0	1,6

1. Pour cet essai, on avait H = 25, et par suite HP = 37,5 au lieu de 40.
2. Cette moyenne se change en 68,0 si l'on supprime un essai anomal dans lequel la rupture s'est produite dès le quatrième coup; la moyenne 3,75 trouvée pour P = 1 est aussi tout à fait anomale.

Si, pour tous les essais faits avec un même mortier et un même mouton, mais avec des hauteurs de chute échelonnées, on prend comme abscisses les logarithmes des hauteurs de chute et comme ordonnées ceux des valeurs moyennes de n trouvées, les points obtenus s'écartent peu de droites dont les coefficients angulaires, un peu différents selon les mortiers, restent néanmoins assez voisins de — 2 ; on en conclut que, toutes choses égales d'ailleurs, le nombre de coups de mouton égaux nécessaire pour produire la rupture doit être, à peu de chose près, inversement proportionnel au carré de la hauteur de chute.

Considérant maintenant les mortiers essayés avec divers moutons, si l'on fait de nouveaux diagrammes en prenant comme abscisses les logarithmes des poids des moutons et comme ordonnées les moyennes des logarithmes des produits nH^2 correspondant à toutes les séries d'essais faits avec un même mortier et un même mouton, les points obtenus se distribuent au voisinage de lignes droites dont les coefficients angulaires, un peu différents selon les mortiers, restent néanmoins généralement assez voisins de -3 ; on en conclut que n doit être, à peu de chose près, inversement proportionnel au produit H^2P^3.

Enfin, continuant de même, on peut construire un nouveau diagramme en prenant comme abscisses les logarithmes des résistances ordinaires à la flexion sous charge progressivement croissante, trouvées pour les mortiers essayés, et comme ordonnées les moyennes des logarithmes des divers produits $n\,H^2P^3$ correspondant à chaque mortier. Mais cette fois les résultats sont moins nets : pour les mortiers n^{os} **8** à **11** essayés avec une portée de 4,5 cm., les points s'écartent peu d'une droite ayant pour coefficient angulaire 6, de sorte que n semble être sensiblement proportionnel au quotient $\frac{F^6}{H^2\,P^3}$; quant aux essais faits avec une portée de 10 cm., ils donnent des droites différentes pour les trois groupes de mortiers, et les exposants de F qu'on en déduit sont d'environ 3,6 pour les mortiers n^{os} **2** à **4** (il faut laisser de côté le mortier n° **1**, pour lequel la valeur de F est douteuse), 3,3 pour les mortiers n^{os} **5** à **7** et 2,2 pour les mortiers n^{os} **8** à **11**. Il semble donc que le produit nH^2P^3, sensiblement constant avec des prismes de même composition et de même portée, n'est pas uniquement fonction de la résistance ordinaire à la flexion, mais dépend en même temps d'un autre facteur, sans doute la résistance au cisaillement.

En tout cas, on constate qu'il augmente beaucoup plus vite que F, de sorte qu'il doit y avoir intérêt, quand une poutre armée ou non est exposée à recevoir des chocs importants, à employer un mortier ou béton de résistance élevée.

253. Rupture par chocs d'intensité croissante. — D'après ce qu'on vient de voir, il serait impossible d'adopter une méthode uniforme pour l'essai des mortiers par chocs égaux, car, quels que fussent le poids du mouton et la hauteur de chute admis comme normaux, les chocs produits seraient beaucoup trop forts pour certains mortiers, qui rompraient toujours au premier coup, tandis qu'ils seraient beaucoup trop faibles pour certains autres, pour lesquels il faudrait multiplier presque à l'infini le nombre des coups avant d'obtenir la rupture. Force serait donc d'adopter des conditions différentes suivant la résistance prévue des divers mortiers à essayer, et dès lors les résultats ne seraient plus comparables. On pourrait seulement en déduire par le calcul la valeur d'une certaine fonction capable de définir la résistance au choc, telle que le produit nH^2P^3 auquel on est arrivé ci-dessus. Mais encore faudrait-il pour cela que les formules fussent établies d'une manière plus sûre que nous n'avons pu le faire au moyen des expériences, parfois assez discordantes, qui viennent d'être rapportées.

Un autre procédé, qui se prêterait à une application plus uniforme, consiste à commencer par des coups très faibles, et à en augmenter ensuite progressivement l'intensité suivant une loi fixe, jusqu'à ce que la rupture se produise. On peut alors caractériser la résistance de chaque mortier soit par le nombre de coups inégaux qu'il faut lui appliquer pour le rompre, soit, ce qui revient au même, par les valeurs de H et de P relatives au coup final.

Il existe d'ailleurs entre les résultats fournis par les deux genres d'essai une relation fixe, que l'on peut établir comme il suit, quand on connait exactement la formule qui lie le nombre de coups égaux nécessaire pour produire la rupture aux valeurs de H et de P correspondantes :

Soient A une certaine grandeur dépendant uniquement des dimensions du prisme et de la résistance du mortier considéré et Q une fonction de H et de P (H^2P^3 si la formule obtenue ci-dessus est exacte), telles que, pour un mouton de poids P tombant toujours de la hauteur H, le prisme se rompe après un nombre n de coups défini par la relation : $n = \frac{A}{Q}$.

Après avoir reçu le premier coup de mouton, le prisme a pris un nouvel état tel qu'il suffirait maintenant de $n - 1$ coups pour le rompre ; la grandeur A a donc pris une nouvelle valeur A′, telle que :

$$\frac{A'}{Q} = n - 1 = \frac{A}{Q} - 1,$$

et par suite :

$$A' = A - Q.$$

Supposons, maintenant, qu'au même prisme considéré à son état initial, on applique d'abord un premier coup avec un mouton et une hauteur de chute tels que la fonction Q ait une valeur Q_1, puis successivement d'autres coups dans des conditions telles que cette fonction ait les valeurs Q_2, Q_3, Q_4 ..., ces grandeurs variant suivant une loi connue et bien définie. D'après ce qui précède, les valeurs successives de A après chaque coup seront :

$$A_1 = A - Q_1 \quad ;$$
$$A_2 = A_1 - Q_2 = A - (Q_1 + Q_2) ;$$
$$A_3 = A_2 - Q_3 = A - (Q_1 + Q_2 + Q_3) ;$$
$$\cdots\cdots\cdots\cdots\cdots\cdots\cdots\cdots$$
$$A_m = A_{m-1} - Q_m = A - (Q_1 + Q_2 + Q_3 + \ldots\ldots + Q_m).$$

Après le coup d'ordre $m - 1$, la valeur de A est A_{m-1} et, si l'on se proposait de ne plus donner que des coups égaux, pour lesquels Q eût la valeur Q_m, le nombre de ces coups nécessaire pour produire la rupture serait $\frac{A_{m-1}}{Q_m}$; pour que le prisme se rompe dès le premier, il faut donc que ce rapport ait une valeur au plus égale à 1, et par suite que $A_{m-1} - Q_m$, c'est-à-dire A_m, soit négatif. Dans la série continue des coups Q_1, Q_2, Q_3, etc., la rupture se produira donc dès que la différence $A - (Q_1 + Q_2 + Q_3 + \ldots\ldots)$ deviendra négative, c'est-à-dire après un nombre de coups représenté par la plus petite valeur entière de m pour laquelle la somme $Q_1 + Q_2 + Q_3 + \ldots\ldots + Q_m$ sera supérieure à A.

Un cas particulier facile à réaliser est celui où, opérant toujours avec un même mouton, on le laisse tomber une première fois d'une très faible hauteur h, puis successivement des hauteurs $2h$, $3h$, etc. Si l'on admet que la fonction Q est de la forme H^2q, q étant uniquement fonction de P et par suite constant pendant toute la durée de l'essai, le nombre de coups nécessaire pour rompre un prisme de résistance A sera la plus petite valeur entière de m pour laquelle on ait :

$$h^2q\,(1^2 + 2^2 + 3^2 + \ldots\ldots + m^2) \geq A,$$

c'est-à-dire :

$$\frac{m\,(m+1)\,(2\,m+1)}{6} \geq \frac{A}{h^2q}\,.$$

Nous avons appliqué cette méthode à quelques prismes de la plupart des séries ayant servi aux essais de l'article précédent et cherché si les nombres de coups trouvés correspondaient avec ceux qui résulteraient de la formule si la loi $n = \frac{A}{H^2P^3}$ énoncée plus haut était rigoureuse.

Dans ce but, nous avons commencé par calculer la valeur de A relative à chaque mortier, en prenant la moyenne des produits nH^2P^3 obtenus dans les diverses séries d'essais par chocs égaux, au cours desquelles un même mortier avait été essayé successivement avec diverses valeurs de H ou de P ; puis, désignant par p le poids (constant) du mouton dans l'essai par chocs croissants et par h la hauteur de chute initiale, nous avons comparé au nombre moyen de coups trouvé dans cet essai la valeur de m déduite de la formule :

$$\frac{m(m+1)(2m+1)}{6} = \frac{A}{h^2p^3} {}^{1}.$$

Le tableau de la page 610 met ces nombres en regard, en même temps qu'il résume les divers essais par chocs égaux ayant fourni les éléments pour le calcul des valeurs moyennes de A. Notons en passant que, dans les essais par chocs croissants faits dans les mêmes conditions sur prismes pareils, les nombres de coups obtenus ont été beaucoup plus concordants que dans les essais par chocs égaux.

En somme, dans 22 groupes d'essais, on a obtenu 14 fois des nombres de coups inférieurs aux valeurs de m calculées et 8 fois des nombres supérieurs. Si l'on fait la somme algébrique des écarts relatifs entre ces deux séries de nombres, on trouve que les nombres de coups fournis par l'expérience sont inférieurs de 3,4 pour 100 en moyenne à ceux qui résultent du calcul. Quant aux valeurs absolues des écarts relatifs, leur moyenne est de 9,7 pour 100 des nombres calculés.

1. La résolution de cette équation du troisième degré est très simplifiée pour les valeurs de m comprises entre 2 et 25, qui sont données, avec une erreur au plus égale à 0,1, par la relation approximative :

$$\log(m + 0,1) = 0,1 + \frac{\log\left(\frac{A}{h^2p^3}\right)}{2,875}.$$

Etant donné que les mêmes essais répétés sur divers prismes pareils de même composition donnent souvent des résultats assez discordants, cet écart n'a rien d'excessif, et l'on peut considérer que la seconde série d'expériences confirme les formules déduites de la première.

Portée		Essais par chocs égaux		Essais par chocs de hauteurs uniformément croissantes				
		Nombres de séries d'essais ayant concouru aux moyennes	Moyennes de log (nH^2P^3)	Poids du mouton p	Hauteur de chute initiale h	Valeurs de m calculées	Valeurs de m trouvées	Ecart relatif entre m trouvé et m calculé
				kg	cm			0/0
Portée = 10 cm.	Mortier n° 5 . . .	4	3,067	0,5	5	9,8	8,0	— *18,4*
	— 6 . . .	5	2,449	0,5	5	5,9	5,5	— *6,8*
	— 7 . . .	4	1,991	0,5	5	4,1	3,5	— *14,6*
	— 8 . . .	5	2,888	1	10	2,5	2,2	— *12,0*
	— 9 . . .	7	2,755	0,5	5	7,6	7,2	— *5,3*
	— 10 . . .	6	2,520	0,5	5	6,3	6,0	— *4,7*
Portée = 4,5 cm.	Mortier n° 8 . . .	13	3,987	1	5	9,9	11,0	+ *11,1*
				0,5	5	20,6	18,6	— *9,7*
	— 9 . . .	14	3,776	1	5	8,4	8,2	— *2,4*
	— 10 . . .	11	3,225	1	5	5,4	6,0	+ *11,1*
				0,5	5	11,1	11,6	+ *4,5*
	— 11 . . .	7	2,679	1	5	3,4	4,2	+ *23,5*
	— 12 . . .	3	4,962	2	2,5	17,1	14,8	— *13,4*
	— 13 . . .	3	4,689	2	2,5	13,7	13,8	+ *0,7*
	— 14 . . .	4	4,156	2	2,5	8,9	8,7	— *2,2*
	— 15 . . .	3	4,870	2	2,5	15,9	13,8	— *13,2*
	— 16 . . .	2	4,439	2	2,5	11,2	11,3	+ *0,9*
	— 17 . . .	4	(4,495)?	2	2,5	11,7	8,7	— *25,6*
	— 18 . . .	10	4,295	1	5	12,7	11,4	— *10,2*
	— 19 . . .	9	3,830	1	5	8,7	8,2	— *5,7*
	— 20 . . .	9	3,268	1	5	5,5	5,8	+ *5,5*
	— 21 . . .	9	4,605	1	5	16,3	18,2	+ *11,7*

On a vu à la fin de l'article précédent que, dans les essais de choc par coups égaux faits avec une portée de 10 cm., les valeurs de A correspondant à divers mortiers étaient à peu près proportionnelles aux cubes des résistances ordinaires à la flexion sans chocs. D'autre part, la formule approximative logarithmique donnée au renvoi de la page 609 montre que m est à peu près proportionnel à l'inverse de la racine cubique de A. Si donc, avec un même mouton tombant de hauteurs croissant uniformément à partir d'une même hauteur initiale, on essaie divers mortiers sous forme de prismes de 4×4 cm. posés sur deux appuis distants de 10 cm., les nombres m de coups nécessaires pour produire la rupture devront être à peu près proportionnels aux résistances ordinaires à la flexion. Cette observation se trouve vérifiée par les essais précités. En effet si, considérant les mortiers n°s 5, 6, 7, 9 et 10 essayés dans ces conditions avec $p = 0,5$ et $h = 5$, on prend pour abscisses leurs résistances à la flexion F et pour ordonnées les valeurs de m fournies par l'expérience, on obtient des points situés au voisinage d'une droite passant par l'origine des coordonnées (fig. 162). On voit que, pour les valeurs de h et de p adoptées, le nombre des coups de mouton augmente d'une unité chaque fois que la résistance augmente d'environ 5,6 kg. par cm². On pourrait calculer des valeurs plus faibles de h et de p telles que le rapport du nombre de coups à la résistance eût une valeur simple plus grande, ce qui donnerait plus de sensibilité à la méthode des chocs croissants et permettrait de l'appliquer dans des conditions identiques à l'essai de n'importe quel mortier.

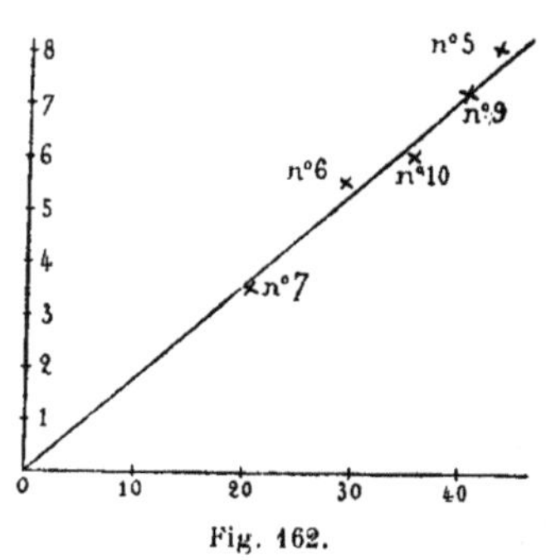

Fig. 162.

254. Observations générales sur les essais par chocs. — D'après ce qui a été vu ci-dessus, il est probable que la résistance d'un mortier au choc est toute différente de ses résistances ordinaires sous charges statiques progressivement croissantes, de sorte que, pour certains emplois des mortiers, il peut être utile de la déterminer. C'est ainsi que, pour les métaux et plus spécialement pour les aciers, les essais par chocs sur barreaux entaillés donnent des indications précieuses sur une qualité spéciale qui paraît se rapprocher beaucoup de celle dont ils ont surtout à faire preuve dans la plupart de leurs applications usuelles.

Le plus souvent, on aura intérêt à évaluer la grandeur dela

résistance au choc, et alors la méthode par chocs croissants sera tout indiquée. Quelle que soit la loi de progression adoptée, on pourra d'ailleurs imaginer un dispositif mécanique réalisant automatiquement cette progression.

Dans certains cas où l'on voudra avant tout avoir un essai simple permettant seulement de reconnaître rapidement si tel mortier possède ou non une certaine résistance imposée d'avance, on pourra calculer le poids du mouton et la hauteur de chute de telle sorte qu'on soit fixé dès le premier coup de mouton, selon qu'il aura rompu ou non le prisme.

Nous avons déjà dit que les formules énoncées ci-dessus ne reposaient pas sur des expériences assez précises pour pouvoir être considérées comme rigoureuses et définitives. Elles donnent seulement une idée de la loi de variation des nombres de coups nécessaires pour produire la rupture, suivant le poids du mouton et sa hauteur de chute, toutes les autres conditions restant les mêmes. Elles demanderaient à être complétées par d'autres expériences où l'on ferait varier systématiquement les dimensions du prisme et la disposition des appuis. Mais surtout on devrait éviter certaines actions perturbatrices telles que la pénétration progressive des couteaux dans le mortier et l'amortissement des forces vives à travers les organes fixes destinés à recevoir directement le coup de mouton et à en transmettre le choc au prisme.

Sans doute s'affranchirait-on du premier inconvénient en opérant sous moment fléchissant constant, non avec le dispositif à prisme vertical, dont le levier absorberait une proportion considérable de la force vive du choc, mais en posant le prisme horizontalement entre quatre couteaux deux à deux équidistants et appliqués sur lui par l'intermédiaire de plaques d'une certaine largeur (fig. 152, p. 579).

Enfin il ne faut pas oublier qu'après être tombé, le mouton rebondit à une certaine hauteur, puis retombe et peut rebondir encore, de sorte que la force vive réellement agissante n'est pas celle qu'on calculerait en partant de la hauteur totale H initiale. Néanmoins la hauteur de rebondissement est fonction de cette hauteur H, du poids du mouton et des autres conditions de l'essai, et finalement le nombre de coups nécessaire pour produire la rupture doit être une fonction, plus ou moins complexe, de ces mêmes paramètres.

CHAPITRE XIV

ADHÉRENCE
DES MORTIERS ET BÉTONS AUX AUTRES MATÉRIAUX

§ 1. — ADHÉRENCE NORMALE ET ADHÉRENCE TANGENTIELLE

255. Définitions. — Quand deux corps adhèrent l'un à l'autre suivant un joint plan, on conçoit que l'effort nécessaire pour les séparer doit varier selon la direction dans laquelle on le fait agir.

De même que, plus haut, nous avons été amené à distinguer, dans une matière homogène quelconque, la *cohésion normale* et la *cohésion tangentielle*, nous appellerons *adhérence normale* de deux corps l'effort de traction, ramené à l'unité de surface, qu'il faut exercer normalement à leur plan de séparation pour les décoller, et *adhérence tangentielle* l'effort de cisaillement, ramené à l'unité de surface, qu'il faut exercer dans ce plan lui-même pour arriver au même résultat.

Dans le cas d'un effort oblique, ces deux genres d'adhérence doivent intervenir simultanément, en même temps que le coefficient de frottement des deux matières l'une sur l'autre.

Quand la surface d'adhérence n'est pas parfaitement plane, le problème devient plus compliqué.

Enfin, dans certains cas, notamment quand l'adhérence dépasse la cohésion de l'une des matières, la rupture peut se produire, en partie ou en totalité, en dehors du joint.

256. Conséquence. — Soient $\mathcal{N}'$, $\mathcal{T}'$ et f' les nombres qui mesurent l'adhérence normale, l'adhérence tangentielle et le coefficient de frottement pour un couple donné de matières.

Considérons un prisme à base carrée de côté a et de hauteur quelconque, formé par la réunion de ces deux matières, assem-

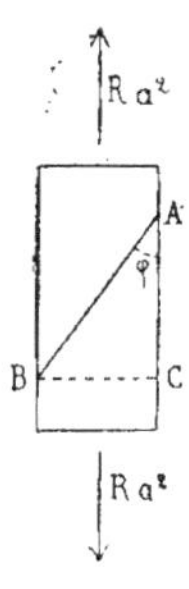

Fig. 163

blées de manière à adhérer ensemble suivant un plan AB perpendiculaire à deux des faces latérales du prisme et faisant un angle aigu φ avec les deux autres (fig. 163). Supposons le prisme sollicité, normalement à ses bases, par un effort Ra^2, positif ou négatif suivant qu'il agit par traction ou par compression, également réparti sur toute la section de chaque base, et admettons que la transmission de cet effort à travers les matières s'opère de telle sorte qu'on puisse le considérer comme étant encore uniformément réparti dans toute section parallèle aux bases.

Les efforts exercés sur le plan de séparation peuvent se décomposer en un effort tangentiel total, égal à $Ra^2 \cos \varphi$, et un effort normal total, égal à $Ra^2 \sin \varphi$; comme l'aire de la surface de contact est mesurée par $\frac{a^2}{\sin \varphi}$, les efforts par unité de surface en un point quelconque de ce plan sont donc $R \sin \varphi \cos \varphi$ et $R \sin^2 \varphi$.

Quant au frottement, il a pour valeur, par unité de surface, le produit de l'effort normal par le coefficient f', c'est-à-dire $Rf' \sin^2 \varphi$.

Quand l'effort extérieur R est positif, le frottement doit être considéré comme négatif et favorise le glissement (voir plus haut, art. 61) ; dans ce cas, l'effort qui, par unité de surface, tend à faire glisser les deux matériaux l'un sur l'autre suivant leur plan de contact, a pour expression :

$$R \sin \varphi \cos \varphi + Rf' \sin^2 \varphi,$$

et le glissement doit se produire quand R atteint une valeur telle que cette somme soit égale à $\mathfrak{T}'$.

Quand R est négatif, l'effort tangentiel, positif, est mesuré par $- R \sin \varphi \cos \varphi$; le frottement $- Rf' \sin^2 \varphi$ s'oppose au glissement ; l'effort positif résultant est donc :

$$- R \sin \varphi \cos \varphi + Rf' \sin^2 \varphi,$$

et le glissement se produit quand cette différence est égale à $\mathfrak{T}'$.

La valeur limite de R est donc donnée, suivant qu'on opère par traction ou par compression, par l'une des deux formules :

$$(70) \begin{cases} \text{pour } R > 0 \ : & R(\sin\varphi\cos\varphi + f'\sin^2\varphi) = \varpi'; \\ \text{pour } R < 0 \ : & -R(\sin\varphi\cos\varphi - f'\sin^2\varphi) = \varpi'. \end{cases}$$

Cette théorie conduit à la conséquence suivante :

Soit R la charge par unité de surface sous laquelle s'est produit le décollement par traction (ou par compression) d'un prisme composé de deux parties assemblées sous un angle φ. Par l'origine O d'un système de coordonnées rectangulaires (fig. 164), menons la droite OA (ou OA′) faisant avec la direction positive de l'axe des y l'angle φ du côté des x positifs (ou négatifs) ; marquons sur l'axe des x le point B (ou B′) ayant pour abscisse la valeur positive (ou négative) trouvée pour R,

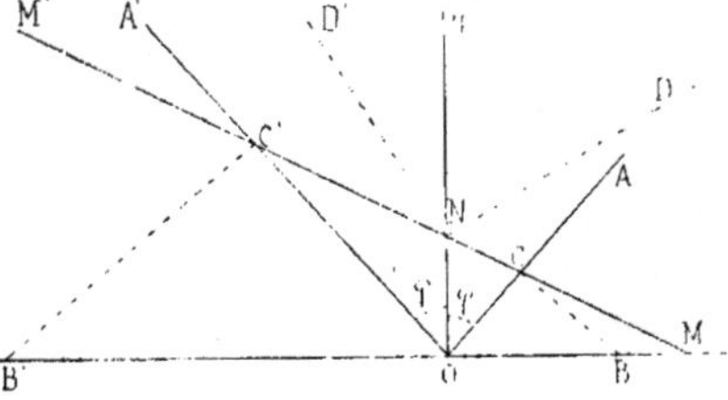

Fig. 164

et, de ce point, abaissons sur la droite OA (ou OA′) une perpendiculaire, qui la rencontre en C (ou C′).

Les coordonnées de ce point seront :

$$x = R\sin^2\varphi$$

$$\text{et} \quad y = R\sin\varphi\cos\varphi \quad (\text{ou } y = -R\sin\varphi\cos\varphi).$$

Si donc la théorie qui précède est exacte, on aura, dans un cas comme dans l'autre, en vertu des égalités (70) :

$$(71) \qquad y + f'x = \varpi',$$

et le lieu géométrique des points C et C′ correspondant à toutes les valeurs possibles de φ sera la droite MM′, définie par l'égalité (71), et telle que :

$$ON = \varpi', \qquad \text{et} \qquad \frac{ON}{OM} = f'.$$

Dès lors, si, avec deux mêmes matières, on fait une série de prismes dans lesquels le plan d'adhérence ait des inclinaisons différentes, et si l'on essaie ces prismes les uns par traction, les autres par compression, tous les points tels que C et C′ déduits des valeurs de R trouvées et des valeurs de φ adoptées devront se trouver sur une même ligne droite, dont les paramètres feront connaître ϖ' et f'.

En particulier, dans les essais par traction sur prismes à plan d'adhérence parallèle aux bases $\left(\varphi = \frac{\pi}{2}\right)$, la valeur trouvée pour R ne sera autre que l'adhérence normale $\mathfrak{N}'$, et le point correspondant sera le point M : on aura donc, si la théorie est exacte :

$$(72) \qquad \mathfrak{N}' = \text{OM} = \frac{\mathfrak{C}'}{f'},$$

relation identique à la formule (29) (p. 141).

Dans les essais par compression, quand φ est plus grand que l'angle yNM', qui a pour tangente $\frac{1}{f'}$, la droite OA' ne rencontre plus la droite NM' du côté des x négatifs, et la rupture ne peut pas se produire par décollement, ce que l'on conçoit d'ailleurs aisément *a priori*. Mais il se peut aussi que, alors même que φ n'atteint pas cette limite, la rupture se produise à travers l'une des matières avant que le glissement se soit amorcé suivant le plan de séparation. Il serait facile d'exprimer la condition pour qu'il en soit ainsi, en écrivant que la valeur de — R correspondant au décollement est plus grande que la plus petite des deux valeurs de $\mathfrak{C}$ relatives aux matières employées.

Enfin, que l'on opère par traction ou par compression, quand on modifie l'inclinaison du plan de séparation de telle sorte que φ croisse de 0 vers $\frac{\pi}{2}$, la valeur absolue $\pm$ R de l'effort de décollement commence par décroître, passe par un minimum pour une certaine valeur de φ, puis augmente de nouveau. Il est facile de calculer que les charges de rupture sont les plus faibles quand on a $\varphi = \frac{1}{2}$ arc cotg $(-f')$, dans le cas de la traction, et $\varphi = \frac{1}{2}$ arc cotgf', dans celui de la compression, c'est-à-dire quand les droites OA et OA' sont parallèles aux bissectrices ND et ND' des angles MNy et yNM'. Les valeurs de R sont alors :

$$R = 2\,\mathfrak{C}'\,[\pm\sqrt{1+f'^2} - f'].$$

257. Vérification expérimentale. — Pour réaliser expérimentalement la vérification qui vient d'être indiquée, on commença par mouler, en pâte de ciment pur, des petits prismes de 2×2 cm. de section, dont une des bases était perpendiculaire à leur longueur, tandis que l'autre était inclinée d'angles variables sur l'une des paires de faces latérales, de telle sorte que, la dimension BC (fig. 163) étant de 2 cm., on eût :

$$AC = 0 \quad 1\text{ cm.} \quad 2\text{ cm.} \quad 3\text{ cm.} \quad 4\text{ cm.} \quad 6\text{ cm.} \quad 8\text{ cm.},$$

et par suite :

$$\operatorname{tg} \varphi = \infty \quad 2 \quad 1 \quad \frac{2}{3} \quad \frac{1}{2} \quad \frac{1}{3} \quad \frac{1}{4}.$$

Ces prismes furent conservés environ un mois dans l'air saturé d'humidité, à température constante, puis mouillés, remis dans les moules, la face en biseau verticale, et prolongés par un mortier plastique moulé à la suite et composé, en poids, d'une partie de ciment portland pour 2 de sable fin.

Après démoulage, les assemblages ainsi constitués furent mis encore dans l'air saturé d'humidité ; les prismes pour essais de compression, que l'on avait faits aussi courts que possible (à peu près comme l'indique la fig. 163), furent laissés tels quels ; ceux pour essais de traction, que l'on avait, au contraire, faits assez longs, furent munis de têtes en ciment pur, dont la forme correspondait à celle des griffes servant à rompre par traction les briquettes normales de 5 cm², et qui débordaient les prismes en largeur et en épaisseur ; ces têtes furent ellesmêmes reliées au corps des prismes par des glacis de ciment pur venant mourir en biseau à quelques millimètres du contour extérieur du plan de séparation des deux matières (fig. 165). Enfin, pour les deux groupes de prismes, on nettoya soigneusement les faces latérales avec la pointe d'un canif, tout le long de ce contour, de manière à enlever toutes bavures possibles.

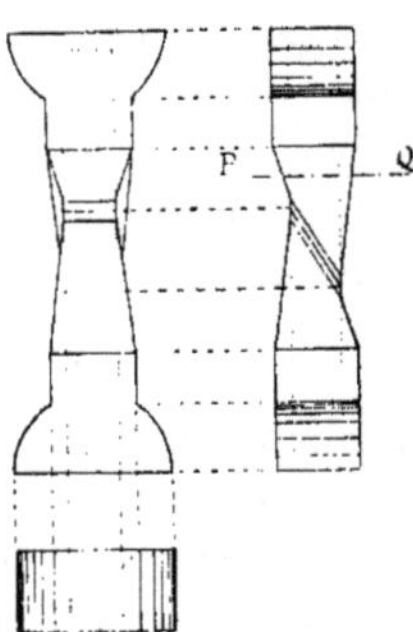

Fig. 165

On procéda aux ruptures seize semaines après l'application du mortier sableux.

Malgré les soins pris pour que les conditions de fabrication et d'essai de tous les prismes fussent aussi identiques que possible, on trouva des écarts considérables entre les charges de rupture fournies par les prismes de chaque série, c'est-à-dire dans lesquels le joint avait la même inclinaison.

Dans les essais de compression, faits seulement avec des valeurs de AC d'au moins 2 cm. (5 dernières séries), la séparation se produisit presque toujours très nettement suivant le plan du joint. Dans les essais de traction, il n'en fut toujours ainsi que pour les deux premières séries (AC = 0 et AC = 1 cm.) ; pour les trois suivantes, plusieurs prismes, d'autant plus nombreux que le joint était plus oblique, se rompirent normalement à l'effort extérieur, à travers le mortier et les glacis de ciment pur (suivant le plan PQ de la fig. 165). Dans ce cas, on peut affirmer que l'effort nécessaire pour produire le décollement aurait été supérieur à celui sous lequel le prisme s'est rompu. Enfin, pour les deux dernières séries (AC = 6 cm. et AC = 8 cm.), la rupture se produisit toujours ainsi en travers du mortier.

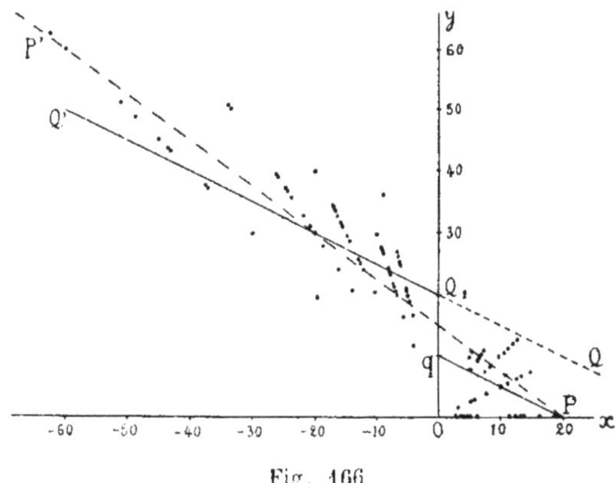

Fig. 166

Laissant de côté les 35 essais par traction dans lesquels la rupture s'est produite en dehors du plan d'adhérence, on a construit, conformément à la figure 164, les positions des points analogues aux points C et C' de cette figure, pour les 34 essais par traction et les 60 essais par compression dans lesquels les deux moitiés du prisme se sont nettement décollées.

La figure 166 ainsi obtenue montre bien la divergence des résultats : néanmoins on peut tracer des droites qui laissent à peu près autant de points de part et d'autre, sans trop s'en écarter.

Telle est par exemple la droite PP', à laquelle correspondraient :

$$\mathfrak{C}' = 15 \text{ kg/cm}^2 \; ; \qquad \mathfrak{N}' = 20 \text{ kg/cm}^2 \qquad \text{et} \qquad f' = 0{,}75.$$

Il convient toutefois de remarquer que, dans les essais par traction tels qu'ils ont été exécutés, les chances de décollement prématuré sont plus grandes que dans ceux par compression, par suite de la répartition plus inégale des tensions dans la section droite du prisme, de l'excentricité possible de l'effort, etc. En outre, on sait que, dans les essais ordinaires de traction, la résistance trouvée n'est qu'environ la moitié de la résistance vraie, telle qu'on la déduit des essais par flexion. Il est donc probable que les distances de l'origine aux points déduits des essais de décollement par traction devraient être plus que doublées.

Dans ces conditions, on aurait une meilleure solution avec une droite telle que celle qui a été figurée en QQ_1Q' : sa portion négative Q_1Q' correspond assez bien aux moyennes des diverses charges de décollement par compression trouvées pour chaque valeur de φ ; quant à sa portion positive QQ_1, elle occuperait, par rapport aux points que l'on obtiendrait en doublant les charges de décollement par traction, une position semblable à celle qu'occupe la droite homothétique Pq par rapport aux points marqués.

Pour cette droite QQ', les valeurs numériques des paramètres seraient :

$$\mathfrak{C}' = 20 \text{ kg/cm}^2 \; ; \qquad \mathfrak{N}' = 40 \text{ kg/cm}^2 \qquad \text{et} \qquad f' = 0{,}5.$$

En somme, l'expérience semble confirmer, dans ses grandes lignes, la théorie qui précède. Pourtant elle n'est pas assez précise pour qu'on puisse en tirer une conclusion ferme, et nous ne l'avons relatée ici que pour montrer la voie à suivre et encourager quelque opérateur plus habile à poursuivre la même vérification.

258. Observations sur les essais d'adhérence en général. — Quoi qu'il en soit, la distinction entre l'*adhérence normale* et l'*adhérence tangentielle*, posée pour la première fois, croyons-nous, en 1901, dans notre communication au congrès de l'Association internationale des Matériaux de Construction, tenu à Budapest, apparaît comme nécessaire, et nous étudierons séparément ces deux propriétés des mortiers.

D'ailleurs, il va sans dire que, pour un mortier donné, leurs grandeurs n'ont rien d'absolu, mais dépendent de la nature et de l'état de surface de la matière contre laquelle ce mortier adhère. *A fortiori* serait-il absurde de parler, d'une manière absolue, de l'adhérence d'un ciment, ou de dire que tel ciment a une adhérence supérieure à tel autre, car, outre qu'il faut distinguer entre les deux sortes d'adhérence, il est possible que l'ordre de classement de plusieurs liants hydrauliques, au point de vue de l'adhérence normale ou tangentielle des mortiers qu'ils fournissent, varie suivant la composition de ces mortiers et suivant la nature du corps auquel on les fait adhérer.

Pour la même raison, les méthodes à employer pour les essais d'adhérence doivent être telles qu'on puisse faire varier à volonté soit le *corps d'adhérence* (pierre, brique, fer, etc.), soit le *mortier d'essai*, de manière à permettre de comparer soit l'adhérence d'un même mortier à diverses matières, soit l'adhérence d'une même matière à divers mortiers.

Une autre conséquence de la même observation est qu'il serait sans doute prématuré d'instituer des *essais normaux* d'adhérence, en fixant un corps d'adhérence étalon et une composition invariable de mortier, puisque ce serait admettre implicitement comme ayant une valeur prépondérante l'ordre de classement des liants tel qu'il résulterait des essais exécutés dans les conditions ainsi définies. Tout ce qu'on peut souhaiter, tant qu'on n'aura pas démontré qu'il existe une sorte de parallélisme entre les adhérences obtenues dans diverses conditions avec une même série de liants, c'est de trouver deux méthodes d'essai suffisamment justes pour qu'on puisse considérer les résultats qu'elles fournissent comme mesurant sans erreurs systématiques l'adhérence normale et l'adhérence tangentielle des deux matériaux en présence, quels que soient d'ailleurs ces matériaux.

On verra dans ce qui suit que ce desideratum n'a pu être que partiellement réalisé et qu'en outre les diverses méthodes employées pour nos essais ont souvent donné lieu à des écarts assez importants. Néanmoins les valeurs moyennes qu'elles fournissent pour l'adhérence, dans des essais faits avec différents mortiers ou différents corps d'adhérence, présentent généralement entre elles des écarts supérieurs aux erreurs d'expérience et permettent de formuler certaines lois, que l'on retrouve sensiblement les mêmes dans les trois grandes séries d'essais distincts relatées ci-après aux paragraphes 3, 5 et 6.

§ 2. — DÉTERMINATION DE L'ADHÉRENCE NORMALE

259. Aperçu historique et bibliographique. — L'un des premiers moyens auxquels il était naturel qu'on songeât pour apprécier la qualité des liants hydrauliques était de chercher à mesurer l'adhérence des mortiers obtenus avec ces liants aux matériaux qu'ils ont pour but de relier entre eux dans les maçonneries. Aussi trouve-t-on les essais d'adhérence en faveur dès l'origine des recherches entreprises sur les chaux, ciments et mortiers.

Cependant, malgré tout l'intérêt qu'ils présentent, ces essais ne sont pas passés dans la pratique courante des laboratoires, et on leur préfère ceux par traction et par compression, qui ne peuvent pourtant pas les remplacer. D'ailleurs, on n'est pas encore arrivé à une méthode bien sûre, et les écarts d'expérience sont notablement plus grands que dans les deux derniers modes d'essai cités.

A notre connaissance, les publications suivantes sont à peu près les seules qui traitent d'essais d'adhérence en général, en dehors de celles qui ont été signalées à l'article **162**, où il est question plus spécialement de l'adhérence des mortiers et bétons au fer :

L. C. Boistard. — **Expériences sur la main-d'œuvre de différents travaux dépendant du service des ingénieurs des Ponts et Chaussées, sur l'adhérence des mortiers de sable et de ciment employés à l'air et sous l'eau, et sur l'usage des machines à épuiser** : Paris, Merlin, an XIII.

Pasley. — **Observations on limes, calcareous cements, mortars, stuccos and concrete** : London, J. Weale, 1847.

Coode. — *Minutes of Proceedings of the Institution of Civil Engineers*, XXV, p. 146 (1865).

J. Grant. — *Ibid.*, XXXII, p. 326 et tableau III, série B (1871).

J. J. Mann. — **On the adhesive strength of portland cement** : *Ibid.*, LXXI, p. 251-269 (1882).

W. H. Warren. — **The adhesion of cement and of various**

cement mortars to bricks : *Engineering Association of New South Wales*, 1887.

W. Michaëlis. — **Vorrichtung zur Ermittelung der Haftfestigkeit des Mörtels** : *Baugewerks Zeitung*, 1891, n° 10 (4 fév.).

Tomeï. — *Protokoll der Verhandlungen des Vereins Deutscher-Portland-Cement-Fabrikanten*, 1892, p. 93.

E. Candlot. — **Sur les essais d'adhérence** : *Commission des Méthodes d'Essai des Matériaux de Construction*, première session, IV, p. 281 (1892).

R. Feret. — **Expériences sur l'adhérence des mortiers** : *Congrès de Budapest*, 1901 ; — reproduit dans *Le Ciment*, 1901, p. 136.

Mattern. — **Beitrag zur Beurteilung der Mörtelfestigkeit in den Bauwerken** : *Zentralblatt der Bauverwaltung*, 1905, n° 10 ; — *Beton und Eisen*, 1905, p. 67-70 (n° 3).

Presque tous les essais décrits dans ces publications ont eu pour but de mesurer l'adhérence normale, la seule dont on paraisse s'être préoccupé jusqu'à ce que, dans ces dernières années seulement, la question du ciment armé ait provoqué quelques essais sur l'adhérence tangentielle entre le fer et le mortier.

260. Méthodes employées par divers expérimentateurs. — Il y a soixante-dix à quatre-vingts ans, quand on voulait essayer un liant hydraulique, on collait avec ce liant une brique contre la paroi verticale d'un mur ; au bout d'un temps donné, on en collait une seconde en avant de la première ; puis on continuait de même jusqu'à ce que le premier joint se rompît sous le poids de la colonne de briques placées en porte à faux ; on jugeait alors de la qualité du liant d'après le nombre des briques qu'on avait pu assembler les unes à la suite des autres.

Plus tard, on simplifia l'essai en se bornant à coller ensemble, au moyen d'un joint fait avec le liant à essayer, deux briques ou deux pierres dont l'une était ensuite, au bout d'un temps donné, accrochée à un bâti fixe, tandis qu'on suspendait sous l'autre un plateau sur lequel on plaçait des poids jusqu'à rupture ; le quotient de la charge de décollement par l'aire du joint donnait une mesure de la force adhésive du liant.

Ces méthodes, assez grossières puisque les résultats dépendaient en grande partie de la nature des briques et des pierres employées, ont été perfectionnées peu à peu de manière à être rendues plus précises, en même temps qu'on s'est efforcé de trouver un corps d'adhérence étalon qui pût toujours être obtenu identique à lui-même.

Les principaux dispositifs employés ont été décrits par M. Candlot dans son rapport à la Commission française pour l'Unification des Méthodes d'Essai des Matériaux de Construction, auquel nous renvoyons pour plus de détails.

Tout d'abord, le Dr W. Michaëlis imagina de placer une petite plaque de terre cuite au milieu d'un moule ordinaire à briquette en forme de 8, dont on remplissait ensuite les deux moitiés avec le mortier à essayer. Celui-ci adhérant à la terre cuite, on avait après démoulage une briquette que l'on pouvait rompre ensuite par traction à la manière habituelle. Ce procédé ne donna pas de résultats satisfaisants et fut abandonné par son auteur lui-même.

Le Dr Michaëlis réalisa ensuite une autre disposition qui eut pendant quelques années une certaine faveur. Avec le mortier à essayer, on collait ensemble deux plaques de verre dépoli croisées, de 5 cm. de largeur sur 10 cm. de longueur ; puis, après durcissement sous l'eau, on mesurait l'adhérence du mortier au verre au moyen de l'appareil ordinaire de traction, en exerçant sur les plaques de verre un effort tendant à les disjoindre, par l'intermédiaire de griffes spéciales. Une des principales difficultés provenait, ajoute M. Candlot dans son rapport, de ce que le verre agissait comme pouzzolane sur la chaux des mortiers ; de plus, l'eau contenue en excès dans le mortier, ne trouvant aucune issue à cause de l'imperméabilité absolue du verre, formait sur une des faces une couche isolante et empêchait l'adhérence de se produire régulièrement. Aussi les résistances obtenues étaient-elles très variables et sans concordance, et la méthode a-t-elle été bientôt complètement abandonnée.

Un autre procédé, qui a été appliqué de diverses manières, consistait à donner au bloc d'adhérence la forme d'un petit dé, au-dessus duquel on moulait le mortier d'essai dans une sorte d'entonnoir, de telle sorte qu'après démoulage il présentait un épaulement permettant de le saisir dans l'une des griffes de l'appareil pour essais de traction, tandis que le corps d'adhérence était serré, dans des cavités ménagées sur ses faces latérales, par une autre griffe appropriée.

A son tour, M. Candlot a imaginé un perfectionnement très

heureux consistant à donner au bloc d'adhérence, aussi bien qu'au mortier d'essai moulé par-dessus, la forme de sortes de demi-briquettes dont la réunion constituait une éprouvette symétrique à double épaulement, pouvant être saisie par les griffes ordinaires de l'appareil de traction. Une disposition spéciale des moules permettait de terminer le bloc d'adhérence, du côté du joint, par une plaquette d'une matière quelconque, de manière qu'on pût comparer l'adhérence d'un même mortier à diverses matières. Les dispositions adoptées par M. Candlot ont été recommandées par la Commission française d'Unification des Méthodes d'Essai, avec cette réserve toutefois que certaines d'entre elles, basées sur un nombre d'expériences relativement restreint, ne sauraient être considérées comme définitives.

En fait, l'usage de cette méthode ne paraît pas s'être plus généralisé que celui des précédentes, et les rares expérimentateurs qui, depuis, ont publié des comptes rendus d'essais d'adhérence, ont recouru le plus souvent à des méthodes personnelles plus spécialement appropriées au genre de recherches qu'ils avaient entreprises.

261. Méthode par flexion. — A part le premier, tous les modes d'essai qui viennent d'être énumérés se ramènent à un essai de traction, dans lequel on mesure l'effort normal nécessaire pour décoller l'une de l'autre deux surfaces planes de dimensions connues.

Cette méthode donne lieu à diverses critiques :

D'abord, pour que l'essai soit juste, il est indispensable que l'effort soit parfaitement centré et normal au plan de joint ; autrement, il se produit une flexion partielle, et la rupture s'amorce sur un bord du joint sous une charge totale trop faible.

En second lieu, même quand cette condition est satisfaite, il est impossible de donner aux épaulements et aux griffes une forme telle que la tension se répartisse uniformément dans toute l'étendue du plan de séparation des deux matières. Comme dans les essais ordinaires de traction, la tension est plus forte sur les bords qu'au centre, de sorte que le quotient de la charge totale de rupture par l'aire du joint donne un nombre plus faible que l'adhérence cherchée. Aussi constate-t-on qu'avec des matériaux identiques la charge totale de décollement n'est pas proportionnelle à l'aire du joint.

On éviterait ces inconvénients en opérant franchement par flexion dans des conditions telles qu'on connût exactement les efforts développés autour du plan de joint : la plus forte tension agissant perpendiculairement à ce plan sous la charge ayant produit le décollement mesurerait alors l'adhérence normale.

En général, dans un solide sollicité par un effort de flexion, une section quelconque est soumise à la fois à un moment fléchissant, provoquant en chaque point une action normale au plan de la section, et à un effort tranchant, d'où résulte en chaque point une action tangentielle ; de là une série d'actions résultantes assez complexes, étudiées dans les traités de Résistance des matériaux.

Quand on connaît exactement ces deux actions au point où le décollement s'amorce, le calcul devient plus simple. Par exemple, si le plan de joint occupe le milieu d'un prisme posé sur deux appuis équidistants et chargé symétriquement par rapport à ce plan, comme l'indique la figure 171 (p. 637), la composante de l'effort tranchant est nulle au milieu de la face tendue, où les deux matériaux commencent à se séparer, et l'adhérence est mesurée par la tension longitudinale développée en ce point.

Cette méthode nous a servi pour un grand nombre d'essais qui seront relatés au § 3 ci-après.

Pourtant elle n'est peut-être pas aussi exacte qu'on pourrait le croire au premier abord, à cause des actions moléculaires qui se développent dans les matériaux aux environs des points directement pressés et, tout particulièrement, dans le plan d'adhérence, qui se trouve dans le prolongement du couteau central.

Pour éviter cette cause d'erreur, il convient de faire en sorte que ce plan soit assez éloigné des points d'appui et que, sur une certaine longueur de part et d'autre, le moment fléchissant soit constant et l'effort tranchant nul.

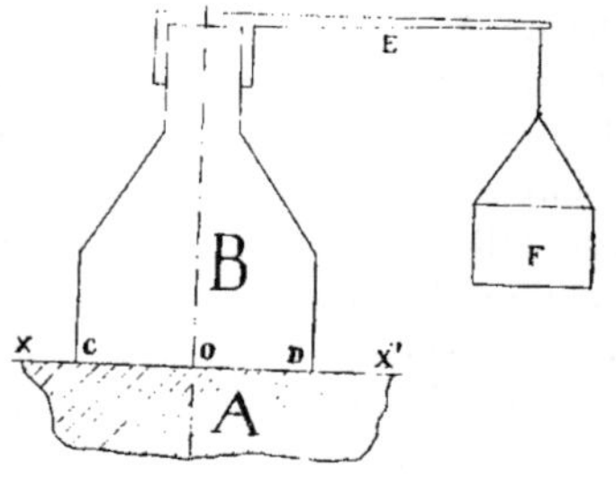

Fig. 167.

On réaliserait cette double condition au moyen de l'un des dispositifs décrits plus haut à propos des essais par flexion sous moment constant et représentés par les figures 151 et 152, ou encore au moyen de celui qu'indique schématiquement la figure 167 ci-dessus.

Soit, dans cette figure, A le corps d'adhérence, que nous supposerons assujetti d'une manière inébranlable et limité, à sa partie supérieure, par une surface plane horizontale XX'. Au-dessus de cette surface, moulons le mortier d'essai B, de telle sorte qu'il y adhère suivant un rectangle, projeté en CD sur la figure, et dont les côtés mesurent e cm. de C en D et b cm. perpendiculairement au plan de la figure. Enfin donnons à la partie supérieure du bloc de mortier une forme qui permette de la saisir, pour l'essai de rupture, dans les griffes d'un levier E, à l'extrémité duquel soit suspendu un seau F, dans lequel on fera couler de la grenaille de plomb jusqu'à ce que les deux matériaux se décollent. Grâce à ce dispositif, le moment fléchissant sera constant dans toute la partie du mortier située au-dessous de la griffe ; en particulier, il n'interviendra dans le plan CD que des efforts normaux à ce plan, et le décollement se produira quand la tension développée par unité de surface le long de la droite projetée en C deviendra égale à l'adhérence normale des deux matériaux.

En adoptant les mêmes notations qu'à l'art. **243**, on calcule d'une manière identique que la tension maximum en C, correspondant à une charge Q dans le seau, est mesurée par :

$$\frac{(6\,l - e)\,Q + (6\,l' - e)\,Q' - e\,Q''}{be^2}.$$

Comme dans le cas de la flexion, cette formule suppose que, jusqu'à l'instant du décollement, la surface CD reste plane, et que les deux matériaux subissent, de part et d'autre de ce plan, des allongements positifs ou négatifs proportionnels aux tensions correspondantes. Si une pareille hypothèse est admissible pour les essais de flexion, *a fortiori* doit-elle l'être pour ceux d'adhérence, où les tensions, presque toujours plus faibles, n'arrivent qu'exceptionnellement jusqu'aux limites de rupture des deux matériaux[1].

262. Dispositif à adopter. — Au lieu de donner aux deux matériaux des formes analogues à celles qui sont représentées par la figure 167, on peut, sans changer le principe de l'essai,

1. Quand il en est ainsi, c'est que l'adhérence est supérieure à la cohésion de l'un des matériaux : alors la rupture se produit par flexion à travers celui-ci, et l'essai ne peut plus compter comme essai d'adhérence.

tailler ou mouler le corps d'adhérence sous forme d'un prisme à base carrée de 4 cm. de côté et mouler le mortier d'essai dans son prolongement, en lui donnant la forme d'un prisme pareil au premier ; après une durée convenable de durcissement, il n'y a plus qu'à essayer le double prisme par flexion au moyen de l'appareil décrit plus haut et représenté par la figure 154.

Il est vrai que, dans le premier cas, il suffit que le corps d'adhérence ait une seule de ses faces dressées, tandis que, dans le second, il doit avoir une forme et des dimensions bien définies, forme qui, malgré sa simplicité, est évidemment plus difficile à réaliser que la première.

De même, dans le cas de matières contre lesquelles le mortier adhère mal, le dispositif de la figure 167 présente l'avantage qu'on peut choisir la surface d'adhérence aussi grande que l'on veut, tandis qu'on ne pourrait pratiquement augmenter au-delà d'une certaine limite la section droite des prismes.

Par contre, le mortier d'essai a, dans la méthode des doubles prismes, une forme plus simple et plus facile à obtenir que dans le cas de la figure 167, où, par suite des dimensions relativement grandes du joint, le bloc de mortier doit aller en s'amincissant vers le haut, pour donner une prise plus facile au levier. Il est vrai qu'on pourrait néanmoins lui donner une forme prismatique et sceller verticalement suivant son axe une tige de fer carrée, ayant par exemple une section de 4×4 cm. et destinée à être saisie par le levier ; mais, outre que cette tige devrait être parfaitement centrée et avoir ses faces bien parallèles aux côtés du joint, il serait à craindre que, dans l'assemblage hétérogène qu'elle formerait avec le mortier, les actions moléculaires ne se transmissent pas suivant la même loi que dans une masse homogène, de sorte que la répartition des tensions dans le joint pourrait différer de celle que le calcul permet de prévoir.

Enfin, les deux dispositifs présentent cette différence importante que, dans le premier, le mortier est appliqué sur le corps d'adhérence placé horizontalement, tandis que, dans le second, le joint est vertical pendant le remplissage du moule, condition évidemment plus favorable que la première au bon garnissage du joint et au dégagement des bulles d'air qui pourraient s'y trouver interposées ; en outre, dans le premier cas, il peut se produire, avec certains mortiers un peu mous, une séparation partielle du sable et du ciment, de telle sorte que le mortier n'ait pas la même composition contre le joint que dans le reste de la masse.

Pour ces diverses raisons, nous n'hésitons pas à donner la préférence à la méthode des doubles prismes, qui d'ailleurs a l'avantage d'être identique à celle qui a été adoptée d'autre part pour les essais de flexion et d'employer le même appareil.

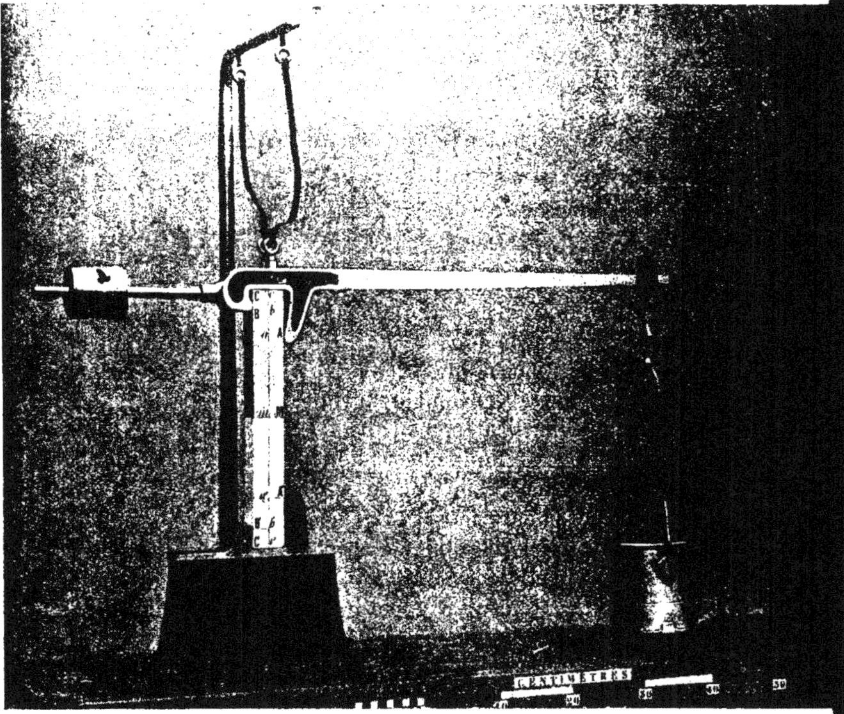

Fig. 168[1]

De la sorte, l'adhérence normale a pour mesure cinq fois le poids du seau à l'instant du décollement.

En outre, si l'on donne aux prismes une longueur suffisante, celui qui est formé par le mortier d'essai peut, après décollement,

1. D'après une photographie de M. le capitaine Comte.

servir à un essai de flexion, puis, comme on l'a déjà vu, ses moitiés peuvent servir à leur tour à des essais de compression.

La figure 168 représente l'appareil disposé pour un essai d'adhérence.

263. Longueur à donner aux prismes. — Théoriquement, cette longueur est indifférente, et le moment fléchissant nécessaire pour produire la rupture devrait être le même quelle que fût la distance AA′ des appuis des deux griffes sur la face comprimée. En réalité, il se développe, dans les régions du prisme voisines de ces appuis, des actions moléculaires secondaires d'autant plus intenses que les longueurs *ab* et *a′b′* sont plus courtes et que le rayon de courbure des éléments de griffe en contact avec le prisme est plus faible ; si le plan de joint est trop rapproché des appuis, l'influence de ces actions secondaires s'y fait sentir et modifie la répartition des tensions, de sorte que le moment fléchissant sous lequel la tension maximum devient égale à l'adhérence des deux matières n'est plus le même.

Ces considérations sont confirmées par les expériences suivantes, dans lesquelles chaque nombre est la moyenne de plusieurs essais, faits, dans des conditions aussi identiques que possible, sur des prismes pareils fabriqués en même temps. Pour chaque série de prismes, on a calculé les écarts des adhérences trouvées avec leur moyenne, puis la moyenne des valeurs absolues de ces écarts et enfin le rapport de la moyenne des écarts à

	Adhérences moyennes par cm²		Adhérence des prismes de 15 cm. rapportée à celle des prismes de 30 cm.	Moyennes des écarts relatifs	
Long^r tot^le CC′ des prismes : cm.	30	15		30	15
Distance du joint aux appuis voisins AM = A′M : cm.	9	1		9	1
	kg.	kg.	p. 100	p. 100	p. 100
1er essai	12,6	10,8	86	*7,6*	*9,5*
2e essai	16,5	15,6	95	*6,2*	*11,7*
3e essai	20,8	16,0	77	*10,3*	*9,9*
4e essai	23,0	17,6	77	*7,1*	*9,8*
Moyennes			84	*7,8*	*10,2*

l'adhérence moyenne ; on a obtenu ainsi les moyennes des écarts relatifs, nombres d'autant plus faibles que les essais sont mieux concordants. Toutes les indications d'une même ligne correspondent à des prismes faits avec un même corps d'adhérence et un même mortier d'essai et ne différant que par leurs longueurs. La composition des prismes varie d'une ligne à l'autre.

On voit que, quand la distance du joint aux appuis les plus voisins n'a été que de 1 cm., les résistances trouvées ont toujours été plus faibles que quand elle était de 9 cm., et qu'en même temps les résultats ont généralement été moins concordants.

D'autres essais, numérotés de 5 à 11 dans le tableau ci-après, ont été faits d'après le même principe, avec des longueurs échelonnées entre des limites plus écartées.

Longr totle (CC') du prisme : cm.		50	32	24	16	14
Distance du joint aux appuis voisins (AM = A'M) : cm.		18,5	10	6	2,5	1
Adhérences moyennes (kg. par cm²)	5e essai. . .	8.6	9.3	7,5	7,4	8,0
	6e essai. . .	10.7	9,5	8,1	12,0	7,5
	7e essai. . .	. 8,4	12.5	12,15	10,55	9,9
	8e essai. . .	11,5	13.7	16,4	13,5	14,8
	9e essai. . .	15,1	19,9	22,0	18.4	15,8
	10e essai. . .	19.9	21,1	19,4	21,3	22,25
	11e essai. . .	21,9	22,9	19,8	21.2	22,9
Nombres proportionnels en ramenant à 100 les adhérences de la 2e colonne	5e essai. . .	92	100	81	80	86
	6e essai. . .	113	100	85	126	79
	7e essai. . .	67	100	97	84	79
	8e essai. . .	84	100	120	99	108
	9e essai. . .	76	100	110	92	79
	10e essai. . .	94	100	92	101	105
	11e essai. . .	96	100	86	93	100
	Moyenne. . .	89	100	96	96	91
Moyennes des écarts relatifs (p. 100 des adhérences moyennes)	5e essai. . .	*11.6*	*16,7*	*12.5*	*17,1*	*9,9*
	6e essai. . .	*18.1*	*13,1*	*6,8*	*12,3*	*11,9*
	7e essai. . .	*3.6*	*1.2*	*7.7*	*9,4*	*9,8*
	8e essai. . .	*12.6*	*11,1*	*8,8*	*8,5*	*10,1*
	9e essai. . .	*18,1*	*12,1*	*8.7*	*8.7*	*12,8*
	10e essai. . .	*8,8*	*11.2*	*10,0*	*16.8*	*12,9*
	11e essai. . .	*6,9*	*11,1*	*12.5*	*16,7*	*16,4*
	Moyenne. . .	*11.9*	*11.5*	*9,6*	*12.8*	*12,0*

Malgré le peu de régularité des chiffres obtenus, il semble que, toutes choses égales d'ailleurs, l'adhérence croisse en même temps que la distance du joint aux appuis voisins, jusqu'à une certaine limite, voisine de 10 cm., puis décroisse quand le prisme devient plus long. La concordance des résultats, variable d'une série à l'autre, ne semble liée, cette fois, par aucune loi bien nette à l'écartement des appuis A et A'.

En présence de ces résultats, nous avons adopté une longueur totale de 32 cm. pour les prismes, avec une distance de 10 cm. entre le plan de joint et chacun des appuis les plus voisins, ce qui permet, après décollement, d'utiliser le demi-prisme au mortier d'essai, de 16 cm. de longueur, à un essai de flexion, puis à deux essais de compression.

264. Dispositions accessoires. — Ainsi que pour les essais de flexion, nous avons fait diverses séries d'expériences en vue d'étudier l'influence des modes de construction et d'emploi de l'appareil sur les résultats qu'il fournit.

Nous avons d'abord constaté, comme à l'article 245, que la distance et la courbure des appuis des griffes convenaient bien et ne donnaient jamais de ruptures anormales, si près que les appuis fussent du bout du prisme.

De même, des essais analogues à ceux de l'article 244 nous ont montré que l'influence des composantes verticales des poids du levier et du seau était négligeable, et que les adhérences obtenues étaient à peu près indépendantes du mode de répartition de ces composantes dans la section du prisme.

D'autre part, nous avons constaté que, quand on immerge les prismes de telle sorte que les deux faces latérales qui étaient verticales dans le moule soient horizontales dans le bain, celle qui est placée en-dessus durcit un peu plus que l'autre, de sorte qu'on obtient, aussi bien pour l'adhérence que pour la flexion proprement dite, des résistances un peu plus fortes ou un peu plus faibles, selon qu'on dispose le prisme dans les griffes de manière que cette face subisse pendant l'essai les efforts de traction ou de compression. Il convient donc de faire en sorte que les faces latérales qui étaient verticales pendant le moulage soient également verticales dans le bain, de manière à durcir également, et de disposer le prisme dans l'appareil en faisant porter les griffes contre ces faces, et non contre la face, toujours moins régulière, qui était restée libre pendant le moulage.

La vitesse de chargement n'est pas sans influence, et, comme dans tous les autres genres d'essais, on constate que le décollement se produit sous une charge d'autant plus faible que cette vitesse est moindre : en d'autres termes, l'effet produit par une charge donnée augmente avec la durée d'application de celle-ci. Pour opérer dans des conditions toujours identiques, nous avons adopté, pour le débit du plomb, la vitesse de **100** g. par seconde déjà prescrite pour les essais normaux de traction et adoptée plus haut pour ceux de flexion, ce qui correspond, pour la tension maximum développée normalement au joint dans les essais d'adhérence, à une augmentation de 0,5 kg. par cm².

265. Préparation des éprouvettes. — Après avoir amené le corps d'adhérence, quel qu'il soit, à avoir la forme d'un prisme de 4 × 4 × 16 cm., on use l'un de ses bouts sur de l'émeri, puis on le fait tremper dans de l'eau jusqu'à ce qu'il soit bien imbibé, on le laisse égoutter quelques instants et on place le prisme horizontalement à la suite des moules servant à la fabrication des prismes de mortier, de telle sorte que le bout usé, devant servir de surface d'adhérence, constitue la cloison limitant le moule à l'un de ses bouts (fig. **169**). Puis on remplit

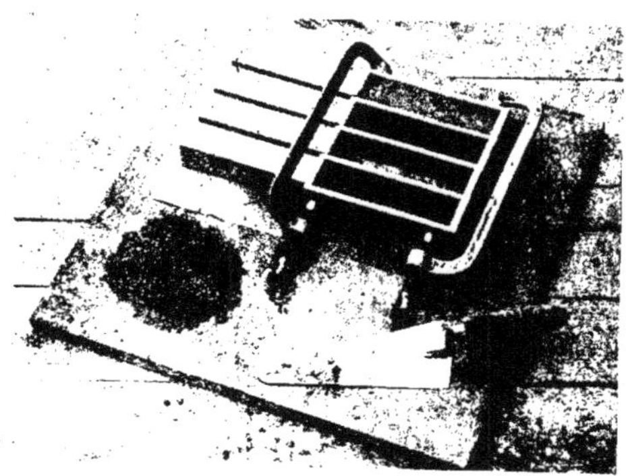

Fig 169 [1]

Fig. 170

le moule avec le mortier d'essai, on laisse durcir dans une atmosphère saturée d'humidité et on démoule avec précaution quand on juge le durcissement suffisant. Pour faciliter le démou-

1. D'après une photographie de M. le capitaine Comte.

lage et éviter des décollements accidentels pendant cette opération, il est bon qu'entre le moule et la plaque formant fond, on ait interposé, lors du montage du moule, une feuille de papier mouillée et bien tendue. En raison de la grande fragilité des prismes pendant les premiers jours de durcissement du mortier, il convient de ne les placer qu'au bout de 7 jours dans leur milieu de conservation définitif.

Il n'est évidemment pas nécessaire que la première moitié du prisme total soit composée tout entière de la matière contre laquelle on veut mesurer l'adhérence du mortier : il suffit que la surface d'adhérence soit formée par une lame de cette matière, reliée assez solidement au reste du demi-prisme (fait par exemple en ciment pur), pour que le décollement ne se produise pas en arrière d'elle ; ainsi, dans divers essais entrepris en vue de mesurer l'adhérence de mortiers au fer, nous nous sommes servi de corps d'adhérence composés comme l'indique la figure 170.

266. Approximation des résultats. — Bien que la deuxième colonne du tableau de la page 630 ait indiqué déjà les moyennes des écarts relatifs obtenues dans diverses séries d'essais exécutés dans les conditions qui viennent d'être définies, il était nécessaire de refaire des expériences sur des nombres de prismes plus considérables, pour mieux apprécier le degré de sensibilité de la méthode.

Une première série d'essais a porté sur 30 prismes pareils ; elle a eu pour principales caractéristiques :

Corps d'adhérence : mortier 1 : 1 au sable de dune, conservé depuis neuf ans dans l'eau, en prismes de $4 \times 4 \times 16$ cm., dont on a usé la face d'adhérence quelques heures avant de mouler le mortier d'essai à la suite.

Mortier d'essai : mortier, à consistance plastique, contenant une partie de ciment portland pour trois parties, en poids, d'un sable coquillier assez gros (Noirda).

Conditions de conservation des prismes : une semaine à l'air humide, puis cinq semaines dans l'eau à 15°.

Débit du plomb : 100 grammes par seconde.

Durée totale des 30 ruptures avec un seul opérateur : 50 minutes.

Moyenne des 30 adhérences trouvées : 11,49 kg. par cm².

Moyenne des valeurs absolues des écarts : 1,10 kg./cm² = *9,5* p. 100 de 11,49.

Somme des carrés des écarts : 57,20.

Ec. moy. :

$$\sqrt{\frac{57,20}{29}} = 1,40 \text{ kg./cm}^2 = \mathit{12,2} \text{ p. 100 de } 11,49.$$

Ecart probable : 0,94 kg./cm² = *8,2* p. 100 de 11,49 .

Dans une deuxième série d'essais, on s'est proposé de comparer trois ciments de même provenance, mais de compositions un peu différentes. Avec chacun on a fait 10 prismes, qui ont été essayés à l'adhérence ; ensuite leurs moitiés ont été essayées par flexion avec le même appareil (10 essais par ciment, la distance AA' étant de 4 cm.), puis par compression (20 essais par ciment). Les données et les résultats de ces essais ont été :

Corps d'adhérence : mortier 1 : 2 au sable de dune, conservé depuis neuf ans dans l'eau, comme celui de l'essai précédent, et traité de même.

Mortiers d'essai : mortiers plastiques contenant, en poids, une partie de ciment pour trois parties d'un sable assez fin (Crèche) et 14 p. 100 d'eau.

Conditions de conservation des prismes : une semaine à l'air humide, puis trois semaines dans l'eau à 15°.

Débit du plomb dans les deux séries de ruptures : 190 grammes par seconde.

			1er ciment	2e ciment	3e ciment
Adhérence.	Moyennes des 10 adhérences trouvées : . . . . kg/cm².		14,03	15,30	13,04
	Moyennes des valeurs absolues des écarts. . .	absolus : kg/cm²	1,45	0,56	2,18
		relatifs : p. 100	*10.3*	*3,7*	*16,6*
Flexion . . .	Moyennes des 10 résistances trouvées : . . . . kg/cm².		24,84	25,11	25,49
	Moyennes des valeurs absolues des écarts. . .	absolus : kg/cm²	0,82	0,95	0,85
		relatifs : p. 100	*3,3*	*3,8*	*3,3*
Compression.	Moyennes des 20 résistances trouvées : . . . . kg/cm²		103,4	98,4	103,2
	Moyennes des valeurs absolues des écarts. . .	absolus : kg/cm²	4,90	4,38	3,71
		relatifs : p. 100	*4.7*	*4.4*	*3,6*

Durée des 30 ruptures pour essais d'adhérence, avec un seul opérateur : 38 minutes.

Durée des 30 ruptures pour essais de flexion, avec un seul opérateur : 45 minutes.

Nous citerons encore, parmi d'autres essais d'adhérence, une troisième série d'essais ayant porté sur cinq mortiers plastiques de compositions différentes, faits avec un même ciment, à raison de six prismes par mortier.

Corps d'adhérence : mortier 1 : 1 au sable de la Crèche, conservé et préparé comme ceux des essais précédents.

Conditions de conservation des prismes : une semaine à l'air humide, puis trois semaines dans l'eau à 15°.

Débit du plomb : 100 grammes par seconde.

Durée totale des 29 ruptures avec un seul opérateur : 75 min.

		ciment gâché sans sable	sable très fin		sable très gros	
Mortiers d'essai faits avec un même ciment	Nature du sable [1].					
	Poids de sable pour 1 de ciment.		2	5	2	5
	Poids d'eau pris pour gâcher un poids 100 de mélange sec . . .	24,1	16,7	17,7	10,8	7,0
	Poids du litre de mortier frais. g.	2158	2006	1923	2325	2257
Adhérence (en kg. par cm²)	Résultats individuels	21,6	12,2	— [2]	26,3	3,2
		25,5	13,4	6,1	29,7	4,0
		25,8	14,6	6,2	30,4	5,8
		28,2	15,2	6,5	32,5	6,6
		34,7	15,5	6,7	32,7	9,4
		42,4	15,9	6,7	38,8	10,6
	Moyenne	29,7	14,5	6,4	31,7	6,6
Moyennes des valeurs absolues des écarts	absolus : kg. par cm²	5,90	0,55	0,24	2,93	2,27
	relatifs : p. 100	*19,9*	*3,8*	*3,7*	*9,2*	*34,4*

1. Sables de dune et du Cran Poulet, définis à l'annexe, à la fin du volume.
2. Un prisme a été décollé accidentellement au démoulage.

Cet essai est particulièrement intéressant en ce qu'il montre combien la régularité des résultats obtenus avec une même série de prismes peut varier suivant la composition du mortier d'essai : tandis que la moyenne des écarts relatifs n'a été que de

3,8 et 3,7 p. 100 avec les mortiers au sable fin, elle a atteint jusqu'à 34,4 p. 100 avec le mortier maigre à gros sable. Les écarts ne proviennent donc pas de quelque défaut de la méthode d'essai, mais doivent correspondre, le plus souvent, à des différences réelles d'adhérence du mortier, suivant la répartition des grains de sable et du liant dans la surface du joint.

§ 3. — ADHÉRENCE NORMALE DE DIVERS MORTIERS A DIVERS MATÉRIAUX

267. Mode d'exécution des essais.

Corps d'adhérence. — On a employé comme corps d'adhérence soit des pierres, soit divers mortiers ayant durci déjà depuis assez longtemps.

Tous les essais dans lesquels il s'est agi de comparer l'adhérence de divers mortiers à un même corps ont été faits, sauf les essais n^{os} **8** et **12**, avec des corps d'adhérence artificiels identiques entre eux, que nous appellerons *corps d'adhérence étalons*, et qui ont été obtenus comme il suit :

Un même ciment portland débarrassé de tous ses gros grains restant sur le tamis de **900** mailles par cm² a été additionné de deux fois son poids d'un même sable siliceux à grains arrondis passant au tamis de **144** mailles par cm² et retenus par celui de **324** mailles ; le mélange a été humecté de **10** pour **100** de son poids d'eau douce, malaxé, introduit dans des moules et battu énergiquement à la spatule. Après durcissement, les blocs ont été démoulés et immergés à l'eau douce, où on les a laissés au minimum quatre à cinq mois. Quelques jours avant de s'en servir, on a usé à la meule, puis à l'émeri, la face contre laquelle devait être appliqué le mortier d'essai (face d'adhérence), puis on les a immergés de nouveau jusqu'à l'emploi.

On a taillé ou moulé les corps d'adhérence (suivant qu'ils étaient en pierre ou en mortier) sous forme de prismes de **8** cm. de longueur, à base carrée de **4** cm. de côté.

Mortiers d'essai. — Les mortiers essayés ont été de compositions variées, qui seront indiquées dans la relation de chaque expérience. Sauf dans de rares exceptions, qui seront signalées, ils ont été gâchés avec une quantité d'eau correspondant à une consistance bien plastique, de telle sorte qu'on n'eût pas à les pilonner dans les moules, mais sans qu'ils présentassent toutefois une trop grande fluidité. Le plus souvent, on s'est servi des sables de dune et de la Crèche définis à l'annexe, à la fin du volume, et dont les poids du mètre cube peuvent varier, selon le tassement qu'on leur donne et leur degré d'humidité, de 1150 à 1480 kg. pour le premier et de 1200 à 1570 kg. pour le second, après défalcation de l'humidité contenue.

Les proportions de ciment, de sable et d'eau sont toujours indiquées en poids.

Forme des éprouvettes. — On a employé comme éprouvettes des doubles prismes préparés comme il a été exposé à l'article 265, avec cette seule différence qu'ils n'avaient qu'une longueur de 8 + 8 cm. au lieu de 16 + 16.

Conservation. — Excepté dans quelques essais, pour lesquels les conditions de conservation seront indiquées lors de leur description, les prismes ont toujours été conservés, à une température constante de 15° à 18°, d'abord une semaine dans l'air humide, puis onze semaines dans l'eau douce, et on a procédé à la rupture douze semaines après le gâchage.

Rupture. — Tous les prismes ont été décollés par flexion. Mais, à l'époque où les essais ont été exécutés, nous n'avions pas encore combiné le dispositif à moment constant et, sauf pour les essais nos 5, 7, 10 et 12, exécutés ultérieurement avec l'appareil représenté par la figure 168, toutes les ruptures ont été obtenues sous charge centrale : on faisait porter l'une des faces des doubles prismes sur deux couteaux mousses distants de 10 cm, de telle sorte que le plan de joint fût à égale distance de l'un et de l'autre, et on appliquait l'effort au milieu de la face opposée, par l'intermédiaire d'une bande d'acier recouvrant, sur toute la largeur du prisme, la ligne de jonction des deux matériaux, de manière à la déborder de 3 mm. de chaque côté (fig. 171).

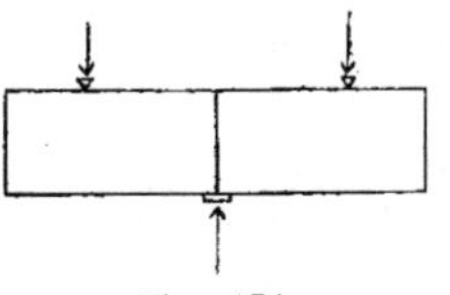

Fig. 171

L'effort a été produit par un écoulement continu de grenaille de plomb, au moyen de l'appareil à leviers communément employé pour l'essai des ciments par traction, dont on avait remplacé les griffes par un dispositif approprié aux essais de flexion.

La vitesse d'écoulement du plomb a été voisine de 190 g.

par seconde, correspondant, en vertu du calcul ci-après, à une augmentation d'environ 2 kg. par cm² pour la tension maximum développée normalement au joint.

Divers essais comparatifs, exécutés ultérieurement, ont montré que l'adhérence mesurée ainsi dépassait généralement d'environ un dixième celle qu'on obtient en opérant sous moment constant dans les conditions fixées au paragraphe précédent.

Expression des résultats. — Soit P la charge (en kg.) qu'il faut appliquer sur la bande d'acier centrale, pour produire la séparation des deux moitiés du prisme ; on calcule sans peine que le moment de rupture correspondant a pour valeur 2,425 P, les unités étant le kilogramme et le centimètre, et que le moment réduit m, qui correspondrait à un prisme carré d'un centimètre de côté, a pour valeur $\frac{2,425}{64}$ P.

Dès lors, dans la triple hypothèse : 1° de l'élasticité parfaite jusqu'au décollement, 2° de la conservation des sections planes dans les deux matériaux au voisinage immédiat du joint, et 3° de l'innocuité des actions développées au voisinage de la petite bande d'acier qui transmet l'effort central, la tension au point où le décollement s'amorce, qui mesure l'*adhérence normale* des deux matériaux, a pour valeur 6 m, c'est-à-dire sensiblement 0,228 P kilogrammes par centimètre carré.

Tous les résultats relatés ci-après ont été calculés par cette formule.

Moyennes et écarts. — Chacun de ces nombres est la moyenne de ceux trouvés pour huit prismes fabriqués dans des conditions aussi identiques que possible (six seulement avec les pierres et dans les essais n°s 10 et 12). Pour apprécier le degré d'approximation de chaque série de nombres, on a, comme dans diverses autres séries d'essais relatées dans les chapitres précédents, calculé les écarts de tous les résultats individuels avec leur moyenne, pris la moyenne des valeurs absolues de ces écarts, et exprimé cette seconde moyenne en fonction de la première ramenée à 100 [1]. Cette moyenne des écarts relatifs (*M.E.* 0/0) sera toujours écrite en italiques dans les tableaux de résultats.

On verra dans la suite que les écarts ont parfois été considérables, à tel point que, pour certaines séries, leur moyenne a

1. Le nombre des essais de chaque série a été trop faible pour qu'on pût appliquer utilement la théorie générale des erreurs et calculer l'écart probable.

dépassé 20 p. 100 de l'adhérence moyenne correspondante.

Pour l'ensemble des 107 séries de prismes rompues sous charge centrale, dont les adhérences sont relatées ci-après, la moyenne des moyennes des écarts relatifs est de 11,1 p. 100.

Essais annexes. — En même temps que les prismes d'adhérence, on a presque toujours fait, avec le mortier d'essai, des prismes de mêmes dimensions totales (16 × 4 × 4 cm.), mais formés entièrement de ce mortier, prismes que l'on a conservés dans les mêmes conditions et pendant la même durée que les premiers et rompus par flexion, encore sous charge centrale, mais sans l'interposition de la petite bande destinée à protéger le joint des prismes d'adhérence. Comme ces essais sont généralement très concordants, on a fait seulement quatre prismes de chaque sorte. Les résistances moyennes correspondantes, qui figurent dans les tableaux sous la rubrique *flexion*, sont les tensions de rupture calculées par la formule théorique, en admettant les trois mêmes hypothèses que ci-dessus ; en général, ces dernières ne doivent pas être vérifiées pour les tensions voisines de la rupture, et conduisent, selon M. Durand-Claye, à des résistances un peu trop fortes.

Avec quelques séries de mortiers, on a fait aussi des essais de traction, suivant le procédé ordinaire, au moyen de briquettes à section étranglée de 5 cm². Il a été dit plus haut (art. 59) que les résistances ainsi trouvées étaient trop faibles et, à très peu de chose près, égales à la moitié seulement de celles qu'on déduit des essais de flexion.

Enfin on a souvent essayé par compression les moitiés des prismes ayant servi aux essais d'adhérence ou de flexion, en les écrasant entre deux barres d'acier de 4 cm. de largeur disposées perpendiculairement à la longueur des prismes.

268. Influence du corps d'adhérence. — Dans chacun des essais exécutés en vue d'étudier cette influence, on a comparé l'adhérence d'un même mortier à divers corps, pour lesquels on a pris soit des pierres, soit des mortiers durcis.

1° Essais sur pierres. — Les pierres employées ont été : du marbre blanc, du calcaire de Marquise (marbre moins dur que le précédent), de la pierre de Jeumont et du Vergelé.

Elles ont servi successivement pour plusieurs essais.

Les faces d'adhérence, parfaitement dressées, ont été usées

chaque fois à l'émeri avant qu'on y appliquât de nouveau mortier.

Dans le premier essai, elles n'ont pas été mouillées au préalable. On a attribué à cette cause les écarts considérables obtenus et décidé de toujours mouiller désormais les faces d'adhérence avant le moulage du mortier d'essai, ce qui a, en effet, réduit les écarts.

Néanmoins, presque toujours, dans ces essais avec pierres, des éprouvettes se sont décollées lors du démoulage et ont dû être refaites. En outre, il est souvent arrivé que, lors des ruptures, quelques-unes se sont séparées sous une charge presque nulle, sans doute par suite d'une application imparfaite du mortier ou de chocs subis dans les manipulations ultérieures : on n'a pas tenu compte de ces résultats anormaux dans les moyennes.

		Adhérence (moyennes de 6 prismes au maximum)				Flexion du mortier seul (moyennes de 6 ou 8 prismes)
		Marbre	Marquise	Jeumont	Vergelé	
Essai n° 1	Adhérence et flexion	16,9	12,0	18,4	8,9	51,8
	M. E. %₀	*15,6*	*13,7*	*18,3*	*22,6*	***3,1***
	Nombres proportionnels	33	23	36	17	100
Essai n° 2	Adhérence et flexion	13,2	12,3	8,5	13,7 [1]	23,1
	M. E. %₀	*11,1*	*20,5*	*7,5*	*9,4*	***9,2***
	Nombres proportionnels	57	53	37	59	100
Essai n° 3	Adhérence et flexion	24,3	24,6	25,5 [2]	14,3 [3]	39,6
	M. E. %₀	*9,7*	*3,1*	*9,3*	*7,5*	***5,2***
	Nombres proportionnels	61	62	64	36	100
Essai n° 4	Adhérence et flexion	16,9	16,0	12,3	8,9 [4]	39,1
	M. E. %₀	*17,8*	*15,0*	*13,0*	***13,8***	***3,5***
	Nombres proportionnels	43	41	31	23	100

1. Pour les six prismes de cette série, des parcelles de pierre sont restées adhérentes au mortier après rupture.
2. Pour les six prismes de cette série, des parcelles de mortier sont restées adhérentes à la pierre après rupture.
3. Pour un de ces prismes (adhérence = 14,2), la rupture s'est produite franchement dans la pierre ; pour les cinq autres, des parcelles de pierre sont restées adhérentes au mortier après rupture.
4. Pour deux de ces six prismes (adhérences = 8,4 et 11,1), des parcelles de pierre sont restées adhérentes au mortier après rupture.

Essai n° 1 : Mortier d'essai : 25 ciment portland + 75 sable de dune + 18 eau. Conservation : 12 semaines à l'air humide.

Essai n° 2 : Mortier d'essai : 25 autre portland — 75 sable de dune + 10 eau. Conservation : 1 sem. à l'air humide + 11 sem. dans l'eau.

Essai n° 3 : Mortier d'essai : 33,3 autre portland + 66,7 sable de la Crèche + 16 eau. Conservation : 2 sem. à l'air humide + 10 sem. dans l'eau.

Essai n° 4 : Mortier d'essai : 25 cim. de laitier + 75 sable de la Crèche + 15 eau. Conservation : 1 sem. à l'air humide + 11 sem. dans l'eau.

Les conclusions à tirer de ces essais ne sont pas très nettes : il semble que les trois premières pierres adhèrent à peu près également aux mortiers, mais que le Vergelé, plus tendre, s'effrite au voisinage du plan de contact et cède, le plus souvent, sous une charge moindre.

2° Essai n° 5, sur mortiers durcis. — Les corps d'adhérence ont été formés des quatre mortiers suivants, faits avec un même ciment portland, gâchés à consistance plastique et conservés depuis 5 semaines dans l'eau douce :

A : 1 ciment + 4 sable de dune fin ;

B : 1 ciment + 4 sable coquillier à prédominance de grains moyens (Noirda) ;

C : 1 ciment + 4 sable siliceux à prédominance de gros grains ronds (Cran Poulet) ;

D : 1 ciment + 2 sable du Noirda.

Les bouts des prismes ont été employés comme faces d'adhérence, tels qu'ils avaient été démoulés, sans usure préalable.

Le mortier d'essai a été composé d'une partie d'un autre ciment portland pour trois parties du sable du Noirda. Sa résistance à la flexion, lors des essais d'adhérence, a été 25,3 kg/cm².

Ruptures sous moment constant après conservation de 7 jours à l'air, puis de 45 jours dans l'eau.

Corps d'adhérence :	A	B	C	D
Adhérence par cm² :	8,0	9,1	11,9	11,9
M. E. 0/0 :	*5.8*	*8,4*	*7,7*	*7,6*

L'adhérence a donc augmenté, à dosage égal, avec la grosseur du sable, et, pour un même sable, avec la proportion de ciment contenue dans le corps d'adhérence.

3° Essai n° 6, également sur mortiers durcis. — Essai analogue, fait avec des sables de grosseurs moins différentes. Les mortiers servant de corps d'adhérence étaient âgés de quatre mois au minimum ; leurs bouts ont été dressés à l'émeri et mouillés avant l'application du mortier d'essai.

E : 1 ciment portland + 2 sable 144-324, peu mouillé et battu énergiquement dans les moules (corps d'adhérence étalon) ;

F : 1 autre portl. + 2 s. de dune, gâché à consist. plastique ;

G : 1 même portl. + 2 s. de la Crèche, gâché à consist. plastique ;

H : autre ciment portland, gâché en pâte pure.

Le mortier d'essai a été composé de 25 ciment portland + 75 sable de la Crèche + 16 eau.

Les éprouvettes ont été conservées dans les conditions ordinaires (1 sem. air + 11 sem. eau).

La résistance du mortier d'essai à la flexion a été **32,0 kg/cm²**.

Les moyennes des tensions de décollement (sous charge centrale) et des écarts relatifs ont été les suivantes :

Corps d'adhérence :	E	F	G	H
Adhérence par cm² :	**18,2**	**18,2**	**18,8**	**13,6**
M. E. 0/0 :	*6,2*	*4,2*	*9,3*	*15,7*

Cette fois, malgré la différence des sables et des consistances initiales, les trois mortiers au dosage 1 : 2 ont adhéré de la même manière. On peut en conclure que, dans tous les essais faits avec les corps d'adhérence étalons, il n'y aura pas à craindre d'erreurs résultant de légères différences dans la préparation de ces corps.

Quant à la masse formée après durcissement par le ciment gâché pur (série H), elle a, en raison de son « grain » plus fin, offert moins de prise au mortier d'essai.

4° Essai n° 7, au moyen d'un mortier de chaux grasse et pouzzolane. — Les corps d'adhérence ont été : 1° les corps d'adhérence étalons ; 2° un mortier durci depuis un an, d'abord dans l'eau, puis à l'air humide, composé d'une partie de ciment portland pour 3 parties de sable de la Crèche et gâché à consistance plastique ; 3° les quatre mêmes pierres que dans les essais nos 1 à 4.

Le mortier d'essai a été formé de 5 parties de chaux grasse éteinte en poudre, 20 parties de pouzzolane de Rome moulue à peu près à la finesse des ciments et 75 parties d'un sable composé par parties égales de trois grosseurs de grains, allant de 2 mm. à 0,5 mm. Ce mélange a été gâché à consistance plastique avec 14 parties d'eau.

Les prismes ont été conservés une semaine à l'air humide, puis trois semaines dans l'eau douce, et décollés par flexion sous moment constant.

Six demi-prismes du même mortier, essayés par compression après décollement, ont eu une résistance moyenne de 33,6 kg/cm² (*M. E. 0/0 = 7,1*).

Les résultats des essais d'adhérence sont donnés par le tableau suivant :

Corps d'adhérence		Etalons	Mortier plastique âgé d'un an	Marbre	Marquise	Jeumont	Vergelé
Nombre de prismes essayés		16	6	5	6	5	5
Adhérence moyenne obtenue (kg/cm²)		4,4	5,4	3,8	4,1	2,4	1.5
Moy. des écarts	absolus : (kg/cm²)	0,64	0.70	0,70	0,58	0.64	0,26
	relatifs : (*ME* %)	*14.5*	*12,9*	*18.4*	*14,1*	*26,6*	*17.3*

269. Influence du mortier d'essai. — On a déjà vu, à l'article 266, plusieurs séries d'expériences montrant combien l'adhérence peut varier selon la composition du mortier d'essai.

Les propriétés d'un mortier dépendent d'un grand nombre de facteurs, dont les principaux sont : nature du liant, nature et composition granulométrique du sable, nature de l'eau, proportions relatives de liant et de sable, consistance du mortier lors du gâchage, durée et conditions de conservation. Nous étudierons successivement l'influence de chacun d'eux, en laissant tous les autres constants dans une même série d'essais.

Il est possible que certaines des lois entrevues avec les corps d'adhérence étalons ne soient pas applicables à des matériaux plus poreux ou plus rugueux : d'autres essais seraient nécessaires pour montrer s'il en est ainsi.

270. Influence de la nature du liant.

Essai n° 8. — Corps d'adhérence : Mortier 1 : 3 au ciment portland et au sable de dune, gâché à consistance plastique et âgé de 7 mois.

Mortiers d'essai : Liants gâchés en pâtes pures.

Cet essai ne présente guère d'intérêt qu'au point de vue des scellements au ciment pur. Le premier des tableaux ci-après

Essai n° 8		Ciment portland moulu très fin [1]	Ciment portland moulu très gros [1]	Ciment de laitier	Chaux hydraulique
Adhérence	Adhér. par cm²	44,1 [2]	39,7 [2]	30,0 [3]	19,1
	M. E. °/₀ . . .	*9,3*	*5,8*	*20,8*	*11,4*
Traction	Résist. par cm²	45,0	45,6	38,1	12,2
	M. E. °/₀ . . .	*2,2*	*1,4*	*6,0*	*4,6*
Compress.	Résist. par cm²	545	529	322	74
	M. E. °/₀ . . .	*6,6*	*11,7*	*7,1*	*3,0*

1. Poids totaux des résidus laissés par un poids 100 de ces deux ciments sur les trois tamis normaux :

Tamis de.	4900 mailles	900 mailles	324 mailles
Ciment de très fine mouture :	10	1	0
Ciment de très grosse mouture:	51	30	9

2. Pour tous les prismes de cette série, la rupture s'est produite dans le corps d'adhérence, non loin du plan de séparation des deux matériaux.

3. Sauf pour un ou deux prismes de chacune de ces séries, des parcelles du corps d'adhérence sont restées collées aux demi-prismes de ciment pur.

Nature du liant	Provenance	Essai n° 9 — Qualité	Proportion d'eau de gâchage °/₀	Adhérence — Adhérence par cm²	Adhérence — *M E* °/₀	Flexion	Compression
Ciments portland	A	première	17	14,0	*8,1*	15,4	36
		deuxième.	17	14,7	*12,8*	18,8	40
		troisième	17	17,2	*10,6*	22,6	62
	B	première	17	17,6	*9,7*	20,8	52
		deuxième.	17	18,0	*15,4*	28,7	86
	C	première	17	16,9	*9,3*	27,1	82
		deuxième.	17	18,2	*5,0*	23,9	68
		troisième	17	16,5	*4,1*	23,3	67
	D	première	16	20,5	*6,3*	27,4	
		deuxième (?)	16	13,5	*5,0*	19,1	
		première (mouture très fine) [1]	16	24,8	*5,7*	41,7	
		première (mout. très grosse) [1]	17	16,0	*5,1*	21,4	
Cim. de grappiers (depuis longt. en magasin)			16	15,1	*3,3*	24,3	
Ciment à prise prompte, genre Vassy . . .			16,5	11,6	*10,3*	17,0	
Ciment de laitier.			17	15,0	*5,7*	30,1	
Chaux hydraulique.			19	11,8	*12,5*	14,4	

1. Mêmes ciments que dans le tableau précédent, dont le renvoi 1 indique les finesses de mouture.

montre que, comme on devait s'y attendre, le degré de finesse du ciment importe peu en pareil cas, car les gros grains sont toujours noyés dans un grand excès de poussière rapidement active.

Essai n° 9. — A partir de cet essai, on a toujours employé les corps d'adhérence étalons, sauf pour l'essai n° 12.

Mortiers d'essai : 25 liant + 75 sable de la Crèche + proportions d'eau correspondant à la consistance plastique.

Les qualités des portlands sont relatées d'après les indications des fabricants : elles correspondent aux différences de prix de chaque produit et dépendent du soin apporté à sa fabrication.

On voit par le 2e tableau de la page 644 à quelles erreurs on s'exposerait si, comme on tend à le faire trop souvent, on jugeait les ciments uniquement d'après leurs résistances : on pourrait ainsi se trouver amené à donner la préférence à des produits mal fabriqués et qui risqueraient fort de gonfler ou de se fissurer dans un délai plus ou moins bref.

Essai n° 10 — Désignation de la pouzzolane	Eau de gâchage pour 100 de mélange sec	Essais d'adhérence			Essais de compression		
		Adhérence par cm²	Moyenne des écarts		Résis. par cm²	Moyenne des écarts	
		moyenne	absolus	relatifs	moyenne	absolus	relatifs
		kg.	kg.	p. 100	kg.	kg.	p. 100
Trass.	14,8	4,2	0,66	*15,7*	24,6	0,98	*4,0*
Pouzzolane de Rome . .	13,5	6,4	1,74	*27,2*	45,5	1,53	*3,1*
Pouzzolane de Rome (autre échantillon). . . .	14,0	4,4	0,64	*14,5*	33,6	2,38	*7,1*
Pouzzolane de Bacoli . .	15,3	3,5	0,22	*6,3*	14.6	0,35	*2,1*
Gaize crue	19,0	1,8 [1]	—	—	10,8	0,22	*2,0*
Gaize cuite	19,0	5,1	1,34	*26,3*	16,1	0,37	*2,3*
Kaolin cuit	16,0	6,1	1,15	*18.9*	61,3	2,83	*4,6*
Briques pilées.	14,2	2,4	0,44	*18,1*	7,4	0,23	*3,1*
Si-Stoff (résidu industriel)	18,8	5,2	0.83	*16,0*	34,4	1,13	*3,3*
Laitier trempé de haut-fourneau	14,0	7,2	0,76	*10,6*	36,6	1,03	*2,8*
Laitier trempé (autre échantillon).	13.8	10.1	1,22	*12,1*	84,7	3,67	*4,3*

1. Moyenne de deux essais seulement, les quatre autres prismes s'étant décollés dans les moules par suite d'un retrait pris par le mortier en durcissant.

On constate aussi ce fait, facile à prévoir, que, comme les résistances, l'adhérence des mortiers augmente quand on emploie des ciments de plus en plus fins.

Essai n° 10. — Comparaison de diverses pouzzolanes — Mortiers d'essai composés tous de 5 parties d'une même chaux grasse éteinte en poudre, 20 parties de pouzzolane moulue à finesse de ciment et 75 parties du même sable composé que dans l'essai n° 7. Ces mortiers, gâchés à consistance plastique avec des quantités d'eau appropriées, ont été conservés une semaine à l'air humide, puis trois semaines dans l'eau douce. Les prismes ont été décollés par flexion sous moment constant, puis les demi-prismes au mortier d'essai ont été essayés par compression.

Les résultats sont donnés par le tableau de la p. 645.

271. Influences de la nature et de la grosseur du sable et de son degré de propreté.

Essai n° 11. — Mortiers d'essai : 25 ciment portland + 75 sable + proportions d'eau correspondant à la consistance plastique.

Provenance du sable	Composit. granulométrique du sable			Proportion d'eau de gâchage	Adhérence		Flexion
	Gros grains (5-2)	Grains moyens (2-0,5)	Grains fins (< 0,5)		Adhérence par cm²	*M.E.* %	
Sable de Gattemarre (granitique à grains arrondis).	73	25	2	10,5	6,6	*12,9*	31,6
Sable de St-Malo (coquillier)	17	69	14	16,5	5,4	*15,1*	32,7
Sable de la Crèche (légèrement coquillier)	13	34	53	16	12,8	*6,3*	27,7
Sable de dune	0	0,1	99,9	18	10,3	*16,9*	21,7
Quartzite de Cherbourg moulu (grains anguleux) :							
G	100	0	0	9	7,0	*8,1*	49,5
M	0	100	0	13,5	9,1	*24,2*	45,2
F	0	0	100	24	14,6	*9,6*	35,8
$\frac{1}{3}$G + $\frac{1}{3}$M + $\frac{1}{3}$F	33,3	33,3	33,3	15	21,3	*10,9*	51,1

A dosage égal, tandis que les résistances ordinaires augmentent généralement en même temps que la grosseur du sable, c'est le contraire qui a eu lieu ici pour l'adhérence [1]. Toutefois, dans un cas comme dans l'autre, on obtient les chiffres les plus élevés avec des sables contenant, en proportions convenables, des grains de toutes grosseurs.

Essai n° 12. — Corps d'adhérence : Mortier 1 : 3 au sable de la Crèche, âgé de 6 mois.

Mortiers d'essai : dosés à 500 kg. d'un même ciment portland par mètre cube de divers sables, savoir :

P : Sable de mer débarrassé des cailloux restant sur une passoire à trous de 20 mm. de diamètre ;

Q : Mélange par parties égales de ce sable et du suivant ;

R : Déchets de carrière de pierres calcaires, tamisés comme le sable P, mais sales et contenant 6,2 p. 100 de leur poids de matières terreuses séparables par lévigation ;

S : Le même que le précédent, mais lavé jusqu'à ce que la dernière eau de lavage ne contînt plus aucune matière argileuse en suspension.

Les compositions granulométriques des deux sables P et R étaient les suivantes :

	Diamètres des trous des passoires :	mm.	5	2	0,5	
Sable P	Résidu total sur chaque passoire . .	°/₀	9,1	26,0	70,5	
	Grains compris entre deux passoires successives.	°/₀	9,1	16,9	44,5	29,5
Sable R	Résidu total sur chaque passoire. . .	°/₀	46,2	73,2	87,8	
	Grains compris entre deux passoires successives	°/₀	46,2	27,0	14,6	12,2

Ruptures sous moment constant au bout de 4 semaines et 1 an de conservation dans l'eau de mer.

Sable employé pour les mortiers	Ruptures après 4 semaines				Ruptures après 1 an			
	Adhérence		Compression		Adhérence		Compression	
	Adhérence par cm²	*M.E.* °/₀	Résistance par cm²	*M.E.* °/₀	Adhérence par cm²	*M.E.* °/₀	Résistance par cm²	*M.E.* °/₀
P	8,3	*8,8*	73	*2,9*	15,9	*9,0*	125	*4,6*
Q	14,9	*9,5*	134	*4,7*	27,6	*6,5*	274	*2,3*
R	15,5	*7,7*	170	*2,5*	29,2 [2]	*16,1*	271 [2]	*4,2*
S	11,5	*8,0*	185	*4,9*	25,4 [3]	*9,0*	213 [3]	*3,3*

1. Ce résultat semble anormal car, dans tous les autres essais du même genre faits ultérieurement (voir notamment art. 302), l'adhérence a toujours varié dans le même sens que la grosseur du sable.

2. Deux des six prismes d'essai présentent de très légères veines à un angle.

3. Un des six prismes d'essai présente de très légères veines à un angle.

Les nombres fournis par le mortier au sable R sont, pour l'adhérence, presque doubles et, pour la compression, plus que doubles de ceux du mortier au sable P, moins riche en très gros grains. Toutefois, le premier de ces deux mortiers, véritable petit béton, est, en raison de la grosseur et de la forme anguleuse de ses grains, bien moins lié que le second et ne pourrait convenir à certains emplois ; en particulier, il donnerait des joints beaucoup trop épais et difficiles à bien serrer. On remarque aussi que la décomposition de ce mortier par l'eau de mer a commencé avant celle du mortier au sable P. Le mortier au sable mélangé Q a généralement donné des résultats intermédiaires entre les précédents, mais plus voisins du sable R. Quant au sable S lavé, les nombres correspondants ont presque toujours été plus faibles que ceux du même sable non lavé R.

Un pareil résultat peut sembler paradoxal, car il est en contradiction avec le précepte classique de n'employer dans les mortiers que des sables bien propres. Pourtant on conçoit que, grâce au malaxage énergique subi pendant le gâchage, les particules argileuses doivent se trouver détachées des grains de sable et diluées dans la masse du mortier sans guère l'affaiblir ; d'ailleurs, vu l'extrême prédominance des très gros grains dans le sable R, il n'y a rien d'étonnant à ce que ce sable donne de meilleurs mortiers quand il contient un peu de matières argileuses, qui suppléent en partie aux grains fins manquants. Le cas est tout différent de celui où l'on voudrait, par exemple, comparer l'adhérence d'un mortier quelconque à des pierres propres ou sales : sur ces dernières, la couche argileuse formerait une séparation entre la pierre et le mortier et nuirait à l'adhérence (voir plus loin art. 289).

Des constatations analogues ont été faites récemment par divers expérimentateurs au sujet des résistances à la traction et à la compression de mortiers ou de bétons faits avec des sables ou des cailloux plus ou moins argileux [1].

1. Voir notamment : SHERMAN, *EN*, L, 443 (nº 21, 1903) ; — CLARKE, *Trans. am. Soc. Mech. Eng.*, XIV, 163 ; — HAIN, *EN*, LI, 413 (nº 17, 1904) ; — CHEM. LABOR. F. TONINDUSTRIE, *TIZ*, 1904, 726, 874 (nºs 60 et 71) ; — MILLS, *ER*, L, 89 (nº 3, 1904).

Plusieurs de ces mémoires originaux ont été résumés ou analysés dans : *BMK*, VIII, 358 ; IX, 197 ; — *Eng. & Min. Journ.*, LVII, 968 (nº 24) ; — *TIZ*, 1904, 1018 (nº 85) ; — *Zeits. f. Bauw.*, 1904, 319 ; — *GC*, XLV, 115 (nº 7) et XLVII, 413 ; — *ATBP*, oct. 1904 ; — *Ann. des Chem. Vicin.*, oct. 1905 ; — *E*, 3 nov. 1905.

272. Influence de la composition granulométrique du sable. — Pour étudier méthodiquement cette influence, il convient d'essayer une série de mélanges artificiels des trois grosseurs élémentaires de grains, comme nous l'avons fait jadis pour l'étude des résistances à la traction et surtout à la compression. Tel a été le but de l'essai suivant, pour lequel on a pris comme sables des mélanges en proportions échelonnées des trois grosseurs de grains (quartzite de Cherbourg moulu) séparées par des passoires à trous de 5 mm., 2 mm., et 0,5 mm. de diamètres.

Essai n° 13. — Mortiers d'essai : 25 ciment portland + 75 sable + proportions d'eau correspondant à la consistance plastique.

En outre, on a fait une série de prismes en prenant comme mortier d'essai de la pâte du même ciment gâché pur.

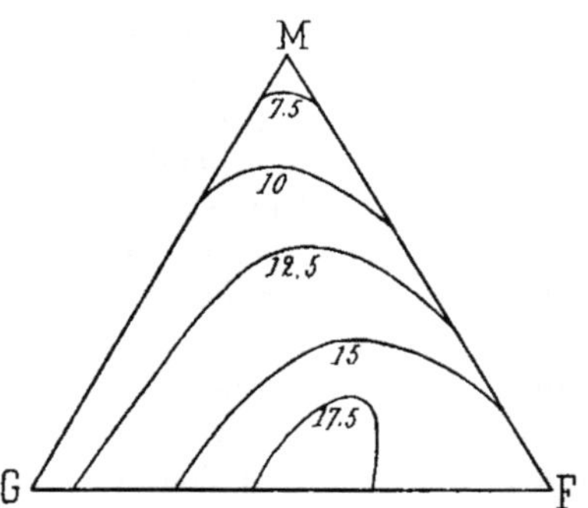

Fig. 172. Adhérence.

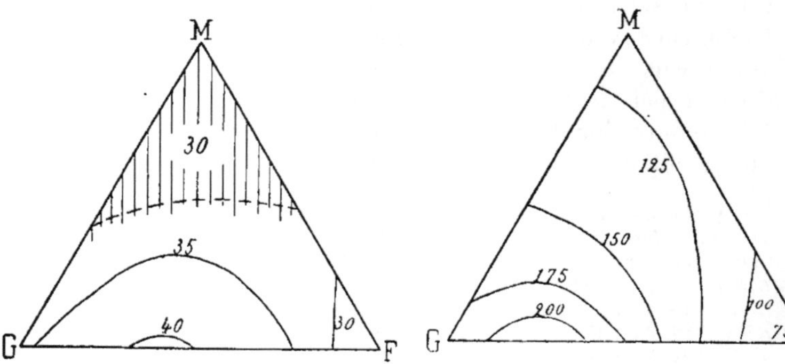

Fig. 173. Flexion.

Fig. 174. Compression.

Proportions des trois grosseurs de grains dans le sable			Proportion d'eau de gâchage %	Adhérence		Flexion	Compression	
Gros grains (5-2)	Grains moyens (2-0,5)	Grains fins (< 0,5)		Adhérence par cm²	*M. E.* %	Résistance par cm²	Résistance par cm²	*M. E.* %
13	1	1	11,5	12,2	*9,7*	35,6	183	*8,0*
10	4	1	12,1	11,8	*9,2*	34,2	170	*5,9*
10	1	4	12,9	14,9	*17,1*	39,2	204	*9,3*
7	7	1	12,3	11,2	*8,2*	29,0	138	*8,3*
7	4	4	13,7	11,8	*15,1*	35,8	154	*5,0*
7	1	7	15,0	18,7	*14,4*	39,4	168	*7,0*
4	10	1	13,0	11,1	*22,3*	29,7	134	*4,2*
4	7	4	14,1	17,1	*4,0*	30,2	139	*5,7*
4	4	7	15,7	17,5	*7,0*	34,9	139	*2,5*
4	1	10	17,2	16,0	*11,5*	36,5	132	*9,3*
1	13	1	13,4	8,1	*4,8*	30,0	118	*5,3*
1	10	4	14,8	10,7	*16,3*	30,2	125	*3,9*
1	7	7	16,5	12,7	*7,4*	30,7	110	*8,6*
1	4	10	18,7	16,6	*9,0*	33,0	119	*7,9*
1	1	13	21,1	13,0	*7,9*	27,6	84	*1,6*
Pâte de ciment pur. . . .			25,6	31,1	*10,9*	63,0	305	*3,4*

En représentant, dans un triangle, chaque mélange sableux par le centre de gravité du système que l'on obtiendrait en chargeant les trois sommets de poids égaux aux proportions correspondantes des trois grosseurs élémentaires de grains, on traduit graphiquement ces résultats par des lignes de niveau, lieux géométriques des points représentatifs de tous les mélanges sableux qui auraient donné des mortiers **1** : **3** de même résistance. On constate ainsi (fig. **172**, **173** et **174**) que, de même que les plus fortes résistances à la compression et à la flexion correspondent à des mélanges de gros grains et de grains fins, sans grains moyens, le maximum d'adhérence a lieu pour un mélange analogue, mais un peu plus riche en grains fins que les deux autres. L'écart entre les résistances extrêmes observées est d'ailleurs bien moindre pour la flexion que pour l'adhérence et surtout pour la compression.

273. Influence de la richesse du mortier en ciment.

Essai n° 14. — Mortiers au cim. portland et au s. de la Crèche.

Essai n° 15. — Mortiers au ciment portland et au quartzite de Cherbourg moulu : 1/3 G + 1/3 M + 1/3 F.

Proportions d'eau correspondant à la consistance plastique.

			Ciment gâché pur	1 ciment + 2 sable	1 ciment + 3 sable	1 ciment + 5 sable
Essai n° 14	Eau de gâchage %.		25	16	16	16
	Adhérence	par cm²	25,4	14,8	13,7	9,7
		M. E. %	*13,5*	*6,1*	*14,0*	*12,1*
		Nomb. proport.	**184**	**108**	**100**	**71**
	Flexion	par cm²	88,1	44,6	30,2	20,0
		Nomb. proport.	**292**	**148**	**100**	**67**
Essai n° 15	Eau de gâchage %.		25	14,7	13,5	12,8
	Adhérence	par cm²	41,2	25,9	21,6	17,9
		M. E. %	*6,8*	*7,1*	*7,2*	*11,1*
		Nomb. proport.	**191**	**120**	**100**	**83**
	Flexion	par cm²	86,4	58,3	49,0	35,4
		Nomb. proport.	**176**	**119**	**100**	**72**

Ainsi qu'on devait s'y attendre, l'adhérence augmente avec la proportion de ciment, moins vite toutefois que la résistance à la flexion.

274. Influence de la nature de l'eau de gâchage.

Essai n° 16. — Mortier d'essai : 1 ciment portland + 3 sable de la Crèche ; consistance plastique. Liquides employés pour les gâchages : eau douce, eau de mer et deux solutions de chlorure de calcium contenant, par litre, l'une 12,8 g., l'autre 256 g. de sel anhydre (densité de la seconde = environ 32° Baumé).

		Eau douce	Eau de mer	Chlorure de calcium	
				étendu	concentré
Adhérence	par cm²	19,1	17,6	16,7	16,6
	M. E. %	*6,3*	*9,7*	*9,8*	*4,9*
Flexion par cm²		32,5	28,8	30,2	21,8
Compression	par cm²	101	91	101	120
	M. E. %	*3,0*	*3,8*	*9,9*	*9,1*

Les écarts entre ces nombres sont trop faibles, eu égard à l'importance des erreurs d'expérience, pour qu'on puisse en tirer des lois bien nettes. En somme, il semble que la nature du liquide employé pour le gâchage ait peu influé sur l'adhérence.

275. Influence de la proportion d'eau de gâchage. Mortiers faits avec divers ciments portland.

Pour les quatre mortiers ayant servi à chaque essai, on a échelonné les proportions d'eau de gâchage de telle sorte que le premier eût une consistance un peu trop ferme pour pouvoir être employé commodément sur les chantiers, et le dernier une consistance un peu trop molle.

Essai						
Essai n° 17 Mortiers 1:3 au sable de la Crèche.	Eau de gâchage %		14	16	18	20
	Adhérence	par cm².	6,5	12,7	13,7	16,4
		M. E. %	*12,6*	*7,8*	*12,6*	*7,5*
	Flexion par cm²		32,8	30,2	31,9	31,6
Essai n° 18 Mortiers 1:3 au sable de dune.	Eau de gâchage %		15	18	21	24
	Adhérence	par cm².	9,9	14,3	14,8	12.7
		M. E. %	*10,2*	*7,6*	*6,3*	*22,2*
	Flexion par cm²		24,6	22,5	22.7	23,6
	Traction	par cm².	12,4	11,4	11,8	11,4
		M. E. %	*9,6*	*7,1*	*5,2*	*5,9*
	Compression	par cm².	55	55	56	53
		M. E. %	*13,0*	*5,4*	*4,7*	*3,8*
Essai n° 19 Mortiers 1:2 au sable de dune.	Eau de gâchage %		15	18	21	24
	Adhérence	par cm².	15,0	20,8	21,1	20,5
		M. E. %	*16,8*	*5,4*	*10,4*	*7,7*
	Flexion par cm²		30,7	29,7	32,4	30,0
	Compression	par cm².	115	99	92	94
		M. E. %	*2,3*	*5,9*	*8,7*	*4,1*
Essai n° 20 Mortiers 1:3 au sable de St-Malo.	Eau de gâchage %		10	12	14	16
	Adhérence	par cm².	13,2	20,1	18,7	18,5
		M. E. %	*18,6*	*7,9*	*10,2*	*7,6*
	Flexion par cm²		41,7	36,9	34,9	34,5
	Compression	par cm².	166	145	128	112
		M. E. %	*2,1*	*8,2*	*2,5*	*3,2*

Entre ces limites, on constate que les résistances à la flexion, à la traction et à la compression restent à peu près constantes (essais nos 17, 18 et 19) ou décroissent quand la proportion d'eau augmente (essai n° 20). Au contraire, l'adhérence, toujours très faible pour le mortier le plus sec, croît avec la proportion d'eau et atteint son maximum pour une consistance un peu plus molle que celle que nous avons considérée comme étant la mieux liée et la plus plastique.

On devra donc tenir le mortier un peu mou ou un peu sec suivant qu'on attachera plus d'importance à son adhérence ou à sa dureté propre.

276. Mortiers gâchés avec des quantités d'eau proportionnelles aux poids de ciment contenus. — Les facteurs qui viennent d'être reconnus comme augmentant le plus l'adhérence : richesse du mortier, finesse du ciment et consistance plutôt un peu molle, correspondent tous aussi à une augmentation de la proportion d'eau de gâchage. On peut donc se demander si des mortiers dans lesquels le rapport de l'eau de gâchage au ciment serait constant n'auraient pas des adhérences sensiblement identiques.

D'autre part, un savant dont les opinions font autorité a avancé jadis que de pareils mortiers devaient avoir mêmes résistances, quelles que fussent d'ailleurs leur consistance, leur richesse et la nature du sable, et proposé de définir les mortiers normaux d'essai par le rapport des poids d'eau et de ciment contenus.

Essai n° 21. — Pour vérifier d'un seul coup ces deux conjectures, nous avons fait, avec un même ciment, deux séries de mortiers, dans lesquels le poids d'eau introduit a toujours été égal à la moitié de celui du ciment : la première série comprend quatre mortiers faits avec divers sables, dont on a choisi les

Nature du sable		dune	Crèche	St-Malo	quartzite tamisé (1)	sable fin			
Composition du mortier en poids	ciment	1	1	1	1	30	35	40	45
	sable	1,5	2	3	3	70	65	60	55
Consistance		plastiq.	plastiq.	plastiq.	plastiq.	sèche	un peu sèche	un peu molle	molle
Adhérence	par cm².	25,3	25,9	11,2	14,0	18.0	19,9	22,6	23,9
	M. E. %	*7,3*	*8,0*	*16,4*	*29.2*	*2,3*	*5,0*	*5,6*	*5,1*
Flexion par cm².		41,0	42,8	27.6	36,8	31,1	35,1	42,1	50,1
Traction	par cm².	»	»	»	»	15,6	17,1	20,8	23,4
	M. E. %	»	»	»	»	*1,9*	*3,4*	*5,4*	*5,4*
Compres.	par cm².	152	154	104	118	101	123	164	219
	M. E. %	*4,9*	*3,9*	*7,2*	*2.5*	*7,4*	*6,5*	*7,0*	*2,8*

1. Ancien sable normal de Cherbourg (Voir annexe).

proportions de manière à avoir toujours une bonne consistance plastique ; la seconde comprend quatre mortiers contenant des proportions variées du même ciment et d'un même sable, et par suite de consistances différentes.

On voit que, soit qu'il s'agisse de mortiers à sables différents et de même consistance, soit qu'on ait affaire à des mortiers de même sable mais de dosages et par suite de consistances variables, la proportionnalité de l'eau de gâchage au ciment n'entraine ni l'égalité des adhérences, ni celle des résistances.

277. Augmentation progressive de l'adhérence.

Essai n° 22. — Mortier : 25 ciment portland + 75 sable de la Crèche + 16 eau.

Conservation : 1 semaine à l'air humide, puis dans l'eau jusqu'à rupture (température constante).

Durée de conservation (comptée à partir du gâchage).		1 sem.	4 sem.	12 sem.	26 sem.	1 an	2 ans	4 ans
Adhérence	par cm².	4,7	11.5	19.8	16.6	16.6	21,0	28.1
	M. E. %.	*31,7*	*8,0*	*8.2*	*15,1*	*29,1*	*18,0*	*11,2*
Flexion par cm².		14,6	25.3	33.2	37.0	39,0	43.4	47,7 [1]
Rapport : Adhérence / Flexion		0,32	0,45	0.59	0.45	0.42	0,49	0,59

1. Au bout de 4 ans, la résistance à la compression était de 210 kg. par cm².

Alors que la croissance de la flexion a été continue, celle de l'adhérence a subi un temps d'arrêt.

278. Adhérence normale de mortiers au fer. — Il est très difficile de déterminer cette adhérence avec quelque exactitude, car, d'une part, contrairement à ce qu'on pourrait croire *a priori*, elle est très faible, de sorte que les causes d'erreurs accidentelles ont une importance relative considérable, et d'autre part cette adhérence semble être très variable selon l'état de la surface du fer. De là des écarts énormes entre les résultats obtenus dans une même série d'essais et une grande incertitude sur la moyenne à adopter.

A notre connaissance, deux expérimentateurs seulement ont

cherché à mesurer l'adhérence normale de mortiers au fer :

M. Gottschaldt a opéré avec de la tôle galvanisée et des mortiers à divers dosages conservés 28 jours à sec ou dans l'eau. L'adhérence a varié de 0,2 à 7,6 kg. par cm², et le maximum ne correspond pas aux mortiers les plus riches.

Plus récemment, M. Breuillé, ingénieur des Ponts et Chaussées à Auxerre, a collé de petites plaques de fer sur la face supérieure d'un bloc de béton gras, dont le mortier, dosé à 500 kg. de ciment par m³ de sable, refluait à la surface ; puis ce bloc a été conservé à l'air dans un magasin. Le tableau ci-dessous rappelle les adhérences moyennes trouvées après diverses durées, et pour lesquelles nous avons calculé les moyennes des écarts relatifs entre les résultats de chaque série de 5 essais :

Durées de durcissement : jours :	2	7	12	17	23	27
Adhérence normale moyenne : kg. par cm² :	0,319[1]	0,636	0,946	1,132	1,295	1,316
M. E. % :	*22,1*	*12,6*	*10,4*	*14,8*	*10,9*	*18,2*

Les méthodes employées par ces deux opérateurs n'échappent pas aux critiques générales adressées plus haut (art. 261) à tous les essais d'adhérence par traction directe ; en outre, les plaques de M. Breuillé enfonçaient plus ou moins dans le mortier, et on peut mettre en doute la valeur de la correction, presque toujours assez importante, que cet ingénieur a cru devoir faire subir aux résultats bruts pour tenir compte du frottement du mortier débordant sur les côtés.

Nous avons fait quelques essais par la méthode des doubles prismes décollés par flexion sous moment constant, au moyen de corps d'adhérence constitués d'après le type de la figure 170. Les abouts en fer, de 4 × 4 cm., ont été découpés dans deux tôles différentes A et B, présentant toutefois à l'œil le même grain et le même aspect. Les mortiers d'essai, faits tous avec des échantillons différents de ciment portland, ont été conservés à l'air humide.

On voit par le tableau ci-dessous que les adhérences moyennes ont eu des valeurs assez voisines, avec les plaques provenant d'une même tôle, quels que fussent l'âge et la composition du mortier d'essai, mais ont différé beaucoup d'une tôle à l'autre.

1. Moyenne rectifiée.

Composition du mortier		Age du mortier	Résistances par cm²		Adhérence normale au fer			
Nature de sable (Voir l'annexe à la fin du volume)	Poids du sable pour 1 de ciment		Flexion	Compression	Tôle employée	Nombre de prismes essayés	Adhérence moyenne par cm²	*M. E.* %
Manchue . .	2	6 sem.	—	—	A	3	5,66	*17*
Manchue . .	3	12 sem.	—	—	A	7	7,82	*13*
Ciment gâché pur . .		12 sem	73,7 [1]	367	A	8	7,67	*15*
Ciment gâché pur . .		88 jours	87,1 [1]	338	A	3	5,34	*34*
Manchue . .	2	26 sem.	37,9 [2]	170	A	10	9,48	*19*
Noirda . . .	3	1 an	57,1 [1]	186	A	4	5,23	*25*
Noirda . . .	2	12 sem.	37,8 [2]	162	A	10	8,65	*14*
Manchue . .	2	28 sem.	77,2 [1]	228	B	7	≤3,7	*27*
			59,9 [2]		B	3	2,63	*25*

1. Essais de flexion sous charge centrale.
2. Essais de flexion sous moment constant.

Plusieurs autres essais ont été exécutés dans diverses conditions d'après le principe de la figure **167** (p. 625) : ils ont donné des adhérences beaucoup plus faibles que les précédents et d'ailleurs très variables selon les dispositifs employés, ce qui tend à prouver que la répartition théorique des tensions dans le plan du joint n'a jamais été réalisée.

279. Essais de colles. — Le dispositif représenté par la figure 168 permet de mesurer, dans les mêmes conditions que pour les mortiers, l'adhérence normale de colles, mastics, etc., à n'importe quelle matière. Il suffit de faire avec celle-ci deux prismes de $4 \times 4 \times 16$ cm. et de les assembler bout à bout avec la colle à étudier, puis de procéder à l'essai de décollement par flexion après une durée de durcissement déterminée.

Bien que ce genre de recherches sorte du cadre des questions traitées dans ce volume, nous croyons devoir compléter l'étude de l'adhérence par la description rapide de quelques essais de colles exécutés à titre d'exemple.

On a pris comme corps d'adhérence des prismes en sapin rouge de première qualité, taillés suivant le fil du bois, de telle sorte que les plans d'assemblage étaient perpendiculaires à ce fil. Ces prismes ont été collés deux à deux au moyen de colle forte ordinaire du commerce, gonflée d'abord 24 heures dans un peu d'eau froide, puis étendue d'eau, chauffée au bain-marie et appliquée à chaud. Pour chaque essai on a déterminé la richesse du liquide en colle anhydre en en desséchant à 110° un poids connu et pesant le résidu. Les plaques de colle, telles qu'elles avaient été achetées, contenaient seulement 80 0/0 de colle anhydre.

Dans une première série d'essais, on a formé 36 doubles prismes avec une solution contenant 25 0/0 de son poids de colle anhydre et appliquée à la température de 68°. Les prismes, conservés à l'air dans une salle, ont été rompus par groupes de 9 après 1 jour, 2 jours, 7 jours et 28 jours.

Avec la même solution, évaporée plus longtemps au bain-marie jusqu'à ce qu'elle contînt 32 p. 100 de son poids de colle anhydre et employée encore à 68°, on a préparé de même 11 doubles prismes (2e série) ; puis on l'a laissée refroidir et, quand sa température a été réduite à 30°, on a fait une troisième série pareille à la deuxième.

Enfin, avec cette même solution de colle, réchauffée au bout de quelques jours, et 40 des demi-prismes décollés dans les premiers essais, on a préparé 10 doubles prismes assemblés par des bouts non encore enduits de colle (4e série) et 10 autres assemblés par des bouts déjà collés dans les premiers essais, et dont on n'avait pas gratté l'ancienne colle sèche (5e série).

Tous les prismes des séries 2 à 5 ont été essayés au bout de 2 jours.

Le tableau ci-dessous indique les adhérences moyennes obtenues et les moyennes des écarts relatifs entre les divers essais d'un même groupe.

Série de prismes.	1re série				2e série	3e série	4e série	5e série
Durées de durcissement avant rupture. . .	1 jour	2 jours	7 jours	28 jours	2 jours	2 jours	2 jours	2 jours
Adhérence moyenne : kg. par cm².	29,8	36,1	39,5	40,9	60,8	61,4	80,2	93,2
M. E. %. . .	*29,4*	*20,8*	*19,6*	*15,2*	*17,1*	*16,2*	*7,6*	*11,7*

On remarque que les écarts relatifs sont généralement considérables, sans doute à cause de l'inégale répartition des veines du bois dans les abouts des prismes ainsi que de la difficulté d'appliquer toujours une égale couche de colle dans chaque joint.

Dans la 1re série, l'adhérence augmente les premiers jours, puis reste à peu près stationnaire.

Dans les 2e et 3e séries, l'influence de la température d'application de la colle est à peu près nulle, mais l'adhérence est bien supérieure à celle qu'avaient atteinte après la même durée les prismes de la 1re série, où la solution de colle était un peu moins concentrée.

De même, cette solution a dû se concentrer de nouveau quand on l'a réchauffée pour préparer les 4e et 5e séries, et celles-ci ont donné des valeurs encore plus fortes pour l'adhérence, surtout avec les prismes assemblés par leurs faces déjà enduites de colle dans les essais précédents.

§ 4. — DÉTERMINATION DE L'ADHÉRENCE TANGENTIELLE

280. Essais par cisaillement ordinaire. — En raison de la définition même de l'adhérence tangentielle, les méthodes propres à la mesurer doivent nécessairement se ramener à des essais de cisaillement, et on a vu plus haut (art. 230) qu'on ne connaissait actuellement aucun moyen de déterminer exactement la cohésion correspondante. Il y a donc des chances pour qu'il en soit de même pour l'adhérence, et, en effet, on n'a encore trouvé aucune méthode précise. Il n'a d'ailleurs été fait que très peu de tentatives dans ce but.

La première méthode qui se présente à l'esprit consiste à presser, dans deux directions opposées parallèles au plan de joint, deux blocs collés l'un contre l'autre suivant une surface plane (fig. 175). Mais comme, en réalité, l'effort extérieur ne peut pas être exercé exclusivement dans le plan de séparation des deux matières, il intervient toujours des composantes normales : d'autre part, la répartition des actions moléculaires dans ce plan est inconnue et dépend de la manière dont les charges sont elles-mêmes réparties sur les surfaces directement pressées ;

Fig. 175

enfin, il intervient, tout le long de la ligne qui limite les surfaces de contact des blocs d'essai avec les organes de la machine, des actions moléculaires énergiques et échappant à toute mesure (œils de paon des expériences de Wertheim et de Léger), qui faussent encore la répartition théorique des efforts développés dans le plan de joint.

Nous avons comparé par cette méthode l'adhérence de divers mortiers à des pierres, et on verra au paragraphe suivant, où ces expériences seront décrites en détail, que la charge totale nécessaire pour produire le décollement n'est pas proportionnelle à l'aire du joint. On ne peut donc prétendre obtenir ainsi une mesure exacte de l'adhérence ; mais, si les essais sont exécutés dans des conditions identiques, les nombres trouvés doivent rester à peu près proportionnels aux grandeurs à mesurer et permettent de comparer entre elles les adhérences des divers mortiers essayés.

Les mêmes causes d'erreurs interviendraient si, au lieu d'agir par pression sur les blocs de la figure 175, on les décollait par un effort de traction, par exemple au moyen de crochets scellés dans leur masse.

Pourtant, quand on veut mesurer l'adhérence de mortiers au fer, il semble qu'on puisse se rapprocher davantage du cisaillement théorique, en opérant comme l'indique la figure 176, où B représente un bloc de mortier collé, suivant une base rectangulaire, sur une plaque de fer A le débordant et percée à l'un de ses bouts, à une distance suffisante du mortier, d'un trou permettant de suspendre un seau, que l'on charge de poids jusqu'à décollement.

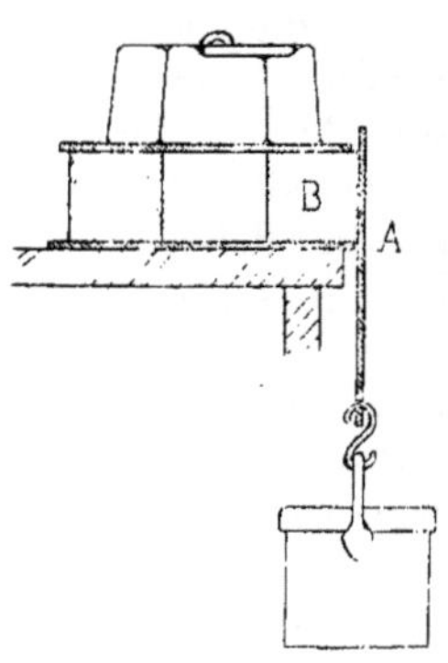

Fig. 176

L'expérience suivante a été faite avec 20 plaques de fer taillées dans une même tôle (tôle B du tableau de la p. 656), sur lesquelles on avait collé un même mortier plastique, composé d'une partie de portland pour trois de sable. Dix des blocs étaient des cubes de 7,07 cm. de côté (faces de 50 cm²) et dix autres étaient des cubes de 4 cm. de côté. Dans tous les cas, le trou de suspension était à 10 cm. de la face du cube la plus voisine.

Au bout de 7 jours de durcissement à l'air humide, les cubes de 7,07 cm. de côté se sont décollés sous une charge totale moyenne de 119,4 kg. (*M. E.* °/₀ = *19,5*) et ceux de 4 cm. sous une charge totale moyenne de 78,3 kg. (*M. E.* °/₀ = *11,1*). En divisant ces poids par les aires des joints, on trouve comme adhérences tangentielles moyennes par cm² 2,39 et 4,89, nombres trop différents pour qu'on puisse avoir confiance en la méthode.

281. Méthode de M. Mesnager. — Dans une séance du Groupe des membres français et belges de l'Association internationale pour l'Essai des Matériaux, M. Mesnager, directeur des laboratoires de l'Ecole des Ponts et Chaussées, a indiqué un dispositif qu'il avait employé pour déterminer l'adhérence tangentielle de deux corps tout en mesurant leur glissement réciproque avant décollement.

Le principe de la méthode consiste à opérer comme l'indique la figure 177, dans laquelle l'effort extérieur P est exercé dans le prolongement du joint plan OO′, par l'intermédiaire de quatre couteaux A, A′, B, B′, disposés de telle sorte qu'on ait OB = O′B′ = 2.OA = 2.O′A′. Dans ces conditions, la force tangentielle est exactement dans le plan d'adhérence et a pour valeur $\frac{P}{3}$.

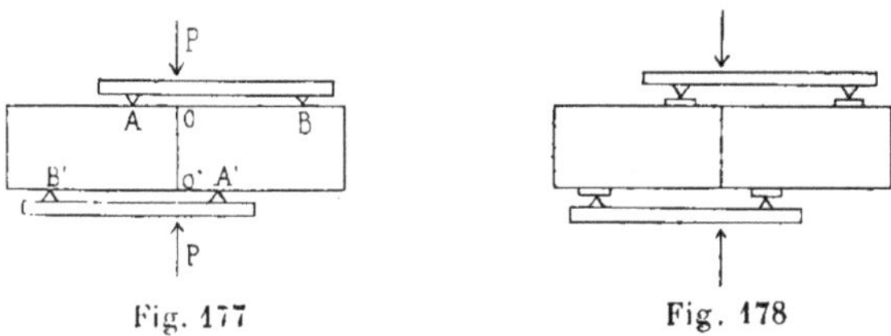

Fig. 177 Fig. 178

Si l'on craint que l'une des matières se rompe au droit de l'un des couteaux, on peut interposer entre ceux-ci et l'éprouvette des plaquettes métalliques, qui répartissent la pression sans modifier la valeur de l'effort tranchant développé dans le joint (fig. 178).

Ce dispositif est très séduisant en ce qu'il permettrait d'opérer, pour les essais d'adhérence tangentielle, sur des doubles prismes identiques à ceux que nous employons pour l'adhérence normale. Aussi avons nous immédiatement fait des expériences en vue de le contrôler.

Dans ce but, généralisant le problème, nous avons cherché comment l'effort tranchant varie pour diverses valeurs du rapport des bras de levier OA et OB.

Soient a les longueurs OA et O'A' et $b > a$ les longueurs OB et O'B'.

Les efforts développés d'une part en A et en A', de l'autre en B et en B', sont mesurés respectivement par $\frac{b}{b+a}$ P et $\frac{a}{b+a}$ P, et on calcule facilement que, dans un plan parallèle au joint et distant de x de celui-ci, l'effort tranchant a la valeur constante $\frac{b-a}{b+a}$ P tant que x est plus petit que a, c'est-à-dire de A en A', et la valeur constante $-\frac{a}{b+a}$ P pour x compris entre a et b, c'est-à-dire dans les régions B'A et A'B. Le moment fléchissant, nul dans le plan d'adhérence, a pour valeur $\frac{b-a}{b+a}Px$ dans la première région et $-\frac{a}{b-a}P(b-x)$ dans les deux autres. Ces diverses valeurs sont représentées graphiquement par la figure 179, celles du moment fléchissant en traits pleins et celles de l'effort tranchant en pointillé. Dans cette figure on a :

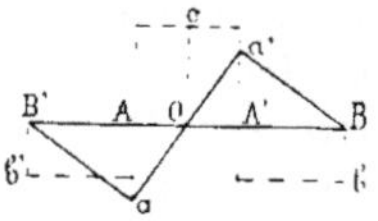

Fig. 179

$$B'b' = Bb = -\frac{a}{b+a}P, \qquad Oo = \frac{b-a}{b+a}P$$

et

$$-Aa = A'a' = \frac{b-a}{b+a}aP.$$

En somme, quelles que soient les longueurs a et b, le moment fléchissant est nul dans le plan de joint et la grandeur de l'effort de cisaillement qui s'y développe, mesurée par $\frac{b-a}{b+a}$ P, dépend seulement du rapport de ces longueurs.

Dès lors, si les efforts développés réellement ont bien les grandeurs prévues par le calcul, des assemblages identiques de deux mêmes matériaux, essayés avec différentes valeurs de a et b, devront se décoller sous des charges telles que les valeurs de l'effort tranchant qu'on en déduit par la formule ci-dessus soient les mêmes.

Nous avons fait deux groupes d'expériences sur des prismes à base carrée de 4 cm. de côté, assemblés bout à bout, en employant comme couteaux des fils d'acier de 2 mm. de diamètre. Dans plusieurs essais, ces fils ont été séparés des prismes, comme l'indique la figure 178, par des plaquettes de fer de 9 mm. de largeur et 1 mm. d'épaisseur ; dans un autre, ils ont été remplacés par des fils de 5 mm. de diamètre.

On a pris comme corps d'adhérence deux mortiers durcis de compositions différentes et comme mortier d'essai un mortier plastique contenant une partie de ciment portland pour 2 parties du sable de la Manchue défini à l'annexe, à la fin du volume. Les doubles prismes ont été conservés dans l'eau douce et rompus, ceux de la 1re série après 75 jours et ceux de la 2e série après 59 jours.

Le tableau ci-contre indique les conditions d'exécution des essais et les résultats obtenus.

On voit que, pour les plus grandes valeurs de a et de b, la rupture s'est produite par flexion à travers l'un des deux mortiers, avant qu'ils se fussent décollés et sans que l'interposition de plaquettes métalliques ait pu l'empêcher. Les valeurs moyennes du moment de rupture présentent d'ailleurs des écarts importants selon les conditions des essais.

Dans chaque groupe de blocs décollés par cisaillement, il n'y a pas de différences notables entre les valeurs de P obtenues quand la rupture s'est produite franchement dans le plan du joint ou quand elle a bifurqué vers l'un des appuis internes comme l'indique la fig. 180. Par contre, la valeur de l'effort tranchant qui, d'après la théorie, correspondrait à la charge moyenne de décollement, diffère suivant les conditions de l'essai : en particulier, elle augmente nettement, sauf de rares exceptions, en même temps que le rapport de b à a.

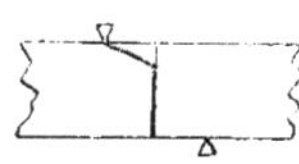

Fig. 180

Comme tous les blocs d'une même série étaient pareils et n'ont d'ailleurs donné que des écarts relativement faibles dans chaque groupe d'essais faits dans des conditions identiques, la diversité des moyennes calculées pour les efforts tranchants tend à prouver que les actions développées réellement dans le plan

	Valeurs de a et de b (en cm)	1 : 2	2 : 4	(2 : 4)[1]	3 : 6	(3 : 6)[2]	1 : 3	3 : 9	1 : 4	2 : 8	1 : 9
	Valeur du coefficient $\frac{b-a}{b+a}$	$\frac{1}{3}$	$\frac{1}{3}$	$\frac{1}{3}$	$\frac{1}{3}$	$\frac{1}{3}$	$\frac{1}{2}$	$\frac{1}{2}$	$\frac{3}{5}$	$\frac{3}{5}$	$\frac{4}{5}$
1re série de prismes	Valeurs trouvées pour P (en kg.) — Résultats individuels	435 528 514 510 562[3] 440[3] 647[3]	540 582[5] 634[5] 663[5]	690 659 553 778	439[4] 393[4] 441[4] 385[4] 412[4]	380[4] 402[4] 423[4] 394[4]	435 420 489 455 353 323 352		352 427 324 411[3] 425[3] 426[3]		347 294 340 350 396
	Valeurs trouvées pour P (en kg.) — Moyenne	519	605	670	414	400	404		394		345
	M. E. %	*9,8*	*7,2*	*9,5*	*5,0*	*3,2*	*13,0*		*9,4*		*6,6*
	Effort tranchant calculé	173	—	223	—	—	302		236		276
	Nombres proportionnels	**100**		**129**			**117**		**136**		**160**
	Moment fléchissant calculé	—		—	414	?	—		—		—
2e série de prismes	Valeurs trouvées pour P (en kg.) — Résultats individuels	367 405 434 376 481 448[3] 485[3] 429[4]	513 529 400 480[3] 453[5]	542 529 544 408[3]	395[4] 401[4] 424[4] 418[4] 441[4] 370[4]	392 339[4] 385[4] 322[4]	323 459 340 368 351 355	244[4] 221[4] 229[4] 206[4] 235[4]	265 251 270 238 259 309 308[3]	317[4] 309[4] 305[4] 338[4] 310[4]	312 265 291 250 265
	Valeurs trouvées pour P (en kg.) — Moyenne	428	475	506	408	360	366	227	271	316	277
	M. E. %	*8,0*	*8,2*	*9,6*	*4,9*	*8,0*	*8,6*	*4,8*	*7,7*	*3,0*	*7,2*
	Effort tranchant calculé	143	158	169	—	—	183	—	163	—	221
	Nombres proportionnels	**100**	**111**	**118**			**128**		**114**		**154**
	Moment fléchissant calculé	—	—	—	408	?	—	340	—	379	-

1. Appuis séparés par des plaquettes des prismes de la première série et constitués, pour ceux de la seconde série, par des fils de 5 mm. de diamètre, sans plaquettes.
2. Appuis séparés par des plaquettes des prismes des deux séries.
3. Rupture amorcée sous l'un des appuis A ou A', puis allant rejoindre le plan d'adhérence (fig. 180).
4. Rupture à travers l'un des prismes, au droit de l'un des appuis A ou A' (fig. 177)
5. Rupture à travers l'un des prismes, suivant l'une des lignes AB' ou A'B (fig. 177).

de joint ne concordent pas avec les prévisions basées sur des considérations théoriques. Sans doute intervient-il des efforts parasitaires, propagés des points de contact des appuis jusqu'au plan de joint, et dont on ne s'affranchirait qu'en donnant à *a* une valeur suffisamment grande ; mais alors les expériences montrent que la rupture se produit par flexion à travers l'une des deux matières.

La méthode ne paraît donc pas se prêter, du moins telle qu'elle a été appliquée, à une détermination exacte de l'effort total de cisaillement qu'il faut appliquer dans le plan d'adhérence pour produire le décollement des deux blocs ; *a fortiori* ne peut-on en déduire l'adhérence tangentielle des deux matières, car on ignore comment l'effort tranchant se répartit dans le plan du joint.

282. Procédés spéciaux employés pour déterminer l'adhérence tangentielle de mortiers au fer. — Quand l'un des deux matériaux est le fer, sa grande ténacité permet de donner des formes variées au corps d'adhérence et d'effectuer l'essai dans des conditions qu'on ne saurait réaliser avec des matériaux tels que les pierres ou les mortiers durcis.

La plupart des méthodes qu'on a employées visent à se rapprocher des conditions du ciment armé et consistent à décoller par traction ou par compression une tige ou une lame de fer noyée dans le mortier.

Comme aux précédentes, on peut leur objecter que la manière dont l'effort extérieur se transmet en chaque point de la surface d'adhérence est inconnue. D'ailleurs, aurait-on le moyen de calculer la valeur maximum des actions tangentielles développées en chacun de ces points à l'instant du décollement, ce ne serait sans doute pas encore l'adhérence cherchée, car, dans de pareils assemblages, l'adhérence se complique d'actions normales résultant, les unes du jeu naturel des actions moléculaires internes (voir art. 147), les autres des variations de volume subies par le mortier en durcissant, et qui ont pour effet, selon le cas, de relâcher ou de resserrer son étreinte (voir art. 151).

M. le professeur Martens et, d'autre part, M. l'ingénieur de Joly [1] ont opéré en scellant des plaques ou des barres de fer

1. *Annales des Ponts et Chaussées*, 1898, III, p. 221.

dans du mortier et déterminant l'effort nécessaire pour les en arracher. Ils sont arrivés ainsi à des nombres assez élevés, peut-être influencés par la pression atmosphérique, et même, dans certains cas, la séparation ne s'est produite que quand l'effort exercé, rapporté à la section du fer, correspondait à peu près à la limite d'élasticité de ce dernier, de sorte que la cause déterminante du décollement n'a été autre que la striction du fer. Plus récemment, M. le professeur von Bach a fait aussi des essais par la même méthode.

Inversement, MM. Coignet et de Tédesco[1] ont déterminé l'effort longitudinal de compression nécessaire pour décoller une barre de fer scellée dans du mortier de manière à le déborder par un bout et à l'affleurer par l'autre. Ils ont trouvé, pour des mortiers contenant 600 kg. de ciment par mètre cube de sable et âgés seulement de 6 jours, un coefficient d'adhérence de 20 à 25 kg. par cm². Comme on le verra plus loin, cette méthode ne donne pas non plus une mesure exacte de l'adhérence ; en particulier, contrairement à ce qu'avaient cru trouver MM. Coignet et de Tédesco, les charges totales nécessaires pour produire le décollement ne sont pas proportionnelles aux aires de la surface de contact des deux matériaux. Néanmoins nous l'avons appliquée, faute de mieux, à de nombreux essais de comparaison, qui seront décrits dans un paragraphe spécial (§ 6).

On peut imaginer bien d'autres méthodes analogues, sans arriver à mieux triompher des difficultés signalées plus haut. Nous en citerons encore une, dont les essais de vérification présentent un certain intérêt en ce qu'ils montrent l'incertitude des conclusions qu'on a cru pouvoir tirer de certaines expériences sur le ciment armé.

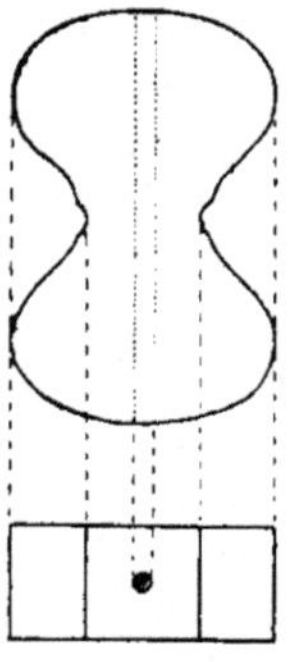
Fig. 181

Supposons que, suivant l'axe de briquettes ordinaires pour essais de traction, on ait logé, lors du gâchage, une tige cylindrique de fer de même longueur (8 cm.), comme l'indique la fig. 181, et qu'on rompe par traction à la fois de pareilles briquettes armées et d'autres faites avec le même mortier sans armature. Soient P et p les charges totales de rup-

1. *Mémoires de la Société des Ingénieurs civils de France*, mars 1894.

ture (en kg.) de ces deux séries de briquettes et d le diamètre (en cm.) des tiges de fer. La section minimum du mortier étant 5 cm² pour les briquettes non armées et $5 - \frac{\pi d^2}{4}$ pour les autres, on peut être tenté de calculer que la résistance du mortier est $\frac{p}{5}$ et que la différence $P - \left(5 - \frac{\pi d^2}{4}\right)\frac{p}{5}$ correspond à l'effort tangentiel total nécessaire pour décoller l'une des moitiés de la tige. Comme l'aire extérieure d'une demi-tige est $\pi d \times 4$, l'adhérence par centimètre carré serait dès lors mesurée par $\frac{P - \left(5 - \frac{\pi d^2}{4}\right)\frac{p}{5}}{4\,\pi d}$, c'est-à-dire par $\frac{P - p}{4\,\pi d} + \frac{pd}{80}$.

Nous avons fait ainsi trois groupes d'expériences avec des tiges de divers diamètres et un même mortier plastique composé d'une partie de ciment portland pour trois de sable fin. Les briquettes ont été conservées dans l'eau et rompues par séries de six.

1er essai : $d = 0{,}2$ cm. ; briquettes rompues après diverses durées :

Durée de conservation. . .			1 sem.	4 sem.	12 sem.	1 an	2 ans
Charge totale de rupture	briquettes non armées	p. . . .	36,1	65,8	95,4	131,2	124,6
		M. E. %	*2,7*	*5,6*	*3,3*	*1,9*	*2,5*
	briquettes armées	P. . . .	39,6	65,6	103,5	145,4	130,0
		M. E. %	*6,8*	*8,5*	*5,6*	*7,7*	*8,9*
Résist. moy. à la tract. : $\frac{p}{5}$ =			7,2	13,2	19,1	26,2	24,9
Adhérence calculée par cm².			1,5	0,1	3,5	6,0	2,5

2e essai : Ruptures après 12 semaines ($p = 95{,}4$) ; tiges de divers diamètres.

Diamètre de la tige en cm : d =	0,100	0,200	0,321	0,400	0,535
Charge totale de rupture P =	105,0	103,5	119,4	110,5	115,3
M. E. % . .	*5,5*	*5,6*	*4,7*	*5,1*	*9,4*
Adhérence calculée par cm². . .	7,8	3,5	6,3	3,5	3,6

3e essai : Ruptures après 12 semaines ($p = 95{,}4$) ; briquettes munies de une, deux ou trois tiges d'un millimètre de diamètre ($d = 0{,}1$).

Nombre de tiges.	1	2	3
Charge totale de rupture : P . .	105,0	107,1	100,9
M. E. %₀ .	*5,5*	*8,2*	*1,1*
Adhérence calculée par cm²	7,8	4,8	1,6

La discordance entre les diverses valeurs calculées pour l'adhérence montre que la méthode ne peut inspirer confiance. Cela tient à diverses causes, dont la principale est que l'effort extérieur exercé sur la briquette se répartit d'une manière inégale dans sa section médiane, de telle sorte que la partie centrale, où se trouve l'armature, subit une tension moindre que les bords, et que le renforcement résultant de la présence du fer est moindre qu'il ne devrait être. Aussi, quand on veut étudier les allongements du ciment armé par des expériences directes de traction, importe-t-il de prendre toutes les précautions nécessaires pour que l'effort se répartisse aussi également que possible dans la section transversale du barreau d'essai. Cette condition paraît avoir été assez bien réalisée dans les expériences de M. Considère, où les barreaux comprenaient plusieurs barres réparties symétriquement dans leur section et par lesquelles l'effort était exercé directement ; mais on ne peut en dire autant d'autres expériences où les barreaux avaient la forme de longues briquettes, munies d'épaulements en mortier que l'on saisissait dans des mâchoires.

282. Conclusion. — En résumé, aucune des méthodes employées jusqu'à présent pour mesurer l'adhérence tangentielle ne donne de résultats rigoureux. La plus pratique semble être celle qui a été décrite à l'article 281 : elle a l'avantage de comporter l'emploi de doubles prismes préparés comme ceux qui servent à la détermination de l'adhérence normale, avec cette différence toutefois qu'il n'est pas nécessaire de les faire aussi longs.

Si l'on adoptait provisoirement cette méthode, le mieux serait sans doute de choisir pour a et b les valeurs de 1 cm. et 3 cm., pour lesquelles, dans les deux séries d'essais relatées ci-dessus, les ruptures se sont toujours produites franchement par décollement. Dans ce cas, l'effort tangentiel développé dans le plan de joint devrait être mesuré par la moitié de la charge totale de rupture, et, d'après l'ensemble des résultats obtenus, l'erreur commise en le déduisant ainsi du résultat brut de l'expérience ne serait sans doute pas très importante.

Seulement on ne saurait encore pas en déduire la valeur de l'action développée à l'amorce du décollement, c'est-à-dire de l'adhérence tangentielle cherchée.

Peut-être arriverait-on à des chiffres plus certains en faisant adhérer les deux matériaux suivant un joint plan à contour circulaire, maintenant solidement l'un d'eux et soumettant l'autre à un effort de torsion autour de l'axe du cercle de contact. Si l'on parvenait à éviter dans cet essai toute influence perturbatrice, l'adhérence tangentielle par unité de surface serait mesurée par $\frac{2M}{\pi r^3}$, r désignant le rayon du joint et M le moment du couple de torsion ayant produit le décollement.

Il serait intéressant de faire des recherches dans cette voie.

§ 5. — ADHÉRENCE TANGENTIELLE DE DIVERS MORTIERS À DES PIERRES

284. But des recherches. — Les essais ont été entrepris à la suite d'une demande de M. Jacquinot, ingénieur des Ponts et Chaussées à Langres, chargé de l'exécution d'une partie des travaux de construction du canal de la Marne à la Saône. Ils ont eu pour premier objet de comparer l'adhérence de mortiers de diverses compositions aux principales pierres susceptibles d'être employées dans ce travail ; puis, quand ce but eut été atteint, on a élargi le champ des recherches et entrepris diverses expériences d'une portée pratique moins immédiate.

Des essais préliminaires avaient montré que, vu la pénurie de bons sables naturels dans la région, il y avait intérêt à employer, pour la confection des mortiers, des sables artificiels, résultant du broyage, dans des concasseurs spéciaux, de pierres calcaires qui, au contraire, s'y rencontrent en abondance. Les mêmes essais avaient conduit à utiliser même les gros grains de un à deux centimètres que ces sables contenaient ; d'autre part, il convenait de faire les expériences, non avec des pierres à surface lisse, comme dans les essais nos 1 à 4 du § 3, mais en opérant sur des surfaces plus ou moins rugueuses, comme sont celles des pierres employées dans la pratique, et dès lors d'une certaine étendue : pour ces diverses raisons, on ne pouvait employer d'éprouvettes de petites dimensions comme dans les essais déjà décrits, et il devenait nécessaire d'adopter une méthode spéciale.

285. Mode d'exécution des essais.

Corps d'adhérence. — Les corps d'adhérence ont toujours été des blocs de pierre cubiques de 30 cm. de côté, dont on a utilisé quatre faces comme faces d'adhérence, les deux autres étant réservées pour servir de bases. Sauf dans les essais destinés spécialement à montrer l'influence de la provenance ou de la taille de la pierre, on s'est toujours servi de pierres de même provenance (calcaire de Bise l'Assaut) taillées d'une manière uniforme (smillées). En outre, après les premiers essais, on a fait, entre les nombreux blocs provenant de la carrière de Bise l'Assaut, un triage destiné à mettre de côté, pour ne plus s'en servir, certains échantillons plus poreux, ayant donné avec les mêmes mortiers des adhérences plus fortes que les autres.

Mortiers d'essai. — Pour la plupart des mortiers, on a employé un sable calcaire artificiel résultant du broyage de pierres (de Courchamp) analogues aux précédentes. Ce sable a été séparé en trois catégories de grains, au moyen de tôles perforées dont les trous avaient respectivement 10 mm. et 5 mm. de diamètres, et ces grains ont été chaque fois remélangés en diverses proportions données, correspondant à peu près aux principaux modes de fonctionnement du broyeur.

En raison de la dimension des plus gros morceaux contenus, on a eu souvent, en réalité, de véritables petits bétons comparables à ceux qu'on emploie dans certaines constructions en ciment armé ; nous leur conserverons néanmoins le nom de mortiers.

Comme les travaux avaient été projetés au ciment de laitier, c'est ce produit qui a servi le plus souvent dans les expériences. Néanmoins, on a aussi essayé du portland, de la chaux et divers autres liants hydrauliques.

Sauf indication contraire, les mortiers ont toujours été gâchés à consistance plastique.

Application du mortier. — La face de la pierre à enduire étant disposée horizontalement, on l'a lavée à grande eau, puis, avant qu'elle fût séchée, on y a appliqué le mortier d'essai, limité latéralement par un cadre rectangulaire en zinc posé sur la pierre, en ayant soin qu'il ne restât pas de vides entre celle-ci et le mortier. On a ainsi formé successivement, contre les faces latérales de chaque bloc de pierre, des briques de mortier de 5 cm. d'épaisseur, 10 cm. de largeur et 25 cm. de hauteur (10 cm. seulement dans les dernières séries) (fig. 182).

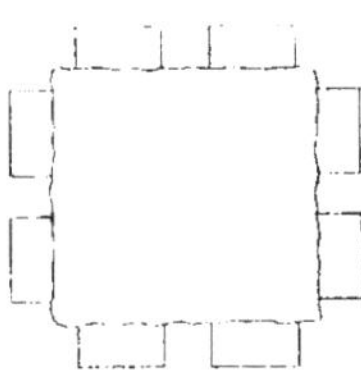

Fig. 182.

Après durcissement suffisant, on a enlevé avec précaution les cadres de zinc.

Conservation. — Les blocs ainsi préparés ont été conservés à l'air, dans un hangar clos, à l'abri des intempéries mais non des variations de température. Les durées de conservation ont varié suivant les essais et seront indiquées dans chaque cas.

Rupture. — Avant chaque essai, on a boulonné solidement le bloc de pierre P sur une table de tôle T (fig. 183), en le calant

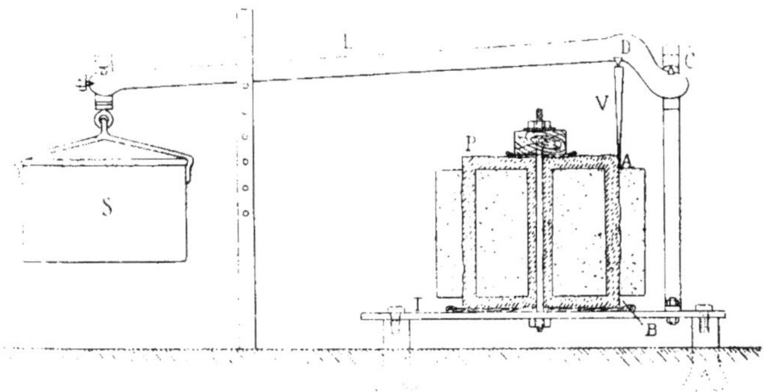

Fig. 183.

de telle sorte que la face d'adhérence AB fût verticale dans son ensemble et que la ligne de raccordement supérieure A de la brique de mortier avec la pierre fût bien horizontale. Puis on a fait effort sur la brique au moyen d'un levier L prenant appui à l'un de ses bouts sur une chape C solidaire de la table, et dont l'autre extrémité était munie d'un seau S, qu'on chargeait de poids jusqu'à rupture. Le mode d'application de l'effort sur la brique n'a pu être fixé qu'à la suite d'assez longs tâtonnements : le dispositif qui semble donner les résultats les plus sûrs, et auquel on s'est finalement arrêté, consiste à intercaler verticalement entre le levier et le mortier un long coin effilé V, dont l'arête A, qui forme en réalité un cylindre d'environ 4 mm. de diamètre, s'applique sur la ligne de séparation du mortier et de la pierre, tandis qu'un couteau D, fixé au levier, s'appuie sur le talon de ce coin. On opère donc ainsi par cisaillement, en mettant surtout en jeu l'adhérence tangentielle des deux matériaux.

Expression des résultats. — Considérons (fig. 184) un prisme rectangulaire horizontal de section Ω, parfaitement encastré en A dans un mur vertical inébranlable, et chargé en B d'un poids P. Le moment fléchissant, nul en B, croît uniformément quand on se rapproche du point A, et l'effort tranchant est constamment égal à P dans toute section comprise entre A et B. Quand le point B est très voisin de A, on se trouve dans les conditions d'un essai de cisaillement : le moment fléchissant est nul dans la section cisaillée et, comme on l'a vu plus haut à l'article 115, la rupture devrait, quelle que fût la loi de déformation de la matière, s'amorcer au milieu de l'épaisseur du prisme, sous une charge totale P telle que l'expression $\frac{3}{2}\frac{P}{\Omega}$ fût égale à la cohésion tangentielle ou, s'il s'agit de deux matériaux collés ensemble, à leur adhérence tangentielle.

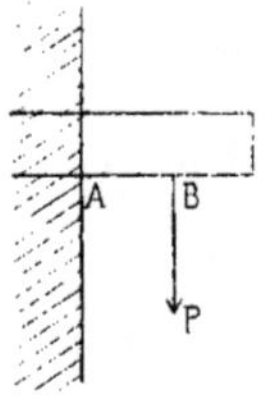

Fig. 184.

Mais on sait que les actions moléculaires importantes développées au voisinage immédiat des points d'application de la charge extérieure modifient profondément la répartition de l'effort tranchant et que la formule n'est pas applicable.

Nous avons relaté à l'article 230 et dans une publication antérieure des expériences montrant combien peuvent varier les nombres déduits par cette formule d'essais de cisaillement faits sur une même matière dans des conditions différentes. Les deux groupes d'essais suivants, exécutés comme il vient d'être expliqué au moyen de briques de mortier de diverses hauteurs collées contre des blocs de pierre, montrent qu'il en est de même dans le cas de l'adhérence.

Dimensions des briques de mortier (en centimètres)	largeur. . . .	10	10	10	10	10
	hauteur . . .	2	7	13	19	25
	$\Omega =$	20	70	130	190	250
Essai n° 1 Mortier A	Nombre de briques pareilles ayant participé aux moyennes.	6	10	7	7	3[1]
	Charge totale de rupture (moy., en kg.) P =	112	391	462	401	546
	M. E. °/₀ =	*22*	*29*	*21*	*6*	*11*
	Adhérence tangentielle calculée par la formule $\frac{3}{2}\frac{P}{\Omega}$	8,4	8,4	5,3	3,2	3,3
Essai n° 2 Mortier B	Nombre de briques pareilles ayant participé aux moyennes.	10	7	7	7	7
	Charge totale de rupture (moy., en kg.) P =	140	398	569	620	628
	M. E. °/₀ =	*23*	*27*	*17*	*9*	*12*
	Adhérence tangentielle calculée par la formule $\frac{3}{2}\frac{P}{\Omega}$	10,5	8,5	6,6	4,9	3,8

1. Quatre autres briques se sont rompues en travers, de sorte qu'il ne s'est décollé qu'une partie seulement de chacune (fig. 185) : on n'en a pas tenu compte dans les moyennes.

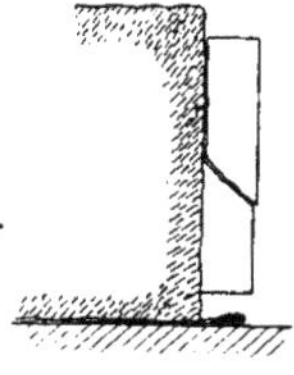

Fig. 185.

Il résulte nettement de la variabilité des valeurs trouvées pour $\frac{3}{2}\frac{P}{\Omega}$ que ce quotient ne donne pas la mesure réelle de l'adhérence. Aussi avons-nous eu soin de n'opérer, dans chacun des essais qui vont être décrits, que sur des briques de mêmes dimensions, de manière à obtenir, sinon les valeurs réelles de l'adhérence, du moins des nombres comparables entre eux et montrant dans quel sens cette qualité varie selon les matériaux que l'on emploie. Pour la même raison, nous ne relaterons, dans la suite, que les valeurs brutes obtenues pour la charge totale de rupture P, en indiquant chaque fois la hauteur des briques (25 cm. ou 10 cm. suivant les essais, la largeur étant toujours 10 cm.).

Moyennes et écarts. — En général, avec chaque mortier et

pour chaque durée de conservation, on a fait huit briques pareilles (10 dans les essais sur l'influence de la taille de la pierre), que l'on a eu soin d'appliquer, autant que possible, sur des blocs de pierre différents, quoique de même provenance. D'ailleurs, chaque bloc ayant reçu au minimum huit briques de mortier (deux ou quatre par face latérale), on a fait en sorte que celles-ci fussent formées en nombres à peu près égaux des divers mortiers à comparer, de telle sorte que, au cas où, par suite de l'hétérogénéité de la pierre, un des blocs aurait donné des adhérences anormales, celles-ci fussent réparties à peu près également dans les diverses séries. Enfin, comme il a toujours fallu au minimum quatre jours pour les gâchages de tous les mortiers d'un même essai, on a gâché chaque jour quelques briques de chaque série, de manière à répartir aussi également que possible sur les diverses séries les écarts pouvant provenir des conditions de travail journalières (température ambiante et disposition de l'opérateur lors des gâchages et lors des ruptures).

Il est arrivé assez souvent que des parcelles ou même de petits morceaux de pierre se soient détachés du bloc au moment de la rupture et soient restés adhérents au mortier : on a noté chaque fois l'importance de ces arrachements et constaté qu'il n'y avait aucune relation entre elle et la charge de rupture correspondante ; ainsi, dans une même série de briques identiques, les plus forts arrachements ont souvent correspondu aux plus faibles charges. Toutefois ces arrachements ont été plus fréquents pour certains mortiers que pour d'autres.

Pour chaque série de briques fabriquées et essayées dans les mêmes conditions, on a encore indiqué en italiques, à côté de la résistance moyenne, la moyenne des valeurs absolues des écarts individuels évaluée en fonction de la résistance moyenne ramenée à 100 (*M. E. 0/0*). Ces écarts ont souvent été assez considérables, surtout avec les mortiers à gros sable : leur valeur moyenne pour les 128 séries de mortiers étudiées (abstraction faite de l'essai n° 15, pour lequel subsistaient deux causes d'erreurs supprimées depuis) est de 11,9 0/0.

Essais annexes. — En raison de la grosseur des grains contenus dans les sables employés le plus souvent pour les mortiers d'essai, on s'est borné, en général, à étudier, parallèlement à l'adhérence, la seule résistance à la compression. A cet effet, des mortiers identiques à ceux des briques ont été, les mêmes jours, moulés en cubes de 50 cm² de section (côté = environ 7 cm.), qui ont été conservés à l'air dans le même local et les mêmes conditions que les blocs d'adhérence et rompus après les mêmes durées. Chaque résistance indiquée est une moyenne de quatre cubes.

286. Influence de la provenance de la pierre.

Essai n° 3. — Pierres calcaires provenant de divers bancs de la même région et taillées toutes de la même manière (smillées).

Mortier d'essai fait avec un même sable artificiel (pierre de Courchamp concassée) contenant en poids 15 0/0 de cailloux retenus à la passoire de 10 mm., 25 0/0 de gravier traversant la passoire de 10 mm. et retenu à celle de 5 mm., et 60 0/0 de sable proprement dit traversant la passoire de 5 mm. Ce mélange, mesuré sec par masses de 50 litres, pèse, par mètre cube, environ 1690 kg. On a pris, par mètre cube de mélange sableux, 400 kg. de ciment de laitier et 280 litres d'eau, ce qui a donné un mortier plastique un peu mou dont la résistance à la compression, après 4 semaines, a été de 79 kg. par cm². Briques de 25 cm. de hauteur. Ruptures après 4 semaines.

Provenances des pierres	Charges totales de rupture	*M.E.* °/₀	Nombres proportionnels aux charges de rupture
Bise l'Assaut (4 blocs différents)	424	*10*	**103**
Courchamp	366	*8*	**89**
Cohons	547	*9*	**132**
Dommarien — 1er bloc (pierre blanche analogue à celle de Courchamp).	322	*12*	**78**
Dommarien — 2e bloc (pierres jaunâtres analogues à celles de Bise l'Assaut.)	443	*13*	**107**
Dommarien — 3e bloc (pierres jaunâtres analogues à celles de Bise l'Assaut.)	384	*16*	**93**
			Moy. 100

Pour le bloc de Courchamp et le premier bloc de Dommarien, pierres blanches à grain fin et à cassure conchoïdale, la surface de décollement a été absolument nette et l'adhérence a été faible. Au contraire, avec la pierre de Cohons, qui a donné la plus grande adhérence, le mortier a retenu, après décollement, beaucoup de très petits grains détachés de la pierre. Avec les autres, il est resté plus ou moins de petits éclats de pierre adhérents au mortier.

On remarque que l'écart entre les adhérences obtenues avec divers blocs de même provenance (Dommarien) a été plus grand qu'entre certains blocs de provenances différentes.

287. Influence de la porosité de la pierre. — A la suite de l'essai n° 15, pour lequel huit briques de 27 mortiers différents avaient été appliquées sur 27 blocs de pierre de Bise-l'Assaut de telle sorte qu'aucun bloc ne supportât deux briques de même composition, on a relevé comme d'habitude les écarts relatifs des charges de rupture individuelles avec les moyennes de chaque série de huit briques pareilles, puis groupé tous ces écarts en mettant ensemble ceux qui correspondaient aux briques collées sur chaque bloc de pierre.

On a ainsi constaté que, tandis que, pour la plupart des blocs, les écarts étaient de signes différents et de grandeurs variables, au contraire, pour quelques autres, les écarts étaient presque tous positifs ou presque tous négatifs et avaient généralement de fortes valeurs. Examinant les blocs de plus près, on a remarqué que ceux qui avaient donné lieu à une grande majorité d'écarts positifs, c'est-à-dire à des adhérences plus fortes que les moyennes, présentaient une contexture plus ou moins caverneuse. Enfin, on a placé tous les blocs dans des cuves au fond desquelles se trouvait un peu d'eau, de telle sorte qu'ils baignassent sur une hauteur de quatre à cinq centimètres, et on a suivi sur leurs faces la montée de l'eau par capillarité. On a vu ainsi que, tandis que l'eau envahissait rapidement toute la hauteur des blocs caverneux dont il vient d'être question, elle montait beaucoup plus lentement dans les autres ; en particulier, dans ceux qui avaient donné lieu surtout à des écarts négatifs (adhérences faibles), elle ne progressait presque pas.

Il ressort de là d'une manière bien nette que, pour des pierres de même provenance, l'adhérence croît en même temps que leur porosité.

A la suite de cette constatation, on a mesuré les hauteurs où l'eau s'est élevée en trois jours dans tous les blocs dont on disposait, ce qui a permis de classer ceux-ci par ordre de porosités et de n'employer, dans les essais ultérieurs, que des blocs à peu près également poreux choisis parmi tous ceux d'une même provenance.

288. Influence de la taille de la pierre. — Cinq blocs de pierre de Cohons, choisis aussi identiques que possible, ont été taillés de telle sorte que leurs quatre faces latérales présentassent des surfaces inégalement rugueuses : la première face de chaque bloc a été taillée à la boucharde très fine, la seconde à la boucharde fine, la troisième smillée et la quatrième grossièrement épincée.

Après chacun des essais qui vont être décrits, on a soigneusement débarrassé la pierre des débris de mortier qui pouvaient y rester adhérents et, au besoin, on l'a retaillée de manière qu'elle se présentât de nouveau dans son état initial.

Taille des pierres :			très finement bouchardées	finement bouchardées	smillées	épincées
Saillie maximum approximative des aspérités (en mm.) :			1 (1)	2 (1)	4	6
Essai n° 4	4 semaines	Charge totale de décollement	418	443	502	602
		M. E. %	*7*	*8*	*10*	*6*
		Nombres proport.	**85**	**90**	**102**	**122**
Essai n° 5	4 semaines	Charge totale de décollement	374	320	417	379
		M. E. %	*7*	*9*	*8*	*9*
		Nombres proport.	**100**	**86**	**112**	**102**
	26 semaines	Charge totale de décollement	583	586	645	579
		M. E. %	*5*	*7*	*10*	*10*
		Nombres proport.	**98**	**98**	**108**	**97**
Essai n° 6	4 semaines	Charge totale de décollement	161	167	162	166
		M. E. %	*9*	*7*	*7*	*13*
		Nombres proport.	**98**	**102**	**99**	**101**
	26 semaines	Charge totale de décollement	257	263	269	268
		M. E. %	*8*	*11*	*11*	*10*
		Nombres proport.	**98**	**99**	**102**	**102**
Moyenne des nombres proportionnels			**96**	**95**	**105**	**105**

1. Les deux premières tailles ne présentent, à l'œil, qu'une différence à peine appréciable.

Essai n° 4. — Même mortier au ciment de laitier et au très gros sable que pour l'essai n° 3 ; briques de 25 cm. ; ruptures après 4 semaines.

Essai n° 5. — Mortier : 20 ciment portland + 80 sable de la Crèche + 16 eau ; briques de 10 cm. ; ruptures après 4 semaines et 26 semaines.

Cet essai a été troublé par la gelée, survenue au cours des gâchages ; les adhérences moyennes ont été calculées après suppression de quelques résultats tout à fait anormaux.

Essai n° 6. — Mortier : 20 autre ciment portland + 80 sable de dune + 21 eau ; briques de 10 cm. ; ruptures après 4 semaines et 26 semaines.

Les nombres proportionnels qui figurent dans le tableau ont été calculés en ramenant à 100 la moyenne des quatre adhérences trouvées dans chaque série de ruptures.

Tandis que l'essai n° 4 accuse une légère augmentation de l'adhérence pour des tailles de plus en plus grossières, les deux séries de ruptures de l'essai n° 5 et surtout celles de l'essai n° 6 conduisent à des adhérences sensiblement identiques pour les quatre tailles.

Essai n° 7.— Pour accuser davantage les différences entre les quatre faces de chaque pierre, on a dressé au sable la face qui, dans les essais précédents, était très finement bouchardée, de manière à la rendre parfaitement lisse ; on a laissé telle quelle la face finement bouchardée ; enfin on a repiqué les deux autres de manière à accuser un peu plus les aspérités de la face smillée et beaucoup plus celles de la face épincée.

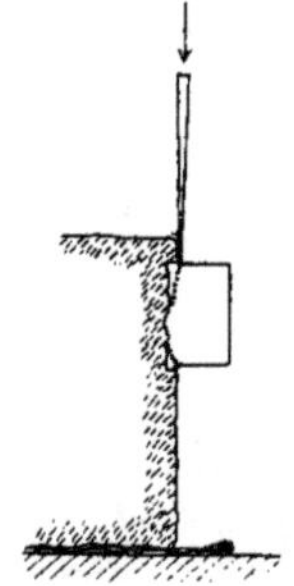

Fig. 186

En outre, pour chercher si l'égalité des adhérences trouvées n'était pas due à un cisaillement du mortier entre les aspérités des pierres, auquel cas la charge de rupture obtenue aurait été proportionnelle à la résistance du mortier au cisaillement et non plus à son adhérence, on a opéré parallèlement sur une pierre caverneuse dont on avait entaillé les faces, sur une profondeur de 1 à 2 centimètres, suivant le contour futur des briques de mortier, de telle sorte que celles-ci pénétrassent dans la pierre et, essayées comme les autres, fussent cisaillées et non décollées (fig. 186) [1].

Mortier : 20 ciment portland + 80 gros sable coquillier (Manche) + 12.5 eau : briques de 10 cm. ; ruptures après 2 semaines et 1 an.

Taille des pierres			lissées	finement bouchardées	smillées	très grossièrement épincées	Cisaillement	Même mort. essayé seul en prismes de 4 × 4 cm. Comp. par cm²	Flex. par cm²
Saillie maximum approximative des aspérités (en mm.)			0	2	5	11			
Ruptures après	2 semaines	Charge totale de décollement.	284	273	233	249	420	42	16,3
		M. E. %	*9*	*14*	*13*	*16*	*10*	*3*	*11*
		Nombres proportionnels (moy. des 4 adhérences = 100).	109	105	90	96	162		
	1 an	Charge totale de décollement.	719	588	584	589	720	121	37,6
		M. E. %	*11*	*17*	*19*	*25*	*13*	*4*	*6*
		Nombres proportionnels (moy. des 4 adhérences = 100).	116	95	94	95	116		

On voit que, malgré les énormes différences dans les modes de préparation des quatre faces, les charges de décollement après une même durée ont encore été sensiblement égales. L'adhérence aux faces lissées semble même avoir été un peu supérieure aux autres, et on a observé qu'après les essais il restait plus de mortier collé à ces faces. En outre, sauf dans un seul cas, les charges de décollement ont toujours été notablement inférieures à l'effort nécessaire pour cisailler le mortier.

Il semble donc qu'en définitive l'adhérence dépende infiniment moins de l'état de rugosité de la surface de la pierre que de sa contexture intime plus ou moins poreuse ou caverneuse.

289. Influence de la propreté de la pierre.

Essai n° 8. — Pierres de Bise l'Assaut smillées ; même mortier

1. Pour plusieurs briques, la rupture s'est produite suivant une surface courbe rejoignant la pierre au fond de l'entaille, à peu près comme l'indique le trait pointillé de la figure 186. Mais, quand il y a eu ainsi décollement partiel, les charges de rupture n'ont pas été inférieures à celles des briques où la cassure s'est produite exclusivement dans le mortier.

que pour l'essai n° 3 ; briques de 25 cm. ; ruptures après 4 semaines.

Toutes les pierres étant parfaitement propres, on a, quelques minutes après avoir mouillé leurs faces comme d'habitude, étendu sur la moitié d'entre elles, à la cuiller, un lait d'argile finement délayée en proportion connue. La quantité d'argile ainsi appliquée a été telle que, en tenant compte des aspérités de la pierre, elle aurait formé, après séchage, une couche continue d'une épaisseur d'environ un dixième de millimètre. Avant que l'argile fût sèche, on a appliqué le mortier comme d'habitude.

Alors que la charge moyenne de rupture, pour les pierres non salies, a été de 424 kg. (*M. E.* °/₀ = *10*), elle n'a été, pour les pierres enduites d'argile, que de 167 kg. (*M. E.* °/₀ = *7*), inférieure de 60 p. 100 à la première.

Cet essai a l'avantage de préciser un fait à peu près évident *a priori*, en montrant par des chiffres combien il importe de parfaitement nettoyer les pierres avant de maçonner.

390. Influence du mode d'application du mortier. — Dans les essais qui suivent, on a étudié, successivement ou simultanément, l'influence du mouillage plus ou moins abondant de la pierre avant l'application du mortier et celle du tassement donné à ce dernier.

Pour la première série de recherches, on a essayé, en même temps que des pierres modérément humectées et encore humides lors du moulage des briques, d'autres pierres pareilles non mouillées et une troisième série de pierres maintenues dans l'eau depuis plusieurs jours, puis de nouveau humectées lors du gâchage.

Pour l'étude de la seconde influence, on a employé un même mortier plastique, que l'on a, soit mastiqué au doigt et à la truelle dans les moules comme d'habitude sans autre tassement, soit damé en posant à sa surface, après demi-remplissage du moule, un rectangle de bois de dimensions un peu moindres, sur lequel on a, à deux reprises consécutives, laissé tomber un poids de 20 kg., bien d'aplomb, d'une hauteur d'environ 5 centimètres.

Pour tous ces essais, on a employé des briques de 25 cm. de hauteur et procédé aux ruptures après 4 semaines.

Essai n° 9. — Pierres de Cohons smillées ; même mortier que pour l'essai n° 3 :

Mouillage préalable des pierres :		nul	modéré	abondant
Essai n° 9	Charge totale de décollement.	429	547	502
	M. E. %.	*8*	*9*	*10*
	Nombres proportionnels	**78**	**100**	**92**

Essai n° 10. — Pierres de Bise l'Assaut smillées ; même mortier que pour l'essai n° 3.

Essai n° 11 : Mêmes pierres ; même mortier, sauf remplacement du ciment de laitier par un poids égal de ciment portland.

Serrage du mortier dans le moule :		Mortier mastiqué au doigt	Mortier damé (poids de 20 kg.)
Essai n° 10	Charge totale de décollement	424	531
	M. E. %.	*10*	*12*
	Nombres proportionnels	**100**	**126**
Essai n° 11	Charge totale de décollement.	1366	1381
	M. E. %.	*11*	*10*
	Nombres proportionnels	**100**	**101**

Essai n° 12. — Pierres de Bise l'Assaut smillées.

Mortier fait avec un sable artificiel (pierre de Courchamp concassée) contenant en poids 15 0/0 de cailloux retenus à la passoire de 10 mm., 15 0/0 de gravier traversant la passoire de 10 mm. et retenu à celle de 5 mm., et 70 0/0 de sable proprement dit passant à la passoire de 5 mm. Ce mélange, mesuré sec par masses de 50 litres, pèse par mètre cube environ 1690 kg. On a pris, par mètre cube de mélange sableux, 400 kg. de ciment de laitier et 300 litres d'eau, ce qui a donné un mortier un peu mou, dont la résistance à la compression a été, après quatre semaines, de 80 kg. par cm².

Mouillage préalable des pierres :		nul		modéré		abondant	
Serrage du mortier dans le moule :		mastiqué	damé (poids de 20 kg.)	mastiqué	damé (poids de 20 kg.)	mastiqué	damé (poids de 20 kg.)
Charge totale de décollement.		341	389	429	508	495	475
M. E. %.		*10*	*17*	*11*	*9*	*7*	*12*
Nombres proportionnels	Influence du mouillage de la pierre.	**80**	**77**	**100**	**100**	**116**	**94**
	Influence du serrage du mortier.	**100**	**114**	**100**	**119**	**100**	**96**

On tire de ces divers essais les conclusions suivantes :

a) Si l'on représente par 100 l'adhérence de pierres modérément mouillées avant l'application du mortier :

1° L'adhérence des mêmes pierres non mouillées est mesurée par les nombres 78, 80 et 77, inférieure en moyenne de 22 p. 100 à la première ;

2° L'adhérence des mêmes pierres saturées d'eau et mouillées de nouveau avant l'application du mortier est mesurée par les nombres 92, 116 et 94, c'est-à-dire, en général, peu différente de la première.

Il résulte de là qu'on ne doit pas craindre de mouiller les pierres avant de maçonner, précaution que la pratique a fait recommander depuis longtemps ; il convient d'ailleurs de procéder à cette opération suffisamment à l'avance pour que la pierre ait le temps de s'imbiber, et de la renouveler au besoin avant l'application du mortier.

b) Si l'on représente par 100 l'adhérence de mortiers plastiques un peu mous simplement mastiqués au doigt et à la truelle, sans damage spécial, celle des mêmes mortiers damés comme il a été expliqué ci-dessus est mesurée par les nombres 126, 101, 114, 119 et 96, dont la moyenne est 111, c'est-à-dire ne dépasse, en général, que de peu la première. Il est donc le plus souvent superflu de recourir à des procédés de pilonnage plus ou moins compliqués, à condition que l'on aie soin de bien mastiquer le mortier dans les joints sans y laisser de cavités, et de le serrer par le poids propre des moellons et au moyen de cales introduites après coup.

291. Influence de la nature du liant.

Essai n° 12. — Sable artificiel (pierre calcaire de Courchamp) composé en proportions 15 : 25 : 60 des trois grosseurs de grains déjà définies ; mortiers à 400 kg. de ciment portland, ciment de laitier et chaux hydraulique, par mètre cube de ce sable (poids du m³ = 1690 kg.), gâchés avec des proportions d'eau correspondant, avec chaque liant, à une bonne consistance plastique un peu molle. Briques de 25 cm. de hauteur. Ruptures après 1 semaine, 4 semaines, 12 semaines et 1 an.

Le tableau ci-après accuse, tant pour les adhérences que pour les résistances à la compression, des différences considérables entre les trois échantillons essayés.

Nature du liant employé :		Portland	Cim. de laitier	Chaux hydraulique
Composition du mortier en poids	mélange sableux	1690	1690	1690
	liant	400	400	400
	eau	255	280	380
Poids du mètre cube de mortier frais . . . . . kg.		2209	2200	2084
Volume de mortier fourni par un m³ de sable. m³		1,062	1,076	1,185
Poids de liant dans un m³ de mortier. . . . . kg.		377	371	337
Volume absolu de matières solides dans un volume 1 de mortier frais (compacité)		0,714	0,719	0,661
Charges totales de décollement	après 1 semaine	937	362	83
	M. E. %	*9*	*14*	*8*
	après 4 semaines	1366	424	194
	M. E. %	*11*	*10*	*10*
	après 12 semaines	1508	454	259
	M. E. %	*9*	*11*	*18*
	après 1 an	1734	630	322
	M. E. %	*4*	*7*	*15*
	Nombres proportionnels (moyennes des 4 durées)	**100**	**34**	**15**
Compression par cm²	après 1 semaine	75	48	9
	après 4 semaines	127	79	13
	après 12 semaines	147	91	24
	après 1 an	164	102	27
	Nombres proportionnels (moyennes des 4 durées)	**100**	**63**	**14**
Rapport : Charge totale de déc. / Compress. par cm²	après 1 semaine	12,5	7,5	9,2
	après 4 semaines	10,8	5,4	15,0
	après 12 semaines	10,3	5,0	10,8
	après 1 an	10,6	6,2	11,9

Il montre en outre que le rapport de l'adhérence à la compression, à peu près indépendant de l'âge des mortiers, a été plus faible avec le ciment de laitier qu'avec les deux autres liants.

Essai n° 14. — En présence de pareils écarts, il importait de rechercher s'ils étaient inhérents à la nature même des liants ou s'ils ne provenaient pas plutôt de différences de qualité des trois échantillons sur lesquels avaient porté les essais. On a donc fait un nouvel essai sur un plus grand nombre d'échantillons de provenances variées.

Le sable employé a été un mélange contenant en poids 20 0/0 de petites pierres (meulière concassée) traversant la passoire à trous de 20 mm. de diamètre et retenues par celle de 10 mm., 30 0/0 de sable graveleux (Seine D) traversant la passoire de 10 mm. et retenu à celle de 1 mm., et 50 0/0 de sable fin traversant la passoire à trous de 1 mm. de diamètre. Ce mélange, mesuré sec par masses de 50 litres, pesait par mètre cube 1780 kg. Les mortiers ont été dosés à raison de 400 kg. de chaque liant par mètre cube de ce mélange sableux et gâchés avec des proportions d'eau telles qu'ils eussent tous une bonne consistance plastique un peu molle.

On a employé des briques de 10 cm. de hauteur et procédé aux ruptures après les quatre mêmes durées que dans l'essai précédent.

Les liants employés ont été les suivants :

A, B, C : Ciments portland de première qualité résultant de la mouture d'un même lot de roches à des degrés de finesse différents, savoir :

A : Grosse mouture : proportion de résidu sur le tamis de 4900 mailles par cm² . . . . = 47 0/0 ;

B : Moyenne mouture . . . . = 32 0/0 ;

C : Fine mouture . . . . = 15 0/0 ;

D : Ciment portland de fabrication moins soignée ; résidu sur le même tamis . . . . = 32,5 0/0 ;

E : Ciment de laitier provenant de la même usine que celui de l'essai n° 13, mais d'une autre fourniture ;

F : Ciment de laitier provenant d'une autre usine ;

G : Chaux hydraulique provenant de la même usine que celle de l'essai n° 13, mais d'une autre fourniture ;

H : Chaux hydraulique provenant d'une autre usine ;

J : Ciment de grappiers ;

K : Ciment à prise rapide, genre Vassy ;

L : Mélange par poids égaux du ciment portland B et de la chaux G ;

M : Mélange par poids égaux de ciment portland et de gaize légèrement calcinée.

En plus des mortiers dont la composition vient d'être indiquée et dont on a déterminé l'adhérence et la résistance à la compression, on a fait, avec les douze mêmes liants et le sable normal de l'ancien cahier des charges de Boulogne (quartzite de Cherbourg moulu 64-144), des mortiers 1 : 3 gâchés avec peu d'eau et battus dans les moules, qui ont été essayés par traction après conservation de 4 semaines dans l'eau douce.

Le tableau des pages 684 et 685 rend compte des résultats obtenus dans ces divers essais.

Liant	nature	Portland				Laitier		Chaux		Grappier	Rapide	Mélanges	
	désignation	A	B	C	D	E	F	G	H	J	K	L	M
Composition du mortier en poids	mélange sableux	1780	1780	1780	1780	1780	1780	1780	1780	1780	1780	1780	1780
	liant	400	400	400	400	400	400	400	400	400	400	400	400
	eau	310	300	270	290	260	285	330	345	270	305	315	330
Poids du mètre cube de mortier frais . . . . . kg.		2107	2140	2161	2109	2159	2160	2084	2099	2192	2129	2124	2097
Volume de mortier fourni par un m³ de sable. m³.		1,182	1,159	1,134	1,170	1,125	1,142	1,198	1,203	1,118	1,167	1,174	1,197
Poids de liant dans un m³ de mortier . . . . kg.		339	345	353	342	356	351	334	332	358	343	341	334
Volume absolu de matières solides dans un volume 1 de mortier frais (compacité)		0,680	0,693	0,709	0,686	0,727	0,720	0,698	0,678	0,723	0,691	0,694	0,686
Charges totales de décollement	après 1 semaine	223	280	339	315	[illegible]	231	75	73	343	122	216	102
	M. E. %	*13*	*7*	*11*	*9*	*15*	*12*	*12*	*9*	*13*	*15*	*8*	*12*
	après 4 semaines	403	495	650	330	[illegible]	214	153	152	559	212	396	168
	M. E. %	*15*	*11*	*12*	[illegible]	*21*	*21*	*8*	*10*	*9*	*21*	*15*	*13*
	après 12 semaines	473	508	[illegible]	629	[illegible]	258	174	182	582	198	393	113
	M. E. %	*6*	*13*	*3*	[illegible]	*19*	*6*	*11*	*13*	*9*	*19*	*5*	*10*
	après 1 an	615	743	879	745	[illegible]	261	208	292	723	261	443	163
	M. E. %	*9*	*16*	*13*	[illegible]	*14*	*17*	*23*	*8*	*13*	*14*	*18*	*17*
	Nombres proportionnels (moyennes des 4 durées)	81	100	134	106	85	52	29	32	108	39	71	28
Compression par cm²	après 1 semaine	16	22	41	32	54	32	6	7	28	13	14	10
	après 4 semaines	44	63	88	74	95	69	13	12	70	27	42	27
	après 12 semaines	64	89	125	95	104	76	16	18	85	43	52	25
	après 1 an	83	109	150	112	117	88	25	34	136	59	69	39
	Nombres proportionnels (moyennes des 4 durées)	73	100	152	119	155	106	22	26	115	51	63	38
Rapport : Charge tot. de décoll[t] / Compress. par cm²	après 1 semaine	13,9	13,2	10,7	9,8	6,5	7,2	12,7	11,0	12,2	9,4	15,4	9,9
	après 4 semaines	9,2	7,0	7,4	7,2	4,2	3,5	11,8	12,7	7,9	7,0	9,4	6,2
	après 12 semaines	7,4	6,4	6,1	6,6	3,8	3,4	10,0	10,1	6,9	4,6	7,5	4,5
	après 1 an	7,4	6,8	5,9	6,4	4,1	3,0	8,3	8,6	5,3	4,1	6,4	4,2
Ancien mortier normal 1 : 3	Eau de gâchage %	10,5	10,5	10,5	10,5	11,0	11,0	14,0	14,0	10,5	11,0	11,5	12,0
	Traction par cm² après 4 semaines dans l'eau	21,3	26,8	30,0	27,0	30,7	26,5	4,7	7,0	21,3	14,2	15,5	17,5
	Nombres proportionnels	79	100	112	101	115	99	18	26	79	53	58	65

On voit d'abord que les nombres très faibles trouvés dans l'essai précédent pour l'adhérence et la compression du ciment de laitier et de la chaux hydraulique relativement au portland peuvent être considérés comme accidentels : les chaux hydrauliques se sont bien encore montrées moins résistantes que le portland, mais leur infériorité a été moins accusée que dans l'essai n° 13 ; quant aux ciments de laitier, égaux ou supérieurs aux portlands dans les essais de compression et de traction, ils ont eu une adhérence à peu près égale, après une semaine, à celle de ces derniers, mais moins rapidement croissante, et qui a fini par devenir assez notablement inférieure à celle des portlands de même âge.

Le ciment de grappiers s'est comporté à peu près comme les portlands de mouture moyenne.

Le ciment rapide a été inférieur, surtout pour l'adhérence.

Le mélange de portland et de chaux a donné constamment des chiffres voisins des moyennes de ceux qui correspondent à chacun de ces deux produits.

Le ciment à la gaize a été très faible dans les essais de compression et d'adhérence, meilleur dans ceux de traction, pour lesquels les éprouvettes avaient été conservées dans l'eau. Comme tous les mélanges contenant des pouzzolanes (y compris les ciments de laitier), ce produit a besoin, en effet, d'être en contact avec l'eau pour développer toute son activité.

On retrouve, pour les portlands de finesses différentes, ce fait, déjà reconnu plus haut, que, comme leurs diverses résistances, leur adhérence augmente à mesure qu'ils sont moulus plus finement.

Pour tous les mortiers étudiés, le rapport de l'adhérence à la compression diminue avec le temps, assez rapidement d'abord, puis de plus en plus lentement ; autrement dit, l'adhérence progresse moins vite que la compression. Ce rapport a d'ailleurs ses plus fortes valeurs pour les chaux et ses plus faibles pour les ciments de laitier.

Enfin on a remarqué qu'après décollement il n'est presque pas resté de mortier adhérent aux pierres, pour les ciments de laitier, le ciment rapide et le ciment à la gaize ; au contraire, il en est resté beaucoup pour les deux portlands A et B de grosse et de moyenne mouture, ce qui indique que la rupture s'est produite alors en partie par cisaillement du mortier. Pour les six autres liants, les résultats ont été intermédiaires.

292. Influence de la composition du mortier. — On a étudié simultanément les influences de la composition granulométrique du mélange sableux, du dosage en ciment et de la proportion d'eau employée pour le gâchage.

Essai n° 15. — Sable provenant du concassage de la pierre calcaire de Courchamp.

On a comparé trois mélanges sableux contenant respectivement un tiers, un demi et deux tiers de leur poids de sable proprement dit traversant la passoire à trous de 5 mm. de diamètre. Des expériences antérieures ayant montré que, dans les conditions ordinaires de fonctionnement du concasseur, la proportion de gravier 10-5 fournie était à peu près constante, on a composé comme il suit les trois mélanges d'essai, puis déterminé directement, sur 50 litres de chacun, le poids du mètre cube de mélange sec.

	Cailloux restant à 10 mm.	Gravier 10 mm.-5 mm.	Sable passant à 5 mm.	Poids du mètre cube
Mélange n° 1. . .	0,392	0,275	0,333	1610
Mélange n° 2. . .	0,225	0,275	0,500	1670
Mélange n° 3. . .	0,058	0,275	0,667	1685

Les mortiers ont été dosés à raison de 300, 400 et 500 kg. d'un même ciment de laitier par mètre cube de chacun de ces sables, et chacun a été gâché avec trois proportions d'eau différentes correspondant, la première à une consistance un peu sèche, la deuxième à une consistance bien liée et plastique, la troisième à une consistance molle.

Briques de 25 cm. de hauteur ; ruptures après 5 semaines.

Cet essai a été, par ordre de date, le premier qui ait été exécuté avec les blocs de pierre, par la méthode du cisaillement, après seulement divers essais préliminaires destinés à vérifier le fonctionnement de l'appareil et dont il n'est pas rendu compte dans ce travail. Les blocs de pierre n'avaient pas encore été triés d'après leurs degrés de porosité, et le mode de transmission de l'effort du levier à la brique n'était pas celui qui est décrit ci-dessus et qui, reconnu préférable, a été adopté pour les essais suivants.

Composition du mortier en poids			Désignation du mortier	Consistance	Poids du mètre cube de mortier frais	Volume de mortier fourni par 1 m³ de sable	Poids de ciment dans un mètre cube de mortier	Volume absolu de matières solides dans un volume 1 de mortier frais (compacité)	Adhérence		Compression par cm²
Mélange sableux	Ciment	Eau							Charge totale de décollement	*M. E. 0/0*	
	kg.	kg.									
Mélange n° 1 1610 kg.	300	180	A_1	un peu sèche	2280	0,916	327	0,773	539	*26*	91
		195	A_2	plastique	2294	0,918	327	0,772	609	*26*	87
		210	A_3	molle	2284	0,928	324	0,763	662	*28*	78
	400	205	B_1	un peu sèche	2295	0,965	414	0,771	495	*18*	118
		225	B_2	plastique	2298	0,972	411	0,765	637	*35*	100
		245	B_3	molle	2277	0,990	404	0,751	704	*27*	88
	500	235	C_1	un peu sèche	2269	1,034	484	0,754	579	*24*	118
		255	C_2	plastique	2271	1,041	480	0,749	594	*27*	102
		275	C_3	molle	2244	1,063	470	0,734	633	*27*	88
Mélange n° 2 1670 kg.	300	200	E_1	un peu sèche	2237	0,970	309	0,753	364	*27*	101
		220	E_2	plastique	2274	0,964	312	0,759	612	*16*	88
		240	E_3	molle	2256	0,980	306	0,747	500	*29*	72
	400	225	F_1	un peu sèche	2279	1,007	397	0,761	458	*13*	114
		245	F_2	plastique	2265	1,022	391	0,750	557	*23*	102
		265	F_3	molle	2243	1,042	385	0,737	553	*15*	93
	500	245	G_1	un peu sèche	2237	1,079	463	0.743	433	*28*	129
		270	G_2	plastique	2252	1,083	461	0,741	656	*20*	115
		295	G_3	molle	2230	1,105	462	0,726	639	*21*	93
Mélange n° 3 1685 kg.	300	220	J_1	un peu sèche	2240	0,984	305	0.748	288	*28*	88
		240	J_2	plastique	2223	1,001	300	0,735	365	*24*	78
		260	J_3	molle	2200	1,020	294	0,722	461	*24*	60
	400	250	K_1	un peu sèche	2231	1,047	382	0.738	344	*24*	105
		270	K_2	plastique	2216	1,062	376	0,726	450	*24*	83
		290	K_3	molle	2189	1,084	368	0,712	524	*33*	73
	500	280	L_1	un peu sèche	2227	1,107	452	0.730	352	*27*	102
		300	L_2	plastique	2200	1,130	443	0,715	408	*26*	91
		320	L_3	molle	2177	1,150	435	0,703	456	*21*	80

A l'examen du tableau, on remarque immédiatement la grandeur des écarts d'expérience (*M. E. 0/0*), due principalement aux deux causes qui viennent d'être exposées.

Néanmoins on déduit des nombres trouvés les conclusions suivantes, dont certaines sont parfaitement nettes.

Dans les limites où l'on s'est placé :

1° L'adhérence est d'autant plus forte que le mélange sableux contient plus de cailloux et moins de sable proprement dit ;

2° L'influence du dosage en ciment est faible ;

3° L'adhérence est la plus forte pour les mortiers plastiques ou les mortiers mous, suivant les cas, et toujours moindre avec les mortiers un peu secs, bien que la compacité et la résistance à la compression diminuent régulièrement quand la proportion d'eau augmente.

Essai n° 16 — En vue de vérifier les deux premières de ces conclusions par une expérience exécutée dans de meilleures conditions, on a recommencé l'essai après s'être affranchi autant que possible des deux causes d'erreurs signalées ; l'expérience a porté seulement sur quatre mortiers, dosés respectivement à 300 kg. et à 600 kg. d'un autre ciment de laitier par mètre cube des deux mélanges sableux n° 1 et n° 3, et gâchés tous à consistance plastique un peu molle. On a opéré sur des briques de 10 cm de hauteur et procédé aux ruptures après 4 semaines et après 1 an.

Composition du mortier en poids			Désignation du mortier	Poids du mètre cube de mortier frais	Volume de mortier fourni par un mètre cube de sable	Poids de ciment dans un mètre cube de mortier	Volume absolu de matières solides dans un volume 1 de mortier frais (Compacité)	Essais après 4 semaines			Essais après 1 an		
								Adhérence			Adhérence		
Mélange sableux	Ciment	Eau						Charge totale de décollement	*M. E.* %	Compression par cm²	Charge totale de décollement	*M. E.* %	Compression par cm²
	kg.	kg.											
Mélange n° 1 1610 kg.	300	210	A	2282	0,929	323	0,762	347	*20*	121	441	*17*	158
	600	305	D	2229	1,128	532	0,722	450	*15*	146	482	*16*	212
Mélange n° 3 1685 kg.	300	250	J	2197	1,017	295	0,723	323	*15*	97	341	*13*	132
	600	340	M	2172	1,210	497	0,697	399	*12*	121	472	*15*	165

L'adhérence est encore un peu plus forte pour le mélange

sableux contenant le plus de cailloux et le moins de sable proprement dit.

Quant à l'influence du dosage, elle est plus nette que dans l'essai précédent, mais les adhérences des mortiers à **600 kg.** n'ont dépassé que de **25** p. **100** en moyenne celles des mortiers à **300** kg.

Essai n° 17. — Du sable de Seine à grains arrondis a été tamisé en trois grosseurs : pierrettes traversant la passoire à trous de **20** mm. de diamètre et retenues par celle de **10** mm. ; sable-gravier traversant la passoire de **10** mm. et retenu par celle de **1** mm. (éch. **D** défini à l'annexe) ; sable fin traversant la passoire à trous de **1** mm. de diamètre (éch. C).

On a pris comme sable n° **4** un mélange par poids égaux de ces trois grosseurs, pesant, à l'état sec, **1825** kg. par mètre cube, et comme sables n°s **5** et **6** les sables tamisés **D** et C.

Avec ces trois sables et un même ciment portland, on a fait des mortiers à **300** kg. et à **600** kg., que l'on a gâchés à trois

Composition du mortier en poids			Désignation du mortier	Consistance	Poids du mètre cube de mortier frais	Volume de mortier fourni par un m³ de sable	Poids de ciment dans un mètre cube de mortier	Volume absolu de matières solides dans un volume 1 de mortier frais (Compacité)	Adhérence		Compression par cm²
Sable (poids du m³)	Ciment	Eau							Charge totale de décollement	*M. E.* %	
Mélange n° 4 (1825 kg.)	300	165	S_1	un peu sèche	2190	1,046	287	0,753	405	*11*	89
		190	S_2	plastique	2171	1,066	281	0,738	479	*7*	83
		215	S_3	molle	2161	1,083	277	0,726	575	*9*	59
	600	230	T_1	un peu sèche	2230	1,191	504	0,742	785	*12*	161
		255	T_2	plastique	2219	1,208	497	0,730	951	*16*	154
		280	T_3	molle	2217	1,220	492	0,724	992	*8*	117
Sable-gravier n° 5 (1635 kg.)	300	150	V_2	plastique	2116	0,985	304	0,726	464	*12*	90
	600	210	X_2	plastique	2268	1,078	557	0,750	878	*14*	188
Sable fin n° 6 (1520 kg.)	300	220	Y_1	un peu sèche	1927	1,059	283	0,632	105	*12*	49
		270	Y_2	plastique	1878	1,113	269	0,604	279	*18*	37
		320	Y_3	molle	1873	1,143	263	0,588	271	*7*	24
	600	280	Z_1	un peu sèche	1984	1,210	496	0,644	311	*18*	104
		325	Z_2	plastique	1944	1,257	477	0,610	460	*16*	84
		370	Z_3	molle	1948	1,278	469	0,600	510	*13*	71

consistances différentes : un peu sèche, plastique et molle.

Briques de 10 cm. de hauteur ; ruptures après 4 semaines.

L'adhérence est encore la plus forte pour les mortiers aux plus gros sables.

Elle croît quand on augmente la proportion d'eau de gâchage, tandis que la compacité et la résistance à la compression diminuent.

Enfin, dans cette expérience, sans doute par suite de la substitution du portland au ciment de laitier, les résistances des mortiers à 600 kg. dépassent fortement celles des mortiers à 300 kg., dont elles sont à peu près doubles (en moyenne 200 0/0 pour l'adhérence et 220 0/0 pour la compression).

§ 6. ADHÉRENCE TANGENTIELLE DE DIVERS MORTIERS ET BÉTONS AU FER

298. Choix d'une méthode. — Le professeur Bauschinger a trouvé jadis que l'adhérence du ciment au fer était de 40 à 47 kg. par cm^2., et, bien que ses essais n'aient jamais été publiés, ces chiffres sont devenus pour ainsi dire classiques : on les reproduit régulièrement dans toutes les publications, sur la foi des précédentes, sans se préoccuper de savoir s'il s'agit d'adhérence normale ou tangentielle, dans quelles conditions ils ont été obtenus ni quels étaient l'âge et la composition du mortier employé, et il ne serait pas téméraire d'affirmer qu'ils ont servi de base à près de la moitié des calculs de ciment armé qui ont été faits jusqu'à ces dernières années [1].

Pourtant il est évident que l'adhérence doit varier selon les cas ; d'autre part, on a vu par les quelques résultats rapportés plus haut aux articles 278, 280 et 282 que sa valeur réelle, qu'il s'agisse de l'adhérence normale ou de l'adhérence tangentielle, doit être presque toujours beaucoup plus faible que les nombres cités.

Pour le calcul des ouvrages en ciment armé, c'est surtout l'adhérence tangentielle qui présente de l'intérêt, et il importe

1. Depuis quelques mois seulement (voir bibliographie, p. 364), on s'est aperçu que les essais de Bauschinger avaient consisté, en réalité, à déterminer les efforts nécessaires pour arracher des fils de fer de 7 mm. de diamètre de *trois* blocs de mortier, d'âge et de composition d'ailleurs incertains.

de faire les expériences dans des conditions qui rappellent le plus possible celles où le fer et le mortier se trouvent dans ces ouvrages ; en particulier, il convient d'opérer au moyen de tiges de fer enveloppées sur tout leur pourtour d'un mortier ayant fait prise à l'intérieur d'un moule ou coffrage, de manière que le mortier subisse autour du fer des variations de volume analogues à celles de la pratique.

Bien que des essais ainsi exécutés soient soumis aux causes d'erreurs décrites plus haut (art. 282) et ne puissent donner une mesure exacte de la véritable adhérence tangentielle, il est probable que leurs résultats seront plus voisins que celle-ci de la force qui intervient en réalité, mais qui doit varier selon les dimensions et le mode d'exécution de l'ouvrage.

En tout cas, le dispositif doit être toujours le même, de manière qu'on puisse comparer entre eux les résultats obtenus dans les diverses séries d'essais.

Nous avons adopté la méthode par laquelle MM. Coignet et de Tédesco avaient fait jadis quelques essais, et dont le principe a été exposé plus haut (art. 282).

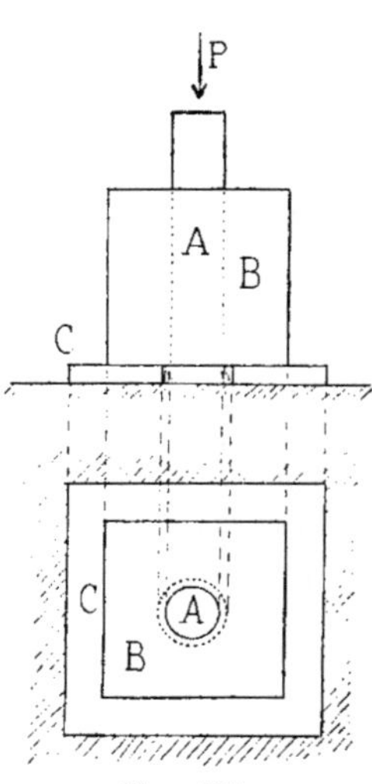

Fig. 187.

Dans un bloc cubique de mortier B (fig. 187), on encastre, lors du moulage, une tige cylindrique d'acier A, dont les deux bouts ont été soigneusement dressés de manière à former deux plans bien perpendiculaires à sa longueur. Placée verticalement au centre du bloc, cette tige en affleure la base inférieure, tandis que son autre bout déborde de quelques centimètres la face opposée du mortier. Après durcissement, démoulage et conservation dans les conditions choisies pour l'essai, on pose le bloc au milieu d'une plaque d'acier C bien plane et percée en son centre d'un trou circulaire un peu plus large que la tige ; puis on exerce une pression croissante sur la tranche de la partie débordante de celle-ci, jusqu'à ce qu'elle se décolle du mortier et glisse dans sa gaine. On lit la charge P appliquée à l'instant du décollement. En appelant s l'aire de la surface de contact des deux matériaux, l'adhérence tangentielle serait mesurée, s'il n'intervenait aucune cause perturbatrice, par $\frac{3}{2}\frac{P}{s}$ (voir p. 671).

Bien que, avec le dispositif adopté, les actions développées contre les faces du bloc de mortier, aux environs des extrémités de la surface de décollement, doivent être relativement faibles, il ressort des expériences préparatoires relatées ci-après aux articles **295** à **297** que cette formule semble être encore fort inexacte.

294. Modes de rupture. — Sauf dans quelques essais où l'effort a été produit au moyen de la machine Schickert à leviers, nous nous sommes servi, le plus souvent, de l'appareil dynamométrique enregistreur Le Chatelier, dont il été déjà question ci-dessus à plusieurs reprises. Cet appareil, plus sensible que le précédent pour les efforts relativement faibles que l'on a à exercer dans les essais de ce genre, présente en outre le précieux avantage de tracer un diagramme indiquant les charges atteintes, et dont on peut déduire, après correction des déformations du bâti, les contractions subies par le bloc d'essai à chaque instant du chargement [1].

On constate ainsi qu'en général la courbe ayant pour ordonnées les charges totales et pour abscisses les diminutions de l'épaisseur comprise entre la base du bloc de mortier et la tranche supérieure de la tige de fer présente la forme indiquée en A sur la fig. 188 et se prolonge indéfiniment en se rapprochant de plus en plus lentement de l'axe des abscisses. On observe aussi les légères variantes A′ et A″.

Il semble, au premier abord, que le sommet de la courbe doive correspondre à l'instant où le décollement se produit, et que les ordonnées ultérieures représentent le frottement de la tige décollée dans sa gaine, frottement qui diminue peu à peu à mesure

1. Bien souvent, lors des ruptures, M. Leduc, alors chef du laboratoire du génie militaire à Boulogne-sur-Mer, a eu l'extrême amabilité de nous prêter son concours personnel pour ces expériences qui l'intéressaient particulièrement, et qu'il a depuis répétées pour son propre compte, en en modifiant plus ou moins les conditions. C'est ce que nous avons voulu exprimer par notre rapide résumé bibliographique de la page 362, qu'il ne faudrait pas prendre en mauvaise part.
L'appareil Le Chatelier est décrit dans le nº de septembre-octobre 1893 des *Annales des Mines*.

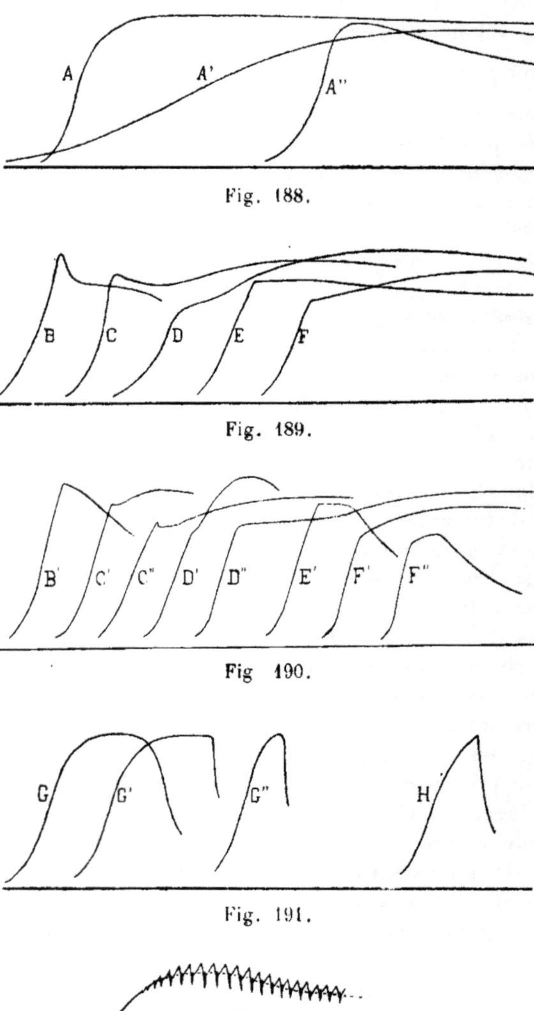

Fig. 188.

Fig. 189.

Fig. 190.

Fig. 191.

Fig. 192.

que cette dernière s'use et prend du jeu. Pourtant les observations suivantes jettent un certain doute sur cette manière de voir.

Il est arrivé assez souvent que la courbe présentât l'une des formes B à F'' (fig. 189 et 190), qui dérivent toutes les unes des autres. Il est peu probable que ces formes de courbes indiquent que la séparation a lieu en plusieurs temps : le décollement proprement dit doit vraisemblablement correspondre au premier sommet, et il semble que la montée qui se produit ensuite dans les courbes des types C, D, E, F dénote un frottement supérieur à l'adhérence et résultant de la pression plus ou moins énergique exercée contre le fer par le mortier plus ou moins dilaté pendant son durcissement (voir art. 151). Dès lors, on peut se demander si les courbes telles que A ne seraient pas le cas limite de courbes des types D, E ou F, où le genou correspondant à l'instant du décollement serait devenu imperceptible.

En l'absence de toute indication à cet égard, nous avons admis que la charge de décollement, pour les courbes du type A, n'était autre que leur ordonnée maximum ; en général, pour les formes C, D, E et F, nous avons indiqué, dans les tableaux, les charges correspondant à chacun de leurs deux sommets.

Certaines courbes, quelle qu'ait d'ailleurs été leur allure initiale, redescendent rapidement après un palier plus ou moins court (courbes G, G', G'', fig. 191), et on constate presque toujours, après l'essai, que le bloc de mortier s'est ouvert suivant un plan passant par l'axe de la tige.

Souvent, surtout avec les mortiers les plus résistants, la rupture du mortier se produit d'une manière brusque avant que la courbe soit devenue horizontale (courbe H) ; si l'on sépare avec précaution les deux morceaux, on remarque que la tige est décollée sur toute sa surface ; néanmoins il est difficile de savoir si le décollement a précédé ou suivi la rupture, et on doit se demander si la charge représentée par le sommet d'une pareille courbe correspond réellement à l'adhérence. Pour les mortiers où cela s'est produit, on a, dans les tableaux, fait précéder du signe $\geq$ l'indication de la charge.

Avec certains bétons assez fortement adhérents, on a parfois obtenu des courbes en dents de scie très régulières (fig. 192, types K et K'), semblant indiquer l'intervention périodique d'une résistance complémentaire, qui fait d'abord monter progressivement la plume, puis, vaincue, provoque une chute brusque, suivie d'abord d'une remontée partielle brusque, avec de légères vibrations, puis d'une nouvelle montée progressive, et ainsi de suite. Le plus souvent, ces dents de scie commencent dans la partie ascendante de la courbe; mais elles peuvent aussi ne se produire que vers son sommet. Elles sont d'abord faibles, puis augmentent rapidement et tendent ensuite à décroître. Dans certains cas, elles continuent presque indéfiniment; dans d'autres, elles s'éteignent assez vite, et la courbe reprend une allure normale.

Ce phénomène est analogue à la vibration qu'une corde de violon acquiert sous l'action pourtant continue de l'archet : il semble qu'on puisse l'expliquer par la formation, à la surface de contact du béton, de sortes de petits bourrelets alternativement accrochés et lâchés par la tige de fer pendant son mouvement de progression ; puis ceux-ci finissent par s'user plus ou moins vite : l'archet perd sa colophane et ne provoque plus de vibration.

Le lieu géométrique des points de chaque dent où la remontée commence à être progressive forme une courbe régulière prolongeant bien la branche initiale non tremblée du diagramme (partie pointillée de la courbe K); il nous a semblé logique de considérer cette courbe comme étant celle qui aurait été enregistrée s'il ne s'était pas produit de grippement, et de calculer l'adhérence du béton d'après la charge correspondant à son sommet.

Les essais faits avec la machine à leviers sont moins précis que ceux au dynamomètre enregistreur et n'indiquent jamais que la charge maximum atteinte dans chaque cas; on a mis entre parenthèses les résultats ainsi obtenus.

295. Influence du mode de répartition des efforts extérieurs. — La répartition des actions moléculaires le long de la surface de contact des deux matériaux et, dès lors, la charge totale de rupture ou de décollement doivent évidemment varier suivant la manière dont les efforts extérieurs sont eux-mêmes répartis, d'une part sur l'extrémité supérieure de la tige de fer, d'autre part sur la face inférieure du bloc de mortier.

Pour apprécier l'importance de cette influence, on a fait les essais suivants :

Essai n° 1. — Blocs de mortier cubiques de 7 cm. de côté; tiges de 20 mm. de diamètre débordant de 3 cm. ; quatre mêmes mortiers que pour l'essai n° 37 décrit ci-après.

On a fait, avec chaque mortier, huit blocs pareils, que l'on a essayés, posant par toute leur largeur sur une plaque percée d'un trou central de 30 mm. de diamètre, en faisant porter l'effort, soit, au moyen d'un plateau, sur toute la section de l'extrémité débordante de la tige, soit, au moyen d'une pointe mousse, au centre seulement de cette section.

		Effort réparti sur toute la section de la tige			Effort concentré au milieu de la section de la tige		
		Charge totale de décollement	*M. E.* °/₀	Nombres proportionnels	Charge totale de décollement	*M. E.* °/₀	Nombres proportionnels
Sable fin (de dune)	Mortier à 300 kg.	672	*11,7*	**100**	684	*4,8*	**102**
	Mortier à 700 kg.	1228	*7,5*	**100**	1305	*3,8*	**106**
Gros sable (Seine D)	Mortier à 300 kg	1270	*1,3*	**100**	1326	*4,8*	**104**
	Mortier à 700 kg.	1950	*9,7*	**100**	2118	*7.7*	**109**

Ainsi qu'on devait s'y attendre en raison de la longueur débordante et de la grande dureté du fer relativement au mortier, les différences des charges totales obtenues en prenant les moyennes des quatre blocs essayés de chaque manière ont été insignifiantes : certes, les charges de décollement ont toujours été un peu plus fortes dans le second cas que dans le premier, mais les différences sont du même ordre de grandeur que les écarts d'expérience observés.

Dans les essais courants, l'effort a été appliqué sur la totalité de la section de la tige.

Essais n°s 2 et 3. — Dans ces deux essais, exécutés avec des blocs et des tiges pareils à ceux de l'essai n° 1, on a fait varier le diamètre du trou réservé pour la sortie de la tige dans la plaque sur laquelle s'appuie le mortier. Chaque nombre est la moyenne de 6, 7 ou 8 blocs.

Chaque fois, les différences sont inférieures aux écarts d'expérience, et l'on peut admettre que, dans les limites où

N° de l'essai	Composition du mort. (ciments portland et sable de dune)	Durée de conservation (à l'air humide)	Diamètre du trou de sortie	Types de courbes obtenus (voir p. 694)	1er sommet ou point de brisure			2e sommet		
					Charge totale	*M. E.* °/₀	Nombres proportion.	Charge totale	*M. E.* °/₀	Nombres proportion.
N° 2	1 : 1	20 mois	25 mm	B,C,C'',D	687	*26,2*	**100**	773	*16,9*	**100**
			40 mm	C''	660	*11,1*	**96**	753	*3,9*	**98**
N° 3	1 : 3	50 jours	23 mm	A,A',F',G	224	*16,1*	**100**	267	*13,1*	**100**
			44 mm	F'	228	*18,0*	**102**	257	*12,8*	**96**

l'on a opéré, le diamètre du trou de sortie est sans influence appréciable.

Pour les essais courants, faits avec tiges de 20 mm., on a adopté pour ce trou un diamètre de 30 mm.

Essai n° 4. — Blocs carrés de 11 cm. de côté et de 7 cm. de hauteur ; tiges de 20 mm.

Mortier 1 : 2 au ciment portland et au sable de dune, essayé après 2 mois de conservation à l'air humide. Plaques d'appui à trou de 23 mm., les unes débordant le bloc de toutes parts (fig. 193), les autres limitées extérieurement par un cercle de 5 cm. de diamètre (fig. 194).

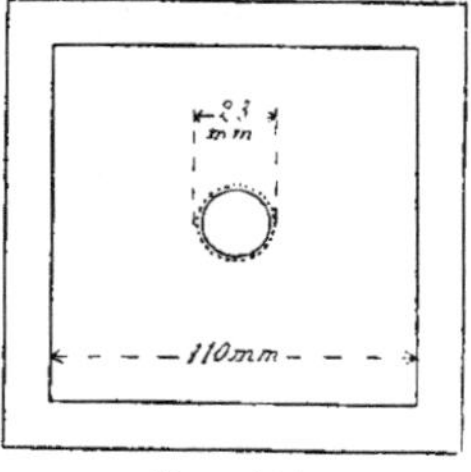

Fig. 193

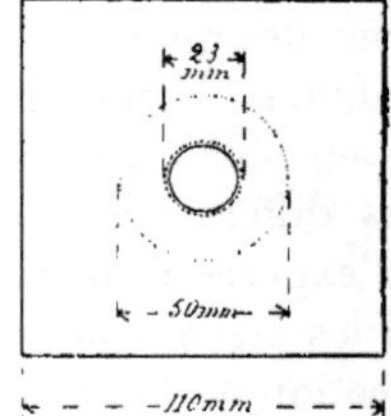

Fig. 194

Courbes du type A dans les deux cas.

Cette fois, la différence dépasse les écarts d'expérience, et l'influence de l'étendue de la surface par laquelle l'effort est transmis au mortier est appréciable.

Pour les essais courants, on a fait en sorte que la plaque d'appui débordât les blocs de toutes parts.

	Charge moyenne de décollement	Nombres proportionnels	*M. E.* %
Plaque d'appui débordant le bloc. . .	555	100	*6,0*
Plaque d'appui de 5 cm. de diamètre .	495	89	*8,1*

Essai n° 5. — Même mortier que pour l'essai précédent; tiges de 20 mm.; plaques d'appui débordantes à trou de 23 mm.; blocs de mortier carrés, de 7 cm. de hauteur et de dimensions horizontales variées.

Côté du carré	Forme des courbes	Charges	*M. E.* %	Nombres proportionnels
11 cm.	A	555	*6,0*	11,0
7 cm.	A	356	*13,4*	7,1
4,5 cm.	G''	242	*7,7*	4,8

On voit que, dans cet essai, les charges correspondant aux sommets des courbes ont été sensiblement proportionnelles aux longueurs des côtés des blocs de mortier.

Pour les essais courants, on a adopté des blocs carrés de 7 cm. de côté ou, plus exactement, de 50 cm². de section (côté = 7,07 cm.).

Essai n° 6. — Mortier 1 : 2 au ciment portland et au sable de dune, essayé après 2 mois de conservation à l'air humide; blocs carrés de 11 cm. de côté et 7 cm. de hauteur; plaques d'appui débordantes à trou de 23 mm. de diamètre; tiges de 20 mm. placées à diverses distances du milieu de l'un des côtés du carré.

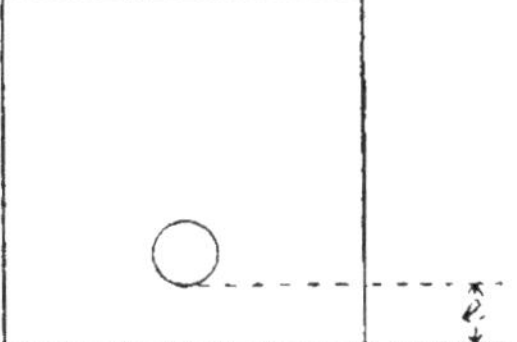

Fig. 195.

Tant que l'épaisseur *e* du mortier (fig. 195) a été d'au moins 20 mm., la charge maximum atteinte est restée sensiblement constante; elle a diminué pour des épaisseurs plus faibles, mais jamais, même pour l'épaisseur d'un demi-millimètre, on n'a constaté que le mortier se fût fendu ou que la courbe eût subi une chute brusque.

Épaisseur minimum du mortier contre la tige de fer (*e*, fig. 195)	45 mm. (tige au centre du bloc)	30 mm.	20 mm.	10 mm.	0,5 mm.
Type de la courbe obtenue . .	A	A	A	E, F″	E, F
Charge totale correspondant au sommet de la courbe (ou à sa brisure)	593	616	575	458	260
M. E. °/₀.	*14,6*	*10,9*	*7,4*	*9,7*	*4,1*
Nombres proportionnels. . . .	100	104	97	77	44

Dans les essais courants, où l'épaisseur *e* est $\frac{70-20}{2}=25$ mm., il semble donc que la largeur des blocs cubiques soit suffisante, relativement au diamètre des tiges, pour qu'aucune erreur d'expérience ne soit à craindre du fait de légères variations des dimensions du bloc ou d'une position un peu excentrée de la tige.

296. La charge de décollement est-elle proportionnelle à l'aire de la surface de contact ? — L'état de la surface extérieure du fer étant supposé toujours le même, l'aire de la surface de contact des deux matériaux dépend de la longueur de tige encastrée, dans le mortier ainsi que de la forme et des dimensions de la section transversale de la tige. Nous examinerons successivement ces deux influences.

Essai n° 7. — Mortier plastique contenant poids égaux de ciment portland et de gros sable (Seine B), essayé après conservation de 12 semaines à l'air humide ; tiges de 20 mm. ; blocs carrés de 7 cm. de côté, ayant, les uns 7 cm. de hauteur, d'autres moitié, d'autres enfin 7 cm. comme les premiers, mais avec tige paraffinée sur la moitié de la longueur encastrée, de manière à y empêcher toute adhérence.

Les charges moyennes de décollement ont été respectivement de (1039), (655) et (585) kg., c'est-à-dire proportionnelles aux nombres 100, 63 et 57. La seconde et la troisième ont donc dépassé notablement la moitié de la première.

Essais nos 8 et 9. — Blocs carrés de 7 cm. de côté et de diverses hauteurs ; tiges de 20 mm.

Essai					
Essai n° 8 : Ciment gâché pur. Conservation de 46 jours à l'air.	Hauteur du bloc en cm.	6,86	5,11	3,48	1,76
	Charge totale de décol.	1732	1182	809	301
	M. E. %	*17,2*	*15,4*	*18,5*	*11,2*
	Charge moy. de décol. par cm. de hauteur.	253	231	231	171
	Nombres proportionn.	**100**	**91**	**91**	**68**
Essai n° 9 : Mortier plastique 1 : 2 au sable de dune. Conservation de 2 mois à l'air.	Hauteur du bloc en cm.	6,78	5,15	3,39	1,70
	Charge totale de décol.	530	384	286	93
	M. E. %	*8,3*	*7,9*	*12,0*	*22,4*
	Charge moy. de décol. par cm. de hauteur.	78,7	74,8	84,6	54,5
	Nombres proportionn.	**100**	**95**	**107**	**69**

Pour les hauteurs d'au moins trois centimètres et demi, les charges de décollement ont donc été sensiblement proportionnelles à ces hauteurs, tandis qu'elles ont été plus faibles d'un tiers pour les blocs de 1,7 cm.

Essais nos 10 et 11. — Blocs cubiques de 7 cm. de côté ; tiges de 20 mm. et 40 mm. de diamètres.

Diamètre des tiges :		20 mm.	40 mm.
Nombres proportionnels aux surfaces de contact :		**1**	**2**
Essai n° 10 : Mortier plastique 1 : 3 au gros sable (Seine B). Conservation de 12 semaines à l'air.	Charge totale de décollem.	(1176)	(1066)
	M. E. %	*2,5*	*14,3*
	Nombres proportionnels	**100**	**91**
Essai n° 11 : Mort. plast. à 700 kg. de cim. par m³ de sable de dune. Conservation de 12 semaines à l'air.	Charge totale de décollem.	829	1080
	M. E. %	*4,8*	*4,5*
	Nombres proportionnels	**100**	**130**

Comme on le voit, la charge maximum supportée par les blocs à tige de 40 mm. est loin d'avoir été double de celle des blocs à tige de 20 mm. ; mais il est probable que, pour les premiers, où l'épaisseur du mortier entourant le fer était relativement faible (minimum = 15 mm.), la rupture a précédé le décollement.

Essai n° 12. — Mortier plastique 1 : 2 au sable de dune, essayé après conservation de 18 mois à l'air ; blocs cubiques de 7 cm. de côté avec tiges rondes et carrées de diverses dimensions ; plaques d'appui avec trous appropriés aux formes et aux dimensions des tiges.

Les blocs contenant les trois plus gros types de tiges se sont fendus, mais non les autres.

Les résultats numériques sont relatés avec ceux de l'essai suivant.

Essai n° 13. — Mortier plastique 1 : 2 au sable de dune, essayé après conservation de 2 mois à l'air ; mêmes tiges et mêmes plaques d'appui que pour l'essai précédent ; blocs carrés de 7 cm. de hauteur et de 11 cm. de côté pour les trois plus gros types de tiges, de 7 cm. pour les autres.

Pour les tiges rondes de 20 mm. de diamètre, on a fait deux

	Forme des tiges :	carrées	rondes	rondes	rondes		carrées	rondes	rondes
	Côté ou diamètre (en mm.) :	35	40	30	20		12	12	5
	Aire de la surface de contact (en cm²) :	99,0	88,8	66,6	44,4		34,0	26,5	11,1
Essai n° 12	Côté du bloc (en cm.)	7	7	7	7		7	7	7
	Formes des courbes obtenues	G″, H	H	H	A″ (une G)		A	A″ (une D)	A″
	Charge totale de décollement	≥ 1130	≥ 1190	≥ 1485	1075		835	870	340
	M. E. %	*4,2*	*8,3*	*1,4*	*7,2*		*15,5*	*13,4*	*5,3*
	Charge moyenne de décollem. par cm².	≥ 11,4	≥ 13.4	≥ 22.3	24,3		24,5	32,9	30,5
	Nombres proportionnels	≥ 47	≥ 55	≥ 92	100		101	136	126
Essai n° 13	Côté du bloc (en cm.)	11	11	11	11	7	7	7	7
	Formes des courbes obtenues	E′	H	G′	A	A	D, F	D, F	D, A″
	Charge totale de décollement	810	≥ 1000	876	555	356	219	231	103
	M. E. %	*12,4*	*8,8*	*9,9*	*6,0*	*13,4*	*13,7*	*8,4*	*12,4*
	Charge moyenne de décollem. par cm².	8,2	≥ 11,3	13,1	12,5	8,0	6,4	8,7	9,3
	Nombres proportionnels	102	≥ 141	164	156	100	80	109	116

séries de blocs, les uns de 11 cm., les autres de 7 cm. de côté (essai n° 5).

On voit que, dans l'essai n° 12, la charge ramenée au centimètre carré de la surface de contact augmente quand l'aire de cette surface diminue. Dans l'essai n° 13, la variation est très irrégulière.

En résumé, que l'on modifie la longueur, la forme ou la grosseur de la tige, la variation de la charge totale de décollement n'est que rarement proportionnelle à l'aire de la surface de contact. Il en résulte que le nombre qui mesure l'adhérence des deux matériaux par unité de surface n'est ni égal ni proportionnel au quotient de cette charge par cette aire.

Néanmoins, si l'on a soin d'opérer dans des conditions toujours identiques (mêmes tiges, même forme de blocs et même mode d'essai), on pourra comparer, comme on l'a fait pour l'adhérence aux pierres dans le § 5, les valeurs relatives de l'adhérence de divers mortiers au type de barres adopté.

297. Influence de l'état de la surface du fer. — Malgré les résultats trouvés dans certains essais d'adhérence des mortiers aux pierres (essais nos 4 à 7 du § 5), il semble à peu près évident que l'adhérence tangentielle au fer doit dépendre encore plus que l'adhérence normale (voir art. 278) de l'état de rugosité de la surface du métal.

Pour s'en rendre compte, on a fait plusieurs essais avec des blocs cubiques de 7 cm. de côté et des tiges de 20 mm. de diamètre, faites d'un même acier, mais dont la surface présentait des états différents, savoir :

I : tiges tournées à surface lisse ;

II : tiges brutes de coulée, neuves et présentant de très légères aspérités ;

III : mêmes tiges, ayant déjà servi antérieurement à d'autres essais d'adhérence, puis bien nettoyées ; elles n'offraient, à l'œil, aucune différence avec les précédentes, mais il était possible que, malgré cela, l'état de leur surface ne fût pas tout à fait le même ;

IV : mêmes tiges, recouvertes d'une légère couche de rouille peu adhérente ;

V : mêmes tiges, irrégulièrement corrodées par places sur

N° de l'essai	Composition du mortier (plastique)	Durée de conservat. à l'air	Type des tiges :	I	II	III	IV	V	VI (vis)
N° 14	1 : 3 au gros sable (Seine B)	3 jours	Charge de déc. *M. E.* %. . . Nombres prop.	(191) *7,0* **70**	(273) *14,5* **100**				
N° 15	700 kg. de ciment par m³ de sable de dune	12 semaines	Formes des courb. obtenues Charges de déc. *M. E.* %. . . Nombres prop.	B, E 547 ***11,7*** **66**	G, G′, G″ 829 ***4,8*** **100**				
N° 16	1 : 2 au sable de dune	18 mois	Formes des courb. obtenues Charges de déc. *M. E.* %. . . Nombres prop.	B 740 ***6,2*** **69**	A″ (une G) 1075 ***7,2*** **100**				
N° 17	1 : 2 au sable de dune	2 mois	Formes des courb. obtenues Charges de déc. *M. E.* %. . . Nombres prop.	E, F 243 ***5,9*** **68**	A 356 ***13,4*** **100**				
N° 18	1 : 3 au gros sable (Seine B)	12 semaines	Charges de déc. *M. E.* %. . . Nombres prop.	(941) ***2,9*** **85**	(1110) ***9,1*** **100**	(1176) ***2,5*** **106**	(1106) ***5,8*** **100**		
N° 19	1 ciment + 2 sable de dune moulus ensemble très finem.	51 jours	Formes des courb. obtenues Charges de déc. *M. E.* %. . . Nombres prop.		A, A″ 430 ***10,9*** **100**			**A, A″** **650** ***12,0*** **152**	**G″, H** **$\geqq$ 915** ***5,6*** **$\geqq$ 213**
N° 20	Ciment pur	7 jours	Formes des courb. obtenues Charges de déc. *M. E.* %. . . Nombres prop.		A 635 ***3,4*** **100**				**H** **$\geqq$ 1720** ***3,5*** **$\geqq$ 270**
N° 21	Ciment pur	7 jours	Formes des courb. obtenues Charges de déc. *M. E.* %. . . Nombres prop.		A 770 ***29,5*** **100**				**H** **$\geqq$ 1825** ***9,6*** **$\geqq$ 237**
N° 22	1 : 3 au sable de dune	50 jours	Formes des courb. obtenues Charges de déc. *M. E.* %. . . Nombres prop.		A, A′, F, G 267 ***13,1*** **100**				**G″** **486** ***7,1*** **182**
Moyennes des nombres proportionnels :				**72**	**100**	**106**	**100**	**152**	**$\geqq$ 225**

une profondeur d'environ un demi-millimètre (étant restées scellées antérieurement dans du plâtre, puis bien nettoyées) ;

VI : vis à filet triangulaire, de 20 mm. de diamètre extérieur, à pas de 2,5 mm., le filet ayant une profondeur d'environ 1,5 mm. En admettant que la rupture se produisît par cisaillement du mortier suivant le cylindre tangent extérieurement à la vis, cet essai donnerait la résistance du mortier au cisaillement, déterminée dans les mêmes conditions que l'adhérence, et on verrait si les deux nombres ne se confondent pas quand la surface des tiges est suffisamment rugueuse. Mais, avec les vis, la courbe obtenue est presque toujours du type H et, bien que, après rupture, la vis soit toujours détachée du mortier suivant la surface du cylindre tangent, il semble que le bloc se soit fendu avant d'avoir été cisaillé.

Le tableau montre que, tandis que les types II, III et IV, correspondant aux tiges brutes, neuves, ayant déjà servi ou légèrement rouillées, ont donné des résultats sensiblement identiques [1], les tiges lisses ont eu une adhérence plus faible d'un quart et les tiges corrodées une adhérence plus forte de moitié. Cette dernière ne correspond d'ailleurs pas au cisaillement du mortier, qui ne se produit que pour une charge plus que double de la charge maximum supportée par les barres brutes du type II.

Pour les essais courants, on a adopté les barres brutes, neuves ou ayant servi, mais non corrodées.

298. Mode d'exécution des essais courants. — Les diverses expériences qui précèdent montrent qu'il n'est pas indifférent d'adopter tel ou tel dispositif pour les essais, et que les résultats ne sont comparables qu'autant qu'ils ont été obtenus avec des éprouvettes identiques. Dès lors, les essais courants ont tous été faits dans les conditions suivantes :

Tiges d'acier brutes de coulée (neuves ou ayant servi, mais non corrodées), de 20 mm. de diamètre et 10 cm. de longueur :

Blocs cubiques de 50 cm² de section (un peu plus de 7 cm. de côté) ;

Plaque d'appui débordant les blocs et percée d'un trou central de 30 mm. de diamètre ;

1. Avec des tiges franchement rouillées, M. Leduc a obtenu des adhérences nettement supérieures à celles des tiges brutes ordinaires.

Effort exercé sur toute la tranche de l'extrémité débordante de la tige.

Avec ces dimensions, l'aire de la surface de contact du fer et du mortier est de 44,4 cm².

On a indiqué l'effort total de décollement et, à côté, le quotient de cet effort par 44,4, c'est-à-dire l'adhérence *moyenne* par centimètre carré, bien que ce nombre n'ait aucune signification précise, pas plus, du reste, que la résistance moyenne à la traction, que l'on obtient en divisant par 5 la charge totale de rupture d'une briquette à section étranglée de 5 cm².

Enfin on a calculé, comme pour les essais précédents, la moyenne des écarts entre les résultats individuels d'une même série de blocs (4 à 8 suivant les essais) et la moyenne de ces résultats, en exprimant la première en fonction de cette dernière ramenée à 100. La moyenne générale des nombres ainsi calculés pour les 366 séries de blocs pareils relatées est de 10,7 0/0.

299. Essais annexes. — Parallèlement aux essais d'adhérence, on a fait souvent, sur les mêmes mortiers, des essais de traction, dans les conditions ordinaires, ainsi que des essais de compression exécutés, soit sur des cubes ou des prismes carrés disposés en croix entre deux plaques d'acier de même largeur, soit sur les demi-briquettes de traction rapprochées après rupture. Sachant que ces derniers essais conduisent à des résistances qui, ramenées au centimètre carré, dépassent en moyenne d'un tiers celles qu'on déduit d'éprouvettes cubiques ou prismatiques de même composition (p. 489), on a divisé ces résistances par 4/3, pour que toutes fussent comparables. Les quotients ainsi obtenus sont inscrits entre parenthèses dans les tableaux.

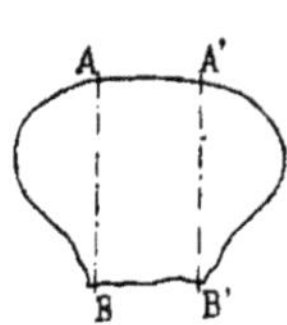

Fig. 196.

On a aussi, avec les mortiers des séries 23 à 34 et 50 à 52, procédé à des essais de flexion, de poinçonnage, de coupage et de cisaillement exécutés au moyen de dispositifs variés : comme ces divers essais ne se rattachent que d'une manière très indirecte à l'étude qui nous occupe, nous n'en donnerons pas les résultats. Nous indiquerons seulement, en plus des résistances usuelles (traction, compression, flexion[1]), les résistances au cisaillement déterminées au moyen du dispositif représenté par la figure 140 (p. 554) sur des prismes carrés de 4 cm. de côté. De même, dans les essais 44 à 47, on a cisaillé au moyen du même appareil, suivant deux plans parallèles AB, A'B' distants de 2 cm. (fig. 196), des demi-briquettes préalablement rompues par traction. Dans ces essais, les courbes enregistrées présentent le plus souvent les formes H ou G de la figure 191. On a ramené les résistances au centimètre carré en divisant simplement les charges totales correspondant aux sommets des courbes par la somme des aires des deux plans de cisaillement. Il a été exposé plus haut (art. 230) que les quotients ainsi obtenus ne donnaient pas la véritable valeur de la cohésion tangentielle des mortiers.

300. Comparaison de mortiers de diverses compositions. — Avant d'étudier séparément les influences des divers facteurs dont dépendent la nature et la qualité du mortier, nous relaterons une série d'essais exécutés tous dans des conditions identiques en faisant varier successivement les principaux éléments du mortier.

On a employé deux sables, l'un très fin, le sable de dune, pesant sec 1465 kg. par mètre cube, l'autre à gros grains (Seine D), pesant 1635 kg.

Avec chacun, on a fait des mortiers contenant, par mètre cube de sable, 300 kg. et 700 kg. de liant.

Les liants employés ont été un ciment portland de bonne qualité, divers mélanges de ce même portland et d'autres matières, un ciment à prise rapide, une chaux hydraulique, un ciment de laitier et un ciment de grappiers.

Les proportions d'eau employées pour le gâchage ont été tantôt échelonnées, de manière à donner des mortiers de diverses consistances, tantôt choisies de telle sorte que le mortier eût soit une bonne consistance plastique, soit son maximum de compacité (somme des volumes absolus de liant et de sable contenus dans l'unité de volume du mortier après gâchage).

On a procédé aux ruptures de toutes les éprouvettes après

1. Prismes de $4 \times 4 \times 16$ cm. posant sur deux appuis distants de 10 cm. et chargés en leur milieu.

Numéro d'ordre de l'essai	Composition des mortiers: Nature du liant	Nature du sable	Dosage par m³ de sable: liant	eau	Consistance obtenue et mode de remplissage des moules	Principales propriétés du mortier frais: Poids du mètre cube	Poids de liant dans 1 m³ de mortier	Compacité	Essais après 12 semaines — Adhérence au fer: Types des ruptures obtenues	Charge totale	Adhérence moyenne par cm²	M. E. %	Traction: Résistance par cm²	M. E. %	Compression[1]: Résistance par cm²	M. E. %	Flexion par cm²	Cisaillement moyen par cm² (prismes de 4 × 4)
n° 23	portland	fin	300	150	très sèche (mortiers pilonnés)	1804	283	0,612	A'	111	2,5	*35,1*	13,2	*16,1*	51	*8,1*	17,0	8,2
				200	très sèche	1882	287	0,623	A'	129	2,9	*29,9*	12,7	*9,9*	59	*5,1*	22,2	9,5
				250	un peu sèche	1948	291	0,631	A',G'	346	7,8	*36,7*	12,5	*6,4*	56	*2,7*	22,5	8,4
				300	plastique (mortiers non pilonnés)	1911	278	0,600	G''	415	9,4	*6,2*	9,7	*5,4*	43	*5,2*	18,1	6,8
				350	molle	1927	274	0,592	G	318	7,2	*6,0*	9,1	*4,9*	46	*6,1*	16,1	6,1
				400	très molle	1954	271	0,586	A,F'',G	226	5,1	*10,5*	8,3	*3,4*	40	*7,2*	15,2	6,3
n° 24	même portland	fin	700	225	très sèche (mortiers pilonnés)	2001	586	0,649	A',F'	209	4,7	*22,1*	21,4	*5,2*	79	*7,8*	23,4	13,9
				275	sèche	2043	586	0,649	A,G'	787	17,8	*20,6*	22,1	*6,9*	145	*15,6*	37,5	20,9
				325	un peu sèche (mortiers non pilonnés)	1982	538	0,617	G',G''	900	20,3	*9,0*	19,9	*5,4*	94	*4,0*	38,1	19,8
				375	plastique	1975	544	0,603	G,G'	858	19,4	*8,0*	20,3	*4,1*	80	*10,9*	39,6	19,5
				425	molle	1994	539	0,597	A,G	772	17,4	*6,6*	17,4	*8,7*	100	*9,5*	37,4	19,6
n° 25	même portland	gros	300	125	sèche (mortier pilon.)	2135	310	0,742	A,G'	714	16,1	*13,7*	15,7	*16,3*	39	*11,7*	26,1	16,0
				150	plastique (mortiers non pilonnés)	2164	311	0,742	G',G''	789	17,8	*12,6*	15,7	*9,8*	90	*10,4*	31,3	22,7
				175	molle	2191	312	0,743	G''	1028	23,2	*8,5*	17,5	*10,3*	81	*16,6*	34,3	21,1
				200	très molle	2179	306	0,729	G'',H	757	17,4	*19,6*	14,0	*15,6*	108	*21,3*	29,3	16,6
n° 26	même portland	gros	700	175	très sèche (mortiers pilonnés)	2164	603	0,725	A	326	7,2	*16,1*	23,2	*8,8*	115	*13,4*	25,5	16,4
				200	sèche	2340	639	0,768	A	1525	34,4	*9,2*	34,3	*5,1*	216	*7,7*	66,1	43,1
				225	un peu sèche	2428	638	0,767	A,G	1525	34,4	*9,5*	29,9	*14,5*	366	*6,7*	57,0	42,4
				250	plastique (mortiers non pilonnés)	2303	624	0,731	A,G'	1650	37,2	*9,3*	30,6	*4,3*	306	*7,0*	64,0	43,8
				275	molle	2279	612	0,734	G,G'',H	1650	37,2	*8,4*	30,0	*3,9*	234	*7,5*	59,8	40,4
n° 27	95 % du même portland + 5 % de plâtre	fin	300	[illegible]	consistance plastique mortiers non pilonnés	[illegible]	[illegible]	[illegible]	[illegible]	[illegible]	[illegible]	[illegible]	[illegible]	[illegible]	[illegible]	[illegible]	[illegible]	[illegible]
			700	359		1957	541	0,806	G	710	15,0	*7,8*	22,7	*6,0*	190	*5,7*	34,4	17,6
		gros	300	162		2182	312	0,746	A,G'	903	21,8	*4,9*	28,2	*0,2*	171	*13,1*	36,9	25,5
			700	262		2289	620	0,748	A,A'	1620	36,5	*19,9*	36,5	*6,0*	300	*13,8*	52,3	40,8
n° 28	95 % du même portl. + 5 % de chx. gras. éteinte en poudre	fin	300	315	consistance plastique mortiers non pilonnés	1894	274	0,593	G,G''	353	8,0	*10,9*	9,0	*7,8*	59	*10,6*	17,0	5,0
			700	350		1969	548	0,610	G	888	20,0	*7,2*	20,8	*3,1*	113	*7,2*	36,6	18,2
		gros	300	164		2181	312	0,746	G'	950	21,4	*9,1*	19,4	*17,9*	145	*4,9*	32,5	21,8
			700	270		2283	615	0,739	A'	1165	26,2	*16,5*	24,1	*5,3*	233	*6,2*	50,0	31,6
n° 29	Ciment rapide	fin	300	309	consistance plastique mortiers non pilonnés	1906	276	0,600	A''	213	4,8	*12,6*	8,1	*8,4*	34	*6,7*	15,8	4,4
			700	382		1973	541	0,606	A	509	11,4	*9,4*	18,3	*4,1*	60	*8,4*	22,6	9,4
		gros	300	174		2187	311	0,745	A	457	10,3	*8,8*	16,2	*6,8*	105	*7,6*	26,9	12,8
			700	297		2259	601	0,729	A	880	19,8	*18,2*	24,8	*6,6*	162	*7,9*	41,9	26,3
n° 30	Chaux hydraulique	fin	300	250	proportions d'eau correspondant au max. de compacité, mortiers pilonnés: sèche	1921	286	0,636	G,G'	216	4,9	*12,7*	8,2	*6,1*	39	*6,1*	15,8	4,3
			700	330	un p. sèche	1982	556	0,646	A,G'	473	10,6	*8,1*	17,0	*3,5*	71	*5,3*	29,3	10,9
		gros	300	185	sèche	2228	315	0,769	A,G'	494	11,1	*5,0*	15,2	*14,2*	89	*11,0*	21,6	11,3
			700	325	sèche	2180	573	0,721	A,G''	685	15,4	*10,6*	17,2	*4,4*	95	*4,4*	28,4	14,8
n° 31	Même chaux hydraulique	fin	300	350	molle (mortiers non pilonnés)	1927	274	0,605	G	180	4,1	*16,0*	5,6	*6,1*	22	*2,4*	10,6	3,3
			700	430	molle	1993	538	0,623	A,G	447	10,1	*14,2*	14,5	*4,1*	61	*3,5*	26,0	8,9
		gros	300	235	molle	2185	302	0,738	G''	474	10,7	*3,5*	12,0	*3,3*	50	*5,9*	19,3	7,8
			700	365	un peu molle	2145	556	0,698	D',G	640	14,4	*4,5*	17,6	*6,1*	89	*8,0*	26,4	12,2
n° 32	Ciment de laitier	fin	300	235	proportions d'eau correspondant au max. de compacité consistance sèche mortiers pilonnés	1954	294	0,646	C',G''	594	13,4	*13,3*	13,4	*11,4*	53	*14,1*	20,2	9,8
			700	310		2015	570	0,654	D',G	1300	29,3	*5,1*	23,7	*5,2*	129	*18,4*	50,0	20,7
		gros	300	160		2170	314	0,751	A''	970	21,8	*14,8*	21,4	*9,9*	123	*7,5*	34,4	21,4
			700	280		2235	599	0,744	D'	985	22,1	*7,2*	26,0	*3,1*	197	*5,8*	43,9	26,0
n° 33	Même ciment de laitier	fin	300	335	molle (mortiers non pilonnés)	1936	277	0,610	E',G''	533	12,0	*8,5*	8,9	*10,6*	40	*2,2*	19,3	8,4
			700	410	molle	2024	550	0,631	D'	1200	27,0	*7,5*	26,4	*5,8*	119	*7,6*	50,7	20,4
		gros	300	200	molle	2231	314	0,762	D',G''	899	20,2	*7,8*	19,3	*10,6*	104	*6,1*	32,2	18,2
			700	320	plastique	2197	580	0,719	A,D'	960	21,6	*9,0*	25,0	*7,2*	202	*4,3*	43,0	27,0
n° 34	Ciment de grappiers	fin	300	300	plastique (non pilonnés)	1901	277	0,608	G'',H	376	13,0	*2,3*	9,5	*4,8*	43	*5,8*	15,5	6,8
			700	380	plastique	2003	550	0,629	A	1010	22,7	*13,0*	26,7	*6,6*	166	*6,3*	47,5	23,5
		gros	300	185	plastique (max. de comp.)	2223	315	0,763	A'',G	1175	26,4	*4,8*	22,6	*5,0*	138	*4,8*	35,4	22,4
			700	325	plastique	2199	580	0,717	D',G'	1390	31,3	*10,0*	25,7	*9,2*	233	*6,3*	48,9	30,5

1. Essais faits sur des prismes carrés de 2 cm. de côté, écrasés entre deux bandes d'acier de 2 cm. de largeur ; en raison de ces faibles dimensions, les écarts obtenus ont été plus grands que si l'on avait opéré sur de plus grosses éprouvettes.

conservation de 12 semaines à l'air humide à température constante.

Le tableau des pages 708 et 709 indique les conditions de chaque essai et les principaux résultats obtenus. Ceux-ci seront examinés plus loin séparément, lors de l'étude spéciale de chaque influence.

301. Influence de la nature et de la qualité du liant. — En groupant par nature de liant les essais du tableau précédent et ne considérant, pour chaque dosage, que les mortiers dont la consistance correspond au maximum d'adhérence, on obtient le tableau suivant, dans lequel on a multiplié toutes les résistances par des coefficients tels que, dans chaque série, la résistance du mortier au ciment portland fût représentée par le nombre 100.

			Ciment portland	95 °/₀ du même cim. portl. + 5 °/₀ de		Ciment rapide	Chaux hydraulique	Ciment de laitier	Ciment de grappiers
				plâtre	chx gras				
Sable fin	Mortiers à 300 kg.	Adhérence	100	89	85	51	52	143	139
		Traction	100	102	93	83	85	138	98
		Compression	100	149	131	76	87	118	95
	Mortiers à 700 kg.	Adhérence	100	79	99	57	53	144	112
		Traction	100	119	105	92	85	119	135
		Compression	100	128	120	64	76	137	176
Gros sable	Mortiers à 300 kg.	Adhérence	100	94	92	44	48	94	114
		Traction	100	161	111	92	87	122	129
		Compression	100	211	180	130	110	152	171
	Mortiers à 700 kg.	Adhérence	100	98	70	53	42	60	84
		Traction	100	119	79	81	56	85	84
		Compression	100	98	76	53	31	64	76

On voit par ces chiffres que, dans les conditions où les essais ont été faits (conservation à l'air), l'addition d'un peu de plâtre a augmenté la résistance à la traction et surtout à la compression du portland, mais a diminué son adhérence.

L'addition d'un peu de chaux grasse a produit des effets analogues, sauf pour le mortier le plus riche.

Le ciment rapide et la chaux hydraulique ont eu, en général, des résistances notablement plus faibles que le portland, surtout pour l'adhérence.

Enfin le ciment de laitier et le ciment de grappiers ont presque toujours donné de meilleurs résultats que le portland, sauf pourtant avec le mortier le plus riche.

Essai n° 35. — Mortiers contenant, en poids, une partie de liant pour trois parties de sable grenu (sable de Seine B), gâchés tous à bonne consistance plastique et essayés après conservation de 12 semaines à l'air humide.

Liants employés :

A : ciment portland de qualité supérieure résultant de la mouture de cinq sixièmes de roches bien cuites soigneusement triées et un sixième de bonnes poussières des fours ;

B : ciment résultant de la mouture d'un mélange de : un quart de bonnes roches, un demi de roches grises légères et un quart de poussières tout-venant ;

C : ciment résultant de la mouture d'un mélange par quarts de bonnes roches, de roches grises légères, de poussières tout venant et de laitier non granulé ;

D : ciment résultant de la mouture d'un mélange par tiers de roches grises légères, de poussières incuites jaunes et de laitier non granulé ;

E : ciment résultant de la mouture d'un mélange de cinq sixièmes de roches tout venant, dont on avait préalablement enlevé les morceaux les mieux cuits, et d'un sixième de sable siliceux ;

F : ciment résultant de la mouture d'un mélange de trois quarts des mêmes résidus de triage et d'un quart du même sable ;

G : ciment amaigri obtenu en broyant très finement un mélange d'un tiers de bon ciment portland et deux tiers de sable siliceux ;

H : Ciment à prise rapide ;

J : Chaux hydraulique.

On voit par le tableau ci-après que l'adhérence des ciments B à F, de qualité inférieure, n'est que d'environ 10 pour 100 en dessous de celle du bon portland A, alors que les rapports de leurs résistances à la traction ou à la compression aux mêmes résistances du ciment A sont notablement moindres.

Nature du liant		Bon ciment portland	Ciments de mauvaise qualité ou frelatés					Ciment amaigri	Ciment rapide	Chaux hydraulique
Désignation		A	B	C	D	E	F	G	H	J
Adhérence au fer	Charge totale . .	(870)	(826)	(799)	(768)	(772)	(768)	(542)	(737)	(466)
	Adh. moy. par cm²	(19,6)	(18,6)	(18,0)	(17,3)	(17,4)	(17,3)	(12,2)	(16,6)	(10,5)
	M. E. %	*3,8*	*8,5*	*9,6*	*12,8*	*7,4*	*6,4*	*10,4*	*5,8*	*13,2*
	Nombres proport.	100	95	92	89	89	89	62	85	54
Traction	Résist. par cm² .	20,8	16,4	15,8	14,6	16,2	18,3	13,6	13,6	11,0
	M. E. %	*3,7*	*10,2*	*8,6*	*15,6*	*13,4*	*11,8*	*7,9*	*18,6*	*11,1*
	Nombres proport.	100	79	76	70	78	88	66	66	53
Compression	Résist. par cm² .	(204)	(170)	(157)	(139)	(158)	(186)	(142)	(166)	(99)
	M. E. %	*5,7*	*5,5*	*3,3*	*5,7*	*4,9*	*3,5*	*0,6*	*2,4*	*1,8*
	Nombres proport.	100	83	77	68	78	91	70	82	49

Le ciment amaigri G, bien que ne contenant qu'un tiers de son poids de ciment proprement dit, atteint les deux tiers environ des diverses résistances du ciment A.

Le ciment rapide H est surtout faible à la traction.

Enfin, la chaux hydraulique J n'atteint qu'à peu près la moitié des résistances du bon portland.

Essais n°s 58 à 65. — Ces essais, dont le détail sera donné plus loin, forment trois groupes, dans chacun desquels on a opéré parallèlement sur des mortiers ou bétons de mêmes dosages, faits avec divers liants hydrauliques et conservés pendant un même temps (12 semaines) dans divers milieux. Le tableau ci-contre donne des nombres proportionnels aux diverses résistances obtenues, calculés en ramenant toujours à 100 les résistances du ciment portland.

Avec les éprouvettes conservées à température constante dans l'eau douce, l'eau de mer ou l'air humide, les ciments de laitier et de grappiers ont généralement donné de meilleurs résultats que les portlands, surtout à l'adhérence.

Mais, aux intempéries, le ciment de laitier s'est presque toujours montré très inférieur.

Quant à la chaux hydraulique, elle a constamment été beaucoup plus faible que les autres liants, surtout dans les essais d'adhérence.

Milieu de conservat. des éprouvettes	Nature des essais	Ciments portland	Ciments de laitier			Ciment de grapp.	Chaux hydraulique
		Essais nos 58, 60 et 65	Essai n° 59	Essai n° 61	Essai n° 63	Essai n° 64	Essai n° 62
Eau douce	Adhérence . .	100	152	143	125	109	24
	Compression .	100	163	117	87	102	27
	Flexion. . . .	100	194	123	89	99	35
Eau de mer	Adhérence . .	100	—	159	103	118	28
	Compression .	100	—	112	90	100	32
	Flexion. . . .	100	—	133	90	100	47
Air humide	Adhérence . .	100	164	161	107	126	29
	Compression .	100	133	112	83	107	32
	Flexion. . . .	100	152	118	83	100	41
Intempéries	Adhérence . .	100 [4]	66 [3]	95 [2]	72 [1]	96 [2]	36 [3]
	Compression .	100	162	92 [2]	84 [2]	107 [2]	39 [1]
	Flexion. . . .	100	46	66 [2]	43 [2]	108 [2]	55 [1]

1. Très légères craquelures.
2. Légères craquelures.
3. Légères fissures.
4. Légères craquelures pour les cubes de l'essai n° **65** ; ceux des essais nos **58** et **60** sont intacts.

Essai n° 36. — Bétons prélevés sur un chantier et obtenus en mélangeant 125 litres de pierrettes (déchets de carrières de marbre traversant une passoire à trous de 20 millimètres de diamètre), 50 litres de sable et 50 kg. de divers liants.

Le mélange de pierrettes et de sable présentait, en moyenne, la composition granulométrique suivante :

Diamètres des trous des passoires . . . mm.	20	10	5	2	0,5	0
Résidu total sur chaque passoire 0/0	0	40.1	65,5	79,1	88,4	100.0
Grains compris entre deux passoires successives. 0/0	40,1	25,4	13,6	9,3	11,6	

Les blocs ont été immergés à l'eau de mer au bout de 2 jours (3 jours pour les chaux).

Dans le tableau ci-après, chaque résistance à la compression est la moyenne de 4 cubes à faces de 50 cm² ; chaque adhérence est la moyenne de 6 essais.

Les différences de résistance et d'adhérence s'expliquent en partie par la mouture beaucoup plus fine des sept derniers liants.

Nature des liants employés	Résistances à la compression par cm²		Adhérence au fer après 1 an			
	4 semaines	1 an	Types des courbes obtenues	Charge totale	Adhérence moyenne par cm²	*M. E.* %
Ciment portland (conservé longtemps en magasin)	79	140	A′	624	14,1	*9,8*
Ciment portland à forte teneur en fer	215	267	G,K	1698	38,3	*11,6*
Autre ciment portland à forte teneur en fer	183	249	A′,G	1544	34,8	*11,2*
Mélange de 3 parties du précédent et 2 parties de trass	185	298	A′,D′,G	1973	44,4	*8,8*
Mélange de 2 parties de ciment portland de Boulogne et d'une partie de gaize cuite	119	226	K′	1352	30,5	*7,5*
Ciment obtenu par la surcuisson de briquettes de chaux du Teil	317	352	G″	1748	39,4	*9,3*
Ciment de grappiers	345	408	G″	1848	41,7	*7,9*
Autre ciment de grappiers	118	288	A′,G	1671	37,7	*22,3*
Mélange de ciment de grappiers et de chaux hydraulique	225	325	G″	1712	38,6	*6,7*
Chaux hydraulique	71	126	A′	697	15,7	*6,0*
Autre chaux hydraulique	34	185 [1]	A′,K	912 [1]	20,6 [1]	*4,7*
Ciment de laitier	164	235	A′,G	1445	32,6	*6,2*

1. Cubes fissurés le long des arêtes.

Ces divers bétons, sauf le 5ᵉ, le 7ᵉ et le 11ᵉ, ont servi à faire des poutres armées, dans des ouvrages à la mer découvrant à chaque marée ; l'épaisseur minimum de béton recouvrant les armatures est de 4 à 5 cm. : ces poutres sont encore en parfait état de conservation depuis quatre ans qu'elles ont été construites.

302. Influence de la nature et de la grosseur du sable. — La supériorité des gros sables sur les fins est déjà mise en évidence par les essais nᵒˢ 23 à 34, puisque les mortiers à 300 kg. de liant par mètre cube du gros sable employé dans ces essais ont eu, en général, à peu près la même adhérence et les mêmes résistances que ceux à 700 kg. des mêmes liants par m³ de sable de dune fin. La même conclusion ressort de l'essai suivant :

Essai nᵒ 37. — Mortiers plastiques faits avec les mêmes sables et aux mêmes dosages que ceux des essais 23 à 34, mais avec un autre ciment portland, et essayés après conservation de 2 ans à l'air humide à température constante.

Sable	Dosage par m³ de sable		Poids du m³ de mortier frais	Poids de ciment dans un m³ de mortier	Compacité	Essais après 2 ans							
						Adhérence au fer				Traction		Compression	
	ciment	eau				Types des courbes obtenues	Charge totale	Adh. moy. par cm²	*M. E.* %	Résistance par cm²	*M. E.* %	Résistance par cm²	*M. E.* %
fin	300	330	1893	271	0,586	G,G''.H	678	15,3	*8,1*	19,3	*1,5*	76	*3,3*
	700	383	1957	537	0,596	G	1266	28,6	*6,5*	29,4	*6,2*	193	*3.3*
gros	300	157	2118	304	0,724	A''.G	1298	29,3	*5.1*	25,8	*18,1*	156	*6,0*
	700	242	2324	632	0,760	A''.G	2035	45,9	*10,2*	43.4	*7.5*	353	*1.2*

Essai n° 38. — Mortiers plastiques 1 : 3 faits avec un même ciment portland et des sables obtenus en tamisant le sable de Seine brut A (voir annexe à la fin du volume) au moyen de passoires de plus en plus fines.

Diamètres des trous des passoires (mm.)		Proportions % de grains de chaque grosseur					
					Sable proprement dit		
		Cailloux	Pierrettes	Gravier	gros grains	grains moyens	grains fins
		> 20	20 - 10	10 - 5	5 - 2	2 - 0,5	< 0,5
Sable brut (A).		1,6	13,7	15,7	14,3	28,3	26,4
Sable tamisé à la passoire de	10 mm (B).	0	0	18,5	16,9	33,4	31,2
	5 mm. . .	0	0	0	20,7	41,0	38,3
	2 mm. . .	0	0	0	0	51,7	48,3
	0,5 mm. .	0	0	0	0	0	100,0

Mortiers essayés après conservation de 12 semaines à l'air humide, à température constante.

Dans les essais d'adhérence et de traction, les trois premiers sables se sont montrés à peu près équivalents et les deux autres ont donné des résistances d'autant plus faibles qu'ils étaient plus fins. Dans les essais de compression, l'influence de la finesse du sable a été beaucoup plus accusée.

		Sable brut	Sable tamisé à la passoire de 10 mm.	5 mm.	2 mm.	0,5 mm.
Adhérence au fer	Charge totale	(968)	(870)	(950)	(799)	(661)
	Adhérence moyenne par cm².	(21,8)	(19,6)	(21,4)	(18,0)	(14,9)
	M. E. %	*7,2*	*3,8*	*6,4*	*6,1*	*6,8*
	Nombres proportionnels . . .	**111**	**100**	**110**	**92**	**76**
Traction	Résistance par cm².	21,0	20,8	21,0	17,2	12,6
	M. E. %	*12,4*	*3,7*	*6,7*	*7,2*	*5,7*
	Nombres proportionnels . . .	**101**	**100**	**101**	**83**	**61**
Compression	Résistance par cm².	(196)	(203)	(155)	(122)	(60)
	M. E. %	*7,3*	*5,7*	*4,9*	*3,7*	*3,0*
	Nombres proportionnels . . .	**96**	**100**	**77**	**60**	**29**

Essai n° 39. — Sables obtenus en mélangeant en diverses proportions les trois grosseurs de grains suivantes :

Grains G : traversant la passoire de 5 mm. et retenus à celle de 2 mm. ;

Grains M : traversant la passoire de 2 mm. et retenus à celle de 0,5 mm. ;

Grains F : traversant la passoire de 0,5 mm.

Avec chaque mélange et un même ciment portland, on a fait des mortiers plastiques contenant, pour un poids 1 de ciment, des poids 2, 3 et 5 de sable.

Ces mortiers, conservés à l'air humide à température constante, ont été essayés après 12 semaines.

Le tableau de la p. 717 montre que, à dosage égal, l'adhérence et les résistances à la traction et surtout à la compression ont été d'autant plus fortes que le sable contenait une plus grande proportion de gros grains et une moindre proportion de grains fins.

On aura encore plus loin de nouveaux exemples de la supériorité des mortiers de gros sable sur ceux de sable fin, soit après une même durée de durcissement, en rapprochant les mortiers de même consistance des essais n°s 44 et 45, soit après des durées échelonnées, en comparant l'adhérence et les résistances trouvées après chaque durée pour les deux mortiers des essais n°s 48 et 49 ainsi que pour ceux des essais n°s 50 et 51.

303. Influence de la richesse du mortier en liant. — Les essais 23 à 34 et 37 permettent déjà de comparer des mor-

Poids de sable pour un poids 1 de ciment :		2				3				5			
Composition du sable en poids	G.	4	1	1	2	4	1	1	2	4	1	1	2
	M.	1	4	1	2	1	4	1	2	1	4	1	2
	F.	1	1	4	2	1	1	4	2	1	1	4	2
Eau de gâchage pour un poids 100 de mélange sec		11,2	11,9	14,0	12,3	10,3	11,4	13,8	11,8	10,0	11,2	13,7	11,6
Poids du m^3 de mortier frais		2241	2158	2053	2132	2185	2100	1988	2109	2041	1997	1967	2073
Poids de ciment dans un m^3 de mortier		672	643	601	633	496	471	437	472	309	299	288	310
Compacité		0,721	0,690	0,644	0,678	0,717	0,682	0,633	0,682	0,682	0,660	0,636	0,683
Adhérence au fer	Charge totale	(1208)	(1026)	(1012)	(1332)	(1221)	(946)	(719)	(990)	(630)	(595)	(595)	(639)
	Adhérence moyenne par cm^2	(27,2)	(23,1)	(22,8)	(30,0)	(27,5)	(21,3)	(16,2)	(22,3)	(14,2)	(13,4)	(13,4)	(14,4)
	M. E. %	*20,5*	*20,5*	*22,0*	*6,3*	*8,7*	*9,0*	*8,8*	*12,4*	*5,6*	*9,0*	*9,0*	*2,8*
	Nombres proport. (pour chaque dosage)	**91**	**77**	**76**	**100**	**124**	**96**	**73**	**100**	**99**	**93**	**93**	**100**
Traction	Résistance par cm^2	29,0	25,0	21,5	27,7	21,7	18,9	16,0	17,6	13,2	10,2	11,0	13,2
	M. E. % »	*6,2*	*7,2*	*8,4*	*10,0*	*2,6*	*7,0*	*5,0*	*10,7*	*9,4*	*4,5*	*5,5*	*5,8*
	Nombres proport. (pour chaque dosage)	**105**	**90**	**78**	**100**	**123**	**107**	**91**	**100**	**100**	**77**	**83**	**100**
Compression	Résistance par cm^2	(330)	(255)	(160)	(249)	(240)	(165)	(102)	(154)	(123)	(74)	(68)	(106)
	M. E. %	*5,5*	*3,7*	*4,0*	*4,1*	*4,9*	*2,4*	*2,5*	*4,6*	*5,7*	*1,6*	*5,3*	*4,1*
	Nombres proport. (pour chaque dosage)	**133**	**103**	**64**	**100**	**156**	**107**	**66**	**100**	**117**	**69**	**64**	**100**

tiers de même consistance contenant respectivement même sable et même liant, mais dosés les uns à **300** kg., les autres à **700** kg. de liant par mètre cube de sable ; en ramenant à **100** toutes les résistances des mortiers à **300** kg. on calcule les valeurs suivantes pour les mortiers à **700** kg. :

Nos des essais :		23 à 26	27	28	29	30	31	32	33	34	37	Moyenne
Mortiers au sable fin	Adhérence .	217	193	251	239	219	249	220	225	176	188	218
	Traction. . .	205	240	231	226	208	259	177	296	282	152	228
	Compression.	210	179	191	176	182	277	243	297	385	254	239
Mortiers au gros sable	Adhérence. .	161	168	123	192	139	135	102	107	118	157	140
	Traction . .	175	129	125	153	113	146	121	130	114	168	137
	Compression.	380	176	161	154	107	178	161	194	168	226	190

L'amélioration due à l'augmentation du dosage a été sensiblement la même dans les trois genres d'essais : avec les mortiers au sable fin, les résistances ont été en moyenne un peu plus que doublées ; avec ceux au gros sable, leurs augmentations relatives ont été moindres.

On déduit de même de l'essai n° **39** les résistances relatives suivantes pour des mortiers aux dosages **1 : 2**, **1 : 3** et **1 : 5** :

Compos du sable : G : M : F =		4 : 1 : 1			1 : 4 : 1			1 : 1 : 4			2 : 2 : 2		
Poids de sable pour 1 de cim.		2	3	5	2	3	5	2	3	5	2	3	5
Nombres proportion. (pour chaque sable)	Adhérence. .	99 ?	100	52	109?	100	63	141?	100	83	135	100	65
	Traction. . .	134	100	61	132	100	54	135	100	69	158	100	75
	Compression	137	100	52	155	100	45	157	100	67	162	100	69

Si on laisse de côté les adhérences des mortiers **1 : 2** aux trois premiers sables, pour lesquelles les écarts d'expérience ont été considérables, on voit que l'adhérence et les résistances des mortiers **1 : 2** ont dépassé d'un tiers à un demi celles des mortiers **1 : 3**, tandis que les nombres correspondant aux mortiers **1 : 5** ont été généralement inférieurs d'un tiers à un demi à ceux de ces mêmes mortiers.

Essai n° 40. — Mortiers 1 : 2 et 1 : 3 faits avec un même ciment portland et le gros sable de Seine B, et gâchés avec les proportions d'eau correspondant, pour chacun, à l'adhérence maximum (voir plus loin essais n°s 46 et 45).

Ruptures après conservation de 18 mois à l'air humide à température constante.

Les résultats sont relatés avec ceux de l'essai n° 41.

Essai n° 41. — Autre ciment portland gâché soit pur, soit avec une fois ou deux fois son poids de graviers traversant la passoire à trous de 10 mm. de diamètre et retenus par celle à trous de 7,5 mm. Proportions d'eau de gâchage calculées, dans les trois cas, à raison de 29 p. 100 du poids du ciment. Ruptures après conservation de 18 mois à l'air humide à température constante.

		Essai n° 40		Essai n° 41		
Dosage :		1 : 2	1 : 3	1 : 0	1 : 1	1 : 2
Adhérence	Charge totale.	2790	1915	(2190)	(3775)	(2625)
	Adhérence moy. par cm².	62,9	43,2	(49,4)	(85,1)	(59,2)
	M. E. %	*6,1*	*22,0*	*12,4*	*3,2*	*2,3*
	Nombres proportionnels	**146**	**100**	**100**	**173**	**120**
Traction	Résistance par cm². . .	50,5	41.4	53,6	49.6	39 5
	M. E. %	*2,8*	*3,8*	*8.0*	*4,3*	*5,1*
	Nombres proportionnels	**122**	**100**	**100**	**93**	**74**
Compression	Résistance par cm². . .	(440)	(321)	(738)	(565)	(411)
	M. E. %	*1,9*	*2,6*	*4,5*	*1,5*	*6,4*
	Nombres proportionnels	**137**	**100**	**100**	**77**	**56**
Cisaillement (demi-briquettes)	Résistance par cm². . .	53,0	42,7	57.0	47,4	49.7
	M. E. %	*20,5*	*5,2*	*6.2*	*23.0*	*9,1*
	Nombres proportionnels	**124**	**100**	**100**	**83**	**87**

Dans l'essai n° 41, on voit que, tandis que les résistances à la traction, au cisaillement et surtout à la compression diminuent généralement à mesure que la proportion de gravier augmente, au contraire, l'adhérence est plus forte pour les mortiers, notamment pour le mortier 1 : 1, que pour le ciment gâché pur.

Essai n° 42 — Mortiers plastiques à divers dosages d'un même ciment portland et d'un même sable grenu (Seine B), essayés après conservation de 12 semaines à l'air humide à température constante.

Quand la proportion de ciment augmente, l'adhérence pro-

Composition du mortier en poids :		10	20	30	40	50
	Ciment	10	20	30	40	50
	Sable	90	80	70	60	50
	Eau	9,5	10,5	11,5	12,5	13,5
Adhérence au fer	Charge totale	(480)	(799)	(1106)	(1101)	(1039)
	Adhérence moy. par cm².	(10,8)	(18,0)	(24,9)	(24,8)	(23,4)
	M. E. %	*10,6*	*8,9*	*7,5*	*17,3*	*3,2*
	Nombres proportionnels	**43**	**72**	**100**	**100**	**94**
Traction	Résistance par cm².	8,3	16,8	21,2	28,1	31,6
	M. E. %	*7,5*	*5,0*	*13,6*	*5,3*	*4,0*
	Nombres proportionnels	**39**	**79**	**100**	**133**	**149**
Compression	Résistance par cm².	(64)	(146)	(208)	(290)	(339)
	M. E. %	*2,3*	*4,3*	*7,5*	*0,6*	*4,1*
	Nombres proportionnels	**31**	**70**	**100**	**140**	**163**

gresse moins vite que les résistances à la traction et surtout à la compression. Il semble même qu'il n'y ait aucun avantage, au point de vue de l'adhérence, à faire entrer dans le mélange sec plus de 30 p. 100 de son poids de ciment.

Essais n°s 56 et 57. — Décrits plus loin en détail, ces essais ont été faits avec un même ciment portland gâché en mortier **1 : 4** à sable moyen et en mortier **1 : 5** à sable fin.

Les éprouvettes ont été immergées à l'eau de mer et rompues après diverses durées de conservation.

Le tableau ci-dessous donne des nombres proportionnels aux résistances du mortier **1 : 5**, calculés en ramenant à **100** celles du mortier **1 : 4** :

	1 sem.	4 sem.	12 sem.	26 sem.	1 an	2 ans	3 ans 1/2
Adhérence	**59**	**66**	**73**	**57**	**63**	**75**	**60**
Compression	**36**	**32**	**32**	**30**	**30** [1]	**33** [1]	**39** [2]
Flexion	**49**	**49**	**56**	**46**	**46** [1]	**43** [1]	**68** [2]

1. Les prismes au mortier 1 : 5 sont légèrement fissurés.
2. Aucun des prismes de cette série n'était fissuré.

L'adhérence du premier de ces mortiers atteint en moyenne les deux tiers de celle du second, alors qu'en général ses résistances à la flexion et à la compression ne sont respectivement qu'environ la moitié et le tiers des résistances correspondantes du mortier **1 : 4**.

304. Influence de la proportion d'eau de gâchage. — Outre les essais nos 23 à 26, on a exécuté, dans des conditions analogues, avec des ciments portland de bonne qualité, cinq autres essais, dans chacun desquels on a fait varier progressivement la proportion d'eau de gâchage, de telle sorte que le premier mortier de chaque série fût trop sec et dût être pilonné dans les moules pour prendre corps, et que le dernier fût très mou, la bonne consistance plastique correspondant à peu près au mortier du milieu de chaque série.

Les sables employés ont été le sable de dune fin et le sable de Seine B, grenu.

Le ciment a été le même pour les trois essais nos 44 à 46, et différent pour chacun des deux autres.

Les mortiers, conservés à l'air humide à température constante, ont été rompus après 12 semaines pour l'essai n° 43 et après 18 mois pour les quatre suivants.

Le tableau de la page 722 résume les conditions de chaque essai et relate les résultats obtenus.

Il ressort des neuf essais 23 à 26 et 43 à 47 que, avec les portlands, l'adhérence au fer est très faible pour les mortiers secs, alors même qu'on a pilonné ceux-ci dans les moules ; elle croît rapidement, quand la proportion d'eau de gâchage augmente, jusqu'à un certain maximum correspondant à une consistance plastique ou un peu molle, mais en tout cas moins sèche que celle du mortier le plus compact ; enfin, pour des consistances de plus en plus molles, l'adhérence décroît plus ou moins lentement.

Depuis ces expériences, dont les conclusions avaient été formulées dans notre communication au congrès de Budapest, M. le professeur von Bach a exécuté des essais du même genre, d'où il a conclu que l'adhérence du béton de ciment portland au fer diminuait rapidement à mesure qu'on augmentait la proportion d'eau de gâchage. Ayant répété ces essais avec un béton aussi semblable que possible à celui qu'avait employé ce savant, nous avons retrouvé notre loi, en désaccord par conséquent avec la sienne. La description et la discussion de ces essais viennent d'être publiées dans *Les matériaux de construction* (*Baumaterialienkunde*), 1906, nos 1 et 2.

Une comparaison minutieuse des diverses conditions des deux séries d'expériences nous a montré que la divergence des résultats devait provenir, selon toute vraisemblance, de ce que les tiges de fer n'occupaient pas la même position pendant le remplissage des moules. Tandis que, dans nos essais, le béton était serré autour d'une tige verticale, celle-ci était horizontale dans ceux de M. von Bach, de sorte qu'une partie de l'eau rejetée pendant le pilonnage et la prise s'amassait au-dessous d'elle, en y affaiblissant le béton ou même produisant des solutions de continuité entre les deux matériaux, et cela d'autant plus que le béton contenait, au début, une plus grande proportion d'eau.

N° d'ordre de l'essai	Désignation du mortier	Proportion d'eau de gâchage pour 100 de mélange sec	Adhérence				Traction		Compres.		Cisaillement (demi-briquettes)	
			Types des courbes obtenues	Charge totale	Adhérence moyenne par cm²	*M. E.* %	Résistance par cm²	*M. E.* %	Résistance par cm²	*M. E.* %	Résistance moy. par cm²	*M. E.* %
N° **43**	1 : 3 Sable B 12 sem.	7	—	(138)	(3,1)	*9,0*	16,6	*17,4*	(174)	*6,9*	—	—
		9	—	(608)	(13,7)	*17,0*	13,6	*8,5*	(172)	*11,3*	—	—
		11	—	(857)	(19,3)	*14,6*	16,1	*11,7*	(172)	*3,7*	—	—
		13	—	(768)	(17,3)	*14,8*	15,6	*5,6*	(171)	*1,9*	—	—
		15	—	(826)	(18,6)	*9,7*	19,2	*17,5*	(200)	*7,4*	—	—
N° **44**	1 : 3 Sable de dune 18 mois	11	A′	327	7,4	*2,8*	35,8	*2,9*	(188)	*3,0*	23,0	*12,6*
		14	A″,G″, H	1180	26,6	*6,3*	33,2	*3,5*	(150)	*4,4*	21,5	*11,9*
		17	G″,H	1235	27.8	*4,0*	30,0	*3,3*	(127)	*2,0*	18,3	*17,2*
		20	G	990	22,3	*3,7*	32,2	*5,5*	(163)	*5.8*	20,4	*18,2*
		23	A″,G	780	17,6	*7,6*	32,6	*8,8*	(164)	*3,9*	23,2	*9,3*
N° **45**	1 : 3 Sable B 18 mois	7	—	0 [1]	0 [1]	—	31,0	*10,3*	(220)	*8,2*	36,3	*7.7*
		9	A″,G	1465	33,1	*9,3*	37,1	*6,2*	(343)	*7,9*	43,3	*5,3*
		11	G″,H	1915	43,2	*22,0*	41,4	*3,8*	(321)	*2,6*	42,7	*5,2*
		13	G′,G″,H	1740	39,2	*6,9*	43,2	*4,2*	(340)	*4,9*	39,3	*12,3*
		15	A″,G″	1470	33,2	*20,5*	37,8	*3,8*	(335)	*1,4*	39,2	*5,9*
N° **46**	1 : 2 Sable B 18 mois	7, 5	A′	460	10,4	*32,0*	38,4	*8,7*	(310)	*3,1*	44,8	*14,2*
		9	G″	2370	53,4	*6,7*	47,1	*8,3*	(450)	*1,7*	55,6	*15,4*
		10, 5	G″,H	2790	62,9	*6,1*	50,5	*2,8*	(440)	*1.9*	53,0	*20,5*
		12	G″,H	2540	57,2	*8,6*	43,7	*4,2*	(614)	*6,4*	43,1	*11,2*
		13, 5	G″,H	2130	48,0	*7,4*	42,7	*4,3*	(569)	*3,0*	38,4	*14,3*
N° **47**	Ciment pur 18 mois	23	—	(1980)	(44,6)	*8,8*	56,8	*3,8*	(819)	*3,8*	68,6	*11,9*
		26	—	(2180)	(49,1)	*5,7*	58,9	*3,9*	(752)	*4,7*	57,5	*14,3*
		29	—	(2190)	(49,4)	*12,4*	53,6	*8,0*	(738)	*4,5*	57,0	*6,2*

[1] Les tiges de fer n'adhéraient plus dans le mortier et pouvaient être déplacées à la main.

Il résulte de là que notre loi s'applique à l'adhérence réelle des bétons au fer, tandis que celle du professeur von Bach tient compte en outre d'une circonstance spéciale au cas des armatures horizontales ; comme ce cas est le plus général dans la pratique, c'est de cette dernière loi que les constructeurs devront surtout s'inspirer, en évitant autant que possible un excès d'eau dans le béton armé. Toutefois il ne faut pas oublier qu'un mortier trop sec peut être au moins aussi dangereux.

Les résistances à la traction, à la compression et au cisaillement suivent, dans les essais relatés ci-dessus, une autre allure que l'adhérence : quand on augmente progressivement la proportion d'eau de manière à obtenir toute l'échelle des consistances, ces résistances commencent en général par croître légèrement, jusqu'à un maximum correspondant à une consistance plus sèche que le maximum d'adhérence, puis décroissent assez rapidement pour des proportions d'eau plus fortes [1].

Pour les mortiers de chaux hydraulique et de ciment de laitier, il semble résulter des essais nos 30 à 33 que, non seulement leurs résistances ordinaires, mais même leur adhérence au fer, sont plus fortes pour des consistances un peu sèches, voisines du maximum de compacité, que pour des consistances molles. Toutefois, vu le petit nombre des essais, cette conclusion demanderait à être confirmée par de nouveaux exemples, où figurassent en outre des mortiers à bonne consistance plastique.

On pourrait faciliter la perception des différentes lois qui viennent d'être énoncées, en représentant graphiquement, pour chaque essai, la variation de l'adhérence et des diverses résistances, au moyen de courbes ayant pour abscisses communes des longueurs proportionnelles aux quantités d'eau employées pour le gâchage d'un même poids de mélange sec.

305. Influence de la durée de conservation. — Dans les cinq essais nos 48 à 52, les mortiers ont été essayés après des durées croissantes de conservation à l'air humide à température constante.

Essai n° 48. — Mortier plastique 1 : 3 au ciment portland et au sable de dune, gâché avec 16,5 p. 100 d'eau.

1. L'essai n° 44 présente une anomalie : pour des proportions d'eau croissantes, les résistances à la traction, à la compression et au cisaillement (déterminées sur les mêmes briquettes) commencent par décroître, passent par un minimum et croissent ensuite de nouveau.

Durées de conservation :			90 min.	2 jours	3 jours	1 sem.	2 sem.	4 sem.	8 sem.	12 sem.	26 sem.	1 an	2 ans	4 ans
Essai n° 48	Adhérence	Charge totale			(169)	(200)	(333)	(435)	(568)	(613)	(768)	(910)		(1061)
		Adhérence moyenne par cm²			(3,8)	(4,5)	(7,5)	(9,8)	(12,8)	(13,8)	(17,3)	(20,5)		(23,9)
		M. E. °/₀			*9,5*	*5,3*	*3,7*	*8,2*	*6,9*	*7,1*	*6,7*	*5,4*		*10,0*
		Nombres proportionnels			27	33	54	71	93	100	125	149		174
	Traction	Résistance par cm²			3,4	5,9	6,1	7,5	13,3	13,5	17,3	16,9		24,0
		M. E. °/₀			*14,8*	*12,8*	*13,4*	*23,7*	*4,2*	*8,9*	*4,9*	*5,2*		*5,8*
		Nombres proportionnels			25	44	48	55	98	100	129	125		178
	Compression	Résistance par cm²			(19)	(31)	(40)	(46)	(53)	(59)	(76)	(97)		(116)
		M. E. °/₀			*4,8*	*2,9*	*3,4*	*2,6*	*2,0*	*3,0*	*7,7*	*2,9*		*5,2*
		Nombres proportionnels			32	52	67	78	90	100	128	163		195
	Rapp. de l'adh. totale à la compress. par cm²				8,9	6,5	8,3	9,4	10,7	10,5	10,1	9,4		9,2
Essai n° 49	Adhérence	Charge totale			(422)	(582)	(804)	(830)	(937)	(866)	(1021)	(1310)		(1447)
		Adhérence moyenne par cm²			(9,5)	(13,1)	(18,1)	(18,7)	(21,1)	(19,5)	(23,0)	(29,5)		(32,6)
		M. E. °/₀			*4,2*	*6,6*	*6,0*	*11,0*	*9,2*	*9,5*	*12,9*	*14,2*		*27,2*
		Nombres proportionnels			49	67	92	96	108	100	118	151		168
	Traction	Résistance par cm²			8,5	12,6	15,5	15,3	21,1	19,8	23,0	26,2		34,4
		M. E. °/₀			*16,5*	*6,5*	*4,8*	*7,6*	*6,1*	*4,2*	*7,8*	*6,7*		*7,9*
		Nombres proportionnels			43	64	78	77	106	100	116	132		173
	Compression	Résistance par cm²			(98)	(119)	(124)	(138)	(174)	(176)	(210)	(245)		(281)
		M. E. °/₀			*3,1*	*7,2*	*5,6*	*4,1*	*6,2*	*4,9*	*5,6*	*6,1*		*2,1*
		Nombres proportionnels			56	68	70	78	99	100	119	139		160
	Rapp. de l'adh. totale à la compress. par cm²				4,3	4,9	6,5	6,0	5,4	3,5	3,7	5,3		5,1
Essai n° 50	Adhérence (courbes des types A et G)	Charge totale				292		422		563	870	1130		
		Adhérence moyenne par cm²				6,6		9,5		13,1	19,6	25,4		
		M. E. °/₀				*8,1*		*11,7*		*5,7*	*6,8*	*5,0*		
		Nombres proportionnels				49		71		100	147	190		
	Traction	Résistance par cm²				6,5		12,1		15,8	21,9	28,1		
		Nombres proportionnels				41		77		100	158	179		
	Compression	Résistance par cm²				67		76		93	106	[illegible]	261	
		Nombres proportionnels				[illegible]		82		100	114	[illegible]	281	
	Flexion	Résistance par cm²				[illegible]		[illegible]		[illegible]	[illegible]	[illegible]	[illegible]	
		Nombres proportionnels				44		[illegible]		[illegible]	[illegible]	[illegible]	[illegible]	
	Cisaill^t (prism. de 4 × 4)	Résistance par cm²				6,4		9,3		14,9	17,7			
		Nombres proportionnels				43		62		100	119			
	Rapp. de l'adh. totale à la compress. par cm²					5,4		5,6		6,4	8,2	7,3		
Essai n° 51	Adhérence (courbes des types A et G)	Charge totale				430		623		935	1125			
		Adhérence moyenne par cm²				9,7		14,1		21,1	25,4			
		M. E. °/₀				*13,8*		*18,6*		*10,0*	*20,6*			
		Nombres proportionnels				46		67		100	120			
	Traction	Résistance par cm²				8,1		14,1		20,1	20,8	30,5		
		Nombres proportionnels				40		70		100	103	151		
	Compression	Résistance par cm²				75		122		153	186	222	269	
		Nombres proportionnels				49		80		100	122	145	176	
	Flexion	Résistance par cm²				19,2		29,1		39,9	47,9	64,0	91,8	
		Nombres proportionnels				48		73		100	120	160	230	
	Cisaill^t (prism. de 4 × 4)	Résistance par cm²				9,8		16,1		20,1	25,8			
		Nombres proportionnels				49		81		100	128			
	Rapp. de l'adh. totale à la compress. par cm²					5,7		5,1		6,1	6,0			
Essai n° 52	Adhérence — Genou des courbes ou 1er sommet	Charge totale				91		118		118	220	359	333	806
		Adhérence moyenne par cm²				2,05		2,65		2,65	4,95	8,10	7,50	18,15
		M. E. °/₀				*33,8*		*16,7*		*28,9*	*19,5*	*11,8*	*15,0*	*13,5*
		Nombres proportionnels				77		100		100	186	304	282	682
	Adhérence — Sommet final	Charge totale	80	113		135		190		181	295	387	340	721
		Adhérence moyenne par cm²	1,80	2,54		3,04		4,28		4,07	6,63	8,73	7,87	16,24
		M. E. °/₀		*11,0*		*17,5*		*5,5*		*14,6*	*12,1*	*10,6*	*13,2*	*12,0*
		Nombres proportionnels	44	62		75		105		100	163	219	193	399
	Traction	Résistance par cm²		12,5		13,9		11,0		8,7	7,6	6,6	6,3	5,9
		Nombres proportionnels		143		159		126		100	87	76	72	68
	Compression	Résistance par cm²		59		67		57		56	52	45	31	41
		Nombres proportionnels		105		120		102		100	93	81	55	73
	Flexion	Résistance par cm²		23,4		26,0		24,6		21,0	17,6	17,3	16,4	16,4
		Nombres proportionnels		111		124		117		100	83	82	78	78
	Cisaill^t (prism. de 4 × 4)	Résistance par cm²		8,9		9,2		9,2		8,9	7,0	7,3	5,5	6,4
		Nombres proportionnels		100		103		103		100	79	82	62	68

Essai n° 49. — Mortier plastique 1 : 3 au même ciment portland et au gros sable de Seine B, gâché avec 11 p. 100 d'eau.

Essai n° 50. — Mortier plastique 1 : 2 fait avec un autre ciment portland et le sable de Seine fin C ; proportion d'eau de gâchage = 15 p. 100.

Essai n° 51. — Mortier plastique 1 : 2 fait avec le même ciment portland que le précédent et le sable coquillier du Noirda ; proportion d'eau de gâchage = 12,3 p. 100.

Dans ces quatre essais, on a constaté, après les ruptures, même aux plus longues durées, que la partie du fer noyée dans le mortier était restée inaltérée.

La comparaison des nombres proportionnels calculés, dans le tableau des pages 724 et 725, en ramenant à 100 toutes les résistances après 12 semaines, montre que, pour un même mortier, l'adhérence a progressé, avec le temps, à peu près de la même manière que les diverses résistances. Comme vérification, on constate que le rapport de l'adhérence à la compression est resté sensiblement constant pendant toute la durée de conservation des mortiers.

Essai n° 52. — Plâtre gâché pur avec 50 p. 100 de son poids d'eau. A une époque qu'il a été impossible de préciser, les blocs ont été accidentellement mouillés d'un peu d'eau de mer. Lors des ruptures, même aux plus courtes durées, on a constaté que le plâtre était rouillé sur une épaisseur irrégulière, atteignant parfois plusieurs centimètres à partir de la tige de fer, et que la surface de celle-ci était profondément corrodée. Les courbes obtenues dans les essais d'adhérence ont présenté des formes variées se rattachant parfois aux types A, B, C, D′, E′ (p. 694), mais, le plus souvent, aux types A′ et F′ : on a calculé séparément les charges correspondant au genou initial et au sommet ultérieur. Le calcul des moyennes des écarts relatifs montre que les secondes charges ont toujours été plus uniformes que les premières. La variation de ces deux charges avec le temps a été irrégulière : en particulier, elles ont fléchi au bout de deux ans, pour remonter ensuite fortement dans les essais après quatre ans.

Quant aux résistances à la traction, à la compression, à la flexion et au cisaillement, elles ont atteint leur plus grande valeur aux environs d'une semaine, puis n'ont guère cessé de décroître dans la suite. Toutefois, il est probable que ces chutes doivent être attribuées à l'accident signalé ci-dessus, car des essais antérieurs de traction et de compression, faits sur un plâtre conservé au sec, n'avaient montré rien de semblable [1].

Essai	Mortier	Age du mortier :	1 semaine	4 semaines	12 semaines	26 semaines	1 an	2 ans	3 ans 1/2
Essai n° 56 1 ciment portland + 4 sable du Noirda	mortier **immergé** à l'eau douce	Adhérence	37	70	100	109	128	167	185
		Compression	52	81	100	122	168	196	233
		Flexion	53	78	100	134	175	180	218
		Rapport de l'adhérence totale à la compression par cm²	3,3	5,3	5,2	4,7	4,2	5,6	5,2
		Rapport de l'adhérence totale à la flexion par cm²	7,3	10,5	9,9	8,9	7,5	16,5	15,0
	mortier **immergé** à l'eau de mer	Adhérence	28	76	100	119	123	163	216
		Compression	44	75	100	130	152	182	231
		Flexion	38	72	100	132	162	191	223
		Rapport de l'adhérence totale à la compression par cm²	4,6	5,8	6,6	5,9	5,1	4,7	4,9
		Rapport de l'adhérence totale à la flexion par cm²	12,4	16,2	17,8	14,5	13,1	8,4	9,6
	mortier **conservé** à l'air humide	Adhérence	38	61	100	133	190	255	≥ 489
		Compression	46	77	100	114	145	174	252
		Flexion	41	62	100	120	144	176	247
		Rapport de l'adhérence totale à la compression par cm²	5,9	5,6	7,1	8,4	9,3	10,4	≥ 13,9
		Rapport de l'adhérence totale à la flexion par cm²	14,8	15,3	15,9	17,5	21,0	22,9	≤ 31,2
	mortier **conservé** dans l'air à peu près sec	Adhérence	29	78	100	≥ 150	≥ 244	≥ 340	≥ 433
		Compression	40	79	100	145	213	238	342
		Flexion	40	70	100	117	144	151	178
		Rapport de l'adhérence totale à la compression par cm²	6,9	9,2	9,4	≥ 9,7	≥ 10,9	≥ 13,4	≥ 11,9
		Rapport de l'adhérence totale à la flexion par cm²	14,0	21,5	19,3	≤ 24,7	≤ 32,9	≤ 43,4	≤ 46,6
	mortier exposé aux intempéries	Adhérence	11	49	100	≥ 151	≥ 152	≥ 158 [2]	≥ 70 [2]
		Compression	37	67	100	138	196	306	424
		Flexion	27	52	100	107	152	179	231
		Rapport de l'adhérence totale à la compression par cm²	3,8	9,1	12,4	≥ 13,5	≥ 9,5	≥ 6,4 [2]	≥ 2,0 [2]
		Rapport de l'adhérence totale à la flexion par cm²	8,6	19,6	20,6	≤ 29,0	≤ 20,6	≤ 18,2 [2]	≤ 6,2 [2]
Essai n° 57 1 cim. portl. + 5 s. de dune	mortier **immergé** dans l'eau de mer	Adhérence	21	68	100	92	106	168	176
		Compression	50	74	100	121	144 [1]	188 [1]	286 [3]
		Flexion	33	62	100	106	133 [1]	145 [1]	270 [3]
		Rapport de l'adhérence totale à la compression par cm²	5,3	11,1	12,1	9,1	8,9	10,8	7,4
		Rapport de l'adhérence totale à la flexion par cm²	8,6	14,1	12,9	11,2	10,3	14,8	8,4

(1) Prismes légèrement fissurés.
(2) Cubes à tige fendus spontanément.
(3) Prismes intacts.

1. Pour les résistances obtenues dans ces essais, voir : *Chimie appliquée à l'art de l'Ingénieur*, 2e édition, 2e tableau de la page 346.

Essais nos 56 et 57. — Le détail de ces essais sera décrit plus loin. Nous donnons seulement, dans le tableau ci-dessus (p. 727), les nombres proportionnels aux résistances obtenues après les diverses durées, pour chaque mode de conservation, en représentant encore par 100 la résistance après 12 semaines. On conserve des éprouvettes destinées à être essayées après 6 ans, 10 ans et une autre durée encore plus longue.

L'examen de ces nombres, notamment de ceux qui mesurent les rapports de l'adhérence totale aux résistances à la compression et à la flexion, conduit aux conclusions suivantes :

Dans l'air relativement sec et dans l'air saturé d'humidité, la progression de l'adhérence a été constamment plus rapide que celles de ces deux résistances, ce qui s'explique suffisamment par la production progressive de plaques de rouille, constatées, après rupture, à la surface de séparation des deux matériaux.

Aux intempéries, il en a été de même jusqu'à 26 semaines ; puis les blocs de mortier se sont fissurés jusqu'à la tige de fer : l'adhérence est restée longtemps stationnaire, bien qu'il se soit encore formé des bourrelets de rouille, et a fini par décroître fortement.

Enfin, dans l'eau douce et l'eau de mer, sa progression relative a été tout d'abord plus rapide, puis a subi des alternatives de ralentissement et d'accélération.

306. Influence des conditions de conservation. — Dans tous les essais dont le détail a été relaté jusqu'à présent, les mortiers ont été conservés dans l'air humide à température constante. Or on a vu (art. 151) que la prise des mortiers de ciment portland est ordinairement accompagnée d'un léger gonflement quand elle se produit sous l'eau et, au contraire, d'une légère contraction quand les mortiers sont conservés à l'air sec. Au premier abord, il semble résulter de là que, s'il n'intervient pas d'autres phénomènes que ces variations de volume, le déplacement de la tige de fer doit exiger un effort plus grand pour les mortiers immergés que pour les autres. Pourtant, si le bloc de mortier tend à rester semblable à lui-même pendant sa variation de volume, c'est le contraire qui doit se produire.

Pour vérifier ce qui se passe en réalité, on a fait les trois essais suivants, dans lesquels les mortiers ont été conservés :

1° dans l'eau douce à température constante ; 2° dans l'air humide à la même température constante ; 3° dans une boite hermétiquement close, contenant du chlorure de calcium, qui en maintenait l'atmosphère constamment sèche, et placée dans un appartement à température un peu variable ; 4° sur un toit, aux intempéries, pendant l'été.

Les compositions des mortiers et les durées de conservation ont été les suivantes :

Essai n° 53. — Ciment portland gâché pur à consistance un peu molle ; ruptures après 7 jours.

Essai n° 54. — Mortier plastique 1 : 3 au ciment portland et au sable de dune ; ruptures après 50 jours.

Essai n° 55. — Mortier plastique 1 : 3 au ciment portland et au gros sable de Seine B ; ruptures après 12 semaines.

Outre les résistances obtenues et les moyennes des écarts entre les résultats individuels, le tableau ci-dessous relate les nombres proportionnels aux diverses résistances, calculés en ramenant à 100 celles des mortiers conservés à l'air humide.

Milieu de conservation :			Eau douce	Air humide	Air sec	Intempéries
Essai n° 53	Adhérence	Charge totale	606	635	755	
		Adhérence par cm²	13,7	14,3	17,0	
		M. E. %	*4,5*	*3,4*	*2,9*	
		Nombres proportionnels	**95**	**100**	**119**	
Essai n° 54	Adhérence	Charge totale	237	268		
		Adhérence par cm²	5,3	6,0		
		M. E. %	*6,8*	*13,8*		
		Nombres proportionnels	**89**	**100**		
Essai n° 55	Adhérence	Charge totale	(897)	(857)		(799)
		Adhérence par cm²	(20,2)	(19,3)		(18,0)
		M. E. %	*8,3*	*14,6*		*17,6*
		Nombres proportionnels	**105**	**100**		**93**
	Traction	Résistance par cm²	21,9	16,1		28,8
		M. E. %	*3,5*	*11,7*		*3,2*
		Nombres proportionnels	**136**	**100**		**179**
	Compression	Résistance par cm²	(182)	(172)		(209)
		M. E. %	*2,8*	*3,7*		*6,8*
		Nombres proportionnels	**105**	**100**		**121**
	Rapport de l'adh. totale à la comp. par cm²		4,9	5,0		3,8

Essais nos 56 et 57. — Les résultats qui précèdent n'étant pas concordants, on a refait de nouveaux essais avec un mortier plastique contenant, en poids, une partie de ciment portland et quatre parties de sable du Noirda.

Outre les cubes à tiges pour essais d'adhérence, on a fait des prismes non armés, destinés à être essayés d'abord par flexion, puis par compression.

Démoulées au bout de 24 heures, ces diverses éprouvettes ont été aussitôt placées dans différents milieux, pour y être conservées jusqu'aux époques fixées pour les ruptures, savoir :

Série A : dans l'eau douce à la température constante de 15 à 18° ;

Série A' : dans l'eau de mer à la même température constante ;

Série B : dans l'air saturé d'humidité à la même température constante ;

Série C : dans l'air relativement sec d'un magasin en planches, soumis aux variations de la température extérieure ;

Série D : sur le toit du laboratoire, exposée à toutes les intempéries.

Pour étudier plus spécialement l'action de l'eau de mer sur un mortier facilement décomposable, on a fait, avec 5 parties en poids de sable de dune fin pour une partie du même ciment portland, un mortier maigre et friable, dont les éprouvettes ont été immergées à l'eau de mer après durcissement de 3 jours à l'air humide et essayées dans les mêmes conditions que les précédentes.

Pour chaque série de l'un et de l'autre mortier, on a, après chaque durée de conservation, essayé quatre cubes à tige et trois prismes non armés. Les premiers résultats obtenus sont reproduits par le tableau des pages 732 et 733 ; il reste encore assez d'éprouvettes pour procéder à des ruptures après trois autres durées plus prolongées.

La plupart des courbes obtenues dans les essais d'adhérence ont été du type A (p. 694) ; pour les séries C et D elles ont été du type G dans les essais à 4 semaines, des types G' et G'' à 12 semaines et du type H, avec éclatement brusque du cube, aux durées plus prolongées.

Les charges de rupture dans les essais d'adhérence ont été, surtout aux courtes durées, irrégulières en même temps que très faibles, de sorte que les moyennes des écarts relatifs sont souvent considérables.

En fendant les cubes après les essais d'adhérence, nous avons constaté pour la première fois (abstraction faite de l'essai n° 52 sur blocs de plâtre) que, dans certains cas, il s'était formé entre les deux matériaux des plaques de rouille plus ou moins étendues : ce phénomène ne s'est jamais produit dans les blocs des séries A et A', immergés à l'eau douce et à l'eau de mer, où l'air n'avait pas accès à la surface de contact du mortier et du fer ; cette surface était seulement mouillée, sans traces d'altération. Pour les blocs de la série B conservés 12 semaines et 26 semaines à l'air humide, les tiges étaient très légèrement rouillées ; après les durées plus longues, le mortier présentait par places, au contact du fer, de larges plaques noires, et le fer était corrodé en ces points. Pour les blocs de la série C, conservés à l'air relativement sec avec variations de température, et ceux de la série D, exposés aux intempéries, les plaques de rouille étaient beaucoup plus étendues. Souvent même, après les plus longues durées, le mortier rouillé formait, autour de la tige de fer, de gros bourrelets restés adhérents à celle-ci après la rupture du cube, qui s'était produite par éclatement du mortier, sans glissement du fer ; de là sans doute les forts écarts obtenus dans ces essais ; les blocs de la série D ont d'ailleurs fini par se fendre. Enfin, avec le mortier 1 : 3 au sable fin immergé dans l'eau de mer, on a observé, lors des ruptures, à la surface de contact du fer et du mortier, des plaques noires pareilles à celles de la série B, mais moins étendues, formées sans doute de protoxyde de fer, et qui se sont transformées rapidement en rouille après conservation à l'air des morceaux de mortier séparés des tiges ; ces plaques ont été le plus abondantes au bout de 26 semaines, puis ont diminué et n'existaient presque plus dans les blocs rompus après 2 ans et 3 ans et demi. On verra à l'article suivant ce qu'il faut penser de ces constatations.

La progression des diverses résistances de chaque série de mortiers avec le temps a été examinée spécialement un peu plus haut (voir tableau de la p. 727), et il ne nous reste à étudier ici que l'influence des divers milieux de conservation après chaque durée. Pour la rendre plus facilement appréciable, on a encore représenté les diverses résistances par des nombres proportionnels, calculés en ramenant à 100 celles du mortier conservé à l'air humide.

Rupture après	Série :	Milieu de conservation :	Essai n° 56 (Mortier 1 : 4) A Eau douce	A' Eau de mer	B Air humide	C Air sec	D Intempéries	Essai n° 57 Mort. 1 : 5 Eau de mer
1 semaine	Adhérence	Charge totale	90	53	118	134	76	31
		Adhérence moyenne par cm²	2,23	1,20	2,66	3,02	4,71	0,70
		M. E. °/₀	*29,0*	*15,5*	*28,1*	*15,0*	*29,0*	*20,0*
		Nombres proportionnels	84	45	100	114	64	
	Compression	Résistance par cm²	21,2	16,2	20,0	19,5	20,0	5,8
		M. E. °/₀	*2,8*	*1,9*	*3,5*	*2,6*	*2,5*	*6,0*
		Nombres proportionnels	106	81	100	97	160	
	Flexion	Résistance par cm²	8,0	7,3	8,0	9,6	8,8	3,6
		Nombres proportionnels	100	91	100	120	110	
4 semaines	Adhérence	Charge totale	188	145	189	360	329	93
		Adhérence moyenne par cm²	4,24	3,26	4,25	8,11	7,41	2,14
		M. E. °/₀	*9,0*	*11,9*	*22,6*	*13,5*	*2,1*	*18,2*
		Nombres proportionnels	100	77	100	191	174	
	Compression	Résistance par cm²	32,6	27,3	33,8	39,0	36,4	8,6
		M. E. °/₀	*6,7*	*1,5*	*6,3*	*3,7*	*8,1*	*3,5*
		Nombres proportionnels	95	81	100	116	108	
	Flexion	Résistance par cm²	11,6	13,8	12,3	16,8	16,8	6,7
		Nombres proportionnels	94	113	100	136	136	
12 semaines	Adhérence	Charge totale	267	191	312	463	672	140
		Adhérence moyenne par cm²	6,02	4,30	7,02	10,40	14,90	3,15
		M. E. °/₀	*8,0*	*14,1*	*3,0*	*18,2*	*1,2*	*8,1*
		Nombres proportionnels	86	61	100	148	215	
	Compression	Résistance par cm²	40,1	36,7	43,7	49,2	54,2	11,6
		M. E. °/₀	*2,0*	*3,6*	*2,1*	*3,7*	*5,1*	*6,0*
		Nombres proportionnels	92	84	100	113	124	
	Flexion	Résistance par cm²	15,0	19,3	19,7	24,0	32,6	10,9
		Nombres proportionnels	76	98	100	122	166	
26 semaines	Adhérence	Charge totale	292	226	414	≥ 695	≥ 1015	128
		Adhérence moyenne par cm²	6,58	5,10	9,31	≥ 15,65	≥ 22,88	2,88
		M. E. °/₀	*9,8*	*8,9*	*8,8*	*16,9*	*11,1*	*11,3*
		Nombres proportionnels	71	55	100	≥ 168	≥ 245	
	Compression	Résistance par cm²	[illegible]	[illegible]	[illegible]	[illegible]	[illegible]	[illegible]
		M. E. °/₀	[illegible]	[illegible]	[illegible]	[illegible]	[illegible]	[illegible]
		Nombres proportionnels	100	97	100	145	152	
	Flexion	Résistance par cm²	20,1	25,4	23,7	28,1	35,0	11,5
		Nombres proportionnels	85	108	100	119	148	
1 an	Adhérence	Charge totale	343	235	590	≥ 1135	≥ 1018	149
		Adhérence moyenne par cm²	7,72	5,30	13,30	≥ 25,56	≥ 22,92	3,35
		M. E. °/₀	*11,1*	*17,7*	*15,3*	*20,2*	*11,1*	*10,7*
		Nombres proportionnels	58	40	100	≥ 192	≥ 173	
	Compression	Résistance par cm²	67,7	55,7	63,5	104,7	106,5	16,7 (¹)
		M. E. °/₀	*3,7*	*3,7*	*5,7*	*3,9*	*5,6*	*2,8*
		Nombres proportionnels	106	88	100	165	168	
	Flexion	Résistance par cm²	26,2	31,2	28,3	34,5	49,4	14,4 (¹)
		Nombres proportionnels	93	110	100	122	174	
2 ans	Adhérence	Charge totale	446	311	798	≥ 1576	≥ 1063 (²)	235
		Adhérence moyenne par cm²	10,04	7,01	17,98	≥ 35,50	≥ 23,95	5,30
		M. E. °/₀	*11,7*	*16,6*	*11,1*	*10,9*	*16,2*	*2,4*
		Nombres proportionnels	56	39	100	≥ 198	≥ 134	
	Compression	Résistance par cm²	79,2	66,7	76,3	117,4	166,1	21,8 (¹)
		M. E. °/₀	*1,8*	*2,1*	*1,0*	*3,1*	*3,6*	*5,1*
		Nombres proportionnels	104	87	100	154	218	
	Flexion	Résistance par cm²	27,0	36,9	34,7	36,3	58,2	15,8 (¹)
		Nombres proportionnels	78	106	100	105	168	
3 ans et demi	Adhérence	Charge totale	494	413	≥ 1525	≥ 2002	≥ 467 (²)	217
		Adhérence moyenne par cm²	11,22	9,30	≥ 34,40	≥ 45,09	≥ 10,52	5,56
		M. E. °/₀	*9,1*	*14,5*	*14,3*	*4,3*	*39,3*	*12,0*
		Nombres proportionnels	32	27	≥ 100	(132) ?	(31) ?	
	Compression	Résistance par cm²	94,2	81,9	110,1	168,5	229,7	33,2 (³)
		M. E. °/₀	*3,9*	*2,6*	*2,6*	*4,2*	*7,3*	*3,8*
		Nombres proportionnels	86	77	100	153	209	
	Flexion	Résistance par cm²	32,9	43,1	48,8	42,9	75,2	29,5 (³)
		Nombres proportionnels	67	88	100	88	154	

(¹) Prismes légèrement fissurés sous l'action de l'eau de mer.

(²) Cubes à tiges fendus spontanément comme l'indique la fig. 197.

(³) Contrairement aux prismes essayés après 1 an et 2 ans, ceux qui ont été rompus après 3 ans 1/2 n'étaient pas fissurés.

On voit ainsi que l'adhérence a été presque toujours plus faible dans l'eau douce qu'à l'air humide, et encore plus faible dans l'eau de mer. A l'air relativement sec et surtout aux intempéries (excepté, pour ces dernières, au bout d'une semaine et de trois ans et demi), elle a toujours été notablement plus forte qu'à l'air humide, et il semble que, au moins dans le premier de ces deux milieux, elle augmente aussi plus rapidement avec le temps. On vient de voir que c'était là un effet de la formation progressive de bourrelets de mortier rouillé faisant corps avec la tige et s'opposant à tout glissement.

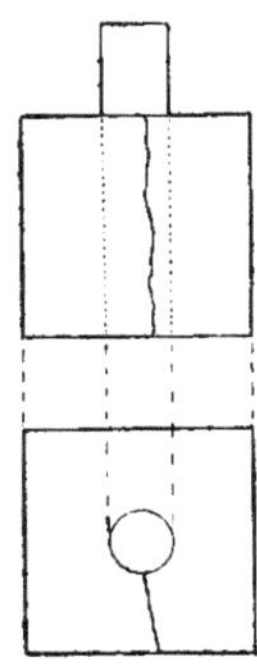

Fig. 197.

Lors des ruptures après **2** ans et **3** ans **1/2**, on a constaté que les cubes exposés aux intempéries s'étaient fendus spontanément suivant un plan passant par l'axe de la tige de fer et par le milieu de l'une des faces latérales (fig. 197).

Les résistances à la compression présentent entre elles des écarts de même sens que les charges de décollement, mais moins accusés. Il en est de même dans les essais à la flexion, si ce n'est que les mortiers conservés à l'eau de mer ont été généralement plus résistants que ceux à l'eau douce et souvent même que ceux à l'air humide.

Essais n°s 58 et 59. — Dans les essais n°s 58 à 65, qui vont être décrits maintenant, on a étudié, outre les milieux dont il vient d'être question, diverses conditions de conservation beaucoup plus dures que celles auxquelles les ouvrages sont exposés généralement dans la pratique, et l'on y a exagéré à dessein soit le degré de sécheresse de l'atmosphère, soit ses variations de température, de manière à rendre plus apparentes les modifications qui peuvent en résulter pour l'adhérence ainsi que pour les résistances à la compression et à la flexion.

Dans les deux premiers essais, on a opéré parallèlement sur deux mortiers de même composition, si ce n'est que le premier a été fait au ciment portland (essai n° 58) et le second au ciment de laitier (essai n° 59).

Composés, en poids, d'une partie de ciment pour deux parties de sable de dune, ces mortiers ont été gâchés à consistance plastique, ce qui a demandé respectivement 18,5 0/0 d'eau pour le mélange au portland et **17,0** 0/0 pour celui au laitier. Aussitôt après le gâchage, toutes les éprouvettes, cubes armés pour essais d'adhérence et prismes non armés pour essais de flexion puis de compression, ont été placées dans un récipient dont l'atmosphère était saturée d'humidité. On les a démoulées au bout de 24 heures et séparées, pour chaque mortier, en six séries, jusque-là identiques, que l'on a traitées comme il suit :

Série A. — Aussitôt démoulées, ces éprouvettes ont été immergées dans de l'eau douce renouvelée toutes les semaines et maintenue à une même température constante de 17 à 18°.

Série B. — Ces éprouvettes, posées sur des claies, à quelques centimètres les unes des autres, ont été maintenues, jusqu'à l'époque de leur rupture, dans une atmosphère saturée d'humidité à la même température constante.

Série C. — Après 7 jours de durcissement dans l'air saturé d'humidité, ces éprouvettes ont été mises dans une boîte en fer-blanc contenant de la chaux vive, que l'on a ensuite soudée et conservée à la même température constante. On a évité que la chaux vive, destinée seulement à dessécher l'atmosphère de la boîte, vînt en contact avec les mortiers. La boîte n'a été ouverte que quelques minutes avant les essais de rupture.

Série D. — Après 7 jours de durcissement dans la même atmosphère initiale que les autres, ces éprouvettes ont été mises sur un toit, où elles sont restées exposées aux intempéries pendant une période d'été généralement chaude et sèche.

Série E. — Après 38 jours de durcissement dans l'air saturé d'humidité, à température constante, ces éprouvettes ont été introduites dans une boîte de fer-blanc, où on les a calées et entourées de toutes parts avec de la limaille de fonte ; puis la boîte a été soudée et plongée, dans une fabrique de glace, dans un bain de chlorure de calcium maintenu constamment à une température s'écartant peu de — 10°. On a laissé la boîte alternativement 24 heures dans ce bain, puis 24 heures à l'air libre dans un endroit bien exposé au soleil, en recommençant tous les deux jours. Après 18 pareils refroidissements et autant de réchauffements, on a ouvert la boîte et constaté, sur un thermomètre à maxima et minima que l'on avait eu soin d'y loger au milieu des blocs de mortier, que les températures extrêmes avaient été — 13° et + 44°. Les parois intérieures de la boîte étaient humides.

Série F. — Après 38 jours aussi de durcissement dans les mêmes conditions que les séries B et E, ces éprouvettes ont été introduites dans une caisse en tôle épaisse sans couvercle, où on les a calées et entourées de toutes parts avec du sable fin ; puis la caisse a été chauffée très doucement pendant environ 12 heures, refroidie à la cave pendant un temps à peu près égal, chauffée de nouveau et ainsi de suite. Au début de chaque opération, la température mettait cinq à six heures à atteindre son nouvel état d'équilibre, où elle se maintenait ensuite sans grands changements.

La température atteinte pendant l'échauffement a été en général de 60 à 70°[1] ; après refroidissement, elle est revenue aux environs de 17 à 19°. Les éprouvettes ont ainsi subi 24 échauffements et autant de refroidissements, séparés de temps en temps par quelques journées de repos, à la température de 17°.

Sept jours avant la date fixée pour les ruptures, les éprouvettes des trois dernières séries ont été reportées dans l'air saturé d'humidité, à la température constante où les trois premières séries étaient toujours restées.

Après ces traitements variés, toutes les éprouvettes au ciment portland, ainsi que les séries A, B et E au ciment de laitier, ne présentaient aucune trace visible d'altération. Mais les cubes armés au ciment de laitier exposés aux intempéries (série D) montraient, quand on les a retirés du toit, de fines veines serpentant à leur surface et souvent de légères fissures s'étendant jusqu'à la tige de fer. Quant aux cubes armés au ciment de laitier chauffés (série F) ou conservés à l'air sec (série C), ils s'étaient franchement fendus comme l'indique la figure 197. Les prismes non armés correspondants étaient intacts.

Pour les six séries de chaque mortier, on a procédé aux ruptures 12 semaines après la date du gâchage. Les courbes obtenues dans les essais d'adhérence ont été presque toujours du type A, même avec les cubes préalablement fendus, quelquefois aussi du type G.

Après les ruptures, on a déterminé la perte au feu d'échantillons de chaque mortier prélevés dans les cubes armés, aux environs de la tige de fer, et on en a déduit, connaissant les pertes au feu initiales des ciments et du sable, les poids d'eau

1. Une fois, la température s'est élevée jusqu'à 82°.

retenus, après 12 semaines, par un poids 100 du mélange initial des matières sèches.

Le tableau suivant rend compte des résultats obtenus.

		Série :	A	B	C	D	E	F
		Conditions de conservation :	Eau douce	Air hum.	Air sec	Intempéries	Gelée	Chauffage à l'air libre
Essai n° 58 Ciment portland	Adhérence	Charge totale. . . .	534	422	116	420	382	262
		Adhér. moy. par cm².	12,0	9,5	2,6	9,5	8,6	5,9
		M. E. %.	*6,0*	*10,8*	*12,9*	*6,1*	*16,8*	*12,9*
		Nombres proportion.	**127**	**100**	**28**	**100**	**90**	**62**
	Compression	Résistance par cm² .	82	97	18	87	91	71
		M. E. %.	*1,6*	*2,1*	*7,8*	*3,5*	*3,6*	*3,1*
		Nombres proportion.	**85**	**100**	**18**	**90**	**94**	**73**
	Flexion	Résistance par cm² .	25,3	28,8	7,0	33,2	28,3	19,7
		Nombres proportion.	**88**	**100**	**24**	**115**	**98**	**68**
	Rapport de l'adh. totale	à la comp. par cm².	6,5	4,4	6,4	4,8	4,2	3,7
		à la flexion par cm².	21,1	14,7	16,6	12,7	13,5	13,3
	Poids d'eau retenu par un poids 100 de mélange sec initial		19,2	14,1	2,8	15,7	13,0	4,2
Essai n° 59 Ciment de laitier	Adhérence	Charge totale. . . .	811	695	97 (2)	279 (1)	691	136 (2)
		Adhér. moy. par cm².	18,3	15,6	2,2 (2)	6,3 (1)	15,6	3,1 (2)
		M. E. %.	*8,9*	*6,1*	*18,0*	*15,6*	*1,2*	*32,2*
		Nombres proportion.	**117**	**100**	**14** (2)	**40** (1)	**100**	**20** (2)
	Compression	Résistance par cm² .	134	129	97	141	163	115
		M. E. %.	*1,1*	*1,8*	*3,3*	*1,6*	*0,8*	*1,3*
		Nombres proportion.	**104**	**100**	**75**	**109**	**126**	**89**
	Flexion	Résistance par cm² .	49,0	43,9	26,3	15,4	40,2	15,2
		Nombres proportion.	**112**	**100**	**60**	**35**	**92**	**35**
	Rapport de l'adh. totale	à la comp. par cm² .	6,4	5,4	1,0 (2)	2,0 (1)	4,2	1,2 (2)
		à la flexion par cm²	16,5	15,9	3,7 (2)	18,2	17,2	9,0 (2)
	Poids d'eau retenu par un poids 100 de mélange sec initial.		16,6	15,1	3.2	13,5	14,6	5,5

(1) Cubes légèrement fissurés.
(2) Cubes fendus.

En calculant les quotients des charges de décollement par les résistances à la compression et à la traction, on remarque que l'adhérence varie à peu près comme la résistance à la compression ; seules les trois séries de cubes fissurés ont donné des adhérences notablement inférieures à celles que l'on aurait obtenues s'il y avait eu proportionnalité.

En somme, avec les deux ciments, l'adhérence a été un peu plus forte pour les blocs immergés que pour ceux qui avaient été conservés à l'air humide. Dans l'air sec, elle s'est réduite à presque rien.

Exposés aux intempéries ou à des alternatives de gelée et de chaleur, les mortiers de ciment portland, préalablement durcis à l'air humide, ont eu une adhérence à peine plus faible que les mortiers conservés continuellement à l'air humide à température constante. Mais, en chauffant les blocs vers 70° à l'air libre, on a fortement diminué l'adhérence. Au contraire, les scellements au mortier de ciment de laitier, qui ont encore assez bien résisté aux répétitions de gels et de dégels, se sont fissurés aux intempéries et à la chaleur et ont perdu une grande partie de leur résistance.

Si l'on compare les charges de décollement aux quantités d'eau retenues par les mortiers lors des ruptures, on remarque que, pour un même mortier, l'adhérence a diminué parallèlement à la proportion d'eau retenue, de sorte que les conditions de conservation les plus avantageuses sembleraient être celles dans lesquelles les mortiers sont le moins exposés à perdre leur eau, quelles que puissent être d'ailleurs les variations de température.

Mais on verra par les essais suivants que cette loi n'est pas générale.

Essais nos 60 et 61. — De nouveaux essais ont été faits, dans des conditions analogues mais plus variées, sur un autre ciment portland et un autre ciment de laitier. On a employé le sable du Cran Poulet à gros grains arrondis, défini à l'annexe, à la fin du volume.

Composés d'une partie de ciment pour quatre parties, en poids, de ce sable, les mortiers ont été gâchés à consistance plastique, ce qui a demandé respectivement 8,5 0/0 d'eau pour les mélanges au portland et 9,5 0/0 pour ceux au ciment de laitier. Le mortier de portland obtenu n'était pas parfaitement compact et présentait, entre les grains de sable, des cavités incomplètement remplies par le ciment; celui au ciment de laitier était plus lié et plus plein.

Les éprouvettes, de même nature et en même nombre que dans les essais précédents, ont été laissées d'abord dans l'air saturé d'humidité, puis démoulées au bout de 24 heures et placées dans divers milieux :

Séries A et A'. — Éprouvettes immergées, aussitôt après démoulage, les premières dans l'eau douce, les secondes dans l'eau de mer à une température constante de 15 à 17°.

Série B. — Éprouvettes maintenues constamment dans l'air saturé d'humidité, à la même température constante.

Séries C_1, C_2 et C_3. — Éprouvettes conservées, toujours à la même température, un certain temps dans une caisse fermée dont l'atmosphère était desséchée par de la chaux vive, le reste du temps dans l'air saturé d'humidité. Les éprouvettes C_1 ont été laissées dans l'air sec au début de leur durcissement, depuis l'âge d'un jour jusqu'à celui de 2 semaines ; les éprouvettes C_2 l'ont été de 2 semaines à 10 semaines ; enfin les éprouvettes C_3, mises dans l'air sec au bout de 10 semaines seulement, n'en ont été retirées qu'au bout de 12 semaines, quelques minutes avant les essais de résistances.

Série D. — Éprouvettes conservées d'abord une semaine dans l'air humide à température constante, puis exposées, sur un toit, aux intempéries, pendant la fin de l'été et une partie de l'automne.

Série E. — Éprouvettes conservées d'abord quatre semaines dans l'air humide à température constante, puis, au milieu de limaille de cuivre, dans une boîte soudée que l'on a alternativement immergée 24 heures dans un bain de chlorure de calcium à environ — 10°, puis exposée pendant le même temps à l'air libre, à la température ambiante. Le nombre total des immersions a été de 24. Par suite d'une petite déchirure survenue accidentellement à la boîte, il y est pénétré un peu de chlorure de calcium, qui a mouillé plusieurs cubes à tiges. Les efforts de décollement trouvés pour les cubes mouillés ont été nettement inférieurs à ceux des cubes restés intacts, et on n'en a pas tenu compte dans les moyennes.

Série F. — Éprouvettes conservées d'abord, comme les précédentes, quatre semaines dans l'air humide à température constante, puis introduites, au milieu de sable fin, dans une caisse en tôle sans couvercle, qui a été alternativement chauffée 12 heures jusqu'à une température d'environ 60 à 70°, puis refroidie 12 heures vers 17°. Le nombre total des chauffages a été de 32.

Série G. — Éprouvettes mises, au bout de quatre semaines, au milieu de sable fin mouillé, dans un autoclave, qui a été fermé et porté doucement à une température d'un peu plus de 100° ; cette température a été maintenue quelques heures, puis on a éteint le foyer et laissé l'autoclave revenir à la température ambiante. On a répété la même opération presque tous les jours, en ouvrant de temps en temps l'autoclave pour s'assurer que tout le sable restait humide et changer les éprouvettes de place. Mais, en vidant pour la dernière fois l'appareil après l'avoir eu chauffé ainsi à 39 reprises, on a constaté que, depuis la précédente visite (30e opération), une partie du sable avait perdu son humidité. On a désigné par G_1 les cubes armés trouvés dans le sable sec et par G_2 ceux trouvés dans le sable encore mouillé. Quant aux prismes sans tiges pour essais de flexion et de compression, il a été impossible de les diviser de même en deux groupes distincts, car certains se trouvaient à la fois dans les deux régions, sans ligne de démarcation bien nette. Leurs résistances ont d'ailleurs été très irrégulières.

Sept jours avant la date fixée pour les ruptures, les éprouvettes des séries **D**, E, F et G ont été reportées dans l'air saturé d'humidité, à la température constante où les diverses séries A, B et C étaient toujours restées.

Après ces traitements variés, toutes les éprouvettes au ciment portland, ainsi que les séries A, A', B, C_1, C_2, C_3, E et G_2 au ciment de laitier, ne présentaient aucune trace visible d'altération. Mais les cubes armés et les prismes de la série D au ciment, de laitier, exposés aux intempéries, étaient sillonnés d'un réseau serré de fines craquelures s'étendant sur toute leur surface extérieure. Deux des cubes au ciment de laitier chauffés à l'air libre (série F) présentaient de pareilles craquelures et les deux autres étaient fendus comme l'indique la figure 197. Enfin les cubes G_1 au ciment de laitier, retrouvés dans la partie sèche du sable de l'autoclave, étaient aussi fendus. Les prismes F et G_1 étaient intacts.

Toutes les éprouvettes ont été rompues douze semaines après le gâchage. Les courbes obtenues dans les essais d'adhérence ont été presque toujours de l'un des types G'' ou H (p. 694). Après les ruptures, on a calculé, d'après la perte au feu d'échantillons de chaque mortier prélevés vers le milieu des prismes, le plus loin possible de leurs faces, les poids d'eau retenus par un poids 100 de mélange sec initial.

En démolissant les cubes après les essais d'adhérence, on a constaté, comme dans l'essai n° 56, que les tiges de fer présen-

Série :			A	A′	B	C_1	C_2	C_3	D	E	F	G_1	G_2
Conditions de conservation :			Eau douce	Eau de mer	Air humide	Atmosph. desséchante de 1 jour à 2 sem.	de 2 sem. à 10 sem.	de 10 sem. à 12 sem.	Intempéries	Gelée	Chauffage à l'air libre	Autoclave blocs séchés	blocs non séchés
Essai n° 60 Ciment portland	Adhérence	Charge totale	910	733	982	777	1168	1280	1043	595 (1)	1031	1410 (2)	1950 (2)
		Adhérence moy. par cm²	20,5	16,5	22,1	17,5	26,3	28,8	23,5	13,4 (1)	23,2	31,7 (2)	43,9 (2)
		M. E. ‰	*3,3*	*16,0*	*9,6*	*10,0*	*4,1*	*3,1*	*9,3*	—	*7,3*	—	—
		Nombres proportionnels	**93**	**75**	**100**	**79**	**119**	**130**	**106**	**61**	**105**	**143**	**198**
	Compression	Résistance par cm²	139	120	152	131	157	160	158	145	168	241 (de 218 à 256)	
		M. E. ‰	*8,1*	*7,3*	*7,1*	*7,3*	*3,0*	*1,4*	*6,1*	*7,1*	*9,1*	*4,6*	
		Nombres proportionnels	**91**	**79**	**100**	**86**	**103**	**105**	**104**	**95**	**110**	**158**	
	Flexion	Résistance par cm²	33,6	34,5	34,7	30,7	32,8	35,7	37,3	20,7	31,6	42,3 (de 36 à 53)	
		Nombres proportionnels	**97**	**99**	**100**	**89**	**94**	**103**	**107**	**60**	**91**	de **104** à **152**	
	Rapport de l'adh. totale	à la compression par cm²	6,5	6,1	6,5	5,9	7,4	8,0	6,6	4,1	6,1	5,9	8,1
		à la flexion par cm²	27,1	21,2	28,3	25,3	35,6	35,9	28,0	28,7	32,6	(33,3)	(46,2)
	Poids d'eau retenu par un poids 100 de mélange sec initial		8,3	8,1	9,3	6,5	4,0	6,1	8,6	10,3	2,4	4,4	
Essai n° 61 Ciment de laitier	Adhérence	Charge totale	1300	1170	1580	1257	1163	1553	992 (3)	1325 (2)	638 (4)	523 (5)	1500 (6)
		Adhérence moy. par cm²	29,3	26,4	35,6	28,4	26,2	35,0	22,4 (3)	29,9 (2)	14,4 (4)	11,8 (5)	33,8 (6)
		M. E. ‰	*9,6*	*15,0*	*3,8*	*12,2*	*15,7*	*1,7*	*2,7*	—	*30,3*	*10,6*	—
		Nombres proportionnels	**82**	**74**	**100**	**80**	**74**	**98**	**63** (3)	**84** (2)	**40** (4)	**33** (5)	**95** (6)
	Compression	Résistance par cm²	162	134	169	150	182	183	146 (3)	167	217	177 (de 135 à 215)	
		M. E. ‰	*6,0*	*4,3*	*1,1*	*6,5*	*6,4*	*1,9*	*1,2*	*5,1*	*6,7*	*14,3*	
		Nombres proportionnels	**96**	**79**	**100**	**89**	**108**	**108**	**86** (3)	**99**	**128**	de **80** à **128**	
	Flexion	Résistance par cm²	41,4	45,9	40,8	31,2	36,7	35,9	24,6 (3)	32,8	22,8	30,9 (de 22 à 38)	
		Nombres proportionnels	**101**	**112**	**100**	**76**	**90**	**88**	**60** (3)	**80**	**56**	de **54** à **93**	
	Rapport de l'adh. totale	à la compression par cm²	8,0	8,7	9,3	8,4	6,4	8,5	6,8 (3)	7,9	2,9 (4)	(3,0)	(8,5)
		à la flexion par cm²	31,4	25,5	38,7	40,3	31,6	43,2	40,4 (3)	40,4	28,0 (4)	(16,9)	(48,8)
	Poids d'eau retenu par un poids 100 de mélange sec initial		8,8	9,4	10,3	7,4	5,6	10,3	7,2	9,0	1,8	10,0	

(1) Résultat fourni par un seul cube au lieu de quatre.
(2) Moyenne de deux cubes seulement, au lieu de quatre.
(3) Cubes et prismes sillonnés d'un réseau de fines veines.
(4) Deux des cubes sont sillonnés de légères veines ; les deux autres sont fendus (fig. 197).
(5) Les trois cubes retrouvés dans le sable sec sont fortement fendus (fig. 197).
(6) Le cube unique retrouvé dans le sable mouillé est intact.

taient souvent des attaques de rouille en différents points de la surface de contact. A peu près nulles dans les blocs immergés A et A', les taches étaient les plus développées dans les séries D, E, F et G, qui avaient été soumises à des variations de température. Elles étaient souvent plus fortes avec le mortier au portland qu'avec celui au laitier qui, comme on l'a déjà dit, présentait moins de vides.

Le tableau de la page 741 rend compte des résultats obtenus.

Cette fois, comme dans l'essai n° 56, les mortiers immergés à l'eau douce et surtout à l'eau de mer se sont montrés, dans les essais d'adhérence et de compression, inférieurs à ceux qui avaient été conservés à l'air humide ; à la flexion, les trois modes de conservation ont donné des résultats sensiblement équivalents.

Les blocs gelés se sont moins bien comportés que dans les essais 58 et 59.

Avec le ciment de laitier, les autres séries confirment la règle formulée à la suite de ces essais, d'après laquelle les résistances, et surtout l'adhérence, seraient d'autant plus faibles que le mortier se serait plus desséché, quelles qu'aient pu être d'ailleurs les variations de la température.

Avec le ciment portland, il n'en a plus été de même, et, parmi les séries autres que A, A' et E, seule la série C_1, exposée dans une atmosphère desséchante pendant les premiers temps du durcissement, a été inférieure au mortier maintenu dans l'air humide à température constante.

Essais n°s 62 à 65. — Dans les essais suivants, on a opéré parallèlement sur quatre liants hydrauliques : chaux hydraulique Pavin de Lafarge, ciment de laitier, ciment de grappiers et ciment portland.

Avec chacun, on a formé un béton contenant, en poids, 2 parties de liant pour 5 parties de sable de la Crèche et 5 parties de pierrettes traversant la passoire à trous de 20 mm. de diamètre et retenues par celle à trous de 10 mm., composition qui se rapproche assez de celles qu'emploient généralement certains entrepreneurs de ciment armé. Ces bétons ont été gâchés à consistance franchement plastique avec des proportions d'eau représentant respectivement 11,7, 9,0, 9,2 et 8,3 pour 100 des poids de mélange sec, et moulés en cubes à tiges et en prismes non armés, à raison de quatre cubes et trois prismes par série d'essais projetée. On a constaté, lors du gâchage et après rupture, que les trois premiers bétons étaient bien liés, tandis que le quatrième, au ciment portland, avait un aspect plus maigre et présentait quelques cavités.

Gâchées à des jours différents, les éprouvettes des quatre bétons ont été conservées d'abord à l'air humide, celles à la chaux 12 jours, celles au laitier 9 jours, celles au grappier 7 jours et celles au portland 5 jours, puis réparties en 7 séries qui ont été exposées en même temps dans les milieux de conservation dont on se proposait d'étudier l'influence :

Séries A et A'. — Immersion à l'eau douce et à l'eau de mer à température constante de 17 à 18°, renouvelées toutes les semaines.

Série B. — Conservation dans une atmosphère saturée d'humidité à la même température constante.

Série C. — Eprouvettes placées sur des claies, sans se toucher, dans une boite hermétiquement close, conservée à la même température constante et communiquant avec l'extérieur par quatre ajutages, par lesquels on faisait passer tous les jours, pendant une demi-heure, au moyen d'une soufflerie, des courants d'air dans différentes directions, de manière à produire une dessiccation modérée des bétons, sans recourir à la chaleur. Ces éprouvettes n'ont été sorties de la boite que deux ou trois heures avant leur rupture.

Série D. — Conservation aux intempéries, sur le toit, pendant une fin de printemps froide et un commencement d'été sec et très chaud.

Série F. — Conservation dans du sable fin alternativement chauffé à l'air libre à une température d'environ 60° à 80°, puis refroidi à 17°, dans les mêmes conditions que les séries F des deux précédents groupes d'essais. L'opération a été renouvelée 54 fois, avec quelques journées de repos à une température d'environ 17°.

Série G. — Eprouvettes conservées, dans une lessiveuse, dans de l'eau douce que l'on échauffait pendant environ deux heures, jusqu'à l'ébullition, puis faisait bouillir environ trois heures et laissait ensuite refroidir lentement. Au bout d'environ douze heures, l'eau avait repris à peu près la température ambiante ;

on la remplaçait par de nouvelle eau froide et, quelques heures plus tard, on recommençait à chauffer. L'opération a été renouvelée 62 fois.

Au bout de 78 jours d'exposition dans leurs milieux respectifs, les éprouvettes des séries D, F et G ont été transportées dans la cave à température constante où se trouvaient déjà les quatre premières séries, et conservées encore 8 jours, les premières sur une table, les secondes dans leur sable et les troisièmes dans l'eau douce.

Après ce délai, c'est-à-dire environ douze semaines après les gâchages, on a pesé les diverses séries de prismes non armés, de manière à se rendre compte à peu près des différences d'humidité des bétons conservés dans les différents milieux, puis on a procédé, le même jour, à tous les essais de rupture, après avoir soigneusement examiné les éprouvettes à la loupe.

Aucun des blocs, armés ou non, des séries A, A', B, C et F ne présentait de traces d'altération.

Parmi les blocs G, soumis à l'action de l'eau bouillante, un seul cube armé au ciment de laitier et un seul cube armé au ciment portland présentaient, au voisinage de la tige de fer, une très légère veine en saillie, mais sans fissure. Toutes les autres éprouvettes de la même série étaient intactes.

Enfin la plupart des éprouvettes de la série D, conservées sur le toit, étaient plus ou moins craquelées ; seuls les prismes non armés au ciment portland n'avaient rien ; ceux à la chaux hydraulique présentaient de très légères craquelures et ceux aux ciments de laitier et de grappiers, des craquelures un peu plus accentuées. Parmi les cubes à tiges de fer, ceux au ciment de laitier ne présentaient que de très légères craquelures ; ceux aux ciments portland et de grappiers en avaient d'un peu plus fortes et ceux à la chaux hydraulique étaient fissurés.

En somme, dans les divers milieux où l'on a fait varier leur température, les quatre bétons se sont moins altérés que les mortiers étudiés dans les essais précédents.

Les courbes obtenues dans les essais d'adhérence ont généralement été des types A, A' et A'' (p. 694). Mais, avec les quatre premières séries de bétons aux ciments de laitier, de grappiers et portland, on a eu souvent des courbes en dents de scie des types K et K'. Dans le tableau, on a désigné par le signe * les séries dont une partie des cubes ont donné lieu à de

Essai		Série :	A	A'	B	C	D	F	G
		Conditions de conservation :	Eau douce	Eau de mer	Air humide	Air sec	Intempéries	Chauffage à l'air libre	Eau bouillante
Essai n° 62 Chaux hydraulique	Adhérence	Charge totale	243	244	277	313	438 (³)	122	140
		Adh. moy. par cm²	5,5	5,5	6,3	7,1	9,9 (³)	2,8	3,1
		M. E. °/₀	*10,7*	*7,3*	*11,9*	*7,0*	*11,6*	*19,6*	*5,4*
		Nombres proportion.	**87**	**88**	**100**	**113**	**158**	**40**	**50**
	Compression	Résistance par cm²	65	70	79	70	102 (¹)	59	137
		M. E. °/₀	*5,8*	*5,3*	*7,1*	*11,5*	*4,9*	*5,2*	*3,1*
		Nombres proportion.	**82**	**89**	**100**	**89**	**129**	**75**	**173**
	Flexion	Résistance par cm²	19,1	25,8	23,6	18,7	33,2 (¹)	10,2	27,9
		Nombres proportion.	**81**	**109**	**100**	**79**	**141**	**43**	**118**
	Rapport de l'adh. totale	à la comp. par cm²	3.7	3.5	3,5	4,5	4,3	2,1	1,0
		à la flexion par cm²	12,7	9,5	11,7	16,7	13,2	12,0	5,0
	Poids d'un décim. cube de béton lors des ruptures		2239	2295	2188	2115	2125	2068	2253
Essai n° 63 Ciment de laitier	Adhérence	Charge totale	1253*	907*	1015**	1081*	869 (¹)	228	431
		Adh. moy. par cm²	28,2*	20,4*	22,9**	24,4*	19,6 (¹)	5,1	9,7
		M. E. °/₀	*12,6*	*11,9*	*5,9*	*11,7*	*3,3*	*25,5*	*12,5*
		Nombres proportion.	**123**	**90**	**100**	**107**	**86**	**22**	**43**
	Compression	Résistance par cm²	211	200	209	218	222 (²)	187	187
		M. E. °/₀	*6,8*	*5,1*	*1,5*	*5,3*	*4,5*	*7,5*	*4,7*
		Nombres proportion.	**101**	**96**	**100**	**104**	**106**	**89**	**89**
	Flexion	Résistance par cm²	48,6	49,0	47,5	43,3	25,8 (²)	16,0	31,0
		Nombres proportion.	**102**	**103**	**100**	**91**	**54**	**34**	**65**
	Rapport de l'adh. totale	à la comp. par cm²	5,9	4,5	4,9	5,0	3,9	1,2	2,3
		à la flexion par cm²	25,8	18,5	21,4	25,0	33,6	14,3	13,9
	Poids d'un décim. cube de béton lors des ruptures		2347	2349	2301	2269	2224	2172	2341
Essai n° 64 Ciment de grappiers	Adhérence	Charge totale	1091*	1038**	1199*	1060	1155 (²)	477	456
		Adh. totale par cm²	24,6*	23,4**	27,0*	23,9	26,0 (²)	10,8	10,3
		M. E. °/₀	*7,2*	*4,2*	*2,6*	*11,8*	*7,8*	*7,1*	*18,0*
		Nombres proportion.	**91**	**86**	**100**	**88**	**96**	**40**	**38**
	Compression	Résistance par cm²	247	223	267	259	284 (²)	212	299
		M. E. °/₀	*6,5*	*4,7*	*2,1*	*3,6*	*4,7*	*12,9*	*2,0*
		Nombres proportion.	**92**	**83**	**100**	**97**	**106**	**79**	**112**
	Flexion	Résistance par cm²	54,3	54,7	57,8	53,1	65,0 (²)	23,2	44,9
		Nombres proportion.	**94**	**95**	**100**	**92**	**112**	**40**	**78**
	Rapport de l'adh. totale	à la comp. par cm²	4.4	4.7	4,5	4,1	4,1	2.2	1,5
		à la flexion par cm²	20,0	19,0	20,7	19,9	17,8	20,6	10,2
	Poids d'un décim. cube de béton lors des ruptures		2347	2391	2320	2277	2265	2194	2377
Essai n° 65 Ciment portland	Adhérence	Charge totale	1000*	881*	943*	855*	1205 (²)	386	496
		Adh. moy. par cm²	22,5*	19,8*	21,3*	19,5*	27,1 (²)	8,7	11,2
		M. E. °/₀	*12,8*	*8,4*	*5,3*	*6,7*	*6,6*	*23,6*	*17,1*
		Nombres proportion.	**106**	**93**	**100**	**92**	**128**	**41**	**53**
	Compression	Résistance par cm²	243	223	250	214	265	170	253
		M. E. °/₀	*9,5*	*1,0*	*4,2*	*4,1*	*4,6*	*10,3*	*4,7*
		Nombres proportion.	**97**	**89**	**100**	**85**	**106**	**68**	**101**
	Flexion	Résistance par cm²	54,7	54,5	57,4	41,8	60,3	26,6	43,0
		Nombres proportion.	**95**	**95**	**100**	**73**	**105**	**46**	**75**
	Rapport de l'adh. totale	à la comp. par cm²	4,1	4,0	3,8	4,0	4,5	1,7	1,9
		à la flexion par cm²	18,3	16,2	16,5	20,7	20,0	14,6	11,6
	Poids d'un décim. cube de béton lors des ruptures		2349	2355	2282	2237	2237	2179	2343

(¹) Très légères craquelures.
(²) Légères craquelures
(³) Légères fissures.

* Plusieurs des courbes sont en dents de scie.
** Toutes les courbes sont en dents de scie.

pareilles courbes et par le signe ** celles dont tous les cubes ont été dans ce cas.

Après la rupture des cubes armés, on n'a presque jamais observé de taches de rouille sur la surface de contact des bétons avec le fer : ceux à la chaux des séries B, C et D (air humide, air sec et toit) avaient seuls parfois de rares petites taches, et ceux au laitier de la série D (toit) présentaient une mince couronne de rouille aux points d'entrée et de sortie de la tige.

On voit par le tableau de la page 745 que, dans l'eau douce, l'adhérence a été tantôt plus faible (chaux et grappier) et tantôt plus forte (laitier et portland) qu'à l'air humide, tandis que, dans l'eau de mer, elle a toujours été plus faible. La résistance à la compression a généralement été plus faible à l'eau douce et encore plus faible à l'eau de mer. Quant à la résistance à la flexion, elle a été sensiblement la même dans les trois milieux.

A l'air relativement sec, l'adhérence a été tantôt plus faible (grappier et portland) et tantôt plus forte (chaux et laitier) qu'à l'air humide, tandis que les résistances à la compression et à la flexion ont presque toujours été plus faibles.

Aux intempéries, les trois résistances ont généralement été plus fortes qu'à l'air humide, malgré les craquelures observées sur les éprouvettes.

Les blocs chauffés à l'air libre ont toujours montré de fortes chutes de résistances (un peu moins fortes à la compression).

Enfin, ceux qui avaient été soumis à des ébullitions répétées ont eu des adhérences faibles, des résistances à la compression généralement assez fortes et des résistances à la flexion faibles, sauf pour la chaux.

La loi entrevue pour les essais 58, 59 et 61, d'après laquelle l'adhérence varierait parallèlement à la proportion d'eau restant dans le mortier, n'est donc pas confirmée.

Récapitulation. — Pour tâcher de coordonner ces divers résultats, souvent discordants, on a réuni dans le tableau d'ensemble ci-contre les nombres proportionnels aux adhérences trouvées dans les essais n°s 53 à 65, nombres calculés en ramenant à 100 l'adhérence des mortiers ou bétons conservés à température constante dans une atmosphère saturée d'humidité.

Série :		A	A'	B	C		D	E	F	G
Conditions de conserval.		Eau douce	Eau de mer	Air humide	Air relativemt sec	Air fortement desséché	Intempéries	Gelée	Chauffage à l'air libre	Chauffage dans l'eau ou la vap.
Ciments portland	Essai n° 53.	95		100		119				
	Essai n° 54.	89		100						
	Essai n° 55.	105		100			93			
	Essai n° 56, 1 sem.	84	45	100	114		64			
	Essai n° 56, 4 sem.	100	77	100	191		174			
	Essai n° 56, 12 sem.	86	61	100	148		215			
	Essai n° 56, 26 sem.	71	55	100	> 168		245			
	Essai n° 56, 1 an . .	58	40	100	> 192		> 173			
	Essai n° 56, 2 ans . .	56	39	100	> 198		> 134			
	Essai n° 56, 3 ans 1/2	32	27	100	(132)?		(31)?			
	Essai n° 58.	127		100		28	100	90	62	
	Essai n° 60.	93	75	100		79 119 130	106	61	105	143 198
	Essai n° 65.	106	93	100	92		128		41	53
	Moyenne (¹)	89	61	100	≥ 158		≥ 143			
Ciments de laitier	Essai n° 59.	117		100		14	40	100	20	
	Essai n° 61.	82	74	100		80 74 98	63	84	40	33 95
	Essai n° 63.	123	90	100	107		86		22	43
Cim. de grap.	Essai n° 64.	91	86	100	88		96		40	38
Chaux hydr.	Essai n° 62.	87	88	100	113		158		40	50

(¹) On n'a pas tenu compte, dans les moyennes, des résultats de l'essai n° 56 après trois ans et demi, pour lequel l'adhérence à l'air humide est incertaine.

Il en résulte qu'à l'eau douce l'adhérence est tantôt plus forte et tantôt plus faible qu'à l'air humide, avec une moyenne généralement un peu plus faible (excepté pour les laitiers).

A l'eau de mer, elle est toujours plus faible.

A l'air relativement sec, elle est presque toujours plus forte.

Aux intempéries, elle est généralement plus forte, sauf avec les ciments de laitier, qui se couvrent rapidement de craquelures ou même de crevasses.

Enfin, dans les divers essais où l'on a exagéré la sécheresse de l'air ou les variations de température, l'adhérence a été presque toujours affaiblie, ce qui pourrait inspirer des craintes pour l'avenir des constructions en ciment armé, si les expériences faites en exposant directement les blocs aux vicissitudes atmosphériques (séries D) n'étaient généralement assez rassurantes. Pourtant on a vu que, dans l'essai n° 56, ces blocs ont fini par se fissurer en ne montrant plus qu'une très faible adhérence.

En dressant des tableaux pareils pour les résistances à la compression et à la flexion (ou traction) des prismes non armés conservés dans les mêmes conditions que les cubes à tiges, on arrive à des conclusions analogues, à cela près que les différences sont généralement moins accusées. Par exemple, le tableau suivant donne les moyennes, calculées comme ci-dessus, des nombres proportionnels aux résultats fournis par les divers portlands :

Série : Conditions de conservation :	A Eau douce	A′ Eau de mer	B Air humide	C Air relativem^t sec	D Intempéries
Adhérence	89	61	100	$\geqq$ 158	$\geqq$ 143
Compression.	98	86	100	125	129
Flexion et traction.	94	102	100	114	141

Si l'on se borne à comparer les résistances des mortiers conservés à l'air relativement sec, à l'air humide et dans l'eau douce, on remarque qu'elles sont d'autant plus faibles que les mortiers contiennent plus d'eau dans leurs pores. C'est là un fait que nous avions déjà constaté d'une manière très nette dans des essais de compression exécutés sur des blocs de mortier non armés, conservés d'abord tous plusieurs mois à l'air humide, et dont les uns avaient été desséchés et les autres imbibés d'eau quelques heures seulement avant les ruptures. Cette expérience tend à montrer que la diminution de résistance produite par l'eau doit provenir d'une cause physique plutôt que chimique.

Pour l'adhérence du mortier aux tiges qu'il enveloppe, le phénomène est accentué par les variations de volume indiquées à l'article 151 : la contraction progressive subie par les mortiers à l'air sec resserre leur étreinte contre le fer, tandis que la dilatation qu'ils éprouvent dans l'eau, au moins au début, tend à produire l'effet contraire. Mais on a vu qu'à la longue cette dilatation disparaît et même peut être suivie d'une contraction : la tendance au décollement ne doit donc être que passagère, et, en fait, les essais n°s 56 et 57, arrivés maintenant à une durée de trois ans et demi, ont montré que, même dans l'eau, l'adhérence n'a encore jamais cessé de progresser.

307. Conservation du fer dans les mortiers. — On vient de voir que, dans plusieurs de nos expériences, le fer s'était partiellement recouvert, à l'intérieur des mortiers, soit de plaques de rouille progressant avec le temps, soit de taches noires, sans doute formées de protoxyde de fer et tendant au contraire à disparaître à la longue.

Au contact du plâtre, la corrosion du fer est un fait constaté presque universellement : dans les ouvrages en plâtre armé, il est possible qu'elle assure une grande cohésion entre les deux matériaux ; mais elle doit produire des taches de rouille visibles à la surface extérieure de l'enduit et finir par détruire l'armature. On fait pourtant de pareilles constructions, et certaines personnes affirment qu'elles se comportent parfaitement [1] ; peut-être a-t-on trouvé un moyen d'empêcher la rouille, soit en galvanisant le fer, soit par quelque autre procédé.

Avec les mortiers ou bétons de ciment, la question est plus controversée : dans un grand nombre d'ouvrages, on a constaté, en les démolissant, que le fer était resté en parfait état ; par contre, certains expérimentateurs prétendent qu'il y a attaque.

M. Lidy a décrit des expériences tendant à montrer que les ouvrages en ciment armé immergés dans l'eau de mer y subissent une action électrolytique qui doit en amener la destruction dans un avenir plus ou moins rapproché.

M. Breuillé a fait filtrer de l'eau douce sous pression à travers des blocs de béton armé et constaté que le mortier s'était décollé du fer partout où l'écoulement avait pu se produire sans entrave.

Ce même ingénieur a noyé dans du mortier de ciment des plaquettes de fer préalablement limées et pesées ; puis, après diverses durées de séjour à l'air, il a brisé le mortier, nettoyé et pesé les plaques et trouvé qu'elles avaient augmenté de poids par suite d'une combinaison formée, semble-t-il, entre le fer et la silice du ciment ; ce composé se dissout d'ailleurs peu à peu dans l'eau, et les plaquettes, immergées après séparation du mortier, finissent par peser moins qu'à leur état initial.

M. Norton a enrobé de même des morceaux de fer soigneusement limés dans des mortiers et bétons de diverses compositions, qu'il a exposés dans différents milieux, notamment dans

1. *Tonindustrie Zeitung*, 1903, pp. 421 et 453 (nos 31 et 33).

des atmosphères plus ou moins oxydantes ou corrosives ; il a constaté qu'en général le fer y restait intact, tant que l'épaisseur du béton le recouvrant était d'au moins 25 mm.

A côté de ces expériences de laboratoire, on peut citer une multitude d'observations faites sur des ouvrages de la pratique, dans lesquels le fer s'était presque toujours parfaitement conservé, bien que, dans certains cas, les travaux eussent été exécutés depuis nombre d'années et soumis à des influences particulièrement dangereuses. La question a été discutée dans diverses réunions de fabricants et de consommateurs, notamment au *Deutscher Beton Verein* [1] et à la Réunion des membres français et belges de l'*Association internationale pour l'Essai des Matériaux* [2], où l'on a cité de nombreux exemples. En Allemagne, les agents de la police des constructions ont reçu l'ordre d'inspecter l'état du fer dans les maçonneries, toutes les fois qu'on démolit de vieux édifices, et de faire des rapports sur leurs observations, en indiquant notamment l'âge et l'espèce de la maçonnerie, la qualité de fer employée et la nature de l'enduit. Nul doute que les résultats d'une pareille enquête ne présentent un grand intérêt quand ils seront suffisamment nombreux. Il semble résulter de certaines des observations déjà faites que le fer n'est attaqué que lorsque la couche de mortier qui le recouvre est trop faible.

En somme, nous croyons qu'il n'y a pas lieu de trop s'alarmer des cas de rouille ou d'altération du fer observés dans les essais d'adhérence qui viennent d'être décrits à l'article précédent. Ces phénomènes doivent tenir surtout au faible dosage des mortiers employés, à la petite dimension des cubes et surtout à la facilité laissée aux agents d'oxydation de commencer leur attaque aux points d'entrée et de sortie des tiges de fer dans les blocs de mortier. Mais on devra tirer de ces exemples une leçon de prudence et éviter, dans les constructions en ciment armé, ces trois causes de détérioration.

Un autre point non moins important de la question consiste à savoir s'il vaut mieux employer les fers nets ou rouillés.

1. *Tonindustrie Zeitung*, 1901, pp. 1381 et suiv. (n° 84).

2. Séances des 27 février et 31 mai 1902, 29 octobre 1904, 28 janvier et 29 avril 1905. Voir d'ailleurs ci-dessus, à l'article 160, la bibliographie de cette question.

On cite des cas de fers enrobés rouillés dans le mortier et qui ont été retrouvés, au bout d'un certain temps, parfaitement décapés et brillants comme s'ils étaient neufs.

M. Le Chatelier explique ce phénomène, en même temps que la meilleure adhérence des tiges rouillées signalée par M. Leduc, par la formation, entre la chaux et l'oxyde de fer hydraté qui constitue la rouille, d'une combinaison définie, le ferrite de chaux, dont la production est caractérisée par la disparition de la coloration rouge de la rouille, transformée ainsi en un composé blanc. On peut se demander si les circonstances sont toujours favorables à cette combinaison, puisque, dans certains cas, des fers employés propres sont retrouvés rouillés.

Nous avons fait diverses expériences pour tâcher de jeter quelque lumière sur cette question :

1° Avec un même ciment et divers sables, on a composé deux séries de mortiers, les uns sans autre mélange, les autres additionnés d'assez fortes proportions de rouille finement pulvérisée. Après immersion de plusieurs mois, les mortiers ont été essayés par compression.

Prenant pour abscisses les valeurs de $\left(\frac{c}{1-s}\right)^2$ relatives aux premiers mortiers et celles de $\left[\frac{c}{1-(s+m)}\right]^2$ relatives aux seconds, où m désigne le volume absolu de la rouille, on a porté en ordonnées les résistances obtenues et constaté que tous les points tombaient aux environs d'une même droite. En vertu de ce qui a été vu plus haut (chap. XI, § 2), on peut en conclure que la rouille a joué le même rôle qu'un sable inerte et n'a dû exercer aucune action pouzzolanique appréciable.

2° Un mélange de quatre parties de cette rouille avec une partie de chaux grasse éteinte en poudre a été gâché en pâte et conservé sous l'eau : il n'avait pas fait prise au bout d'un an.

3° Dans des flacons bien bouchés contenant de l'eau de chaux titrée, on a mis un peu de cette rouille fine et agité fréquemment ; puis on a dosé l'alcalinité des liquides filtrés après 28 jours et 6 mois ; la rouille n'avait alors neutralisé que 1,6 0/0 et 3,0 0/0 de son poids de chaux, ce qui est insignifiant.

4° Des fils de fer de 4 mm. de diamètre et 10 cm. de longueur, rouillés mais bien frottés pour enlever toute la rouille non adhérente, ont été pesés puis noyés au milieu de prismes de

$2 \times 2 \times 13$ cm., formés de cinq mortiers plastiques différents, l'un au portland gâché pur, les autres contenant respectivement une partie du même ciment pour 2 et 5 parties de gros sable et de sable fin. On a fait 12 prismes de chaque sorte, dont 4 ont été immergés dans l'eau douce, 4 dans l'eau de mer et les 4 autres laissés à l'air humide. Au bout de quatre semaines et d'un an, on a brisé deux prismes de chaque série et frotté les fils de fer comme la première fois. Sauf pour le mortier maigre à gros sable, le fer s'est toujours nettement décollé du mortier, et on a trouvé des augmentations de poids sensiblement égales, 5 à 10 milligrammes après quatre semaines et 7 à 14 milligrammes après un an, quoique peut-être un peu plus fortes pour les mortiers les plus riches en ciment. Avec le mortier 1 : 5 au gros sable, plus caverneux, les prismes conservés à l'eau douce se sont comportés à peu près comme ceux des autres mortiers ; de même pour ceux à l'eau de mer après quatre semaines. Au bout d'un an, les prismes à l'eau de mer présentaient intérieurement des points blancs, et les fils de fer étaient souillés de cette matière pâteuse, qui s'est d'ailleurs nettoyée facilement ; l'augmentation de poids n'a été que de 3 à 4 milligrammes. Enfin, dans les prismes au même mortier conservés à l'air humide, le fer présentait par places des croûtes de rouille et adhérait fortement au mortier ; l'augmentation de poids a été plus importante et a atteint au bout d'un an 67 milligrammes en moyenne.

En somme, cette expérience a toujours révélé, comme celle que M. Breuillé avait faite sur des fers non rouillés, de légères augmentations de poids. Mais ce résultat peut être interprété de diverses manières et ne permet de formuler sûrement aucune conclusion pratique.

M. Norton a fait une seconde série d'essais, de la même manière que la première, mais en se servant de fers rouillés ou corrodés dans divers milieux : il a constaté que, pour une épaisseur de béton de 35 mm., le fer n'éprouvait aucune altération sensible, tant qu'il était en contact bien intime avec le béton. Mais si celui-ci présentait des fissures, s'il avait été gâché trop sec ou trop mou, s'il avait été exposé au milieu oxydant avant d'avoir effectué sa prise, il se produisait au contraire une attaque très rapide.

Il ne semble donc pas qu'on soit encore en mesure de se prononcer sur la préférence à donner aux fers rouillés ou non : tout ce qu'on peut dire, c'est que, quand l'épaisseur de l'enduit est suffisante et quand celui-ci est exécuté dans de bonnes conditions, il y a de fortes chances pour que le fer, rouillé ou non, reste très longtemps inaltéré dans les maçonneries, en quelque milieu que celles-ci soient exposées.

308. Adhérence des bétons au fer. — Le dispositif décrit ci-dessus et les dimensions des cubes ne se prêtent pas à l'essai de bétons à cailloux un peu gros ; il aurait fallu, pour étudier l'adhérence de pareils bétons, opérer sur des blocs plus volumineux et disposer de machines que nous n'avions pas alors.

Nous nous sommes donc borné à faire quelques essais, comme ceux qui viennent d'être décrits sous les n°s 36 et 62 à 65, avec des bétons à petits cailloux traversant la passoire à trous de 20 mm. de diamètre et retenus par celle à trous de 10 mm. C'est là du reste à peu près la grosseur des matériaux que l'on emploie le plus souvent dans les constructions en béton armé, les seules pour lesquelles ces recherches présentent de l'intérêt.

Essai n° 66. — Cet essai a été fait en même temps et avec le même ciment que l'essai n° 38 ; on a employé divers mélanges du mortier 1 : 3 au gros sable de Seine B (poids du mètre cube de mortier frais = 2140 kg.) et de petits galets ronds (poids du mètre cube = 1410 kg.). Les éprouvettes ont été conservées à l'air humide à température constante et essayées au bout de douze semaines.

Volume de petits galets pour un volume 1 de mortier :		0	1,5	2
Adhérence	Charge totale	(870)	(329)	(280)
	Adhérence moyenne par cm².	(19,6)	(7,4)	(6,3)
	M. E. %	*3,8*	*17,3*	*17,2*
	Nombres proportionnels	100	38	32

On voit que l'adhérence des bétons a été beaucoup plus faible et plus irrégulière que celle du mortier entrant dans leur composition. Il est vrai qu'ils contenaient aussi, à volume égal, une quantité de ciment notablement moindre.

Essais n°s 56 à 65. — On peut comparer les adhérences trouvées pour les mortiers des essais 56 à 61 à celles des bétons des essais 63 et 65, en rapportant les charges de rupture au poids de liant contenu dans un mètre cube de mortier ou de béton. On obtient ainsi, pour les blocs essayés après douze semaines de conservation dans divers milieux :

Nature des liants	N° de l'essai	Dosage	Poids approximatif de liant dans 1 m³ de mortier ou de béton	Adhérence moyenne par cm² **Adhérence par 100 kg. de liant** Eau douce	Eau de mer	Air humide	Intempéries
Ciments portland	N° **58**	Mortier 1 : 2 (sable fin)	560	12,0 **2,1**	— —	9,5 **1,7**	9,5 **1,7**
	N° **56**	Mort. 1 : 4 (sable moy.)	370	6,0 **1,6**	4,3 **1,2**	7,0 **1,9**	14,9 **4,0**
	N° **60**	Mortier 1 : 4 (gros sable)	425	20,5 **4,8**	16,5 **3,9**	22,1 **5,2**	23,5 **5,5**
	N° **65**	Béton 2 : 5 : 5	340	22,5 **6,6**	19,8 **5,8**	21,3 **6,3**	27,1 **8,0**
Ciments de laitier	N° **59**	Mortier 1 : 2 (sable fin)	585	18,3 **3,1**	— —	15,6 **2,7**	6,3 **1,1**
	N° **61**	Mortier 1 : 4 (gros sable)	425	29,3 **6,9**	26,4 **6,2**	35,6 **8,4**	22,4 **5,3**
	N° **63**	Béton 2 : 5 : 5. . . .	350	28,2 **8,1**	20,4 **5,8**	22,9 **6,5**	19,6 **5,6**

Bien qu'on n'ait pas employé les mêmes échantillons de liant dans les divers essais, ce tableau tend à montrer que, à poids égal de liant par mètre cube de mélange en œuvre, les bétons doivent être plus adhérents que les mortiers, de même que les mortiers à gros sable sont plus adhérents que ceux à sable fin (art. **302**).

Essai n° 67. — Mortiers plastiques 1 : **2**, 1 : **3** et 1 : **5** faits avec un même ciment portland et le sable de dune et pesant, à l'état frais, respectivement 1950, 1900 et 1870 kg. par m³. Pierrettes anguleuses (**20** mm. — **10** mm.) résultant du concassage de pierre meulière et pesant, par mètre cube, 1180 kg. Bétons contenant 3, **4** et **5** volumes de pierrettes pour **2** volumes de chacun des trois mortiers.

Ruptures après **2** semaines, **12** semaines et **2** ans de conservation à l'air humide à température constante.

Dosage du mortier en poids :		1 : 2			1 : 3			1 : 5	
Dosage du béton en volumes :	2 : 3	2 : 4	2 : 5	2 : 3	2 : 4	2 : 5	2 : 3	2 : 4	2 : 5
Eau de gâchage pour un poids 100 de mélange sec	8,85	7,65	7,10	9,40	8,10	7,35	9,70	8,35	7,65
Poids du mètre cube de béton frais	2100	2027	1918	2081	1953	1932	2031	1942	1905
Poids de ciment contenu dans 1 m³ de béton	319	262	217	232	184	160	149	120	104
Compacité du béton frais	0,711	0,699	0,668	0,707	0,674	0,673	0,693	0,672	0,665
Adhérence après : 2 sem. Charge totale	(666)	(524)	(351)	(448)	(289)	(280)	(209)	(160)	(191)
Adhérence moy. par cm²	(15,0)	(11,8)	(7,9)	(10,1)	(6,5)	(6,3)	(4,7)	(3,6)	(4,3)
M. E. %	*6,4*	*10,7*	*9,9*	*7,5*	*21,5*	*16,5*	*17,4*	*5,6*	*9,8*
Adh. par 100 kg. de ciment	**4,7**	**4,5**	**3,7**	**4,4**	**3,6**	**3,9**	**3,2**	**3,0**	**4,2**
12 sem. Charge totale	(941)	(741)	(590)	(741)	(608)	(542)	(524)	(444)	(275)
Adhérence moy. par cm²	(21,2)	(16,7)	(13,3)	(16,7)	(13,7)	(12,2)	(11,8)	(10,0)	(6,2)
M. E. %	*14,0*	*5,2*	*15,4*	*9,1*	*4,0*	*16,9*	*9,7*	*15,4*	*7,8*
Adh. par 100 kg. de ciment	**6,7**	**6,4**	**6,1**	**7,2**	**7,5**	**7,6**	**7,9**	**8,3**	**6,0**
2 ans Charge totale	(1470)	(946)	(795)	(1110)	(950)	(799)	(870)	(688)	(466)
Adhérence moy. par cm²	(33,1)	(21,3)	(17,9)	(25,0)	(21,4)	(18,0)	(19,6)	(15,5)	(10,5)
M. E. %	*4,9*	*22,6*	*21,9*	*5,2*	*7,3*	*12,6*	*8,6*	*10,0*	*8,0*
Adh. par 100 kg. de ciment	**10,4**	**8,1**	**8,3**	**10,8**	**11,6**	**11,3**	**13,2**	**12,9**	**10,1**

Malgré les écarts d'expériences et les irrégularités inévitables avec des mélanges contenant d'aussi gros éléments, la comparaison des quotients obtenus en divisant l'adhérence par cm² par le poids de ciment contenu dans un mètre cube de béton montre que, pour une même richesse de mortier, l'adhérence après une même durée est à peu près proportionnelle, quelles que soient les proportions relatives de mortier et de cailloux, à la teneur du béton en ciment.

Au bout de deux semaines, ce quotient est un peu plus fort pour les mortiers les plus riches, tandis que c'est le contraire qui a lieu au bout de 12 semaines et surtout au bout de 2 ans.

Les moyennes des 9 quotients sont respectivement de 3,9 après 2 semaines, 7,1 après 12 semaines et 10,7 après 2 ans, c'est-à-dire à peu près proportionnelles aux nombres 1, 2 et 3. On remarque toutefois, par la comparaison directe des adhérences obtenues pour chaque béton, que la progression est plus lente pour les bétons à mortier riche et plus rapide pour ceux à mortier maigre.

Essai n° 68. — Pierrettes de formes variées résultant du mélange des résidus de tamisage de divers sables et répondant aux conditions de grosseur définies plus haut ; poids du m³ = 1486 kg. ; proportion de vides = 43 0/0. Sable de dune fin et gros sable à grains ronds, obtenu en tamisant le sable du Cran Poulet à la passoire de 5 mm. et ayant la composition suivante :

Grains traversant la passoire de 5 mm. et retenus par celle de 2 mm. :	83
Grains traversant la passoire de 2 mm. et retenus par celle de 0,5 mm. :	14
Grains traversant la passoire de 0,5 mm. :	3
Total :	100

Avec un même portland, chacun de ces deux sables et ces pierrettes, on a cherché à obtenir des bétons de compositions variées qui eussent même résistance à la compression, pour voir ensuite si leurs adhérences au fer seraient aussi les mêmes.

Dans ce but, on s'est fixé d'abord comme il suit les rapports des volumes de mortier et de pierrettes :

1° Béton obtenu en associant aux pierrettes un volume de mortier égal au volume de leurs vides ;

2° Béton obtenu en associant aux pierrettes un volume de mortier dépassant d'un tiers le volume de leurs vides ;

3° Béton obtenu en associant aux pierrettes un volume de mortier dépassant de deux tiers le volume de leurs vides ;

4° Mortier sans pierrettes.

Puis, dans chaque cas, on a déterminé par des tâtonnements préliminaires le dosage du mortier à employer. Ce dosage a été exprimé par le poids de ciment à faire entrer dans un poids 100 de mélange sec : ciment + sable.

On verra par le tableau que si, pour le mortier et les divers bétons faits avec un même sable, on est à peu près arrivé à des résistances équivalentes, celles-ci ont été un peu plus faibles pour le mortier et les bétons au sable de dune adoptés que pour ceux au gros sable.

Des essais préalables ont montré que les proportions d'eau à prendre pour avoir, avec chaque béton, une bonne consistance un peu plastique mais nécessitant néanmoins un certain damage, pouvaient être calculées à raison de 23,7 0/0 du poids de ciment employé, plus 4,5 0/0 du poids du gros sable ou 17,0 0/0 du poids du sable de dune, et enfin 2,5 0/0 du poids des pierrettes. Dans le tableau, les proportions ainsi calculées ont été totalisées et exprimées en centièmes du poids total de mélange sec.

On a procédé aux ruptures après 13 semaines de conservation à l'air humide à température constante.

En plus des essais de compression et d'adhérence, on a fait aussi des essais de flexion et de cisaillement sur des prismes à section de 6 × 7 cm.

Nature du sable :	gros sable				sable fin			
Volume de mortier frais par rapport au vide des pierrettes	3 : 3	4 : 3	5 : 3	Mortier sans pierrett.	3 : 3	4 : 3	5 : 3	Mortier sans pierrett.
Dosage du mortier entrant dans le béton (poids de ciment dans un poids 100 de mélange : ciment + sable)	35,2	29,2	26,7	17,5	37,3	37,0	36,3	33,8
Eau de gâchage pour 100 de mélange sec	5,80	5,85	6,06	7,87	7,97	9,09	9,96	19,22
Poids du mètre cube de béton frais	2261	2248	2258	2176	2323	2263	2231	1939
Poids des divers matériaux par mètre cube de béton frais — Ciment	281	275	284	353	259	298	325	549
— Sable	519	669	779	1664	434	506	371	1077
— Pierrettes	1337	1180	1066	0	1459	1271	1133	0
— Eau	124	124	129	159	171	188	202	313
Compacité du béton frais	0,798	0,793	0,795	0,743	0,808	0,774	0,755	0,584
Compression — Résistance par cm²	121	135	133	128	101	93	94	93
— *M. E.* %	*13*	*6*	*3*	*3*	*5*	*5*	*5*	*2*
— Compres. par 100 kg. de cim.	43	49	47	36	39	31	29	17
Adhérence — Forme des courbes	G″	G, G″	G′, G″, H	A″, G	G, G″	G, G′	G, G′	A
— Charge totale	648	663	927	646	609	636	630	565
— Adhérence moyenne par cm²	14,6	15,0	20,8	14,5	13,7	14,3	14,2	12,7
— *M. E.* %	*8,1*	*7,2*	*14,7*	*14,0*	*15,0*	*6,3*	*12,3*	*12,7*
— Adhér. par 100 kg. de cim.	5,2	5,4	7,3	4,1	5,3	4,8	4,4	2,3
Rapp. de l'adhér. totale à la compr. par cm²	5,3	4,9	7,0	5,1	6,0	6,8	6,7	6,1
Flexion — Résistance par cm²	20,4	21,1	19,1	21,2	16,1	18,9	20,2	22,2
— *M. E.* %	*17*	*10*	*6*	*6*	*9*	*6*	*12*	*8*
Cisaillement — Résistance par cm²	16,7	13,2	15,4	14,7	11,0	11,5	11,8	10,6
— *M. E.* %	*20*	*20*	*8*	*10*	*14*	*8*	*10*	*6*

On voit que, pour obtenir sensiblement les mêmes résistances à la compression, il a fallu, surtout avec le gros sable, employer des mortiers d'autant moins riches en ciment qu'on voulait faire un béton plus riche en mortier ; si l'on calcule le poids de ciment entrant finalement dans un même volume de béton en œuvre, on constate qu'il est sensiblement constant pour les bétons au gros sable et croît pour les bétons de plus en plus gras au sable fin.

D'autre part, le rapport de l'adhérence à la résistance à la compression est à peu près le même pour le mortier et les divers bétons faits avec un même sable, mais est plus grand pour ceux au sable fin que pour ceux au gros sable.

Essai n° 69. — Le deuxième béton au gros sable de l'essai précédent a été refait dans les mêmes conditions, mais avec une proportion d'eau un peu moindre (mêmes proportions pour le ciment et pour le sable, mais 1 0/0 seulement du poids des pierrettes, au lieu de 2,5). Le nouveau béton a donc présenté une consistance un peu plus sèche et a exigé, pour prendre corps, un pilonnage plus énergique. Le tableau ci-dessous montre que sa résistance à la compression a été un peu plus faible et son adhérence beaucoup plus faible que celles du même béton employé un peu plus mou

Proportion d'eau de gâchage pour 100 de mélange sec :		5,02	5,85
Poids du mètre cube de béton frais		2218	2248
Poids de ciment par mètre cube de béton		273	275
Compacité du béton frais		0,790	0,793
Compression	Résistance par cm²	122	135
	M. E. %	*8*	*6*
	Nombres proportionnels	90	100
Adhérence	Formes des courbes	A, G, G′	G, G″
	Charge totale	478	663
	Adhérence par cm²	10,8	15,0
	M. E. %	*12,6*	*7,2*
	Nombres proportionnels	72	100

§ 7. — RÉSUMÉ ET CONCLUSIONS

309. Résumé.

A. Il y a lieu d'établir une distinction entre l'*adhérence normale* et l'*adhérence tangentielle*, qui peuvent intervenir séparément ou simultanément selon la direction de l'effort par rapport à la surface de séparation des deux matériaux.

B. Il semble qu'en décollant par flexion sous moment constant deux prismes assemblés bout à bout, on puisse obtenir une mesure assez exacte de l'adhérence normale.

Par contre, on ne connaît encore aucun moyen bien certain de mesurer l'adhérence tangentielle ; en particulier, les deux méthodes qui ont été le plus employées pour les expériences relatées ci-dessus, l'une avec des pierres, l'autre avec des tiges de fer scellées dans le mortier, ne donnent chacune de nombres comparables entre eux qu'autant qu'on opère dans des conditions toujours identiques : on ne sait en tirer, pour le moment, aucun coefficient numérique certain, mais elles permettent de comparer l'adhérence de divers mortiers à des corps de même nature, de même forme et de mêmes dimensions.

S'il importe de fixer des méthodes d'essai exactes et uniformes, en revanche il ne semble pas qu'il y ait lieu, pour le moment, d'instituer des *essais normaux*, en définissant un corps d'adhérence normal et une composition normale du mortier d'essai [1].

C. L'adhérence d'un mortier à divers corps n'est pas la même :

Quand ces corps sont des mortiers sableux de même dosage déjà durcis depuis longtemps, l'adhérence normale diffère peu de l'un à l'autre ; elle est plus faible contre le ciment pur ayant fait prise.

Avec les pierres, l'adhérence tangentielle dépend beaucoup de leur « grain » et est d'autant plus forte qu'elles sont plus poreuses. Toutefois, si la pierre est en même temps assez tendre, la rupture se produit à travers sa masse, et le résultat final est le même que si l'adhérence était faible. Il semble d'ailleurs que cette dernière soit indépendante des dimensions des aspérités de la surface de la pierre.

Au contraire, avec le fer, l'adhérence tangentielle est plus forte quand sa surface est rugueuse ou franchement rouillée que quand elle est lisse.

D. Avec les pierres, l'adhérence est fortement diminuée quand leur surface est sale ou a été insuffisamment mouillée avant l'application du mortier ; lorsqu'on emploie un mortier plastique, elle n'est que faiblement augmentée par le damage de celui-ci.

E. Avec un même corps quelconque, l'adhérence de mortiers de même composition et de même consistance faits avec des

1. Ne pas se méprendre sur le double sens du mot « normal », qui ici est synonyme d'« étalon », tandis que, dans l'expression « adhérence normale », il signifie « perpendiculaire ».

ciments portland de qualités très différentes ne présente généralement que des différences assez faibles ; parfois même elle est plus forte avec de mauvais ciments qu'avec de bons. Avec une même nature de ciment, elle est d'autant plus forte que celui-ci est moulu plus finement.

Les ciments à prise rapide et les chaux hydrauliques donnent, à dosage égal, des mortiers moins adhérents que les portlands.

Les ciments de laitier donnent des mortiers pouvant présenter avec ceux de ciment portland de grandes différences d'adhérence en plus ou en moins, selon leur qualité ou les circonstances. Exposés aux intempéries, ils se comportent généralement moins bien.

Trois échantillons de ciment de grappiers se sont montrés un peu plus adhérents que les portlands, sans doute à cause de leur mouture beaucoup plus fine.

Divers mélanges de ciment portland et d'autres matériaux ont donné de moins bons résultats que les portlands.

F. La grosseur du sable influe presque autant sur l'adhérence des mortiers que sur leur résistance. En général, plus le sable est riche en gros grains, plus grande est l'adhérence du mortier. Il semble pourtant qu'il y ait une limite et que, à dosage égal, le maximum d'adhérence corresponde à un sable contenant certaines proportions (dépendant du dosage) de gros grains et de grains fins, sans grains de grosseurs intermédiaires.

Contrairement à une opinion courante, il n'est pas nécessaire de laver le sable employé pour le mortier, même quand il est assez boueux.

G. Toutes choses égales d'ailleurs, l'adhérence d'un mortier n'est pas proportionnelle à la quantité de ciment qu'il contient. Il semble qu'à partir d'une certaine richesse du mortier il y ait peu d'avantage à augmenter sa teneur en ciment.

En particulier, avec les ciments de laitier, l'adhérence paraît varier très peu tant que le dosage reste compris entre les limites ordinaires de la pratique.

H. L'influence de la nature de l'eau de gâchage est insignifiante, mais celle de sa proportion est considérable. Nulle ou presque nulle pour les mortiers gâchés sec, l'adhérence augmente rapidement quand on fait croître la proportion d'eau de gâchage et atteint sa valeur maximum pour les mortiers ayant une consistance plastique ou un peu molle. Avec les pierres, même quand on a eu soin de les mouiller, l'adhérence est souvent la plus forte pour les mortiers mous. Pour des proportions d'eau plus grandes, l'adhérence décroît ensuite plus ou moins lentement.

Le maximum d'adhérence correspond presque toujours à une consistance plus molle que le maximum de résistance, qui, lui-même, correspond généralement à une consistance un peu moins sèche que le maximum de compacité [1].

Quand le mortier ou béton est moulé contre une armature horizontale, une partie de l'eau en excès peut se réunir sous l'armature et nuire à l'adhérence, qui, dans ce cas, décroît rapidement à mesure qu'on opère avec un béton plus mou.

J. A mesure que les mortiers prennent de l'âge, mais surtout dans les premiers temps de leur durcissement, leur adhérence aux pierres croît moins vite que leur résistance à la compression ; leur adhérence au fer suit une progression à peu près parallèle à celle de leurs diverses résistances.

K. L'adhérence normale des mortiers et bétons au fer est très faible ; leur adhérence tangentielle, déterminée au moyen de tiges de fer scellées dans leur masse, est beaucoup plus forte et dépend des conditions de conservation des blocs.

A température constante, elle est, en moyenne, plus faible dans l'eau douce qu'à l'air humide et toujours plus faible dans l'eau de mer.

Aux intempéries, elle est généralement plus forte (sauf avec les ciments de laitier) et paraît augmenter plus vite avec le temps, du moins pendant les premiers mois d'exposition ; mais, à la longue, sa progression peut se ralentir beaucoup et le mortier peut finir par se fissurer.

Soumis à une dessiccation énergique ou à de fortes variations de température, les blocs armés se comportent généralement

1. Sur ce dernier point, voir : *Annales des Ponts et Chaussées*, 1892, II, p. 69.

assez mal, bien que certains aient supporté avantageusement ces épreuves rigoureuses.

L. Quand le mortier ou béton est fabriqué et employé convenablement et forme sur le fer une couche ininterrompue d'au moins 35 mm. (Norton), il y a de fortes chances pour que le fer reste très longtemps inattaqué, même dans des milieux très corrosifs.

Les barres rouillées avant l'emploi paraissent se comporter aussi bien, dans le béton armé, que celles qui ne l'étaient pas, et on ne peut dire actuellement lesquelles doivent être préférées.

M. L'adhérence tangentielle des bétons au fer est notablement plus faible que celle du mortier entrant dans leur composition, mais plus forte, à teneur égale en ciment, que celle des mortiers.

Pour tous les bétons qu'on peut obtenir en mélangeant en diverses proportions un même mortier à une même pierraille, cette adhérence est sensiblement proportionnelle au poids de ciment entrant finalement dans un volume donné de béton en œuvre.

Avec le temps, elle augmente plus lentement pour les bétons à mortier riche que pour ceux à mortier maigre.

Des bétons faits avec diverses proportions d'un même ciment, d'un même sable et d'une même pierraille, déterminées de telle sorte que les résistances à la compression soient les mêmes, adhèrent aussi à peu près de la même manière aux tiges d'acier qu'ils enveloppent.

310. Conclusions. — En se basant sur les résultats qui précèdent, on peut, pour l'exécution des ouvrages exigeant avant tout une bonne adhérence, formuler les conseils suivants, dont certains ont été déjà indiqués depuis longtemps par la pratique :

On choisira, autant que possible, des pierres à bâtir poreuses ou caverneuses, quoique dures ; peu importe la manière dont leur surface sera préparée, pourvu qu'elle soit bien propre et qu'on la mouille abondamment quelque temps avant d'y appliquer le mortier.

On prendra de préférence un ciment de fine mouture, en

tenant compte toutefois des inconvénients souvent inhérents à un pareil choix, tels qu'une prise trop rapide et la difficulté d'une conservation un peu longue en magasin.

Tant qu'il ne devra pas en résulter d'inconvénients spéciaux pour la mise en œuvre du mortier, on emploiera un sable à prédominance de grains aussi gros que possible ; on évitera de lui associer une trop forte proportion de ciment, à moins qu'on ne recherche, à tout prix, une adhérence exceptionnelle.

On gâchera le mortier avec une proportion d'eau plutôt trop forte que trop faible, de manière à obtenir une consistance plastique ou même un peu molle.

Dans le cas d'ouvrages à ossatures métalliques, les mêmes recommandations s'appliquent au choix du mortier, sauf qu'on devra, en général, éviter un excès d'eaux de gâchage.

S'il s'agit de béton, la grosseur maximum des cailloux devra être proportionnée à l'écartement des barres, de manière que le bourrage reste toujours facile ; en outre, on appropriera la grosseur du sable à celle des cailloux et on choisira les proportions relatives de cailloux, de sable et de ciment de telle sorte que le béton résultant soit bien lié et enveloppe parfaitement l'armature.

On évitera l'emploi de bétons à consistance de terre humide, qu'il faut pilonner énergiquement pour leur donner une liaison suffisante, et on leur préférera des bétons un peu mous, mais sans excès.

Enfin, comme les mortiers sont généralement mieux liés que les bétons et, d'après ce qui précède, plus adhérents, il sera toujours avantageux d'entourer les armatures d'une gaine de mortier riche bien plastique, qui assurera leur parfait enrobement et leur liaison avec le béton voisin, auquel on pourra alors donner une composition plus économique et une consistance plus favorable au développement de ses résistances à la flexion et à la compression.

Quant à la composition à donner au béton, il est bien difficile de la définir d'une manière absolue et uniforme, car elle dépend à la fois de la nature de l'ouvrage projeté et de la composition granulométrique des matériaux dont on dispose. L'étude de l'influence de la composition des bétons sur leur compacité et leur résistance est fort complexe : nous avons fait dans cette voie un certain nombre d'expériences dont la discussion nous entraînerait trop loin ; quelques-unes ont été résumées dans la *Chimie appliquée à l'Art de l'Ingénieur* [1] ; d'autres ont été faites depuis ou sont encore à l'état de projet, et nous nous proposons de décrire le tout dans une publication ultérieure.

1. 2e édition, 2e partie, chap. VII.

ANNEXE

DESCRIPTION DES SABLES EMPLOYÉS LE PLUS FRÉQUEMMENT DANS LES EXPÉRIENCES

Désignation (et provenance)		Nature		Proport. moyenne d'éléments solubles dans les acides	Poids du mètre cube à l'état sec (1)
				°/o	kg.
S. de dune (Boulogne) .		Siliceux		5	1465
S. de la Crèche (plage près de Boulogne). . .		Mélange de sable de dune et de débris de tuf et de coquilles.		27	1520
S. de St-Malo.		Contient une assez forte proportion de très petits coquillages en forme de limaçons		24	1500
S. de Gattemarre (près Cherbourg). . . .		Granitique à grains arrondis .		1	1670
S. du Noirda	Plages à quelques km. au Nord de Boulogne	Formé presque exclusivement de débris de coquilles		73	1570
S. de la Manchue. . . .		id.		64	1645
S. du Cran Poulet . .		Sable à gros grains siliceux arrondis.		28	1625
S. de Seine (de Draveil à Choisy-le-Roy).	A	Brut	calcaire à grains arrondis	—	1800
	B	Tamisé à la passoire à trous de 10 mm. de diamètre. . . .		38	1750
	C	Tamisé à la passoire à trous de 1 mm. de diamètre. . . .		22	1520
	D	Traversant la première de ces passoires et retenu par la seconde.		54	1635

(1) Sable bien sec versé à la pelle, sans tassement spécial, dans une boite carrée de 50 litres, de 20 cm de hauteur. L'humidité diminue beaucoup le poids trouvé, surtout avec les sables fins (Voir *Annales des Ponts et Chaussées*, 1892, II, p. 24).

Le sable de dune a été employé tel quel.

Les sables de la Crèche, de Saint-Malo et de Gattemarre ont été débarrassés des grains retenus par la passoire à trous de 5 mm. de diamètre.

Les sables du Noirda, de la Manchue et du Cran Poulet ont été débarrassés des grains retenus par la passoire à trous de 10 mm. de diamètre.

Les compositions granulométriques moyennes de ces divers sables ainsi préparés sont données par le tableau suivant :

	Prop. totales de résidu sur chaque passoire				Proportions de grains de chaque grosseur				
					pierrettes	gravier	Sable proprement dit		
							gros grains	grains moy.	grains fins
Diam. des trous des passoires (en mm.)	10	5	2	0,5	> 10	10 - 5	5 - 2	2 - 0,5	< 0,5
S. de dune	0	0	0	0,1	0	0	0	0,1	99,9
S. de la Crèche . .	0	0	13	47	0	0	13	34	53
S. de St-Malo . . .	0	0	17	86	0	0	17	69	14
S. de Gattemarre .	0	0	73	98	0	0	73	25	2
S. du Noirda . . .	0	1	21	87	0	1	20	66	13
S. de la Manchue.	0	5	29	81	0	5	24	52	19
S. du Cran Poulet.	0	40	90	98	0	40	50	8	2
S. de Seine . . A	15	31	45	74	15	16	14	29	26
S. de Seine . . B	0	19	36	69	0	19	17	33	31
S. de Seine . . C	0	0	0	36	0	0	0	36	64
S. de Seine . . D	0	36	69	100	0	36	33	31	0

Outre ces sables naturels, on a aussi employé divers sables artificiels, définis dans la description des expériences sauf les deux suivants, dont l'usage a été plus fréquent :

Sable de marbre concassé : marbre de Marquise concassé au pilon (grains anguleux), débarrassé des grains restant sur la passoire à trous de 5 mm. et de ceux traversant celle de 0,5 mm.

Ancien sable normal : quartzite de Cherbourg moulu (grains anguleux), débarrassé des grains restant sur le tamis de 64 mailles par cm² et de ceux traversant celui de 144 mailles. Ces deux tamis correspondent à peu près à des passoires à trous de 1,45 et 0,95 mm. de diamètre.

TABLE DES MATIÈRES

PREMIÈRE PARTIE

Expériences

CHAPITRE PREMIER

Indications préliminaires

CHAPITRE II

Essais de rupture sous charges continuellement croissantes

§ 1. — *Essais sur petits prismes*

§ 2. — *Essais sur grandes poutres*

CHAPITRE VI

Formules simplifiées

§ 1. — *Armature supposée parfaitement élastique*

§ 2. — *Mortier supposé parfaitement élastique*

§ 3. — *Omission partielle ou totale des tensions positives du mortier*

§ 4. — *Théories diverses sur la forme approximative de la courbe de déformation des mortiers*

CHAPITRE VII

Solution graphique

§ 1. — *Poutres homogènes*

§ 2. — *Poutres armées*

CHAPITRE VIII

Eléments de complication

§ 1. — *Efforts répétés*

§ 3. — *Théories et calculs*

§ 4. — *Systèmes de construction*

§ 5. — *Applications*

QUATRIEME PARTIE

Recherches annexes sur les diverses résistances des mortiers et bétons

CHAPITRE XI

Résistances à la compression

§ 1. — *Essais ordinaires de resistance*

§ 2. — *Prévision des résistances*

§ 3. — *Influence du frottement des plateaux et de l'interposition de diverses matières*

§ 4. — *Blocs de mortier soumis à des efforts de compression réitérés*

§ 5. — *Compression par chocs*

§ 6. — *Essais de compression sur blocs armés*

CHAPITRE XII

Résistances au cisaillement et au poinçonnage

CHAPITRE XIII

Résistances à la traction et à la flexion

§ 1. — *Examen comparé des deux modes d'essai*

§ 2. — *Essais de flexion sous moment constant*

§ 3. — *Prévision des résistances*

§ 4. — *Essais de flexion par chocs*

CHAPITRE XIV

Adhérence des mortiers et bétons aux autres matériaux

§ 1. — *Adhérence normale et adhérence tangentielle*

§ 2. — *Détermination de l'adhérence normale*

§ 3. — *Adhérence normale de divers mortiers à divers matériaux*

§ 4. — *Détermination de l'adhérence tangentielle*

§ 5. — *Adhérence tangentielle de divers mortiers à des pierres*

§ 6. — *Adhérence tangentielle de divers mortiers et bétons au fer*

§ 7. — *Résumé et conclusions*

ANNEXE

PUBLICATIONS DU MÊME AUTEUR

Comptes rendus de l'Académie des Sciences

Essai d'application du calcul à l'étude des sensations colorées : Vol. CII, p. 44-47 (séance du 4 janv. 1886).

Vérification expérimentale d'une nouvelle représentation géométrique des sensations colorées : Vol. CII, p. 256-259 (séance du 1er fév. 1886).

Application du diagramme des couleurs à des expériences faites sur un daltonien : Vol. CII, p. 608-611 (séance du 15 mars 1886).

Annales des Ponts et Chaussées

Note sur diverses expériences concernant les ciments : 1890, I, p. 313-380 et pl. 18-19 (mars).

Sur la compacité des mortiers hydrauliques : 1892, II, p. 1-164 et 4 pl. (juillet). — Tirage à part, en vente à la librairie Dunod, Paris, 49, quai des Grands-Augustins ; prix : 5 fr.

Essais de divers sables pour mortiers : 1896, p. 174-197 et 2 pl. (août).

Addition de pouzzolanes aux ciments portland dans les travaux maritimes : 1901, IV, p. 191-204 et 1 pl.

Revue du Génie Militaire

Note sur les bétons et mortiers de ciment : V, p. 472-497 (juill.-août 1891).

Minutes of proceedings of the Institution of Civil Engineers (London)

Observations au sujet de mémoires sur les mortiers de ciment, présentés par MM. H. K. Bamber et A. E. Carey : Vol. CVII, p. 134-140 (1892).

Rapports à la Commission d'unification des Méthodes d'essai des Matériaux de construction

publiés dans le tome IV des documents de la 1re session (Paris, Rothschild, 13, rue des Saints-Pères, in-4°, 320 p. et 4 pl., 1895 ; prix du tome IV séparé : 12 fr.).

Rapport IV. — *Sur l'application de la loupe au contrôle des ciments* : p. 43-48. — Reproduit dans : *Le Ciment*, 1896, p. 23-26 et 53-54 (nos 1 et 2).

Rapport V. — *Sur la consistance normale des pâtes de ciment* (en collaboration avec M. P. Alexandre) : p. 49-61.

RAPPORT VI. — *Sur le mode de fabrication actuel du sable normal* (en collaboration avec M. E. CANDLOT) : p. 63-66.

RAPPORT VIII. — *Sur la composition à donner aux mortiers d'essai et leur meilleur mode de fabrication* : p. 73-101.

RAPPORT IX. — *Sur la quantité d'eau à employer pour le gâchage des mortiers normaux d'essai* : p. 103-109.

RAPPORT X. — *Sur la prise des pâtes de ciment* (en collaboration avec M. P. ALEXANDRE) : p. 111-131.

RAPPORT XII. — *Sur la prise des mortiers sableux* : p. 139-149.

RAPPORT XVI. — *Sur l'interposition de corps compressibles entre les griffes et les briquettes dans les essais des ciments à la traction* : p. 181-186.

RAPPORT XXIV. — *Sur la détermination du rendement et de la compacité des mortiers* : p. 243-245. — Reproduit dans *Le Ciment*, 1897, p. 207-208 et 234-235 (nos 7 et 8).

RAPPORT XXXI. — *Sur les essais des sables destinés à la fabrication des mortiers* : p. 309-318.

Les matériaux de construction (Baumaterialienkunde)

journal de l'*Association Internationale pour l'Essai des Matériaux*, 105, Alexanderstrasse, Stuttgart (Allemagne).
(La plupart des articles mentionnés ci-dessous ont paru à la fois en allemand et en français).

Sur les mortiers de sable fin : I, p. 139-141 (n° 10, 1896). — Reproduit dans *Le Ciment*, 1896, p. 212-215 (n° 7).

Résistances atteintes après 6 ans par divers liants hydrauliques : II, p. 86-87 (n° 5, 1897).

A propos de la quantité d'eau à employer pour le gâchage des mortiers d'essai : II, p. 104-105 (n° 6, 1897).

Influence de la nature du sable sur les propriétés des mortiers : V, p. 21-25 (n° 2, 1900). — Reproduit dans *Thonindustrie-Zeitung*, 1900, p. 467 et 529 (nos 36 et 39, des 24 et 31 mars).

Doit-on pulvériser les pouzzolanes ? : V, p. 225-231, 299-301, 322-324 (nos 15/16, 19, 20/21, 1900). — Tirage à part en vente au journal : prix : Mark 1,50. — Traduit en allemand (abrégé) dans *Thonindustrie-Zeitung*, 1900, 1747-1750 (no 124, du 20 oct.).

Programme d'expériences relatives aux méthodes d'essai des pouzzolanes : VII, p. 52-63, 105, 123-127, 161-163, 174-177, 189-193, 205-208, 235 (nos 3/4, 7, 8, 10, 11, 12, 13, 15, 1902). — Tirage à part en vente au journal ; prix : Mark 3.

Recherches sur la résistance électrique des mortiers hydrauliques : VII, p. 345-348, 361-363 (nos 22 et 23, 1902). — Tirage à part en vente au journal ; prix : Mark 1,80. — Reproduit dans *L'Electricien*, 5 sept. 1903, p. 152.

Etudes sur le fonctionnement des appareils de mouture et de pulvérisation : VIII, p. 349-353 (no 24, 1903) et IX, p. 5-8, 161-185 (nos 1 et 11/12, des 1er janv. et 15 juin 1904). — Tirage à part en vente au journal ; prix : Mark 4,50.

Mortiers secs et mortiers plastiques : X, p. 129-133 (no 9, du 1er mai 1905). — Reproduit dans la *Revue des Matériaux de Construction et de Travaux publics*, I, p. 159-160 (no 7, de nov. 1905).

Influence de la proportion d'eau de gâchage sur l'adhérence des mortiers et bétons au fer : XI, p. 1-5, 21-24 (nos 1, 2, des 1er et 15 janv. 1906). — Tirage à part en vente au journal.

Bulletin de la Société d'Encouragement pour l'Industrie nationale

Etude sur la constitution intime des mortiers hydrauliques : 1897, p. 1591-1629 (décembre). — Reproduit en français et en allemand dans *Les Matériaux de*

Construction, II, p. 383-414 (n° 25/26, 1898), et en allemand seulement dans *Thon-industrie-Zeitung*, 1898, p. 561-565, 586-589, 600-603, 618-622 (nos 42, 44, 45, 46, des 4, 10, 13 et 16 mai).

La constitution des ciments hydrauliques, d'après SPENCER B. NEWBERRY et W. B. NEWBERRY : 1898, p. 867-870 (juillet).

Sur la température de cuisson des ciments : 1898, p. 114 (août) et 1899, p. 120 (janvier).

Bulletin de la Société Belge de Géologie, de Paléontologie et d'Hydrologie

Notes sur les sables, à propos de l'étude scientifique du Boulant : Nov. 1901, p. 527-532.

Expériences sur le tassement progressif des sables fins dans l'eau : Juillet 1902, p. 312-319.

Revue des Matériaux de Construction et de Travaux publics

Recherches sur la conservation du fer dans les ouvrages en ciment armé : I, p. 2-3 (n° 1, de mai 1905).

En librairie

Chimie appliquée à l'art de l'Ingénieur, 2e édition, 2e partie : *Etude spéciale des matériaux d'agrégation des maçonneries* : Encyclopédie des travaux publics, Paris, Baudry et Cie, 15, rue des Saints-Pères, 1897 ; in-8°, p. 225-585. (La 1re partie, ayant pour titre : *Analyse chimique des matériaux de construction, des combustibles, des eaux, des terres, etc.*, est de MM. L. DURAND-CLAYE et DERÔME). Prix de l'ouvrage complet : 15 fr.

L'industrie des ciments dans le Boulonnais : Chapitre d'un ouvrage ayant pour titre : *Boulogne-sur-Mer et la région boulonnaise*, édité par la ville de Boulogne à l'occasion du XXVIIIe congrès de l'*Association française pour l'Avancement des Sciences*, tenu en cette ville en 1899 ; Boulogne-sur-Mer, imprimerie typo-litho., 1899, in-4°, vol. II, p. 195-236.

Effect of see water upon concrete and mortar : Chapitre XVIII d'un ouvrage de FREDERICK W. TAYLOR and SANFORD E. THOMPSON ayant pour titre : *A treatise on concrete plain and reinforced* ; New-York, John Wiley & Sons ; London, Chapman & Hall Ld, 1905, p. 400-408. Prix du volume : 5 dollars.

Communications à divers congrès

Communication sans titre au *Congrès international des Procédés de Construction*, tenu à Paris en 1889 : *Comptes rendus des séances et visites du Congrès*, Paris, Baudry et Cie, 15, rue des Saints-Pères, 1891, p. 252-262.

Choice of sand and proportions of cement for mortars in see works : Communication à l'*International Maritime Congress*, tenu à Londres en 1893, Section I, p. 89-97.

Etude graphique de la flexion de prismes imparfaitement élastiques : Communication au *Congrès de l'Association française pour l'Avancement des Sciences*, tenu à Boulogne-sur-Mer en 1899, vol. II, p. 128-135. — Reproduit dans *Les Matériaux de Construction*, V, 257-260 (n° 17, 1900).

Addition de pouzzolanes aux matériaux d'agrégation des maçonneries : Communication au même congrès, vol. II, p. 228-234.

PUBLICATIONS DU MÊME AUTEUR

Déformations et tensions rémanentes, pendant le déchargement d'un prisme imparfaitement élastique : Communications au *Congrès* de la même *Association*, tenu à Paris en 1900, vol. II, p. 214-223, et au suivant, tenu à Ajaccio en 1901, vol. I, p. 95.

Recherches sur les résistances à la rupture des matériaux isotropes non ductiles : Communication au *Congrès international des Méthodes d'Essai des Matériaux de Construction*, tenu à Paris en 1900, vol. I, p. 301-350.

Observations sur les essais par voie humide en vue de déterminer la constitution chimique des liants hydrauliques : Communication au même *Congrès*, vol. II, 2e partie, p. 37-44. — Traduit en allemand dans *Thonindustrie-Zeitung*, 1901, p. 533-537 (no 36, du 23 mars).

Expériences sur les pouzzolanes : Communication au même *Congrès*, vol. II, 2e partie, p. 95-109. — Traduit en allemand dans *Thonindustrie-Zeitung*, 1901, p. 102-105, 183-187 (nos 9 et 15, des 19 janv. et 2 févr.).

Expériences sur l'adhérence des mortiers (en français, anglais et allemand) : Communication au *Congrès de l'Association internationale pour l'Essai des Matériaux*, tenu à Budapest en 1901 ; 3 broch. in-8o de chac. 15 p. — Reproduit (incomplètement) en allemand, dans *Thonindustrie-Zeitung*, 1901, p. 2213-2215 (no 153, du 28 déc.) — Reproduit (moins les figures) en français, dans *Le Ciment*, 1901, p. 136-143 (no 9).

Examen et appréciation des décisions des conférences de 1884-1893 concernant la détermination de la force adhésive des agglomérants hydrauliques (en français, anglais et allemand) : Rapport en vue du *Congrès* de la même *Association*, qui doit se tenir à Bruxelles en 1906, Vienne, 1905, 3 broch. in-8o de chac. 34 p.

Établissement de propositions sur la manière d'essayer les pouzzolanes au point de vue de leur valeur pour la fabrication des mortiers (en français, anglais et allemand) : Rapport annexe en vue du même *Congrès* : Vienne, 1905, 3 broch. in-8o de chac. 56 p.

Communications à la Réunion des membres français et belges de l'Association internationale pour l'Essai des Matériaux

(Les procès-verbaux des séances sont en vente séparément à la Librairie Dunod, Paris, 49, quai des Grands-Augustins).

Communication sans titre sur *les divers essais des liants hydrauliques et ceux sur lesquels il importerait le plus de faire de nouvelles recherches* : Procès-verbal de la séance du 27 févr. 1902, p. 2-4.

Avantages des essais sur mortiers plastiques : Séance du 31 mai 1902, p. 4-7.

Essais de flexion et d'adhérence exécutés en vue d'expérimenter un nouvel appareil : Séance du 25 oct. 1902, p. 11-13.

Décomposition des ciments à la mer : Séance du 31 janvier 1903, p. 1-6.

Observations au sujet du choix d'une chaux grasse normale : Séance du 30 janv. 1904, p. 3.

Sur le mode d'exécution des essais à l'eau chaude : Même séance, p. 3-4.

Essais d'adhérence : Même séance, p. 4-5.

Adhérence des mortiers au fer : Séance du 28 janv. 1905, p. 1-5. — Reproduit dans *Le Ciment*, 1905, 60, 72-77 (nos 4 et 5).

Les mortiers au tannin : Séance du 29 avril 1905, p. 29-36. — Reproduit en français et allemand dans *Les Matériaux de Construction*, XI, p. 24-29, 37-41 (nos 2 et 3, des 15 janv. et 1er févr. 1906).

Recherches sur la constitution chimique des briques silico-calcaires (à propos d'une communication de M. Leduc) : Séance du 27 janv. 1906, p. 9-12.

Analyse de divers rapports déjà publiés à l'occasion du prochain Congrès de Bruxelles : Même séance, p. 12-24.

LAVAL. — IMPRIMERIE PARISIENNE L. BARNÉOUD ET Cie.

ENCYCLOPÉDIE DES TRAVAUX PUBLICS *(suite)*

OUVRAGES DE PROFESSEURS A L'ÉCOLE NATIONALE SUPÉRIEURE DES MINES

M. Aguillon. *Législation des mines, française et étrangère.* 40 fr. On vend séparément :
— La *Législation en France, dans les colonies et protectorats*, 2e édition (très augmentée), 1 très fort volume (1.011 pages) . . . . 25 fr.
— Les *Législations étrangères*. . . . . 15 fr.

M. Pelletan. *Lever des plans et nivellement souterrains* (Voir ci-dessus : *Durand-Claye*).

M. Chesneau. *Lois générales de la Chimie.* 1 vol. avec 37 figures. . . . . . 7 fr. 50

MM. Vicaire et **Maison.** *Cours de Chemins de fer de l'École des Mines* : 582 p., 493 fig. 20 fr.

OUVRAGE D'UN PROFESSEUR A L'ÉCOLE NATIONALE FORESTIÈRE

M. Thiéry. *Restauration des montagnes*, avec une *Introduction* par M. Lechalas père. Vol. de 442 pages, avec 173 figures. . . . . 15 fr.

OUVRAGES DE DIVERS AUTEURS

M. Emile Bourry, ingénieur des Arts et Manufactures, *Traité des Industries céramiques*, 1 vol. Voir *Encyclopédie industrielle.* Cet ouvrage, devenu classique en France, a été traduit en anglais. 20 fr.

M. Charpentier de Cossigny, ingénieur civil des mines, lauréat de la Société des agriculteurs de France. *Hydraulique agricole.* 2e édit., 1 vol., avec 160 figures . . 15 fr.

M. Degrand, inspecteur général honoraire des ponts et chaussées. *Ponts en maçonnerie* (Voir ci-dessus : *J. Résal*).

M. Doniol, inspecteur général des ponts et chaussées en retraite. *Réglementation des chemins de fer d'intérêt local, des tramways et des automobiles* 1 vol. avec figures. 10 fr.
— *Complément à l'ouvrage ci-dessus* . . . . 3 fr.

M. le Dr Duchesne, ancien président de la Société de médecine pratique. *Hygiène générale et Hygiène industrielle*, ouvrage rédigé conformément au programme du *Cours d'hygiène industrielle* de l'Ecole centrale. 1 vol. de 740 pages, avec figures . . 15 fr.

M. Henry (Ernest), inspecteur général des ponts et chaussées. *Théorie et pratique du mouvement des terres, d'après le procédé Bruckner.* 1 vol., 2 fr. 50. — *Ponts métalliques à travées indépendantes : formules, barêmes et tableaux.* 1 vol. de 639 pages, avec 267 figures, 20 fr. — *Traité pratique des chemins vicinaux*, volume de près de 800 pages. . 20 fr.

M. Maurice Koechlin, ingénieur. *Applications de la statique graphique.* 1 vol., avec 311 figures et 1 atlas de 34 planches, seconde édition, revue et très augmentée, 30 fr. — *Recueil de types de ponts pour routes.* 1 vol. de 306 pages et un atlas. . . . 25 fr.

M. Lallemand, ingénieur en chef des mines. *Nivellement de précision* (Voir ci-dessus *Durand-Claye*).

M. Lavoinne. *La Seine maritime et son estuaire*, 1 vol., avec 49 figures. . . . 10 fr.

M. Lechalas père, inspecteur général des ponts et chaussées. *Hydraulique fluviale.* 1 vol., avec 78 figures. 17 fr. 50. — *Des conditions générales d'établissement des ouvrages dans les vallées* (Voir ci-dessus : *J. Résal et Degrand*; c'est l'introduction à leur *Traité des Ponts en maçonnerie*).

M. Lechalas fils, ingénieur en chef des ponts et chaussées. *Manuel de droit administratif.* Tome I, 20 fr.; tome II, 1re partie, 10 fr. ; tome II, 2e partie . . . . . . 10 fr.

M. Lévy-Lambert, ingénieur civil, inspecteur de l'exploitation à la Compagnie du Nord. *Chemins de fer à crémaillère.* 1 vol., avec 79 figures. 15 fr. — *Chemins de fer funiculaires, Transports aériens.* 1 vol., avec 150 figures . . . . 15 fr.

M. Leygue, ancien ingénieur auxiliaire des travaux de l'Etat, agent-voyer en chef de la province d'Oran. *Chemins de fer. Notions générales et économiques.* 1 vol. de 617 pages, avec figures . . . . 15 fr.

M. E. Pontzen, ingénieur civil (l'un des auteurs de *Les chemins de fer en Amérique*) : *Procédés généraux de construction : Terrassements, tunnels, dragages et dérochements.* 1 vol. de 572 pages, avec 234 figures (médaille d'or à l'Exposition de 1900). . 25 fr.

M. Tarbé de Saint-Hardouin, inspecteur général des ponts et chaussées, ancien directeur de l'École de ce corps. *Notices biographiques sur les ingénieurs des ponts et chaussées.* un vol. . . . . 5 fr.

Chaque ouvrage se vend séparément (et aussi chaque volume des ouvrages qui en comprennent plusieurs). Il n'y a pas de numérotage général des volumes formant la collection.

Les ouvrages entrant dans les *Encyclopédies des Travaux publics et Industrielle* sont en vente chez Ch. Béranger et chez Gauthier-Villars.

ENCYCLOPÉDIE INDUSTRIELLE

Vol. grand in-8°, avec de nombreuses figures

Exploitation technique des Chemins de fer, par A. Schœller et A. Fleurquin, 1 vol. de 408 pag. avec 109 fig. . 12 fr.

Calcul infinitésimal à l'usage des Ingénieurs, par E. Rouché et L. Lévy, 2 vol. de 557 et 829 p. Chaq. vol. . . 15 fr.

Cours de géométrie descriptive de l'Ecole centrale, par C. Brisse, prof. de ce cours, et H. Picquet, 478 pag. avec 300 fig . . . . 17 fr. 50

Construction pratique des navires de guerre, par A. Croneau. 2 vol. (996 pag. et 664 figures) et 1 bel atlas double in-4° de 11 pl., dont 2 en 3 coul . . 33 fr.

Verre et verrerie, par Léon Appert, et J. Henrivaux. 460 p. 130 f. et 1 atlas 20 fr.

Blanchiment et apprêts; teinture et impression, matières colorantes, 1 vol. de 674 p., avec 368 fig. et échantillons de tissus imprimés, par Guignet, Dommer et Grandmougin (de Mulhouse) . . 30 fr.

Éléments et organes des machines, par A. Gouilly, 1 vol. de 410 pages, avec 710 figures . . . . 12 fr.

Les associations ouvrières et les associations patronales, par Hubert-Valleroux, avocat. 1 vol. de 361 pages 10 fr.

Traité pratique des ch. de fer (intér. local) **et des Tramways**, par P. Guédon. 11 fr.

Traité des Industries céramiques, par Emile Bourry, 1 vol. de 755 pages avec 349 fig. ou groupes de fig. et une planche (Cet ouv. a été traduit en angl.). 20 fr.

Le vin et l'eau de-vie de vin, par Henri de Lapparent, insp. gén. de l'agriculture. 1 vol. de 545 p., 110 fig. et 28 cartes 12 fr.

Métallurgie générale, par Le Verrier : **Procédés de chauffage**, 1 vol. de 370 pages avec 171 figures . . . . 12 fr.
Procédés métallurgiques et étude des métaux, 1 vol. de 403 p. avec 138 fig. et 10 planches . . . . . 12 fr.

La Betterave agricole et industrielle, par Geschwind et Sellier, 1 vol. avec 129 figures (méd. d'arg. soc. nat. d'agr. et méd. d'or des agric. de France). . . 20 fr.

Cours de chemins de fer de l'Ecole des Mines, par Vicaire et Maison, 582 p. avec 493 fig . . . . 20 fr.

Chimie organique appliquée, par A. Joannis, professeur à la Faculté des Sc. de Paris. 1406 p. en 2 vol . . . 35 fr.

Traité des machines à vapeur, à gaz, à pétrole et à air chaud, par Alheilig et Roche. 2 vol., 1176 p , 693 fig. 38 fr.

Chemins de fer. Superstructure, par E. Deharme (Voir : *Encyc. des Travaux publics*). .

Chemins de fer : Résistance des trains. Traction par E. Deharme et A. Pulin, ingénieur de la Cie du Nord, 447 p., 95 f. et 1 planche . . . . 15 fr.

Chaudières de locomotives, par les mêmes, 130 fig. et 2 pl. . . . 15 fr.

Locomotives : *Mécanisme, Châssis, Types de machines*. 1 fort vol. avec un bel atlas de 18 pl. double in-4°, par les mêmes. 25 fr.

Electricité industrielle. 2e éd., v. de 826 p., 404 fig. (C. de M. Monnier à l'Ec. Cent.) 25 fr.

Machines frigorifiques, par Lorenz, professeur à la faculté de Halle; traduction de Petit et Jaquet, 195 p., 131 fig. 7 fr.

Industries du sulfate d'aluminium, des aluns et des sulfates de fer, par L. Geschwind. 372 p. avec 195 fig. Traduit en anglais . . . . . . 10 fr.

Accidents du travail et assurances contre ces accidents, par G. Féolde (Méd. d'arg. Exp. 1900), 1 vol. de 646 p. 7 fr. 50

Traité des fours à gaz à chaleur régénérée, par Told (trad. Dommer), 392 pages. 68 fig. . . . . . . 11 fr.

Résistance des matériaux et Eléments de la théorie mathématique de l'élasticité, par A. Föppl, trad. de E. Hahn, 489 p., 75 fig . . . . . . 15 fr.

Industries photographiques, par le Professeur Fabre, 662 p., 183 fig. 18 fr.

La Tannerie, par Meunier, Vaney et Vignon (650 p., 98 fig.) . . . . 20 fr.

Industrie des cyanures, par Robine et Lenglen . . . . 15 fr.

Traité des essais de matériaux, par A. Martens, traduction de P. Breuil, 1 vol. de texte de 671 pages avec 558 fig. et un atlas de 31 grandes planches. 50 fr.

L'Energie hydraulique et les Récepteurs hydrauliques, par U. Masoni. 1 vol. de 320 p. avec 207 fig . . 10 fr.

Le Bois, par J. Beauverie, 2 fascicules de XI-1402 pages avec 485 figures (méd. d'or de la soc. nat. d'agric.) . . . 20 fr.

P. C. N.

Chimie élémentaire, un vol. relié, par M. A. Joannis, professeur à la Faculté des Sciences de Paris (P.C.N.) . . . . 10 fr.

Physique élémentaire, par MM. Chevassus et Thovert, préparateurs à la Faculté des sciences de Lyon. Fascicules brochés :

Premier fascicule. — Mécanique et propriétés générales de la matière. Acoustique. 2 fr.
Deuxième fascicule — Chaleur. Optique . . . . 3 fr.
Troisième fascicule — Magnétisme. Electricité. Radiations. — Météorologie. . 3 fr.
Ensemble : un vol relié. . . . . 8 fr.

Manipulations de physique générale, par MM. Vaillant et Thovert, chef de travaux et préparateur à la Faculté des sciences de Lyon . . . . 3 fr.

Manipulations d'Electricité industrielle, par les mêmes. . . . . . . 3 fr.

Sciences naturelles, par MM. Faucheron et Conte, préparateur et chef de travaux à la Faculté des sciences de Lyon :

Botanique, trois fascicules à 2 fr. et 3 fr. : un vol. relié. . . . . . . 8 fr.
Zoologie, un volume . . . . 5 fr.

LAVAL. — IMPRIMERIE PARISIENNE, L. BARNÉOUD ET Cie.

www.ingramcontent.com/pod-product-compliance
Ingram Content Group UK Ltd.
Pitfield, Milton Keynes, MK11 3LW, UK
UKHW020236180726
13839UKWH00001B/9